ISBN 978-0-266-63086-9
PIBN 10988035

# 1 MONTH OF
# FREE
# READING

## at
## www.ForgottenBooks.com

By purchasing this book you are eligible for one month membership to ForgottenBooks.com, giving you unlimited access to our entire collection of over 1,000,000 titles via our web site and mobile apps.

To claim your free month visit:
www.forgottenbooks.com/free988035

# Zeitschrift für praktische Geologie

## mit besonderer Berücksichtigung der Lagerstättenkunde.

Unter ständiger Mitwirkung

von

Prof. Dr. **R. Beck** in Freiberg i. S., Prof. Dr. **Fr. Beyschlag**, Landesgeolog in Berlin, Dr. **E. Hussak**, Staats-geolog in São Paulo, Brasilien, Dr. **K. Keilhack**, Landesgeolog in Berlin, Prof. Dr. **F. Klockmann** in Clausthal, Oberbergrath Prof. **Köhler** in Clausthal, Prof. **L. De Launay** in Paris, Dr. **B. Lotti**, Ingenieur und Geolog in Rom, Prof. Dr. **A. Schmidt** in Heidelberg, Prof. Dr. **A. Schrauf** in Wien, † Ingenieur Dr. **F. M. Stapff** in Weissensee b. Berlin, † Bergrath Prof. Dr. **A. W. Stelzner** in Freiberg i. S., Prof. **J. H. L. Vogt** in Kristiania, Markscheider **H. Werneke** in Dortmund u. a.

herausgegeben

von

## Max Krahmann.

## Jahrgang 1895.

*Mit 5 Tafeln und 124 in den Text gedruckten Figuren.*

## Berlin.

Verlag von Julius Springer.

1895.

# Inhalt.

# Verzeichniss der Tafeln und Textfiguren.

# Zeitschrift für praktische Geologie.

## 1895. Januar.

### Die internationale geologische Karte von Europa.

Von

**Franz Beyschlag.**

Als der internationale Geologen-Congress zu Bologna i. J. 1881 den beiden an der Spitze der Preussischen geologischen Landesanstalt stehenden Männern B e y r i c h und H a u c h e c o r n e die Ausführung einer neuen grossen geologischen Karte von Europa übertrug, empfanden die deutschen Fachgenossen stolz mit jenen den Ausdruck des Vertrauens zu deutscher Tüchtigkeit, Erfahrung und Thatkraft. Getragen von der Begeisterung des Gedankens, mit einer solchen Karte im Maassstab 1 : 1 500 000 ein bisher unerreichtes Werk von dauernder Bedeutung, ein Document dessen, was eifriges Forschen im Wettbewerb aller europäischen Culturländer bisher über die geologische Zusammensetzung des Bodens erforscht, zu schaffen, wurden die ersten Arbeitsstadien rasch und glücklich überwunden. Die Empfindung, dass hier ein gemeinsamer Boden zur Einigung und Verständigung über die sonst in verschiedenen Formen und Sprachen Ausdruck gewinnende geologische Kartendarstellung sich bilde, half über so manche Anfangsschwierigkeiten hinweg und bereits beginnen die Früchte aus jenem Boden zu spriessen, indem die Mehrzahl aller Länder bei der Veröffentlichung von Uebersichtskarten sich der für die internationale Karte festgestellten Farbenscala bedient und damit eine ausserordentliche Erleichterung für das Verständniss derselben schafft. Von Elsass-Lothringen, Württemberg, der Schweiz, von Spanien und dem Europäischen Russland sind neuerdings Uebersichtskarten veröffentlicht worden, die sich ebenso wie die gegenwärtig erscheinende Lepsius'sche Uebersichtskarte von Deutschland bezüglich der Farbengebung eng an die internationalen Vereinbarungen für die geologische Karte von Europa anschliessen.

Während die aus Delegirten der betheiligten Länder gebildete Karten-Commission unter dem Vorsitz der mit der Ausführung betrauten oben genannten Männer in den ersten Jahren die auf der Karte zum Aus-

druck zu bringende Gliederung, Bezeichnung und Begrenzung der geologischen Systeme (Formationen) festlegte, begann bereits die Herstelluug der topographischen Grundlage der in 49 Blatt zerlegten, ausser Europa auch noch die Mittelmeerländer umfassenden, Karte (s. Fig. 1).

Den besonderen Zwecken der Karte entsprechend wurde die gesammte Topographie nach den neuesten und zuverlässigsten detaillirten Kartenaufnahmen in dem berühmten Institut des Professor Dr. Heinrich K i e p e r t zu Berlin neu gezeichnet. Um das Kartenbild nicht zu überladen, beschränkt sich die Darstellung auf den Verlauf der Gewässer, die Angabe der Lage von hervorragenden Höhenpunkten, Ortschaften, die Landesgrenzen und die wichtigsten Eisenbahnen und Namen. Dabei sind in erster Linie solche Bezeichnungen von Gebirgen, Landschaften, Meerestheilen und Städten ausgewählt, welche zur geographischen Orientirung unerlässlich scheinen, dann aber wurden auch die Namen solcher kleineren Ortschaften angegeben, die als Bergbaucentren, hervorragende Fundpunkte von Fossilien etc. z. Th. die Veranlassung zur Stufenbezeichnung gegeben haben (z. B. St. Cassian, Mansfeld etc.). — Von der an sich bei jeder geologischen Karte höchst wünschenswerthen Darstellung des Terrains (durch Isohypsen) musste zunächst Abstand genommen werden, da einerseits das dazu erforderliche Material noch nicht vollständig vorliegt, andererseits die Deutlichkeit des geologischen Farbenbildes durch diese Zufügung gelitten haben würde. Dagegen ist beabsichtigt, später event. eine parallele Ausgabe der Karte mit farbig abgetönten Höhenstufen zu bewirken.

Die Herstellung der topographischen Zeichnung ist für den weitaus grössten Theil der Karte vollendet und in dem durch hervorragende Leistungen auf dem Gebiete des Kartendruckes bekannten „Berliner lithographischen Institut" gravirt worden. Unmittelbar vor der Publication der geologischen Bearbeitung wird die topographische Zeichnung jedes Blattes nochmals nach den neuesten Materialien (Eisenbahnen etc.) ergänzt und berichtigt.

Die anfänglich wohl gehegte Hoffnung, in der geologischen Bearbeitung und Veröffentlichung mit der Herstellung der Topographie annähernd gleichen Schritt halten zu können, hat sich nicht erfüllt. Zwar war es möglich, dem im Herbst 1894 in Zürich tagenden internationalen Geologen-Congress als Frucht angestrengtester Arbeit, an der der Unterzeichnete theilnehmen durfte, eine zusammenhängende, theils aus gedruckten Blättern, theils aus Manuscript-Zeichnungen zusammengesetzte Gruppe von 26 geologisch bearbeiteten Blättern vorzulegen. Dieselben umfassten Deutschland, die angrenzenden Theile von Russland, Oesterreich-Ungarn, Italien, die Schweiz, Belgien, Holland, Frankreich, Spanien, Portugal, Grossbritannien, Dänemark mit Island und einem Theil von Grönland, Schweden, Norwegen, die Balkanstaaten, Griechenland, Theile von Algier und Tunis und gewährten somit einen willkommenen Ueberblick über die zukünftige Gestaltung des Werkes. Allein erhebliche Theile dieses Ländergebietes konnten nur als Entwürfe gelten, die als Grundlage zur weiteren Verständigung und definitiven Ausarbeitung dienend von Seiten der Karten-Direction in Berlin gefertigt waren und als druckreif nicht angesehen werden durften.

Von diesem ganzen Gebiete sind soeben die ersten 6 Blätter und zwar C IV und D IV, umfassend das nördliche Deutschland mit Holland, Belgien und NO-Frankreich, den südlichsten Theil von Dänemark und Schweden, W-Russland und NW-Oesterreich, sowie die Blätter A I, A II, B I und B II mit Island und Theilen von Grönland als die erste Lieferung der Karte veröffentlicht und versandt worden.

Wohl möchte demjenigen, der nicht in der Lage ist, die Arbeiten in allen ihren Stadien zu verfolgen, dies bisher erzielte Ergebniss gegenüber der bereits geleisteten und ferner zu leistenden Arbeit gering erscheinen, aber es ist in der That nicht unansehnlich, wenn man das Maass von Schwierigkeiten kennt, das — zum grossen Theil unerwartet — der bisherigen Ausführung sich entgegenstellte. Bearbeitung und Veröffentlichung der europäischen geologischen Karte fallen in eine Zeit, in welcher durch die nunmehr fast überall stattfindenden planmässigen geologischen Kartenaufnahmen der geologischen Landesanstalten sich während des letzten Jahrzehnts ein Riesenfortschritt vollzog. Kaum war ein Theil der internationalen Karte scheinbar abgeschlossen und druckfertig, da erschienen in demselben neue Beobachtungen von einer Fülle und Wichtigkeit, dass sie gebieterisch Berücksichtigung verlangten. Zwar hatte jeder der betheiligten Staaten in den grundlegenden Conferenzen zugesichert, die fertige geologische Bearbeitung seines Gebietes an die Kartendirection abzuliefern, die sich dann dem Plan gemäss auf eine redactionelle Thätigkeit, ferner auf die Controle der Ausführung im Sinne der bezüglichen Beschlüsse der internationalen Congresse und Kartencommissionen und endlich auf die Drucklegung hätte beschränken dürfen, aber die Betheiligten lösten ihre Versprechen zum Theil gar nicht, zum anderen Theil nicht gleichzeitig ein. So kam es denn nicht selten, dass, während noch längs der Landesgrenzen die Ausgleichung verschiedenaltriger und verschiedenwerthiger Auffassungen vermittelt und angebahnt wurde, der rapide Fortschritt der geologischen Landesaufnahmen an anderen Stellen das bereits als endgiltig betrachtete Bild von Neuem umstiess und vielfältige wichtige Nachträge und Correcturen veranlasste.

Dazu kam, dass naturgemäss die Herausgabe der ersten, für die Gestaltung aller folgenden Blätter verbindlichen Theile der Karte eine Summe von zeitraubenden Erwägungen und Versuchen auch bez. der technischen Herstellung erheischte, die, einmal befriedigend erledigt, die Gewähr eines um so rascheren Fortschrittes der nachfolgenden Blätter bieten.

Der gegenwärtige Stand der wissenschaftlichen und technischen Arbeiten an der Karte ist ein solcher, dass in Jahresfrist die Herausgabe einer 2. Lieferung zu erwarten steht. Dieselbe soll den in Fig. 1 senkrecht schraffirten Theil, also Grossbritannien, Frankreich, Spanien, Portugal, Süd-Deutschland, die Schweiz, das Oesterreichische Alpengebiet, den grössten Theil Italiens, den westlichen Theil Oesterreichs und die Küstengebiete von Tunis, Algier und Marocco umfassen.

Der Maassstab der Karte bildet die natürliche Grenze für die Darstellung der Einzelheiten der Gliederung und Verbreitung der Formationen. Es ist hierbei so weit gegangen, als dies technisch möglich war, ohne dabei den Gesichtspunkt aus den Augen zu verlieren, dass die Karte eine Uebersichtskarte sein soll und will. Die grossen Gesetze der Anordnung der geologischen Massen sind es denn auch, die trotz aller Einzelheiten, dem Leser der Karte vor Allem klar und deutlich vor Augen treten. Dass dem so ist, wird vor Allem bewirkt durch die ausserordentlich sorgsame Wahl und Abstimmung der Farbentöne, die sämmtlich gut von einander unterscheidbar, keineswegs grell und schreiend von einander abstechen, sondern vielmehr eine dem Auge gefällige Harmonie bekunden.

Zur Darstellung der Glieder eines jeden Systems (Formation) sind Abtönungen einer und derselben Farbe verwendet. Jeder Farbe ist ausserdem zur Erleichterung der Erkenntniss ihrer Bedeutung noch ein Buchstaben-Symbol eingedruckt, das im Allgemeinen gebildet ist aus dem Anfangsbuchstaben der betr. Formation (z. B. a = archäich, s = silurisch, p = permisch, t = triadisch, etc.). Die dem Buchstabensymbol zugefügte Zahl

nur durch einen besonderen farbigen Aufdruck kenntlich gemacht ist. Trias und Jura sind 3 gliedrig, Kreide 2 gliedrig, Tertiär dagegen 4 gliedrig dargestellt. Schliesslich sind für Quartär (Diluvium) und die modernen Alluvionen gesonderte Farben angewandt, innerhalb deren noch Moränen, Gletscher und die südliche Begrenzungslinie der ehemaligen nordischen Vergletscherung dargestellt sind.

TABLEAU D'ASSEMBLAGE DE LA CARTE GÉOLOGIQUE DE L'EUROPE.

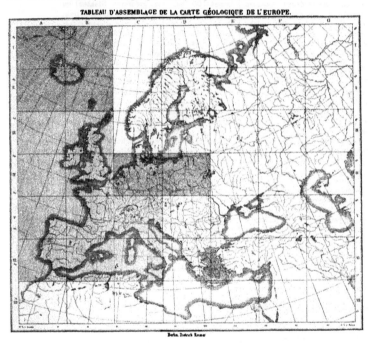

Berlin, Dietrich Reimer

⬛ erste, Ende 1894 erschienene Lieferung,     ⬛ zweite, 1895 erscheinende Lieferung.

Fig. 1.
Uebersicht der internationalen geol. Karte von Europa i. M. 1 : 1 500 000.

deutet die Unterabtheilung der Formation an (z. B. $t_1$ = Untere Trias, Buntsandstein; $t_2$ = Mittlere Trias, Muschelkalk, etc.). So sind die archäischen Bildungen in 3 Abtheilungen (1. Gneiss und Protogine, 2. krystalline Schichten, 3. azoische Schichten) zerlegt, das Cambrium dagegen ungegliedert geblieben; Silur ist 2 theilig, Devon 3 theilig, Carbon 2 theilig dargestellt, während in dem übrigens ungegliederten Perm der Zechstein

Innerhalb der Eruptivgesteine sind zunächst die Massen der noch activen oder erst in moderner Zeit erloschenen Vulcane von allen älteren Eruptivbildungen abgetrennt und je nach ihrer Structur etc. als Laven, geschichtete Tuffe und Aschen unterschieden. Die älteren Eruptivmassen sind dann in saure (1. Granite, 2. Porphyre, 3. Trachyte) und basische (1. Ophiolite, 2. Diabase und Melaphyre, 3. Basalte) zergliedert.

1*

Gewisse besonders bedeutsame Facies sind durch farbigen Aufdruck auf der Formationsfarbe dargestellt, so z. B. die Flyschfacies der Kreide und des Tertiär durch blaue Punktirung auf den Formationsfarben, die productive Facies des Obercarbon durch schwarze Reissung auf dem Grau der oberen Steinkohlenformation. Wo über die Zutheilung einer besonders wichtigen Stufe zur einen oder anderen Formation eine einheitliche Auffassung in den verschiedenen Ländern nicht besteht, wie z. B. bei der Zurechnung der Schichten mit Avicula contorta, welche bald zur obersten Trias bald zum tiefsten Jura gezogen werden, ist diesem Verhältniss dadurch Rechnung getragen, dass die gleichen farbigen Schraffen mit dem gleichen Buchstabensymbol sich sowohl an der Obergrenze des Trias, also auf Keuperfarbe, als auch an der Basis des Jura, also auf Lias-Farbe aufgedruckt finden.

Besondere Schwierigkeiten verursachte die Darstellung solcher Gebiete (z. B. in Skandinavien, Finland, N-Russland), in welchen durch eine vielfach aufgelöste und zergliederte dünne Diluvialbedeckung der tiefere Untergrund verschleiert ist und die Kleinheit der Formen eine Vorstellung von der Tektonik desselben nicht mehr ermöglicht. In diesen Flächen, die sich vorzugsweise im Bereich der früheren Vergletscherungen finden, ist der bekannte, vom Schleier unterbrochener Quartär-Bedeckung verhüllte Untergrund durch eine weite Schraffirung von der Farbe des Untergrundgesteins auf den lichten Farbenflächen des Quartär bezeichnet. Das dieser Farbengebung gleichzeitig beigefügte Buchstabensymbol hat die Form eines Bruches, dessen Zähler die Oberflächenbildung, dessen Nenner diejenige des Untergrundes bedeutet. Es würde demnach z. B. neapelgelbe Fläche mit saftgrüner Schraffirung und dem Buchstabensymbol $\frac{q}{c_1}$ ein Gebiet darstellen, in welchem Schichten der unteren Kreide von Diluvium bedeckt werden.

Zum Schluss noch ein paar Worte über die Kosten des grossen Unternehmens und die Art, wie dieselben gedeckt werden sollen. — Wer die aus 6 Blättern und einer Farbenerklärung bestehende erste Lieferung des Werkes als Subscribent bezogen hat, der wird erstaunt gewesen sein über den ausserordentlich billigen Preis (10 Mark) derselben. Das ganze Werk von 49 Blättern wird für diejenigen, welche bis zum 1. Juli 1895 darauf subscribiren, 80 Mark kosten, welcher Betrag ratenweise jeweilig beim Erscheinen der Kartenlieferungen zu zahlen ist. Von obigem Termin ab wird der Preis des Karten-

werkes 110 Mark betragen und werden später vielleicht auch einzelne Blattgruppen (nicht Einzelblätter) zu erhöhtem Preise käuflich sein.

Der ausserordentlich billige Preis des Werkes ist nur dadurch ermöglicht worden, dass die Kartendirection mit den sämmtlichen betheiligten Regierungen von vorneherein einen Vertrag dahin zu Stande gebracht hat, dass diese sich verpflichteten, auf eine bestimmte Anzahl von Exemplaren der Karte (meist 100 bei den grösseren Staaten) zu dem festen Preis von 80 Mark zu abonniren. Durch die ratenweise Zahlung dieser staatlichen Abonnementsbeträge wird der grössere Theil des zur Herstellung der Karte erforderlichen Capitals aufgebracht, dem keinerlei anderweite staatliche Beihülfe zufliesst. — Dass der Abonnementspreis für die an Private abzugebenden Einzelexemplare ebenso gering ist, ist dem Entgegenkommen der Verlagsanstalt von Dietrich Reimer (Inhaber Höfer und Vohsen, Berlin SW. Anhaltstr.) zu danken, mit welcher derselbe durch die Kartendirection vereinbart wurde. Dass die sämmtlichen wissenschaftlichen und technisch-zeichnerischen Arbeiten zur Herstellung der Stich- und Druckvorlagen, Correcturen etc. durch die Kartendirection, d. i. die Leitung der Preussischen geologischen Landesanstalt kostenlos geleistet werden, dürfte hier noch anerkennend hervorzuheben sein.

Möchte das Werk friedlichen Zusammenwirkens der Nationen, dessen Anfang jetzt vor uns liegt, sich unter der bewährten Leitung rasch entwickeln und vollenden zur Ehre Deutschlands und zum Nutzen der die praktische Thätigkeit befruchtenden geologischen Wissenschaft!

---

## Ueber edle Silbererzgänge in Verbindung mit basischen Eruptivgesteinen.

### Von
### Dr. W. Moericke in Freiburg i. Br.

Es ist keine Frage, dass es eine ganze Reihe edler Silbererzgänge giebt, welche nicht zu basischen, sondern zu sauren Eruptivgesteinen in räumlicher Beziehung stehen, wie z. B. die edlen Quarzgänge von Freiberg in Sachsen, welche bekanntlich in Gneiss und Schiefern aufsetzen, die von zahlreichen Quarzporphyrgängen durchsetzt werden. Nach der Ansicht von B. v. Cotta[1] ist die Freiberger Gangbildung in gewissem

---

[1] B. v. Cotta, Die Lehre von den Erzlagerstätten II. 1861. S. 12.

Grade als Folge oder Nachwirkung der Porphyreruptionen anzusehen. Ebenso ist ein grosser Theil der Silbergänge Bolivias nach den Untersuchungen von A. W. Stelzner[2]) „zeitlich und wohl auch ursächlich" an die Ausbrüche von Quarzporphyren oder Quarztrachyten geknüpft. Die Aehnlichkeit zwischen der edlen Quarzformation von Freiberg in Sachsen einerseits und den bolivianischen Silberlagerstätten von Potosi, Oruro etc. andererseits wird noch dadurch wesentlich erhöht, dass in diesen beiden so weit von einander entfernten Erzgebieten zu den edlen Silbererzen noch Zinnerz hinzutritt. Durch die Combination von Quarz nebst Silbererzen mit Zinnstein in den oberen Teufen nähert sich ein Theil von Bolivias Silbergängen, worauf Stelzner zuerst hingewiesen hat, in der That in ganz auffallender Weise der edlen Quarzformation von Freiberg. Es kann aber hier um so weniger am Platze sein, etwas näher auf diese Art von Silberlagerstätten einzugehen, da von berufenster Seite schon eine umfassende Arbeit über diesen Gegenstand in Aussicht gestellt worden ist.

In diesem Aufsatze sollen, wie schon die Ueberschrift besagt, speciell nur solche edle Silbererzgänge behandelt werden, welche mit basischen eruptiven Felsarten in naher Verbindung stehen.

F. v. Richthofen[3]) war es, welcher sich schon vor Jahren dahin ausgesprochen hat, dass die Hauptmasse des Silbers aus Gängen stamme, welche in Propylit aufsetzen. Da es sich nun aber in neuerer Zeit herausgestellt hat, dass ein sehr grosser Theil der früher mit dem Namen Propylit bezeichneten Eruptivgesteine Angehörige der Diabasfamilie sind[4]), so dürfte v. Richthofen's Ausspruch etwa in folgender Weise zu modificiren sein: Sehr viele, ja vielleicht die meisten der bedeutenderen Lagerstätten edler Silbererze stehen in räumlicher und anscheinend auch in genetischer Beziehung zu verschiedenaltrigen basischen Eruptivgesteinen der Diabasfamilie in weiterem Sinne (Diabase, Diabasporphyrite, Labradorporphyrite, Augitporphyrite etc.).

Beweise für die Richtigkeit dieses Satzes

bietet die folgende Zusammenstellung hierher gehöriger Vorkommnisse in den verschiedenen Erdtheilen, welche begreiflicher Weise keineswegs auf Vollständigkeit Anspruch machen kann. Bevor wir übrigens mit der Uebersicht der hierhergehörigen Lagerstätten beginnen, mag gleich hier bemerkt werden, dass die Silbererze derselben seltener mit Quarz vorkommen, vielmehr eine ganz ausgesprochene Vorliebe für Kalkspath oder Schwerspath zeigen.

Unter den fünf Erdtheilen ist es ohne Zweifel Amerika, welches bei weitem am silberreichsten ist, so dass es geradezu der silberne Erdtheil genannt zu werden verdiente. Der amerikanische Continent ist es denn auch, auf welchem die hier in Rede stehende Gruppe von Silberlagerstätten im allergrossartigsten Maassstabe vertreten ist. Beginnen wir zunächst mit der nördlichen Hälfte von Amerika, so finden wir im O des Landes an den Ufern des Lake superior auf canadischem Gebiete eine grosse Anzahl von Silbergängen, unter welchen der bekannteste und wohl auch der reichste derjenige der Silberinsel sein dürfte. Dieselben führen meist späthige Gangarten und stehen alle mit paläozoischen Diabasgesteinen in einem so innigen Zusammenhang, dass vermuthet wird, dass das Silber derselben aus diesen Eruptivgesteinen stamme[5]). — Wenden wir uns dem Westen zu, so treffen wir auf dem Boden der Union, und zwar in dem Silberstaate Nevada, ganz dieselbe Art von Lagerstätten wieder an, deren bei Weitem bedeutendster Vertreter der berühmte Comstock Lode ist, welcher den mächtigsten Edelmetallgang der Welt repräsentirt. Das Hangende dieses Erzganges besteht aus Diabasporphyrit, welcher nach den sehr eingehenden und umfassenden Untersuchungen des nordamerikanischen Geologen George Becker[6]) in seinen Augitgemengtheilen Silber enthalten soll und aus welchem das weisse Edelmetall des Ganges stammt, das in Folge von Einwirkung aufsteigender heisser Lösungen von Schwefelwasserstoff und Schwefelalkalien aus dem Eruptivgestein extrahirt worden ist. — Als die Fortsetzung der Silberzone Nevadas werden von den nordamerikanischen Geologen gewiss mit vollem Recht die bekannten edlen Silbergänge Mexicos betrachtet. Schon in Neu-Mexico treffen wir unsere Lagerstätten wieder an, von welchen besonders

---

[2]) A. W. Stelzner, Zinnerzlagerstätten von Bolivia, d. Z. 1893. S. 81.

[3]) F. v. Richthofen, Führer für Forschungsreisende. 1886. S. 720 u. a. a. O.

[4]) Hingegen sind die Eruptivgesteine, welchen die Goldlagerstätten von Nagybánya und Felsöbánya im nordöstlichen Ungarn und von Vöröspatak, Nagyág etc. in Siebenbürgen angehören, wirkliche tertiäre Hornblendegesteine (Quarzpropylite resp. Dacite oder Quarzandesite). Vergl. d. Z. 1894. S. 265.

[5]) Vergl. Ingall, Report of mines and mining on Lake superior. 1888.

[6]) G. Becker, Geology of the Comstock Lode and the Washoe District. 1882. Vergl. d. Z. 1893. S. 118.

diejenige von Lake Valley in neuester Zeit durch E. Clarke[7]) etwas näher beschrieben worden ist. Die edlen Silbererze treten daselbst nesterweise hauptsächlich in einem blauen Kalkstein in der Nähe einer mächtigen Porphyritdecke auf, während sie in grösserer Entfernung vom Porphyrit fast vollständig fehlen, weshalb Clarke zu der Vermuthung gelangt ist, dass das Silber aus dem Porphyrit ausgelaugt und später in den Hohlräumen des Kalksteins abgelagert worden sei. Analoge Vorkommnisse finden sich, wie wir später sehen werden, auf dem Gebiete der Republik Chile. In der Republik Mexico, dem Silberlande kat' exochen, ist es nach den Berichten von Burkart und von Laur[8]) ein als Diorit bezeichneter eruptiver Grünstein, welcher der stete Begleiter der edlen Silbererzgänge sein soll. Indessen ist diese eruptive Felsart nach den Untersuchungen von G. vom Rath[9]) kein eigentlicher Diorit, sondern vielmehr ein Diabas oder Diabasporphyrit und z. Th. wohl auch ein Diabastuff. Mit diesen Diabasgesteinen stehen z. B. die reichen mexicanischen Silbergänge von Zacatecas, Asientos, San Gertrudis und El Bote im allerengsten Zusammenhang[10]).

Man kann ohne Bedenken behaupten, dass die Silberlagerstätten Mexicos ihre Fortsetzung an der Westküste von Süd-Amerika finden; denn auch in Ecuador sind es nach den Beobachtungen von Th. Wolf[11]) hauptsächlich basische eruptive Grünsteine, an welche die dortigen Silbergänge geknüpft sind, und in Peru, und zwar in der Cordillera Negra, werden die edlen Silbererze gerade so wie in Mexico von jüngeren eruptiven Grünsteinen begleitet[12]). Von den Silbervorkommnissen von Bolivia sind hierher die Silbererzgänge von Portugalete zu rechnen, welche in Augitporphyriten aufsetzen sollen[13]). Ausgezeichnet ist diese Art von Lagerstätten auf dem Territorium der Republik Chile entwickelt, woselbst, wie schon in früheren Arbeiten auseinandergesetzt wurde (s. d. Z. 1893, S. 117 u. 143), die edlen

Silbererze fast durchweg an das Auftreten basischer Eruptivgesteine (Diabase, Olivindiabase, Augitporphyrite, Labradorporphyrite etc.) mesozoischen Alters gebunden sind. Die reichsten Lagerstätten dieses Landes, wie Huantajaya in der Provinz Tarapacá, Caracoles in der Provinz Antofagasta, Tres Puntas und Chañarcillo in der Provinz Atacama und Arqueros in der Provinz Coquimbo, finden sich in Kalksteinen, welche von derartigen Eruptivgesteinen berührt werden. Aber nicht auf die Kalksteine allein sind die Silbergänge beschränkt, nicht selten gehören sie den Eruptivgesteinen selbst an und zuweilen setzen sie auch in Sandsteinen auf, welche von eruptiven Felsarten durchzogen werden. Das Letztere ist z. B. der Fall in der der Republik Chile benachbarten argentinischen Provinz Mendoza, deren wichtigstes silberführendes Ganggebiet, dasjenige von Uspallata, nach den Berichten von Stelzner[14]) rhätischen Sandsteinen angehört, welche von Olivindiabasen in Form von Gängen und Stöcken durchbrochen werden. In Rodaito in der chilenischen Provinz Coquimbo wurde seiner Zeit in den Blasenräumen eines Augitporphyrits gediegen Silber neben Prehnit aufgefunden, und der chilenische Geolog Pissis[15]) spricht die Vermuthung aus, dass das Silber sich aus dem basischen Eruptivmagma bei dessen Erstarrung ausgeschieden habe. Erwähnenswerth sind ferner auch die Selenerz führenden Silbergänge vom Cerro de Cacheuta in Mendoza, welche nach Stelzner in Porphyriten (Augitporphyrit?) aufsetzen und in gewisser Hinsicht lebhaft an die Vorkommnisse von Zorge, Tilkerode etc. im Harz erinnern.

Die reichsten edlen Silbergänge dürften sich indessen zur Zeit, nachdem der Comstockgang fast gänzlich erschöpft scheint, nicht in Amerika befinden, sondern in Australien. Der Silberdistrict von Broken Hill in Neu-Süd-Wales hat in neuerer Zeit durch seinen geradezu erstaunlichen Silberreichthum nicht geringes Aufsehen erregt. Die dortigen Gänge, welche wie die meisten der zuvor behandelten amerikanischen Gangreviere hauptsächlich späthige Gangarten führen, setzen in Gneiss und Schiefern auf, die von basischen Eruptivgesteinen durchsetzt werden, und nach Pittmann soll der Gang, welchen die Broken Hill Consols Grube abbaut, nur dort an Erzen reich sein, wo

---

[7]) Vergl. Ref. in d. Z. 1894. S. 402.
[8]) Laur, Ann. des mines 1871. S. 56.
[9]) G. vom Rath, Verh. d. naturhist. V. der Rheinlande etc. Bonn. 1886. S. 93, 95, 96, 117, 235, 245, 249 u. 250.
[10]) Auch die Silbergänge bei Tasco und Lacualpan, sowie wahrscheinlich auch die berühmte Veta madre von Guanajuato gehören Diabasgesteinen (Diabasschiefer und Schalsteine) an, während die Gänge von Pachuca in Quarzporphyr auftreten sollen.
[11]) Th. Wolf, Geographía y Geología del Ecuador. 1892. S. 275.
[12]) E. Suess, Antlitz der Erde. 1885. S. 681 u. 682.
[13]) Berg- und Hüttenm. Zeit. 1884. No. 12.

[14]) A. W. Stelzner, Beiträge zur Geologie und Paläontologie der argentinischen Republik. 1885. S. 217.
[15]) A. Pissis, Geographía física de la Republica de Chile. 1875. S. 152 u. 153.

er diese basischen eruptiven Felsarten, die aus Plagioklas, Bronzit und Hornblende bestehen, durchschneidet[16]).

In Asien sind es besonders die zahlreichen edlen Silbergänge vom Schlangenberge, von Riddersk, Scherepanowsk und Siranowsk im Altaigebirge, welche durch grösseren Silberreichthum ausgezeichnet sind und aus welchen der grösste Theil der Silberausbeute der Russischen Monarchie stammt. Dieselben setzen in alten Schiefern auf und werden nach B. v. Cotta[17]) stets von Grünsteingängen (Augitporphyriten) begleitet, welche zum Theil jünger sein sollen als die Erzgänge[18]).

Wenn wir uns schliesslich Europa zuwenden, welches bezüglich des Vorkommens von Silber keineswegs die letzte Stelle unter den Erdtheilen einnehmen dürfte, so müssen wir zunächst des einst vielleicht reichsten europäischen Silberreviers, welches G. vom Rath geradezu „die einzige grosse und wahre Silberlagerstätte von Europa" nennt, nämlich desjenigen von Kongsberg in Norwegen kurz Erwähnung thun. Charakteristisch für diese Lagerstätte ist es, dass das Silber meist gediegen vorkommt und dass neben Kalkspath, welcher die Hauptgangart ausmacht, nicht selten Zeolithe auftreten, welche auch bei dem unten etwas eingehender zu besprechenden Ganggebiet von St. Andreasberg im Harz eine gewisse Rolle spielen. Ueber die Genesis der Kongsberger Erzlagerstätte herrscht leider noch tiefes Dunkel, da die Ansicht von Dahll und Kjerulf, nach welcher die Bildung dieser ehemals so reichen Silberniederlage mit den Ausbrüchen benachbarter Gabbrogesteine in ursächlichem Zusammenhang stehen soll, meines Wissens von den heutigen norwegischen Erzlagerstätten-Forschern nicht mehr getheilt wird.

Es sollen im Kongsberger Revier übrigens auch Augitporphyritgänge auftreten; jedoch ist es mir nicht bekannt, in welchen Beziehungen dieselben zu den Silbergängen stehen. — Etwas südwestlich von Kongsberg unweit Arendal in der Nähe des Hofes Stoelsvig beschrieb unlängst J. H. L. Vogt[19]) eine Lagerstätte, welche bis zu einem ge-

wissen Grade jener von Kongsberg analog sein soll. Es finden sich daselbst innerhalb von Gneissen und Schiefern mächtige Lagergänge von Diabas, längs deren Saalband die Erzgänge auftreten, welche mit einer aus Diabas und Kalkspath bestehenden Breccie ausgefüllt sind, in der die Erze, gediegen Silber, Schwefelsilber etc., eingebettet liegen[20]).

Gleichfalls ehemals reich an Silbererzen und sicherlich nicht weniger interessant als Kongsberg ist ein anderes europäisches Vorkommen, nämlich dasjenige von Schemnitz in Oberungarn. Die Schemnitzer Gänge, welche einst das reichste ungarische Silberrevier repräsentirten, enthalten späthige Gangarten und gehören ganz überwiegend einem Eruptivgestein an[21]), welches nach den Untersuchungen von G. vom Rath am besten als Diabasporphyrit zu bezeichnen ist, und welches nach den Beobachtungen desselben so weit gereisten Forschers durchaus dem Diabasporphyrit vom Comstock Lode in Nevada sowie den eruptiven Felsarten, welche die Begleiter der Silbererze in Mexico zu sein pflegen, entspricht. Nach der Ansicht von B. v. Cotta[22]) stammen die Schemnitzer Erze aus diesen Grünsteinen.

Wenn Schemnitz die bedeutendste Silberlagerstätte von Transleithanien ist, so nimmt Příbram denselben Rang in Cisleithanien ein. Die Gänge von Příbram treten in grosser Zahl in paläozoischen Schiefern auf und werden, wie so viele andere edle Silbererzgänge, von Diabasgängen begleitet, welch' letztere vielfach als die Erzbringer betrachtet werden[23]).

Auf die auffallende Aehnlichkeit der Silbervorkommnisse von Příbram in Böhmen und St. Andreasberg im Harz hat schon vor Jahren H. Credner[24]) aufmerksam gemacht. Wie in Příbram setzen auch in St. Andreasberg die Silbergänge in paläozoischen Schiefern auf, welche von paläozoischen Diabaspartien durchsetzt werden.

Das Andreasberger Ganggebiet bietet ein

---

[16]) Vergl. Ref. d. Z. 1894. S. 402, auch S. 430 u. 431. Eine vergleichende Studie über Schwarzenberg in Sachsen, Kupferberg in Schlesien, Schneeberg in Tyrol und Broken Hill von Prof. A. W. Stelzner können wir für eines der nächsten Hefte in Aussicht stellen. — Red.

[17]) B. v. Cotta, Der Altai. 1871.

[18]) Auch in Südafrika (Transvaal) befinden sich nach Schmeisser die Silbergruben in eruptiven Grünsteinen (Diabase?).

[19]) Ref. im N. Jb. f. Min. etc. 1887. I. S. 282.

[20]) Ganz analog scheinen die Silberlagerstätten von Chalanches bei Allemont in Frankreich zu sein, welche gleichfalls mit mächtigen Diabaseinlagerungen in Verbindung stehen sollen. — (Vergl. Rickard in Transact. Am. Inst. Min. Eng., Bridgeport Meeting, 1894.)

[21]) Die goldreichen Gänge von Dilln, Moderstollen sowie der Dreiköniggang befinden sich hingegen in Dacit (Quarzandesit). Vergl. d. Z. 1893. S. 118.

[22]) B. v. Cotta, Die Lehre von den Erzlagerstätten. II. 1861. S. 300.

[23]) In den Příbramer Diabasen wurde bekanntlich durch Mann ein Durchschnittsgehalt von 0,00045 Proc. Silber festgestellt.

[24]) H. Credner, Geognost. Beschreib. des Bergwerksdistrictes von St. Andreasberg. 1865. S. 52.

sehr charakteristisches Beispiel für das Auftreten edler Silbererze mit Kalkspath und
Zeolithen dar und schliesst sich auf das
allerengste an die bisher aufgezählten Silberlagerstätten an, welche, wie wir gesehen
haben, in einem innigen Zusammenhang mit
Diabasgesteinen stehen. Um die Beziehungen, in welchen die in unterdevonischen
Schiefern und Grauwacken befindlichen und
von mächtigen tauben Gangspalten (faule
Ruscheln) begrenzten St. Andreasberger Silbergänge zu den benachbarten Diabaspartien stehen, auseinanderzusetzen, will ich
zunächst mit einer kurzen Zusammenstellung
von Citaten beginnen, welche dem besten
Kennern der geologischen Verhältnisse dieser
Gegend entlehnt sind. Schon B. v. Cotta[25])
bemerkte hierüber: „Die Zeolithe und andere
Silicate, sowie der Mangel an Bleiglanz und
das Vorherrschen edler Silbererze zeichnen
die Andreasberger Gänge besonders aus und
unterscheiden sie namentlich von den Clausthaler bleireichen Silbererzgängen. Sie bilden
offenbar eine ganz besondere Mineralcombination. Es scheint, dass die benachbarten
Diabase einen besonderen Einfluss auf die
Entstehung dieser Gänge ausgeübt haben.“
Etwas ausführlicher sprach sich in neuerer
Zeit E. Kayser[26]) über diesen Gegenstand
aus: „In hohem Grade merkwürdig sind die
grossen örtlichen Unterschiede im Füllungsmaterial der Andreasberger Spalten. Zwischen
den beiden Hauptruscheln, aber auch nur
hier, sehen wir eine eigenthümliche Vereinigung von Kalkspath, Zeolithen und mannigfachen anderen Mineralien mit Silber-,
Arsen-, Antimon-, Blei-, Zink- und anderen
Erzen; im Norden von Andreasberg setzen
ausschliesslich Quarz und Eisensteingänge
auf, die nur hie und da etwas Kupfer
führen, und im S, SW und W von jener
Bergstadt endlich finden wir fast nur eisen-
und kupfererzführende Schwerspathgänge.
Weder diese noch die Eisensteingänge setzen
jemals in den von den Grenzruscheln umschlossenen Raum hinein. Auf alle Fälle
muss man annehmen, dass der Absatz von
Mineralien und Erzen innerhalb der Ruscheln
unter wesentlich anderen Bedingungen erfolgte wie ausserhalb derselben. Es wäre
wohl möglich, dass dabei die grossen, ehemals mit denen des Matthiasschmidtberges
und des Wäschgrundes direct zusammenhängenden Diabasmassen, welche in den
tieferen Regionen des Andreasberger Erz

feldes vorhanden sein müssen, eine wesentliche Rolle gespielt haben. Einen Fingerzeig
dafür könnte man darin sehen, dass die
Zeolithe, die eine so eigenthümliche Erscheinung der edlen Andreasberger Gänge
bilden, auch ausserhalb des Erzfeldes ganz
an den Diabas gebunden, in diesem aber
ziemlich verbreitet sind. Der Quarz- und
Eisengehalt im N von Andreasberg lässt
sich wohl auf den Granit zurückführen, und
zwar um so leichter, als derselbe in der
Nähe der Spalten stark verändert zu sein
pflegt.“ Aehnlich wie Kayser äussert sich
K. A. Lossen[27]) über die Beziehungen der in
Rede stehenden Silbergänge zu den dortigen
Diabasen, indem er hierüber unter Anderem
Folgendes sagt: „Auch den Kalkspathreichthum der Andreasberger Gänge darf man
wohl ungezwungen auf die Berührung der
Thermalwasser mit den von unten her sattel-,
nicht gangförmig hereinragenden Diabasmassen
beziehen; dass die Diabase zur Zeit der productiven Steinkohlenformation, der Gebirgsbildungszeit des Harzes, schon kalkspäthige
Zersetzungsproducte führten, geht zweifellos
daraus hervor, dass in den Granitcontacthöfen jedes Kalkspathmäntelchen des metamorphen passiven Eruptivgesteins zu einem
kleinen Predazzo wird.“
    Vor einigen Jahren erbrachte F. v. Sandberger[28]) den Nachweis, dass die Elemente
zu sämmtlichen Andreasberger Erzen, vor
Allem auch das Silber, in den dortigen Diabasen thatsächlich vorhanden sind. Es wäre
daher eigentlich sehr naheliegend, dass, wenn
man die bezeichnendsten Gangarten der dortigen Silbergänge, den Kalkspath und die
Zeolithe, welche ja auf das Innigste mit den
Erzen verwachsen sind, auf die Einwirkung
von Thermalwassern auf die Diabaseinlagerungen zurückführt, man auch die metallischen Stoffe der Gänge von demselben Eruptivgestein herleitet. Nichtsdestoweniger bringt
ein so ausgezeichneter Kenner der geologischen
Verhältnisse des Harzes wie K. A. Lossen
die Erzausfüllung dieser Gänge, sowie die
der meisten Harzer Erzgänge überhaupt, in
ursächlichen Zusammenhang mit den dortigen
Graniten.
    Vor Kurzem hat sich F. Klockmann
in einem in dieser Zeitschrift erschienenen
Aufsatz (1893. S. 466) gegen diesen doch
wohl etwas zu einseitigen Standpunkt von
Lossen gewandt, indem er (S. 469) hervorhob, dass sicherlich nicht nur die Granite

    [25]) B. v. Cotta, Die Lehre von den Erzlagerstätten. II. Th. 1861. S. 93.
    [26]) E. Kayser, Ueber das Spaltensystem am
SW-Abfall des Brockenmassivs. Jb. d. Preuss.
geolog. Landesanst. u. Bergak. 1881. S. 452—453.

    [27]) K. A. Lossen, Geolog. u. petrograph. Beitr.
zur Kenntniss des Harzes. J. d. K. Preuss. Geolog.
Landesanst. u Bergakad. 1881. S. 47.
    [28]) F. v. Sandberger, Briefl. Mitth. im N. Jb.
f. Min. etc. 1887. I. S. 112.

allein als Lieferanten der Gangarten und
Erze in Betracht zu ziehen seien, sondern
dass gewiss auch den anderweitigen Eruptivgesteinen eine wichtige Rolle bei der Bildung der Gangfüllmasse der verschiedenartigen Erzgänge zuzuschreiben sei. Klockmann ging jedoch nur auf die Lauterberger
erzführenden Schwerspathgänge etwas näher
ein, die er mit den dortigen Quarzporphyren
in genetischen Zusammenhang bringt.

In den letzten Herbstferien fand ich Gelegenheit, die St. Andreasberger Gegend
durch Augenschein kennen zu lernen, und
ich war in hohem Grade überrascht von der
ganz auffallenden Aehnlichkeit der geologischen Verhältnisse dieses Gangreviers und
derjenigen vieler chilenischer Silberlagerstätten, die ich seiner Zeit zu besuchen Gelegenheit hatte und mit welchen bekanntlich
die St. Andreasberger Silbergänge die gleiche
Gangausfüllung gemein haben.

Besonders war es Chañarcillo, das ehemals weitaus bedeutendste Silberrevier von
Chile, welches mich auf das Allerlebhafteste
an das Harzer Silbervorkommen erinnerte.
Allerdings treten die Gänge von Chañarcillo
anstatt in paläozoischen Schiefern in mesozoischen Kalksteinen auf, aber dieselben
werden gerade ebenso von Diabas-Injectionen
nach den verschiedensten Richtungen hin
durchsetzt wie jene. Und gerade ebenso
wie früher in St. Andreasberg wurden auch
in Chañarcillo die Diabasmassen von den
Bergleuten ganz mit Unrecht mit misstraui-
schen Augen angesehen. „Früher nahm man
an, dass der Silberreichthum eines Ganges,
sobald letzterer in Grünstein setze, vollständig aufhöre, gewöhnlich sogar der Gang
selbst absetze und brach mit den Bauen ab,
sobald man jenes Gestein erreichte; erst der
Zufall berichtigte den Irrthum in der Weise,
dass man seitdem auch in den Grünstein-
einlagerungen sehr reiche Silbermittel an-
schoss[29]," berichtet H. Credner[30] über
St. Andreasberg und Fr. Moesta[31] äussert
sich über Chañarcillo, wo er längere Zeit
war, folgendermaassen: „Der chilenische
Bergmann bezeichnet diese Gesteinsgänge
(Diabas-Injectionen), denen man mit verschiedenem Habitus in allen Erzgruben begegnet, mit dem allgemeinen Namen Chor-
ros und betrachtet dieselben als einen
Störenfried der Erzbildung und als das un-

tauglichste aller Gangvorkommnisse; — gewiss eine arge Verkennung der Thatsachen,
da uns eine nur oberflächliche Betrachtung
schon zeigt, dass sie als wichtiges Moment
im Gebirgsbaue, als Trägerin und Vermitt-
lerin der Erzablagerungen betrachtet werden
müssen."

Wenn man nun die ausserordentliche
Aehnlichkeit der Gangverhältnisse von St.
Andreasberg und Chañarcillo in's Auge fasst
und weiterhin noch die zahlreichen anderen
derartigen Silbervorkommnisse, wie sie hier
angeführt wurden, in Betracht zieht, so muss
man eine ganz analoge Bildung annehmen. In Bezug
auf Chañarcillo sowohl als auch bezüglich
vieler anderer ähnlicher Lagerstätten haben
sich die besten Kenner mehr oder weniger
überzeugend dahin ausgesprochen, dass der
Ursitz der Gangausfüllung und insonderheit
der des Silbers in den Diabasgesteinen zu
suchen sei; wobei man es ja dahingestellt
sein lassen kann, ob das Edelmetall seinen
Sitz in den Augitgemengtheilen oder in den
Kiesen hat, an welchen die Diabasgesteine
bekanntlich, auch wenn sie in gar keiner
Beziehung zu Erzgängen stehen, relativ reich
zu sein pflegen. Ob es sich nun wirklich
und speciell auch bei Andreasberg so verhält, muss weiteren, eingehenderen Untersuchungen überlassen bleiben. Jedenfalls
kann man aber die Arsen- und Antimon-
mineralien, die edlen Silbererze und die
Kobalt-Nickelerze, wodurch die Andreasberger Gänge bekanntlich ausgezeichnet sind,
nicht als für Graniteruptionen typische Erze
ansprechen. Solche Erze sind wohl Zinnstein, Wolframit oder Molybdänglanz, aber
diese fehlen den Andreasberger Gängen ganz
ebenso, wie allen übrigen mit Diabasgesteinen
in Verbindung stehenden Lagerstätten edler
Silbererze. Hingegen ist, wie bekannt, ein
Nickelgehalt schon vielfach in Diabasen (z. B.
in den nassauischen Diabasen) nachgewiesen
worden. Flussspath, der sich zuweilen in
den Andreasberger Gängen vorfindet, ist
eigentlich das einzige Mineral, welches sich
mit einer gewissen Berechtigung auf den
benachbarten Brockengranit beziehen lässt.
Die Anwesenheit dieses Minerals lässt sich
wohl dahin deuten, dass es Granit-Thermen
waren, welche auf die in der Tiefe befindlichen Diabase auslaugend eingewirkt
haben. Auf die Aehnlichkeit der ausser
Eisenerzen verschiedene Selenverbindungen
führenden Gänge in den weiter im Süden
befindlichen Diabaszonen von Zorge, Tilkerode etc. mit den gleichfalls an ein basisches Eruptivgestein gebundenen Vorkomm-

---

[29]) So wurde z. B. noch i. J. 1868 im Jakobs-
glücksgang eine grössere Masse Silbers in Drusenräumen des Diabases aufgefunden. (Vergl. N. Jb.
f. Min. etc. 1869. S. 445.)

[30]) H. Credner, l. c. S. 30.

[31]) Fr. Moesta, Ueber das Vorkommen der
Chlor-, Brom- und Jodverbindungen des Silbers in
der Natur. 1870. S. 27.

nissen vom Cerro de Cacheuta in Mendoza
wurde bereits hingewiesen. Die Erze der
in den Diabasen von Zorge etc. auftretenden
Gänge werden ja wohl allgemein für Se-
cretionen aus dem Diabas gehalten[32]).

## Die Braunkohlen-Ablagerungen in der Gegend von Senftenberg.

### Von

### O. Eberdt (Berlin).

In der letzten Sitzung der Deutschen
Geologischen Gesellschaft vom 7. November
berichtete ich über eine im Herbst vorigen
Jahres im Auftrage der Direction der Königlichen Geologischen Landesanstalt ausgeführte Reise in das Senftenberger Braunkoh-
lenrevier. Da über die dortigen Ablagerungen,
namentlich über dort gefundene, aufrecht
stehende Baumstümpfe in den letzten Wochen
in einer grossen Reihe von Tagesblättern Aufsätze erschienen sind, welche in entweder
übertriebener oder einander widersprechender
Weise, vielfach auch unter falscher Schilderung der geologischen Verhältnisse, diese
Ablagerungen behandelten, so folge ich gern
einer Aufforderung der Redaction dieser Zeitschrift und gebe im Folgenden in gedrängter
Kürze ein Referat meines Vortrags. Zugleich
bemerke ich, dass derselbe in erweiterter
Form im Jahrbuche der Königlichen Geologischen Landesanstalt demnächst erscheinen
wird.

Von den Braunkohlenlagern bei Senftenberg war vor etwa 30 Jahren, obwohl sie
schon seit längerer Zeit bekannt waren,
kaum die Rede. Seitdem man aber erkannte,
dass sich die dortige Braunkohle vorzüglich
zum Brikettiren eignete, entwickelte sich ein
lebhafter Bergbau, verbunden mit mancherlei
Industrie, und gegenwärtig wird aus dem
Senftenberger Revier unter anderem auch
der grösste Theil Berlins mit Heizmaterial,
den leicht und bequem zu transportirenden
Briketts, versorgt.

Das Flötz, dem diese Kohle entstammt,
tritt an mehreren Punkten am Fusse der in
nordöstlicher resp. nördlicher Richtung von
Senftenberg liegenden sog. Hörlitzer-, Senf-

tenberger-, Raunoer- und Reppister Wein-
berge, die ziemlich steil und unvermittelt
aus der Ebene ansteigen und den Anfang
eines Plateaus bilden, das sich gegen 50 m
aus der Ebene heraushebt, zu Tage. Zugleich bilden diese Höhenzüge die Südgrenze
der Ablagerungen, die sich in der Richtung
von W nach O etwa auf eine Länge von
12 km und in der Richtung von S nach N
auf eine Länge von 6—7 km erstrecken.

Auf diesem Flötz bauen eine ziemliche
Anzahl theils grösserer, theils kleinerer
Gruben, die z. Th. auf dem Ausgehenden,
am Fusse der vorerwähnten Höhenzüge
liegen. Die bedeutendsten dieser Gruben
sind die Anhaltischen Braunkohlenwerke,
(Gruben Marie I u. II), Henckel's Werke,
Ilse, Heye I u. a.

Charakteristisch für die Senftenberger
Ablagerungen ist die ausserordentliche Mächtigkeit und fast ungestörte Lagerung derselben; und zwar lässt sich bezüglich der
Mächtigkeit, obwohl sie vielfach wechselt,
doch wohl sagen, dass sie im Ostflügel des
Flötzes bei Weitem bedeutender ist und
durchschnittlich 11—15 m, meist jedoch
über 20 m, im Westflügel dagegen nur durchschnittlich 4—5 m beträgt. Die Lagerung
ist durchweg eine fast horizontale, nur sehr
schwach geneigte, z. Th. flach wellenförmige.
Die Längsrichtung der Wellen geht von O
nach W. Am Fusse der Höhenzüge, wo
das Flötz zu Tage tritt, sieht man ohne
Weiteres, dass dasselbe schwach, etwa unter
2° in die Höhenzüge hinein einfällt. Ein
wenig stärker als dies Einfallen in der Richtung von S nach N ist das von W nach O;
es wird etwa doppelt so gross angenommen.

Der Beschaffenheit nach kann man mehrere Arten von Kohle unterscheiden. Am
häufigsten ist die sehr wasserreiche, — sie
enthält davon bis zu 60 Proc. und mehr —
stückreiche, roth- bis dunkelbraune Kohle,
in welche häufig grosse Mengen bituminösen
Holzes eingelagert sind. Schweelkohle findet
sich nur in geringer Menge. Daneben kommt
noch eine schwarz aussehende Kohle vor, die
in Form von Bändern häufig die Kohlen-
massen durchsetzt. Sie ist stenglig, fädig
und macht den Eindruck, als sei sie ausschliesslich aus Sumpfgräsern, Schilfen und
dergl. gebildet. Vielfach findet sich Schwefelkies in Form von unregelmässigen Knollen; auch gediegen Schwefel tritt öfter auf.

Bei den verschiedenen Gruben vorgenommenen Bohrungen ist man etwa 34
bis 45 m unter dem Liegenden des jetzt im
Abbau begriffenen Flötzes auf ein zweites,
etwa halb so mächtiges Flötz — also etwa
8—10 m — gestossen. Dasselbe soll sich nicht

---

[32]) Es ist erwähnenswerth, dass früher auch in
der etwas nordöstlich von Zorge gelegenen Diabas-
zone von Allrode Silberadern vorgekommen sein
sollen. (Vergl Kloos, Repert. der Geologie des
Herzogthums Braunschweig etc. 1892. S. 84.) Auch
verschiedene Erze von Tilkerode führten nach
Zincken nicht weniger als 82 Mark Silber im
Centner.

allein unter dem ganzen Gebiet des oberen befinden, sondern sich noch weit über die Grenzen desselben hinaus erstrecken. Die Kohle desselben ist von wesentlich anderer Beschaffenheit, nicht erdiger Natur, sondern eine dichte, mehr glänzende.

Eine genau gleichmässige Gestaltung von Flötz- und Tagesoberfläche existirt im Einzelnen wenigstens nicht, obwohl sich die letztere ja vielfach ähnlich wie die Flötzoberfläche verhält. Spuren diluvialer Störungen sind durch den Bergbau vielfach bekannt geworden. An mehreren Stellen finden sich Verwaschungen, die aber an der Tagesoberfläche nicht bemerkbar sind. Hier ist die Kohle völlig oder doch bis auf eine nur ganz schwache Schicht verschwunden, und an ihre Stelle ist sandiger Thon mit Kiesnestern und Kohlenschmitzen getreten. An solchen Stellen namentlich finden sich erratische Blöcke von Kopfgrösse bis zu 2 und mehr Cubikmeter Inhalt abgelagert.

Die meisten, und zugleich auch die bedeutendsten Werke mit, im Senftenberger Revier sind, obwohl die Mächtigkeit des Hangenden nicht unbedeutend, jedenfalls nicht viel geringer als die der Kohle selbst ist, Tagebauten. Das hat seinen Grund darin, dass die Wegführung der Deckschichten, weil sie zum grössten Theil lose Aufschüttungen sind, allzugrosse Schwierigkeiten nicht macht.

Das Liegende unseres Flötzes ist nicht überall gleich. Im östlichen Theil findet sich unter demselben zuerst brauner bezw. schwarz-grauer Letten oder brauner und graubrauner Thon, der neben äusserst feinem Sande auch zahlreiche feine Glimmerblättchen führt. Unter diesem Letten folgt ein grauweisser, feiner, viel Glimmer führender Sand, mit dunklen Lettenschichten abwechselnd, und darauf folgt ein sehr feiner, Glimmer führender, reiner weisser Quarzsand, dem Formsand ähnlich. Alle diese Schichten sind stark wasserführend. Im westlichen Theil findet man entweder direct unter dem Flötz feinen, Glimmer führenden Sand von grauer Farbe oder Lagen von weissem Thon, oder endlich graubraunen, thonigen Letten.

Die Schichten des Hangenden zerfallen in zwei Gruppen, von denen die eine dem Tertiär, die andere dem Diluvium angehört. Direct über der Kohle folgt, bei ungestörter Lagerung, ein grauweisser, plastischer Thon, der im feuchten Zustande, namentlich wenn man einen frischen Anschnitt vor sich hat, leicht bläulichgrün oder ganz leicht hellbraun erscheint. Derselbe ist stets kalkfrei, stellenweise sandig und dann reichlich mit Glimmerblättchen durchsetzt. Wegen

dieses schönen Thonmaterials haben viele Gruben Ziegeleibetrieb nebenbei eingerichtet und fabriciren aus dem Thon Ziegel, Röhren u. s. w. Er soll eine Temperatur von 1200° bis 1300°, ja sogar bis 1500° ohne zu sintern aushalten können und leicht Glasur annehmen. Ueber dem Thon liegen grobe und geröllreiche Sand- und Kiesmassen, die aus verschieden gefärbten, hirsekorn- bis wallnussgrossen Quarzen und schwarzen Kieselschiefern bestehen und mit weissen Glimmerblättchen vermengt sind. Die feineren Körner sind scharfrandig, die gröberen abgerundet und glatt. Feuersteine und fremde, namentlich nordische Geschiebe finden sich darin nicht.

Die Lagerung dieser Thone und Sande ist eine dem unterliegenden Braunkohlengebirge völlig conforme, und deshalb sowohl, als auch in Rücksicht auf ihre Zusammensetzung sind sie dem letzteren zuzurechnen. Ihre Mächtigkeit beträgt bei starken Deckschichten etwa 10—12 m.

Hierauf folgt das Diluvium, in der Hauptsache aus Geschiebedecksand bestehend, der nur spärlich durch Streifen von Geschiebelehm und -thon durchsetzt resp. unterbrochen wird. Von den tertiären Sanden unterscheidet er sich hauptsächlich dadurch, dass er Feuersteine und Gerölle südlicher Herkunft, so namentlich im W ziemlich reichlich Achate, zusammen mit nordischen Geschieben führt. Locale Störungen dieses regelmässigen Aufbaus kommen natürlich vielfach vor.

Spuren einstiger Vereisung lassen sich mehrfach nachweisen, so Strudellöcher mit noch auf dem Boden derselben liegenden runden Reibsteinen; und durch den von der einstigen Eisdecke ausgeübten gewaltigen Druck lassen sich wohl auch die Ueberschiebungen des Thons und die Ueberkippungen erklären, sowie Einpressungen der unterlagernden Sande in die hochaufgewölbten und überkippten Thonschichten. Endlich findet man tertiäre Sandmassen vielfach in den hangenden Thon hineingepresst.

Der Gedanke in unseren Ablagerungen über den Kohlen sich findenden Deckthone mit den sog. Flaschenthonen der Lausitz zu identificiren, liegt bei den mancherlei Uebereinstimmungen in der Lagerung ausserordentlich nahe, namentlich da auch die Zusammensetzung und technische Verwendbarkeit von beiden die gleiche ist. Demnach würden also auch unsere Senftenberger Bildungen zu den „subsudetischen" Braunkohlenablagerungen Berendt's zu rechnen und ihre Entstehung in das Miocän zu verlegen sein.

2*

Wenn nun etwas im Stande ist, dies jugendliche Alter unserer Braunkohlen zu bestätigen, so sind es die fossilen Reste, die übrigens ausschliesslich pflanzlicher Natur sind. Im Gegensatz zu den sonst als arm bekannten Braunkohlenfloren ist die der Senftenberger Ablagerungen ziemlich reich. Freilich muss man die Mühe nicht scheuen und eifrig nach Resten suchen, die zur Bestimmung verwendbar sind.

Ohne auf die Zusammensetzung dieser Flora näher einzugehen, will ich nur erwähnen, dass dieselbe ganz entschieden auf das Miocän hinweist. So finden sich Palmen gar nicht und neben den Vertretern einer wärmeren Zone treten hauptsächlich doch Angehörige einer gemässigten wärmeren Zone auf, deren Formen sich die der jüngsten Tertiärbildungen schon ziemlich nähern.

Interessant sind nun die Senftenberger Ablagerungen vor Allem dadurch, dass man im Liegenden des Flötzes aufrecht stehende Baumstämme findet. Ich habe diese Erscheinung in einer Reihe von Tagebauten, doch auch in Tiefbauen, und zwar sowohl in der West- als auch der Osthälfte des Flötzes beobachtet; am schönsten aber in dem auf dem Ostflügel liegenden Tagebau der Grube Marie II. Hier sah ich im Liegenden eines abgebauten Flötztheiles in einer Länge und Breite von je etwa 200 m in ziemlich regelmässigem Abstand von einander eine grosse Anzahl aufrecht stehender Baumstümpfe, die Reste gewaltiger Baumriesen, deren mächtige Wurzeln ich bis auf 2 bis 2,5 m Entfernung vom Stamm in dem grauen Thonboden verfolgen konnte. Alle diese Stämme, von denen die meisten einen Durchmesser von über 3 m und einen Umfang von 9—10 m hatten, waren in etwa einem Meter Höhe über dem Boden gleichmässig wie abgeschnitten, so dass eine durch die Endflächen der Stümpfe gelegte Ebene ungefähr parallel dem Liegenden verlaufen würde.

Der Annahme, dass diese Stämme einst hier eingeschwemmt und später durch irgend eine gewaltige Kraft wieder aufgerichtet seien, widerspricht ihre ganze Erscheinung, die Regelmässigkeit und Gleichmässigkeit ihrer Stellung und vor allen Dingen die durchaus gleichmässige Lagerung des Flötzes, das keinerlei innere Störung zeigt. Und deshalb darf, mag man über die Entstehung der Braunkohlen - Ablagerungen im Allgemeinen denken wie man will, insbesondere Ein- und Anschwemmungen von Hölzern aus ihren ursprünglichen Standorten und nachherige Barrenbildung zur Erklärung derselben in Anspruch nehmen[1]), von den Senftenberger Ab-

lagerungen wohl mit Bestimmtheit behauptet werden, dass sie am Orte selbst entstanden, autochthon sind. Zur Erklärung der eigenthümlichen, gleichmässig hohen, glatten Bruchfläche aller dieser Stämme muss man sich ins Gedächtniss zurückführen, dass, nach den in den Urwäldern gemachten Beobachtungen, die alten Riesenbäume aus natürlichen Gründen fast alle in dieser Höhe abbrechen, und ausserdem die nivellirende Wirkung des Wassers zu Hülfe nehmen. Die Bäume, die ohne Zweifel in einem Sumpfe standen — nach meinen mikroskopischen Untersuchungen sind es hauptsächlich Sumpfcypressen (Taxodium distichum miocenicum Heer.), schwach mit Laubhölzern untermischt, deren Holz einen ganz frischen Eindruck macht, und an dem die Borke, in welcher man, ebenso wie im Holze, massenhaft Insectengänge verfolgen kann, stellenweise wohl erhalten ist —, sind gebrochen, und ihre Stämme sind in das moorige Wasser gestürzt; dies letztere hat insofern nivellirend gewirkt, als bis zur Höhe des Wasserspiegels die Stümpfe abgefault, der vom Wasser bedeckte Theil dagegen vor Verwesung geschützt und so erhalten geblieben ist.

Als Bildungslocalität der Senftenberger Ablagerungen haben wir uns jedenfalls eine flache Mulde, vielleicht eine seichte Meeresbucht oder einen Theil einer solchen vorzustellen. Hier entwickelte sich, vielleicht gleichzeitig mit, vielleicht auch vor dem Auftreten eines Moores unser Taxodium distichum miocenicum, das ohne Zweifel zur damaligen Zeit dieselbe Rolle gespielt hat, wie sein Verwandter, das jetzige Taxodium distichum in den Morästen Virginiens noch heute, wo es eine Höhe von 30—40 m bei einem Umfang an der Basis von 8—13 m erreicht[2]). Zwischen und unter diesen Bäumen entwickelte sich ein Wald von Rohr, Gräsern und kleinen Kräutern und Gesträuchen, und in jedem Jahre häufte sich das Gemenge derselben, mit abgefallenen Zweigen und Blättern vermischt, an der Wasseroberfläche an, um durch langsame Zersetzung in Kohle verwandelt zu werden, endlich zu Boden zu sinken und dort einen schwarzen, weichen Schlamm zu bilden. Dann stürzten die Bäume, verkohlten, soweit sie im Wasser lagen, und auf ihren aus dem Wasser herausragenden, vermodernden Theilen siedelten sich Moose, dann kleine Gesträuche an, auch jedes Jahr durch Ast- und Laubfall zur Vermehrung der Ablagerungen beitragend. Kurz, es ist dasselbe Bild, wie es heute in südlicheren Theilen der Vereinigten

---

[1]) Vergl. d. Z. 1893 S. 232, 477; 1894 S. 245.

[2]) Vergl. d. Z. 1894 S. 245.

Staaten die sog. Dismal- oder Alligator-
Swamps zeigen, die in Virginien und Nord-
Carolina Tausende von Quadratmeilen be-
decken und viele Torflager einschliessen.

Der Zeitraum, in welchem die Ablagerung der Braunkohlenflötze sich vollzog, ist
nun in den meisten Fällen, auch wenn man
die Ueppigkeit und Schnelligkeit der tropischen Vegetation in Betracht zieht, ein sehr
grosser gewesen, namentlich, wenn ihre Bildung in periodischen Absätzen und nicht
ruhig und ununterbrochen vor sich ging.

Bei dem Senftenberger Flötz hat es nun
den Anschein, als habe man eine einzige
mächtige Ablagerung vor sich, aber die genaue Untersuchung des frischen Profils eines
ganzen Flötzes gab eine etwas andere Auskunft. Hier sah ich, wie das Flötz durch
zwei, im Verhältniss zur Gesammtmächtigkeit von ca. 20 m freilich nur schwache
Schichten thonhaltiger Kohlensande in 3 Abtheilungen getrennt wurde, und was das Interessante dabei war, in jeder dieser, ebenso
wie die Kohle schwarzbraun gefärbten, thonhaltigen Sandschichten sah man, genau wie
im Liegenden, Baumstämme mit langen
Wurzelresten aufrecht stehen. Hiernach ist
also die Bildung eine discontinuirliche, durch
Ablagerung dieser Zwischenschichten unterbrochene gewesen. In jeder dieser 3 Etagen,
von denen die oberste die mächtigste war,
konnte man ungefähr die gleiche Gliederung
der Kohlen beobachten.

War nun die Zeit, die zur Bildung dieser
mächtigen Ablagerungen nöthig war, auch
gross, so ist sie allem Anschein nach doch
nicht so gross gewesen, dass in ihrem Verlauf die klimatischen Bedingungen und mit
ihnen der Charakter der Pflanzenwelt sich
wesentlich geändert hätte. Denn nach den
Resultaten meiner bisherigen Untersuchungen bin ich der Ansicht, dass sich in den
Kohlenschichten unter dem Hangenden etwa
die gleichen Pflanzenreste finden, wie in der
Nähe des Liegenden.

---

### Geschichte des Unterrichts in Geologie und Paläontologie an den Deutschen Universitäten.[1]

Von

**K. von Zittel** in München.

An den grundlegenden Arbeiten im vorigen und im Anfang dieses Jahrhunderts,
durch welche Geologie und Paläontologie in

[1] Vom Verfasser genehmigter und durchge-
sehener Abdruck aus „Die Deutschen Universitäten.

die Reihe der Naturwissenschaften eintraten,
haben die Deutschen Universitäten keinen
nennenswerthen Antheil. Zu jener Zeit gab
es an unseren Hochschulen in der Regel
einen einzigen Professor der Naturgeschichte,
der sich meist mit Botanik oder Zoologie,
in selteneren Fällen wohl auch mit Mineralogie beschäftigte. Das, was wir heute geologische Aufnahmen und Untersuchungen im
Felde nennen, blieb den praktischen Bergleuten überlassen und ihnen verdankt man
denn auch die ersten wissenschaftlichen Arbeiten dieser Art. Lehmann (1736) und
Füchsel (1762) hatten schon im vorigen
Jahrhundert ihre Beobachtungen über gewisse
thüringische Bergdistricte veröffentlicht, den
Begriff einer „Formation" (z. B. des Kupferschiefers, Zechsteins, Rothliegenden) definirt
und die Reihenfolge der Formationen für
Thüringen festgestellt. Füchsel hatte sogar den Versuch gemacht, die Verbreitung
der verschiedenen Formationen kartographisch
zur Anschauung zu bringen und die erste
geologische Karte mittelst Durchschnitte zu
erläutern. Die Bedeutung dieser Untersuchungen wurde übrigens erst richtig gewür-
digt, als Abraham Gottlob Werner,
Professor an der Bergakademie in Freiberg
(† 1817) den Sinn der Füchsel'schen Formation erweiterte und für sein System der
Zusammensetzung der Erdrinde verwerthete.
Durch Werner's epochemachende und begei-
sternde Lehrthätigkeit erwachte in Deutschland ein lebhaftes Interesse für die junge
Wissenschaft und von der kleinen sächsischen Bergstadt ging eine geistige Bewegung aus, welche auch in den Nachbarländern lebhaften Wiederhall fand, wo sich
geniale Forscher wie Hutton, William
Smith, Dolomieu, Cuvier, Brongniart, de Saussure u. A. dem Studium
der Geologie und Paläontologie zugewendet
hatten. Aber obwohl sich Deutschland rühmen durfte, in den ersten Decennien dieses
Jahrhunderts die drei grössten und maass-
gebendsten Geologen, Werner, Alexander
von Humboldt und Leopold von Buch
zu besitzen, so gehörten dieselben ebenso wie
ihre thätigsten Mitarbeiter (v. Freiesleben,
Heim, v. Hoff, v. Schlotheim, Graf zu
Münster, Heinr. Credner u. A.) nicht dem
akademischen Lehrkörper an, sondern befanden sich entweder in unabhängiger Lebens-
stellung oder waren in anderen Berufen
thätig.

---

Für die Universitätsausstellung in Chicago 1893
unter Mitwirkung zahlreicher Universitätslehrer
herausgegeben von W. Lexis, ordentlichem Professor der Staatswissenschaften in Göttingen". (Berlin, A. Asher & Co.)

Erst vom zweiten und dritten Jahrzehnt dieses Jahrhunderts an, nachdem die Fundamente der Wissenschaft gelegt waren, betheiligten sich auch die Deutschen Universitäten an ihrem weiteren Aufbau und übernahmen bis in die neueste Zeit fast ausschliesslich die Führung. Im Jahre 1808 wurde in Berlin der erste selbständige Lehrstuhl für Mineralogie errichtet und diesem Vorgang folgten mehr oder weniger rasch auch die übrigen Universitäten. Die Pflege der Geologie fiel überall den Mineralogen zu, während paläontologische Forschungen häufig den Zoologen oder Botanikern überlassen blieben. Dass Berlin unter dem mächtigen Einfluss Alex. von Humboldt's und Leop. von Buch's lange Zeit in vorderster Linie stand, ist freilich weniger das Verdienst der Universität, als einer Schaar enthusiastischer und hochbegabter jüngerer Forscher, wie v. Dechen, v. Oeynhausen, v. Carnall, Fr. Hoffmann u. A., welche von den beiden Meistern angeregt, auf den verschiedensten Gebieten der Geologie thätig waren und in Karsten's Archiv ein eigenes Organ für ihre Publicationen gründeten.

Nachdem fast alle Deutsche Hochschulen eine ordentliche Professur für Mineralogie erhalten hatten, wurde auch für Beschaffung von Lehrmitteln, namentlich für Sammlungen von Gesteinen, Erzstufen und Versteinerungen Sorge getragen; zugleich aber trat eine durch die rasche Entwicklung der mineralogischen und geologischen Wissenschaften bedingte Arbeitstheilung ein. Die Mineralogie schloss sich, nachdem die systematische Kenntniss der einzelnen Mineralien zu einem gewissen Abschluss gelangt war, enger an Physik und Chemie an, in der Geologie rückte neben dem Studium der Vulcane, der Gebirgsbildung, Tektonik und Gesteinskunde paläontologische Forschung mehr und mehr in den Vordergrund. Die Beherrschung der gewaltig anschwellenden Disciplinen wurde immer schwieriger, so dass (1843) zuerst in München, dann in Berlin und allmälich auch an den mittleren und kleineren Universitäten neben dem Vertreter der Mineralogie ein zweiter ordentlicher oder ausserordentlicher Professor Geologie und Paläontologie zu übernehmen hatte. Gegenwärtig besitzt Berlin drei, Bonn, Göttingen, Leipzig, Marburg, München, Strassburg zwei ordentliche Professuren; an den meisen übrigen Deutschen Universitäten ist entweder Geologie oder Mineralogie durch einen ordentlichen, die zweite Disciplin durch einen ausserordentlichen Professor vertreten. Von der wissenschaftlichen Richtung und den Leistungen der jeweiligen Inhaber dieser Lehrstühle hängt der Antheil ab, den die Deutschen Universitäten an der Förderung der Geologie und Paläontologie zu beanspruchen haben.

Unter den altpreussischen Hochschulen besass Berlin von jeher die grössten Hilfsmittel, reiche Sammlungen und Bibliotheken und einen starken Lehrkörper. Die Forschungen von Gustav Rose, Rammelsberg und Justus Roth auf dem Gebiete der Gesteinskunde, chemischen Geologie und Vulcanlehre, die vielseitigen Arbeiten E. Beyrich's im Gebiete der Formationenlehre und Paläontologie, sowie seine geologische Untersuchung Schlesiens und des Harzrandes, Ehrenberg's bahnbrechende Untersuchungen über die kleinsten lebenden und fossilen, namentlich felsbildenden Organismen, neben denen auch die freilich wenig beachtete Herstellung mikroskopischer Dünnschliffe von Mineralien und Gesteinen durch Oschatz Erwähnung verdient, machten Berlin auch nach dem Tode Leop. v. Buch's zu einem Hauptsitz geologischer und paläontologischer Forschung. Im Dezember 1848 wurde in Berlin die Deutsche geologische Gesellschaft ins Leben gerufen und eine Zeitschrift begründet, welche bis zum heutigen Tag einen sehr bedeutenden Einfluss auf die Entwicklung der Geologie und Paläontologie ausübte.

Mit Berlin wetteiferte Bonn lange Zeit um den Vorrang. Eine glückliche Constellation vereinigte hier um die Mitte dieses Jahrhunderts eine Reihe von Forschern, wie Nöggerath, Bischof, Goldfuss, Ferd. Roemer, Mohr, Gerh. vom Rath, Vogelgesang, Zirkel und als Chef des Bergwesens von Dechen, die in verschiedenster Richtung schöpferisch thätig waren. Dechen's geologische Specialaufnahme der Rheinprovinz und der Provinz Westfalen, welche in 35 Kartenblättern im Maassstab von 1:80 000 veröffentlicht wurde und von zwei Bänden Erläuterungen begleitet war, lieferte die erste geologische Karte eines ansehnlichen Theiles von Deutschland in einem grösseren Maassstabe; sie gilt als ein Muster exacter Beobachtung. Durch die Herausgabe der geognostischen Uebersichtskarte von Central-Europa (1838) und später (1869) von Deutschland machte v. Dechen die Ergebnisse geologischer Forschung weiteren Kreisen zugänglich. Ferd. Roemer's Rheinisches Schiefergebirge und Goldfuss' Petrefacta Germaniae werden allezeit ruhmvolle Denkmäler deutschen Forscherfleisses und Scharfsinns bleiben, und G. Bischof's berühmtes Lehrbuch der physikalischen und chemischen Geologie eröffnete in origineller Weise ein neues, fast noch unbebautes Gebiet und übte auf die Anschauungen über Vulcanismus, Entstehung und Umwandlung der Gesteine einen nachhaltigen Einfluss aus. Von Bonn ging auch die moderne Reform der Petrographie in Deutschland aus. Die bahnbrechende Bedeutung der H. Clifton-Sorby'schen Untersuchungen über die mikroskopische Structur der felsbildenden Mineralien und Gesteine wurde von Ferd. Zirkel (jetzt in Leipzig) zuerst in ihrer vollen Wichtigkeit erkannt, weiter ausgebildet und damit die langjährige Stagnation im Gebiete der Gesteinskunde gebrochen. Die heutige Blüthe der petrographischen Forschung ist zunächst Zirkel und später den feinen Untersuchungen Rosenbusch's und Cohen's (in Strassburg und Heidelberg) zuzuschreiben, welche insbesondere die Ergebnisse der Krystalloptik und Krystallphysik glücklich im Dienste der mikroskopischen Gesteinsuntersuchung verwertheten.

Die Universität Halle, wo Germar, Fr. Hofmann, Keferstein, Girard, v. Fritsch als Geologen, Giebel und Burmeister als Paläontologen thätig waren, beansprucht unter den Preussischen Hochschulen eine hervorragende Stellung für die Entwicklung der Geologie und Paläontologie und auch Breslau wurde seit 1855 durch die Berufung Ferd. Roemer's, des besten Kenners der paläozoischen Formationen, eine Universität, an welcher eine nicht geringe Anzahl der tüchtigsten, meist noch jetzt lebenden Geologen und Paläontologen Deutschlands, wie v. Seebach, Schlüter, Herm. Credner, Eck, Dames, Tietze, Gürich u. A. ihre Ausbildung erhielten.

In der Universität Göttingen pulsirte schon im Beginn dieses Jahrhunderts auch in unserem Fach ein reges wissenschaftliches Leben. Die Ideen von Werner, Alex. v. Humboldt und Leop. v. Buch fanden hier einen fruchtbaren Boden. Hatte schon Blumenbach die Bedeutung der Versteinerungen für die Erdgeschichte zu würdigen verstanden, so gehörten in noch höherem Maasse der freilich mehr als Mineraloge thätige Hausmann, dann Sartorius von Waltershausen und C. v. Seebach zu den einflussreichsten Geologen Deutschlands. Durch die Monographie des Aetna, die physikalische Beschreibung von Island und durch die Untersuchungen über die klimatischen Verhältnisse der Urzeit hat insbesondere Sartorius Werke von tiefer Gelehrsamkeit und bleibendem Werth geschaffen.

Unter den süd- und mitteldeutschen Universitäten verdienen Heidelberg, Leipzig, München und Tübingen besonders hervorgehoben zu werden. Heidelberg stand schon im dritten Decennium dieses Jahrhunderts in vorderster Reihe wissenschaftlicher Thätigkeit auf dem Gebiete der Geologie und Paläontologie. Die dortige Hochschule besass in C. C. v. Leonhard, dem Herausgeber des mineralogischen Taschenbuchs und Begründer des neuen Jahrbuchs für Mineralogie, Geologie und Petrefaktenkunde (neben der Zeitschrift der Deutschen geologischen Gesellschaft noch heute das wichtigste Organ für Geologie und Paläontologie) einen Lehrer von hinreissender Beredsamkeit und einen erfolgreichen Forscher der Vulcane und vulcanischen Gesteine. Neben ihm wirkte H. G. Bronn als Zoolog und Paläontolog, ein Mann von stupender Gelehrsamkeit, dessen Lethaea geognostica einen Grundpfeiler der historischen Geologie und Paläontologie bildet, während die Geschichte der Natur mit dem Index palaeontologicus lange Jahre hindurch jedem arbeitenden Paläontologen als unentbehrliches Hilfsmittel diente. Auch R. Blum's petrographische Untersuchungen nehmen eine rühmliche Stellung in der deutschen geologischen Litteratur ein.

In Leipzig war von 1842 an dreissig Jahre hindurch C. Fr. Naumann als Lehrer der Mineralogie und Geologie thätig, nachdem er sechzehn Jahre vorher an der Bergakademie in Freiberg als Professor der Krystallographie und Geognosie gewirkt und sich durch ausgezeichnete krystallographische und mineralogische Arbeiten einen berühmten Namen gemacht hatte. In die Freiberger Zeit fällt auch die Herstellung der mit Bernh. von Cotta herausgegebenen geognostischen Karte von Sachsen im Maassstab von 1 : 120 000, welche einen mächtigen Einfluss auf die montanistische und industrielle Entwicklung namentlich der Steinkohlendistricte Sachsens ausübte und an Genauigkeit mit Dechen's Karte von Rheinland und Westfalen wetteiferte. Das bedeutendste geologische Werk Naumann's ist sein Lehrbuch der Geologie, anerkanntermaassen das vollständigste und gründlichste Compendium, das Jahrzehnte hindurch allen Studirenden der Geologie als Richtschnur diente. Durch Naumann's ausgezeichnete Lehrthätigkeit wurde Leipzig ein Hauptsitz für das mineralogische und geologische Studium und diese Tradition wurde nach Naumann's Tod (1873) durch seinen Nachfolger F. Zirkel und durch Herm. Credner, den Verfasser des besten kleineren Lehrbuchs der Geologie und Leiter der geologischen Landesaufnahme in Sachsen, aufrecht erhalten. Für paläontologische Studien besitzt Leipzig nur geringe Hilfsmittel, doch hat der Botaniker Schenk die Kenntniss der fossilen Pflanzen neben Schimper, Geinitz, Weiss und neuerdings Graf Solms-Laubach (Straasburg) wohl am meisten gefördert.

Unter den drei bayerischen Universitäten nahm München erst in der zweiten Hälfte dieses Jahrhunderts regeren Antheil an den wissenschaftlichen Bestrebungen auf dem Gebiete der Geologie und Paläontologie. Die reichen Sammlungen der k. bayerischen Akademie kamen nach Uebersiedelung der Universität von Landshut in die Hauptstadt unter die Leitung der Universitätlehrer und konnten zu Unterrichtszwecken und zu wissenschaftlichen Arbeiten benützt werden. Schafhäutl, (seit 1843) der erste ordent-Professor der Geologie in Bayern, beschäftigte sich hauptsächlich mit der Erforschung der damals noch fast gänzlich unbekannten bayerischen Alpen, während der Zoolog A. Wagner auf paläontologischem Gebiete thätig war. Aber erst als W. v. Gümbel seine Wirksamkeit als Forscher, Lehrer und Director der geologischen Landesaufnahme begann und in seinem grossen Werk (geognostische Beschreibung der bayerischen Alpen, des ostbayerischen Grenzgebirges, des Fichtelgebirges und fränkischen Jura) nach und nach die Ergebnisse seiner vierzigjährigen grundlegenden Untersuchungen über die Geologie Bayerns veröffentlichte und gleichzeitig Alb. Oppel eine kurze, aber höchst erfolgreiche Lehrthätigkeit entfaltete, wurde München allmälich ein Vorort für paläontologische und geologische Forschungen und eine Schule, aus welcher in den letzten drei Decennien eine namhafte Anzahl der thätigsten jüngeren Paläontologen und Geologen, wie Benecke, Waagen, Schwager, Schlönbach, Neumayr, v. Sutner, Branco, Naumann, Vacek, Poblig, G. und J. Böhm, Steinmann, Penck, Rothpletz, Walther, Gottsche, v. Ammon, Schlosser, Reis, v. Wöhrmann, Jaekel, Eb. Fraas u. A. hervorgingen.

In Tübingen lehrte mehr als ein halbes Jahrhundert F. A. Quenstedt († 1889), einer der originellsten, vielseitigsten und fruchtbarsten Geologen und Paläontologen Deutschlands. Seine rastlose Thätigkeit in der Erforschung des würtembergischen Bodens, namentlich des schwäbischen Jura, seine seltene Lehrbegabung und sein Ansehen als scharfsinniger Forscher verschafften ihm einen derartigen Einfluss nicht nur auf seine Zuhörer und speciellen Schüler, sondern auch auf weitere Kreise, dass sein Name in Schwaben eine ungewöhnliche Popularität gewann und das Interesse für Geologie und Paläontologie in Schichten der Bevölkerung getragen wurde, welche sonst wissenschaft-

lichen Bestrebungen ferne stehen. An vielen Orten der schwäbischen Alb finden sich einfache Landleute, welche Versteinerungen sammeln und mit Quenstedt's Eintheilung des Jura und manchen anderen geologischen Fragen vortrefflich vertraut sind. Quenstedt's Beispiel zeigt in glänzender Weise, was ein einzelner, genialer Mann selbst mit den bescheidensten Mitteln zu leisten vermag. Und dieses Beispiel steht keineswegs vereinzelt da. Die meisten der bisher nicht genannten deutschen Universitäten, auch die kleinsten nicht ausgenommen, besassen oder besitzen unter ihren Professoren der Geologie in der Regel einen oder auch mehrere Männer, welche sich wie Duncker, v. Klipstein, Fr. Sandberger, Pfaff, Streng, Kayser, v. Koenen, Laspeyres, Hosius, Joh. Lehmann u. A. entweder als Lehrer oder Forscher auszeichnen.

In den drei letzten Jahrzehnten wurden in fast allen Deutschen Staaten geologische Landesanstalten ins Leben gerufen und dadurch den Universitäten ihre bisherige praktische Thätigkeit theilweise entzogen. Allerdings stehen diese Anstalten meist unter der Leitung von Universitätsprofessoren und sind auch fast überall aus deren Initiative hervorgegangen. Immerhin beruht aber jetzt die Aufgabe der Universitäten hauptsächlich in der Lehrthätigkeit, in der theoretischen Ausbildung jüngerer Fachgelehrter und in der wissenschaftlichen Forschung. Mit dem zunehmenden Umfang der Wissenschaft, mit dem fast erschreckenden Anschwellen des thatsächlichen Materials und mit der Verfeinerung der Arbeitsmethoden stellte sich auch die Nothwendigkeit einer Aenderung der Lehrweise heraus. Die Thätigkeit eines akademischen Lehrers der Geologie und Paläontologie beschränkt sich heute nicht mehr auf die Abhaltung von Vorlesungen und Excursionen, sondern der Anfänger muss mit dem Material, den Untersuchungsmethoden und der Litteratur vertraut gemacht und unter Anleitung des Lehrers zur selbständigen Forschung angeregt werden. Diesen Bedürfnissen konnte nur durch Vergrösserung der Sammlungen und Bibliotheken und durch Einrichtung von Instituten entsprochen werden, in denen Anfänger und Geübtere wie in den chemischen Laboratorien Gelegenheit zu eigener Arbeit finden. Derartige Institute sind gegenwärtig an den meisten Deutschen Universitäten vorhanden und je nach den Mitteln und nach der wissenschaftlichen Richtung der einzelnen Lehrer sehr verschieden beschaffen. Während in Leipzig, Heidelberg, Greifswald vorzugsweise petrographische Studien gepflegt werden, gelten München, Berlin,

Strassburg, Breslau, Bonn, Göttingen, Halle, Tübingen theils wegen ihrer reichen Sammlungen, theils wegen ihrer wohl eingerichteten Institute als die günstigsten Hochschulen für paläontologische Forschungen. An kleineren Universitäten, wo die Zahl der Studirenden für Geologie naturgemäss eine geringe ist, genügen in der Regel ein bis zwei Arbeitszimmer, in welchen unter Umständen auch die Lehr- und Uebungssammlungen aufgestellt sind, an grösseren Orten werden Anfänger und Vorgeschrittenere getrennt arbeiten, und dadurch mehr Räumlichkeiten erforderlich sein. Die Ausstattung mit Instrumenten beschränkt sich meist auf Mikroskope, Schneidmaschinen, Schleifapparate und sonstige Utensilien zur Herstellung von Dünnschliffen und mikroskopischen Präparaten. Laboratorien für chemische und physikalische Untersuchungen stehen in der Regel unter der Leitung des Mineralogen.

Vergleicht man die Einrichtungen an unseren Deutschen Universitäten für das Studium der Geologie und Paläontologie mit denen in den Nachbarländern, so darf behauptet werden, dass sie nicht hinter den letzteren zurückgeblieben, dass vielmehr unsere Institute und Lehrmethoden vielfach als Muster nachgeahmt worden sind.

---

## Die
## Erzlagerstätten von Nagybánya in Ungarn.
### Von
### Geyza Szellemy, k. ung. Districts-Markscheider.

[Fortsetzung von S. 455, 1894.]

### VIII. Kapniker Bergbau.

Etwa 30 km östlich von Felsöbánya liegt an der Grenze von Siebenbürgen und Marmarosch der Bergort Kapnikbánya in einer Höhe von 800 m über dem adriatischen Meere. Von dem Ursprunge des dortigen Bergbaues sind keine glaubwürdigen Nachrichten erhalten; es scheint, dass der Bergbau von Felsöbányaer Bergleuten erschürft wurde, der Sage nach von einem kleinköpfigen Manne, welchem auch die Grube ihren Namen verdankt, da „Kapnike" rumänisch „kleiner Kopf" bedeutet.

Nach einer alten Inschrift war der dritte Tagestolln des Fürsten-Ganges bereits i. J. 1512 fertig. Schon 1566 war ein Theil dieses Bergbaues aerarisches Eigenthum, da der Oberkammergraf Johann Torday in diesem Jahre der Oberbehörde meldet, dass die Kapniker Gruben zwar sehr reich seien, doch

wegen der herumirrenden Räuber nicht in Betrieb gehalten werden können; darum solle man entweder Militär dort lagern lassen oder die Gruben mit Schanzen umgeben. — 1571 war der Bergbau schon ganz in Verfall gerathen; nach der Mohascher Katastrophe fiel er in die Hände der siebenbürgischen Fürsten und wurde von diesen im Betriebe gehalten.

Im Jahre 1588 gab der siebenbürgische Fürst Sigismund Bátori den Bergbau dem Freiherrn Felician von Herberstein in Pacht; 1591 wurde dieser Vertrag auf 6 Jahre verlängert. Später stand der Bergbau unter Führung von Lissabona; 1645 wurde die Gegend vom Fürsten Georg Rakoczy mit deutschen Arbeitern kolonisirt. 1717 fielen die Tartaren ein (vgl. d. Z. 1894. S. 267), 1722 wurde Kapnik von Neuem kolonisirt; es wurde damals der Zalatnaer, 1727 der Kaschauer Bergdirection und 1748 dem Nagybányaer Bergoberinspectoratsamt — der jetzigen Bergdirection — zugetheilt; zugleich wurde ein kgl. Bergamt mit 6 Beamten errichtet.

Im Jahre 1753 wurde der Josef Erbstolln in Betrieb gesetzt; 1810 war er schon 6000 m lang und erhielt den Namen „Erzherzog Rainer Erbstolln" (S. Fig. 2). Zwei neue Gänge, der Theresia- und Erzbach-Gang, wurden 1784 aufgeschlossen, wodurch der Bergbau wieder gehoben wurde; schon 1816—17 aber gerieth er abermals in Verfall. 1835 war der feldortmässige Aufschlussbetrieb auf den meisten Lagerstätten eingestellt und das Unternehmen nur dahin gerichtet, durch Angriff der hochhaltigen Mittel in der Sohle des Rainer Stollns sich zu behaupten; der Ertrag des Jahres 1835 mit 37 783 fl. ist beinahe allein aus dem reichen Abteufen der Scharung des Ungarganges mit der Bleikluft unter der Sohle dieses Stollns gewonnen worden. Damit der Rainer Stolln, welcher 1837 mit Genehmigung des damals an Ort und Stelle gewesenen Hofkammer-Präsidenten Fürsten Lobkovitz, fortbetrieben werden sollte, nicht sogleich in fremdes Feld gerathe, wurde die gewerkschaftliche Elisabeth Grube für das Aerar angekauft.

Eine tiefere Lösung wurde nothwendig, doch erst 1844 erfolgte die allerhöchste Bewilligung zur Anlegung des noch heute im Fortbetrieb befindlichen „Kaiser Ferdinand Erbstolln"; nach Lösung der Wasser warf der Bergbau fast ununterbrochen Ertrag ab. In einigen Jahren sind die Pfeiler über diesem tiefsten Stolln abgebaut; durch Einbau von Maschinen muss dann die weitere Teufe erschlossen werden.

3

Das die Gänge einschliessende Gestein
ist auch hier Orthoklas-Quarztrachyt (kurz
Grünstein genannt); er ist umgeben von
Amphiboltrachyt, Amphibol-Augittrachyt, La-
bradorit-Andesintrachyt und Augittrachyt; aus
letzterem besteht der höchste Berg des ganzen
Gebirgszuges, der Gutin (1447 m).

Sämmtliche Gänge haben ein paralleles
Streichen zwischen h. 2—8 und laufen, wie
das Profil Fig. 2 zeigt, fast alle in gleicher
Entfernung (225 m) von einander. Gegen
N ändern die meisten ihr Streichen und
bilden Scharungen, namentlich der Clemens
mit dem Borkuter Gang, der Josefi Gang mit
der Josefinen Kluft, der Kapniker mit dem
Ungar Gang und der Johann mit dem Theresia
Gang, oder sie zerspalten sich in mehrere
Trümer.

Diese mächtigeren älteren Gänge sind
durch jüngere diagonale Klüfte mit einander

Zonen führen. Wenn die Trümer zusammenkommen, bilden sie reiche Linsen. Die Struktur der Gänge ist eine lagenförmige; selten
sind deutliche Salbänder ausgebildet, gewöhnlich sind sie mit dem Nebengestein verwachsen. Die Mächtigkeit der Gänge ist
sehr verschieden; oft wechselt sie bei ein
und demselben Gange zwischen Gesteins-
scheide und 6 m.

Fast alle Gänge haben einen ziemlich
gleichen Verflächungswinkel von $60^0$ bis $80^0$
gegen SO. An einzelnen Stellen stehen die
Gänge senkrecht und nehmen auch ein ent-
gegengesetztes Fallen an.

Die Hauptausfüllungsmasse aller Gänge
bildet Quarz und Manganspath, letzterer
verleiht durch seine schöne rothe Färbung
in Gesellschaft mit Erzen und Blenden den
Gängen ein prächtiges Aussehen. In Drusen
werden verschiedene oft ausgezeichnet schön

Fig. 2.
Kapniker Bergbau: Längsschnitt, 1 : 17 333.

verbunden, so dass, als man mit dem Ferdinand Stolln den ersten Gang gekreuzt hatte,
auf allen Gängen die Wasser gelöst wurden.
Diese jüngeren Klüfte sind meistens nicht
abbauwürdig, einige ausgenommen, wie die
Borbala Kluft, welche zwischen dem Borkuter
und Josefi Gang diagonal streicht. — Die
ganze Gangformation erscheint so, als wenn
die Gänge nur Aeste einer Hauptspalte
wären, welche man auch in dem hohen Gutin-
gebirge lange gesucht hat.

Im Streichen erstrecken sich die Gänge
bis auf 1000 m und veruneldeln sich gegen
NO in dem grauen Andesit und gegen SW —
mit Ausnahme des Wenzel Ganges — bei ihrer
Annäherung an das Kapniker Thal. In
neuerer Zeit hat man als Ausnahme in beiden Richtungen edle Zonen gefunden, deren
Erstreckung aber sehr kurz war.

Jeder Gang besteht aus mehreren Trümern, welche stets für sich charakteristische
Erze und fast immer abwechselnd edle

krystallisirte Mineralien gefunden, so gediegen Gold, Silber, Arsen, Antimon, Schwefel, Realgar, Auripigment, Antimonit, Dis-
crasit, Argentit, Galenit, Alabandit, Sphalerit, Chalkosin, Cinnabarit, Pyrit, Chalkopyrit, Markasit, Arsenopyrit, Jamesonit,
Freieslebenit, Bournonit, Tetraedrit, Stephanit, Fluorit, Arsenit, Kermesit, Quarz, Rho-
donit, Helvin, Kaolin, Orthoklas, Calamin,
Leonhardit, Natrolith, Steatit, Pyromorphit,
Haidingerit, Kapnikit, Baryt, Anhydrit,
Gips, Calcit, Dolomit, Magnesit, Rhodochrosit,
Smithsonit. — Die Erzführung besteht aus
gediegen Gold, Silberfahlerz, Bleiglanz, Zinkblende, Schwefel- und Kupferkies, selten
Antimon und Realgar.

Die edlen Zonen kommen absätzig vor,
und haben in der Regel auf den bleiischen
Gängen ein stetigeres Anhalten als auf den
Fahlerzgängen, wo sie mehr linsenförmig
einbrechen.

Die Gänge unterscheiden sich durch die

Erzführung als Bleiglanzgänge gegen NW und als Fahlerzgänge gegen SO. Die mittleren Gänge vereinigen beide Erzgattungen, indem sie aus einem Bleierz- und einem Fahlerztrum bestehen und somit den Uebergang bilden. Gediegen Gold führt jeder Gang, jedoch sind in der Regel die bleiischen Gänge reicher daran als die Fahlerzgänge.

Bis jetzt sind folgende Gänge bekannt:

1. Der Chrystophori Gang ist in der ältesten Zeit abgebaut worden und scheint vorzüglich an Gold sehr reich zu sein; die Mächtigkeit wechselt zwischen 1—3 m und ist dem Streichen 1 h 10° nach auf der Oberfläche auf 360 m durch alte Baue bezeichnet. — Mit dem Rainer Stolln wird der Gang erst demnächst erreicht werden.

2. Peter und Paul Gang, am Tage auf 500 m durch alte Baue bezeichnet. Am Ferdinand Stolln wird er jetzt mit einer Mächtigkeit von 2 m aufgeschlossen. Ausfüllungsmasse: grauer, fester, goldreicher Quarz, mit Manganspath gemischt, worin vorzüglich Bleiglanz, Blende und Eisenkies vorkommen.

Zwischen Christophori und Peter Paul Gang ist die Entfernung doppelt so gross wie zwischen den übrigen Gängen; man hat aber mit dem neuen Querschlage des Rainer Stolln eben in der Mitte einen neuen Gang gekreuzt.

3. Clemens Gang, auf dem unteren Clemens Tagestolln auf 400 m abgebaut, erstreckt sich auf der Rainer Stollnsohle bis zur Scharung mit dem Borkuter Gange auf 300 m. Dem Verflächen nach auf 170 m bekannt; Mächtigkeit: kaum 1 m; Ausfüllungsmasse: vorwaltend Manganspath mit Bleiglanz und Silberblende; ferner mit Silberfahlerz, Kupfer- und Schwefelkies, aber wenig Gold.

4. Borkuter Gang, aus sehr vielen Trümern im Hangenden und Liegenden bestehend, von welchen in neuerer Zeit die August-, die Wendelin- und die Abend-Kluft mit gutem Erfolge abgebaut wurden.

Die Ausfüllungsmasse (Quarz und Manganspath) ist mit dem Nebengestein stark verwachsen und ausgezeichnet durch ihre ausserordentlich grosse Festigkeit; bis in die neuere Zeit wurde daher Feuersetzen angewendet. Mit dem Rainer Stolln ist der Gang auf 460 m Länge und 240 m Höhe bis zu Tage verhauen; auf dem Ferdinand Stolln wird er jetzt aufgeschlossen. Erzführung: hauptsächlich silberhaltiger Bleiglanz; ferner Zinkblende, Schwefelkies und gediegen Gold.

5. Josef Gang, auf dem Barbara Tagestolln 500 m weit mit herrlichstem Erfolge abgebaut; am Rainer Stolln auf 600 m, am Ferdinand Stolln auf 300 m Erstreckung und 220 m Höhe edel verhauen. In den höheren Mitteln ist es gelungen, diese wichtige Lagerstätte durch Verfolgung der Josefinen Kluft 110 m weit auszurichten. Mächtigkeit: 3—6 m; lange anhaltender Adel, bedeutender Goldgehalt, regelmässiges Streichen und lagerförmige Struktur, endlich ein lettiger Schram in der Mitte zeichnen den Gang aus. Ausfüllungsmasse: Quarz, Manganspath, Kalk- und Braunspath mit Schwefelkies, Zinkblende

und Bleiglanz. — Ueber Tage ist der Gang auch südwestlich auf 150 m durch alte Baue bezeichnet.

6. Franz Gang, Fig. 3 und 4, im Streichen (2 h 9°) auf 1000 m aufgeschlossen, besteht aus 3 Trümern, von welchen das bleiglanzhaltige im NO am mächtigsten ist; ihm folgt im SW das Fahlerztrum mit Quarz und Manganspath und in der Mitte das Schwefel- und Kupferkiestrum. Wo die 3 Trümer zusammenkommen, bilden sich kleinere

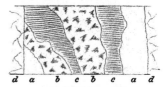

Fig. 3.

a Augittrachyt. b Mangancalcit mit Fahlerz. c Quarz mit Galenit, Sphalerit, Pyrit. d Streckenstösse, wie a.

Fig. 4.

q Quarz. S Schwefelkies. b Braunspath. qk Gemenge von Quarz und Kalkspath. g Goldimprägnation.

Stockwerke von zusammen 300 m Länge. Dieser Gang ist einer der besseren Gänge in Kapnikbánya, denn er führt nicht nur Blei-, sondern auch reiche Silbererze und ist unter allen Gängen am reichsten an Gold; ausserdem enthält er viel Kies und Blende. Er ist auf 300 m Höhe bis zu Tage zweimal verhauen, am Ferdinand Stolln noch nicht der ganzen Länge nach aufgeschlossen.

Fig. 5.

a Augittrachyt. b Mangancalcit mit Fahlerz (Tetraedrit). c Quarz mit Galenit, Sphalerit, Pyrit. d Quarz mit Antimonit. e Streckenstösse, wie a.

7. Der Erzbach Gang, Fig. 5, mit sehr vielen Trümern, welche sich gegenseitig kreuzen und verwerfen, ist auf der Rainer Stollnsohle auf 900, auf der Ferdinand Stollnsohle auf 300 m bis zu Tage aufgeschlossen. Das Ferdinand Hauptfeldort wurde auf dieser Lagerstätte nordostwärts mit dem besten Erfolge am weitesten aufgefahren.

8. Theresia und (als Fortsetzung jenseits des Kapniker-Thals) Wenzel Gang, Fig. 6; ganze

3*

Längenerstreckung 1200 m. Die Erzführung gleicht im Wesentlichen jener des Erzbach Ganges, mit dem Unterschiede, dass der Wenzelgang auch an Gold sehr reich war; hier auch ausgezeichnet schöner Realgar, auf dem silberreichen Theresia Gang schöne Zinkblende.

Fig. 6.
G Nebengestein. h Hornsteinadern. m Manganspath. k Kies. b Druse.

9. Kapniker Gang, nur 240 m weit verfolgt, wird jetzt auf dem Ferdinand Stolln aufgeschlossen; er ist nur ein Nebentrum des folgenden.

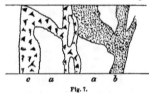

Fig. 7.
a Augittrachyt. b Manganspath. c Quarz, breccienartig.

10. Ungar Gang, Fig. 7, auf dem Siska Stolln auf 600 m Länge aufgeschlossen; in einer Mächtigkeit von 3 m und der ganzen Länge nach silbererzig bis zu Tage verhauen. Er besteht aus 4 Trümern und war am reichsten über der Rainer Stollnsohle in der Scharung mit der Bleikluft. Erzführung: derbes und krystallisirtes Silberfahlerz, Mühl- und Freigold, Bleiglanz, in einem Nebentrum vorzüglich Realgar, Kiese und Blende.

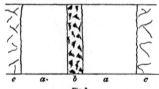

Fig. 8.
a Quarzreicher Augittrachyt. b Quarz, zersetzt, ockrig, mit Manganspath. c Streckenstösse, wie a.

11. Fürsten Gang, Fig. 8 bis 10; er ist der zuerst aufgeschlossene, zugleich der mächtigste und erzreichste Gang von Kapnikbánya. Er zeichnet sich unter allen Gängen nicht nur durch langanhaltende Erzmittel, sondern auch durch die Ergiebigkeit derselben aus, und die aus Silbererzen und Manganspath bestehende Gangausfüllung ist eine der prächtigsten. Auf eine Länge von 1000 m ist er bis zu Tage edel verhauen; jetzt wird er auf dem Ferdinand Stolln auch über diese Länge hinaus edel aufgeschlossen. Der Gang wirft

mehrere Hangend- und Liegend-Trümer, die mitunter auf kurzen Mitteln Erze führen. Von diesen Klüften ist besonders die Matthäi Kluft erwähnungswerth, da dieselbe an Gold und Silber reicher war als der Hauptgang selbst.

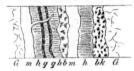

Fig. 9.
G Nebengestein. h Hornstein. m Manganspath. q Quarzadern. b Bleiglanz. bk Bleiglanz und Kies.

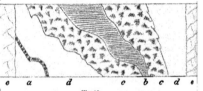

Fig. 10.
a quarziger Trachyt. b Manganspath. c Fahlerz (Tetraedrit). d Galenit mit Sphalerit, derb mit Quarzadern durchzogen. e Streckenstösse, wie a.

12. Elisabeth Gang, am Rainer Stolln auf eine Länge von 200 m überfahren; auf dem Ferdinand Stolln wird er erst jetzt aufgeschlossen. Die Erzzonen haben linsenförmige Gestalt; es sind 3 solcher Adelspunkte von 30—40 m bekannt. Die Zinkblende herrscht vor, daneben brechen Fahlerz, Bleiglanz und Schwefelkies, öfters auch Kupferkies ein.

13. Urban Gang, durch den gleichnamigen Stolln auf 50 m aufgeschlossen und theilweise verhauen; auf dem Rainer Stolln gekreuzt, aber nicht aufgeschlossen, vom Ferdinand Stolln noch nicht erreicht.

14. Michael Gang, vor einigen Jahren mit dem Rainer Stolln gequert, aber nur wenig untersucht.

Ausser diesen Gängen giebt es noch folgende Lagerstätten: Pojanka Kluft (ausgezeichnet durch das Vorkommen der schönsten Radlerze), die Ignatz, Josephinen, Borkuter Hangend-, Erzbacher milde und Regina Kluft, die nur stellenweise erzführend sind.

Die Regina-Kluft ausgenommen, welche das Eigenthum einer Privatgesellschaft ist, werden sämmtliche übrigen Gänge vom kgl. ungarischen Aerar abgebaut. Der Grubenbetrieb geht hauptsächlich auf dem Kaiser Ferdinand Erbstolln um. Um die Gänge auch in der Teufe aufzuschliessen, wird der westliche Kuenburg Schacht vorläufig auf 50 m abgeteuft und mit dem östlichen Wenzel Schacht in Verbindung gebracht. Zur Verarbeitung der Scheiderze dient ein Pochwerk mit 12 Pocheisen und eine Walzmühle mit 2 Walzenpaaren, sowie 2

Siebsetzmaschinen mit den nöthigen Neben-maschinen. Zur Aufbereitung der Pochgänge dienen 4 Pochwerke mit 2 Backenquetschen, 108 gewöhnlichen und 60 drehenden Poch-eisen, Spitzkästen, 34 Rittinger'schen dop-pelten und 6 oberungarischen Stossherden.

Die Aufbereitungsmaschinen werden be-trieben von Girard'schen Partial-Turbinen von 108 HP. und 11 Wasserrädern von 68 HP.

In den letzten 36 Jahren wurden nach-stehende Erfolge erzielt.

fast senkrecht ein. Die Ausfüllungsmasse ist weisser Quarz, Hornstein und Braunspath mit Schwefel- und Kupferkiesen, Zinkblende und Bleiglanz. Das Gold ist theils sehr fein eingesprengt, theils aber an die Kiese gebunden. Am reichsten an Silber wie an Gold sind die Kupferkiese. Ausser den beiden Hauptgängen sind noch 2 Nebengänge, Paulina und Bleigang, bekannt, welche noch ganz unverritzt sind. — Die Grube wurde von einer Privatgesellschaft seit ihrer Ent-stehung bis zu Ende des vorigen Jahrhun-

*Kapnikbánya.*

| Jahr | Scheide-erze q=0,1 t | Poch-erze q=0,1 t | Schliche q=0,1 t | Gold kg | Silber kg | Kupfer q=0,1 t | Blei q=0,1 t | Ein-nahmen fl=1,7 M. | Ausgaben fl=1,7 M. | Gewinn (Verlust) fl=1,7 M. |
|---|---|---|---|---|---|---|---|---|---|---|
| 1858 | 93 976 | 5 821 | 10 689 | 16,144 | 1 654 | 114 | 1 596 | 197 597 | 149 475 | 48 122 |
| 1859 | 81 248 | 3 426 | 10 990 | 13,695 | 1 811 | 136 | 1 160 | 202 378 | 166 651 | 35 727 |
| 1860 | 95 913 | 2 717 | 11 226 | 12,213 | 1 576 | 178 | 1 078 | 187 227 | 156 335 | 30 892 |
| 1861 | 112 012 | 2 325 | 11 866 | 12,123 | 1 568 | 162 | 1 504 | 190 202 | 164 405 | 25 797 |
| 1862 | 107 555 | 2 996 | 14 834 | 13,501 | 1 728 | 189 | 2 196 | 219 175 | 181 419 | 37 756 |
| 1863 | 82 281 | 2 524 | 13 801 | 14,473 | 1 618 | 103 | 1 878 | 194 942 | 169 091 | 25 851 |
| 1864 | 122 176 | 3 250 | 17 809 | 19,946 | 2 197 | 181 | 2 545 | 264 813 | 204 345 | 60 468 |
| 1865 | 119 451 | 2 090 | 13 903 | 16,333 | 1 532 | 181 | 1 976 | 186 374 | 150 529 | 35 845 |
| 1866 | 138 182 | 2 502 | 13 626 | 14,641 | 1 540 | 114 | 2 021 | 184 619 | 147 429 | 37 190 |
| 1867 | 148 289 | 2 617 | 14 948 | 19,329 | 1 508 | 184 | 2 315 | 195 773 | 151 691 | 44 082 |
| 1868 | 156 861 | 1 588 | 12 214 | 17,041 | 1 229 | 66 | 1 321 | 152 383 | 150 488 | 1 850 |
| 1869 | 151 698 | 3 002 | 15 021 | 20,108 | 1 599 | 100 | 1 659 | 199 996 | 182 801 | 17 195 |
| 1870 | 144 685 | 1 876 | 11 474 | 15,870 | 1 184 | 114 | 1 846 | 181 007 | 150 168 | 30 839 |
| 1871 | 149 651 | 2 022 | 13 240 | 17,061 | 1 331 | 118 | 1 618 | 195 402 | 191 585 | 3 817 |
| 1872 | 119 504 | 3 752 | 13 183 | 15,608 | 1 389 | 96 | 1 596 | 189 503 | 187 094 | 2 409 |
| 1873 | 105 924 | 3 458 | 12 804 | 16,404 | 1 269 | 70 | 1 499 | 174 376 | 171 648 | 2 728 |
| 1874 | 116 393 | 3 507 | 13 608 | 10,497 | 1 389 | 28 | 1 868 | 169 416 | 165 955 | 3 461 |
| 1875 | 154 812 | 6 857 | 15 806 | 11,877 | 1 808 | 30 | 2 071 | 206 543 | 184 054 | 22 489 |
| 1876 | 167 682 | 6 078 | 15 626 | 14,337 | 1 764 | 12 | 2 043 | 211 651 | 184 731 | 26 920 |
| 1877 | 147 888 | 6 590 | 12 954 | 9,257 | 1 723 | 1 | 1 880 | 195 671 | 181 151 | 14 520 |
| 1878 | 147 226 | 8 029 | 14 804 | 9,985 | 1 952 | 9 | 2 057 | 205 684 | 177 172 | 28 462 |
| 1879 | 160 524 | 7 835 | 14 784 | 13,327 | 1 720 | 19 | 2 254 | 201 045 | 201 369 | (— 324) |
| 1880 | 151 058 | 6 890 | 12 426 | 11,958 | 1 572 | 69 | 1 812 | 175 876 | 191 168 | (—15 292) |
| 1881 | 156 212 | 7 199 | 10 487 | 14,471 | 1 247 | 110 | 1 655 | 185 559 | 192 490 | (— 6 931) |
| 1882 | 165 284 | 8 012 | 13 317 | 14,542 | 1 384 | 175 | 1 762 | 203 998 | 204 025 | (— 27) |
| 1883 | 173 302 | 6 245 | 13 270 | 15,901 | 1 715 | 168 | 1 797 | 199 977 | 196 926 | 3 051 |
| 1884 | 174 214 | 5 728 | 14 819 | 20,586 | 1 619 | 182 | 1 651 | 218 244 | 190 207 | 28 037 |
| 1885 | 159 336 | 6 028 | 12 735 | 20,254 | 1 467 | 167 | 1 463 | 195 350 | 171 544 | 23 806 |
| 1886 | 174 750 | 7 716 | 15 262 | 20,680 | 1 789 | 141 | 1 884 | 211 668 | 195 282 | 16 436 |
| 1887 | 166 868 | 10 255 | 13 207 | 19,793 | 1 619 | 158 | 1 771 | 202 000 | 201 761 | 289 |
| 1888 | 161 201 | 11 809 | 10 443 | 14,886 | 1 874 | 148 | 1 446 | 165 906 | 198 520 | (—32 614) |
| 1889 | 132 511 | 13 295 | 3 655 | 15,180 | 1 518 | 157 | 1 588 | 213 865 | 211 273 | 2 592 |
| 1890 | 144 638 | 12 107 | 9 053 | 18,574 | 1 527 | 131 | 1 249 | 196 925 | 214 436 | (—17 511) |
| 1891 | 146 808 | 9 262 | 13 122 | 17,896 | 1 458 | 105 | 1 416 | 209 810 | 217 512 | (— 7 702) |
| 1892 | 163 161 | 11 583 | 13 404 | 16,489 | 1 677 | 81 | 1 241 | 208 754 | 217 563 | (— 8 809) |
| 1893 | 180 888 | 12 786 | 15 816 | 16,505 | 1 815 | 94 | 1 293 | 231 146 | 239 655 | (— 8 509) |
| Summe | 5 074 064 | 213 272 | 469 226 | 561,485 | 57 160 | 2882 | 61 504 | 7 124 755 | 6 611 893 | 512 862 |

### Rotaer Bergbau.

Etwa 2 km östlich auf dem höchsten Punkte von Kapnik (1220 m) liegt die Rotaer Grube, die jüngste der ganzen Umgebung, da sie erst 1750 von walachischen Bergleuten erschürft wurde und seitdem dauernd in Be-trieb ist.

Die Grube bebaut 2 Hauptgänge, Anna und Nikolaus, von welchen besonders der erste sehr goldreich ist. Die Gänge strei-chen h 3, sind über 2 m mächtig und fallen

derts mit grossem Ertrag bebaut; als aber neue Aufschlüsse nicht geschehen waren, gerieth sie auf einmal in Verfall und wurde dann einige Jahre, bis zur wiederhergestell-ten Ertragsfähigkeit, vom kgl. Aerar verwaltet. 1805 gewährte sie wieder reiche Ausbeute; monatlich wurden 5—21 000 fl. unter die Gewerken vertheilt. In dieser Epoche waren 3 Feldörter und 4 Firstenstrassen, sowie ein Pochwerk von 27 Stempeln im Betriebe. In den 60 er Jahren ist die Grube wiederum in Verfall gerathen, da die oberen edlen Mittel abgebaut waren und in den tieferen Horizonten keine Scheiderze vorkamen. Um die goldreichen Pocherze aufzuarbeiten, stellte man ein neues Pochwerk, durch eine Girard'sche Partial-Turbine betrieben, auf und erzielte dadurch einen jährlichen Ertrag von 40—60 000 fl.

Der Hauptgang ist auf eine Höhe von 250 m bis zur Erb-Stollnsohle verhauen; bis zum Niveau des Ferdinand Stolln aber ist noch eine Tiefe von 320 m, sodass dieser Bergbau noch eine grosse Zukunft hat, wenn nur das nöthige Capital zum Einbau der Maschinen und zur Aufbereitung der Erze vorhanden ist. Die jetzige Gesellschaft wird die nöthigen Mittel kaum zusammenbringen können und sich somit gezwungen sehen, die Grube zu verkaufen.

### IX. Marmaroscher Bergbau.

#### 1. Bergbau in Budfalu

Im Gebiete der Gemeinde Budfalu wird in den drei Thälern Ancza, Siva und Riu Mare Bergbau geführt. Die Lagerstätten von Ancza können als nördliche Fortsetzungen der Rotaer Gänge betrachtet werden; dieselben werden hier Maria, Zuzanna und Johann Gänge genannt und streichen parallel mit den Kapniker Gängen, mit welchen auch ihre Ausfüllungsmassen, Erze wie Struktur, identisch sind. Das Kapniker Bergärar hält hier zwei Schurfstolln in Betrieb, von welchen der erste Gang gekreuzt ist und jetzt dem Streichen nach aufgeschlossen wird.

Etwa 4 km gegen NO, in dem Sivathale, liegen die Gruben Totos und Gerampó. Bei der ersten streicht gegen NO ein 5 m mächtiger senkrechter Gang, dessen Ausfüllungsmasse aus Quarz, Bleiglanz, Eisen- und Kupferkies besteht. In der Gerampóschen Grube sind 4 senkrechte, 3—4 m mächtige Gänge bekannt, die ausser Quarz, Kiesen und Bleiglanz auch Zinkblende in grosser Menge enthalten. Auf allen diesen Gängen kommt Frei-, Mühl- und Feuergold vor. Der grösste Theil dieser Gruben ist jetzt im Verfall.

Etwa 2 km gegen S liegen die Hl. Stephan und August Gruben, deren Lagerstätten als Fortsetzung der Gerampóer Gänge betrachtet werden können; sie führen Bleiglanz, Blende und Kiese. Die Kiese gehen in die Bocskoi'schen chemischen Fabriken, die Blende ins Ausland; Bleiglanz mit Gold und Silber werden bei der ärarischen Hütte zu Kapnik eingelöst.

In dem Thale Riu Mare setzen viele parallele Gänge auf, die namentlich Zink-blende enthalten; der bedeutendste der zahlreichen Schurfbaue ist der Rusinoraer Bau.

#### 2. Der Bergbau in Borsabánya.

Wenn man von Kapnik den nördlichen Gebirgszug erstiegen und die Grenze des Marmaroscher Comitates erreicht hat, geht die Landstrasse durch die Salzformation von Sugatag nach Marmaros-Szigeth. Von hier zieht sich der Weg längs des Iraflusses bis zur Quelle hinauf, dann über einen eingeschwemmten Hügel in das Wisoer Hauptthal, in das Dorf Mojsyn und von da eine Stunde weiter hinauf nach Borsa (vom ung. bors = Pfefferkraut), wo sich das Thal in zwei Nebenthäler theilt; das südliche behält den Namen des Flusses bei, es ist durch die 1717 erfolgte Niederlage der aus Ungarn in die Bukovina sich zurückziehenden Tartaren berühmt. In dem nördlichen Thale hingegen wurde eine Stunde oberhalb des Dorfes an dem Csiszlaflusse von Nagybánya aus i. J. 1804 eine Bergkolonie angelegt. Die Kolonie ist rings von hohen Bergen umgeben, welche einen ziemlich geräumigen Kessel bilden. Hier in der Nähe läuft die Grenze der eocänen Schichten und der Glimmerschieferformation, welche ringsherum in grosser Ausdehnung vorkommt und eine Eruption von Andesit einschliesst, in dessen Nähe sich die Lagerstätten gebildet haben.

Von dem Ursprunge des Bergbaues sind keine glaubwürdigen Nachrichten, wohl aber uralte Merkmale von Verhauen, Pingen und Stolln auf Gebirgskegeln und Abhängen vorhanden. Beträchtliche Schlackenhaufen in den Thälern und Seitenschluchten und endlich einige Benennungen, wie Djalu Stoll, Vale Aur, Vale Kolbu, setzten die Anfänge des dortigen Bergbaues weit über die Zeiten der Ansiedelung der gegenwärtigen rumänischen Einwohner zurück.

Zuerst hat das Sugatager Salinenamt auf den höchsten aus Andesit bestehenden Trojager (Dreifaltigkeit) Gebirgsspitzen auf schmalen Goldklüften zu bauen angefangen und zugleich einen tieferen Stolln darunter betreiben lassen, mit welchen aber die Goldklüfte nicht erreicht wurden, weil sie nur an der Oberfläche streichen. Als jedoch die Salzgruben vom Metallbergbau getrennt und Borsa den letzteren übergeben wurde, hielt man es für räthlicher, diese höchsten Gebirgsspitzen ganz aufzugeben und die uralten Verhaue an dem Markarló genannten Querriegel zwischen dem Trojaga und Pathikaer Alpenzuge näher zu untersuchen. Hier wurde in den Schluchten Gurahoj (Grubenschlucht) der uralte Heilige Geist Stolln gewältigt und darin beide Klüfte bis auf einige zurückgelassene Kupferkiespfeiler bis zu Tage abgebaut gefunden. Deshalb hat man den 14 m tieferen Johann Baptista Zubaustolln betrieben und mit diesem 1803 zwischen Glimmerschiefer und Andesit ein 16 m mächtiges Kupferkieslager aufgeschlossen, das im W mit einer lettigen Kluft, im O durch Verdrückung (Annäherung des Glimmerschiefers an den Andesit) endigte. Durch Auffahren

roli-, sowie die bleiischen Klüfte im Clemens Stolln.

Der Bergbau kämpfte hier von Anfang an mit Schwierigkeiten; schlechte Strassen, die oft austretenden Gebirgsströme Ciszla, Ira und Viso, Mangel an Waldungen und beschränkte Lage des Handlungsplatzes erschwerten ihn sehr. Die grösste Schwierigkeit war aber, dass die Einwohner dem Bergwesen äusserst abgeneigt waren. Das

*Vorsehung Gottes Grube.*

| Jahr | Scheideerze q = 0,1 t | Pocherze q = 0,1 t | Schliche q = 0,1 t | Gold kg | Silber kg | Kupfer q = 0,1 t | Blei q = 0,1 t | Einnahmen fl = 1,7 M. | Ausgaben fl = 1,7 M. | Gewinn (Verlust) fl = 1,7 M. |
|---|---|---|---|---|---|---|---|---|---|---|
| 1868 | 2 684 | 115 007 | 16 727 | 37,452 | 531,817 | 610 | 9 | 92 958 | 84 439 | 8 519 |
| 1869 | 2 607 | 127 663 | 19 488 | 36,214 | 549,994 | 688 | — | 97 638 | 80 606 | 17 032 |
| 1870 | 3 116 | 98 839 | 14 528 | 28,314 | 518,788 | 632 | — | 115 869 | 89 712 | 26 157 |
| 1871 | 3 371 | 112 224 | 16 932 | 29,811 | 586,013 | 649 | — | 96 821 | 90 921 | 5 900 |
| 1872 | 4 047 | 99 960 | 14 982 | 33,414 | 586,602 | 626 | 15 | 102 051 | 92 747 | 9 304 |
| 1873 | 4 171 | 95 648 | 15 079 | 37,796 | 609,282 | 636 | 54 | 93 970 | 87 252 | 6 718 |
| 1874 | 3 892 | 101 920 | 14 773 | 42,629 | 595,998 | 599 | 26 | 104 147 | 80 187 | 23 960 |
| 1875 | 3 411 | 187 760 | 17 936 | 47,804 | 532,382 | 564 | 24 | 102 001 | 75 995 | 26 066 |
| 1876 | 3 778 | 127 899 | 14 808 | 45,871 | 496,443 | 537 | 10 | 114 250 | 79 341 | 34 909 |
| 1877 | 3 535 | 120 930 | — | 36,515 | 888,717 | 412 | 3 | 72 375 | 64 834 | 7 541 |
| 1878 | 3 625 | 117 186 | — | 26,758 | 350,892 | 468 | — | 61 713 | 66 889 | (— 5 176) |
| 1879 | 3 587 | 116 420 | — | 31,142 | 383,281 | 459 | 3 | 127 274 | 136 096 | (— 8 822) |
| 1880 | 6 288 | 109 900 | — | 32,188 | 585,420 | 786 | 5 | 163 092 | 162 370 | 721 |
| 1881 | 3 346 | 119 000 | — | 31,553 | 512,589 | 698 | — | 85 996 | 85 478 | 528 |
| 1882 | 2 864 | 130 970 | — | 36,597 | 376,846 | 517 | — | 135 446 | 134 585 | 161 |
| 1883 | 2 539 | 114 000 | — | 38,919 | 294,495 | 348 | — | 125 563 | 129 368 | (— 3 805) |
| 1884 | 3 632 | 187 000 | — | 37,906 | 291,391 | 362 | — | 121 603 | 128 783 | (— 7 180) |
| 1885 | 3 328 | 141 000 | — | 34,425 | 257,857 | 256 | — | 107 438 | 110 527 | (— 3 088) |
| 1886 | 3 035 | 143 000 | — | 33,083 | 282,814 | 289 | — | 106 033 | 107 164 | (— 1 130) |
| 1887 | 2 928 | 128 000 | — | 35,574 | 319,118 | 328 | — | 126 186 | 109 696 | 16 490 |
| 1888 | 872 | 120 000 | 10 236 | 21,800 | 175,200 | 182 | — | 83 247 | 78 970 | 4 277 |
| 1889 | 2 402 | 117 000 | 13 285 | 37,100 | 179,700 | 194 | — | 104 876 | 101 921 | 2 955 |
| 1890 | 2 700 | 118 000 | 13 003 | 32,700 | 165,700 | 120 | — | 66 053 | 85 829 | 19 766 |
| 1891 | 2 595 | 109 000 | — | 25,336 | 198,836 | 251,5 | — | 83 225 | 98 173 | 14 948 |
| 1892 | 3 785 | 117 000 | — | 28,034 | 240,178 | 322,7 | — | 90 434 | 103 748 | 13 314 |
| 1893 | 3 847 | 141 000 | 17 788 | 34,070 | 300,485 | 301 | — | 110 673 | 107 874 | 3 299 |
| Summe | 86 388 | 3 091 262 | | 892,430 | 10 205,743 | 11 835,2 | | 2 690 932 | 2 572 990 | 117 942 |

längs der Steinscheide fand man bald vier neue Stockwerke auf, deren Ausrichtung mit dem Johann Baptista und Ferdinand, und am westlichen Gebirgsabhang mit dem Schutzengel und Leopold Stolln geschah. Auf diesen Stockwerken wird der Bergbau bis heute fortgesetzt. Die Ausfüllung der Lagerstätten ist neben körnigem Kalk meistens Schwefelkies mit wenig Bleiglanz und Blende; die sog. Kieslager enthalten 3—4, die Goldlager aber 7—8 Proc. Kupfer.

Ausser diesem nur in den Sommermonaten zugänglichen, im Winter durch Schneelavinen gesperrten Hauptgrubenbau sind in dem Szekuler Thal bekannt die bleiische und silberhaltige Stephan- und die quarzige Barbarakluft, und in Fundu-Szeko die Blei- und Kupfererze führenden Matthäi-, Johann Nepomuk und Josefklüfte, in dem alten Huttenthal aber die gefüge (Cu-haltige) Rudolphi-, Maria-Ludovika-, Para- und Ca-

Aerar verkaufte daher die Grube an die Familie Ritter von Manz. Der jetzige Besitzer der Grube ist die: „Erste ung. Actien-Gesellschaft für chemische Industrie in Nagy-Bocskó bei Marmaros Sziget".

### X. Der Oláhláposbányaer Bergbau.

Die grosse Trachytkette von Kapnik hört in der Richtung nach O auf continuirlich zu sein, und die Linie wird nur durch einzelne fast in gleicher Entfernung von einander liegende Andesit-Kuppen bezeichnet; solche sind Rotunda (1062), Magura (1262), Neteda (1321), Pleska (1332), Prislopu (1336), Selha (1310), Varatiku (1363), Semlu (1309 m) etc. In der Mitte dieser Linie, im NW-Winkel von Siebenbürgen, an der Grenze zwischen Ungarn und Marmarosch, liegt der Bergort Oláhláposbánya, umgeben von Thon-, Schieferthon- und Sandsteinschichten mit Einlagerungen von dolomitischem Kalkstein. Diese Schichten gehören zum unteren Eocän und sind durchbrochen von den erwähnten Andesitkuppen. Die dabei zu beiden Seiten der Kuppenlinie gebildeten Spalten wurden später mit Erzen ausgefüllt.

Die Andesit-Eruption hat die tertiären Schichten stark metamorphosirt, wodurch Porzellan-Jaspis, Hornschiefer und Breccien gebildet wurden und die Massen daselbst butzenweise Bleiglanz, Antimon, Realgar und Mühlgold führen, während in grösserer Entfernung vom Andesit sich kein Metall findet. Besonders ist der Sandstein sehr verändert und stellenweise ganz von Eisenkies in kleinen krystallinischen Körnern durchdrungen. In der Nähe der Gänge, vorzugsweise im Liegenden, ist der Sandstein auch noch von vielen 10—50 mm mächtigen Quarzadern durchzogen. Der Quarz (oder auch Amethyst) ist darin deutlich von den Saalbändern nach der Mitte zu auskrystallisirt und bildet oft schöne Drusen, in denen über dem Quarz in sattelförmigen Rhomboëdern krystallisirter Ankerit liegt, zuweilen auch etwas gediegen Gold, zahnig aus dem Quarz wie auch aus dem Ankerit hervorragend. Die netzartige Verbindung vieler solcher Adern bringt stellenweise eine Art Breccie hervor, deren Bindemittel aus Quarzadern, deren Bruchstücke dagegen aus sehr verkieseltem Sandstein oder Schieferthon bestehen.

Die meist in den tertiären Schichten aufsetzenden Gänge behalten nur Adel nur in der Nähe des Eruptivgesteins; ihre Ausfüllungsmasse besteht aus Hornstein, Quarz und Kiesen, nur wenige enthalten Bleiglanz und Zinkblende. Das Gold findet sich im Quarz und mit Kiesen verbunden.

Die Urkunden der Alten sagen nichts über den Bergbau in der olahláposbányaer Gegend; man kann aber aus den grossartigen alten Bauen leicht folgern, dass dort einst ein ausgedehnter Bergbau geblüht habe, und zwar an beiden Seiten der erwähnten Trachytlinie. Gegen N auf der Marmaroscher Seite ist der Bergbau älter und ausgedehnter als auf der S-Seite in der Nähe von Olahláposbánya; er ist jedoch seit alten Zeiten verlassen, was die örtlichen Verhältnisse leicht erklären. Es fehlt an Wegen und an Kraftwasser und die schroffen Wände der Kuppen sind auch zu Fuss kaum zu erklimmen.

Von diesen alten Bauen sind zu erwähnen (1 u. 2 a. d. N-Seite):

1. Waratyiker Bergbau. Besteht gleich unter der Waratyk Spitze aus 5 parallelen, h. 13—14 streichenden Gängen, welche in diagonaler Richtung durch zwei andere Lagerstätten

gekreuzt werden. Nach den Pingen zu urtheilen, war die Mächtigkeit einzelner Gänge bis 10 m.

2. Botizaer Bergbau. Liegt viel tiefer, am Fussweg nach Botiza, besteht aus 5 parallelen, h. 15—16 streichenden Gängen und wird jetzt in der Tiefe durch einen neuen Schurfstolln aufgeschlossen. Ausfüllungsmasse: Schwefel- und Kupferkiese, reich an Gold. Die Pochgänge können aber hier nicht verarbeitet werden, weshalb ein 1600 m langer Stolln von der Olahláposbányaer Seite her getrieben wird. Der weiter gegen O liegende Bergbau unter Seoul streicht weit in das Marmaroscher Hauptthal hinein, wo Ueberreste von Hütten zu finden sind: in neuerer Zeit waren nur die Bleigrube und Oparkengrube in Betrieb.

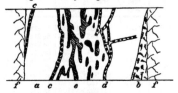

Fig. 11.
a Grünsteintrachyt. b Thonschiefer. c Quarz. d Gold- und Silber-haltiger Pyrit. e Galenit. f Nebengestein.

Fig. 12.
a Quarz, klüftig, drusig. b Pyrit, Chalkopyrit. c Rothgefärbter Quarz mit Pyrit. d Nebengestein.

3. Vorsehung Gottes Grube. Das von dem Olahláposbányaer Hauptthale westlich abzweigende Grubenthal wird von dem Vorsehung Gottes Gange, fast rechtwinklig in h. 4,50 streichend, durchsetzt, der mit 76° nach N fällt. Mächtigkeit: 2—12 m, von vielen quarzigen Nebentrümern begleitet und durchsetzt. Ausfüllungsmasse: Quarz und Kiese; namentlich Kupferkies in grosser Mächtigkeit und oft ganz derb: stellenweise auch Bleiglanz mit Kupferkies und Eisenspath wechsellagernd. Erzführung sehr ungleich; reiche Kupfererze waren nur in den oberen Mitteln am Liegenden. Grosse Drusenräume sind von Schwefelkiesstalaktiten ausgefüllt. Gold findet sich im Quarze als Mühlgold, eine Quarzader zwischen dem Hauptgange und der vorliegenden Kluft führt Freigold in Drahtform. Der Kupferkies liefert 15—16 Proc. Kupfer und 0,03 bis 0,07 Proc. Silber mit 0,133 Proc. Gold. In der Tiefe vermehrt sich zwar der Silbergehalt, der Goldgehalt wird aber so gering, dass der Gang nicht abbauwürdig ist. Vergl. Fig. 11 und 12.

Der aus mehreren Trümern bestehende Gang ist auf der Oberfläche auf 870 m Länge abgebaut. Unter dem Bergthale vereinigen sich sämmtliche

Trümer zu einem mächtigen Stockwerk von 400 m Ausdehnung. Die Fortsetzung gegen O ist im Izvor Thale in zwei Trümer, Josef und Clemens,

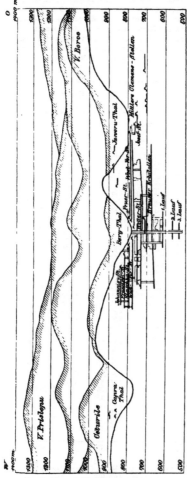

getheilt, gegen W, im Capra Thale, ebenfalls in mehrere Trümer, so dass die Ausdehnung auf 2000 m bekannt, eigentlich aber nur auf 1000 m aufgeschlossen ist. Siehe das Profil Fig. 13.

G. 95.

Der Grubenbetrieb geht auch jetzt hauptsächlich in den höheren Mitteln um, da der Gang in der Tiefe (150 m unter dem Erbstolln) nicht abbauwürdig ist. Zur Hebung der Grubenwässer sind in dem 260 m tiefen Tagesschacht zwei Wassersäulenmaschinen von 22 HP. eingebaut. Zur Förderung dient ein oberschlächtiges Wasserrad von 12 m Durchmesser und eine 2,3 km lange Eisenbahn. Zur Verarbeitung der Scheiderze dient ein Scheidhaus und ein trockenes Pochwerk, zur Aufbereitung der Pochgänge dienen 2 Pochwerke mit 139 Pocheisen, 2 Waschwerke mit 10 Spitzkästen, zusammen mit 90 HP. — In den letzten 25 Jahren wurden nebenstehende Erfolge erzielt. (Tabelle S. 23.)

4. Czizsmaer Bergbau, weiter gegen O in dem Izvoru Pojana Thale gelegen. In dem westlichen Risse der Pojana Botiza befinden sich übereinander 3 Stollen; von der grossen Halde des unteren werden noch heute Bleierze gewaschen; der oberste Stolln ist jetzt in Betrieb und schliesst einen schönen, 2 m mächtigen, in h. 18 10° streichenden Gang auf.

5. Bergbau in Costa-Ursuluj, in dem östlichen Risse der Pojana-Botiza gelegen, mit ausgedehnten alten Verhauen. In neuester Zeit wurde ein tiefer Stolln angelegt. Der Gang streicht 18 h 5°, ist 2—3 m mächtig, führt Kies und Bleiglanz. Westlich von Olahláposbánya in dem Strimbulyor Thale liegt die Grube Clemens auf einem zwischen Andesit und eocänen Schichten eingelagerten Stockwerke von 100 m Durchmesser. Die Grube ist jetzt verbrochen, von der Halde wird Bleiglanz gewaschen. — Westlicher an dem Berge Rotunda liegt Gézabánya mit gleichnamigem Gang, welcher zwar an Gold reich ist, wegen seiner Festigkeit und geringen Mächtigkeit aber nicht zahlt.

## XI. Alt-Rodnaer Bergbau.

An der nordöstlichen Grenze von Siebenbürgen und der Bukovina, am Ursprunge des Flusses Szamos im Bistricz-Naszoder Comitat liegt der Marktflecken Alt-Rodna (O-Radna, Rodna-Vieke), der Sitz eines ausgedehnten Bergbaues. Der Name wird von den dortigen Sachsen von „ausgerottene Aue" hergeleitet, während andere ihn von dem slavischen Worte Ruda (Erz) ableiten, ähnlich wie auch die Namem der übrigen alten Bergorte slavischen Ursprungs sind, z. B. Zalatna (zlato = Gold), Ruda, Bojocu u. s. w. Die höchste Spitze heisst Inuluj, wohl von dem lateinischen aeneus (Erz enthaltender). Ueber die älteste, auf Rodna bezügliche Urkunde s. d. Z. 1894 S. 266.

Um 1700 betrieb den Bergbau in Rodna die Stadt Bistritz als Hauptgewerke. 1717 fielen die Tartaren, 20,000 Mann stark, über die Cucurjasa nach Rodna ein und zerstörten es zum zweiten Male; die Folge war die bis 1850 dauernde Militarisirung der Gegend als District des 2. walachischen Grenz-Regi-

4

mentes. — 1763 besichtigte der siebenbürgische k. k. Bergwerkscommissär Franz v. Gersdorf die Rodnaer Gegend; es wurde eine ärarische Schmelzhütte errichtet, und 1766 hat das Aerär von der Gewerkschaft Deschan die Hälfte, 1795 drei Viertel der sämmtlichen Gruben übernommen.

Die Reste des alten Bergbaues bilden grosse Schlackenmassen, zahllose Pingen an den Bergen Kuraczel, Bényes Kreczunel,

Alt-Rodna die Andesiteruption ganz fehlt; nur hier und da treten einzelne Kuppen auf, welche den grossen Hargitta Trachyt-Stock bilden, der parallel dem karpathischen Sandsteinzuge bis zum Büdöshegy bei Kásson fortzieht. Unter dem Karpathen-Sandstein und der Kreide ziehen sich, der Karpathenlinie folgend, die krystallinischen Schiefer (Glimmer-, Chlorit- und Biotitschiefer) hin, von Szigeth an gegen Alt-Rodna und durch

### Alt-Rodna.

| Jahr | Scheideerze q = 0,1 t | Pocherze q = 0,1 t | Schliche q = 0,1 t | Gold kg | Silber kg | Blei q = 0,1 t | Gewinn fl = 1,7 M. | Verlust fl = 1,7 M. |
|---|---|---|---|---|---|---|---|---|
| 1853 | — | 44 217 | 1 751 | 1,390 | 121,931 | 908 | — | 4378 |
| 1854 | — | 55 671 | 1 822 | 1,927 | 130,576 | 909 | — | 4677 |
| 1855 | 79 | 48 175 | 1 577 | 1,556 | 127,608 | 874 | — | 1 1147 |
| 1856 | — | 58 911 | 1 826 | 1,614 | 125,804 | 910 | — | 1 3293 |
| 1857 | — | 49 348 | 1 806 | 1,373 | 124,904 | 848 | — | 8783 |
| 1858 | 25 | 45 939 | 1 542 | 1,084 | 106,726 | 813 | — | 1 2729 |
| 1859 | 134 | 23 465 | 1 381 | 1,363 | 97,845 | 713 | — | 4707 |
| 1860 | 27 | 28 363 | 1 745 | 1,320 | 125,548 | 863 | 593 | — |
| 1861 | 67 | 34 068 | 1 591 | 0,546 | 122,273 | 796 | — | 1 366 |
| 1862 | 48 | 32 926 | 1 788 | 0,586 | 108,401 | 882 | — | 6 024 |
| 1863 | 34 | 27 120 | 1 480 | 0,402 | 88,461 | 712 | — | 4 081 |
| 1864 | 43 | 64 431 | 2 643 | 0,811 | 164,128 | 1 385 | — | 1 567 |
| 1865 | 59 | 55 829 | 2 388 | 0,608 | 150,398 | 1 198 | 2 892 | — |
| 1866 | 34 | 48 056 | 2 119 | 0,465 | 121,570 | 1 030 | — | 1 950 |
| 1867 | 56 | 55 681 | 2 110 | 0,548 | 128,903 | 1 105 | — | 2 820 |
| 1868 | — | 59 606 | 2 406 | 1,007 | 141,795 | 1 172 | 1 978 | — |
| 1869 | 8 | 50 247 | 2 685 | 0,815 | 164,154 | 1 345 | 8 040 | — |
| 1870 | — | 63 482 | 2 988 | 0,600 | 174,406 | 1 517 | 4 926 | — |
| 1871 | — | 58 163 | 2 790 | 0,488 | 162,580 | 1 410 | — | 4 290 |
| 1872 | — | 61 772 | 3 058 | 0,851 | 178,210 | 1 489 | 9 766 | — |
| 1873 | 17 | 67 581 | 2 735 | 0,381 | 168,331 | 1 412 | — | 5 795 |
| 1874 | 156 | 59 736 | 2 563 | 1,052 | 160,412 | 1 189 | — | 10 074 |
| 1875 | 226 | 91 894 | 3 700 | 2,251 | 250,421 | 1 727 | 5 410 | — |
| 1876 | 109 | 90 702 | 4 179 | 1,844 | 245,362 | 1 854 | 13 575 | — |
| 1877 | 345 | 89 500 | 4 032 | 1,450 | 252,423 | 1 857 | 8 520 | — |
| 1878 | 526 | 98 851 | 4 901 | 2,507 | 349,262 | 2 585 | 21 716 | — |
| 1879 | 567,96 | 90 000 | 4 204,57 | 3,122 | 300,371 | 2 151,66 | 12 250 | — |
| 1880 | 290,80 | 88 500 | 4 778,21 | 1,956 | 272,882 | 2 206,24 | 6 197 | — |
| 1881 | 590,83 | 88 800 | 4 318,23 | 1,762 | 243,992 | 1 895,01 | — | 2 699 |
| 1882 | 300 | 91 900 | 4 488,37 | 1,700 | 264,018 | 2 161,15 | 622 | — |
| 1883 | 900 | 95 200 | 4 332,77 | 1,220 | 289,413 | 2 236,62 | 1 679 | — |
| 1884 | 118,75 | 98 595 | 4 706,8 | 1,625 | 303,356 | 2 356,68 | 5 457 | — |
| 1885 | 831,45 | 109 700 | 4 661,5 | 1,862 | 339,157 | 2 362,33 | 6 814 | — |
| 1886 | 815,41 | 101 400 | 4 808,80 | 2,880 | 343,052 | 2 542,27 | 4 674 | — |
| 1887 | 195 | 112 000 | 4 536,76 | 2,768 | 317,998 | 2 260,35 | — | 21 579 |
| 1888 | 235,83 | 82 300 | 2 936,86 | 1,913 | 188,512 | 1 351,19 | — | 9 884 |
| 1889 | 203,82 | 104 000 | 4 131,12 | 2,353 | 262,405 | 1 998,37 | — | 8 922 |
| 1890 | 214,81 | 119 090 | 4 059,69 | 2,517 | 267,933 | 1 998,45 | — | 8 765 |
| 1891 | 136,26 | 126 902 | 4 341,59 | 1,854 | 302,373 | 2 210,30 | — | 6 185 |
| 1892 | 150,84 | 120 066 | 4 042,59 | 1,878 | 268,769 | 1 905,17 | — | 19 710 |
| 1893 | 400 | 102 400 | 5 072,26 | 1,660 | 322,220 | 2 168 | — | 112 96 |
| Summe | 6 944,73 | 2 995 551 | 128 871,67 | 57,839 | 8 378,583 | 63 276,77 | — | 66 567 |

Geczi, Djalu Popi und zwischen den Thälern Kobasel und Jewor, sowie die zu diesen führenden alten Wege.

Die Rodnaer Alpen bilden, wie schon einleitend, S. 265, 1894, erwähnt wurde, die Wasserscheide zwischen den Flüssen Szamos, Theiss und Goldene Bistritz. Die Linie Gutin-Czibles ist durch einzelne Trachyt-Kuppen bezeichnet, während von hier bis

die Bukovina und Moldau nach Siebenbürgen bis zur Domokos 230 km weit. Die eocänen Schichten sind bis auf die höchsten Spitzen (Czibles, 1820 m) gehoben, während die miocänen Schichten ziemlich ungestört blieben und nur in die Faltungen einbezogen wurden.

Alle Lagerstätten liegen auf der Grenze des Biotit-Andesits, welcher sehr oft in Breccienform vorkommt.

Die Erzlager, welche sich als wirkliche Lager in den Thälern Izwor und Kobasel concentrirt finden, sind folgende:

### 1. Bényeser Grube.

Der Name Bényeser Grube ist seit den letzten 200 Jahren auf die Grube am nordwestlichen Gehänge des Kuraczel angewendet worden. Die Alpenspitze des Bényes ist gegen zwei Stunden von den danach benannten Gruben entfernt; an der Spitze selbst

zwischen welchen sich viele kleine Kryställchen von Schwefelkies befinden; bald bilden sich Quarzadern, welche die einzelnen Schichten zusammenhalten, in diese kommen nach und nach Blende und Bleiglanz, und die kleine Lagerstätte ist fertig. Wenn solche Nester mit Hilfe von Wasser mit hohlen Räumen in Verbindung kommen, so füllen sie langsam dieselben aus und es bilden sich je nach der Grösse der hohlen Räume Linsen bezw. Stockwerke.

*District Nagybánya.*

| Jahr | Erze | Gold | Silber | Kupfer | Blei | Gewinn |
|------|------|------|--------|--------|------|--------|
|      | t    | kg   | kg     | q = 0.1 t | q = 0,1 t | fl = 1,7 M. |
| 1863 | 38 000 | 181 | 4 050 | 790 | 6 000 | 150 000 |
| 1864 | 62 600 | 288 | 6 380 | 800 | 8 700 | 244 000 |
| 1865 | 59 600 | 230 | 4 870 | 740 | 6 600 | 100 000 |
| 1866 | 61 600 | 226 | 5 300 | 730 | 6 400 | 162 000 |
| 1867 | 65 000 | 211 | 5 000 | 750 | 6 100 | 111 000 |
| 1868 | 65 600 | 207 | 4 390 | 680 | 6 800 | 54 000 |
| 1869 | 66 600 | 216 | 5 588 | 800 | 6 200 | 114 000 |
| 1870 | 65 600 | 237 | 3 980 | 770 | 5 000 | 151 000 |
| 1871 | 70 500 | 282 | 4 926 | 780 | 5 900 | 69 000 |
| 1872 | 68 800 | 262 | 4 571 | 740 | 6 400 | 92 000 |
| 1873 | 60 600 | 214 | 4 790 | 700 | 7 200 | 34 000 |
| 1874 | 59 300 | 172 | 4 875 | 650 | 7 470 | 51 000 |
| 1875 | 77 500 | 203 | 5 466 | 610 | 9 700 | 179 000 |
| 1876 | 82 000 | 171 | 5 478 | 570 | 10 700 | 244 000 |
| 1877 | 78 900 | 167 | 5 234 | 440 | 10 800 | 250 000 |
| 1878 | 82 200 | 141 | 5 860 | 500 | 12 360 | 207 000 |
| 1879 | 71 200 | 154 | 5 750 | 500 | 12 450 | 100 000 |
| 1880 | 75 100 | 129 | 6 000 | 880 | 11 100 | 28 000 |
| 1881 | 84 100 | 168 | 5 309 | 830 | 9 337 | 25 000 |
| 1882 | 83 100 | 207 | 5 709 | 710 | 12 000 | 138 000 |
| 1883 | 85 400 | 205 | 5 080 | 640 | 10 400 | 28 000 |
| 1884 | 79 100 | 197 | 4 751 | 570 | 10 000 | 100 000 |
| 1885 | 91 700 | 223 | 4 619 | 440 | 10 300 | 221 000 |
| 1886 | 86 200 | 220 | 4 427 | 450 | 12 220 | 174 000 |
| 1887 | 76 700 | 240 | 4 260 | 510 | 9 452 | 133 000 |
| 1888 | 106 400 | 201 | 3 890 | 350 | 7 000 | 47 000 |
| 1889 | 81 400 | 246 | 3 980 | 370 | 9 400 | 178 000 |
| 1890 | 85 300 | 248 | 4 769 | 270 | 9 080 | 104 000 |
| 1891 | 81 600 | 240 | 3 627 | 380 | 8 520 | 72 000 |
| 1892 | 84 500 | 278 | 4 253 | 420 | 9 160 | 126 000 |
| 1893 | 87 800 | 277 | 4 712 | 395 | 10 663 | 200 000 |
| Summe | 213 500 | 6682 | 151 593 | 18 695 | 272 902 | 3 976 000 |

bestand früher ein ausgedehnter Bergbau und daher die häufige Verwechselung der jetzigen Bényeser Grube mit den alten Bauen am Bényes.

Diese Grube hat 1795 das Aerar endgiltig von der Deschan'schen Familie übernommen. Die Lagerstätten sind theilweise Lager und Linsen in ihrer ursprünglichen Lage, theils grosse Stockwerke.

Die biotitischen Gesteine enthalten alle mehr oder weniger Metalle; die krystallinischen Schiefer gehen in einzelnen Zonen in Erzschichten über. Die oft ganz schwarze, afanitartige Gesteinsmasse der Biotitschiefer bekommt zuerst eine hellgrüne Farbe und ist aus dünnen Schichten zusammengesetzt,

Die Hohlräume sind auf dreierlei Weise entstanden: durch Auswaschen von Wasser, infolge von Eruptionen in der Nähe, und durch beides zusammen. Einfach durch Einwirkung von Wasser haben sich die linsenartigen Erzlager gebildet, infolge eruptiver Thätigkeit die Gangspalten, und durch Einwirkung von beiden die grossen Stockwerke. Im Alt-Rodnaer Revier sind alle drei Arten vorhanden; die wichtigsten sind die grossen Stockwerke, zu deren Bildung drei Faktoren nöthig waren: krystallinischer Biotitschiefer, in Wasser leicht lösbarer Kalk und der durchbrechende Andesit. Durch Eruption wurden im Kalk die Spalten gebildet, welche durch Wasser zu grossen unregelmässigen Hohl-

4*

räumen ausgewaschen und von den Schiefererz-concentrationen her mit Erz ausgefüllt wurden.

Es finden sich aber in dem Revier auch solche Stockwerke, welche sich aus Biotit-Andesit gebildet haben. Diese Lagerstätten haben keine Saalbänder, sondern sind mit dem sehr umgewandelten Nebengestein fest verwachsen; dieses geht zuerst in eine Breccie und dann langsam in das Erzlager über. Diese Erzlager sind ärmer als die aus Glimmerschiefer gebildeten.

Die früheren Geologen und Bergleute haben bis in die neueste Zeit hinein reguläre Lager, die nachträglich mehrmals verworfen wurden, angenommen; das trifft jedoch nicht zu, da dieselben ganz unregelmässig sind und, der Formation des krystallinischen Kalkes folgend, mit demselben bogenförmig die Berge umlagern und unregelmässige Sättel bilden. Infolge des butzenweise Vorkommens im körnigen Kalk sind die Aufschlussarbeiten schwierig.

Die Ausfüllungsmasse der Stockwerke besteht aus einem krystallinischen kalkähnlichen Magnesiasilicat, in welchem die Erze und verschiedene Mineralien ausgeschieden vorkommen. Zwischen diesen waltet gewöhnlich der Kies vor, grösstentheils Pyrit, zum geringen Theile Markasit. In der Lagermasse finden sich davon nur körnige Partien. Der Quarz erscheint in kleinen durchsichtigen Krystallen, die hie und da zu einer körnigen Masse zusammenfliessen. Der Bleiglanz kommt fast immer krystallinisch vor, in Würfeln und Oktaëdern. Die Zinkblende, als schwarze Blende von Rodna berühmt, kommt vor krystallisirt in Combinationen des Würfels und Oktaëders mit vielfach wiederholten Zwillingsbildungen, der Arsenkies gewöhnlich in kleinen Krystallen prismatischer Form; der Braunspath in Rhomboëdern und traubigen Aggregaten, der Kalkspath in kleinen Rhomboëder-Krystallen. Ausser diesen finden sich noch folgende Mineralien: Graphit, Pyrorthit, Greenochit, Chalkopyrit mit aufsitzenden Calcitkrystallen, Bournonit, Proustit, Kerargyrit, Anatas, Wad, Granat, Epidot, Kaolin, Titanit, Anglesit, Gips, Magnesit, Rhodochrosit, Smithsonit, Aragonit, Strontianit, Cerussit und Malachit. — Als Erze können betrachtet werden Bleiglanz, Cerussit, Zinkblende und Kiese. Den Hauptwerth bildet der Bleiglanz, welcher Silber und Gold enthält. Die übrigen Erze werden bis jetzt gar nicht verarbeitet.

Die aufgeschlossenen Lagerstätten sind:

1. Ferdinand Stock. Mit dem Ferdinand Erbstolln hat man bei 190 m eine Kluft gequert, dahinter 20 m Kalkstein, darüber ein 14 m andauerndes Stockwerk aus Eisenkies und Arsenkies

und darauf Andesitbreccie. Die Kluft zwischen Schiefer und Kalkstein fällt steil gegen N, zeigt mehrere Verwerfungen und bildet eigentlich mit dem Kalk und dem grossen Stock eine Lagerstätte, die, da die Kiese mit nur 3—4 Proc. Bleiglanz nicht verwerthet werden können, nicht abbauwürdig ist.

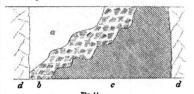

Fig. 14.

*a* Trachyt. *b* zersetzter Trachyt, Sphalerit, Galenit.
*c* Pyrit mit Galenit. *d* Streckenstösse.

Fig. 15.

*a* Geschichteter Kalkstein. *b* Pyrit mit Sphalerit.
*c* Streckenstösse.

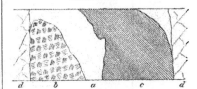

Fig. 16.

*a* Kalkstein. *b* Trachyt. *c* Pyrit mit Galenit. *d* Streckenstösse.

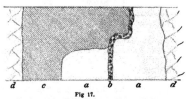

Fig 17.

*a* Trachytbreccie. *b* Durchsetzende Kluft. *c* Pyrit.
*d* Streckenstösse.

2. Kiesstock, ein Ellipsoid bildend, dessen grösserer Radius 150 m, dessen kleinerer 150 m misst. Er besteht aus zwei selbständigen Trümern, Abend- und Morgen-Kiesstock, welche durch mehrere Klüfte mit einander verbunden sind. Begrenzung: Biotitandesit, Biotitandesit-Breccie, Biotitschiefer und Kalk: Hauptausfüllungsmasse: Eisenkies, fest verkittet, Bleiglanz und Sphalerit.

Schon 200 Jahre lang ward der Stock bebaut, unter jetzigen Verhältnissen ist er nicht abbauwürdig.

3. Barbara Lager. Westlich vom Kiesstock streichen zwei parallele, 2—3 m mächtige Lager, welche bis zum Erbstolln abgebaut sind, reiche Bleierze geliefert haben und in der Tiefe sich auszukeilen scheinen.

4. Amalia Cerussit-Stock, erst in neuerer Zeit aufgeschlossen, an Blei, Silber und Gold am

Die Ausbisse dieser schwarzen Gesteine sind durch eine Menge von alten Bergbauen bezeichnet; sie fangen bald hinter dem Orte Alt-Rodna an und lassen sich das Izvorthal entlang bis über die Vereinigung der beiden Izvor hinauf verfolgen.

Alle diese Baue stammen aus dem Mittelalter, historische Daten aus dieser Zeit fehlen. Zu Anfang des vorigen Jahrhun

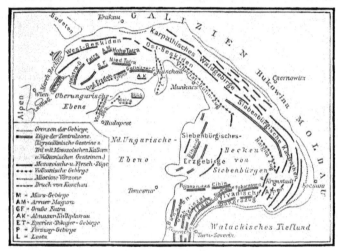

**Fig. 18.**
Tektonische Karte der Karpathen. (Nach A. Philippson.)

reichsten, bildet das eigentliche Object des gegenwärtigen Bergbaues daselbst. Der obere Theil ist von den Alten abgebaut, tiefer ist die Lagerstätte auf 250 m Länge, 60 m Breite und 150 m Höhe aufgeschlossen. Der Stock liegt im körnigen Kalkstein und besteht aus 3 Trümern: äusseres, inneres und Cerussit-Trum. Der Höhe nach ist sie durch Schieferschichten getrennt, welche die einzelnen Formationen des Stockes andeuten. Die Ausfüllungsmasse ist sehr locker und brüchig und ist theils von Andesit, theils von Biotitschiefer umgeben. Vergl. Fig. 14—17.

Zur Bearbeitung der Mittelerze dient ein Walzwerk mit Setzmaschinen, zur Aufbereitung der Pocherze 10 Pochwerke mit 126 Eisen und 4 Waschwerke mit 60 Rittinger'schen Herden, welche in dem kleinen Izvor Thale 1000 m hoch eingerichtet sind, 12,7 km von Alt-Rodna entfernt.

### 2. Geczi Bergbau.

Das Geczi-Revier, der unterste Theil des Rodnaer Gebirges, ist charakterisirt durch schwarzen Schiefer (Graphitschiefer) und schwarzen Kalkstein, hier Komp genannt.

derts wurden sie wieder aufgenommen. Der älteste Einbau hiess Köczy, später Geczi, sodann Gross Geczi und Mariahilf. Es sind im rothen Izvor drei Stollen übereinander 400 m weit auf einer Kluft mit Thonfüllung mit bedeutendem Goldgehalte betrieben. Die Kluft hatte ein Streichen von 5 h 7,5° und war steilfallend, neben ihr waren flachfallende Erzlager, die Pochgänge und Scheiderze lieferten und sich nicht weit von der Kluft entfernten. Nach den alten Acten war dieser Bergbau von 1771—1793 in Betrieb, dann wurde er wegen Wettermangel aufgelassen.

In dem kleinen Izvor liegt der Kis Geczi-(Klein Geczi) Bau, schon seit alten Zeiten bekannt; der erste Versuch zu seiner Wiedereröffnung wurde 1728 gemacht, ein zweiter 1806, ein dritter 1841. Man erreichte mehrere Lager, welche auch abgebaut wurden, doch nicht die goldführende Kluft; jetzt ist der Bau verfallen.

Westlich, in der unmittelbaren Fortsetzung, liegt der alte Bergbau Djalu Papi mit den Friderici, Mariahilf und Fekete Stollen auf 8 Lagern. Weiter unten im Haupt-Izvorthale die alten Bergbaue Vale Vinuluj, Djalu Clini und Calinuly.

### 3. Bergbau an den Alpen.

Man fand es lange unerklärlich, wie die grossartigen Schlackenhalden an der Szamos, der Cobasel und dem Izvor entstanden sind, da der bekannte alte Bergbau für einen ausgedehnten Hüttenbetrieb unzureichend war, bis man die grossartigen Pingenzüge auf den Alpenrücken von Djalu Clini bis Gauria zwischen Izvor und Cobasel entdeckte. Weiter gegen O ist noch ein interessanter verlassener Bergbau in dem Thale Blasna und überall bis zur Grenze von Bukovina und Marmarosch findet man Reste alter Baue, In der Nachbarschaft bei Kirlibaba (türkisches Dorf) wurde auch ein blühender Bergbau von der Familie Manz betrieben, ist jetzt aber verlassen.

Die Resultate der letzten 40 Jahre des Alt-Rodnaer Bergbaues sind aus der Tabelle S. 26, und die der letzten 30 Jahre des ganzen Districtbergbaues aus derjenigen S. 27 zu entnehmen.

(Die Stellung des Wihorlet (oder Vihorlat)-Gutin-Gebirges, dessen Erzlagerstätten in der vorstehenden Abhandlung geschildert wurden, innerhalb des gesammten Karpathen-Zuges veranschaulicht die in Fig. 18 wiedergegebene tektonische Karte der Karpathen. Auf der Innenseite dieses einseitig gebauten Faltengebirges fanden gewaltige Einbrüche und Versenkungen statt und jugendliche Eruptivgesteine quollen — als Erzbringer — längs der Brüche hervor. Die Begrenzung der einzelnen ungarischen Erzlagerstätten-Reviere hängt mit dem Verlauf der verschiedenen Bruch- und Verwerfungslinien auf's engste zusammen. — Red.)

## Briefliche Mittheilungen.

### Malaiisch-ostindische Zinnerzlagerstätten.

Bezugnehmend auf die Abhandlung von J. H. L. Vogt „Ueber die durch pneumatolytische Processe an Granit gebundenen Mineral-Neubildungen" gestatte ich mir folgende Bemerkungen hinsichtlich der so überaus ergiebigen und ausgedehnten malaiisch-ostindischen Zinnerzlagerstätten:

Die Untersuchung von ziemlich umfangreichem Gesteinsmaterial, welches mir theils zur bergmännischen Beurtheilung von der Ostküste von Sumatra, aus dem Riouw-Archipel und von Inseln der Lingga-Gruppe zugesandt, theils von mir selbst im malaiischen Archipel gesammelt wurde, hat mich zu dem Resultate geführt, dass die genannten Erzvorkommen wohl nur der Zersetzung und Auslaugung des Nebengesteins ihren Ursprung verdanken. Die malaiisch-ostindischen Zinnsteinlagerstätten liegen sämmtlich innerhalb des weitausgedehnten Granitmassives, welches den Kern des malaiischen Archipels bildet, sich über einen Theil von Sumatra, Borneo, Malakka, Bengalen, Siam und Birma erstreckt, auf den zwischen diesen Ländern und Inseln gelegenen Eilanden (Bangka, Biliton etc.) wieder aus dem Meere emporsteigt und in seinen mittleren Theilen nur hin und wieder von älteren, am Rande aber vielfach von jüngeren Eruptiven durchbrochen wird. Sämmtliche von mir untersuchten (nicht metamorphosirten) Granite aus den oben bezeichneten Gebieten und sogar aus dem Hochlande von Sumatra enthielten nun zunächst Zinn und Lithium, ausserdem aber Kupfer, Arsen, Bor- und Flusssäure; zum Theil enthielten dieselben aber auch Blei, Zink, Wismuth und sogar Gold (Jodprobe). Es ist daher gar wohl erklärlich, weshalb sich bei der vollständigen oder theilweisen Zersetzung des Granits in Spalten und Hohlräumen desselben Zinnstein bildete, welcher auf secundärer Lagerstätte gegenwärtig die Zinnseifen zusammensetzt. Der Gehalt des frischen Granits an Borsäure und Fluor macht es auch begreiflich, dass sich fast immer Turmalin und Topas zu dem Zinnstein gesellt, und dass das Nebengestein der Gänge (unter dem Einfluss der aus dem zersetzten Feldspath entstehenden kohlensauren Alkalien) öfters in Turmalin-, Topas- und Quarzfels umgewandelt erscheint, wie z. B. in der Landschaft Asahan (Ostküste Sumatras) und auf einigen angrenzenden Inseln. Auf gleiche Weise wird das Vorkommen von Arsenikkies, Kupferkies, Buntkupfererz, Bleiglanz, Zinkblende und Flussspath in den genannten Gebieten erklärlich. Von Eisenerzen treten daselbst Eisenkies, Markasit, Magnetkies (wismuthhaltig), besonders aber Magnet- und Titaneisen auf. Das letztere ist durch seinen Gehalt an Zinn-, Niob- und Tantalsäure interessant. Das Titan- und Magneteisen bilden ganze Lager über und zwischen dem Zinnstein der Seifen. Wolfram- und Molybdänmineratien scheinen zu fehlen; dagegen ist das Vorkommen von Rubin, Korund, Zirkon, gediegenem Gold und besonders von gediegenem Eisen bei Haboko, District Asahan, sehr bemerkenswerth und bietet, wie auch das wahrscheinlich häufige Auftreten von Topas- und Turmalinfels, Analogien mit australischen Zinnerzlagerstätten (Victoria, Mount Bischof in Tasmanien).

Balve, den 31. Dezember 1894.

*Dr. E. Carthaus.*

### Die Eisenerzlagerstätten und die Feldspatheruptivgesteine der Insel Elba. In einem der letzten Hefte (No. 9, 1894, S. 364) dieser Zeitschrift schloss Prof. E. Reyer aus Wien, in einem Referat über eine kleine Arbeit von mir (Sulle apofisi della massa granitica del M. Capanne, Elba,

1894) seine Recension mit folgenden Worten: „Die Erzlagerstätten Elbas haben bekanntlich mit diesen hochinteressanten Granitvorkommnissen nichts zu thun; sie halten sich vielmehr an die älteren Schichtcomplexe, welche im Osten Elbas unterhalb des Eocän zu Tage treten". Da ich oft die Ansicht ausgesprochen habe, dass solche Lagerstätten in engem Zusammenhang mit den Feldspatheruptivgesteinen der Insel stehen, muss ich diese Bemerkung Reyer's berichtigen, denn wenn auch einige Autoren, welche die Insel studirten, wie vom Rath[1]) und Cocchi[2]), mit Reyer[3]) behaupteten, dass jene Lagerstätten mit der Eruption der Granit- und Porphyrgesteine nichts gemein haben, waren dagegen viele andere der ganz entgegengesetzten Ansicht.

Während Savi[4]) und Studer[5]) sich dahin aussprachen, dass die Erzlagerstätten nach der Ablagerung der sie einschliessenden Gesteine, welche damals für Kreide und Eocän angesehen wurden, sich gebildet haben, und Pareto[6]) ihren Zusammenhang mit den granitischen und porphyrischen Gesteinen hervor. Meneghini[7]) hielt das Alter der Eisenerzformation für ein zwischen demjenigen der ophiolitischen Massen (oberes Eocän) und demjenigen der später hervortretenden Feldspathgesteine liegendes, und Czyszkowski[8]), welcher gründlich diese Erzlager studirt hat, kam zu dem Schlusse, dass dieselben Oberflächen-Ablagerungen sind, welche verschiedene Bildungen umfassen und entstanden sind, als die Orographie beinahe die heutige war. Fast gleichzeitig mit Czyszkowski kam ich[9]) auch zu demselben Schlusse und behauptete, dass ein enger Zusammenhang zwischen den Eisenerzlagerstätten und den Granitgesteinen existire. Dabei stützte ich mich auf Thatsachen, die ich hier kurz zusammenfassen will.

Diese Eisenerzlager kommen an der Ostküste der Insel vor und auf einer geraden Linie von circa 15 km, die ungefähr mit dem Streichen der Schichten zusammenfällt. Sie treten vorzugsweise zwischen Thon- und Kieselschiefer am Liegenden und Kalksteinen am Hangenden auf, erscheinen jedoch in verschiedenen Niveaus der geologischen Schichtenreihe. Diejenige von Calamita, Calagineora und Terranera liegen innerhalb Glimmer-

schiefer und vorsilurischer Kalksteine; die von Rio und Vigneria zwischen schiefrigen Sandsteinen und Conglomeraten der permischen und Zellenkalken der rhätischen Stufe; die von Rio Albano und Calendozio z. Th. zwischen denselben Bildungen, z. Th. zwischen oberliasischen thonigen Kalksteinen, zugleich in die eocänen Gesteine hineingreifend.

Das Erz, obwohl besonders an die Kalksteine gebunden, greift jedoch noch in die Schiefer des Liegenden hinein und seine Massen sind theilweise geschichtet wie die Kalksteine. In der Lagerstätte Calamitas bemerkt man zahlreiche, in der Masse zerstreute Kalkbruchstücke, deren Anordnung und Schichtung, ganz concordant mit derjenigen der naheliegenden Kalksteine, deutlich zeigen, dass das Erz die Kalksteine ersetzte und dass die genannten Bruchstücke Rückstände darstellen.

Das Alles beweist deutlich, dass die Eisenerzlagerstätten Elbas durchaus unabhängig von dem Alter der Nebengesteine sind und dass sie weder mit den Schichten im Hangenden noch mit denjenigen im Liegenden gleichaltrig sein können, weil, während beide Bildungen vom Eisenerz angegriffen sind, zwischen dem geologischen Alter derselben bisweilen ein grosser Zeitraum liegt. Sie sind endlich neocänen Alters, da die jüngsten von denselben angegriffenen Schichten der eocänen Periode angehören.

Was die genetische Beziehung zwischen solchen Lagerstätten und den tertiären Granitgesteinen betrifft, so muss beachtet werden, dass bei Calagineora und Terranera der Ganggranit in der Nähe der Erzmassen Pyroxen und Magnetit enthält und an der nächstliegenden Küste des Continents Eisenerz und andere vergesellschaftete Erze bei Campiglia in denselben Gängen mit Quarzporphyr, bei Gavorrano und auf der Insel Giglio innerhalb der geschichteten Gesteine und des Granits vorkommen.

Es ist übrigens bekannt, dass für viele andere Eisenerzlagerstätten, wie z. B. für diejenigen der Montagnes Noires, der Cevennen, von Huelva, Algerien und Attika, der engere Zusammenhang mit Eruptivgesteinen schon seit lange nachgewiesen ist.

Rom, den 5. Januar 1895.

*Dr. B. Lotti.*

---

## Referate.

**Bau, Oberflächengestalt und Bodenarten von Europa.** (A. Philippson: Europa; eine allgemeine Landeskunde. 1894. S. 15 bis 28.) Hierzu Taf. I.

Das Auftreten und die Ausdehnung von Lagerstätten nutzbarer Mineralien sowie manche andere praktisch wichtige geologische Verhältnisse finden erst eine genügende Erklärung, wenn man die Stellung des bedingenden geologischen Gliedes in der Gesammtheit des continentalen Aufbaues übersieht;

[1]) G. vom Rath, Die Insel Elba. (Z. d. deutsch. geol. Ges. 1870.)
[2]) J. Cocchi, Desc. geol. dell' Isola d'Elba. (Mem. Comit. geol. d'Italia, 1871.)
[3]) E. Reyer, Aus Toskana. 1884.
[4]) P. Savi, Sulla costit. geol. dell' Isola d'Elba. (N. Giornale dei Letterati. 1833.)
[5]) B. Studer, Sur la constit. géol. de l'Ile d'Elbe. (Bull. Soc. géol. de France. 1841.)

[6]) L. Pareto, Posiz. delle roccie pirog. ed erutt. etc. (1852.)
[7]) G. Meneghini, Del ferro oligisto nei giacim. ofiolit. 1860.
[8]) S. Czyszkowski, Rég. ferr. de l'Ile d'Elbe. 1882.
[9]) B. Lotti, Descr. geol. dell' Isola d'Elba. (Mem. descr. della carta geol. II.)

bei vielen Beschreibungen und Erörterungen in dieser Zeitschrift wird daher eine handliche allgemeine Uebersicht der geologischen Verhältnisse Europas erwünscht sein. Wir geben deshalb auf Taf. I eine geologische Karte von Europa und den benachbarten Theilen von Afrika und Asien, die zwar nur in dem kleinen Maassstabe von 1 : 24000000 gehalten sein konnte, aber dennoch den so wechselvollen geologischen Bau dieses Erdtheils in hinreichender Schärfe erkennen lässt.

Diese mit Berücksichtigung der neuesten Forschungen bearbeitete Karte ist dem vor Kurzem erschienenen vierten Bande „Europa" der von Professor Dr. Wilhelm Sievers herausgegebenen „Allgemeinen Länderkunde" (Leipzig und Wien, Bibliographisches Institut; Pr. 16 M.) entnommen. In die Bearbeitung dieses eine Fülle von interessanten geologischen Beziehungen enthaltenden Bandes haben sich die Herren Dr. Alfred Philippson, Privatdocent in Bonn, und Dr. Ludwig Neumann, Professor in Freiburg, in der Weise getheilt, dass jener die Abschnitte Allgemeine Uebersicht, Oberflächengestalt, Klima und die europäischen Polarländer, dieser die Abschnitte Pflanzen- und Thierverbreitung, Staaten und Verkehrswesen übernommen hat. Dem ersten Abschnitt sind die folgenden Ausführungen entnommen.

Nach seinem inneren Bau und seiner durch diesen bedingten Oberflächengestalt zerfällt Europa zunächst in zwei grosse grundverschiedene Regionen, die ihre charakteristischen Unterschiede aus einer wesentlich abweichenden geologischen Geschichte herleiten.

Südeuropa, die drei südlichen Halbinseln, das Alpen- und das Karpathenland, ist ein Gebiet gewaltiger jugendlicher Faltungen, die grosse Kettengebirge aufgethürmt haben, an deren Aufbau Schichten von den ältesten bis zu den jüngsten Formationen, bis zum mittleren Tertiär, theilnehmen. Diese südeuropäischen jungen Faltengebirge mit ihren langgestreckten Gebirgsketten, ihren grossen und schroffen Niveauunterschieden, ihren zerrissenen Hochgipfeln, bilden einen Theil jener grossen Zone von Faltengebirgen, welche die Alte Welt vom Atlantischen bis zum Grossen Ocean durchzieht, und der die höchsten Erhebungen der Erdoberfläche angehören. Sie grenzt im Süden und im Norden an Gebiete, denen Gebirgsfaltung in den jüngeren geologischen Epochen fremd geblieben ist, wo dagegen Verschiebungen an Brüchen das Relief bedingen: im Süden an das afrikanisch-indische, im Norden an das nordasiatisch-nordeuropäische Schollenland.

Das afrikanisch-indische Schollenland kommt für Europa nicht in Betracht, denn seine Nordgrenze verläuft am Südfusse des Atlas und durch das östliche Mittelmeer zum Südfusse des Armenischen Hochlandes. Dagegen wird der bei Weitem ausgedehntere Theil Europas durch jenes nordeuropäische Schollenland eingenommen, das mit seinen viel geringeren Höhenunterschieden, seinen flachgewölbten oder tafelartig ausgebreiteten Gebirgsmassen, seinen weitausgedehnten Flachländern in scharfem Gegensatz zu den alpinen Hochgebirgen Südeuropas steht. Hier im Norden finden wir dieselben mesozoischen und alttertiären Schichten, die im Süden, in verwickelte Falten zusammengeschoben, sich am Aufbau der Hochgebirge betheiligen, auf weite Strecken in ungestörter horizontaler Lagerung oder in sanfter gleichmässiger Neigung. Im Allgemeinen hat in dieser Region, kleinere örtliche Faltungen ausgenommen, seit dem Abschluss der Steinkohlenperiode, in grossen Landstrecken sogar seit noch entlegeneren Zeiten, keine Gebirgsfaltung mehr stattgefunden. Die Kräfte der Erdinneren äusserten sich nur in zahlreichen grossen und kleinen Verwerfungen, wobei Höhenverschiebungen der einzelnen Schollen, und zwar meist Versenkungen und Einbrüche, vorkamen.

Betrachten wir die beiden grossen Regionen näher, so tritt uns im Einzelnen eine grosse Mannigfaltigkeit in Bau und Oberflächengestalt entgegen. Die Faltenzone besteht nicht ausschliesslich aus jungen Faltengebirgen, sondern dazwischen liegen grössere starre Schollen, meist aus krystallinischen Gesteinen, die von jüngerer Faltung unberührt geblieben sind, wie z. B. das innere Hochland Spaniens, die thrakische Scholle und andere. Ferner ist das ganze Gebiet von grossen Einbrüchen durchsetzt, die theils vom Mittelmeer, theils von Landsenken eingenommen werden, und die gerade die alten Schollen am meisten betroffen haben, so dass diese zum grössten Theil zerbrochen und in die Tiefe gesunken sind. Durch diese Senken wird das Relief des südeuropäischen Gebirgslandes in hohem Grade wechselvoll und das ganze Gebiet aufgeschlossen und culturfähig gemacht.

Die Faltengebirge selbst gehören meist einem grossen System, dem Alpensystem, an, dem ein bogenförmiger Verlauf seiner Gebirgszüge eigenthümlich ist, ähnlich den grossen asiatischen Faltengebirgen. Während aber diese die geschlossene, äussere Seite ihrer Bogen nach Süden wenden, besteht umgekehrt das Alpensystem meist aus nach Norden geschlossenen Bogen, deren Faltung also von Süden nach Norden gerichtet ist. Im Inneren dieser Bogen finden wir in der Regel jene grossen Senkungsfelder, an deren Brüchen häufig vulkanische Gesteine emporgequollen sind; so im Inneren des Alpenbogens die Po-Niederung, im Inneren des Karpathenbogens das ungarische Becken (s. S. 29), in dem des Apennin das Tyrrhenische Meer. An die Alpen selbst, das eigentliche Kerngebirge unseres Erdtheiles, fügen sich im Osten die Karpathen an, die sich wieder in den Transsylvanischen Alpen und dem Balkan fortsetzen; mit dem letzteren ist wahrscheinlich das Gebirge der Krim und auch der Kaukasus zu verbinden, der wiederum zu den nordöstlichen Randgebirgen des Iranischen Hochlandes hinüberleitet. An der anderen Seite hängt sich an die Alpen der Apennin an, der sich mit wiederholter Drehung des Streichens im afrikanischen Atlas und der spanischen Sierra Nevada fortsetzt. Die Beziehungen der Pyrenäen zu den Alpen sind noch nicht genügend aufgehellt; wir müssen sie wohl als selbständiges Gebirge ansehen. Als dem Alpen fremd ist auch das dinarische Gebirge zu betrachten, das die ganze Westfront der Balkanhalbinsel einnimmt und sich im Inselbogen von Kreta nach Kleinasien hinüberschwingt; es ist der letzte jener grossen, nach Süden convexen asiatischen Gebirgsbogen, der hier mit den Alpen in Berührung tritt.

Das grosse nordeuropäische Schollenland zerfällt wieder in zwei Gebiete. Das östliche ist die russisch-skandinavische Tafel, die sich vom westlichen Norwegen und von den Karpathen bis zum Ural und Kaukasus erstreckt. Es ist eine riesige, starre, seit uralten Zeiten von jeder Gebirgsfaltung verschont gebliebene Scholle, denn wir finden hier auf dem krystallinischen Grundgebirge sogar die ältesten paläozoischen Formationen in ungestörter horizontaler Lagerung ausgebreitet. Dem entspricht die Ebenheit der Oberfläche des ausgedehnten Flachlandes; nur der Nordwestrand, in Skandinavien, ist zu grösserer Höhe erhoben, ohne jedoch dadurch seinen Schollencharakter verloren zu haben. Auch ist das ganze Gebiet weit weniger von Brüchen durchzogen als das übrige Europa.

Anders das nordwesteuropäische Schollenland, welches das gesammte ausseralpine Europa westlich des Weichsel umfasst. Hier hat die letzte grosse Faltung viel später als in der russischen Tafel, wenn auch unvergleichlich früher als in der südeuropäischen Region, stattgefunden, nämlich gegen Schluss der Steinkohlenperiode. Da-

mals war dieses Gebiet von gewaltigen Faltengebirgen, den jetzigen Alpen ähnlich, erfüllt. Aber diese Hochgebirge sind später durch Ueberfluthungen (Transgressionen) des Meeres und durch die abtragende Thätigkeit der atmosphärischen Kräfte abradirt, zu flach gewölbten Rumpfgebirgen abgehobelt worden; auf der geebneten Oberfläche dieser einstigen Gebirge haben sich dann die mesozoischen Formationen abgelagert, die von keiner erheblichen Faltung mehr betroffen worden sind. Jedoch wurde, vorzugsweise ebenfalls zur mittleren Tertiärzeit, das ganze Gebiet von mannigfachen Einbrüchen durchzogen, an denen grosse Massen in die Tiefe sanken und Landbecken bildeten, während andere Schollen als Horste zwischen den Einbrüchen stehen blieben und so als Gebirge ihre Umgebung überragen. (Vergl. d. Z. 1894, S. 243, Thüringerwald.) In den Becken finden wir die mesozoischen Formationen sich flach ausbreitend, von den höheren Horsten sind sie dagegen meist durch Erosion entfernt, und dadurch sind dort die darunter liegenden gefalteten archäischen und paläozoischen Schichten entblösst worden. So enthüllen sich in diesen Horstgebirgen die Trümmer der alten Faltengebirge der Steinkohlenperiode, und Suess ist aus der Betrachtung dieser Trümmer den Bau und die Streichrichtung der alten Hochgebirge reconstruirt.

So bietet denn das nordwestliche Europa einen fast verwirrenden Wechsel der Bodenformen. Die Gebirge dieses Gebietes, die meist eine mässige Höhe nicht überschreiten, verdanken nicht der Faltung der Erdrinde, sondern dem Absinken ihrer Umgebung an Brüchen ihr Hervorragen. Wir finden daher dort alte abradirte Rumpfgebirge von verschiedenster Streichrichtung und von noch verschiedeneren, durch den unregelmässigen Verlauf ihrer Randbrüche bedingten Umrissen und im Allgemeinen von sanften, abgerundeten Formen; dazwischen eingesenkt liegen von Verwerfungen mannigfach abgestufte und von flach lagernden mesozoischen Sedimentformationen erfüllte Landbecken. In noch anderen ausgedehnten Strecken tritt überhaupt das anstehende Gestein nicht an die Oberfläche, sondern ist von flachen Binnenmeeren oder mächtigen lockeren Schuttanhäufungen bedeckt.

Es sind die Ablagerungen der Eiszeit, die für die Oberflächenformen und die Bodenarten des nördlichen Europa von maassgebender Bedeutung sind. Gewaltige Gesteinsmassen wurden in den Ursprungsgebieten der Vereisung, in Skandinavien und Finnland, abgehobelt. Das schon vorher abradirte uralte Rumpfgebirge dieser Länder wurde dadurch noch beträchtlich erniedrigt und seine Oberfläche geglättet. Das abgehobelte Material wurde der Grundmoräne der Eisdecke einverleibt, verschleppt und als „Geschiebelehm" wieder abgelagert, theilweise schon in Skandinavien selbst, noch massenhafter jedoch an den Randtheilen der Eisdecke, im norddeutschen und russischen Flachlande. Während also die Oberflächenformen Skandinaviens und Finnlands im grossen Maasse durch die Denudation und Glättung des festen Felsens seitens der Gletscher bedingt sind, empfangen dagegen Norddeutschland und Nordrussland ihren Charakter vornehmlich durch die mächtigen glacialen Ablagerungen des Geschiebelehms (der Grundmoräne), der fluvioglacialen Sande und Thone (Sedimente der Gletscherschmelzwasser) und der Geschiebewälle (Endmoränen). Diese oft hundert und mehr Meter mächtigen Ablagerungen verhüllen hier auf weite Strecken das anstehende Gestein vollständig; sie verursachen die eigenthümlichen Geländeformen dieser Gebiete, die weit davon entfernt sind, eigentliche Ebenen zu sein. — Auch die ausserhalb dieser Region gelegenen höheren Gebirge sind gleichzeitig die Ausgangspunkte eigner Vergletscherungen gewesen, die jedoch an Ausdehnung nicht mit jener nordischen Eisdecke zu vergleichen sind: so die Alpen, Pyrenäen, Karpathen, die höheren deutschen Mittelgebirge, der Kaukasus, der Central-Apennin, die Sierra Nevada und Sierra Morena. Aber nur die Alpengletscher haben die Grenze des Gebirges bedeutend überschritten und sich im Vorland ausgebreitet. Hier stellen sich daher in kleinerem Umkreise ähnliche Bodenformen ein wie im Gebiete der grossen nordischen Vereisung.

Noch eine andere Bodenart besitzt in Europa eine ausgedehnte Verbreitung: die Steppenerde oder der Löss, jene ausserordentlich feine, lockere, ungeschichtete, meist gelblich gefärbte Erde, die sich im trockenen Klima der Steppen aus den durch die Winde herbeigewehten Staubmassen zu bilden pflegt. In Russland bedeckt eine Abart des Lösses, die Schwarzerde oder der Tschernosem, die ganze Region von den glacialen Ablagerungen im Norden bis in die Nähe des Schwarzen Meeres; sie erhält ihren Namen von der schwarzen Farbe, die sie an der Oberfläche aus bisher unbekannten Gründen annimmt. Im Süden schliesst sich daran eine Zone gelberdiger Steppe, die sich am Karpathenrande bis Galizien fortsetzt. Auch das niederungarische Becken sowie das

rumänisch-bulgarische Tiefland sind mit Löss erfüllt. Während in diesen Gebieten der Löss dem heutigen Steppencharakter des Landes einigermaassen entspricht, ist dieses in Mittel- und Süddeutschland nicht mehr der Fall. Hier tritt der Löss in geringerer Mächtigkeit und unregelmässigerer Vertheilung und nur in den niedrigeren Lagen auf, immer durch grosse Fruchtbarkeit ausgezeichnet und daher von hoher landwirthschaftlicher Bedeutung. Durch seine Beschaffenheit, Verbreitung und die in ihm enthaltenen thierischen Reste erweist er sich nach der Ansicht der meisten Forscher auch hier als eine Steppenbildung, so dass man annehmen muss, dass sich während der Interglacialzeiten und nach Schluss der letzten Eiszeit die Steppen Europas bis nach Südwestdeutschland ausgebreitet haben. Im übrigen Europa kommt der Löss so gut wie gar nicht vor.

Für das ganze westliche und mittlere Europa ist, wie überhaupt für alle Gegenden mit ergiebigen Niederschlägen zu allen Jahreszeiten, die reichliche Bildung von humoser Verwitterungserde charakteristisch, die als Ackerkrume die Verebnungen bedeckt, als Gehängelehm alle nicht zu steilen Abhänge bekleidet. Dieser überall verbreiteten Erde ist vor allem der schöne Waldwuchs Mitteleuropas und die weite Ausdehnung des anbaufähigen Landes, selbst in den Gebirgen, zuzuschreiben; sie ist daher ein Culturfactor allererstes Ranges, dessen Bedeutung wir erst recht würdigen lernen, wenn wir uns aus unserer mitteleuropäischen Heimath entfernen. In den nordeuropäischen Ländern, in Schottland, Skandinavien, Finland, ist diese fruchtbare Humusdecke durch die Vereisung abgeräumt worden und hat sich auf dem geglätteten Felsboden noch nicht wieder in so reichem Maasse neu zu bilden vermocht. Auch in Südeuropa nimmt die Verwitterungserde ab, je weiter wir südwärts in das Gebiet der regenlosen Sommer vorschreiten, denn hier ist das Klima der Verwitterung ungünstig, und die wenige sich bildende Erde wird leicht durch die starken Winterregen abgeschwemmt. Daher rührt die Kahlheit und Nacktheit der meisten Gebirge der Mittelmeerländer, so dass hier das Culturland im Wesentlichen auf die Schwemmlandebenen und Thalauen beschränkt ist. Auch die Torfmoore, die in Nord- und Mitteleuropa, besonders in den ehemals vereisten Gebieten weite Flächen einnehmen, kommen in Südeuropa nicht vor. So kann man in unserem Erdtheil nach den vorherrschenden Bodenarten mehrere grosse Regionen unterscheiden, die von dem inneren Bau unabhängig sind.

## Spanisch - portugiesische Kiesvorkommen. (F. K l o c k m a n n. Sitzungsber. der Akad. d. Wissensch. zu Berlin. 46. 1894. S. 1173—1181.)

Veranlassung und Resultat dieser Untersuchungen deuteten wir schon d. Z. 1894 S. 473, Litt.-No. 206 an. Die deutschen Geologen, soweit sie sich mit diesem Gegenstand beschäftigt haben, stimmten wohl durchweg der von F e r d. R ö m e r (Z. d. deutsch. geol. Ges. 1876) zu, dass die spanischen Kiese sedimentäre Gebilde von gleichem Alter mit dem umgebenden Nebengestein und lagerartigem Auftreten zu; die gleiche Auffassung theilt auch d e L a u n a y (Mémoire sur l'industrie du cuivre dans la région d'Huelva. Ann. des mines. Tome XVI. 1889). Vergl. d. Z. 1894 S. 174 u. 179, auch S. 201. — K l o c k m a n n hat die Gegend von Rio Tinto im vorigen Jahre im Maassstabe 1 : 80 000 kartirt und bereitet eine ausführliche Abhandlung über jene Verhältnisse vor; dem oben erwähnten Akademie-

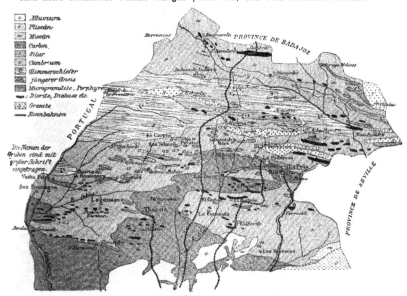

**Fig. 19.**
Geol. Karte der Umgebung von Huelva, i. M. 1 : 790 000. (Nach Joaquin Gonzalo y Tarin.)

chem Alter mit dem umgebenden Nebengestein und lagerartigem Auftreten seien; der sorgfältigste Erforscher dieser Lagerstätten dagegen, J. G o n z a l o y T a r i n (Descripción física, geológica y minera de la provincia de Huelva. Memorias de la comisión del mapa geológico de España, 1887 bis 1888), dessen geologische Karte[1]) der Umgebung von Huelva wir in Fig. 19 wiedergeben, neigte der Auffassung von

berichte entnehmen wir einstweilen Folgendes.

An die den westlichen Theil der Sierra Morena bildende und aus krystallinen Schiefern aufgebaute Kette der Sierra de Aracena, welche in ostwestlicher Richtung durch den Norden der Provinz H u e l v a streicht und nach Portugal hinübersetzt, legen sich gegen Süden unter Einhaltung des Streichens stark gefaltete paläozoische Schiefer — Schiefer, untergeordnet Grauwacken und Eruptivgesteine, selten Kalke — an, die ihrerseits unmerklich unter die Tertiär- und die Diluvialablagerung des südlichen Küstenvorlandes untertauchen. Die Schiefer sind ausserordentlich stark gefaltet und zusammenge-

---

[1]) Devon ist hiernach nicht bekannt; doch sind, bemerkt K l o c k m a n n, in der Abgrenzung des Silur und Culm noch wesentliche Abänderungen zu erwarten; gewisse Silurbildungen müssen, ihrer Hercynfauna wegen, schon jetzt zum Devon gerechnet werden.

5*

schoben, mit genereller Ueberkippung der gleichmässig O-W streichenden Falten; dabei erlitten die Schiefer wie die ihnen eingelagerten Eruptivgesteine (Quarzporphyre und Diabase) eine falsche Schieferung. Die Eruptivgesteine verlaufen nach des Verfassers Beobachtungen in vollster Concordanz mit dem umgebenden Nebengestein und werden von ausgesprochenen Tuffablagerungen begleitet; ihre Deutung als intrusive Lagergänge erscheint danach als unzulässig und nur die Auffassung als Eruptivdecken, gleichalterig mit den umschliessenden Schiefern statthaft. Eine geologische Karte ihrer Hauptverbreitungsgebiete würde also ein Bild liefern, das im Wesen nicht von dem des nassauischen Eruptivgebiets abweicht. Schiefer und Eruptivgesteine (und zwar bald sehr saure, bald sehr basische) wechsellagern in vielfacher Wiederholung und mit Mächtigkeiten von oft kaum 1 m; zuweilen jedoch schwellen die Eruptivlager auf mehrere 100 m Mächtigkeit an.

Mit diesen paläozoischen Schiefern und den in ihnen eingelagerten Eruptivgesteinen, die ihre östliche Begrenzung in dem scharfen Bruchrand des Guadalquivirthales, ihre westliche Begrenzung in der portugiesischen Küste finden, sind nun auf der ganzen Erstreckung von mehr als 200 km zahlreiche **Kieslagerstätten** räumlich eng verbunden, und zwar gilt dies in den Massen von den Eruptivgesteinen, dass auch genetische Beziehungen irgend welcher Art mit Sicherheit anzunehmen sind. In ihrer Verbreitung schliessen sie sich ganz den Hauptlagerzügen der Ergussgesteine an und reichen gleich diesen vom Guadalquivir bis hinüber zur atlantischen Küste. In den meisten Fällen liegen die Kiese allerdings zwischen Schiefern, die aber dann selbst wieder zwischen nahen Eruptivdecken eingeschaltet sind, häufig finden sie sich auch im Contact von Schiefern und Eruptivmassen, vereinzelt liegen sie mitten im Porphyr. Im letzteren Falle scheint sich aber aus dem Nachweis sehr dünner Tuff- oder Schiefermittel zu ergeben, dass es sich nicht um einen einheitlichen Eruptivguss handelt, sondern um zwei übereinander geflossene Lavadecken. Deutlich ist das wahrnehmbar an dem sackartig in Quarzporphyr eingelagerten North-Lode von Rio Tinto.

Wie die umgebenden Gesteine sind die Kieslagerstätten steil aufgerichtet, also überhaupt im vollständigsten concordanten Verband mit dem Nebengestein. Alle gegentheiligen Wahrnehmungen beruhen auf einer Verwechselung der falschen Schieferung mit Schichtung.

Die Zahl der einzelunterscheidbaren Kiesvorkommnisse ist sehr beträchtlich, über als ein halbes Hundert ist bekannt. Die Mächtigkeit schwankt in weiten Grenzen und steigt bis zu 150 m (Dionisio-Lode bei Rio Tinto), ihre Längserstreckung übertrifft 1000 m sehr selten, bleibt gewöhnlich weit darunter. Nach ihren Dimensionen machen sie überhaupt den Eindruck grösserer oder kleinerer Linsen.

Nach ihrer materiellen Beschaffenheit bestehen sie aus derbem, massigen, nur ganz ausnahmsweise schichtartig gestreiften Schwefelkies mit einer constanten Beimengung von wenigem Kupfer, im Mittel 2—3 Proc.[2]).

Alle weiteren wichtigen Eigenthümlichkeiten der Kieslagerstätten ergeben sich aus der folgenden Darstellung, die den Nachweis der lagerartigen Natur, die **Gleichaltrigkeit** derselben mit dem umgebenden Nebengestein zum Zweck hat. Es sind dies die Argumente:

1. **Gleichförmige Lagerung.** Die oben hervorgehobene, völlige Concordanz der Lagerstätten mit dem umgebenden Nebengestein zeigt sich überall. Ich habe auf diesen wichtigen Punkt meine besondere Aufmerksamkeit gerichtet und mich überzeugen können, dass da, wo ein Ueberschneiden der Schiefer wahrgenommen wird, falsche Schieferung im Spiel ist. Eines der ausgezeichnetsten Beispiele dieser Art liefert der Tagebau der Grube La Zarza.

2. **Das Fehlen tektonischer Begrenzungsflächen.** Wenn es sich bei diesen Lagerstätten um echte Gänge handeln würde, also um mit Erzen erfüllte Spalten, die durch tektonische Vorgänge aufgerissen sind, so müssten sie auch alle mit Bruch- oder Zerreissungsflächen verbundene Eigenschaften aufweisen. Das ist nicht der Fall. Man findet am Hangenden oder Liegenden der Lagerstätte weder Harnische, noch gebrochenes Nebengestein und Zerreibungsproducte, und ebenso wenig sind gelegentlich an- und ablaufende Trümer, wie sie selbst einfachen Gängen nicht fehlen, zu beobachten. Zwar zeigen sich unregelmässige Ausbuchtungen der Lagerstätte, welche für kurze Zeit von sanguinischen Bergleuten für ablaufende Trümer gehalten werden — S. Domingo liefert dafür Beispiele — und an den Enden findet sich häufig eine mehrfache Gabelung statt, aber das sind Erscheinungsformen, die in allen Fällen anders als durch gangartige Zertrümerung erklärt werden müssen, nämlich durch Unebenheit der ursprünglichen Ablagerungsfläche, durch Einfaltung, am

---

[2]) In verwitterten Partien kann sich der Cu-Gehalt allerdings anreichern. Ganz kupferfrei sind nur sehr wenige Vorkommnisse, wie das von El Confesionario. Trotz des geringen Cu-Gehalts liefern die spanisch-portugiesischen Gruben mehr als ein Sechstel der gesammten, rund 800 000 t betragenden Kupferproduction der Welt. Das erfordert eine ausserordentliche Massenbewältigung des kupferarmen Erzes, die sich auf 2½ Millionen t beläuft. (Vergl. d. Z. 1894 S. 44, 49, 478.)

häufigsten aber durch Wechsellagerung. Gerade der Umstand, dass die Lagerstätte sich an ihren Enden, und zwar sowohl an den Seiten wie oben und unten, in mehrere Theile auflöst, spricht in ausgezeichneter Weise für ihre Sedimentation. Diese Form entspricht nicht der eines zertrümmerten Ganges, sondern sie erklärt sich, wie das übrigens direct beobachtet werden kann, aus einer Wechsellagerung mit den Schiefern. Es ist ganz dieselbe Form und Gestalt, die auch die in steil aufgerichteten und intensiv gefalteten Schichten aufsetzenden Kohlenlagerstätten der Alpen und des französischen Centralplateaus aufweisen, und wie hier ein einheitliches Kohlenlager durch schieferige Zwischenmittel in mehrere Bänke aufgelöst wird, so findet auch ganz Analoges in den Kieslagern des Huelva-Districts statt.

Bei Gängen ist der materielle Inhalt entweder fest mit dem Nebengestein verwachsen, oder zwischen Erz und Nebengestein findet sich eine mehr oder minder mürbe Salbandzone. Eine feste Verwachsung der Kiese mit dem angrenzenden Nebengestein hat niemals statt, dagegen ist ein mürbes Salband wohl stets vorhanden. Aber dieses Salband stellt keine Zerreibungszone dar, sondern ist hervorgegangen aus der chemischen Zersetzung des Nebengesteins durch die bei der Verwitterung der Kiese gebildete Schwefelsäure. Es hat sich als eine ganz allgemeine Erscheinung herausgestellt, dass mit der wachsenden Tiefe die salbandartige Zersetzungszone an Dicke und Intensität abnimmt und in grösserer Tiefe fast ganz verschwindet.

3. Die Structur. Was die Structur der Ausfüllung anlangt, so fehlen auch hier alle charakteristischen Merkmale der Gangstructur. Weder die körnig-massige Verwachsung noch die typische Krustenstructur sind vorhanden, und ebeno ist ein völliger Mangel an Drusenräumen zu constatiren. Allerdings tritt auch die normale Schichtstructur der Sedimentärlager nicht auf, die Lagerstätte ist vielmehr durch ihre ganze Masse hindurch derb und schichtungslos; aber das findet die einfachste Erklärung in dem gleichartigen Korn und dem gleichmässigen Material, das sich wahrscheinlich überaus schnell durch reducirende Agentien aus Lösungen niedergeschlagen hat. Ganz ist die Schichtstructur übrigens doch nicht unterdrückt. Gelegentliche Funde an manchen Punkten, bei Tharsis, San Telmo u. a. O., zeigen Streifung, die durch eingemengte Schmitzchen von Bleiglanz oder Blende hervorgerufen wird.

4. Beziehung zu imprägnirten Schiefern. Mit Entschiedenheit gegen die Gangnatur spricht der Umstand, dass im Hangenden oder Liegenden derber Kiesmassen recht häufig Schieferschichten sich befinden, die mit Schwefelkies imprägnirt sind. Abgesehen von ihrem Kiesgehalt haben die Schiefer genau dieselbe Beschaffenheit wie die kiesleeren; sie sind wie diese fest und klingend und stimmen in allen sonstigen Eigenschaften überein. An eine Auswanderung des Kieses aus der derben Lagerstätte in diese Schiefer ist deshalb nicht zu denken; vielmehr macht es den Eindruck, als wenn zwischen imprägnirten Schiefern und derben Kiesmassen nur ein quantitativer Unterschied vorhanden sei, als wenn diese sich aus jenen entwickeln könnten.

5. Fehlen einer Gangkluft. Eine generelle Erfahrung des Gänge abbauenden Bergmannes ist die, dass die Fortsetzung eines Ganges auch dann noch in der äusseren Beschaffenheit einer Kluft wahrnehmbar ist, nachdem das Erz, überhaupt der gesammte Ganginhalt sich ausgekeilt und ganz verdrückt hat. Mit dem Aufhören des Kieses erinnert nichts in der Umgebung desselben, weder an den Seiten oder nach unten, an eine Aufreissungskluft, die als Zuführungskanal für das Erz hätte dienen können. Nur die ganz normale Schichtungsfuge ist vorhanden.

6. Falsche Schieferung, Harnische und Spalten im Kies. Wenn die Kieslagerstätten gangartig wären, so würde man das Eindringen des Erzinhalts mit dem Faltungsprocess der paläozoischen Schiefer in zeitliche Beziehung bringen müssen, wie das auch thatsächlich von allen Autoren geschehen ist. Gleichzeitig mit der Faltung ist aber auch die genetisch damit verknüpfte falsche Schieferung, und diese falsche Schieferung findet sich in höchst charakteristischer Weise auch an den derben Kiesmassen ausgeprägt. Sie wird begleitet von Harnisch- und Kluftbildungen innerhalb der Lagerstätten. Aus dem Auftreten dieser Erscheinungen folgt aber auch, dass die bedingende Ursache, der tektonische Process der Faltung, die Kiese bereits vorgefunden hat, dass diese nicht erst durch den Faltungsvorgang zwischen die Schiefer eingepresst wurden. Um alsdann die Lagerstätten noch als Gänge erscheinen zu lassen, müsste man zu der wenig wahrscheinlichen und durch keine Beobachtung unterstützten Erklärung[2]) greifen, dass schon beträchtliche tektonische Störungen jener ausgeprägten Faltungsperiode voraufgingen.

7. Hr. Vogt sieht in dem Auftreten von Tiefengesteinen, insbesondere von Gabbros, die in der unmittelbaren Nachbarschaft der norwegischen Kieslagerstätten anstehen, und denen er eine genetische Rolle bei der Beschaffung des Erzmaterials zuschreibt, eine besondere Stütze seiner Gangtheorie. Oben ist aber bereits erwähnt worden, dass die in der Nähe der spanischen und portugiesischen Kiesmassen aufsetzenden Eruptivgesteine ausschliesslich Ergussgesteine sind. Ueberdies liegen alle in dem Gebiet vorkommenden Tiefengesteine, die aus Graniten und Syeniten, nicht aber aus Gabbro bestehen, fernab von allen Kieslagerstätten. — Auch die dynamometamorphe Umwandelung des Nebengesteins in der Nachbarschaft der Kiese, welche nach Vogt ein Anzeichen der gangartigen Entstehung sein soll, ist in unserm Gebiet neben den Kiesen nicht grösser als dort, wo keine Kieslagerstätten in den Schiefern aufsetzen.

**Marmor und Eisenerze von Dunderland. Bildung der Eisenerzlager.** (J. H. L. Vogt: Dunderlandsdalens jernmalmfelt. Kristiania 1894. 106 S. Pr. 0,85 M.)

In dem vorliegenden zweiten Theil einer geologischen Beschreibung von Nordlands

---

[2]) Diesen gewichtigen, auch für den Rammelsberg zutreffenden Einwand sucht Vogt noch durch eine andere, aber noch unwahrscheinlichere Erklärung zu widerlegen.

Amt im nördlichen Norwegen werden im Anschluss an den d. Z. 1894 S. 30—34 besprochenen ersten Theil (Salten og Ranen, 1891) die Eisenerz-Vorkommnisse, namentlich im Dunderlandsthale in Mo in Ranen, unter Beigabe einer Karte i. M. 1 : 80 000 und zahlreicher Profile genauer beschrieben und ihre Bildungsweise eingehender erörtert.

Im Dunderlandsthal ($66^1/_4 — ^1/_2^0$ n. Br.) in Ranen lässt sich die wahrscheinlich cambrische Glimmerschiefer-Marmor-Gruppe in folgende 3 Etagen gliedern: 1. Glimmerschiefer (mit Granat- und Staurolith-Glimmerschiefern; Kalksteine ziemlich spärlich); 2. Kalksteinschiefer mit mächtigen Marmor- und den in Rede stehenden E i s e n e r z - l a g e r n ; 3. jüngerer Gneis (auch mit Glimmer und Disthen führenden Schiefern und einigen Kalkbänken).

Die bis 1000 m mächtigen Marmor-Lager bestehen sowohl aus reinem Kalkspath-Marmor in verschiedenen Farben (schneeweiss, grauweiss, schwach graublau, himmelblau, weiss mit verschiedenartigen schwarzen oder grauen Schattirungen, citrongelb, intensiv rosenroth u. s. w.), oft von Chromglimmer und Rutil begleitet, wie aus (oft chemisch reinem) D o l o m i t - Marmor von schneeweisser oder ganz schwach gelblicher Farbe, zuweilen mit Grammatit und Muscovit nebst etwas Quarz vermengt. Es finden sich hier typische Karst-Landschaften; unterirdische Flussläufe und Grotten im Kalke längs der Grenze gegen Schiefer sind häufig. — Alle diese sehr mächtigen Kalkspath- und Dolomit-Marmore liefern das Rohmaterial einer jetzt aufblühenden norwegischen Marmorindustrie.

Das Eisenerz im Dunderlandsthal enthält 0,053 — 0,412, im Durchschnitt 0,15 bis 0,25 Proc. Phosphor; meistens nur 0,01 bis 0,02, gelegentlich bis 0,04 Proc. Schwefel; 0,2—0,4 Proc. Manganoxydul. Der Eisengehalt ist sehr schwankend, sowohl in den verschiedenen Lagern wie auch auf verschiedenen Niveaus in einem und demselben Lager; in einigen quarzreichen Eisenglimmerschiefern beträgt er durchschnittlich nur 15—30 Proc.; andrerseits findet man in den erzreicheren Lagern oft mehrere Meter breite Zonen mit 60—65, selbst 68 Proc. Eisen. Eine zahlreiche Reihe kleinerer Durchschnittsproben von den besseren Erzlagern ergaben zwischen 43,5 und 69,5 Proc. Eisen (d. h. Roheisen nach der schwedischen Schmelzprobe), im Mittel ungefähr 55 Proc. Nach einer vorläufigen, ganz approximativen Schätzung kann man auf diesen besseren Erzlagen rund etwa 60 Proc. Erz mit durchschnittlich 55 Proc. Eisengehalt ausklopfen.

„Das A r e a l der gesammten Eisenerz-oder Eisenglimmerschiefer-Lager im Dunderlandsthale — arme und reiche Partien zusammengenommen — habe ich auf rund 600 000 qm berechnet, und nehmen wir die Erzlager bei Langvand und im Rödvasthal hinzu, so mag das gesammte Areal von Eisenglimmerschiefer im Mo-Kirchspiel in Ranen auf 1 Million qm geschätzt werden". Vergleiche hiermit die schwedischen Vorkommen, d. Z. 1894 S. 358.

Es folgt nun eine theoretische Entwickelung über die Bildung dieser grossen Erzlagerstättengruppe (Typus Dunderland — Dannemora), eine weitere Bearbeitung des in „Salten og Ranen" veröffentlichten und d. Z. 1894 S. 31—34 wiedergegebenen Versuchs einer Erklärung der Genesis der sedimentären Eisenerze[1]). Die hierher gehörigen Eisenerzvorkommnisse lassen sich in eine Reihe Untergruppen theilen mit „Torrstener" und „Blandstener" als extreme Glieder; letztere werden folgendermaassen gekennzeichnet:

T o r r s t e n (Dunderland, Norberg, Striberg etc.): überwiegend Eisenglanz mit Quarz (daher saure Schlacke), wenig Mangan, viel Phosphor, wenig Schwefel und mässig hohem Eisengehalt; Kohle oder bituminöse Substanz fehlt meist; Auftreten in normaler Schicht mit (im Verhältniss zur Mächtigkeit) grosser Länge.

B l a n d s t e n (Dannemora, Klackberg, Arendal): überwiegend Magnetit mit Kalkspath und basischen Silicaten (daher basische Schlacke), oft viel Mangan, wenig Phosphor, viel Schwefel und oft sehr hohem Eisengehalt; kohlige Substanz oft gegenwärtig, gelegentlich sehr reichlich; Auftreten vorzugsweise linsenförmig.

Den h y d r o c h e m i s c h e n Bildungsprocess durch Sedimentation aus Kohlensäure-Auflösung in Folge Oxydation (Torrstener) oder Verdunstung überschüssiger Kohlensäure (Blandstener) illustrirt Vogt durch folgende schematische Uebersicht:

| „Torrsten" Oxydationsprocess: $2 \, Fe \, CO_3 + O = Fe_2 O_3 + 2 \, CO_2$ | „Blandsten" Verdunstung von $CO_2$. |
| --- | --- |
| Eisen als Oxyd ausgeschieden; deswegen überwiegend Eisenglanz. | Eisen hauptsächlich als Oxydulcarbonat ausgeschieden; deswegen (bei späterer Metamorphose) überwiegend Magnetit. |
| Zusammen mit $Fe_2 O_3$ wird $SiO_2$ (aus löslichem Silicat) ausgeschieden; cfr. die modernen Limonite und Quellenabsätze; mit $SiO_2$, ein wenig $Al_2 O_3$, $MgO$, $CaO$ u. s. w. | Bei Verdunstung der Kohlensäure fällt vorhandenes $Ca \, CO_3$ und $Mg \, CO_3$, nebst etwas $SiO_2$, zusammen mit $Fe \, CO_3$ aus. |

[1]) Vergl. auch die besondere Abhandlung in Geologiska Föreningens Förhandlingar 1894.

| „Torsten" Oxydationsprocess: $2\,FeCO_3 + O = Fe_2O_3 + 2\,CO_2$ | „Blandsten" Verdunstung von $CO_2$. |
|---|---|
| Mn wird in Lösung etwas später als Fe oxydirt; deswegen kann (cfr. die modernen Quellenabsätze) aus einer mässig Mn-reichen Lösung ein Mn-armer Eisenniederschlag resultiren. | $MnCO_3$ wird ungefähr gleichzeitig mit $FeCO_3$ ausgeschieden; somit Relation Mn : Fe im Niederschlag ungefähr wie in der Lösung. |
| Die in Lösung vorhandene $P_2O_5$ fällt mit dem Eisenoxyd zusammen nieder (cfr. die modernen Quellenabsätze). | Vorhandenes $P_2O_5$ mag vielleicht (?) vorläufig in Lösung gehalten werden. |
| Vorhandenes Sulphat wird nicht reducirt. | Vorhandenes Sulphat wird durch gegenwärtige Kohle reducirt (siehe hierüber Hj. Sjögren's Darstellung). |
| Der Oxydationsprocess hindert Absatz von grösseren Mengen von Kohle. | Vorhandene Kohle arbeitet der Oxydation entgegen und bedingt somit indirect die Möglichkeit der Kohlensäure-Verdunstung. |
| Die Lösungen enthalten beinahe immer neben Fe auch Silicat, dessen $SiO_2$ als Konsequenz der Kohlensäure-Entwickelung ausgeschieden wird; daher das Erz nur mässig eisenreich. | Bei grossen Mengen von $(Fe, Mn)CO_3$ im Verhältniss zu kleinen Mengen von $(Ca, Mg)CO_3$ wird bei Verdunstung von Kohlensäure anfangs nur $(Fe, Mn)CO_3$ ausgeschieden; es mag somit hier ein reiches Erz resultiren. |

**Zum Schluss wird die technische Bedeutung des Eisenerzfeldes im Dunderlandsthal besprochen, d. h. die künftige, denn die entscheidenden bergmännischen Untersuchungsarbeiten sind noch nicht abgeschlossen.**

Die wichtigsten Eisenerz exportirenden Länder in Europa sind:

| | | Export: | |
|---|---|---|---|
| Spanien | | $5\frac{1}{2}$ | Mill. Tons |
| Schweden | in 1893 | $\frac{1}{2}$ | - - |
| | in 1894 | $\frac{2}{3}$—$\frac{3}{4}$ | - - |
| Elba | | $\frac{1}{5}$ | - - |
| Algier | | $\frac{1}{3}$ | - - |
| Griechenland | | $\frac{1}{4}$ | - - |

Das Bilbao-Erz — saures Bessemererz mit rund 55 Proc. Fe (und wenig P, im Allgemeinen auch wenig S) — ist in den letzten Jahren (seit 1882) f. o. b. Bilbao zu 6 bis 12 sh. verkauft worden, in der Regel zu 6 sh. 6 d. bis 8 sh. 6 d. Dazu kommt Fracht nach Süd-England, in der letzteren Zeit 4 sh. bis 4 sh. 6 d., alles pro Tonne. Das Erz ist also in Süd-England in den letzten Jahren zu 10 sh. 6 d. bis 13 oder 14 sh. (bei 55 Proc. Fe) verkauft worden; in Rotterdam, Nord-England und Schottland 1 bis 2 sh. höher.

In Schweden hat man in den letzten Jahren bedeutende Mengen Eisenerz exportirt, von Gellivara (im nördlichen Schweden, $67\frac{1}{8}^0$ n. Br.) und von Grängesberg (im mittleren Schweden, zwischen Fahlun und Wenern-See, $60^0$ n. Br.). Das Gellivara-Erz wird nach dem Phosphorgehalt in 5 verschiedene Sorten getheilt: A-Erz mit weniger als 0,05 Proc. P; B-Erz mit 0,05—0,10; C-Erz mit 0,10—0,60; D-Erz mit 0,6—1,5 und E-Erz mit über 1,5 Proc. P; beinahe die Hälfte der ganzen Production ist Erz mit mittlerem P-Gehalt. Das Erz, mit rund 65 oder 65—67 Proc. Fe, kostet pro t an Grubenkosten ungefähr Kr. 2,50[1]); die Fracht (auf Eisenbahn von 207 km Länge) nach Luleå beträgt Kr. 3,70; die Selbstkosten frei in Luleå sind somit Kr. 6,00—6,50. — Das Grängesberg-Erz — eisenreiches Thomas-Erz — enthält rund 60—62 Proc. Fe und ungefähr oder mindestens 1 Proc. P; die Grubenkosten betragen pro t ungefähr Kr. 2,00; die Fracht (auf Eisenbahnen von 255 km Länge) nach Oxelösund (etwas südlich von Stockholm) Kr. 4,10—5,00; die Selbstkosten frei in Oxelösund sind also Kr. 6,00—6,75.

Der Erzgehalt der Förderung beträgt 44—72, durchschnittlich 60 Proc., der Eisengehalt der Erze 45—60, durchschnittlich 50—55 Proc.; die Grubenkosten pro t Erz schwanken zwischen Kr. 3 und 8, bei den besser situirten Gruben zwischen Kr. 3,25 und 5,00.

Unter Voraussetzung von 60 Proc. Erz- und 55 Proc. Eisengehalt werden für Dunderlandsthal die Grubenkosten rund Kr. 3,00 betragen; die Fracht (bei einer zukünftigen Eisenbahn von Dunderland nach Mo, 47,3 km) wird sich durchschnittlich auf Kr. 0,75 stellen; frei Hafen Mo wird also das Erz (mit 55 Proc. Fe, 0,2 Proc. P) wahrscheinlich ungefähr Kr. 3,75 kosten.

Gellivara und Grängesberg liefern reichere Erze als Dunderland (65 und 60 gegen 55 Proc.), die Grubenkosten sind auch niedriger (bezw. Kr. 2,50 und 2,00 gegen wahrscheinlich etwa Kr. 3,00); der Abstand vom Hafen ist aber viel grösser als im Dunderlandsthal (bezw. 207 und 255 km gegen 30—48 km), die Fracht also viel höher (Kr. 3,70 und Kr. 4,10—5,00 gegen Kr. 0,75); frei Hafen wird folglich das Dunderland-Erz (Kr. 3,75 bei 55 Proc. Fe) weniger kosten als das Gellivara-Erz (Kr. 6,00—6,50 bei 65 Proc. Fe) und das Grängesberg-Erz (Kr. 6,00—6,75 bei 60 Proc. Fe). Dazu kommt noch, dass nach Schottland, England, Belgien und West-Deutschland (Rotterdam) die Seefracht von Mo in Ranen (Dunderland) etwas (1 bis 2 oder 3 sh.) weniger betragen wird als von Luleå (Gellivara), wahrscheinlich auch etwas weniger als von Oxelösund (Grängesberg); trotzdem somit das Dunderland-Erz einen niedrigeren Preis als die beiden schwedischen Erze bedingt, wird das Erzfeld wahrscheinlich sich concurrenzfähig zeigen. Desgleichen wird Dunderland in Schottland und Nord-England wahrscheinlich auch mit Bilbao concurriren können.

**Ueber die Ausbildung der Ingenieure und Bergeleven in Nordamerika.** (Engineering Education, being the Proceedings of Section E of the Worlds Engineering Con-

[1]) 1 Kr. = 1,125 Reichsmark.

gress, held in Chicago, Ill., Juli 31 to August 5 1893. Columbia Mo. 1894. 8° 342 S.).

In Chicago tagte während der Weltausstellung 1893 eine Versammlung amerikanischer Ingenieure, zu welcher auch die europäischen Staaten Delegirte entsandten. Aus Deutschland war C. O. Gleim von Hamburg anwesend. (Vergl. d. Z. 1893. S. 48). Section E dieses Ingenieurcongresses hatte die Aufgabe, über die Ausbildung der Studirenden in den Ingenieurschulen zu berichten. Das oben angezeigte Werk enthält die Vorträge und die daran geknüpften Discussionen dieser Section. Aus diesem Buche lernt man den Eifer kennen, mit welchem von allen Seiten nach dem möglichst besten Unterrichtssystem und nach Verbesserungen des gegenwärtig üblichen geforscht wurde.

Die Lehrmethode der nordamerikanischen Bergschulen ist so innig verquickt mit der gesammten Ausbildungsmethode aller Ingenieure Nordamerikas, dass beide unter einem besprochen werden können. Von interessanten Aufsätzen dieser Art bringt der vorliegende Band: S. 17 Wm. H. Burr (Columbia Coll. N. York), über das Ideal einer Ingenieurerziehung; S. 63 Palmer C. Ricketts (Rensselaer Inst. Troy, N. Y.), die gegenwärtigen günstigen und ungünstigen Bestrebungen betreffs der Ausbildung der Techniker; S. 75 Geo. F. Swain (Massach Inst. Boston), Vergleich zwischen dem amerikanischen und europäischen Lehrplan der technischen Institute; S. 207 Charl. D. Marx (Leland Stanford Un. Palo Alto, Cal.) und S. 217 R. C. Carpenter (Sibley Coll. Ithaka N. Y.), beide über: Forderung von Originaluntersuchungen der Prüfungscandidaten; S. 118 Samuel B. Christy(Univ. Berkeley Ca.), über die gleichmässige Zunahme der Bergschulen und der Montanindustrie. Hierzu kommen Erörterungen über einzelne specielle Fragen, z. B. über Constructionszeichnen, gründlicheren mathematischen Unterricht, Feriencurse, Prüfungsaufgaben, Lehrmittelbedarf der technischen Hochschulen. — Diese kurze Andeutung lässt erkennen, dass nicht bloss intensiv, sondern auch extensiv das Problem des Ingenieurunterrichts auf diesem Congress besprochen ward. In dem wichtigsten Punkte herrschte aber Einstimmigkeit, nämlich in der Beibehaltung der amerikanischen, sog. harmonischen Erziehung und Ausbildung.

In Europa herrschte von Alters her die irrige Ansicht, dass der junge Mann nur durch die humanistische Richtung, durch Studium der Sprache und Sitten längst ausgestorbener Völker Bildung erlange. Erst langsam, und Schritt für Schritt erkämpften sich die Disciplinen der gesammten Natur-

lehre ihr Terrain, bis schliesslich selbst Oxford sich bequemte, deren Gleichberechtigung anzuerkennen. Die Amerikaner haben ihren Lehrplan nach einem anderen, harmonischeren System aufgebaut: Kopf und Hand, Verstand und körperliche Kraft, alle menschlichen Fähigkeiten sollen möglichst gleichmässig ausgebildet werden, damit der junge Mann beim Uebertritt von der Schule in's Leben für letzteres schon die nöthigen praktischen Vorkenntnisse mitbringt. Ein solcher Unterricht mag wohl manchem europäischen Schulmann unpassend erscheinen. Kühn hat seinerzeit gemeint[1]), „die einseitige Fachbildung führt, wenn nicht zur Verflachung, doch leicht zu einem gemeinen Realismus, der allmählig ein höheres Interesse abstumpft, von der wahren Lebensbestimmung ableitet und ein selbstsüchtiges, herzloses, der gewöhnlichen Nützlichkeit, dem blossen Geldgewinn zugewandtes Wesen gebiert."

Ein Körnchen Wahrheit mag in diesem Satze enthalten sein, er kann aber nur für ideale Verhältnisse gelten: Heutzutage ist der Kampf um's Dasein ein Factor, mit dem das ganze Menschengeschlecht rechnen muss, und deshalb auch der Drill für diesen Kampf eine Nothwendigkeit.

Riedler[2]) urtheilt daher richtiger, wenn er den gewöhnlichen Hochschulabiturienten des Continents nachsagt: „Eigenes Verständ-„niss beginnt auch für die auf unseren Hoch-„schulen Gebildeten erst dann, wenn der „Schulton abgelegt, das Schulwissen vergessen, „und an seine Stelle unter der befruchtenden „Anregung schaffender Vorbilder selbststän-„diges Können getreten ist." In Amerika verlangt alles einen praktischen Unterricht. Jameson[3]) definirt die Aufgabe des praktischen Unterrichts dahin: „dass durch denselben der Student Gewandtheit, manuelle Fertigkeit und Genauigkeit sowohl im Beobachten als in der Ausführung gestellter Aufgaben lernen soll." In der relativ kurzen[4]) Schulzeit (4 Jahre an allen technischen und montanistischen Hochschulen) alles praktisch zu lehren und zu lernen ist wohl unmöglich. Es genügt meist, die Hauptaufgaben des Faches praktisch so intensiv durchzuarbeiten, dass die Kenntniss der Arbeitsmethoden und die manuelle Fertigkeit dem Studenten, gleich wie der Drill dem Soldaten, für immer bleibt, und der junge Mann später nicht nöthig

---

[1]) Vgl. Posepny, Archiv für praktische Geologie, Wien 1880, S. 610.

[2]) A. Riedler: Amerikanische technische Lehranstalten. Bericht, verfasst im Auftrage des Herrn Cultusministers. Berlin 1893. Druck von L. Simion.

[3]) Engineer. Education, S. 233.

[4]) Die eintretenden Schüler bringen geringere Vorkenntnisse mit, als in Deutschland gefordert wird.

hat, erst die nothwendigsten geistigen und körperlichen Kunst- und Handgriffe zu lernen, ehe er eine verantwortliche Berufsstellung anzutreten wagt.

Die ältesten Ingenieurschulen der Vereinigten Staaten Nordamerikas sind successive, durch Angliederung der technischen Lehrgegenstände an den Lehrplan bereits existirender, humanistisch geordneter Universitäten entstanden. Sie haben sich nicht zu bleibender Blüthe emporgeschwungen. Solche schlecht fundirte Colleges lehrten die Ingenieurwissenschaften gerade so wie die litterarischen Fächer aus den Büchern, und die Anschaffung der kostspieligen Einrichtungen für einen praktischen Unterricht wurde von den Anhängern der classischen Studien nicht für nöthig erachtet.

Die in jüngster Zeit, seit 1860, entstandenen technischen Lehranstalten Nordamerikas, von denen manche noch den Titel „Universität" führen, oder solchen coordinirt sind, haben jedoch die von den naturwissenschaftlichen Fächern der continentalen Hochschulen ausgegangene Anregung kräftig verfolgt. Wie an deutschen und österreichischen Universitäten der theoretische Unterricht durch die Arbeiten im Laboratorium, Institut oder Seminar unterstützt wird, so haben auch jetzt in Nordamerika die Ingenieureleven Laboratorien- und Werkstättenunterricht u. s. w. Nach der Kategorie der Schulen sind natürlich die Einrichtungen für den praktischen Unterricht verschieden. Als eines Beispieles für die Sorgfalt, die vom Lehrpersonale selbst diesem Gegenstande gewidmet wird, sei hier[5]) der Einrichtungen gedacht, die im Columbia College N. Y. getroffen wurden. Früher wurden daselbst die Uebungen der Messtischaufnahmen in willkürlich gewähltem Terrain vorgenommen, jetzt hingegen hat das College speciell zu diesem Zwecke eine Farm von 125 Acres gekauft, dessen coupirtes Terrain durch zahlreiche numerirte Marken amtlich und sehr genau in zahlreiche kleine Felder eingetheilt wurde. Man sieht, dass man die Aufgabe der Triangulation vielfach variiren kann, je nachdem man aus der grossen Zahl dieser Marken beliebige ausschliesst und nur die restirenden als Grenzzeichen festhält. Ueberdies sind alle Winkel schon im vornherein dem Leiter der Uebungen, nicht aber den Studirenden bekannt; ersterer vermag daher unmittelbar aus den Originalbeobachtungen der Eleven dessen Eifer und Genauigkeit zu erkennen.

Wie Feldmessen für den Civilingenieur, so ist Werkstättenarbeit in Holz und Metall (vom Drehen bis Modelliren) und überdies technische Erprobung und Messung der Arbeitsleistung der verschiedenen Maschinen und Elektromotoren die nothwendige Ergänzung für den heutigen Maschinenbau-Ingenieur Nordamerikas. Die Bergschulen und Mining Colleges haben noch viel weitergehenden Forderungen zu genügen. Der Bergbau weist zahlreiche Eigenthümlichkeiten auf, die ihn von den übrigen Ingenieurwissenschaften isoliren. Der Umstand, dass die Arbeiten unter der Erde vorgenommen werden, erschwert deren Verständniss, und jene Arbeiten, die über Tage durchführbar sind, nehmen wieder eine neue Form an, als Aufbereitung und Hüttenwesen. Schliesslich können alle diese ober- und unterirdischen Arbeiten durch Motoren verschiedenster Art, durch Wasser, Luft, Dampf oder Elektricität geleistet werden. Nach dem in der Grube Old Pittsburg Co. die Bohrmaschinen, in der Silbergrube Greenside, Cumberland, die Fördermaschinen, Locomotiven und Pumpen durch den elektrischen Strom getrieben werden, seit Crompton-Dowsing seinen Röstofen elektrisch heizt, erweitert sich das Feld für die Anwendbarkeit der Elektricität von der früheren metallurgischen Elektrolyse auf die gesammte bergmännische Technik. Da alle diese verschiedenen Wissenszweige an den bergmännischen Hochschulen nicht bloss theoretisch gelehrt, sondern auch praktisch geübt werden sollen, wozu Modelle nichts taugen, werden grosse Geldmittel erfordert, um die zahlreichen Maschinen vom Voltameter bis zum Hohofen zu kaufen. So weit wie möglich suchen die amerikanischen Schulen diesen Anforderungen nachzukommen oder empfinden wenigstens jede Lücke in ihrer Ausgestaltung und suchen bei der Legislative Abhilfe.

In diesem Sinne sind namentlich die amtlich publicirten Worte[6]) des Metallurgie-Professors Frc. F. Sharpless: „praktische Metallurgie kann man nur in Deutschland lernen", in doppelter Art bemerkenswerth: theils als Anerkennung der Leistungen der Freiberger Bergakademie, wo solche Curse obligat sind, theils als Zeichen seiner strengen Objectivität und ehrenwerther Aufrichtigkeit.

Die eben erwähnten hohen Kosten für die Erhaltung und Completirung einer Bergakademie haben Christy[7]) zu einem beachtenswerthen Vorschlag veranlasst: Nur jene

---

[5]) Vergl. Munroe: Engineer. Educ. S. 243.

[6]) Report of the Director (Wadsworth) of Michigan Mining School (Houghton) for 1890—1892. Lansing 1893. II. S. 73. (S. d. Z. 1894. S 264.)

[7]) Vergl. Christy, Engineer. Educ. S. 145.

Bergakademien[8]), für deren Instandhaltung und ursprüngliche Einrichtung ein Kapital von 2 Millionen $, also 8 Millionen Mark, verwendet ward, sollen als wahre Hochschulen verbleiben, die übrigen ärmeren und daher incomplet eingerichteten zum Range von einfachen Bergschulen, ähnlich den deutschen Steigerschulen, herabsinken. Es blieben circa 6 der ersten und 12 der zweiten Art. Die Hochschulen hätten etwa 1000, die Bergschulen etwa 4000 Zuhörer. Den Hochschulen verblieb das Recht, die Eleven zu Mining Engineers zu graduiren, doch sollten die Diplome nicht unmittelbar nach den Prüfungen, sondern erst dann ausgefolgt werden, wenn der Candidat sich durch 3 Jahre Praxis in verantwortlicher Stellung erprobt hätte. Die Bergschulen sollten hingegen Werkführer (Fore-men) graduiren, aber auch diesen ihr Diplom erst nach 5 bis 10 jähriger praktischer Verwendung ausfolgen. Wenn schon jetzt die Mining Engineers Gehalte von 8000—25000 Dollars beziehen, so würde die Stellung der nach Christy's Vorschlage diplomirten Bergingenieure noch einflussreicher und angesehener sein. Namentlich könnte der Staat auf solche Diplome Werth legen und in gefahrvollen (Kohlen) Bergbauen die Anstellung solcher erprobter Beamten und Werkführer befehlen.

Diese weittragenden Pläne Christy's werden erst in der Zukunft reifen. Inzwischen haben sich in Nordamerika Institutionen anderer Art eingebürgert, um den Söhnen der wenigbemittelten Arbeiterfamilien Bildung zu ertheilen. Es sind dies vor allen die Manual training Schools, die theils als Vorschulen für den Ingenieurcurs, theils ähnlich unseren Gewerbeschulen fungiren und junge Leute von 12—16 Jahren in dreijährigen Cursen unterrichten. Seit 1875 sind viele solche Schulen gegründet worden.

Wegen Mangel an passenden Schulen für Bergleute hat auch das vor Kurzem entstandene Unternehmen einer Correspondenzschule guten Erfolg. Es ward begonnen vom „Colliery Engineer", Scranton Pa., und zählt schon 1700 Abonnenten. Das jährliche Abonnement für diese Unterrichtsbriefe, welche nur Lesen und Schreiben voraussetzen, beträgt 50 Dollars.

Schliesslich wäre noch der Vorschläge zu gedenken, welche eine Erweiterung des allgemeinen Lehrplanes anstreben und von Merriman und Johnson dem Congresse vorgelegt wurden[9]). Sie legen Gewicht dar-

auf, dass die Studirenden sich Kenntnisse in der Litteratur ihres Faches verschaffen, und dass die Professoren auch der älteren Litteratur gedenken, damit die Entwicklungsgeschichte der betreffenden Doctrin verstanden wird. In den praktischen Uebungen sollen die Eleven geübt werden im eigenen Vortrag, im Kritisiren gehörter Vorträge und in der Abfassung technischer Aufsätze, damit sie später Selbstbeobachtetes klar und präcis beschreiben können. Würde allen Montaneleven die Fähigkeit anerzogen, ihre im Dienste und auf Reisen gesammelten Beobachtungen richtig zu publiciren, so erwüchse für die gesammte praktische Geologie ein grosser Nutzen, indem bisher die meisten Grubenbeschreibungen mangelhaft sind. Ein glänzendes Beispiel für die Nützlichkeit dieses Vorschlags liefert die Ecole des Mines, deren Abiturienten durch die Instruction verpflichtet sind, über ihre erste Reise, die sie mit Staatssubvention in fremde Gegenden unternehmen, Bericht zu erstatten[10]). Diese Berichte fördern nicht bloss die Wissenschaft, sondern geben auch Nachricht von gewinnbringenden Chancen, welche auszunützen das französische Actiencapital nicht unterlässt.

Den betreffenden Referenten der Section E votirte der Congress am Schluss der Sitzungen einstimmig seinen Dank. Wie aus dem Wenigen, was hier besprochen ward, erhellt, war dieser Dank ein wohlverdienter.

*A. Schrauf.*

---

## Litteratur.

1. Brögger, W. C., og J. H. L. Vogt: Norske forekomster af malme, nyttige mineraler og bergarter. Kristiania, J. Dybwads. 1894. 80. S. Eine für weitere Kreise recht nützliche und anregende kleine Zusammenstellung über Norwegens Erze und nutzbare Mineralien und Gesteine.

2. Chewings, C., aus Südaustralien: Beiträge zur Kenntniss der Geologie Süd- und Central-Australiens nebst einer Uebersicht des Lake Eyre-Beckens und seiner Randgebirge. Inaug.-Dissert. Heidelberg 1894. 41. S.

3. Day, D. T.: Mineral resources of the United States. Calendar year 1892. Washington 1893. 850 S. — Dasselbe, Calendar year 1893. 810 S. Pr. je 2,15 M.

---

[8]) Vergl. d. Z. 1894. S. 40. über die Zahl und Frequenz der Nordam. Bergschulen.
[9]) Siehe Engineer Educ. S. 259 u. 265.

[10]) Ein Blick auf die zahlreichen Litteraturverzeichnisse im grossen Werke von Fuchs und de Launay (s. Litt. No. 119, S. 257) lehrt, dass eine grosse Anzahl von wichtigen Reiseberichten der Bergeleven im Archiv der Ecole des Mines liegt.

4. **Delafond, F.,** et C. **Deperet:** Les terrains tertiaires de la Bresse et leurs gites de lignite et de minerais de fer. Paris 1893. 336 S. 4⁰ mit 58 Fig., 1 geol. Karte u. 19 Taf. Pr. 20 M.

5. **Draper, D.:** On the geology of South-Eastern Africa and on the occurrence of dolomite in South-Africa. Two papers. Quart. Journ. Geol. Soc. London. 1894. 17. S. mit 2 Tafeln. Pr. (bei Friedländer-Berlin) 2,60 M.

6. **Gaebler:** Ueber das Vorkommen von Kohleneisenstein in Oberschlesischen Steinkohlenflötzen. Preuss. Z. f. d. Berg-, H.- u. Sal.-W. 42. 1894. S. 157—162, mit 4 Fig.
Der Kohleneisenstein (mit 20 bis höchstens 35 Proc. Eisen) hat hier für die Eisenindustrie geringe Bedeutung, weil er nur in spärlichen Mengen auftritt; da er auch nur in einigen Flötzen vorkommt, kann er aber unter Umständen als Identificirungsmittel dienen. Vorläufig sind jedoch seine Grenzen noch nicht sicher genug bestimmt; es müssen weitere Beobachtungen gesammelt werden, wozu die vorliegende Arbeit hoffentlich anregt.

7. **Gaebler, C.,** Markscheider: Ueber Schichtenverjüngung im Oberschlesischen Steinkohlengebirge. Kattowitz, G. Siwinna Comm. 1892. 46 S. mit 1 Taf.
Es wird für die untere Abtheilung (unter dem Sattelflötz) zwischen Mährisch-Ostrau bis Poln.-Dombrowa eine Verjüngung der Schichten von 4000 m auf 500 m nachgewiesen.

8. **Haas, Hippolyt,** J. Dr., Prof. a. d. Univ. Kiel: **Quellenkunde.** Lehre von der Bildung und vom Vorkommen der Quellen und des Grundwassers. Leipzig 1895, J. J. Weber. 220 S. mit 45 Textfig. Pr. 4,50 M., geb. 6 M.
Vierzehn Jahre sind verflossen, seit Lersch seine „Hydrophysik" schrieb; ähnliches ist seitdem nicht erschienen und schon deshalb ist eine die neueren Fortschritte der Geologie verwerthende Quellenkunde willkommen. Das vorliegende, den bekannten Weber'schen Katechismen sich anreihende Werkchen behandelt den Stoff in recht anregender, allgemein verständlicher und doch auch wissenschaftlicher Weise. Die neusten Einzelarbeiten sind fleissig benutzt und citirt, so auch die Arbeiten von Leppla, Goldberg, Stapff in dieser Zeitschrift; aus ersterer werden die charakteristischen Profile wiedergegeben. Der wichtige 4. Abschnitt „Vom Grundwasser" verdient besonders hervorgehoben zu werden.

9. **Heydecke:** Die Bekämpfung der verheerenden Ueberschwemmungen, des Wassermangels und der Dürre. Eine kultur- und hydrotechnische Abhandlung in volksthümlicher Darstellung. Braunschweig, J. H. Meyer. 1894. 30 S. Pr. 1 M.
Verf. will „eine Anleitung bieten, auf welche Weise jeder Grundbesitzer seine Bodenerträge durch Ausnutzung des Regenwassers vermehren kann", und schlägt vor, den schnellen Abfluss der Niederschläge durch Terrassirung der Bergabhänge und durch Wasserstaugräben zu verhindern.

10. **Hisserich, L. Th.,** Dr.: Hausindustrie im Gebiete der Schmuck- und Ziersteinverarbeitung, die Idar-Obersteiner Industrie. Im Anschluss an die Veröffentlichungen des Vereins für Socialpolitik. Oberstein, R. Grub. 1894. 178 S.
Ueber die Halbedelsteine und ihre Industrie finden sich hier zahlreiche interessante Mittheilungen, besonders im zweiten Kapitel, das die Neuere Zeit behandelt: Birkenfeld unter oldenburgischer Regierung; Umgestaltungen am Rohmaterial und in der Technik; brasilianische Steinzufuhren, Maassnahmen der Regierung etc.

11. **Laur, Fr.:** Les bauxites. Bull. Soc. de l'Ind. Minérale St. Etienne. 8. 1894 S. 513 bis 526.

12. **Leproux:** L'enseignement technique supérieur aux Etats-Unis. Bull. Soc. de l'Ind. Minérale St. Etienne. 8. 1894 S. 443—513.
Verf. bespricht die verschiedenen Lehrpläne und Methoden der technischen Hochschulen in Nordamerika und giebt von denselben im Anhange detaillirte Nachweisungen. Er lobt die municiente Unterstützung, welche der praktische Unterricht in Laboratorien und Werkstätten findet, und meint, dass in Europa eigentlich nur die Militärschulen eine ähnliche reichliche Geldunterstützung für die praktische Erziehung finden. Ferner hält er für zweckmässig, dass bei den Prüfungen der Calcül nicht auf Punkte detaillirt wird, sondern das Resultat nur mit genügend oder nicht genügend bekannt gegeben wird. Trotzdem der Verfasser Professor an der Bergakademie zu St. Etienne ist, beschäftigt er sich nicht speciell mit den Nordamerikanischen Bergschulen, sondern versucht, alle technischen Fächer zu besprechen, erreicht hierbei aber nirgend sein Vorbild Riedler (Berlin 1893); auch beschäftigt er sich nicht mit dem 1893 in Chicago gehaltenen Congresse und ignorirt dessen Vorschläge, die doch den technischen Unterricht so wesentlich betreffen (s. S. 39 dieses Heftes).
*S. A.*

13. **Mitzopulos,** Prof. Dr. in Athen: Die Erdbeben von Theben und Lokris in den Jahren 1893 und 1894. Mit 1 geol. Karte (nach A. Bittner u. F. Teller) i. M. 1 : 1 000 000. Peterm. Mitthl. 40. 1894. S. 217—227, Taf. 15.

14. **Moreau, G.:** Étude industrielle des gites métallifères. Paris 1894, Baudry et Cie. 8⁰, mit 80 Textfig. Pr. geb. 16 M.
Wir geben hier vorläufig nur ein Kapitel-Uebersicht dieses beachtenswerthen Werkes über die Erzgänge:
I. Classification des gites; II. Formation des fractures et cavités; III. Remplissage des gites; IV. Gites sédimentaires; V. Les minerais; VI. Gites caractéristiques; VII. Études minières; VIII. Traitement des minerais; IX. Étude économique d'un gite.

15. **Oliveira:** Werth der Erzlagerstätten Brasiliens (Valor das jazi das metalliferas do Brazil von Eug. Franc. de Paula Oliveira). Rev. In-

6*

dustr. de Minas Geraës No. 2, 3, 4, 5, 8 u. folg. 1893—1894. (S. d. Z. 1894. Litt. No. 81.)

In diesem leider noch nicht abgeschlossenen, ausführlichen, an historischen Daten und Litteraturnotizen reichen Berichte giebt der Verf. eine gedrängte Uebersicht über die Ausbeute sämmtlicher hervorragender G o l d m i n e n Brasiliens, speciell des Staates Minas Geraës. Folgende Minen werden besprochen: 1. Gongo-Socco, im Betrieb 1825—1857, „Imperial Mining Association". — 2. Morro Velho, 1834 gegründet und bis heute mit grossem Erfolg im Betriebe, „St. John d'El-Rey Mining Co. Lim." — 3. Catta-Brauca, 1830 bis 1844, im Privatbesitz. — 4. Cocaes, 1830 bis 1851, „National Brasilian Mining Association". — 5. Serro do Frio, Serra da Cadonga Co., nur 3 Jahre im Betriebe. — 6. Capaõ und Papa Farinha (= Emilia), nahe Sabará wie Pacencia und Morro, S. Vincente nahe Ouropreto, 1859—1866, der „East d'El-Rey Mining Co. Lim." gehörig. — 7. Maquiné, Morro de Sant' Anna, seit 1862 im Betriebe, der früher „Don Pedro North d'El-Rey Gold Mining Co. Lim.", jetzt „Don Pedro Gold Mining Company" genannten Gesellschaft gehörig. — 8. Passagem, nahe Ouropreto: diese Mine war schon im verflossenen Jahrhundert im Betriebe, 1865 im Besitze der „London and Brasilian Gold Mining Co." und ist heute Eigenthum der Compagnie „The Ouro Preto Gold Mines of Brasil" und in voller Arbeit. — 9. Caêthé, 1862, „The Rossa Grande Gold Mining Co. Lim.". — 10. Pary, 1861, „Sta. Barbara Gold Mining Co. Lim.", noch jetzt im regen Betriebe. — 11. Habira, Sant' Anna und Conceicaõ, 1869—1874 im Besitze der General Brasilian Co. Lim." und dann bis 1880 im Privatbesitz. — 12. Pitanguy, 1876 im Betriebe seitens der „Pitanguy Gold Mining Co.". — 13. Mine „Descoberto", nahe Gongo-Socco, seit mehr als 150 Jahren in Ausbeutung, ging 1880 in den Besitz der „Brasilian Gold Mines Co." über und war seitens dieser nur drei Jahre im Betriebe. — 14. Faria, nahe Sabará, seit 1887 im Besitze der „Société des Mines d'Or de Faria" und im Betriebe.

Im Weiteren verspricht Verf. Nachrichten über die Goldminen, die in Händen brasilianischer Compagnien sind, zu geben; eine Ergänzung dieser verdienstvollen Arbeit findet sich in derselben Zeitschrift unter den Notizen und unter dem Titel „Estatistica Mineral" sowie in der bekannten Zeitschrift „Mining Journal".      E. H.

16. Poole, H. S.: The Pictou coal-field, Nova Scotia, — a geological revision. Proc. a. Transact. of the Nova Scotian Institute of Science. Halifax, N. S., 1893. S. 226—343, m. 7 Tafeln.

17. Uhrmann, V., Lehrer a. d. landwirthsch. Schule in Chemnitz: Mineralogie und Gesteinslehre. Berlin, P. Parey. 1894. 76 S. mit 40 Fig.

Eins der empfehlenswerthen Parey'schen „landwirthschaftlichen Unterrichtsbücher".

18. Wähner, Fr., Dr.: Geologische Bilder von der Salzach. Zur physischen Geschichte eines Alpenflusses. Vorträge d. V. zur Verbreitung naturw. Kenntnisse i. Wien 1894. Bd. 34. Heft 17. 73 S. mit 7 Taf.

Eine interessante Studie über Thalbildung; im Salzachthale lernen wir einen (gewiss nicht vereinzelt dastehenden) Fall kennen, in welchem zwei früher durch eine Wasserscheide getrennte Längenthalstrecken sich zu e i n e m grossen Längenthale vereinigt haben.

19. Weinschenk, E., Dr.: Beiträge zur Petrographie der östlichen Centralalpen, speciell des Gross-Venedigerstockes: I. Ueber die Peridotite und die aus ihnen hervorgegangenen Serpentingesteine. II. Ueber das granitische Centralmassiv und die Beziehungen zwischen Granit und Gneiss. Abh. d. k. bayr. Akad. d. Wissenschaft. II. Cl. XVIII. Bd., III. Abth. München 1894. 96 S. mit 5 Tafeln.

20. Wilson, A. P.: Die Eisenerze der Mittelmeerstaaten. Vortrag, gehalten vor dem Iron and Steel Institute im August 1894 zu Brüssel. Nach dem Englischen bearbeitet von B. Simmersbach in Haspe. „Stahl und Eisen" 1895. S. 21—29.

Verf. bespricht die einzelnen Eisenerzvorkommen Süd-Spaniens etc. nach Lage, Ausdehnung, Erzgattung (unter Anführung von Analysen), Verfrachtung und Bedeutung für den Markt.

---

## Notizen.

**Freigold in Ungarn.** Im Anschluss an die Abhandlung über die Erzlagerstätten von Nagybánya sei hier (nach einem Auszug in der Zeitschr. f. Krystall.) wiedergegeben, was A. Franzenau über den grossen Freigoldfund aus der Umgebung von Brád berichtet (Földtany Közlöny 22, 1892, S. 80 bis 82 ung.; S. 119—122 deutsch).

Der Goldbergbau Muszári erstreckt sich auf die nachbarlichen Theile der Rudaer und Felsö-Lunkojer Gemeinden im Hunyader Comitate, wie auch auf jenen Theil des Gyalu-Fétyi-Berges, welcher zu Felsö-Lunkoj gehört. Der Schwerpunkt des Bergbaues liegt (1891) im Maria-Stollen des Muszári-Thales und in einem Erbstollen, der vom unteren Theile desselben Thales aus getrieben wird. Im Maria-Stollen nun, hinter dem dritten Querschlage in etwa 70 m Distanz, hat man am 6. November 1891 einen selten grossen Goldfund angefahren, welcher im Ganzen 57,726 kg wog. (Nach einem andern Bericht wurden in drei aufeinander folgenden Schichten 40, 14 und 4,5, zusammen ca. 58,5 kg rohes Gold auf einer Gangfläche von etwa 1 qm gewonnen). Den Reichthum des Fundes möge anzeigen, dass aus zwei Proben des Erzes auf ein Kilogramm Erz 657 und 788 g reines Gold fielen. Den angetroffenen Adel hat die Scharung von drei bezw. vier Klüften verursacht. Die Erzstücke waren theils in's Grünliche spielende, moosartige Aggregate von kaum einem halben Millimeter grossen Goldkrystallen, zwischen welchen hin und wieder Markasit- und sehr kleine, dunkle Sphaleritkrystalle vorhanden waren, theils waren es schwarze, ganz mit Freigold überzogene Quarzstücke, wobei das Gold in einzelnen seltenen Flächen blechförmig ausgebildet erschien; eine anscheinend aus Markasit zusammengesetzte Niere zeigte im Innern ebenfalls schwarzen Quarz, wobei die Fugen zwischen den Quarztheilen wie auch zwischen diesen und der etwa 5 mm starken Markasitrinde mit Goldblättchen ausgefüllt waren.

In diesem Jahrhundert wurden ausser diesem reichen Funde noch zweimal grössere Mengen Freigold in Ungarn gewonnen, einmal in dem Katroncza-Stock des Verespataker Bergbaues (in den 20er Jahren), dessen Ausbeutung ein Jahrzehnt dauerte, das zweite Mal (Anfang der 50er Jahre) in der siebenbürgischen Magura, wo 40 und einige Pfund Freigold gewonnen wurden.

**Aschenhalden und Härte des Brunnenwassers.** Dass die Kohlenasche, reich an im Wasser löslichen Verbindungen, die Härte des Wassers in einem nachbarlichen Brunnen ungünstig beeinflusst, ist klar. Es wird sich deshalb, insbesondere bei Neuanlagen von Bahnhöfen, empfehlen, die Aschenhalde möglichst weit vom Brunnen zu situiren und zwar, wenn thunlich, derart, dass die Grundwasserströmung nicht von der Aschenablagerung zum Brunnen, sondern entgegengesetzt gerichtet ist, oder auch, dass die Verbindungslinie Brunnen-Aschenhalde zum Stromstriche querweise liegt. Diese Stromrichtung ist in den meisten Fällen ähnlich der des Oberflächenwassers, womit die Praxis sich so lange behelfen wird, bis aus Nivellements nachbarlicher Brunnenspiegel die Richtung des Stromgefälles, das bekanntlich zur Isohypse des Grundwasserspiegels normal gerichtet ist, genau bestimmt wurde.

Obzwar die Beziehung zwischen Halde und Brunnen so naheliegend ist, so wird sie dennoch in der Praxis nicht immer gebührend berücksichtigt. Ich habe nicht blos bei Bahnhöfen, sondern auch bei Anlagen stabiler Kessel wiederholt beobachtet, dass die Aschenhalde gegenüber dem Brunnen ungünstig situirt ist, so dass jener die Härte des Speisewassers wesentlich erhöhen wird. Auch bei Brauereien und andere industrielle Betriebe, welche ein möglichst weiches Wasser anstreben, werden auf die relative Lage der Aschenhalde gegenüber der Richtung des Grundwasserstromes und des Brunnens besondere Rücksicht zu nehmen haben. (Z. d. Oesterr. Ing. u. Archit. V.).

Leoben, 4. November 1894. *Prof. H. Höfer.*

**Das Baumaterial** des neuen Reichstagsgebäudes in Berlin stammt aus den verschiedensten deutschen Gauen. Bezeichnend in dieser Beziehung ist das für die Fronten verwendete Steinmaterial: an der Westfront und den Westthürmen findet man den aus Schlesien stammenden Alt-Warthauer Sandstein, an der Nordfront im Erdgeschoss den bei Lippe gebrochenen Teutoburgerwald-Sandstein und im Haupt- und Obergeschoss

den bei Springe in Hannover vorkommenden Nesselberger Sandstein. Für den Nordostthurm sind wieder andere Arten zur Verwendung gelangt, und zwar für das Erdgeschoss der nördlich von Würzburg gebrochene Burggreppacher Sandstein und im Hauptgeschoss, Obergeschoss und Sockel der von Heuschauer in Schlesien stammende Kudower Sandstein. Die Ostfront wurde im Erdgeschoss gleichfalls in Nesselberger Sandstein und im Haupt- und Obergeschoss in Alt-Warthauer Sandstein ausgeführt. Ebendasselbe Material ist auch für den Südostthurm und die Südfront verwendet worden. Den Granit für den Sockel des Gebäudes haben die Kornbacher Granitbrüche im Fichtelgebirge hergegeben, für die Ost- und Westrampe ist jedoch Gefreeser Granit aus dem Fichtelgebirge zur Verwendung gelangt. — Im Innern des Baues sind noch Bayerfelder Sandstein aus der bayerischen Rheinpfalz, und zwar für die Süd- und Nordvorhalle, ferner Strehlener Granit für die Treppenstufen u. s. w. verwendet worden. Aus dem Auslande stammt der herrliche Stein an den Wänden der Vorhalle für den Bundesrath und das Präsidium, — es ist Lesinastein, der von der gleichnamigen Insel im Adriatischen Meer kommt.

**Torf.** Ein Verfahren zur Brikettirung von Torf ist Herrn Ingenieur E. Stauber patentirt worden. Dasselbe besteht im Wesentlichen darin, dass mit Hülfe einer Reihe von ebenfalls patentirten Vorrichtungen die Faser des gewöhnlichen nassen Stechtorfs vom eigentlichen Pressgute getrennt und letzteres zu harten, glatten Briketts verarbeitet wird, welche der Form und dem Gewicht nach den Braunkohlenbriketts nicht nachstehen. Diese Torfbriketts sollen nicht russen, beim Anfassen nicht schmutzen, weniger Asche hinterlassen und bei gleichem Heizeffecte nur die Hälfte von Braunkohlenbriketts kosten. Die als Brennstoff minderwerthige Torffaser ist schon heute ein anderweitig vielfach nützliches Handelsproduct und wird es künftig vielleicht noch mehr. — Näheres ist aus einer kleinen Broschüre zu ersehen, die von der „Gesellschaft für Torfmoor-Verwertung, E. Stauber & Co." in Berlin SW., Anhaltstr. 11, zu beziehen ist.

Ueber **Manganerze in Brasilien** berichtet Prof. Joaqu. da Costa Sena in No. 3, 1893 der Rev. Industr. de Minas Geraës. Schon v. Eschwege giebt in seinen „Beiträgen zur Gebirgskunde Brasiliens" 1823, eine Reihe von Notizen über das Vorkommen von Manganerzen in den verschiedenen Provinzen Brasiliens: Costa Sena lenkt in Berücksichtigung der heutigen ungemein gewachsenen Brauchbarkeit der Manganerze, speciell in der Eisenfabrikation, die Aufmerksamkeit auf die zahlreichen Manganvorkommen im Staate Minas Geraës.

Die bekannteren Pyrolusitvorkommen sind das in der Bucht von Gaudarella, am Fusse der Serra do Caraça gelegen; ferner das altbekannte Vorkommen in der alten Goldmine „Antonio Pereira", nahe Ouropreto; nahe der Eisenbahnstation „Miguel Burnier" der Eisenbahnlinie Central do Brazil und viele andere. — Auch im Staate Saõ Paulo wurde vor einigen Jahren ein bedeutenderes gangförmiges

Pyrolusitvorkommen nahe Mauquinho bei Perús, an der Eisenbahnlinie Santos-Jundiahy gelegen, entdeckt.     *E. H.*

### Ausbeute der Witwatersrand-Goldfelder.

*Bezirksgeologen.*

M. Koch, Dr. phil., zugleich Lehrer der Petrographie a. d. Bergakademie. (W., Köthenerstrasse 24.)

H. Schröder, Dr. phil. (N.W., Lüneburgerstr. 13.)

| | 1887 | 1888 | 1889 | 1890 | 1891 | 1892 | 1893 | 1894 |
|---|---|---|---|---|---|---|---|---|
| Januar . . . . | | 11 269 | 24 986 | 35 038 | 53 205 | 84 600 | 108 374 | 149 814 |
| Februar . . . . | | 12 162 | 25 800 | 36 886 | 50 073 | 86 649 | 93 252 | 151 870 |
| März . . . . . | | 14 706 | 28 075 | 37 600 | 52 949 | 93 244 | 111 474 | 165 732 |
| April . . . . . | | 15 853 | 27 136 | 38 799 | 56 362 | 95 562 | 112 053 | 168 745 |
| Mai . . . . . | Keine monatlichen Ziffern vorhanden | 19 002 | 36 298 | 38 884 | 54 672 | 99 436 | 116 911 | 169 773 |
| Juni . . . . . | | 16 328 | 31 272 | 37 412 | 55 863 | 103 252 | 122 907 | 168 162 |
| Juli . . . . . | | 19 966 | 32 407 | 39 452 | 54 920 | 101 279 | 126 169 | 167 953 |
| August . . . . | | 19 877 | 32 142 | 42 861 | 59 070 | 102 322 | 136 069 | 174 977 |
| September . . | | 20 495 | 34 369 | 45 467 | 65 601 | 107 850 | 129 585 | 176 707 |
| Oktober . . . . | | 27 775 | 31 914 | 45 250 | 72 793 | 112 167 | 136 682 | 173 378 |
| November . . . | | 27 336 | 36 116 | 46 800 | 73 393 | 106 794 | 138 640 | 175 804 |
| Dezember . . . | | 26 148 | 39 218 | 50 352 | 80 312 | 117 748 | 146 357 | 182 104 |
| **Sa. Unzen** | 34 897 | 230 917 | 379 733 | 494 801 | 729 213 | 1 210 903 | 1 478 473 | 2 024 519 |

---

## Vereins- u. Personennachrichten.

### Mitglieder und Mitarbeiter der deutschen geologischen Landesanstalten.

(Anfang Januar 1895.)

I. **Kgl. Preussische geol. Landesanstalt in Berlin** (N., Invalidenstr. 44.) (Für Preussen und die Thüringischen Staaten).

*Vorstand.*

W. Hauchecorne, Dr. phil., Geh. Oberbergrath, erster Director der geol. Landesanst. u. Director der Bergakademie. (N., Invalidenstr. 44.)

E. Beyrich, Dr. phil., Geh. Bergrath, ordentl. Prof. a. d. Universität, Director der wissenschaftliche Leitung der geol. Landesaufnahme, zugleich Lehrer der Geognosie a. d. Bergakademie. (W., Kurfürstendamm 140.)

*Landesgeologen.*

G. Berendt, Dr. phil., ausserordentl. Prof. a. d. Universität, mit der speciellen Leitung der Flachlandsaufnahmen beauftragt. (S.W., Dessauerstrasse 35.)

H. Grebe in Trier. (St. Paulin 68.)

H. Loretz, Dr. phil. (S.W., Kleinbeerenstr. 29.)

F. Wahnschaffe, Dr. phil., Prof., Privatdocent a. d. Universität, zugleich Lehrer der allgem. Geologie a. d. Bergakademie. (N., Chausseestrasse 52 a.)

E. Dathe, Dr. phil. (W., Köthenerstr. 19.)

Fr. Beyschlag, Dr. phil., zugleich Lehrer der Lagerstättenlehre a. d. Bergakademie. (Deutsch-Wilmersdorf bei Berlin, Nassauischestr. 51.)

K. Keilhack, Dr. phil. (Deutsch-Wilmersdorf, Bingenerstr. 59.)

Th. Ebert, Dr. phil., zugleich beauftragt mit Abhaltung paläontologischer Repetitorien und Uebungen a. d. Bergakademie. (Gr. Lichterfelde, Potsdamerstr. 55.)

R. Scheibe, Dr. phil., zugleich Lehrer der Mineralogie a. d. Bergakademie. (Deutsch-Wilmersdorf, Nassauischestr. 51.)

E. Zimmermann, Dr. phil. (N. W., Paulstr. 22.)

A. Leppla, Dr. phil. (N., Schlegelstr. 25.)

*Hülfsgeologen.*

A. Jentzsch, Dr. phil., Prof., Privatdocent a. d. Universität in Königsberg i. Pr. (Steindamm 165.)

R. Klebs, Dr. phil., in Königsberg i. Pr.

H. Potonié, Dr. phil., zugleich beauftragt mit Vorträgen über Pflanzenversteinerungskunde a. d. Bergakademie. (N., Invalidenstr. 41.)

L. Beushausen, Dr. phil. (N., Philippstr. 14.)

G. Müller, Dr. phil. (N., Schlegelstr. 25.)

A. Denckmann, Dr. phil. (W., Potsdamerstrasse 108.)

C. Gagel, Dr. phil. (N., Invalidenstr. 139.)

O. Zeise, Dr. phil. (W., Steglitzerstr. 65.)

Haber, Bergassessor. (N. W., Pritzwalkerstr. 1.)

L. Schulte, Dr. phil. (Steglitz bei Berlin, Breitestr. 9.)

Kaunhowen, Dr. phil. (Bernau, Bahnhofstr.)

*Nicht angestellte Mitarbeiter.*

K. von Fritsch, Dr. phil., Geh. Rath, ordentl. Prof. a. d. Universität in Halle a. d. S.

A. von Koenen, Dr. phil., ordentl. Prof. a. d. Universität in Göttingen.

E. Kayser, Dr. phil., ordentl. Prof. a. d. Universität in Marburg i. H.

H. Bücking, Dr. phil., ordentl. Prof. a. d. Universität in Strassburg i. E. (Brantplatz 3.)

H. Gruner, Dr. phil., Prof. a. d. landwirthschaftlichen Hochschule in Berlin. (N., Platz v. d. Neuen Thore 1.)

E. Holzapfel, Dr. phil., Prof. a. d. technischen Hochschule in Aachen. (Templergraben 7.)

H. Proescholdt, Dr. phil., Oberlehrer in Meiningen.

W. Frantzen, Bergingenieur in Meiningen.

*Als Hülfsarbeiter bei den Flachlandsaufnahmen beschäftigte Kulturtechniker und Landmesser.*

Th. Wölfer, Dr. phil., Kulturtechniker.

Fr. Reimann, Landmesser.

O. Eberdt, Dr. phil. (N.W., Haidestr. 53a.)

*Chemisch-technische Versuchsanstalt.*

Finkener, Dr. phil., Prof., Vorsteher. (W., Burggrafenstr. 2a.)

Rothe, erster Assistent.

II. Kgl. Sächsische geol. Landesuntersuchung in Leipzig (Thalstr. 35 II.)

*Vorstand.*

H. Credner, Dr. phil., Prof., Geh. Bergrath. (Carl Tauchnitzstr. 27.)

*Sectionsgeologen.*

Th. Siegert, Dr. phil., Prof., Dresden. (N., Antonstrasse 16.)

J. Hazard, Dr. phil., Leipzig. (Weststr. 75 II.)

R. Beck, Dr. phil., Lindenau bei Leipzig. (Angerstasse 13.)

K. Dalmer, Dr. phil., Jena. (Bahnhofstr. 11.)

*Mitarbeiter.*

O. Herrmann, Dr. phil., Chemnitz. (Promenadenstrasse 14.)

E. Weise, Seminaroberlehrer, Plauen i. Vogtland.

H. Müller, Oberbergrath, Freiberg i. Sachsen.

T. Sterzel, Dr. phil., Chemnitz. (Kastanienstr. 16.)

*Custos.*

Etzold, Dr. phil.

III. Grossh. Badische geol. Landesanstalt in Heidelberg.

*Vorstand.*

H. Rosenbusch, Dr. phil., Geh. Bergrath, ordentl. Prof. a. d. Universität. (Kaiserstr. 25.)

*Landesgeologen.*

A. Sauer, Dr. phil., Privatdocent in Heidelberg. (Römerstr. 42.)

F. Schalch, Dr. phil., in Neuenheim bei Heidelberg. (Ziegelhäuser Landstr. 24.)

H. Thürach, Dr. phil., Heidelberg. (Römerstr. 44.)

*Ständige Mitarbeiter.*

Buchrucker, Dr. phil., Grossherz. Bergmeister in Karlsruhe.

*Freiwillige Mitarbeiter.*

G. Steinmann, Dr. phil., ordentl. Prof. a. d. Universität Freiburg i. Br. (Schillerstr.)

G. Boehm, Dr. phil., ausserordentl. Prof. a. d. Universität Freiburg i. Br. (Goethestr. 15.)

Fr. Graeff, Dr. phil., ausserordentl. Prof. a. d. Universität Freiburg i. Br. (Gartenstr. 7.)

IV. Grossh. Hessische geol. Landesanstalt in Darmstadt.

*Vorstand.*

R. Lepsius, Dr. phil., Director der geol. Landesanstalt, ordentl. Prof. a. d. technischen Hochschule, Inspector des Grossh. Museums. (Wittmannstr. 45.)

*Landesgeologen.*

C. Chelius, Dr. phil., ausserordentl. Prof. der Mineralogie a. d. technischen Hochschule. (Heinrichstr. 28.)

G. Klemm, Dr. phil., Privatdocent für Bodenkunde a. d. technischen Hochschule. (Gervinusstrasse 76.)

*Freiwillige Mitarbeiter.*

A. Streng, Dr. phil., Prof., Geh. Hofrath, in Giessen.

H. Schopp, Dr. phil., Prof., Gymnasiallehrer in Darmstadt. (Eichbergstr. 4.)

Chr. Vogel, Dr. phil., Reallehrer in Grossumstadt i. Odenwald.

V. Grossh. Mecklenburgische geol. Landesanstalt zu Rostock.

*Vorstand.*

E. Geinitz, Dr., Prof.

VI. Geol. Landesuntersuchung von Elsass-Lothringen, Strassburg i. E. (Blessigstr.)

*Vorstand.*

E. W. Benecke, Dr. phil., ordentl. Prof. a. d. Universität, Director. (Goethestr. 43.)

H. Bücking, Dr. phil., ordentl. Prof. a. d. Universität, stellvertretender Director. (Brantplatz 3.)

*Landesgeologen.*

L. van Werveke, Dr. phil. (Goldgiessen 3.)

E. Schumacher, Dr. phil. (Nikolausring 9.)

*Mitarbeiter.*

B. Förster, Dr. phil., Prof., Oberlehrer am Gymnasium in Mülhausen i. E. (Illzacherstr. 45.)

G. Linck, Dr. phil., ordentl. Prof. a. d. Universität Jena.

## Deutsche geologische Gesellschaft. Berlin.

*Sitzung vom 5. Dezember 1894.*

Dr. Dathe: Ueber das Vorkommen von nordischem Diluvium in der Grafschaft Glatz.

Dr. Zimmermann: Bericht über die von Prof. Schmidt in Basel geführte geologische Studienreise durch die Schweizer Alpen in der Linie der Gotthardbahn bei Gelegenheit des diesjährigen internationalen Geologencongresses.

Dr. Jaekel: Ueber Körperform und Hautbedeckung von Brachiosaurus salamandroides Fritsch.

*Sitzung vom 2. Januar 1895.*

Dr. Keilhack: Bericht über die Glacialexcursion im Nordvorlande der Alpen und über die Baltzer'sche Excursion bei Gelegenheit des letzten internationalen Geologencongresses.

Prof. Wahnschaffe: Bericht über die Glacialexcursionen im Südvorlande der Alpen und im inneralpinen Gebiete Tirols bei derselben Gelegenheit.

Dr. Schroeder: Ueber Elephas trogontherii Pohl. von Phoeben bis Werder und über Elephas antiquus Fald. von Rixdorf.

**Brasilien.** Staatsgeologe Dr. E. Hussak befindet sich auf einer Reise im Inneren; am 10. November v. J. schrieb er von Sta. Luzia im Staate Goyaz im Centralplateau aus. Letzteres wird schon seit einigen Jahren behufs Neugründung der Reichshauptstadt eingehend geographisch und naturwissenschaftlich untersucht. Die interessante Reise dahin erfolgte von Bahia aus über Joazeiro am Rio S. Francisco, dann diesen Fluss aufwärts bis St. Romaõ, und von da quer durch das Tafelbergland nach Goyaz. Nach Vollendung der Reise, d. i. in 5—6 Monaten, wird Dr. Hussak über die Goldlager von Goyaz eingehender in dieser Zeitschrift berichten.

Für das neugegründete Museum zu Parà in Brasilien wird ein jüngerer Geologe gesucht; Näheres im Anzeigentheil.

Die goldene Cothenius-Medaille ist von der deutschen Akademie der Naturforscher dem 80jährigen Geheimen Hofrath Prof. Dr. Hans Bruno Geinitz in Dresden verliehen worden, in Anerkennung der Verdienste, die er sich um die gesammte Naturwissenschaft und vor Allem um die Mineralogie erworben hat. Seit 50 Jahren gehört er bereits der Akademie an.

Prof. Dr. Freiherr v. Richthofen in Berlin wurde von der Akademie der Wissenschaften zu Paris zum correspondirenden Mitglied in der geologischen Abtheilung gewählt.

Der Mineraloge Dr. K. v. Chrustchoff ist von der Universität zu Charkow zum Dr. der Mineralogie und Geologie honoris causa gewählt und als Professor für diese Fächer an die k. Militär-Medicinische Akademie zu St. Petersburg berufen worden.

Zur Errichtung eines Lehrstuhls für Geologie an der Universität Utah hat die „Saalt Lake Literary and Scientific Association" 60 000 Dollar bewilligt. Auf diesen Lehrstuhl wurde Dr. J. E. Talmage berufen.

Am 31. Dezember v. J. verstarb zu Kopenhagen Dr. Frederik Johnstrup, Prof. der Mineralogie und Geologie an der dortigen Universität. J. war am 12. März 1818 geboren; er studirte unter Oersted, Forchhammer und Zeise; 1846 wurde er an der Soröer Akademie Docent der Physik, Chemie und Mineralogie, darauf nach Aufhebung dieser Akademie Adjunkt und Oberlehrer in Kolding, später in Sorö am Gymnasium. Für zwei Arbeiten über den Kalk in Faxe und über die Bewegung der Feuchtigkeit im Erdboden erhielt er silberne Medaillen der kgl. dänischen Gesellschaft der Wissenschaften, deren Mitglied er seit 1864 war. Nach Forchhammer's Tode, 1866, nahm J. dessen Platz an der Universität ein. — Seine zahlreichen Arbeiten betreffen meist die Geologie Dänemarks, die bedeutendste ist „Der Grünsand in Seeland". 1876 wurde er mit der geographisch-geologischen Erforschung Grönlands beauftragt, die er in Verbindung mit dem Director des kgl. Seekartenarchivs, Commandeur Wandel, ausführte. 1888 wurde ihm die Oberleitung der „Geologischen Untersuchung Dänemarks" übertragen; hiervon erschienen bisher 4 Hefte mit geol. Karten etc.

Am 8. Januar ist in München der Director der k. Technischen Hochschule Dr. Carl v. Haushofer, Professor für Mineralogie und Eisenhüttenkunde, ordentl. Mitglied der Akademie der Wissenschaften, seinem langen und schweren Leiden erlegen. Er war als Sohn des Landschaftsmalers Max Haushofer am 28. April 1839 in München geboren, studirte in Freiburg und München, habilitirte sich an letzterer Universität als Privatdocent der Mineralogie und wurde bei der Umwandlung der Polytechnischen Schule in die Technische Hochschule zum Professor ernannt. Mit seinen Untersuchungen „Ueber den Asterismus und die Brewster'schen Lichtfiguren am Calcit" betrat er eine Bahn, die seither zu sehr wichtigen Ergebnissen auf dem Gebiete der Krystallphysik geführt hat. Der chemischen Seite seiner mineralogischen Arbeiten gehört die Schrift „Die Constitution der natürlichen Silicate", sowie die Untersuchung über die Zersetzung des Granits durch Wasser an, während ihn in späterer Zeit das krystallographische Studium zahlreicher organischer Verbindungen beschäftigte. Seine Studien über den Ausbau mikrochemischer Methoden legte er in den Sitzungsberichten der Münchener Akademie und in der Schrift „Mikroskopische Reactionen" nieder. Er war einer der Gründer des Deutsch-Oesterreichischen Alpenvereins und führte mehrere Jahre die Redaction der Zeitschrift dieses Vereins. Nach dem Abgange Dr. v. Bauernfeind's, 1889, war er zum Director der Technischen Hochschule ernannt worden.

Der von Waramboleuten am 25. September ermordete Leiter der Station am Kilimandscharo, Dr. Carl Lent, war 1867 in Dortmund geboren, studirte Naturwissenschaft und wurde 1890 Assistent am geologischen Institute zu Freiburg i. Br., wo er sich vorzugsweise mit der geologischen Aufnahme des Schwarzwaldes beschäftigte. Nach zweijähriger Thätigkeit begann er sich vorzubereiten für die ostafrikanische Landesuntersuchung, um dauernd, im Verein mit Dr. Volkens, die Kilimandscharostation im März 1893 zu übernehmen. Er hat die topographischen Aufnahmen des Süd- und Ostabhanges des Kilimandscharo zum Abschluss gebracht, die meteorologischen Beobachtungen geleitet und zahlreiche wissenschaftliche Arbeiten im „Deutschen Kolonialblatt" und den „Mittheilungen aus den Schutzgebieten" veröffentlicht. Vergl. d. Z. 1894 S. 335.

Gestorben: Bergwerksdirector L. Wintgen in Herne im Alter von 60 Jahren, einer der tüchtigsten Bergtechniker in Westfalen.

Bergingenieur W. Haeusser in Düsseldorf im 63. Lebensjahre.

Bergrath A. Rochel im 79. Lebensjahre in Pribram.

Der Botaniker und Geologe Dr. F. Buchanan-Whyte am 4. Dezember v. J. zu Perth in Schottland.

Professor der Geologie August Jaccard in Neuchatel.

*Schluss des Heftes: 10. Januar 1895.*

Verlag von Julius Springer in Berlin N. — Druck von Gustav Schade (Otto Francke) in Berlin N.

# Zeitschrift für praktische Geologie.

## 1895. Februar.

## Krokiren
## für technische und geographische Zwecke.

Von

**P. Kahle** in Aachen.

[*Fortsetzung von S. 356, 1894.*]

*Vorbemerkung zu den Abschnitten I bis VI:
Untersuchung der Genauigkeit der Messungen.*

In den folgenden Abschnitten über Einzelmessungen wird hin und wieder zur Kennzeichnung des Genauigkeitsgrades der behandelten Messverfahren ihr mittlerer Fehler angeführt. Zur Orientirung einige Vorbemerkungen über die Ableitung desselben.

Wenn eine Grösse (Winkel, Streckenlänge etc.) mehrmals gemessen wird, so zeigen die hierbei erhaltenen Werthe Abweichungen gegen einander (vorausgesetzt, dass unser Maass die Feinheit besitzt, Abweichungen erkennen zu lassen), indem die mannigfachen technischen und sinnlichen Vorgänge, aus denen eine Beobachtung sich zusammensetzt, nicht immer in der gleichen Weise sich abwickeln. Da Beobachtungen, welche unter gleichen Verhältnissen ausgeführt wurden, als gleichwerthig anzusehen sind, so bleibt unentschieden, welche von ihnen dem wahren Werthe entspricht. Als **wahrscheinlichster Werth** der beobachteten Grösse gilt das arithmetische Mittel, die Abweichungen der einzelnen Beobachtungen vom Mittelwerth betrachtet man als **wahrscheinlichste Fehler** derselben. Der Mittelwerth besitzt gegenüber anderen Werthen, die man — z. B. nach dem ersten Anblick einer Beobachtungsreihe — als wahrscheinlichsten Werth der fraglichen Grösse annehmen wollte, die besondere Eigenschaft, dass sowohl die (algebraische) Summe der Abweichungen der Einzelwerthe von ihm, als auch die Summe der Quadrate dieser Abweichungen ein Minimum wird und zwar wird die erstere = 0. Der Mittelwerth erleidet durch Hinzunahme weiterer Beobachtungen Aenderungen, welche sich indess rasch verkleinern und sich nach einer Reihe von Beobachtungen in einer bestimmten, für die praktische Verwendung der fraglichen Grösse ausreichenden Decimale nicht mehr aussprechen. Wenn Instrument und Handhabung desselben frei von constanten Fehlern, so ist anzunehmen, dass das arithmetische Mittel aus einer sehr grossen Anzahl von Beobachtungen dem wahren Werth der zu messenden Grösse sehr nahe entspricht.

In der Praxis ist man genöthigt, die Messung bereits bei einer sehr beschränkten Anzahl von Wiederholungen abzubrechen, ja vielfach, insbesondere bei Winkelaufzeichnungen, sich auf eine einmalige Beobachtung zu beschränken; es tritt

nun die Aufgabe heran, im ersten Fall sich ein Urtheil zu bilden über die muthmassliche Abweichung des erhaltenen Mittelwerthes vom wahren Werth, bezw. für den zweiten Fall im Voraus aus einer Reihe gleichartiger Messungen die Unsicherheit einer einmaligen Messung ein für allemal zu bestimmen; endlich aber die Unsicherheit derjenigen Grössen abzuleiten, welche aus der weiteren praktischen Verwendung jenes Mittelwerthes oder einzelner Beobachtungen hervorgehen. Hierzu bedarf es eines allgemeinen Genauigkeitsmaasses; ein solches bildet der sog. **mittlere Fehler** der einzelnen Beobachtung bezw. des Mittelwerthes.

Bezeichnet B das arithmetische Mittel aus einer Reihe von n Beobachtungen $b_1 \, b_2 \ldots b_n$ derselben Grösse und $\delta_1 \, \delta_2 \ldots \delta_n$ die Abweichungen der einzelnen Beobachtungen von B, so ergiebt sich der mittlere Fehler $\mu$ der einzelnen Beobachtung aus $\mu = \sqrt{\dfrac{\delta_1{}^2 + \delta_2{}^2 + \ldots \delta_n{}^2}{n-1}}$, oder

kürzer geschrieben $= \sqrt{\dfrac{[\delta\,\delta]}{n-1}}$[1]). Nach der Wahrscheinlichkeitslehre fallen in einer grösseren Beobachtungsreihe etwa 68 Proc. der $\delta$ kleiner als $\mu$ und 32 Proc. grösser als $\mu$ aus; kennt man aus vorangegangenen Versuchsreihen den mittleren Fehler $\mu$ eines Messverfahrens, so gilt hinsichtlich des bei einer praktischen Anwendung desselben erhaltenen Werthes b: es ist doppelt so wahrscheinlich, dass der wahre Werth der beobachteten Grösse auf der Zahlenreihe von $b - \mu$ bis $b + \mu$ als dass er ausserhalb derselben liegt. Eine Beobachtung, deren $\delta$ das Dreifache von $\mu$ übersteigt, darf als mit einem groben Fehler behaftet angesehen und ausgeschlossen werden.

Bei Zusammenfügungen von Messungen derselben Art, z. B. bei Längenmessungen aus einzelnen Lattenlagen, bei Nivellements, wächst der mittlere Fehler des Endresultates proportional der Quadratwurzel aus der Anzahl der Theilmessungen; darf z. B. auf Grund von Erfahrungen der mittlere Fehler einer Lattenlage beim Längenmessen, einer Zielung beim Nivelliren, $= \mu$ angenommen werden, so ist der nach n Lagen oder Zielungen erhaltene Endwerth muthmasslich behaftet mit einem mittleren Fehler $m = \mu \sqrt{n}$.

---

[1]) n—1 im Divisor hat man sich damit zu erklären, dass eine Beobachtung einer unbekannten Grösse keinen Aufschluss über ihre Genauigkeit giebt, somit fällt bei Ableitung des mittleren Fehlers eine Beobachtung ausser Betracht. Ist hingegen der wahre Werth bereits bekannt, so ist im Nenner n zu setzen (z. B. bei Nachmessungen eines bekannten Höhenunterschiedes, Streckenwerthes, Winkels mit einfachen Instrumenten).

Der mittlere Fehler M des arithmetischen Mittels B aus einer Reihe von n Beobachtungen wird erhalten durch Division des mittleren Fehlers $\mu$ der Einzelbeobachtung mit der Quadratwurzel aus der Anzahl der Beobachtungen, in Zeichen $M = \mu : \sqrt{n} = \sqrt{\frac{[\delta\delta]}{n\,(n-1)}}$ .

Die Wahrscheinlichkeit, dass der wahre Werth der beobachteten Grösse zwischen B—M und B+M liegt, ist doppelt so gross als dass er ausserhalb dieser Zahlenreihe fällt.

$\mu$ und M werden kurzweg als Unsicherheit der Einzelbeobachtung oder des Mittelwerthes bezeichnet, wobei jedoch zu erinnern ist, dass die mittleren Fehler nicht angeben, um wieviel die zugehörige Grösse falsch ist, sondern nur für den Spielraum zwischen beobachtetem und wahrem Werth engere Grenzen von grosser Wahrscheinlichkeit ziehen.

Die Unsicherheit M des Mittelwerthes nimmt ab oder die Genauigkeit desselben $\frac{1}{M}$ wächst proportional der Quadratwurzel aus der Anzahl der Beobachtungen; es entspricht sonach einem Mehraufwand von Beobachtungen nicht ein gleicher Gewinn an Genauigkeit. Bezeichnet $M_a$ den mittl. F. des Mittels, $\mu_a$ den mittl. F. der Einzelbeobachtung einer Reihe von a Beobachtungen und soll der mittl. F. des Mittelwerthes durch Fortsetzung der Beobachtungen auf die Grösse $M_n$ herabgemindert werden, so ist die Anzahl n der hierzu erforderlichen Beobachtungen muthmaasslich $n = (\mu_a : M_n)^2$.

All diese Schlussfolgerungen über die wahrscheinliche Lage des wahren Werthes zum beobachteten, über die erforderliche Anzahl von Beobachtungen und über den grössten zu befürchtenden Fehler sind jedoch erst statthaft, wenn längere Beobachtungsreihen d.h. ein möglichst sicherer Werth für $\mu$ vorliegt. Von dieser Vorbedingung soll im folgenden Beispiel mit Rücksicht auf Raumersparniss abgesehen werden.

Beispiel zur Ableitung des mittleren Fehlers in einer Beobachtungsreihe. Die Werthe der Spalte b sind Höhenwinkel, welche einer längeren Beobachtungsreihe zur Untersuchung der Genauigkeit eines hölzernen Pendelquadranten entnommen sind.

| b | $\delta$ | $\delta\delta$ |
|---|---|---|
| 12,2° | — 0,06 | 0,0036 |
| 12,6° | + 0,34 | 0,1156 |
| 12,0° | — 0,26 | 0,0676 |
| 12,8° | + 0,54 | 0,2916 |
| 11,7° | — 0,56 | 0,3136 |
| Summe: 12 + 1,3 | + 0,88 — 0,88 | 0,7920 |
| Mittel: $\frac{12+1,3}{5}$ | | $\mu = \sqrt{0,7920 : 4}$ |
| = 12,26 Proc. | | $= \sqrt{0,1980}$ |
| | | $= 0,45°$ [1] |
| | | $M = 0,45 : \sqrt{5}$ |
| | | $= \pm 0,20°$. |

[1] Für Messungen mit Pendelquadranten überhaupt fand sich der mittlere Fehler der einmaligen

Angenommen, man habe nach 25 Beobachtungen als Mittelwerth 12,8°, als mittleren Fehler einer Beobachtung $\mu = \pm 0,5°$, dementsprechend $M = 0,5 : \sqrt{25} = \pm 0,1°$ erhalten, so würden etwa folgende Schlüsse statthaft sein:

eine Beobachtung, deren $\delta$ grösser als 3·0,5 = ±1,5°, ist als muthmaasslich mit grobem Fehler behaftet auszuschliessen;

es ist doppelt so wahrscheinlich, dass der wahre Werth des Höhenwinkels (correcte Construction und Handhabung des Winkelmessers vorausgesetzt) zwischen 12,2 und 12,4° liegt, als dass er <12.2 und >12,4;

für eine 26. Beobachtung ist $\delta$ < 0.5 doppelt so wahrscheinlich als $\delta$ > 0,5°; desgleichen für weitere 25 Beobachtungen eine Abweichung vom bisherigen Mittelwerth < 0,1 erheblich wahr­scheinlicher als > 0,1°;

um die Unsicherheit des Mittelwerthes von 0,1° auf die Hälfte 0,05° herabzumindern, würden etwa $(0.5 : 0,05)^2 = 100$ Beobachtungen erforderlich sein:

misst man beim Krokiren mit dem oben untersuchten Instrument einen Höhenwinkel nur einmal und erhält beispielsweise 5,5°, so darf man 2 gegen 1 setzen, dass der wahre Werth des Winkels zwischen 5 und 6° und nicht ausserhalb derselben liegt:

hält man in der Regel ein, jeden Winkel statt einmal n mal zu messen, so vermindert sich die Unsicherheit des Mittelwerthes von $\mu$ auf $M = \mu : \sqrt{n}$: z. B. bei $\mu = 0,5°$ und $n = 3$ auf $M = 0,5 : 1,7 = \pm 0,3°$. —

Einige weitere Bemerkungen über die Ableitung der mittleren Fehler, über die Ermittelung ihres Einflusses bei weiterer Verwendung der mit ihnen behafteten Grössen, endlich über die Unterscheidung zwischen den eben behandelten zufälligen oder unvermeidlichen und den regelmässigen Fehlern sollen in späteren Abschnitten eingefügt werden.

*Erster Abschnitt.*
### Abschreiten.

Die Schrittlänge bildet, weil stets zur Hand und leicht zu gebrauchen, das Hauptlängenmaass bei Krokirungen. Sie würde ein ziemlich genaues Maass sein, wenn die Abschreitungen immer unter den gleichen Verhältnissen stattfänden [2]), und es beruht

Beobachtung zu 0,35 bis 0,4°. Zur Vergleichung sei angeführt, dass ein Höhenwinkelmesser mit schwingendem Höhenkreis (Matthes, Randhagen, Sickler, Wolz) $\mu$ etwa 4 mal kleiner ist.

[2]) Schreitet man eine ebene Strassenstrecke von 100 bis 200 Schritt bei festem Boden etwa fünfmal hintereinander in gleicher Richtung ab, so wird man als mittleren Fehler einer Abschreitung kaum mehr als zwei Schritt finden; wiederholt man eine solche Reihe auf der gleichen Strecke bei aufgeweichtem Boden, in schwerer Kleidung, nach grosser Ermüdung etc., so wird man zwar jedesmal einen anderen Mittelwerth erhalten, der mittlere Fehler innerhalb der einzelnen Beobachtungsreihen dagegen, bezw. die Genauigkeit derselben dürfte sich nur wenig ändern.

die Unsicherheit von Abschreitungen hauptsächlich darauf, dass wir für die verschiedensten Verhältnisse in Ermangelung bestimmter Schrittwerthe für diese einen mittleren Schrittwerth einführen müssen. Allgemein ist die Schrittlänge für eine Strecke
von bestimmtem Steigwinkel abhängig von
der Bodenbeschaffenheit (glatter Weg, aufge-
weichte Strasse, Pflaster, Geröll, Sand,
Wiese, Acker oder Haide), Schreitweise, Marsch-
geschwindigkeit, Körperbelastung (Sommer-
kleidung oder Winterkleidung, schweres oder
leichtes Schuhwerk, eigentliche Last), Tages-
zeit, Ermüdung und sonstige Leibesverfas-
sung, Windrichtung.

　　Wer häufig zu krokiren hat, wird sich
zweckmässig für einige dieser Verhältnisse
Erfahrungswerthe zu schaffen suchen. Solche
Untersuchungen beanspruchen im Allgemeinen
weniger Zeit, als es zunächst den Anschein
hat, da sie bei Spaziergängen oder beim
Gang von der Wohnung zur Dienststelle angestellt werden können, und es sich vorerst
nur um Gewinnung von Verhältnisszahlen
zwischen dem Schritt auf wagrechter und
fester Strecke, den wir als Normalschritt
bezeichnen wollen, und der Schrittlänge
unter weniger günstigen Umständen handelt,
so dass die Streckenlänge in Metern nicht
bekannt zu sein braucht. Im Folgenden sind
zunächst wagrechte Strecken vorausgesetzt.
Es ist zu ermitteln das Verhältniss der
Schrittlängen

　　a) auf fester und auf aufgeweichter Strecke,
desgl. auf Geröllstrecke: Mehrmaliges Abschreiten einer Strassenstrecke (gut abgegrenzt) bei trockenem oder gefrorenem und
bei aufgeweichtem Boden. Verfasser fand
1 : 0,96 oder 100 Schritt auf aufgeweichter
Strecke = 96 Schritt auf fester (normaler)
Strecke. Das gleiche Verhältniss wird man
für feste und sandige Strecke annehmen
können. Für Geröll und feste Strecke gewinnt man Vergleichswerthe durch Abschreiten auf frisch beschotterter und daneben auf
unbedeckter Strasse;

　　b) auf festem und auf Wiesen-, Haide-
und Ackerboden. Hierzu eignen sich Grundstücke, deren Schmalseiten rechtwinklig auf
einen danebenlaufenden festen Weg treffen,
und so auf dem Weg eine dem Grundstück
gleiche Länge abgrenzen, desgleichen beraste
Strassenränder. — Ein anderes Verfahren
zeigt Fig. 20. Das Viereck A B C D bedeutet
Ackerfläche, der Winkel σ zwischen zwei an
feste Wege anstossenden Seiten ist freihändig
bestimmt (vgl. Abschn. III) und die auf die
Wegestrecken projicirten Seiten mehrmals
abgeschritten worden. Desgleichen die Diagonale B D. Dabei ergaben sich als Mittel-

werthe die Schrittzahlen m, n und p. Dann
ist die Schrittlänge auf Ackerboden

$$s_1 = \frac{s}{p} \sqrt{m^2 + n^2 - 2\,m\,n\,\cos \sigma,}$$

woraus, wenn σ zufällig = 90°, entsteht

$$s_1 = \frac{s}{p} \sqrt{m^2 + n^2};$$

　　c) am Morgen und am Nachmittag (bei
Ermüdung). Hierfür kann man Werthe auf
dem täglichen Gang zur Dienststätte ermitteln. Nach Jordan verkürzte sich die
Schrittlänge nach siebenstündigem Marsche
um 3 cm, was einem Verhältniss von 1 : 0,96
entspricht.

　　Hat man für manche obige Verhältnisse
nur geneigte Vergleichsstrecken zur Verfügung,
so müssen die zu vergleichenden Abschreitungen in derselben Richtung (nur aufwärts
oder abwärts) stattfinden, indem auf gleicher
Strecke aufwärts die Schrittlänge eine andere
ist als abwärts.

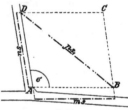

Fig. 20.

　　Nunmehr handelt es sich um Ableitung
eines möglichst sicheren Schrittwerthes
auf wagrechter, ebener und fester
Strecke, d. h. eines Werthes für den Normalschritt. Hierzu bedarf es der Kenntniss
der Länge einer solchen Strecke in Metern.
Man wird in erster Linie wagrechte Strassenstrecken mit Kilometersteinen benutzen und
zwar möglichst Strecken von mehreren hundert Metern. Es ist rathsam, durch Abschreiten der Strecken zwischen den einzelnen Steinen innerhalb der Gesammtstrecke
zu prüfen, ob nicht etwa Steine versetzt
sind, wie dies öfter der Fall ist. Weiterhin
kann man sich Streckenlängen aus neueren
Flurkarten und Stadtplänen (grösserem Maass-
stabs) entnehmen. Der letzte Schritt wird
gewöhnlich nicht auf dem Endpunkt abschliessen; es ist rationeller, den letzten
Schrittbruchtheil wenigstens nach Drittel-
schritten (1 Schuhlänge = $\frac{1}{3}$ Schritt) zu
schätzen und mit in Rechnung zu ziehen,
als den letzten Schritt willkürlich zu verlängern oder zu kürzen. Man kann in mili-
tärischer oder in gewöhnlicher Schreitweise

7*

abschreiten; bei letzterer ist der Schritt gewöhnlich kleiner. Entscheidend für die Wahl zwischen beiden ist der geringere mittlere Fehler aus gleichviel Abschreitungen derselben Strecke auf beiderlei Art. Auch das Abschreiten will geübt sein; gewöhnlich macht man zuerst ganz andere („strammere") Schritte als späterhin. Manche machen auch „Meterschrittte", wobei die Beine soweit auseinander gespreizt werden, als es eben geht, wodurch beim mittleren Menschen in der That eine Schrittlänge von etwa 1 m erreicht wird. Indess hat eine solche Schreibweise nur den Vortheil schnellerer Rechnung für sich.

Als durchschnittliche Länge des Normalschrittes Erwachsener rechnet man in Deutschland jetzt 0,8 m, während der in Oesterreich (und früher auch in Deutschland) gebräuchliche Mittelwerth 0,75 m bereits dem Einfluss der oben angeführten schrittverkürzenden Umstände Rechnung zu tragen scheint. Ueber die Abhängigkeit des mittleren Schrittlänge $s$ auf wagrechter Strecke von der Körperhöhe $h$ hat Prof. Jordan zahlreiche Beobachtungen angestellt und aus diesen die Formel

$$s = 0,79 + 0,25 \, (h - 1,70) \text{ oder } s = \frac{h}{4} + 0,365$$

abgeleitet. Damit erhält man

| für die Körperlängen (einschl. Schuhwerk) | die muthmaassl. Schrittlängen |
|---|---|
| 1,65 m | 0,78 m |
| 1,75 - | 0,80 - |
| 1,85 - | 0,83 - |

Rechnet man allgemein $s = 0,8$ m, ohne dass man über die Persönlichkeit des Abschreitenden und sonstige Verhältnisse etwas weiss, so hat man nach Jordan dem damit berechneten Streckenwerth eine Unsicherheit von 5 Proc. zuzuschreiben. Verfasser fand, dass $s$ gleich der Hälfte der Augenhöhe gesetzt werden kann, wovon man, wie später gezeigt wird, bei Entfernungsbestimmungen Gebrauch machen kann; ferner dass die Schrittlänge sich mit der Dicke der Absätze und Sohlen ändert[4]). Die Zählung der Schritte erfolgt bei kleineren Strecken nach Einzelschritten, bei grösseren nach Doppelschritten oder nach Vierschritten; bei letzteren wird also nach dem 4., 8. Schritt 1, 2 u. s. w. gezählt und es kann, unter Berücksichtigung der verschiedenen schrittverkürzenden Umstände, 1 Vierschritt = 3 m gesetzt werden. Das übliche Zeichen für Schritt ist ein oben an die Schrittzahl gesetztes $^\wedge$; Doppel- und Vierschritte kann man durch oben angesetzte $^{II}$ und $^{IV}$ bezeichnen; weiter-

---

[4]) Zeitschr. f. Vermessungswesen. 1894. S. 517.

hin ist im Folgenden für Schritt aufwärts $^\wedge$, für Schritt abwärts $^\vee$ gesetzt, während $^\times$ Schritte auf wagrechter Strecke bedeutet.

**Abschreitung geneigter Strecken.** Bisher ist wagrechte Strecke vorausgesetzt worden; wie gestaltet sich nun die Aufnahme steigender oder fallender Strecken mittels Abschreiten? — Man hat zwei Fälle zu unterscheiden: entweder die Abschreitung verbindet zwei Punkte von bereits bekannter Entfernung zwecks Ermittelung der Lage von Zwischenpunkten, oder die Abschreitung kann nicht bis zu einem Punkt bekannter Lage fortgeführt werden.

**Abschreitung geneigter Strecken zwischen Punkten von gegebener Entfernung.** Es wird vorausgesetzt, dass der Neigungswinkel annähernd gleich bleibt. Kann man auf der Verbindungslinie beider Punkte abschreiten, so ergiebt sich die Ablothung (Horizontalprojection) des Schrittes durch Division der gegebenen Entfernung mit der Anzahl der Schritte. Mit diesem Werth berechnet man dann die Lage der Zwischenpunkte, welche weiterhin den Anhalt für die Einschätzung seitlich liegender Punkte abgeben können. — Wenn jedoch Abschreiten auf der Verbindungslinie nicht zweckmässig oder nicht angängig, so kann man, wenn nur die Fläche zwischen den gegebenen Punkten annähernd eine geneigte Ebene ist, in rechtwinklig-gebrochenem Zuge abschreiten (Fig. 21). Zunächst ist der Winkel $\alpha$ zwischen der ersten Schreitrichtung und der gegebenen Richtung $P_1 P_2$ (freihändig) zu messen. Nimmt man als Anfangsrichtung die Richtung des Fallens, so läuft die zweite in der Richtung des Streichens und wagrecht; übrigens verlaufen die Culturgrenzen an Abhängen gewöhnlich in diesen beiden Richtungen. Bezeichnet $f$ die Ablothung eines im Fallen gemachten Schrittes, $s$ die Schrittlänge im Streichen und $m$ $n$ etc., $p$ $q$ etc. die Anzahl der in beiden Richtungen gezählten Schritte, $D$ die gegebene Entfernung der Endpunkte $P_1 P_2$, so würde man setzen können

$$s = \frac{D \sin \alpha}{p + q}; \quad f = \frac{D \cos \alpha}{m + n}.$$

Nimmt man dagegen $s$ von vornherein gleich der wagrechten Schrittlänge $s_0$, bezw. gleich dem für diese auf fraglicher Bodenbeschaffenheit geltenden Schrittwerth an (meist $s = 0,95 \, s_0$), so erhält man

$$f = \frac{\sqrt{D^2 - s^2(p + q)^2}}{m + n}.$$

Im Voraus ist anzunehmen, dass aufwärts $f$ kleiner erhalten wird als $s$. Die Einhaltung des Winkels $\alpha$ und des recht-

winkligen Abganges kann man mittels
Taschenbussole controliren. — Man krokirt
das fragliche Stück auf ein besonderes Blatt,
auf welchem zugleich die Berechnung von s
und f vorgenommen wird, die Eintragung in
das Hauptkroki erfolgt zu Hause. Die
Brechpunkte können wiederum als Anschlüsse
für Punkte gelten, welche in dem gebrochenen Zug nicht erreicht werden können. In
Fig. 21 ist vorausgesetzt, dass der rechtwinklige Abgang in Fallen und Streichen
immer nach der Seite des zweiten gegebenen
Punktes hin erfolgt. Bewegungen in einer
um 180° verschiedenen Richtung (rückwärts)
sind mit negativem Vorzeichen in die Formel
einzusetzen und möglichst zu vermeiden. —
Die Länge $P_1 P_2$ kann gegeben sein als Seite
eines Dreiecksnetzes, oder sie kann bestimmt werden aus einer auf dem Thalboden
abgeschrittenen Grundlinie und den auf ihren
Endpunkten gemessenen Winkeln (Vorwärtseinschnitt), bei steilen Abhängen auch aus
Höhe und Neigungswinkel; bisweilen ist
das Kroki bis auf den fraglichen Abhang
fertiggestellt und es sind die abzuschreitenden Längen D aus dem Kroki abzugreifen.

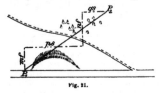

Fig. 21.

Im zweiten Fall: Abschreitung auf
geneigten Strecken von unbekannter
Länge könnte man (bei nicht zu grossem
Steigwinkel) die Schritte etwas vergrössern
und sie dann als Horizontal- oder Normalschritte betrachten. Hiervon ist jedoch ab-
zurathen. Zweckmässiger schreitet man solche
Strecken in der Gangart ab, die man sonst
auf ihnen einhalten würde, und lothet die
Schritte mittels eigener oder sonst vorhandener Erfahrungswerthe für die Schrittände-
rung auf geneigten Strecken ab. Solche erhält man, indem man sich für Steigwinkel
zwischen 0 und 30° einige Controlstrecken
verschafft und diese mehrere Male (an verschiedenen Tagen) in beiden Richtungen abschreitet. Ausser der Streckenlänge braucht
man den Höhenwinkel, welcher bei geradlinigen Strecken mit gegenseitig sichtbaren
Endpunkten freihändig gemessen, sonst aus
Streckenlänge S und Höhenunterschied H
(gleichfalls freihändig bestimmt) nach der
Formel $tg \beta = H : S$ abgeleitet wird. Die
erhaltenen Ablothungscoëfficienten werden

als Ordinaten zu den Steigwinkeln als Abscissen aufgetragen und durch ihre Endpunkte eine Curve gelegt, welche aufwärts,
vermuthlich auch abwärts, die Gestalt eines
Parabelarmes zeigen wird. Diesen beiden
Curven entnimmt man dann die Verkürzungscoëfficienten für die Zwischenwinkel. Weiterhin wird man auf Spaziergängen nicht ver-
absäumen, auf Strecken, deren Neigungswinkel man gemessen hat, deren Länge jedoch
nicht bekannt zu sein braucht, durch Auf-
und Abwärtsabschreiten Erfahrungswerthe
für das Verhältniss der Schrittlänge abwärts
zur Schrittlänge aufwärts bei einem bestimmten Neigungswinkel abzuleiten. (Vgl. unten
die Jordan'schen Werthe.) Hierbei ist zu
bemerken, dass man nur bis etwa 12°-Strecken
mit festem Boden zur Verfügung haben wird,
von da ab ist man für Controlabschreitungen
auf Wiesen-, Acker-, Haide-, Wald- oder
Geröllboden angewiesen, infolgedessen zur
Neigung noch andere Verkürzungselemente
hinzutreten, und man müsste streng genommen die für Steigwinkel > 12° erhaltenen
Werthe in Vergleich setzen mit dem Schritt
auf wagrechten Wiesen- bezw. Geröllstrecken,
also nicht mit dem Normalschritt.

Früher lothete man geneigte Abschreitungen gewöhnlich mit dem Cosinus des Neigungswinkels ab und es finden sich in verschiedenen Lehrbüchern der Terrainlehre hierfür Tabellen. Die Verkürzung des Schrittes
auf steigender Strecke ist jedoch eine doppelte:
einmal vermindert sich der Schreitwinkel und
mit ihm die schiefe Schrittlänge, sodann ist
für die Eintragung ins Kroki diese noch
abzulothen auf die wagrechte. Bestimmte
Anhaltspunkte für den Gang der Schrittver-
kürzung hat erst Untersuchungen von
Prof. Jordan über diesen Gegenstand geliefert[5]. Diese, aus 136 Vergleichstrecken
abgeleitet, beziehen sich auf seinen eigenen
Schritt (0,77 m) und da (ausser bestätigen-
den) andre gleichwerthige Beobachtungen
bislang nicht bekannt geworden, dürfte man
gut thun, die Jordan'schen Verkürzungs-
werthe als Norm anzusehen, d. h. die Curve
etwaiger eigner Beobachtungen an jene Werthe
anzulehnen, mangels solcher dagegen jene
Werthe zu verwenden.

Bezeichnet $s_0$ die Normalschrittlänge, $s_{+\beta}$
bez. $s_{-\beta}$ die Ablotung des schiefen Schrittes
auf einer um $\pm \beta$ geneigten Strecke, so
lässt sich nach Jordan setzen

---

[5] Vgl. Zeitschr. f. Vermess. 1884. S. 485 f. und
Jordan's Handb. der Vermessungskunde. Cap. II
und XII.

für $\beta = +$   5°     $s_{+\beta} = 0{,}91 \; s_0$
         10            0,81
         15            0,73
         20            0,65
         25            0,58
         30            0,49.

Diese Werthe folgen übrigens sehr gut der Formel $s_{+\beta} = s_0 \,(1 - \sin \beta)$, so dass man, in Anbetracht der solchen Schrittuntersuchungen immerhin anhaftenden Unsicherheit aufwärts auch nach dieser Formel ablothen kann.

Auf fallender Strecke ergiebt sich nach Jordan etwa

für $\beta = -$   5°     $s_{-\beta} = 0{,}97 \; s_0$
         10            0,94
         15            0,91
         20            0,87
         25            0,78
         30            0,65.

Verfasser fand ein Längenmaximum in der Gegend von — 2°. Bei geringem Steigwinkel hängt die Schrittlänge ausserordentlich von der Geschwindigkeit ab; man kann bei sehr langsamem Gang abwärts sogar kürzere Schritte finden als aufwärts. Im Allgemeinen wird man aufwärts sicherer abschreiten als abwärts.

Nach Obigem verhält sich die Anzahl der Schritte abwärts zu aufwärts

bei   5°         wie 1 : 1,06
    10             1 : 1,16
    15             1 : 1,25
    20             1 : 1,34
    25             1 : 1,34
    30             1 : 1,33

Diese Zahlen begreifen jedoch auch die ungünstigen Bodenverhältnisse in sich.

Man reducirt nun entweder auf Horizontalschritte (Normalschritte), indem als Maasseinheit des Krokis der Normalschritt angenommen wird, oder gleich auf Horizontalmeter, wozu die obigen Werthe noch mit der Länge des Schrittes auf wagrechter Strecke zu multipliciren sind. Z. B. Steigwinkel $\beta = 16°$; aufwärts 73, abwärts 56 Schritt, was mit 73 ∧ und 56 ∨ notirt wird; man erhält als wagrechte Strecke 73 . 0,71 $= 52^\times$ und 56 . 0,90 $= 50^\times$, im Mittel $51^\times$, was mit $s_0 = 0{,}8$ m multiplicirt 41 m giebt[6].

---

[6] Beim Krokiren führt man ein kleines Heft (etwa 10 × 5 cm) mit sich: in dieses trägt man alle Maasszahlen, also auch die Abschreitungen, unter einer bestimmten Nummer ein, welche im Kroki an die Stelle gesetzt wird, auf welche sich die Abmessungen beziehen; diese Nummern werden zur Unterscheidung gegen sonstige Zahlen umgangen, z. B. ⑬. Nachdem die Abschreitung im Heftchen reducirt, wird sie mit Maassstab in's Kroki übertragen.

Eine ausführliche Tabelle zur Reduction auf Horizontalmeter bei gemessenem Neigungswinkel giebt Heil[7] in der Zeitschr. f. Verm. 1893 S. 362 und 368; dieselbe ist für Doppelschritte unter Zugrundelegung einer wagrechten Schrittlänge von 0,8 m berechnet; die Correctionen für andere Längen sind tabellarisch voraufgesetzt.

Als dritten Fall von Schrittreduction kann man die Vereinigung der beiden vorhergehenden betrachten: nämlich Abschreitung zwischen Punkten gegebener Entfernung und Reduction nach Jordan. Man wird also, von dem einen Punkt ausgehend, in der Richtung nach dem andern bez. unter rechtwinkligen Abgängen die Gesammtstrecke in Theilstrecken von gleichbleibender Neigung zerlegen, deren Neigungswinkel direct messen oder ihren Höhenunterschied mit Aneroïd oder durch Freihandnivellement bestimmen, und die hiermit bewerkstelligten Ablothungen (s. u.) der Theilstrecken in die gegebene Gesammtlänge einpassen. Hiervon wird man namentlich bei Profilirungen mit Vortheil Gebrauch machen.

Messung der Neigungswinkel bei Abschreitungen. Die Neigungswinkel werden freihändig mit Neigungsmesser gemessen; die beim Krokiren zu verwendenden Neigungsmesser sind Pendelinstrumente oder schwingende Kreise; bei ersteren bringt man den Radius für 0° in die Richtung nach dem Zielpunkt und liest den Stand eines Pendels am Höhengradbogen ab (Pendelquadrant); bei letzteren schwingt der ganze Höhenkreis und es wird an ihm unmittelbar der Höhenwinkel der vorbeilaufenden Ziellinie abgelesen. Ein Instrument der ersten Art kann sich jeder selbst fertigen durch Aufkleben eines Papptransporteurs auf ein halbkreisförmiges Brettchen und Anhängen eines Lothes im Mittelpunkt; für schärfere Einstellung auf das Object werden in den Gradstrichen für 0 und 180 kleine Nadelstücke eingeschlagen; das vollkommenste dieser Instrumente ist der Pressler'sche Messknecht, ein zu einer Ecke zusammenlegbarer Halbkreis aus starker Pappe. Instrumente der zweiten Art (mit schwingendem Höhenkreis) sind die Neigungsmesser von Matthes, Randhagen, Sickler, Wolz u. A. (Abb. s. Jordan's Handb. d. Verm. § 168). Der Preis dieser Instrumente ist durchschnittlich zehnmal höher als der eines Messknechtes, dagegen gestatten sie schärfere Beobachtungen, was bei gewissen Entfernungsbestimmungen von grossem Vortheil ist, und sind jederzeit zum Gebrauch

---

[7] Die Verwendung des Schrittmaasses bei topogr. Aufnahmen. Von I. Heil, Grossh. hess. Geometer 1. Kl.

fertig, während bei Instrumenten mit Loth-
pendel letzteres immer erst aus der Befestigung zu lösen ist. Wir kommen auf die
genannten Instrumente im Abschnitt über
Winkelmessung zurück. Zum Messen der
Neigungswinkel für Schrittreductionen kann
schliesslich auch die geschlossene Canalwage,
welche im Abschnitt über Höhenbestimmung
beschrieben wird, gebraucht werden. Als
mittleren Fehler einer einmaligen Beobachtung bei freihändigem Messen fand
Verfasser mit dem Messknecht oder sonstigen Pendelquadranten ± 0,4°; mit Neigungsmessern mit schwingendem Höhenkreis ±0,1°;
mit der geschlossenen Canalwage ± 1°. Für
Schrittreductionen dürfte eine Genauigkeit
von $\frac{1}{3}$ bis 1° ausreichend sein.

Bei Messung des Neigungswinkels der
abzuschreitenden Strecke müsste man nun
streng genommen über dem andern Endpunkt einen Punkt anzielen, der sich in
Augenhöhe über dem Boden dortselbst befindet, z. B. den Kopf eines Mannes. Da
man gewöhnlich auf sich allein angewiesen
ist, so müsste man einen solchen Punkt
schätzungsweise annehmen. Statt der
zielt man besser den andern Punkt selbst
an, vermarkt dann den Standort irgendwie
(z. B. mit einem Stein), wenn derselbe sich
nicht bereits hinreichend abhebt, schreitet
bis zum andern Punkt ab und misst daselbst
den Neigungswinkel in umgekehrter Richtung.
Bezeichnen $\varepsilon$ und $\eta$ die nach den beiden
Standorten gemessenen Winkel, $\beta$ den Neigungswinkel ihrer Verbindungslinie, so ist
tg $\beta$ = (tg $\varepsilon$ — tg $\eta$) : 2, in welche Formel
$\varepsilon$ und $\eta$ mit zugehörigem Vorzeichen einzusetzen sind (Höhenwinkel mit +, Tiefen-
winkel mit —); für Reduction von Abschreitungen kann man jedoch unbedenklich $\beta$ =
($\varepsilon$ — $\eta$) : 2 setzen[8]). — Bei Bestimmung der
Breite (Horizontalprojection) von Böschungen,
z. B. an Strassen-, Eisenbahn-, Teichdämmen,
Steilrändern, durch Abschreiten wird man
meist von der Messung des Böschungswinkels
absehen und hinreichend genau die Ablothung
eines Schrittes = 0,4 $s_0$ setzen können, indem diese Böschungen einen mittleren Neigungswinkel von etwa 35° besitzen.

Schrittablothung aus Schritt- Anzahl und Höhenunterschied. Anstatt
des Neigungswinkels kann man zur Reduction auch den Höhenunterschied der Streckenendpunkte verwenden, ein Verfahren, welches

gleichfalls von Jordan in die Topographie
eingeführt worden[9]). Dasselbe beruht auf
folgendem Grundgedanken. Lässt man die
S. 54 aufgeführten Verkürzungscoëfficienten in
aller Strenge gelten, so gehört zu einer geneigten Strecke von gegebener Horizontalprojection l und Höhenunterschied h eine
ganz bestimmte Anzahl Schritte n; umgekehrt muss sich auch aus der Anzahl der
Schritte n, die man zur Ueberwindung eines
gegebenen Höhenunterschiedes h braucht, die
Ablothung s der zurückgelegten Strecke ableiten lassen. Eine Reductionstabelle gewinnt
man auf indirectem Wege, indem zunächst die
zu l und h gehörigen Schrittzahlen n tabel-
lirt und hieraus durch Einschaltungen die
zu bestimmten h und n gehörigen l rückwärts
entnommen werden. Eine solche Reductions-
tafel findet sich in Jordan's Handb. der Vermessungskunde, Anhang S. [36], berechnet
für die wagrechte Schrittlänge 77 cm. Wenn
Jemand, der beispielsweise 79 cm Schrittlänge hat, diese Tafel verwenden will, so
hat er vorerst das Argument der linken Seite:
Schrittzahl zu verbessern; es sind 100 ^
von ihm = 100 . 79 : 77 = 102$\frac{1}{2}$ ^ der
Jordan'schen Tabelle, d. h. er hat auf je 40
Schritt seiner Abschreitung, gleichviel ob
wagrecht oder geneigt, 1 Schritt zu addiren
und mit dieser Zahl in die Tabelle einzugehen. Indess wird man meist (im Hinblick
auf unebene, beraste Strecken, Ermüdung)
die Tabelle so wie sie ist, benutzen können.
Eine zweite, noch weiter ausgedehnte Tabelle giebt Heil a. a. O.; vgl. oben S. 54. In
ähnlicher Weise wie die genannten ist die
folgende Tabelle gebildet[10]), welche angiebt,
um wieviel die auf 1 m Höhenunterschied
gemachte Schrittzahl n zu vermindern ist,
um Horizontalmeter zu erhalten; dieselbe
gilt für $s_0$ = 0,8 m und Aufwärtsschreiten,
während Abwärtsschritte vorerst nach S. 54
in solche aufwärts umzusetzen sind.

| n | d | n | d |
|---|---|---|---|
| 4,3 ^ | 2,6 | 9 ^ | 3,0 |
| 4,5 | 2,5 | 10 | 3,1 |
| 5,0 | 2,5 | 15 | 4 |
| 5,5 | 2,5 | 20 | 5 |
| 6,0 | 2,5 | 25 | 6 |
| 7 | 2,7 | 30 | 7 |
| 8 | 2,8 | 50 | 11 |

Anwendung: Zur Zurücklegung eines Höhenunterschiedes H = 9,8 waren 61 ^ erforderlich, sonach auf 1 m Höhenunterschied 6,2 ^: für 6,2 entnehmen wir der Tabelle den Reductionsabzug 2,5:
aus 6,2—2,5 ergiebt sich die Ablothung l = 3,7 m:
mithin aus 9,8.3,7 die Ablothung der Gesammtstrecke

---

[8]) Misst man nur $\varepsilon$, so misst man einen Höhenwinkel zu klein, einen Tiefenwinkel zu gross und
erhält aufwärts eine zu grosse, abwärts eine zu
kleine Ablothung; jedoch betragen die Abweichungen
von der normalen Reduction auch bei längeren
Strecken nur wenige Schritt.

[9]) Zeitschr. f. Verm. 1884. S. 485—488.
[10]) Aus: Nivellements mit geschlossener Canalwage. Vom Verf., Zeitschr. f. Verm. 1894. S. 523
bis 524.

zu 36 m. Mit dem Rechenschieber, auch beim Krokiren eines der unentbehrlichsten Instrumente, ist die Rechnung in wenigen Secunden gemacht.

Die Tabellen von Jordan und Heil setzen barometrische Bestimmung des Höhenunterschiedes voraus, indem sie am Kopf die Barometerdifferenzen 0,1 0,2 mm u. s. w. tragen; zu Grunde gelegt ist eine Höhenstufe von 11,5 m pro 1 mm Luftdruckdifferenz. Um also jene Tabellen für in Metern gegebene Höhenunterschiede zu benutzen, hat man letztere vorerst durch Division mit 11,5 in Barometerdifferenz umzusetzen; so z. B. wenn der Höhenunterschied durch Freihandnivellements bestimmt worden. In einem spätern Abschnitte werden Freihandnivellements ohne Latte behandelt, welche in Verbindung mit der bei diesen Nivellements erforderlichen Schrittzählung eine schärfere Profilirung der Strecke gestatten, als die Aneroïdmessungen.

Ueber die Zuverlässigkeit der Schrittreduction nach Jordan urtheilt Heil a. a. O. folgendermaassen: „Die auf S. 359—363 abgedruckten Tabellen zur Verwandlung von Schrittmaass in Metermaass wurden von dem Verfasser nach Anleitung der von Herrn Prof. Jordan über die Veränderlichkeit der individuellen Schrittlänge angestellten Untersuchungen berechnet und schon seit einigen Jahren bei seinen topographischen Aufnahmen verwendet. Er überzeugte sich zunächst von der Brauchbarkeit des reducirten Schrittmaasses, indem er eine damit versuchsweise ausgeführte Aufnahme des Höchster Klosterwaldes im hessischen Odenwald hinsichtlich des Wegenetzes später mit den betreffenden Waldwirthschaftskarten verglich und hierbei eine Genauigkeit seiner Arbeit feststellen konnte, welche den Anforderungen an eine topographische Karte im Maassstab 1 : 25 000 in jeder Beziehung Genüge leisten dürfte, obgleich bei der Aufnahme Marschrichtungen bis zu 25⁰ Neigung gegen den Horizont abgeschnitten wurden. Seitdem hat sich die Richtigkeit des Jordan'schen Versuchsergebnisses bei verschiedenen Personen mit abweichenden Schrittlängen noch weiter bestätigt, sowie die Nutzanwendung auf manche topographische Arbeiten vortrefflich bewährt." — Aehnlich spricht sich Jordan selbst a. a. O. aus: „Es wurde die Ueberzeugung gewonnen, dass die Reductionsmethode wohl eine Genauigkeit von etwa 5 Proc. liefern kann, wenn die Tabelle durch genügende Vergleichungen mit der Schrittindividualität in Uebereinstimmung gebracht worden." — Bisher handelte es sich um Aufnahmen im Maassstab 1 : 25 000. Verfasser dehnte gelegentlich umfangreicher Krokirungen in gebirgigem Gelände[11]) die behandelte Reductionsmethode auch auf grössere Maassstäbe, bis 1 : 850, aus. Hierbei lieferten freihändig mit Messknecht oder Stockbussole aufgenommene Dreiecksnetze die Grundlage, in welche die gesammte Situation (alle Culturgrenzen, Holzungen, Wegenetz, Gewässer, Schluchten, Steilränder, Hecken, Siedelungen) grösstentheils durch Abschreitungen selbständig einzukrokiren war. Die Vergleichung dieser Feldrisse mit den später auf Grund tachymetrischer Aufnahmen gewonnenen Plänen des Aufnahmegebietes bestätigte die Verwendbarkeit der behandelten Reductionsmethode auch für Geländeabbildungen in grösserem Maassstabe. Zu bemerken ist, dass die geneigten Strecken, welche unter willkürlicher Schrittverlängerung (S. 53) abgeschnitten wurden, unsicherere Anschlüsse lieferten als die in gewohnter Schreitweise aufgenommenen und regelrecht abgelotheten; für die Basis des einen Netzes von 140 m Länge und 9⁰ Neigungswinkel, deren Länge jedoch vorläufig durch Abschreiten zu ermitteln war, differirten die Ablothungen von aufwärts und abwärts um 1ˣ, um ebenso viel wich die Ablothung vom wahren, nachträglich bestimmten Längenwerth der Basis ab. Einige weitere Ergebnisse sind veröffentlicht in Zeitschr. f. Verm. 1894, S. 524.

Ableitung des mittleren Fehlers bei Abschreitungen. Beispiel: Bei fünfmaliger Abschreitung einer festen Wegstrecke, welche zur Verwendung als Grundlinie für ein Dreiecksnetz durch Steine abgegrenzt war, ergaben sich die Werthe 203,2, 202,0, 202,5, 205,0, 202,2, im Mittel 203,0ˣ: aus dieser Reihe lässt sich nach Seite 50 ein mittlerer Fehler einer einmaligen Abschreitung von $\mu = \pm 1{,}2^\times$ und ein mittlerer Fehler des Mittelwerthes von $M = \pm 0{,}53^\times$ ableiten. Nach Seite 49 u. kann man rückwärts schliessen, dass der mittlere Fehler pro Schritt bei einer einmaligen Abschreitung $a = 1{,}2 : \sqrt{203} = \pm 0{,}085^\times$ beträgt (was etwa 0,067 m entspricht): für nmalige Abschreitung hätte man $A = 0{,}085 : \sqrt{n}$ zu setzen. Wenn man die Zuverlässigkeit der individuellen Abschreitung untersuchen will, ist es rathsam, Abschreitungen derselben Strecke nicht wie oben hintereinander, sondern an verschiedenen Tagen vorzunehmen, und solche Versuchsreihen auf Strecken von verschiedener Länge auszudehnen. Man wird dann vermuthlich a etwas grösser erhalten. Angenommen, man habe im Mittel $a = \pm 0{,}15^\times$ gefunden, so hätte man bei einmaligem Abschreiten einer normalen Strecke von beispielsweise $312^\times$ mit einer muthmaasslichen Unsicherheit dieser Schrittzahl von $\mu = \pm 0{,}15 \cdot \sqrt{312} = \pm 2\frac{1}{2}^\times$ zu rechnen.

---

[11]) In Eifel und Hohenvenn zur Ergänzung von Tachymeteraufnahmen Studirender: die Höhenunterschiede erreichten 100 m, die Steigwinkel überschritten 30⁰.

Zu dieser Unsicherheit des Abschreitens, welche man sich dadurch erklären kann, dass entweder die einzelnen Schritte bald grösser bald kleiner ausfallen als die für die Versuchsreihen geltende mittlere Normallänge, oder bei gleichbleibender Schrittlänge der Absatz bald ein Stück vorwärts, bald rückwärts gleitet, tritt nun noch die Unsicherheit in dem Meterwerth, welchen wir der mittleren Schrittlänge beilegen [12]. Zur Ableitung eines solchen, wurde eine längere Strassenstrecke von bekannter Länge sechsmal abgeschritten und nach Division des Streckenwerthes mit der Anzahl der Schritte die Schrittwerthe erhalten 788, 792, 787, 790, 781, 791, als Mittelwerth 788 mm; nach Seite 50 berechnet man die Unsicherheit dieses letzern, welche wir mit B bezeichnen wollen, zu 2 mm, oder die Abweichung des gefundenen mittleren Schrittwerthes vom wahren Schrittwerth überschreitet sehr wahrscheinlich nicht 2 mm. Diese Unsicherheit im Schrittwerth pflanzt sich als regelmässiger, einseitig wirkender Fehler proportional der Anzahl der Schritte fort und es lässt sich annehmen, dass das Zusammenwirken von a und B bei einer einmaligen Abschreitung in dem in Meter umgesetzten Streckenwerth von n Schritt eine Unsicherheit von $\sqrt{(a \sqrt{n})^2 + (n B)^2} = \sqrt{n a^2 + n^2 B^2}$ hervorbringt. Zur Ableitung der Unsicherheit des Mittelwerthes einer n maligen Abschreitung würde für a zu setzen sein $A = a : \sqrt{n}$. Es ist jedoch rathsam, derartige Schlüsse nur auf Strecken anzuwenden, deren Länge diejenige der Untersuchungsstrecken nicht oder nicht erheblich überschreitet.

Endlich kann man, von der Verwendung besonderer Schrittverhältnisszahlen (vgl. S. 51) überhaupt absehend, Abschreitungen derselben Strecke bei festem, feuchtem, beschottertem Boden, bei Wind und Wetter, bei Ermüdung, vornehmen und hieraus eine mittlere Unsicherheit des Abschreitens unter Durchschnittsverhältnissen ableiten.

Die Unsicherheit B des Zahlenwerthes tritt gegenüber derjenigen des Abschreitens selbst a auf wagerechter Strecke im Hintergrund; anders auf geneigten oder sonst sehr ungünstigen Strecken, da man hierbei den Schrittwerth nicht so sicher ableiten kann, ja vielfach von eigenen Schrittlängenuntersuchungen absehen und von anderweitigen Erfahrungswerthen Gebrauch machen muss.

*Zweiter Abschnitt.*
**Längenmessung.**

Abmessungen von Längen und Entfernungen (durch Anlegen von Messlatten etc.) kommen beim Krokiren nur in sehr beschränktem Maasse vor; die hierzu erforderlichen Geräthe würden der freien Bewegung hinderlich sein, weiterhin die Messung selbst zuviel Zeit beanspruchen. Meist wird es sich um Abmessungen von Strecken als Grundlage zur Bestimmung anderer handeln. Betrachten wir nun die hauptsächlichsten für das Krokiren in Frage kommenden Hilfsmittel.

**Der Zollstock.** Das hier mit älterem Ausdruck bezeichnete gelbe Gliedermaass von 1—2 m Länge ist beim Krokiren stets mitzuführen: einerseits kann es zum Abmessen kleinerer Erstreckungen, weiterhin zur Bestimmung längerer improvisirter Messgeräthe (s. u.) dienen, endlich auch zum Winkelmessen (Abschn. III). Vorzuziehen sind Zollstöcke mit Richtgelenken, da sie, einmal ausgestreckt, ihre gerade Lage behalten. Man verabsäume keine Gelegenheit zur Feststellung der wahren Länge des Zollstockes; manche zeigen pro 1 m eine Correction von 1—2 mm.

Als längeres Messgeräth lässt sich jede gerade Bohnenstange oder Dachlatte verwenden, deren Länge mit dem Zollstock abgemessen wird. Die Messung mit einer Latte und ohne Gehilfen geschieht wie folgt: Man bringt, die Latte am hinteren Ende anfassend, dieses in die Nähe des Anfangspunktes, dann durch Schütteln und Drehen das andere in die Richtung nach dem Streckendpunkt und zieht oder schiebt nun das festgehaltene Ende über den Anfangspunkt; dann wird das vordere Ende vermarkt (mit einem Strich oder durch einen mit Stein eingeschlagenen Nagel), die Latte durch die Hand gezogen und ihr hinteres Ende wieder wie oben vor die Vermarkung gebracht und die Latte eingerichtet u. s. w. Der Streckenbruchtheil vom Ende der letzten Lattenlage bis zum Streckenendpunkt wird mit Zollstock gemessen. — Als besseres Längenmessgeräth kann weiterhin die im V. Abschnitt beschriebene zusammenlegbare Nivellirlatte für Freihandnivellement dienen.

Ein weiteres Hilfsmittel bildet das Kapselmessband. Die Länge schwankt zwischen 5 und 20 m; solche von 10 m Länge vereinigen bequemes schnelles Arbeiten, geringen Kapselumfang und nicht zu hohen Preis (1,5—3 M., Stahlbänder in Kapsel 9 M.). Zum Gebrauch derselben ohne Gehilfen ist zunächst in der Rückwärtsverlängerung der Strecke ein Richtpunkt (Stock oder Stein) zu setzen. Zur Vermarkung der Messbandenden bedient man sich zweier Nägel. Der eine wird am Anfangspunkt eingeschlagen und der Bandring darüber geschoben; dann geht man um die Bandlänge vorwärts, bringt sich mittels Anfangs- und Richtpunkt in die Strecke und vermarkt den letzten Theilstrich mit dem zweiten Nagel. Nunmehr wird der erste Nagel herausgezogen und der Ring über den zweiten geschoben u. s. f. Zum Resultat der Streckenmessung ist noch zu addiren das constante Stück zwischen Nagel-

---

[12] Bezw. wenn man den individuellen Normalschritt und nicht das Meter als Maasseinheit für die Schrittauftragung verwendet, in der kleinen Strecke, welche als Normalschritt anzusehen ist.

mitte und Nullpunkt der Theilung, welches mitunter mehrere Centimeter beträgt, multiplicirt mit der Anzahl der Bandlängen. Wenn sich die Nägel nicht einschlagen lassen, beschwert man sie mit einem Stein. — Die Länge des Messbandes ist mit Zollstock nachzumessen.

Zum Abmessen kleiner Längen kann auch die Schuhlänge benutzt werden, indem man einen Fuss vor den andern setzt; bekanntlich die älteste Methode der Längenmessung. Die Unsicherheit (infolge der unvermeidlichen Fehler beim Messen und der Unsicherheit im Meterwerth der Schuhlänge) dürfte pro Maasseinheit 5 mm nicht übersteigen. Im Mittel dürften 36 Schuh einer Strecke mit rund 10 m entsprechen und man hätte auf diese Strecke mit einer Unsicherheit von einigen Centimetern zu rechnen.

Endlich kann man eine nicht sehr geneigte Strecke auch durch ein gerade vorbeikommendes Fuhrwerk abfahren lassen. Nachdem man den Durchmesser des Radreifens mit Zollstock gemessen und seitwärts an den Felgen eine Marke angebracht hat, werden die Stellen, an welchen die Marke zum ersten und letzten Mal auf der Strecke den Boden berührt, sogleich vermarkt und ihr Abstand von dem Streckenendpunkt später mit Zollstock gemessen[13]).

Die Abmessung geneigter Strecken erfolgt sonst meist mit aufgesetzter Libelle und Loth. Beim Krokiren ist hiervon Mangels der erforderlichen Gehilfen und Geräthe abzusehen; man misst eine Auflegen der Latten oder des Bandes etc. auf den Boden wie oben beschrieben, und misst dazu den Neigungswinkel $\beta$ (vgl. S. 54) oder den Höhenunterschied H der Streckenendpunkte. Dann ergiebt sich die Ablothung S der schiefgemessenen Strecke $S_1$ aus $S = S_1 \cos \beta$ oder $S = S_1 - H^2 : 2 S_1$; letztere Näherungsformel giebt bei $20^0$ oder $H : S_1 = 0,84$ 0,2 Proc. bei $30^0$ oder $H : S_1 = 0,5$ 1 Proc. zu wenig.

Schliesslich ist noch der Zeit als eines, allerdings rohen Streckenmaasses zu gedenken. Man rechnet unter normalen Zuständen bekanntlich etwa 12 Minuten Zeit zum Zurücklegen eines Kilometers in ruhigem Gang; bei sorgsamem Abschreiten kann die Unsicherheit im individuellen Zeitaufwand pro 1 km wohl auf 0,2 Minuten herabgemindert werden,

was einer Wegstrecke von 17—20 m entsprechen würde.

Eine andere Anwendung des Zeitmaasses kann bei geographischen Beobachtungen an Flussläufen in Frage kommen[14]). Die Bewegung eines Nachens oder Flosses auf einem Wasserlauf mit mittlerem Gefäll ist sehr gleichmässig. Kennt man die Länge eines grösseren Flussabschnittes, so lässt sich die Zeit für das Abfahren kleinerer Strecken zur Längenermittelung derselben verwenden. Durch Vorwärtseinschnitte und sonstige Methoden der Entfernungsermittelung (Abschnitt IV) kann man seitlich gelegene Punkte einmessen.

Die Unsicherheit beim Längenmessen setzt sich zusammen aus regelmässigen, stets mit gleichem Vorzeichen wirkenden Fehlern und den unvermeidlichen Messungsfehlern. Zu ersteren gehört zunächst die Unsicherheit im Meterwerth des Längenmaasses (I), sodann das seitliche Ausbiegen aus der Geraden (II) und die nicht berücksichtigten Abweichungen des Neigungswinkels des Messgeräthes vom mittleren Neigungswinkel der Strecke (III); II und III bewirken stets ein Zuviel im Längenwerth; die unvermeidlichen oder unregelmässigen Fehler entspringen aus den Verrückungen des Messgeräthes, aus fehlerhafter Vermarkung u. a. Ursachen. Bezeichnen wir die Gesammtheit der regelmässigen Fehler pro Lattenlage mit B, die der unregelmässigen mit A, so darf man wieder bei der Gesammtwirkung von A und B nach n Lagen annehmen etwa $m = \sqrt{n A^2 + n^2 B^2}$. Da Erfahrungswerthe für Messungen mit den beschriebenen einfachen Hülfsmitteln nicht hinreichend vorhanden, führen wir, gewissermaassen als Maximum der zu erreichenden Genauigkeit. die mittleren Fehler an, welche man in der Feldmesskunde den Messungen mit bestimmten Geräthen beilegt; nämlich für Messungen

mit Latten    $\mu = 0,003 \sqrt{\text{Länge}}$
-  Stahlband    0,005  -
-  Kette    0,008  -

Die Abmessung von Strecken auf Plänen und Karten.

Die Entnahme von Strecken aus vorhandenen Kartenmaterial erfolgt, um directe Messungen zu sparen (z. B. von Controllstrecken für Abschreiten, von Grundlinien). Zunächst ist der wahre Maassstab der Karte zu ermitteln, wozu man sich eines in halbe Millimeter getheilten Maassstabes oder der Schrägkante des Rechenschiebers bedienen kann, da diese Theilungen hinreichend genau sind. Bekanntlich gehen alle Zeichnungen nach dem Abspannen vom Brett, und Karten nach dem Drucke, etwas ein; an gedruckten Karten hat man bis zu $2^1/_2$ Proc. Eingang be-

---

[13]) In ähnlicher Weise ist die erste abendländische Gradmessung ausgeführt worden. Im Jahre 1525 maass der Arzt Fernel zu Paris die Polhöhe und ging dann soweit nordwärts, bis diese eine Abnahme von $1^0$ zeigte. Bei der Rückfahrt zählte er die Umdrehungen der 20 Fuss im Umfang haltenden Räder seines Wagens. Aus 17024 Umdrehungen wurde späterhin die Länge eines Breitengrades zu 57 070 Toisen oder 111,2 km berechnet.

[14]) Vgl. des Verf.: Die Flusswindung innerhalb der Aue im mittleren Saalthal. Mitth. d. geogr. Ges. f. Thüringen. XI. Bd.

obachtet, was bei einem Maassstab der Karte
1 : 2500 auf eine Strecke von 100 mm =
250 m natürlicher Länge ein Zuwenig von
rund 6 m ergeben würde. Dieser Eingang
bleibt sich nach verschiedenen Richtungen
hin nicht gleich, insbesondere bei gedruckten
Karten, wo der grössere Eingang nach der
einen Seite hin vom Durchziehen unter der
Druckwalze herrührt. Die Bestimmung des
Eingauges erfolgt durch Abmessen von zah-
lenmässig gegebenen Strecken der Karte mit
dem Millimetermaassstab und Vergleichung
der in natürliche Erstreckung umgesetzten
Streckenlängen mit der eingeschriebenen.
Gewöhnlich ist das rechtwinklige Coordi-
natennetz, nach welchem die Hauptpunkte
aufgetragen wurden, roth eingezeichnet, und
zwar mit einer Maschenweite von 50 oder

= ± 0,6 m zu rechnen. Hierbei ist vorausgesetzt,
dass die fragliche Strecke auf Feld und Plan gut
abgegrenzt ist, und dass ihre Länge wirklich gemessen wurde. Andernfalls kann sich die Unsicherheit noch beträchtlich erhöhen.

### Die Reduction von Planzeichnun-
### gen für das Kroki bez. des Krokis zur
### Einfügung in vorhandene Pläne.

Zur Entnahme von Strecken und Uebertragung derselben in einen anderen Maassstab bedient man sich des Rechenschiebers. Die Karte habe den Maassstab 1 : 1250,
das Kroki 1 : 850[15]); die entnommenen und
zu übertragenden Längen verhalten sich also
wie 850 : 1250 oder die entnommenen Streckenlängen sind mit 1,47 zu multipliciren. Man
bringt nun auf dem Rechenschieber den
Theilstrich 850 der oberen Scala der Zunge

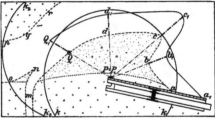

**Fig. 22.**

100 m. Es wurden also (an verschiedenen
Stellen der Karte) je eine wagrechte und
senkrechte Quadratseite nachzumessen und
hieraus der Eingang in beiden Richtungen
abzuleiten sein. Derselbe betrage beispielsweise in wagrechter Richtung 1,7, in senkrechter 1,1 Proc., so würden als Eingang einer
schätzungsweise um 30° gegen die wagrechte
geneigten Strecke anzunehmen sein

$$1,7 - \frac{1,7-1,1}{90:30} = 1,5 \text{ Proc.}$$

Es fragt sich nun, mit welcher Unsicherheit
man (nach Berücksichtigung des Einganges) beim
Abgreifen von Strecken aus Plänen etc. zu rechnen
hat. Wir nehmen als Beispiel einen Plan im
Maassstab 1 : 2500 und als entnommene Streckenlänge eine solche von 400 m. Nach S. 49 darf
man als Unsicherheit ihrer Abmessung im Felde
mit Messband 0,005 $\sqrt{400}$ = 0,1 m annehmen;
weiterhin als Unsicherheit der Eintragung die Dicke
eines Zirkelstiches, etwa 0,1 mm, was einer natürlichen Erstreckung von 0,25 m entspricht; endlich
die Unsicherheit des Abgreifens aus dem Plan einschliesslich derjenigen der natürlichen Streckenlänge
in Folge unsicherer Ermittelung der Streckenendpunkte beim Wiederaufsuchen im Felde = 0,5 m.
Man hätte demnach bei Entnahme obiger Strecke
mit einer Unsicherheit von $\sqrt{(0,1^2 + 0,25^2 + 0,5^2)}$

unter den Theilstrich 1250 der oberen Scala
des Lineals, legt die Millimetertheilung der
Schrägkante an die zu entnehmende Strecke
an, s. Fig. 22, schiebt den Läuferindex an
die Stelle der Zunge, welche der abgelese-
nen Millimeterzahl entspricht und liest daneben auf der Linealscala die Anzahl der
Millimeter für das Kroki ab. Diese werden
unmittelbar mit der Millimetertheilung der
Schrägkante im Kroki abgetragen. Vorste-
hendes gilt für Entnahme einzelner unzu-
sammenhängender Strecken.

Handelt es sich um Uebertragung eines
ganzen Geländetheils, so lässt sich der Rechenschieber zugleich als Pantograph verwenden. Wir nehmen vorerst an, die Entfernungen (Entnahme wie Uebertragung) überschreiten nicht die Länge der Schrägkante
des Rechenschiebers (25 cm). Man bedeckt
das zu übertragende Stück der Originalzeich-
nung mit einem Stück Pauspapier, welches
bei Vergrösserungen etwas grösser ist als
nach dem Uebertragungsverhältniss erforderlich und beschwert es oder sticht es fest.

---

[15]) Z. B. wenn auf gewöhnlichem Rechenheftpa-
pier krokirt und 1 Carréseite = 5 × gesetzt wird.

8*

Nun wird ein Punkt P des Originals, Fig. 22, als Pol angenommen und der ihn bedeckende Punkt $P_1$ der Pause vermarkt; dann die Schrägkante des Rechenschiebers an die zu übertragende Strecke Pa mit dem Nullpunkt an P angelegt, abgelesen, die Strecke wie oben erläutert reducirt und ihr zweiter Endpunkt $a_1$ sogleich mittels der noch unverrückten Schrägkante abgetragen; auf die Benutzung des Läufers kann man bei einiger Uebung im Rechenschieberablesen verzichten. In gleicher Weise werden die Punkte b c u. s. w. nach $b_1$ $c_1$ übertragen, und die sie verbindende Situation sogleich mit eingezeichnet. — Ueberschreiten die Entfernungen 25 cm, z. B. bei Uebertragung der Punkte m bis r, so wird in der eben beschriebenen Lage ein zweiter Pol Q ausgewählt, nach $Q_1$ auf der Pause übertragen, und Richtung PQ bez. $P_1 Q_1$ ausgezogen; dann die Pause so verschoben, dass der übertragene Pol $Q_1$ den Punkt Q des Originals, desgleichen Richtung $Q_1 P_1$ die Richtung Q P deckt, wodurch die Uebertragung vom neuen Pol aus orientirt ist. In Fig. 22 umschliesst Kreis kk das von Pol P aus, Kreis $k_2 k_2$ das von Pol Q aus übertragbare Gebiet; die gestrichelte Umgrenzung gehört dem Original an.

*[Fortsetzung folgt.]*

---

### Die Quecksilbergruben des Mte. Amiatagebietes in Toscana.

Von

**V. Novarese** in Rom.

Im September-Heft 1894 dieser Zeitschrift hat Herr R. Rosenlecher auf Grund der vorhandenen Litteratur und eigener Erfahrung eine Beschreibung der Quecksilbergruben des Monte Amiata gegeben. Die hauptsächlich benutzte Quelle, aus welcher offenbar die diesem Aufsatze beigegebene Karte entnommen wurde, dürfte das Werk P. De Ferrari's „Le miniere di mercurio del Monte Amiata" sein, welches Anfang 1890 publicirt wurde. Da seitdem das betreffende Gebiet (Provinz Grosseto) durch Herrn Bernardino Lotti und den Verfasser dieses geologisch aufgenommen worden ist und neue Erfahrungen über Natur und Ursprung der Lagerstätten gewonnen wurden, so sind die De Ferrari'schen Aeusserungen in mancher Beziehung einiger Berichtigungen bedürftig, so dass es mir nicht unzweckmässig erschien, dieselben in Anschluss an den Aufsatz des Herrn Rosenlecher im Folgenden kurz mitzutheilen.

*Allgemeine geologische Verhältnisse.*

Die ältesten Gebirgsglieder des ganzen Zinnobergebietes des Mte. Amiata kommen bei der Grube Cornacchino vor. Das war schon seit langer Zeit bekannt, aber die Altersbestimmung derselben ruhte auf keiner sicheren Grundlage; erst bei der Detailaufnahme ist es dem Herrn Lotti durch glückliche Fossilfunde gelungen, das Alter der betreffenden Formationen festzustellen. Im Kieselschiefer (Feuerstein, Phtanit), welcher als Lias von De Ferrari und als Neocom von Rosenlecher betrachtet wurde, fand Lotti Eindrücke von Posidonia Bronni und somit blieb das oberliassische Alter bewiesen.

Auch die unteren grauen dichten Kalke mit Feuersteinknollen haben bei den Schurfarbeiten in der Grube Maria, unweit Cornacchino, kleine verkieselte Ammonitenbruchstücke geliefert, die auch liassischen Gattungen angehören und mittleren oder unteren Lias andeuten. Solche Kalksteine hat De Ferrari als Tithon und Rosenlecher als Jura angeführt. Die erzführenden, z. Th. zu Mergel zersetzt mergeligen Kalksteine der Grube Cornacchino, welche die Kieselschiefer überlagern, und welche De Ferrari für Neocom gehalten hat, dürften mit dem Kieselschiefer gleichaltrig sein, da ein allmählicher Uebergang zwischen Schiefer und Kalkstein mit Feuersteinstreifen zu beobachten ist. Die drei genannten Gebirgsglieder gehören also dem Lias an; dieselben besitzen aber eine sehr verschiedene Verbreitung: die grösste kommt dem unteren grauen Kalke zu, welcher ein flaches Gewölbe bildet, dessen höchster Punkt der Poggio Diaccialone (958 m) ist, und von den darüber liegenden Kieselschiefern theilweise (im N und NO) umgeben werden. Die oberen erzführenden mergeligen Kalksteine treten nur bei der Grube Cornacchino auf einer sehr kleinen Fläche zu Tage. In der Rosenlecher'schen Kartenskizze (Taf. IV d. Z. 1894) ist die breite Fläche südlich von Cornacchino, auf welcher die unteren Kalke ausgehen, vielleicht aus Versehen als Cr'', also als obere mergelige Kalksteine, angegeben, was den Thatsachen durchaus nicht entspricht. Derselbe Irrthum kommt auch bei dem Profil AB, Taf. V, vor. Und das ist nicht so unwichtig, weil gerade von den drei Liasstufen die untere diejenige ist, welche die reicheren Erze führt, wie die langjährige Erfahrung der Grube Cornacchino lehrt. Die unteren grauen Kalke scheinen dagegen ansehnliche Massen von ärmeren Erzen zu enthalten, auf welchen aber bis jetzt noch nicht gebaut wurde.

Auf den Liasschichten liegen in sehr deutlicher Discordanz die bunten, meistentheils rothen Senonschiefer (Scaglia), dann folgen Nummulitenkalke und eocäne Schiefer, mit dichten Kalksteinen und manchmal mit Sandsteinen wechsellagernd.

Solche Sandsteine bilden das angebliche Miocän von Pian Castagnajo und Montebuono, wie wir später näher sehen werden. Echtes Miocän ist sonst in der ganzen Gegend, bis auf die Congerienschichten, welche in Italien zum Miocän gezogen werden, absolut unbekannt.

Von der Annahme des miocänen Alters des Sandsteines von Montebuono ausgehend, hat Herr Rosenlecher die Altersbestimmung des Ausbruches des Monte Amiatatrachyts unternommen und als oligocän festgestellt. Der Schluss ist als ein ziemlich gewagter zu bezeichnen. Die Trachytmasse liegt allerdings ausschliesslich auf gefalteten eocänen Schiefern, ist aber sicher viel jünger und wird im Allgemeinen als quartär betrachtet. Das kann nicht durch eine directe Auflagerung auf Pliocän, wie etwa bei der sehr nahe liegenden Basaltplatte von Rodicofani bewiesen werden, aber das Fehlen von Trachytgerölle in den jungpliocänen Conglomeraten von Pian Castagnajo unweit des Trachytrandes ist ein ziemlich schwerwiegender Beweis. Die angeblichen Spalten von Montebuono können nicht als Beweis gelten, da dieselben in keinem erwiesenen Zusammenhang mit dem Ausbruche von Monte Amiata stehen. Eher könnte man sie mit demjenigen des vulcanischen Systems von Lago di Bolsena in Zusammenhang bringen, da die Lavittepbritkegel (Monte Rosso) kaum 4 km südlich von der Grube Montebuono liegt, während die nächsten Trachytfelsen des Monte Amiata über 12 km nördlich liegen. Die Lavaströme des Monte Rosso sind aber nachpliocän.

Dass ein solcher Umstand von Herrn Rosenlecher vergessen worden ist, ist wohl zu verzeihen, weil überhaupt in der ganzen Litteratur über die Quecksilbergruben von Monte Amiata niemand daran gedacht zu haben scheint, dass das ganze Zinnobergebiet nicht bei einem, sondern zwischen zwei Vulcansystemen liegt, von denen das südliche, das vulsinische, weit mächtiger und ausgedehnter als der Monte Amiata selbst ist und dennoch nie in Betracht gezogen wurde. Und doch sind auch südlich von Montebuono, also noch näher dem vulsinischen Feuerberge, Quecksilbervorkommnisse bekannt.

*Die Zinnoberlagerstätten.*

Was zunächst die Zinnoberlagerstätten im Allgemeinen anbelangt, so mag hervorgehoben

werden, dass, wenn auch über ihre Entstehung die Meinungen weit auseinander gehen, die verschiedenen Beobachter über die Erscheinung einig sind, dass die reicheren oder wenigstens die einzig abbauwürdigen Lagerstätten des sog. Monte Amiatagebietes immer an mehr oder weniger unreine Kalksteine oder Sandsteine mit kalkigem Bindemittel (Montebuono) gebunden sind. Im reinen Kalke (Nummulitenkalk), im Kieselschiefer oder im Thonschiefer (Eocän, Senon) kommt der Zinnober nur zufällig vor, nie in reichlicher Menge. Nur eine scheinbare Ausnahme ist durch den Trachyt gebildet, doch auch bei der Abbadia di San Salvatore finden sich die besten Aufschlüsse im Eocän und nicht im Trachyt, in welchem der Zinnober nur nesterweise oder sehr fein eingesprengt vorkommt. Hier ist die Stelle zu einer Bemerkung, welche eine gewisse Bedeutung für die Bestimmung der Zeit hat, in welcher die Zinnoberimprägnationen stattfanden. Aus dem Vorhandensein des Zinnobers im Trachyt hat man den ziemlich naheliegenden Schluss gezogen, dass die Quecksilberexhalationen im Quartär oder wenigstens bis zum Quartär stattgefunden haben. Aber manche Forscher, unter andern De Ferrari (l. c. S. 136), haben den Zinnober im Trachyt gewissermaassen als auf secundären Lagerstätten betrachtet, d. h. der gluthflüssige Trachytstrom ist über schon vorhandene Zinnoberlagerstätten hergeflossen und hat den verdampften Zinnober aufgenommen; damit wären die übrigen Zinnobervorkommnisse älter als der Trachyt. So wenig wahrscheinlich eine solche Theorie klingt, so darf sie doch nicht von vornherein ausgeschlossen werden, denn unsere Kenntnisse sind in dieser Beziehung noch zu lückenhaft.

In der ganzen Monte Amiata-Litteratur ist sehr oft auch von einer Hauptspalte, durch welche die Zinnoberlösungen aufgestiegen sein sollen, die Rede; diese ist aber durchaus hypothetisch. Man hat dieselbe beinahe in jeder Grube sehen wollen, aber überall hat es sich bei fortschreitender Arbeit herausgestellt, dass es sich nur um locale Störungen handelte. De Ferrari bespricht z. B. eine solche in der Grube Cornacchino, und dieselbe ist sogar in „Traité des gîtes metallifères" von Fuchs et De Launay (II. S. 700 u. 703) nach Jasinski dargestellt; in der That, wie Herr Rosenlecher auch angiebt, existirt eine solche Störung nicht, und es handelt sich nur um ein etwas stärkeres Einfallen der Schichten.

Wenden wir uns jetzt zu der Betrachtung der verschiedenen Lagerstätten und zuerst zu denjenigen im Eocän.

Seit langer Zeit und von den verschiedenen Beobachtern ist schon erkannt worden, dass ein Theil der Erzkörper der Gruben im Eocän (Siele und Solforate) mehr oder weniger vollständig erfüllte Klüfte in einer Kalksteinbank sind. Nur die grössere Masse der Sielegrube ist sehr verschieden gedeutet worden und wurde als Lager, Nest, Lagergang, Flötz u. s. w. betrachtet. Herr Rosenlecher schliesst sich der Deutung von De Ferrari an und betrachtet die Zinnobermassen Siele's als flachgedrückte Taschen, welche aus bereits im Gestein vorhandenen, der Schichtung parallelen Klüften hervorgegangen sind (s. S. 343), und so sind auch die Erzlinsen im Profil auf Taf. V dargestellt. Aber neuerdings hat F. Toso, ingegnere capo (Berghauptmann) des Bergdistrictes von Florenz, bewiesen, dass auch die mächtigen Erzmittel der Siele-Grube, die beiden sog. vene (Adern), zur Gruppe

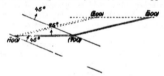

**Fig. 23.**
Schematische Darstellung (Grundriss) des Siele-Hauptlagers, nach Toso.

der anderen, viel spärlicher erfüllten Klüfte gehören[1]. Er bemerkt zunächst, dass sämmtliche Zinnobervorkommnisse des Siele in einer 50 m mächtigen Kalkbank enthalten sind, welche mit einem Fallen von 45° gegen NNO nach WNW streicht; das Hauptlager dagegen streicht nach W, mit einem Fallen von 75° gegen N und zeigt ausserdem in der Teufe eine Tendenz, nach O zu ziehen (Fig. 23). Alle solche Verhältnisse lassen sich nach Herrn Toso am einfachsten durch die Annahme einer mehr oder weniger regelmässigen, mit zinnoberhaltigem Thon gefüllten Spalte (oder eines Spaltenzuges) erklären, welche mit OW-Streichen die mächtige Bank durchsetzt. Längs einer solchen Spalte wurde aus saurer Lösung der Zinnober durch $CaCO_3$ gefällt und durch den Thonrückstand des Gesteines aufgehalten. Als Beweis für eine solche Deutung wird das Vorhandensein einer sehr regelmässigen Rutsch- oder Spiegelfläche im Liegenden des

Lagers angeführt, welche aber auch durch spätere Vorgänge hervorgerufen sein könnte.

Das Bild einer Zinnoberlagerstätte vom Siele- und Solforate-Typus, in Eocänschiefern, würde sich also folgendermaassen gestalten: eine Kalksteinbank, in Schiefer eingeschlossen und durch eine Anzahl von theils tauben, theils vererzten Spaltensystemen durchsetzt. Das tritt in der Grube Solforate besonders hervor, weil dort, bis jetzt wenigstens, kein bedeutender Unterschied in der Erzführung zwischen den beinahe parallel der Schichtung streichenden Spalten und den senkrecht laufenden dazu vorhanden ist. Gerade im Dezember 1893 wurden in einer Strecke zwei erzführende Spalten aufgefahren und abgebaut, bei welchen sich sehr deutlich zeigte, dass es sich um zwei nahezu verticale Klüfte mit N 45° W-Streichen in einer 4 m mächtigen, N 20° O streichenden und nach NW fallenden Bank handelt; am Schiefer hörten die Klüfte sofort auf. In der Hauptkalksteinbank der Grube ist die Hauptspalte bald vererzt, bald taub und mancherorts noch klaffend und mit Wasser gefüllt.

Die Grube bei der Abbadia di San Salvatore dürfte auch zum Theil zu demselben Typus wie die beiden vorhergehenden gehören. Doch sind die vorhandenen Aufschlüsse nicht genügend, um eine solche Vermuthung ausser Zweifel zu setzen. Ich möchte aber hier das Terrain, welches auf der Rosenlecher'schen Karte ohne nähere Beschreibung als „schwimmendes Gebirge" bezeichnet worden ist, etwas genauer besprechen. Solches Terrain ist das Product einer nicht bekannten Anzahl von Bergstürzen, welche am Rande der Trachytmasse nicht selten sind und gerade bei der Abbadia di San Salvatore noch jetzt vor sich gehen. Es ist daher nicht zu verwundern, dass an einer Stelle 35 m unter der Oberfläche eine Culturschicht sich vorgefunden hat; solche Schicht könnte sogar in historische Zeiten gehören. Ein Theil der jetzigen Grubenarbeiten befindet sich sicher in anstehendem Trachyt, aber gerade an der Grenze zwischen den früheren Erdrutschen und der noch festen Trachytmasse.

Die Grube Montebuono ist, wie schon früher angedeutet wurde, in eocänen Schichten angelegt, aber die Lagerstätte gehört zu einem ganz anderen Typus als die vorhergehenden. Die Grube ist mir durch persönliche Begehung nicht bekannt, aber ich bin in der glücklichen Lage, einige kurze Bemerkungen über dieselbe von meinem verehrten Collegen Herrn **Bernardino Lotti** mittheilen zu können.

[1] Siehe Rivista del Servizio minerario nel 1892. Roma 1893. Tip. nazionale. S. 101—102.

„Der Sandstein von Montebuono überlagert die nummulitischen Kalke zum Theil direct, zum Theil wird er durch schiefrige Zwischenglieder davon getrennt. Solche thonige und mergelige Zwischenglieder bilden einen Uebergang von Kalkstein zum Sandstein und beweisen die Einheit der Bildung und das eocäne Alter des Sandsteines.

Das Erz wird am meisten in denjenigen Sandsteinen gefunden, welche direct auf dem nummulitischen Kalke liegen; in solchem Falle zeigt der Kalkstein sehr deutliche Spuren von Zerfressung und bildet abgerundete Blöcke von abenteuerlicher Gestalt, mit Hohlräumen, in welche der zerbröckelte Sandstein eingedrungen ist, ja, der Kalkstein bildet sogar ein sehr unregelmässiges, ganz mit Sand gefülltes Gerippe. In anderen Fällen bilden die Hohlräume unregelmässige Adern im Kalkstein, welche immer, auch wenn sie nur 1 cm mächtig sind, mit zinnoberführendem Sande erfüllt vorgefunden

umgewandelt. Solche Stellen sind gewöhnlich sehr reich.

Der Sandstein, welcher durch thonige und mergelige Zwischenglieder mit dem Kalkstein verbunden ist, ist wohl geschichtet und enthält nur selten Zinnoberspuren. Dagegen hat das den Kalkstein direct umgebende oder in Kalksteinhohlräume eingedrungene Gestein keine Schichtung und kann als ein Sand bezeichnet werden. Es bildet wesentlich ein mürbes Gestein, eckige Stücke von unzersetztem Sandstein enthaltend, welche von feinen Zinnoberadern durchzogen werden.

In den Figuren 24 und 25 sind zwei sich kreuzende Schnitte eines Theiles des Lagers dargestellt. Das Lager erscheint an dieser Stelle als ein sich nach unten erweiternder Trichter. Auf der Tagesoberfläche entspricht dem Lager eine Vertiefung, und es zeigt sich deutlich, wie der Sandstein in den durch die Zerfressung des

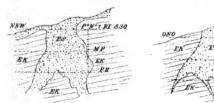

Fig. 24.                    Fig. 25.
Zwei sich kreuzende Profile der Quecksilbergrube Montebuono i. M. von ca. 1:1666, nach B. Lotti.
EK Nummulitenkalk, ES erzführendes, sandiges Gestein.

werden. Das sandige Gestein, welches in und an dem Kalke liegt, ist stets zinnoberhaltig (im Mittel bis 2 Promille Hg); der Zinnober findet sich im Sand zerstreut bald in kleinen, noch mit blossem Auge sichtbaren Körnern, bald äusserst fein vertheilt und nur durch Verwaschen nachweisbar. Zahlreiche bei der Grube und im Laboratorium des Ufficio Geologico in Rom ausgeführte Proben haben eine sehr unregelmässige Vertheilung des Zinnobers im Sande bewiesen.

Der mit dem Erzsande in Contact kommende Kalkstein ist stets auf eine Dicke von 1—10 cm, und manchmal noch mehr, zersetzt und in einen kalkigen, thonigen, weissen oder gelb- und weissgebänderten Sand umgebildet. Eine solche Rinde wird durch eine 1—5 cm dicke eisenschüssige Kruste bedeckt, welche Gipskrystalle und Zinnober führt. In einem Punkte der Grube, Pozzetto genannt, war der Kalkstein stark mit Zinnober imprägnirt und in ein Gemisch von Calcit- und Zinnoberkrystallen

Kalkes gebildeten Hohlraum eingebrochen ist. Im obersten Theile des Trichters ist der Sandstein noch geschichtet und von zahlreichen zinnoberführenden Lithoklasen durchzogen, die Schichtung ist aber keine regelmässige und erscheint als das Resultat einer Störung mit Bruch. Tiefer im Trichter verliert der Sandstein jede Spur von Schichtung und wird zu einer losen, durch Zinnober getränkten Masse. Ab und zu ist die schon beschriebene Zersetzungsrinde des Kalksteines auch zinnoberhaltig.

Im Wasserstolln des Reto (früherer Name der Grube), welcher fast vollständig im Kalkstein ausgehauen wurde, sieht man im Gestein Zerfressungen in Form von Canälen mit Krusten und Nieren von Kalkspath; stellenweise hat der Kalkstein einen zinnoberhaltigen sandigen Rückstand zurückgelassen. Der Zusammenhang zwischen der Corrosion des Kalksteins und der Vererzung ist unleugbar, weil diese letzte fast ausschliesslich nur in der Nähe des Kalksteines stattfindet und in einer gewissen Entfernung

desselben verschwindet. Es ist auch nicht
zu bestreiten, dass die metallführenden und
ätzenden Lösungen durch den Kalkstein und
längs seiner Trennungsflächen ihren Weg gefunden haben. Man darf daher annehmen,
dass die Metalllösungen ihren Quecksilbergehalt bei dem Eindringen im Sandstein abgesetzt haben; dabei wurde dieser letztere
zerbröckelt und zu Sand umgewandelt, wie
er sich nun in den im Kalkstein gebildeten
Trichtern findet. Und in der That, dieser
Sand der Trichter braust nicht mit Salzsäure; der Sandstein ist also durch die
Lösungen entkalkt worden.

Bei der Madonnina, einige hundert Meter
von der Grube entfernt, wird, wenn der
Sandstein fest ist, der Zinnober nur in
Lithoklasen gefunden; aber sobald das Gestein locker und sandig wird, tritt der Zinnober eingesprengt und fein zertheilt in der
Masse auf. Zinnoberspuren werden auch an
mehreren anderen Punkten der Sandsteine
von Montebuono angetroffen, aber immer in
der Nähe des Kalksteines."

Zum Schluss möchte ich einige statistische Bemerkungen hinzufügen. Die
erste betrifft die Angaben über den Queck-
silberertrag der Erze der Grube Siele,
welche nach den verschiedenen Autoren sehr
verschieden sind und von 33 Proc. (Petiton)
bis 5—6 Proc. (Rosenlecher) schwanken.
Doch liegt meiner Meinung nach in keinem
Falle ein Irrthum vor, und jede Schätzung
findet ihre Rechtfertigung in dem jeweiligen
Zustande der Grube. Früher hat man nur
reiche Erze gefördert und verhüttet, jetzt
werden auch die in den Pfeilern zurückge-
lassenen ärmeren Erze gefördert; der Durchschnittsgehalt ist natürlich bedeutend gesunken und wird noch weiter sinken. Früher
war es auch unmöglich, einen Durchschnittsgehalt festzustellen, weil der Betrieb so wenig
rationell war, dass die Förderwagen nicht
einmal gezählt und keine Proben genommen
wurden; man begnügte sich mit dem Abwiegen
des destillirten Quecksilbers. Nach einer sehr
milden Schätzung soll man wenigstens die
Hälfte der erzeugten Production an Quecksilber durch solche Wirthschaft verloren haben.
Im De Ferrari'schen Werke ist eine
Statistik der Quecksilberproduction der Monte
Amiata-Gruben bis 1889 mitgetheilt. In
den folgenden Jahren hat man erzielt:[1]

1890  . . .  449 000 kg
1891  . . .  330 000 -
1892  . . .  325 000 -
1893  . . .  273 000 -

[1] Vergl. d. Z. 1894 S. 447.  Red.

Die Production wird immer geringer, aber
man soll ja nicht denken, dass eine solche
Erscheinung eine Verminderung der Leistungsfähigkeit der Gruben bedeutet. Sie ist vielmehr die Folge des stetigen Herabsinkens
der Quecksilberpreise seit 1890 und der
Besitzverhältnisse der Gruben, welche sich
in Privathänden befinden und keiner Gesellschaft gehören.

---

## Briefliche Mittheilungen.

### Neudorfer Gangzüge.

Dr. Möricke hat in seiner interessanten
Arbeit „über edle Silbererzgänge in Verbindung
mit basischen Eruptivgesteinen" (d. Z. 1895
S. 4—10) zwar der Tilkeroder Gangvorkomm-
nisse gedacht, nicht aber der Neudorfer
Gangzüge, auf denen seit über 400 Jahren
ein nicht unbedeutender Bergbau umgeht. Die
Neudorfer Gänge sind zwar so wenig wie die
Tilkeröder „edle Silbererzgänge" im engeren
Sinne, doch dürften sie immerhin hierher
zu rechnen sein, weil sie neben silberhaltigem
Bleiglanz hochsilberhaltige Fahlerze führen. Die
Neudorfer Gangzüge treten im anhaltischen Harze im
Wieder-Schiefer (Hercyn, Unterdevon) auf und sind
überall von Diabasgesteinen begleitet. Wenn sich
auch in vielen Fällen an hervorragenden Erzpunk-
ten die Nähe von Diabasen nachweisen lässt, so
ist es doch umgekehrt bis jetzt nicht gelungen,
die Anhäufung von Diabasen auch als Wegweiser
für Erzmittel zu benutzen. Die Gänge selbst
sind viele Kilometer lang aufgeschlossen. Geologisch sind die Neudorfer Gänge insbesondere deshalb interessant, als auf denselben neben Blei-,
Antimon- und Silbermineralien auch typische Gra-
nitmineralien, wie Flussspath und Wolfram, vorkommen. Der benachbarte Rammberg-Granit ist
also zweifelsohne an der Gangausfüllung betheiligt
gewesen. Es ist ja nicht unwahrscheinlich, dass
auch in diesem Falle Granit-Thermen die Diabase
auslaugten und so das Material für Ausfüllung
der Neudorfer Gänge schufen.

Silberhütte (Anhalt), den 25. Januar 1895.

Dr. Foehr,
*Berg- u. Hüttenwerksdirektor.*

### Brianza.

Im Maassstabe 1 : 50 000 hat Dr. Bonarelli
eine geol. Karte des südwestlichen Theils der Alta
Brianza publicirt[1]), welche meine[2]) und Corti's
Karte berichtigt und nunmehr die grösste über
dieses Gebiet ist. Anlässlich der Supplement-Ex-
cursion des Geologen-Congresses im September

[1] G. Bonarelli: Contribuzione alla conoscenza
del guira-Lias Lombardo. Turin, C. Claussen 1894.
1 Karte und 3 Profile.
[2] S. d. Z. 1894, S. 291 Litt. No. 133.

1894 habe ich die Gegend mit den Herren Professoren A. Baltzer - Bern und C. Schmidt-Basel nochmals besucht und mich überzeugt, dass die typische Scagliakreide ungefähr so, wie sie Bonarelli zeichnet, im Val Rondiniano ansteht. Im Uebrigen halte ich meine Begrenzung der Majolica auf der Karte i. M. 1 : 86400 für richtiger, als die von Bonarelli angegebene, weil ich sie direct nach der Karte i. M. 1 : 25000 verkleinert habe. Die dort mit Schraffen angegebenen anstehenden Majolicafelswände, z. B. auf Alpe Turato, hat Bonarelli nicht genau in seine Curvenkarte übertragen. Er sagt, dass ich das Buco del Piombo nördlich von Erba fälschlich in den unteren Lias gelegt hätte; dies erledigt sich dahin, dass die topographische Karte i. M. 1 : 86400 diese Höhle nicht genau genug angiebt: die richtige Zeichnung ist in der Karte i. M. 1:25000 zu finden, und Bonarelli scheint mir auch das Felsband der Majolica im Thale von Bova zu breit gezeichnet zu haben. Die Umbiegung im Streichen der Majolica zwischen Camnago und Ponsate ist mir nicht so scharf erschienen. Die Ueberschiebung und Verwerfung zwischen Carlino und Costa del Boletto folgt meines Erachtens auf wenige Meter Entfernung dem Majolicafelsband. In den Profilen BB und CC hat Bonarelli die Schichtfältelungen an der Ueberschiebungs- resp. Verwerfungsfläche ausser Acht gelassen. Es sind dort Erscheinungen zu beobachten, wie sie

Oberbergrath Köhler in seiner Arbeit über die Ueberschiebungen im Westfälischen Steinkohlengebirge wiedergiebt.

Was die im Text vorgeschlagene neue paläontologische Gliederung des Jura-Lias der Lombardei betrifft, so ist das für „praktische Geologie“ nicht wichtig genug, um hier ausführlich erörtert zu werden. Das Hauptresultat ist dies: da die Formationsglieder resp. Stufen continuirlich folgen, das Gestein allmähliche Uebergänge zeigt, so ist kein Grund anzunehmen, dass die Serie unvollständig sei zwischen Lias und oberer Kreide. Aus paläontologischen Gründen hat man früher angenommen, dass der mittlere Lias in der Lombardei nicht vertreten sei, was Bonarelli mit neuen Argumenten richtig stellt.

Zum Schluss bemerke ich noch, dass ich den Conchodondolomit, den ich zu Bonarelli's Erstaunen zum Lias rechne, deshalb aus dem Rhät entfernte, weil Curioni bei Lezzeno unfern Bellaggio in einem Thale des Mte. San Primo-Abhangs in dieser Zone Lias-Ammoniten gefunden hat. Das sind nun entweder die so lange vergeblich gesuchten rhätischen Ammoniten, oder der Conchodondolomit gehört zum Lias. Das Fossil Conchodon beweist für die Stratigraphie nichts, denn Megalodonten gehen von der Trias bis in den Jura.

Ems, den 27. Januar 1895.

*H. Becker.*

---

# Referate.

## Die Gang- und Erzvorkommnisse des Schwarzwaldes. (Fortsetzung von S. 418, 1894.)

### 2. Herrensegen-Friedrich Christian-Gangzug bei Schapbach.

a) Von grösserer Bedeutung als die zuletzt beschriebenen Gänge war der Gang, welcher zwischen Seebach und Schapbach 1724 aufgeschürft und auf der rechten Seite des Schapbachthales unter dem Namen Herrensegen, auf der linken als Maria zum Trost gemuthet wurde. (Vergl. 21. Heft der Beitr. zur Statistik d. inn. Verw. d. Grossh. Baden, 1865.) Er zeichnet sich dadurch aus, dass er im Granit Gang- und Erzarten führt, welche sonst nur Gängen im Gneiss des Kinzigthaler Gebietes eigen sind. Das Streichen des Ganges im Granit ist h. 10,4, das Fallen 70—80° W; im Gneiss, in der Grube Herrensegen ändert sich beides, indem der Gang darin mehr östlich und saiger fortsetzt und ausserdem auch gänzlich unedel wird. Im Granit wechselt die Mächtigkeit des Ganges zwischen einigen Zollen

und 1½ Fuss; die Ausfüllung bestand aus grauem, hornsteinartigen Quarz, mit welchem an Veredlungspunkten stets Baryt und eisenschüssiges, aufgelöstes Nebengestein und Letten auftrat. „In dieser Ausfüllungsmasse brach vorzugsweise Kupferkies, Schwefelkies, Kupferpecherz und Malachit untergeordnet und nur in Begleitung des Schwerspaths, Fahlerz und Bleiglanz nieren- und nesterweise in kurzen Fällen (Mitteln) ein. Ihr durchschnittlicher Metallgehalt betrug 2 bis 3 Loth Silber und 22—30 Proc. Kupfer.“ (21. Heft d. Beitr. etc.) Von 1724—1728 wurde der Gang in Grube Herrensegen lebhaft bebaut; es brachen besonders im oberen Stolln reiche Kupfererzmittel. Im Mittel- und Tiefstolln verunedelte sich der Gang bei einer in h. 6 streichenden mächtigen Kluft von steilem südlichen Einfallen, weshalb die Grube 1728 verlassen wird. 1777 wurde der Tiefstolln wieder aufgenommen und bei dessen Forthieb hinter der Kluft gegen NW der Gang auf dem „Schleppungskreuz“ mit einem anschaarenden Trum in dem Maasse edel, dass man ihn bis 1781 fast beständig mit schönen derben Erzen bebaute. Bei 180 m vom Mundloch wurde der Gang durch eine in h. 12 streichende

Kluft verworfen, hinter welcher er zwar mit Schwerspath, Kupferkies und Bleiglanz ausgerichtet, aber allmälig rauher und endlich beim Hineinsetzen in den Gneiss total taub wurde, wie bereits erwähnt. In Folge dessen ward die Grube 1787 abermals verlassen.

In Grube Maria zum Trost ist der Gang nur etwa ein Jahr lang untersucht worden, obschon er hier nesterweise Kupferkies führte. Weiter gegen SO ist der Gang beim sog. Grafenbrunnen mit Schwerspath und schönen Kupfererzspuren aufgeschürft, aber nicht weiter untersucht worden.

In dieser Gegend tritt der vorstehend beschriebene Gang zweifellos mit

b) dem Friedrich Christian-Gang in Verbindung. Letzterer, auch Schapbacher Gangzug genannt[1]), ist am Schmiedsberg-Tobel, nordöstlich vor Schapbach, aus Schwerspath mit sparsam eingesprengtem Kobaltfahlerz bestehend und h. 8 in stark verwittertem Granit streichend, bekannt. Auf dem rechten Ufer der Wolf ist der Gang am südlichen Abhange des Kupferbergs, an welchem bald der Granit durch Gneiss verdrängt wird, in alten Zeiten aufgeschürft worden. Weiter nach W streicht er h. 6 und liegt zunächst hier am östlichen Gehänge des Wild-Schapbachthales die Grube Neu-Herrensegen auf ihm. Im Mittelstolln wird der hier 4 Fuss mächtige, h. 6 streichende und südlich einfallende Friedrich-Gang bei 100 m vom Mundloch von einem 3 Fuss mächtigen, in h. 9 mit nördlichem Einfallen im Gneiss aufsetzenden Gang durchschnitten. „Der erstere bestand aus sandigem Quarz und Kupferkies, der andere führte in derselben Gangart neben Kupferkies auch grössere Knollen von Bleiglanz. Auf diesem Schaarkreuz wurde das bis 28 Ltr.[2]) unter die Stollnsohle niedersetzende Hauptmittel der Grube Neu-Herrensegen von 1816—1836 bebaut. Jenseits des Schaarkreuzes führte nur noch der hangende Gang auf grössere Erstreckung Erze, während der Friedrich Christian-Gang unedel war." (Sandberger.) „In dem 1791 am östlichen Ufer des Wildschapbachs angesetzten Tiefstolln wurde der Gang auf 200 Ltr. Länge erzleer überfahren. Alsdann erreichte man zuerst $\frac{1}{3}$ Fuss mächtige Quarztrümer mit Bleiglanz und durch anschaarende Trümer fortwährend grössere Mächtigkeit, während zugleich der Erzreich-

thum stieg. Der 3 Fuss mächtige, aus sandigem Quarz und Schwerspath mit etwas Kalkspath bestehende Gang führte wiederholt Bleierze am Hangenden und Kupfererze am Liegenden, bis er sich in 3 Trümer theilte, von wo an die Erzführung sehr abnahm, doch brachen auf der Fortsetzung bis 840 Ltr. vom Mundloch (also in dem 140 Ltr. langen Erzmittel) immer noch Spuren von Erzen, auch das Wismuthsilbererz in der Firste sparsam. Von 1816—1836 lieferte die Grube Neu-Herrensegen:

| | | fl. | kr. |
|---|---|---|---|
| 2929 Ctr. 85 Pfd. Rosettenkupfer für . . . . . | 161628 | fl. | 9$\frac{1}{2}$ kr. |
| 320 Mk. 14 Loth Feinsilber für . . . . . | 7679 | - | 30 - |
| 241 Ctr. 53 Pfd. Frischblei für | 2473 | - | 55$\frac{1}{2}$ - |
| Glasurerz für . . . . . | 3782 | - | 23 - |
| Sa. | 175563 | fl. | 58 kr. |

„Hiernach ist Neu-Herrensegen zu den wichtigsten Gruben des Kinzigthaler Reviers zu zählen." (16. Heft d. Beitr. etc.) Die weitere Untersuchung des Ganges auf dieser Thalseite wird als nicht genügend bezeichnet.

In der Nähe des östlichen Endes der Grubenbaue wird der Gang von dem sog. Kupferberg-Gang und einem zweiten Gange unter spitzem Winkel gekreuzt. An der anderen Seite dieser Baue, am östlichen Ufer der Wildschapbach, wird der Gang ebenfalls von zwei Gängen spitzwinklig gekreuzt, jedoch ohne verworfen zu werden. Der eine derselben, Getreue Nachbarschaft, streicht h. 12, der andere, Gottlieb Emanuel. Diese beiden Gänge haben ähnliche Ausfüllung wie die Gänge in Grube Neu-Herrensegen und wie die nordwestlichsten Mittel der Grube Friedrich Christian: Kupferkies, Bleiglanz und weissen Baryt.

Als fernere Nebengänge sind die thalaufwärts in den Gruben Neujahr und Katharina bebauten, h. 9,8 mit 75—80° SW-Fallen resp. h. 7,4 mit flachem Fallen, welche im vorigen Jahrhundert längere Zeit Kupfererze lieferten, zu betrachten. Ein mit ersterem parallel streichender Gang ist in uralter Zeit in der Grube Neuglück an der Clausbalde auf Bleierze mittelst Feuersetzen bebaut worden. Der Katharina-Gang scheint die Fortsetzung des Ganges zu sein, welcher vom Friedrich Christian-Gang östlich des Güte Gottes-Ganges nach SO abgeht.

Der Friedrich Christian-Gang durchsetzt ca. 70 m oberhalb der Einmündung des Hirschbach die Wildschapbach. Am westlichen Ufer der letzteren, dem Tiefstolln von Neu-Herrensegen gegenüber, beginnt mit dem sog. Hauptstolln der Gruben Friedrich Christian und St. Georg der Hauptbergbau

---

[1]) Vergl. Beitr. zur Statist. d. inn. Verw. d. Grossh. Baden, 16. u. 21. Heft, 1863 u. 1865, und Sandberger, Untersuchungen über Erzgänge, 1. Heft, 1882, S. 37—158, mit 1 Grubenkarte und 2 Profilen.

[2]) 1 Lachter (Ltr.) = 2.0924 m.

des Reviers auf dem nach ersterer Grube genannten Gange. Letzterer streicht von hier aus gegen W ziemlich parallel mit dem Hirschbachthal, etwa in h. 7.

In Grube Friedrich Christian wird der Gang nicht von anderen Gängen durchkreuzt, wie in Grube Neu-Herrensegen, sondern von zuschaarenden Trümern von verschiedenartiger Ausfüllung veredelt und mächtiger. An den Hauptveredlungspunkten bilden solche Trümer und der Hauptgang ein förmliches Netz, stellenweise bis zu 4 Ltr. Mächtigkeit, wie in dem ersten mit dem Hauptstolln der Grube Friedr. Christian bei 60 Ltr. vom Mundloch erreichten Mittel, welches bis 30 Ltr. unter dem Stolln von den Alten bereits und von 1853—1857 auf der 40 Ltr.-Strecke auf 80 Ltr. Länge bauwürdig gefunden wurde. Bei 30 Ltr. Teufe theilt sich das Mittel in zwei Trümer, von welchen das eine sandigen Quarz mit groben Bleierzen (grobes Trum genannt), das andere hornsteinartigen Quarz mit Fluss- und Kalkspath, eingesprengtem Kupferkies und Schapbachit führt. Das bereits erwähnte Wismuthsilbererz wird hier Sandberger Schapbachit genannt. Nach W keilten sich beide Trümer aus, 12 Ltr. westlich des blinden oder Flussspathschachtes legte sich auf der 40 Ltr.-Sohle ein neues, aber sehr kurzes Mittel an und hinter diesem zwei Trümer von derselben verschiedenen Ausfüllung wie die beiden Trümer des Hauptmittels auf der 30 Ltr.-Sohle, welche aber nicht weiter verfolgt wurden. Die über der 40 Ltr.-Sohle im Hauptmittel von 1853 bis 1857 gewonnenen Blei- und Silbererze enthielten im Ctr. Erz $2\frac{1}{2}$—56 Loth = 0,080 bis 1,86 Proc. Silber, je nachdem in ihnen Bleiglanz oder Schapbachit vorherrschte. Dieses Mittel ist nur von den Alten, und zwar zur Zeit des Feuersetzens, bebaut worden. Dieselben hatten den Tiefstolln bei ca. 150 Ltr. Länge verlassen. Bei Wiederaufnahme im J. 1764 hat man nach kurzer Auffahrt des Stollns gegen W ein zweites, aber nur 8 Ltr. langes, dagegen edleres Mittel aufgeschlossen, etwa 60 Ltr. westlich des ersten Mittels, und zwar beim Anschaaren eines liegenden Trums. Hier soll besonders Weissgiltigerz in reichlicher Menge vorgekommen sein, womit vermuthlich Wismuthsilbererz gemeint ist. Das Erz hielt 11 Mk. Silber im Ctr. und wurde von dem sog. Silberübersichbrechen aus abgebaut. Ein drittes, ebenfalls kurzes, nur 11 Ltr. langes Mittel wurde in ungefähr derselben Entfernung von 60 Ltr. vom zweiten Mittel, bei 295 Ltr. Stollnlänge getroffen. Dasselbe ist auch von dem 26 Ltr. höher liegenden, vom Hirschbachthale aus getriebenen Strass-

burger Stolln der Grube St. Georg bebaut worden und hat Erz mit 4—5 Mk. Silber im Ctr. geführt.

Zwischen den beiden letzteren Gangmitteln hat man auf der 20 Ltr. unter dem Tiefstolln getriebenen Strecke ein kleines Mittel aufgeschlossen und über dieser Strecke abgebaut.

Diese 4 Gangmittel schieben alle von W nach O ein.

In der weiter westlich liegenden Grube St. Georg, welche 51 Jahre früher als die Friedrich Christian - Grube wieder aufgenommen wurde, fanden sich bei dem von 1706—1716 stattgefundenen Betrieb nur kurze, mehr nach dem Fallen als nach dem Streichen ausgedehnte Mittel. „Als Gangart trat hier nur Quarz auf, als Erze werden Kupferkies, Bleiglanz und Fahlerz genannt, doch ist unter letzterem wohl das damals noch nicht unterschiedene Wismuthsilbererz zu verstehen." (Sandberger.)

In Grube St. Georg ist das Streichen des Ganges wieder h. 8, wie am östlichen Ende.

Die edlen Mittel des Friedrich Christian-Ganges, „deren Gangart aus hornsteinartigem Quarze mit Wismuthsilbererz (Schapbachit), Bleiglanz und Fahlerz von besonders deutlicher Sphären-Structur bestand, werden in den Grubenacten als hartes Trum bezeichnet" (Sandberger), zum Unterschiede von dem groben (Bleierz-) Trum oder des ersten Mittels in Grube Friedrich Christian. Das harte Trum gehört nach Sandberger der Schapbachit- oder Wismuthsilbererz - Formation, das letztere der groben, Kupfer- und Bleierze führenden Flussspath-Barytformation an.

Die Gang- und Erzarten sind mit dem Nebengestein fest verwachsen. Bezüglich der Bildung der Hauptgangausfüllung vertritt Sandberger bekanntlich die Hypothese der Auslaugung des Nebengesteins und bemerkt (S. 137) hinsichtlich des hier behandelten Friedrich Christian-Ganges Folgendes (im Auszuge):

„Der Glimmer des Granits enthält ausser viel Eisen Arsen, Kupfer, Wismuth, Kobalt (Nickel), Titan und Zinn, nebst sehr wenig Silber, also die Elemente eines Fahlerzes der oben bezeichneten Art, zu welchen nur noch durch organische Substanz aus den löslichen schwefelsauren Salzen reducirte Hepar-Lösung hinzuzutreten braucht, um das erwähnte Mineral zu bilden. Blei fehlt im Glimmer gänzlich und darum auch Bleiglanz auf diesen Gangtrümern. Da das Fahlerz (in dem östlichen Gangtheil) am Schmiedsberg nur in sehr geringer Menge vorkommt, so kann nur ein kleiner Theil des im Gestein überhaupt nicht reichlich vorhandenen Glimmers zersetzt worden sein, während er in der Gegend von Wittichen und Rein-

9*

erzau stellenweise eine fast vollständige Zerstörung und Auslaugung erfahren hat."

Soweit der Friedrich Christian-Gang im Gneiss aufsetzt, ist letzterer mehr oder weniger stark umgewandelt, mitunter fast ganz aufgelöst, gleichviel, ob ersterer taub, als blosse Kluft oder reich mit Erzen und Gangarten erfüllt auftritt. Diese Zersetzung ist in Querschlägen bis zu 8 Ltr. vom Gange wahrnehmbar. Auf den Schieferungsklüften des zersetzten Gneisses finden sich Eisenkies und Kupferkies und wohl auch kleine Parthien von Bleiglanz, das „höfliche" Nebengestein genannt. Ueberall, wo der Gang reiche Erze führt, behauptet derselbe das Streichen h. 8—9 bei sehr zersetztem feinkörnigen glimmerreichen Gneiss, im tauben Felde ist das Streichen h. 6.

„In dem Gneiss ändert sich die Ausfüllung der Gangspalte vollständig." Die einzige Analogie der Ausfüllung der Spalte im Gneiss mit der im Granit besteht darin, dass in ersterem die ältere Ablagerung Schwerspath gewesen, welche später durch Quarz verdrängt worden ist, während sonst sowohl Mächtigkeit als Gangart und Erze in beiden von Grund aus verschieden sind. Structur und chemische Beschaffenheit beider Gesteine sind sehr verschieden. Granit ist nur grob zerklüftet, Gneiss geschiefert. Die Gangarten und Erze des im Gneiss aufsetzenden Haupttheiles des Friedrich Christian-Ganges sind im Nebengestein vertreten: Quarz, Schwerspath, Flussspath, Kalkspath, Braunspath, Schapbachit, Kupferkies und Bleiglanz. „Im Orthoklas findet sich Baryt (1,05): im Oligoklas Kalk (4,45); im Glimmer Kalk (3,36), sowie Magnesia (11,52), Eisen als Oxyd und Oxydul (zus. 24,19), Kupferoxyd (0,07), Bleioxyd (0,028), Wismuthoxyd (0,0056), Kobaltoxydul (0,0094) und Fluor (0,28 Proc.). Man bemerkt sogleich, dass das Material zur Bildung von Gangarten in grossem Ueberschusse vorhanden ist und dass jenes zur Bildung der Erze ausschliesslich von dem Glimmer geliefert wird."

Es kann nach der Analyse liefern resp. es enthält nach solcher:

| | 1 cbm schiefriger Gneiss = 2760 kg | und | 1 cbm körnig-streifiger Gneiss = 2720 kg |
|---|---|---|---|
| Bleiglanz | 133,17 g | | 92,48 g |
| Kupferkies | 564,62 - | | 388,96 - |
| Schwerspath | 9384,00 - | | 10 608,00 - |
| Flussspath | 1959,60 - | | 1 332,80 - |

„Diese Quantitäten von Schwer- und Flussspath gelangen aber nicht vollständig in die Gangspalte", weil sie nicht ganz ausgelaugt werden.

„Wie das Hinaufsetzen von Trümern mehrerer benachbarter Gänge von ähnlicher Zusammensetzung in den unteren Buntsandstein beweist, ist die Ausfüllung der Schapbacher Gänge zu einer Zeit erfolgt, in welcher das Urgebirge von 260 m mächtiger Buntsandsteinmasse bedeckt war, die atmosphärischen Wasser also seine löslichen Salze nicht auslaugen konnten, während dies jetzt in grossem Maassstab möglich ist." Mit der vollständigen Wegführung der Buntsandsteindecke des Urgebirges im Gebiete des Ganges (Friedrich Christian) begann dagegen die Einwirkung lufthaltiger Wasser auf den letzteren. Die Oxydation der Schwefelmetalle erfolgte bis zu 40 Ltr. Teufe abwärts.

Wie im Vorhergehenden bereits erwähnt, fand man im ersten Mittel Weissbleierz in den Arbeiten 30—40 Ltr. unter der Tiefstollnsohle resp. der Thalsohle.

Nach Sandberger gilt vorstehende Gangbildung, „soweit es sich um die Bleiglanz und Kupferkies führende Flussspath-Baryt-Formation handelt, für eine grosse Zahl von Erzgängen des Schwarzwaldes, welche in Gneiss und Granit aufsetzen". (S. 150.)

Von 1774—1820 wurden im Gange Friedrich Christian 8—900 □ Ltr.[3]) abgebaut, welche ungefähr 5000 Ctr. Erze geschüttet haben. Von 1795—1814 betrug der Durchschnitts-Silbergehalt der Erze 21 Loth = 0,67 Proc. pro Ctr. Der Werth eines □ Ltr. der Gangfläche war etwa 250 fl.

Der Gesammterlös betrug von 1774 bis 1820:

für Silber . . . . . . . 215822 fl. 52¹⁄₂ kr.
- Blei . . . . . . . . . 2658 - 11¹⁄₃ -
- Glätte . . . . . . . . 936 - 18¹⁄₂ -
- silberhalt. Schwarzkupfer 7402 - 35 -
- Glaserurz . . . . . . 258 - 4 -
- Flussspath . . . . . . 61 - - -
- Schaustufen . . . . . 157 - 57¹⁄₂ -

Sa. 227296 fl. 59 kr.,

wovon in 10¹⁄₄ Jahren 43567 fl. 30 kr. Ausbeute vertheilt wurde.

Von 1823—1850 ruhte der Betrieb. In letzterem Jahre wurde derselbe von der meist aus englischen Kapitalisten bestehenden Kinzigthaler Bergwerks-Gesellschaft wieder aufgenommen, der Tiefbau im ersten Mittel zwischen 30—40 Ltr. unter dem Stolln vorgerichtet. Von 1853—1857 wurden vorwiegend aus diesem Mittel producirt:

| | | | | | | |
|---|---|---|---|---|---|---|
| 1. Glaserurz . . | 245,5 Ctr. i. Werth von 2455 fl. — kr. | | | | | |
| 2. Geschiedene silberhalt. Bleierze | 4178 | - - - | - 31510 - 15 - | | | |
| 3. Blei-Wascherze . . . | 1490 | - - - | - 3629 - 38 - | | | |
| 4. Kupfererze . | 3699 | - - - | - 30640 - 3 - | | | |
| 5. Gemischte Erze . . . | 3396 | - - - | - 6792 - - - | | | |
| 6. Silbererze . | 282,13 | - - - | - 3790 - 40 - | | | |
| 7. Flussspath . | 714 | - - - | - 357 - - - | | | |

Sa. 14004,63 Ctr. i. Werth von 79174 fl. 36 kr.

Im Durchschnitt von 8¹⁄₂ Jahren lieferte 1 □ Ltr. Gangfläche 10 Ctr. schmelzwürdiges Erz im Werthe von 70 fl. oder 120 M. Die Gewinnungs- und Aufbereitungskosten stellten sich auf 36 fl., der Reinertrag also auf 34 fl. in diesem Zeitraume.

Die Grube (welche 1857 durch Auflösung der gen. Gewerkschaft wieder zum Erliegen kam) hätte man noch lange Zeit in gutem Betriebe erhalten können, wenn man umfassende und rationelle Vorrichtungen

---

[3]) 1 Quadrat-Lachter = 4,378 qm.

für den Tiefbau getroffen hätte. Man hatte denselben auf 60 Ltr. Teufe projectirt, auch zum Theil in Angriff genommen, als die Kinzigthaler Gesellschaft unerwartet ihren ganzen Betrieb einstellte. Die Verhältnisse des Erzganges Friedrich Christian gaben hierzu keinen genügenden Grund.; „es war vielmehr die frühere schlechte Finanzwirthschaft und vor Allem die voreilige Erbauung einer Hütte und Poche, Stossherd-Wäsche und Schwerspath-Mühle in 1½stündiger Entfernung von der Grube, ehe diese genügendes Material für ein solches Etablissement liefern konnte, die Veranlassung zu diesem auffallenden, mit grossem Nachtheil für die Actionäre verbundenen Schritte," sagt Sandberger. Derselbe hat das erste Mittel in 40 Ltr. Teufe unter dem Stolln „ungemein erzreich und mächtig anstehend" gesehen und bemerkt noch: „Ein Gang, welcher ungerechnet die bereits von den Alten abgebauten Erze trotz ungenügender Betriebs-Einrichtungen einen Ertrag von nahezu einer halben Million Gulden abgeworfen hat, kann keinesfalls unergiebig genannt werden."

Westlich der Grube St. Georg resp. des Hirschbachthales verschwindet der Gang mit dem von ihm durchsetzten Gneiss unter dem gegen 260 m mächtigen jüngeren Vogesensandstein. In dieser Gegend, „Die Moos" genannt, verbindet sich zweifellos der Herrensegen-Friedrich-Christian-Gangzug mit

### 3. dem Erzengel Michael-Clara-Gangzug.

Südlich der Stollen Neu-Herrensegen und Friedrich Christian im Wildschapbachthal und nahe am Ort Schapbach tritt der Erzengel Michael-Gang in h. 8,6 mit saigerem Fallen auf. Derselbe führt hier Kupferkies, Bleiglanz und meist Baryt, wie die oben erwähnten Gänge Getreue Nachbarschaft und Emanuel Gottlieb, und war wie diese nicht von Bedeutung.

In dem am Fusse des Benauer Berges 1746 angesetzten Stolln der Grube Johann Baptist zum Fürstenhut (in der Moos) hat man mehrere nahe beisammen liegende Gänge und Trümer, welche sich netzartig durchkreuzen, aufgeschlossen, unter welchen höchstwahrscheinlich auch die südwestlichen Fortsetzungen der Gänge Friedrich Christian und Michael sich befinden. Mit dem Stolln fuhr man zunächst auf einer Kluft in h. 12 auf, alsdann wieder vom Mundloch ab auf einem h. 9 streichenden und Spuren von Kobalterz führenden Gang bis zu einem dritten, Brauneisenstein führenden und in h. 6 streichenden Gang. Danach richtete

man querschlägig von diesen Gängen einen sehr mächtigen Schwerspathgang, in h. 12 (die nördliche Fortsetzung des einen Ganges der Grube Clara), und mit diesem ein zweites, Kobaltspuren führendes Trum, in h. 8,4 streichend, aus. Bei weiterer querschlägiger Auffahrt erreichte man endlich den mit dem Stolln gesuchten Hauptgang in h. 8,5 streichend, aus Schwerspath und Quarz bestehend. Dies dürfte die Fortsetzung des Friedrich Christian-Ganges sein. Der sog. Hauptgang wurde aber bald beim Verfolgen im Streichen von einem in h. 10 aufsetzenden Eisenkieselgang verdrückt, wodurch und da auch der Stolln wieder einmal zu Bruch ging, die Grube verlassen wurde.

Der so sehr interessante Gangcomplex soll mit grosser Unsicherheit in der beschriebenen Grube untersucht worden sein. „Die totale Erzarmuth der Fürstenhuter Gangtrümer, die sich alle unter spitzem Winkel kreuzen, ist der gewöhnlichen Erfahrung gegenüber sehr auffallend." (Heft 21 d. Beitr. z. Stat.)

Etwas südlich von Grube Fürstenhut, aber noch am Benauer Berg, welcher zwischen den Thälern Hirschbach und Rankach liegt, befinden sich uralte Baue, und der Sage nach soll hier auch eine untergegangene Bergstadt Benau durch den gleichnamigen Bergbau in früheren Zeiten geblüht haben. Die erste schriftliche Nachricht über letzteren rührt aus dem J. 1652, wo man auf uralte, theils verfallene, theils noch offene tiefe Schächte wieder aufmerksam wurde. 1726 wurden diese Baue unter dem Namen der bereits erwähnten Grube Clara abermals aufgenommen und dabei zwei Gänge aufgeschlossen. Der eine derselben zeichnet sich von allen Kinzigthaler Gängen durch seine grosse, bis zu 40 Fuss betragende Mächtigkeit aus. Es ist dies der Benauer Gang, Streichen h. 10, Fallen saiger. Der mit diesem sich kreuzende zweite Gang heisst Stollngang, streicht h. 12 und fällt steil westlich ein. „Diese beiden Gänge setzen in den unteren Regionen (des Gebirges) in Gneiss auf, nach oben aber durch das Rothliegende in den Vogesensandstein hinein, der neben den Salbändern stark verkieselt oder breccienartig ausgebildet ist." In letzterem Gebirge verlieren sich aber die Gänge ebenfalls in unbedeutenden Trümern. Der Stollngang ist nicht so mächtig, aber in der auch betriebenen Schwerspathgrube immerhin 10—20 Fuss. Nach der Teufe nimmt die Mächtigkeit beider Gänge ab, im tiefen Stolln beträgt die des Stollnganges nur 1—2 Fuss. In den oberen Gangregionen bildet Baryt die Hauptmasse, an den Salbändern überall

Brauneisenstein (Glaskopf) führend. In grösserer Teufe tritt Quarz und mit diesem Kupferpecherz, Kupfergrün und Fahlerz, meist eingesprengt, hier und da auch in kleinen derben Nestern zum Schwerspath hinzu. Der Silbergehalt des Fahlerz soll in der Stuffprobe 8—24 Loth, rein geschieden aber 7 Mk. betragen haben. In dem 1726 aufgewältigten, 1727 aber schon wieder verlassenen jetzigen Mittelstolln führte der Schwerspath linsengross eingesprengt Roth- und Weissgiltigerz. Mit dem 1771 18 Ltr. darunter angesetzten Tiefstolln wurde der Stollngang 2 Fuss mächtig, Fahl- und Kupfererz eingesprengt und in Schnüren führend, bis zum Benauer Gang überfahren, alsdann verlassen und der letztere verfolgt. Der Benauer Gang hatte hier wohl grosse Mächtigkeit aber geringe Erzführung.

Ein 1826 auf beiden Gängen ausgeführter Versuch war auch ohne Erfolg, ebenso ein solcher auf der Nordseite des Benauer Berges, gegen 1782 ausgeführt.

Der h. 12 streichende Stollngang, welcher auch in der gen. Grube Fürstenhut aufgeschlossen und hier geringe Mengen Kobaltblüthe führte, soll weiter nördlich über Freiersbach und den Brauneberghof nach Oppenau, wo im Gneiss Trümer von Baryt und Braunspath und Spuren von Kupfererz am Schlossgrund 1855 erschürft wurden, zu verfolgen sein.

Die nordwestliche Fortsetzung des Benauer Ganges ist am Schlauch und Herben in der Hinterrankach auf Brauneisenstein nicht unergiebig bebaut worden. Die Gangart war Schwerspath und die Mächtigkeit des Ganges ausserordentlich wechselnd.

Weiter nordwestlich ist 1858 im Schirmgrunde und in der Langbardt, dem obersten Seitenthale des Harmersbaches, ein h. 8,4 streichender und mächtiger Schwerspathgang im Granit erschürft worden, welcher als Fortsetzung der vereinigten Gänge Friedrich Christian, Erzengel Michael und Benauer Gang zu betrachten ist.

In der Streichungsrichtung dieses Ganges findet sich in der Moosbach, einem Seitenthal der Nordrach ein Gang wieder, im Gneiss, auf welchem die uralte Grube St. Jacob, seit 1818 der Amalienstolln genannt, gebaut hat. Derselbe führte in Quarz Kupferkies und Fahlerz, welches 2—8 Mk. Silber im Ctr. hielt. Auch soll hier Gänseköthigerz, womit gewöhnlich ein Gemenge von Chlorsilber mit Brauneisenocker und Kobaltblüthe bezeichnet wird, mit 4—10 Mk. Silber im Ctr. vorgekommen sein. Der von 1818 bis 1829 auf diesem 18 Zoll mächtigen Quarz-Gange gemachte Versuch war ohne günstigen

Erfolg. Auf 109 Ltr. überfahren, führte der Gang bald mehr, bald wenig eingesprengten Bleiglanz mit 5 Loth Silber im Ctr. Schlich, bald Fahlerz mit 15 Loth im Ctr. in gesonderten Trümern.

Im obersten Haigerachthale (gegen NW) ist dieser Gang in der Grube Silberbrunnen bekannt, wo er ebenfalls im Gneisse aufsetzt und in alten Zeiten Gegenstand eines bedeutenden Bergbaues gewesen ist. Der Gang hat Gneissbreccie als Salband, Quarz mit wenig Schwerspath und Kupferkies als Ausfüllung. Derselbe streicht h. 8¹/₂ und setzt aus dem Gneiss in den Porphyr.

Der Erzengel Michael-Gang sowohl als auch der Benauer Gang sind südöstlich der Gruben Michael resp. Clara auf grössere Erstreckungen zu verfolgen. Der erstere streicht auf die Rotheisensteingänge im Kaltbrunner Thal und auf die Kobalt-Gänge im Reinerzauer Thal zu. Die südöstliche Fortsetzung des Benauer Ganges ist in der am vorderen Tiefenbach, einem Seitenthälchen des Schapbachthales, gelegenen Grube St. Ferdinand bekannt, in welcher der Gang im Granit h. 10—11 bei fast saigerem Fallen aufsetzt und, wie in Grube Clara, Schwerspath als Gangart besitzt.

Der Ferdinand-Gang ist erst 1760 aufgeschürft worden und auf eine Längenerstreckung von ca. 400 Ltr. bekannt. In einem 28 Ltr. langen Stolln soll er neben Kupferkies Wismuthers geführt haben. Im tiefen Stolln, in dessen Nähe der Joseph-Gang mächtig zu Tage ausstreicht, führt der Ferdinand-Gang in rothem Schwerspath silberhaltiges Fahlerz, Malachit, Kupferlasur und andere Kupfererze, sowie in einem lettigen Besteg Erdkobalt und Kobaltblüthe. Diese Erzführung ist ähnlich derjenigen des weiter gegen SO in demselben Nebengestein auftretenden, grossen netzartigen Gangcomplexes von Wittichen und stellt auch dadurch der Ferdinand-Gang den Zusammenhang der im Vorhergehenden beschriebenen zwei Gangzüge mit den Gängen von Wittichen her.

Nach der Teufe wurde der Ferdinand-Gang so arm, dass 1767 schon der Betrieb aufgegeben ward. Ein im J. 1773 mit einem Gesenk gemachter Versuch konnte der Wasser wegen nicht weit fortgeführt werden. Das Gesenk, vor einer Kluft angesetzt, schloss im Gange Kupferlasur und silberhaltiges Fahlerz auf.

Der Joseph-Gang streicht h. 7 und führt in Baryt Kupfererz und Rothnickelkies, zertrümert sich aber bald in „dürre" Klüfte.

Die Gangzüge Herrensegen - Friedrich Christian und Michael-Clara gehören in jeder

Hinsicht zu den interessantesten Gangvorkommen des Schwarzwaldes. Sie setzen nicht allein durch die verschiedenartigsten Gesteine und auf grosse Längenerstreckungen fort, sondern führen auch mannigfache Mineralien. Eine grössere Abwechselung in der Spaltenausfüllung und dem Nebengestein dürfte selten gefunden werden.

Die Hauptspalten dieser 2 Gangzüge durchsetzen quer und in diagonaler Richtung den Schwarzwald resp. von O nach W und von SO nach NW. Die von Daub projectirte Streichrichtung der von ihm zusammengesetzten 2 Gangzüge passt also nicht zu jener. Auch liegt der von demselben erwähnte Amalienstolln nicht auf einem Gange mit SN-Streichen, sondern auf einem quer zu dieser Richtung streichenden Gange, wie oben beschrieben, und kann überhaupt im Kinzigthaler Gebiet von zwei parallelen, das Gebirge von S nach N durchsetzenden Gangzügen nicht die Rede sein. Vergl. d. Z. 1894 S. 415.

### 4. Witticher Gangcomplex.

Die Witticher Gänge (vergl. 21. Heft d. Beitr. z. Statist. d. inn. Verw., S. 39 u. folg.) unterscheiden sich von den meisten im Vorhergehenden beschriebenen und von vielen anderen Gängen des Schwarzwaldes dadurch, dass sie, wie der Gang Maria zum Trost des Herrensegen — Friedrich Christian-Gangzuges nur in dem pinitoidhaltigen Granit erzführend bezw. bauwürdig sind, und dass sie vorwiegend Kobalt- und Silbererze führen.

a) In der ungefähren Streichrichtung des zuletzt beschriebenen Ferdinand - Ganges (h. 10—11 mit fast saigerem Fallen) treten gegen SO im Heubachthal die Gänge der Gruben Fröhlich Glückauf, Andreas, Chatharina und Anton auf.

Im oberen Heubachthal sind zwei Gänge im grobkörnigen Pinitoid-Granit durch zum Theil sehr alte Baue bekannt. Der eine streicht h. 9 mit 60° NO Fallen und Schwerspathausfüllung, während der andere h. 11 fortsetzt und im Schwerspath schwarzen und rothen Erdkobalt führt. Der letztere wurde 1772 und von 1794 bis 1800 unter dem Namen Fröhlich Glückauf untersucht, allein ohne Erfolg.

Thalabwärts ist die Fortsetzung dieses Ganges am Trillerkopf 1759 unter dem Namen Andreas erschürft und untersucht worden, wo der Gang h. 12 streicht und aus mächtigem Schwerspath bestand.

Dieser Gang wird hier von dem Gange Chatharina in h. 8,2 (1730 erschürft) durchkreuzt und wurde 1762 mit einem Stolln 10 Zoll mächtig mit Schwerspath und ein-

gesprengten Kupfer- und Wismutherzen ausgerichtet, aber nirgends bauwürdig befunden.

— Bei dem Gange Andreas ist wie bei noch mehreren Gängen des Witticher Reviers die hochinteressante Erscheinung wahrgenommen, dass der Gang beim Uebertreten in den Gneiss, welches Gebirge den Trillerkopf in einem Streifen durchzieht, sich total verunedelt.

Den Gängen Andreas und Chatharina gegenüber, am linken Gehänge des Thals, wurde 1766 ein mächtiger Spathgang, auch Chatharina genannt, mit Kupferkies und Kupferpecherz erschürft, damals aber wenig untersucht. Erst 1830 wurde derselbe bei der Wiederaufnahme und Weiterführung des tiefen Stollens der Grube Anton glücklich ausgerichtet. Der Gang, hier Anton genannt, setzte in h. 11,5 mit 80° O Fallen 1½ Fuss mächtig auf, aus fleischrothem Schwerspath mit kleinen Nestern von Farbkobalt und Kupfer-Wismutherz bestehend. Am Liegenden führte er einen Besteg von kobaltischem Letten. Das Nebengestein, der Granit, war mit Kobalterzen imprägnirt. Beim Ueberfahren, gegen N 8 Ltr., S 49 Ltr., führte der Gang ein 2 bis 5 Zoll mächtiges Kobalttrum und neben Baryt Quarz und ölgrünen Kalkspath. Von den verschiedenen Kobalterzen hielt der Glanzkobalt 2½ Loth Silber (im Ctr.). Bei der erwähnten Streckenlänge von 49 Ltr. wurde der Gang von zwei h. 4,2 streichenden und mit 50° NW fallenden Klüften um 1 Ltr. bezw. 2 Fuss in's Hangende verworfen. Der Abstand zwischen den Klüften beträgt 3 Ltr. — Hinter diesen Klüften wurde das edelste Mittel des Ganges aufgeschlossen. Neben schwarzem Erdkobalt brachen vorzugsweise in 3 bis 20 Zoll mächtigen fleischrothen Baryttrümern gediegen Silber, Glaserz und lichtes Rothgiltigerz. An gediegen Silber wurden allein in drei Tagen (29.—31. März 1837) 95 Pfd. gefunden. Dieses Mittel erreichte nach ca. 17 Ltr. Länge (gegen S), als sich statt des grobkörnigen Pinitoid-Granits feinkörniger, fester Granit einstellte, sein Ende. Der Gang verdrückte sich in letzterem bis zu einer 1 Linie bis 1 Zoll starken Kluft, welche sich bald vollständig auskeilte. — In weiter südlicher Richtung, in der sog. Rauhloch, hat man den Gang nicht finden können; das Gebirge bestand aus dem unhöflichen Granit.

Die beiden erzführenden und abbauwürdigen Mittel waren im Fallen von geringer Ausdehnung. In einem hinter den 2 Klüften im edlen Mittel niedergebrachten Gesenke verdrückte sich der Gang schon bei 13 Ltr. Tiefe in eisenschüssigem Granit.

Im ersten Mittel wurde mit einem Gesenke nur ein 10 Ltr. langes und 2 Ltr. hohes Kobaltnest, in welchem keine Silbererze brachen, aufgeschlossen. — Auch nach der oberen Teufe hatte man geringen Erfolg. Am oberen Gehänge des Thales setzt der Gang in den Sandstein, in welchem derselbe in der letzten Hälfte des vorigen Jahrhunderts eingehend untersucht, aber wie die übrigen Gänge des Schwarzwaldes in diesem jüngeren Gebirge unbauwürdig befunden wurde.

Mit einem (in diesem Jahrhundert) vom tiefen Stolln aus gegen O getriebenen Querschlag richtete man bei 15 Ltr. den Heinrich-Gang und bei 40 Ltr. den Felix-Gang aus. Der letztere scheint ein hangendes Trum des Anton-Ganges zu sein. Der Heinrich-Gang streicht h. 12 und fällt 70° W, also entgegengesetzt ein; er führt in Schwerspath eingesprengt gediegen Silber, Glaserz, schwarzen Erdkobalt und Spuren von Rothgiltigerz. Gegen N verdrückte sich der Gang beim Uebersetzen in eisenschüssigen Granit, und gegen S verschlechterte er sich und theilte sich bei 16 Ltr. Auffahrt in 2 Trümer, „von denen das hangende dem Anton-Gang hinter den beiden Klüften zuschaart und wohl als die Ursache der daselbst aufgeschlossenen bedeutenden Veredlung des letzteren angesehen werden darf". Die beiden Nebengänge waren unbauwürdig.

Die Grube Anton producirte aus ungefähr 180 ☐ Lachter Gangfläche von 1834 bis 1850:

| | |
|---|---|
| 2846 Mk. 15 Loth Feinsilber mit einem Werthe von . . . . | 69.448 fl. 23 kr. |
| 307 Ctr. 3 Pfd. Scheidmehl und Grubenklein mit einem Werthe von . . . . . . . . | 5 107 — - |
| 3789 Ctr. 74 Pfd. Kobalterze mit einem Werthe von . . . | 76 530 - 16 - |
| 3210 Ctr. 39 Pfd. Kobaltgrubenklein mit einem Werthe von | 1 707 - 9 - |
| Schaustuffen . . . . . . . | 76 - 19 - |
| Sa. | 152 869 fl. 7 kr. |

Von 1838—1839 war die grösste Production. Grube Anton ist demnach ebenso reich an Silber wie an Kobalt gewesen.

b) Es scheint, dass von der Gegend des Heubachthales, in welcher die Gruben Andreas und Anton gebaut haben, über den östlichen Rücken des Thales durch das Witticher Thal ein Streifen von Pinitoid-Granit zieht, indem auch auf dieser Seite die Gänge Joseph, Sophia und Gnade Gottes in solchem Granit zwischen dem Wiesenund dem Böckelsbach, Seitenthäler des Witticher Thales, sehr edel waren. Diese Gänge streichen mit den Heubacher Gängen ziemlich parallel.

Der Hauptgang der Grube St. Joseph am Silberberg bei Wittichen streicht wie der Gang Sophia in h. 10,5 mit 60—80° O Fallen. Zwischen denselben setzt der Gnade Gottes-Gang diagonal, auf 50 Ltr. Länge bebaut, auf. Der letztere Gang war bis 1718 allein Gegenstand bergmännischer Gewinnung in dieser Gegend. Diese Grube gehört überhaupt zu den ältesten Werken des Kinzigthaler Gebiets, da sie bereits am 7. November 1517 von der Landgräfin Elisabeth von Fürstenberg verliehen ward. Früher ist die Grube nur auf die Gewinnung von Silbererzen betrieben worden, da erst um 1596 die Zugutemachung der Kobalterde zur Smalte bekannt ward. In dem 1700 gewältigten, damals tiefen, jetzt Mittel- oder Schmiedestolln genannt, führte der 18 Zoll mächtige Gnade Gottes-Gang ein 9 Zoll starkes derbes Kobalttrum, worauf dem Besitzer der Grube das Privilegium zur Anlage eines Blaufarbenwerks ertheilt wurde. 1706 wurde der 30 Ltr. tiefere Stolln angelegt.

Hinter dem Kreuz mit dem Sophia-Gang (gegen SO) zertrümert sich der Gnade Gottes-Gang, während er gegen NW bei, dem Kreuz mit dem Joseph-Gang an einer h. 6 streichenden Lettenkluft absetzt. Diese Kluft, genannt Elephantengang, ist 46 Ltr. nach W untersucht worden, hie und da Spuren von Kupfererzen führend. 7 Ltr. im Liegenden des Gnade Gottes-Ganges befindet sich ein fast parallel streichender Gang, vielleicht ein Trum derselben.

Der Joseph-Gang zertrümert sich gegen S. Eins dieser Trümer ist im Felde Joseph als Segen Gottes-Gang bekannt, welcher h. 11,7 bis 12 streicht und weiter südlich als Gang Neuglück, Simson und wahrscheinlich auch als König David-Gang in der Richtung nach Schenkenzell fortsetzt. Das hangende Trum des Joseph-Ganges ist als St. Jacob-Gang gegen S durch seinen grossen Reichthum bekannt, scheint aber in dieser Richtung an der sog. Schmerkluft sein Ende zu finden, da es hinter derselben nicht hat ausgerichtet werden können. Die Schmerkluft streicht h. 5 mit steil südlichem Einfallen, führt Letten und verwirft die Gänge.

Die Gänge Gnade Gottes und St. Joseph führen als Gangarten hauptsächlich Schwerspath, untergeordnet, aber an Stelle von Quarz, Kalk-, Braun- und Flussspath (letzterer besonders im Joseph-Gang häufig), auch Granit des Nebengesteins. Die Erzarten sind auch verschieden, indem die Kobalterze theils sehr silberhaltig und mit gediegen Silber vorherrschend waren; untergeordnet und nicht häufig brachen mit ein:

Glaserz, Rothgiltigerz, Fahlerz, Kupfernickel, selten Arsenkies und gediegen Arsen. — „Die Erze brachen gewöhnlich derb, selten eingesprengt, trümer- und nesterweise in kleinen Fällen (Mitteln), die oft kaum einen Fuss, zuweilen aber auch mehrere Lachter lang waren. Die Haupt-Veredlungen aber bestanden aus einer Anzahl aneinandergereihter kleiner Fälle (Mittel) und befanden sich überall auf Zusammenlegung von Trümern oder auf Schaarkreuzen der Gänge; so ist es beim Schaarkreuz des Jacob- und Segen Gottes-Trumes, bei welchem auf beiden Seiten der Schaarung auf beträchtliche Distanz der Gang edel ist, und beim Kreuz des Gnade Gottes- mit dem Sophia-Gang. Das Kreuz der Gänge Joseph und Gnade Gottes hat keine Veredlung, was der Unedelheit der beiden Gänge und des Nebengesteins an dieser Stelle, sowie dem Umstande, dass die Gänge in stumpfem, nahezu rechten Winkel sich durchschneiden, welche Kreuze erfahrungsgemäss fast immer ohne Adel sind.“

Die Ausfüllungsmasse des Gnade Gottes-Ganges, ist eigenthümlicherweise mit dem Nebengestein fast immer fest verwachsen.

Die Gänge der Gruben St. Joseph und Gnade Gottes werden als die ausgedehntesten und bedeutendsten sowie als die Hauptrepräsentanten der Witticher Silber- und Kobalt-Formation bezeichnet. — Gediegen Silber fand sich an zwei Stellen in Mengen von 41 und 250 Pfd. vor. Das Jacob-Trum lieferte 1730 über dem Schmiedestolln sehr reiche Anbrüche von gediegen Silber und silberhaltigem Kobalt, worauf dasselbe sechs Jahre lang bebaut werden konnte. Von 1731 bis Schluss 1735 gewann man darin allein 2279 Mk. Feinsilber mit einem Erlös von 43 646 fl. 37 kr. „Ein spitzwinklig auf dieses Trum in h. 9 streichender Gang scheint auf dessen grosse Bauwürdigkeit von nicht geringem Einfluss gewesen zu sein.“

Auf der tiefen Stollnsohle ist der Gnade Gottes-Gang nordwestlich der Schaarung mit dem Joseph-Gang resp. des edlen Mittels 70 Ltr. lang überfahren worden, ohne Erfolg, und der Joseph-Gang 35 Ltr. lang unter dem edlen Mittel der oberen Sohlen, wobei nur an einigen Stellen Spuren von Kobalt getroffen wurden. Hinter der Schaarung mit dem Gnade Gottes-Gang trat der Gang Joseph aus dem Granit in den Gneiss, worin er noch schlechter war, weshalb die Grube 1810 verlassen ward. — Der Versuch mit einem 28 Ltr. tiefen Gesenk unter der tiefen Stollnsohle war auch erfolglos, ebenso die Untersuchung des Segen Gottes-Ganges auf der tiefen Stollnsohle.

G. 95.

Nach diesen Aufschlüssen sind die Gänge nur in oberen Teufen edel gewesen.

Nach 1707, von wo ab die Production der Gruben St. Joseph und Gnade Gottes mit Zuverlässigkeit sich ermitteln lässt, lieferten dieselben:

2 578 Mk. 7 Loth. 15 Gr. Feinsilber
   mit einem Werthe von  . .  53 748 fl. 24½ kr.
15 323,63 Ctr. Kobalterze mit
   einem Werthe von . . . . 101 614 - 32½ -
69½ Pfd. Silbererze mit einem
   Werthe von . . . . . .  1 113 - — -
                    156 516 fl. 20½ kr.

Das Blaufarbenwerk daselbst, welches bis 1740 nur von den Witticher Gruben Erze bezog und danach auch fremde Kobalte verarbeitete, hat von 1707 bis 1774, in 68 Jahren, 94 545 Ctr. 56 Pfd. blaue Farbe mit einem Erlös von 1 365 526 fl. 45 kr. dargestellt.

Der etwa 300 m östlich vom Joseph-Gang parallel streichende Sophia-Gang mit 70—80° O Fallen ist erst 1721 erschürft worden und die von da ab auf ihm in oberen Teufen betriebenen Baue, Tagesschacht, Stolln und Gesenke, hatten erst 1736 Erfolg, indem in einem der letzteren gediegen Silber- und Silberkobalt aufgeschlossen wurden. Das Hauptmittel des Ganges ward indess mit dem am nördlichen Gehänge des Böckelbachs angesetzten tiefen Stolln 1740 ausgerichtet und zwar in einem von letzterem niedergebrachten Gesenk, später Himmelfahrtschacht genannt. Dieses Erzmittel lieferte bis 6 Ltr. unter dem Stolln die bedeutendste Production der 40er Jahre des vor. Jahrh., und zwar allein an Feinsilber 6296 Mk. — „Die Erze bestanden vorzugsweise aus gediegen Silber, Silberkobalt von 3—10 und bis 20 Mk. Silbergehalt, Speiskobalt, Glaserz und Rothgiltigerz.“ (21. Heft d. B.) Gegen SO hält die Erzführung nicht lange an, indem in einem 7 Ltr. von jenem Schachte abgeteuften zweiten Gesenke, der Emanuelschacht genannt, nur anfänglich Silberkobalt und Gediegen Silber angetroffen wurde. Bei 35 Ltr. Tiefe überfuhr man den Gang in südöstlicher Richtung durch viele Klüfte sehr gestört, bis er von einer nach S einschiebenden Kluft gänzlich abgeschnitten wurde. Diese Kluft trennt den pinitoidreichen von dem rothen grobkörnigen Granit. 9 Ltr. über dieser Strecke war bei einem Aufschluss von ⅓ Fuss mächtigen Silbererzen das Nebengestein mit solchen Erzen reichlich durchsprengt. „Dasselbe erschien von der Menge des eingemengten Pinitoids theilweise von schwefelgelber Farbe. Der Anbruch hörte auf, wo dieses Gestein einem weissen fein-

10

körnigen Granit Platz machte." Der Gang führte an dieser Stelle sehr silberreiche Erze, merkwürdigerweise aber neben Kobalt mit bis zu 30 Mk. Silber solchen vollständig silberleer. Im Mai 1760 wurden in einem Abbaue daselbst 24 Ctr. 30 Pfd. gediegen Silber gefördert. — Das nordwestliche Ende des edlen Gangmittels wird durch die öfters schon erwähnte Schmerkluft begrenzt, wie in einem Abbau des Himmelfahrt-Schachtes constatirt worden ist.

1774 wurde der Tiefbau eingestellt, weil weder nach SO wie nach NW weitere Erzmittel ausgerichtet wurden. Das Auskeilen des edlen Mittels nach der Tiefe wird der Veränderung des Nebengesteins zugeschrieben, welches Verhältniss beim Sophia-Gang von grossem Einfluss gewesen sei, indem edle und taube Gang-Regionen wiederholt und rasch gewechselt hätten.

„Unter allen Kinzigthaler Gruben hat die Grube Sophia nicht blos die stärkste, sondern auch die nachhaltigste Production aufzuweisen; sie stand 76 Jahre ununterbrochen in Ausbringen und hat von 1744 bis 1790 nicht weniger als 172 988 fl. 48 kr., d. i. 47 Jahre lang durchschnittlich pro Kux und Quartal 7 fl. Ausbeute vertheilt. Diese Ausbeute verhielt sich zur Production wie 1 : 2,7." Das Ausbringen betrug von 1725 bis 1818 und von 1848 bis 1856, wo die Grube wieder betrieben wurde:

| | | | |
|---|---|---|---|
| 22 387 Mk. 15 Loth 17½ Gr. Silber | = | 501 451 fl. | 1 kr. |
| 2 553 Ctr. 62 Pfd. Kobalterze | = | 33 414 - | 6 - |
| 1 383 - 15 - Hüttenproducte | = | 15 996 - | 53 - |
| Schaustuffen | = | 1 801 - | 7 - |
| | | 555 663 fl. | 7 kr. |

Die Sophia-Grube ist hiernach vorherrschend eine Silbergrube gewesen.

Die 3 bis 10 Zoll mächtige Gangausfüllung bestand im edlen Mittel aus vorherrschend fleischrothem Baryt, in welchem fest verwachsen auftreten: vorwiegend schwarzer, zum Theil silberhaltiger Erdkobalt, gediegen Silber (besonders in sehr schöner baumförmiger Gestalt und massiven Platten), grauer und weisser Speiskobalt; untergeordnet Quarz, Braun-, Kalk- und Flussspath, Glaserz, lichtes Rothgiltigerz, Melanglanz, gediegen Wismuth, gediegen Arsen und Rothnickelkies; selten Weissnickelkies, Fahlerz, Bleiglanz, Eisenkies und Realgar; secundäre Bildungen: Kobaltblüthe und Kobaltbeschlag sehr häufig, Pharmakolith und Nickelblüthe.

„Eine sehr gewöhnliche Erscheinung war die Imprägnation des Nebengesteins mit Erzen, namentlich mit gediegen Silber und schwarzem Erdkobalt. Ob es richtig ist, dass der

Glimmer im Granit nicht selten durch Blättchen von gediegenem Silber vertreten gewesen sein soll, mag dahingestellt bleiben." (Ebendas.)

Die Wiederaufnahme der Grube Sophia wird von dem Leiter der von 1848 bis 1856 ausgeführten Versuchs- und der Nachlese-Arbeiten in den alten Bauen über der Mittelstollnsohle nicht empfohlen, da bei den geschilderten Gang- und Nebengesteins-Verhältnissen auf weitere Erzmittel nicht zu hoffen sei.

Nordwestlich der Schmerkluft, etwa 1 500 m von Grube St. Joseph, ist die Fortsetzung des Ganges Joseph in der Grube Güte Gottes am Zindelgraben wieder erzführend. Derselbe wurde hier 1723 erschürft und streicht h. 10—11 bei 70—80° O Fallen, also wie in ersterer Grube. Ein zweiter, in h. 7—9 mit 70° SW Fallen streichender Gang, Unverhofft-Glück genannt, durchkreuzt den Hauptgang, an welcher Stelle beide Gänge auf 27 Ltr. Länge von der nach SO einschiebenden Kreuzlinie an bauwürdig waren und die Grube eine 13jährige Blüthezeit hatte. Das Nebengestein ist Granit; gegen NW setzt der Gang aber in Gneiss über, der zwischen den Gruben Güte Gottes und Ferdinand in einer sog. Scholle im Granit eingelagert ist. Gegen SO findet das edle Mittel durch Zertrümerung der beiden Gänge sein Ende, welches aber eine locale Störung ist, da der Gang in Grube St. Joseph wieder geschlossen auftritt.

„Der Hauptgang Güte Gottes zeichnet sich dadurch aus, dass er im Hangenden von einem Schwarm zum Theil sehr edler Gangtrümer begleitet wird, die sich theils mit ihm vereinigen, theils aber auch bis auf 40 Ltr. Entfernung von ihm absetzen."

„Beide Gänge von Güte Gottes setzen in den Vogesensandstein (welcher hier den Granitstock im oberen Witticher Thal und im Zindelgraben kappenartig bedeckt) hinauf; sie verlieren auffallender Weise in demselben die Ablösung oder den lettigen Besteg, der ihnen im Granit eigenthümlich ist, und zeigen sich mit dem Sandstein fest verwachsen oder selbst verflösst, so dass letzterer selbst in der Nähe der Gänge kleine unregelmässige Nester und Augen von fleischrothem Schwerspath umschliesst." (Ebendas.) — Die Mächtigkeit der beiden Gänge beträgt 5 bis 10 Zoll; als Gangarten führen sie (im Granit) vorherrschend fleischrothen Schwerspath, selten hornsteinartigen und gewöhnlichen Quarz; an Erzen: im Schwerspath flocken-, nester- und trümerweise schwarzen Erdkobalt, grauen und weissen Speiskobalt, sowie Kobaltblüthe und

Kobaltbeschlag, alle nur selten silberhaltig und daher nur zur Farbenfabrikation geeignet; untergeordnet gediegen Silber, gediegen Wismuth (stellenweise in schweren derben Blöcken), Silberglanz und Rothgiltigerz. In der Nähe der Gänge war auch der Granit noch häufig mit Erzen (an einer Stelle bis auf 2 Ltr. vom Gang) imprägnirt. Die beiden Gänge sind durch den vom Zindelgraben ausgehenden Oberstolln, sowie durch den Schmiede- und den tiefen Stolln der zuvor beschriebenen 3 Gruben bebaut worden. — Im Schmiedestolln bestand das edle Mittel des Unverhofft Glück-Ganges aus 2 Trümern, die gegen SO in h. 9,3 und 6 fortsetzten, gegen NW sich schleppten; das eine war mit dem Nebengestein fest verwachsen, während das andere deutliche Ablösung zeigte.

Bei der Auffahrt des Schmiedestolln hat man interessante Gebirgsaufschlüsse gemacht. „Den Kern des mit einer (der erwähnten) Sandsteinkappe bedeckten Gebirgsstocks des oberen Witticher Thales und des Zindelgrabens bildet der Witticher Pinitoid-Granit, der sich hier in plattenförmiger Ablagerung nicht selten durch eine bei diesem Geatein sonst nicht gewöhnliche feinkörnige Zusammensetzung, sowie durch raschen und öfteren Wechsel mit oligoklasfreien, nicht erzführenden Gesteinsgliedern auszeichnet." „An die O- und N-Seite der Granitkuppel lehnt sich eine Gneissscholle. In der Nähe des Granits ist der Gneiss porphyrartig umgewandelt, so dass ein allmäliger und fast unmerklicher Uebergang zu erkennen ist. Im Hangenden dagegen, an der Grenze der jüngeren Gebirge (Vogesensandstein) besitzt er (der Gneiss) ganz das grauthonschieferartige Ansehen, wie am Silberberg." (Ebendas.)

Bei der Wiederaufnahme der Grube Güte Gottes im Jahre 1758 fand man in der weiteren Untersuchung des Unverhofft Glück-Ganges die erwähnte Erz-Imprägnation des Nebengesteins, und zwar stockwerksartig und so reich, dass man davon bis 1766 zehrte.

Im Buntsandstein sind die beiden Gänge der Grube Güte Gottes an mehreren Stellen aufgeschlossen worden. Der Unverhofft Glück-Gang führte aber nur im Stolln Bergmännisch Glückauf im Zindelgraben in weissem Schwerspath mit Sandsteinfragmenten Spuren von Kobalt. In einem anderen Stolln verdrückte sich der Gang beim Uebersetzen in den rothen Sandstein zu einer „dürren" Kluft. Dieselbe ist also hauptsächlich kobaltreich gewesen und daher, weil der Kobalt keinen Werth mehr hat, bergtechnisch unwichtig.

Die Grube Güte Gottes hat geliefert:
146 Mk. 6 Loth 12½ Gran Silber
zu . . . . . . . . . . . . . . . 3 120 fl. 18 kr.
19 025 Ctr. 55 Pfd. Kobalt und
Wismuth . . . . . . . . 177 324 - 33 -
Schaustuffen . . . . . . . . 38 - 12 -
188 483 fl. 3 kr.

Südlich der Grube St. Joseph ist der gleichnamige Gang 1748 im Sabina-Dobel, westlich des Böckelsbachs erschürft und unter dem Namen Neuglück bebaut worden. Die Gangart ist Schwerspath, am Liegenden einen weissen, am Hangenden einen schwarzen kobalthaltigen Besteg führend. Ausser Kobalt, welcher zeitweise Ausbeute lieferte, enthielt der Gang an einer Stelle auch viel Kupferwismuth. — In Bezug auf das Verhalten zum Nebengestein ist bemerkenswerth, dass da, wo das letztere mit Kobalt imprägnirt war, der Gang selbst nur aus einigen Zoll mächtigem Schwerspath bestand oder nur kobalthaltigen Letten führte. — Eine weitere seltene Erscheinung war die, dass in den oberen Bauen des 1786 wieder aufgenommenen Tagesschachtes Speiskobalt und schwarzer Erdkobalt zum Theil in Flussspath brach, „der sonst von den Kobalterzen sehr gemieden" wird.

Auf der südlichen Seite des Böckelsbachs ist die Fortsetzung des Ganges in dem 1751 angefangenen Stolln Simon aufgeschlossen und hier, wenn auch nur auf kurze Erstreckung, beim Schaaren von Trümern edel angetroffen worden, während der Sophia-Gang in dieser Gegend unedel war. Das im Simon-Stolln ausgerichtete edle Mittel des Joseph-Ganges zeichnete sich noch dadurch aus, dass es bei seiner kurzen Längenausdehnung 120 Ltr. niederbaute, eine Teufe, welche bis jetzt von keinem anderen Erzmittel der Kinzigthaler Gänge erreicht wurde. Die Gangart war Schwerspath und in schönen Kobaltdrusen brach hakenförmiges gediegen Silber, sowie Anflug von Roth- und Weissgiltigerz. Die vorherrschende Erzart war jedoch Kobalt, indem in den Bauen von Neuglück und Simon nur 34 Mk. 11 Loth und 15½ g Feinsilber, dagegen 10 640 Ctr. 59 Pfd. Kobalterze nach 1742 gewonnen wurden.

Den Joseph-Gang hat man noch weiter gegen SO am Gallenbach 1737 aufgesucht und hier mit Stollen und Gesenken unter dem Namen König David bebaut. Der Gang führte in einem Stolln weissen Schwerspath und weisslichen Letten im Gegensatz zu dem fleischrothen Schwerspath, welcher sonst der Begleiter der Erze im Witticher Revier ist, — mit derben und eingesprengten Kobalt- und Wismutherzen; aber schon bei

10*

5 Ltr. Tiefe keilte er sich aus. In seiner weiteren Erstreckung wechselt das Gangstreichen zwischen h. 8, 9, 10 und 12. Im tiefen Stolln führte der 5 bis 15 Zoll mächtige Gang ausser Schwerspath Fluss- und Eisenspath und an Erzen nur Rotheisenstein.

12 Ltr. im Liegenden setzt ein Gang in derselben Stunde aber westlich einfallend auf, 1 bis 1½ Fuss mächtig, mit Eisen- und Flussspath, eingesprengt Kupferkies, Kupferfahlerz, Kupferwismuth, schwarzer Erdkobalt in Flocken und Trümchen und Rotheisenerz. Am häufigsten kam Fahlerz und schwarzer Erdkobalt vor, aber nirgends bauwürdig. Der Gang war meistens mit dem Nebengestein fest verwachsen, stellenweise führte er einen schwarzen kobalthaltigen Besteg. — In der Tiefe sind diese Gänge am Gallenbach nicht untersucht worden.

Auch der Sophia-Gang setzt in diese Gegend fort. Im Stolln Neubergmännisch-Glück ist er h. 11 streichend mit Trümchen von Speiskobalt, aber unbauwürdig ausgerichtet worden.

c) Mit den beiden Hauptgängen St. Joseph und Sophia stehen die Gänge der Gruben Maria-Hilf, Gabe Gottes und Christianstolln an der Schlechthalde, sowie auch derjenige der Grube Daniel im unteren Gallenbach-Thal in Beziehung.

Der Gang Maria-Hilf wurde 1747 in h. 8 mit 80° NW Fallen erschürft und vom Stolln Bergmännisch-Glück aus aufgeschlossen, nur Kobaltspuren enthaltend. 11 Ltr. daneben setzt ein h. 9,2 mit NO Fallen, Schwerspath und Quarz führender Gang auf. Beide Gänge liegen am nördlichen Gehänge des Gallenbachs zwischen den genannten zwei Hauptgängen. Bedeutender als diese Versuche ist der Christian-Stolln gewesen, welcher 1730 begonnen und zur Aufschliessung (Durchquerung) der Witticher Gänge zwischen dem Silberg und dem Gallenbach im unverritzten Felde angelegt wurde. Der Sophia-Gang setzt am Mundloch des Stollns als Spathtrum, nach einigen Lachtern sich zu einer Kluft verdrückend, durch. Bei 100 Ltr. Länge ist wahrscheinlich der Maria Hilf-Gang mit Schwerspath und schönen Kobaltspuren durchquert worden. Bei 3 Ltr. Ueberfahrung wurde der Gang durch eine „rothe wilde Kluft hinweggenommen". Vor derselben befand sich bösliches Gestein, während hinter der Kluft ein sehr fester feinkörniger Granit, der im ganzen oberen Gallenbach vertreten ist, aufgeschlossen wurde. Der Stolln ist auf 200 Ltr. Länge vorangetrieben worden, wobei indess nur noch einige unbe-

deutende Spaththrümer durchfahren wurden, eins bei 160 Ltr. in h. 7—8, „welchem ein 3 Ltr. mächtiges Kobaltgebirge (Nebengestein) zusetzte."

d) Der Gang der am nördlichen Gehänge des Gallenbachs liegenden Grube Daniel streicht diagonal zu vorstehenden Gängen, in h. 7 mit 75° S Fallen. Derselbe ist schon in den ältesten Zeiten des Witticher Bergbaues untersucht und bebaut worden. — In der 1706 wieder geöffneten Grube fand man in einer kurzen Strecke eines 5 Ltr. tiefen Schachtes durch das von den Alten angewandte Feuersetzen „ein leichtflüssiges Mineral" (Wismuth) ausgeschmolzen. Beim Forthieb dieser Strecke war der Gang 1½ Fuss mächtig und Wismuterze führend. Mit einem 4 Ltr. tieferen Stolln wurde der Gang, aus Schwerspath mit fortwährend einbrechenden Wismuterzen bestehend, überfahren, und in einem 13 Ltr. tiefen Gesenke kam in einer Druse gediegen Silber und Glaserz von 98 Mark Silbergehalt vor. „Sonst kam im Gange nur antimonialische Speise vor, die noch Niemand hat zu gute machen können." — In dem 18 Ltr. unter dem Oberstolln angelegten Tiefstolln durchfuhr man den Gang 51 Ltr., meist in „freundlicher Beschaffenheit", Kupfer- und Wismuterze führend. Die Grube kam aber 1718 wegen Nichtbezahlung der Zubusse zum Erliegen.

e) Nördlich des Daniel-Ganges sind am Burgfelsen bei Wittichen vier Gänge zwischen dem Gange Georg daselbst und dem Sophia-Gange 1736 und 1840 mittelst Querstolln in h. 9,4, 8,4, 12 und 10,2 ausgerichtet worden. Letzterer fällt südwestlich ein und führt einige Zoll stark Quarz, Schwer-, Fluss-, Kalk-, Braun- und Eisenspath.

Der Gang Georg an dem zwischen dem Wittichen und Kalkbrunner Thal gelegenen Burgfelsen streicht h. 10 mit saigerem Fallen und besteht aus Schwerspath, feinkörnigem Quarz und Bruchstücken von Granit in oft breccienartiger Structur, mit Rotheisenstein, Eisenglanz, Pyrolusit, Manganit und Wad. In grösserer Teufe traten neben und statt der Eisen- und Manganerze Kupfererze auf. — Dieser Gang erweckte im Tiefstolln solche Hoffnungen, dass eine eigene Hütte errichtet werden sollte; das Kloster Wittichen hat aber nicht allein dieses Project hintertrieben, sondern auch die Einstellung der Grube erwirkt, 1707. — Von 1857 bis 1860 ist der Gang Georg in oberer Teufe auf Mangan gebaut worden.

Ein etwas westlich davon in h. 9,6 mit saigerem Fallen, also fast parallel streichender Gang ist in Grube Johann am Burgfelsen,

5 bis 10 Zoll mächtig, aus Schwer- und Flussspath, etwas Quarz mit sparsam eingesprengtem Kupferkies und Kieselkupfer, selten Fahlerz, Bleiglanz und Kobalterzen, sehr selten Spuren von gediegen Wismuth bestehend, aufgeschlossen worden. Am Liegenden befand sich ein weisser oder ein schwarzer kobalthaltiger Besteg. In einem 14 Ltr. tiefen Gesenke brachen nur Kobalterze.

f) Erwähnenswerth ist auch die am sog. Schmierdobel, zwischen den Gruben Sophia und Güte Gottes, in h. 4,4 auftretende kobalthaltige Lettenkluft, von 1736—1738 mit dem Stolln Conrad untersucht.

g) Oestlich von vorstehend beschriebenen Gängen treten im Kaltbrunner Thal noch einige Gänge auf: Gang Anton, h. 9 mit 60° SW Fallen und mit Spuren von Kobalterzen. Einer in h. 10,3 mit 75—80° NO Fallen ist 2 Fuss mächtig, Schwerspath, Granit und Rotheisenstein führend. Ein dritter Gang streicht quer zu den beiden vorigen in h. 6,2 mit 65—70° S Fallen, ist sehr mächtig, aus Schwer- und Flussspath bestehend und wurde auf letzteren als Flussmittel für die Witticher Hütte betrieben.

h) Nordöstlich von Wittichen sind im Reinerzauer Thal einige Gänge unter den Namen Segen Gottes, Alte und Neue Gabe Gottes untersucht worden. Hier ist ebenfalls Baryt vorherrschend, oft die alleinige Ausfüllungsmasse, in welcher meistens sehr sparsam eingesprengt Kupferkies und Kupfergrün; selten Fahlerz, Malachit; sehr selten Bleiglanz, sowie Wismuth und edle Silbererze, besonders Glaserz und gediegen Silber, letzteres mit Kobaltblüthe, Erdkobalt und Kobaltbeschlag auftreten. Untergeordnete Gangarten sind: blauer und grüner Flussspath, neben Baryt am häufigsten, Braun-, Kalk- und Eisenspath.

i) In der Richtung nach Schenkenzell setzt zunächst im Streichen der Gänge Joseph und Sophia ein Gang am Schmiededobel, Wildemann genannt, h. 11,5 und saiger auf, welcher aber mit aufgelöstem Granit und eisenschüssigem Letten ausgefüllt ist.

Ein seitlich davon liegender Gang ist mächtig, aber taub. Dagegen hat ein weiter östlich, im Streichen der Gänge Georg und Johann bei Wittichen, im Stockgrund bei Schenkenzell aufsetzender Gang 1743 viel Hoffnung auf einen neuen Kobaltbergbau erweckt. Dieser Gang führte Kobalt- und Silbererze innerhalb eines sehr „fündigen" Gesteins. Der Betrieb soll sehr planlos geführt und 1745 auf Anordnung des Bergamts eingestellt worden sein.

k) Südöstlich von Schenkenzell liegt, in der Streichrichtung der Gänge Joseph und Sophia, im Tannengrund ein mächtiger, aber tauber Schwerspathgang.

l) Zwischen Schenkenzell und Schiltach tritt an der Winterhalde ein ziemlich mächtiger Schwerspathgang auf, der ausser schwarzem Mulm in Drusen keine Erze führt.

m) Etwas bedeutender war der mit letzterem Gange parallel streichende, jenseits der Winterhalde am Egenbach in der Grube Luitgardis untersuchte Gang von 1 Fuss mächtigem Schwerspath. Der Gang wurde durch bis zu 2½ Ltr. mächtige Klüfte häufig gestört und theilte sich zuletzt in 3 Trümer, von denen die beiden hangenden Kobalt-, das liegende Kupfer-Spuren geführt haben sollen.

n) Weiter thalabwärts, nach Schiltach zu, tritt der Gang Dominik in festem kleinkörnigem Granit an der am westlichen Gehänge des Thales gelegenen Sommerhalde auf, welcher sich südöstlich in den im Walde zwischen Kaibach und Schiltach auf Eisenstein betriebenen Arbeiten, sowie in den weiter südlich im Rohrbach gelegenen Gruben Maria und Elisabeth fortzusetzen scheint. In letzterer Grube sollen nach Gmelin's Beiträgen zur Geschichte des deutschen Bergbaues (1783, S. 427) neben Kupfererzen auch Kobalt- und Silbererze vorgekommen sein.

Die Gänge Luitgard, Dominik und Elisabeth liegen in der Streichrichtung der Gänge Anton, Andreas und Fröhlich Glückauf im oberen Heubachthal.

o) Unterhalb Schiltach an der Mündung der letzteren setzt vom Hohenstein durch das Kinzigthal der Gang Jacob, in h. 10,6 mit 60—70° NW Fallen, der 10 bis 30 Zoll mächtige weisse Schwerspath in grobkörnigem porphyrartigem Granit führt, aber von Erzen keine Spur. — Dieser Gang scheint südöstlich mit den Gängen der Gruben Isaakssegen im Reichenbächle und Eberhard im Kienbächle, welche wie die der Gruben Maria und Elisabeth Kupfer-, Kobalt- und Silbererze geliefert haben, identisch zu sein.

p) In ziemlich derselben Streichrichtung vom Kinzigthal gegen NW liegen die Gänge der Gruben Frisch-Glück und Ferdinand im Sulzbächle. — Erstere Grube, welche zuletzt in den 1720er Jahren betrieben wurde, soll ausser Kupfererze vorzugsweise Glaserz geliefert haben. — Die Schürf- und Versuchsarbeiten im Grubenfelde Ferdinand sind von 1776 bis 1793 ausgeführt worden, um namentlich den Gang von Frisch-Glück auszurichten. Im sog. Rappenloch hat man mehrere Gänge und Trümer in h. 2—3 mit 60° O Fallen erschürft, welche in Schwer-

spath geringe Spuren von Kupfererzen
führten. Ein h. 10,7 mit 90° streichender
Gang im Weiherloch war nur einige Zoll
mächtig mit Schwerspath und eingesprengtem
Kupferkies und Kupfergrün. In einem
Stolln wurde dieser Gang bald von einer
h. 5 streichenden, stark mit Kieselkupfer
beschlagenen Lettenkluft abgeschnitten und
dahinter nicht wieder ausgerichtet. Beim
Verfolgen der Kluft, welche allmälig
Schwerspath aufnahm, erreichte man zu-
nächst im Nebengestein und später in der
Kluft oder dem Gange selbst Spuren von
Kobalt- und verschiedenen Kupfererzen.

Hiermit schliesst das Witticher Revier
gegen W ab. Die Gänge desselben streichen
fächerförmig dem Vereinigungspunkte der
Gänge des Friedrich Christian- und des
Clara - Gangzuges an der Moos zu und
dürften zu der ausserordentlich grossen
Schwerspath-Anhäufung in den mächtigen
Gangspalten daselbst beigetragen haben.
Die Hauptgänge der Witticher Gruben
(St. Joseph, Güte Gottes und Sophia) sind auf
ca. 3500 m Länge durch zusammenhängende
bergmännische Arbeiten aufgeschlossen.
Merkwürdig ist, dass bei der grossen
Ausdehnung der Kobalt - Silberformation,
welche am äusseren Fächerrande eine Fläche
von über 8000 m Breite einnimmt, nur
einige Gänge und diese auf sehr kurze Erstreckungen edel und bauwürdig waren.
Weiter charakteristisch ist auch, dass die
edlen Mittel mit ihrem verhältnissmässig
grossen Reichthum an gediegen Silber durchgehends in geringer Tiefe unter Tage beginnen und mit einiger Ausnahme nicht tief
niedersetzen, überhaupt zu sehr von der
Beschaffenheit des Granit-Nebengesteins abhängig sind, so dass die Witticher Gänge
für weitere bergmännische Unternehmungen
kein günstiges Feld zu bieten scheinen.
Geologisch aber werden die Witticher Gänge
immer zu den interessantesten des Schwarzwaldes zählen.
Die Gesammtproduction des Witticher
Reviers betrug nach 1707:

27 994 Mk. 9 Loth 6½ Gr. Feinsilber
    307 Ctr. 72½ Pfd. Silbererze,
      4  -    -    - Kupfererze,
      1  -   33    - Kupfer,
      —  -   36    - Wismuth,
 54 581  -   36    - Kobalterze,
  1 383  -   15    - Hüttenproducte und
  4 966 fl. 47½ kr. an Schaustuffen, mit einem
Erlös von 1 125 758 fl. 3½ kr.

Die Production des Blaufarbenwerks ist
im Vorhergehenden (S. 73) bereits angegeben
worden.                    *C. Blömeke.*

[*Fortsetzung folgt.*]

**Das Goldvorkommen in Transvaal.** (Nach
Dr. K. Futterer: „Afrika in seiner Bedeutung für die Goldproduktion in Vergangenheit, Gegenwart und Zukunft". Berlin 1895,
Dietrich Reimer. S. 109—117. S. Litt.-No. 26.)
Die auf Tafel II nach Futterer wiedergegebene Uebersichtskarte der Goldfelder
von Transvaal veranschaulicht die Lage und
die Art der verschiedenen bis jetzt bekannten Vorkommen der südafrikanischen Republik in besserer Weise als die in dieser
Zeitschrift 1894 S. 261 gegebenen
Kärtchen. Eine kurze geologische Charakteristik der einzelnen Goldfelder nach Schmeisser gaben wir d. Z. 1894 S. 157—159; im
Anschluss daran seien hier die alle bisherigen Beobachtungen zusammenfassenden Ausführungen Futterer's im Auszuge wiedergegeben.
Durch das südliche Transvaal verläuft,
etwa in der Richtung WSW—ONO, aus dem
Westen von Griqualand-West längs des Vaal-
Flusses bis in die portugiesischen Besitzungen an der Ostküste eine breite Zone von
complicirtem tektonischen Baue und grosser
Mannigfaltigkeit der sie zusammensetzenden
Gebirgsglieder. Die Gebiete nördlich und
südlich dieser Zone sind in ihrem Charakter
und ihrer geologischen Stellung durchaus
von einander verschieden: hier, im Süden
(Orange Freistaat und Norden der Kapkolo-
nie), sind horizontal gelagerte Sandsteine
und Schiefer der verschiedenen Stufen der
Karooformation, welche von zahlreichen Gängen von eruptiven Gesteinen durchsetzt sind
und ausgebreitete Decken solcher Gesteine
tragen; dort, im nördlichen Transvaal und
weiter nach N, nehmen die Gesteine des krystallinen Grundgebirges, alte Schiefer, Gneise
und Granite, einen hervorragenden Antheil
an der Zusammensetzung des Gebietes. Zwischen diese beiden geologisch selbständigen
Areale schiebt sich jene Zone ein, deren
Gesteine von hohem, zum Theil noch unbestimmtem Alter in complicirter Weise gefaltet und zusammengeschoben sind; zahlreiche Ergüsse von Eruptivgesteinen haben
Decken und ausgebreitete Kuppen gebildet,
und einen wichtigen Antheil an der Zusammensetzung erhalten steil gestellte Sandsteine
und Conglomerate. Auf weite Strecken hin
lagern, die complicirten tektonischen Verhältnisse verhüllend, discordant darüber horizontale Sandsteine der obersten Glieder
der Karooformation, die durch ihre Koh-
lenführung ausgezeichnet sind. Natürlich
halten diese sich als selbständiges Gebirgsglied in ihrer Verbreitung nicht an die Zonen, sondern greifen über deren Grenzen
nach N, noch mehr aber nach S hinaus.

Von verschiedenen Autoren sind zur Bezeichnung der einzelnen Schichtsysteme andere Bezeichnungen gebraucht worden; um deren Synonymie sowie die jeweiligen Discordanzen der Schichtfolge klarzustellen, möge folgende Tabelle die wichtigsten und am meisten gebrauchten Namen zusammenstellen (vergl. d. Z. 1894 S. 365):

vaal seinen Ruf erhalten hat. Die Zweitheilung dieser Formation wird sich, nachdem das obere Schichtsystem transgredirend über anderen Schichten beobachtet wurde, als nothwendig erweisen; das Gold kommt ebensowohl in der oberen wie in der unteren Abtheilung vor; aber in dieser sind es Conglomeratlager, sog. „Banket-Reefs",

| Nach Schenck | Penning | Dunn | Gibson | Molengraaff |
|---|---|---|---|---|
| Stormberg-Schichten (Rhät), Ecca-Schichten (Carbon-Perm) | Iligh-Veld Beds } Oolith Kimberley Beds | Coal Measures = Upper Karoo, formerly Stormberg Beds, Kimberley Shales | Coal bearing Rocks | Kohlenführende Formation |
| Discordanz — — | | | | |
| Kapformation (Devon-Carbon) | Klipriver Beds Chalcedolite Black Reef Series Dolerite Series Witwatersrand Beds } Klip River Series (Devon) Megalisa Berg-Formation | Lydenburg Beds | Quarzit and Conglomerate Series | Obere Kap-Formation: Gutsrand-Schichten Malmani-Dolomit. Untere Kap-Formation: Boschrandschichten Diabas und Mandelstein Witwatersrandschichten |
| Discordanz — — | | | | |
| Swasi-Schichten (Silur) | Cape Valley Beds (Silur) | Namaqua-Land Schists. Discordanz — — | Lover Quarzit and shale group | Alte Schieferformation |
| | | | Gneis-schists and Granit | Granit und krystallinische Schiefer. |

Das Gold kommt innerhalb der angeführten Schichtreihen in folgenden Horizonten vor: Während das Granit-Gebiet Transvaals arm an erzführenden Gängen ist und in den Quarzgängen desselben oft jeder Goldgehalt fehlt, tritt er in den Gliedern der Schieferformation (Swasi-Schichten) schon mehr oder weniger reichlich ein. Diese Quarzgänge sind natürlich örtlich sehr verschieden, nicht nur nach ihrem Charakter, ihrer tektonischen Stellung und Mächtigkeit, sondern auch nach ihrem Goldgehalt. Dieser ist zuweilen innerhalb bestimmter Theile eines Ganges in Erzfällen und Erzsäulen angereichert; sie zeigen alle die Wechsel und Unbeständigkeiten, welchen Gänge zu unterliegen pflegen; manche sind aber sowohl in ihrem Streichen wie in ihrer Mächtigkeit auf weite Strecken hin constant. Die Goldfelder von de Kaap, das Komati-, Selati-, Klein-Letaba-, Molototsi-, Houtboschberg-, Marabastad- oder Smithsdorp-Goldfeld gehören zu dieser Gattung von Goldlagerstätten, unter denen manche unter so eigenartigen Verhältnissen das Gold in kleinen Trümchen oder linsenförmigen Quarzkörpern innerhalb des umschliessenden Schiefergesteins angereichert enthalten, dass man kaum von eigentlichen Gängen mehr reden kann.

Auf die alte Schieferformation folgen die verschiedenen Glieder der Kapformation, durch deren besonderen Goldgehalt Trans-

welche den grössten und constantesten Goldgehalt lieferten, dort sind es goldführende Quarzgänge im Malmani-Dolomit. Ausser den vielen Gruben, welche am Witwatersrande auf den verschiedenen Flötzen der unteren Conglomerate bauen, kommen unter denselben Verhältnissen goldführende Conglomeratbänke bei Klerksdorp vor, und manche Autoren gehen so weit, sie in der auf dem Kärtchen (Tafel II) bezeichneten Weise direct mit den Conglomeraten des Witwatersrandes in Verbindung zu setzen, obwohl sie auf den Zwischenstrecken noch nicht anstehend gefunden wurden. Die tektonischen Verhältnisse sind hier complicirter; aber ausser den zusammengefalteten, in zwei besondere tektonische Glieder zerfallenden Witwatersrandschichten kommt hier, ebenso wie südlich von Johannesburg, über einer Decke von Eruptivgesteinen noch eine jüngere Serie mit goldführenden Conglomeraten vor, die Black-Reef-Serie oder Boschrandschichten genannt sind und an beiden Orten auf Gold abgebaut werden.

Die goldführenden Conglomerate im Distrikte von Heidelberg südöstlich von Johannesburg und diejenigen südlich des Vaal bei Reitzburg werden ebenfalls den Witwatersrandschichten gleichgestellt; über ihren tektonischen Verband ist noch nichts Bestimmtes ermittelt. Anderweitige Conglomeratbildungen, die ebenfalls als gleichwerthig mit denen des Witwatersrand angesehen werden, kommen vor im Vryheid-Goldfeld[1]) südöstlich von Johannesburg, im südöstlichen Theile von Transvaal.

Auch im Lydenburg-Distrikt, nördlich von De Kaap, kommen Conglomerate vor, deren Lagerungsverhältnisse zum Theil starke Störungen zeigen (Pilgrims Rest). Von Interesse ist die Beobachtung, dass auf den Bergen südlich von Hänertsburg ein Conglomeratflötz von 2—8 g Goldgehalt pro Tonne im unteren Theile der die alten Schiefer discordant überlagernden Sandsteine der Kapformation auftritt; ebenso weist Schmeisser mit Recht darauf hin, dass durch ähnliche jetzt zusammenhanglose Vorkommen in den Bergen um das De Kaap-Thal die einstige weit ausgedehnte und allgemeine Verbreitung der Conglomerate constatirt wird. Es scheint fast, als würden diese Conglomerat- und Sandsteinschichten der unteren Kapformation die Grenzen eines alten Continents bezeichnen, der nördlich und nordwestlich lag und aus dessen Abtragung sie sich bildeten.

In der jüngeren Stufe der Kapformation kommt das Gold unter wesentlich anderen Bedingungen vor. In dem Malmani-Dolomite treten zahlreiche goldführende Quarz-

gänge auf, die bei verticaler Stellung im Malmani-Goldfelde von NNO nach SSW streichen. Das charakteristische und gemeinsame Merkmal des Goldvorkommens in Quarzgängen dieses Dolomits ist die Paragenese, d. h. das Zusammenauftreten des Goldes mit Kupfererzen. Im Gebiete des Malmani-Dolomits kommen auch bei Kromdraai goldführende Gänge vor auf Barnaarts plaats; auch andere Erzläger finden sich in demselben. — In der obersten Stufe der oberen Kapschichten, in den Gatsrandschichten, ist bis jetzt noch ebensowenig etwas von Goldvorkommen bekannt geworden, wie in den meist horizontal lagernden Schichten der kohlenführenden Formation.

Einer besonderen Erwähnung bedarf es nicht, dass bei dem grossen und weit verbreiteten Goldreichthum in den bezeichneten Formationen überall, wo diese zu Tage treten, die Möglichkeit vorliegt, dass Gold in die Flussablagerungen gelangt und Anlass zu Seifenablagerungen giebt; mehrfach wurden solche noch vor dem anstehenden goldführenden Gesteine gefunden und abgebaut.

### Gold in Deutsch-Südwest-Afrika.

(Aus Dr. K. Futterer: „Afrika in seiner Bedeutung für die Goldproduktion in Vergangenheit, Gegenwart und Zukunft". Berlin 1895, Dietrich Reimer. S. 99—104.) „Der Glaube an das Vorhandensein grosser Reichthümer an Erzen und besonders an die Entdeckung von Gold in den deutschen südwestafrikanischen Schutzgebieten ist, obwohl in Folge der verschiedenen wissenschaftlichen Untersuchungen eine bedeutende Ernüchterung eingetreten ist, noch immer vorhanden. Der Betrieb einiger Kupferbergwerke mag dazu die Veranlassung sein, nachdem festgestellt war, dass in der That Gold in Verbindung mit diesen Kupfererzen vorkommt. Aber dazu, um vom „deutschen Californien" zu reden, fehlt jede Berechtigung. Auf die Geschichte der Entdeckung des Goldvorkommens, die angeblich zuerst in Australien an einem von der Pot-Mine dorthin gebrachten Stücke goldhaltigen Quarzes gemacht worden sein soll, einzugehen, lohnt sich kaum der Mühe. Noch im Jahre 1888 enthält die Zeitschrift „Gaea"[1]) einen Aufsatz, der darüber berichtet und angiebt, dass der damals bekannte reichste Fundpunkt auf einer Insel im Tsoakhaub-Flusse, zwischen der Walfischbai und Otyimbingwe, sich befinde, und dass die Bastards, nachdem sie die Beschaffenheit der goldführenden Riffe kennen

---

[1]) Dort hatte das Denny-Dalton Syndicate unmittelbar an den Grenzen zu Britisch Zululand im Vryheid-Goldfeld aus Conglomeraten bestehende Goldlager in Abbau genommen und dadurch in Natal grosse Aufregung hervorgerufen, da man glaubte, einen zweiten Witwatersrand entdeckt zu haben. In der That bezeichnete der als Experte fungirende Furlonge diese goldführenden Conglomerate in allen wesentlichen Punkten als ident mit denen von Johannesburg. Das Gebiet besteht aus einer sehr mächtigen aufgerichteten Sedimentformation, in der die Conglomeratbänke wie am Witwatersrand liegen; vulkanische Gesteine bilden auch hier mächtige Gänge und Decken. Eine Conglomeratschicht von etwa 4 Fuss Mächtigkeit ist hart und zeigt viel Pyrit; der Goldgehalt soll durch das ganze Flötz 14 dwts. 10 g betragen. Darüber folgt ein anderes Conglomerat mit einem durchgängigen Goldgehalte von 1—2 dwts. pro Tonne. Durch weiche Sandsteinbänke getrennt folgen noch weitere Conglomeratflötze von demselben pyritischen Charakter, wie das zuerst beschriebene, aber mit Goldgehalt, der bis 24 und 25 dwts. pro Tonne steigt und in unzersetzten Theilen der Conglomerate noch höher ist als am Ausgehenden derselben. Noch weiter im Hangenden folgende Conglomeratlager sind wieder weniger reich an Gold.

Nach Allem scheint eine grosse Aehnlichkeit mit der Art des Goldvorkommens am Witwatersrande hier im Vryheid-Districte vorhanden zu sein; ob es auch in geologischen Sinne gleichwerthige und gleichaltrige Conglomerate sind, welche hier das Gold enthalten, ist noch nicht mit Sicherheit festgestellt. Die Zukunft des Bergbaues hier wird, wenn die oben angegebenen Schlussfolgerungen richtig sind, jedenfalls unter den gleichen günstigen Verhältnissen stehen, wie diejenige des Witwatersrands.

[1]) „Die Goldfunde im deutschen Herero-Lande." Gaea 24, 1888, S. 154.

gelernt haben, bereits Säcke mit Goldquarz aus den verschiedensten Gegenden bringen. Die folgenden Berichte lauten nicht minder hoffnungsreich. Dr. Schwarz[2] behauptet, dass es ihm selbst gelungen sei, hoffnungsvolle Goldadern bloszulegen, und auch von „officieller Seite" soll das Vorkommen von Gold an mehr denn sechzig Stellen constatirt worden sein!

Wenn als Beispiel für die grosse Entwickelung der Erzgewinnung Transvaal angeführt wird und dadurch die Aussicht auf einen ausgiebigen Bergbau und darauf gegründete Industrie auch für diese Gebiete als nicht zu bezweifeln hingestellt wird, so ist leider bis jetzt aus den natürlichen Hülfsquellen des Landes ein solcher Schluss zum mindesten als ungerechtfertigt zu bezeichnen.

Das Gold ist im Khuiseb-Gebiete, wie im Damaralande überhaupt, meist an Kupfererze gebunden, die, wie es scheint, mit Quarz in Gängen auftreten. In dem stark coupirten, sehr geröllreichen Terrain waren die Nachforschungen schwierig und etwas Malachit im Granit war stellenweise die einzige Spur von Kupfererz. Als erschwerende Umstände kommen die Unwegsamkeit, die Wasser- und Vegetationsarmuth in ernster Weise in Betracht, so dass selbst bei mächtigerem Auftreten von Kupfererzen und höherem Goldreichthum die gewinnbringende Extraction des letzteren in Frage gestellt wäre.

Wird doch von der Matchless-Mine angeführt, „dass der Betrieb eingestellt wurde, weil der schwierige Transport der reichen Kupfererze der Rentabilität im Wege stand, Mangel an Holz und Kohlen aber die Verhüttung an Ort und Stelle unmöglich machte".

Auch aus der Umgebung von Goagas waren Nachrichten von Goldvorkommen aufgetaucht; aber die Untersuchung der Quarzgänge durch Pulverisiren und Auswaschen des Quarzes ergab weder Kupfererze noch Gold. Das anstehende Gestein ist ein glimmerreicher Gneis mit vielen Granaten. — Die auch in anderen Theilen im Glimmerschiefer zahlreich vorkommenden Adern von milchtrübem Quarz erweisen sich immer als taubes Gestein.

Etwas hoffnungsreicher schienen die Schürfarbeiten bei Ubeb zu sein, durch welche Gänge mit Gold und Kupfererzen erschlossen sein sollten. Es folgt hier, was Dr. Schwarz[3] darüber sagt:

„Die hoffnungsvollen Mittheilungen, die mir brieflich geworden waren, bestätigten sich vollständig. Ich stieg selbst in die angelegten Schürfschächte hinab; das Vorhandensein von wirklichen Gängen konnte dort selbst dem Nichtfachmanne kaum entgehen. Ebenso lieferten die verschiedenen Waschproben, die wir ausführten, stets dieselben günstigen Resultate, wie jene, welche während meiner Abwesenheit stattgefunden hatten. Die in unserem Dienst befindlichen Eingeborenen hatten auf ein Querthälchen im nahen Gebirge als auf ein in der Regenzeit wasserreiches Gebiet aufmerksam gemacht. Wir begaben uns dorthin und fanden eine schluchtartige Rinne, welche aus bedeutender Höhe in Absätzen, die bereits kleine, von niederstürzenden Wasser ausgehöhlte Bassins darstellten, zur Fläche herablief. Ohne sonderliche Mühe würde man hier Reservoirs herstellen können, deren Inhalt zum Betrieb einer Goldwäsche sicher für das ganze Jahr ausreichen dürfte."

Viele dieser angeblichen Angaben von reichen Goldvorkommen hielten aber einer genaueren Untersuchung nicht Stand und viele Hoffnungen wurden getäuscht. So führt Stapff[4] an, dass die Hope-Mine im unteren Khuiseb-Gebiete untersucht und hier kein Gold fand, dass es auch Schenck nicht gelang, im Sande des Kân-Gebietes, in dem früher Gold angegeben war, dieses zu finden, und von der Untersuchung der Fundstellen im Kân-Gebiete selbst musste er ebenfalls mit negativem Erfolge zurückkehren.

Unzweifelhafte Goldproben wurden 1887 aus dem Flussgebiete des Tsoakhaub oder Svakop River nach Deutschland gebracht und auch von der Matchless-Mine im Hinterland der Walfischbai soll ein Gesteinsstück mit gediegen Gold stammen.

Herrn Dr. Dowe verdanke ich noch die folgende Mittheilung: Ende 1892 wurde an der Svakop-Mündung Waschgold in schwerem, schwarzem Sande gefunden; dass später von der Bergbehörde in Windhock untersuchter Sand von jenem Fundpunkte kein Gold enthielt, erklärt sich durch starke Sandverschiebungen, die durch ein aussergewöhnlich heftiges Fliessen des Flusses während der Regenzeit 1892/1893 verursacht wurden.

Eine zuverlässige Zusammenstellung der bekannten Fundpunkte für technisch nutzbare Mineralien in Deutsch-Südwest-Afrika giebt Gürich, der wir hier den auf das Gold bezüglichen Theil entnehmen. (Vergl. Fig. 26.) Auf einer im Auftrage des Südwest-Afrikanischen Goldsyndikats zu Berlin nach Damara- und Namaqua-Land unternommenen Reise hatte Gürich Gelegenheit, das vielberufene Goldvorkommen in Südwest-

---

[2] Schwarz, Das deutsche Californien. Geogr. Rundschau 1890, XII, S. 241—246.
[3] Schwarz, Im deutschen Goldlande. Reisebilder aus dem südwest-afrikanischen Schutzgebiet. Berlin 1889.

[4] Stapff, Südwest-afrikanisches Gold. Deutsche Kolon.-Ztg. N. F. I, 1888, No. 10, S. 77.

Afrika kennen zu lernen. Hier folgt, was
er darüber angiebt[5]):

„Gold. Fundorte: 1. Am oberen Aïb, einem
kleinen Flusslaufe an dem NO-Fusse des Chuosgebirges. In kleinen Blättchen und Körnchen
in zersetztem Gneis mit Kieselkupfer und Malachit.

2. Ussab, 4 km unterhalb der Wasserstelle an
den Uferfelsen der rechten Seite des Schwachaub.
Kleine Fünkchen Gold mit Malachit und leder-
braunem Kupferpecherz im Quarz aus einer quarzreichen Partie im Gneis. Durch Petrus Kloete erhalten.

3. Pot Mine, Insel im Schwachaub. Das
Gold in stecknadelkopf- und wenig grösseren Kör-
chen mit Malachit, Kieselkupfer, braunem Kupferpecherz, Magneteisen, Epidot, Granat, Amphibol,
auch Quarz, Feldspath und Titanit.

4. 1 km nördlich von vorigem. Nur ein grösseres Körnchen Gold mit Quarz, Epidot, Granat,
Kupferglanz, Malachit, Molybdänglanz und Scheelit.

5. „Du Toit's Mine" bei Harachab, in den
Bergen nordöstlich von Usakos. Kleine Flimmer
in Brauneisen aus krystallinischem Kalk. Bei Du
Toit gesehen.

6. Zwischen Zawichabberg und Chuos-
gebirge an dessen Südostseite. Gold mit Malachit und Kupferglanz in weissem Quarz. Durch
Petrus Kloete.

7. Bei Bohlmann's Schürpfahl No. 50
auf der Höhe des Chuosgebirges bei Churu-
chas. Goldflimmerchen in derbem Kupferglanz.

8. Turuchaus bei Rehobot. Goldkörnchen
mit Malachit in Quarz. Durch Dr. Fleck.

9. Niguib am Kuisib. Gold in sehr feinen
Schüppchen in mehreren Wismuthgängen. Desgl.

10. Bei Arikananis ⎱ südlich von Niguib
11. Bei Aussinanis ⎰          am Kuisib.
12. Bei Guagos.
13. Bei Ussis."

Ueber die Einzelheiten hatte Gürich schon
1889 in einem Vortrage in der deutschen
geologischen Gesellschaft[6]) Mittheilungen gemacht, aus denen neben dem schon Angeführten hervorgeht, dass die sog. Goldreefs,
die man im Norden in den Gebirgen zwischen
Usakos und Karahib gefunden haben
wollte, aus mehreren linsenartig im krystallinen Kalke eingebetteten Kieseinlagerungen
bestehen, die riffartig hervortreten und auch
Gold in sehr fein vertheiltem Zustande führen;
auch in dem Marmor wie in eisenerzreichen
Einlagerungen desselben hat sich Gold in
sehr geringen Mengen gefunden, das aber nur
an der Oberfläche vorhanden zu sein scheint.
Gürich nimmt denn auch an, dass das Gold
von Kupfersulphid-Einlagerungen im Gneis
an der Oberfläche durch Zufuhr von aussen
concentrirt wurde und nicht aus der Zersetzung der Sulfide allein hervorging, da es

in den unzersetzten Kiesen nicht in gleicher
Menge gefunden werden konnte.

Es ergiebt sich aus dieser Zusammenstellung unmittelbar die Paragenese des Goldes
mit den Kupfererzen oder mit Brauneisen,
und für diese Erze hält Stapff wenigstens
im Gebiete der Hope-Mine eine Entstehung
aus Kupfer- und Schwefelkiesen, die am Ausgehenden in oxydische Erze verwandelt wurden, für wahrscheinlich. Es würde dann
auch für das Gold ein Auftreten in Schwefelkiesen wahrscheinlich, in deren oxydischen
Umwandlungsproducten dasselbe so ausserordentlich häufig vorkommt.

Die Paragenese von Kupfer und Gold ist
für das deutsche Südwestafrika bezeichnend
und wenn auch das Goldvorkommen spärlich
zu sein scheint, so könnten doch die Kupfererze Träger des Bergbaues werden und
nebenbei in zweiter Linie noch ein Gold-
ertrag erzielt werden. An vielen Orten und
in besonders ausgedehntem Maasse kennt man
die Begleitung von goldführenden Quarzgängen durch Kupfererze in Australien und
ebensowohl wie goldhaltige Kupfererze vorkommen, tritt auch Kupfergehalt in goldführenden Gängen auf. Das erwähnte Zusammenvorkommen dieser beiden Metalle ist
somit weder für unsere deutsche südwest-
afrikanische Colonie neu noch für die Goldvorkommen Afrikas, da wir ähnliches schon
aus dem südlichen Marokko erwähnt haben
und in noch ausgedehnterer Weise vielleicht
aus centralen Theilen des südlichen Afrika
kennen lernen werden.

Von Interesse ist das Zusammenvorkommen des Goldes mit Wismuth an den zuletzt
angegebenen Fundorten.

Wo das Gold mit Wismuth und Wolfra-
mit vorkommt, ist es in kleinen Gängen
von ¹/₂ m Mächtigkeit und höchstens 100 m
Ausdehnung, die besonders zahlreich bei
Ussiss in der Nachbarschaft von granitischen
Gesteinen auftreten.

Wismuth, Wolframit und Gold sind in
dieser Paragenese ausser in den Gängen von
Niguib, Ueb, Ussiss, Guajos auch sonst
schon beobachtet worden; aber ein Zusammenhang mit den Granitmassiven ist noch
nicht erwiesen, trotz der diesbezüglichen
Hinweise v. Elterlein's.

Was das geologische Auftreten dieser
Erze im Allgemeinen anbelangt, so gehören
sie dem krystallinen Grundgebirge an, das
uns die vorzüglichen geologischen Untersuchungen von Gürich, Stapff[7]) und Schenck[8])

---

[5]) Gürich, Geologisch-mineralogische Beobachtungen aus Südwest-Afrika. N. Jahrb. f. Min. etc.
1890, I, S. 108—117.
[6]) Gürich, Goldlagerstätten in Deutsch-Südwest-Afrika. Z. d. deutsch. geol. Ges. 41, 1889,
S. 569.

[7]) Karte des unteren Khuisëbthales. Peterm.
Mitthl. 1887, S. 204; Verh. d. Ges. f. Erdkunde in
Berlin 1887.
[8]) S. d. Z. 1894, S. 151.

in grosser Ausdehnung im Damara- und Herero-Lande kennen gelehrt haben. Granit und Gneise, sowie die verschiedensten Glieder der krystallinen Schieferformation, die von N nach S streichen, erstrecken sich von der Küste bis fast zur Kalahari. Nur wenige

zwischen einigen von ihnen und dem Goldvorkommen existirt, fehlen Beobachtungen und Mittheilungen.

Das Vorkommen von Gold in den Alluvien, welche nach Schenck feinsandige und thonige, schlickartige Massen in den trocke-

Fig. 26.
Kartenskizze von Deutsch-Südwestafrika.

Tafelberge sind vorhanden, die aus Schichten bestehen, welche Gürich dem Tafelbergsandstein gleichstellt, während sie Schenck für älter hält und in ihnen die Aequivalente seiner Capformation sieht, die in Transvaal discordant über den Gneisen und krystallinen Schiefern auftritt. Gänge verschiedener Eruptivgesteine, wie Porphyre, Grünsteine und basaltische Gesteine durchsetzten die Schiefer; darüber, ob ein causaler Zusammenhang

nen Flussbetten oder Ablagerungen an den Ufern der grösseren Flüsse wie z. B. am Orange-Strom bilden, bedarf trotz an verschiedenen Stellen vorgenommener Untersuchungen doch noch genauerer Feststellung. Es scheinen wesentliche Punkte für das Goldvorkommen in Flussseifen bei jenen Untersuchungen unberücksichtigt geblieben zu sein, wie z. B. dem Umstand keine Rechnung getragen worden scheint, dass man die Allu-

11*

vien bis auf die Grenze des anstehenden, das Flussbett bildenden Gesteines durchsinken muss; die oberen Lagen des Alluviums zeigen oft keine Spur eines Goldgehaltes, während ein solcher in unregelmässigen Höhlungen, Canälen und Vertiefungen des festen $Fluss_a bette_a$ zu abbauwürdigen Mengen angehäuft sein kann. Es ist sehr in Frage zu stellen, ob nach dieser Richtung hin die Erforschung der trockenen Flussläufe gründlich genug und mit Sachkenntniss vorgenommen worden ist; der mehrfach in den Alluvien constatirte geringe Goldgehalt legt wenigstens die Vermuthung nahe, dass es auch an Stellen nicht fehlen werde, an welchen derselbe mechanisch angereichert sich finden dürfte.

Wir kommen hierdurch für die Möglichkeit einer Goldgewinnung aus Goldseifen auf dasselbe Resultat hinaus, das v. Elterlein[9] bei seiner Besprechung der anderen Goldvorkommen in Deutsch-Südwestafrika erlangte und das darauf hinausläuft, dass die Hoffnung berechtigt ist, dass noch weitere Erzfundpunkte zu entdecken sein werden.

Wenn man es versuchen wollte, auf Grund der hier dargestellten thatsächlichen Verhältnisse ein Urtheil über den technischen Werth dieser Goldvorkommen abzugeben, so dürfte grosses Gewicht auf die das Gold begleitenden Erze, die Kupfer- und Wismutherze zu legen sein, da bei der offenbar geringen Menge des Goldes die Betriebskosten von den ersteren getragen werden müssen. Obwohl dem Bergbau bedeutende technische Schwierigkeiten entgegenstehen, wird doch Kupfer an verschiedenen Stellen mit wechselndem Erfolge gewonnen. Das Klima ist nicht ungesund und wenn auch diese Theile unter grosser und andauernder Hitze zu leiden haben, so fehlen doch auch die Niederschläge nicht ganz, welche in sommerlichen Gewitter- und winterlichen Nebelregen bestehen. Aber die Aussichten für das Entstehen einer Bergwerkscolonie sind bei dem Wassermangel, der noch herrschenden Unsicherheit im Lande nicht als hoffnungsreich zu bezeichnen.

Ueber die südlicheren Theile des deutschen Schutzgebietes, über Gross-Namaqualand fehlen Nachrichten über Goldvorkommen, wenn man von den beiden folgenden Notizen absieht, gänzlich. Mc. Call Theal[10] erwähnt, dass i. J. 1777 Nachrichten über Gold in Gross-Namaqualand kamen. Es wurde mehrfach berichtet, dass in der Wüste nördlich vom Orange-Strom und östlich vom Atlantischen Ocean Gold sollte gefunden worden sein, ohne dass man Genaueres in Erfahrung bringen konnte. — V. van Reenen, welcher den Lieutenant Paterson auf einer seiner Forschungsreisen begleitete, brachte ein Gesteinsstück mit, in welchem Gold chemisch nachgewiesen wurde; aber der genauere Fundort blieb unbekannt.

Das Kärtchen auf S. 83 verzeichnet die verschiedenen bisher als goldführend bekannt gewordenen Punkte; ausser den auf S. 82 angeführten, von Gürich namhaft gemachten Stellen von Goldvorkommen können die anderen, ausserdem noch eingetragenen Goldfundpunkte nur mit allem Vorbehalte als solche angegeben werden. Sie sind einer Karte der Damaraland-Goldfelder von Carrington Wilmer[11] entnommen, über deren Beleg-Material sowie deren Zuverlässigkeit mir kein Urtheil möglich ist."

**Ueber amorphes Gold.** (H. Louis in London. Transact. Am. Inst. of Min. Eng.; Bridgeport meeting, Oct. 1894.)

In Anschluss an das Referat in d. Z. 1894 S. 329 über frühere einschlägige Untersuchungen Louis' seien hier auch dessen weitere Resultate mitgetheilt, welche das höhere spec. Gew. des nicht ausgeglühten amorphen Goldes und das Schrumpfen desselben während des Ausglühens betreffen. Goldschwamm von der Feine 999,7, erhalten durch Quartscheidung einer 28,57 procentigen Legirung einer $1/_3$ g Gold und $1^1/_4$ g Silber (mit wenig Kupfer), mittelst Salpetersäure von 1,26 und 1,32 spec. Gew., besass

| | |
|---|---|
| vor dem Ausglühen das spec. Gew. | 19,511 |
| nach - - - - | 18,7285 |
| nach dem Schmelzen - - | 19,1865. |

Es scheint jedoch nicht ausgeschlossen, dass luftgefüllte Poren in dem ausgeglühten (gesinterten?) Gold dessen spec. Gew. herabgezogen haben.

Das Goldresiduum nach der Scheidung einer

| | Proc. | spec. Gewicht |
|---|---|---|
| Goldkupferlegirung mit | 24,91 Au hatte | 19,666 |
| desgl. | - 12,54 - | - 19,567 |
| Goldbleilegirung | - 24,64 - | - 19,786 |
| desgl. | - 19,98 - | - 19,122 |
| desgl. | - 14,22 - | - 19,751 |
| Goldzinklegirung | - 26,34 - | - 18,854 |
| desgl. | - 12,15 - | - 18,919. |

---

[9] v. Elterlein, Zur Frage des Vorkommens von Lagerstätten nutzbarer Mineralien in Deutsch-Südwestafrika. „Das Ausland", 66. 1893. No. 31 ff.

[10] History of South Africa. The Republics and Native Territories from 1854—1872. London 1889.

[11] Sketch Map of the Damara-Land goldfields with the geolog. formation and mineral deposits. 1 : 320,000. Capetown 1887.

Da das Gold aus der Goldzinklegirung nur 990,9 und 996,4 fein war, das aus der Goldbleilegirung dagegen 999,3, 999,0, 999,25, so ist das niedere spec. Gewicht des Goldes aus der Goldzinklegirung vielleicht theilweise Folge unvollkommener Scheidung. Hiervon abgesehen, sind im Mittel die spec. Gewichte von amorphem Golde auch diesmal höher als jene von geschmolzenem.

Der höhere oder niedrigere Goldgehalt der Legirung scheint ohne Einfluss auf das spec. Gew. des zurückbleibenden amorphen Goldes, welches aber um so mehr zunimmt, je pulveriger das Gold ausgeschieden wird.

Beim allmäligen Erhitzen amorphen Goldes auf 600—700⁰ im Verlauf von 1 Std. bis 1 Std. 47 Min. konnte kein plötzliches Aufglühen wahrgenommen werden; die Verwandlung des dunkelbraunen amorphen Goldes in gewöhnliches gelbes glänzendes war also nicht von Wärmeabsorption oder Wärmeentwickelung begleitet, weshalb diese Experimente keine directe Stütze für die Hypothese Louis' bieten; die Umsetzung scheint sehr langsam und allmälig zu erfolgen, und auf verschiedene Weise niedergeschlagenes Gold verhält sich in dieser Hinsicht vielleicht ungleich. Etwa zwischen 450⁰ und 620⁰ in dem einen Fall, 400⁰ und 483⁰ in dem andern, änderte das Gold Farbe und Glanz nach einer Erhitzungsdauer von resp. 39 Min. bis 1 Std. 5 Min. und 15 Min. bis 27 Min.

Das Zusammenschrumpfen des Goldes begann bei etwa 380⁰ und hielt an bis zu 680⁰; in einem anderen Fall fand es statt zwischen 320⁰ und 360⁰ bis 550⁰ und 660⁰. Der ganze Betrag derselben war 35 Proc., 20 Proc., 31 Proc. körperlich, und die Verdichtung erfolgte meist ziemlich stetig.

*Stapff.*

### Kupfererz-Ablagerungen vulkanischen Ursprungs im Kaukasus. (M. Chaper: Note sur un Gîte cuivreux d'origine volcanique du Caucase méridional. Bull. Soc. géol. de France 1893 vol. XXI, S. 101 bis 109.)

Der erloschene Vulkan Lelvar liegt 80 km südlich von Tiflis. Seine Thätigkeit begann im Jura und endete zur Kreidezeit. Der jetzige Krater ist umgeben von einem Ringe metallhaltender Ablagerungen, von welchen der Autor die nordöstlichen zu Akhtala, Chamluk, Allah Verdi, die in Seehöhen zwischen 600—1200 m liegen, besuchte. Die Entstehung dieser Erzablagerungen erklärt der Autor durch die Annahme, dass im Jura der Vulkan Lelvar von einem Kranz von Seen umgeben war. Aus dem Boden sprudelten heisse Quellen empor, deren Wasser mit löslicher Kieselsäure und Silicaten gesättigt war. Es baute sich daher eine 80 m mächtige Tuffdecke auf, welche jetzt, nach Auslaugung der Alkalien, nur aus $SiO_2$ besteht. Später öffnete sich ein neues Spaltensystem, welches das Empordringen heisser sulfidischer Metalllösungen, zuerst von Fe und Cu, später von Pb, Zn, Ca, Ba, gestattete.

Die Sulfide krystallisirten und finden sich in linsenförmigen Putzen in Mitte des Tuffes. Der auf ihre Gewinnung gerichtete Bergbau wirft aber keinen Nutzen ab. Später, wahrscheinlich in der Mitte der Juraformation, ward durch eine Depression das ganze Terrain unter das Meeresniveau gebracht, daher nun über den Tuffen mit ihren Sulfiden die marinen Sedimente liegen, untermischt mit Lava oder vulkanischen Gesteinen.

*S. A.*

### Mineralschätze von Tasmanien. (A. P. Wilson: Minerals and Mining in Tasmania. Transact. North of Engl. Inst. Min. and Mechan. Eng.; Newcastle upon Tyne. 43, 1893, S. 384—398.)

Vandiemensland, welches jetzt nach dem Namen seines Entdeckers benannt wird, findet erst in der neuesten Zeit eine richtige Würdigung seines Reichthums an nutzbringenden Mineralien. Nur durch eine energische Thatkraft gelang es den „Prospectors“, die schier undurchdringliche Wildniss zu durchqueren und hierbei die grossen Erzlager der Insel zu entdecken. Ausser dem bekannten Zinnerz vom Mount Bischoff sind auch die Vorkommnisse von Gold, Silber, Kupfer beachtenswerth.

Die Goldgrube Beaconsfield im Norden der Insel hat seit 1877 gegen 9300 kg Gold im Werthe von 22 Millionen Mark gegeben. Hier wurden Quarzriffe im untersilurischen Sandstein bis 150 m Tiefe abgebaut. Weitere Bohrungen ergaben, dass noch in einer Tiefe von 230 m Freigold vorkommt. Im nordöstlichen Districte Mathinna hat die New Golden Gate Mining Co. begonnen, zwei Quarzriffe von je 1 m Mächtigkeit auszubeuten. Der Quarz enthält 1,8 Proc. goldhaltigen Pyrit sowie 0,003 Proc. Freigold; letzteres entspricht einer Unze Gold in der Tonne Quarz. Die obersten Felsmassen sind arm, erst in einer Tiefe von 25 m beginnen sie aufbereitungswerth zu sein. In den Alluvionen an der Westküste der Insel haben an zahlreichen Bächen die Prospectors Waschgold gesammelt, darunter selbst Nuggets von 4¹/₂ und 7¹/₂ kg Gewicht. Doch ist bisher

für die dortige Region kein Claim angemeldet worden.

Silber-Blei. Erzgänge dieser Metalle
wurden jüngst am Mount Zeehan, 14 km
entfernt von der Westküste, nächst der Trial-
Bay gefunden. Der Berg liegt im hügeligen
Terrain, welches durch das reichlich wuchernde
Unterholz des Urwaldes, sowie durch Sümpfe
und die starken Regengüsse (100 Zoll im
Jahre) fast unwegsam gemacht ist, so dass
die Schürfer kaum ¹/₂ km im Tage zurücklegen. Die Gänge setzen in silurischem
Schiefer auf und die Massen kaolinisirten
Gesteins sind wohl auch eine Folge der Spaltenbildung, welche Klüfte nachträglich mit
silberhaltendem Bleiglanz und beibrechendem
Spatheisen, Pyrit, Baryt und Quarz erfüllt
wurden. Das ganze Feld, von dem Gruben-
maasse verliehen wurden, erstreckt sich über
360 qkm und ist von einem Netzwerk von Blei-
erzgängen durchzogen. Hier stand es jedem
Ankömmling frei, seine Besitzergreifung anzumelden und nach Zahlung der Gebühren
zu schürfen. Das Freifahren der Grube
kostet für einen Claim von 8 ha 100 M., für
solchen von 40 ha 200 M., wozu noch die
jährliche Abgabe von ca. 15 M. für jeden
in Besitz genommenen Hectar Landes kommt.
Die Verleihung des Claim gilt für 21 Jahr
und muss dann erneut angesprochen werden.

Einzelne der Bleierzgänge lassen sich im
Streichen einen Kilometer weit verfolgen.
Im tieferliegenden Terrain sind Bleiglanz-
ausbisse nichts seltenes, während auf den
Höhenzügen immer ein eiserner Hut mit
Kieselsäure- und Mangangehalt das Erz überlagert. In dieser oxydischen Zone trifft man
silberhaltendes Bleicarbonat, prachtvolles
Rothbleierz, gelegentlich auch geringe Mengen
von Chlor- oder Chlorbromsilber. Die Gangspalten mit kaolinisirtem Feldspath werden
mit Vorliebe ausgebeutet, da sie sehr reich
(1,5 Proc.) an Silber sind. Der Bleiglanz
der Gänge selbst ist feinkörnig, enthält nur
Spuren von Zinkblende und Grauspiessglanz-
erz, aber bis 0,34 Proc. Silber. Das Schmelzen
solcher Erze liefert also direct ein Reichblei.
Daher wird auch die Tonne solchen Erzes
auf 400 M. bewerthet.

Bisher wurden zwei Gangzüge unterschieden. Die Gänge mit nordwestlichem
Streichen sind lang, jene mit nordöstlicher
Richtung kürzer, allein silberreicher und ver-
tauben nicht mit zunehmender Teufe. — In
dem letzten Jahre hat dieser vielversprechende
Minendistrict eine Verbindung mit dem
guten Hafen Strahan erhalten, indem dahin
eine Eisenbahn von 47 km Länge durch das
Gouvernement gebaut wurde. Auch ist die
Bevölkerung der neugegründeten Bergstadt

auf 4000 gestiegen, so dass hier eigentlich
der bevölkertste Ort Tasmaniens liegt.

Kupfer. Mount Lyell an der Westküste
trägt einen riesigen eisernen Hut, der unter
dem charakteristischen Namen Iron-blow-
Hügel bekannt ist. Er bedeckt eine enorme
Kupferkieslagerstätte, dessen Masse auf 4¹/₂ Millionen Tonnen geschätzt ward und jetzt einem
Hr. Peters in Boston gehört. Das Erz enthält
5 Proc. Cu, 0,01 Proc. Ag und 0,0003 Proc. Gold.
Im Liegenden wurden silberreiche Fahlerze
erschürft, die 21,5 Proc. Kupfer und 3,63 Proc.
Silber hielten. Es kamen selbst Erzstufen
vor, die bis 50 Proc. Silber in der Probe
gaben. Man glaubt, dass diese reichen Erze
von jenen präexistirenden armen Erzen stammen, die im Hangenden zersetzt wurden und
deren Bestandtheile sich im Liegenden zu
neuen und zwar angereicherten Verbindungen
vereinten.

Die Zinn-Districte im Nordosten der Insel
sind Ringarooma, Branxholme, Georgesbay und
Blue Tier, wo Seifen längst der Flussterrassen
angelagert sind, welche sich hoch über den
jetzigen Wasserstand erheben und oft von
tertiärem Basalt bedeckt sind. Die primäre
Lagerstätte dieses alluvialen Zinnerzes ist
noch unbekannt, doch muss sie sehr mächtig
sein, weil Stücke von derbem Zinnstein gefunden wurden, die bis 50 kg schwer waren.
Vielleicht erschürft man hier ein ebenso
reiches Stockwerk, als es der Prospector
James Smith 1871 am Mount Bischoff nach
jahrelangem Suchen und Schürfen auffand.
Daselbst ist zu Redface, so genannt nach dem
grossen eisernen Hute[1], der offene Tagbau
auf Zinnerz, durch den eine Gesteinswand
von 70 m Länge und 30 m Höhe blossgelegt
ist, während bis zu einer horizontalen Erstreckung von 40 m in's Innere des Berges
der Zinnerzreichthum nachgewiesen ist. Auch
einzelne ungefähr 3 m mächtige Gänge sind
erschürft. Die Erze von Mount Bischoff
kommen jetzt in eine Pochmühle mit 75
Schüssern, die elektrisch beleuchtet wird und
täglich 300 t aufbereitet. Die Tonne reinen
Erzes wird auf 320 M. bewerthet. Es wird
jetzt an die Schmelzhütte in Launceston geliefert. Von dem Autor wird das Muttergestein des Zinnerzes am M. Bischoff Porphyr,
der an silurischen Schiefer grenzt, genannt.
Die neueren deutschen Arbeiten, welche sich
mit der mineralogischen Constitution des
besagten Porphyrs beschäftigen[2], sind wohl

---

[1] Das von Foullon (Verh. geol. Reichsanst.
1884, S. 144) beschriebene Zinnerz in brauner erdiger
Matrix von der Lottah Mine könnte von einem
solchen eisernen Hute stammen, doch fand Referent
über diesen Bergbau keine näheren Nachweisungen.
[2] Georg Ulrich, N. Jahrb. f. Min. etc. 1877,
S. 494: Quarzporphyr; — Albr. v. Groddek, L.

dem Autor unbekannt geblieben, dafür ist
aber die Schilderung der Lagerstätte umso
anziehender und ergänzt den Brief von Ulrich
an G. v. Rath in erwünschter Weise.

Braun- und Roth-Eisenstein findet sich
auf Tasmanien reichlich. 1880 hat man zu
Ilfracombe Hohöfen angelegt, um das nahe
der Mündung des Tamarflusses auf serpen-
tinösem Untergrund vorkommende Eisenerz
zu verschmelzen. Allein das erblasene Eisen
hielt 3—5 Proc. Chrom und war unverwend-
bar. Die Hütte ging ein. Der Chromgehalt
stammt vom Chromeisensteine des Serpentin,
der anfänglich übersehen ward. Möglich,
dass er später nutzbringend verwendet wird.

Kohle wird jährlich im Betrage von
40000 t gefördert. Es sind aschenreiche Braunkohlen der mesozoischen Periode, die bei
den Eisenbahnen Verwendung finden. Sie
werden aus geringer Teufe zu Sandfly und
Jerusalem in der Nähe von Hobarttown und
bei Mount Nicholas an der Ostküste gefördert.

Das Vorkommen des Wismuth am
Mount Ramsay, zwischen Mount Bischoff und
Mount Zeehan, hat schon Ulrich (l. c.) beschrieben, doch haben seither die Schürfungen
keinen Fortschritt gemacht.

Nickel. Im Heazlewood-District an der
Westküste treten garnieritführende Serpentine
auf.

Saphir, Zirkon, Topas findet man in
den Zinnseifen.

S. A.

**Steinkohlen unter Sydney.** (T. W.
E. David und E. F. Pittman: The dis-
covery of Coal under Cremorne, Sydney
Harbour. Records of geological Survey of
New South Wales. 1894, IV. S. 1—7.)
In den letzten Jahren wurden in der
Umgebung von Sydney 12 Bohrlöcher auf
eine mittlere Tiefe von 500 m niedergebracht,
um die productive Steinkohlenformation aufzuschliessen. In einzelnen Fällen wurde die
Arbeit eingestellt, ehe man ein abbauwürdiges Flötz erreicht hatte. Dafür ergaben die übrigen Bohrungen um so günstigere
Resultate, indem die erbohrten Flötze wohl
in grosser Teufe liegen, aber sehr mächtig
sind.

Die kurze Angabe des Ortes und der
Tiefe des Bohrloches im Horizonte des
Flötzes sowie die der Dicke des Flötzes
(letztere in Cursiv) mag hier genügen. Die
Ziffern beziehen sich auf das metrische Maass.

Zu Camp Creek: 246,5, *3,64*; zu Heath-
cote: $\alpha_1$) 460, *1,41*; $\beta_1$) 481,5, *1,84*; zu
Dents Creek: $\alpha_2$) 675, *1,27*; $\beta_2$) 695,5, *1,57*;
zu Moorebank: $\alpha_3$) 762,7, *0,39*; $\beta_3$) 785,2,
*1,97*; zu Cremorne im Norden des Hafen
Sydney, das Bohrloch 1: 851,2, *2,21*; das
Bohrloch 2: 886,8, *3,11*.

Diese Bohrresultate machen es zweifellos,
dass nicht einzelne Schmitzen von Kohle,
sondern ein ausgedehntes, regelmässig ge-
schichtetes Kohlenfeld erschürft ist. Hierfür spricht namentlich die fast gleichbleibende
Niveaudifferenz zwischen den hier mit $\alpha_1$,
$\alpha_2$, $\alpha_3$ bezeichneten höheren und den tieferen
mit $\beta_1$, $\beta_2$, $\beta_3$ bezeichneten Flötzen. Diese
haben zu Heathcote und Dents Creek 21 m,
zu Moorebank 23 m mächtige taube Zwischenmittel.

S. A.

**Eisenerze in Mexico.** (R. T. Hill.
Amer. Journ. of Sc. 45, 1893, S. 111—119.)
Verf. beschreibt besonders die Vorkommen der Sierra de Mercado nahe der Stadt
Monclova im Staate Coahuila. Die Sierra
besteht aus Schichten eines harten, blauen
und grauen Kalkes untercretaceischen Alters.
Züge eines fast gleichgefärbten, wahrscheinlich eocänen Diorites[1]) verlaufen parallel dem
Schichtenstreichen. Der Diorit umschliesst
zuweilen den Kalk, ist also jünger als dieser.
Der Schutt am Abhang des Gebirges und
weit hinein in die Ebene besteht hauptsächlich aus Kalk und verrundeten schwarzen
Eisenerzen in grosser Fülle. Anstehend
wurden letztere nahe am Kamm des Gebirges
in grossen Massen gefunden, deren Züge parallel dem Streichen der Kalk-Dioritcontacte
gehen, an der Contactgrenze, dann aber auch
im Kalk und Diorit selbst vorkommen. Die
Erze sind augenscheinlich durch Ersatz des
Kalkes entstanden. Ein Zug wurde auf 6 miles
verfolgt. (Vergl. d. Z. 1893, S. 86 u. 429.)

Das Innere der Erzmassen ist spiegelnder Eisenglanz. Aussen erscheinen sie wie
Magnetit. Die Oberfläche ist mit kleinen
Martitoktaëdern und -Körnern besetzt. Zuweilen kommt als äussere Bildung Limonit
vor. Eisenkies wurde selten gefunden.

Bemerkenswerth ist das jugendliche tertiäre Alter der Monclova-Eisenerze, welches
der Verf. diesen Bildungen zuschreibt. Aehnliche Bildungen erwähnt derselbe noch aus
folgenden Gebieten Mexicos: Sierra Can-
della[2]), 7 miles westlich der Stadt Salo-

---

v. d. Lagerstätten, Leipzig 1879, S. 188: stockför-
miger Quarzporphyr; — ders. in Z. d. deutsch. geol.
Ges. 1884, S. 642: porphyrischer Topasfels mit
Turmalin. — Vgl. Wintle, Stanniferous deposits
of Tasmania, in Transact. R. Soc. New South Wales
1875, vol. IX. S. 87. — d. Referent.

[1]) Quarzhornblendediorit nach W. Cross.
[2]) Das Eruptivgestein ist hier ein Augitdiorit
nach W. Cross. Von anderen hierhergehörigen
Eruptivgesteinen aus den Gebieten Coahuila und
Nueva Leon beschreibt W. Cross Feldspathbasalt
(mit Quarz) und Hornblendeporphyrit.

mon de Botia, 60 miles östlich Monclova; Sierra de Marcado von Durango; Jalisco; Sinaloa; Hidalgo; Mihoacan; Queretaro, Zacatecas, San Luis; Guerrero. Hiernach haben die mexicanischen Eisenglanz-Martiterze eine weite Verbreitung und werden bei weiterer Erschliessung des Landes durch Eisenbahnen eine noch bedeutendere Quelle für die Eisengewinnung abgeben. (N. Jahrb. f. Min. 1895, I, S. 15.)      *F. Rinne.*

## Litteratur.

**21.** d'Achiardi, A.: Sul bacino boratifero di Sultan-Tchair nell' Asia minore. Proc. verb. Soc. Tosc. Sc. nat. Pisa 1894. 24 S. Pr. 1,80 M.

**22.** Bittó, Béla von: Ueber die chemische Zusammensetzung einiger ungarischer Kohlen. (Der ung. geol. Gesellschaft vorgelegt i. d. Sitzung v. 7. Nov. 1894.) (Aus dem Laboratorium der k. ung. chemischen Reichsanst.) Z. f. angewandte Chemie 1895. Heft 2. S. 37—41.
Ausführliche Tabellen stellen die Zusammensetzung und den Heizwerth von 50 verschiedenen ungarischen Kohlensorten dar.

**23.** Brathuhn, O., Oberbergamtsmarkscheider und Lehrer an der Königl. Bergakademie in Clausthal: Lehrbuch der praktischen Markscheidekunst unter Berücksichtigung der allgemeinen Vermessungskunde. Zweite, vermehrte und verbesserte Auflage. Leipzig, Veit & Comp. 1894. 370 S. mit 367 Abbildungen im Text. Pr. 10 M.
Vorliegende zweite Auflage des Brathuhn-schen Werkes ist gegenüber der ersten wesentlich erweitert. Neben der eigentlichen Markscheidekunst haben auch die für den Markscheider wichtigeren Theile der allgemeinen Vermessungskunde Aufnahme gefunden. Ausserdem hat der Verfasser mit grosser Sorgfalt die Entwicklung der markscheiderischen Technik in den letzten Jahren verfolgt, so dass auch die neuesten bekannt gewordenen Methoden und Apparate bereits Berücksichtigung gefunden haben. Dies gilt besonders bezüglich des wichtigsten und schwierigsten Kapitels der praktischen Markscheidekunst, der Anschluss- und Orientirungsmessungen, bei deren Besprechung nicht allein die Beschreibung der neueren Magnet-Orientirungs-Instrumente, Collimatoren, Röhrenkompasse, Spiegeldeclinatorien u. s. w. interessirt, sondern auch eine Zusammenstellung der Curven über gleichzeitige magnetische Variationsbeobachtungen an den Declinatorien Wilhelmshafen, Potsdam, Clausthal und Beuthen einen schätzenswerthen Beitrag zur Beantwortung der Frage gewährt, auf welche Entfernung die Variation die gleiche ist.

Jedenfalls ist das Brathuhn'sche Lehrbuch, wenn auch die strengwissenschaftliche Kritik gegen ein paar Einzelheiten des Inhalts Einwand erheben dürfte, ebensowohl dem speciellen Fachmann, wie auch jedem Bergverständigen, der sich über den heutigen Standpunkt der praktischen Markscheidekunst zu unterrichten wünscht, zu empfehlen und dessen Studium des wesentlich vermehrten Inhalts wegen selbst für diejenigen nicht überflüssig, die sich bereits im Besitze der ersten Auflage befinden.
     *W.*

**24.** Draper, David: The marble beds of Natal. Quart. Journ. Geol. Soc. London 1895. 51. S. 51—56 mit 2 Profilen.
Das einzige bis jetzt bekannte Marmor-Vorkommen Südafrikas tritt längs der Flüsse Umzimkulu und Umzimkuluana etwa 30 engl. Meilen nördlich der Südgrenze Natals auf. Dieser rein weisse bis tief rothe, bald grob-, bald feinkörnige Marmor liegt unmittelbar auf Granit und ist von jenen beiden Flüssen tief erodirt. Die grobe krystallinische Varietät enthält 5—13 Proc. kohlensaure Magnesia. Eine industrielle Verwerthung hat bereits begonnen.

**25.** Dupont, E.: Les phénomènes généraux des cavernes en terrains calcareux et la circulation souterraine des eaux dans la région Han-Rochefort. Bruxelles. 114 S. 8° mit Textfig. u. 2 Karten. Pr. 1,60 M.

**26.** Futterer, Karl, Dr., Privatdoz. f. Geol. u. Paläontol. a. d. Universität u. Assistent a. Kgl. Museum für Naturkunde in Berlin: Afrika in seiner Bedeutung für die Goldproduction in Vergangenheit, Gegenwart und Zukunft. Berlin 1895, Dietrich Reimer. 191 S. hoch 4° mit 21 Illustrationen i. Text, 9 Tafeln und einer grossen Uebersichtskarte der Goldvorkommen in Afrika. Pr. geh. 8 M., geb. 10 M.
Nachdem erst vor Kurzem durch die geographische Verlagshandlung von Dietrich Reimer in Berlin das treffliche Werk Schmeisser's „Ueber Vorkommen und Gewinnung der nutzbaren Mineralien in der südafrikanischen Republik" (s. d. Z. 1894 S. 442) der Allgemeinheit bekannt geworden ist, erscheint in dem gleichen Verlage nun auch das Buch Futterer's, welcher von einer noch höheren Warte aus die Goldschätze des dunklen Erdtheils in's Auge fasst, indem sämmtliche Vorkommen des vielbegehrten gelben Metalls von ihm herangezogen und besprochen werden.
Die Einleitung orientirt über das allgemeine Vorkommen des Goldes, beschreibt die hauptsächlichsten Methoden der Gewinnung und erwähnt eingehender die secundären Wanderungen des Goldes in den Seifenlagerstätten. Nach den Beobachtungen von Egleston (vergl. d. Z. 1894, S. 13, 58, 203) sollen nämlich jene oft auffallend grossen Funde gediegenen Alluvialgoldes eine Folge von theilweiser Auflösung und Wiederabsetzung des fein vertheilten Schwemmgoldes an anderen Stellen in Form von Concretionen sein. Sorgfältige Untersuchungen haben dargethan, dass Gold sich in Wassern löst, welche Chloride oder Sulfide von Alkalien neben stickstoffhaltigen Substanzen

enthalten und daraus gefällt werden kann, wenn feste oder flüssige organische Stoffe dazu treten. Durch die Cirkulation der Gewässer, welche infolge der Gesteinszersetzung alkalische Salze führen, und durch das Vorhandensein organischer Stoffe in allen Schwemmlandbildungen sind die Bedingungen gegeben, unter denen eine concretionäre Anreicherung des Goldes vor sich gehen kann. Die Gestalt des Seifengoldes, sowohl der Körner als der grösseren Klumpen, ist viel mehr die einer Concretion als die eines Gerölles oder mechanischen Fragments. Als weitere Stützpunkte dieser Auffassung von der chemischen Anreicherung des Goldes in den Seifen kommen hinzu, dass die grossen „Nuggets" einen höheren Feingehalt zu besitzen pflegen als das Gold der in der Nachbarschaft anstehenden Gänge, und dass in Californien wenig Gold führende Alluvien oder wegen ihrer Goldarmuth aufgelassene Goldwäschen nach einer Reihe von Jahren wieder betriebsfähig wurden. Weiter im Einklang damit steht die Beobachtung, dass fast alle grösseren Einzelfunde im Schwemmlande, seltener auf Gängen bezw. in anstehendem Gestein gemacht wurden. — Neuerdings sprach Liversidge eine entgegengesetzte Ansicht aus; vergl. d. Z. 1894, S. 262 u. 401.

Die Goldseifen haben immer einen bedeutenden, sogar den grössten Theil der Goldproduction getragen; erst in neuerer Zeit übernimmt der Bergbau einen grösseren Antheil (vergl. d. Z. 1894, S. 428). In welch' kolossalen Mengen Schwemmgold noch vorhanden ist, sehen wir aus Futterer's Schilderungen, die mit der altägyptischen Goldindustrie beginnen, dann die grossen Alluvionen in Senegambien behandeln und sich schliesslich den südafrikanischen Vorkommen zuwenden. Gelegentlich der Beschreibung der ägyptischen Verhältnisse findet auch der Geschichtsforscher hochinteressantes Material, wie überhaupt überall der historische Gang zum Ausdruck kommt, den die Entwickelung der Goldgewinnung seit den ältesten Zeiten menschlicher Geschichte bis auf unsere Tage herab genommen hat. Dadurch gelangt ein angehendes Kapitel allgemeiner Kulturgeschichte zur Darstellung und wird durch zahlreiche Abbildungen erläutert, unter denen eine uralte topographische Karte eines Golddistricts nach einem echten Papyrus besonders erwähnt zu werden verdient.

Aus dieser grauen, sagenhaften Vorzeit berichtet Verfasser eine Fülle anziehender Daten. Wir versetzen uns mit ihm in den damaligen grausamen Geist der Zeit, sehen, wie ganze Völker für ihre Bezwinger im Wüstenbrand die Erde nach Gold durchwühlten, wie das Leben des Einzelnen nicht den geringsten Werth hat und leicht aufgewogen wurde durch ein noch so winziges Goldpartikelchen, und wie auf diese Weise auch die ärmsten Goldlagerstätten im Laufe der Jahrtausende Schätze lieferten, die keine anderen Productionskosten aufwiesen als ungezählte Menschenexistenzen, welche unter der Peitsche ihrer Unterdrücker elend zu Grunde gingen. Auri sacra fames!

Von Aegypten, Nubien, dem Ostsudan, den Galla- und Somaliländern ziehen wir mit dem Verfasser zunächst nach den (meist alluvialen) Goldlagern des centralen und westlichen Afrikas. Mit wahrem Ameisenfleiss sind alle Oertlichkeiten, wo Gold vorkommt und gewonnen wurde, unter Erwähnung der jedesmaligen geognostischen Beschaffenheit der Lagerstätte und ihrer Umgebung zusammengestellt. Bei Besprechung der Hinterländer der Goldküste, wo Gold fein eingesprengt in älteren Schiefern in weiter Verbreitung vorkommt, gelangt auch ein Brief unseres Altmeisters Gümbel an Dahse zur Verlesung, dessen Schluss lautet: „Gerade dieses Vorkommen des Goldes in Schichten des ältesten krystallinischen Gesteins, welche sehr weit im Lande fortstreichen und in unbegrenzte Tiefen hinabreichen, macht dieses Gestein zu einem so hoffnungsreichen, welches die nachhaltigste Gewinnung verbürgt. Es dürfte kaum ein Land geben, welches eine so nachhaltige Gewinnung in Aussicht stellt wie diese Binnenländer der Goldküste."

Nachdem Tripolitanien, Tunis und Algier, Marokko, die Sahara, der Westsudan und Senegambien abgehandelt sind, kommt Verfasser zu den Küstenländern von Oberguinea, dem unteren Nigergebiet und geht endlich zu den Goldvorkommen des äquatorialen und südlichen Afrikas über. Besonderes Interesse erregt natürlich der 37 Seiten umfassende, auch eine werthvolle tabellarische Uebersicht der einzelnen Grubenreviere und ihrer geologischen Verhältnisse enthaltende Abschnitt über Transvaal. (Vergl. Taf. II und S. 78—80 dieses Heftes; auf die hier eingehend erörterte Frage nach der Herkunft des Conglomeratgoldes kommen wir bei anderer Gelegenheit zurück; den die deutschen Interessen besonders berührenden Abschnitt über Deutsch-Südwestafrika geben wir auf S. 80—84 wörtlich wieder.)

Weiter gelangen wir schliesslich nach Zambesia (britische Interessensphäre), den portugiesischen Besitzungen an der Ostküste, nach Deutsch-Ostafrika und dem centralen Seengebiet.

In ihrer Gesammtheit vereinigen sich die — nicht immer ganz übersichtlich aneinander gereihten — Einzeldarstellungen zu einem Bilde, welches die grosse Bedeutung zeigt, die der dunkle Erdtheil für die Goldproduction von jeher gehabt hat, und das auch für die in letzter Zeit vielfach und in verschiedenem Sinne erörterte Frage nach der Zukunft der Goldproduction wichtige Anhaltspunkte liefert (s. d. Z. 1894 S. 428).

In seiner Schlussfolgerung giebt Verf. ziffermässige Werthe an über die Goldmengen, welche seit den ältesten Zeiten schon in Afrika gewonnen wurden, und äussert sich ausführlich über die Nachhaltigkeit der noch auszubeutenden Goldterritorien. Den Gesammtgoldwerth, welcher dem afrikanischen Boden bis zum Jahre 1892 entnommen sein mag, schätzt Futterer auf ca. 1235 Millionen Mark, wobei die unbestimmten Grössen der mythischen Schätze des Alterthums ganz ausser Acht gelassen sind. Nordostafrika besitzt keine nennenswerthe Production mehr, Nordwestafrika führte i. J. 1893 für 5,2, das äquatoriale und südliche Afrika für 112 Millionen M. Gold aus. — Am Schluss ist ein jedem Interessenten sehr willkommenes Verzeichniss der benutzten, nicht weniger als 276 Nummern zählenden Litteratur, nach den einzelnen Golddistricten getrennt, beigegeben sowie ein das schnelle Nachschlagen ermöglichendes vollständiges Ortsverzeichniss.     *L. R.*

**27.  v. Gümbel, W.:** Geologische Mittheilungen über die Mineralquellen von St. Moritz im Oberengadin und ihre Nachbarschaft, nebst Bemerkungen über das Gebirge bei Bergrün und · die Therme von Pfäfers. Sitzber. d. kgl. bayr. Akad. d. Wiss., München 1893. 80 S.

In der Schilderung der geologischen Verhältnisse der Umgebung von St. Moritz wird besonders auf die grossartigen Zerstückelungen, Lagerungsverschiebungen, Zusammenbrüche und Verrutschungen der den krystallinischen Schiefern aufgesetzten jüngern Sedimente zwischen Piz Nair und Piz Padella aufmerksam gemacht. Ein ungeheures Trümmermeer verstürzter Blöcke von Sernfgestein (Verrucano) findet sich am Südfusse der Felsenpyramide des Piz Nair; die aus ihnen hervorragenden Conglomerate von Kalk- und Dolomitschichten, nach Escher, Studer und Theobald liassische Gebilde, erweisen sich nach Gümbel als Zwischenlagen der Phyllitschiefer und gehören derselben Conglomeratbildung an, welche die übrigen Felswände des Piz Nair ausmachen. Der mächtige Gesteinscomplex des Piz Nair bricht östlich gegen Val Saluber plötzlich an der Bergkante ab, wodurch die Annahme einer Verwerfung und die Abrutschung des der Fortsetzung entsprechenden Theiles nahe gelegt wird. Die Niederbrüche, Verrutschungen und Anomalien sind im Gebiete vielfach auf die Auswaschung und Auflösung von Gipsstöcken zurückzuführen.

Was die Mineralquellen von St. Moritz betrifft, so hatte sich Gümbel schon 1876 gutachtlich darüber geäussert, wo und in welcher Richtung neue Quellen gefunden werden könnten, da ihm die Ergüsse von Mineralwässern einer gemeinsamen, auf einer Gebirgsspalte verlaufenden Quellader anzugehören schienen. So ist z. B. die Gartmann'sche Quelle entdeckt worden. Das Spaltensystem zieht sich in einer schwach gekrümmten Linie aus der Gegend des Silvaplaner Sees über Surlei und Lei Nair nach dem Kurhause St. Moritz (Bad- und Paracelsusquelle), dann über die Quelle von Surgunt (Gartmann'sche Quelle) und die Huotterquelle zum Torfmoor am Statzersee, in derselben Richtung, die ursprünglich auch dem Inn seinen Lauf angewiesen hatte, bis die Gewässer einen tiefer gelegenen Durchbruch von Campfèr her und unterhalb des St. Moritzer Sees durch die Charnadura sich verschafft hatten. Die Paracelsusquelle tritt aus Spalten eines syenitartigen Gesteins hervor. Die Kohlensäure der Quellen scheint aus den grössten Tiefenregion der Erdrinde emporzusteigen. Zum Schlusse wird noch der neueren Versuche gedacht, in der Richtung des Spaltensystems Eisensäuerlinge aufzufinden.

Ueber die Geologie von Bergrün und Umgebung hat Gümbel schon in seiner Schrift über das Unterengadin Schilderungen gebracht, die nun ergänzt werden. Die Geologie der Nebenthäler von Bergrün, Val Tuors und Val Tisch, finden hier eingehendere Berücksichtigung. Wir theilen die Analyse des in der Alp Tisch in allen möglichen Uebergangszuständen zu Brauneisenstein vorkommenden und mit dem bekannten Eisenglimmer vergesellschafteten körnigen Spatheisensteins mit: 43,35 Fe O, 4,25 Mn O, 4,50 Mg O,

3,45 CaO,  10,45 SiO₂,  0,40 Al₂O₃,  3,50 S, 32,75 CO₂, zusammen 102,65 Proc.

*Tarnuzzer.*

**28.  Hübner, Otto:** Geographisch - statistische Tabellen aller Länder der Erde. Herausgegeben von Fr. von Juraschek. 43. Ausgabe. Frankfurt a. M. 1894, Heinrich Keller. 92 S. 8°. Pr. 1,20 M.

Neu hinzugekommen ist zu diesem Jahrgang der bewährten, jedem aufmerksamen Zeitungsleser unentbehrlichen Hübner'schen Tabellen eine Darstellung der Edelmetallproduction der Erde in den Jahren 1883 bis 1892 und des Edelmetallvorraths für Geldzwecke in den Jahren 1880 und 1892.

**29.  Jacquot et Wilm:** Les eaux minérales de la France. Études chimiques et géologiques entreprises conformément au voeu émis par l'Académie de médicine, sous les auspices du comité consultatif d'hygiène publique de France. X u. 604 S. 8°. Paris, Baudry et Cie. 1894.

**30.  Leppla, A.:** Die oberpermischen eruptiven Ergusssteine im SO-Flügel des pfälzischen Sattels. Jahrb. preuss. geol. Landesanst. für 1893. S. 184—157. Berlin 1894. I. Porphyrit (Augitporphyrit). II. Melaphyre.

**31.  Levat, David:** Étude sur l'industrie des phosphates et superphosphates (Tunisie, Floride, scories basiques). Ann. des Mines, Paris. VII. 1895. Lieferung 1 u. 2.

Das erste Kapitel behandelt kurz auf 9 Seiten die natürlichen Phosphate Frankreichs und bringt sodann eine ausführlichere Monographie der Phosphate von Algier und Tunis (S. 18—73, mit geol. Karte und Profilen auf 3 Tafeln). Das zweite Kapitel enthält einige statistische Tabellen und Bemerkungen über die Phosphate Europas und Nordamerikas (S. 73—90) und eine Monographie derartiger Ablagerungen in Florida (S. 90—128, mit geol. Kartenskizze auf Taf. IV).

Die mit der Februar-Lieferung zu veröffentlichenden Kapitel III und IV sollen die künstlichen Phosphate, die basischen Schlacken, die Anwendungen und statistische Zusammenstellungen bringen.

**32.  Retgers, J. W.:** Ueber die mineralogische und chemische Zusammensetzung der Dünensande Hollands und über die Wichtigkeit von Fluss- und Meeressanduntersuchungen im Allgemeinen. Neues Jahrb. f. Miner. etc. Stuttgart. 1895. I. S. 16—74.

In dieser für Sanduntersuchungen im Allgemeinen (auch für Gold-, Platin-, Chromeisenstein-, Magnetit-, Monazit-Sande etc.) wichtigen Abhandlung beschreibt Verf. nach einer Einleitung die Untersuchungsmethoden (Trennung der Mineralkörner in Gruppen nach allmälig steigendem spec. Gew. mittelst schwerer Flüssigkeiten, S. 24—34), sodann (S. 35—55) die einzelnen Mineralien der Dünensande Hollands, welche hiernach nicht aus deutschem, französischem oder belgischem, sondern aus nordischem Material bestehen. Ein vierter Abschnitt bespricht die chemische Untersuchung des Dünensandes (S. 55—65), ein fünfter erörtert im Anschluss hieran die Wichtigkeit solcher systematischer Sandanalysen und deutet damit eine neue, viel versprechende Forschungsmethode an. In der That würde uns eine eingehendere mineralogische Kenntniss der recenten wie der älteren Fluss- und Meeressande Nachweise verschaffen, die uns die bisherigen petrographischen und paläontologischen Untersuchungsmethoden nicht zu geben vermögen.

33. Tigerstedt, Axel: Om Finlands malmförekomster. Geogr. Verein in Finland, Helsingfors. I. 1892—1893. S. 79—95 mit Fig. 2 bis 5 und Taf. V—VIII.

„In Orijärvi ist das Erz zum grössten Theil erschöpft, in Pittkäranta dagegen befindet sich der Grubenbau in grossem Aufschwung, so dass gegenwärtig die Production bis ca. 200 t Kupfer, 20 t Zinn und nicht ganz $^1/_2$ t Silber ausmacht. Beide Gruben führen ausserdem viel Zinkblende.“

Einen „Catalogue général des livres de fonds et d'occasion: Géologie, Minéralogie, Paléontologie" (80 S. umfassend) versendet das „Comptoir géologique de Paris", 53, Rue Monsieur-Le-Prince.

## Notizen.

**Lorandit** Krenner, **ein neues Thalliummineral.** Vom Grundstoffe Thallium findet man häufig Spuren in den gewöhnlichsten sulfidischen Erzen, wie Kies und Blende, aber Mineralien mit einem grossen Procentsatz von Th sind beinahe unbekannt, denn man kennt als solches bisher nur den einzigen Crookesit (Cu Th Ag), Se von Schweden. Es erregte daher grosses Interesse, als Professor Dr. J. A. Krenner in Pest am 17. Dezember 1894 in der Sitzung der K. ung. Akademie der Wissenschaften über die Auffindung eines natürlichen Thalliumsensulfides berichtete, dem er den Namen Lorandit gab. Er fand dasselbe auf den Handstücken von Realgar, die ihm von Allchar in Macedonien zukamen. Lorandit bildet cochenillerothe Tafeln oder Säulen, die biegsam sind, monoclines Krystallsystem und Spaltbarkeit nach 100, 101, $\bar{1}$01, besitzen. Nach der Analyse von Lotzka ist die Zusammensetzung: Schwefel 18,67, Arsen 21,87, Thallium 59,46 Proc., entsprechend der Formel Th As S$_2$. Diese Zusammensetzung klärt auch über die Stellung des Thallium im chemischen System auf. Es ist hier isomorph mit Arsen und bildet wie letzteres mehrere Sulfide. Wie Orpiment As$_2$ S$_3$ und Realgar As S existiren, so existirt neben dem künstlichen Th$_2$ S$_3$ auch das Molecül Th S, welches als Monosulfid sich mit dem Monosulfid des Arsen im Lorandit vereinigt hat. Da Thallium eine sehr intensive grüne Färbung der Flamme hervorruft, so wird es jedem Bergmann leicht werden, an anderen Localitäten unter den Sulfarsen-Verbindungen nach Lorandit oder verwandten Mineralien zu suchen.                         *S. A.*

Die **Kupferminen von Katanga** im Quellgebiete des Lualaba, von welchen Livingstone zuerst 1857 Kunde nach Europa brachte, wurden zwar schon von Paul Reichard 1883, von Capello und Ivens 1884 und von Arnot 1888 besucht, aber erst durch Paul Le Marinel 1890 und Diderrich von der Expedition Delcommune auf ihren gegenwärtigen Reichthum geprüft, und endlich durch Dr. Jules Cornet von der Expedition Bia 1891/92 während eines achtmonatlichen Aufenthaltes mineralogisch erforscht. Dr. Cornet liefert darüber einen ausführlichen Bericht im Mouv. géogr. vom 6. Januar 1895. Vergl. d. Z. 1894 S. 404 Litt.-No. 168.

Das Kupfer kommt überall als ein aus Kupferkies durch atmosphärische Einflüsse gebildeter Malachit vor. Die Malachitmasse ist zu isolirten, vollkommen vegetationslosen Hügelkuppen geformt. Die Eingeborenen von Katanga gewinnen durch Ausgraben von Schächten und selbst von Strecken den Malachit, freilich in sehr verschwenderischer Art; der Schutt, welchen sie zur Seite werfen, enthält noch reiches Material. Cornet fand leider keine Gelegenheit zu sehen, auf welche Weise die Bewohner das reine Kupfer aus dem Gestein herstellen; er konnte nur beobachten, dass das Kupfer in die Form von Andreas-Kreuzen, Stangen und Plättchen verarbeitet wird.

Die grösste Anzahl von Kupferminen befindet sich direct südlich Unkäa-Kimpata, zwischen 10° 55' und 11° 31' südl. Br. und zwischen 26° 49' und 27° 57' östl. L. Gr. Die wichtigsten sind: die Bergwerke von Kiola (Djola), Rambobe und Kalabi. Auf dem linken Ufer des oberen Lualaba giebt es nur ein einziges, aber sehr bedeutendes Kupferlager, das von Miambo (Mirambo), südwestlich von Kazembe; die Bergleute hier gehören zum Stamme der Baluba, sie bergen ihre Kunst in den Schleier des Geheimnissvollen. (Globus 67, 1895, No. 7.)                         *B. F.*

**Guano und Phosphate.** Heft 4, 1894, der „Mittheilungen a. d. deutschen Schutzgebieten" bringt eine eingehende Schilderung der klimatischen Verhältnisse in Jaluit von Dr. Steinbach, zu welcher die Redaction der „Mittheilungen" die folgende Anmerkung beigefügt hat.

Es ist der grosse Regenreichthum von Jaluit um so auffallender, als 20—40° weiter östlich auf den centralpolynesischen Inseln in der Nähe des Aequators, wie auf der Malden-, Baker-, Jarvis-, Starbuck- und Howland-Insel, sehr wenig Regen fällt. So wurden auf Malden-Island 1867 nur 33 mm bei 12 Regentagen, 1868 345 mm bei 52 Regentagen gemessen. Irrthümlich ist es jedoch, wenn Woeikoff die auf jenen Inseln früher vorhandenen, jetzt meist abgebauten Guanolager als einen directen Beweis dafür heranzieht, dass kein Fehler in jenen Regenmessungen vorhanden ist (vergl. Meteorolog. Zeitschr. 15, 1880, S. 120). Es mag hier ausdrücklich darauf hingewiesen werden, dass es sich bei jenen Inseln durchaus nicht um die Ausbeutung von eigentlichem „Guano". also von Ablagerungen von thierischem Koth (Vögel, Robben u. s. w.) handelt, wie in Peru, auf einigen Inseln Westindiens und der arabischen Küste, z. B. Kuria-Muria, oder an der Saldanha-Bai und auf Ichaboe an der südwest-

12 *

afrikanischen Küste u. s. w., sondern um Lager von phosphorsaurem Kalk, der nur irrthümlich als Guano bezeichnet wurde. Während bei dem echten „Guano" fast allein der Stickstoffgehalt den Maassstab des Werthes bildet — der Gehalt an Phosphorsäure beträgt im echten Peru-Guano nur etwa 12 Proc. —, wurde das fälschlicherweise als „Guano" bezeichnete Product jener pacifischen Inseln durch seinen hohen Phosphorsäuregehalt (60 bis 75 Proc. phosphorsaurer Kalk) ein so äusserst begehrtes Dungmittel, welches an Stickstoff sehr arm ist. Während echte Guanolager sich nur in so gut wie regenlosen Gebieten bilden bezw. fortbestehen können, ist dies bei phosphorsauren Kalklagern durchaus nicht ein Erforderniss, ja ihre Bildung ist geradezu an das Vorhandensein von Feuchtigkeit gebunden. So sind auf den sehr regenreichen Purdy-Inseln zwischen Neu-Guinea und den Admiralitäts-Inseln eine Zeitlang derartige Lagerstätten bearbeitet worden, die 50—65 Proc. phosphorsauren Kalk enthielten und deren weitere Ausbeutung nur wegen der schwierigen Landungsverhältnisse und wegen eines etwas zu grossen Gehaltes an kohlensaurem Kalk vorläufig eingestellt wurde. Auf Malden-Island geschieht die Ausbeutung direct aus dem Wasser, indem die Phosphatmassen aus der Lagune herausgeschöpft und dann in der Sonne auf 8—10 Proc. Wassergehalt eingetrocknet werden. Die Entstehung dieser Lager ist zwar auch auf ursprüngliche Ablagerung von Vogeldung u. s. w. zurückzuführen: die niedrige Lage der Inseln, über welche die Brandung hinwegstäubt oder auch zuweilen hinwegfluthet, in Verbindung mit mehr oder weniger häufigen Regenfällen bewirkt aber eine Durchfeuchtung und Auslaugung der Dungablagerungen: unter der Einwirkung der Sonnenhitze verflüchtigt sich der Stickstoff der faulenden organischen Reste als kohlensaures Ammoniak oder sinkt als Salpeter zusammen mit dem Kochsalzgehalte mit der Feuchtigkeit in die Tiefe, während unter der Einwirkung des Wassers die phosphorsauren Bestandtheile des Dunges den kohlensauren Kalk dieser korallinischen Inseln bis zu gewissen Tiefen mehr oder weniger vollständig in phosphorsaurem Kalk umwandeln (vergl. d. Z. 1898 S. 44 u. 166, sowie Dr. L. Meyn: Die natürlichen Phosphate, Leipzig 1873, S. 140 ff.).

**Chrom und Jod in Phosphaten.** In der am 31. September vor. J. abgehaltenen Sitzung des Hamburger Bezirksvereins der deutschen Gesellschaft für angewandte Chemie hielt Dr. H. Gilbert einen Vortrag über das Vorkommen von Chrom und Jod in Phosphaten.

Der Vortragende sprach zunächst über das Los Roques-Phosphat, welches von den Los Roques-Inseln, einer Inselgruppe des Caraibischen Meeres, stammt. Das Phosphat ist von felsartiger Beschaffenheit und die darin enthaltene Phosphorsäure ausschliesslich an Eisenoxyd, Thonerde und Chromoxyd gebunden, welchem letzteren das Phosphat seine grüne Farbe verdankt. Die Analyse ergab:

| | |
|---|---|
| Wasser . . . . . . . . . . | 21,38 Proc. |
| Eisenoxyd . . . . . . . . . | 23,89 - |
| Thonerde . . . . . . . . . | 12,33 - |
| Chromoxyd . . . . . . . . . | 0,75 - |

| | |
|---|---|
| Kieselsäure . . . . . . . . | 2,07 Proc. |
| Phosphorsäure . . . . . . . | 38,55 - |
| Unbestimmtes und Verlust . . . | 1,03 - |

Aus der Analyse berechnet sich die Formel $R_2O_3$, $P_2O_5 + 4 H_2O$, worin für $R_2O_3$ Eisenoxyd, Thonerde und Chromoxyd in gegenseitiger äquivalenter Vertretung vorhanden sind. Als Mineralspecies ist das Phosphat dem Barrandit und Redontit sehr ähnlich, von welchen es sich im Wesentlichen nur durch das merkwürdige Auftreten von Chromoxyd unterscheidet. Man hat sich schon wiederholt bemüht, dieses Phosphat wegen seines Reichthums an Phosphorsäure für die Landwirthschaft nutzbar zu machen; da es aber nicht möglich ist, ein Superphosphat in ähnlicher Weise wie aus Kalkphosphaten durch Aufschliessen mit Schwefelsäure daraus darzustellen, so versuchte man, dasselbe auf's Feinste gemahlen, ähnlich wie Thomasphosphatmehl, direct zur Anwendung zu bringen, aber wegen seiner Unlöslichkeit mit gänzlich negativem Erfolge. Behandelt man das Phosphatpulver, welches ein Sieb von 5000 Maschen auf 1 qcm passirt hat, mit destillirtem Wasser und leitet durch das aufgeschlämmte Phosphat mehrere Tage lang einen continuirlichen Strom von Kohlensäure, so findet man nach dem Abfiltriren nur Spuren von Phosphorsäure in der wässrigen Lösung. Auch nach Petermann's Methode mit citronensaurem Ammoniak behandelt, gehen nur äusserst geringe Mengen von Phosphorsäure in Lösung. Um die Phosphorsäure dieses Phosphats in die sog. citrat- oder bodenlösliche Form überzuführen, löst man dasselbe mit einer Mineralsäure, präcipitirt mit einem Alkali und trocknet das Präcipitat bei einer 100° nicht überschreitenden Temperatur.

Bezüglich des Vorkommens von Jod in Mineralien wies der Vortragende auf die ausserordentlich weite Verbreitung dieses Körpers in Phosphaten hin. So hat man in den Phosphaten von Sombrero und Estremadura, im Amberger Phosphorit und dem französischen Lot-Phosphat Jod beobachtet, Steffens stellte es in Curaçao-Phosphat fest (Z. f. anal. Chem. 1880) und Sandberger im Staffelit von Brilon in Westfalen und im Osteolith des Basaltes vom Kreuzberg in der Rhön (N. Jahrb. f. Mineral. etc. 1887).

In neuerer Zeit fand der Vortragende, dass das Jod auch ein ganz regelmässiger Bestandtheil des Florida-Phosphats und des Aruba-Phosphats ist: letzteres kommt von der Aruba-Insel im Caraibischen Meer.

| | |
|---|---|
| Wasser (bei 100°) . . . . . . | 0,65 Proc. |
| Wasser (durch Glühen) . . . . | 2,84 - |
| Kalk . . . . . . . . . . . . | 49,19 - |
| Magnesia . . . . . . . . . . | 0,24 - |
| Eisenoxyd . . . . . . . . . . | 1,03 - |
| Thonerde . . . . . . . . . . | 1,50 - |
| Kieselsäure . . . . . . . . . | 3,55 - |
| Kohlensäure . . . . . . . . . | 2,06 - |
| Schwefelsäure . . . . . . . . | 0,19 - |
| Phosphorsäure . . . . . . . . | 35,73 - |
| Fluor (direct nach Penfield bestimmt) | 3,88 - |
| Jod . . . . . . . . . . . . . | 0,01 - |
| Verlust und Unbestimmtes . . . | 0,76 - |
| | 101,63 - |
| Sauerstoff für Fluor und Jod . . ab 1,63 - |
| | 100,00 Proc. |

Im sog. Florida-Rock-Phosphat wurde ein Gehalt von 0,014 Proc. Jod ermittelt. Eine ausführliche Analyse dieses Phosphats (Durchschnittsprobe aus einer Schiffsladung) ergab vorstehende Resultate. (Z. f. angew. Chemie, 1894, S. 742.)

**Phosphate** kommen auf Redonda, einer britischen Antilleninsel, zwischen den Winwardinseln Nevis und Montserrat gelegen, nach Dr. C. Steffens-New-York (Globus, 67, 1895, S. 48) als eine Art Cementfüllung in den Rissen des vulcanischen Gesteins vor, welches die Insel bildet. Sie werden hier durch Sprengarbeit gewonnen, in Körben auf den Köpfen der Neger zur Drahtseilbahn und dann weiter zur Verschiffung gebracht. Sie haben ein graues bis chokoladebraunes Ansehen und enthalten 35—42 Proc. Phosphorsäure.

**Production von Phosphaten und von Guano.** Das Journal „Le Phosphate" bringt hierfür folgende Zahlen:

| | Tonnen |
|---|---|
| Belgien (Mons und Lüttich) . | 450 000 |
| Frankreich . . . . . . . | 450 000 |
| England . . . . . . . . | 20 000 |
| Deutschland . . . . . . | 50 000 |
| Spanien . . . . . . . . | 50 000 |
| Russland . . . . . . . . | 75 000 |
| Norwegen (Apatit) . . . . | 20 000 |
| Algier . . . . . . . . . | 7 000 |
| Canada (Apatit) . . . . . | 20 000 |
| Nord-Carolina . . . . . . | 7 500 |
| Süd-Carolina . . . . . . | 600 000 |
| Florida . . . . . . . . | 500 000 |
| Mexico (Guano) . . . . . | 5 000 |
| Süd-Amerika (Guano) . . . | 60 000 |
| Haïti . . . . . . . . . | 2 000 |
| Ostindien . . . . . . . | 20 000 |
| Sa. | 2 336 500 |

Der Verbrauch an Phosphatdünger soll gegenwärtig folgender sein:

| | Tonnen |
|---|---|
| Oesterreich . . . . . . | 100 000 |
| Belgien . . . . . . . . | 300 000 |
| Frankreich . . . . . . | 1 100 000 |
| Deutschland . . . . . . | 1 500 000 |
| Holland . . . . . . . . | 150 000 |
| Italien . . . . . . . . | 100 000 |
| Schweden und Norwegen . . | 100 000 |
| Grossbritannien . . . . | 1 100 000 |
| Spanien . . . . . . . . | 100 000 |
| Verein. St. Nordam. . . . | 1 555 000 |
| Sa. | 6 105 000 |

**Goldmarkt in London.** An Gold wurde nach England ein- bezw. ausgeführt:

| | 1894 | 1893 | 1892 |
|---|---|---|---|
| Einfuhr £ | 27 580 926 | 24 884 727 | 21 583 232 |
| Ausfuhr - | 15 647 551 | 19 502 273 | 14 832 122 |

Das meiste Gold kam aus Südafrika und Australien in Folge der vermehrten Goldausbeute, sowie aus Indien und den Ver. Staaten in Folge der schlechten Währungsverhältnisse dieser Länder. Es gelangte nämlich Gold zur Verschiffung nach England aus:

| | 1894 | 1893 | 1892 |
|---|---|---|---|
| Südafrika | £ 7 370 976 | 5 325 239 | 4 300 327 |
| Australien | - 4 852 970 | 3 707 324 | 3 157 231 |
| Ver. Staaten | - 3 246 614 | 4 282 007 | 1 050 206 |
| Indien | - 3 387 195 | 1 190 256 | 3 046 831 |

Aus Westaustralien (s. d. Z. 1894, S. 163 und 295) sind im Jahre 1894 ausgeführt worden 787 100 £ gegen 421 183 £ im Jahre 1893, also ein Mehr von 80 Proc.

Von den Goldverschiffungen Englands erhielten:

| | 1894 | 1893 | 1892 |
|---|---|---|---|
| Frankreich £ | 6 470 755 | 786 296 | 3 818 759 |
| Deutschland - | 4 767 798 | 5 193 122 | 6 401 489 |

Ein Theil des Goldes nach Deutschland ging zu Valutaregulirungszwecken nach Oesterreich-Ungarn.

**Preise.** Nach den Aufstellungen des kaiserl. Statistischen Amtes betrugen die Grosshandels-Durchschnittspreise in M. für

| | 1894 | 1893 | 1892 |
|---|---|---|---|
| Blei, Berlin, 100 kg. . . . | 20,80 | 21,25 | 23,13 |
| Kupfer, Berlin, 100 kg. | 90,33 | 101,58 | 107,85 |
| Zink, Breslau, 100 kg. . . | 29,91 | 33,60 | 40,54 |
| Zinn, Frankfurt a./M., 100 kg. | 144,42 | 181,33 | 191,88 |
| Roheisen, Puddel-, Breslau 1000 kg. . . . . . | 49,33 | 50,21 | 48,88 |
| Roheisen, Giesserei-, Breslau 1000 kg . . . . . | 50,33 | 52,46 | 52,58 |
| Steinkohlen, Berlin, 1000 kg. | 20,75 | 20,67 | 21,25 |
| Petroleum, Bremen, 100 kg. | 9,72 | 9,54 | 11,98 |

---

# Vereins- u. Personennachrichten.

**Mitglieder und Mitarbeiter der österreichisch-ungarischen geologischen Landesanstalten.**

(Anfang Januar 1895.)

I. K. k. geologische Reichsanstalt in Wien. (III, Rasumoffsygasse 23.) (Für Cisleithanien und Galizien.)

*Vorstand.*

Stache, Guido, Director, k. k. Oberbergrath. (III, Oetzeltgasse 2.)

Mojsisovics Edler von Mojsvar, Dr. jur., Vicedirector, k. k. Oberbergrath. (III, Strohgasse 26.)

*Geologen.*

Paul, Carl Maria, Chefgeologe, k. k. Bergrath. (III, Seidelgasse 34.)

Tietze, Emil, Dr. phil., Chefgeologe, k. k. Oberbergrath. (III, Ungargasse 27.)

Vacek, Michael, Chefgeologe. (III, Erdbergerlände 4.)

Bittner, Alexander, Dr. phil., Sectionsgeologe. (III, Thongasse 11.)

Teller, Friedrich, Sectionsgeologe. (III, Kollergasse 6.)

Geyer, Georg, Adjunct. (III, Sofienbrückenstrasse 9.)

Tausch, Leopold von Glöckelsthurn, Dr., Adjunct. (III, Rasumoffskygasse 23.)

Bukowski, Gaiza von, Assistent. (III, Marxerstrasse 27.)

Rosiwal, August, Assistent, Privatdocent a. d. technischen Hochschule. (II, untere Augartenstrasse 37.)

Dreger, Július, Dr. phil., Praktikant. (XIX, Gemeindegasse 7.)

Kerner von Marilaun, Fritz, Dr. med., Praktikant. (III, Rennweg 14.)

Jahn, Jaroslav, Dr. phil., Praktikant. (III, Rasumoffskygasse 23.)

Suess, Franz Eduard, Dr. phil., Volontär. (II, Afrikanergasse 9.)

Arthaber, Edler von, Gustav, Volontär. (I, Löwelgasse 18.)

Kossmat, Franz, Volontär. (V, Wildenmanngasse 7.)

*Chemisches Laboratorium.*

John von Johnesberg, Conrad, Vorstand. (III, Erdbergerlände 2.)

Eichleiter, Friedrich, Praktikant. (XVIII, Martinsgasse 83.)

*Bibliothek.*

Matosch, Anton, Dr. phil., Bibliothekar. (III, Hauptstrasse 33.)

*Kartensammlung.*

Jahn, Eduard, Erster Zeichner. (III, Messenhausergasse 7.)

Skala, Guido, Zweiter Zeichner. (III, Rasumoffskygasse 23.)

*Freiwillige Mitglieder extra statum.*

Hilber, Vincenz, Dr. phil., ausserordentl. Prof. der Geologie und Paläontologie a. d. Universität Graz. (Graz, Bürgergasse 2.)

Koch, Gustav Adolf, Dr., k. k. Rath, Professor der Mineralogie und Geologie a. d. Hochschule für Bodenkultur in Wien. (Wien I, Johannesgasse 18.)

Uhlig, Victor, Dr. phil., Professor der Mineralogie und Geologie a. d. deutschen technischen Hochschule in Prag. (Prag I, Dominikanergasse 240.)

II. Königliche ungarische geologische Landesanstalt in Budapest. (V, Palatingasse, im Palais des Ackerbauministeriums.) (Für Ungarn und Siebenbürgen.)

*Vorstand.*

Böckh, Johann, Dr., Director, k. k. Sectionsrath. (IX, Uellöerstr. 29.)

*Geologen.*

Inkey von Pallin, Adalbert, Chefgeologe. (IV, Franz Josefsquai 3.)

Gesell, Alexander, Montanchefgeologe, k. Oberbergrath. (VI, Theresienring 4.)

Rott von Telegh, Ludwig, Chefgeologe, k. Oberbergrath. (VIII, Hunyadigasse 37.)

Pethő, Julius, Dr. phil., Chefgeologe. (VI, Andrassystr. 33.)

Halaváts, Julius, Sectionsgeologe. (V, Solyomgasse 20.)

Schafarzik, Franz, Dr. phil., Sectionsgeologe, Privatdocent am königl. Pester Polytechnikum. (VII, Vörösmartygasse 10.)

Szontagh, Thomas, Dr. phil., Sectionsgeologe. (VIII, Hunyadigasse 10.)

Posewitz, Theodor, Dr. med., Hülfsgeologe. (V, Palatingasse, im Palais d. Ackerbauministeriums.)

Adda, Koloman, Hülfsgeologe. (desgl.)

Treitz, Peter, Hülfsgeologe. (desgl.)

*Chemisches Laboratorium.*

Kaleczinsky, Alexander, Chemiker.

III. Bosnisch-herzeg. Landesverwaltung in Serajowa.

*Bergwesensreferent.*

Foullon von Norbeck, Heinrich, Montansecretär. (Wien IV, Rasumoffskygasse 4.)

## 66. Versammlung der Gesellschaft Deutscher Naturforscher und Aerzte. Wien 1894.

Wir geben im Folgenden (nach C. M. in der „Naturwissensch. Rundschau") einen kurzen Bericht über die Vorträge in den Abtheilungen 6, Mineralogie und Petrographie, und 13, Geologie und Paläontologie, welche einen Theil ihrer Sitzungen gemeinsam abhielten, sowie in Abtheilung 14, physische Geographie.

Die 6. Abtheilung eröffnete ihre Thätigkeit mit dem Vortrage von Berwerth (Wien) über die Entstehung vulkanischer Bomben. Er zeigte, dass jede Lavabombe aus einem in der Luft zusammenklappenden Lavafetzen hervorgehe. An der Berührungsebene der beiden Lappen entsteht jedesmal eine Rand- und eine Knicknaht, die sich zu einer Aequatorialzone um die Bombe vereinigen. Tschermak besprach Baumhauer's Resultate der Aetzmethode in der krystallographischen Forschung. Brezina (Wien) erörterte die in Krystallen entstehenden Lösungskanäle, welche durch 1 mm dicke, unter einem Drucke von 2 bis 3 m gegen die Krystalle geschleuderte Wasserstrahlen hervorgerufen werden. Becke (Prag) demonstrirte seine Farbenmethode an Dünnschliffen zur Unterscheidung von Quarz und Feldspath. Wülfing (Tübingen) legte Tafeln für den krystallographischen Unterricht vor. Kossmat (Wien) besprach die faunistischen Beziehungen der südindischen Kreideformation zu gleichalterigen Ablagerungen. Die fossilreiche Kreide des südlichen Indien ist wegen ihrer günstigen centralen Lage zwischen den sonst schwer vergleichbaren Kreideablagerungen des atlantischen und pacifischen Gebietes besonders für die Beurtheilung der obren Kreidezeit geeignet. Rzehak (Brünn) trug vor über den „Schlier" in Mähren. Neue Localitäten sind Neudorf, Pausram, Tracht, Wisternitz, Tannowitz, Neusiedl und Ebran. Nach Lagerung und petrographischem Charakter schliesst sich der mährische Schlier den karpathischen Paläogen an. Einzelne mährische Schlierbildungen gehören dem Alter nach dem Grunder Horizont, andere wohl dem Unter - Miocän an. Alimanestano berichtet über eine Brunnenbohrung der rumänischen Regierung in Bavagan und erläuterte das von einer etwa 400 m tiefen Bohrung durchschnittene Bodenprofil. Becke (Prag) giebt an, dass die Richthofen'sche Eruptionsfolge auf Grund seiner Untersuchungen umgekehrt werden müsse. Sie habe zu lauten: Melaphyr, Syenit, Granit, Lamprophyr, was an die Brögger'sche Reihe im Christianiagebiete erinnere. Langsdorff (Clausthal) führt die Gangspalten des Nordwestharzes auf vier Systeme eines complicirten Netzes zurück: das System von Clausthal, das von Lerbach-Lauterberg, das der grossen Oderspalte und das des Brockenmassivs. Das Lerbach-Lauterbacher

System darf wahrscheinlich in die Zechsteinperiode verlegt werden. Das relative Alter der übrigen Systeme sei noch ganz zweifelhaft. Haas (Wien) demonstrirte an einem Modell die Periodicität der Eiszeiten, wie sie der Eiszeittheorie des Sir Robert Ball entspricht. Die Periodicität wird auf ca. 10 500 Jahre berechnet. Makowsky (Brünn) besprach die Funde aus den dem Devon angehörigen Muscischen Höhlen von Brünn. Žiška (Mähr.-Schönberg) besprach den Unterschied der Cohäsion zwischen dem Glimmer in krystallinischen Schiefern und dem Tafelglimmer im Granit.

Abtheilung 13 eröffnete die Verhandlungen mit dem Vortrage von Reyer (Wien) über geologische Experimente. Pantocsek (Tavarnok) besprach die Bacillarien als Gesteinsbildner und Altersbestimmer gewisser Ablagerungen. Hoernes (Graz) sprach über nachweisliche Verschiebungen von Theilen der festen Erdrinde bei tektonischen Beben, in einem zweiten Vortrage über die Beziehungen sarmatischer und pontischer Conchylien zu lebenden Formen des Baikal-Sees. Auch legte er Exemplare der Pereiraia Gervaisii und der Turritella carniolica aus Unterkrain vor. Fuchs (Wien) sprach über den Zusammenhang der Gattungen Spinophytus, Taonurus, Physophycus und Rhizocorallium, Fugger (Salzburg) über die nordalpine, der Kreide angehörige Flyschzone im Lande Salzburg. Döll (Wien) legte neue Pseudomorphosen vor, Toula (Wien) gefaltete krystallinische Schiefer von Hirt bei Friesach, neue Funde aus dem Sandstein des Kahlengebirges, im besonders wohlerhaltenes Stück von Paläodictyon aus dem Godula-Sandstein von Rybia (Oesterreichisch-Schlesien) und Crinoiden der Centralzone der Alpen nördlich von Friesach in Kärnthen. Schröckenstein (Brandeisl) berichtete über 184 Erderschütterungen aus dem Kladnoer Kohlenbergbaureviere.

Abtheilung 14 beschäftigte der Vortrag von Lenz (Prag) über die Bedeutung der Termiten für natürliche Bodenkultur und Erdbewegung in den Tropenländern in Anlehnung an Darwin's Untersuchungen über die Bildung der Ackererde durch Regenwürmer, die Mittheilung von S. Günther über die Bedingungen des Wasserverlustes versiegender Ströme, sowie von Hoernes (Graz) über Relictenseen mit besonderer Berücksichtigung der Conchylien des Kaspi-, Aral- und Baikalsees. Reyer (Wien) sprach über geographische Experimente, Brückner über tägliche Schwankung der Wasserführung der Alpenflüsse, Luksch über die Tiefen und die Gestaltung des Seebodenreliefs im centralen und östlichen Mittelmeere auf Grund der Polar-Forschungsreisen von 1890 bis 1893. Neumayer (Hamburg) erläuterte die Stromverhältnisse des grossen Oceans. Seeland (Klagenfurt) berichtete über das Glockner-Relief des Lehrers Oberlercher, welches auf 30 qm Grundfläche den ganzen Glocknerkamm im Maassstab 1 : 2000 darstellt. Das Modell ist dem naturhistorischen Museum in Klagenfurt zur Aufstellung überwiesen. Pollak (Wien) sprach über Lawinenstürze und ihre Ursachen, Palacky (Prag) über die Oreognosie Böhmens, Holub (Wien) über die höchsten Plateaus der südafrikanischen Hochebenen, ihre Abflussrinnen und das Nyami-Riesengesenke. Hödl besprach den Donaudurchbruch durch das Böh-

mische Massiv. Woeikof hielt Vortrag über Vergleich der Temperatur der Luft, des Wassers und des Bodens. Sieger legte den Atlas der französischen Seen von Delebecque vor, Penck (Wien) ein Modell der unterseeischen Rheinrinne im Bodensee. Sieger berichtete über die Arbeiten von Mill über die englischen Seen, Penck über die Untersuchung des Plattensees durch v. Lóczy. Müllner erläuterte den österreichischen Seenatlas: Richter besprach seine Arbeiten zum 2. Theile dieses Werkes unter Demonstration seiner Lothmaschine. Sieger berichtete dann noch über die Arbeiten von Mill betreffs des Clyde Sen Arex an der Südwestküste Schottlands. Cvijić (Belgrad) sprach über die Höhlen in den ostserbischen Kalkgebirgen, Crammer (Wiener-Neustadt) über seine Beobachtungen im Tabler-Loche, einer Eishöhle bei Wiener-Neustadt. Richter (Graz) schilderte die krystallinischen Gebirge der niederen Theile unserer Centralalpen.

### Frequenz der Bergakademien.

Bei der Bergakademie zu Clausthal am Harz sind im laufenden Wintersemester insgesammt 127 Studirende eingeschrieben (gegen 126 im Wintersemester 1893/94).

Der Nationalität nach entfallen hiervon auf:

| | |
|---|---|
| Preussen . . . . . . . . | 85 Studirende |
| das übrige Norddeutschland . . | 9    - |
| Süddeutschland . . . . . . | 3    - |
| Summa Deutschland: | 97 Studirende, |

darunter 19 Berghaubeflissene (Kandidaten für den Staatsdienst) oder 76,4 Proc. der Gesammtzahl.

| | |
|---|---|
| Oesterreich . . . . . . . | 2 Studirende |
| Russland . . . . . . . . | 8    - |
| Portugal . . . . . . . . | 1    - |
| Serbien . . . . . . . . | 2    - |
| Italien . . . . . . . . | 1    - |
| England . . . . . . . . | 4    - |
| Holland und Colonien . . . | 4    - |
| Nord- und Mittel-Amerika. . . | 7    - |
| Südamerika . . . . . . . | 2    - |
| Afrika . . . . . . . . | 3    - |
| Australien . . . . . . . | 1    - |
| Summa Ausland: | 30 Studirende |

oder 23,6 Proc. der Gesammtzahl.

Die Bergakademie zu Freiberg in Sachsen wurde im Lehrjahre 1893/94 von 169 Studirenden (darunter 18 Hospitanten) besucht.

Der Nationalität nach entfallen hiervon auf:

| | |
|---|---|
| Sachsen . . . . . . . . | 44 Studirende |
| das übrige Deutschland . . . | 61    - |
| Oesterreich-Ungarn . . . . | 3    - |
| die Schweiz . . . . . . . | 3    - |
| Italien . . . . . . . . | 1    - |
| Russland und Polen . . . . | 18    - |
| Serbien . . . . . . . . | 1    - |
| Grossbritannien und Irland . . | 11    - |
| Schweden und Norwegen . . . | 8    - |
| Nordamerika . . . . . . . | 8    - |
| Südamerika . . . . . . . | 3    - |
| Australien . . . . . . . | 5    - |
| Afrika . . . . . . . . | 5    - |
| Japan . . . . . . . . | 3    - |
| Summe | 169 Studirende. |

Die Abtheilung für Berg- und Hüttenwesen der kaiserlichen Universität zu Tôkio in Japan wurde im Studienjahre 2553—54 (1893—94) von

28 Studirenden besucht. Der Bergbaukursus umfasst 8 Jahre.

Die von der Landwirthschaftlichen Hochschule zu Berlin gestellte mineralogische Aufgabe ("Welche Verbreitung besitzt die Phosphorsäure in den Mineralien und Gesteinen, in welchen Formen und in welchen Mengen tritt sie darin auf, wie lässt sie sich darin mikroskopisch und chemisch nachweisen und welches sind gegenwärtig die hauptsächlichsten Lagerstätten mineralischer Phosphorsäurequellen für die Kunstdüngerfabrikation?") wurde von dem einzigen Bewerber, stud. agr. Paul Gräbtin, erfolgreich gelöst; die kulturtechnische Aufgabe ("In welcher Weise wirken die Entsumpfungen und Entwässerungen auf den Wasserreichthum der die Vorfluth gewährenden Bäche und Flüsse ein?") fand eine ungenügende Bearbeitung .—An neuen Aufgaben wurden u. a. folgende gestellt: 1. Was können wir aus einer mehr eingehenden Kenntniss der tieferen Bodenprofilverhältnisse in Verbindung mit derjenigen der Bewurzelung unserer Kulturpflanzen für den praktischen Ackerbau erwarten? 2. Aus welchen Gründen und in welchem Maasse ist es der Aufnahme durch Coordinaten gelungen, die Messtischaufnahmen zu verdrängen?

Geheimer Rath Prof. Dr. Johann August Streng, Ordinarius für Mineralogie an der Universität Giessen, ist, 64 Jahr alt, aus Gesundheitsrücksichten in den Ruhestand getreten. Seine Lehrthätigkeit begann Streng, ein Schüler Bunsen's, i. J. 1853 als Privatdocent in Heidelberg. Nach kurzer Frist wurde er als Docent für Chemie an die Bergschule zu Clausthal berufen und 1866 übernahm er die ordentliche Professur für Mineralogie und Geologie an der Universität Giessen.

Prof. Dr. Wilhelm Branco in Tübingen hat seine Entlassung aus dem Lehramte genommen. Er stand früher in Diensten der geologischen Landesanstalt zu Berlin, zuletzt als Landesgeologe; zugleich war er hier Docent für Geologie an der Bergakademie und von 1881 bis 1887 Privatdocent für Mineralogie an der Universität. 1887 wurde Branco nach Königsberg berufen zum Ersatz für Theodor Liebisch, der damals als ordentlicher Professor der Mineralogie nach Göttingen ging. In Tübingen lehrte Branco als Nachfolger Quenstedt's seit 1890; er steht jetzt im 51. Lebensjahre.

Bei der technischen Hochschule zu Berlin-Charlottenburg ist der Ingenieur Max Gary als Nachfolger des im vorigen Jahre verstorbenen Professors Dr. Böhme zum Vorsteher der Prüfungsstation für Baumaterialien ernannt worden. Die Station, die zuletzt selbständig war, wird zugleich Abtheilung der mechanisch-technischen Versuchsanstalt. (Vergl. d. Z. 1894 S. 480.)

Eine russische wissenschaftliche Expedition ist im vorigen Jahre in der Altai-Gegend thätig gewesen. Ihr Zweck war die Erforschung von Stein-

kohlenlagern, die sich reichlich in verschiedenen Theilen des Landes, besonders aber an den Ufern des Tom-Flusses, vorfinden. Die Professoren Inostranzev aus Petersburg und Wenukow aus Kiew begaben sich in Begleitung des Bergingenieurs Pletner in das Kohlengebiet und verbrachten dort den Sommer. Sie fanden Schichten von guter Kohle, die eine Mächtigkeit von über 4 m haben und nur 50—80 km von der im Bau befindlichen sibirischen Eisenbahn entfernt liegen. Etwas weiter an derselben Strecke entdeckten sie Steinkohlenlager, die noch mächtiger und für die Ausbeutung besonders vortheilhaft sind, da die Schichten fast horizontal liegen und sich ganz nahe an dem Fluss befinden.

Die Herren Low und Eaton aus Toronto im Britischen Canada unternahmen eine Forschungsreise auf der Labrador-Halbinsel. Sie haben zwischen Ungava und dem 50. Grad nördl. Br. reiche Lager, ja ganze Berge von Eisenerz entdeckt. Dasselbe gleicht dem von Marquette und Michigan und scheint über einen Flächenraum von 150 000 qkm verbreitet zu sein.

Der Staatsgeolog von Südaustralien, H.Y.Brown, hat infolge der Entdeckung der mächtigen Goldlager in Westaustralien eine Reise nach dem "Nordterritorium" angetreten, um dasselbe auf seine mineralischen Schätze genauer zu untersuchen.

Am 18. Januar d. J. verunglückte in Ausübung seines Berufs durch Sturz in den Förderschacht der Zeche Westfalia der Bergingenieur Jos. Stern in Dortmund im Alter von 36 Jahren. Derselbe war nicht allein ein tüchtiger Grubenbeamter, sondern auch ein erfahrener Geognost. Noch auf der letzten Generalversammlung des naturhistorischen Vereins der preuss. Rheinlande und Westfalens am 15. Mai v. J. in Altena sprach derselbe über die fossile Flora der Zeche Westfalia bei Dortmund und hob dabei besonders hervor, wie sehr der äussere Typus von Sigillarien Schwankungen unterworfen sei, so dass häufig irrig neue Arten derselben aufgestellt würden, was besonders schroff bei den Favularien zu Tage trete.

Gestorben: Am 24. Januar in Harzburg Bergwerksdirector Wilh. Castendyck, geb. am 11. August zu Oberwetz bei Wetzlar. Montangeolog von Jugend auf; ausgezeichneter Harzkenner, hat er zahlreiche Werke ins Leben gerufen, u. a. die Mathildenhütte, die Kaliwerke Hercynia am Harze und Beienrode bei Königslutter. — Dr. Gerhard Krüss, ausserordentlicher Professor in der philosophischen Fakultät der Universität München. Er lehrte anorganische Chemie. 1891 veröffentlichte er eine Arbeit über "Colorimetrie und quantitative Spectralanalyse", 1892 "Specielle Methoden der Analyse". Ausserdem war er Herausgeber der "Zeitschrift für anorganische Chemie".

---

*Schluss des Heftes: 4. Februar 1895.*

Verlag von Julius Springer in Berlin N. — Druck von Gustav Schade (Otto Francke) in Berlin N.

## Vorkommen, Gewinnung und Entstehung des Erdöls im Unter-Elsass.

### Von
### Dr. L. van Werveke in Strassburg i. E.
#### Hierzu Taf. III.

Um alle Punkte verstehen zu können, welche bei der Besprechung des Vorkommens und der Entstehung des Erdöls im Unter-Elsass in Betracht kommen, ist es nothwendig, zuerst einen Blick auf den geologischen Gesammtbau der mittelrheinischen Gebirge und des von ihnen eingeschlossenen Tieflandes zu werfen.

Die mittelrheinischen Gebirge Vogesen, Haardt, Schwarzwald und Odenwald bilden zwei Gewölbe[1]), welche quer über das Rheinthal streichen und durch eine Mulde getrennt sind, deren Mittellinie von Pfalzburg nach dem Kraichgau verläuft[2]). Ihre Streichrichtung ist N 65° O. Eine Mulde trennt auch das südliche Gewölbe vom Jura. Dieses umfasst die Vogesen und den Schwarzwald, das nördliche flachere Gewölbe die Haardt und den Odenwald mit dem Spessart. Im südlichen Gewölbe spielen Schichten und Massengesteine, welche älter sind als die Trias, die Hauptrolle. Die Bildung dieses alten Kerns der Vogesen war vollständig zum Abschluss gekommen, bevor der ihn überdeckende Buntsandstein zum Absatz gelangte. Von der Trias nimmt, mit Ausnahme eines kleinen Vorkommens von Muschelkalk bei Altweier[3]), nur Buntsandstein am

---

[1]) L. van Werveke, Bericht über einen Ausflug nach Buchsweiler. Zeitschrift Deutsch. geol. Ges. XLIV. 1892. S. 579. — Bericht über die Excursion nach Weissenburg in Bericht über die XXVII. Versammlung des oberrheinischen geologischen Vereins zu Landau am 29. März 1894. S. 20. Vgl. auch H. Thürach, Bericht über die Excursionen am 29. und 30. März und um 1. April. Ebenda, S. 28—31.

[2]) Diese Ansicht unterscheidet sich von der E. de Beaumont'schen, die noch heute nicht ganz aufgegeben ist, wesentlich dadurch, dass E. de Beaumont ein Gewölbe annahm, dessen Axe parallel dem Rheinthal verläuft, während ich zwei quer zum Rheinthal verlaufende Gewölbe annehme. E. de Beaumont verlegt ausserdem den Einbruch in die Zeit des oberen Buntsandsteins, desgrès bigarré, während heute allgemein die Ansicht Anerkennung gefunden hat, dass die Einsenkung weit jüngeren Alters ist.

[3]) Mittheil. geol. Landesanst. v. Els.-Lothr. Bd. I, 1890, S. 187.

Aufbau des südlichen Gewölbes Theil; er bildet theils isolirte Schollen, in den Vogesen z. B. den Climont, Tännchel, Hohnack u. s. w., theils einen zusammenhängenden Mantel um den Fuss des älteren Kerns. Im nördlichen Gewölbe dagegen, welches weniger hoch emporgefaltet ist als das südliche, treten die Schichten, welche älter als die Trias sind, mehr zurück. In der Haardt ragt das alte Gebirge lediglich in kleinen Schollen in den tiefsten Lagen der Thaleinschnitte unter einer zusammenhängenden Decke von Buntsandstein hervor (z. B. der Granit von Jägerthal und die Grauwacke bei Weissenburg). Im Odenwald nimmt es dagegen grössere Flächenräume ein, wenngleich auch hier der Buntsandstein überwiegt. Es rührt dies daher, dass sich das Gewölbe, wie es die begrenzenden Mulden von Pfalzburg und von Saargemünd, in nordöstlicher Richtung heraushebt.

Die Aufwölbung erfolgte wahrscheinlich zur Kreidezeit, doch wurde die Oberfläche der Gewölbe damals nicht von Buntsandstein, sondern von weit jüngeren Schichten gebildet, von Hauptoolith, Variansschichten und, im Süden, von weissem Jura. Dies wird dadurch bewiesen, dass überall, wo im Unter- und Ober-Elsass sowohl wie in Baden die Unterlage des Tertiärs bekannt ist, diese aus den genannten Schichten besteht. In der Pfalz ändern sich diese Verhältnisse, und es erfolgt die Auflagerung auch auf ältere Schichten[4]).

Brauner und weisser Jura sind überhaupt die jüngsten mesozoischen Schichten, welche in Südwestdeutschland zum Absatz gelangten; nach ihrer Ablagerung zog das Meer sich zurück, und es folgte eine Festlandperiode, in welcher anderwärts sich die Niederschläge der Kreidezeit bildeten. Das Tertiär ist dagegen wieder durch ausgedehnte Ablagerungen vertreten. Die ältesten Bildungen sind die Süsswasserkalke des Unter-Elsass und die sie unterlagernden Bohnerze und Braunkohlen. Vor allem bekannt ist der Süsswasserkalk von Buchsweiler. Gleichartige Bildungen finden sich bei Dauendorf, Morschweiler, zwischen Bitschhofen und Mietesheim und auf der rechten

---

[4]) Thürach, l. c. S. 58.

Rheinseite in der Langenbrückener Senke bei Ubstadt. Hier sind sie stärker sandig entwickelt. Möglicherweise sind in diesen Vorkommen nur Reste einer früher zusammenhängenden Bildung zu sehen. Ein ausgedehnter Süsswassersee hätte demnach in der Eocänzeit die Mulde zwischen dem südlichen und nördlichen Gewölbe erfüllt. Spärliche Reste von Süsswasserkalk am Bischenberg bei Oberehnheim scheinen nach Andreae etwas jünger zu sein, weiter südlich sind gleichaltrige Ablagerungen bei Basel bekannt. Zahllose Süsswasserschnecken, nach Andreae 28 Arten, belebten den See, während an den Ufern grosse tapirähnliche Unpaarhufer, die Lophiodonten, ein Hufthier, das Propalaeotherium und ein Cebochoerus (Affenschwein) sich herumtummelten.

Die nächstjüngere Bildung sind die klotzigen Conglomerate, welche am grossen Bastberg den mitteleocänen Süsswasserkalk überlagern. Da in denselben bisher keine Fossilien gefunden worden sind, ist ihre genaue Altersbestimmung fraglich, doch kann man wohl nur zwischen Obereocän und tiefstem Unteroligocän schwanken. Wichtige, aus der Tektonik des Gebietes sich ergebende Gründe sprechen dagegen, sie beim Mitteloligocän, zu dem sie früher gestellt wurden, zu belassen. Das Material dieses Conglomerats hat der Dogger, vorzugsweise der Hauptoolith geliefert. Die gleiche Zusammensetzung zeigen auch die Conglomerate, welche weiter südlich, am Scharrachberg, Bischenberg, bei Bernhardsweiler, Barr, Mittelbergheim und am Bollenberg den Jura unmittelbar überlagern. Diese Zusammensetzung beweist nicht nur, dass, wie schon hervorgehoben, brauner Jura die damalige Oberfläche unseres Gebietes bildete, sondern auch, dass keine wesentlichen Höhenunterschiede vorhanden gewesen sein können. Hätten sich bereits solche durch Verwerfungen oder durch Erosion herausgebildet gehabt, so müsste die Zusammensetzung der Conglomerate eine mannigfaltigere sein. Hatten damals die Bewegungen begonnen, welche später zur Einsenkung des Rheinthals führten, so waren sie bei uns vielleicht nur durch Flexuren, durch Umbiegungen der Schichten, nicht durch Brüche angedeutet. Dass aber auch keine ganz ebene Unterlage vorhanden war, ergiebt sich aus unserer Annahme der vortertiären Aufwölbung von Vogesen und Haardt und aus einer Discordanz zwischen Hauptoolith und Conglomerat, welche am Strangenberg westlich von Rufach aufgeschlossen ist[5]).

[5]) Nach gemeinschaftlichen Beobachtungen der Herren Professoren Benecke und Förster, sowie des Verf.

Grössere Ausdehnung besitzen die mächtigen Mergel, in welchen im Unter-Elsass die Gewinnung des Rohöls stattfindet. Sie bilden das Liegende des später zu besprechenden Asphaltkalkes, welcher seinerseits wieder durch mitteloligocänen Septarienthon überlagert wird, und werden deshalb als Unteroligocän angesehen. Diese Abtheilung besteht aus grauen, graugrünen, seltener rothen oder chocoladebraunen Mergeln, denen Sandsteinbänke und Sandlager eingeschaltet sind. Untergeordnet sind Einlagerungen von Kalk, worunter Faserkalk, von Anhydrit, Gyps, z. Th. Fasergyps, und von Eisenkies.

Den besten Einblick in die Zusammensetzung dieser Schichten bieten zwei Bohrungen, welche in den letzten Jahren bis zu bedeutender Tiefe niedergebracht wurden, die eine am Nordrande des Hagenauer Waldes, im Revier Oberstritten, bis zu 620 m, die andere bei Oberkutzenhausen, nahe dem Mittelpunkt der Oelgewinnung, bis zu 510 m. In beiden Bohrungen wurden zu oberst graue Mergel und Kalksandsteine (in Oberstritten auch Faserkalk, bei Oberkutzenhausen Sandeinlagerungen), dann graue und grünliche, untergeordnet röthliche Mergel mit Sandlagen, unter diesen rothe Dolomitmergel mit Anhydrit und zu unterst wieder Mergel angetroffen, welche denjenigen über den Anhydritschichten nahestehen. Die rothen Dolomitmergel erinnern ausserordentlich an die „rothen Mergel" des mittleren Keupers; während aber diesen im Unter-Elsass nur eine Mächtigkeit von höchstens 10 m zukommt, schwellen die rothen Mergel des Tertiärs bis zu 100 m an.

Die Sande bilden langgestreckte, oft verbogene und sich gabelnde Lager, welche quer zu ihrer Längsrichtung einen linsenförmigen Durchschnitt zeigen (s. Fig. 27). Die Dicke wechselt zwischen 0,5 und 2 m und steigt ausnahmsweise bis 4 m, in einzelnen tieferen Lagen bis 5 und 6 m. Die Breite beträgt im Mittel 30 m, stellenweise aber auch 60 m. Als grösste Längserstreckung wurde 800 m festgestellt. Die mittlere Streichrichtung der Sandlager oder Adern, wie Daubrée sich ausdrückt, ist nach dem Plan der Pechelbronner Gruben N 22° 0[6]). Die Schichten fallen nach dem Rheine zu, bei Pechelbronn mit sehr flachem, bei Schwabweiler aber mit einem bis 25° betragenden Winkel.

In diesen Sandlagen wurde früher das Erdöl

[6]) Math. Mieg giebt an, dass die Sandlager Südost, ungefähr senkrecht zu den Vogesen streichen! (Note sur l'exploitation du bitume en Alsace. Bull. Soc. industr. Mulhouse, LIII, 1883, p. 84.)

durch Bergbau gewonnen. Dieselben sind ringsum von einer dunkeln bituminösen, mit Braunkohle durchsetzten Mergelzone umschlossen, ein Umstand, der den Bergleuten wohl bekannt war. Diese Zone ist ausserdem reich an Schneckenresten.

Der paläontologische Charakter der ölführenden Schichten charakterisirt sie als Brackwasserschichten, also als Schichten, welche in einer Zone abgesetzt wurden, welche dem Einfluss der Süsswasser nicht vollständig entzogen war. Unter den Versteinerungen ist eine Muschel, Anodonta Daubréeana, besonders hervorzuheben.

Die Mächtigkeit der unteroligocänen Mergel ist nicht bekannt; bis vor wenigen

schen. Für die später zu besprechende Frage über die Entstehung des Erdöls ist dieser Nachweis von der grössten Bedeutung.

Auf die Besprechung dieser Oelvorkommen soll hier nicht eingegangen werden, da die bisherigen Ergebnisse der bergbaulichen Versuche kein abschliessendes Urtheil über die Reichhaltigkeit der Lager gestatten.

Bei Lobsann bildet der Asphaltkalk das Dach der unteroligocänen Mergel. Er wechsellagert mit dünnen Braunkohlenschichten und tritt in mehreren Bänken auf, deren Dicke in der Regel zwischen 1 und 2,50 m schwankt, stellenweise aber 5—10, sogar 20 m erreicht. Die grösste Mächtigkeit wurde in der Nähe des Gebirges festgestellt. Neben dem von

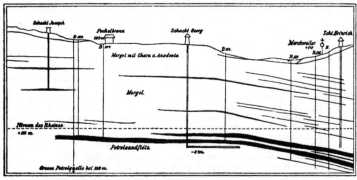

Fig. 27.
Schnitt in der Streichrichtung der Schichten durch die Petrolsand führenden Mergel von Pechelbronn
i. M. von ca. 1 : 10 000. (Nach Andreae, „Elsässer Tertiär".) — Vgl. Fig. 29.

Jahren glaubte man eine Maximalmächtigkeit von etwa 300 m annehmen zu sollen, heute weiss man, dass dieselbe jedenfalls mehr als das Doppelte beträgt, indem das schon erwähnte Bohrloch im Revier Oberstritten, Bergwerk Constant, trotz einer Tiefe von 620 m die Mergel nicht durchsunken hat.

Bei Schwabweiler gehen die unteroligocänen Mergel allmälig in Mergel über, welche durch ihre Fauna, die hauptsächlich in Foraminiferen besteht, ihre Zugehörigkeit zum Mitteloligocän darthun. Darüber lagern graue Sandsteine mit einer Flora, welche auf ein damaliges wärmeres Klima hinweist und deren hauptsächlicher Vertreter Cinnamomum polymorphum ist. Heute wächst Cinnamomum im tropischen Asien (Ceylon).

Die gleichen Lagerungsverhältnisse herrschen bei Altkirch im Ober-Elsass, wodurch bewiesen ist, dass die oberelsässischen Oellager demselben geologischen Niveau angehören, wie die unterelsässi-

Bitumen bis zu 18 Proc. durchtränkten Kalk findet sich auch reiner Kalk, der aber häufig Adern und Flecken von bitumenführendem Kalk umschliesst. (Daubrée, Descript. géol. du dép. du Bas-Rhin, S. 171.) Durch Kochen kann das Bitumen nicht ausgezogen werden, wodurch der Kalk sich wesentlich verschieden verhält gegenüber den bituminösen Sanden des Unteroligocän. Die Braunkohlenlager, die anfangs ausschliesslich Gegenstand der Gewinnung waren, schwanken in ihrer Dicke von einigen mm und 0,5 m. Die Kohle umschliesst Reste von Palmstämmen, welche die sog. Nadelkohle geliefert haben, ferner Blätter von Schirmpalmen (Sabal major), Coniferenholz und in Menge Bernstein in kleinen Kugeln. Auch Cinnamomum findet sich neben Wallnuss und neben Chara-Resten. Von Thieren sind Land- und Süsswasserschnecken, sowie einige grosse Hufthiere, Anthracotherium alsaticum, dessen Zähne bereits von Cuvier beschrieben wurden

13*

den, sowie Entelodon und Hyopotamus
zu nennen. Die Braunkohlenlager sind stark
eisenkieshaltig. Der Eisenkies giebt Veranlassung zu reichlichen Ausblühungen von
Eisensulfat und stellenweise auch von Epso-
mit, natürlichem Bittersalz, in weissen,
langen, feinen Nadeln. Den Kalk- und
Braunkohlenlagern sind einzelne Conglo-
meratlagen eingeschaltet, die sowohl nach
NO als nach SW an Mächtigkeit zunehmen,
während der Kalk auskeilt. Ihre Zusammensetzung ist wesentlich verschieden von derjenigen des Bastbergconglomerats, indem sie
nicht, wie dieses, aus Geröllen des Doggers,
sondern aus Geröllen älterer Formationen,
von Muschelkalk und von Buntsandstein
gebildet sind. Wie das Vorherrschen der
Doggergesteine im Bastbergconglomerat darauf hinwies, dass zur Zeit der Ablagerung
desselben ausschliesslich Dogger die Ufer
zusammensetzte, so muss aus der Zusammensetzung dieser jüngeren Conglomerate geschlossen werden, dass sie ihr Material einer
wesentlich aus Muschelkalk aufgebauten
Küste entnahmen. Fasst man die Mächtigkeit
der Schichten ins Auge, welche den braunen
Jura vom Muschelkalk trennen, beiläufig
250 m, so sieht man, dass eine ganz gewaltige Abtragung zwischen der Ablagerung
der beiden Conglomerate stattgefunden hat.
Der Absatz der unteroligocänen Mergel entspricht der Zeit, in welcher im Unter-Elsass
Lias und Keuper abgetragen wurden, woraus
sich ihre vorwiegend mergelige Beschaffenheit, die vielfach an Keuper erinnert, erklärt. Deshalb ist es auch so schwierig,
nach Bohrschlamm Tertiär und Keuper zu
unterscheiden, obgleich gerade diese Unterscheidung für die Bohrtechnik von Wichtigkeit ist. Versteinerungen, welche bei Rott
unweit Weissenburg im Conglomerat gesammelt wurden (Pectunculus obovatus,
Ostrea callifera) weisen diesem ein mittel-
oligocänes Alter zu und lassen es als ein
Aequivalent des Meeressandes des Mainzer
Beckens erkennen.

Auch die nächstjüngere Bildung, der
Septarienthon, ist eine echte Meeres-
bildung. Er besteht aus hellgrauen, oberflächlich zu Thon verwitternden Mergeln
mit Markasit, im unteren Theil auch mit
Septarien, welche bei Lobsann eine Mächtigkeit von 60 m aufweisen. Die Mergel sind
sehr reich an Foraminiferen und umschliessen
eine Reihe von Muscheln, welche wie Leda
Deshayesiana und Pectunculus obovatus
charakteristisch für Mitteloligocän sind.

Fassen wir das Gesagte kurz zusammen,
so sehen wir, wie auf dem Festland zur
älteren Tertiärzeit im Unter-Elsass sich ein

grosser Süsswassersee gebildet hatte, wie
dann das Meer in das Gebiet einbrach (Conglomerate des Bastberges), dann wieder ein
Rückzug desselben stattfand, und brackische
Niederschläge zum Absatz gelangten. Die
Conglomerate am Rande des Hochwaldes
weisen auf ein erneutes Vordringen, der
Septarienthon auf eine früher weit über das
heutige Verbreitungsgebiet tertiärer Schichten
sich erstreckende Ausdehnung des Meeres
hin. Nach der Ablagerung des Septarienthones erfolgt ein letzter Rückzug des
Meeres, es entstanden zuerst brackische,
dann Süsswasserschichten, welche für die
vorliegende Frage aber nicht von Wichtigkeit sind und deshalb übergangen werden
können.

Dagegen ist eine andere Erscheinung
ins Auge zu fassen, die ebenfalls zur Tertiärzeit sich vollzog, die Einsenkung des
Rheinthals. Es wurde oben der Nachweis
versucht, dass zur Zeit der Ablagerung der
älteren Conglomerate keine bedeutenden
Höhenunterschiede zwischen dem Gebirge
und dem heute vom Rheinthal eingenommenen
Gebiet bestanden haben können und dass
die Unterlage des Tertiärs aus Gesteinen
des braunen Jura gebildet wird. Die tiefsten Lagen, in denen heute z. B. der Hauptoolith anstehend bekannt ist, sind 165 m
(Niedermodern bei Pfaffenhofen) und 167 m
bei Avolsheim. Unter dem Tertiär des
Rheinthals liegt aber der Oolith, da das
Bohrloch von Oberstritten, das bei 150 m
angesetzt und bis 620 m oder —470 m
niedergebracht ist, denselben nicht angetroffen hat, bei mindestens —500 m. Der
Niveauunterschied beträgt demnach 665 m.
Wir sahen ferner, dass zur Zeit der Ablagerung der mitteloligocänen Conglomerate
die Küste aus Muschelkalk bestand. Heute
besteht die grösste Höhe des Hochwaldes,
der Klimbacher Berg mit 525 m, aus den
tieferen Schichten der oberen Abtheilung
des mittleren Buntsandsteins. Rechnen wir
zu dieser Höhe die Mächtigkeit der abge-
tragenen Schichten bis hinauf zum oberen
Muschelkalk, so erhalten wir 950 m[7]). Das
tertiäre Conglomerat, das diesem seine Gesteine entnommen hat, liegt aber bei 250 m,
der Niveauunterschied beträgt also 700 m,
eine Zahl, welche die vorige noch übertrifft
und darauf hinweist, dass wir das Unter-
oligocän in einer Mächtigkeit von wenigstens
700 m zu erwarten haben.

---

[7]) Obere Abtheilung des mittleren Buntsandsteins 170 m, Hauptconglomerat 12 m, Zwischenschichten 65 m, Voltziensandstein 18 m, unterer
Muschelkalk 56 m, mittlerer Muschelkalk 45 m, oberer
Muschelkalk 60 m.

Die Bewegungen, welche diese Niveau-verschiebung veranlassten, fallen in die Zeit nach der Ablagerung des Mitteloligocäns, da die diesem angehörigen Schichten scharf an der Verwerfung abschneiden. Wie weit das Oligocän früher über die heutige Grenze des Tertiärs übergegriffen hat, entzieht sich vorläufig einer sicheren Beurtheilung [8]).

Wirft man einen Blick auf die geologische Uebersichtskarte von Elsass-Lothringen [9]), so tritt die Wirkung der besprochenen Senkungen — es ist noch unentschieden, ob sie alle genau gleichaltrig sind — klar vor Augen. Man sieht zunächst das Gebirge sich scharf abheben von dem Vorland und man kann drei ausgedehnte, aus mesozoischen Schichten aufgebaute Bruchfelder unterscheiden (vergl. Tafel III), dasjenige von Zabern, das grösste derselben und hier besonders zu berücksichtigende, das von Rappoltsweiler und schliesslich das von Gebweiler. Man bemerkt ferner einen Schnitt zwischen dem aus Tertiär und Diluvium aufgebauten Gebiet und den erwähnten Bruchfeldern. Wie diese Bruchfelder vom Gebirge, so ist das Tertiärgebiet von jenen durch eine Verwerfung von bedeutender Sprunghöhe getrennt. Am Hochwald tritt das Tertiär auf längere Erstreckung unmittelbar an das Gebirge heran. Zahlreiche Verwerfungen von geringerer Sprunghöhe durchsetzen die genannten Bruchfelder die, soweit sie erkennbar sind, sämmtlich auf den Specialkarten zum Ausdruck kommen werden. Eine Vorstellung von der Häufigkeit der Störungen erhält man durch das auf der genannten geologischen Uebersichtskarte angebrachte Nebenkärtchen. Die Spalten in dem nördlichen Theil des Zaberner Bruchfeldes, das hier besonders zu berücksichtigen ist, verlaufen vorwiegend in der Richtung N 53⁰ O, andere Richtungen sind ganz untergeordnet. Im südlichen Theil sind dagegen die Lagerungsverhältnisse verwickelter, indem zu der SW—NO verlaufenden Sprungrichtung eine nordsüdliche hinzutritt.

Wie durch den Bergbau nachgewiesen ist, ist auch das Tertiär von Verwerfungen durchsetzt, doch ist die Verfolgung derselben theils durch die ausgedehnte Bedeckung durch jüngere Schichten, theils dadurch unmöglich, weil die einzelnen Stufen des Tertiärs nicht hinreichend scharf gegen

einander abgegrenzt und ihre Mächtigkeiten zu gross sind. Es fehlen deshalb auch Anhaltspunkte, die Streichrichtung der Verwerfungen festzustellen. Berücksichtigt man aber, dass im Zaberner Bruchfeld die Hauptverwerfungen in der Richtung desselben streichen, so wird man nicht fehlgehen, wenn man auch für die Verwerfungen im Tertiär eine dem Hauptabbruch parallele Richtung annimmt. Wenigstens scheint kein Grund vorzuliegen, hauptsächlich solche Spalten anzunehmen, „welche in ihrer Hauptrichtung von den Vogesen zum Rhein verlaufen". Sprünge mit diesem Streichen werden ja wohl nicht fehlen [10]), jedenfalls aber, wie im Bruchfeld von Zabern, keine wesentliche Rolle spielen. Die Hauptverwerfung schwankt zwischen Merzweiler und Weissenburg in ihrer Richtung zwischen N 35⁰ O und N 55⁰ O, verläuft also im Mittel N 45⁰ O. Das Oelgebiet von Schwabweiler ist stärker gestört als das von Pechelbronn.

Es bleibt noch die Richtung zu erörtern, in welcher diese für die vorliegende Frage wichtigste Verwerfung einfällt, d. i. in die Tiefe setzt. Die bekannte E. de Beaumont'sche Zeichnung, welche beispielsweise auch in Daubrée, Taf. 5, wiedergegeben ist, die in Lehrbüchern weit verbreitete Zeichnung von Laspeyres, schliesslich das neuerdings von Schumacher gegebene Profil [11]) stellen die Rheinthalspalte mit einer gegen den Rhein gewendeten Richtung dar. Die Schichten fallen in der gleichen Richtung ein [12]). Auf allen Profilen kommt ein synclinaler Bau der Einsenkung zum Ausdruck. Abweichend davon nimmt Andreae [13]) ein Einfallen nach dem Gebirge, also einen anticlinalen Bau an. Dass die Erscheinungen, auf welche er sich für diese Annahme stützt, nur mit Vorsicht zu deuten sind, habe ich

<hr>

[8]) L. van Werveke, Bericht über einen Ausflug nach Buchsweiler. Zeitschr. Deutsch. geol. Ges. XLIV. 1892. S. 582.
[9]) E. W. Benecke, Geologische Uebersichtskarte von Elsass-Lothringen i. M. 1 : 500000. Strassburg 1892.

<hr>

[10]) Wahrscheinlich ist eine solche südlich von der Lauter bei Weissenburg vorhanden. Vergl. den S. 97 genannten Bericht über die Excursion nach Weissenburg.
[11]) Mittheil. geol. Landesanst. v. Els.-Lothr. Bd. II, 1892, Taf. VI. — Strassburg und seine Bauten; Strassburg 1894, Taf. I.
[12]) In dem Bohrloch in Oberstritten liegen die Schichten ungefähr 100 m tiefer als in dem von Oberkutzenhausen.
[13]) Eine theoretische Reflexion über die Richtung der Rheinthalspalte und Versuch einer Erklärung, warum die Rheinthalebene als schmaler Graben in der Mitte des Schwarzwald-Vogesenhorstes einbrach. Verhdl. naturhist.-medicin. Ver. Heidelberg 1887, Bd. IV, S. 1—9. — Beiträge zur Kenntniss des Rheinthalspaltensystems. Ebendort. — In einer früher veröffentlichten „Notiz über das Tertiär im Elsass" (N. Jahrb. f. Min. etc., 1882, II, 287—294) sagt Andreae, dass das Einfallen der Verwerfung nach dem Gebirge „für eine nachträgliche Hebung der Rheinebene sprechen könnte".

an anderer Stelle auseinandergesetzt [14]) und
mich dahin ausgesprochen, dass kein zwin-
gender Grund vorliegt, von der allgemein
anerkannten Auffassung abzuweichen. Ich
halte auch heute an dieser Auffassung fest.
Es ist ein Wunsch derjenigen Techniker,
welche das Empordringen des Erdöls mit
dem Spaltensystem des Rheinthals in Zusammenhang bringen, auf der Hauptspalte
selbst zu bohren, in der Hoffnung, grade
an dieser reichliche Oelmengen zu erschürfen.
Wäre die Auffassung von Andreae richtig, so
wäre es nur möglich, die Spalte zu treffen,
wenn das Bohrloch im mesozoischen Gebirge,
an der Grenze gegen das Tertiär angesetzt
würde; Bohrungen im Tertiär selbst könnten
dieselbe nicht erreichen. Nach der andern
Auffassung wäre jedoch das Bohrloch im
Tertiär abzuteufen.

Eine Folge, nicht eine Ursache der
Verwerfungen sind verschiedene Ausbrüche
vulkanischer Gesteine. Im südlichen Baden
baute sich der Kaiserstuhl auf, während im
Elsass nur untergeordnete Durchbrüche stattfanden, bei Scheurlenhof, Reichenweier und
Urbeis.

Nachdem wir jetzt die Grundlagen kennen
gelernt haben, welche für das Verständniss
der Gewinnung und der Entstehung des Erd-
öles nothwendig sind, können wir uns diesen
beiden Punkten der Frage zuwenden. Beschäftigen wir uns zunächst mit der Gewinnung. Diese ist schon sehr alt [15]). Eine
bitumenhaltige Quelle, welche in einer Wiese
bei Pechelbronn entsprang und dieser
Niederlassung den Namen gab, ist der Ursprung der heutigen Industrie. Wie weit
die Kenntniss des Erdöls zurückreicht, geht
aus einem von Wimpfeling im Jahre 1498
verfassten Bericht [16]) hervor, der schon damals
den Gebrauch als einen alten bezeichnete.
Man begnügte sich anfangs damit, das auf
dem Wasser schwimmende Oel abzuschöpfen.
Im 16. Jahrhundert lieferte die Quelle soviel
Oel, dass die Bauern der Umgebung es zur
Beleuchtung (Pechfackeln?) und als Schmieröl
benutzten. Im Jahre 1735 fand ein in der
Gegend ansässiger Arzt, Erynis von Erynis,
150 m von der Quelle entfernt ein an-

stehendes Lager von Oelsand, und im Jahre
1742 wurde durch Herrn de la Sablonnière
der erste unterirdische Abbau in Angriff genommen. Im Jahre 1768 traten die Werke
in den alleinigen Besitz der Familie Le Bel,
in deren Händen sie während 120 Jahren,
bis 1888 verblieben. Der Abbau folgte zuerst
den ölhaltigen Sandstreifen, auf welche man
durch Schächte niederging (vergl. Fig. 27).
Später wurden Parallelstrecken im Hangenden
getrieben, nachdem der direkte Betrieb durch
Oel- und Gasausbrüche sowie durch Wasserandrang auf bedeutende Schwierigkeiten gestossen war. Der Bergbau bei Pechelbronn
erstreckte sich bis zu einer Tiefe von 90 m
und ist seit Ende 1888 zum Erliegen gekommen. Es wurden im Ganzen 10 verschiedene Hauptlager neben einer grösseren
Anzahl kleinerer Lager von 11 Schächten
aus abgebaut. (Jasper[17], S. 16.) Gefördert
wurde das aus den Sanden ausquillende
Oel (Sickeröl, Jungfernöl) und ölhaltiger
Sand, aus welchem das Rohöl, ungefähr
4 Proc., durch Auskochen gewonnen wurde.

Bohrarbeiten waren bis zum Jahre 1880
nur in untergeordneter Weise ausgeführt
worden und hatten den Zweck, die Richtung
der oberhalb der Oellager zu treibenden
Versuchsstrecken festzustellen. Erst seit
1880 gewinnen dieselben an Bedeutung, und
bis heute sind allein im Felde Pechelbronn
weit über 500 Bohrlöcher niedergebracht
worden. Die Resultate dieser Bohrungen,
welche zumeist durch Wasserspülung ausgeführt werden, hat Herr Bergrath Jasper
eingehend zusammengestellt (S. 17—28).
Die Oellager, welche durch die Bohrungen
festgestellt wurden, vertheilen sich auf mehrere Horizonte, von denen der erste bei
80—90 m, der zweite bei 120—150 m, der
dritte bei 180—200 m, der vierte und fünfte
bei 230 m und 335 m angetroffen wird.
Die Ergebnisse der Bohrung sind sehr verschieden. Am werthvollsten sind natürlich
die Quellen, in denen das Oel unter dem
Druck des Gases an die Oberfläche gepresst
wird und hier, wenigstens bei einem Theil
der Quellen, mit grosser Gewalt ausgeworfen
wird (Springquellen). Bis jetzt sind 23 derartige Quellen erbohrt, ungefähr 4 Proc. sämmtlicher Bohrungen. Es ist ein grosser Vorzug
der unterelsässischen Quellen gegenüber
anderen, z. B. den Oelheimer, dass sie das
Oel mit verhältnissmässig wenig Wasser vermischt fördern. Eine sehr nachhaltige Quelle
lieferte das Bohrloch 146 am Rothen Graben,
welches im April 1882 als erste grosse

---

[14]) Mittheil. geol. Landesanst. v. Els.-Lothr.
Bd. I, 1890 S. 15.
[15]) In den historischen Angaben folge ich
Daubrée, S. 172. — Ausführlichere Angaben macht
Dietrich, Gîtes de minérai de la Haute- et Basse-
Alsace, Paris-Strasbourg 1789, S. 302. Vergl. auch:
Die elsässischen Erdölwerke in alter Zeit. Strassburger Post, 1889, No. 329, 1. u. 2. Blatt: No. 330.
2. Blatt.
[16]) Wo dieser Bericht erschienen ist, konnte
ich bis jetzt nicht festzustellen.

[17]) Jasper, Das Vorkommen von Erdöl im
Unter-Elsass. Strassburg 1890.

Springquelle von 200 Fass täglicher Leistung erschlossen worden war, und erst nach 6jährigem, ungestörten Ausfluss zum Erliegen kam. „Man teufte 1 m von dem Bohrloch entfernt ein neues Bohrloch grösserer Dimensionen (25 cm Anfangsdurchmesser) ab und richtete dieses zum Pumpenbetrieb ein. Das Ergebniss war höchst befriedigend. Anfänglich lieferte die Pumpe täglich 50 Fass, seit Juli 1889 aber 70—80 Fass Rohöl; in sechsmonatlichem Betriebe producirte dieses Bohrloch bis Mai 1890 allein 1 642 000 kg Oel, also bei monatlich 25 Arbeitstagen = 10 000 kg pro Tag." (Jasper, S. 26 ) Wir sehen hier den Pumpenbetrieb den Bohrbetrieb mit Vortheil ergänzen. Sehr nachhaltig ist auch die Quelle 186, welche im Jahre 1884 aufgeschlossen wurde und in den ersten 8 Jahren täglich 80 cbm lieferte, seither aber auf 70 cbm heruntergegangen ist. In anderen Fällen tritt ein rascheres Versagen ein, z. B. bei der Springquelle 237, welche am 19. April 1887 erbohrt wurde und am 6. August desselben Jahres plötzlich, wahrscheinlich durch Verstopfung des Bohrlochs, versiegte. Für ausführlichere Angaben ist auf die Arbeit des Herrn Jasper zu verweisen. Mehrfach wurde nur Gas und Wasser aufgeschlossen. Eine solche im Jahre 1881 erbohrte Quelle warf das Wasser während 24 Stunden bis zu einer Höhe von 16 m, das Gas, Sumpfgas, dessen Ausströmung fortdauerte, wurde zu Heizungszwecken nach dem Laboratorium des Herrn Achille Le Bel geleitet. Das Bohrloch No. 394 gab in 24 Stunden 12000 bis 15000 cbm Gas; die Ausströmung dauerte 6 Wochen und nahm allmälig ab.

Ausser bei Pechelbronn wurde bei Sulz und Wald (4 km östlich vom ersteren Orte) bereits im vorigen Jahrhundert Erdöl gewonnen, doch ist der Bergbau seit Langem zum Erliegen gekommen. Die Entdeckung des Oelsandes fällt in das Jahr 1771. Das Lager, das in einer Tiefe von 17 m vom Selzbach bis in die Nähe der Kirche von Sulz abgebaut wurde, ist gegen W durch eine Verwerfung abgeschnitten; gegen O nimmt der Oelgehalt ab. (Daubrée, S. 172.)

Weniger alt als in Pechelbronn und Sulz ist die Gewinnung des Erdöls in Schwabweiler (6 km südöstlich von Pechelbronn). Die Verleihung des Bergwerks Schwabweiler erfolgte durch Louis Philippe, roi des Français, am 26. Dezember 1841[18]). Die Ver-

suche, Erdöl hier aufzuschliessen, reichen bis zum Jahre 1830 zurück und waren durch Bitumenspuren, welche man über Tage beobachtet hatte, veranlasst worden. Im November 1838 wurde in sandigem Mergel bei einer Tiefe von 21,76 m eine Quelle aufgeschlossen, welche mit dem Wasser reichlich Erdöl an die Oberfläche beförderte. Die Gewinnung beschränkte sich auf das Auspumpen dieses Bohrlochs und wurde, da der Oelzufluss stark nachgelassen hatte, im Jahre 1847 eingestellt (Daubrée, S. 442). Der Abbau durch Schachtbetrieb, der bis zur Tiefe von 70 m reichte, wurde im Jahre 1883 eingestellt, „nachdem etwa 50 Bohrlöcher, welche in der Umgebung der Grubenbaue bis 80 und 90 m niedergestossen waren, nur mangelhafte Aufschlüsse ergeben hatten". (Jasper, S. 13.) Die Petrolsande bilden nicht, wie bei Pechelbronn, schmale lange Streifen, sondern dehnen sich als zusammenhängende, bis 2 m mächtige Schichten über weitere Flächen aus. Das Einfallen der Schichten ist stärker als bei Pechelbronn. Kleinere Verwerfungen wurden mehrfach festgestellt (vergl. Fig. 28).

Zur gleichen Zeit, als man in Pechelbronn den Bohrbetrieb in grösserem Umfang in Angriff nahm, wurden auch die ersten Bohrversuche ausserhalb der bis dahin als ölführend bekannten Gebiete mit Erfolg ausgeführt und zwar zunächst im nördlichen Theil des Hagenauer Waldes, im Revier Oberstritten (Fundbesichtigung 23. August 1880). Im Jahre 1882 bewegten sich die Schürfversuche am Nordrande des Hagenauer Waldes zwischen Biblisheim und Merzweiler, und in den beiden folgenden Jahren wurde die Gegend von Ohlungen, westlich von Hagenau, theilweise durch Muthungen gedeckt[19]). Nach 1884 trat eine

---

Schwabweiler abgeteuft wurde, konnte ich nicht feststellen; die in meinem Vortrage über „Vorkommen, Gewinnung und Entstehung der Erdöle im Unter-Elsass" nach mündlichen Mittheilungen eines älteren Grubenbeamten gegebene Zahl 1840 (Mitth. philom. Ges. in Els.-Loth. III, Heft 1) ist jedenfalls nicht richtig. Der zweite, neue Schacht wurde 1870 vollendet.

[19]) „Die rechtliche Ordnung zur Petroleumgewinnung besteht für das Reichsland darin, dass nach § 1 des Berggesetzes für Elsass-Lothringen vom 16. Dezember 1873 Bitumen zu den vom Verfügungsrechte des Grundeigenthümers ausgeschlossenen Mineralien gehört und daher das Bergwerkseigenthum auf Bitumen, d. i. Erdöl (Rohpetroleum), Erdwachs, Erdpech, Bergtheer, Pechsand, Asphalt u. s. w., durch Muthung erworben werden kann, und dass das — im übrigen dem preussischen Berggesetz nachgebildete — elsässische Berggesetz in vollem Umfange Anwendung auf Bitumen findet. Insbesondere möge darauf hingewiesen werden, dass im Gegensatz zu Oelheim dem Bergwerkseigenthümer auf Bitumen im Elsass die Bestimmungen

---

[18]) Nach den Akten des Bergreviers Elsass. Daubrée giebt den 11. Dezember an. — Auch die auf den folgenden Seiten gemachten Angaben über die Bohrungen in neuerer Zeit stützen sich auf diese Akten. — In welchem Jahre der erste Schacht in

längere Ruhepause ein, welcher im Jahre 1890 eine Zeit sehr regsamer Bohrthätigkeit folgte, die schon im folgenden Jahre, 1891, zu Ende ging. Durch diese Bohrversuche, welche zu 346 Verleihungen führten, wurde das Vorkommen von Erdöl im Unter-Elsass weit über das Gebiet von Schwabweiler und Pechelbronn hinaus nachgewiesen, und zwar nicht nur im Tertiär, sondern auch in den mesozoischen Schichten des Zaberner Bruchfeldes. Im Tertiärgebiet beschränkte man sich im Jahre 1890 auf die Gegend von Hagenau und ging gegen S wenig über die Moder hinaus; 1891 wurde nicht nur diese, sondern auch die Zorn überschritten und die Bohrversuche näherten sich Strassburg. Die Bohrungen im mesozoischen Gebirge fallen

Im Tertiärgebiet wurden die Bohrlöcher im Durchschnitt bei 78,22 m fündig, die geringste Tiefe, in welcher Erdöl aufgeschlossen wurde, beträgt 13,63 m, die grösste 222,86 m. Berechnet man die Mittelzahl nicht für das gesammte Gebiet, sondern für einzelne Theile, so erhält man wesentliche Abweichungen von der oben angegebenen Zahl. Auffallend niedrig stellt sich die Mittelzahl für die Bohrungen südlich von der Zorn, nämlich nur auf 41,02 m, während sie sich für das Gebiet zwischen der Zorn und der Moder auf 75,80 m, und für das Gebiet nördlich von der Moder bis an die Grenzen des Bergwerks Pechelbronn auf 89,60 m, also auf mehr als das Doppelte der ersteren Zahl beläuft.

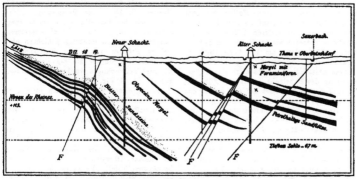

Fig. 23.

Schnitt quer zum Streichen der Schichten durch die Petrolsand führenden Mergel von Schwabweiler
i. M. von ca. 1:4000. (Nach Andreae, „Elsässer Tertiär".)

mit wenigen Ausnahmen (gute Hoffnung I, II und VIII bei Wörth) in das Jahr 1891; ihren Höhepunkt erreichte die Bohrthätigkeit in den Monaten August und September. Im Jahre 1892 wurden nur noch zwei Muthungen, die eine bei Biblisheim, die andere bei Schwabweiler Mühle, beide im Tertiär nördlich des Hagenauer Forstes, eingelegt[20]).

über die zwangsweise Grundabtretung nach dem V. Titel des Berggesetzes zur Seite stehen." (Jasper, Das Vorkommen von Erdöl im Elsass. Essener Glückauf, XXXI, 1895, S. 215—218.)

[20]) Nach dem Verwaltungsbericht des Herrn Bezirkspräsidenten des Unter-Elsass für das Jahr 1893 sind in Folge der „vor längerer Zeit und auch im Jahre 1893 wiederholt von einflussreicher Seite gemachten Anstrengungen, den Bergbau durch neue Steuern zu belasten", neue Muthungen auf Bitumen, abgesehen von zwei besonderen Ausnahmefällen, nicht eingelegt worden. Es ist nämlich der Antrag erhoben, die zur Zeit nicht in Betrieb stehenden Bergwerksconcessionen ausser der bisherigen Feldersteuer von 8 Pf. für den Hectar noch mit einer solchen von 2 Mark zu belegen.

Die niedrige Mittelzahl für die Fündigkeit im Gebiet südlich von der Zorn ist um so auffallender, als gerade hier die unteroligocänen erdölführenden Schichten in grösserer Tiefe liegen als bei Pechelbronn. Nördlich von der Moder und besonders nördlich vom Hagenauer Walde treten unter- und mitteloligocäne Schichten vielfach zu Tage. Zwischen der Zorn und der Moder (und östlich von der Tertiärverwerfung) ist das ältere Tertiär fast überall von Pliocän und Diluvium überdeckt, gehört aber da, wo es über Tage ansteht, dem Mitteloligocän an. Südlich von der Zorn hat man es dagegen an den wenigen Punkten, wo Tertiär aus dem Diluvium herausragt, mit jüngeren Abtheilungen, mit Oberoligocän und Untermiocän zu thun. Dem Untermiocän gehören die Süsswasserkalke an, welche von Schumacher (l. c. 13) am Lettbuckel östlich von Waltenheim aufgefunden wurden. Oberoligocän ist von Truchtersheim und Kolbsheim bekannt

und bildet wahrscheinlich östlich von Suffel-
weiersheim das Liegende des Diluviums.
Von Donnenheim, westsüdwestlich von Bru-
math, liegt mir eine Bohrprobe aus 80 m
Tiefe vor, welche kaum anders denn als Ober-
oligocäner Sandstein gedeutet werden kann.
Die Pechelbronner ölführenden Schichten sind also, wie schon gesagt, in dem Gebiet südlich von der Zorn (bis zur Breusch)
erst in grösserer Tiefe zu erwarten und sind
wahrscheinlich durch keines der fündig gewordenen Bohrlöcher erreicht worden. Das
südlich der Zorn aufgeschlossene Oel würde
demnach jüngeren Schichten angehören müssen,
dem Mitteloligocän oder dem Oberoligocän.
Im letzteren ist Bitumen bisher nicht mit
Sicherheit bekannt geworden; ersterem gehören der Asphaltkalk von Lobsann und ein
Vorkommen von bituminösem Sand (Andreae,
S. 190—191) im Septarienthon zwischen dem
Bergwerk Lobsann und Drachenbronn an.
Auch bei Schwabweiler reichen die Petrol-
sandflötze bis in die Foraminiferenführenden
Mergel des Mitteloligocäns hinein.

Die Bohrungen förderten meistens dunkel-
braunes Erdöl zu Tage; hellgelbes Oel lieferte das Bohrloch der Muthung Surburg I,
hellbräunliches Oel das von Walburg-Mors-
bronn I. Beim Bohrloch Isselbächel II wurde
zeitweise bei der Fundabnahme Oel von
dunkelgrüner Färbung wahrgenommen. In
der Regel wurde bei den Schürfversuchen
das Erdöl mit dem Bohrwasser in die Höhe
gepumpt; weniger oft trat es frei mit aufgeschlossenen Quellen oder unter dem Druck
von Gasen aus. Bei der zur Verleihung des
Bergwerks Gute Hoffnung XI führenden Bohrung wurde eine Springquelle erbohrt (die einzige unter 134 fündigen Versuchsbohrungen),
welche in 24 Stunden $1^1/_2$—2 Fass Oel lieferte. Das aufgeschlossene Oel ist dünn- bis
dickflüssig oder von erdpechartiger Beschaffenheit und bildet in letzterem Falle auf dem
Bohrwasser keine Tropfen, sondern schaumige
Flocken. Von erdpechartiger Beschaffenheit
zeigte sich das Bitumen nördlich von der
Zorn häufig in den Fällen, wo das Bohrloch
eine geringere Tiefe als 70—80 m erreichte,
was zum Theil wenigstens anscheinend mit
einem in den oberen Teufen stattgefundenen
Verlust der leichtflüchtigen Bestandtheile
zusammenhängt (vgl. S. 110). Südlich von
der Zorn scheint Bitumen von dieser Beschaffenheit nicht angetroffen worden zu sein,
obgleich die Bohrungen hier im Mittel nur
bis 41,02 m niedergebracht wurden. Gase
wurden bei den Bohrversuchen nördlich von
der Zorn vielfach beobachtet, scheinen bei
denen südlich von der Zorn aber nicht bemerkt worden zu sein.

G. 95.

Gewinnung von Erdöl findet in den seit
1880 verliehenen Bergwerken im Revier
Oberstritten, bei Biblisheim, Dürrenbach
und Oblungen statt.

In den mesozoischen Schichten des
Zaberner Bruchfeldes wurden in der genannten Zeit 212 als gültig anerkannte
Muthungen eingelegt. Die Erdölfunde vertheilen sich auf verschiedene Schichten der
Trias und des Jura, nämlich auf oberen
Muschelkalk, mittleren Keuper (Salzkeuper
und Steinmergelkeuper), Lias, besonders
mittleren und oberen Lias, unteren Dogger
und vielleicht auch die tieferen Schichten des mittleren Doggers. In der Regel
wurde das Erdöl in zahlreichen grösseren
und kleineren Tropfen von braun-schwar-
zer Farbe mit dem Bohrspülwasser zu
Tage gefördert. In wenigen Fällen, bei
Wörth, Pfaffenhofen und Obermodern, trat
neben dem flüssigen Erdöl Erdpech zu Tage.
Nach den Ergebnissen der Bohrungen im
Tertiär, wenigstens in der Hagenau-Pechel-
bronner Gegend, hätte man wegen der geringen Tiefe der Bohrlöcher erwarten müssen,
gerade letzteres in der Regel anzutreffen.
Dasselbe unerwartete Verhalten zeigten, wie
schon hervorgehoben, die Bohrungen im
Tertiär südlich der Zorn. Gasaustritt wurde
bei Wörth, Bossendorf und Obermodern festgestellt. Die Mittelzahl, welche sich für die
Tiefe der Fündigkeit bei sämmtlichen als
gültig anerkannten Muthungen berechnet, ist
25,02 m, also nicht ganz ein Drittel der
mittleren Tiefe im Tertiärgebiet. Es kann
demnach auf den ersten Blick scheinen, als
hätte man es in dem Zaberner Bruchfeld mit
einem günstigeren Oelgebiet zu thun als in
der Pechelbronner Gegend; Gewinnung von
Erdöl hat aber bisher nicht stattgefunden.

Wichtig wäre es zu wissen, in welchem
Verhältniss die Zahl der fündigen Bohrlöcher
zu den überhaupt niedergebrachten Bohrlöchern
steht, doch lässt sich dasselbe vorläufig nicht
feststellen.

Bei den zahlreichen bisher im Tertiär
ausgeführten Bohrungen ist man nur in
wenigen Fällen tiefer eingedrungen als 250
bis 300 m. Die grösste Tiefe erreichte das
Bohrloch von Oberstritten, nämlich 620 m.
Oel wurde nicht erschlossen, doch gab die
Bohrung den ersten Nachweis einer bisher
ungeahnten Mächtigkeit der unteroligocänen
Mergel und interessante Beobachtungen über
die Zunahme der Temperatur nach der
Tiefe. Ich gebe dieselbe hier nach einer Mittheilung von Daubrée in den Comptes rendus
von 1893 S. 265 wieder, und stelle daneben
die thermischen Stufen, wie sie sich für die
einzelnen Tiefen, unter Zugrundelegung einer

14

mittleren Temperatur des Ortes von $10^0$, ergeben.

| Tiefe m | Temperatur °C. | Thermische Stufe m |
|---|---|---|
| 305 | 47,5 | 8,1 |
| 330 | 52,5 | 7,7 |
| 360 | 53,7 | 8,2 |
| 400 | 57,5 | 8,4 |
| 420 | 58,7 | 8,6 |
| 480 | 58,7 | 9,8 |
| 510 | 60,0 | 12,0 |
| 540 | 59,4 | 10,9 |
| 580 | 59,4 | 11,7 |
| 600 | 60,6 | 11,9 |
| 620 | 60,6 | 12,2 |

Die thermische Stufe wächst mit zunehmender Tiefe[21]).

Berechnet man die thermische Stufe nicht von der Oberfläche aus, sondern z. B. zwischen 305 m und 620 m, so erhält man eine wesentlich höhere Stufe, nämlich 24 m, und zwischen 420 und 620 m sogar 105 m.

Wesentlich andere Zahlen ergaben die Temperaturmessungen im Bohrloch von Oberkutzenhausen (nach einer Mittheilung der Direction der Pechelbronner Oelbergwerke in Schiltigheim-Strassburg).

| Tiefe m | Temperatur °C. | Thermische Stufe m |
|---|---|---|
| 236 | 18 | 29,5 |
| 275 | 23 | 21.1 |
| 281 | 27 | 16,5 |
| 334 | 34 | 13,9 |
| 365 | 34 | 15,2 |
| 387 | 36 | 14,8 |
| 407 | 37 | 15,0 |
| 435 | 38 | 15.5 |
| 461 | 37 | 17,0 |
| 491 | 40 | 16,3 |
| 509 | 41 | 16,4 |

Bei 236 ist die Thermenstufe die normale, nimmt rasch ab bis zu 281 m und bleibt in grösserer Tiefe ziemlich constant, zwischen 281 und 509 m im Mittel 16,2 m.

Berechnet man die Thermenstufe nicht von der Oberfläche aus, sondern zwischen den einzelnen Tiefen des Bohrlochs, so erhält man z. B. zwischen 236 und 275 m = 7,8 m; zwischen 275 und 281 m = 1,5 m; zwischen 281 und 334 m = 6,1 m und zwischen 387 und 509 m = 24,4 m.

Sehr bemerkenswerth ist das häufige Zusammenvorkommen des Oels mit Mineralwassern, die gewöhnlich einen hohen Bromgehalt erkennen lassen. Die Salzwasser wurden aber auch vielfach allein angetroffen und weisen einen sehr schwankenden Salzgehalt auf. Eine bei Kutzenhausen erbohrte

---

[21]) Die Angabe von Daubrée, nach welcher die thermische Stufe nach der Tiefe abnehme, beruht auf einem Versehen beim Vergleich der berechneten Stufen mit den erbohrten Teufen. Einige der beobachteten Temperaturen sind d. Z. 1894, S. 69 mitgetheilt.

---

Quelle enthielt 197 pro Mille, die Mineralquelle bei Weissenburg 12,8 pro Mille. Bei anderen Quellen wieder ist der Salzgehalt weit geringer.

Der letzte Punkt, dem besondere Aufmerksamkeit zu widmen ist, sind die Beziehungen, welche die einzelnen Bohrlöcher unter sich aufweisen. In dieser Hinsicht sind die drei Bohrlöcher 146, 186 und 213, welche in der Nähe von Pechelbronn angesetzt sind, von der grössten Wichtigkeit. (Vergl. Fig. 29.) Sie haben ungefähr in der gleichen Tiefe, bei 138, 135 und 140 m, reiche Springquellen und Oel von derselben Beschaffenheit gefördert.

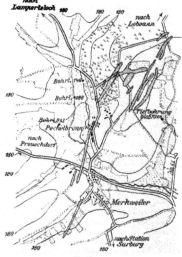

Fig. 29.
Uebersicht über die durch Bergbau ausgebeuteten Oellager (schraffirte Flächen) bei Pechelbronn i. M. 1 : 28 353.

Es unterliegt wohl keinem Zweifel, dass sie einem und demselben Lager entspringen. Eine durch die drei Bohrlöcher gelegte Linie entspricht genau der mittleren Streichrichtung der früher bei Pechelbronn abgebauten Sandlager. Die gleiche Richtung erhält eine Linie, welche die Springquelle 344 am Nordrand des Hagenauer Waldes und die Springquelle 346 an der Haltestelle Surburg verbindet. Es wird dadurch klar, dass die durch die Bohrung erschlossenen Oellager das gleiche Streichen haben wie diejenigen, welche früher durch Bergbau ausgebeutet wurden, und dass man bei der Fortsetzung des Betriebes diese Linie stets im Auge zu behalten hat. Im Jahre 1885 hat Herr Bergrath Jasper bereits eine derartige generelle Streichrichtung angenommen und auf einer zur Orientirung der in Strassburg anwesenden Mitglieder der Naturforscherversammlung angefertigten Kartenskizze eingetragen, derselben jedoch eine zu stark östliche Richtung, nämlich N 40° O, gegeben. Später ist Herr Jasper von dieser Ansicht abgewichen, dann aber wieder auf dieselbe zurückgekommen.

Bei dem erwähnten Zusammenhang einzelner Bohrlöcher ist es verständlich, dass vorhandene reiche Quellen durch neue Schürfe zum Versiegen gebracht werden. So legte das Bohrloch 334, welches von der Pechelbronner Gesellschaft am Nordrand des Hagenauer Waldes abgeteuft worden war, das eigene Bohrloch 337 und das in dem benachbarten Felde gelegene Bohrloch No. 9 trocken, eine unangenehme Erfahrung für den Besitzer dieses Feldes. Schwer verständlich ist dagegen, dass Bohrungen, welche in unmittelbarer Nähe des Bohrlochs 346 (Haltestelle Surburg) zur Entlastung desselben abgeteuft wurden, das Oellager nicht antrafen.

Um eine Vorstellung von der Bedeutung der unterelsässischen Oelindustrie zu geben, ist nachstehend die Production der letzten Jahre zusammengestellt.

1889    6532  Tonnen Rohöl,
            im Werthe von . 463183,17 M.(4 Felder).
1890  12977,3Tonnen Rohöl,
            im Werthe von . 903854        - (4 Felder).
1891  12847  Tonnen Rohöl,
            im Werthe von . 892522        - (5 Felder).
1892  12942  Tonnen Rohöl,
            im Werth von . . 712,062      - (5 Felder).
1893  12609  Tonnen Rohöl,
            im Werth von . . 636570       - (5 Felder).
1894  15632  Tonnen Rohöl.

Der Preis pro Tonne ging von 1891 auf 92 von 69,47 auf 55,00 Mark herunter. Seit 1880, in welchem Jahre die erste Bohrung ausgeführt wurde, bis zum 1. April 1893 lieferte Pechelbronn allein 69 529 685 kg, wovon 27 086 800 kg bis zum 31. Dezember 1888 und 42 442 885 kg seit Gründung der neuen Gesellschaft. Die Production hat sich unter dieser also sehr bedeutend gehoben. Die Production an Petroleum beträgt 4000 Tonnen oder 1,3 Proc. des Bedarfs in Deutschland. Russland führt 50 000, Amerika 250 000 Tonnen ein.

Ich wende mich nun zur Besprechung der **Entstehung des Erdöls**[22]), und zwar

[22]) Die bis jetzt über die Entstehung des Erdöls im Allgemeinen ausgesprochenen Ansichten sind in Höfer, Das Erdöl und seine Verwandten, Braunschweig 1888, S. 101—132, zusammengestellt.

werde ich zunächst die Ansichten der verschiedenen Autoren, welche über unterelsässisches Petroleum geschrieben haben, wiedergeben.

Der vor 3 Jahren verstorbene Berg- und Hütteningenieur L. Strippelmann kommt in seiner, in fachmännischen Kreisen viel beachteten und deshalb eingehender zu berücksichtigenden Schrift: Die Petroleumindustrie Oesterreich-Deutschlands (Leipzig 1878) zu dem Schluss, dass die Ursprungslagerstätten der Erdöl bildenden Kohlenwasserstoffverbindungen im Elsass in älteren Formationen (Silur, Devon, Carbon) zu suchen sind[23]). In welcher Tiefe und in welchem Zustande diese Lagerstätten sich befinden, lässt der Verfasser dahingestellt (III, 204). Der Uebertritt aus tieferen in höhere Schichten gehört nach Strippelmann ausschliesslich früheren Erdperioden an. Die jetzt den Tertiärmergeln eingeschalteten Oelvorkommen erscheinen deshalb gewissermassen als fertige und abgeschlossene Lager, denen kein Nachschub in Form von gasförmigem und tropfbar flüssigem Petroleum von der Ursprungslagerstätte mehr geleistet wird (III, 204). Den Oelaustritt vermitteln Spaltenbildungen (III, 203), deren Hauptrichtung dem Vogesenkamm parallel läuft (III, 193). Die Linie Lobsann, Pechelbronn und Schwabweiler entspricht einem Quersprung (III, 191—193). Die Spaltenbildung wird auf vulkanische Erscheinungen zurückgeführt (III, 187). Auch die später zu erwähnenden, vereinzelt in älteren Schichten beobachteten Asphaltvorkommen werden mit dieser Spaltenbildung in Verbindung gebracht. Strippelmann zeichnet auf einer seinem Werke beigegebenen Karte als Petroleumzone einen breiten, in seiner Richtung dem Rheinlaufe ungefähr parallelen Streifen, welcher die Erdölvorkommen nördlich von Hagenau und von Hirzbach und dazwischen diejenigen von Molsheim u. s. w.[24])

[23]) Wie Strippelmann sieht auch Nöldecke (Vorkommen und Ursprung des Petroleums, Celle-Leipzig, 1883, S. 106—107) die Oellager im Tertiär als secundäre an und verlegt den Ursprung in Schichten, welche älter als die Trias sind.

[24]) Strippelmann erwähnt (III, S. 10), anscheinend auf Grund der Description géol. du départ. du Haut-Rhin von Delbos und Köchlin-Schlumberger, als Oelfundpunkte Eschery (Eckkirch bei Markirch), Ste. Croix-aux-Mines (St. Kreuz), Ste. Hippolyte (St. Pilt) und Roderen. In allen Fällen handelt es sich aber um Kohlenvorkommen, nicht um Oellager, und zwar bei Eckkirch um anthracitführenden Gneis (Descript. I, 145), an den anderen Punkten um früher vorhandene, jetzt abgebaute Steinkohlenlager (Descript. I, 211 u. 209). Strippelmann verwechselt ausserdem La Croix-aux-Mines (Dép. des Vosges) mit Ste. Croix-aux-Mines (Ober-Elsass). Man ersieht hieraus, auf welch' fehler-

14*

einschliesst. Das Material zur Petroleum-
bildung sieht Strippelmann in vegetabilischen
und animalischen Stoffen, bei der Bildung
selbst hatten vulkanische Kräfte einen nicht
zu verkennenden Einfluss (I, 87).

Mieg lässt in dem S. 98 erwähnten,
1883 veröffentlichten Vortrage die Frage
offen, ob das Bitumen, wie die Braunkohle,
pflanzlichen Stoffen seinen Ursprung verdanke, oder ob demselben ein mineralischer
Ursprung zuzuschreiben sei, der mit den
das Oelgebiet durchsetzenden Spalten in
Verbindung steht. Er bemerkt jedoch, dass
die Entstehung durch Zersetzung pflanzlicher Stoffe mit dem starken Drucke der
das Oel begleitenden Gase schwer zu ver-
einbaren sei.

Weniger ausführlich als das Werk
Strippelmann's beschäftigt sich mit dem
Erdöl des Elsass eine andere Schrift, Petroleum Central - Europas (Düsseldorf
1883), welche gleichfalls einen Berg- und
Hütteningenieur, Herrn Piedboeuf, zum Verfasser hat[25]). Die Lagerstätte im Tertiär
sieht Piedboeuf gleichfalls als secundäre an,
die ursprüngliche Lagerstätte sucht er ihm
der Muschelkalk. Er will sie nicht in
tiefere Schichten verlegen, weil bisher im
Buntsandstein keine Spur von Oel gefunden
worden ist. Die poröse Beschaffenheit des
weichen Buntsandsteins hätte sonst, wie der
Verfasser ganz richtig bemerkt, den aufsteigenden Kohlenwasserstoffen Aufnahme in
diesem immensen Behälter geboten. Piedboeuf
sieht den Ursprung des Petroleums in der
Zersetzung thierischer Stoffe, welche weniger
durch den Thierkörper selbst, als durch die
Fäcalien der Thiere geliefert wurden.

Im Gegensatz zu Strippelmann und Piedboeuf sieht Andreae in einer grösseren Abhandlung: Ein Beitrag zur Kenntniss
des Elsässer Tertiärs[26]), das Tertiär als
die ursprüngliche Lagerstätte des Erdöls an.
Dafür spricht nach seiner Auffassung zunächst der Umstand, dass das Petroleum so-

wohl im Unter-Elsass wie im Ober-Elsass
an ein bestimmtes Niveau gebunden ist.
Auf die vereinzelten Vorkommen in anderen
Schichten, wie im Muschelkalk bei Molsheim, legt Andreae kein Gewicht. Aus der
Verbreitung der Sandlager, welche eine grosse
Aehnlichkeit mit den verzweigten Armen
eines Flussdeltas haben, und dem Vorkommen von Brackwasserfossilien schliesst
er, dass wir es bei Lobsann und Pechelbronn mit einer Lagunen- und Deltabildung
zu thun haben. „Die Petroleumlager von
Schwabweiler scheinen mehr von der Küste
entfernt im freien Meere entstanden zu sein.
Wir sehen dort die Oelsandflötzchen, ebenso
wie die einzelnen mehr oder weniger imprägnirten sandigen Mergelstreifen in ausserordentlicher Feinheit geschichtet, ein Umstand, der nicht gerade für eine nachträgliche Infiltration spricht." (S. 171.) Eine
geringe nachträgliche Wanderung des Erdöls,
welche schon während oder nach der Bildung desselben stattfand, giebt Andreae zu.
Bemerkenswerth erscheint ihm der innige
Zusammenhang zwischen Braunkohle und
Bitumen, wie er durch den Bergbau bekannt
geworden ist; er hält es deshalb für unzulässig, für beide Producte eine grundsätzlich
verschiedene Entstehung anzunehmen. Der
Stickstoffgehalt des Erdöls spricht ihm dafür,
dass auch thierische Stoffe den die Braunkohle liefernden pflanzlichen Resten beigemengt waren.

An der gleichen Auffassung hielt Andreae
in einem später veröffentlichten Vortrage
fest[27]).

Nicht ohne Schärfe wendet sich gegen
diese Ansicht Herr Achille Le Bel, der
frühere Besitzer des Pechelbronner Werke,
in einem kleinen, im Bull. de la Soc. d'histoire
naturelle de Colmar (1885) erschienenen Aufsatze. (Notice sur les gisements de
pétrole à Pechelbronn.) Ihm scheinen
nur die Ansichten berücksichtigungswerth,
nach welchen das Erdöl entstanden sein
soll, entweder durch Destillation von Kohlenlagern in grosser Tiefe unter dem Einfluss
der Erdwärme oder, wie Mendelejeff annimmt, durch Einwirkung von Wasser oder
Wasserdampf auf kohlenhaltiges Eisen im
glühenden Erdinnern. Für die erste Auffassung spricht nach Le Bel der Umstand,
dass die Oelvorkommen eng verbunden er-

---

hafter Grundlage die Zeichnung der Strippelmann'-
schen Oelzone beruht. — Als thatsächliche Fundorte
für Bitumen im Ober-Elsass sind dagegen zu nennen:
Verkieselter Trochitenkalk von Bergheim bei Rappoltsweiler (Graul, Asphalt in Muschelkalk. Humboldt,
1888, S. 311 und Geol. Beschreibung der Umgegend
von Rappoltsweiler; Rappoltsweiler, 1889, S. 22. —
Muschelkalk mit Asphalt von Bergheim hat ausserdem
Herr Hauthal in der geologischen Landessammlung
niedergelegt) und Hauptoolith bei Aue, 1550 m
nordöstlich von der Kirche, 60 m westlich vom Höhepunkt 373,7 (nach eigenen Beobachtungen).
[25]) Vergl. auch Piedboeuf, Notice sur les
gisements pétrolifères de l'Europe centrale. Revue
universelle des mines, XIII, 1883, 2e série S. 57.
[26]) Abhandlungen z. geol. Specialk. v. Els.-
Lothr., Bd. II, Heft 3 mit Atlas, Strassburg 1884.

[27]) Ueber das elsässische Tertiär und seine
Petroleumlager. Bericht der Senkenbergischen
naturforschenden Gesellschaft, 1886,87, S. 23—35.
Zum ersten Male hat Andreae seine Ansicht über
die Bildung des Erdöls in einer im Neuen Jahrbuch f. Min. etc. (1882, II, 287—294) veröffentlichten
Notiz über das Tertiär im Elsass ausgesprochen.

scheinen mit den vulkanischen Vorgängen und mit den grossen Spalten. Pechelbronn besonders liege in geringer Entfernung von zwei vulkanischen Erhebungen, derjenigen von Scheurlenhof einerseits und derjenigen von Weiler bei Weissenburg andererseits. Die Unrichtigkeit dieser geologischen Anschauungen ergiebt sich aus meinen eingangs gemachten Mittheilungen. Besser jedoch scheint ihm die Mendelejeff'sche Theorie das Vorkommen des Erdöls zu erklären, besonders mit Rücksicht darauf, dass kaum anzunehmen sei, dass an den zahlreichen Punkten, an denen Petroleum bekannt ist, Kohle im Liegenden vorhanden sei, während die Natur überall über Wasser verfügt.

Engler bemerkt in einem 1887 in den Verhandl. des Vereins zur Beförderung des Gewerbefleisses erschienenen Aufsatze, Die deutschen Erdöle, dass der hohe Kohlenoxydgehalt der Erdölgase von Pechelbronn (3,15 Proc.) ein Argument gegen die Hypothese der Bildung der Erdöle durch eine Art von Gährungsprocess bilde und diejenige der Entstehung durch trockene Destillation, vielleicht noch mehr die von Mendelejeff stütze.

Herr Bergrath Jasper will sich in seiner schon mehrmals genannten, im Jahre 1890 erschienenen Schrift: Das Vorkommen von Erdöl im Unter-Elsass, nicht bestimmt aussprechen, doch scheint er hauptsächlich der Ansicht zuzuneigen, dass das Oel aus tieferen Schichten stammt, auf Spalten in das Tertiär eingedrungen ist und in diesem bestimmte Lager einnimmt. Wohl aus diesem Grunde ist besonderes Gewicht auf Beobachtungen gelegt, welche der Herr Bergrath in einem unterirdischen Abbau bei Lobsann gemacht hat, und wozu die Belegstücke von ihm der geologischen Landesanstalt von Elsass-Lothringen überwiesen worden sind. Es beweisen diese Beobachtungen, dass auch jetzt noch Wanderungen des Erdöls innerhalb der Klüfte und Durchtränkung der Schichten stattfinden können.

Nicht bestimmter drückt sich Herr Jasper in dem Verwaltungsbericht und Vorlagen des Bezirkspräsidenten für 1893 aus. Bemerkenswerth ist jedoch, dass in diesem Bericht als Lagerstätte des Erdöls im Elsass nur das Tertiär angegeben wird.

Pochon (Note sur l'exploitation des pétroles de Pechelbronn etc., Bull. Soc. industr. St. Etienne, 1893, S. 111—127) schliesst sich ganz den Anschauungen Strippelmann's an, ebenso Venator in einem ein Jahr früher (1892) in der Zeitschrift des Vereins deutscher Ingenieure (S. 47—50) erschienenen Aufsatz „Das Petroleumvorkommen im Elsass."

Eine Notiz, welche Daubrée im Jahre 1893 in den Comptes rendus über das Erdöl des Unter-Elsass veröffentlichte (Couches à pétrole des environs de Pechelbronn), worin auch die bereits erwähnten, bei der Tiefbohrung in Oberstritten beobachteten, ausnahmsweise hohen Temperaturen besprochen werden, schliesst mit folgenden Worten: „Une telle anomalie est d'autant plus intéressante qu'elle paraît se rattacher à la même cause que la présence du pétrole, c'est-à-dire à une influence particulièrement efficace, chimique ou autre, de l'activité interne du globe". Also auch Daubrée verlegt den ursprünglichen Sitz des Petroleums in grosse Tiefe, ohne jedoch im Einzelnen sich auszusprechen.

Schumacher[28]) ist der Ansicht, dass die Erdöl- und Asphaltlager wahrscheinlich durch chemische Umwandlungsprocesse aus organischen (thierischen), in Lagunen oder Deltabildungen angehäuften Resten entstanden sind.

Die Ansichten über die Herkunft und die Entstehung des Petroleums sind also sehr verschieden. Die Mehrzahl der genannten Autoren sehen die jetzt ausgebeuteten Lagerstätten als secundäre an, als ursprüngliche Lagerstätte aber weit ältere Schichten als das Tertiär, z. Th. sogar das glühende Erdinnere. Nur Andreae und Schumacher verlegen die Entstehung des Rohöls bestimmt in das Tertiär. Ich schliesse mich dieser Anschauung an, und zwar theilweise aus denselben Gründen, auf welche sich Andreae stützt. Ein Hauptgrund ist, wie schon bemerkt, der Umstand, dass das Erdöl sowohl im Unter-Elsass wie im Ober-Elsass an dieselben Schichten gebunden ist, so weit man bis jetzt weiss, hauptsächlich an den oberen Theil des Unteroligocän. Keine andere Ansicht kann einen gleich schwerwiegenden Grund für sich beanspruchen. Eine zweite Hauptstütze ist der innige Zusammenhang zwischen Braunkohle und Erdöl; noch mehr aber fällt ins Gewicht, dass die Grenzzone, wie erwähnt, reich an Schnecken ist. Man kann, meiner Ansicht nach, die Gründe, welche für das Tertiär als ursprünglichen Bildungsheerd sprechen, noch vermehren. Es ist wohl nicht zufällig, dass das unter- wie das oberelsässische Oelvorkommen grade in der Richtung der Mulden liegen, welche, wie wir gesehen haben, im Norden Haardt und Vogesen, im Süden Vogesen und Jura von einander trennen. Da diese Mulden

[28]) Die natürliche Entwickelung des Strassburger Landes. In: Strassburg und seine Bauten, Strassburg 1894, S. 13.

bereits zur Kreidezeit ausgeprägt waren, kommt ihnen vielleicht ein bestimmter Einfluss bei dem späteren Absatz der petroleumführenden Schichten zu. Das Zusammenfallen der Mulde und der Hauptöllagerstätten ist jedenfalls sehr zu beachten. Nicht minder bemerkenswerth erscheint mir eine Angabe von Daubrée (S. 169), nach welcher die ölführenden Schichten einen besonders hohen Gehalt an Schwefelkies zeigen. Da der Schwefel des von den Schichtgesteinen oft in feinster Vertheilung umschlossenen Schwefelkieses wohl seiner Hauptmasse nach aus dem Schwefel der Eiweissstoffe herrührt, so spricht auch die reiche Anhäufung dieses Erzes für das frühere Vorhandensein grösserer Mengen organischer Stoffe. Ferner erscheint der reiche Gasgehalt besonders der tieferen Oellager leichter erklärlich, wenn man das Oel an Ort und Stelle entstanden, als wenn man es zugeführt denkt. Wäre das Erdöl aus der Tiefe in stark mit Gas geschwängertem Zustande emporgedrungen, so hätte wohl in den meisten Fällen eine Dissociation stattgefunden, und Gase und Oel würden sich in der Regel getrennt vorfinden. Man wird dem entgegenhalten, dass in der That diese Dissociation stattgefunden hat, indem vielfach nur Gase erbohrt worden sind. Es ist aber nicht ausser Acht zu lassen, dass das Tertiär nach seiner Ablagerung von Spalten zerrissen wurde. Bei diesem Vorgang wurden manche der ringsum geschlossenen Oellinsen geöffnet — die Richtung der Spalten durchschneidet, wie wir gesehen haben, diejenige der Oellager —, ihr Bitumengehalt wurde herausgedrängt, konnte sich an Spalten stärker anhäufen, theilweise seines Gasgehaltes beraubt werden und bisher nicht ölführende durchlässige Schichten, d. h. Sandschichten, durchtränken. Es entstanden dadurch neben den primären secundäre Oellagerstätten. Ferner konnten Oellager verschiedener Tiefe mit einander in Verbindung treten. Die Dissociation weist also nicht unbedingt auf eine Zufuhr aus grosser Tiefe, sondern nur darauf hin, dass ein theilweiser Ortswechsel der Oellagerstätten stattgefunden hat, meiner Ansicht nach aber nur innerhalb des Tertiärs selbst. Für die Möglichkeit solcher Wanderung sprechen die Beobachtungen des Herrn Bergrath Jasper, sowie ältere Angaben von von Daubrée (S. 182) und Mosler (Katalog für die Wiener Weltausstellung, 1873, S. 26). Ein weiterer Grund, welcher für das Tertiär als Ursprungsstätte des Petroleums spricht, ist die häufige Vergesellschaftung von Oel- und Salzquellen, welche eigentlich

keiner Erklärung bedarf, wenn man beide auf Absätze von Brackwasserschichten zurückführt.

Ferner ist ein wesentlicher Grund, welcher früher gegen die ursprüngliche Bildung im Tertiär in's Feld geführt wurde, in Wegfall gekommen, nämlich der Grund, dass es nicht gelungen war, aus organischen Stoffen, abgesehen durch Glühen, Petroleum herzustellen. Diesen Standpunkt nahm besonders Le Bel ein. Wie wenig dieser Einspruch begründet war, beweisen die neueren Untersuchungen von Engler, welchem es gelang, Erdöl aus thierischen Fetten zu gewinnen [29]).

Die vielfach betonte Abhängigkeit der Beschaffenheit des Bitumens von der Tiefe, aus der es gewonnen wird — die tiefsten Schichten von Schwabweiler die leichtesten Oele, Pechelbronn schwerere Oele, und die jüngsten Schichten bei Lobsann den zähflüssigen Asphalt — wird gewöhnlich darauf zurückgeführt, dass das Oel in grösserer Nähe der Erdoberfläche oxydirt und seiner leicht flüchtigen Bestandtheile beraubt ist. Immerhin mögen, wie Andreae bemerkt, auch die ursprünglichen Bildungsverhältnisse hierauf schon von Einfluss gewesen sein (S. 172), insbesondere da auch das sehr tiefe Bohrloch bei Oberstritten ein zähflüssiges Pech lieferte. Diese Frage ist eine rein chemische, und es wäre zu wünschen, dass dieselbe von competenter Seite in's Auge gefasst würde. Ich möchte hier nur darauf hinweisen, dass einige Bemerkungen von A. Le Bel mehr für eine ursprünglich verschiedene Zusammensetzung als für eine nachträgliche Veränderung zu sprechen scheinen. So enthält z. B. nach A. Le Bel der Asphaltkalk einen in Aether löslichen Kohlenwasserstoff, welcher von dem, welcher aus den bitumi-

<hr/>

[29]) Engler, Zur Bildung des Erdöls. Berichte der deutschen chemischen Gesellschaft, Berlin 1888, S. 1816—1827. Engler gewann durch Destillation von 492 kg Fischthran unter einem Druck von 10, im weiteren Verlauf der Operation von 4 Atmosphären und bei einer Temperatur von 320° bis etwas über 400° 299 kg öliges Destillat (60 Proc.), das nach oberflächlicher Reinigung einen Siedepunkt von 34° besass. Es war von bräunlicher Farbe, in dünneren Schichten durchsichtig, von stark grüner Fluorescenz und unangenehmem Geruch. — Früher schon war es Engler gelungen, Fischthran durch Erhitzen auf 350° in geschlossenen Röhren grösstentheils in Kohlenwasserstofföle umzuwandeln. — Dass der Process in der Natur ein anderer war, liegt auf der Hand. Er verlief wahrscheinlich bei erheblich niedrigerer Temperatur, aber unter hohem Druck, welcher durch die überlagernden Gebirgsmassen und die auflastende Wassersäule (wir haben es, wie schon hervorgehoben, mit Brackwasserbildungen zu thun) ausgeübt wurde. (Vergl. Engler, S. 1823.) Vergl. auch d. Z. 1893 Ochsenius, Oceanische Barrenwirkungen, S. 197, 1894 S. 283.

nösen Sanden von Pechelbronn gewonnen wird, durchaus verschieden ist. Dieser seinerseits weicht wieder vollständig von dem Oele ab, welches in einigen Hundert Meter Entfernung durch Bohrlöcher gewonnen wird. Dieser Unterschied macht sich nach Le Bel nicht nur dadurch bemerkbar, dass das erbohrte Oel leichter flüchtige Bestandtheile enthält, sondern auch durch verschiedene, bei gleicher Temperatur gewonnene Destillationsproducte. Würde bestimmt nachgewiesen, dass diese Verschiedenheiten nicht durch nachträgliche Veränderungen erklärt werden können, so läge hierin ein Beweis, dass im Tertiär die ursprüngliche Lagerstätte des Erdöls zu suchen ist.

Ich habe jetzt die Punkte besprochen, welche für die letztere Annahme als die richtige sprechen. Sehen wir nun, welche **Punkte gegen die Anschauungen** sprechen, nach welchen die Entstehung des Petroleums in die Tiefe zu verlegen und eine spätere Imprägnation des Tertiärs anzunehmen ist. Wäre die Imprägnationstheorie richtig, so **müssten auch andere Schichten als das Tertiär mit Erdöl durchtränkt** worden sein. Kein anderes Gestein wäre wohl zur Imprägnation geeigneter gewesen als der Buntsandstein, und man muss sich fragen, warum denn wohl bei Lobsann, wo Asphaltkalk und Buntsandstein an einer Verwerfung, also an einer Spalte aneinander stossen, in letzterem kein Bitumen bekannt ist[30]). Mir ist nur ein Ort bekannt, an welchem Bitumen im Buntsandstein vorkommen soll, und auch diese Angabe ist mit Vorsicht aufzunehmen. Es ist dies Walschbronn, im Gebiet des Blattes Stürzelbronn, wo früher eine Petroleum führende Quelle vorhanden gewesen sein soll (Erläut. zu Bl. Wolmünster, Anhang). Dass gerade der Buntsandstein das geeignetste Zwischenmittel für solche aufwärts strebende Strömungen ist, sieht man z. B. an den Quellen von Niederbronn und von Sulzbad bei Molsheim. Beide treten in Buntsandstein aus, der von Spalten durchsetzt ist und beiderseits an jüngeren undurchlässigen Schichten abschneidet. Diese verhindern ein Aufsteigen der Quelle, welches nur durch den lockeren Buntsandstein, wie durch einen Kamin, erfolgen kann. Auffallend wäre es, wenn sich die Petroleumquellen in dieser Hinsicht so ganz anders verhalten sollten und mit Vorliebe die undurchlässigen Schichten zu ihrem Aufstieg ausersehen hätten.

Die Ergebnisse der zahlreichen, in den letz-

ten Jahren ausgeführten Bohrungen scheinen nun gegen den Einwand, es müsste das Petroleum sich auch andere Wege gesucht haben, zu sprechen, indem an zahlreichen Punkten **des mesozoischen Vorlandes** Oel erschürft wurde, und zahlreiche Bergwerksfelder verliehen worden sind. Es ist dies nicht auffallend und spricht nicht unbedingt für die Imprägnationstheorie, da im mesozoischen Gebirge des Unter-Elsass eine grosse Anzahl von Schichten vorkommt, welche reichlich Versteinerungen führen, und in denen deshalb die Gelegenheit zur Bildung von bituminösen Produkten gegeben war. Es sei hier erinnert an die stark bituminösen, wenn auch ganz weissen Kalke aus dem obersten Muschelkalk von Frécourt in Lothringen, welche beim Anschlagen einen kräftigen Geruch nach Kohlenwasserstoff ausströmen. Das Bitumen ist in Form von Gasbläschen in den einzelnen Kalkkörnern, nicht zwischen diesen eingeschlossen. Man kann die Bläschen im Dünnschliff beobachten, während das Gas selbst durch Auflösen des Kalkes und Aufsaugen der Gase über Kalilauge isolirt werden kann. Ferner sei an den Gryphitenkalk erinnert, welcher stellenweise bituminöse Partien umschliesst, welche beim Zerreiben unter Wasser an dieses Erdöl abgeben. Die in unendlicher Zahl im Gryphitenkalk vorkommenden Gryphaeen sind, wie der Kalk von Frécourt, stark bituminös, und verrathen den Bitumengehalt beim Anschlagen mit dem Hammer durch einen sehr ausgeprägten Geruch. Wahrscheinlich verdanken sie dem Bitumen ihre Verwendung zu Heilzwecken; sie werden geschabt und zum Verbinden von Schnittwunden verwendet[31]). Im Kraichgau wurde Erdöl als Ausfüllung der Wohnkammer von Ammoniten beobachtet. Reichen Bitumengehalt weisen ferner die an Fischresten reichen Posidonienschiefer des oberen Lias auf, welche, wenn sie an der Luft erhitzt werden, mit lebhafter Flamme brennen, beim Abschluss der Luft aber ein reiches Destillat von Bitumen liefern. Beim Zerreiben der Schiefer unter Wasser bildet sich auf diesem eine irisirende Oelhaut. Daubrée (S. 185) beobachtete 1800 m SW von Obermodern auf

---

30) Piedboeuf hat diese Schwierigkeiten erkannt und deshalb die ursprüngliche Lagerstätte des Erdöls über den Buntsandstein in den Muschelkalk verlegt.

31) Auch das Erdöl wurde früher zu Heilzwecken verwendet, besonders das „Goldöl", welches in Pechelbronn durch Destillation gewonnen wurde. Von diesem sagt Aufschlager (Das Elsass, Strassburg 1825, II, S. 409): „Es hat einen aromatischen Geruch und verschiedene medicinische Kräfte. Es ist nervenstärkend, vertreibt die Würmer, dient gegen Gliederschmerzen u. s. w." — Interessant sind in dieser Beziehung die Mittheilungen in dem S. 102 genannten Aufsatz: Die elsässischen Erdölwerke in alter Zeit.

einem Bach, welcher durch den oberen Lias
fliesst, einen farbenschillernden, nach Petroleum riechenden Ueberzug. Dieselbe Erscheinung und zwar in deutlicherer Weise
kann sich beim Zerstampfen solcher Schichten
durch den Wasserspülbohrer zeigen. Aehnlich verhalten sich die mitteloligocänen Fisch-
schiefer im Ober-Elsass [32]). Das Bitumen
durchtränkt die beschriebenen Gesteine in
so inniger Weise, dass wohl Niemand bisher an der ursprünglichen gleichzeitigen
Bildung von Bitumen und Gestein gezweifelt
hat. Man hat hier den unumstösslichen
Nachweis, dass Bitumen durch Zersetzung
thierischer Stoffe entstehen kann. Würden
die Posidonienschiefer nicht als Mergel, sondern sandig entwickelt sein, so wäre es auch
möglich, Quellen in denselben aufzuschliessen.
Anders liegen die Verhältnisse bei einigen
Vorkommen, auf welche ich mich schon bezogen habe [33]), und welche z. Th. von Daubrée
angeführt werden (S. 123, Bitumen auf
Spalten und Klüften des Muschelkalks bei
Rothbach, Weiterweiler, Rauschenburg, Molsheim). In diesen Fällen scheint es sich
um Massen zu handeln, die bereits eine Ortsveränderung erlitten haben.

Die hier angeführten Beobachtungen sind
alle an Massen angestellt worden, welche
durch Steinbruchsbetrieb oder durch Einschnitte aufgeschlossen worden sind. Sie
beweisen einerseits, dass auch in den mesozoischen Schichten des Elsass Bitumen vorhanden ist, gestatten andererseits aber auch
die Annahme, dass in denselben keine
grossen Mengen erwartet werden dürfen,
wenigstens nicht auf dem Wege der Bohrungen.
Durch trockene Destillation liessen sich
wohl solche aus den Posidonienschiefern
gewinnen, der Betrieb würde aber, wie aus
den in Schwaben gemachten Versuchen zu
schliessen ist, voraussichtlich kein lohnender
sein.

Das gleiche Resultat, zu welchem die
Beobachtungen über Tage führten, haben
auch die Bohrungen ergeben, indem sie ein
vielfaches Vorhandensein von Erdöl in den
mesozoischen Schichten dargethan haben.
Es wäre zu wünschen, dass durch in Be-
triebsetzung eines oder mehrerer der zahlreichen Felder der Nachweis geliefert werde,
dass die Hoffnungen, welche auf dieses nicht
dem Tertiär angehörige Gebiet gesetzt sind,
nicht trügen [34]).

Als ein zweiter Grund, welcher gegen
die Imprägnationstheorie spricht, ist

die innige Wechsellagerung zwischen
sehr dünnen ölführenden und ölfreien
Schichten bei Schwabweiler zu nennen.
Die Imprägnationstheorie dürfte ferner das
Zusammenvorkommen von Salzquellen
und Erdöl nur als ein zufälliges betrachten,
nicht als ein solches, welches mit der Entstehung des Erdöls im innigsten Zusammenhang ·steht und deshalb bei den Schürfversuchen besondere Berücksichtigung verdient.
Die Imprägnationstheorie wird ferner nur
schwer die Adern und Flecken von bituminösem Kalk im gewöhnlichen Kalk von
Lobsann erklären, während die Annahme
gleichzeitiger Bildung die Schwierigkeiten
beseitigt.

Für die Emanationstheorie, das ist zu
Gunsten des Empordringens des Erdöls aus
der Tiefe auf Spalten, führt Daubrée die
bei dem Bohrloch von Oberstritten beobachteten abnormen Temperaturver-
hältnisse an. Es wurde oben nachgewiesen, dass die Temperatur nicht nach
unten regelmässig zunimmt, die Zunahme
derselben im Gegentheil eine ausserordentlich geringe ist. Die grössten Abweichungen
von den bekannten Zahlen zeigen die mittleren Teufen. Wir haben zum Beispiel bei
330 m eine Temperatur von $52{,}5^0$, während
dieselbe bei der normalen Thermenstufe von
30 m nur $31^0$ betragen dürfte; zu ähnlichen
Ergebnissen führt die Bohrung von Oberkutzenhausen und es liegt die Frage nahe,
ob nicht die Quelle der erhöhten Temperatur in den höheren Teufen selbst zu suchen
ist. Eine Beantwortung ist jetzt nicht möglich und erfordert ausgedehnteres Beob-
achtungsmaterial als das, worüber wir jetzt
verfügen. Wünschenswerth wäre es, wenn
bei allen Bohrungen genaue Temperatur-
bestimmungen ausgeführt würden.

Wer die Erzeugung des Erdöls auf
trockene Destillation von Steinkohlenlager zurückführen will, müsste zunächst den Nachweis liefern, dass überhaupt
unter den unter-elsässischen Petroleumlagern
Steinkohlenflötze vorhanden sind, bezw. vorhanden waren. Ich will den Beweis für
oder wider hier nicht antreten, da dieses zu
weit von dem vorgesteckten Ziele abführen
würde. Zu einem sicheren Ergebniss wird
man übrigens nicht kommen können, da zur
Beurtheilung der Frage zu wenig Anhaltspunkte vorhanden sind; man wird immer
nur mit mehr oder weniger grosser Wahrscheinlichkeit rechnen können. Ich will jedoch nicht unterlassen zu bemerken, dass,
falls Jemand für die Kohlenfrage sich besonders interessiren sollte, dieselbe durch
ein Bohrloch zu lösen ist, welches am zweck-

[32]) Vergl. d. Z. 1893, S. 47.
[33]) S. 107.
[34]) Vergl. auch Schumacher, Strassburg und
seine Bauten, S. 13.

mässigsten am Austritt des Thales der südlichen Zinsel aus dem Gebirge abzuteufen wäre.
Stösst nach diesen Auseinandersetzungen
die Imprägnations- und Emanationstheorie
auf grosse Schwierigkeiten, so erklärt im
Gegentheil die Theorie, welche den Ursprung des Petroleums in die oligocänen Mergel verlegt und innerhalb
derselben in Folge späterer Zerreissung der Lager eine beschränkte
Wanderung des Erdöls und der dasselbe begleitenden Gase annimmt, die
bisherigen Beobachtungen. Sie zeigt auch,
welche Wege die Schürfversuche zu gehen
haben. Zunächst sind Linien abzubohren,
welche senkrecht zu dem bekannten Streichen
der Oellager gehen; sind Oellager aufgefunden, so haben Bohrungen in der Streichrichtung die Längserstreckung festzustellen.
Wirft man einen Blick auf die Karte von
Pechelbronn, so sieht man, dass diese Gesichtspunkte in der That meistens im Auge
behalten wurden. Bei den Bohrungen ist
selbstverständlich stets zu beachten, dass
die Oellager verschiedenen übereinander
liegenden Horizonten angehören. Bis jetzt
sind diese nur bis zu einer Tiefe von 335 m
bekannt; die beiden Bohrlöcher, welche
grössere Teufen erreicht haben, haben in
diesen kein Oel erschrotet. Dies darf aber
nicht abhalten, noch weitere derartige Versuche
auszuführen; denn die Gleichartigkeit, welche
die ganze Formation bis zu einer grossen
Tiefe aufweist, berechtigt zu dem Schluss,
dass auch in tieferen Schichten Oellager
eingeschaltet sein können, allerdings
nicht eingeschaltet sein müssen. Erst
wenn eine grössere Anzahl von Tiefbohrungen
ergebnisslos gewesen sein wird, wird man
mit Recht endgiltig von solchem Abstand
nehmen. Ausserordentlich wünschenswerth
wäre es, wenn wenigstens eines dieser Bohrlöcher bis auf das Liegende der oligocänen
Mergel niedergebracht würde, um dadurch
für die Mächtigkeit derselben eine sichere
Zahl zu gewinnen.

Es mag vielleicht scheinen, als sei ich
bei Besprechung der geologischen Verhältnisse etwas zu weit gegangen, und doch
habe ich mich auf die Punkte beschränkt,
welche für die Gewinnung und für die Frage
der Entstehung des Erdöls von Wichtigkeit
sind. So lassen die Angaben über die Zusammensetzung der Oberfläche vor der
Ablagerung des Tertiärs erkennen, welche
Schichten nach Durchteufung des letzteren
erreicht werden. Die Auseinandersetzungen
über die Einsenkung des Tertiärgrabens
machen es wahrscheinlich, dass man die mesozoische Unterlage in der Nähe des Ge-

birges in höherem Niveau antreffen wird
als in grösserer Entfernung von demselben.
Zwischen Kutzenhausen und Oberstritten
beträgt nach den Ergebnissen der genannten
Bohrungen der Unterschied der Höhenlage
ungefähr 100 m. Für diejenigen, welche
ihr Augenmerk hauptsächlich auf die Spalten
richten, geben die Mittheilungen über den
Verlauf und das Einfallen der Verwerfungen
diejenigen Anhaltspunkte, über die man heute
überhaupt verfügt, während die Berechnung
der Sprunghöhe ungefähr zeigt, in welcher
Mächtigkeit die oligocänen Mergel angetroffen werden können.

Es bleibt nur noch zu erörtern, ob nicht
etwa Aussichten vorhanden sind, über das
bisher durch Verleihungen auf Erdöl ge-
deckte Gebiet hinaus Erdöl aufzuschliessen. Diese Frage lässt sich nur durch die
Fortsetzung der Bohrversuche entscheiden.
Sache des Geologen ist es aber, den Weg
zu zeigen, welchen diese weiteren Versuche
einzuschlagen haben und auf etwaige falsche
Wege hinzuweisen. Unbedingt muss davon
abgerathen werden, neue Bohrlöcher in den
mesozoischen Schichten ausserhalb des bisher durch Verleihungen gedeckten Gebietes
abzuteufen, so lange nicht nachgewiesen ist,
dass in den verliehenen Bergwerken Oelmengen vorhanden sind, welche eine Ausbeutung lohnen. Warum eigentlich die mesozoischen Schichten in den Bereich der
Bohrungen einbezogen wurden, ist nicht klar
zu ersehen. Einestheils scheint der Grund
darin zu liegen, dass die Mergel der mittleren und oberen Lias sowie des unteren
Doggers als Aequivalente der unteroligocänen Pechelbronner Mergel angesehen worden sind, anderntheils scheint auch die Ansicht, dass das Erdöl aus grösserer Tiefe
auf Spalten emporgedrungen sei, die Veranlassung gewesen zu sein, in diesem durch
Verwerfungen stark zerrissenen Gebiet zu
bohren. Aus dem Rappoltsweiler Bruchfeld
ist mir nur ein in Rohrschweier bis 85 m
abgeteuftes Bohrloch bekannt geworden, das
anscheinend den oberen Keuper erreicht hat,
aber nicht fündig geworden ist. Muss man
einerseits weiteren Versuchen im mesozoischen Gebirge zur Zeit die Berechtigung
absprechen, so können andererseits Versuche
in dem bisher nicht durch Verleihungen ge-
decktem Tertiärgebiet vielleicht zu günstigen
Ergebnissen führen; ebensowenig sind aber
Misserfolge ausgeschlossen. Nördlich vom
Pechelbronner Bergfeld haben die bisher im
Tertiär ausgeführten Bohrungen kein Oel
nachgewiesen[35]), doch sind bei Weissenburg

---

[35]) Vergl. d. Z. 1891 S. 109.

die häufigen Begleiter desselben, Gase und Mineralwasser aufgeschlossen worden. Weitere Versuche in diesem Gebiet hätten jedenfalls eine gewisse Berechtigung. Oestlich von dem durch Verleihungen gedeckten Gebiet, nach dem Rhein zu, hat eine Bohrung bei Sufflenheim zwar Oel angetroffen, jedoch in so geringer Menge, dass Muthung nicht eingelegt werden konnte. Ueberhaupt stossen hier die Bohrversuche, welche zumeist mit Wasserspülung nach Fauvelle'schem System ausgeführt werden, in Folge mächtiger Ueberdeckung des Oligocäns durch pliocäne und diluviale Sande und Gerölle auf grosse Schwierigkeiten. Ob in der That, wie Sohnke und Wagner angeben[36]), der Oelreichthum vom Gebirge nach dem Rhein zu abnimmt, vermag ich nach den mir bekannten Thatsachen nicht sicher zu entscheiden; bedenklich ist es immerhin, dass sich bei Schwabweiler die Oelgewinnung viel ungünstiger gestaltet hat als näher am Gebirge bei Surburg und Pechelbronn. Gegen Süden reichen die Oelfelder bis in die Nähe von Strassburg; viel weiter südlich, im Ober-Elsass, liegt eine zweite Gruppe von Feldern, bei Hirzbach etwas oberhalb Altkirch. Aus dem zwischenliegenden bergfreien Felde sind mir Versuchsbohrungen nach Erdöl nicht bekannt geworden[37]). Mit Ausnahme weniger Punkte müsste überall eine wahrscheinlich mächtige Decke diluvialer und wohl auch pliocäner Schichten durchbohrt werden, ehe das Tertiär überhaupt erreicht wird. Als Punkte, an welchen das Tertiär über Tage ansteht, und welche deshalb vor Allem für etwaige neue Bohrungen in Aussicht zu nehmen wären, sind Kolbsheim, Bläsheim und Bahnhof Epfig zu nennen. Hier werden unbedingt die unteroligocänen Schichten in der Tiefe angetroffen, ob dieselben aber Oel führen oder nicht, lässt sich nicht voraussagen. Sollten etwaige Versuche ohne Erfolg sein, so würde dadurch jedenfalls der S. 109 gemachte Hinweis auf das Zusammenfallen der Hauptölvorkommen mit den beiden Mulden von Pfalzburg und von Belfort an Bedeutung gewinnen.

*Bemerkungen zur Karte, Taf. III.*

Auf der Uebersichtskarte der im Elsass durch Verleihungen auf Erdöl gedeckten Gebiete, deren

Umgrenzung ich nach einer mir von Herrn Bergrath Dr. Jasper in Strassburg freundlichst überlassenen Karte gezeichnet habe, sind die Verleihungen im mesozoischen Gebiet durch senkrechte, diejenigen im Tertiär durch wagerechte Linien angegeben. Diejenigen Gebiete, in welchen gegenwärtig Gewinnung stattfindet, sind durch gekreuzte Schraffirung bezeichnet. Die Verwerfung, welche die mesozoischen Schichten vom Tertiär trennt, verläuft von Weissenburg im Unter-Elsass bis Liebfrauenberg bei Wörth am Gebirgsrand, durchschneidet von hier bis Barr das Hügelland und tritt bei Barr wieder an's Gebirge heran. Westlich davon liegt das Zaberner Bruchfeld, dessen westliche Randspalte gleichfalls in die Karte eingetragen ist. Von Barr bis St. Pilt grenzt das Tertiär durch Verwerfung an das paläozoische Gebirge, während zwischen St. Pilt und Winzenheim sich das aus mesozoischen Schichten aufgebaute Bruchfeld von Rappoltsweiler einschiebt. Ein drittes, grösseres Bruchfeld, welches das Tertiär vom Gebirge trennt, schliesst sich dicht an das vorige an und erstreckt sich bis südlich von Gebweiler; weiter südlich bis zur französischen Grenze sind die mesozoischen Schichten auf einen schmalen Streifen am Gebirgsrand beschränkt. In der Gegend von Rufach ist es schwer, eine bestimmte Linie als Verwerfung gegen das Tertiär anzugeben. Die Störung, welche letzteres weiter nördlich und weiter südlich von den mesozoischen Schichten trennt, scheint sich in eine Reihe von Spalten aufzulösen, welche in die mesozoischen Schichten hineinsetzen[38]). Soweit die vorhandenen Karten erkennen lassen, ist wahrscheinlich das gleiche Verhalten für die Gegend zwischen der Landesgrenze und Belfort anzunehmen. Ob hier schliesslich der Uebergang in eine Flexur stattfindet, wie am Südwestrande des Schwarzwaldes für die östliche Spalte des Tertiärgrabens, ist nicht unwahrscheinlich, bis jetzt aber nicht entschieden. Für die Annahme eines aus der Gegend nördlich von Gebweiler bis in den Schweizer Jura NS verlaufenden und gegen O verwerfenden Sprungs[39]) liegen keine Anhaltspunkte vor.

[38]) Wird sich dieses nachweisen lassen, so wird es auch berechtigt sein, die genannten Bruchfelder als Schollen anzusehen, welche bei der Einsenkung des Rheinthalgrabens in höherer Lage hängen geblieben sind, nicht als selbstständige Einbrüche.

[39]) Steinmann, Bemerkungen über die tektonischen Beziehungen der oberrheinischen Tiefebene zu den nordschweizerischen Kettenjura. — Ber. naturf. Ges. Freiburg 1892, VI, S. 150—159.

Schmidt, Geologische Excursion in der Umgebung von Basel. — Livret guide géologique, Lausanne 1894, S. 33—34.

Gegen die Ansicht von Steinmann spricht sich Rollier in den Abhdl. z. schweiz. geol. Karte, 8. Lief. 1. Nachtrag, S. 191 aus.

[36]) Verhdl. naturw. Ver. Karlsruhe, 1883 S. 126.
[37]) Von den in der näheren Umgebung von Mülhausen zur Aufsuchung von Wasser niedergebrachten Bohrlöchern hat das von A. Tachard bei 123,54 m Tiefe im Unteroligocän einen harten schwarzen, bituminösen Kalk angetroffen (Förster, Geol. Führer für die Umgeb. v. Mühlhausen, 1892, S. 213).

### Die neueren Aufschlüsse über die Ausdehnung der Kali- und Magnesiasalzlagerstätten, mit besonderer Berücksichtigung der Provinz Hannover.

Von

Professor Dr. Kloos in Braunschweig.

Im Jahre 1843 wurde durch ein auf der preussischen Saline zu Stassfurt gestossenes Bohrloch die Ablagerung von Kali- und Magnesiasalzen aufgefunden, welche bestimmt war, eine so grosse Rolle in der wirthschaftlichen und technischen Entwickelung Norddeutschlands zu spielen. Die Bedeutung des Fundes ist allerdings nicht sogleich erkannt worden. Da das Bohrloch den Zweck hatte, ein abbauwürdiges Steinsalzlager zu finden, erschien der hohe Kalium- und Magnesiumgehalt der erbohrten Salzlösung eher hinderlich als günstig für die Gewinnung eines reinen Chlornatriums zu sein. Nichtsdestoweniger entschloss man sich zum Abteufen zweier Schächte, da die zu Rath gezogenen Chemiker vorausgesetzt hatten, dass unter den leicht löslichen Salzen sich doch reines Steinsalz finden würde, was sich dann auch im Jahre 1857 als richtig herausstellte. Erst im Jahre 1862 wurden die bis dahin als sogenannte Abraumsalze verächtlich stehen gelassenen werthvollen Kali- und Magnesiaverbindungen in grösserer Menge zu Tage gefördert und in den Chlorkaliumfabriken verarbeitet, welche auf anhaltischem Gebiete in dem jetzigen Orte Leopoldshall zu diesem Zwecke errichtet waren[1].

Bis zum Jahre 1873[2] sind die Kalisalze nur in den fiskalischen Werken gewonnen worden und erfreuten sich einer unumschränkten Alleinherrschaft das Königl. Preussische Salzwerk Stassfurt sowie unmittelbar daneben das anhaltische Staatswerk zu Leopoldshall, welches 1861 errichtet war. Die rapide Entwickelung der chemischen Industrie war wohl die nächste Veranlassung zur Errichtung von Concurrenzwerken, welche sich auf preussischem Gebiete rascher ausbreiten konnten als auf anhaltischer Seite, da hier von der Regierung viele Bergwerksfelder der Privatindustrie von vornherein entzogen waren.

[1] Die erste chemische Fabrik zur Verarbeitung dieser Salze wurde im Jahre 1861 in Stassfurt selbst errichtet. Im Jahre 1873 bestanden in Stassfurt-Leopoldshall bereits 32 Fabriken zur Verarbeitung der Kalisalze.
[2] Diesen historischen Notizen liegt der Aufsatz von Prietze, „Die neueren Aufschlüsse auf dem Stassfurter Salzlager", in d. Zeitschr. f. d. Berg-, Hütten- und Salinen-Wesen im Preuss. Staate 1873, Bd. XXI, zu Grunde.

Zunächst entstand das consolidirte Kaliwerk „Agathe", jetzt Neu-Stassfurt, an der Nordseite des Stassfurter fiskalischen Grubenfeldes. Nachdem durch Bohrungen auf dem sogenannten Stassfurter Buntsandsteinsattel das Fortstreichen der Kalisalze in nordwestlicher Richtung festgestellt war, wurde im Jahre 1873 bei dem Dorfe Löderburg ein Schacht abgeteuft. Etwa zu gleicher Zeit fing der jetzige Graf Douglas die Untersuchungen bei Westeregeln in der Fortsetzung des Lagers von Stassfurt und Löderburg an. Auch hier wurde i. J. 1873 das Schachtabteufen in Angriff genommen. Andere Aufschlüsse entstanden zur selben Zeit an der östlichen und nordöstlichen Seite des Stassfurter Grubenfeldes und wurde auch i. J. 1873 von einem Consortium in Halle der Riebeck-Schacht abgeteuft, welcher gegenwärtig zur Gewerkschaft Ludwig II gehört.

Erst Ende der siebziger Jahre dehnte man die Versuche zur Auffindung abbauwürdiger Kalisalze auch auf Buntsandsteingebiete ausserhalb des Stassfurter Sattels aus und reihten sich alsbald die Gewerkschaft Schmidtmannshall bei Aschersleben und die Deutschen Solvaywerke bei Bernburg den älteren Schwesterwerken an. Die dadurch in grossem Maassstabe erhaltenen Aufschlüsse erwiesen, dass die Kalisalze keine localen Rand- oder Uferbildungen sind, beschränkt auf den Stassfurter Sattel, sondern Ausfüllungen einer alten Meeresbucht. Als Grenzen derselben galten zunächst das Harzgebirge einerseits, der obgenannte Sattel, auf welchem stellenweise Zechsteingyps zu Tage tritt, andererseits. Spätere Bohrungen ergaben dann, dass die östliche Begrenzung erst da zu suchen ist, wo die nächste Durchragung der älteren paläozoischen Schichten einschliesslich des Rothliegenden und des Zechsteins in der Gegend von Gommern, Magdeburg und Alvensleben mit dem sogenannten kleinen Paschlebener Grauwacken-Vorsprung auf der Ewald'schen geologischen Karte von 1864 verzeichnet ist.

Auch wird jetzt angenommen, dass die Begrenzung nach Südost so ziemlich mit der Wipper zusammenfällt, die Saale bei Aderstedt unweit Bernburg kreuzt und wenigstens 10 km entfernt bleibt vom Zechsteinrande des Harzes, welcher von Hettstett (Ober-Wiederstedt) über Cönnern und Gröbsig nach Paschleben verläuft. In diesem Theile des Anhaltischen sollen die Bohrungen stets und zwar in geringer Tiefe nur Steinsalz ohne Begleitung von Kalisalzen nachgewiesen haben.

Ueber die Ausdehnung in westlicher Richtung blieb man lange Zeit hindurch völlig im Unklaren. Zunächst wurde angenommen, dass im Braunschweigischen und in der Provinz Hannover als gleichalterige Bildung nur ein mächtiges Steinsalzlager vorhanden sei als Ausfüllung eines bedeutend weiteren Meeresbeckens, wo in Folge dieser Breite und grösseren Ausdehnung keine weitergehende Concentration und keine Abscheidung von sogenannten Mutterlaugensalzen habe stattfinden können. Da nun aber die Breite der sogenannten Magdeburg-Halberstädter Bucht sich auch als viel bedeutender herausstellte wie nach der ersten Annahme, so konnte es nicht auffallen, dass in Bezug auf die Bildung der Zechsteinmutterlaugensalze die Verhältnisse in den braunschweigischen Landestheilen nördlich vom Harz sich als vollkommen identisch mit denjenigen der Provinz Sachsen und des Anhaltischen erwiesen.

Der erste Fund von Kalisalzen im Braunschweigischen datirt bereits vom Jahre 1872. Berghauptmann v. Strombeck machte in der Sitzung des Ver. f. Naturw. vom 31. Okt. 1872 Mittheilung über das von Dr. Seyferth im Gypsbruche bei Thiede in 300 Fuss Tiefe erbohrte Steinsalz, über welchem die Abraumsalze in einer mächtigen Ablagerung angetroffen waren. v. Strombeck verwies schon damals und namentlich in der Sitzung vom 2. Juni 1873 auf die Uebereinstimmung der geognostischen Verhältnisse von Thiede und Stassfurt. Er hob hervor, dass wahrscheinlich zur Zeit der Zechsteinformation den gesammten Bezirk zwischen den älteren Gesteinen bei Magdeburg und dem Harzrande ein continuirliches Meeresbecken einnahm, aus dessen Wasser sich die Kalisalze und das Steinsalz absetzten. Er betonte es auch, dass das braunschweigische Land jedenfalls reiche Kalischätze enthielte und hat sich dies zwanzig Jahre später glänzend bestätigt. (Vergl. Braunschw. Tagebl. Beil. v. 10. Nov. 1872 und 30. Jan. 1873.)

So lange die Tiefbohrungen noch mittelst des Meissels stattfanden und man nur aus der Analyse der zu Tage geförderten Soole Aufschlüsse über die Zusammensetzung des angebohrten Salzgebirges erhalten konnte, war es sehr misslich, Schlussfolgerungen hinsichtlich der Gliederung und Beschaffenheit desselben zu ziehen. Erst als nach Einführung der Diamantbohrung es bei den Bohrungen für Schmidtmannshall im Jahre 1876 gelungen war, aus allen Theilen des Salzlagers unter Anwendung einer concentrirten Chlormagnesiumlauge gute Kerne zu ziehen, wurde es möglich, die Bohrlöcher als Grundlage für die Beurtheilung der Salze zu benutzen. Immerhin muss auch jetzt noch sehr vorsichtig

und kritisch verfahren werden, will man aus den Bohrkernen zu einer einigermaassen richtigen Vorstellung einer Salzlagerstätte gelangen. Vollständige Aufschlüsse und brauchbare Anhaltpunkte zur Werthberechnung giebt erst der Bergbau selbst.

Was uns bei den Bohrprofilen zunächst auffällt und staunen macht, ist die grosse Mächtigkeit des Salzgebirges, dann fällt die vielfache und z. Th. äusserst regelmässige Abwechselung der nämlichen Salze auf, welche auf eine während langer Zeiträume vor sich gehende stete Wiederholung der gleichen Lösungs- und Ausscheidungsverhältnisse hinweist.

In den meisten Fällen haben wir von Steinsalz allein zwei grosse Ablagerungen, zwischen welchen die Kali- und Magnesiasalze sich finden. Die obere Ablagerung, das jüngere Steinsalz, wurde zuerst in dem zum jetzigen Salzbergwerk Ludwig II gehörigen oben erwähnten Riebeck-Schacht angetroffen. Man glaubte zunächst, dass hier das Kalisalzlager fehle, bis durch das i. J. 1883 eröffnete Kalisalzwerk' in Aschersleben (Schmidtmannshall) sowie durch den Bergbau in Neu-Stassfurt das Vorhandensein einer jüngeren Steinsalzablagerung über den Kalisalzen zur Gewissheit geworden war. Diese Ablagerung zeigte sich eben so wechselnd in Mächtigkeit als die übrigen Glieder der Salzformation; es ist auf den älteren Werken einmal 40, das andere Mal 120 m mächtig und zeichnet sich dort durch die grössere Reinheit gegenüber dem älteren Steinsalz aus. Es trägt aber wie dieses den Charakter einer ursprünglichen Ablagerung, indem es in bestimmten, bis zu 80 cm steigenden Abständen Schnüre von Polyhalit enthält, welche den näher zusammenliegenden Anhydritschnüren in dem älteren Steinsalz entsprechen. Dagegen hält es nicht im Streichen aus, wenigstens nicht auf dem Stassfurter Sattel, daher die Meinung entstand, dass es nur an den tiefsten Stellen des Meeresbeckens abgelagert worden sei und von einer Zerstörung des theilweise trocken gelegten älteren Salzes herrühre.

Die ganze aus Steinsalz, Kali- und Magnesiasalzen, Anhydrit, Gyps und Salzthon bestehende Schichtenfolge stellt eine besondere Ausbildung (Facies) der oberen Zechsteinformation dar. Letztere besteht anderwärts, und zwar gar nicht weit von denjenigen Localitäten entfernt, wo wir eine reich gegliederte Salzformation haben, aus Plattenkalken und Dolomitlagern, welche mit Letten und Gypsstöcken wechseln, z. B. am Harzrande und am Thüringer Walde. Hier besitzt die Formation jedoch nur eine geringe Mächtigkeit, während die Salzablagerungen ganz erheblich anschwellen können. Ein vom preussischen Fiskus in der Nähe von Merseburg gestossenes Bohrloch hat bekanntlich das ältere Steinsalz allein 900 m mächtig angetroffen, während das noch näher zu erwähnende, von der Goslarer Gesellschaft für Bergbau und Tiefbohrung bei Salzdetfurth niedergebrachte Bohrloch unter 200 m Buntsandstein bis 890 m jüngeres Steinsalz mit eingelagerten Kalisalzen, Salzthon und Anhydrit durchteuft hat. Hier ist, da das Einfallen der Schichten etwa 45⁰ beträgt, die Mächtigkeit des jüngeren Steinsalzes allein annähernd 500 m.

Zur Erklärung der grossen Mächtigkeit des Steinsalzes sowie der in demselben sich vielfach wiederholenden schmalen Einlagerungen anderer, schwerer löslichen Salze, sind wir gezwungen anzunehmen, dass während des Auskrystallisirens des Chlornatriums in regelmässigen Perioden stets eine neue Zufuhr von Meerwasser aus dem Haupttheile des Zechsteinmeeres in die engen Meeresbuchten stattfand. Nur dadurch konnten die Anhydrit-, Polyhalit- und Kieseritschnüre, die sogenannten Jahresringe, entstehen.

Die Mutterlaugensalze aber konnten sich erst abscheiden, nachdem die noch bestehende beschränkte Verbindung mit dem Ocean völlig aufgehoben war, daher wir für die verschiedenen Stadien, welche die Bildung unserer Salzlagerstätten durchlaufen haben, ganz wesentlich andere hydrographische Verhältnisse des Beckens voraussetzen müssen.

Auf dem Stassfurter Sattel, welcher die ersten Aufschlüsse der Kali- und Magnesiasalze ergeben hat, wurde festgestellt, dass die Schichten des Buntsandsteins dem Salzgebirge concordant aufgelagert sind. Diese Lagerungsverhältnisse finden sich in allen Profilen wiedergegeben, welche auf Grund der Bohrungen und nach den Ergebnissen des Bergbaus construirt worden sind.

Eine concordante Reihenfolge von Schichten wird vielfach dahin gedeutet, dass eine ununterbrochene Ablagerung in den Gewässern vor sich gegangen ist und dass die Aenderung der ursprünglichen Lagerungsverhältnisse erst eingetreten sei, nachdem sämmtliche Schichten zum Absatz gekommen waren und sich verfestigt hatten. Hiernach müsste die Sattelbildung in dem Salzgebirge erst nach der Ablagerung des bunten Sandsteins vor sich gegangen sein. Diese Schlussfolgerung ist aber unrichtig; einem regelmässigen und ununterbrochenen Absatz aus dem Meere wird bereits durch die verschiedene petrographische Beschaffenheit der Schichten widersprochen. Eine Bildung des Buntsandsteins in völliger Uebereinstimmung mit den anderweitigen Ablagerungen der älteren Triaszeit kann nicht in einem Meere vor sich gegangen sein, welches die gleiche Tiefe hatte und wo die gleichen physikalischen Verhältnisse herrschten, als zur Zeit, wo die Salze ausgeschieden wurden. Sind wir schon aus der Beschaffenheit der Salzlager selbst gezwungen anzunehmen, dass während ihrer Bildung in den physikalischen Verhältnissen des Meeresbeckens vor sich gegangen sind, so ist dies noch in viel höherem Grade der Fall für die Zeit, welche der Salzbildung unmittelbar folgt. Auch die Lagerungsverhältnisse des jüngeren Steinsalzes widersprechen einer solchen durchgehenden Concordanz und zwingen uns zu der Annahme, dass vor Bildung desselben bereits Aenderungen in der Configuration des Meeresbodens stattgefunden hatten.

Dann treten in dem Salzlager Knickungen und Faltungen auf, welche nicht in die überlagernden Schichten fortsetzen und nicht einmal mehr in dem Salzthon bemerkt werden, welcher das unmittelbare Hangende der Kalisalze bildet.

Einen unmittelbaren Beweis dafür, dass zwischen der Ablagerung der Kali- und Magnesiasalze und derjenigen der überliegenden Schichten bereits Aenderungen in der ursprünglichen Lagerung stattgefunden haben müssen, liefern uns aber diejenigen Salze, welche aus der Umwandlung des Carnallits hervorgegangen sind. Der Carnallit, aus Chlormagnesium und Chlorkalium bestehend, bildet in den Grubenbauen der Kalisalzwerke ein in Mächtigkeit wechselndes, aber constantes Gebirgsglied und zeigt keinerlei Beziehung zu der Lage der Schichten und der Erhebung der Sättel nahe der Sattellinie. Wohl ist dies der Fall mit dem Kainit, dem Sylvin und dem Schönit, diesen werthvollsten Salzen mit hohem Gehalt an Chlorkalium und Kaliumsulphat. Dieselben lagern ganz vorwiegend in einem bestimmten Niveau in der Nähe der Sattellinie und gehen rings um die Sattelwölbungen. Sie bilden gewissermaassen die Kappe des steil oder allmälich ansteigenden Carnallitlagers, bergmännisch gesprochen das Ausgehende desselben, und verschwinden gänzlich nach der Tiefe. Gestaltet sich das Lager wellenförmig, bildet es in der Streichungsrichtung Berge und Thäler, so kann man sicher sein, dass die reichen Salze sich den Bergen anlagern, nach der Tiefe verschwinden, während in den Thälern nur das ursprüngliche Mineral, der Carnallit, zu finden ist.

Die Bildung dieser werthvollsten Producte der Kalibergwerke ist daher an die höchsten

Stellen der Sättel gebunden gewesen. Sie unterscheiden sich von dem Carnallit noch dadurch, dass sie eine mehr massige als geschichtete Ausbildung haben. Ihre Entstehung lässt sich nicht, wie Ochsenius und Andere es gethan haben, dadurch erklären, dass gewisse Salzlösungen von unbekannter Zusammensetzung auf den Carnallit einwirkten, nachdem sie den schützenden Salzthon auf Spalten und Klüften durchsickert hatten. Wäre dies der Fall gewesen, so müsste die Vertheilung der Umwandlungsproducte eine ganz andere, eine viel weniger gesetzmässige sein. Wie dieselben vorkommen und nach dem innigen Zusammenhang, der zwischen Lagerung und Umwandlungsprocess constatirt werden kann, ist keine andere Erklärung möglich, als dass die Sattelbildung bereits kurz nach der Salzausscheidung und der Ablagerung des Salzthones angefangen hat, dass die höchsten Wölbungen der Sättel aus dem Meereswasser emporragten, z. Th. abgewaschen wurden und dass letzteres bis in einer bestimmten Tiefe umgestaltend auf den verfestigten Carnallit eingewirkt hat.

Der Umwandlungsprocess bestand theils aus einer Auflösung von Chlormagnesium (Bildung von Sylvin und Sylvinit, letzteres Salzgemenge durch die Verdrängung von Chlornatrium durch das aufgelöste Chlormagnesium in dem Meereswasser), theils aus einer Ersetzung des Chlormagnesiums durch Magnesiumsulphat, vielleicht unter Mitwirkung des Gypses (Kainit- und Kieseritbildung). Ersterer Process scheint namentlich in den oberen Niveau vor sich gegangen zu sein, da am Ausgehenden des Carnallits zuoberst Sylvin und Sylvinit, darunter erst der Kainit auftritt.

Allerdings kommen die nämlichen Verbindungen ausnahmsweise auch in anderen Regionen der Salzlagerstätte vor, so in Schmidtmannshall, wo der Kainit auch eine flach muldenförmige, im Streichen 275 m messende Vertiefung im Carnallit 6 bis 7 m hoch ausfüllt. Dann wird von Leopoldshall erwähnt, dass sich im Liegenden der Carnallitregion eine sich nach allen Richtungen auskeilende Schicht von Hartsalz vorgefunden habe[2]. Es ist im letzteren Falle schwer einzusehen, wie eine einzelne Schicht des Salzlagers nachträgtich umgewandelt sein solle und spricht die Lagerung vielmehr dafür, dass hier eine ursprüngliche Bildung von Sylvin, Steinsalz und Kieserit vorliegt.

Dass in unseren Salzlagerstätten eine

---

[2] Schrader: „Die neueren Aufschlüsse der Kalilagerstätte von Stassfurt". Zeitschr. f. Berg-, Hütten- u. Salinen-Wesen im Preuss. Staate. XXV. 1877. S. 320.

und dieselbe Verbindung einmal als ursprüngliches, das andere Mal als secundäres Mineral auftritt, kann nicht wohl bezweifelt werden, und so dürfen wir vom geologischen Standpunkte aus die Entstehung namentlich der sogenannten sylvinitischen und der als Hartsalze bezeichneten mechanischen Gemenge nicht immer in gleicher Weise beurtheilen[4].

Soviel steht aber fest: die massenhafte Bildung der nicht geschichteten secundären Salze steht in Zusammenhang und ist eine Folge von geologischen Vorgängen, von Aenderungen in der Gestaltung des Meeresbodens, von einer anfangenden Sattelung, welche während und nach der Ablagerung des Buntsandsteins immer grössere Fortschritte machte und wahrscheinlich bis zu Ende der Tertiärzeit gedauert hat

Die Discordanz zwischen Salzgebirge und Buntsandstein ist häufig bedeutend stärker ausgebildet als dies auf dem Stassfurter Sattel der Fall ist. Sie giebt sich in hervorragender Weise am Huy in dem Schachtprofil von Wilhelmshall und in den dortigen Lagerungsverhältnissen zu erkennen; sie zeigt sich auch in den meisten Profilen der Bohrlöcher in der Provinz Hannover durch eine Aenderung des Schichteneinfallens. Manchmal lagert der Salzstock flacher, manchmal auch bedeutend steiler als die überliegenden Sandsteinschichten.

Der alte Uferrand der Magdeburg-Halberstädter Bucht, die Begrenzung der Kalisalzlagerstätten gegen Osten, lässt sich über Magdeburg bis nach Flechtingen und Eickendorf verfolgen. Das der Kulmgrauwacke vorgelagerte Rothliegende nimmt nach Nordwesten einen immer grösseren Flächenraum ein und erreicht, kurz bevor sämmtliche alte Gesteinsbildungen unter die Geschiebesande des norddeutschen Tieflandes verschwinden, die grösste Breite. Von da an lässt sich die vormalige Ausdehnung des Kalisalzmeerbusens weiter nach Norden verfolgen, aber nur 6 km vom Ausgehenden des Zechsteins bei Behnsdorf, bei Weferlingen und Walbeck im Allergebiete, haben neuerdings Tiefbohrungen sehr werthvolle Salze aufgedeckt.

Der Stassfurter Rogensteinsattel, welcher das Becken seiner Längsachse nach in zwei Theile theilt, endet in dem Höhenzug des

---

[4] Precht und Wittjen erwähnen in einer Spaltenausfüllung im oberen Steinsalzlager von Neu-Stassfurt secundär gebildeten Carnallit und Kieserit. (Ber. d. D. chem. Ges. f. 1881. S. 2134). Auch der Polyhalit ist einmal primärer, das andere Mal secundärer Entstehung (Precht, ebenda S. 2138).

Dormes. Die nächsten Buntsandsteinerhebungen bei Rieseberg und Scheppau haben bereits die Richtung des Lehrer Wohlds, welcher, aus jüngeren Formationen aufgebaut, auch zu dem, von v. Koenen wohl zuerst nachgewiesenen System jüngerer Störungen im nördlichen und mittleren Deutschland gehört. Das hier ein umlaufendes Streichen, eine allmäliche Wendung der Sattelachse stattfindet, ist für die Bildungen der Trias ausgeschlossen. Der nur schollenweise auftauchende Buntsandstein macht vielmehr den Eindruck der völligen Zerstückelung durch zwei sich hier kreuzende Systeme von Störungen. Nichtsdestoweniger mag dies für den Zechsteinsattel in der Tiefe wohl der Fall sein, ähnlich wie es auch am Huy im Salzbergwerke Wilhelmshall in der Begrenzung der Lagerstätte nach Westen vorliegt. Dadurch, sowie durch die tiefe Einsenkung zwischen Beienrode und Ochsendorf, wird es jedenfalls sehr wahrscheinlich, dass auch die durch die Tiefbohrung bei ersterem Orte aufgeschlossene Salzlagerstätte hier bald ihr Ende nach Nordwesten erreicht.

Von den übrigen zwischen Harz und dem Stassfurter Sattel in annähernd ostwestlicher Richtung streichenden Triasrücken, haben Huy, Heeseberg und Asse ganz vorzügliche Ergebnisse geliefert und ist ganz neuerdings auf dem Südflügel der Asse in der Nähe von Remmlingen durch die Tiefbohrungen des braunschweigischen Staates ein mächtiges Carnallitlager aufgedeckt. Die Aufschlüsse bei Walbeck, Beienrode, Jerxheim und Remmlingen beweisen die Erstreckung der Kalilagerstätten bis zum Eintreffen eines sich aus dem Diluvium nur wenig erhebenden, von NO nach SW gerichteten Systems von Jura- und Kreideschichten.

Südlich von diesem annähernd von Süd nach Nord streichenden System, bei Hedwigsburg am Oesel und Thiede, unweit Wolfenbüttel, in dem Versenkungsgraben der Okerthalniederung, wo sämmtliche mesozoische Schichten durch eine Reihe von Verwerfungen intensiv zerspalten und gegen einander verschoben sind, finden wir wieder Zechsteinsalze, sowohl Steinsalz als Carnallit. Das Vorkommen, welches allerdings unter späteren geologischen Vorgängen arg gelitten hat und dessen streichende Länge nach den Ergebnissen der Bohrungen keine erhebliche ist, beweist nichtsdestoweniger die Ausdehnung des Kalisalzmeerbusens in westlicher Richtung. Vor Allem ist dies aber der Fall mit der Hercynia bei Vienenburg, wo wir die nämlichen Lagerstätten wie bei Stassfurt, Aschersleben und Bernburg und zwar gleich nahe an den Harzrand herantretend, wiederfinden.

Trotzdem in dem Harlyberge nur ein einziger Sattelflügel vorliegt, der andere (westliche) Flügel, soweit derselbe erhalten ist, durch eine bedeutende Verwerfung in ein tieferes Niveau gerückt wurde, ist hier ein ausgezeichnetes Lager der werthvollsten Kalisalze erhalten geblieben und liefert seit 1886 ein ganz bedeutendes Contingent zur Förderung des Kalisyndicats[5]).

Im Herbst des vergangenen Jahres wurde auf dem Heberg, einem aus Buntsandstein bestehenden Bergrücken bei Gr. Rhüden, hart an der braunschweigischen Grenze, ein Bohrloch angesetzt. Die Unternehmer hatten bereits früher vergebliche Versuche gemacht, auf dem anstossenden braunschweigischen Gebiete bei Kl. Rhüden, näher am Harz, fündig zu werden. Die Bohrungen waren von der Schutzbohrgesellschaft der alten Kalisalzwerke in üblicher Weise überholt worden, die Muthung zeigte sich aber als überflüssig, weil das Bohrloch, ohne Kalisalze anzutreffen, nachdem eine kräftige Salzsoole angebohrt war, die mittlere Abtheilung der Zechsteinformation und zwar in nicht erheblicher Tiefe erreichte.

Ganz andere Resultate ergab das Bohrloch bei Gr. Rhüden: es war in den Rogensteinschichten des Buntsandsteins angesetzt und traf bei 314 m den oberen (rothen) Salzthon, darunter ganz normal das jüngere Steinsalz, und zwar in nur 130 m Mächtigkeit, deshalb auch ohne Einlagerungen von Kalisalzen. Nach Durchteufung von 55 m Anhydrit kam der zweite (graue, schwarze und blaue) Salzthon und darunter fand sich eine compacte Ablagerung von Sylvinit mit einem Gehalt von bis 47 Proc. Chlorkalium in 19 m Mächtigkeit unter einem Einfallen von nur 20°.

In den unteren Partien des Sylvinitlagers nahm der auch sonst reichlich vertretene Kieserit bedeutend zu und bildete den Uebergang zur Kieseritregion des älteren Steinsalzes, welches bald durch Farbe, Structur und Anhydritschnüre sich in zweifelloser Weise zu erkennen gab, daher das Bohrloch in 600 m Tiefe eingestellt wurde. Offenbar ist hier die Sylvinitkappe des Carnallitlagers getroffen worden, indem das Bohrloch hart an dem steilen Absturz einer Sattelspalte steht. Das ganze Vorkommen

---

[5]) Thiederhall kam 1891 in Betrieb; das jüngste Kalisalzwerk ist Wilhelmshall bei Anderbeck am Huy, welches seit 1893 in Förderung steht. Während wir über die Lagerungsverhältnisse in Stassfurt, Leopoldshall und Douglashall z. Th. sehr gut unterrichtet sind, findet sich in der Litteratur nichts, was hinsichtlich der neueren Werke in dieser Hinsicht zu Rathe gezogen werden könnte.

ist dem der Hercynia bei Vienenburg vollkommen analog, auch gleich weit vom Harzrande entfernt, nur günstiger, indem hier ein sehr flaches Einfallen des Sattelflügels constatirt wurde, während dies auf der Hercynia bekanntlich sehr steil ist.

Das Rhüdener Bohrloch hat den Beweis geliefert, dass es möglich ist, auch die werthvollsten Salze eines Kalilagers zu erreichen, wenn nur die geologischen Verhältnisse vorher untersucht und der Bau des betreffenden Buntsandsteinrückens in Betracht gezogen wird, was meistens bei den Bohrversuchen nicht eingehend oder in ganz unrichtiger Weise der Fall ist. Zu gleicher Zeit haben wir aus den hier erzielten Resultaten gelernt, dass ganz in der Nähe eines stark gestörten Gebietes, in welchem die Salze ausgelaugt sind, letztere in ungestörter Lagerung vorhanden sein können.

Westlich von diesen Fundstellen, im nördlichen Theile der Provinz Hannover, haben in der allerneuesten Zeit die Arbeiten der Goslarer Gesellschaft für Bergbau und Tiefbohrung ebenfalls höchst werthvolle Aufschlüsse geliefert, welche durch den Ankauf des grösseren Theiles der Actien durch die alten Werke für die Unternehmer auch bereits in klingende Münze umgesetzt worden sind.

Die Gesellschaft wurde im Jahre 1889 gegründet und stellte sich von Anfang an die Erforschung der Buntsandsteinterrains westlich von der Oker, daher vorzugsweise in der Provinz Hannover, nebenbei auch in denjenigen Theilen des Herzogthums Braunschweig zur Aufgabe, welche hier vielfach in hannoversches Gebiet zungenförmig eingreifen.

Dem Unternehmen lag jedenfalls die Ueberzeugung zu Grunde, dass die von Osten her bis in die Gegend von Vienenburg in ununterbrochener Erstreckung und in unveränderter Mächtigkeit nachgewiesenen werthvollen Salze hier nicht plötzlich aufhören können, dass also die bei den Salzbergleuten bestehende Ansicht, es seien nur in der von Rothliegendem und Grauwacke begrenzten Magdeburg-Halberstädter Bucht die Verhältnisse zur Zeit der Ausscheidung der Mutterlaugensalze günstig gewesen, eine irrige sei.

Es wurde bei den Tiefbohrungen ganz systematisch vorgegangen. Zunächst setzte man im Jahre 1890 ein Bohrloch bei Weddingen an der Fortsetzung des Vienenburger Vorkommens, etwa 4 Kilometer weiter westlich, an. Erst 1893 konnte jedoch der Beweis geliefert werden, dass auch hier die Salze in gleicher Weise zur Ablagerung gekommen sind wie weiter östlich. Noch

bevor diese Resultate erhalten waren, nahm die Gesellschaft auch den Buntsandsteinsattel in Angriff, welcher sich zwischen Lichtenberg und Grasdorf inmitten des umgebenden ausgedehnten Kreide- und Juragebietes erhebt. Auf demselben wurde dann bei Osterlinde und Westerlinde auf braunschweigischem Territorium das Vorhandensein eines 45 m mächtigen Carnallitlagers in 590 m Tiefe nachgewiesen.

Das Beispiel der Goslarer Gesellschaft fand alsbald Nachahmung. Während in den altpreussischen Provinzen und im Braunschweigischen die Concurrenzbohrungen des Kalisyndicats fast einem jeden neuen Privatunternehmen ein jähes Ende bereiteten, gab die Provinz Hannover ein geeignetes Feld für neue Bohrgesellschaften ab. Hier bedurfte es keiner Muthung beim Oberbergamt, denn die Grundeigenthümer können über ihre Salzschätze frei und frank verfügen. In allen Gemeinden, in deren Gebiet der Buntsandstein zu Tage kommt, wurden Verträge abgeschlossen, welche bei eventuellem Fündigwerden und nach Einrichtung eines Bergwerkes der Gemeinde und den Besitzern von Privatgrundstücken Antheil an der Förderung der Salze zusicherten. Die Goslarer Gesellschaft hatte zuerst ihre Verträge in der Provinz Hannover auf der Basis eines Förderzinses von zwei Pfennig pro Centner Kalisalz und einen Pfennig pro Centner Steinsalz abgeschlossen. Als sich immer mehr Bewerber an die Grundbesitzer herandrängten, stiegen naturgemäss auch die Ansprüche, namentlich diejenigen der Grossgrundbesitzer, welche sich von den Unternehmern einen Ertrag von Tausenden ein für allemal sichern wollten. Das Abschliessen von Verträgen bildete sich geradezu als Erwerbzweig aus, indem die glücklichen Besitzer solcher Kalicontracte versuchten, dieselben gegen hohen Gewinn, bevor noch irgend ein Fund auf den Grundstücken oder in der Nähe stattgefunden hatte, an Kapitalisten zu verkaufen. In vielen Fällen ist ihnen dies auch gelungen und gegenwärtig sind über zwanzig Bohrgesellschaften und Privatunternehmer in der Provinz Hannover thätig.

Zur raschen und einigermaassen überstürzten Bildung so vieler Bohrgesellschaften trug nicht wenig der Versuch der preussischen Regierung bei, durch ein neues Gesetz, wonach derselben einzig und allein das Aufsuchen und die Gewinnung von Kalisalzen in allen preussischen Provinzen zustehe, den Grundbesitzern in Hannover ihre durch das frühere hannoversche Berggesetz gewährleisteten Rechte zu nehmen.

Es trat geradezu eine fieberhafte Thätigkeit und ein Streben ein, so rasch wie möglich mit dem Bohren anzufangen, um sich noch die Vortheile der wirklichen aufgewandten Arbeit, welche doch in irgend einer Weise von der Regierung zu entschädigen sei, zuzusichern.

Als das Kaligesetz[6]) vom 8. Februar 1894 vom preussischen Landtage abgelehnt, auch bereits bei den Commissionsberathungen die Provinz Hannover von den Wirkungen desselben ausgeschlossen worden war, erhöhte sich noch die Thätigkeit der Kalicontrabenten. Ein Jeder sagte sich, dass es der preussischen Regierung immer schwieriger werden würde das Monopol durchzuführen, je mehr durch Verträge die verbrieften Rechte der Grundbesitzer in die Hände Dritter übergegangen sein würden und je mehr Gerechtsamen gegen wirklichen Aufwand an Geld und Zeit in rechtmässiger Weise erworben wären. Die Furcht, dass die preussische Regierung auch dieses Jahr das Gesetz einbringen könnte, hat wesentlich dazu beigetragen, dass bereits jetzt das ganze Gebiet sowohl im nördlichen als im südlichen Theile von Hannover, soweit dasselbe durch die geographische Lage und die geognostischen Verhältnisse zum Aufsuchen von Kalisalzen irgend in Frage kommen könnte, durch Verträge in die Hände von Finanzleuten übergegangen ist.

Am regsten ist die Bohrthätigkeit noch immer im nördlichen Theil des alten Hannoverschen Landes, in einem Gebiete, dessen Mittelpunkt Hildesheim bildet. Die Goslarer Bohrgesellschaft hatte im Jahre 1890 Verträge geschlossen, welche ihr den östlichen Theil eines breiten Buntsandsteinsattels sicherten, der sich südlich von Hildesheim 22 km lang in ostwestlicher Richtung erstreckt. Zu diesem Terrain gehört die Feldmark Salzdetfurth und wurde hier am 15. Juli 1893 ein Bohrloch angesetzt, welches in der Geschichte der Kaliindustrie eine hervorragende Rolle spielen wird. Dasselbe traf bereits am 4. September das jüngere Steinsalz in der geringen Tiefe von 196 m und blieb in demselben bis in etwa 860 m.

In diesem gewaltigen Steinsalzlager fanden sich an mehreren Stellen Einlagerungen von Kalisalzen. Zunächst kamen in den oberen Partien mit und in einem Salzthon von ungewöhnlicher Mächtigkeit reine Carnallitschichten vor und etwa in der Mitte, 640 m unter Tage, trat ein 17 m starkes Sylvinitlager auf. Die wahre Mächtigkeit desselben

berechnet sich bei dem herrschenden Einfallen von 48° zu 11,60 m. Die Analysen dieses Salzes ergaben die Zusammensetzung als ein mechanisches Gemenge von Steinsalz und Chlorkalium und bewegt sich der Gehalt an letzterem in den einzelnen Partien dieses Lagers zwischen 55 und 75 Proc. Letztere Zahl ist bis jetzt noch in keinem Sylvinit nachgewiesen; auch unterscheidet sich das Lager durch seine geringe Färbung, sowie durch die äusserst minimalen Beimengungen von Magnesiumsalzen, welche nur bis 0,10 Proc. betragen, ganz wesentlich von den bis jetzt bekannten Vorkommnissen der an Sylvin reichen Salzgemenge.

Am auffälligsten ist aber der geognostische Horizont, in welchem dieser Sylvinit sich vorfindet. Während in der Magdeburg-Halberstädter Bucht das jüngere Steinsalz, welches dort bis jetzt in keiner grösseren Mächtigkeit als 120 m nachgewiesen ist, nur ganz sporadische und in seiner Ausdehnung sehr beschränkte Einlagerungen von Kalisalzen enthält, traten hier plötzlich in dem nämlichen Niveau reiche Salze auf, welche durch ihre Structur sowohl als durch das regelmässige Vorkommen von sogenannten Jahresringen den Charakter von ursprünglichen Ablagerungen auf sich tragen, denen man ein gewisses Aushalten im Streichen augenscheinlich nicht absprechen kann.

Bereits bei Osterlinde, wo etwa 200 m jüngeres Salz durchbohrt ist, hatten sich in demselben nicht unbedeutende Einlagerungen von Carnallit gezeigt, und später fanden sich dergleichen in einem Bohrloche, welches im vorigen Jahre am Rothenberge bei Wehmingen an der Eisenbahn von Lehrte nach Hildesheim niedergebracht ist. Auch hier hat sich zu gleicher Zeit eine grosse Mächtigkeit des jüngeren Steinsalzes herausgestellt. Dasselbe wurde bei 536 m angebohrt und ist bei einem Einfallen von 40 bis 50° in 840 m Tiefe das Ende noch nicht erreicht worden.

Es sind aber nicht allein die Kalisalze im Westen des Harzes aufgefunden und bezüglich ihrer Ausdehnung durch Tiefbohrungen untersucht worden, auch im Süden der grossen paläozoischen Insel ist ihr Vorhandensein nachgewiesen. Im Jahre 1891 deckte ein Bohrloch dicht bei Sondershausen in 600 m Tiefe ein über 20 m mächtiges, allerdings von Steinsalz durchsetztes Carnallitlager auf, und im Mai 1893 wurde dort das Schachtabteufen in Angriff genommen. Die Bohrungen in der Thüringer Mulde haben sich bis hart an den Nordabfall des Thüringer Waldes erstreckt, und von einem

---

[1]) Vergl. d. Z. 1894 S. 110, Anm. 1.

Bohrloche bei Arnstadt wird bericht:t, dass mit demselben ebenfalls Kalisalze angetroffen seien.

Von Sondershausen ausgehend haben sich die Bohrungen der Schutzbohrgemeinschaft der alten Kaliwerke (des Kalisyndicats) in der vermutheten Streichungsrichtung der Salzlagerstätte (in der Muldenlinie der Sondershausener Triasmulde) in westlicher Richtung bis zur Provinz Hannover erstreckt. Die westlichsten Punkte, an welchen Tiefbohrungen stattgefunden haben, liegen bei Jützenbach und Worbis, im südwestlichsten Theile der Provinz Sachsen. Die Ergebnisse dieser Bohrungen sind nur in den engsten Kreisen bekannt; da sie jedoch in ganz systematischer Weise fortgesetzt worden sind, wird die Vermuthung wachgerufen, dass sie erfolgreich gewesen seien. Für die nächste Zukunft können Kalilager, welche in den alten preussischen Provinzen durch die sogenannte Schutzbohrgesellschaft aufgeschlossen wurden, jedoch gänzlich ausser Betracht bleiben, da diese Bohrungen nur stattgefunden haben, um andere Unternehmungen fern zu halten und die gesicherten Felder unter dem Schutz der Muthung einfach liegen bleiben.

Fast sieht es aus, als wenn das Zechsteinsalzmeer sich rings um den Thüringer Wald erstreckt hätte und auch dieser Gebirgszug zwei nach Osten gekehrte Buchten trennte, in welchen stellenweise Mutterlaugensalze auskrystallisiren konnten. Aufsehen erregten die Bohrungen auf Weimarschem Gebiete bei Kaiserroda und Tiefenort unweit Salzungen, wo neben Carnallit auch Kainit und Sylvinit in geringen Teufen (237 bis 332 m) angebohrt wurden. Auch hier ist buntes Steinsalz, mit Anhydritschichten und Kalisalzen abwechselnd, zur Ausbildung gelangt. Nach dem mir vorliegenden Bohrprofil eines der in den beiden letztvergangenen Jahren niedergebrachten Bohrlöcher in der dortigen Gegend, wurde unter etwas über 200 m bunten Sandstein ein als jüngeres bezeichnetes Steinsalz bis in 414 m Tiefe angetroffen. In diesem waren die Kalisalze eingelagert und ging dasselbe dann ohne zwischengelagerten Salzthon in graues Steinsalz mit Anhydritschnüren über. Da letzteres jedoch nur 31 m mächtig war, darunter 5 m Anhydrit folgten und dessen Liegendes als Zechstein bezeichnet wird, kann es sehr gut sein, dass sämmtliches unter dem Buntsandstein lagerndes Salz hier ein Aequivalent des älteren Steinsalzes im Norden und Westen des Harzes darstellt.

Unmittelbare Uebergänge von jüngerem (bunten) Steinsalz mit mehr oder weniger starken Anhydrit und Kalisalzeinlagerungen sind übrigens aus dem Norden, z. B. bei Salzgitter und Grasdorf, beobachtet worden. Hier liegen meiner Ansicht nach inselartige Erhebungen des Meeresgrundes vor, welche nie Kalisalze getragen haben. Diese Verhältnisse bedürfen noch sehr der Aufklärung, scheinen aber gänzlich unabhängig zu sein von dem Bau des überdeckenden Buntsandsteingebirges und nur auf ursprünglichen Unebenheiten des Meeresbodens zu beruhen.

Die Versuche, die Kalisalze noch weiter südlich, dem Werrathale aufwärts, zu finden, haben bis jetzt negative Resultate geliefert. Als südlichste Punkte sind wohl Wernshausen und Frauenbreitungen in Sachsen-Meiningen zu bezeichnen. Die Bohrlöcher haben hier in geringen Tiefen (200—230 m) graues und weisses Steinsalz angebohrt, welches z. Th. dem älteren, z. Th. dem jüngeren Salz ähnlich ist.

Die vorliegenden uns bekannt gewordenen Beobachtungen sind zur Zeit noch zu unvollständig, um bezüglich des Vorhandenseins und der Ausdehnung abbauwürdiger Kalisalzlagerstätten im Süden des Thüringer Waldes irgend ein Urtheil abgeben zu können. Das Material erreicht für die Umgebung des Thüringer Waldes überhaupt nicht annähernd den Umfang desjenigen, welches uns für die Umgegend des Harzes jetzt zu Gebote steht. Dass das permische Steinsalz sich noch bedeutend weiter nach Süden erstreckt, ist allerdings längst bekannt. Sein Vorhandensein wird in Sachsen-Meiningen sowie in Franken durch unzählige Soolquellen im Gebiete des unteren Buntsandsteins bewiesen. Auf den Salzreichthum des oberen Werragebiets und der Fränkischen Saale deuten die Namen von Ortschaften und Flussläufen. Durch die seit etwa dreissig Jahren auch in Mitteldeutschland eingeleitete geologische Kartirung ist es bekannt geworden, dass zwischen Thüringer Wald und Rhöngebirge ein vielfach zerspaltenes und in seinen Lagerungsverhältnissen stark gestörtes Triasgebiet vorhanden ist. Hierdurch erklärt sich der Quellenreichthum, während die an den Rändern von Thüringer Wald und Spessart zu Tage tretenden Glieder der Zechsteinformation die Vermuthung wachrufen, dass der Salzreichthum dieser Quellen aus den nämlichen Gebirgsgliedern stammt, in welchen für Norddeutschland das Hauptsalzvorkommen längst sichergestellt ist.

Bekanntlich treten im nördlichen Theile des norddeutschen Flachlandes vereinzelt Bildungen aus dem Diluvium hervor, welche in ihrer petrographischen Beschaffenheit vollkommen übereinstimmen mit den Gesteinen der Zechsteinformation in südlicheren Breiten. Ich meine die von Dolomit begleiteten Gypsstöcke bei Lüneburg und im südlichen Theile Mecklenburgs bei Lübtheen an der Berlin-Hamburger Eisenbahn.

Das Auftreten von Salzquellen liess das Vorhandensein von Steinsalz in der Tiefe vermuthen und durch Bohrungen wurde dasselbe bereits vor längerer Zeit sowohl bei Lüneburg als bei Lübtheen nachgewiesen. Geinitz in Rostock hat über ein Bohrloch berichtet, welches, am Rande des Lübtheener Gypsbruches niedergebracht, in 327 m Tiefe Steinsalz angetroffen hatte[7]). Er sagt, dass hier in den oberen Partien desselben Carnallit und die übrigen sogenannten Abraumsalze vielleicht in sogar zwei über einander befindlichen Lagern, durch Steinsalz getrennt, sich finden.

Nach einem Berichte der „Rostocker Zeitung" vom 10. Juli 1883 wurden in dem Bohrloche zu Jessenitz (südlich von Lübtheen), welches auf Grund einer geognostischen Beurtheilung der Gegend niedergebracht war, die nachfolgenden Schichten durchsunken[8]):

0— 85 Diluvium,
85— 80 Tertiärer Thon mit Braunkohle,
80—114 — Sand - -
114—258 Gyps, oben klüftig, in der Tiefe schwache Salzsoole,
258—380 Kalisalzlager mit Anhydritschnüren,
380—850 reines Steinsalz.

Durch Soolquellen und Erdfälle ist die beträchtliche Ausdehnung des Gypses und Steinsalzes im Untergrund des südlichen Mecklenburgs nachgewiesen, und sollen, wie Geinitz mittheilt, auch an verschiedenen Stellen Bohrungen das Steinsalz erreicht haben. Soviel mir bekannt, ist ausser bei Jessenitz, wo gegenwärtig ein Schachtteufen unter ähnlichen ungünstigen Verhältnissen stattfindet, wie derzeit in Thiede, noch kein zweiter Punkt in dortiger Gegend bekannt geworden, wo Kalisalze nachgewiesen werden konnten.

Es lässt sich kaum annehmen, dass das Salzvorkommen in Mecklenburg in unmittelbarem Zusammenhang steht mit dem Kalisalzbecken nördlich und westlich vom Harz. Das Vorhandensein der Magdeburger Erhebung von Kulmgrauwacke und Rothliegendem spricht entschieden dagegen. Der

durch die Ortschaften Kl. Paschleben, Gommern, Magdeburg, Alvensleben, Süpplingen und Hechtingen bezeichnete, etwa 80 Kilometer lange Zug von Kulmgrauwacke dehnt sich in SO-NW-Richtung, daher entsprechend dem vorherrschenden System der Sattelbildung in Nord- und Mitteldeutschland aus. Die Punkte, an welchen die Formation zu Tage tritt, sind nur die höchsten Kuppen eines Gebirges, welches in geologischer Beziehung und in seinen Verhältnissen zum Zechsteinsalzmeere genau so aufzufassen ist wie der Harz. Die Verhältnisse in Mecklenburg machen es wahrscheinlich, dass nördlich von diesem ausgedehnten aber niedrigen Faltengebirge eine zweite grosse Bucht des Zechsteinmeeres vorhanden gewesen ist, welche sich weit nach Westen in das jetzige Flussgebiet der Unter-Elbe erstreckte und möglicherweise ausser der Altmark und Mecklenburg auch noch einen Theil Holsteins mit umfasst hat. Die grosse Ausdehnung derselben macht es allerdings sehr unwahrscheinlich, dass hier Kalisalze in grösserer Verbreitung zu finden sein würden.

Ausser Deutschland ist, soweit bis jetzt bekannt, nur noch Oesterreich im Besitze von Kalisalzablagerungen. Im Jahre 1853 wurde auf der Salzlagerstätte von Kalusz in Galizien das Vorkommen von Sylvin nachgewiesen. Das reine Chlorkalium soll hier z. Th. 4—6 Fuss mächtig auf eine weite Erstreckung hin auftreten. Später wurde dann auch Kainit gefunden.

In den 70er Jahren wurde das Vorkommen der Kalisalze jedoch als ein linsenförmiges bezeichnet und sollen zwei grosse Linsen von Sylvin aufgeschlossen gewesen sein, die durch eine 6 Fuss mächtige Kainiteinlagerung getrennt waren, und deren grösste Mächtigkeit nahezu 7 Klafter betragen hat. K. v. Hauer hat sogar über 60—70' Mächtigkeit von Kainit berichtet und wurden die damals durch den Bergbau aufgeschlossenen Massen für Sylvin mit etwa 7—8 Millionen Centner von etwa 25—30 Proc. Rohsalz und für Kainit mit etwa 15 Millionen Centner beziffert[9]).

Das Vorkommen bei Kalusz gehört der Tertiärzeit an und zwar dem mittleren Theil derselben, dem Miocän. Da dort keine Magnesiasalze vorkommen, wird die Gewinnung reiner Kalisalze sehr erleichtert. Dagegen soll der Bergbau dort sonst auf so

---

[7]) E. Geinitz in Beitr. z. Geol. Mecklenb. I, S. 91 im Archiv d. Vereins der Freunde der Naturgesch. in Mecklenburg. 33. Jahrg., 1880.
[8]) Vergl. Geinitz im Archiv d. Vereins der Freunde der Naturgesch. in Mecklenburg. 37. Jahrg., 1883, S. 18.

[9]) Foetterle in Verh. geol. Reichsanst. Wien 1871, S. 65. (Ref. N. Jahrb. f. Mineral. etc. 1871, S. 316.)
Vergl. über Kalusz auch d. Z. 1893 S. 64, 87, 192, 242; 1894 S. 164; 1895 S. 140.

16*

grosse Schwierigkeiten stossen, dass eine Gewinnung im Grossen, soviel ich habe in Erfahrung bringen können, bis jetzt nicht hat stattfinden können und der deutschen Industrie von dort keine Concurrenz droht.

Die in neuester Zeit stattgehabten Tiefbohrungen und namentlich diejenigen im nördlichen Theile der Provinz Hannover haben bis jetzt zweierlei gezeigt, was von der Kaliindustrie in hohem Grade beachtet werden sollte. Einmal ist es nachgewiesen, dass die Kalilagerstätten bedeutend weiter nach Westen fortsetzen, als dies bis jetzt angenommen worden ist; zweitens hat es sich herausgestellt, dass bei der Zunahme der Mächtigkeit des jüngeren Steinsalzes (welche beweist, dass hier das Meeresbecken eine bedeutend grössere Tiefe gehabt hat als in der östlichen Einbuchtung desselben) auch Kalisalze in einem höheren geognostischen Niveau angetroffen werden[10]. Für die Provinz Hannover, vielleicht auch für einen Theil des Herzogthums Braunschweig und für die Thüringer Mulde, müssen wir daher jüngere und ältere Kalisalze unterscheiden. Letztere liegen nun aber im Westen im Allgemeinen bedeutend tiefer als weiter östlich, obgleich, wie Osterlinde und Rhüden gezeigt haben, die nachträglichen Aenderungen in der Lage der Schichten, das sattelförmige Emporragen des alten Meeresbodens, es an manchen Stellen ermöglichen, dennoch auch das alte Kalisalzlager unter den nämlichen Verhältnissen zu erreichen, wie es sich unter dem Stassfurter Rogensteinsattel durch die Faltenbildung der Erdkruste entwickelt und erhalten hat.

Es kommt dabei natürlich sehr darauf an, die geognostischen Verhältnisse und den Gebirgsbau in den Buntsandsteingebieten genau zu beachten, und dennoch können Enttäuschungen nicht ausbleiben, denn ausser den ursprünglichen inselartigen Unterbrechungen und Unregelmässigkeiten in dem Absatz der Kalisalze kommen auch noch die nach-

träglichen Aenderungen und Zerstörungen dieser Lagerstätten durch gebirgsbildende Vorgänge in Betracht, wodurch im Grossen und Ganzen die Verhältnisse sehr verwickelt sind. Es sollte daher dem Grosskapital allein überlassen bleiben, die weitere Ausdehnung der Kalisalzlagerstätten zu verfolgen. Es ist dies um so mehr der Fall, als augenblicklich kein Bedürfniss zu einer beträchtlichen und plötzlichen Erhöhung der Production vorliegt und der Kalibergbau, so lange Deutschland[11] die einzige Vorrathskammer dieser werthvollen Producte bleibt, sich vollständig darauf einrichten kann, die Production der Nachfrage und dem Bedarf gemäss einzurichten. Bei den Bohrunternehmungen wird es auch gar zu leicht vergessen, dass eine Tiefbohrung nur ein Vorversuch ist. Während zu einer solchen nur einige Tausende erforderlich sind, kommen bei Einrichtung eines Kalisalzbergwerkes Hunderttausende und Millionen in Frage. Allerdings ist es zweifellos, dass bei einem höheren Ertrage und namentlich bei einer Verringerung der Preise Industrie und Landwirthschaft eine immer grössere Verwendung für Kali- und Magnesiasalze finden werden. Andererseits kann, wie die Geschichte einer jeden Industrie hinreichend gezeigt hat, durch Ueberproduction und eine zügellose Concurrenz vorübergehend eine bedeutende Störung im Absatz und ein grosser Verlust an Kapitalien stattfinden.

Es ist der deutschen Industrie und dem deutschen Handel hier eine sehr wichtige und für das Nationalvermögen schwerwiegende Aufgabe gestellt, deren glückliche und das gemeine Wohl fördernde Lösung hoffentlich stets das Bestreben der leitenden Kreise sein und bleiben wird. Freilich ist diese Lösung nicht zu erreichen, wenn nur wenige bevorzugte Werke sich nach wie vor in den enormen Gewinn theilen sollen, den die Gewinnung und Verarbeitung der Kalisalze bis jetzt abgeworfen haben; wenn sie ihre erworbenen Millionen dazu benutzen, die Entstehung neuer Werke gewaltsam zu verhindern und dem Aufkommen einer lohnenden Industrie in Gegenden entgegen zu arbeiten, wo eine solche durchaus am Platze und sogar dringend nothwendig ist. Leider scheint die Tendenz dazu vorhanden zu sein, aber die Verkehrtheit dieser Maassregel wird sich bald herausstellen, indem die hieran betheiligten alten Werke sich nach und nach solche Lasten aufbürden werden, dass ein lohnender Bergbau für sie nicht mehr möglich ist.

Braunschweig, im Februar 1895.

---

[10] Höchstwahrscheinlich hat es auch in der Magdeburg-Halberstädter Bucht tiefere Einsenkungen des Meeresbodens gegeben, welche sich durch eine ungewöhnlich grosse Mächtigkeit des jüngeren Steinsalzes zu erkennen geben. So soll das Bohrloch V der Bohrgesellschaft Hedwigsburg (bei Neindorf am Oesel) in 900 m Tiefe noch immer rothes Steinsalz mit eingelagerten Anhydritbänken gezeigt haben und das dort in 590 m angebohrte Carnallitlager demnach ebenfalls dem jüngeren Vorkommen von Kali- und Magnesiasalzen angehören. Auch für andere in der neuesten Zeit durch Tiefbohrungen erzielten Aufschlüsse, wie Beienrode im Norden und Sondershausen im Süden des Harzes, ist dies nach den Bohrprofilen wahrscheinlich, daher die Möglichkeit nicht ausgeschlossen ist, an diesen Punkten in grösserer Tiefe noch auf weitere Lager von Kali- und Magnesiasalzen zu stossen.

[11] Vergl. d. Z. 1894, S. 110.

# Die quartären und tertiären Mergellager Deutschlands und ihre Aufsuchung.

Von

K. Keilhack.

In petrographischer Beziehung versteht man unter Mergel ein Gemenge von Thon und kohlensaurem Kalk, welches die Eigenschaft besitzt, bei der Verwitterung an der Luft zu zerfallen. Als unwesentliche Beimengungen können darin noch Glimmer und Sand auftreten. Im Gegensatz dazu versteht der Landwirth unter Mergel alle diejenigen losen oder an der Luft zerfallenden Bildungen, die vermöge ihres Kalkgehaltes zur Verbesserung des Bodens geeignet erscheinen. Da nämlich einer der wichtigsten Pflanzennährstoffe, der kohlensaure Kalk, wegen seiner Löslichkeit in Kohlensäure haltigem Wasser mit der Zeit den oberen Bodenschichten entführt und in die Tiefe gefördert wird, so ist es für die Ackerkultur nöthig, den Kalkgehalt der Ackerkrume von Zeit zu Zeit zu erneuern. Zu diesem Processe der „Mergelung" eignen sich also diejenigen loseren Bildungen, deren Kalkgehalt eine gewisse Grenze nicht untersteigt, ohne dass es dabei darauf ankommt, welche Beimengungen das betreffende Gebilde enthält. Die letzteren dienen vielmehr nur zu einer genaueren Classification der verschiedenen Arten der Mergel, so dass man danach Kalkmergel, Sandmergel, Kiesmergel, Thonmergel und Lehmmergel unterscheidet. Für die Aufsuchung von Mergellagern kommt es also einzig und allein darauf an, lose oder wenigstens an der Luft zerfallende Gesteine mit einem Kalkgehalt von mindestens 8 bis 10 Proc. nachzuweisen.

In Folgendem sollen zunächst die im Quartär und Tertiär Deutschlands auftretenden Mergellager untersucht und hierauf die Art und Weise der Ablagerung derselben beschrieben werden. (Ueber das Vorkommen von Mergel in den mesozoischen Schichten einiger Gegenden Nordwest- und Mittel-Deutschlands vergleiche die Abhandlung von A. Denckmann in dieser Zeitschrift, 1893, S. 112—117.)

Das Alluvium enthält eine ganze Anzahl von Bildungen allerverschiedensten Kalkgehaltes, die zur Ackermelioration geeignet erscheinen. Die kalkhaltigste derselben ist der Kalktuff oder Gehängekalk, dessen Entstehung vielfach schon zur Diluvialzeit begonnen hat und an den meisten Stellen noch weiter fortdauert. Wo an Gehängen starke Quellen heraustreten, die während ihres unterirdischen Laufes Gelegenheit hatten, sich mehr oder weniger mit kohlensaurem Kalk zu sättigen, da sind die Bedingungen für die Entstehung von Kalktufflagern gegeben. Die im raschen Laufe den Abhang hinabfliessenden Wasser verlieren bei der Berührung mit der Luft, die um so inniger ist, je schneller das Wasser fliesst und je mehr Cascaden es bildet, einen Theil ihrer Kohlensäure und damit die Fähigkeit, den Kalk in Lösung zu behalten. Derselbe fällt vielmehr aus und setzt sich an die in dem Wasser wuchernden Pflanzen oder bei feinerer Vertheilung des Quellwassers an die auf dem überrieselten Boden wachsenden Gräser und Pflanzen, überrindet dieselben und bildet mit der Zeit durch Verschmelzung der einzelnen Inkrustationen Bänke, aus deren Oberfläche die Spitzen der inkrustirten Gewächse zum Theil weiter wachsen. So entsteht eine dünne Bank nach der anderen, bisweilen unterbrochen durch dünne Humusstreifen oder durch kalkreiche Ockerbildungen, und es können allmälich von den Gehängen her ganze Thäler oder Becken mit Kalktuff von grosser Mächtigkeit ausgefüllt werden, wie letzteres vielfach im Gebiete des Thüringer Muschelkalks der Fall ist.

Die Struktur des Kalktuffs ist eine sehr wechselnde, indem er bald feste Bänke, die oft als Bausteine Verwendung finden können, bald wieder ein lockeres, leicht zerstörbares Haufwerk bildet, welches letztere in Folge dieser Eigenschaft am besten für landwirthschaftliche Meliorationszwecke geeignet ist. Die Färbung des Kalktuffs ist eine sehr mannigfaltige und schwankt zwischen hellem grau-weiss und tiefstem schwarz mit Uebergängen zu gelb und braun, je nach Art und Menge der meist nur in ganz geringfügigen Massen vorhandenen organischen Substanzen oder Eisen- und Manganverbindungen. Der Gehalt des Kalktuffs an kohlensaurem Kalk beträgt meist 93—98 Proc., ist also ein ganz ausserordentlich hoher zu bezeichnen.

Diejenigen Kalkmassen, die nicht als Kalktuff von den Quellen ausgeschieden werden, sondern in langsamer fliessendes Wasser hineingelangen, finden zumeist ihr Ende auf dem Boden von Seen, wo sie theils als chemischer Niederschlag, d. h. in Gestalt von mikroskopisch kleinen Rhomboëderchen zu Boden sinken, theils von thierischen und pflanzlichen Organismen aufgenommen und nach dem Absterben derselben am Grunde des Beckens abgelagert werden. Die so entstandenen kalkigen Bildungen werden in den verschiedenen Gegenden verschieden bezeichnet: Seekreide, Wiesenmergel, Wiesenkalk, Süsswasserkalk,

Alm, Schneckenmergel sind die häufigsten dieser Bezeichnungen. Dieser Vorgang spielt sich nicht nur in noch heute vorhandenen Seen ab, sondern hatte auch in der Vorzeit in zahllosen Seen statt, welche heute durch Vertorfung als Wasserbecken völlig verschwunden und in Torfmoore verwandelt sind. Je nach der Art und Masse der Beimengungen, die gleichzeitig mit der Kalkausscheidung auf dem Grunde des Beckens abgelagert wurden, ist die petrographische Beschaffenheit der Wiesenmergel eine verschiedene und ihr Kalkgehalt danach ein schwankender. Oft sind gleichzeitig mit dem Kalk den Becken grosse Mengen von feinem Thonschlamme zugeführt; aus der Vermischung derselben entstehen dann alle möglichen Uebergangsbildungen zwischen Wiesenkalk und Thonmergel, bei denen es häufig schwierig ist, ohne chemische Untersuchung von vornherein festzustellen, welchem von diesen zwei Gesteinen man das betreffende Gebilde zuzuweisen hat. Im Allgemeinen wird man derartige kalkig-thonige Bildungen, die also Mergel im strengsten Sinne des Wortes sind, bei überwiegendem Kalkgehalt zur Wiesenkalkgruppe, bei überwiegendem Thongehalt dagegen zur Thonmergelgruppe stellen. Oft besitzen diese Gebilde einen grossen Reichthum an Muscheln und Schneckenschalen und mehr oder weniger zerriebenen Bruchstücken derselben, so dass sie auch mit den oben angeführten Namen Schneckenmergel, auch wohl „Muschelkalk" bezeichnet werden. Zu diesen thierischen Beimengungen kommen solche aus dem Pflanzenreiche: abgestorbene Rhizome von Schilf und anderen Wasserpflanzen, die in dem Mergellager selbst wurzelten, eingeschwemmte Blätter und Holzstücke, die zu Boden gesunken in dem Schlamm eingebettet sind (letztere bisweilen zur Vivianitbildung Veranlassung gebend), ferner Sandkörner von verschiedener Korngrösse, die theils durch das fliessende Wasser, theils durch den Wind in das Becken eingeführt sind.

Im Gegensatz zu diesem im tieferen Wasser gelagerten Kalke stehen die meist auf die Oberfläche flacher, nur periodisch überstauter Alluvialbecken beschränkten Kalkbildungen, die man mit dem Namen Moormergel bezeichnet. Man versteht unter Moormergel ein Gemenge von Moorerde und Kalk, wobei unter Moorerde selbst wiederum ein Gemenge aus Humus mit sandigen oder thonigen Substanzen verstanden wird. Wie die Moorerde, so bildet auch der Moormergel nur dünne Schichten auf der Oberfläche grosser Flussthäler und alter, durch Versandung vollkommen ausgefüllter Seebecken,

die an und für sich einen sehr niedrigen Grundwasserstand besitzen und in Folge dessen in Perioden grosser Feuchtigkeit regelmässig flach überstaut werden. Entweder bildet der Moormergel ausgedehnte Flächen, d. h. die ganze Moorerdefläche ist mit einem Kalkgehalt durchsetzt, oder er bildet innerhalb der Moorerdefläche kleinere oder grössere Nester von meist ziemlich scharfer Begrenzung. Der Kalkgehalt des Moormergels beträgt gewöhnlich 5—25 Proc., doch geht derselbe bisweilen auch höher und finden sich, durch humusreichen Wiesenkalk hindurch, Uebergänge zu reinem Wiesenkalk. Auch tritt der letztere in Moormergelgebieten sehr häufig in Form von ganz dicht unter der Erdoberfläche liegenden, meist wenig ausgedehnten Nestern auf.

Bei den im Diluvium auftretenden Mergellagern müssen wir unterscheiden zwischen dem norddeutschen Glacialgebiete und den übrigen, nicht vergletschert gewesenen Theilen Deutschlands. In letzteren sind die Mergellager im Grossen und Ganzen beschränkt auf die Kalktuffbildungen, die in gleicher Weise entstanden sind, wie die des Alluviums, und auf den Löss. Erstere spielen vor allem in den kalkreichen Triasgebieten eine wichtige Rolle. Oft erlangen sie eine solche Festigkeit, dass sie als Bausteine gebraucht werden können, doch kommen auch dann fast immer noch weiche Zwischenlagen vor, die vielfach als Meliorationsmittel ausgehalten werden.

Im Gebiete des norddeutschen Diluviums findet sich eine grosse Mannigfaltigkeit von Mergeln, da das gesammte, von dem skandinavischen Inlandeise nach Deutschland transportirte Material aus dem säkularen Verwitterungsschutte eines Gebietes besteht, in welchem kalkige Gesteine in der Oberflächenverbreitung einen ziemlich bedeutenden Raum einnehmen. Da nun ausserdem noch ungeheure Massen von Material aus dem baltischen Kreidegebiete in die Grundmoräne jenes Inlandeises aufgenommen sind, so kommt es, dass alle glacialen Bildungen des Diluviums von vornherein kalkhaltig waren. Dieser Kalkgehalt aber war in den verschiedenen Bildungen ein sehr verschiedener, und zwar lässt sich im Allgemeinen als Regel aufstellen, dass derselbe in den mittelkörnigen Sanden am geringsten, in den Mergelsanden und Thonmergeln am höchsten ist, während die eigentliche Grundmoräne eine Mittelstellung einnimmt. Dasselbe Verhältniss findet sich auch innerhalb der nach der Korngrösse getrennten Bestandtheile der Grundmoräne selbst, indem auch bei ihnen der Kalkgehalt im Sande am kleinsten, im Thone am grössten ist.

Dieser ursprünglich in den sämmtlichen Schichten vorhandene Kalkgehalt hat seit der Ablagerung derselben eine bedeutende Veränderung erfahren, indem er von der Oberfläche her bis zu wechselnder Tiefe durch die Atmosphärilien in Lösung übergeführt und entweder in grösseren Tiefen wieder abgesetzt oder von den Wassern entführt ist. Diese Entkalkung, durch welche der Geschiebemergel in Lehm, der Thonmergel in Thon und der Mergelsand in Schluffsand verwandelt wurde, ist in den verschiedenen Gebieten des norddeutschen Diluviums eine sehr verschiedene: während sie in manchen Theilen des baltischen Höhenrückens und des Küstenlandes 4 bis 5 m beträgt, sinkt dieser Werth in anderen Gebieten auf 1—2 m und in noch anderen, wie z. B. Theilen Ostpreussens und der Uckermark, auf weniger als $\frac{1}{2}$ m. Für die Aufsuchung von Mergellagern in Norddeutschland ist dieser Umstand natürlich von höchster Bedeutung[1]).

Neben den eigentlichen Glacialbildungen enthält das Diluvium noch sehr zerstreut andere kalkreiche Bildungen, die entweder altdiluvial, d. h. in der Zeit vor dem Herannahen der ersten Vergletscherung, oder interglacial, d. h. in der Zeit zwischen den beiden Vergletscherungen zum Absatz gelangt sind. Unter diesen, meist in ebenen Gebieten abgelagerten Gebilden finden sich Mergel von ganz vorzüglicher Beschaffenheit, nämlich die diluvialen Süsswasserkalke, die vor allen Dingen in der Provinz Hannover und in der Mark Brandenburg eine ökonomisch wichtige Rolle spielen, wozu sie durch ihren hohen Kalkgehalt, ihr lockeres Gefüge und ihre meist bedeutende Mächtigkeit geeignet sind.

Mittel- und Süddeutschland hat mit den westlichen Theilen des norddeutschen Diluvialgebietes und mit Oberschlesien ein Gebilde gemeinsam, welches sich gleichfalls vorzüglich zur Mergelung eignet: den Löss. Er besitzt meist nur eine geringmächtige Verwitterungsrinde, hat einen Kalkgehalt bis zu 25 Proc. und zerfällt, da er nur sehr wenig plastischen Thon enthält, an der Luft sehr leicht.

Auch in der Tertiärformation finden sich in fast allen in Deutschland vertretenen Gliedern einzelne Ablagerungen, die zu Mergelungszwecken geeignet sind und dazu Verwendung finden, wenn sie auch nie die Bedeutung der Quartärmergel erlangen

können. Das wird schon durch den Umstand verhindert, dass die Tertiärschichten in den weitaus meisten Gebieten unter jüngeren Ablagerungen verborgen sind und in Folge dessen schon die Menge des Abraums eine Ausgewinnung unmöglich macht. Am ärmsten an Mergellagern ist das Miocän, da dasselbe im grössten Theile Deutschlands nur aus Bildungen der Braunkohlenformation besteht, welche vollkommen frei von kohlensaurem Kalk sind. Auch das marine Miocän Holsteins enthält keine Mergellager und das einzige vielleicht hierher gehörige brauchbare Gebilde findet sich bei Gühlitz in der Priegnitz.

Anders schon ist es im Oberoligocän, welches in Deutschland fast nur aus marinen Bildungen besteht. Es enthält vorzügliche Mergellager in der Altmark bei Wiepke und im nordwestlichen Deutschland in der Gegend zwischen Hildesheim und Osnabrück. Alle diese Mergellager sind ausser durch ihren Kalkgehalt noch durch einen hohen Glaukonitgehalt ausgezeichnet, dem sie ihre grünliche Färbung verdanken. Der Umstand, dass sie durch dieses Mineral eine Menge von Kali enthalten, welches in ziemlich leicht löslicher, für die Pflanzenernährung geeigneter Form auftritt, macht sie für Meliorationszwecke ganz besonders werthvoll. Oberoligocänen Alters sind ferner die weit verbreiteten Cyrenenmergel im Gebiete des rheinischen Tertiärs.

In vielen Gebieten besitzt das über weite Flächen verbreitete Gebilde des Mitteloligocäns, der Septarienthon, einen derartigen Kalkgehalt (20—25 Proc.), dass derselbe zu Mergelungszwecken verwendet wird; nur steht dabei der Umstand etwas hindernd im Wege, dass dieses Gestein in Folge seines hohen Gehalts an plastischem Thon nicht sehr leicht zerfällt und erst durch mehrfaches Durchfrierenlassen gelockert werden muss.

Das Unteroligocän besteht wieder zum grossen Theil aus einer kalkfreien Braunkohlenformation und nur das Petroleum führende brackische Oligocän des Elsass enthält graue Mergel.

Im Folgenden gebe ich in tabellarischer Form eine Uebersicht über die in den einzelnen deutschen Landschaften sich findenden Mergelarten und ergänze dieselbe durch eine Angabe der hauptsächlichsten Mergelhorizonte auch in den älteren Formationen. Die Tabelle ist ein erster Versuch und ich bitte deshalb für etwaige Unvollständigkeit um Entschuldigung.

---

[1]) Vergl. d. Z. 1894, S. 440, Litt.-No. 186.

## Vorkommen von Mergel in Deutschland.

| Gegend: | Paläozoicum | Trias | Jura | Kreide | Tertiär | Quartär |
|---|---|---|---|---|---|---|
| Nordöstliches Deutschland (Ost- u. Westpreussen, Posen, Hinterpommern). | | | — | Kreidemergel des Turon und Senon. | Septarienthon. | Oberer u. Unt. Geschiebemergel. Thonmergel u. Mergelsand des Oberen und Unteren Diluvium. Süsswasserkalk. |
| Vorpommern und Mecklenburg. | — | — | | Cenomane, turone und senone Kreidemergel. | Septarienthon. | |
| Schleswig-Holstein. | Rothe Mergel von Lieth. | — | — | Senone Kreidemergel. | Septarienthon. | |
| Mark Brandenburg. | — | Mittlerer Muschelkalk von Rüdersdorf. | — | Senone Kreidemergel der Uckermark. | Septarienthon. Miocän von Gülitz. | Kalktuff, Wiesenkalk, Wiesenmergel, Moormergel. *(des Alluvium.)* |
| Schlesien. | — | Mittlerer Muschelkalk. Ob. Keuper. | Schichten des Amm. macrocephalus und cordatus. | Baculitenmergel von Friedeck. Turonmergel von Oppeln. Mergel mit Amm. Rhotomagensis. Mergel mit Belemn. mucronata. | — | Löss. |
| Königreich Sachsen. | Oberer Zechstein. | — | — | Plänermergel. | — | Löss; Geschiebemergel; Süsswassermergel. Kalktuff u. Süsswasserkalk (Wiesenkalk) des Alluvium. |
| Provinz Sachsen (östl. Theil). | — | Mittlerer Muschelkalk. Mittl. Keuper. | Posidonienschiefer. | Hilsmergel. Emscher Mergel. Senonmergel. | Septarienthon. Oberolig. Glaukonitmergel von Wiepke. | Geschiebemergel. Löss. Mergelsand. Wiesenkalk. Moormergel. |
| Thüringen mit westl. Theil der Provinz Sachsen. | Letten des unteren und oberen Zechsteins. | Oberstes Röth. Unterster Wellenkalk. Mittl. Muschelkalk. Nodosenschichten. Mittl. Keuper. | — | — | — | Löss. Kalktuff. |
| Südl. Hannover mit Braunschweig und Lippe. | — | Röthmergel. Mittlerer Muschelkalk. Mittl. Keuper. | Mittlerer Lias zwischen Wesergebirge u. Teutoburger Wald; Posidonienschiefer. Münder Mergel d. Deistergebirges. | Glaukonitmergel des Gault. Cenomanschichten mit Turrilitis costatus. Fast sämmtliche Schichten des Senon. | — | Löss. Geschiebemergel. Kalktuff. |
| Nördl. Hannover und Oldenburg. | — | — | — | Wealdenmergel; Hilsmergel; Gaultmergel; Plänermergel; senone Kreide. | Thonmergel bei Lingen. Oberoligocäne Glaukonitmergel. | Thonmergel, Geschiebemergel, Süsswasserkalk *(des Diluvium)* Wiesenkalk, Moormergel *(des Alluvium.)* |

| Gegend: | Paläozoicum | Trias | Jura | Kreide | Tertiär | Quartär |
|---|---|---|---|---|---|---|
| Westfalen. | — | Mittl.Muschelkalk. Unt. u. mittl. Keuper. | Wie in Süd-Hannover. | Plänermergel. | Oberoligocäne Glaukonitmergel. | Kalktuff. |
| Rheinprovinz. | Schichten der Calceola sandalina im Mitteldevon, Goniatitenschiefer und Cuboidesmergel im Oberdevon d. Eifel. | Graue Mergelschiefer des Unteren Muschelkalkes. Mergel d. Unteren u. Mittl. Keupers. | — | — | — | Löss. Kalktuff. |
| Hessisches Bergland. | Letten des mittleren und oberen Zechsteins. | Röth-Mergel i.Oberen Röth. Mittl.Muschelkalk; Nodosenschichten. Mittl. Keuper. | — | — | — | Löss. |
| Pfalz u. Grossherzogthum Hessen. | — | Mittlerer Muschelkalk. | — | — | Cyrenenmergel des Mainzer Beckens. | Löss. |
| Elsass-Lothringen. | — | Mittl. Keuper. | Numismalis-u. Margaritatusmergel d.mittl. Lias. Posidonienmergel. Torulosus-, Sowerbyi-, Giganteus- u. Blagdeni-Mergel d. Dogger. | — | Cyrenenmergel. | Löss. |
| Baden. | — | Unt. u. mittl. Muschelkalk. Mittl. Keuper. | Numismalismergel d.Lias. Variansmergel d. Dogger. | — | Molassemergel und Süsswasserkalke. | Löss. |
| Württemberg. | — | Mergelschiefer des Wellenkalkes. Mittl. Muschelkalk. Gypsmergel des Unteren Keuper. Bunter Mergel des Mittl. Keuper. Zanclodon-Mergel des Ober. Keuper. | Einzelne Mergelbänke in fast allen Horizonten d.Lias. Brauner Jura: unterstes $\alpha$, $\gamma$. Weisser Jura: unterstes $\alpha$, einzelneBänke von $\gamma$ u. $\delta$, unterstes $\zeta$. | — | Einzelne Bänke der Meeresmolasse. Steinheimer Süsswasserkalk. Untere Süsswassermolasse. | Löss. Süsswasserkalk. Kalktuff. |
| Nordbayern. | — | Mittlerer Muschelkalk. Unterer Gypskeuper. | Amaltheen- u. Costatenschichten des mittl. Lias. Radiansmergel des oberen Lias. Opalinusmergel und Ornatenthone des Dogger. Mergellager im unteren Weissen Jura. | Einzelne Mergelbänke im Turon und Senon. | — | Löss. Süsswasserkalk. Kalktuff. |
| Südbayern. | — | Raibler Schichten. Mergel der Zone der Avicula contorta. | Graue Mergelschiefer des Lias im Allgäu. Aptychenschichten des Malm. | Neocom-Mergel. Gault-Mergel. Sewen-Mergel. Mucronatenmergel der oberen Kreide. | Mergelschiefer des Flysch. Molassemergel von Peissenberg u. Miesbach. Obere Süsswassermolasse. | Löss. Kalktuff. Seekreide. |

Bei der Aufsuchung von Mergellagern im Diluvium geht man von der weiter oben näher begründeten Erfahrung aus, dass alle thonigen Glacialgebilde des Gebietes der nordeuropäischen Vergletscherung, namentlich aber Norddeutschlands, bei ihrer Ablagerung einen gewissen Kalkgehalt besessen und denselben nur oberflächlich durch Auslaugung verloren haben. Unter Benutzung dieser Erfahrung untersucht man alle diejenigen Flächen, in denen thonige Bildungen zu Tage gehen. Das kann in zweierlei Weise geschehen: dieselben können entweder als Decke in grösseren oder kleineren Flächen die oberste Schicht des Bodens bilden, oder sie können als breitere oder schmalere Bänder an den Gehängen von Thälern auftreten. Einer der in Norddeutschland häufigsten Fälle ist der, dass zwei übereinanderlagernde Mergelschichten durch eine Sandschicht getrennt sind; in die Platte ist ein Thal eingeschnitten und die obere Bank tritt als Oberflächendecke auf, während die untere nur als schmales Band am Gehänge beiderseits des Thales verfolgt werden kann. Wo Geschiebemergeldecken von nennenswerther Grösse an der Oberfläche auftreten, da wird der Landwirth meist über ihre Ausdehnung unterrichtet sein, da dieselben in Norddeutschland immer den besseren, werthvolleren, lehmigen Boden bilden; dass aber in diesem Lehmboden der viel begehrte Mergel steckt, ist dem Besitzer in den meisten Fällen unbekannt. Hat man — was gewöhnlich sehr leicht ist — festgestellt, dass grössere Geschiebemergelplatten auftreten, so ist es zunächst von Wichtigkeit, festzustellen, bis zu welcher Tiefe dieselben durch die Verwitterung entkalkt und in Lehm verwandelt sind. Zu diesem Zwecke sucht man die in der Umgebung jedes in solchen Gebieten liegenden Dorfes oder Gutes vorhandenen Lehmgruben auf und ermittelt in denselben die mittlere Stärke der Verwitterung. Man wird in den senkrechten Wänden einer solchen Grube gewöhnlich drei Schichten übereinander sehen: zu oberst liegt ein lehmiger Sand, der im obersten Theil durch die Einwirkungen des Düngers und die Vegetation etwas dunkler gefärbt ist. Darunter folgt ein gewöhnlich rostfarbener, röthlicher oder bräunlicher Lehm und erst unter diesem folgt der unverwitterte Mergel, der in seinen oberen Theilen gewöhnlich gelblich gefärbt ist, bei grosser Mächtigkeit aber nach der Tiefe zu eine dunkel graublaue Farbe annimmt. Die Grenze zwischen dem Lehm und dem Mergel ist durch den Färbungsunterschied gewöhnlich so scharf bezeichnet, dass man sie, zumal wenn die entblösste Wand trocken ist, auf

der Stelle erkennen kann. Die Grenze beider Bildungen ist keine ebene Fläche, sondern ganz unregelmässig wellig und namentlich greift der Lehm oft zapfenförmig tief in den unterlagernden Mergel hinein. Es muss also aus dem Bilde, welches solche Entblössungen zeigen, die mittlere Mächtigkeit der Verwitterungsrinde festgestellt werden.

Sind keine Lehm- oder früheren Mergelgruben vorhanden, und kann man auch in anderen künstlichen oder natürlichen Aufschlüssen, Hohlwegen, Wasserrissen, Wegoder Eisenbahneinschnitten keinen Einblick in die Verwitterungsstärke des Mergels gewinnen, so bleibt nichts anderes übrig, als eine systematische Abbohrung der Lehmflächen. Man bedient sich dabei zweckmässig der von der geologischen Landesanstalt benutzten Bohrer, die bei Herrn Töllner in Hahnerberg bei Elberfeld käuflich zu haben sind. Ist das Terrain ganz eben, so fordert die Wahl der Bohrpunkte keine besondere Beachtung; man kann dann das ganze Gebiet in gleichmässigen Abständen von mehreren Hundert Metern abbohren. Ist das Gelände aber wellig bewegt oder besitzt es den ganz unregelmässig hügeligen Charakter der Moränenlandschaft, so muss man es vermeiden, in den Einsenkungen zwischen den einzelnen Terrainfalten zu bohren, da in denselben von den Gehängen her durch Regen und Schneewasser so viele feinkörnige humose Massen zusammengeschwemmt sind, dass man hier meist gar keinen Mergel finden oder wenigstens zu ganz falschen Vorstellungen über seine Mächtigkeit gelangen würde. In solchem Gebiete bohrt man vielmehr, um Mittelwerthe zu erhalten, in der mittleren Höhe der Gehänge. Am oberen Rande der Gehänge trifft man den Mergel meist in ganz geringer Tiefe an, da hier durch das Wasser die Verwitterungsbildungen zum grossen Theile fortgeschafft sind.

Es wird in sehr vielen Fällen nicht möglich sein, mit Bohrungen auf zwei Meter Tiefe auszukommen, da es nicht allein darauf ankommt, die Anwesenheit des Mergels unter dem Lehme nachzuweisen, sondern auch ein Mindestmaass von Mächtigkeit desselben, welches um so höher sein muss, je stärker die Verwitterungsdecke und je geringer der Kalkgehalt des Mergels ist. Man hilft sich dann in der Weise, dass man entweder einen dem 2 m-Bohrer gleich construirten Bohrer von 3 m Länge anwendet, oder dass man an den Stellen, an denen man tiefer bohren möchte, durch einen Mann ein Loch von $1\frac{1}{2}$—2 m Tiefe und so grossem Querschnitte ausheben lässt, dass man auf dem Grunde desselben gerade noch bohren kann. Man kann auf diese Weise die Untersuchung leicht auf eine Tiefe von 4—5 m ausdehnen.

Oft bildet der Geschiebemergel nicht direct mit seinen Verwitterungsbildungen die Oberfläche, sondern er wird von einer Decke sogenannten Geschiebesandes verhüllt. In den meisten Gebieten hat dieselbe keine sehr grosse Mächtigkeit, sondern schwankt zwischen $\frac{1}{2}$ und $2\frac{1}{2}$ m. In solchen Fällen ist auch dem Besitzer des Bodens der Lehmuntergrund oft nicht bekannt und man ist dann natürlich auf Bohrungen angewiesen. Man kann auf einen in geringer Tiefe unter dem Sande folgenden undurchlässigen Untergrund schliessen, wenn stark eingesenkte, mit Wasser oder Torf erfüllte Becken vorhanden sind, oder wenn auf dem steril aussehenden Boden Ackerbrombeeren wachsen.

Der Kalkgehalt des Geschiebemergels schwankt zwischen 5 und 15 Proc. und beträgt in der grossen Mehrzahl der Fälle 9 bis 12 Proc. Dieser verhältnissmässig geringe Kalkgehalt schliesst natürlich von vornherein alle irgendwie kostspieligen Methoden, namentlich also die Gewinnung unter grossem Abraume, vollkommen aus. Man kann rechnen, dass der Mergel dann gewinnbar ist, wenn seine Mächtigkeit mindestens doppelt so gross ist, wie der Abraum, wenn man also auf einen Kubikmeter Abraum 2 Kubikmeter Mergel gewinnen kann. Steigt der Kalkgehalt, was ausnahmsweise vorkommt, auf 15—20 Proc., so kann sich dies Verhältniss ein wenig verändern; Mergel mit weniger als 6 Proc. lohnen wohl nie die Gewinnung. Ein Mergel von 10 Proc. gestattet eine Verwendung bis auf einen Kilometer um die Gewinnungsstelle herum; wenn man weiter mergeln will, muss man entweder neue Mergelgruben anlegen, oder wo das ausgeschlossen ist, mit gemahlenem Kalke mergeln. Die gemachten Angaben sind natürlich abhängig von vielen Factoren, der Höhe der Löhne, der Beschaffenheit der Wege u. a. und müssen deshalb natürlich für die einzelnen Fälle geprüft werden.

Wenn keine Platten von Geschiebemergel vorkommen, oder wenn dieselben aus den oben angegebenen Gründen die Gewinnung nicht lohnen, so thut man gut, etwa vorhandene Thalgehänge in den Kreis der Untersuchung zu ziehen. In vielen Fällen hat man an denselben das Zutagetreten thoniger und demnach auch kalkhaltiger älterer Diluvialbildungen zu erwarten. Sind die Gehänge beackert, so sieht man oft schon von Weitem an der Farbe oder der üppigeren Vegetation die ausstreichenden Thon- oder Geschiebemergelbänke; bisweilen bilden sie in Folge ihres grösseren Widerstandes gegen die Abtragung deutlich sichtbare Stufen im Gehänge und verrathen sich dadurch. Schwieriger wird die Sache schon, wenn, wie es häufig der Fall ist, die Gehänge bewaldet sind. Im Kiefernwalde markirt sich das Ausstreichen von Mergelbänken gewöhnlich durch eine üppige Grasvegetation an Stelle des sonst herrschenden Moosteppiches. Im Laubwalde dagegen bleibt kaum etwas anderes übrig, als an einer Anzahl von Stellen das Gehänge systematisch von oben bis unten abzubohren und die Stellen, an denen thonige Bildungen getroffen wurden, genauer zu untersuchen. Uebrigens verräth sich an solchen Gehängen, die aus abwechselnden sandigen und thonigen Bildungen aufgebaut sind, die Grenze zwischen beiden sehr häufig durch das Auftreten von Quellen oder wenigstens von sumpfigen oder feuchten Stellen; die durch den Sand in die Tiefe wandernden Niederschläge sammeln sich auf der schwer durchlässigen thonigen Schicht an und treten, wo dieselbe zu Tage ausstreicht, natürlich ebenfalls wieder als Quellen zu Tage. Sie sind auch, die die üppige Vegetation erzeugen, unter der namentlich Tussilago Farfara und Petasites officinalis, beide an ihren grossen Blättern kenntlich, hervorzuheben wären. Oft sind solche Gehänge von Wasserrissen durchfurcht, in denen man, zumal nach starken Regengüssen, durch blosses Begehen einen Einblick in den gesammten Aufbau des Gehänges und in die Mächtigkeit der einzelnen daran betheiligten Bildungen gewinnen kann. Die Arbeiten für die Prüfung der Abbaufähigkeit der etwa gefundenen Lager decken sich natürlich mit denjenigen, die oben für den in Decken auftretenden Geschiebemergel angegeben wurden.

Für die Aufsuchung der diluvialen Süsswasserkalklager lassen sich kaum Regeln geben, da dieselben in den meisten Fällen von sandigen Massen in grosser Mächtigkeit bedeckt sind; doch achte man auf zweierlei: erstens treten diese hochgeschätzten Mergel in Becken auf, deren gewöhnlich eine kleine Anzahl auf verhältnissmässig engem Raum bei einander liegen. Wo also durch Zufall, wie es meist geschieht, einmal ein solches Kalkbecken gefunden ist, kann man in der Umgebung desselben noch mehr erwarten und mag dieselbe systematisch auf 4—5 m Tiefe untersuchen; und zweitens beachte man in solchen Fällen, dass solche unterirdische Becken sich gewöhnlich auch an der Ober-

17*

fläche noch durch eine schwache Mulde verrathen, die vielleicht durch nachträgliches Zusammensinken der Beckenausfüllung (Kalk und, oft mit ihm zusammen vorkommend, Torf und Diatomenenerde) entstanden ist.

In Mittel- und Süddeutschland, in Norddeutschland im Vorlande des Harzes und am Rande der niederschlesischen Gebirge, hat der Löss eine bedeutende Verbreitung[2]). Sein bis 25 Proc. betragender Kalkgehalt und die staubförmige Beschaffenheit der Mehrheit der ihn bildenden Körner, die im feuchten Zustande sein leichtes Zerfallen bewirken, machen ihn zu einem sehr brauchbaren Mergel. Seine Verbreitung erkennt man an dem dunklen, humusreichen Boden, den er bildet, an dem gänzlichen Fehlen von Steinen und an der äusserst charakteristischen Steilheit der Wände der in ihn eingeschnittenen Hohlwege und Wasserrisse. Seine Hauptverbreitung hat er in den höher gelegenen Theilen der Thäler und an ihren Flanken; doch bildet er auch vielfach ausgedehnte Platten gleich dem Geschiebemergel. Bei der Untersuchung des Lösses hat man genau wie beim Geschiebemergel auf das Verhältniss der Stärke der Verwitterungsrinde zu der des kalkhaltigen Gesteins zu achten, nur dass hier in Folge höheren Kalkgehaltes das Verhältniss etwas günstiger ist.

Völlig abweichend sind die Umstände, auf die man bei Aufsuchung der wegen ihres Kalkreichthums sehr wichtigen alluvialen Kalklager zu achten hat. Hier ist die Möglichkeit des Auftretens auf die Thäler und ihre Ränder sowie auf jetzige und ehemalige Seebecken beschränkt. An den Gehängen lagert der Kalktuff; ihn verrathen starke Quellen, die am Gehänge entspringen und oft zur Anlage von Fischteichen Veranlassung gegeben haben. Sehr häufig deckt ihn üppiger Laubwald, in welchem kalkanzeigende Orchideen und andere Pflanzen auftreten. Sehr zahlreich sind in solchem Walde die Schnecken, namentlich Helix lapicida, hortensis, nemoralis, fruticum, kleine Clausilien und Pupa-Arten. Wo man in quellenreichem Gehängewalde an Regen zahllose Schnecken an den glatten und schlanken Buchenstämmen sieht, da kann man auf Mergel rechnen. Der nicht als Kalktuff niedergeschlagene Kalk gelangt in Seebecken und wird in denselben in der S. 125 geschilderten Weise abgelagert. Die Untersuchung des Grundes mit dem Grundlothe in Seen, die Zuflüsse durch Bäche erhalten, wird Gewissheit geben, ob Wiesen-

kalklager auftreten. Gegebenenfalls können dieselben entweder durch Tieferlegung des Seespiegels oder durch Handbaggerung gewonnen worden. Ist durch natürliche Verhältnisse der Seespiegel schon früher einmal gesenkt worden, so finden sich die dadurch über die Wasserfläche gebrachten Kalklager in Gestalt einer horizontalen Terrasse am Ufer des Sees und etwaiger Inseln, wie z. B. an dem Niedersee in Pommern.

Weit häufiger als in heutigen Seen finden sich Wiesenkalklager in ehemaligen Seen, die durch Vertorfung in Moore verwandelt sind. Hier verräth nichts an der Oberfläche das Auftreten des Mergels in der Tiefe, und wenn nicht durch tiefe Entwässerungsgräben der Kalk angeschnitten ist, so bleibt nichts übrig als die Bohrung. Dieselbe geht übrigens sehr leicht von Statten. Ich bediene mich bei der Untersuchung grösserer Moore gewöhnlich einer eisernen, etwa daumendicken Stange von 4—5 m Länge, wie man sie bei jedem Dorfschmied vorfindet. Das untere Ende wird zugeschärft und in einer Länge von 2—3 dcm ausgekehlt. An das obere Ende kommt ein Handgriff. Zwei Männer vermögen in wenigen Sekunden diesen primitiven Bohrer 5 m tief in Moor und Kalk hineinzustossen, während erreichter Subanduntergrund sogleich sehr kräftigen Widerstand leistet. Mit diesem Bohrer kann man an einem Tage zahlreiche Moore oder grosse Moorflächen abbohren. Verdacht auf auftretende Wiesenkalklager kann man übrigens von vornherein haben, wenn in den Moorgräben sehr zahlreiche Wasserschnecken (Planorben, Paludinen und Limnaeen) auftreten, sodass der Boden ganz von ihnen bedeckt ist.

Bei der Berechnung der Menge des zur Verfügung stehenden Kalkmergels liefert die durch Abbohrung zu ermittelnde Mächtigkeit und die Fläche, die er einnimmt, den nöthigen Anhalt. Die letztere in Quadratmeter, multiplicirt mit der mittleren Mächtigkeit, ergiebt die Masse in Kubikmetern. Bei dem am Gehänge lagernden Kalktuffe darf man die Mächtigkeit nicht vertical ermitteln, sondern rechtwinklig zur Neigung, da man sonst eine zu hohe Zahl erhalten würde.

Der meist ganz oberflächlich lagernde kalkhaltige Humus oder Moormergel ist bei nicht ganz geringem, mindestens 10 Proc. betragendem Kalkgehalt ein vorzügliches Meliorationsmittel. Er tritt mit Vorliebe in flachen, weiten Niederungen auf und ist in seiner Verbreitung gewöhnlich sehr leicht an den tausenden und abertausenden von meist winzigen Schneckenschalen zu erkennen, die ihn ganz und gar erfüllen.

---

[2]) Vergl. d. Z. 1895, S. 34.

Sind die betreffenden Flächen Wiese, so achte man besonders auf die Maulwurfshaufen und prüfe sie auf Schneckengehalt. Bei Ackerkultur auf Moormergel zeigt jede aufgenommene Handvoll Erde den Conchylienreichthum des Bodens.

---

## Ueber Verschiebungen und Sprünge im Wurmrevier.

### Von

#### Franz Büttgenbach.

In dem Beitrage zur dynamischen und architectonischen Geologie „Die Verschiebungen des westfälischen Steinkohlengebirges" von Dr. L. Cremer (s. Referate d. Z. 1894 S. 262, 418, 465) ist in überzeugender Weise nachgewiesen, dass die Ueberschiebungen des westfälischen Steinkohlegebietes nicht aus den Faltungen resultirt sind, vielmehr vorhanden waren, bevor dynamische Kräfte die horizontal abgelagerten Schichten in Faltungen verschiedenster Art brachten.

Verfasser dieses versuchte (in No. 86 bis 87 des Essener Glückauf) den Nachweis, dass die durch Cremer für Westfalen aufgestellte Theorie im Wurmreviere ihre Bestätigung findet und wies darauf hin, dass die Gestaltung, in welcher sich die Verschiebungsebenen heute finden, das Resultat derselben dynamischen Wirkung sein musste, da diese Ebenen bei der Faltung der Gebirgsmassen eine ganz andere Lage hatten als die fast horizontalen Gebirgsschichten. — Derselbe versucht im Nachstehenden, gestützt auf seine bei diesen Studien angestellten Beobachtungen, nachzuweisen, dass alle in der Wurmmulde bekannt gewordenen zahlreichen Verschiebungen vor der Faltungsepoche dasein konnten, und erörtert, durch welche Ursachen sie in ihrer ersten Gestalt vielleicht hervorgebracht worden sind.

Es wird wohl nicht mehr bestritten, dass die ursprünglichen Ablagerungen in horizontalen Ebenen stattfanden, indem sie doch Wasserbildungen sind; es können höchstens die Becken, worin der Absatz stattfand, den Rändern einzelner Ablagerungen eine etwas aufgebogene Gestalt verliehen haben. Nimmt man ein Becken von der Ausdehnung der Wurmmulde an, so hat man eine Abbettung zahlreicher horizontaler Schichten von einer gesammten Mächtigkeit von ca. 1000 m mit einer Ausdehnung von ca. 1000 qkm vor sich. Dasselbe wird im S durch die Eifel und die Ardennen begrenzt und hing in der Gegend der oberen Maas und der Sambre mit dem belgischen und französischen Becken (Liége-Charleroi-Mons-Calais) durch Streifen zusammen. Im N stösst es an einen langgestreckten devonischen Pfeiler (Horst), welcher es, in der Richtung Worringen, M.-Gladbach bis zu den belgischen Campinen hinein, von dem niederrheinisch-westfälischen Becken trennt. Wahrscheinlich war die Ausdehnung eine weit grössere, als man heute überblicken kann[1]).

Diese ursprünglich sehr plastischen Massen mussten allmälig eintrocknen und zu einer gewissen Zeit eine Festigkeit haben, welche noch nicht die Starre der Felsmassen, wie wir sie heute sehen, zeigt. Bevor sie erstarrten, mussten sie nothwendiger Weise durch einen Zustand gehen, in welchem sie, bei einer grossen Zähigkeit, doch unter dem Einflusse gewaltsamer Kräfte bildsam blieben.

Während dieser ruhigen Periode mussten in Folge der Eintrocknung auch Einschrumpfungen eintreten; diese brachten Spannungen in der noch zähen, wenn auch schon ziemlich verhärteten Masse zu Wege, wodurch schliesslich Risse entstanden, wie man sie beobachtet, wenn grössere Mengen gleichmässig dick geschichteter Thonmassen langsam eintrocknen.

Im Gegensatz zu den horizontalen Gebirgsschichten mussten die Spalten eine mit der Verticalen annähernd Richtung annehmen. Das findet denn auch bei langsam trocknenden Thonmassen statt; man beobachtet dabei niemals horizontal liegende Risse, wohl aber mehrere vertical oder doch in ziemlich steilen Winkeln stehende Spalten. Da die Austrocknung wesentlich durch die infolge der Auflagerung neuer Schichten von unten aufsteigende Erdwärme stattfand, ist es erklärlich, weshalb manche Risse nicht gleichmässig durchsetzen, sich vielmehr in verschiedenen Einfallwinkeln gestaltet mussten, bevor sie in späterer Zeit gefalten und aus ihrer ersten Lage geschoben wurden. Nimmt man den Vorgang der sedimentären Ablagerungen und die langsame Eintrocknung bis zur völligen Erstarrung an, so wird es begreiflich, dass die Sprünge, welche durch das Auseinanderreissen der vorher zusammenhängenden Massen entstanden, nicht von der obersten bis zur untersten Schicht dieselbe Richtung einhielten.

Die unteren Schichten waren, sowohl durch das höhere Alter, als durch den grösseren auf ihnen lastenden Druck der sie

---

[1]) Siehe „Ein neues Steinkohlengebiet", Berg- und Hüttenm. Ztg. 1894 No. 42, auch d. Z. 1894 S. 28.

überlagernden Massen, weiter in der Erstarrung vorgerückt. So musste ein durch Einschrumpfung entstehender Riss schon durch die Verschiedenheit der Cohäsion der Massen ungleiche Richtungen im Streichen und Einfallen annehmen. Hierdurch erklärt sich die Verschiedenheit der Einfallwinkel derselben Verschiebung, da wo sie durch die später eingetretene Faltungswirkung nicht erklärlich ist. Die Verschiedenheit in der streichenden Richtung dürfte auch auf die ungleiche Eintrocknung und Einschrumpfung auf grossen Horizontalflächen zurückgeführt werden. Schrumpft in einer Gegend die Masse rascher als in der anderen, so werden sich leicht verschiedene, parallel laufende oder doch erst auf längere Strecken sich schneidende Spalten bilden.

Die Ungleichheit der Einschrumpfung erklärt vielleicht sich durch die Verschiedenheit der Bodenwärme, welche in diesen geologischen Perioden doch prägnanter sein musste als heute.

oder dass die Scholle im Hangenden des Spaltes sich gehoben hat. — Der Ausdruck Scholle scheint sehr geeignet für die Gebirgsmasse zwischen zwei Spalten.

Alle Erscheinungen im Wurmbecken deuten auf eine Hebung der hangenden Erdscholle. Man findet nämlich, dass in allen Fällen, wo die Querschnitte eine endliche Schaarung der Verwerfungsflächen in gewisser Teufe anzeigen, dieim Hangenden der Verschiebungen abgelagerten Schichten ganz erheblich (bis zu 200 m) höher liegen, und dass dann oft die ganzen hangenden Theile (der Kopf) der Scholle fehlen. Da sie jedoch ursprünglich vorhanden waren, haben sie mitgehoben werden müssen und sind sehr erheblich über das damalige Tagesniveau gekommen. Die emporragenden Partien sind durch den Einfluss der Atmosphäre zerstört und durch das alles nivellirende Wasser weggeschwemmt worden.

Man betrachte nur das in Fig. 30 wiedergegebene Profil Prick-Voccart und man wird

**Fig. 30.**

Durch die Ursache, welche den Riss hervorgebracht hat, ist die Unterbrechung im Zusammenhang der Schichten erklärlich. Es sind nun die Bedingungen für das Auseinanderschieben der Spaltflächen zu finden, wodurch die entstandenen Risse erst zu Ver- oder Ueberschiebungen werden. Die früher in derselben Höhe und Richtung durchsetzenden Schichtungen sind so auseinander geschoben, dass sie sowohl in verticaler als streichender Richtung sich um viele, bis zu hundert Meter steigende Entfernungen getrennt haben, wobei jedoch die Flächen der Spaltebenen im Contacte blieben.

Die Verschiebung in der Höhenlage kann nur durch Heben oder Senken des einen durch einen Spalt begrenzten Theiles gegenüber dem anderen, in seiner Lage beharrenden, resp. mehr oder weniger sich verschiebenden Nachbartheile stattfinden.

Bei den Verschiebungen ist Regel, dass die Gebirgsschichten sich im Liegenden des Verwerfers tiefer als im Hangenden finden. Hieraus müsste der Schluss folgen, dass die an der liegenden Seite sich befindende Scholle der Erdmassen gesunken ist,

beobachten, dass die Partie, worin rechts vom Schachte Voccart das gebogene Flötz Merl liegt, an der Oberfläche um ca. 10 m höher vorhanden ist als im Stücke zwischen 5 und 7. Wäre die im Liegenden der Verschiebung 5 vorhandene Partie gesunken, so müssten in dem über Merl liegenden Theil die hangenden Flötze, wie sie in der Abtheilung links vom Schachte Voccart vorkommen, liegen. Die Hebung der Partie im Hangenden der Verschiebung 5 brachte jedoch die Scholle empor und damit die über Merl befindlichen Flötze, welche später durch Oberflächeneinflüsse abgetragen wurden.

Alle Profile der Mulde zeigen solche Erscheinungen, wenn auch vor der Ueberdeckung die Oberfläche nivellirt worden ist. In den im Liegenden der Rutschebenen befindlichen oberen Schollen finden sich in den höher liegenden Theilen stets die oberen Flötze erhalten, während sie in den oberen Theilen der Schollen im Hangenden der Rutschebenen sehr oft fehlen.

Wären die im Hangenden befindlichen Schollen gesunken, so hätten die dadurch entstandenen Vertiefungen grosse Ungleichheiten an der Oberfläche des unbedeckten Carbons hervorbringen müssen und sich mit anderem Material gefüllt. Die hervortretende einzelne Hebung konnte leicht zerstört und weggeführt werden, bis sich ihre neue Oberfläche dem Massiv wieder anschloss.

Die Faltungen konnten nur durch einen Seitenschub hervorgebracht werden. Dass der Seitenschub die flachliegenden Schichten in ganz anderer Weise beeinflussen muss als die steilstehenden Spaltebenen, ist schon in No. 87 des Essener Glückauf hervorgehoben und durch die Beschreibung eines leicht anzustellenden Versuches mit einem Buchschnitt klargelegt worden.

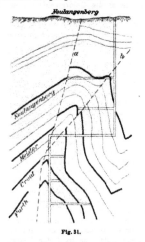

Neulangenberg

Fig. 31.

Als die Zeit der Faltungen eintrat, hatten die Massen den grössten Theil ihrer Plasticität eingebüsst. Die Annahme, sie wären schon steinig geworden und könnten sich nur unter einem riesigen Druck von mehreren tausend Metern Belastung ohne Riss biegen, scheitert an dem Umstand, dass sie sowohl in den oberen Gebieten, die noch nicht belastet waren, sich gerade so bogen, wie in den schwer belasteten. Eine gewisse Bildsamkeit muss also doch noch vorhanden gewesen sein.

Ein treffliches Bild, wie dieser Schub sowohl auf flache Gebirgsschichten als auf Verschiebungsebenen mit verschiedenen Ergebnissen wirkte, zeigt das Profil von Neulangenberg, Fig. 31. Der Seitenschub, welcher die flachgelegenen Schichten so stark umbog, musste auch die Gebirgs-

theile, welche die zwei Verschiebungsebenen $a$ und $b$ enthielten, näher aneinander rücken. Ihre ursprüngliche Stellung construirt sich, wenn man die darin umgebogenen Schichten flach zieht und horizontal legt; $a$ stand fast senkrecht, $b$ wurde aus seiner senkrechten Stellung durch die aus einem Seitendruck resultirende Hebung auf $a$ zugeschoben. Die dazwischen liegenden Schichten mussten „Sättel“ bilden, am spitzesten in der unteren, flacher in der oberen Partie. Die Difformation der Schichten wurde stark, wogegen die Verschiebungsebenen nur unmerklich modificirt werden konnten, aber doch ihre Stellung veränderten.

Dieses Beispiel scheint sehr dazu angethan, die Cremer'sche Theorie zu unterstützen. Wo bleibt dabei die extreme Auswalzung und die letzte Potenz der Faltungen mit resultirender Verschiebungsfläche? Diese Erklärung der Genesis der Verschiebungen bestätigt nur „ihr Vorhandensein“ vor der Faltungszeit!

Es wäre nun noch ein Grund für die zum Gebirgsstreichen annähernd parallele Richtung der Risse zu suchen.

Da die Spalten vorhanden waren, bevor die Faltungen des Gebirges eintrafen, kann ihre Richtung nicht in Zusammenhang mit den Faltungen gebracht werden. Die parallele (?) Richtung zu dem Gebirgsstreichen kann daher nur eine zufällige sein, da von einem Schichtenstreichen keine Rede sein kann, so lange sie nicht aus ihrer Horizontalablagerung gebracht sind. Nur durch die Bildung von Sattel- und Muldenlinien kann die Vorstellung einer Richtung im Streichen Fuss fassen. Zudem stellt sich auch bei näherer Untersuchung heraus, dass die Richtung sich nicht durchaus den Mulden- und Sattellinien anschliesst, dass vielmehr die Risse an vielen Stellen ungehindert durch Sattel- und Muldenflügel brechen, so dass die Idee eines Connexes mit dieser zufälligen Richtung wohl aufgegeben werden muss.

Weshalb die Streichungslinien der Verschiebungen unter sich annähernd parallel laufen, ist in diesem Aufsatze schon erklärt worden.

Für das Wurmrevier kam der faltenbildende Seitenschub von S her und traf die ziemlich vertical stehenden, von NW nach SO streichenden Risse auf der Breitseite, daher konnten sie nur wenig modificirt werden. Die Falten bildeten sich, und zwar in auffallend starker Weise, quer zur Schubrichtung, d. h. sie gaben den Gebirgsschichten ein Streichen von O nach W. — Auch das widerspricht der Entstehung der Verschiebungsebenen durch die höchste Potenz der Faltung!

Die Erscheinungen in dem Lütticher Becken haben so grosse Aehnlichkeit mit denen der Wurmmulde, dass für diesen westlich gelegenen Theil des grossen Steinkohlenthales Wurm-Maas wohl dasselbe gesagt werden kann. Auch ist die Erscheinung, dass alle Verschiebungsebenen ein S- resp. SO-Einfallen zeigen, durch den von S herkommenden Seitendruck erklärlich, und zwar so: die oben aufgestellte Genesis der Risse bedingt deren verticale oder doch sehr steile ursprüngliche Stellung. In diesem Stadium entstanden die langsamen Hebungen (also Verschiebungen). Der von S kommende Druck, welcher Sättel und Mulden bildete, traf diese steilen Risse flach auf der S-Seite. Die zwischen denselben (in den einzelnen Schollen) abgelagerten horizontalen Schichten wurden gefaltet, und zwar quer zur Richtung des Schubes. Der Schub konnte die Spaltebenen nicht falten, verdrängte sie aber aus ihrer steilen Stellung und gab ihnen sämmtlich ein mehr oder weniger starkes, südliches Einfallen.

Betrachtet man das Generalprofil der Wurmmulde (Fig. 30), so wird man unwillkürlich zu dieser Anschauung gedrängt; dabei ist der Theil des Profiles zwischen Voccart und Prick besonders überzeugend. Auf diese Weise erklärt sich auch das gleichmässige Einfallen aller Verschiebungsebenen in der Richtung S oder SO und ist das eine weitere Bestätigung der Cremer'schen Theorie.

Es blieben nun noch einige Betrachtungen über die „Sprungverwerfungen" anzustellen.

Die im Wurmrevier vorkommenden Sprungklüfte („Bisse") sind ganz bedeutend, in ihren Dimensionen wie in den damit verbundenen Einflüssen auf das Gestein, durch welches sie gehen.

Der bedeutende Sprung „grosser Feldbiss" theilt die südliche Partie der Wurmmulde in zwei Theile, eine östliche und eine westliche. Der letztere, zwischen Würselen, Bardenberg, Kirchrath gelegen, war in dieser Ausdehnung schon vor Jahrhunderten bekannt, und in seinen nördlichsten Theilen ist schon vor 700 Jahren Steinkohlenbergbau (der erste in Europa) getrieben worden. Erst in den 40er Jahren unseres Säculums ging man zum Bergbau an der Ostseite des grossen Sprunges über. — Die mächtige Kluft hat östliches Einfallen mit durchweg 75°, ihre Richtung steht fast rechtwinklig zu dem allgemeinen Gebirgsstreichen. Ihre Mächtigkeit wechselt zwischen 20 und 80 m. Der Sprung ist bekannt von der südlichen Grenze der Mulde (Würselen) bis über die Klosterrather Abtei (nordwestlich von Herzogenrath) hinaus, wo man eine stark westliche Umbiegung vermuthet. Gegen S setzt sie durch den Aachener Devon-Sattel und tritt in der Eschweiler Mulde als „Münstergewand" auf. Ihre ganze bekannte Länge beträgt 20 km, wenn man den südlichen Endpunkt bei Mausbach an der Inde verlegt, wo sie sich in den Erzgängen der Grube „Breinigerberg" im devonischen Kalke zerklüftet. Sie streicht ca. 4 km weit durch verschiedene devonische Schichten.

Dieser Riss ist also ein gewaltiger gewesen und hat auch erhebliche Folgen gehabt, da er die Gebirgsschichten um 250 bis 430 m in die Teufe verwirft.

Da die Kluft an mehreren Stellen in Teufen von 210 bis 450 m durchfahren ist, kennt man ihre Ausfüllung bis zu diesen Tiefen. Sie besteht aus Breccien des Nebengesteines (des Carbons), gemischt mit tertiären Thonen und Sand, sowie aus Diluvialgerölle aller Art. Hieraus muss geschlossen werden, dass diese Kluft in weit späterer Zeit entstanden ist als die Verschiebungsrisse. Wäre der Spalt kurz vor oder während der Tertiärzeit entstanden, so würde er sich ganz mit tertiären Gebilden gefüllt haben. Da aber bei den grossen Teufen zwischen Breccien tertiärer Bildung auch viele Diluvialgerölle sich vorfinden, so kann wohl mit Sicherheit angenommen werden, dass die Kluft, „der grosse Feldbiss", während der Diluvialzeit entstanden ist.

Weisen alle Erscheinungen darauf hin, dass bei Entstehung der Verschiebungsrisse der Massen noch eine gewisse Plasticität hatten, so zeigt die Beschaffenheit des Sprunges, dass er im festen Gestein und mehr oder weniger ruckweise, in Folge eines starken Absinkens der östlichen Partie, stattfand.

Die Absenkung musste auf die Dauer einen Bruch bringen, in der Gestalt einer Kluft, die sich wahrscheinlich in grosser Teufe wieder schliesst; der Bruch konnte ein plötzlicher sein und wird ein starkes Erdbeben hervorgerufen haben.

Die Senkungen waren nicht überall gleich stark, am intensivsten gleich hinter dem Biss und in seiner nördlichsten Partie, wo sie auf mehr als 420 m Teufe bekannt ist.

Dass solche Senkungen in grossem Maassstabe in der Tertiär- und Diluvialzeit stattgefunden haben, ja noch heute stattfinden, beweisen die Kesselbrüche, welche den grossen Theil des Mittelmeeres in der Pliocänzeit bildeten, die ferner das Japanische,

Ochotskische, Bering- und Caraibische Meer gebildet haben. Diese Kesselabrutschungen weisen tausende Meter Tiefe auf. Eine langgestreckte, von zwei Sprüngen oder Sprungsystemen eingeschlossene Grabensenkung zeigt das Rheinthal zwischen Schwarzwald und Vogesen, das Rothe Meer, der Tanganjika See.

Auch die andern Sprünge laufen alle nahezu parallel; weshalb gerade rechtwinkelig gegen das Gebirgsstreichen, ist bis jetzt nicht aufgeklärt. Sie haben im Gegensatze zu den „Verschiebungsspalten" nicht alle dieselbe Einfallrichtung, daher sie sich in gewisser Teufe scharen müssen.

Ist die Periode der Entstehung der Verschiebungsrisse seit der Verfestigung oder Erstarrung der Carbonbildung abgeschlossen, so steht dagegen nichts der Annahme im Wege, dass Sprünge noch immer plötzlich entstehen können. Die in der Gegend von Herzogenrath periodisch auftretenden starken Erderschütterungen dürfen auf solche Erscheinungen zurückgeführt werden. Sie äussern sich am heftigsten in Gegend und Richtung der Spalten[2]). Wo das feste Carbongebirge hoch mit tertiären Schichten überlagert ist, werden die unterirdischen Vorgänge nur fühlbare Wirkungen in Erdbebenerscheinungen hervorbringen, nicht aber leicht sichtbare Spuren hinterlassen. Doch ist constatirt, dass i. J. 1876 im Grubenfelde Maria bei Höngen ein Riss bis 300 m Länge entstand, auf dessen südlicher Seite die Oberfläche sich um zwei Fuss tief im hoch aufgelagerten Diluvium absenkte.

---

## Referate.

**Das Erdbeben in San Juan, Argentinien.** (G. Bodenbender. Deutsche La Plata Zeitung, Buenos Aires, vom 22. Dezember 1894.) Das Hauptschichtensystem des Gebietes von San Juan in Argentinien, wo am 27. Oktober vorigen Jahres ein heftiges Erdbeben eine ganze Reihe von Ortschaften zerstörte, ist das silurische, aus Kalken, Schiefern und Sandsteinen bestehend. Ueber ihm lagert zumeist die Tertiär- und Pampaformation, aus Thongesteinen und Sandsteinen zusammengesetzt. Das silurische System ist in der grossartigsten Weise durch seitlichen Druck, der von der aufsteigenden Cordillere ausging, gefaltet und gleichzeitig oder später, als nothwendige Folge der Faltenbildung, zerrissen worden. Es bildeten sich mächtige Spalten, meist mit nordsüdlicher Richtung, und bedeutende Zonen sanken. Diese Depressionen wurden später wieder mit Steinmaterial, das die Gewässer brachten, ausgefüllt. Am Rande der Cordillere bestand in der Tertiär- und Pampazeit ein mächtiges Seengebiet, gespeist von ausgedehnten Gletschern. Die Gletscher und die Seen schwanden, und wieder bildeten sich Spalten, wieder wurden die zuletzt abgelagerten Schichten dislocirt und hoch stieg die Cordillere empor.

Derselbe Vorgang im Kleinen, dessen Folgen in der Architektur der Erdkruste noch nicht ganz übersehen werden kann, spielte sich in dem vorjährigen Erdbeben ab; in den alten und jugendlichen Depressionen (z. Th. Thäler), an den Stellen der Spalten, auf den Linien schwächster Resistenz der Erde, auf denen sich irgend eine der vielen supponirten Erdbebenursachen immer in derselben Weise manifestiren muss, hat es am meisten gebaust. Die Effecte wurden hier gesteigert durch die Natur der Schichten, die aus wenig festem, beweglichen Material bestehen, und durch die Gewässer in der Tiefe. Natürlich spielte die schlechte Bauart der Häuser hier auch eine bedeutende Rolle.

In Trümmern liegen vollständig Iglesia und Rodeo in einer der genannten Depressionen am Fusse der Cordillere. Nach O, getrennt durch das Gebirge von Jachal, Talacastra u. s. w., folgt eine zweite Depressionszone (Spaltenzone) mit Jachal, Tucunuco und San Juan. Oestlich dieser Zone folgt wieder ein nordsüdlich streichen-

---

[2]) In den Annalen der alten Abtei Klosterrath (Rolduc), welche mit aussergewöhnlicher Sorgfalt von 1104 bis 1798 geführt worden sind und auch (anno 1113) die ersten Nachrichten über Steinkohlenbergbau in Europa enthalten, ist aus verschiedenen Zeiten über Erdbeben, welche sich an den Klostergebäuden sehr bemerkbar gemacht haben, berichtet. So erzählt der Chronist von einem 1692 aufgetretenen Ereignisse: „Decima octava Septembris fuit vehentissimus torrae motus, qui pluribus in locis castella domus subversae fontes excaruerunt, prata in paludes versa sunt. Ecclesia Monasterii, tam valide, concussa fuit, ut fastiguum frontis piccii deciderit et fornices centenas fissuras reciperint." Der Feldbiss streicht dicht an den Klosterbauten, welche im Liegenden des Spaltes errichtet sind, vorbei. Näheres über die bei Herzogenrath resp. Klosterrath aufgetretenen Erdbeben der letzten Decennien findet man in Wagner s Beschreibung des Bergreviers Aachen, 1881, S. 61.

der Gebirgsrücken „El Billicun", an dessen östlichem Fusse der kleine Ort Moquina vollständig zerstört ist. So geht es weiter nach dem Osten in der Provinz Rioja.

Der von Dr. Bodenbender an die Universität in Cordoba erstattete Bericht kommt zu folgenden Resultaten:

1. Das Erdbeben hat sich am meisten in jenen Zonen fühlbar gemacht, welche in neuerer Zeit Verschiebungen (meist in der Richtung von N nach S) erlitten hatten und die heute Bodensenkungen (theilweise Thäler) aufweisen.

2. Diese Bodensenkungen bilden eine neue Formation und sind aus sandigem Thon und Thonschiefer und Alluvium zusammengesetzt, welches meist aus poröser vegetabilischer Thonerde, Gerölle und Sand besteht.

3. Innerhalb dieser Bodensenkungen wirkte das Erdbeben am stärksten in den niedrigst gelegenen Punkten, welche aus weicher Erde gebildet sind und wo sich das Grundwasser in geringerer Tiefe vorfindet; auf höheren Punkten, welche festen Untergrund haben (z. B. Tosca oder Gerölle), war die Wirkung eine geringere.

4. Einen bedeutenden Einfluss auf die Wirkungen des Erdbebens hat das Grundwasser ausgeübt, dessen Bewegung, hervorgerufen durch die Erdstösse, ein grosser Theil der Verwüstungen zugeschrieben werden muss.

5. Die Wellenbewegung ging von O aus, wahrscheinlich von NO, was erst festgestellt werden muss.

6. Die Dauer des Bebens war ca. 2 Minuten.

7. Die Bestimmung der Zeit des Anfanges des Bebens in den verschiedenen Punkten der Republik ist unmöglich, weil genaue Beobachtungen fehlen. Für San Juan kann man 4 Uhr 36 Minuten 30 Sec. Cordoba-Zeit annehmen.

8. Dem Erdbeben ging aus der Richtung der Cordilleren (W oder NW) kommendes Krachen wie von Kanonenschüssen voraus. Dasselbe war um so stärker, je näher der Beobachtungspunkt den Cordilleren lag (Valle de Iglesia), doch giebt es auch hier Ausnahmen.

9. Das Beben begann schwach und gewann dann immer mehr Kraft; nachdem die schwingende Bewegung vorüber war, äusserte sich die Erscheinung in heftigen Stössen, um dann nach und nach abzunehmen und abermals mit schwingender Bewegung zu schliessen. Die Stösse wurden im genannten Thale „Valle de Iglesia" am stärksten verspürt.

10. Die Bewegung war horizontal und vertical.

11. Die in grossen Tiefen entstehende wellenförmige Bewegung nimmt in festem und felsigem Boden eine grössere Schnelligkeit an, als in weicher Erde; dies ist durch die Erfahrung constatirt. Deshalb musste die Wellenbewegung in den Cordilleren und deren Ausläufern früher angekommen sein als in den oberen, aus weichem Erdreiche bestehenden Schichten. Die Erdwellen erlitten in den Cordilleren eine theilweise Quetschung und einen Rückstoss, die im Hauptstocke dieses Gebirges am stärksten gewesen sein müssen.

12 Aus dem im vorigen Punkte (11) Aus-

einandergesetzten erklärt es sich, warum das dem Beben vorausgegangene Rollen und Krachen als von den Cordilleren herkommend gehört wurde, und weshalb auch die Wellenbewegung scheinbar von W (oder NW) zu kommen schien.

13. Aus den gleichen Erwägungen lassen sich auch die verticalen Stösse als ein Product der beiden einander entgegenwirkenden Bewegungen erklären, wenn dieselben nicht die Folge eines localen unterirdischen Einsturzes waren.

14. Was das Austreten von Wasser und das Entstehen von Sprüngen im Boden betrifft, so glaube ich, dass neben der Bewegung des Wassers noch ein anderer Hauptfactor der unterirdischen Bewegung in Betracht kommen muss, nämlich die Luft. Das Wasser hat in seiner plötzlichen und heftigen Bewegung auf seinem Wege viel Luft eingeschlossen, in Folge dessen die Wassermassen eine bedeutende Spannung erhielten. Die Luft suchte und fand Auswege dort, wo am wenigsten Widerstand zu überwinden war, nämlich möglichst nahe an der Erdoberfläche, d. h. in den tiefsten Stellen der Bodensenkungen. Die Mitwirkung der Luft zeigte sich am deutlichsten in der Bildung jener Schlammkegel, von welcher im Berichte die Rede ist. — Das Aufsteigen des Wassers steht auch in Beziehung zu den vorgekommenen Bodeneinsenkungen, besonders nahe an Bächen. Die verschiedenen Schichten von unterirdischen Gewässern, welche sich in verschiedenen Tiefen in den Bodensenkungen befinden, mussten auch auf das Naturereigniss von Einfluss sein. Einen theoretischen Grund für die Ausbrüche von Wasser könnte man vielleicht auch in der zweifachen, entgegengesetzten Bewegung der unterirdischen Wassermassen finden.

15. Die Bodensenkungen haben im Allgemeinen die Richtung von N nach S; die Sprünge des Erdreiches hätten sich unter dem Einflusse des aufsteigenden Wassers (Punkt 14) ebenfalls in dieser Richtung bilden müssen, vorausgesetzt dass 1. die Bewegung, genau von O nach W gehend, senkrecht auf die Bodensenkungen gewirkt hätte, 2. wenn die Senkung ein gleichmässiges Terrain hat und 3. wenn im Relief der Senkung sich keine Unregelmässigkeiten vorfinden, weder über (Bäche und Hügel) noch unter der Oberfläche. — Die Erdsprünge können daher keine Regel in der Beurtheilung des Phänomens bilden, da obige Bedingungen nicht immer vorhanden sind. Die Richtung, welche die Erdsprünge nahmen, hängt in erster Linie vom Relief des Bodens ab, dann vom Laufe der Bäche und Flüsse, deren Gefälle und Wasserreservoirs u. s. w. Das zeigte sich überall, denn die Sprünge liefen meist parallel mit diesen zufälligen Gestaltungen des Bodens.

16. Die Vermehrung der Wasserergiebigkeit einiger Quellen und die Verminderung derselben bei anderen kommt wahrscheinlich daher, dass Erdspalten geöffnet resp. geschlossen wurden.

17. In der ganzen Provinz San Juan gab es keine Anzeichen von vulcanischer Thätigkeit. Der „Rauch", den die Leute an vielen Orten gesehen haben wollen, war nichts weiter, als Staubwolken, verursacht von abstürzenden Felsstücken.

18. Nach meinen Beobachtungen hat das Erdbeben seinen Erklärungsgrund in einer Bewe-

gung der festen Erdrinde, welche ihrerseits durch
tektonische Vorgänge hervorgerufen wurde.
Dies war in kleinem Maassstabe eine Wiederholung
jener Vorgänge in einer fernen Epoche, welche
dem der gegenwärtigen Epoche vorherging und in
welcher sich die gegenwärtige Oberfläche des
Landes gebildet hat. — Bis hierher stehen wir
auf festem wissenschaftlichen Boden: es kann nicht
meine Aufgabe sein, mich auf das Gebiet der
Hypothese und der verschiedenen Theorien zu be-
geben, welche über derartige Ereignisse aufgestellt
werden.

19. Was den materiellen Schaden anbelangt,
so kann ich mir darüber kein exactes Urtheil bilden, da dies Sache der Bauverständigen ist; wenn
ich jedoch den Schaden auf mindestens 5 Millionen
Pesos angebe, so irre ich mich nicht.

San Juan, 12. Dezember 1894.

### Silbergrube Greenside, Cumberland.

(W. H. Borlase: History and description of
the Greenside silver lead mine, Patterdale.
Transact. North of Engl. Inst. Min. a. Mech.
Engin. 43, 1894, S. 439 — 443.) Die
Grubenbaue liegen auf den Gehängen eines
Berges aus der Helvellyn Gruppe, in
Mitte von Syenit, Melaphyr und feldspathreichen Tuffen. Bis 1869 hat man nur den
oberen Greensidegang und den tieferen mit
ersterem parallel streichenden Lucy Tongue
Gang durch Förderstollen gelöst und von
diesen aus die Zeugstrecken getrieben. Die
drei Stollen waren in 600 m, 480 m, 330 m
Seehöhe angeschlagen, zwischen den beiden
letzteren ein Verbindungsschacht niedergebracht und das ganze Zwischenmittel ausgerichtet. Man erbeutete drei Erzsäulen,
von denen die nördliche bis zur Teufe ergiebig war und selbst mit der Teufe im
Gehalte zunahm. Daher wurden unter dem
Lucy Tongue Horizonte neue Strecken in
Distanzen von je 36 m angeschlagen, so dass
jetzt im dritten Tiefbauhorizonte bei 208 m
Seehöhe gearbeitet wird. Um nun hier aus
das Wasser auf das Gerinne des Lucy Tongue Stollns (330 m Seehöhe) zu heben, ge-
nügte nicht mehr die vorhandene Cameron-
Pumpe, welche durch comprimirte Luft, die
1,5 km weit zugeleitet wurde, angetrieben
ward. Die Gewerkschaft entschied sich deshalb zur Umwandlung der Betriebseinrich-
tungen unter Benutzung der Elektricität
als Motor. So war es möglich, die verfügbare Kraft des Wassers billig auf die Höhe
des Berges zu leiten.

Diese Anlage wurde von dem montanistischen
Betriebspersonale selbst installirt und functionirt
tadellos. An den Abhängen des Helvellyn liegen
die zwei Bergseen, östlich Red Tarn, nordöstlich
Keppelcove Tarn. Die abfliessenden Gewässer beider
vereinigen sich am Fusse des Hügels Catchede-
cam. In dessen Nähe ward nun die elektrische

Station angelegt. Das Wasser wird in 525 m
Seehöhe gefasst, 2 km weit durch offene Holz-
gerinne zum Hauptreservoir und von da durch
eine eiserne Röhre von 36 cm Durchmesser zur
Station geleitet, wo es mit einer Fallhöhe von 120 m
ankommt. Eine Turbine von 100 Pferdekräften
treibt hier die Dynamomaschine. Der erzeugte
elektrische Strom wird durch Kupferdrähte zur
Grube geleitet, in welche sie beim Horizonte 480 m
eintreten. Innerhalb dieser Zeugstrecke ist ein
elektrischer Motor von 9 HP aufgestellt, der zur
Förderung der beim Abteufen fallenden Berge
dient, noch weiter nach innen zu ist ein zweiter
gleicher Motor installirt, der das ganze Gruben-
wasser auf das Gerinne des Lucy Tongue Stollns
hebt. Ferner ist in derselben Strecke noch ein
Transformator aufgestellt, der den Strom von
500 Volt auf die Spannung 250 Volt bringt. Dieser
Strom nun wird in die tiefste Strecke geleitet und
treibt dort eine elektrische Eisenbahn-Locomotive
mit 12 Wagen und 18 t Belastung, welche die
Erze ausfördern. Schliesslich werden noch alle
Arbeiterräume über und unter der Erde durch
Bogenlampen erleuchtet. Die jährlichen Kosten
dieser elektrischen Anlage sind sehr gering, etwa
500 M., dafür erspart aber die Regie 6 Pferde
für die Förderung der Hunde.

Durch diese Neuerungen hofft man das
Bergwerk Greenside, welches eines der ältesten in England ist, ertragfähig zu gestalten,
so dass es trotz des Preissturzes des Silbers
nicht zum Erliegen komme. Früher hatte
man auch die Erze mittelst Tragthieren zur
Hütte nach Keswig transportirt, während
die Gesellschaft jetzt neben der Grube eine
Hütte gebaut hat und das Schmelzen und
Pattinsoniren selbst vornimmt, sowie auch
den Verkauf der Blei- und Silberbarren.

Das ganze Erzvorkommen zeigt eine
gewisse Aehnlichkeit mit dem von Přibram
oder Andreasberg, indem die Gänge im S
und im N von tauben Klüften durchschnitten
und verworfen werden. Die südlich liegenden Baue sind durch eine rechtwinklig
kreuzende Lettenkluft — Crossback genannt
— vollständig gestört. Obgleich die Kluft
viel schmäler ist als der mächtige Greensidegang, verwirft sie denselben doch vollständig, zerschlägt ihn in Trümer, so dass er
an ihr abbricht. Das Nordfeld der Grube
hat ebenfalls ein Gangkreuz, welches von
W Grünstein mitbringt. Aber hier wird der
Gang nur um 20 m verworfen, dann nimmt
er wieder sein normales Fallen und Streichen
an, öffnet sich auf 5 m Mächtigkeit und ist
reich an Erz. Der Gang bringt häufig flint-
ähnlichen Feldspath, der als Klingstein,
Phonolith, bezeichnet wird. In diesem
harten massiven, Feldspath ähnlichen Gestein
findet man häufig die erzreichsten Partien,
silberhaltenden Bleiglanz mit eingesprengter
Blende, begleitet von Quarz, Calcit und
Baryt. Wenn Baryt vorherrscht, verbreitert

18*

sich meist der Gang und wirft oft 5 t Erz auf 1 m der laufenden Streckenlänge. Im weichen zersetzten Gestein vertaubt aber der Gang und führt nebst Letten nur splittrigen Quarz mit etwas Kies. Also liefert Greenside ein neues Beispiel, dass Erzgänge mit dem Charakter des umgebenden Gesteins ihren Gehalt ändern.

S. A.

**Asbest in Brasilien.** (Fr. de Paula Oliveira. Revista Industrial de Minas Geraës, Brasilien. I, 1893, S. 18.) Nach einer allgemeinen Erläuterung der chemischen Zusammensetzung, der physikalischen Eigenschaften und der Verwendbarkeit des Asbest bespricht Verf. kurz die bisher leider zu wenig studirten Asbestlager Brasiliens, von denen besonders zwei grössere Lager nennenswerth sind, das von Taquaral, nahe der Stadt Ouro preto, und das von Caëthé (Retiro), beide im Staate Minas Geraës. Das Vorkommen von Asbest in diesem Staate war schon v. Eschwege (1883) bekannt und nennt dieser um die Geologie Brasiliens hochverdiente Forscher als Fundorte: Morro Queimado, Timbopéba und Sabará.

Das Asbestvorkommen von Taquaral, obwohl nur 4 km von der Ouro preto-Eisenbahn entfernt, verdient weniger Beachtung, da das Material kurzfaserig, durch Eisenhydroxyd stark ockergelb gefärbt und, durch Kieselsäure cementirt, wenig flexibel[1]) ist. — Bei Weitem besser, vollkommen rein weiss, mit seidenartigem Glanze und langfaserig ist der Asbest von Caëthé, von wo bisher schon ca. 15 t nach Europa exportirt wurden. Das Lager ist 4 m mächtig, jedoch nur in einer Länge von 80 m verfolgbar; das Muttergestein bei beiden Fundorten sind krystallinische Schiefergesteine. Weitere bekannte Fundorte von Asbest in Brasilien sind: Serra do Caraça im Staate Minas Geraës; Serra de Saõ Joaõ und Cabeceiras (villa de Patos) im Staate Parahyba; Seridó und Villa de Lavras, Staat Ceará, und das vor Kurzem durch A. Fort erforschte Vorkommen nahe der Hauptstadt Bahia, an der Eisenbahnlinie Nazareth-Amargosa gelegen.

E. Hussak.

---

[1]) Nach J. T. Donald („Notes on asbestus and some associated minerals." The Canadian Record of Science. IV. 1890—91. S. 100—104) soll die verschiedene Biegsamkeit des canadischen Asbest durch den Wasser-Gehalt bedingt werden; die weichen Partien enthalten 14,05 Proc. Wasser, die harten und spröden nur 12,62. — Näheres über die canadische Asbestindustrie, besonders über diejenige der Firma Louis Wertheim in Frankfurt a. M., in Z. d. V. deutsch. Ing. 37. 1893. S. 1117 bis 1118.         Red.

**Kalisalze in Ostgalizien.** (E. Tietze: Beiträge zur Geologie von Galizien. V. Die Aussichten des Bergbaues auf Kalisalze in Ostgalizien. Jahrb. geol. Reichsanst. Wien. 43. 1893. S. 89—124.)

Diese Publication ist aus einem amtlichen Bericht entstanden, welchen der Verf. als Sachverständiger dem Finanzministerium in dieser wirthschaftlich wichtigen Frage erstattet hat. (Vergl. d. Z. 1893 S. 87 u. 242.)

Der Bericht beginnt nach einer geschichtlichen Skizze des Kaluszer Bergbaues mit einer geologischen Beschreibung des Hügellandes von Kalusz. Die Oberfläche desselben wird allenthalben von Höhenlehm eingenommen, von dem es schwer anzugeben ist, ob er als Verwitterungsproduct des unterliegenden Tertiär oder aber als lössartige Bildung aufzufassen sei; seltener finden sich diluviale Schotterbildungen. Unter dieser diluvialen Decke und den Alluvien des Siwka-Flusses ist das Tertiär versteckt, das in Folge dessen über Tag nur spärliche Aufschlüsse liefert. Die besten liefert die Grube selbst. Diese bewegt sich grösstentheils in Salzthon, der in den Liegendpartien durch Sinkwerke ausgelaugt wird. Das Liegende des Salzthons ist in der Grube nicht aufgeschlossen. In den Hangendpartien scheidet sich das Salz stellenweise in reineren Lagen aus, enthält aber hier Beimengungen von Abraumsalzen, unter denen Sylvin und insbesondere Kainit hervorragen.

Die Lagerung ist im ganzen Lager gleichmässig: Streichen Stunde 9, Fallen SW (gebirgswärts wie allgemein in den Miocänschichten am Karpathenrand). Der Fallwinkel ist in den höheren Partien ziemlich steil (40 bis 45°), verflacht sich aber gegen die Tiefe mehr und mehr (20—25°).

Das Hangende des Salzlagers ist nicht mit Sicherheit ermittelt. Ueber Tag ist in der Nähe der Grube gypsführender Thon, unreiner Gyps und Sandstein aufgeschlossen, deren gegenseitiges Verhalten nicht ganz klar ist. In der Grube ist der hangende Salzthon als wasserführend bekannt. Tietze fand darin mehrfach Sandknollen, lässt aber unentschieden, ob die Wasserführung des Hangenden auf das Ueberhandnehmen jener sandigen Einlagerungen oder auf die Durchsetzung des Thones mit sehr leicht löslichen Salzen zurückzuführen ist.

Das Kainitlager, um dessen weitere Fortsetzung es sich vor allem handelt, ist in der Grube in den hangenden Theilen des Lagers in 3 Horizonten aufgeschlossen, welche dasselbe in Tiefen von 81,5, 110 und 143 m verfolgt haben. Die Aufschlüsse lassen erkennen, dass dasselbe nach der Tiefe an streichender Ausdehnung zunimmt (2. Horizont: 125 m, 3. Horizont: 225 m), und dass die im 1. Horizont geringe Mächtigkeit in der Tiefe zwischen 8 und 16 m schwankt, im Mittel 10—12 m beträgt.

Das Kainitlager wird von einer Anhydritbank überlagert, entweder unmittelbar oder unter Dazwischentreten einer Schicht gewöhnlichen Salzes. Der Kainit ist mit etwas Thon und Steinsalz verunreinigt; letzteres bildet auch selbständige Linsen in demselben. Reiner Kainit (mit 95 Proc. Kainitgehalt, vergl. die Analysen v. John's im Jahrb. der k. k. geol. Reichsanstalt 1892. 42. Bd.) kommt nicht allgemein vor. Aeltere und neuere Schätzungen (von Hauer und Niedzwiedzki), denen sich Tietze anschliesst, geben 62—65 Proc. Gehalt. Bemerkenswerth erscheint, dass an mehreren Stellen in der Tiefe Carnallit im Kainitlager angetroffen wurde.

Der Verf. ist auch der Frage näher getreten, ob Kalisalze noch an anderen Punkten Ostgaliziens zu erwarten und aufzusuchen seien. Nach Erörterung der ausserordentlichen Schwierigkeiten, welche sich einer rationellen Beantwortung dieser Frage entgegenstellen, kommt Tietze zu dem Schlusse, dass ein grösserer Gehalt an Kalisalzen in den in grosser Zahl über das Miocängebiet Galiziens verbreiteten Soolquellen unter gewissen Vorsichten als Fingerzeig verwendet werden könne, und weist an der Hand älterer Angaben insbesondere auf zwei Punkte hin, welche einen Aufschliessungsversuch rechtfertigen würden: Turza wielka, 26 km NW von Kalusz, und Badeort Morszyn zwischen Stryi und Bolechow, auf welch' letzteren Ort Szajnocha 1891 die Aufmerksamkeit gelenkt hat (s. d. Z. 1893 S. 242, 1894 S. 164). Auch auf die Saline Stebnik, Drohobycz SO, wird auf Grund der Berichte Szajnocha's hingewiesen. (N. Jahrb. f. Min. etc. 1895, I, S. 67.)

*F. Becke.*

———

# Litteratur.

**34.** Blayac: Description géologique de région des phosphates du Dyr et du Kouif près Tébessa (Algier). Ann. d. Mines VI. 1894. S. 319—830, Taf. 25.

Thomas hat seit 1885 durch mehrere Publicationen auf die wichtige Thatsache aufmerksam gemacht, dass die älteste eocäne Formation in Tunis an zahlreichen Localitäten mächtige, auf Milliarden Tonnen geschätzte Lager von Phosphorit enthält. Fuchs und De Launay haben in ihrem

bekannten Werke: Traité des gîtes minéraux, I S. 402, Karte Fig. 62, aus diesen Detailstudien ein zusammenfassendes Referat gegeben. Seither haben neuere geologische Untersuchungen des Terrains gezeigt, dass der Verbreitungsbezirk der Phosphoritlager auch nach Algier übergreift. Unser Autor beschreibt solche Phosphoritlager von 3 m Mächtigkeit, die mit eocänen Mergelschichten alterniren und in Algier, wenige Kilometer von der Grenze, nordöstlich von Tebessa vorkommen. *S. A.*

**35.** Kralić, F. W., Ritter von Wojnarowsky: Die Verbreitung des Stein- bezw. Kalisalzlagers in Nord-Deutschland und die geschichtliche Entwickelung der Kali-Industrie seit ihrem 30jährigen Bestehen. Magdeburg, Selbstverlag, Thränsberg 6. 1894. 35 S., mit 9 Profilen, 3 Ansichten und 1 Uebersichtskarte. Pr. 1,50 M.

Ein leicht verständliches Werkchen, das weiteren Kreisen recht wohl zur allgemeinen Orientirung dienen kann.

**36.** Lindgren, W.: An auriferous conglomerate of jurassic age from the Sierra Nevada. Am. Journ. of Science, New Haven, Conn. 48. 1894. S. 275—280.

**37.** Müller, Herm.: Die Erzgänge des Annaberger Bergreviers. Leipzig, W. Engelmann in Comm. 138 S. gr. 8° mit 1 Erzgangkarte u. 3 Taf. Profilen. Pr. 5 M.

Hierüber bringen wir demnächst ein ausführliches Referat von Dr. K. Dalmer.

**38.** Münster, C.: Kongsberg Ertsdistrikt (Grubefeltets Geologi. Fahlband og Fahler. Gangformationerne. Erfaringer om Sölvets optraeden. Kalkspathgangene og Sölvets genesis). Vid.-Selsk. Skr. Kristiania. 1894. 104 S. gr. 8°. Pr. 4 M.

**39.** Rördam, K.: Geologisk-agronomiske Undersögelse ved Lyngby Landboskole og Brede Ladegaard; avec résumé français. Kopenhagen. 1894. 54 S. mit 2 col. Taf. Pr. 1,50 M.

**40.** Wood, E. P.: British Guiana Goldfiels. Transact. North of Engl. Inst. Min. a. Mech. Engin. Newcastle u. T. 44, 1894. S. 177—182.

Der Goldreichthum Guianas war schon den Spaniern bekannt, und vor dreihundert Jahren, 1595, unternahm Sir Walter Raleigh eine erfolglose Expedition dahin, um das gerühmte Goldland „El Dorado" aufzusuchen. Erst in der Jetztzeit wird das Gold in diesem Lande systematisch gesucht und gewonnen. Jetzt arbeiten gegen 20000 Neger, Abkömmlinge der früheren Sklaven, unter Aufsicht von Weissen in den Goldwäschereien. Während 1884 nur gegen 8 kg Gold erbeutet wurden, betrug der Ertrag der Seifen i. J. 1893 bereits 4300 kg im Werthe von 10 Millionen Mark. Die Goldregion liegt an den Flüssen im Innenlande, 150 — 450 km südlich von Georgetown (Demerara). Der reichste District ist am Potaro, einem Nebenfluss des Essequibo. Im Nordwestdistrict wäscht man das Gold längs der Bäche Cuyuni, Mazurani und Demerara. Als Abgabe müssen für jedes kg Gold 100 M. erlegt werden, ehe es in den freien Handel kommen darf. Obgleich gegenwärtig zumeist nur die Flussalluvionen aufbereitet werden, so säumt man doch nicht, die Quarzriffe auf ihren Goldgehalt zu prüfen. Die Kanaimapoo Compagny hat bereits Pochmühlen aufgestellt, um einen Quarzgang auszubeuten, von dem die Tonne Gesteins 50 Unzen, also 0,15 Proc. Freigold hielt. *S. A.*

---

# Notizen.

### Dr. Ule's Parallelcurvimeter.
Zwei neue Apparate zur Längenermittelung sehr verwickelter Curvengebilde hat Dr. Ule-Halle construirt und die Werkstätte für wissenschaftliche Instrumente Wesselhöft daselbst ausgeführt. Dieselben beruhen auf dem Satz, dass Parallelcurven in einem bestimmten Längenverhältniss zu einander stehen, und es ist dieser constructiv zur mechanischen Rectification beliebiger Curven auf zweierlei Weise verwerthet worden: als Centralcurvimeter — zwei durch eine Axe verbundene Laufrädchen mit Zählapparaten bewegen sich zu beiden Seiten der Curve in gleichen Abständen von dieser, auf der Curve bewegt sich der Fahrstift, und es ergiebt sich die Länge der befahrenen Curve als die halbe Summe (oder halbe Differenz) der von den Laufrädchen zurückgelegten Strecken; als Polarcurvimeter — der pantographartige Fahrarm ist einerseits durch einen Pol festgelegt, andrerseits durch ein Laufrad mit Zählwerk unterstützt; in der Mitte zwischen Pol und Laufrad befindet sich wieder der Fahrstift, und es ist die Länge der von ihm befahrenen Strecke gleich der halben vom Laufrad zurückgelegten Strecke. Die Centralcurvimeter werden theils mit zwei Händen, theils mit einer Hand, die Polarcurvimeter mit einer Hand geführt.

Die Genauigkeit ist, nach den von der Firma Wesselhöft veröffentlichten Beobachtungsreihen zu urtheilen, eine ausserordentlich hohe. Zur Prüfung wurde eine 507 mm lange, sehr verwickelte Curve (Abdruck eines Drahtes) mit jedem der 7 Modelle je 10mal abgefahren; die hierbei erhaltenen wahrscheinlichen Fehler der einmaligen Abfahrung schwankten zwischen ± 0,7 und ± 1,9 mm, oder durch den mittleren Fehler ausgedrückt zwischen ± 1.0 und ± 2,8 mm; der Unterschied zwischen grösstem und geringstem Werth der einzelnen Abfahrungen einer jeden Reihe von 10 Abfahrungen bewegte sich zwischen 3,2 und 7,5 mm. Am genausten arbeitete in Bezug auf den Mittelwerth eine einhändig geführter Centralcurvimeter (mittlerer Fehler ± 1,0 mm), in Bezug auf den wahren Längenwerth ein Polarcurvimeter mit Steuerung (507,3 statt 507 mm).

Die Preise schwanken je nach Construction und Zugaben zwischen 20 und 70 M.; den Instrumenten wird eine Gebrauchsanweisung und eine Prüfungsbescheinigung beigegeben.

Von grösster Wichtigkeit werden diese Instrumente insbesondere für hydrographische bezw. hydrologische Untersuchungen sein, sie gestatten. die Länge eines Wasserlaufes ebenso genau zu ermitteln, als sie aufgezeichnet worden ist; aber auch bei anderen geologischen und technischen Arbeiten werden dieselben vielfach Verwendung finden können.

*Kahle.*

Ueber ein **älteres Torflager** im Felde der Braunkohlengrube Treue bei Offleben in der Provinz Sachsen, an der braunschweigischen Grenze. sprach Dr. Kosmann in der Sitzung der Deutschen geologischen Gesellschaft am 6. Februar d. J. Dort wird am Rande eines ausgedehnten Torfmoores (in der Niederung des Auebaches) ein Braunkohlenflötz ausgebeutet, und zwar im Tagebaue. Durch das Fortschreiten dieses Tagebaues in die Tiefe in der Richtung des Moores ist dasselbe entwässert worden und wird nun mit dem übrigen Abraume zusammen zur Freilegung des Flötzes abgetragen. Die Schichtenfolge ist von oben nach unten die folgende: 1. Eine einen halben Meter mächtige Schicht von Wiesenkalk. mit 89 Proc. Kalkcarbonat und 4 Proc. Humus. ausserordentlich reich an Land- und Süsswasserschnecken in vielen Arten. 2. Zwei bis drei Meter eines eigenthümlichen, homogenen, nach dem Austrocknen ausserordentlich harten Torfes. 3. Diluvialer Geschiebemergel. 4. Thone und Sande tertiären Alters, denen das bis 12 m mächtige Braunkohlenflötz eingeschaltet ist. Der Torf besitzt alle Eigenschaften des typischen Dopplerites oder Lebertorfes, wie er in einer Anzahl deutscher und schweizer Moore auftritt. Er verändert sich nach kurzer Behandlung mit Kalilauge in eine leicht zerreibliche Masse, hinterlässt eine aus Kalk- und Magnesiacarbonat bestehende Asche und liefert bei der Verkokung 25 Proc. festen Kohlenstoffes. Im Wesentlichen scheint er aus ulminsauren Salzen der Kalkerde und Magnesia zu bestehen.

Zu dem Vortrage bemerkte Herr Dr. Keilhack, dass ein solcher Reichthum an Arten und Individuen von Muscheln und Schnecken eine in den Süsswasserkalken und Moormergelbecken Norddeutschlands sehr verbreitete Erscheinung ist (vergl. S. 126).

Der **Trinidad-Asphalt** wird in dem sog. Asphaltsee bei La Brea gebrochen, der ungefähr 30 m über dem Meeresspiegel und 3 engl. Meilen vom Meere entfernt liegt. Die Tiefe der Asphaltmasse, die den sog. See bildet, beträgt nach einigen vorläufigen Bohrungen 23 m in der Mitte und 6 m am Rande. Der Grund soll aus blauem Thon bestehen. Wenn diese Messungen richtig sind, so würden unter Berücksichtigung des Umfanges des Sees die augenblicklich vorhandenen Asphaltmengen 6 000 000 t betragen, doch wird — wohl mit Recht — angenommen, dass der an der Oberfläche starre Asphalt in der Tiefe flüssig oder wenigstens plastisch ist und durch unterirdische Zuflüsse permanent vermehrt wird.

Die Oberfläche des sog. Asphaltsees ist ziemlich eben, das Material erscheint durch Verwitterung braun und von erdiger Beschaffenheit. Sprünge und Risse haben sich hier und da bis zu Meterbreite gebildet und sind theils mit Regenwasser, theils mit Sand gefüllt; einige Ausfüllungen ernähren sogar eine ärmliche Vegetation.

Der ziemlich harte und spröde Asphalt wird mit der Spitzhacke gebrochen, an das Seeufer gefahren und mittelst Booten auf die Schiffe verladen. Während der Reise wird das scheinbar spröde Material vollständig plastisch, so dass es sich nach der Ueberfahrt zu einem einzigen Klumpen zusammenschweisst hat und wieder herausgebrochen werden muss. Durch Erhitzung in grossen eisernen Gefässen bei mässiger Wärme wird die Feuchtigkeit ausgetrieben, während erdige Verunreinigungen sich am Boden, andere sich als Schaum an der Oberfläche absetzen. Die raffinirte Masse wird in Fässer abgezapft und bildet dann das bekannte Handelsproduct.

**Naphthaquellen am Amur.** Untersuchungen haben ergeben, dass nicht nur am Amur, sondern auch in den Bergen, welche den Baikalsee umgeben (besonders in der Gegend von Schunka) grosse Naphthamengen sich gewinnen lassen. Zur Ausbeutung dieser Quellen hat sich eine Gesellschaft gebildet, deren Statut dem russischen Finanzministerium bereits zur Bestätigung vorgelegt ist.

**Unterscheidung von Decken- und Stielbasalten.** J. Hazard (Miner. u. petrogr. Mittheil. Wien 1894, Bd. 14. S. 297) gelangte durch seine Beobachtungen in der Gegend von Seifhennersdorf und Warnsdorf, nordwestlich von Zittau, zu der Ueberzeugung, dass die dort auftretenden kleineren Basalt-Kuppen nichts anderes sind als Ausfüllungen von Eruptionskanälen, also die Stiele zu den grösseren Basalt-Decken, durch deren theilweise Abtragung sie freigelegt wurden. Beide Basaltarten sind hier Nephelinbasalte mit und ohne Feldspath, z. Th. glasig entwickelt; ein durchgreifender Unterschied besteht aber darin, dass der Deckenbasalt unter seinen Einsprenglingen reichlich Olivin, dagegen nur wenig, oft auch gar keine Hornblende führt, während der in Kuppen auftretende sich gerade umgekehrt verhält; nur einige grössere Kuppen führen auch reichlich Olivin, aber nur in ihren äusseren Partien, während nach Innen der Olivin durch Hornblende ersetzt wird.

Eine derartige Unterscheidung zwischen Decken- und Stielbasalten ist mitunter für die bergmännische Praxis von Bedeutung, z. B. beim Braunkohlenbergbau bei Cassel (s. d. Z. 1893, S. 380, besonders Anmerkung 4 und Fig. 57), auf dem Westerwald und im Vogelsberg, beim Bergbau auf Basalteisenstein (Brauneisenstein) im Vogelsberg, bei Schürfarbeiten auf Wasser unter Basaltbergen (wie am Stoppelberg bei Wetzlar) u. s. w.

**Wasserversorgung.** In der Deutschen Gesellschaft für öffentliche Gesundheitspflege, die in der Universitätsanstalt für Hygiene unter dem Vorsitze des Stadtrathes Marggraf ihre Januarsitzung hielt, sprach am 28. Januar d. J. Director Fischer aus Worms über „das Wormser Sandplattenfilter und seine Anwendung zur centralen Wasserversorgung der Städte".

Allgemein in Brauch sind, so lange die Wasserfiltrirung überhaupt angewendet wird, Sandfilter, in denen die Filtermasse aus losem Sande besteht.

Es ist darin bis jetzt seit dem Anfange der fünfziger Jahre nichts geändert worden. Fischer verwendet als Filtermasse anstatt des losen Sandes gebrannte Sandplatten. Die Plattenmasse besteht aus Rheinsand, Kalk und Soda. Das Brennen der Platten geschieht bei 1200° C. Ein jedes Sandplattenfilter besteht aus vier Kammern. In jeder dieser sind die Sandplatten in Batterieform zu je vieren angeordnet. Die Herstellung der Platten ist schwierig, man ist dabei ganz auf die Uebung angewiesen; geringe Abweichungen bewirken, dass die Platten unbrauchbar sind, von 20 aus dem Brennofen genommenen Platten lassen sich höchstens 15 verwerthen. Die Schwierigkeit der Herstellung wird zum wesentlichen Theile durch die überaus grosse Billigkeit des Materials ausgeglichen.

In hygienischer Hinsicht leisten die Sandplattenfilter dasselbe, wie die jetzt gebräuchlichen Sandfilter; sie halten die Keime ebenso gut zurück und liefern ebenso klares Wasser. Vortheile bieten sie nach Fischer in ökonomischer Hinsicht: eine Sandplatten-Filteranlage beansprucht nur den achten Theil von Grundfläche wie eine gleichwerthige Sandfilteranlage. Von Vortheil ist auch, dass man bei dem Sandplattenfilter das Filtrat einer jeden Kammer für sich untersuchen kann. Die Reinigung der Sandplattenfilter geschieht durch Umkehrung des Wasserstromes.

Die erste Sandplatten-Filteranlage wurde in Worms eingerichtet, dessen Stadtbehörden die Mittel zu den Vorversuchen hergaben. Im Bau begriffen ist eine gleiche Anlage für die Eisenbahn in Magdeburg.

Die **Erzeinfuhr nach Deutschland i. J. 1894** ist bei den meisten Sorten gegen das Vorjahr wieder wesentlich gestiegen; es wurden im Jahre 1894 eingeführt:

|  | Tonnen |
|---|---|
| Blei- und Kupfererze . . . | 51 304,0 |
| Eisenerze . . . . . . . . | 2 098 007,0 |
| (1893 : 1 573 201,9) | |
| Gold-, Silber- und Platinaerze | 13 935,0 |
| Schwefelkies- und Alaunerze | 315 115,0 |
| Zinkerze . . . . . . . . | 14 712,2 |
| Antimon- und Arsenerze . . | 974,8 |
| Chromerz . . . . . . . . | 18 371,7 |
| Kobalt- und Nickelerze . . | 1 236,5 |
| Manganerze . . . . . . . | 14 254,5 |
| Schlacken von Erzen . . . | 632 877,8 |

---

# Vereins- u. Personennachrichten.

## Kgl. italienisches geologisches Landesamt (Ufficio Geologico) in Rom.

(Museo agrario-geologico. Via S. Susanna 1 A.)

*Vorstand.*

N. Pellati, Oberberginspector, Director.
F. Mazzuoli, Berginspector.

*Geologen.*

P. Zezi, Chef-Ingenieur, Vorsteher und Secretär der Kgl. Geol. Commission (s. unten).
L. Baldacci, Chef-Ingenieur.

C. Sormani, Ingenieur.
B. Lotti, Ingenieur.
D. Zaccagna, Ingenieur.
E. Mattirolo, Ingenieur, beauftragt mit der Leitung des chemisch-petrographischen Laboratoriums.
C. Viola, Ingenieur.
G. Di Stefano, Dr., beauftragt mit der Leitung der paläontologischen Arbeiten.
G. Aichino, Ingenieur.
V. Novarese, Ingenieur.
V. Sabatini, Ingenieur.
S. Iranchi, Ingenieur.
A. Stella, Ingenieur.
M. Casetti.
P. Moderni.
C. Lusvergh.

Die Arbeiten des geologischen Landesamtes stehen unter der wissenschaftlichen Controlle einer kgl. Commission (R. Comitato Geologico); die Mitglieder derselben sind:

G. Capellini, Professor der Geologie a. d. Universität Bologna, Präsident.
I. Cocchi, Professor der Geologie in Florenz.
A. Cossa, Professor der Chemie a. d. Ingenieur-Schule in Turin.
G. Gemmellaro, Professor der Geologie a. d. Universität Palermo.
G. Omboni, Professor der Geologie a. d. Universität Padua.
G. Scarabelli, senatore del Regno in Imola.
G. Strüver, Professor der Mineralogie a. d. Universität Rom.
T. Taramelli, Professor der Geologie a. d. Universität Pavia.
Der Director des kgl. Instituts für Militär-Geographie in Florenz.
N. Pellati, Ober-Berginspector in Rom.
L. Mazzuoli, Berginspector in Rom.

### Deutsche geologische Gesellschaft. Berlin.

*Sitzung vom 6. Februar 1895.*

Dr. Kosmann: Ueber ein älteres Torflager im Felde der Braunkohlengrube Treue bei Offleben (s. Notiz S. 142).

Derselbe: Ueber Bildung künstlicher Kalkspathkrystalle auf der Oberfläche einer Cementprobe.

Dr. Denckmann: Die Gliederung der devonischen Kalke des Kellerwaldes.

Dr. Beushausen: Ueber die Resultate seiner vorjährigen Untersuchungen im Devon des Oberharzes.

Dr. Zimmermann: Kurze Bemerkung über Dictyodora.

Dr. Scheibe: Ueber krystallisirtes Arsen aus Japan.

Derselbe: Vorlage von Nicol'schen Prismen aus Kalkspath von Auerbach im Odenwald (vergl. d. Z. 1894 S. 367).

Die 28. Versammlung des Oberrheinischen geologischen Vereins wird am 18. April 1895 zu Badenweiler stattfinden. Prof. Steinmann

in Freiburg hat die Vorbereitungen für die Versammlung und die damit verbundenen Excursionen übernommen.

Die Akademie der Wissenschaften in Paris hat in ihrer öffentlichen Jahresversammlung am 17. Dezember 1894 u. a. folgende Preisaufgaben gestellt:

Prix Vaillant, 4000 Fr., Termin 1. Juni 1896: Theoretische oder praktische Verbesserung der Methoden der Geodäsie oder der Topographie.

Prix Vaillant, 4000 Fr., Termin 1. Juni 1898: Man setze auseinander und discutire die Aufschlüsse, welche die mikroskopische Untersuchung der Sedimentärgesteine (besonders der secundären und tertiären) bezüglich ihrer Entstehung und der Umwandlungen liefert, welche sie seit ihrer Absetzung in ihrer Structur und ihrer Zusammensetzung (mit Einschluss der organisirten Körper) erlitten haben.

Prix Gay, 2500 Fr., Termin 1. Juni 1896: Die französischen Seen sollen vom physikalischen, geologischen und chemischen Gesichtspunkt aus untersucht werden.

Erwählt: Der Professor der Mineralogie an der Sorbonne, P. Hautefeuille, zum Mitglied der mineralogischen Abtheilung der Pariser Akademie; der englische Geologe Prof. Prestwich von der Société géologique de France zum Vice-Präsidenten; Prof. Dr. Arzruni in Aachen und der Vicepräsident der französischen mineralogischen Gesellschaft Manroy zu Ehrenmitgliedern der kaiserlichen Russischen mineralogischen Gesellschaft.

Am 15. Februar d. J. trat eine wissenschaftliche Expedition von Askabad aus eine Reise nach Kuschan in Persien an, um die von dem jüngsten Erdbeben heimgesuchten Gebiete zu erforschen.

Bergwerksdirector A. Schmeisser zu Bonn tritt am 1. April cr. in den Vorstand der „Actiengesellschaft für Bergbau und Tiefbohrungen zu Goslar" ein und nimmt seinen Wohnsitz daselbst.

Gestorben: In Wiesbaden am 25. Februar unser hochverdienter Mitarbeiter, der sächsische Bergrath, Prof. Dr. A. W. Stelzner aus Freiberg i. S. im 55. Lebensjahre.

In Freiberg i. S. im Alter von fast 95 Jahren der Bergrath M. F. Gätzschmann, der früher länger als ein Menschenalter Docent an der dortigen Bergakademie war.

Der deutsche Bergingenieur Hermann Reinhardt in Chihuahua, Mexico. R. starb an den Folgen der Verletzungen durch einen unglücklichen Sprengschuss.

In London am 19. Februar John Whitaker Hulke, Fellow der Royal Society, in früheren Jahren auch Vorsitzender der Geological Society.

In Tokio Professor der Geologie Dr. T. Harada. H. hatte in Deutschland studirt.

*Schluss des Heftes: 26. Februar 1895.*

Verlag von Julius Springer in Berlin N. — Druck von Gustav Schade (Otto Francke) in Berlin N.

# Zeitschrift für praktische Geologie.

## 1895. April.

**Beiträge zur genetischen Classification der durch magmatische Differentiationsprocesse und der durch Pneumatolyse entstandenen Erzvorkommen.**

Von

**J. H. L. Vogt** (Kristiania).

*[Fortsetzung von S. 399, 1894.]*

Im ersten Abschnitt (S. 382—399, 1894) haben wir die durch magmatische Differentiationsprocesse vor und während der Erstarrung der eruptiven Magmata entstandenen Erzvorkommen besprochen; hier werden wir uns mit denjenigen Erz- und Mineral-Neubildungen beschäftigen, die durch die mit den Eruptionen in unmittelbarer Verbindung stehenden pneumatolytischen, bezw. pneumatohydatogenen Processe (wie Exhalationen, Fumaloren, Solfataren u. s. w.) hervorgerufen worden sind.

Bevor wir zu dem Versuch schreiten diese vielen und oft sehr weit von einander abweichenden Vorkommen zu classificiren, werden wir einige der wichtigsten hierher gehörigen Lagerstättengruppen etwas ausführlicher behandeln; und zwar habe ich es hier für nöthig befunden, in verschiedenen Abschnitten (namentlich bei der Besprechung der „Apatit-Ganggruppe") mich nicht nur auf kurze Uebersichten zu beschränken, sondern auch auf die Einzelheiten einzugehen.

## II.

### Pneumatolytische bezw. pneumato-hydatogene Producte.

Wir beginnen hier mit der an Granite und andere saure Eruptivgesteine (Quarzporphyr, Liparit u. s. w.) geknüpften und durch die pneumatolytische Metamorphose des Nebengesteins als Greisen (nebst Quarzfels, Glimmerfels, Turmalinfels, Topasfels u. s. w.) charakterisirten

*[1 a]* **Zinnstein-Ganggruppe,**
in erweitertem Sinne des Wortes.

(Hierunter fassen wir zusammen die eigentlichen Zinnsteingänge, Typus Altenberg, Zinnwald, Geyer, Bangka-Biliton, Tasmanien, Dakota u. s. w.; weiter die Kryolith-Vorkommen, Typus Ivigtut; die Zinnstein-

G. 95.

Kupfererz-Gänge, Typus Cornwall, und die „Zinnsteingänge mit Kupfererz statt Zinnerz", Typus Thelemarken.)

Die eigentlichen **Zinnsteingänge** sind in den seit Elie de Beaumont's und A. Daubrée's epochemachenden Untersuchungen in den 1840er Jahren verflossenen Decennien so vielfach und so eingehend studirt worden, dass es nicht nothwendig sein wird, in dieser Uebersichtsarbeit auf die Einzelheiten dieser mineralogisch wie auch geologisch ganz scharf begrenzten Erzlagerstättengruppe einzugehen, — zumal ich kürzlich eine besondere Monographie über diese Lagerstättengruppe geliefert habe (d. Z. 1894, S. 458—465; siehe auch die Abhandlung von Dalmer über Altenberg-Graupen, sowie diejenige von Bodenbender über die argentinischen Wolfram-Vorkommen, beide in d. Z. 1894, S. 313 bis 322 bezw. 409—414, ferner die briefl. Mittheilungen von Gurlt und Dalmer, d. Z. 1894, S. 324 und 400). Auch können wir auf die von E. Fuchs und de Launay gelieferte montanistische Uebersicht über „Etain" in „Gîtes minéraux et métallifères", 1893, sowie auf die ausführlichen petrographischen Zusammenstellungen über Greisen mit zugehörigen Umbildungsproducten, die in den letzten Jahren von Justus Roth (Allgem. und chem. Geol., Bd. III, 1890) und Fr. Zirkel (Lehrb. d. Petrographie, 1894) gegeben worden sind, hinweisen.

Eine mineralogische Charakteristik der Zinnsteingänge gaben wir schon S. 458, 1894. Geologisch ist erstens hervorzuheben, dass die Gänge kurz als endomorphe und exomorphe Contacterscheinungen bei Graniten und den übrigen sauren Eruptivgesteinen (Quarzporphyr, Liparit u. s. w.) zu bezeichnen sind, während basische Eruptive wohl nie von Zinnsteingängen begleitet werden. Die sämmtlichen bauwürdigen, eigentlichen Zinnsteingänge (mit einer Gesammtproduction von jetzt rund 65000 t Zinn jährlich, s. d. Z. 1894, S. 459) sind ohne Ausnahme an Granit gebunden; mineralogisch entsprechenden Bildungen, die wohl übrigens nie zu Bergbau in grösserem Maassstabe Veranlassung gegeben haben, begegnen wir gelegentlich auch bei den Tages-Eruptiven der

19

Granite (und Quarz-Syenite); z. B. Wolframit, Arsenkies u. s. w. auf Spalten in umgewandelten Trachyt (Rhyolith?) zu Felsöbánya in Ungarn; Zinnstein nebst Topas,
Flussspath u. s. w. auf Spalten in Trachyt
(Liparit?) zu Durango in Mexico; Topas
mit Fayalit und Granat als Neubildungsproducte in Lithophysen in Rhyolith, in
Colorado.

Einige vereinzelt stehende und nicht eingehend geprüfte Angaben, dass die typischen
Zinnstein-Gangmineralien hie und da' auch
an basische Eruptive geknüpft sein sollen,
sind sehr fraglicher Natur und verdienen
nicht nähere Aufmerksamkeit[1].

Dagegen sei hier erwähnt, dass es neben
den eigentlichen Zinnsteingängen auch —
nämlich in Bolivia, wie wir im nächsten
Kapitel (1 b) näher besprechen werden —
eine andere Gruppe von Zinnstein führenden Gängen giebt, die überall an saure
Eruptivgesteine (Dacit, Trachyt, Andesit)
gebunden sind, wo aber die Fluor-, Bor-
säure- und Phosphorsäure-Mineralien gänzlich fehlen, und wo die Zinnerze (Zinnstein
und Zinnkies) von edlen Silbererzen begleitet sind. Diese bolivianischen Zinn-
Silber-Erzgänge, die jetzt jährlich rund
3000 t Zinn liefern, also $1/20$ der normalen
Granit-Zinnerzgänge, scheinen, wie wir unten
näher erörtern werden, eine Zwischenstufe
zwischen Typus Altenberg-Cornwall-Bangka
(Zinnstein bei Granit) und Typus Comstock-
Potosi-Schemnitz (Silbererz bei jüngeren
Eruptiven) einzunehmen.

Die eigentlichen Zinnsteingänge zeichnen
sich in geologischer Beziehung ferner durch
die bekannte Umwandlung des Nebengesteines zu Greisen (Granit-Greisen, Gneis-
Greisen) nebst Quarzfels, Glimmerfels, Zwit-
tergestein, Topasfels, Turmalinfels, Luxul-
lianit u. s. w. aus.

Bei dieser Metamorphose, auf die wir
unten (bei Besprechung der „Kupfererzgänge
bei Granit", Typus Thelemarken) noch zurückkommen, sind bekanntlich die Feld-

spathe und die Magnesiaglimmer der Nebengesteine gänzlich zerstört worden, und daneben ist bald das eine, bald ein anderes
Mineral (Quarz, Alkaliglimmer — oft Lithionglimmer —, Zinnstein, Turmalin, Topas
u. s. w.) in mehr oder minder reichlicher
Menge dem Nebengestein zugeführt worden.
Die Pseudomorphosen dieser neugebildeten
Mineralien nach dem ursprünglichen Bestandtheile der Granite (z. B. Zinnstein, Turmalin,
Topas nach Feldspath; Topas nach Quarz)
sind ja vielfach beschrieben worden.

Die Umwandlungen des Nebengesteins
sind im Allgemeinen von ganz beträchtlichen
stofflichen Transporten begleitet gewesen, die aber in den verschiedenen Fällen
ziemlich wechselnd waren. In der Regel
sind Zinnsäure, Borsäure, Fluor (oder Flusssäure) und Kieselsäure in sehr wechselnden
Mengen, oft auch Lithion, Kali, vielleicht
gelegentlich auch Thonerde (bei der Umwandlung zu Topasfels?) zugeführt worden,
während andererseits Kalk, Magnesia und
Natron, oft auch Kali und Thonerde weggeführt worden sind[2]. — Im Allgemeinen
sind die chemischen Aktionen bei diesen
Umwandlungsprocessen sehr energisch gewesen, was man bekanntlich namentlich dem
Einfluss von Fluoriden (wie Sn Fl₄, Si Fl₄,
B Fl₃ u. s. w.) zugeschrieben hat.

Bei diesen Metamorphosen des Nebengesteines entstehen als Neubildungen gerade
dieselben Mineralien (vorzugsweise Quarz,
Alkaliglimmer, Topas, Turmalin, Flussspath
u. s. w.), wie an den Gang- oder Imprägna-
tionsklüften selber; es waren also in beiden
Fällen dieselben chemischen Processe thätig.

Die Umbildung des Nebengesteins verläuft im Princip in derselben Richtung, gleichgültig ob die Gänge in Granit oder im umgebenden Gestein, z. B. Schiefer, aufsetzen;
doch lässt sich oftmals beobachten, dass die
Metamorphose im Schiefer gar nicht so weit
vorgeschritten ist, wie im Granit selber. Dies
gilt, wie schon von verschiedenen Forschern
hervorgehoben worden ist, von vielen Zinnerzvorkommen im Erzgebirge und Cornwall,

---

[1] So finden wir in Eng. and Min. Journal,
1888, I, S. 435 eine ganz kurze Besprechung, von
Courtnay de Kalb, über einige ziemlich unbedeutende Zinnsteingänge in Nord-Carolina (mit
Zinnstein, Arsenkies, Quarz, Topas, Apatit, Flussspath u s. w.), die seiner Auffassung zufolge in
genetischer Relation zu Basaltgängen (?) stehen
sollen.

Und die kürzlich entdeckten Zinnerzvorkommen
zu Punitaqui in Chile treten froilich im Diabas auf:
in der unmittelbaren Nachbarschaft finden wir aber
ein relativ saures Eruptivgestein, nämlich einen
Hornblende-Granitit: es mag hier fraglich sein,
welches das eigentliche Muttergestein des Erzes
ist (siehe A. Götting und W. Möricke, d. Z.
1894, S. 224 u. 282).

[2] Die Einzelheiten dieser verschiedenen Umwandlungen des Granits sind schwierig festzustellen,
namentlich weil man oft nicht sicher weiss, welchen
Einfluss die ursprünglichen Bestandtheile des Gesteins bei der Umbildung ausgeübt haben. — Bei
der Umbildung des Granits z. B. zu Topasfels mag
so vielleicht etwas Kieselsäure, Kalk, Magnesia und
Alkali weggeführt sein, und es ist vielleicht die
Thonerde des ursprünglichen Feldspaths und Glimmer, welche, neben etwas restirender Kieselsäure
und der zugeführten Flussäure, das Material zu
der Topasbildung geliefert hat. Die chemischen
Processe bei der Umbildung des Granits zu den
ordinären Greisen werden wir unten (unter Abschnitt Thelemarken) kurz besprechen.

und von dem Thelemarken-District, das wir unten kurz besprechen werden, können wir hierzu viele sehr instructive Beispiele anführen: Die innerhalb Granit oder Granitgängen aufsetzenden Erzgänge (Kupferkies oder Buntkupfer mit Quarz, Alkaliglimmer, Flussspath u. s. w.) sind am Saalbande ohne Ausnahme von einer, im Allgemeinen zwischen 10—100 cm breiten Greisen-Zone begleitet (siehe z. B. Fig. 35); bei den in Schiefer in der Nähe der Granitgrenze vorhandenen entsprechenden Gängen, z. B. in dem Feld bei den Aamdal-Gruben (Fig. 34), fehlt dagegen die Greisen-Umbildung in der Regel gänzlich oder ist jedenfalls nur in mehr untergeordnetem Maasstabe entwickelt worden (bei den Prinzen-Schürfen und mehrorts in der Howard-Grube). Noch bemerkenswerther sind die Verhältnisse bei einem ebenfalls in der Nähe der Granitgrenze im Schiefer aufsetzenden, sehr bedeutenden Flussspathgang (Localität Tokedalen); der Flussspath tritt so reichlich auf, dass er jetzt abgebaut wird (pro qm Gangfläche fallen 2,6 t, pro cbm Gangmasse 1,75 t verkäuflicher Flussspath) und mehrere Tausend t Flussspath jetzt zum Abbau vorgerichtet sind. Bei diesem Gang, der neben Flussspath auch etwas Quarz (sowie hie und da eine verschwindende Kleinigkeit Buntkupfererz) führt, und der unzweifelhaft derselben geologischen Ganggruppe wie die übrigen Thelemarkischen Erzgänge angehört, würde man a priori gerade der beträchtlichen Fluoridmenge wegen eine sehr ausgedehnte Greisen-Umbildung des Nebengesteins erwarten; dies trifft jedoch nicht zu; im Gegentheil, in dem angrenzenden Schiefer sind keine besonderen Neubildungen wahrzunehmen.

Diese und entsprechende Erfahrungen lehren uns, dass die Umbildung des Nebengesteins zu Greisen und nahestehenden Gesteinen (Topasfels, Turmalinfels u. s. w.) nicht ausschliesslich von der chemischen Natur der auf den Spalten circulirenden „Emanationen oder Lösungen" abhängig gewesen ist, sondern dass auch physikalische Faktoren einen wesentlichen Einfluss ausgeübt haben müssen. Dies können wir freilich jetzt nicht näher erörtern; nur kurz bemerken wollen wir, dass die vorhandene Temperatur vielleicht eine wichtige Rolle gespielt haben mag. Namentlich lässt sich vermuthen, dass die „Emanationen oder Lösungen", wo sie den kürzlich erstarrten und noch hoch erhitzten Granit durchdrungen haben, eine sehr kräftige metamorphe Einwirkung ausgeübt haben mögen, während sie in den nur schwach erhitzten und oft ziemlich weit von dem Granitmagma entfernten Schiefern keine nennenswerthen Neubildungen hervorrufen konnten.

Beinahe sämmtliche Forscher, die sich im Laufe der späteren Jahre mit dieser Erzganggruppe beschäftigten, haben im Princip die schon längst von Elie de Beaumont und Daubrée entwickelte Theorie zugegeben, nämlich dass die Zinnerzgänge kurz als Aureolen nach Graniteruptionen aufzufassen sind. Und zwar können wir hierfür eine ganze Reihe conciser Argumente aufstellen: gesetzmässige geologische Verknüpfung an Granit (mit zugehörigen Tageseruptiven); die Gänge als endomorphe und exomorphe Contacterscheinungen bei den Eruptiven; Unabhängigkeit der Gänge von dem unmittelbar angrenzenden Nebengestein (Granit, bezw. Schiefer, Kalkstein u. s. w. in der Nähe der Granitgrenze); gelegentliches Vorhandensein mehrerer der Gangmineralien (Zinnstein, Topas, Turmalin) als primäre, normale Bestandtheile der Granite selber (siehe hierüber d. Z. 1894, S. 460); charakteristische Combination der Fluor-, Borsäure-, Phosphorsäure- und Arsen-Mineralien auf den Gängen; synthetische Darstellung, durch Pneumatolyse, vieler dieser Mineralien (Zinnstein, Apatit, Topas(?); man erinnere sich Daubrée's bekannter Versuche); charakteristische „pneumatolytische Metamorphose" des Nebengesteins zu Greisen, u. s. w. Auch sei erwähnt, dass Zinnsäure kürzlich in einem von einer modernen Thermalquelle abgesetzten Kieselsinter oder Travertin nachgewiesen worden ist (s. Stanislas Meunier, Comptes rendus, 110, 1890, S. 1083; Kieselsinter von Azer-Panas, Malaisie, mit 91,8 Proc. $SiO_2$, 0,5 Proc. $SnO_2$, 0,2 Proc. $Fe_2O_3$, Spur $Al_2O_3$, Rest $H_2O$).

Im Hinblick auf diese Fülle von Beweisen dürfen wir behaupten, dass die schon längst von den französischen Forschern zur Erklärung der Zinnsteingänge aufgestellte Theorie — durch „Nachwirkungsprocesse" nach Graniteruption — als sicher festgestellt betrachtet werden kann.

Die Natur derjenigen Processe, durch welche die „Erzlösungen oder Erzemanationen" entstanden sind — nämlich wahrscheinlich durch Einwirkung von aufgelöster Flusssäure, nebst etwas Salzsäure, auf das noch feurigflüssige Magma, wodurch Fluoride von Zinn, Silicium, Bor, Lithium u. s. w. nebst Phosphorsäure u. s. w. aus dem Magma extrahirt worden sind —, werden wir in einem späteren Abschnitt näher discutiren, nachdem wir zuvor die Apatit-Ganggruppe, die

19*

in derselben genetischen Relation zu den basischen Eruptivgesteinen (Gabbro) stehen wie die Zinnstein-Ganggruppe zu den sauren (Granit), beschrieben haben.

Zur Erklärung der Zinnstein-Gänge sind auch andere, nach meiner Auffassung jedoch entschieden unzulängliche Hypothesen aufgestellt worden. So sind die Greisen-Gesteine von einzelnen Forschern nicht als Umbildungsproducte des Nebengesteines (Granit oder Gneis, Schiefer u. s. w.), sondern als primäre „Schlieren" des Eruptivgesteins betrachtet worden; wie unrichtig diese Behauptung ist, geht indess z. B. schon bei einem Blick auf Fig. 35 hervor. Auch hat man bei dieser Erzlagerstättengruppe die Metalle der Gänge durch Lateralsecretion aus dem Nebengestein erklären wollen, eine Ansicht, die ganz kürzlich in d. Z. 1895, S. 30, von Dr. E. Carthaus vertheidigt worden ist. Als Argument hat man namentlich hervorgehoben, dass die auf den Zinnerzgängen vorhandenen Elemente, wie Zinn, Kupfer, Arsen, Bor, Fluor, Lithium, ja selbst Blei, Zink, Wismuth, Gold u. s. w., sich auch in dem unveränderten Muttergestein, also in dem normalen Granit, nachweisen lassen. Dies deutet auch meiner Auffassung nach an, dass das Material der Erzgänge dem Granit entstammt; die Sandberger'sche Lateralsecretionsschule zieht aber einen noch weiteren Schluss, nämlich dass es das schon erstarrte Gestein ist, aus dem der stoffliche Erz-Inhalt der Gänge „ausgelaugt" worden ist. Und zwar gehen die meist extremen Anhänger dieser Hypothese so weit, dass sie das Erz-Material der Zinnerzgänge als Extractionssubstrat aus der umgewandelten Saalbands-Zone, also aus der Greisen-Zone betrachten; wie entschieden unrichtig dies ist, wurde jedoch schon vor mehreren Jahren von A. W. Stelzner constatirt.

Auch lässt sich durch derartige Lateralsecretionsprocesse nicht erklären:

das charakteristische, oft ganz massenhafte Vorkommen gerade von Fluor- und Borsäure-Verbindungen auf den Gängen;

das Auftreten der Gänge vorzugsweise an der Peripherie der Eruptive, theils innerhalb des Eruptivgesteins, theils in der benachbarten contactmetamorphen Zone;

die Unabhängigkeit der Erzgänge aus dem unmittelbar angrenzenden Nebengestein

und endlich die Umwandlung des Nebengesteins zu Greisen und analogen Gesteinen.

Alle diese für die Zinnsteingänge bezeichnenden Kriterien wie auch der stoffliche Inhalt der Gänge lassen sich aber, wie wir in einem folgenden Abschnitt eingehender erörtern werden, mit der pneumatolytischen Theorie sehr schön in Einklang bringen.

Mit unseren Zinnsteingängen ist das Vorkommen von Kryolith, Flussspath und Columbit, das an der am meisten bekannten Localität, Ivigtut, auch von Zinnstein und Wolframit begleitet ist, zu Ivigtut auf Grönland und zu Pike's Peak in Colorado, wie durch das oft ganz bemerkenswerthe Auftreten von Zinnstein, Wolframit, Columbit, Topas, Flussspath u. s. w. auf vielen Granitpegmatitgängen in genetischer Beziehung zu identificiren; dies ist schon längst von Daubrée angedeutet und später von Johnstrup (Ivigtut), Cross und Hillebrand (Pike's Peak), Brögger (Granitpegmatitgänge) näher erörtert worden.

In verschiedenen Gangdistricten, nämlich mehrorts im Erzgebirge (Seiffen, Martersberg) und noch bei Weitem mehr hervortretend in Cornwall, begegnen wir einer sehr charakteristischen Combination von Zinnstein und Kupfererzen (Kupferkies, Buntkupfer, Kupferglanz). In Cornwall kann man so — an der Peripherie der fünf längs der Achse der Halbinsel verlaufenden Granitfelder — erstens eine Serie Zinnstein-Kupfererz-Gänge und eine Serie Kupfererz-Gänge — welche letzteren sich im grossen Ganzen gerechnet etwas weiter von der Granitgrenze entfernen als die erstgenannten — von einander aushalten (daneben giebt es auch einige Bleierzgänge, auf welche wir in einem folgenden Abschnitte zurückkommen); zweitens hat es sich ergeben, dass die Zinnstein-Kupfererz-Gänge nach der Teufe hin ihre Art der Erzführung gänzlich ändern, und zwar derart, dass die Gänge (bei Gwennap, Redruth, Illogan, Cambarne u. s. w.) im oberen Theile der Gangfläche[2]) namentlich Kupfererze, nach der Tiefe hin (unterhalb 350 bis 430 m) dagegen namentlich Zinnerze führen. Auch da, wo die Gänge fast ausschliesslich aus Kupfererzen bestehen, werden sie durch die gewöhnliche Mineralcombination (in Cornwall vorzugsweise Turmalin) wie auch durch die üblichen pneumatolytische Metamorphose des Nebengesteins gekennzeichnet.

Hierdurch unterscheiden sie sich von den normalen Silber-Bleierz-Gängen (Typus Freiberg, Schneeberg, Clausthal u. s. w.), die freilich auch hie und da ein wenig Zinnstein führen mögen — im Erzgebirge namentlich in den oberen oder obersten Teufen; in der Tiefe nur als mikroskopische Interposition in Zink-

---

[2]) In dem obersten, eisernen Hut findet man überwiegend Zinnstein, angeblich weil die Kupfererze hier ausgelaugt worden sind.

blende, Bleiglanz u. s. w., — die aber sowohl mineralogisch wie auch geologisch ganz sicher von den eigentlichen Zinnsteingängen (Altenberg, Zinnwald u. s. w.) unterschieden werden können.

Auch mehrere von diesen Silber-Bleierz-Gängen sind in verschiedenen Districten, darunter z. B. im Harz (Clausthal, Andreasberg) und im Erzgebirge (Schneeberg), von einzelnen Forschern in genetische Verbindung mit Graniteruptionen gesetzt worden, und zwar entweder derart, dass die Gangklüfte in einer Aequidistantzone, von dem Granitmagma entfernt, mit Zinnstein und in einer anderen Aequidistantzone mit Silber-Bleierzen gefüllt sein sollten, — oder derart, dass der Granit unmittelbar nach der Eruption von Zinnemanationen und in weit später folgenden Perioden von Silber-Blei-Solfataren begleitet sein sollten. Die Möglichkeit einer solchen mehr indirecten und losen Verknüpfung der Erzgänge zu Eruptionen werden wir in einem folgenden Abschnitt näher besprechen; hier wollen wir nur kurz betonen, dass die vorliegenden beiden Typen von Erzgängen — einerseits Zinnsteingänge: Altenberg, Bangka, Cornwall u. s. w., andererseits Silber-Bleierz-Gänge: Freiberg, Schneeberg, Clausthal, Andreasberg, Kongsberg u. s. w. — in paragenetischer Beziehung getrennten Kategorien angehören, obwohl wir auch hier schrittweise Uebergänge nachweisen können.

Dagegen giebt es mehrorts Kupfererzgänge, die sich in geologischer Beziehung direct den normalen Zinnsteingängen oder den cornwallischen Zinnstein-Kupfererz-Gängen anschliessen, und die in einem genetisch-classificatorischen Systeme kurz als „Zinnsteingänge, mit Kupfererz statt Zinnstein" bezeichnet werden können.

Als ausgezeichnetes Beispiel dieser Erzvorkommengruppe, die bisher wenig bekannt ist, und die wir deswegen etwas näher besprechen müssen, wählen wir das Gangfeld in Thelemarken (in Norwegen), das ich bei früheren Gelegenheiten („Norwegische Erzvorkommen", III und IIIb, 1884 und 1887) näher studirt habe (siehe auch ältere Arbeiten von Th. Scheerer, 1844, und T. Dahll, 1860, d. Z. 1894, S. 462).

Mineralogisch gekennzeichnet sind diese Gänge durch Kupferkies, Buntkupfer und Kupferglanz, hier und da auch Eisenglanz, Bleiglanz und Zinkblende, Fahlerz, Arsen-, Wismuth- und Uranerze, gediegenes Gold, Silber, Kupfer, daneben Titaneisen, Rutil u. s. w. in Combination mit Quarz, Alkaliglimmer (Muscovit), Kalkspath und Dolomit, Flussspath (bisweilen so massen-

haft, dass der Gang auf Flussspath bebaut wird; siehe S. 147), weiter Turmalin (auch an einigen Vorkommen in sehr bedeutender Menge), endlich, obwohl in untergeordneter Menge, Beryll und Apatit.

Und in geologischer Beziehung lässt sich das Gangfeld in eine Reihe von Untergruppen eintheilen:

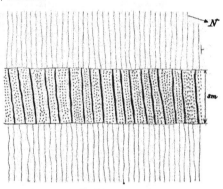

Fig. 32.

Kartenskizze über Näsmark-Grube in Thelemarken.
Granitgang (ca. 400 m lang und 3—3,5 m breit), Quarzschiefer durchschneidend; mit kleinen Buntkupfer-Quarz-Gängen (auf der Zeichnung schwarz), regelmässig in Abständen von 0,3 bis 0,4 m aufeinander folgend; die Quergänge von ganz schmalen Greisenzonen umgeben.

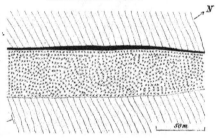

Fig. 33.

Kartenskizze über Moberg-Grube in Thelemarken.
Granitgang (250 m lang und 40—50 m breit), Quarzschiefer durchsetzend; an der einen Contactfläche zwischen Granit und Schiefer ein mächtiger Quarzgang, an den Saalbändern mit angewachsenen Muscovitkrystallen und mehrorts mit reichen Kupfererz-Nestern.

a) Erzgänge auf Spalten (senkrecht stehende Absonderungsspalten) innerhalb der Granitmassive (s. Fig. 35).

b) Erzgänge auf Spalten (senkrecht stehende Quer-Absonderungsspalten) in den Granitgängen; s. die beistehende Kartenskizze über Näsmark-Grube, Fig. 32. Von diesen höchst eigenthümlichen Granit-

gängen, mit kleinen und ganz dünnen Spaltenausfüllungen (von Buntkupfer nebst Quarz
und Greisen-Glimmer) auf den ziemlich regelmässig, in Abständen von 0,3—0,4 m auf
einander folgenden Quer-Absonderungsklüften,
kennen wir in Thelemarken bisher mindestens
4 oder 5 Beispiele.

c) Erzgänge längs der Contactfläche
(die eine verhältnissmässig gute und offene
Spalte mit weniger Widerstandskraft bildete) zwischen Granitgang und Schiefer; s.
Fig. 33.

d) Erzgänge oder Imprägnationsklüfte
im Schiefer unmittelbar an der Granitgrenze.

e) Erzgänge, welche den Schiefer
durchsetzen, bisweilen unmittelbar von
den Granitmassiven oder den Granitgängen
ausgehend, oftmals jedoch auch ziemlich
weit vom Granit entfernt.

in genetischer Beziehung eine gemeinschaftliche Gruppe bilden. Der oft höchst intimen
Verknüpfung mit Granit, bezw. mit Granitgängen wegen haben verschiedene Forscher
(Scheerer, Dahll, Kjerulf) schon längst
den Schluss gezogen, dass die Bildung dieser
Kupfergänge von der Graniteruption abhängig
sei. Dies wird endlich sicher bestätigt,
erstens dadurch, dass unsere Kupfererzgänge
dieselbe Gangmineralcombination (Quarz,
Alkaliglimmer, Flussspath, Turma-
lin, Kalkspath, Beryll, Apatit u. s. w.) führen
wie die Zinnsteingänge, und zweitens —
worauf noch mehr Gewicht zu legen ist —

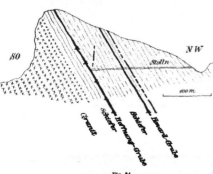

Fig. 34.
Profilskizze der Gruben des Aamdals-Kupferwerkes in
Thelemarken (Hauptgrube Hoffnung und Howard,
mit 5 Stollen).

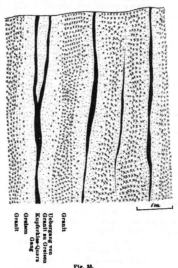

Fig. 35.
Detailprofil von dem Granitmassiv zu Klovereid, Thelemarken,
den Uebergang von Granit zu Greisen bei den
Kupferkies-Quarz-Gängen darstellend.
Die Figur gilt ebenso gut auch für den Näsmark-Granit-
gang (Fig. 32), mit Kupfererzgängen auf den Querabsonde-
rungsspalten.

f) Lagergänge oder Lager-Erzimpräg-
nationen, ganz oder beinahe concordant
zwischen den Schichtungsflächen der Schiefer
auftretend; bisweilen, wie z. B. an den Haupt-
gruben des Aamdal Kupferwerkes (das mit
150 Arbeitern betrieben wird), nur 30—50 m
von der Granitgrenze entfernt; s. Fig. 34.

Alle diese Gänge stimmen in mineralogischer Beziehung ziemlich mit einander
überein (nur führen einige Gänge ausschliesslich Kupferkies, ohne Schwefelkies
oder Magnetkies, andere ausschliesslich oder
überwiegend Kupferglanz oder Buntkupfer,
wiederum andere beinahe ausschliesslich
Flussspath; in einigen unbedeutenden Schürfen auch Bleiglanz, Zinkblende u. s. w.);
und weil die Gänge auch geologisch durch
eine Reihe von Zwischengliedern miteinander
verknüpft sind, ist es unläugbar, dass sie

dadurch, dass die in Granit, zum Theil auch
die in Schiefer aufsetzenden Kupfererzgänge durch die für die Zinnsteingänge
übliche Greisenumbildung am Saalbande gekennzeichnet werden (s.
Fig. 35). Und zwar lassen sich bei diesen
Erzgängen die verschiedenen Zwischenstufen
zwischen Granit und Greisen sehr schön verfolgen: der ursprüngliche Granit, sowohl zu
Klovereid (Fig. 35) wie auch zu Näsmark
(Fig. 32), Moberg (Fig. 33), Mosnap u. s. w.,
ist ein gewöhnlicher, oft an Feldspath (überwiegend Orthoklas und Mikroklin, daneben
ein wenig Oligoklas) reicher Biotit-Granit,

in der Regel gänzlich ohne Muscovit. Der erste Umwandlungsprocess, am weitesten vom Saalbande der Erzgänge entfernt, besteht darin, dass der Biotit (Meroxen) nach und nach zu Muscovit, der hier und da von ein wenig Eisenoxyd und Epidot begleitet ist, umgeändert wird, und zwar schreitet diese Umwandlung, wie es durch die beistehende Fig. 36 erläutert wird, vorzugsweise von der Peripherie zum Kern der kleinen Biotitindividuen fort. Der Feldspath ist auf diesem ersten Stadium unverändert; der Biotit ist somit gegen die thätigen chemischen Agentien noch empfindlicher als der Feldspath.

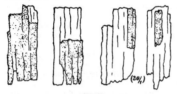

**Fig. 36.**

Umbildung von Biotit (dunkel gezeichnet) zu Muscovit (weiss gezeichnet) bei der ersten Stufe des Umwandlungsprocesses von Granit zu Greisen.

Auf der nächsten Stufe erweitert sich die Umwandlung auch auf dem Gebiete der Feldspäthe, und zwar derart, dass innerhalb der Kalifeldspath-Individuen, namentlich den Zwillinglamellen und den Spaltungsrissen entlang, sich Muscovit, nebst etwas Quarz, entwickelt, hier und da in ganz untergeordneter Menge auch von etwas Epidot und Kalkspath begleitet.

Rücken wir dem Erzgang noch näher, so wächst der neugebildete Muscovit, mit Quarz, nach und nach auf Kosten der Feldspäthe, und zum Schluss sind nicht nur der Biotit, sondern auch der Feldspath gänzlich verschwunden. Statt dessen resultirt ein Greisen, mit den Hauptmineralien Muscovit und Quarz, daneben auch etwas Kalkspath, der gleichzeitig mit den übrigen Greisen-Mineralien gebildet zu sein scheint, und Rutil, der wahrscheinlich aus dem Titanit des ursprünglichen Granits herstammt, weiter etwas Zirkon und Apatit, die wahrscheinlich ohne Veränderung von dem Granit zu dem Greisen übergegangen sind; dazu gesellt sich gern auch ein klein wenig Flussspath und Kupferkies (bezw. Kupferglanz und Buntkupfererz), welche Mineralien von der Gangspalte ab in das Nebengestein hinein „eingeblasen" worden sind.

Es ergiebt sich aus dieser Beschreibung, dass es der Granit selber ist, der jedenfalls zum Theil das substantielle Material zu dem Greisen geliefert hat; doch hat bei dieser Umwandlung, obwohl nicht in sehr bedeutendem Maasse, auch eine Zufuhr bezw. Abfuhr von Stoff stattgefunden. Dies ergiebt sich unmittelbar daher, dass das quantitative Verhältniss zwischen den zwei Hauptmineralien des Greisens ziemlich schwankend ist, selbst innerhalb eines und desselben kleinen Feldes, wo das Muttergestein, nämlich der Granit ursprünglich überall dieselbe chemische Zusammensetzung besass[4]). Bald ist im Greisen der Quarz überwiegend, bald dagegen, und zwar namentlich in der unmittelbaren Nähe der kleinen Erzgänge, der Muscovit; hier muss also etwas Muscovit-Substanz zugeführt sein (durch Kalicarbonat der Lösungen der Gangklüfte?), oder es mag etwas Kieselsäure aus dem Gestein wegtransportirt sein.

Die mikroskopische Untersuchung hat uns gezeigt, dass die Greisenbildung durch die Umwandlung von Biotit zu Muscovit eingeleitet wurde; dieser Process ist jedoch nicht als eine einfache Paramorphose aufzufassen, indem die zwei Mineralien, namentlich in Bezug auf die $Al_2O_3 + Fe_2O_3$- und MgO-Gehalte, nicht unwesentlich von einander abweichen, während die $SiO_2$- und $K_2O$-Gehalte in beiden Fällen ungefähr gleich hoch sind. Die zwei letztgenannten Bestandtheile sind von dem Biotit zu dem Muscovit übergegangen, wogegen die Magnesia des Magnesiaglimmers fortgeführt worden ist. — In entsprechender Weise hat der Kalifeldspath (mit 64,2 Proc. $SiO_2$) gleichzeitig zu der Bildung von Kaliglimmer (mit 45,5 bis 47 Proc. $SiO_2$) und Quarz (100 Proc. $SiO_2$) Veranlassung gegeben.

Die constante Beimischung von etwas Kalkspath (dessen Kalkmenge vielleicht von dem Plagioklas des ursprünglichen Granits herstammt) in dem Greisen ergiebt, dass die auf den Gangklüften circulirenden Lösungen auch etwas Kohlensäure enthielten.

Auf den in Granit bezw. Granitgängen aufsetzenden Gangspalten des Thelemark-Gebietes finden wir neben Erz (Kupferkies, Buntkupfer, Kupfererz und Flussspath sammt ein wenig Kalkspath u. s. w.) im Allgemeinen nur Quarz und Muscovit[5]), den letzteren oft an den Gangwänden aufgewachsen, —

---

[4]) Wie bald unten erwähnt, resultirt auch aus dem Quarzglimmerdiorit zu Swartdal ein ganz entsprechender, Muscovit-reicher Greisen wie aus dem Granit.

[5]) Weiss bis lichtgrün von Farbe: spitze Bisectrix beinahe ganz senkrecht auf OP; Winkel zwischen den optischen Achsen gross; Plan der optischen Achsen senkrecht auf dem Klinopinakoïd (Unterschied von Zinnwaldit). — Dasselbe gilt auch vom Glimmer des Greisens.

also gerade dieselben Mineralien wie im Greisen. Man darf wohl hieraus den Schluss ziehen, dass das stoffliche Material zu diesen beiden Mineralien auf den Gangklüften jedenfalls zum Theil aus dem granitischen Nebengestein, durch Einwirkung der auf den Gängen circulirenden „Lösungen", extrahirt worden ist.

Bei diesen Thelemarkischen Kupfererzgängen begegnen wir genau denselben Umwandlungen des Nebengesteins wie bei den gewöhnlichen Zinngängen; man darf hieraus ohne Zweifel folgern, dass die chemische und physikalische Natur der auf den Spalten circulirenden „Erz-Emanationen oder Erz-Lösungen" bei beiden Arten von Gängen im Princip, namentlich in Bezug auf die thätigen „agents minéralisateurs", dieselbe war; der einzige Unterschied liegt darin, dass in Thelemarken Zinnstein durch Kupferkies, Buntkupfer und Kupferglanz ersetzt worden ist.

Innerhalb des Thelemarkischen Gangfeldes beanspruchen die Swartdal-Gänge (Gold und Turmalin führende Gänge in Quarzdiorit, stets mit Greisen-Umbildung) nach verschiedenen Richtungen hin ein sehr hohes Interesse. Diese Erzgänge, die namentlich durch gediegenes Gold und Wismuthglanz nebst Kupferkies, daneben etwas Schwefelkies, Bleiglanz u. s. w. sammt Quarz, Turmalin (massenhaft, oft ganz überwiegend), Muscovit, Carbonspäthe, Epidot u. s. w. gekennzeichnet werden, setzen nicht in einem Granit, sondern in dem etwas mehr basischen Gestein Quarzglimmerdiorit auf (dieser ist gelegentlich mit sphärolitischer Structur, als Kugeldiorit, entwickelt, siehe deren Beschreibung von mir, „Norwegische Erzvorkommen", IIIb, 1887, und neuere, sehr eingehende Darstellung von K. v. Chrustschoff „Ueber holokrystalline makrovariolithische Gesteine", St.-Petersburg, 1894). Weiter müssen wir besonders betonen, dass der Quarzglimmerdiorit am Saalbande der Gänge dieselbe Greisen-Umbildung erlitten hat wie an den in Granit aufsetzenden Gängen. Rund 0,5 m von den Gangzeilen entfernt fängt der Diorit an etwas Muscovit aufzunehmen; näher nach den Gängen zu verschwinden die Hornblende und die Feldspäthe nach und nach, während die Glimmermenge umgekehrt wächst; und zum Schluss resultirt ein typischer Greisen, aus Quarz und massenhaft Glimmer (in radialstrahligen Bündelchen) nebst etwas Kalkspath bestehend.

In genetischer Beziehung reihen sich diese Gold-, Kupfer-Wismuth-Erze und

Turmalin führenden Gänge in Quarzdiorit einerseit unmittelbar an die in Granit aufsetzenden Kupfererzgänge, Typus Klovereid, Nåsmark, Moberg u. s. w. in Thelemarken, und dadurch weiter an die Kupfererz-Zinnstein-Gänge, Typus Cornwall, und endlich an die eigentlichen Zinnsteingänge, Typus Altenberg-Bangka; andrerseits schliessen sie sich auch, sowohl in Bezug auf Muttergestein wie auch auf Erzfüllung der Gänge, an die grosse unten zu besprechende Gruppe von Kupfererzvorkommen, die an basische Eruptive geknüpft sind. Doch ist namentlich der Mineralcombination (Quarz, Turmalin, Muscovit) wie auch der Greisen-Umbildung des Saalbandes wegen die geologische Verknüpfung des Swartdal-Feldes mit den Zinnsteingängen in Granit viel intimer als mit den Kupfererzgängen in basischen Eruptiven.

Der normale Thelemark-Typus — Kupfererzgänge in und bei Granit, das Endglied des Cornwaller-Typus ausmachend — scheint auch sonst in der Welt etwas verbreitet zu sein, obwohl unsere Kenntniss dieser Erzlagerstättengruppe (oder Untergruppe) gegenwärtig noch ziemlich beschränkt ist. Nur darauf wollen wir kurz aufmerksam machen, dass es, einer Darstellung von A. v. Groddeck (Ueber Turmalin enthaltende Kupfererze von Tamaya in Chile, Z. d. Deutsch. geol. Ges. 1887) zufolge, in dem Tamaya-District in Chile eine bedeutende Anzahl eigenthümlicher Erzgänge giebt, die durch die Combination Kupfererze und Turmalin gekennzeichnet sind, und die wahrscheinlich genetisch an Quarzporphyr geknüpft sind. Einer privaten Mittheilung von A. W. Stelzner zufolge sind diese Turmalin führenden Kupfererze auch sonst in Chile und angrenzenden Staaten ziemlich reichlich vertreten. — Und W. Möricke (Beobachtungen über chilenische Erzlagerstätten und ihre Beziehung zu Eruptivgesteinen, Tscherm. Min. Petrogr. Mitth. B. 12, 1891) beschreibt unter anderem ein Vorkommen von goldhaltigen Kupfererzen zu Remolinos in Chile, wo die Erzgänge in Granit aufsetzen: „In der Nähe der Minen ist das Gestein zersetzt und enthält, wie das Mikroskop zeigt, Kryställchen von Turmalin. Es geht allmälich in eine nur aus Quarz und Turmalin (!) bestehende Felsart über, welche immer feinkörniger wird, bis zum Schluss daraus ein vollkommen dichtes, schwarzes, basaltähnliches Gestein hervorgeht, das dem mikroskopischen Befund nach im Wesentlichen gleichfalls nur aus Quarz und Turmalin besteht. Auch in den Gängen finden sich hin und wieder feine

Kryställchen von Turmalin mit den Erzen verwachsen. Gegenwärtig werden nur goldhaltige Kupfererze abgebaut". Diese Beschreibung ergiebt eine sehr naheliegende Analogie zwischen den vorliegenden chilenischen goldhaltigen Kupfererzen einerseits und den cornwallischen Zinnstein-Kupfererz-Gängen andrerseits; in beiden Fällen hat sich die pneumatolytische Metamorphose des Nebengesteines namentlich als Turmalinisirung geäussert.

Auch sei noch darauf kurz aufmerksam gemacht, dass in dem sehr wichtigen Kupferdistrict zu Butte (Anaconda) in Montana, welches Erzfeld jetzt rund ein Fünftel der Kupferproduction der ganzen Erde liefert, die Kupfererzgänge in Granit (z. Th. Pyroxengranit, gelegentlich in Diorit übergehend) auftreten; einer Darstellung von S. F. Emmons zufolge („Geol. distribution of the useful metals in the United States." Transact. Amer. Inst. Min. Eng. 1893; d. Z. 1893 S. 473) scheint „eine jüngere Eruption von Rhyolith, der durch den Granit schneidet, eine Relation zu der Erzbildung gehabt zu haben".

Die Kupfererze (Kupferkies und Buntkupfererz) zu Moonta in Süd-Australien — eine der ergiebigsten Kupfererzgruben in ganz Australien — treten gangförmig in Orthoklasporphyr auf (zufolge des officiellen Katalogs der Colonie auf der „Mining and metallurgical exhibition" zu London, 1890).

Ob die Kupfererzgänge zu Butte in Montana und zu Moonta in Australien sich durch die Mineralcombination Quarz, Flussspath, Turmalin u. s. w. und durch Greisen-Umbildung des Nebengesteines in genetischer Beziehung unmittelbar an die Kupfererzgänge zu Cornwall, Thelemarken und Remolinos-Tamaya in Chile anschliessen, ist mir nicht bekannt; in jedem Falle darf man doch wohl den Schluss ziehen, dass auch die Butte- und Moonta-Gänge genetisch an die sauren Eruptivgesteine geknüpft sind.

Als Resultat dieser ganzen Untersuchung ergiebt sich, dass wir in genetischer Beziehung unter einer gemeinschaftlichen Kategorie — nämlich unter einer „Zinnstein-Ganggruppe" [1a] in erweitertem Sinne des Wortes — die folgenden Erzlagerstätten-Gruppen (oder Untergruppen) zusammenfassen können:

α) Die eigentlichen Zinnsteingänge, Typus Altenberg, Bangka, u. s. w.

β) Die Kryolith-Columbit-Vorkommen, oft von Zinnstein u. s. w. begleitet, wie auch das bisweilen massenhafte Auftreten von Zinn-

stein, Flussspath, Topas, Turmalin u. s. w. auf Granitpegmatitgängen.

γ) Die Zinnstein-Kupfererz-Gänge, Typus Cornwall.

δ) Gänge von Kupfererz u. s. w., Typus Thelemarken, Tamaya, Swartdal u. s. w.

Die entscheidenden generellen Kriterien dieser ganzen Gruppe suchen wir in der genetischen Verknüpfung mit sauren Eruptivgesteinen, und weiter in der Natur einerseits der Mineralcombination und andrerseits der pneumatolytischen Metamorphose des Nebengesteins.

[1 b.] Die bolivianischen Zinnerzvorkommen, die namentlich durch A. W. Stelzner's Untersuchungen bekannt geworden sind (s. d. Z. 1893, S. 81, 394), unterscheiden sich mineralogisch wie auch geologisch von den ordinären Zinnsteingängen. Erstens führen diese bolivianischen Gänge neben Zinnstein mit Zinnkies (!) und dem germaniumhaltigen (!) Zinn-Fahlerzmineral Franckeit[6]) auch edle Silbererze mit Fahlerzen u. s. w., so dass die Gänge gleichzeitig auf Zinn[7]) und Silber bebaut werden, und zweitens sind die für die eigentlichen Zinnsteingänge bezeichnenden Gangmineralien Flussspath, Turmalin, Topas, Apatit u. s. w. durch die ordinären Blei-Silbererz-Gangmineralien Quarz, Schwerspath, Carbonspäthe u. s. w. ersetzt worden. Auch scheint an diesen bolivianischen Zinn-Silbererz-Gängen die Greisen-Umbildung des Saalbandes zu fehlen. Insofern giebt es jedoch eine wichtige Analogie mit den eigentlichen Zinnsteingängen, als die bolivianischen Gänge, wenn freilich nicht an Granit, so doch an andere (carbonische oder tertiäre) saure oder mässig saure Eruptivgesteine geknüpft sind, nämlich an Dacite, Trachyte und Andesite.

Wie wir unten näher besprechen werden, giebt es in Bolivia eine bedeutende Anzahl oft sehr reicher Silbererzgänge (Beispiel Potosi, dem Typus Comstock-Schemnitz angehörend), die auch in intimer Verbindung mit den jüngeren Eruptivgesteinen stehen; diese beiden Arten von Gängen scheinen in Bolivia nicht von einander scharf unterschieden werden zu können.

Die bolivianischen, an saure oder mässig saure Eruptivgesteine geknüpften Zinn-Silbererz-Gänge bilden auf diese Weise das Uebergangsglied zwischen den eigent-

---

[6]) Ueber Penfield's Canfieldit und Argyrodit vergl. d. Z. 1893 S. 478 und 1894 S. 366.

[7]) Der englische Import von Zinn aus Bolivia betrug:

| 1885 | 1888 | 1891 | 1892 | 1893 |
|------|------|------|------|------|
| 224 | 1363 | 1559 | 2819 | 2909 t. |

lichen Zinnsteingängen und den an
jüngere Eruptivgesteine gebundenen Silbererzvorkommen — also zwischen den zwei
grossen Lagerstättengruppen einerseits Altenberg, Bangka, Cornwall und andererseits
Comstock, Potosi, Schemnitz.

Unter den an Granite und andere saure
Eruptivgesteine durch „eruptive Nachwirkungen" geknüpften Erzvorkommen nehmen
die in stark contactmetamorphen
Straten auftretenden **Eisenerze** [1 c.], vom
Typus Contactvorkommen des Kristiania-Gebiets eine besondere Stellung ein.
Dass diese Vorkommen in der That durch
pneumatolytische Processe entstanden sind,
habe ich (im Anschluss an ältere Studien
von Th. Kjerulf) in früheren ausführlichen
Arbeiten (mit kurzen Referaten in d. Z.
1894, S. 177 und S. 464) näher erörtert.
Die Beweise sind kurz, dass die Erzvorkommen (Hunderte kleine, jetzt schon längst
verlassene Gruben oder Schürfe) in der unmittelbaren Nähe der (postsilurischen)
Granite auftreten, indem sie hier — im
Abstand von meist nur einigen Metern bis
250 m, seltener $^1/_2$—1 km, höchstens 1 bis
$1^1/_2$ km von der Granitgrenze entfernt — in
den verschiedenen prägranitischen Gesteinen
auftreten, theils in archäischen Schiefern und
in älteren Eruptiven (Porphyren) und theils
— und zwar vorzugsweise — in der contactmetamorphen Silurzone, hier beliebig auf den
verschiedenen Etagen, von 2—8, zerstreut.
Endlich finden wir auch eine ganze Reihe
von Vorkommen in den in Granit eingeschlossenen, stark umgewandelten silurischen
Bruchstücken. — Die Erze (Magnetit und
Eisenglanz, untergeordnet Kupferkies, Zinkblende, Bleiglanz, Wismuth-, Arsen- und
Antimonerze) sind folglich gänzlich unabhängig von dem unmittelbar angrenzenden
Nebengestein (Gneiss, verschiedene Porphyre,
silurische Kalksteine und Schiefer von wechselnder Zusammensetzung), dagegen abhängig
von dem Granit.

Weiter lässt sich auch der Schluss ziehen,
dass die Bildung der Erze schon vor
der Erstarrung des granitischen Magmas stattfand; bei den in Schiefern unmittelbar an den Granit anstossenden und bei
den in kleinen, von Granit gänzlich umschlossenen Silurbruchstücken auftretenden
Vorkommen finden sich nämlich die Erze
nur in den silurischen Straten und nie daneben auch im Granite selber. Dies lässt
sich einfach dadurch erklären, dass die Erze
aus dem noch feurig flüssigen Magma in die
in starrem Zustande vorhandenen Gesteine
„eingeblasen" wurden. — Wären die Erze

eine spätere Bilduug, so würden sie auch
im Granit selber abgesetzt sein; wir erinnern
daran, dass unsere Erze in allen möglichen
prägranitischen Gesteinen (Gneiss, Porphyr,
Schiefer, Kalkstein) aufsetzen; der endliche
Absatz der Erze hängt also nicht von der chemischen Natur des unmittelbar angrenzenden
Nebengesteins ab. Auch gelangen wir hierdurch leicht zu dem Schluss, dass die Entstehung der Erze nicht auf metasomatische
Processe zurückgeführt werden kann, und
weiter, dass der stoffliche Inhalt der Erze
nicht aus den verschiedenen prägranitischen
Gesteinen, sondern aus dem granitischen
Magma abzuleiten ist.

Die in den silurischen Straten vorhandenen Erze sind von den normalen, für
die betreffende Schicht bezeichnenden
contactmetamorphen Mineralien begleitet. Bei den in unreinen Kalksteinen
auftretenden Erzlagerstätten begegnen wir
so Marmor mit Granat, Vesuvian u. s. w.; in
den kalkreichen Schiefern finden wir Granat,
Vesuvian, Pyroxen, Hornblende, Glimmer
u. s. w., in thonreichen Schiefern daneben
Chiastolith u. s. w. Die Contactmetamorphose der Schiefer bei unseren Gruben und
Schürfen äussert sich also ganz wie sonst;
nur beobachten wir den Unterschied, dass
die Mineralien in der unmittelbaren Nähe
der Erze durchgängig in verhältnissmässig
sehr grossen Individuen entwickelt sind, d. h.
unsere Erze haben eine potencirt starke
Contactmetamorphose hervorgerufen.

Von fremden Mineralien finden wir neben
dem Erze selber so da und da auch etwas
Flussspath, im Allgemeinen ziemlich spärlich, gelegentlich jedoch reichlicher; weiter
sind auch Axinit (Borsäuremineral) und Helvin
als mineralogische Seltenheiten nachgewiesen
worden.

Die Contactmetamorphose ist bekanntlich
— den Vorstellungen gemäss, welche man
sich darüber hat machen können — auf den
Einfluss von erhitzten Wasserdämpfen zurückzuführen, die aus dem Eruptivmagma ent-
weichend in die Schiefer eingepresst wurden;
diese heissen und wohl auch stark zusammengepressten Dämpfe verursachten eine Umkry-
stallisation, die in den meisten Fällen nicht
von stofflicher Zu- oder Abfuhr begleitet
war.

Unsere Erzvorkommen sind einfach dadurch zu erklären, dass die Wasserdämpfe
in den vorliegenden Fällen mit Metallsalzen
beladen waren, und zwar ergiebt sich hierdurch:

Das Auftreten der Erze längs der Granitgrenze, bald in dem einen und bald in dem
anderen prägranitischen Gestein; weiter das

sehr häufige Auftreten der Erze in Bruchstücken, die von Granit umschlossen sind;
die ganz auffallend grosse Anzahl der
Gruben und Schürfe (welche letztere nach
Hunderten zu zählen sind); weiter das Auftreten der Erze als Imprägnationen gewissen Schieferschichten (bald in einer
und bald in einer anderen silurischen Etage)
entlang, indem die aus dem Magma entweichenden Dämpfe oder Gase vorzugsweise den
vorhandenen Schichtungsflächen folgten;
und endlich die potencirte Contactmetamorphose, was damit in Verbindung
zu stellen ist, dass dort, wo wir jetzt unsere
Erze finden, die Dämpfe in sehr reichlicher
Menge hindurchströmten; die metamorphe
Action war also hier höher als sonst.

Mit diesen Kristiania-Erzen können wir
in genetischer Beziehung auch einige aus-
wärtige Lagerstätten vergleichen, beispielsweise folgende:

In den Pyrenäen; Eisenerz in der Nähe
von Granit, in contactmetamorphen Kalksteinen von verschiedenem Alter; bei Canigou
gehört die erzführende Kalkstein der „Grauwacke" an, bei Rancié dem Jura und bei Saint-
Martin der Kreide (nach B. v. Cotta, Lehre
von den Erzlagerstätten, B. 2, 1861, S. 434
bis 436).

Bei Springs nahe Calgour in Queens-
land; Eisenerz mit Kupfererz (goldhaltig) in
einer contactmetamorphen Wollastonit-
Granat-Quarz-Masse gerade auf der Contactfläche zwischen Granit und Kalkstein (G.
Wolff, Z. d. Deutsch.geol.Ges. 1877, S.149).

Im Banat und in Serbien zahlreiche
Eisenerzvorkommen (Morawicza, Rézbánya
u. s. w.), die von mehreren deutschen, österreichischen und ungarischen Forschern mit
Eruptiven („Banatit", Syenit, Diorit u. s. w.)
in Verbindung gebracht worden sind, die
aber anderen Forschern (Hj. Sjögren) zufolge sedimentäre (oder metasomatische?)
Bildungen sein sollen.

Auch können wir hier das bekannte Eisen-
glanz-Vorkommen auf Elba, nebst entsprechenden Lagerstätten an der toscanischen
Küste, erwähnen, die von einigen Forschern
als pneumatolytische Bildungen erklärt worden sind, die aber kürzlich von B. Lotti
(Geol. Fören. Förh. Bd. 13, 1891) auf metasomatische Processe („chemisch-moleculare
Ersetzung der Kalksteine"), die übrigens mit
Eruptionen in genetischer Beziehung stehen
sollten, zurückgeführt worden sind. (Vergl.
d. Z. 1895 S. 30—31.)

Besonderes Interesse erweckt Pitkäranta
in Finland (vergl. S. 464, 1894), wo es drei
verschiedene Erze giebt, nämlich Eisenerze,

Zinnerze und Kupfererze. Einer Darstellung
von A. E. Törnebohm (Geol. Fören. Förh.
B. 13, 1891) zufolge treten diese Erze inner-
halb einer (contactmetamorphen?) Pyroxen-
Granat-Masse auf, in Schiefer in unmittel-
barer Nähe von Granit und selbst von Granit-
gängen durchkreuzt. Törnebohm fasst die
Eisenerze als sedimentär, ursprünglich dem
Schiefer angehörend auf; die zwei anderen
Erze sind dagegen unzweifelhaft jünger (und
zwar die Kupfererze noch jünger als die
Zinnerze).

Ein entscheidender Beweis für die sedimentäre Natur der Eisenerze ist jedoch
nicht geliefert worden; vielmehr scheint es
mir natürlich, auch diese als später eingedrungen aufzufassen. Die Altersstufe der Erze
wäre dann: 1. Eisenerz, 2. Zinnerz,
3. Kupfererz, und die Pyroxen-Granat-
Masse musste als eine sehr stark (potencirt
stark) contactmetamorphe Schicht betrachtet
werden. Falls diese Auffassung richtig ist,
würde Pitkäranta die geologische Verbindung
der zwei Typen Kristiania und Cornwall sehr
schön vermitteln.

Hier mögen wir auch an die oft von
Eisen- und Zinnerzen begleitete „Turmalinisirung" der Schiefer in der Nähe der Granitgrenze erinnern.

Um Missverständnissen vorzubeugen betonen wir ausdrücklich, dass man eine scharfe
Kritik bei der Beurtheilung des Ursprungs
der in der granitischen Contactzone vorhandenen Eisenerze ausüben muss, und zwar
namentlich deswegen, weil früher vorhandene
Roth- oder Brauneisenerze in der Nähe des
Granits zu krystallinem Magnetit metamorphosirt werden (Eisenglanz wird durch die
Contactmetamorphose der Granitgänge zu
Magnetit umgeändert, d. h. etwas Sauerstoff
wird weggetrieben, siehe z. B. Geol. Fören.
Förh. B. 16, 1894, S. 289). — Ein lehr-
reiches Beispiel liefern uns die durch metasomatische (prägranitische) Processe gebildeten Eisenerze des Lerbacher Oberdevon-
zuges im Oberharz, wo das Rotheisenerz
in der Nähe des Okergranits zu stark attrac-
torischem Magneteisen umgewandelt worden
ist (F. Klockmann, Z. d. Deutsch. geol.
Ges. B. 45, 1893, S. 284). Beim Vergleich
einer Karte einerseits über diesen Oberharzer Eisenerzzug, der ungefähr senkrecht
zur Granitgrenze verläuft, und andrerseits
über die Kristiania-Gruben, die ausschliesslich an die Nähe des Granits gebunden sind,
während sie weiter von der Granitgrenze
entfernt gänzlich fehlen, sieht man den prin-
cipiellen Unterschied in genetischer Beziehung.

Mit unseren an den Kristiania-Granit
geknüpften Eisenerzen hat man wiederholt

20*

auch mehrere von den bedeutenden Eisenerzlagerstätten, Arendal, Dannemora u. s. w.,
im südlichen Norwegen und mittleren Schweden wie auch die „Eisenerzberge" Gellivara,
Kirunavara u. s. w. im nördlichen Schweden
in genetischer Beziehung vergleichen wollen.
Die letztgenannten Vorkommen kenne ich
nicht durch persönlichen Besuch, und deswegen darf ich mich über dieselben nicht
aussprechen; bezüglich der Vorkommen
Dannemora, Persberg, Norberg, Arendal dagegen betrachte ich es als unzweifelhaft,
dass diese nichts mit pneumatolytischen Processen zu thun haben, sondern dass sie durch
Sedimentation entstanden sind. (Inbetreff
einer detaillirten hydrochemischen Hypothese,
die ich zur Erklärung dieser Vorkommen
entwickelt habe, verweise ich auf meine Arbeiten „Salten og Ranen" 1891, und „Das
Eisenerz des Dunderlandsthales" 1894; siehe
d. Z. 1894 S. 30, 1895 S. 87.)

Ueberhaupt scheinen pneumatolytisch gebildete Eisenerze nicht sehr stark verbreitet
zu sein, und jedenfalls in Europa — und,
soweit ich die Litteratur kenne, auch in den
Vereinigten Staaten[8] — nehmen sie im Vergleich mit den durch Sedimentation bezw.
Metasomatose entstandenen Eizenerzen eine
sehr bescheidene Stellung ein. Zu diesen
beiden letzteren hydrochemischen Eisenerz-
Lagerstättengruppen gehören die meisten
grösseren Eisenerzgruben sowohl in der alten
wie auch in der neuen Welt. Die durch magmatische Differentiationsprocesse in Gabbrogesteinen u. s. w. gebildeten Titan-Eisenerz-
Ausscheidungen erreichen freilich oft ganz
colossale Grösse; des Titangehaltes, zum
Theil auch des oft mässig niedrigen Eisen-
gehaltes wegen sind diese Vorkommen jedoch
bisher im grossen Ganzen gerechnet nur
ganz schwach betrieben worden, vielleicht
haben sie aber die Zukunft für sich. Die
pneumatolytischen Eisenerze scheinen in der
Regel nicht solche Dimensionen zu erreichen,
dass sie zum Grossbetrieb Veranlassung
geben können.

*[Fortsetzung folgt.]*

---

[8]) N. II. und H. V. Winchell heben in „Iron
ores of Minnesota" (1891) ausdrücklich hervor, dass
„no large amounts of iron have come from subli-
mation."

## Das Schwefelkies- und Schwerspathvor-
## kommen bei Meggen a. d. Lenne.

Von

R. Hundt, Olpe i. Westf.

Das Schwefelkies- und Schwerspathlager
bei Meggen a. d. Lenne hat bisher in der
Litteratur nicht die ihm gebührende Beachtung gefunden. Ausser der eingehenden, im
13. Jahrgang (1856, S. 300—330) der Verhandlungen des naturhistorischen Vereins für
Rheinland-Westfalen wiedergegebenen Bearbeitung des Freiherrn A. von Hoiningen,
gen. Huene, und einer in Band 36 (1888)
der Preussischen Zeitschrift für Berg-, Hütten-
und Salinenwesen S. 215—222 veröffentlichten, mehr die ökonomischen Verhältnisse
des Meggener Bergbaus bis 1887 beleuch-
tenden Abhandlung von M. Braubach findet
sich nur in der Beschreibung der Bergreviere
Arnsberg, Brilon und Olpe (1890) ein tieferes
Eingehen auf dieses bergbaulich bedeutende
und geologisch hochinteressante Vorkommen.
Seit dem Erscheinen der Huene'schen Beschreibung hat nunmehr ein nahezu 40-
jähriger Bergbau auf dem Erzlager stattgefunden, welcher die geognostischen Verhältnisse des Vorkommens geklärt und das durch
v. Huene auf Grund der damaligen noch
mangelhaften Aufschlüsse entworfene Bild
hinsichtlich der Einfachheit des Vorkommens
wesentlich verbessert hat.

*Geologische Verhältnisse.*

Während man früher bei Meggen a. d.
Lenne eine ganze Anzahl von einander unabhängiger Schwefelkies- und Schwerspath-
vorkommen annahm, wissen wir jetzt, dass
in der dortigen Gegend nur ein einziges
Lager von bergbaulicher Bedeutung vorliegt,
welches den Charakter eines Schwefel-
kies-, theils denjenigen eines Schwerspath-
lagers annimmt, theils — in bestimmten,
später noch zu erwähnenden Horizonten —
die beiden genannten Mineralien führt.

Das Lager — denn die Annahme einer
gang-artigen Lagerstätte, wie sie Vogt
ähnlich wie für den Rammelsberg so auch
für Meggen behaupten möchte[1]), scheint mir
durchaus unzulässig — ist den höhern ober-
devonischen Schichten der Attendorn-Elsper
Doppelmulde concordant eingelagert (s. Fig.

---

[1]) S. d. Z. 1894 S. 47. An späteren Stellen,
S. 175 und 179, derselben Abhandlung nennt Vogt
stets Meggen mit Schwelm zusammen; letzteres
Vorkommen (ein 3—10 m mächtiges Lager an der
Scheide des mitteldevonischen Sandsteins und des
Stringocephalen-Kalkes) ist jedoch ganz anders,
mehr nach Art der Iserlohner Galmei-Lagerstätten
aufzufassen.

37), und zwar in Form einer Specialmulde mit steil aufgerichtetem, stellenweise widersinnig einfallenden SO- und schwächer geneigten NW-Flügel, welche nach NO divergiren und an den Abhängen der in der Streichrichtung der Schichten verlaufenden Höhenzüge vielfach zu Tage austreten. An den NW-Flügel der Hauptmulde schliessen sich in der Nähe des Dorfes Meggen zwei weitere Mulden an, welche durch inzwischen abgetragene Sättel mit dieser und untereinander in Verbindung gestanden haben und gleichfalls durch die abwechselnde Führung von Schwefelkies und Schwerspath sich auszeichnen. Während indessen die Hauptmulde theils durch die Grubenbaue, theils durch die zur Verleihung ausgeführten Schurfarbeiten in beiden Flügeln auf eine streichende Länge von nahezu 5000 m verfolgt ist, ist die zunächst sich anschliessende sog. Erme-

lange aus und verwirren das geologische Gesammtbild des Vorkommens nicht.

Die Lagerung ist durch Ueberschiebungen und nach allen Richtungen hin einfallende Querklüfte vielfach gestört. Letztere schneiden die Erzlagerstätte meistens im Streichen ab, haben selten eine die Mächtigkeit des Lagers selbst übersteigende Verwurfshöhe und wirken nur dort erschwerend auf den Abbau ein, wo sie bei Aufeinanderfolge in ganz kurzen Zwischenräumen den Zusammenhang des hangenden Nebengesteins durch Zerklüftung vollständig gelockert haben

Die Mächtigkeit des Lagers beträgt durchschnittlich 3 m und steigt in dem Schwefelkies führenden Theile bis zu 8, in dem Schwerspath führenden bis zu 6 m. Grössere Mächtigkeiten liegen nach den bisherigen Aufschlüssen nicht vor und sind die früheren irrthümlichen, ausschliesslich auf

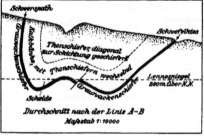

Durchschnitt nach der Linie A–B
Maßstab 1:10000

Fig. 37.

cker Mulde nur auf ca. 400, die mehr nordwestlich gelegene Eickerter Mulde nur auf ca. 300 m im Streichen bekannt und lässt die stetige Abnahme der Mächtigkeit in den Aufschlüssen unter Tage in Uebereinstimmung mit der Erfolglosigkeit der zwecks weiterer Erforschung des Lagers vorgenommenen Schürfe wohl auf ein verhältnissmässig kurzes Anhalten der beiden Mulden im Streichen schliessen. Das Streichen der drei Muldenlinien ist dem Generalstreichen des devonischen Gebirgskerns in h. 4—5 vollkommen angepasst. Dieselben zeigen in auffallendem Maasse die Uebereinstimmung eines Einsinkens nach NO, ein Zeichen, dass der die Faltung des Gebirges herbeiführende, von SO her wirkende Druck nach O zu allmälich an Intensität abgenommen haben muss.

Innerhalb der Hauptmulde finden sich zahlreiche kleinere Specialfaltungen, sowohl auf dem steilen SO-, als auch auf dem flachen NW-Flügel und im Muldentiefsten, indessen halten dieselben selten im Streichen

Beobachtungen über Tage basirten Angaben wohl durch die falsche Schieferung des Nebengesteins veranlasst worden, welche zur Annahme einer steilen Schichtenstellung führte, wo man es mit flacher Lagerung zu thun hat.

Im Hangenden wird das Lager sehr regelmässig von einer mehrere Meter mächtigen Kalksteinbank begleitet, welche zum Theil dolomitisirt ist und, eingeschlossen wie auf Klüften, krystallisirten Schwefelkies enthält. Letzterer kommt auch in abgeplatteten, ringsum auskrystallisirten Concretionen sowie in Streifen und Schnüren von wechselnder, bis zu 30 cm reichender Mächtigkeit in den hangenden Schiefern vor; dagegen ist ein Vorkommen von Schwerspath ausserhalb des Lagers nicht beobachtet worden.

Der Schwefelkies ist im Lager selbst deutlich geschichtet und zeigt oft bizarre, den Begrenzungsflächen der Lagerstätte vollkommen angepasste Fältelungen; der Schwerspath tritt dagegen mehr massig auf und ist auch wohl dieses der Grund gewesen, dass derselbe eine ungleich grössere Zerklüftung erfahren hat. Am Liegenden zeigt der Schwefelkies ähnlich, wenn auch weniger ausgeprägt, wie das Kieslager des Rammelsberges, zahlreiche Gleitflächen, welche z. Th. eine feine Streifung zeigen und den gewaltigen, mit der Eruption der an der ganzen NO-Seite der Attendorn-Elsper Mulde sich hinziehenden Porphyrmassen im Zusammenhang stehenden Bewegungen des devonischen Schichtensystems ihre Entstehung verdanken. Dieselbe Erscheinung kann man an den zahlreichen das Lager durchsetzenden Klüften beobachten.

Von Interesse sind die vielfach im Streichen wie im Einfallen vorkommenden Gabelungen des Erzlagers. Während der meistens unter spitzem Winkel sich abzweigende, stets schwächere Arm in der Regel nicht lange vorhält und sich auch nur wenige der ihn überlagernden Kalksteinbank ausspitzt.

Die Verbreitung von Schwefelkies und Schwerspath im Lager ist keineswegs eine unregelmässige, häufig wechselnde, sondern die beiden Mineralien sind zonenweise zur Ablagerung gelangt. Das Vorkommen von Schwefelkies ist auf den mittleren Theil der Mulde beschränkt und besitzt im Vergleich zu der sowohl nach NO wie nach SW sich anschliessenden, d. h. an seine Stelle tretenden Schwerspathablagerung eine verhältnissmässig geringe Längenerstreckung; dagegen ist die Mächtigkeit des Lagers in dem mittleren edlen Theile am grössten und nimmt immer mehr ab, je weiter man die Lagerstätte im Streichen nach beiden Richtungen hin verfolgt.

Wie die beigegebene Skizze (Fig. 38) zeigt, tritt das Lager am rechten Ufer der Lenne

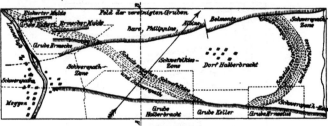

Fig. 38.

nige Meter von dem Haupttrum entfernt, hat man andererseits auch einzelne Fälle von praktischer Bedeutung angetroffen. So zweigt sich z. B. in den Bauen der im Muldentiefsten ansitzenden Grube Halberbracht ein derartiger Ast mit einer Mächtigkeit von 2 m vom Haupttrum ab, streicht nach Erreichung eines Abstandes von 15 m demselben parallel und liegt hinter einer Querkluft, welche 105 m vom Gabelpunkte entfernt die Schichten um 20 m verwirft, wieder mit der Unterbank vereinigt. Die in unmittelbarer Nähe der Klüfte beobachtete, unter einem Winkel von 70° sich aufrichtende Schichtung des Kieses in dem hangenden Theile des Lagers lässt in Uebereinstimmung mit der zunehmenden Mächtigkeit nach Vereinigung beider Stücke erkennen, dass man es hier mit einem überraschend plötzlichen Abschneiden des aus Kalkstein und Grauwackenschiefer bestehenden Zwischenmittels zu thun hat. In der Fallrichtung ist der Zweigarm bisher nur nach NW verfolgt worden, wo sich derselbe bei 72 m flacher Höhe über der Sohlenstrecke zugleich mit

auf beiden Flügeln zunächst Schwerspath führend zu Tage und behält diese Beschaffenheit am Ausgehenden des NW-Flügels bis zu annähernd 800, des SO-Flügels bis zu 2000 m nordöstlicher Entfernung von dem Dorfe Meggen bei. Hier zeigt sich sodann der Mineralwechsel in der Weise, dass der Schwefelkies zunächst als schmaler, kaum zu erkennender Besteg am Liegenden ansetzt, sich allmälich immer weiter in das Lager hineinzieht und den Schwerspath endlich vollständig verdrängt. Die Scheide zwischen beiden Mineralien zieht sich vom NW-Flügel in Form einer im Einzelnen sehr unregelmässig gestalteten und noch nicht in ihrem ganzen Verlaufe verfolgten Curve nach O und hat zufolge dieses Umstandes die Schwerspathablagerung auf dem SO-Flügel eine am Ausgehenden um 1200 m grössere Ausdehnung angenommen. Der Schwefelkies führende Theil des Lagers hat am Ausgehenden des SO-Flügels eine Längenerstreckung von nur 700 m, die indessen mit der Teufe besonders auf der östlichen Seite schnell zunimmt. Mit dem II. Stolln der Grube Ernestus, in deren Felde überall der Schwerspath, anfänglich noch von Schwefelkies unterlagert, zu Tage ansteht, ist das Lager 100 m unter Tage 233 m weit bauwürdig überfahren und in dieser Beschaffenheit bis in eine Teufe von 200 m verfolgt worden. Hier wendet sich die Scheide allmälich wieder mehr nach NW und scheint diesen Verlauf, nach den Beobachtungen auf dem NW-Flügel zu schliessen, auch fernerhin beizuhalten, da sich auf diesem schon in 2800 m nordöstlicher Entfernung von Meggen der Schwerspath im Hangenden der Lagerstätte wieder einstellt. Der Schwerspath lässt sich nach O bis zu dem ca. 5 km von Meggen entfernt liegenden Dorfe Burbecke verfolgen; sein Ende ist nicht bekannt.

Die Beziehungen von Schwefelkies und Schwerspath zu einander sind besonders durch den in früheren Jahren auf der Scheide beider Mineralien in der Ermecker und Eickerter Mulde aufgeklärten Bergbau aufgeklärt worden. Hier hat sich gezeigt, dass der Wechsel der Mineralführung in der Regel sehr langsam fortschreitet und der Schwerspath oft auf 100 und mehr Meter den Schwefelkies begleitet, ohne nennenswerthe Fortschritte in der Verdrängung desselben zu machen. Seltener hat sich die Verdrängung des einen Minerals durch das andere so schnell vollzogen, dass ein Abstand von wenigen Metern schon einen durchgreifenden Wechsel der Mineralführung erkennen liess.

*Mineralogische Verhältnisse.*

Das Meggener Kieslager zeichnet sich nicht aus durch einen Reichthum an Mineralien. Die für die Schwefelkieslagerstätte charakteristischen Erze sind Schwefelkies und Zinkblende; neben ihnen finden sich in untergeordnetem Maasse Kupferkies, Buntkupferkies, Bleiglanz, Kalkspath, Dolomit, Braunspath, Quarz, sowie als Neubildungen in alten Bauen Eisenvitriol und — als Seltenheit — Eisenalaun.

Der Schwefelkies tritt im Lager selbst ausschliesslich in derbem, durch organische Beimengungen schwärzlich gefärbten Zustande auf. Krystallisirt findet sich derselbe nur auf den vielen das Lager durchsetzenden Klüften, sowie in Form von Concretionen und kleinen wohl ausgebildeten Krystallen $\left( \infty O \infty \text{ und } \dfrac{\infty On}{2} \right)$ in den hangenden Schiefern, Kalksteinen und im Schwerspath. Am Ausgehenden ist derselbe überall, stellenweise bis zu Teufen von 50 m, in Brauneisenstein von vorwiegend mulmiger Beschaffenheit umgewandelt, welcher sich besonders durch seinen ungleich höheren, offenbar secundär zugeführten Mangangehalt vor dem Kiese auszeichnet. Ueber die Zusammensetzung des Schwefelkieses sind in der Bergrevierbeschreibung Olpe-Arnsberg zwei vollständige, von Dr. Fresenius in Wiesbaden angefertigte Analysen mitgetheilt, nach welchen derselbe besteht aus:

| | Probe vom | |
|---|---|---|
| | SO-Flügel | NW-Flügel |
| Fe . . . . . . | 37,49 | 33,39 |
| Zn . . . . . . | 4,23 | 10,80 |
| S . . . . . . | 44,78 | 42,26 |
| SO₃ . . . . . | 0,66 | 0,74 |
| Mg O . . . . | 0,20 | 0,50 |
| CO₂ . . . . . | 0,20 | 1,20 |
| Ca O . . . . | 0,87 | 0,96 |
| As . . . . . . | 0,07 | 0,09 |
| Si O₂ + Al₂O₃ . | 11,08 | 8,11 |
| O (an Zn und Fe zu Carbonaten und Sulfaten gebunden) . . . | 0,05 | 0,15 |
| Pb . . . . . . | 0,14 | 1,19 |
| Cu . . . . . | Spuren | 0,08 |
| Mn . . . . . | desgl. | 0,13 |
| Ni . . . . . | desgl. | 0,01 |
| Organ. Substanzen | desgl. | 0,32 |
| Ag . . . . . | — | Aeusserst geringe Spuren |
| Au . . . . . | — | |
| P₂ O₅ . . . . | — | Spur |
| Ba O . . . . | — | Spur |
| Summa . . | 99,77 | 99,88 |

Das nach dem Schwefelkies am meisten vorherrschende Mineral, die Zinkblende, findet sich in dichten, mehr oder minder ausgeprägten Streifen von dunkelbrauner Farbe in der derben Kiesmasse. Der hohe, im Durchschnitt 8 Proc. betragende Zinkgehalt der Erze hat schon früher einigen Fabriken Veranlassung gegeben, besonders ausgehaltene blendereiche Haufwerke durch eine chlorirende Röstung der Kiesabbrände und spätere Auslaugung des entstandenen Salzes auf dieses Metall nutzbar zu machen. In den letzten Jahren sind durch die Meggener Gruben auf der Germaniahütte zu Grevenbrück umfangreiche Versuche zu einer Extraction und elektrolytischen Fällung des genannten Metalls aus den Kiesabbränden vorgenommen worden, welche ein günstiges Resultat ergeben und die Erbauung einer auf eine tägliche Verarbeitung von vorerst 30 t berechneten elektrolytischen Scheideanstalt zu Duisburg zur Folge gehabt haben.

Kupferkies und Bleiglanz treten gegen die Blende sehr zurück; Buntkupferkies findet sich nur ganz vereinzelt auf Klüften abgesetzt. Der Bleiglanz tritt vorwiegend nesterweise in dem Erzlager auf, erscheint sowohl dicht, als auch späthig und körnig und ist an einigen wenigen Stellen mit freiem Schwefel durchsetzt vorgekommen.

Kalkspath und Dolomit kommen in gut ausgebildeten, durch Eisenoxyd röthlich gefärbten Krystallen sowohl drusenförmig im

Lager selbst als auch in den unmittelbar
angrenzenden Schichten vor; seltener ist das
Auftreten von Braunspath. Die Krystalle
sind in der Regel mit feinen Schwefelkies-
nadeln vollständig übersäet. Der Quarz
durchzieht die Lagerstätte nach allen Richtungen hin in äusserst feinen Schnürchen
und Aederchen und tritt besonders in dem
ausgehenden, in Brauneisenstein umgewandelten Theile des Lagers deutlich hervor, während er in der geschlossenen Kiesmasse selten
zu erkennen ist.

Der Schwerspath des Meggener Vorkommens ist feinkörnig und von schwärzlicher,
bei einigen Stücken mehr ins Blaue über-
spielender Farbe; der färbende Bestandtheil
ist wahrscheinlich in einer Beimengung der
auch im Schwefelkies vorkommenden organischen Substanzen zu suchen, jedoch liegen
Analysen, welche eine sichere Beurtheilung
in dieser Hinsicht zuliessen, bisher nicht vor.
Seine Hauptbestandtheile sind aus nachstehenden, von der Actiengesellschaft für
chemische Industrie in Schalke mitgetheilten
Zahlen zu ersehen:

| | |
|---|---:|
| Ba $SO_4$ | 94,58 |
| Sr $SO_4$ | 2,02 |
| Ca $SO_4$ | 0,87 |
| $H_2O$ | 1,78 (?) |
| Unlöslich | 0,80 |
| | 100,00 |

Krystallisirt findet sich derselbe nur äusserst
selten auf den das Lager durchsetzenden
Klüften. Seine Verwendung in der Technik,
welcher bisher die Unreinheit entgegenstand,
hat in den letzten Jahren zugenommen;
seitdem findet an zur Abfuhr günstig gelegenen Stellen eine Gewinnung in Stollen und
Tagebauen statt.

### Zur Genesis des Lagers.

Wir kommen nun zu dem wunden Punkte
des Meggener Vorkommens, zu dem noch un-
aufgeklärten genetischen Zusammenhang
zwischen Schwefelkies und Schwerspath. Beide Mineralien sind allem An-
scheine nach in kurz aufeinander folgenden
Zeiträumen zur Ablagerung gelangt, und
zwar ist der Schwefelkies die ältere, der
Schwerspath die jüngere Bildung. Letzteres
geht daraus hervor, dass an allen Stellen,
wo das Lager Schwefelkies und Schwerspath
führt, das letztere Mineral stets das erstere
überlagert, dass auf der Scheide der Schwerspath ohne Ausnahme zunächst am Hangenden auftritt und dann allmälich den Schwefelkies immer mehr verdrängt. An keinem
Punkte der weitausgedehnten Grubenbaue
ist bisher ein unregelmässiges Durcheinander-
vorkommen beider Mineralien, eine Einbettung

von Schwerspath in dichten Schwefelkies,
oder umgekehrt von nicht krystallinischem Schwefelkies in der geschlossenen
Schwerspathmasse beobachtet worden.
Die Analysen des Schwefelkieses ergeben
selbst an Stellen, wo der Schwerspath unmittelbar denselben überlagert, keine oder
doch nur sehr geringe Spuren von Baryt,
und ein Eisenkiesgehalt des Schwerspathes
kann nicht weiter auffallen, da auch die
hangenden Schichten theilweise sehr stark
mit diesem Erze imprägnirt sind. Dagegen
finden sich Bestege irgend welcher Art oder
Ablösungsflächen zwischen beiden Mineralien
nur selten, vielmehr sind dieselben auf der
Scheide innig mit einander verwachsen.
Diese sämmtlichen Anzeichen zusammengefasst lassen darauf schliessen, dass die Ablagerung von Schwefelkies und Schwerspath
in unmittelbarer, aber scharf getrennter Aufeinanderfolge vor sich gegangen ist.

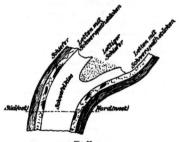

Fig 39.
Eickerter Mulde, nach Huene.

Den obigen Angaben widerspricht allerdings scheinbar das durch Huene mitgetheilte, in Fig. 39 wiedergegebene Profil
der Lagerstätte in der Eickerter Mulde, nach
welchem im Liegenden des Schwefelkieses
noch eine Lettenschicht mit Schwerspath-
stücken auftritt. Desgleichen wird von demselben Verfasser an dieser Stelle eines vereinzelten Vorkommens von mit derbem
Schwefelkies durchdrungenen Schwerspath-
stücken erwähnt, zugleich aber bemerkt, dass
hier der Schwerspath eine lichtere Färbung
und späthiges Gefüge gezeigt habe, beides
Eigenschaften, welche sonst der Schwerspath
des Meggener Vorkommens an keiner Stelle
aufweist. Während das körnige Gefüge den
gewöhnlichen Meggener Schwerspath als Se-
diment charakterisiert, sprechen die von
Huene genannten Merkmale dafür, dass an
dieser übrigens dicht unter dem Rasen gelegenen Stelle ein nachträglicher Niederschlag
aus Lösungen stattgefunden hat, eine Ver-

muthung, welche dadurch an Wahrscheinlichkeit gewinnt, dass der Brauneisenstein und der aus dem Kalkstein hervorgegangene eisenschüssige Letten in der Nähe von Schwerspath sich vielfach durch einen Gehalt an Baryt sowie ein Vorkommen von krystallinischem Schwerspath auszeichnen.

So sprechend nun die für das Meggener Vorkommen hauptsächlich charakteristischen Merkmale: die vollkommen dem Nebengestein angepasste Muldung und Sattelung, die deutliche Schichtung des Kieses in der Lagerstätte, die Verunreinigung des Erzes durch organische Substanzen, in erster Linie aber das körnige, der bekannten Struktur des Massenkalks ähnliche Gefüge des Schwerspathes auf eine sedimentäre Entstehung des Lagers hindeuten, so lässt andererseits das Stellvertretungsprincip, wie es die beiden Mineralien bei ihrem Absatz befolgt haben, erkennen, dass der Niederschlag der Mineralschlämme unter ganz eigenthümlichen Verhältnissen erfolgt sein muss. Dieser auffällige, innerhalb der normalen Begrenzungsflächen in erwähnter Weise sich vollziehende Mineralwechsel will so recht nicht in das Bild einer Bodensatzbildung passen und dürfte bei einer andern Struktur des Schwerspathes eher eine Entstehung des Lagers durch Verdrängung befürworten lassen; auf jeden Fall verleiht derselbe dem Meggener Vorkommen einen eigenartigen Charakter und unterscheidet dasselbe von allen andern dem Verfasser bekannten sedimentären Lagerstätten.

---

### Die sog. Syenit-Industrie der Südlausitz.

Von

Dr. O. Herrmann.

Das Gestein, welches die sog. Syenit-Industrie der sächsischen Lausitz und der angrenzenden, besonders böhmischen Landstriche ins Leben gerufen hat, ist der Lausitzer Diabas, welcher in der Steinindustrie wie im Volksmunde ganz allgemein irrthümlicher Weise als „Syenit" bezeichnet wird.

Die Diabase der Lausitz[1], welche sich nach ihrer mineralogischen Zusammensetzung

als eigentliche Diabase und Hornblendediabase, grösstentheils aber als Olivindiabase erweisen (Hauptgemengtheile: Plagioklas und Augit, Olivin, Hornblende; Nebengemengtheile: Biotit, Apatit, Magnet-Titaneisen, Eisenkies, Magnetkies, Eisenglanz, meist etwas Quarz, bisweilen Orthoklas und Enstatit), gehören jener Gangformation an, welche in dem postsilurischen Lausitzer Hauptgranit aufsetzt und älter als die dem Alter nach zur Dyas gerechneten Porphyre und Porphyrite in der Lausitz ist. Sie bilden Gänge, deren Mächtigkeit zwischen wenigen Centimetern und etwa 100 m schwankt, und erscheinen als Ausfüllung eines Theiles der Druckklüfte, welche in paralleler Stellung und in geringer, bis 10 m betragender Entfernung von einander das Lausitzer Granitmassiv in allen seinen Theilen durchsetzen. Die Richtung des Kluftsystems und demnach auch der Diabase ist im südlichen Theile der Lausitz nahe O-W (WNW bis ONO). Sie ändert sich nach dem Nordwesten der Lausitz zu allmälich durch NW hindurch bis zur NS-Richtung, nach dem Nordosten des Gebietes dagegen allmälich in eine nordöstliche.

Die Zahl der Gänge ist ausserordentlich gross. Es wiederholt sich mehrfach, dass in einem Granitsteinbruch auf einer Länge von 100 m bis 15 Gänge nebeneinander, genau parallel und geradflächig begrenzt, aufsetzen.

Durch Aufnahme von Hornblende und Aenderung der mikroskopischen Structur gehen die Diabase durch die Hornblendediabase und Augitdiorite in Diorite (Hauptgemengtheile: Plagioklas und Hornblende, Augit; Nebengemengtheile: Biotit, Augit, Apatit, Magnet- und Titaneisen, Eisenkies, Magnetkies, meist etwas Quarz, bisweilen Olivin, Orthoklas) über, welche derselben Eruption wie die Diabase angehören dürften, wenn auch vielleicht einer jüngeren Phase derselben, da ihre Richtung vielfach in auffälliger Weise von der der Diabase abweicht, insofern, als sie meist in einem zweiten, ungefähr senkrecht zur Richtung der Diabase streichenden Kluftsystem aufsitzen. Soviel mir bekannt, gehören sämmtliche Vorkom-

[1] Litteratur: Erläuterung zu der geogn. Charte des Königreiches Sachsen. Heft 3, S. 19—29 Heft 5, S. 392. Dresden u. Leipzig 1845. — C. F. Glocker: Geogn. Beschr. der preuss. Oberlausitz. S. 60—74. Görlitz 1857. — O. Friedrich: Kurze geogn. Beschreibung der Südlausitz etc. Zittau 1871, S. 74 bis 76. — E. Dathe: Mikrosk. Untersuchung über Diabase. Z. d. Deutsch. geol. Ges. 24. 1874, S. 1. — E. Schmidt: Geogn. Beschreibung des mittl. und westl. Theiles, der Kreishauptmannschaft Bautzen. S. 23—36, Bautzen 1878. — E. Geinitz: Proterobas von Ebersbach etc. Sitzungsber. d. Ges. Isis. Dresden 1878, S. 1. — Derselbe: Ueber einige Lausitzer Porphyre und Grünsteine. Sitzungsber. d. Ges. Isis. Dresden 1886, S. 13 ff. — F. Wurm: Ueber die Grünsteine der Schluckenauer und Nixdorfer Gegend. Sitzungsber. d. kgl. böhm. Ges. d. Wissensch. 1890, S. 130—136. — Die Lausitzer Sectionen der Erläuterungen der geologischen Specialkarte des Königreiches Sachsen, i. M. 1 : 25 000. Leipzig 1888—1893. — v. Foullon: Ueber einige Nickelvorkommen. Jahrb. d. geol. Reichsanst. Wien 1892, S. 308.

men, aus denen Material in der Lausitzer „Syenit-Industrie" verarbeitet worden ist, der Diabasgruppe an, wenn auch die Diorite natürlich sich unter Umständen ebensogut verwerthen lassen würden.

Die Sprachverwirrung, welche durch die Einführung des in der Wissenschaft in anderer Bedeutung verwendeten Namens Syenit seitens der Praxis für die Diabase entstanden ist, wird noch dadurch vergrössert, dass auch die Namen Diorit und Grünstein, welche früher für die in Rede stehenden Gesteine in Gebrauch waren, hier und da noch für die Gesammtheit derselben beibehalten worden sind, und weiter dadurch, dass sich für gewisse ausländische Diabase, die neuerdings in der Lausitz zur Verarbeitung gelangen, der Name schwarzer Granit eingebürgert hat. Es wäre zu wünschen, dass die falschen Bezeichnungen ausgemerzt würden, doch dürfte ein Versuch hierzu nach meinen Erfahrungen, die ich während meiner Thätigkeit als Geolog der Kgl. sächs. Landesuntersuchung gesammelt, wenig Aussicht auf Erfolg haben.

Es muss noch erwähnt werden, dass der Diabas auch vielfach, besonders jenseits der Landesgrenze, Krötenstein genannt wird, wohl deswegen, weil die im Ackerboden gefundenen rundlichen Blöcke beim Verwittern eine narbige Oberfläche annehmen.

Die Diabase (und Diorite) des Lausitzer Gebietes sind dann, wenn die Gänge, welche sie bilden, unter $1^1/_2$ m Mächtigkeit besitzen, ausnahmslos schwarzgrüne, sehr feinkörnige bis dichte Gesteine, in denen man die Gemengtheile mit blossem Auge nicht unterscheiden kann. Wird die Mächtigkeit eine grössere, so erscheinen die Gesteine in mittelkörnigem Gefüge, tragen eine mehr oder weniger hellgrüne Totalfarbe und erweisen sich bei näherer Betrachtung grün und weiss gesprenkelt, indem sie neben etwas Biotit und eingesprengtem Eisenkies weissen Feldspath und schwarzgrünen Augit (bezw. Hornblende) erkennen lassen. Diese Erscheinung ist, wie noch zu erklären sein wird, von grosser, leider ungünstiger Bedeutung für die Lausitzer Industrie geworden.

Bereits im J. 1840 wurde einheimischer Diabas aus Wiesa bei Kamenz von Fr. Rietscher zu Hässlich in der nordwestlichen Lausitz geschliffen und 1869 von letzterem die erste grössere Arbeit, der Sockel des „Mutter-Anna-Denkmals" in Dresden daraus geliefert. Eine eigentliche Industrie[2]) begann

---

[2]) Bemerkungen darüber finden sich in: Jahresberichte der Handels- u. Gewerbekammer zu Zittau. — E. May: Die Syenitindustrie der Südlausitz. Leipz. Zeitung. 14. Mai 1890. — H. Ge-

sich aber in der Südlausitz erst vor ungefähr 25 Jahren zu entwickeln. Zu jener Zeit kam aus der Kamenzer Gegend ein wohlhabender Steinmetz, namens Ackermann, ein findiger, geschickter Mann, aber ohne Ausdauer und inneren Halt, in die Südlausitz, spaltete zuerst auf Beiersdorfer Flur die umherliegenden Blöcke (Kröten) und stellte das Vorkommen des Diabases an einer Reihe von Punkten fest, wo später der lebhafteste Steinbruchbetrieb stattfand. Ackermann verfolgte die Sache aber nicht weiter und starb gänzlich mittellos. Er war aber die Veranlassung, dass Carl Berndt i. J. 1867 den ersten Steinbruch eröffnete. Letzterer ging dann in den Besitz der Firma Schönlank & Névir über, die i. J. 1880 die erste „Syenitschleiferei" der Südlausitz baute.

Aus diesen Anfängen hat sich, unter schwankendem Geschäftsgange, die Industrie bis zu ihrer heutigen Ausdehnung und Blüthe, aber auch zu der starken derzeitigen Concurrenz der einzelnen Firmen unter einander, entwickelt.

Heute existiren 9 „Syenitschleifereien" mit Maschinenbetrieb, der grösstentheils auf Benutzung von Dampfkraft, in einigen Fällen auf der fliessenden Wassers beruht, dann noch etwa 6 Schleifereien mittlerer Grösse ohne maschinelle Hilfsmittel und nun noch eine grosse Anzahl von kleinen Werkstätten mit einigen wenigen Arbeitern, die sich namentlich in den Ortschaften Fugau und Taubenheim befinden. Die grösseren Werke bestehen in Löbau, Oppach, Beiersdorf, Spremberg, Taubenheim, Schluckenau, Rosenhain, Demitz, also auf dem Abschnitt der Lausitz, in welchem das Lausitzer Granitmassiv von den zahlreichsten und mächtigsten Diabas-Dioritgängen durchsetzt wird. Die bekanntesten Firmen, welche hauptsächlich Diabas verarbeiten, sind Victor Schleicher an den Bahnhöfen Taubenheim und Schluckenau, Hermann Brendler & Co. am Bahnhof Neusalza-Spremberg, Franz Névir u. Co. bei Haltestelle Oppach, H. A. Kloss in Löbau, C. Berndt in Beiersdorf, Fr. Rietscher in Hässlich bei Kamenz, Stilbach & Sohn in Demitz, Weiss in Löbau.

Der Zoll, welcher von den beiden in der Südlausitz aneinandergrenzenden Ländern gegenseitig auf geschliffene „Syenitwaren" erhoben wird, hat eine eigenthümliche Anlage der Schleifereien veranlasst, die es den Fabriken ermöglicht, den Bestellungen in den beiden Ländern gerecht zu werden, ohne den Zoll, welcher einen Export unmöglich machen würde, zahlen zu müssen. So hat

bauer: Die Volkswirthschaft im Königreiche Sachsen. Dresden 1893. Bd. 2, S. 32 u. 33.

die Firma V. Schleicher eine Schleiferei im böhmischen Schluckenau und eine solche im sächsischen Taubenheim, so haben mehrere der grossen sächsischen Schleifereien kleine Filialwerkstätten auf dem schmalen böhmischen Landstrich, der zwischen Taubenheim und Neusalza tief in das sächsische Land eingreift. Diese Landzunge, auf welcher der Ort Fugau liegt, ist geradezu garnirt mit „Syenitwerkstätten". Ja, ein Werkbesitzer hat hier im O von seinem Wohnhause eine Schleiferei zur Erledigung des Bedarfes für Oesterreich, im W von demselben, 100 m davon entfernt, auf sächsischem Boden dagegen eine solche, woselbst die nach Deutschland bestimmten Steine geschliffen werden.

In den grösseren Werken wird neben Diabas auch — vorwiegend zu monumentalen Erzeugnissen — rother und grünlicher Granit aus Südschweden, rother Granitit vom Riesenstein bei Meissen; ferner Augitsyenit (Zirkonsyenit) vom westlichen Ufer des Kristiania-Fjords unter dem Namen „Labrador"[2]), gelegentlich auch Lausitzer Granitit verarbeitet. Das Verhältniss der Menge dieser Materialien zu der des Diabases ist ungefähr wie 1 : 50.

Die Diabasbrüche, welche das meiste Rohmaterial zum Verschleifen geliefert haben, liegen im O von Oppach, ferner auf dem Huzelberg bei Spremberg, im N von Kleinnixdorf, beim Bahnhof Nixdorf, im Schweidrich bei Schluckenau, auf dem Taubenberg bei Taubenheim, im O und W von Bautzen.

Der Abbau des Diabases geschieht durch Abspalten von Platten und Blöcken, indem reihenweis gesetzte Eisenkeile in den Stein eingetrieben werden. Sprengmittel wendet man fast nur an, um Partien, die man zu gewinnen beabsichtigt, freizulegen, also zum Wegräumen von unverwerthbarem Material. Dem Abbau des Lausitzer Diabases kommt die concentrisch-schalige Absonderung desselben sehr zu statten. In den oberen Partien sind, nicht selten bis 7 m tief, sämmtliche Schalen der Absonderungsformen zu einem lockeren gelbbraunen Grus, der mit der Spitzhacke entfernt werden kann, verwittert. In diesem Verwitterungsgrus stecken nun aber die total frischen Kerne, welche von der Oberfläche nach der Tiefe zu an Umfang zunehmen und bisweilen Durchmesser von 5 m und darüber aufweisen. Auf die Förderung dieser rundlichen Blöcke beschränkte man sich in einzelnen Brüchen.

Die gewonnenen Stücke werden meist nahe am Steinbruch in die Form rechteckiger Blöcke gebracht und so den „Syenit-

schleifereien" zugeführt. In dieser Gestalt sind sie zollfrei.

Mängel gewisser Diabase, welche sich bisweilen erst beim Schleifen herausstellen, und die das Darniederliegen grosser Brüche verursachen konnten, sind einmal das Auftreten von feinen Rissen, sog. Stichen, die sich besonders in den Gängen finden, welche noch in dem Randbezirk der Quetschungszonen im Felsuntergrund der Lausitz (in denen der Granit und die ihm aufsitzenden Diabas- und Porphyrgesteine durch den Gebirgsdruck zu mehr oder weniger schieferartigen Gesteinen gepresst wurden) liegen. Dann sind es grobkörnige Schlieren oder Spaltenausfüllungen mit gelbgrünen Epidot, sog. Adern, und endlich rosettenartige Anordnungen grosser Feldspäthe, die sich hier und da zahllos im Diabas finden.

In den „Syenitschleifereien" werden die Stücke zunächst mit verschieden groben „Kieshämmern" bearbeitet, wodurch die Flächen eine feinkörnige Beschaffenheit und grünlich-graue Farbe erhalten und sodann geschliffen. Es geschieht dies bei beständiger reichlicher Wasserzufuhr unter Anwendung von Stahlpulver in verschiedener Grösse (sog. Stahlmasse) entweder vermittels der Schleifschützen (plättstahlartige Eisen, die unter einem, mit einem Stiel versehenen Brett befestigt und auf der Oberfläche des zu schleifenden Stückes hin und hergeführt werden) durch die Hand, oder aber durch Maschinenbetrieb vermittels horizontal rotirender Scheiben, welche von dem Arbeiter auf der festliegenden Gesteinsfläche geleitet werden. Die so glattgeschliffenen Flächen werden mit Naxosschmirgel in verschiedenen Nummern geschmirgelt und schliesslich mit Zinnasche oder Caput mortuum polirt. Zum Schleifen von Rundungen und Hohlkehlen an profilirten Stücken bedient sich der Arbeiter des Schleifeisens. Es ist dies ein an einem Holzgriff befestigter schmaler Eisenblechstreifen, der die Form der zu erzielenden Fläche besitzt. Vasen und Säulen werden meistens auf der Drehbank geschliffen.

Die dünneren Platten werden durch Zersägen von grösseren Blöcken gewonnen. Dazu bedient man sich langer, horizontal eingespannter, ungezähnter eiserner Sägeblätter, von denen eine ganze Anzahl parallel nebeneinander steht und welche, in eine schaukelnde Bewegung versetzt, allmälich in den festliegenden Block einschneiden. In die entstehenden Einschnitte wird beständig unter Zutröpfeln von Wasser feiner Quarzsand eingeführt. Auf diese Weise wird im Laufe eines Tages der Block 5—10 cm tief zersägt.

---

[2]) Vergl. d. Z. 1894. S. 115.

21*

Die Gegenstände, welche aus den Schleifereien hervorgehen, sind Grab- und Gedenkplatten, Grabdenkmäler in Form von Obelisken, Kreuzen etc., Erbbegräbnisse in grösserer Ausführung, ferner Thür- und Wandverkleidungen, Säulen und Sockel für Monumente. Das Haupterzeugniss — etwa 95 Proc. der gesammten Production — sind aber die Grabsteine.

Man muss zugeben, dass sich der Diabas mit seinen polirten, dunklen, widerstandsfähigen Flächen, auf denen sich die goldenen Buchstaben scharf abheben, wie kaum ein anderes Gestein zu dieser seiner ernsten Bestimmung eignet. Wir sehen denn auch auf den Friedhöfen der Lausitz die Diabasgrabsteine diejenigen aus anderem Gesteinsmaterial, besonders Marmor, allmälich verdrängen und dieselben auch auf den Grabstätten in anderen Theilen Deutschlands mehr und mehr erscheinen.

Von grösseren Arbeiten, die aus der Lausitzer Industrie hervorgingen, sind zu nennen der Schmuck der Erbbegräbnisse von Wünsche in Ebersbach, von Neumann in Eibau, von Berndt in Bautzen, der Sockel der Broncestatuen Kaiser Josefs II. in Rumburg (aus Diabas vom Taubenberg, geliefert von Laske in Rosenhain) und in Schluckenau (aus Diabas vom Schweidrich, gefertigt von Victor Schleicher), das Gaiser'sche Familienbegräbniss in Hamburg (geliefert von Hermann Brendler & Co.), der colossale Obelisk des Bautzner Kriegerdenkmals (aus Diabas von Oppach, geliefert von der Firma Franz Névir), Theile einer ganzen Reihe anderer Dresdener Denkmäler, wie das Sieges-Denkmal, König-Johann-Denkmal etc. (von Fr. Rietscher in Hässlich.)

Das Absatzgebiet ist in erster Linie Deutschland, besonders Mittel- und Norddeutschland, dann kommen noch die Schweiz, Oesterreich-Ungarn, Russland und Italien in Betracht.

In den letzten 5 Jahren hat die Diabasindustrie der Lausitz ein eigenartiges Geschick getroffen, welches sie zwang, sich ganz neuen Bedingungen anzubequemen. Wohl durch einige norddeutsche Firmen wurden geschliffene Stücke aus schwedischem Diabas, der nahezu gleichmässig schwarz in seiner Farbe ist, in den Handel gebracht. Das Publikum, einmal auf dieses neue Material aufmerksam gemacht, begeisterte sich derart für dasselbe, dass die Nachfrage nach ganz dunklen Farbtönen an den geschliffenen Sachen eine ausserordentlich starke wurde. In Folge dessen sahen sich die Lausitzer Firmen genöthigt, den schwedischen Stein in ihre Schleifereien einzuführen. Es wurde

natürlich zunächst versucht, Diabase, in der Farbe ähnlich den schwedischen, auch in der Lausitz aufzufinden, und es haben wohl auch einige schwächere Gänge und die randlichen Partien mächtigerer, welche stets dunkler gefärbt sind als die Mitte, etwas Material geliefert, im grossen Ganzen konnte aber der einheimische Diabas den neuen Anforderungen nicht entsprechen, da es an unseren Gängen als fast ausnahmslose Regel gilt, dass das Korn mit der Mächtigkeit des Ganges zunimmt und die Farbe dabei eine hellere wird. Auf diesen schwedischen Diabas, der unter dem Namen „schwarzer schwedischer Granit" in der Industrie verarbeitet und verkauft wird, kommt denn jetzt in den grösseren, besonders den sächsischen Schleifereien $^9/_{10}$ des verarbeiteten Rohmaterials, während es mit dem einheimischen Material allmälich bis zur Deckung von $^1/_{10}$ des Bedarfes herabgegangen ist.

Dieser magneteisenreiche Diabas wird in Brüchen landeinwärts von Kristianstad, am Immelsee, dann noch am Wettersee und mehreren anderen Punkten Südschwedens gewonnen und theils von schwedischen, theils von Stettiner und Berliner Firmen vertrieben. Er kommt in rechteckigen, geradflächigen Blöcken auf dem Wasserweg bis Stettin, Warnemünde oder Hamburg und von da per Bahn bis zur Lausitz. Ein cbm davon kostet loco Lausitz ca. 375 M, gegenüber 200 bis 250 M bei Stücken in Lausitzer Brüchen. Neben schwedischem Diabas hat auch solcher aus dem Fichtelgebirge hier und da Eingang gefunden.

Im Zusammenhang mit dieser Aenderung des Bezuges von Rohmaterialien steht das Darniederliegen vieler Lausitzer Steinbrüche und die Abnahme der Beschäftigung für Diabasbrucharbeiter. Während vor ca. 8 Jahren dort etwa 250—300 Arbeiter beschäftigt waren, sind es heute nur noch ca. 120—150.

Es ist wohl nicht anzunehmen, dass der Geschmack des Publikums so starr wie bisher an dem ganz schwarzen Diabas festhält, sondern es steht zu erwarten, dass mit der Zeit der einheimische wieder mehr Anklang findet. Wenn diese Vermuthung sich bestätigt, so wird in manchem der jetzt verlassenen Brüche das charakteristische Hämmern der Steinmetzen wieder erklingen, in anderen wird sich die Arbeiterzahl vermehren und neue Brüche werden sich aufthun. Dann werden die sächsischen geologischen Karten i. M. 1 : 25 000 ein unentbehrlicher Rathgeber und Führer beim Aufsuchen geeigneter Stellen für solche bilden, denn auf jenen Karten sind nicht nur alle bei der Specialaufnahme nachweisbar gewesenen Gänge, sondern auch die Stellen verzeichnet, an denen sich nur zahlreiche Blöcke von Diabas oberflächlich vorfanden. Durch sie ist aber stets ein in der Nähe befindlicher Gangausstrich angezeigt.

Was die Arbeiterverhältnisse anlangt, so werden jetzt in der Gesammtheit der Schleifereien 1000—1200, davon in den grösseren bis zu 200, beschäftigt. In den Werksteinbrüchen arbeiten, wie schon erwähnt, ausserdem etwa 120—150 Mann.

Der Verdienst eines Arbeiters im Bruche, dessen Thätigkeit das ganze Jahr hindurch, gänzlich ungünstiges Wetter ausgenommen, andauert, beträgt z. Z. im Tagelohn täglich ungefähr 2,50 M., derjenige eines Steinmetzen, der im Accord arbeitet, durchschnittlich 3,50 M. pro Tag, eines Schleifers täglich 2,50 M. bis 3,50 M. Bei den Steinmetzen richtet sich jedoch der Verdienst sehr stark nach der Geschicklichkeit des Einzelnen, und es kommen hier z. B. derartige Schwankungen vor, dass von 2 Arbeitern, die gleichlange im Steingeschäft thätig waren, der eine pro Woche nur 10, der andere 35 M. verdienen konnte. Die Beschäftigung der Diabasarbeiter ist eine gesunde. Dies gilt in erster Linie von der Arbeit im Bruche. Aber auch in der Werkstätte macht sich nach Aussage der Aerzte der Gegend ein besonders schädlicher Einfluss des Diabasstaubes auf die Lunge nicht bemerkbar, sodass diese Arbeit im schroffen erfreulichen Gegensatz zu der äusserst schädlichen im benachbarten Sandsteingebiete steht. Wenn der Verdienst der Steinmetzen gegenüber dem Durchschnittsverdienst eines Hauswebers der Lausitz von höchstens 1 M. und eines Fabrikarbeiters von 1,50 M. pro Tag ein hoher zu nennen ist — übrigens ist auch in der Diabasindustrie infolge der Concurrenz, der die Producte begegnen, die Bezahlung gegen früher reducirt worden — so ist es natürlich, dass eine ziemlich starke Nachfrage nach Arbeit ist. Es können aber viel weniger Arbeit erhalten, als es wünschen, da einmal die Gelegenheit nur eine beschränkte ist, dann aber zu dieser Beschäftigung sich nur durchaus kräftige, ausdauernde, geschickte Männer eignen.

Anhangsweise sei erwähnt, dass die Diabase der Lausitz noch in anderer Richtung Verwendung finden, wodurch etwa noch weitere 250 Arbeiter beschäftigt werden. Es ist dies einmal der Fall als Strassenstein. Der Diabas steht in seiner Qualification hierzu dem Basalt nahe, liefert wie dieser dauerhafte, aber sehr harte Fahrbahnen. Es werden seit langem im westlichen Theile der Lausitz, wo Basalte fehlen, vom sächsischen Fiscus Steinbrüche unterhalten, denen das Material zur Herstellung und Beschotterung der Staatsstrassen[4] entnommen wird (so beim Taucherfriedhof in Bautzen, im SO von Belmsdorf bei Bischofswerda u. a. a. O.) Sodann erfährt der Diabas eine Verarbeitung zu bossirten Pflastersteinen. Hierzu werden entweder die Abfälle beim Abbau zu Werkstücken verwerthet (wie z. B. im grossen Steinbruch östlich von Oppach) oder es werden zu diesem Zwecke selbstständige Steinbrüche im Betrieb gehalten, wie dies an der Chaussee Bautzen-Niedergurig, bei Neubrohna im N von Bautzen, bei Bulleritz unweit Strassgräbchen und auf dem Koschenberge bei Senftenberg[5]) der Fall ist.

Die bossirten Pflastersteine finden nach den grösseren Städten Deutschlands, besonders Berlin Absatz, und zwar gewinnt diese Art der Verwendung der Diabase immer mehr und mehr an Ausdehnung.

---

## Referate.

Ibbenbüren und Osnabrück. (L. Cremer: Die Steinkohlenvorkommnisse von Ibbenbüren und Osnabrück und ihr Verhältniss zur Rheinisch-Westfälischen Steinkohlenablagerung. Essener Glückauf, 1895, No. 8 und 9; Stockfleth: Das Eisenerzvorkommen am Hüggel bei Osnabrück. Ebenda, 1894, No. 100 und 104.)
Nördlich vom Münsterschen Becken zwischen dem Teutoburger Walde und dem Wiehen-Gebirge (dem nordwestlichen Ausläufer des Wesergebirges) finden sich mitten zwischen jüngeren Schichten zwei kleine isolirte Partien von productivem Carbon, der Piesberg bei Osnabrück und die Ibbenbürener Bergplatte. An beiden Orten ist schon seit altersher Bergbau auf Steinkohlen getrieben worden.

---

[4] H. B. Geinitz und C. Th. Sorge: Uebersicht der im Königreiche Sachsen zur Chausseeunterhaltung verwandten Steinarten. Dresden 1870. S. 67, 74, 75.
[5] K. Keilhack: Der Koschenberg bei Senftenberg. Jahrb. d. preuss. geol. Landesanst. für 1892. S. 181.

Das Zutagetreten des Carbons an den beiden genannten Localitäten ist verursacht durch den grossen Faltungsprocess, welchem auch das Wesergebirge und der Teutoburger Wald ihre Entstehung verdanken. Die beigegebene Profilskizze (Fig. 40) lässt erkennen, dass der Teutoburger Wald den Süd-Flügel, das Wiehen-Gebirge den Nord-Flügel eines gewaltigen Sattels darstellt, dessen Kamm aber nicht nach oben gewölbt ist, sondern sich zu einer flacheren Mulde einsenkt, so dass dadurch gewissermaassen ein Doppelsattel entsteht. Die jüngeren Schichten auf den beiden Kämmen des Doppelsattels wurden nachträglich durch Erosion entfernt oder sanken längs Verwerfungen in die Tiefe, so dass jetzt das Carbon als Kern des Sattels an zwei Stellen, am Piesberg und bei Ibbenbüren, blossgelegt erscheint. Die jüngeren Schichten füllen die Mulde innerhalb des Doppelsattels aus und bilden den nördlichen und den südlichen äusseren Flügel.

Das Steinkohlenvorkommen von Ibbenbüren liegt auf der südlicheren der beiden Sattelerhebungen, es bildet eine Ellipse von 13 km Länge und 5 km Breite. Die grosse Axe dieser Ellipse verläuft gemäss der Entstehung des ganzen Sattels parallel der Streichrichtung des Weser- und des Wiehen-Gebirges, also von NW nach SO. Nach S fällt die Ibbenbürener Bergplatte ziemlich steil ab infolge einer Verwerfung, an welcher die Schichten um 500 m in die Tiefe gesunken sind, nach N, W und O dagegen ist der Sattel geschlossen und das Einfallen der Schichten ein ganz allmäliges. Jedoch werden die Lagerungsverhältnisse auch hier durch mannigfache Störungen sehr verdunkelt. Das Carbon setzt sich aus Sandsteinen, mächtigen groben Conglomeraten, Thonschiefern und Kohlenflötzen zusammen und ist bis jetzt in einer Mächtigkeit von ca. 1000 m bekannt. Die obersten 300 m werden von flötzleerem, conglomeratischen Gebirge gebildet, welches ältere Autoren bislang als Rothliegendes angesprochen haben, da es von dem Zechstein in concordanter Lagerung bedeckt ist. Cremer, der diese Schichtenfolge dem Carbon zutheilt, scheint demnach der Meinung zu sein, dass das Rothliegende überhaupt nicht zur Ablagerung gekommen ist. Bei dem Mangel jeglicher Discordanz zwischen den in Rede stehenden Schichten und dem überlagernden Zechstein müsste diese Ansicht doch wohl näher begründet werden. Vielleicht vertritt die fragliche Gesteinsfolge das Rothliegende und zugleich in ihrem unteren Theil das jüngste Carbon (d. Ref.). Unter den besprochenen conglomeratischen Schichten folgt in einer

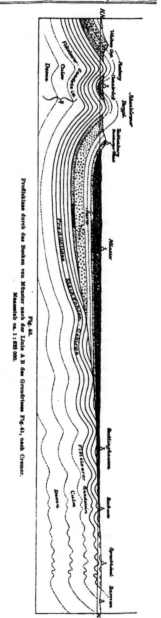

Fig. 40.

Profilrisse durch das Becken von Münster nach der Linie A B des Grundrisses Fig. 41, nach Cremer.

Maasstab ca. 1 : 625 000.

Mächtigkeit von ca. 550 m eine flötzführende Partie mit 12 Steinkohlenflötzen, unter welchen 7 Flötze mit einer Gesammtmächtigkeit von 5,26 m Kohle bauwürdig sind. Unter dem liegendsten Flötz hat man bis jetzt eine flötzleere Gesteinsfolge von 200 m durchbohrt, welche grösstentheils aus Thonschiefern besteht.

Das Carbon ist in concordanter Lagerung von Zechstein, Trias, Jura etc. bedeckt.

stellenweise Bergbau auf diese Zechstein-Eisenerze betrieben wird.

Am Piesberge wiederholen sich die Verhältnisse von Ibbenbüren in verkleinertem Maassstabe. Die Carbonschichten treten in einem west - östlich streichenden Sattel zu Tage und sind an der Ostseite durch eine nord - südlich streichende Verwerfung abgeschnitten. Das flötzführende Carbon ist in einer Mächtigkeit von 450—500 m durch-

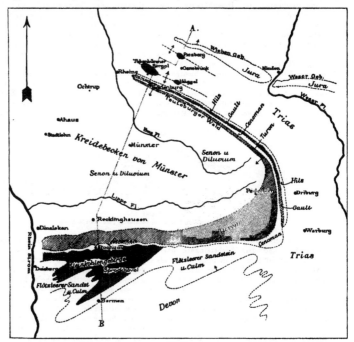

Fig. 41.
Geologische Skizze des Kreidebeckens von Münster und seiner Ränder, nach Cramer.
Maassstab ca. 1 : 250 000.

Das liegendste Glied des Zechsteins wird durch einen wenig mächtigen, dunklen Thonschiefer gebildet, welcher als Aequivalent des Kupferschieferflötzes angesehen wird; derselbe wird von Zechsteinkalk überlagert. In unverändertem Zustand besitzt dieser Kalk grosse Festigkeit, splitterigen Bruch und graue Farbe; Petrefacten (Productus horridus, Fenestella retiformis etc.) sind spärlich vertreten. Häufig ist der Kalk dolomitisirt oder in Eisenocker und Brauneisenstein umgewandelt in dem Maasse, dass

teuft. Die hangenden, flötzleeren Schichten sind am Piesberg örtlich, wohl infolge von Verwerfungen, nur 30—80 m mächtig; dieselben werden ebenfalls von Zechstein, Trias, Jura etc. concordant überlagert.

Südlich von Osnabrück treten ältere Schichten noch an einer dritten Stelle zu Tage, und zwar in dem Höhenzug des Hüggel. Dieser west - östlich streichende Höhenzug bildet gemeinschaftlich mit dem südlich liegenden Silberberg einen vielfach durch Verwerfungen zerrissenen Sattel, der höchst wahrscheinlich als östliche Fortsetzung des Sattelzuges anzusehen ist, auf welchem das Ibbenbürener Carbon zu Tage tritt. Der geologische Aufbau des Hüggels wird von Stockfleth in der eingangs angeführten Arbeit, auf welche im Folgenden etwas näher eingegangen werden soll, ausführlichst behandelt.

Die Sattelkuppe des Hüggels wird aus Conglomeraten gebildet, welche mit den Conglomeratschichten der Ibbenbürener Bergplatte und des Piesberges, dem Hangenden des dortigen productiven Carbons, grosse Aehnlichkeit haben. Cremer hält infolge dieser Aehnlichkeit und mangels von Petrefactenfunden auch die Conglomerate des Hüggels für carbonisch, während Stockfleth mit den älteren Autoren diese Schichten als Rothliegendes erklärt. Gegen die Cremer'sche Ansicht spricht das schon oben angegebene Bedenken. Diese rothliegenden (resp. carbonischen) Conglomerate sind in derselben

gen, und zwar scheint es zweifellos, dass der Brauneisenstein durch nachträgliche Umwandlung der ursprünglichen Kalkschichten, Fortführung des kohlensauren Kalkes und Ersetzung durch Eisenoxyd mittelst mehrerer chemischer Zwischenprocesse (Metasomatose) entstanden sind, in derselben Weise wie an vielen anderen Orten (Iberg am Harz, Stahlberg und Mommel in Thüringen, Oberschlesien etc.) aus devonischem, triasischem oder Zechsteinkalk resp. Dolomit Brauneisensteinlager hervorgegangen sind. Groddeck vereinigt alle diese Lagerstätten (Lehre von den Lagerstätten der Erze, § 119) unter dem Namen der von Stockfleth behandelten Localität als „Typus Hüggel". (D. Ref.)

Ebenso wie bei Ibbenbüren ist das Einfallen der Schichten am Nordabhang des Hüggels schwach (20—40°), am Südabhang dagegen sind die Schichten an einer Verwerfung abgesunken und hierdurch theilweise

**Fig. 42.**
Profil durch den Hüggel bei Osnabrück, nach Stockfleth.

Weise wie bei Ibbenbüren von dem Kupferschieferflötz und dem Zechsteinkalk überlagert. Der letztere ist in noch grösserem Maassstabe als bei Ibbenbüren dolomitisirt oder in Brauneisenstein umgewandelt. Der grösste Theil desselben erscheint daher durch einen gelben bis braunen, dolomitischen Eisenkalk ersetzt, der vielfach kleinere oder grössere, abbauwürdige Erzlager von festem bis ockerigem Brauneisenstein umschliesst. Daneben treten untergeordnet Stöcke von dolomitischem Spatheisenstein auf, die aber stark mit Eisenkies durchwachsen sind, so dass eine Verwendung für den Hochofenbetrieb ausgeschlossen ist; die eisenschüssige Kalkstein dagegen findet als Zuschlag Verwendung. Er ist öfter von Kalkspathdrusen und Schwerspathadern durchschwärmt; die letzteren treten auch in den Brauneisensteinlagern auf, den Werth derselben beeinträchtigend. Die reichen Eisenerzlager kommen übrigens nur in den oberen Teufen vor; 50 m wird als äusserste Grenze des Hinabsetzens der abbauwürdigen Lager angegeben. Diese Erscheinung ist jedenfalls in Zusammenhang mit der Entstehung der Lager zu brin-

steil aufgerichtet worden. Das Rothliegende hat zwar südlich von der Verwerfung das schwache Einfallen des Nordflügels (ca. 22°) gegen N hin beibehalten und nur die Grenze gegen den Zechstein erscheint in ein tieferes Niveau gerückt, so dass ein Rest des auflagernden Zechsteinkalkes vor der Abrasion geschützt geblieben ist, in der Weise, wie es das beigegebene Profil (Fig. 42) erkennen lässt. Die übrigen Schichten des Südflügels dagegen sind steil aufgerichtet und folgen in der aus dem Profil ersichtlichen Art und Weise aufeinander. Stockfleth denkt sich diese Lagerungsweise dadurch entstanden, dass eine weit klaffende, nach oben erweiternde Spalte aufriss, in welche die Schichten schollenweise und unregelmässig hineinstürzten, ein an und für sich schon etwas gewagter Gedanke, der noch dazu durch das beigegebene Profil sehr wenig unterstützt wird. Stockfleth hebt zwar im Texte hervor, dass diese steil stehenden Schichten des Südabhangs ausserordentlich gestört und zerrüttet seien, in dem Profil ist aber diese gestörte Lagerungsweise nicht angedeutet, vielmehr erscheinen die Schichten (in der Reihenfolge: Zechstein, Buntsandstein, Muschelkalk, Amaltheenthone des Lias, Zechstein (!), Posidonienschiefer des Lias) in concordanter Lagerung. Es wäre vielleicht rathsamer gewesen, in dem Profil nur die thatsächlich aufgeschlossenen Grenzen der Schichten einzuzeichnen, anstatt den Verlauf der Schichten in der angegebenen Weise zu ergänzen (d. Ref.).

Kehren wir nun zu der Cremer'schen Arbeit zurück. Die Untersuchung der fossilen Pflanzenreste von Ibbenbüren und Osnabrück ergiebt eine auffallende Uebereinstimmung. Von den 39 Pflanzen des Piesberges kommen 26 auch bei Ibbenbüren vor. Die Mehrzahl der 13 bei Ibbenbüren fehlenden Pflanzen des Piesberges ist auch an letzterem Orte selten, und vielleicht ist das Fehlen zum Theil durch die für die Erhaltung wenig günstige lithologische Beschaffenheit der Ibbenbürener Schichten sowie durch die Unvollständigkeit des von dort stammenden Materials zu erklären. Cremer hält auf Grund seiner paläontologischen Untersuchung das Carbon vom Piesberge und von Ibbenbüren für gleichaltrig und stellt die Schichten des Hüggels auf Grund der petrographischen Uebereinstimmung der Conglomerate in dasselbe Niveau. Durch Vergleich mit den Floren anderer Carbonablagerungen kommt Cremer zu dem Schluss, dass die in Rede stehenden Carbonvorkommen dem Niveau der oberen Saarbrücker Schichten angehören. Eine auffallende Uebereinstimmung haben die Floren von Ibbenbüren und Osnabrück mit derjenigen der Zone supérieure von Valenciennes im Département Pas-de-Calais (von den 42 Pflanzen von Ibbenbüren und dem Piesberg finden sich 35 in der Zone supérieure), und diese letzteren Schichten sind wiederum gleichaltrig, vielleicht aber noch ein wenig jünger als die oberste Schichtengruppe des Ruhrkohlenbeckens, die dortige Gasflammkohlengruppe. Zwar weicht die petrographische Beschaffenheit der Gesteine von Ibbenbüren und Osnabrück sehr von derjenigen der Gasflammkohlenpartie des Ruhrbeckens ab (Conglomerate und Sandsteine überwiegen bei Ibbenbüren und Osnabrück, während sich die Gasflammkohlenpartie vorwiegend aus Thonschiefern aufbaut), und ausserdem ist die Kohle am Piesberg und bei Ibbenbüren keine Gasflammkohle, sondern Anthracit- resp. Fett- und Flammkohle, aber diese Umstände können die Sicherheit des paläontologischen Befundes nicht beeinträchtigen, so dass also die Carbonablagerungen von Ibbenbüren und Osnabrück von gleichem Alter, wenn nicht noch etwas jünger, wie die jüngsten Carbonschichten des Ruhrbeckens zu erachten sind.

Zwecks Erörterung des möglichen Zusammenhangs zwischen den Carbonablagerungen nördlich und südlich vom Münsterschen Becken giebt Cremer alsdann eine Darstellung der Lagerungsverhältnisse der Schichten des Münsterschen Beckens (vergl. Fig. 41). Das Carbon des Ruhrbeckens wird in seinem nördlichen Theile von der jüngeren Kreide (Cenoman, Turon und Senon) discordant überlagert. Diese Kreideschichten fallen am Südrande des Münsterschen Beckens bei west-östlichem Streichen schwach nach N ein; am Ostrande des Beckens schwenkt die Streichrichtung nach N und NW herum und gleichzeitig wird das Einfallen immer steiler. In dieser aufgerichteten Stellung bauen die Kreideschichten einen Theil des Teutoburger Waldes auf. Im Gegensatz zu der discordanten Ueberlagerung des Carbons am Südrande des Beckens wird das Carbon von Ibbenbüren am Nordrand von den jüngeren Schichten vom Zechstein (od. Rothliegenden! d. Ref.) bis zur oberen Kreide aufwärts concordant bedeckt. Auch streichen die jüngeren Schichten nicht wie am Südrand in WO-Richtung, sondern von NW nach SO. Die Schichten der älteren Kreide, welche am Nordrande des Beckens auftreten, streichen nach SO bis in die Gegend zwischen Warburg und Paderborn, wo sie sich auskeilen. Das rheinische Schiefergebirge ist in dieser Gegend von Trias und jüngerer Kreide überlagert. An der Nordwestseite des Beckens tritt ältere Kreide, Wealden, Jura und vielleicht Trias auf(bei Ochtrup, Ahaus und Studtlohn), und noch weiter südlich (bei Oberhausen und Dinslaken) sind neuerdings Gesteine erbohrt worden, welche auf das Vorhandensein von Keuper hinweisen. Nach alledem scheint es, dass die jüngeren Schichten vom Zechstein aufwärts bis zur älteren Kreide sich von N her unter der jüngeren Kreide des Münsterschen Beckens fortsetzen, in welcher Weise — ob die Transgression der oberen Kreide noch mehrere Transgressionen jüngerer Glieder vorhergegangen sind —, muss dahingestellt bleiben. Cremer kommt zu dem Schlusse, dass ein Theil der auf dem Südrande fehlenden Formationsglieder sich von N her unter der oberen Kreide bis über die Mitte des Beckens hinaus nach S erstrecken und das Carbon von Ibbenbüren den jüngeren Schichten entsprechend sich ebenfalls von N unter dem Münsterschen Becken her ausdehnen mag, wodurch wir auf einen Zusammenhang mit dem Carbon am Südrande geführt werden.

Ueber das Verhalten der Faltung des Carbons unterhalb des Münsterschen Beckens stellt Cremer die folgenden Erörterungen an. Die in der Zeit zwischen Carbon und Cenoman (doch am Schlusse der Carbonzeit! D. Ref.) entstandenen Falten des Ruhrkohlenbeckens verlaufen von SW nach NO und verflachen sich nach N allmälig. Falls die Intensität dieser Faltung unterhalb des Münsterschen Beckens in demselben Maasse abnimmt wie in dem bereits aufgeschlossenen Theil des Steinkohlengebirges, werden die Falten schon südlich der Mitte des Beckens vollständig verschwinden müssen. Am Nordrand des Münsterschen Beckens streichen die gefalteten Gebirgsschichten von NW nach SO und die Entstehung der Falten fällt erst in die Tertiärzeit. Südlich vom Teutoburger Wald und den beiden Hauptsattelerhebungen, deren Sattellinien durch das Carbon des Piesberges und das Carbon von Ibbenbüren nebst dem Hüggel verlaufen, sind die jüngeren Schichten ungefaltet. Der tertiäre Faltungsprocess scheint sich demnach nicht über den Südrand des Teutoburger Waldes hinaus erstreckt zu haben. Der grössere Theil des Münsterschen Beckens ist also von jeder Faltung verschont geblieben.

Aus vorstehenden Erörterungen resultirt, dass sich die Bildung des Münsterschen Beckens in folgenden Epochen vollzogen hat: 1. Ablagerung des Carbons im Gebiete des Münsterschen Beckens vom Nordrand des (später entstandenen) rheinischen Schiefergebirges bis in die Osnabrücker Gegend oder noch weiter nach N. (Nach W setzte sich das Becken wahrscheinlich ununterbrochen bis nach Belgien und Nordfrankreich, vielleicht sogar über den Canal hinüber fort. D. Ref.) 2. Faltung der südlichen Theile des Beckens in SW— NO - Richtung bei Entstehung des rheinischen Schiefergebirges. 3. Concordante Ablagerung der jüngeren Formationen vom Zechstein aufwärts im nördlichen Theile des Beckens unter allmäligem Vorrücken der Formationsgrenzen nach S zu, in der Art, dass die jüngere Kreide den weitesten Raum einnimmt. Daneben Abrasion eines Theiles der gefalteten Carbonschichten am Südrand des Beckens. 4. Faltung des nördlichen Theile des Beckens in NW—SO-Richtung (Bildung der beiden Sättel des Piesberges und von Ibbenbüren).

Eine für den Bergbau von Ibbenbüren und Osnabrück sehr wichtige Schlussfolgerung ergiebt sich noch: Unter den jetzt aufgeschlossenen Schichten des dortigen Carbons werden sich voraussichtlich noch die sämmtlichen Schichten und Flötze des Ruhrkohlenbeckens wieder finden.

Die Mächtigkeit der jüngeren Schichten über dem Carbon in der Mitte des Münster-

schen Beckens schätzt Cremer auf ungefähr 5000—6000 m.

*F. A. Hoffmann.*

## Die Gang- und Erzvorkommnisse des Schwarzwaldes. (Fortsetzung von S. 78.)

### 5. Die Wolfacher Gangzüge.

' Diese Gangzüge treten wieder mehr im Gneiss auf.

a) Mit dem Stolln-Gang des Clara-Zuges streicht westsüdlich desselben, an der Einmündung der Vorderrankach in das Oberwolfach-Thal, der Leopold-Gang parallel. Derselbe soll Kies führen und nördlich des Ortes Walk von einer Kluft durchsetzt werden. Von dieser Kluft setzt der Gang Johannes bei genanntem Orte gegen NW ab, der sich in südöstlicher Richtung mit dem Leopold-Gang schaaren wird.

Der Johannes-Gang besteht aus aufgelöstem Nebengestein (Gneiss) und Letten, hier und da Schwefelkies führend. Gegen NW streicht dieser Gang auf den vom Merzenbach in h. 12,4 mit 75° O-Fallen kommenden Gang Dismas zu, welcher ebenfalls aus zersetztem Gneiss, Quarz und Baryt mit eingesprengten Kupfererzen besteht. Beide dürften einen Gang bilden.

b) Zwischen dem Merzenbach und dem Kurzenbach setzt ein Gang in h. 7 mit 50° N-Fallen und gegen O auf den Leopold-Gang zu. Schwer-, Fluss- und Braunspath, sowie Quarz bilden die Ausfüllung; in einem Abteufen fanden sich sporadisch Kupfererze.

c) An dem Gebirge, in welchem der Merzenbach und der Gelbach entspringen, ist ein sehr alter Eisensteinbergbau betrieben worden. Es streichen hier mehrere Gänge von O nach W und von N nach S. Von den beiden in h. 10 und 1 aufsetzenden Gängen ist der letztere vermuthlich die Fortsetzung des weiter nach S auftretenden Ganges der Grube Fortuna und wegen seiner Ausfüllung bemerkenswerth, indem hier derber, gelber oder schwarzbrauner Eisenspath, welcher gewöhnlich den Kern derber Brauneisensteinmassen bildet, sowie häufig Weichmanganerz vorkommen. Einer der O-W streichenden Gänge, der am Herrenbusch im Gelbach-Thal h. 8,4 mit 70° NO-Fallen auftretende, 3 und mehr Fuss mächtige Gang ist ebenfalls mit eigenthümlichen Gang- und Erzarten ausgefüllt. Die Hauptmasse besteht aus einer Art Gangbreccie von verkieseltem Granit und Hornstein mit Trümern von Baryt, schwarzem und gelbem körnigen Spatheisenstein und Brauneisenerz. Auch Schwefelkies fand sich hier.

d) Von grösserer bergmännischer Bedeutung sind die Gänge der erwähnten Grube Fortuna, welche nicht allein in alter Zeit schon auf Eisenerze bebaut wurden, sondern auch edle Erze führten. Der Hauptgang streicht in h. 1,2, der sog. flache Gang h. 11,6. Letzterer führte in Fluss- und Schwerspath, besonders in ersterem, Bleiglanz von 4 bis 8 Loth Silber- und 27 bis 30 Proc. Bleigehalt, sowie Schwefelkies, der stellenweise den Bleiglanz verdrängte. Der Gang war auf 23 Ltr. Länge bauwürdig und wurde, bei 65 Ltr. Stollnlänge von einer mächtigen, faulen Kluft verworfen, hinter derselben zwar wieder ausgerichtet, aber nur einige Zoll mächtig und Schwerspath in einem sehr gebrächen und eisenschüssigen Nebengestein führend. Ein Versuch in die Tiefe missglückte wegen starker Wasserzuflüsse und kam dadurch die Grube 1754 zum Erliegen. In einem Tageschacht am südlichen Gehänge des Gelbachthales ist der Gang noch sichtbar; er streicht h. 2 mit 75—80° SO-Fallen, ist 3 Fuss mächtig und besteht aus röthlichem Baryt, grünem Flussspath, zuckerigem Quarz und dichtem Brauneisenstein mit fein eingesprengtem Eisenglanz, Fahlerz und Spuren von Rothgiltigerz, sowie mit Augen und Schnüren von Bleiglanz. In den darunter befindlichen Mittel- und Tiefstolln führt der Gang wenig Bleierze.

e) Von noch grösserem Interesse ist der südlich von den Gängen von Fortuna in ungefähr derselben Streichrichtung im Frohebach liegende Wenzel-Gang. „Zu welcher Zeit dieser merkwürdige Gang, dessen Antimonsilber und Silberfahlerze ihren Weg in alle mineralogischen Sammlungen der Welt gefunden haben, fündig wurde, ist nicht bekannt." (21. Heft d. Beitr. etc.) 1760 wurden die uralten Baue wieder aufgenommen und 1768 richtete man mit dem südlichen Ort des oberen Stollns das 40 Ltr. lange Haupterzmittel aus, welches nördlich wie südlich durch Klüfte begrenzt wird und unter dem Stolln bis auf 12 Ltr. Tiefe bauwürdig war. Dasselbe hat allein ungefähr 18 000 M. Feinsilber geliefert und bis zu 200 fl. Ausbeute pro Kux und Quartal ergeben. Der Gang streicht h. 12—12,5 und fällt mit 60—65° in O ein. — Im J. 1800 fand man mit dem Oberstolln bei 75 Ltr. vom Treffpunkt mit dem Gange gegen N ein zweites edles Mittel, hinter welchem aber sich das Nebengestein und der Gang zertrümert zeigte. Mit der nördlichen Strecke eines in diesem Mittel 7 Ltr. tief niedergebrachten Gesenkes erreichte man das den Gang verunedelnde klüftige Gestein, an welchem auch hier die Erze scharf absetzten. Ueber

dieser Strecke kam Kupferkies in grösserer Häufigkeit vor, was als eine Seltenheit beim Wenzel-Gang bezeichnet wird. — Gegen S wurde der Gang im Oberstolln hinter dem ersten Mittel auf 100 Ltr. überfahren, mächtig entwickelt, aber erzleer. — Mit dem 13 Ltr. tieferen Stolln hat man den Hauptgang im nördlichen Grubenfelde bei geringer Mächtigkeit aber mit derb und klein eingesprengtem Bleiglanz und Fahlerz in sehr festem Nebengestein durchfahren, jedoch unbauwürdig. Von diesem Stolln wurden im Bereiche des ersten edlen Mittels mit 4 Gesenken Tiefbauversuche gemacht, und mit denselben einige Erzpartien, im III. Gesenke eine sehr schöne durchsunken. In einem hangenden Trum fand man in 22 Ltr. Teufe (unter dem Oberstolln) vom II. Gesenk aus, nachdem 11 Ltr. der Hauptgang taub durchfahren, wieder Erzanbrüche, darunter eine ¹/₂ Ctr. schwere derbe Masse von Glaserz und Antimonsilber, welche die Grube nach zweijähriger Zubusse wieder in Freibau und Ausbeute brachten. — In 38¹/₂ Ltr. Teufe (unter dem Oberstolln) wurden die Gesenke durchschlägig gemacht, wobei der Gang mit schönen Anweisungen überfahren ward, besonders brachen neben Weissgiltigerz Spuren von Glaserz und Rothgiltig. Hinter der nördlichen faulen und mächtigen Kluft, welche das erste Mittel begrenzt sowie die starken Wasserzuflüsse brachte und den Gang verwirft, wurde dieser zwar wieder ausgerichtet, jedoch unbauwürdig. — Unter der 38¹/₂ Ltr. Sohle ist das Hauptmittel mittelst eines Gesenkes und bis diesem gegen N und S untersucht, aber ganz taub gefunden worden, infolge dessen der Tiefbau 1815 eingestellt wurde. Die Wasser konnten schlecht gewältigt werden, da man sich dabei nur Handpumpen bediente. Das einige Male zur Erbauung einer Wasserkunst vorgelegte Project ist nicht ausgeführt worden, weil nicht alle Gewerke dafür stimmten.

Von 1839 bis 1842 sind noch einige Versuche in den beiden Stolln ausgeführt, dabei aber die Ueberzeugung gewonnen worden, „dass das nördliche Grubenfeld wenig edle nichts verspricht, und dass das Hauptmittel südlich vom Oberstollnkreuz in etwa 40 Ltr. Teufe (unter dem Oberstolln) vollständig aussetzt, so dass der Erfolg eines nach grösseren Dimensionen angelegten und deshalb kostspieligen Tiefbauangriffs jedenfalls sehr zweifelhaft sein würde."

Der Durchschnittsgehalt der Erze betrug im Hauptmittel 9 M. Silber und der Mittelwerth eines Quadratlachters etwa 700 fl.; im Ganzen sind ungefähr 750 ☐ Ltr. Gangfläche abgebaut worden, mit 550 fl. Durchschnittswerth.

Die Grube Wenzel hat von 1766—1818
geliefert:

17 159 Mark 13 Loth 6¹/₂ Gr.
  Silber mit einem Werthe von  408 726 fl. 25  kr.
Schaufstuffen mit einem Werthe
  von . . . . . . . .   8 221 - 15¹/₂ -
17,37 Ctr. bleiische Producte
  mit einem Werthe von . .   157 - 21 -
8,2 Ctr. Garkupfer mit einem
  Werthe von . . . . .   390 - 40 -
91,8 Ctr. Erze (Blei u. Silber)
  mit einem Werthe von .   1 619 - 48 -
                Summa  414 115 fl. 29¹/₂ kr.

Nach Leonhard lieferte die Grube eine
Reihe von Jahren sehr glänzende Resultate.
„Die Erze des ¹/₂—2 Fuss mächtigen Ganges
waren hauptsächlich gediegenes Silber, Antimonsilber, Silberglanz, Rothgiltigerz, Fahlerz
(sehr silberhaltig, 22—30 M. im Centner),
ferner Bleiglanz, Kupfer- und Eisenkies begleitet von Schwer-, Kalk-, Braun- und Flussspath. Das Antimonsilber fand sich hier
von seltener Schönheit und manchmal in
centnerschweren Blöcken. Auch die anderen
edlen Erze müssen bisweilen sehr ausgezeichnet vorgekommen sein. Im J. 1787 sah Selb
noch eine massive, dreiviertel Centner schwere
Silberwand hereinschiessen, welche gleichsam
wie ein Kern in einer Schale von theils
sprödem, theils geschmeidigem Gangerz und
Rothgülden innelag.

Der Gang fällt unter 75⁰ zickzackförmig
bald nach O, bald nach W ein". (Leonhard).

Die Gang- und Erzarten und der Adel
des Wenzelganges haben grosse Aehnlichkeit
mit dem Charakter der Witticher Gänge,
nur dass letztere Wismuth, gegen Antimon
in ersterem, und ausserdem reichlich Kobalt
führen. Merkwürdig ist aber, dass der Wenzel-
gang im Gneiss die edlen Erze führt, während
diese bei den Witticher Gängen aus dem
Granit nicht in den Gneiss hinübersetzen.

In nördlicher Richtung hat man aber
auch Spuren von Speiskobalt und Kobaltbeschlag in einem Gange gefunden, der als
die Fortsetzung des Wenzelganges betrachtet
wird, so dass diese Erze hier nicht ganz
fehlen. Der Gang streicht in h. 12 mit 60⁰
W-Fallen und besteht aus stark gebleichtem
und zersetztem Gneiss mit vielen schmalen
Schnüren und Nestern von Kalk- und Braunspath mit jenen Kobaltspuren. 16,5 Ltr.
südlich davon ist ein zweiter, h. 12,3, Fallen
77⁰ O, in Letten Nieren von Schwer-, Kalk-
und Braunspath führend, ausgerichtet worden,
welcher beim Verfolgen gegen N nur Spuren
von Kupferkies zeigte.

Gegen S ist der Wenzelgang edler. In Grube
Eintracht am rechten Gehänge des Wolfach-
Thales fand man an mehreren Stellen beim
Zuschaaren von hangenden Trümern Spuren

von Weiss- und Rothgiltigerzen, Melanglanz
und unter dem tiefen Stolln Bleiglanz und
Fahlerz von resp. 3 und 6 Loth Silbergehalt.
Der Hauptgang war ¹/₂ Fuss mächtig und
führte Schwer- und Kalkspath. Das Nebengestein bestand aus feinschiefrigem glimmerreichen, chloritischen Gneiss, der stellenweise im Verhältniss zur Mächtigkeit des
Ganges stärker oder schwächer mit Schwefel-
und Arsenkies imprägnirt war. Bei 133 Ltr.
vom Tiefstollnkreuz wurde der Gang durch
eine mächtige faule Kluft verworfen; die
Ausrichtung schlug fehl. — Bauwürdig war
der Gang an diesem Punkte nicht.

In der weiteren südlichen Streichrichtung
liegen bei Wolfach zwei Stollen wahrscheinlich auf der Fortsetzung des Wenzelganges.
Westlich von diesen Stollen bezw. Wolfach
wurde 1770 im Seitenthälchen Herrlinsbach
ein in h. 10,4 streichender Gang erschürft,
der anfangs ziemlich mächtig aus Baryt und
Kupferkies bestand, sich dann zertrümerte
und weiter im Streichen wieder geschlossen
bei ziemlich beträchtlicher Mächtigkeit hornsteinartigen Quarz mit viel derbem Schwefelkies und Augen von Bleiglanz führte, welche
Ausfüllung sich bald wieder verlor.

f) Von grösserem geologischen Interesse
und ein von den vorhergehenden Gängen des
Wolfacher Reviers sich bezüglich seines Verhaltens zum Nebengestein unterscheidender
Gang ist der unterhalb Wolfach am Spitzberg in den 20er Jahren d. Jahrh. mit der
Grube Lorenz untersuchte Gang. Derselbe
ist nämlich im Granit, der mit sehr viel
fleischrothem Orthoklas den Gneiss stockförmig durchsetzt, edel, im Gneiss taub wie
die Witticher Gänge und entgegengesetzt
den Gängen des Friedrich-Christian-Zuges.
Der Gang St. Lorenz streicht h. 9 und „besteht aus einer Breccie von eckigen Fragmenten des Granits, die durch Quarz verkittet sind; in letzterem brach Kupferkies,
silberhaltiges Kupferfahlerz, Kieselkupfer,
Ziegelerz und Kupfermanganerz, klein, zuweilen auch derb eingesprengt, wozu sich
sehr häufig und als jüngste Bildungen ge-
sellten Kupferlasur, Malachit, Olivenit, Allo-
phan und Kupfervitriol. Bemerkenswerth
ist, dass der Quarz häufig Körner von dem
Feldspath des Nebengesteins und der von
ihm verkitteten Bruchstücke desselben eingesprengt enthält. Dieses Verhalten zeigte
der Gang im Oberstolln bis er in den Gneiss
hineinsetzte und in diesem alsbald Mächtigkeit und Erze einbüsste und solche auf
19 Ltr. weiterem Auffahren nicht wieder erlangte." (21. Heft.)

g) Nordwestlich von den Gruben St.
Lorenz und Dismas setzen zunächst Gänge

am Happach auf in einem vielfach von schmalen Granitgängen durchschnittenen Gneiss, welche schon in der „Specification aller Erzgruben im oberen Quartier des Kinziger Thals" vom 7. August 1649 erwähnt werden, einer als „gelber Eisengang", der andere als ein „Bleigang."

Nach den alten Bauen zu urtheilen, scheinen die Gänge in h. 8—9 und 12 aufzusetzen. Dies wäre die zweite Stelle, wo im Wolfacher Gebiet Granit mit den Erzgängen in unmittelbarer Verbindung steht.

h) Im Einbachthal, westlich der Wenzelgrube, liegt bei der Sägemühle eine alte Grube, welche 1767 unter dem Namen Maria-Joseph wieder aufgenommen wurde. Der eine . Gang, der sog. Silbergang, streicht in h. 2—3 und wird gegen O die Gänge der weiter nördlich liegenden Grube Gabriel sowie den Wenzelgang durchsetzen. Dieser Gang, welcher die Fortsetzung eines der Gänge bei Schnellingen sein kann, führt in Quarz und Hornstein theils eingesprengt, theils angeflogen Glaserz, Rothgiltig, Fahlerz und gediegen Silber. Ein zweiter Gang, in h. 4—5 mit 60° SO-Fallen streichend, besteht nur aus Quarz mit derb eingesprengtem Schwefelkies — der sog. Kiesgang. Bei 5 Ltr. unter der Stollnsohle durchkreuzen sich beide Gänge im Fallen, ohne Veredlung an dieser Stelle. Alle Versuche auf Bauwürdigkeit waren ohne Erfolg.

Am östlichen Gehänge des Einbachthales sind beide Gänge von 1802 bis 1807 mit Stollen untersucht worden. Der Silbergang führte auch hier hornsteinartigen Quarz mit Schwefel- und Kupferkies eingesprengt und Spuren von Fahlerz. Der Kiesgang bestand auf 62 Ltr. aus 2—3 Zoll mächtigem Quarz, der von Trümern grauen Hornsteins eingefasst war. Letzterer führte Spuren von Kupfererzen und Silbererzen. Bei 35—45 Ltr. Länge war der Schwefelkies durch silberhaltigen Bleiglanz ersetzt, neben welchem besonders in den Kalkspathschnüren Spuren von Rothgiltig auftraten. Dieser Gang verunedelte sich im Streichen beim Uebertreten in einen eisenschüssigen „wilden" Gneiss und setzen auch im Tiefen fort. Die beiden Gänge setzen „innerhalb eines feldspathreichen Gneiss mit zahlreichen kleinen Einlagerungen von Hornblendefels und Hornblendeschiefer, der Epidot als accessorischen Gemengtheil enthält", auf. (21. Heft d. Beitr. etc.) In diesem Gneisse liegt südlich der Grube Maria Joseph eine stock- oder gangförmige Partie von feinkörnigem Granit im Thal.

Vom Verfasser der betreffenden Abhandlung wird der Silbergang einestheils mit dem nicht weit davon liegenden Gabriel-Holzwalder Gang und andererseits mit dem am Südende des Kinzigthaler Gebiets bekannten Bernharder Gang in Verbindung gebracht, obschon die Zusammensetzung der drei Gänge verschieden sei, was aber vielleicht in den Verhältnissen des Nebengesteins begründet wäre.

i) Der Gabriel-Holzwalder Gang führt zunächst nordwestlich von Maria Joseph in der im Schierengrund liegenden Grube Erzengel Gabriel bei $1/2$ bis 1 Fuss Mächtigkeit Schwer- und Flussspath mit eingesprengtem Bleiglanz von 10 bis 12 Loth Silbergehalt im Centner bei 40 Proc. Blei. Das Nebengestein ist flaseriger Gneiss. Der Gang streicht h. 12 mit 40—50° O-Fallen. Gegen N wurde der Gang im Mittelstolln ganz taub oder führte nur etwas Schwefelkies, gegen S zertrümerte sich der Gang, führte aber noch eingesprengte Bleierze.

Hier ist schon in älterer Zeit gebaut und der Betrieb 1747 wieder aufgenommen worden. Mit dem 1777 angefangenen Tiefstolln traf man bei 87 Ltr. Länge einen unter der Halde des Mittelstolln h. 10,5 streichenden Gang, 1 Fuss mächtig: „Schwerspath und Hornstein mit derben Partien von Schwefel-, Strahl-, Leber- und Arsen- (?) Kies führend auf einige Lachter durchfahren".

„Einige 40 Ltr. gegen O soll nach Selb ein Gang mit denselben Gang- und Erzsorten aufsetzen, welcher in seiner nordwestlichen Erstreckung im sog. Holzwald schon 1649 aufgeschlossen worden ist."

k) Westlich der Grube Gabriel tritt im Rappengrund, ein dem Schierengrund gegenüberliegendes Seitenthälchen, ein h. 10—11 mit 60° NO-Fallen in festem quarzigen Gneiss auf, welcher im Stolln aus zwei Trümern besteht, .wovon das eine roth und weissen Schwerspath (5—10" mächtig), das andere grünlich grauen Hornstein mit Spuren von Eisenkies führt.

l) Im Streichen dieses Ganges setzt nordwestlich ein Gang durch's Waldhäuser Thälchen, bei Oberharmesbach durch das gleichnamige Hauptthal auf, welcher weiter gegen NW bei den Schotterhöfen im Hinterhambachthale in h. 9 streicht und die seltene Mächtigkeit von 25 Fuss besitzt. Er besteht nur aus Schwerspath und dürfte die Vereinigung der Wolfacher Gänge mit ähnlichem Streichen bilden, ähnlich wie der Hauptgang an der Moos.

## 6. Die Gänge und Gangzüge an der mittleren Kinzig.

a) Zwischen den im mittleren Kinzigthale auftretenden Gängen und dem zuletzt beschriebenen mächtigen Schwerspathgang finden sich einige Eisensteingänge am Hornkopf, am Bühlhof und an der Eck des Unterharmesbach-Thales von geologischem Interesse. Dieselben wurden in älterer und neuerer Zeit bebaut, am bedeutendsten der Gang Eisenwand am Hornkopf. Der h. 10 bis 11 mit fast saigerem Fallen streichende Gang zeichnet sich durch seine schwankende Mächtigkeit aus; vom Schacht gegen NW besitzt derselbe ein 8—9 Fuss mächtiges Erzmittel, aber von kurzer Erstreckung, dagegen in südöstlicher Richtung sehr geringe und im Stolln nur 3 Zoll Mächtigkeit bei Schwerspathausfüllung. Wie die Gelbacher Gänge, so führt auch der Eisenwand-Gang Spatheisenstein als Kern von Brauneisen- und Manganerzen, sowie Spuren von Lepidokrokit mit Psilomelan und Pyrolusit. 1856 wurde die Grube wieder aufgenommen, wegen der ungünstigen Lage aber nicht betriebsfähig gefunden.

Südlich der Grube Eisenwand liegen am rechten Gehänge des Hinterhambacher Thales Gänge und Trümer in h. 8—11 mit 75 bis 80° SO-Fallen und 2—15 Zoll Mächtigkeit, welche wahrscheinlich die Fortsetzung jenes Ganges bilden. Dieselben bestehen aus Baryt mit Brauneisenstein, sowie aus Quarz mit Eisenspath, Eisenglanz, schaumigem Rotheisenerz und Pyrolusit; sporadisch Kupferkies und Kieselkupfer und Kupferuranit in zarten Täfelchen führend. Es wird als sehr auffallend bezeichnet, dass man an allen Aufschlusspunkten schon nach wenigen Ltr. Länge oder Teufe in eine äusserst feste Gesteinszone gerathen sei, in welcher die vom Tage her höflichen Gänge plötzlich ihre Mächtigkeit und Erzführung verloren hätten.

b) Erwähnung verdient auch der Brauneisensteingang, der nördlich der Grube Eisenwand über die Spitze des Hornkopfs setzt, „wegen seines Nebengesteins oder vielmehr seiner Saalbänder, die aus einem verkieselten Sandstein (ähnlich wie bei dem Benauer Gange) zu bestehen scheinen. Das den Gang zunächst umgebende Gestein besteht aus einem röthlich braunen, harten, quarzigen Substrat, in welchem Körner von Quarz, sowie eckige Bruchstücke von zersetztem Granit und Gneiss von einer braunen, euritähnlichen Substanz eingemengt sind. Die Klüfte dieses Gesteins sind mit dicken Krusten von Psilomelan überzogen." (21. Heft d. Beitr. etc.)

c) Nach derselben Quelle finden sich Reste alten Bergbaues an beiden Gehängen des Erzbachs bei Bieberach, im Grottenrücken und im Katzenloch, wo man auf

Bleierze mit 3—4 Loth Silber im Centner gebaut hat. Im Grottenrücken war der Gang in der 1781 geöffneten Grube 1½ Fuss mächtig und führte Blende, wodurch er sich als erste Fundstelle dieses Minerals im nördlichen Schwarzwald auszeichnet.

d) Der Nicolai-Gang. Derselbe ist 1766 mit einem Stolln im Mürrenbach, einem Seitenthälchen des Entersbacher Thales bei Zell, aufgeschlossen worden, in welchem er von einer Lettenkluft durchsetzt wird. In diesem Gange tritt wieder die edle Quarzformation ein. Die 3 Fuss mächtige Ausfüllung besteht aus grauem, hornigem und weissem Quarz, in welchem eingesprengt auftreten: Bleiglanz, Schwefelkies, Roth- und Weissgiltigerz und gediegen Silber. In einem Gesenke an dem Kreuzpunkt des Ganges und der Kluft hatten die Erze folgenden Silbergehalt:

| | | |
|---|---|---|
| 1. Fahlerz-Schlich | 92 | Loth |
| 2. Rohe Pocherze | 8 | - |
| 3. Gediegen Silber | 99 | - |
| 4. Glaserz-Anflug | 34 | - |
| 5. Gediegen Silber- und Glaserz-Anflug | 35 | - |
| 6. Gediegen Silber | 230 | - |
| 7. Hornstein mit fein eingespr. Erz | 18 | - |
| 8. Hornstein | 49 | - |

Bis 1780 wurde die Grube betrieben.

An der Kinzigbrücke bei Steinach befindet sich ein altes Bergwerk, welches sehr wahrscheinlich auf der südöstlichen Fortsetzung des Nicolai-Ganges gebaut hat. 1771 aufgewältigt, fand man bedeutende Brüche und mächtige Abbaue, aber wenig Erz im alten Mann, daher man die Grube wieder verliess.

Ob die als interessant bezeichnete Grube Ursula in Welschsteinach auf der weiteren südöstlichen Fortsetzung des Nicolai-Ganges liegt, ist nicht genau festzustellen. Der Ursula-Gang wurde 1744 beim Pflügen entblösst, war ½ Fuss mächtig und mit Antimonerzen durchsetzt. In einem Querstolln ausgerichtet, bestand der 2 Fuss mächtige Gang aus dunkelgrauem Hornquarz, wenig Braunspath, derb und eingesprengtem Antimonglanz, Schwefelkies und Antimonocker. Im besten Erz betrug der Antimongehalt 50 Proc., im Durchschnitt nur 12 Proc. Silber fehlte, im Gegensatz zum Wenzelgang, der mehr Silber als Antimon führt. Beim Verfolgen des Ganges gegen NO nahm die Qualität und die Mächtigkeit ab, weshalb die Grube bald wieder verlassen wurde.

Der Nicolai-Gang streicht von SW nach NO, der Wenzel-Gang bei Wolfach von SO nach NW; beide Gänge begrenzen das Ganggebiet zwischen Steinach und Wolfach oder des eigentlichen mittleren Kinzigthales, welch letzteres hier von W nach O das Gebirge durchschneidet.

e) Etwa eine Stunde östlich der Grube Nicolai liegt die alte, 1766 wieder aufgenommene Grube Barbara bei dem Orte Strickerhöfe auf einem parallel streichenden Gange, welcher im Oberstolln 2½ bis 3 Fuss mächtig war und aus Quarz mit eingesprengtem Roth- und Weissgiltigerz und Schwefelkies bestand. Die Erze enthielten an Silber:

1. Eingesprengtes Roth- u. Weissgiltigerz  56 Loth
2. Eingesprengter Schwefelkies . . . .  9  -
3. Rothgiltigerz, Stuffprobe . . . . .  40  -
4. Rothgiltigerz, Sicherprobe . . . .  868  -

Grube Barbara war auch von 1775 bis 1785 in Betrieb und wurde, wie Grube Nicolai, 1818 wieder aufgenommen, wie lange sie aber von da ab bebaut worden ist, ist nicht gesagt.

f) Am östlichen Gehänge des Welschbollenbacher Thales tritt in der Nähe des Ortes Bollenbach ein Gang auf, welcher wie die beiden vorgenannten von SW nach NO streicht und in der Grube Maria Antoinette bebaut worden ist. Die alten Baue wurden 1777 wieder gewältigt. Am Mundloch des Stollns zeigt der Gang ein Streichen von h. 6, 2 mit 60°-Fallen in S und mehrere Zoll Mächtigkeit. Er besteht hier aus schwarzgrauem Hornquarz mit aufgelöstem Nebengestein und Eisenocker. Ueber die in der Grube gewonnenen Erze ist nichts berichtet.

g) Zwischen Bollenbach und Schnellingen setzt der Baberaster Gangzug, mit den vorigen Gängen ziemlich parallel streichend, durch das Kinzigthal.

Die bedeutendste Grube auf diesem Gangzug war die Grube Segen Gottes, in der Mitte des 16. Jahrh. unter dem Namen „Barbara zu Unseren lieben Frauen" bei Illenbad (auch Eylen- oder Glücksbad genannt) bekannt. Mit dem tiefen oder Badestolln ist ein Eisensäuerling erschlossen worden. Der Segen Gottes-Gang streicht h. 9, 4 mit nordöstlichem Einfallen von 70—80°, ist 1—3 Fuss mächtig und besteht aus Baryt, Flussspath und Quarz, worin mehr oder minder derb und eingesprengt, selten in grösseren Partien, feinspeisiger Bleiglanz, braune und gelbe Zinkblende, sowie Schwefelkies in besonderen Trümern auftreten; in oberen Teufen Brauneisenstein. Nur auf den Kreuzpunkten mit anscharenden Klüften und Trümern von nordsüdlichem oder nordost-südwestlichem Streichen treten auch edle Silbererze auf, namentlich Roth- und Weissgiltigerz, selten Silberglanz, theils dünn eingesprengt und angeflogen, theils fein vertheilt im Bleiglanz. Diese edlen Erze ge-

hören den anscharenden Trümern resp. der edlen Quarzformation an und nicht dem Segen Gottes-Gang, welcher zu der spätbigen Blei- und Kupferformation gezählt wird und die zweite Fundstelle von Blende an der Kinzig ist. Die blendehaltigen Bleierze enthielten bei 68 Proc. Blei nur 2 Loth Silber im Ctr., die Kupfererze 1½—2 Loth und der Schwefelkies bis zu ½ Loth. Die Grube Segen Gottes kam 1577 zum Erliegen, wurde von 1711 bis 1714 wieder bebaut, aber mit geringem Erzausbringen und daher wieder verlassen.

Eines der edlen Trümer, welches im Oberstolln mit dem Segen Gottes-Gang sich kreuzt und h. 2 streicht, ist gegen SO am sogen. Kutenrain bei Schnellingen aufgeschlossen und hier ein mächtiger, aus Quarz mit eingesprengten Roth- und Weissgiltigerzen bestehender Gang. Derselbe konnte aber wegen starker Wasserzuflüsse nicht weiter bebaut werden.

Ein anderer, von hornsteinartigem Quarz mit Schwefelkies und Spuren von Kupfer- und Rothgiltigerzen ausgefüllter Gang tritt 18 Ltr. westlich von jenem Gang auf.

Gegen NW steht der h. 2 streichende Gang sehr wahrscheinlich mit dem westlichen Gange der Grube Bergmannstrost in Verbindung. Unter diesem Namen kam der uralte Bergbau am Baberast 1723 wieder in Aufnahme. Im unteren Stolln führte dieser westliche Gang am ersten Tageschacht bei 4 Fuss Mächtigkeit hornigen Quarz mit stark eingesprengtem Rothgiltigerz, sowie etwas gediegen Silber. Diese Erze hielten rein geschieden 49, in der Mittelprobe 16—17, roh aber nur 2 bis 4 Loth Silber im Ctr. Ein zweiter dicht daneben, gegen O, liegender Gang war „unartig und mit Kies vermengt."

Von den schönen Erzen des westlichen Ganges wurden indess wenig gewonnen, bis April 1724 nur 24 Ctr. In einem 16 Ltr. tiefen alten Stollnschacht war der Gang ganz verdrückt. 1725 hat man die alten Baue auf diesen Gängen am unteren Baberast gewältigt. Vor Ort des Tiefstollns war der Gang sehr schmal und taub, daher die Grube ganz aufgegeben ward.

In einem alten Querstolln unweit des Baberaster Hofes ist ein Trum gegen S verfolgt und dabei ein Lettengang ausgerichtet worden, welcher ein mehrere Zoll mächtiges Trum von grauem, mit Silbererzen durchsprengten Hornquarz führte. Erzanbrüche waren auch hier nicht zu finden.

Der von 1723 bis 1779 mit Unterbrechungen auf dem Baberaster Zuge geführte Betrieb wird als planlos bezeichnet. Weder in dieser Periode noch in den früheren, durch Urkunden von 1455 bis 1574 bekannten Zeiten sei ein Ertrag herausgekommen, dagegen sehr viel Geld verwendet worden. „Der hohe Gehalt der Erze hat oft und besonders in der älteren Zeit des Bergbaues zu Unternehmungen gereizt, die unglücklich ausschlugen, weil über der Qualität der Erze das quantitative Verhältniss nicht berücksichtigt wurde".

Der Baberaster Gangzug ist auf mehr als 1 Stunde Erstreckung bekannt, setzt, wie schon bemerkt, durch die Kinzig und ist auf dem jenseitigen Ufer bei einem zweiten Orte, genannt Strickerhöfe, in der Grube Prinz Carl aufgeschlossen. 1768 wurden daselbst Gänge, welche Spuren von Roth- und Weissgiltigerz führten, erschürft und dabei alte Baue angetroffen. In dem 1770 im Stricker angelegten Querstolln wurden mehrere Quarzgänge mit Silbererzspuren überfahren.

h) Auch wurde damals ein zwischen dem Stricker und dem Orte Sarach in der Mitte liegender alter Stolln gesäubert, in welchem der sehr quarzige Gneiss mit Schwefelkies imprägnirt und ein in letzterem aufsetzender Gang aufgeschlossen war. Vor dem Stollnort führte der Gang mächtigen Quarz mit Schwefelkies durchsprengt und in einem Schachte in 10 bis 20 Zoll mächtiger Quarz- und Kalkspathausfüllung neben Schwefelkies Spuren von Silbererzen.

Bei diesem Gange wird wieder einmal das Nebengestein genannt; die Gänge von Baberast setzen nach anderer Quelle auch im Gneiss auf. Ob die übrigen zuletzt beschriebenen Gänge auch im Gneiss aufsetzen, ist nicht bekannt, aber wahrscheinlich.

i) Der Schnellinger Gangcomplex, auch die Schnellinger Thalgänge genannt. Ueber diese in früheren Zeiten stark bebauten Gänge wird Folgendes berichtet: „Die Schnellinger Thalgänge werden von einem Netze zahlreicher Gänge und Trümer durchsetzt, die ihrer Ausfüllung nach bald der edlen Quarzformation (hornsteinartiger Quarz mit Schwefelkies und Spuren edler Silbererze), theils der edlen Bleiformation (Flussspath und Baryt mit silberreichem Bleiglanz und Spuren edler Silbererze), theils endlich der Kupfer- und Bleiformation (Baryt und Flussspath mit silberarmem Bleiglanz, Zinkblende und Schwefelkies) angehören und so nahe beisammen liegen, dass sich auf dem kleinen Raum eine grosse Anzahl Scharkreuze befinden müssen. Bei diesen Umständen sollte man das Vorhandensein eines ganz anderen Erzreichthums erwarten, als der Schnellinger Bergbau bis jetzt aufgeschlossen hat. Die unbedeutenden Erfolge desselben mögen zum

Theil wohl in der geringen absoluten Erzführung der Gänge begründet sein, zum Theil fallen sie aber jedenfalls den beschränkten Aufschlüssen und dem Betrieb überhaupt zur Last. Die Schnellinger Gruben haben mehr als alle anderen das Unglück gehabt, so übel betrieben und bewirthschaftet zu werden als möglich."

Das Nebengestein dieser Gänge ist Gneiss. — Auch östlich von Schnellingen, von Haslach aufwärts, am sogen. Herrenberg, im Ellergrund, am Reichenberg, im Bühlloch, und in dem weiter thalaufwärts gelegenen Orte Weiler finden sich viele, zum Theil kaum noch kenntliche Reste eines uralten, jedenfalls schon vor dem Anfange des 16. Jahrh. betriebenen Bergbaues, welcher in den ersten Decennien desselben in solcher Blüthe stand, dass über 500 Bergleute dabei beschäftigt waren.

Eine der ältesten dieser Gruben ist die früher unter dem Namen Silberbrünnele bekannte Grube St. Barbara oder Gottesgabe am Kinzigteg bei Haslach. Der Gang streicht h. 10,5 mit südwestlichem Fallen, ist 1 bis 3 Zoll mächtig und führt Baryt und Flussspath als Gangarten. Die darin vorgekommenen Erze sind nicht angegeben. Dieser Gang wird als die Fortsetzung des in den Gruben Anton, Urban und Frischbergmännisch Jerusalemsglück bei Schnellingen bebauten Ganges angesehen.

Im Barbara-Stolln kreuzt den gleichnamigen Gang ein h. 4,6 streichender mit nordwestlichem Fallen, der 5—6 Zoll mächtig ist und aus Quarz und Flussspath mit Spuren von Bleiglanz besteht. Der genannte Stolln ist in neuerer Zeit in einen Bierkeller verwandelt, und die aus ihm auf den Gängen getriebenen Strecken sind vermauert und nicht mehr zugänglich.

Zwischen dem Barbaragang und dem Baberaster Gangzug setzt der Gang der Grube Anton am Herrenberg in h. 2—3 mit 80° NW-Fallen auf, aber nicht von höflicher Beschaffenheit. 1775 wurde der Stolln der Grube Anton geöffnet, welcher 20 Ltr. auf einem 1 Fuss mächtigen Spathgang getrieben war. Letzterer wird in der Nähe des Mundlochs von einem mächtigen Gang, aus Letten, hornigem Quarz und Spuren von Rothgiltigerz bestehend, gekreuzt. Ein zweiter ähnlicher Lettengang ist von den Alten im Hangenden des Spathganges ausgerichtet worden.

k) Der Gang Frischbergmännisch Jerusalemsglück, ebenfalls schon im Anfang des 16. Jahrh. bebaut, streicht h. 12,1, ein zweiter Gang, 18 Ltr. gegen O von ihm entfernt, h. 10,4. — 1722 wurde die Grube wieder geöffnet; auf dem hinteren Gang zeigten sich in einem Uebersichbrechen silberhaltige Kiese und Glanze mit Spuren edler Silbererze. Vor den Oertern in beiden Gängen wurde jedoch nichts ausgerichtet und verliess man daher diese Arbeiten, um einen in der Nähe am Tage erschürften, h. 12,4 streichenden Gang zu untersuchen, welcher später Heilig Grab zu Jerusalem genannt wurde. Derselbe ward vom Oberstolln aus gegen O ausgerichtet. Dabei überfuhr man eine grosse Anzahl Gangtrümer und insbesondere zwei mächtige (?) Schwefelkiesgänge. Die beiden letzteren Gänge wurden als Fortsetzung des Drey-Ganges betrachtet.

Eine grosse Anzahl alter Schürfe, Schächte und Stollen liegen wahrscheinlich auf einem Netze von Gängen und Trümern am oberen Reichenberg und im sogen. Bühlloch, die gleichzeitig mit den Gruben in Schnellingen und auf dem Baberast betrieben wurden.

Für die Gruben dieses Reviers bestanden zwei Schmelzhütten bei Haslach.

l) Die Gänge der Grube St. Anna bei Weiler sind in einem am Fusse des Reichenbergs angesetzten, 1771 aufgewältigten Stolln nicht sehr mächtig, führen aber eingesprengt schöne Bleierze von 4 Loth bis zu 2 Mark Silber im Ctr. Der Hauptgang war in einem Gesenke vollständig verdrückt.

m) Nach Leonhard war Grube Michael bei Weiler, welche auf Gängen im Gneiss mit silberhaltigem Bleiglanz, Fahlerz und Schaalenblende baute, bedeutend.

Unbedeutend, aber geologisch nicht uninteressant ist der am Vogelsberg in Grube Christian bekannte Gang von 10—12 Zoll Mächtigkeit, indem derselbe bei einem Streichen von h. 10 mit 75° NO-Fallen aus zwei fest verwachsenen Trümern besteht, wovon das hangende aus Baryt, das liegende aus grauem, drusigen Quarz besteht.

n) Ein ähnlicher Gang mit Spuren von Bleiglanz tritt weiter unten im Thal auf.

Der erwähnte Gang der Grube Drey, in der Nähe von Gottes Segen, soll sehr mächtig, in oberer Teufe aber zertrümert und ohne Erz sein. Im Tiefstolln streicht derselbe in h. 1,2 und besteht aus Baryt und Flussspath, silberhaltigem Bleiglanz, hie und da mit Anflug von Rothgiltigerz. Diese Erze hielten in der Stuffprobe 3 Loth, in der Scheidprobe aber 8 Loth bis zu 1 Mark Silber im Ctr. und 57 Proc. Blei. 1729 kam die Grube wegen Zubussschuld zum Erliegen.

Auch diese Gruben sollen, wie diejenigen bei Schnellingen, schlecht bewirthschaftet worden sein und dadurch zum Theil nicht reüssirt haben.

o) Bei Hofstetten, auf der linken Seite des Kinzigthales, südöstlich von Haslach,

treten zwei Gänge mit NS-Streichen auf, welche in der Verlängerung des Baberaster Gangzuges liegen. Der eine derselben ist in der Grube Anna bei Altersbach aufgeschlossen, in welcher er, aus hornsteinartigem Quarz bestehend, anfänglich resp. an einer Stelle „zweimärkige" Silbererze geführt haben soll. Bei weiterer Verfolgung hat sich indess keine Spur von solchen Erzen gefunden.

Die Gänge von Steinach, Bollenbach, Schnellingen und Haslach bilden entschieden Gangzüge von zum Theil nicht unbedeutender Ausdehnung.

Auf der linken Seite des Kinzigthales sind noch folgende Gänge erwähnenswerth:

p) In dem Seitenthälchen Adlersbach ist schon in uralter Zeit Bergbau in der 1751 aufgenommenen Grube Ludwig betrieben worden. Sie zeichnet sich dadurch aus, dass der Hauptgang Antimon führt und sie also die dritte Fundstelle dieses Minerals in dem Kinzigthaler Ganggebiet ist. Der Ludwig-Gang steht aber mit den beiden anderen Antimon führenden Gängen Wenzel und Nicolai nicht in Verbindung. Am Tage ist der Gang 2 Fuss mächtig, aus Quarz und Schwefelkies bestehend. In dem oberen Stolln betrug die Mächtigkeit 2—3 Fuss, das Streichen h. 2 mit 85° W-Fallen und die Ausfüllung hornsteinartiger Quarz mit bald mehr bald minder derb eingesprengtem Antimonglanz, mit etwas Fahlerz und Schwefelkies. Von dem Fahlerz rührt jedenfalls der 4 Loth, in einzelnen Fällen bis 15 Loth betragende Silbergehalt der Erze her. Bleiglanz scheint ganz zu fehlen und der zuweilen beobachtete Bleigehalt der Erze daher das Vorkommen von Bournonit anzudeuten. Das Bemerkenswertheste ist der nicht unbedeutende Goldgehalt des Ganges, der, wie es scheint, ganz vorzugsweise dem Schwefelkies angehört. In einer Tonne = 20 Ctr. Schwefelkies fand ein Chemiker 3,52 Unzen fein, besonders in dem den einen Nebengang (Friedrich) begleitenden Nebengestein, in welchem Schwefelkies imprägnirt ist. In den 3 Nebengängen ist der Schwefelkies vorherrschend, Antimonglanz und Fahlerz wenig vertreten; bauwürdig haben sich dieselben nicht gezeigt.

Anfangs der 40er Jahre dieses Jahrh. wurde die Grube wieder in Betrieb gesetzt. In dem aufgewältigten Oberstolln verlor der Gang beim Ueberfahren im Streichen bald seine Mächtigkeit und Erzführung.

Mit dem neuen Tiefstolln durchfuhr man die 3 Nebengänge in h. 3,5$^1$/$_2$, 5,4 und 1, sowie ein Gangbrecciengestein, aus durch Kalkspath verkitteten Fragmenten stark gebleichten und zersetzten Gneisses mit Schwefelkies bestehend, welches vielleicht den Hauptgang repräsentirt.

q) Südlich der Grube Ludwig und des weiter nach S gelegenen Ortes Mühlenbach tritt in dem hier an Erzgängen armen Gneissgebiet neben einigen Eisensteingängen und Gängen von unbestimmtem Formationscharakter auch die Kupfer- und Bleiformation noch einmal auf einem Gange auf, der 1771 am linken Gehänge des Dietenthals aufgeschürft und Gnade Gottes genannt wurde. Sein Streichen ist h. 9,6 mit 80° SW-Fallen und seine Mächtigkeit 15—20 Zoll. Ausgefüllt ist der Gang mit Baryt, wenig Flussspath und Spuren von Kupfererzen.

r) Der östlich, etwa 2500 m vom Ludwiggang liegende Gang der Grube Elisabeth am Kreuzberg bei Hausach ist 1767 erschürft worden. Derselbe streicht mit dem Ludwiggang ziemlich parallel und soll, wie dieser im Schwefelkies, ziemlich viel Gold, sowie Spuren edler Silbererze führen, und zwar in dem hangenden, h. 1—2 streichenden, 60 bis 70° nach W fallenden Trum. Die Gangarten waren aufgelöster Gneiss und Quarz. Das liegende Trum streicht h. 11,3 und fällt wie das hangende ein. Am Tage zeigt der Gang das Streichen des hangenden Trums, aber ausser Quarz Schwerspath mit viel aufgelöstem Nebengestein, hie und da mit Schwefelkies durchsprengt und Spuren von silberhaltigem Bleiglanz führend.

s) Bergtechnisch am bedeutendsten auf der linken Seite des Kinzigthales ist die Grube St. Bernhard, am Hauserbach bei Hausach, nach welcher Daub den zweiten Gangzug genannt hat, und die als eins der ältesten Bergwerke des Kinzigthales bezeichnet wird. Genannte Grube war schon 1515 als ein altes Werk von der Landgräfin Elisabeth von Fürstenberg unter dem Namen „Unsere Liebe Frau" verliehen worden. Gegen 1520 waren auf den Hausacher Bergwerken 300 Bergleute beschäftigt. Damals bewegte sich der Betrieb im Ober- und Mittelstolln. Von 1749—1774 wurden Aufwältigungsarbeiten und Raubbau in den in den alten Bauen noch gefundenen Erzanbrüchen betrieben. In einer alten Strosse standen dick eingesprengte Bleierze stockförmig an. Von 1758—1765 stand die Grube in Freibau. Der Silbergehalt der Schliche betrug 1 Mark im Ctr. In dem 1774 angefangenen Tiefstolln setzte der Gang in h. 1,4 bei 45—55° O-Fallen auf, bei grosser Mächtigkeit, und führte in einem 1—3 Fuss mächtigen Trum von Braun-, Kalk- und Schwerspath und Quarz bald mehr bald minder dicht eingesprengte silberhaltige Bleierze auf 40 Ltr. Länge. „Bei weiterer Fortsetzung

wurden besonders die auf dem Liegenden des Ganges einbrechenden Erze, je mehr man sich den oberen Bauen näherte, immer frequenter. Ein für die Wetterlosung vom Mittelstolln niedergebrachtes Gesenk war beständig in schönen Pecherzen. Bei weiterem Verfolgen des Ganges mit dem Tiefstolln bestand der Gang aus Quarz und Kalkspath mit Nieren von Hornstein und eingesprengtem Bleiglanz, und führte an den Saalbändern einen Besteg von feinem weissen Letten, nahm weiterhin aber stark gebleichten und zersetzten, zum Theil in einen schmierigen Letten umgewandelten Gneiss als Hauptmasse auf, worin Nester von Kalkspath und Quarz, sowie Schnüre von Hornstein und fein eingesprengtem Bleiglanz und schwarze Zinkblende einbrachen; im Liegenden dieser 2 Fuss mächtigen Gangmasse befanden sich noch mehrere Trümer von fast gleicher Mächtigkeit. Unter dem in den oberen Teufen abgebauten Mittel nahm der Gang infolge des Zusammenlegens dieser Trümer sehr grosse Dimensionen an; seine Mächtigkeit stieg auf 1—1$\frac{1}{2}$ Ltr. (6—9 Fuss), innerhalb welcher die Bleierze in besonderen 5—10 Zoll mächtigen Trümern, am Liegenden mit Kalk- und Braunspath, am Hangenden mit Hornstein und Zinkblende abbrachen." (21. Heft.) Unter dem Tiefstolln hat man 1810 mit einem Abteufen und einer daraus nach N getriebenen Strecke den Gang untersucht und auch die hier stark mit Zinkblende vermischten Bleierze abgebaut. Durch die Unruhen der Freiheitskriege ist die Grube 1815 zum Erliegen gekommen.

Nach der Grubenrechnung wurden von 1752 bis 1815 producirt:

　1962 Mark 5 Loth 16 g Feinsilber,
　　359 Ctr. 45 Pfd. Frischblei,
　　190　-　60　- Werkblei,
　　153　-　30　- Glätte,
　　　84　-　92　- verkaufte Schliche,

mit einem Gesammtwerthe von 55 360 fl. 4$\frac{1}{2}$ kr.

Zu diesem geringen Ausbringen wird bemerkt: „Dies ist für eine Reihe von 63 Betriebsjahren allerdings nicht erheblich und scheint daher den grossen Ruf, den der Bernharder Gang im Kinzigthale geniesst, nicht zu rechtfertigen; indessen muss man, neben der im vorigen Jahrhundert übel genug bestellten Aufbereitungs- und Schmelzmanipulation, berücksichtigen, dass alle Erze lediglich von Versuchsbauen und von der Nachlese in von den Alten schon verhauenem Felde gefallen sind."

1823 hat man den 250 Ltr. auf dem Gange aufgefahrenen Tiefstolln weiter erlängt; bei 300 Ltr. traf man alten Mann, vom Mittelstolln heruntergehend. In einem bei 230 Ltr. Länge 11 Ltr. tief niedergebrachten Gesenke, aus welchem gegen N und S aufgefahren, war der Gang 4 Fuss mächtig mit eingesprengten Erzen, aber sehr drusig. 1836 wurde dieser Versuch eingestellt. — Bei einem von 1856—1857 ausgeführten Versuche richtete man in einem Gesenke, welches an der Stelle, wo der Tiefstolln den Gang kreuzt, 10 Ltr. abgeteuft, am Liegenden ein in h. 2,6 mit 60—70° W-Fallen streichendes Trum aus. Dasselbe ist 5—6 Zoll mächtig und führt dieselben Gangarten wie der Hauptgang, von welchem es sich von dieser Stelle abzweigt. Gegen SO lieferte das Trum gute Pocherze mit eingesprengtem Bleiglanz. Die daraus dargestellten Erze hielten bei 40 Proc. Blei 4$\frac{1}{2}$ bis 5 Loth Silber.

„Kurze Erwähnung verdient noch eine mit dem tiefen Stolln im Hangenden des Ganges aufgeschlossene Einlagerung von gelbem, dichtem Dolomit im Gneiss. Einschieblinge von dichtem Feldstein und Gänge von feinkörnigem Granit sind sehr gewöhnliche Bestandmassen des Gneisses im Bernharder Feld." (Ebendas.)

Etwa 40 Ltr. westlich vom Bernharder Gang wurde 1774 der Gang Maria Theresia mit eingesprengten Bleierzen erschürft und mit einem Stolln 98 Ltr. lang überfahren. Derselbe bestand hier aus stark zersetztem feldspathreichen Gneiss mit Schwer- und Braunspath in $\frac{1}{4}$ bis 2 Zoll starken Schnüren, sowie aus Kalkspath und Bleiglanz, theils feinspeisig und durch die ganze Masse fein vertheilt. Wo dem Gange Trümer zuscharten brach der Bleiglanz derb und grobspeisig und zeigten sich Spuren von Glaserz. Das Streichen ist h. 12, 5. In einem Gesenk führte der Gang gleichfalls Pochgänge, hie und da mit derben Bleierzen, aber keine besondere Abbrüche, weshalb der Betrieb 1782 eingestellt wurde. — 1766 fand man unter der Dammerde den weiter südlich liegenden Gang Neu-Sophie, wahrscheinlich die Fortsetzung von Maria Theresia, mit wenigen aber angeblich sehr silberhaltigen Bleierzen. Das Streichen ist h. 12,4 bei steilem östlichen Fallen. Im Schacht soll der 1 Fuss mächtige Gang Spuren von Arsenkies (?) und gediegen Silber geführt haben. — In dem in den 50er Jahren dieses Jahrhunderts bis an den Gang getriebenen Stolln war ersterer so wenig mächtig und von so unfreundlichem Aussehen, dass man von weiterem Versuche abstand.

Mit dem Bernharder Gangzuge ist das Auftreten von Zinkblende auch auf der linken Seite des mittleren Kinzigthales und zwar nicht im Zusammenhang mit den Blende führenden Gängen bei Weiler (Michael), Schnellingen (einige der Thalgänge), Bollenbach (Segen Gottes) und Bieberach constatirt.

Es ist auffallend, dass die übrigen Gänge der im vorhergehenden beschriebenen Reviere resp. des nördlichen Schwarzwaldes Blende nicht führen, da im Südschwarzwald fast in allen Gängen dieses Mineral auftritt.

Nach S ist die Fortsetzung des Bernharder Gangzuges bis jetzt nicht bekannt.

t) Im Hintergrund, welcher in der Streichrichtung des Zuges gegen S liegt, treten zwei Eisenstein führende Gänge auf, aber in h. 3—4 mit 60—80° NW-Fallen. Dieselben bestehen zumeist aus zersetztem Nebengestein (Gneiss) und führen nur an der Oberfläche derben Brauneisenstein. In grösserer Tiefe sind sie nur wenige Zoll mächtig und mit weissem oder rothem Letten ausgefüllt.

Mit diesen Gängen schliesst das Kinzigthaler Ganggebiet mit seinen vielfachen Gang- und Erzarten und seinem abwechselnden Nebengestein gegen S ab.

Wie mehrfach erwähnt, hat Daub den von ihm construirten zweiten Gangzug Bernhard nach dem zuletzt beschriebenen Zuge genannt. Dieser letztere Zug bildet wohl in Grube Bernhard eine ziemlich mächtige Spalte und streicht auch von S nach N. Auch wird angenommen, dass dieselbe in den Gängen der Grube Elisabeth, Maria Joseph und Gabriel gegen N fortsetzt. Aber weder in der weiteren Richtung nach N noch nach S sind Gänge in derselben oder ähnlichen Streichrichtung bekannt. Der Benauer Stollngang des Michael-Clara-Zuges, welcher bis nach Oppenau (nördlich der Kinzig) zu verfolgen sein soll, liegt über 4000 m seitlich von dem Gange Gabriel, so dass man beide wohl nicht in Zusammenhang bringen kann und somit auch der Daub'sche zweite Gangzug, wie der erste, in dieser Gegend illusorisch ist. Ueberdies befinden sich neben dem Bernharder Gang noch mehrere Züge, wie z. B. der Baberaster Gangzug und der oben erwähnte Clara-Zug von grösserer Erstreckung an der Kinzig, welche auch als Hauptspalten anzusehen sind.

Wahrscheinlicher ist, dass die S-N und die SO-NW streichenden Gänge des mittleren Kinzigthales und des Wolfachthales sich in der Gegend des Rieselskopfs vereinigen und in dem mächtigen Gange an den Schotterhöfen, wie schon bemerkt, gegen WN fortsetzen.

*[Fortsetzung folgt.]*

*C. Blömecke.*

23*

**Pyrit und Markasit.** (A. P. Brown: A comparative study of the chemical behavior of Pyrit and Markasit. Proc. of the Amer. Philosophical Society. Philadelphia, 1894 vol. XXXIII S. 225—243).

Das häufige Vorkommen des Eisensulfides $Fe S_2$ in den Erzgängen macht es erklärlich, dass hier von einer theoretischen Abhandlung Notiz genommen wird, welche die Frage beantwortet, warum Pyrit und Markasit trotz gleicher procentualer Zusammensetzung verschiedene Krystallform besitzen. Der Verfasser unternahm zahlreiche Lösungs- und Oxydationsversuche, um das relative Verhalten beider Mineralien gegen diverse Reagentien kennen zu lernen. Die Behandlung des Pyrit und des Markasit mit neutraler Kupfersulfatlösung in Kohlensäureatmosphäre bei 200° C. in zugeschmolzenen Glasröhren brachte die Erklärung für die Dimorphie. Bei dieser Temperatur lösen sich die Sulfide und oxydiren zu Sulfaten, welche mit Kaliumpermanganat titrirbar sind. Die Titration ergab, dass bei Markasit das gesammte Eisen nur Oxxdul lieferte, daher in $FeS_2$ das Eisen als $Fe^{II}$, Ferrosum, vorhanden ist; bei Pyrit wird hingegen nur ein Bruchtheil ($^1/_5$) des Eisens in Oxydul übergeführt, daher $^4/_5$ des Eisens als Ferricum (Oxyd) vorhanden sein muss. Hieraus ergiebt sich, dass die wissenschaftliche Formel des Markasit $Fe^{II} S_2$, hingegen die des Pyrites $[Fe^{II} S_2 Fe_4^{III} S_8]$ zu schreiben ist. Statt $Fe_2^{III}$ kann auch gesetzt werden $(Fe^{IV} — Fe^{IV})$, doch hätte dies nur theoretische Bedeutung. Pyrit und Markasit sind daher nicht verschiedene Ausbildungsformen derselben Substanz, sondern Markasit ein Ferrosulfid, Pyrit ein Ferroferrisulfid, wenn wir die kurzen lateinischen Ausdrücke für zwei und dreiwerthiges Eisen benützen. Nun ist es auch einleuchtend, warum Markasit so leicht vitriolescirt d. h. in Eisenvitriol, Ferrosulfat, sich verwandelt, während Pyrit am häufigsten in Ferrioxyd, $Fe_4^{III} O_6$, pseudomorphosirt wird.

*Schrauf.*

---

# Litteratur.

**41.** Bartonec, Fr., Berginspector: Geognostische Uebersichtskarte des mährisch-schlesisch-polnischen Kohlenreviers. Wien, Manz; 1894. Pr. 6,50 M.

Unter Benutzung des vorhandenen geognostischen Kartenmaterials wurden auf dieser Uebersichtskarte ohne detaillirte Gliederung die Formationen eingetragen, welche in der Nachbarschaft des im Titel erwähnten Reviers auftreten. Der Schwerpunkt der Arbeit liegt selbstverständlich in der genauen Darstellung der Verbreitung der productiven Kohlenformation. Das Streichen und das Fallen der Flötze und, soweit dies anging, deren Zusammenhang wurde überall ersichtlich gemacht, und auch über die Verwerfungen bekommt man beim Anblick der Karte ein deutliches Bild. In der Nähe des Ostrauer Reviers wurde auch das Streichen und Fallen der dort benachbarten Culmgrauwacken kenntlich gemacht, was im Hinblick auf die in neuerer Zeit daselbst aufgetauchten Fragen über die eventuelle Weiterverbreitung von Kohlenflötzen nach der Seite des Grauwackengebirges zu von Wichtigkeit erschien. Man übersieht auf diese Weise ganz deutlich die Verschiedenheit, welche zwischen der Fallrichtung der Culmgrauwacke und derjenigen der Flötze besteht. (Vergl. die Arbeit des Referenten „Zur Geologie der Gegend von Ostrau", Jahrb. d. geol. Reichsanst. Wien 1893, sowie d. Z. 1893 S. 123.)

Wir wünschen der hübschen Karte in den betheiligten Kreisen eine möglichst weite Verbreitung, da wir es mit der Arbeit eines Autors zu thun haben, der durch jahrelange Beschäftigung mit den Verhältnissen der Kohlenablagerung in jenen Gebieten innig vertraut ist. (Verh. geol. Reichsanst. 1894.)　　　　　*E. Tietze.*

**42.** Greim, Gg., Dr., Darmstadt: Die Mineralien des Grossherzogthums Hessen. Giessen (1895), E. Roth. 60 S. kl. 8°. Pr. 1 M.

Das von dem Schüler und Assistenten Prof. Streng's in Giessen mit grosser Sachkenntniss zusammengestellte Werkchen enthält eine systematische Aufzählung der Mineralien mit Angabe der hessischen Fundorte, der Art des Vorkommens oder der in Sammlungen vorhandenen Objecte und der Litteratur. Ein alphabetisches Verzeichniss der aufgenommenen Mineralien sowie ein solches der Fundorte erleichtern die Benutzung sehr.

**43.** Klebs, Rich., Dr.: Ueber das Vorkommen nutzbarer Gesteins- und Erdarten im Gebiet des masurischen Schifffahrtskanals. Königsberg, Gräfe & Unzer. 1895. 88 S. Pr. 1 M.

**44.** Peters, Karl, Dr.: Das Deutsch-Ostafrikanische Schutzgebiet. Im amtlichen Auftrage. München, R. Oldenbourg. 1895. 480 S. mit 23 Vollbildern, 21 Textabbildungen u. 3 Karten i. M. 1 : 3 000 000 (darunter eine „geologische Uebersichtskarte von Deutsch-Ostafrika, angefertigt unter Mitwirkung von Bergassessor Eichhorst und Herrn Lieder auf Grund der Darstellungen von Dr. Karl Peters", mit Angabe der Fundstätten wichtiger Mineralien). Pr. geheftet 17 M., geb. 18,50 M.

**45.** Pietsch, C., Prof. Dr.: Katechismus der Nivellirkunst. Vierte, umgearbeitete Auflage. Leipzig, J. J. Weber. 1895. 115 S. mit 61 Abbildungen. Pr. gebunden 2 M.

Vorstehender „Katechismus" behandelt in zusammengedrängter, aber übersichtlicher Form die verschiedenen Arten der Bestimmung des Höhenunterschiedes zweier Punkte, also das geometrische

Höhenmessen, oder Nivelliren im engeren Sinne, die trigonometrische und die barometrische Höhenbestimmung. Das Nivelliren mit dem Gradbogen sehen wir im Gegensatz zu dem Verfasser als unter trigonometrisches, nicht unter geometrisches Höhenmessen fallend an. — An der Hand guter Abbildungen sind die am häufigsten angewandten Instrumente beschrieben, ausserdem finden sich geeignete Schemata für die Notirung der Ablesungen angegeben und dem Kapitel über das barometrische Höhenmessen die nothwendigen Tabellen beigefügt. Der Vollständigkeit wegen wäre eine kurze Besprechung auch des thermometrischen Höhenmessens (durch Siedepunktbestimmungen) vielleicht nicht überflüssig gewesen.

Durch eine klare Darstellung wird sich das Buch auch dem Laien in vielen Fällen nutzbringend erweisen, während es auf der anderen Seite bei aller Knappheit der Form doch gründlich und umfassend genug ist, um auch dem Techniker als brauchbares Taschen- und Nachschlagebuch dienen zu können.  **W.**

46. Stache, G.: Die Betheiligung der k. k. geologischen Reichsanstalt an der aus Anlass der 66. Versammlung deutscher Naturforscher und Aerzte in Wien veranlassten Ausstellung. (Verzeichniss der von Seite der Anstalt ausgestellten Objecte.) Verh. geol. Reichsanst. Wien 1894, No. 12, S. 285—314.

Unter III, S. 287—312, sind hier die geologischen Karten Oesterreich-Ungarns mit ausführlichen Titeln und mit Angabe der Ausscheidungen aufgeführt, worauf im Anschluss an die d. Z. 1893 S. 336—339 gegebene ähnliche Aufzählung aufmerksam gemacht sei.

---

Die Craz & Gerlach'sche Buchhandlung (Joh. Stettner) in Freiberg in Sachsen hat soeben die 5. Auflage ihres montanistischen Lagerkatalogs erscheinen lassen, welcher eine gute Uebersicht der berg- und hüttenmännischen Litteratur der letzten 25 Jahre und älterer Werke von grundlegender Bedeutung darstellt.

---

# Notizen.

Die **Preussische geol. Landesaufnahme** kam am 6. März d. J. in der 86. Sitzung des preussischen Abgeordnetenhauses zur Sprache. Wir geben jene Erörterungen nach dem amtlichen stenographischen Bericht hier wörtlich wieder.

Abgeordneter v. Tiedemann (Bomst): Meine Herren, in diesem Kapitel und Titel sind die Forderungen für die geologischen Aufnahmen im Staate enthalten. Ich möchte bei dieser Gelegenheit an den Herrn Minister die Frage richten: wie weit sind diese geologischen Aufnahmen bis jetzt gediehen, und wie viel Zeit werden sie bis zu ihrer Vollendung noch in Anspruch nehmen? Ich halte diese Frage von ausserordentlicher Bedeu-

tung für die Landwirthschaft. (Sehr richtig!) Wenn man seinen Boden richtig bearbeiten will, muss man ihn vor Allem genau kennen. (Sehr wahr!)

Ich möchte das an einem Beispiele erörtern. Durch diese geologischen Arbeiten, die bis jetzt auf Grund dieser Ausgaben hier angestellt sind, ist ermittelt worden, dass in sehr vielen Gegenden der norddeutschen Ebene, besonders in den Provinzen Brandenburg und Posen, ein ausserordentlicher Mangel an Kalkgehalt im Boden existirt. Wenn man diejenigen Erträge dem Boden abgewinnen will, die ihm nach der Theorie abzugewinnen sind, hat man hier vor allen Dingen die Anwendung von Kalk nöthig. Das war bisher den norddeutschen Landwirthen nicht bekannt, ist aber in letzter Zeit sehr fructificirt worden, und in Folge dessen ist es auch vielfach gelungen, die Erträge wesentlich zu steigern. Nun wird es auch weiter darauf ankommen, zu ermitteln, wo kriegt man den Kalk am Besten her, und ich bin überzeugt, dass durch die geologischen Untersuchungen in der norddeutschen Ebene noch viel Stellen gefunden werden, von wo man den Kalk weit besser und zweckmässiger als bisher beschaffen wird. (Sehr richtig!)

Meine Herren, ich habe das eine Beispiel angeführt, wie wichtig es für die deutsche Landwirthschaft ist, und wie gross das Interesse für die deutsche Landwirthschaft ist, diese Sache möglichst gefördert zu sehen.

Ich bitte den Herrn Minister, gütigst die von mir gestellten Fragen zu beantworten.

Minister für Handel und Gewerbe Freiherr v. Berlepsch: Bei der geologischen Landesaufnahme sind augenblicklich beschäftigt 25 Personen, 9 davon bei der geologischen Aufnahme im Gebirge, 12 bei der geologisch-agronomischen Aufnahme im Flachland; das würden also wesentlich diejenigen sein, auf deren Mitwirkung der Herr Abgeordnete v. Tiedemann für die Landwirthschaft rechnet; ferner für die Sammlungen in den Büreauarbeiten 4.

Nun hat im diesjährigen Etat eine Verstärkung der Arbeitskräfte stattgefunden, und wenn man alles zusammenrechnet, so werden in Zukunft statt 25 29 Personen bei der Landesaufnahme betheiligt sein, die sämmtlich bei der Aufnahme im Flachlande Verwendung finden werden. Dazu treten noch zwei weitere Personen, welche die Provinz Ostpreussen aus eigenen Mitteln zur Verstärkung und Beschleunigung der Arbeit angestellt hat unter der Bedingung, dass auch seitens der Regierung eine Vermehrung in der Provinz Ostpreussen zugesagt wird.

Nun umfasst das Flachland im Ganzen 2501 Messtischblätter, von denen 227 erst vollendet respective in der Vollendung begriffen sind. Von diesen Flachlandsblättern kommen beispielsweise auf Ostpreussen, Westpreussen, Pommern und Posen, für die ich annehme, dass eine Beschleunigung der Arbeit im Interesse der Landwirthschaft ganz besonders wünschenswerth ist, 1136 Blätter, die sich nach Abzug der Grenz- und Küstenblätter auf 1040 Vollblätter reduciren. Von diesen sind 78 Blätter bereits fertig oder in Arbeit befindlich, so dass für diese vier ländlichen Provinzen noch 962 Blätter im Rückstande sind. Da nun von

jeder Arbeitskraft im Jahre nicht mehr als ein
solches Blatt fertig gestellt wird, in diesen vier
Provinzen aber bis jetzt zehn Personen beschäftigt
gewesen sind, so würden, wenn wir alles beim
alten liessen, 96 Jahre vergehen, bis die agro-
nomische Aufnahme des Flachlandes in diesen vier
Provinzen beendigt ist. Wenn jetzt eine Vermehrung der bei der Landesaufnahme beschäftigten
Personen eintritt, und zwar von 10 auf 14, wenn
weiter die Provinz Ostpreussen 2 neue Hülfsgeologen dazu bewilligt, und die übrigen Provinzen,
die hier in Frage stehen, sich dazu entschliessen
sollten, denselben Schritt zu thun, so würde man
auf 20 Geologen in diesen 4 Provinzen kommen,
und es würde eine Fertigstellung der bezüglichen
Karten in 45 Jahren zu erzielen sein, eine Zeit,
die mir allerdings immer noch zur Befriedigung
der Bedürfnisse der Landwirthschaft ausserordentlich lang erscheint.

Nun, meine Herren, könnte man ja davon
sprechen, dass eine weitere Vermehrung der
Hülfskräfte nothwendig ist, und ich würde meinerseits sehr gern bereit sein, überall, wo ich soweit Entgegenkommen finde, wie ich es in Ostpreussen gefunden habe, nach Kräften dahin zu
streben, auch diejenigen Kräfte zu vermehren,
welche der Staat bisher zur Landesaufnahme gestellt hat. Immerhin wird aber die Vermehrung
eine gewisse Grenze finden müssen, weil das, was
aufgenommen wird, dann in der Centralstelle, in
der geologischen Landesanstalt zu Berlin, bearbeitet werden muss, und naturgemäss sind da gewisse Grenzen gesetzt.

Eine sehr wesentliche Frage scheint mir aber
zu sein, ob die Art der Aufnahme, wie sie
jetzt stattfindet, nothwendiger Weise beibehalten
werden muss, um der Landwirthschaft die Vortheile zu verschaffen, die sie aus der kartographischen Arbeit zieht. Bevor man überhaupt ans
Werk gegangen ist, haben eingehende Berathungen
im Landesökonomiekollegium stattgefunden. Man
hat darüber verhandelt, wie viel Bohrlöcher
auf einer bestimmten Fläche gestochen werden,
und wie tief diese Löcher sein müssen. Und endlich hat man darüber verhandelt, ob man besondere Bohrkarten herausgeben soll, die dem Landwirthe die Orientirung erleichtern. Bei diesen
Berathungen hat man namentlich seitens der Forst-
wirthschaft den Wunsch gehabt, dass die Bohrlöcher eine Tiefe von 2 m erhalten. Ob es nun
nothwendig ist, diese Tiefe auch überall im Flachlande festzuhalten, scheint mir nicht so ganz
ausser Frage zu stehen, und es wäre vielleicht
denkbar, wenn die Landwirthschaft in der Lage
wäre, sich wenigstens in bestimmten Districten mit
einer geringeren Tiefe der Bohrlöcher zu begnügen,
dass man wohl das ganze Verfahren erheblich
beschleunigen kann.

Ich habe diese Frage aufgegriffen und werde
mich an den Herrn Landwirthschaftsminister wenden,
um sie mit ihm gemeinsam zu erörtern. Wenn
wir eine mässige Vermehrung der betreffenden
Staatsbeamten in Aussicht nehmen, wenn die Provinzen bereit sind, auch ihrerseits Kräfte zu stellen,
um die Arbeiten zu beschleunigen, und wenn wir
dann dazu übergehen, das Verfahren zu verein-
fachen, so glaube ich doch, dass es möglich sein

wird, in kürzerer Zeit diese für die Landwirthschaft so ausserordentlich wichtige Arbeit früher
zu vollenden, als es jetzt möglich erscheint. (Beifall.) — (Vgl. d. Z. 1893 S. 34—36.)

Abgeordneter v. Tiedemann (Bomst): Ich
danke dem Herrn Minister für seine Erwiderung
auf meine Anregung, und ich möchte nur einige
Fragen, die er aufgeworfen hat, meinerseits beantworten.

Wenn der Herr Minister gefragt hat, ob es
für die Landwirthschaft nöthig sei, dass die Bohrlöcher eine Tiefe von 2 m hätten, so möchte ich
diese Frage verneinen. Ich glaube, es genügt für
die Landwirthschaft $\frac{1}{2}$ m Tiefe, wenn nur an
einigen Stellen tiefer gebohrt wird. (Zurufe.) —
Ja, das würde genügen.

Ferner glaube ich nicht, dass es im Interesse
der Landwirthschaft nöthig ist, überall Untersuchungen vorzunehmen. Es giebt sehr viel gleichartige Verhältnisse; gerade die Ermittelungen,
welche für die Provinzen Brandenburg und Posen
stattgefunden haben, haben uns gezeigt, dass einzelne Stellen genügt hätten, um uns zu belehren,
dass bei uns Kalkmangel im Boden überall vorhanden ist, um auf ein früheres Beispiel zurückzukommen. Man muss in diesen Dingen das
Interesse der Wissenschaft und die Praxis der
Landwirthschaft trennen. In dem letzteren Interesse
ist es ja nothwendig, wie es gewünscht habe,
möglichst schleunig vorzugehen, damit wir überall
ein Bild über die Zusammensetzung des Bodens
ein Bild über die Zusammensetzung des Bodens
erhalten. Im Interesse der Wissenschaft mag ja
eine genauere Untersuchung nöthig sein, die dann
aber nicht so sehr beschleunigt zu werden braucht.

Ich glaube, wenn mit den vorhandenen Kräften
richtig gearbeitet wird, und wenn vielleicht noch
etwas mehr Mittel bewilligt werden, dass wir dann
schnell zu dem Ziele kommen werden, das für die
Landwirthschaft erwünscht ist. (Beifall.)

Abgeordneter Dr. Langerhans: Meine Herren,
ich muss sagen, dass ich doch eigentlich die Forderung, welche Herr v. Tiedemann gestellt hat,
ausserordentlich bescheiden finde. Hier ist einmal
ein Feld in der That, auf dem der Landwirthschaft
sicher genützt werden kann und zu gleicher Zeit
auch der Wissenschaft; ich glaube, es ist wohl
nicht richtig, dass man diese Durchschnittsziffer
annimmt, ich würde sonst sehr dagegen opponiren,
dass $\frac{1}{2}$ m Tiefe zu den Bohrungen hinreicht;
meine Herren, das halte ich absolut für zu wenig.
Ich bin aber der Meinung, dass man das nicht
gleichmässig festsetzen kann, sondern wenn man
auf einer bestimmten Fläche eine tiefe Bohrung
gemacht hat, wird man neben derselben noch andere von geringerer Tiefe machen müssen.

Meine Herren, es handelt sich bei der Feststellung der Ausgiebigkeit des Grund und Bodens,
bei der Feststellung der Art und Weise der Bebauung doch sehr wesentlich um die Kenntniss
des Untergrundes. Der Untergrund wird sehr oft
Veranlassung sein zu einer verschiedenen Bebauung
respective zu Drainanlagen oder anderen Hülfsmitteln, die die Landwirthschaft anwendet. Ich
bin etwas unbescheidener in Bezug auf die Forderungen, die die Landwirthschaft, die doch eine
ausserordentlich schwere Krisis jetzt durchzumachen
hat, stellen müsste. Ich bin der Meinung, dass

wir recht gut hier von der Regierung verlangen könnten, dass sie einen ausserordentlichen Credit in Anspruch nähme und mit der Sache etwas schneller vorginge.

Minister für Handel und Gewerbe Freiherr v. Berlepsch: Meine Herren, Herr v. Tiedemann hat gemeint, dass die betreffenden Bohrlöcher 1 m tief, nicht ½ m gestossen werden sollten. (Abgeordneter v. Tiedemann-Bomst: Ich habe mich versprochen!) Ich möchte nur erwähnen, dass die Art des Vorgehens nicht etwa am grünen Tisch entstanden ist, sondern sie ist gegründet auf die Vorschläge praktischer Landwirthe, die sie im Landesökonomiekollegium gemacht haben. Dort werden sie auf's Neue zur Sprache zu bringen sein.

Abgeordneter Gothein: Der Herr Minister hat mir das schon fortgenommen, was ich auch sagen wollte: ich hielt es ebenfalls für unmöglich, mit ½ m Tiefe auszukommen. Ich freue mich aber sehr darüber, dass gegenwärtig das Interesse für diese Frage ausserordentlich zu wachsen scheint. Ein Freund von mir war lange Jahre Flachlandsgeologe in der Mark und sagte, er wäre ausserordentlich liebenswürdig von den Gutsbesitzern immer aufgenommen; aber für seine Untersuchungen, auch wenn sie den Grund und Boden der Herren selbst anlangten, habe er nicht das geringste Interesse gefunden. Ich freue mich, dass gegenwärtig ein Umschwung stattgefunden hat.

Ueber **Tiefbohr-Einrichtungen**, mit Einzelaufführung der vortheilhaftesten Werkzeuge, versendet soeben die „Tiefbau-Werkzeuge-Fabrik Nürnberg" von Heinrich Mayer & Co. in Nürnberg-Tullnau einen für jeden Bohrtechniker sehr interessanten Katalog (No. 1, 1895). Herr Ingenieur Mayer ist bestrebt, die mannigfachen Tiefbohrwerkzeuge systematisch zu behandeln und herzustellen, so dass die für verschiedene Zwecke naturgemäss verschiedenen Werkzeuge einander entsprechen und ergänzen, und dass nachbestellte und vom Lager schnell zu liefernde Einzelgeräthe immer zu dem einmal gewählten Bohrzeugsystem passen. Die Vortheile, die sich aus einer derartigen schematischen Behandlung für die Herstellung wie für die Verwendung der Werkzeuge ergeben, liegen auf der Hand. Die Einzelsysteme sind in den verschiedenen Zwecken und den wechselnden geologischen Verhältnissen entsprechender Mannigfaltigkeit für mittlere Tiefen (50—500 m) vorhanden; die Werkzeuge und Bohrsysteme für grössere Tiefen und schwierigere Verhältnisse sollen in späteren Katalog-Ausgaben behandelt werden.

**Quellenschutz.** Nach einer Aeusserung des zuständigen Ministers steht noch für dieses Jahr in Gesetz zum Schutze der Heilquellen in Preussen gegen Abbohrung u. dergl. in Aussicht.

**Reguläre Kieselsäurekrystalle.** Eine regulär krystallisirende, allotropische Kieselsäuremodification hat K. v. Chrustschoff in St. Petersburg entdeckt (Bull. de l'Acad. Imp. d. Sc. de St. Pétersbourg 1895, Januar, No. 1, S. 27—31). Diese, dem Christobalit (in den Mandelräumen und Poren des Andesit vom Cerro S. Christobal bei Pachuca in Mexico)

verwandte Modification des Hauptbestandtheiles der Erdkruste hat das spec. Gew. 2,412, während das des hexagonalen Quarzes 2,65, das des triklinen Tridymits 2,29 beträgt.

---

# Vereins- u. Personennachrichten.

## Deutsche geologische Gesellschaft. Berlin.
### Sitzung vom 6. März 1895.

Dr. Passarge: Studien über Verwitterung und Lateritbildung in Adamaua, im Gebiet des Benueflusses.

E. Thiessen: Ueber den Artbegriff von Terebratula biplicata Sow.

Dr. Jäckel: Ueber die Fassung des Artbegriffs in der Paläontologie.

## Frequenz der Bergakademien.
Die Gesammtzahl der bei der Bergakademie in Berlin im laufenden Wintersemester eingeschriebenen Studirenden beträgt 142 (gegen 119 im Wintersemester 1893/94), worunter 73 Bergbaubeflissene (Kandidaten für den Staatsdienst im Bergfach).

Der Nationalität nach kommen hiervon auf:

| | |
|---|---|
| Preussen . . . . . . . . | 124 Studirende |
| das übrige Deutschland . | 7 - |
| Australien . . . . . . . | 1 - |
| England . . . . . . . . | 3 - |
| Italien . . . . . . . . | 3 - |
| Nord-Amerika . . . . . . | 1 - |
| Oesterreich . . . . . . | 1 - |
| Russland . . . . . . . . | 1 - |
| Serbien . . . . . . . . | 1 - |

Bei der Bergakademie zu Clausthal am Harz waren im Lehrjahre 1893/94 insgesammt 148 Studirende (darunter 20 Bergbaubeflissene) eingeschrieben.

Der Nationalität nach entfallen hiervon auf:

| | |
|---|---|
| Preussen . . . . . . . . | 91 Studirende |
| das übrige Deutschland . | 22 - |
| Oesterreich-Ungarn . . . | 3 - |
| Italien . . . . . . . . | 1 - |
| Spanien . . . . . . . . | 1 - |
| Russland . . . . . . . . | 4 - |
| Serbien . . . . . . . . | 3 - |
| Grossbritannien und Irland | 5 - |
| Holland und Colonien . . | 3 - |
| Nord-Amerika . . . . . . | 5 - |
| Süd-Amerika . . . . . . | 5 - |
| Australien . . . . . . . | 3 - |
| Afrika . . . . . . . . . | 2 - |

## Ernennung der österreichischen Bergakademien zu Hochschulen.

Eine jahrelange Forderung der Berg- und Hüttenleute Oesterreichs ist nunmehr von der Regierung erfüllt worden. Der Kaiser hat die Erklärung der Bergakademien in Leoben und Přibram zu Hochschulen, die Einführung von Staatsprüfungen an den daselbst bestehenden beiden Fachschulen und die entsprechende Abänderung der für diese Anstalt erlassenen Statuten genehmigt.

Nach § 1 der geänderten Statuten haben die beiden Hochschulen den Zweck, eine gründliche theoretische und, soweit es an der Schule möglich ist, auch praktische Ausbildung für das Berg- und Hüttenwesen, und zwar in Leoben mit besonderer Berücksichtigung des Eisenhüttenwesens, in Přibram mit besonderer Berücksichtigung des Metallhüttenwesens zu ertheilen.

Im J. 1840 gründeten die steierischen Stände auf Anregung des Erzherzogs Johann eine mit dem Johanneum in Graz (jetzige technische Hochschule) organisch verbundene Montanlehranstalt in Vordernberg in Steiermark. Als erster Lehrer wirkte dort Peter Tunner, der Altmeister des Eisenhüttenwesens. Als die Wirren des Jahres 1848 das Verbleiben deutsch-österreichischer Studenten an der ungarischen Bergakademie in Schemnitz unmöglich machten, benutzte die Regierung die steierischständische Lehranstalt in Vordernberg als provisorische Staatsanstalt. Im J. 1849 erfolgte die Errichtung einer Montanlehranstalt in Leoben an Stelle derjenigen in Vordernberg, und gleichzeitig wurde für die nördlichen Provinzen Oesterreichs eine Montanlehranstalt zu Přibram in Böhmen gegründet. Im J. 1861 wurde die Montanlehranstalt in Leoben zu einer vollständigen Bergakademie erweitert und 1864/65 auch die Bergakademie in Přibram organisirt. Die Unterrichtssprache an letzterer ist (und war vor jeher) die deutsche; die Einrichtung des hier noch fehlenden Vorbereitungscursus steht in Aussicht. Der Plan, an Stelle der beiden Anstalten eine Hochschule des Bergfaches in Wien zu errichten, scheiterte an verschiedenen Schwierigkeiten. Im J. 1874 wurde dann das Statut für die Bergakademien in Leoben und Přibram genehmigt, durch welches diese Anstalten ihre hochschulmässige Organisation erhielten, welche sie bis heute besassen. Am 27. Dezember v. J. erfolgte endlich die ausdrückliche Erklärung der Bergakademien zu Hochschulen. Die Wiedereinführung von Staatsprüfungen, welche in ähnlicher Art wie die z. B. an den technischen Hochschulen bestehenden schon im J. 1849 angeordnet, später aber wieder aufgehoben worden sind, spricht die Gleichstellung der Bergakademien mit den technischen Hochschulen in ihrer jetzigen Organisation aus.

Ueber die Neuordnung der Diplomprüfungen sowie über die schwierige Frage der Zuerkennung von Titeln und des Doctorgrades an die qualificirten Absolventen der technischen Hochschulen werden (nach einer Mittheilung des Ministers des Innern im österreichischen Abgeordnetenhause am 12. März d. J.) Berathungen gepflogen.

## Moritz Ferdinand Gätzschmann †.

Am 25. Februar verschied zu Freiberg i. S. im hohen Alter von fast 95 Jahren der sächsische Bergrath und frühere Professor der Bergbaukunde M. F. Gätzschmann, nachdem er seit 1871 sich in dem wohlverdienten Ruhestand befunden hatte.

Am 24. August 1800 in Leipzig geboren und daselbst erzogen, widmete er sich dem Bergfache und studirte an der Bergakademie zu Freiberg

unter F. Mohs und A. Breithaupt Mineralogie und unter A. G. Werner und K. A. Kühn, dessen Nachfolger er später wurde, Bergbaukunde. Nach beendetem Studium und Examen wurde er 1822 Lehrer der praktischen Markscheidekunst, dann aber als technischer Bergbeamter an das damalige Bergamt zu Schneeberg im Erzgebirge versetzt, woselbst auch 1831 seine Schrift „Anleitung zur Grubenmauerung" (mit 84 Tafeln) erschien. Im J. 1834 nach Freiberg berufen, übernahm er den Lehrstuhl für Bergbaukunde und füllte ihn über 36 Jahre, bis 1871, aus, während welcher Zeit er eine grosse Zahl von jungen Bergleuten aus allen Himmelsgegenden ausbildete, die ihm stets ein treues und dankbares Andenken bewahrt haben. Um seinen Unterricht erfolgreicher zu machen, war es ihm daran gelegen, ein möglichst vollständiges Lehrbuch herzustellen, und so gab er, in etwas zu weitschichtiger Anlage, seine „Vollständige Anleitung zur Bergbaukunst" heraus. Von diesem Werke erschien zu Freiberg 1846 zuerst Theil III, die Lehre von den bergmännischen Gewinnungsarbeiten (mit 11 Tafeln), dann daselbst 1856 Theil I, die Auf- und Untersuchung von Lagerstätten nutzbarer Mineralien, davon 2. Auflage Leipzig 1866. Ferner veröffentlichte er in Leipzig von 1858 bis 1872 „Die Aufbereitung nebst Zeichnungen" (2 Bände Text in 8° und 3 Bände Atlas in 4°). Gewissermaassen als Pendant der Grubenmauerung gab dann sein Schwiegersohn C. A. Sickel die Grubenzimmerung heraus, deren erste Abtheilung 1872 zu Freiberg erschien. Werthvoll für die Statistik war ferner Gätzschmann's Arbeit „Vergleichende Uebersicht der Ausbeute, welche von 1530—1850 im Freiberger Revier vertheilt wurde", Freiberg 1852, 2 Bände; endlich wichtig zu dem Unterricht seiner ausländischen Schüler ein kleines erklärendes Taschenbuch: „Sammlung bergmännischer Ausdrücke", Freiberg 1852; 2. Aufl. 1881, für welche letztere Dr. Gurlt die englischen und französischen Synonyme mit Register hinzufügte. Von 1838—1871 führte er die Redaktion des „Kalender für den Sächsischen Berg- und Hüttenmann", welcher von 1852—1872 unter dem Titel „Jahrbuch für den Berg- und Hüttenmann" erschien und seit 1873 als „Jahrbuch für das Berg- und Hüttenwesen im Königreich Sachsen" herausgegeben wird.

In Transvaal ist eine geologische Gesellschaft im Entstehen begriffen. Die Gründer dieser wissenschaftlichen Vereinigung sind die Herren David Draper und Wilson-Moore.

Einen reichhaltigen antiquarischen Katalog (No. 44) von 54 Seiten über geol., paläontol. und mineralog. Schriften der Bibliothek des † Hofrath Prof. Dr. K. Th. Liebe in Gera mit einem ansprechenden Bilde desselben gab soeben das Antiquariat von Max Weg in Leipzig, Leplaystr. 1, heraus.

*Schluss des Heftes: 16. März 1895.*

Verlag von Julius Springer in Berlin N. — Druck von Gustav Schade (Otto Francke) in Berlin N.

# Zeitschrift für praktische Geologie.

## 1895. Mai.

## Ueber die Aussichten künstlicher Bewässerung in den regenarmen Strichen der Vereinigten Staaten.

Auf Grund der Arbeiten des U. S. Geological Survey dargestellt von

**M. Klittke.**

Es ist eine besonders in unseren Tagen oft beklagte Thatsache, dass sich der grösste Theil unserer Auswanderer in die weiten Gebiete der Vereinigten Staaten von Nordamerika ergiesst und damit dem Vaterlande nicht nur für immer verloren geht, sondern noch dazu einen Concurrenten desselben kräftigen hilft. Fragt man nach dem Grunde dieser betrübenden Erscheinung, so lautet die Antwort meistens: „Es wird uns drüben leichter, ein eigen Stück Grund und Boden zu erwerben." Mehr wie jemals steht der Sinn unserer arbeitenden Klasse nach einer Heimstätte, und gerade die Unmöglichkeit, eine solche hier erwerben und damit wirthschaftlich selbstständig werden zu können, treibt alljährlich tausende unserer fleissigsten Hände übers Meer.

Wie steht es nun aber mit der Erfüllung ihrer Hoffnungen drüben? Allerdings bieten die Vereinigten Staaten noch Raum für das Vielfache ihrer jetzigen Bevölkerung, und wenn sich auch bereits ein grosser Theil des ackerbaufähigen Bodens der Ost- und Mittelstaaten in den Händen von Farmern und Landspeculanten befindet, welche naturgemäss ein Interesse daran haben, die Bodenpreise möglichst in die Höhe zu treiben, so ist es dem Einwanderer nach einigen Jahren, besonders wenn er sich naturalisiren lässt, doch möglich, unter dem Schutz des Heimstättengesetzes ein eigenes Besitzthum zu erwerben. Wie sich jedoch bei einem Gebiet, welches ganz Europa fast an Ausdehnung gleich kommt, erwarten lässt, sind die Anbauverhältnisse in den einzelnen Staaten sehr verschieden, nicht nur was Bodengestalt und -güte betrifft, sondern besonders hinsichtlich der Bewässerung. Betrachtet man den 100″ Meridian westlich von Greenwich als Grenze, so fällt östlich von demselben eine genügende Regenmenge, um ohne Weiteres Ackerbau zu ermöglichen; westlich von ihm breitet sich dagegen bis zum Küstengebirge

am Stillen Ocean ein Riesengebiet aus, welches ein Drittel der ganzen Vereinigten Staaten umfasst, und in dem Ackerbau nur ertragreich ist, wenn die Felder künstlich bewässert werden können. Die Ursache dieser Trockenheit ist in der Bodengestaltung zu suchen, und besonders darin, dass die Gebirgszüge von Norden nach Süden streichen und die Luftströmungen in einer für die Erhaltung der Feuchtigkeit sehr ungünstigen Weise beeinflussen. Daher stellt sich das regenarme Gebiet der Vereinigten Staaten auch als ein in dieser Richtung verlaufender Gürtel dar, der sich sowohl bis in die arktischen als auch die subtropischen Gegenden fortsetzt. Hier ist Grund und Boden allerdings viel billiger als in den Ost- und Mittelstaaten, die Bestellung desselben aber vorläufig nur in unmittelbarer Nähe der Flussläufe möglich. Naturgemäss wurden die Gegenden am Unterlaufe eines solchen zunächst besiedelt; die Späterkommenden sehen sich gezwungen, sich weiter stromaufwärts niederzulassen; aber je höher sie an den Flüssen und Bächen empordringen, desto mehr entziehen sie den unteren Anwohnern das Wasser; der Ackerbau ist hierdurch zum Theil schon in Gegenden geführt worden, in denen er nach Klima und Höhenlage nicht dieselben Erträge abwerfen kann wie in den benachbarten Ebenen, vorausgesetzt dass man letzteren das nothwendige Wasser nicht entzöge. Infolge dieses unnatürlichen, aber durch die Verhältnisse gebotenen Flussaufwärtsziehens der Ansiedler entstanden schliesslich so viele Unzuträglichkeiten, dass die Centralregierung in Washington sich nicht länger der Pflicht entziehen konnte, die Regelung der Bewässerungsverhältnisse in die Hand zu nehmen. Selbstverständlich hatten die Ansiedler bald den Nutzen und die Nothwendigkeit einer regelmässigen Bewässerung erkannt, und da man in den Vereinigten Staaten mehr der Selbsthülfe als der des Staates vertraut, so bildeten sich bald Gesellschaften, welche durch Thalsperren bedeutende Reservoirs herstellten, und so finden wir, wie uns eine Karte im XI. Annual Report Geolog. Survey. Part II p. X. vorführt, längs fast aller Flussläufe der sogenannten Arid Lands (regenarmen Gebiete) bereits Bewässerungsanlagen. Dieselben sind jedoch je nach den örtlichen und zeitlichen Erfordernissen und meistens ohne gegenseitige Rücksicht angelegt, und so kommt es, dass oft die eine der anderen das Wasser entzieht, wenn diese es am nothwendigsten braucht. Die Folge sind endlose Processe und Verwickelungen, nicht nur zwischen den einzelnen Gesellschaften und Privaten, sondern auch zwischen Counties und Staaten. Die Centralregierung konnte sich nun nicht länger verhehlen, dass hier von Staatswegen eingegriffen werden müsse, um sowohl der immer mehr um sich greifenden Verwirrung zu steuern als auch, um zu verhüten, dass sich die Speculation der zur Anlage von Reservoiren, Canälen etc. geeignetsten Plätze bemächtige und so die Entwickelung hindere. Am 13. Februar 1888 nahm der Senat daher einen Beschluss an, durch welchen der Staatssecretär des Innern ermächtigt wurde, durch den Geological Survey feststellen zu lassen, welche Theile des dürren Gebietes sich vorzugsweise zur Bewässerung eignen, wo sich Reservoirs und Canäle am vortheilhaftesten anlegen lassen etc. Zugleich aber sollte der Verschleuderung solcher Staatsländereien vorgebeugt werden. Die Resultate dieser Arbeiten liegen uns in Bd. X, XI, XII, (je Part II) XIII P. III der Annual Reports of the U. S. Geological Survey vor, und ihnen entnehmen wir das Folgende.

Bevor wir uns indessen mit den bisher erreichten praktischen Ergebnissen beschäftigen, wird es gut sein, zunächst einen Ueberblick über die Vorarbeiten zu geben, welche zur Erreichung des Zieles nothwendig sind, und ohne deren Kenntniss man sich überhaupt keinen Begriff von der Grösse des Werkes und der Energie, mit der es unternommen wurde, machen kann.

Das Gebiet, auf welchem Ackerbau grösstentheils von regelmässiger, künstlicher Bewässerung abhängig ist, umfasst etwa $^4/_{10}$ der Vereinigten Staaten mit Ausschluss von Alaska, also rund 3 500 000 qkm. Da die Felsengebirge dasselbe von N nach S durchziehen, so eignet sich etwa $^1/_5$ davon infolge seiner hohen Lage und seiner Bodengestaltung nicht zum Ackerbau; ein anderer Bruchtheil besteht aus so ebenen Tafelländern (playas) und besitzt einen so starken Gehalt an Alkalien, dass es nicht möglich ist, dieselben durch Berieselung auszulaugen. Es entfallen nämlich auf Wüste 259 000 qkm, auf Gras- und Weideland 2 491 476 qkm; mit Niederwald (Brennholz etc.) sind 466 200 qkm bestanden, während nur noch 366 700 qkm eigentliche Hochwälder (Bau- und Nutzholz) enthalten. Letztere beide Kategorien gehören meist dem Gebirge an und sind daher nicht für Ackerbau geeignet. (Rep. XIII Part III p. 8.) Nach Abzug dieser gänzlich ungeeigneten Gegenden bleiben immer noch etwas über $2^1/_2$ Millionen qkm Ackerboden übrig. Allein davon war im Jahre 1890 noch nicht ganz 1 Proc. unter Cultur, und unter den jetzigen klimatischen und nationalökonomischen Verhältnissen muss man die Annahme, es werde in absehbarer Zeit gelingen, das ganze Gebiet nutzbar zu machen und damit den Nationalreichthum der Vereinigten Staaten um etwa 80 Milliarden Mark zu vermehren, von der Hand weisen; es werden sich vielmehr höchstens 20 Proc., wahrscheinlich aber nur 15 Proc., vielleicht noch viel weniger dauernd bewässern lassen. Aber auch dies würde eine Preissteigerung des Ackerbodens im Gesammtbetrage von ca. 12 Milliarden Mark bedeuten. Es wird also eine sorgsame Auswahl des zu bewässernden Gebietes nothwendig, welche zunächst genaue Karten erfordert. Die Vereinigten Staaten haben den grossen Werth derselben bereits längst erkannt, und so bedarf es nur genauerer Ergänzungen der vorhandenen, um sie dem jetzigen Zwecke dienstbar zu machen. Auf Grund derselben ist es möglich, alles von vornherein infolge seiner Höhenlage und Bodengestaltung ungeeignete Land auszuscheiden.

Wirft man aber nur einen Blick auf eine Karte der „Arid Lands", so wird sofort das Missverhältniss zwischen der Zahl der vorhandenen Flüsse und der Grösse des Gebietes auffällig; die Wassermenge reicht nicht im entferntesten zur Bewässerung alles tragfähigen Ackerbodens aus. Es erweist sich also nothwendig, festzustellen, wieviel Wasser die Flüsse etc. überhaupt führen, eine Arbeit, welche wegen der vielen sie beeinflussenden Nebenumstände sehr schwierig ist. Es werden dazu eine grosse Anzahl von Strommessungen nöthig, welche möglichst lange und unter gleichen Bedingungen fortgesetzt werden müssen. Ferner bedarf es einer dauernden Messung der Regenmenge; es muss festgestellt werden, ein wie hoher Procentsatz des Regen- und Schneefalls überhaupt in die Flüsse gelangt; wieviel Verlust diese Wassermenge während ihres Weges zum Meere durch Verdunstung und Versickern erleidet; wann die Hochfluthen, sei es durch Schneeschmelze oder durch heftige Regen, eintreten; welche Wassermengen sie mit sich führen, kurz, inwiefern der Wassergehalt nicht nur eines einzelnen Flusses, sondern eines ganzen Flussgebietes durch klimatische und geographische Verhältnisse bestimmt wird.

Weiss man all dies, so kann man ungefähr überschlagen, welchen Bruchtheil des zu Gebote stehenden Wassers man zur Berieselung verwenden kann, denn es liegt auf der Hand, dass die Benutzbarkeit der Ströme als Wasserstrassen, welche ja in den Vereinigten Staaten eine so wichtige Rolle spielt, nicht darunter leiden darf. Aus der Wassermenge lässt sich dann berechnen, wieviel Ackerland etwa berieselt werden könnte, und nun erst wird man daran gehen, dies Land in der Art auszuwählen, dass die Bewässerung mit den geringsten Kosten ausführbar ist und dem relativ bestgelegenen und fruchtbarsten Boden zu Gute kommt. In innigem Zusammenhang hiermit steht die Wahl der Plätze für Reservoirs und Canäle. Es kann nämlich von genügender Bewässerung nicht die Rede sein, wollte man nur das während der Wachsthumsperiode der Feldfrüchte vorhandene Stromwasser benutzen; denn einestheils besitzen viele der Flüsse so tief eingeschnittene Betten, dass an ein Heraufheben so grosser Wassermengen nicht zu denken ist; andererseits wieder führen viele gerade dann, wenn man ihr Wasser braucht, so wenig, dass nur ein kleiner Procentsatz des Ackerbodens berieselt werden kann; an noch anderen Stellen fehlen Flüsse überhaupt, und hier wird es zur conditio sine qua non, das Regenwasser aufzufangen und zusammeln.

Am bequemsten und billigsten ist es, wenn sich schon vorhandene Becken, also vorzugsweise Gebirgsseen, zu natürlichen Reservoirs ausbauen lassen; es bedarf dazu in manchen Fällen nur der Erbauung eines mit Schleusen versehenen Fangdammes an dem Abfluss derselben oder auch der Tieferlegung ihres Wasserspiegels. Ebenso kann man solche Seen künstlich schaffen, indem man Gebirgsthäler durch einen Querdamm sperrt. Alle diese Becken haben den grossen Vortheil, dass ihre Oberfläche in nicht zu ungünstigem Verhältniss zur Tiefe steht, demgemäss also der Verlust durch Verdunstung nicht so sehr ins Gewicht fällt wie bei künstlichen grossen Reservoirs im Flachlande. Von ebenso grossem Vortheil ist ferner die Klarheit ihres Wassers; man braucht nicht zu befürchten, dass durch den Niederschlag der Sinkstoffe, welche andere Flüsse besonders zur Zeit der Hochfluthen mit sich führen, allzu zeitig ein Auffüllen der Reservoirs stattfinden werde. Ferner besitzt Grund und Boden dort oben im Gebirge nicht einen so hohen Werth, dass sein Preis ein Hinderniss für die Anlage von Sammelbassins sein könnte, und endlich fehlt es

dort oben auch an menschlichen Ansiedlungen, welche bei einem immerhin auch bei der grössten Solidität der Anlage möglichen Ausbruch der angesammelten Wassermassen gefährdet würden. Aus all diesen Gründen, besonders aber auch, weil in den Gebirgen die Niederschläge, sei es in Form von Regen oder Schnee, stets am reichlichsten fallen, empfiehlt sich die Herstellung von Reservoirs dort oben. Allein man kann sich in dieser Beziehung nicht ganz auf das Gebirge beschränken, denn die besten Aecker finden sich erst weiter abwärts an den Strömen, und es wird daher nöthig werden, auch in den Vorbergen Reservoirs anzulegen. Hier fehlt es an Seen, dagegen bieten die vielen kleinen Thäler mannigfache günstige Oertlichkeiten zur Anlage von Thalsperren, durch welche man zwar nicht mehr riesengrosse, aber doch immer für eine beträchtliche Zahl von Aeckern genügende Sammelbecken schaffen kann, auf welche noch ein grosser Theil der Vorzüge der eigentlichen Gebirgsseen zutreffen wird. Besonders wird man hier selten nöthig haben, lange Canäle zu bauen, da die passenden Ländereien sich meistens längs der natürlichen Wasserläufe hinziehen und somit letztere zugleich mitbenutzt werden können. In den eigentlichen Ebenen dagegen, wie den Plains, lässt sich die Erbauung grosser künstlicher Reservoirs nicht umgehen; vielfach wird man allerdings natürliche Senkungen benutzen können, doch wird es immerhin in vielen Fällen der Herstellung mächtiger Dämme und langgestreckter Canäle bedürfen, um sowohl das Hochwasser der grösseren Ströme, als auch, wo letztere fehlen, die Wassermengen der Platzregen aufzuspeichern. Diese Reservoirs werden daher bei grosser Oberflächenausdehnung nur eine geringe Tiefe besitzen können, und aus diesem Grunde sowie infolge ihrer Lage unter einem heissen Himmelstrich ziemlich grosse Verluste durch Verdunstung haben. Auch muss bei ihrer Anlage die Durchlässigkeit des Bodens sowie der Canaldämme vorher berücksichtigt werden, damit nicht bedeutende Verluste durch Sickerwasser eintreten. Endlich wird man bei Reservoirs im Tieflande auch mit den Sinkstoffen sowie dem Salzgehalt des in ihnen aufzuspeichernden Wassers zu rechnen haben, denn da dieses in ihnen aus dem Zustande der Bewegung in den der Ruhe übertritt, so erhalten die Sinkstoffe Zeit, sich zu Boden zu setzen, und wenn man sie nicht in gewissen, durch Erfahrung festzustellenden Zeiträumen entfernte, so würden sie allmälich das Reservoir auf-

24*

füllen. Auch der Salzgehalt des in demselben längere Zeit aufgespeicherten Wassers muss sich infolge der Verdunstung und des Zuflusses immer neuer Wassermengen nach und nach steigern, wenn auch Fälle, wie sie uns im Kaspischen Meere und Grossen Salzsee vorliegen, nicht so leicht eintreten werden, da ja das Wasser der Reservoirs auch wieder abgelassen wird.

Hinsichtlich des zu bewässernden Bodens hat man in den Arid Lands eine sorgfältige Auswahl zu treffen, denn, wie schon erwähnt, die Ackerfläche übersteigt bei Weitem das zur Verfügung stehende Wasserquantum. Wenn es nun auch selbstverständlich ist, dass man nur den ertragreichsten Boden auswählen wird, so spricht ausserdem noch seine Entfernung von dem betreffenden Reservoir, ferner die Höhenlage, die Art der anzubauenden Früchte und vieles Andere mit. Je höher man mit dem Ackerbau im Gebirge emporsteigt, desto kürzer können die Canäle sein und desto mehr Wasser steht zur Verfügung, dagegen bietet das Klima dem Wachsthum und der Reife der Feldfrüchte dort manche Hindernisse. Man wird daher besser thun, die Ländereien thunlichst in der Ebene zu wählen, da hier die grösseren Anlagekosten bald durch reichere Ernteerträge aufgewogen werden würden. Man hat beobachtet, dass 200 m Höhenunterschied für den Ackerbau in den Vereinigten Staaten dasselbe bedeuten wie ein Breitengrad.

Die in Frage kommenden Flüsse entspringen sämmtlich auf dem Gebirge; ihr Oberlauf hat daher ein völlig anderes Gepräge als sie es weiter unten im Tieflande zeigen; dort oben strömen sie in reissendem, aber kurzem Laufe durch enge, tief eingeschnittene Canyons; hier dagegen erscheinen sie in plötzlichem Wechsel als breite, flache Ströme, begleitet von allmälich ansteigenden Uferterrassen; im Gebirge besitzen sie eine Unzahl kleiner Nebenflüsse und Bäche, während sich in den Plains oft auf hunderte von Kilometern kein einziger Zufluss in sie ergiesst. Einzig und allein gelegentliche Platzregen und Wolkenbrüche führen ihnen dort plötzlich ungeheure Wassermassen zu, welche zugleich erstaunliche Mengen von erdigen Bestandtheilen herbeischleppen. Diese tragen ihrerseits wiederum zur Verflachung des Flussbettes mit bei und würden auch Canäle und Reservoirs in absehbarer Zeit auffüllen, wollte man das Wasser dem Unterlaufe entnehmen. Es wird also praktischer sein, die Reservoirs im Gebirge oder wenigstens in den Vorbergen anzulegen, um dieser Kalamität zu entgehen. Die Benutzung der Flüsse der Plains im Unterlaufe stösst auch insofern auf Hindernisse, als nicht wenige derselben gar nicht zur Vereinigung mit einem grösseren Stromsystem gelangen, sondern nach kürzerem oder längerem Laufe einfach im Sande verschwinden oder sich in einen abflusslosen See ergiessen, dessen Wasser infolge seines sich unaufhörlich steigernden Salzgehaltes nicht zur Beförderung des Ackerbaues geeignet ist. Man müsste solche Flussläufe bereits vor ihrem Verschwinden abfangen, um sie nutzbar zu machen.

Ein sehr wichtiger und in dem vorher erwähnten Senatsbeschluss auch schon enthaltener Punkt ist endlich der, dass die zum Auffangegebiet eines Flusssystems gehörigen Landstriche, besonders soweit sie noch mit Wald bestanden sind, ferner die noch im Staatsbesitz befindlichen, berieselbaren Ländereien bis auf Weiteres dem Verkauf und der Besiedelung entzogen werden, dass dasselbe ferner mit den für Reservoirs und Canäle geeigneten Oertlichkeiten geschehe; denn unterbleibenden Falls ist es ganz sicher, dass sich habgierige Speculanten dieser Gebiete vorher bemächtigen und so die Gesammtheit um die Früchte einer so unendlich nützlichen Einrichtung, wie ein geordnetes Bewässerungssystem es ist, bringen würden. Damit Hand in Hand müsste ein vernünftiger Forstschutz gehen; denn die Wälder sind grösstentheils die Aufspeicherungsgebiete aller atmosphärischen Niederschläge. Die Hochwälder der Arid Lands bedecken in ihrer Gesammtheit heute noch eine Fläche von 660000 qkm, während dieselbe vor 20 Jahren noch das Doppelte betrug. Die Differenz ist hauptsächlich die Folge der verheerenden Waldbrände, von denen uns erst die letzten Monate wieder so schreckliche Proben gegeben haben. Aber auch den verbleibenden Rest dürfen wir seiner Grösse nach kaum mit unseren geschlossenen und gepflegten Forsten vergleichen, denn die ganze Waldmasse würde bei genügendem Schlusse nur ¹/₄ des eben genannten Raumes bedecken. Gelingt es nicht, das amerikanische Volk bald von der Nothwendigkeit, diese Wälder zu schützen, zu überzeugen, so wird in Zukunft, wenn man die Früchte des Bewässerungssystems pflücken will, ein so bedeutender Wassermangel herrschen, dass viele das Nachsehen haben werden.

Wenden wir uns nach diesen allgemeineren Ausführungen nun der Art zu, in welcher das Riesenwerk begonnen wurde.

Wirft man einen Blick auf eine Karte der Arid Lands, wie sie uns mehrfach im XI. und XII.

Report des Geological Survey geboten werden, so bemerkt man sofort, dass von einer Eintheilung derselben nach Staaten nicht die Rede sein kann, dass man sich vielmehr das ganze Gebiet am besten auf Grund der Bodengestaltung in eine Anzahl natürlicher Bezirke zerlegen muss, welche zu je einem grösseren Flusssystem gehören und von einander durch die vorhandenen Wasserscheiden getrennt werden. Auf einer dieser Karten (Rep. XI. P. II, Taf. 69, Rep. XII. P. II, Taf. 58, p. 222) finden wir 24 solcher Drainage-Districte verzeichnet; sie variiren ganz beträchtlich in ihrer Grösse sowohl als auch in der Menge und Bedeutung ihrer Wasserläufe, und die grösseren umfassen ihrerseits wieder eine Menge kleinerer. Es würde nun ungeheure Kosten und Zeiträume erfordern, wollte man in jedem derselben alle auf die Anlage von Bewässerungsvorrichtungen bezüglichen Untersuchungen anstellen; man hat es daher vorgezogen, vorläufig in jedem District ein für denselben typisches Auffangebiet auszuwählen und dieses möglichst genau zu untersuchen. Das erste Erforderniss ist Kenntniss der jährlichen Regenmenge. Da bereits eine Menge von Regenmessstationen im Gebiete bestanden und man auch nicht mehr im Zweifel über die anzuwendenden Apparate war, so machte die Feststellung der jährlichen Niederschläge keine besonderen Schwierigkeiten, da sich auch in relativ wenig bevölkerten Strichen noch stets die genügende Anzahl williger und verständiger Beobachter finden liess. Der Regen und Schneefall ist bei der Grösse des Gebietes natürlich an den einzelnen Stellen sehr verschieden; er schwankt zunächst periodisch in den Jahreszeiten, ist aber ausserdem nicht-periodischen jährlichen Veränderungen unterworfen, die unregelmässig nach einer kürzeren oder längeren Reihe von Jahren wiederkehren und sich in Dürre oder besonderer Nässe des betreffenden Jahres äussern. Erst durch lange fortgesetzte Beobachtungsreihen wird es möglich werden, auf diese letzteren Schwankungen soviel Licht zu werfen, dass die ihnen auch wahrscheinlich zu Grunde liegenden Gesetze erkannt werden können, die wahrscheinlich von Klimaschwankungen beeinflusst werden. An der Pacific-Küste sind trockene Sommer die Regel, während im östlichen Theil der Arid Lands gerade in den Sommermonaten der meiste Regen fällt. Hier findet schliesslich ein allmälicher Uebergang zur regenreicheren (humid) Region statt. Die Angaben der Farmer über dürre oder nasse Jahre stimmen nicht immer mit den meteorologischen Beobachtungen, da in letzteren der geringere Regenfall mancher Monate durch den stärkeren späterer oft compensirt wird. (Rep. XIII. Part III, p. 25 u. 26.)

Bei der Würdigung des Regenfalls für den Ackerbau und die künstliche Bewässerung spielt jedoch die Bodengestaltung eine grosse Rolle. Ist die Gegend eben und sandig, so wird der grösste Theil des Regenwassers aufgesaugt; auf abschüssigem und besonders auf felsigem Boden fliesst dagegen sofort eine grosse Menge davon ab und geht unbenutzt verloren. Auch das Vorhandensein oder Fehlen von Wäldern ist in dieser Beziehung von grösster Wichtigkeit; ebenso die Art des Regenfalles. Bei Gewitterregen und Wolkenbrüchen kann nur wenig durch den Boden und die Vegetation zurückgehalten werden, die Ströme schwellen daher übermässig an und richten allerlei Verheerungen an. Während eines Landregens wird dagegen der grösste Theil der Niederschläge absorbirt, und es tritt nur ein langsames und geringes Steigen der Flüsse ein. Die Ablaufmenge wird schliesslich auch noch von der Grösse der Verdunstung, welche in dem betreffenden Gebiete herrscht, beeinflusst. Es ergiebt sich daraus, dass man die Menge des in die Flussläufe gelangenden Wassers nicht direct nach dem Regenfall berechnen kann, dass sie jedoch unter Berücksichtigung der soeben genannten Nebenfactoren in einem bestimmten Verhältniss zu ihm steht, und dass man eine genaue Kenntniss der topographischen und klimatischen Bedingungen besitzen muss, um sie festzustellen[1]).

Die Ablaufmenge ist der Regel nach in grösseren Auffangegebieten im Verhältniss geringer als in kleineren, weil die grösseren stets mehr ebenes Land umfassen, welches mehr Wasser aufsaugt oder sonstwie Wasser auf unebenes Terrain. Sehr auffällig tritt dies z. B. bei dem Rio grande del Norte hervor; hätte er sich nicht bei El Paso einen Durchlass erzwungen, so würde er heutzutage höchst wahrscheinlich zur Klasse der Lost Rivers gehören, d. h. schliesslich im Sande versickern, wie es im Grossen Becken ja die Regel ist. Der Ablauf beträgt im Gebiet der Arid Lands durchschnittlich nur 13,5 Zoll oder etwas über 1 Sec.-Fuss pro Quadratmeile (2,59 qkm), ist also im Verhältniss zum Durchschnittsregenfall nur gering. (Rep. XIII. Part III, p. 13—15.)

In einem grösseren Gebiet bedarf es also einiger gut ausgewählter Beobachtungsstationen, aus deren Ergebnissen man dann die Verhältnisse des Ganzen mit einiger Sicherheit berechnen kann. Die Beobachtungen müssen mehrere Jahre lang gleichmässig fortgesetzt werden.

Diese Stationen haben sich sodann mit der Messung der Verdunstung zu beschäftigen, und zwar in fliessendem und stehendem Wasser. Man benutzte dazu flache, viereckige Gefässe aus galvanisirtem Eisenblech, welche durch Flotten gerade an der Oberfläche schwimmend erhalten wurden und in der Mitte an einer Querleiste eine geneigte Scala trugen, welche noch das Ablesen von ¹/₁₀₀ Zoll gestattete. Die Versuche haben ergeben, dass die Verdunstungsgrösse wenig von der Temperatur des Wassers, desto mehr dagegen von der Windgeschwindigkeit und dem Feuchtigkeitsgehalt der Luft, sowie ihrer Temperatur abhängig sind. Klima sowie die geographische Höhe und Breite beeinflussen sie ebenfalls in hohem Grade. Infolge

---

[1]) R. Lauterburg hat gefunden, dass die aus den meteorologischen Beobachtungen in Deutschland abgeleiteten Wassermengen der Flüsse im Vergleich mit den thatsächlich gemessenen „selbst in den einfachsten Fällen zu klein" erfunden werden. Er führt dies darauf zurück, „dass ein gewisser Theil der Niederschläge von den Regenmessern nicht gemessen bezw. nicht aufgefangen wird", und empfiehlt daher, bei derartigen Rechnungen, welche deutsche Flüsse betreffen, das Mittel aller bisher beobachteten jährlichen Niederschläge mit ⁵/₄ zu multipliciren.

dessen ist die Grösse der Verdunstung innerhalb der Arid Lands sehr variabel, sie differirt von 20 bis 100 Zoll pro Jahr, ist aber meistens ziemlich beträchtlich und muss bei Auswahl der Reservoiranlagen als höchst wichtig mit in's Auge gefasst werden. Steigt nämlich der jährliche Verlust durch Verdunstung über eine gewisse, gar nicht allzu hohe Grenze, so ist die Anlage eines Sammelbeckens nutzlos; sinkt er dagegen auch nur um eine Wenigkeit darunter, so bedeutet jeder Zoll genug Wasser für viele tausend Aecker. Auch in den Canälen mit ihrem zeitweise stagnirenden, zeitweise nur träge fliessenden Inhalt muss Verdunstung in Rechnung gesetzt werden.

Die Haupttbätigkeit der Untersuchungs- oder Probestationen bestand in der Feststellung der Wassermenge, welche die Flüsse und Seen der Arid Lands in den verschiedenen Jahreszeiten führen.

Zur Ausführung dieser Messungen bedarf es zunächst einer geeigneten Stelle; diese lässt sich bisweilen nur schwer finden, denn Ufer und Flussbett müssen an derselben möglichst unveränderlich sein; noch schwieriger aber war es, überall für die Stationen Beobachter zu finden, da sie oftmals in sehr schwach besiedelten Gegenden angelegt werden mussten. Die Flüsse im W sind selten über 150 m breit, meistens schmäler, so dass sich leicht Taue querüber spannen liessen. Es handelte sich zunächst darum, ein Querprofil des Flussbettes zu erhalten. Zu dem Zweck brachte man auf dem oben erwähnten Quertau eine Anzahl Marken in gleichem, gegenseitigem Abstand an, spannte dann 6—15 m oberhalb desselben ein zweites Tau aus, an welchem mittelst Laufrolle und Seils ein Boot so befestigt wurde, dass sein stromabwärts gekehrter Bug unter den Marken lag. Der auf einem kleinen Verdeck über dem Bug stehende Beobachter konnte nun bequem seine Messungen ausführen. Machten Hochwasser und Treibholz die Arbeit in dieser Weise zu gefährlich, so spannte man senkrecht über dem ersten Tau ein zweites von bedeutender Tragkraft aus, auf welchem sich mittelst Laufkatze ein Fahrstuhl hin und herbewegen liess; derselbe wurde einfach aus einer an Seilen hängenden starken Kiste hergestellt und konnte vom Beobachter selbst fortbewegt werden. In Fällen, wo auch diese Methode nicht ausführbar war, benutzte man elektrische Messapparate, die an dem Haupttau hingen und in jede Seiten- und Höhenstellung gebracht werden konnten. Die Arbeiten sind indessen nicht leicht, Beobachter und Instrumente fehlten im Aridgebiet gänzlich und so hielt man es für das Beste, sich einen dauernden Stamm geeigneter Leute heranzubilden. Es wurde also zu Embudo am Rio Grande, 80 km nördlich von Santa Fé, eine Probestation angelegt, auf welcher vierzehn junge Männer während der Wintermonate in den einschlägigen Uebungen unterwiesen wurden; sie lernten dort Pegel-, Stromgeschwindigkeits-, Verdunstungs- und meteorologische Beobachtungen anstellen. Sie wurden später während der besseren Jahreszeit im Gebiete vertheilt. Nachdem durch Lothungen der Querschnitt des Flussbettes festgestellt war, brachte man am Ufer eine, der leichteren Befestigung wegen, schrägstehende

Pegelstange an, die Wasserstände wurden gleichzeitig mit den übrigen Messungen abgelesen und notirt. In Fällen, wo ein Beobachter nicht zu beschaffen ist, müsste man einen automatisch-registrirenden Pegel in einem mit dem Strome in Verbindung stehenden Brunnen anbringen. Um die Stromgeschwindigkeit festzustellen, theilt man das Querprofil in bestimmte Abschnitte, welche bei schmäleren Strömen je 1,5, bei breiteren je 3 m von einander entfernt sind. Hat man die mittlere Geschwindigkeit einer jeden Stelle bei Hoch-, Mittel- und Niedrigwasser in einer je nach der Natur des Flussbettes variirenden Zahl von Fällen festgestellt, so lässt sich aus der Summe das Mittel aller und damit die mittlere Geschwindigkeit des Stromes ableiten. Bei hochufrigen Flüssen, welche niemals anstreten, genügen 5—6 Messungen an jodem Abschnitt. Dieselben werden am besten durch revolvirende Messapparate ausgeführt; alle anderen Methoden sind theils unzuverlässig, theils lassen sie sich nur unter ganz bestimmten Voraussetzungen anwenden. Dahin gehört zunächst die Messung mittelst eines Wehrs; es ist nur bei schmalen Wasserläufen leicht herzustellen; freischwimmende, der Strömung überlassene Flotten erfüllen ihren Zweck auch nur unvollkommen, da erstens die Stromgeschwindigkeit an verschiedenen Stellen der Oberfläche und Tiefe nicht gleich ist, und sie auch leicht an allerlei Hindernissen hängen bleiben können. Auch eine Berechnung nach feststehenden Formeln, welche man aus dem Verhältniss zwischen Querschnitt und Neigung des Flussbettes abgeleitet hat, liefert darum keine genügenden Resultate, weil in den seltensten Fällen das Bett auf längere Strecken dieselbe Gestaltung behält und zugleich frei von grösseren Steinen ist, welch letztere die Stromgeschwindigkeit natürlich sehr beeinflussen. Die rotirenden Messapparate sind entweder nach dem Princip der Schiffsschraube, der Windmühlenflügel oder des Anemometers construirt; auch sie liefern bei sehr geringer Stromgeschwindigkeit und schmalem, seichten Flussbett ungenaue Resultate, sind aber sonst sehr brauchbar. Der Geological Survey verwendet verschiedene Arten je nach dem Grade der Strömung: bei Flüssen mit ruhigem Wasser hält der Beobachter den Strommesser an einer Stange für eine bestimmte Secundenzahl von einer Brücke oder einem Boot aus in das Wasser und liest die Zahl der Umdrehungen nach dem Heraufholen direct ab. In tiefen und reissenden Strömen sowie während eines Hochwassers genügt aber die Kraft eines Mannes nicht hierzu. In solchem Falle wird entweder ein nach dem Princip des sogenannten „Colorado-Strommessers" (Fig. 43) gebauter oder ein dem Haskell'schen „Direction Current Meter" sehr ähnlicher benutzt (Fig. 44). Der Colorado-Strommesser besitzt fünf, in horizontaler Ebene rotirende Becher wie ein Anemometer und ein Zählwerk, welches sich mittelst einer Schnur in oder ausser Thätigkeit setzen lässt, ohne dass in letzterem Falle die Umdrehungsfähigkeit der Becher gehindert wird. Man befestigt ihn an einem eisernen Stabe, hängt ihn in bestimmter Wassertiefe ein, lässt nach vorherigem Ablesen des Zeigers die Becher einige Secunden rotiren, damit sie die wahre Strömungsgeschwindigkeit annehmen und löst dann das Triebwerk aus. Nachdem es die entsprechende Zahl von Secunden gelaufen ist, hemmt man es durch einen Ruck an der Schnur, holt den Apparat herauf und liest ab. Er ist in schmalen Strömen in jeder Tiefe sehr brauchbar, befreit sich auch selbst von Wasserpflanzen und dergl.; in besonders starker Strömung empfiehlt es sich, ihn an einer in den Grund gestossenen eisernen

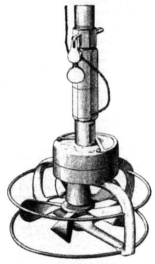

**Fig. 43.**
**Colorado-Strommesser.**

Stange mittelst eines starken Drahtes und eines eisernen Gleitringes zu befestigen. Auch muss der Beobachter darauf achten, dass der Apparat durch die Strömung nicht aus der senkrechten Richtung gehoben wird, da sich in letzterem Falle die Zahl der Umdrehungen vergrössert (Rep. XI, P. II, p. 6—9.)

bunden ist. Die Unterbrechung des elektrischen Stromes erfolgt bei jeder Umdrehung dadurch, dass die Schleiffeder einmal dabei eine Vulcanit-Einlage der Welle berührt. Haskell's Strommesser lässt sich bequem selbst in den heftigsten Bergströmen benutzen und zeigt auch geringe Stromgeschwindigkeiten an. Die einzige Unbequemlichkeit liegt in der Mitführung der Batterie nebst Kabel (Rep. XI, P. II, p. 9—10).

Bevor jedoch irgend ein Strommesser benutzt werden kann, muss das Verhältniss zwischen der Zahl seiner Umdrehungen und der Wassergeschwindigkeit festgestellt werden. Dies geschieht, indem man ihn in ruhigem Wasser während bestimmter Zeit eine bestimmte Strecke fortzieht; je kürzer die Zeit bei gleichbleibendem Wege, desto grösser die Zahl der Umdrehungen. Der Geolog. Survey hat bei Denver eine solche Probestation eingerichtet, auf welcher alle Strommesser vor dem Gebrauche in dieser Weise adjustirt werden. In der Decke eines Rosevoirs befindet sich ein schmaler Schlitz von ca. 45 m Länge, zu dessen Seiten je eine Schiene liegt, auf welcher ein kleiner Wagen läuft. Senkrecht unter diesem wird der Strommesser so befestigt, dass er durch das Wasser streicht, wenn der Wagen mittelst eines Seiles fortgezogen wird. Bei Anwendung verschiedener Geschwindigkeiten erhält man bestimmte Ziffern für eine jede. Da nun der Strommesser aber beim eigentlichen Gebrauch stationär ist, dagegen das Wasser sich bewegt, so braucht man die Zahlen nur umzukehren, um die Stromgeschwindigkeit zu erfahren. Wäre dieselbe an allen Punkten eines Flussbettes gleich gross, so liesse sich seine Geschwindigkeit sehr leicht bestimmen. Sie variirt aber in hohem Grade und ist z. B. in der Mitte nahe der Oberfläche am grössten. In breiten, tiefen Strömen ist daher eine Menge in gleichmässigen Abständen über den Querschnitt des Flussbettes vertheilter Messungen nothwendig, aus denen man als Mittel die Durchschnittsgeschwindigkeit der Strömung findet. Sind die Flüsse dagegen flach, so kann man sich die Arbeit erleichtern, indem man den Strommesser mit geringer, gleichmässiger Geschwindigkeit von der Oberfläche bis zum Grunde und wieder zurück bewegt. Man erhält dadurch die mittlere Stromgeschwindigkeit einer Anzahl von gleich grossen Wasserläufen, in

**Fig. 44.**
**Haskell's Strommesser.**

Haskell's Current Meter besitzt eine um eine wagerecht liegende Welle sich drehende Propellerschraube, deren Flügel sich ebenfalls selbstthätig von allerlei Hemmnissen befreien und pro 1 Fuss Strömungsgeschwindigkeit eine Umdrehung machen. An der Welle schleift eine Feder, welche mittelst eines Kabels mit einer am Ufer befindlichen elektrischen Batterie nebst Zählwerk ver-

die man den ganzen Strom getheilt denkt, und kann aus ihnen die Gesammtgrösse berechnen. Kleine Ströme mit fast ebenem Grunde oder Canäle untersucht man in der Art, dass man den Strommesser entweder langsam horizontal in gleicher Wassertiefe querüber führt, oder ihn in Diagonalen von etwa 45° so lange auf und ab bewegt, bis das jenseitige Ufer erreicht ist. Man wiederholt dies in der Art, dass er jetzt jedesmal senkrecht über dem Punkte auftaucht, wo er zuerst den Grund berührte.

Die Resultate einer grossen Anzahl solcher Messungen, welche sich über Monate erstrecken und bei den verschiedensten Wasserständen vorgenommen werden müssen, werden täglich in Gradnetze eingetragen und erscheinen auf ihnen als Curven. Aus denselben wird schliesslich die sog. Rating table des betreffenden Flusses berechnet. Sie giebt die Wassermenge desselben pro Secunde in Cubikfuss für jeden Wasserstand in Abschnitten von je ein zehntel Fuss für die betreffende Station. Da sie sich auf Messungen unter allen möglichen Wasserverhältnissen gründet, so giebt sie zwar nicht den thatsächlichen Betrag zu irgend einer Zeit, wohl aber die Durchschnittswassermenge, gleichgültig, ob der Fluss im Steigen oder Fallen begriffen oder gerade stationär sei. Infolge dessen behält die Rating table auch für längere Zeit Gültigkeit, ja man hat bei diesen Untersuchungen bemerkt, dass bei jedem Strom, selbst bei solchen mit sandigem Bett, während einer Jahreszeit dieselben Verhältnisse wiederkehren, mögen die täglichen Veränderungen auch noch so bedeutend sein. Ferner hat die Erfahrung gelehrt, dass 6—8 gute Messungen in einer Jahreszeit genügen, um die Rating table aufzustellen; die Kosten weiterer stehen in keinem Verhältniss zu den geringen Veränderungen, die später eintreten. In Fällen, wo ein Strom nicht nur den Wasserstand ändert, sondern auch sein Bett tiefer eingräbt, genügen Pegelbeobachtungen nicht; sie müssen durch Lothungen an verschiedenen Punkten des Querprofils ersetzt werden (Rep. XI, P. II, p. 11—14).

Ist auf Grund der Messungen die Wassermenge eines Flusses bekannt, so lässt sich ein Ueberschlag machen, wieviel davon unbeschadet der Benutzung desselben als Wasserstrasse oder Kraftquelle für Industrie für Bewässerungszwecke verwendet werden kann. Bevor man jedoch hieraus die Grösse des zu bewässernden Gebietes feststellen kann, muss man wissen, wieviel Wasser für eine bestimmte Landgrösse nothwendig ist. Man bezeichnet letztere in den Ver. Staaten als Water-duty.

Im Westen hat man, wo Bergbau vorherrscht, als Einheiten für fliessendes Wasser die sogenannten „Miner Zoll"; sie variiren in den einzelnen Staaten und eignen sich deshalb nicht zu allgemeiner Annahme. Der Geolog. Survey hat daher als Einheit für Ströme den „Secundenfuss", d. h. 1 laufender Kubikfuss pro Secunde, und für Reservoirs den „Ackerfuss", d. h. eine Wassermenge, welche 1 acre (0,4 ha) in 1 Secunde 1 Fuss hoch bedeckt, angenommen, und danach die Berechnung des Inhaltes der verschiedenen Flüsse und ihre Benutzbarkeit festgestellt. Ein Ackerfuss ist gleich 43 560 Kubikfuss; ein während 24 Stunden laufender Secundenfuss bedeckt 1 acre 1,983 Fuss

tief, sodass man im Allgemeinen 1 Secundenfuss per Tag gleich 2 Ackerfuss setzen kann. Ein Bach, welcher 5 Secundenfuss besitzt, genügt in Colorado und Utah zur Bewässerung von 350—500 acres (140—200 ha) und damit zur Erhaltung von 10—15 Familien.

Die das Wachsthum der Feldfrüchte bewirkende Wassermenge wechselt natürlich je nach Klima, Höhenlage, Güte des Bodens und Fruchtart, und muss für jedes Drainagegebiet durch besondere Versuche festgestellt werden, falls nicht die bisherigen Bewässerungsanlagen bereits die nöthigen Grundlagen dafür geliefert haben. Im Durchschnitt hat man gefunden, dass Feldfrüchte während des Wachsthums 10 Zoll Wasser brauchen.

Die Flüsse der Arid Lands zeigen in ihrem Verhalten grosse Verschiedenheiten, die einestheils in natürlichen Vorgängen ihre Ursache finden, theils durch die Menschen herbeigeführt werden. Letzteres geschieht bei fast allen durch Entziehung des Wassers zu Bewässerungszwecken und zwar meistens mehr am Oberlauf der Ströme und an ihren Quellbächen. Unter den bisher herrschenden Umständen vergeuden die Farmer sehr viel Wasser; jeder ist zufrieden, wenn er selbst genug hat, denkt aber nicht an Andere. Auch wo Gesellschaften Wasserrechte verkaufen, herrscht keine Sparsamkeit. Man befolgt bei der Bewässerung der Felder etc. verschiedene Methoden. Futterkräuter, wie Luzerne (Alfalfa), Wiesen u. dergl. werden einfach 2—3 Zoll hoch überfluthet; bei anderen Feldfrüchten lässt man das Wasser eine bestimmte Zeit lang durch die Furchen strömen, bis sich der Boden völlig gesättigt hat. In Obst- und Weingärten endlich leitet man es in Furchen oder flache Gräben, die jeden Baum umziehen. Die Erfahrung hat dabei gelehrt, dass sich mit geringeren Wassermengen grössere Erfolge erzielen lassen und dass der Boden nach längerer Bewässerung weniger Feuchtigkeit bedarf als frisch gebrochener; entweder hebt sich nämlich der Grundwasserspiegel oder es verstopfen sich viele durchlässige Ritzen etc. im Boden. Aelterer Culturboden erfordert also weniger Wasser als neuer. Es steigert sich damit auch die Grösse der durch eine gegebene Wassermenge berieselbaren Ackerfläche (Water duty). Sie hängt nebenbei auch sehr von der Geschicklichkeit und dem Verständniss des betreffenden Farmers ab. Die für sie gegebenen Zahlen schwanken ganz bedeutend. Powell giebt sie 1879 in Utah zu 100 acres (40 ha) pro Sec.-fuss an, doch ist diese Zahl zu hoch gegriffen; sie beträgt jetzt nur 70 acres (28 ha). In Wyoming in Idaho, wo das Land zum ersten Mal bestellt wird

**Jahrgang 1896.**
**Mai.**

Klittke: Künstl. Bewässerung in den Verein. Staaten. 193

und die Farmer wenig Erfahrung im Bewässern besitzen, genügt 1 Sec.-fuss nur für 30—40 acr. (12—16 ha), in Californien und Arizona steigt der Betrag infolge der dort üblichen sorgsamen Wasservertheilung wieder auf 120 acr. (48 ha) (Rep. XII. P. II. p. 223 bis 224).

Hinsichtlich der natürlichen Ursachen des Wasserstandes in den Flüssen der Arid Lands ist vor Allem der Schneefall in den Hochgebirgen, in denen fast alle entstehen, zu nennen, denn die Hochfluthen weitaus der meisten ergeben sich aus der durch Temperaturveränderungen herrührenden Schneeschmelze. Im Allgemeinen fällt daher auch die Temperaturcurve mit der des Wasserstandes zusammen, während dies von der Regencurve und letzterer nicht gilt (Rep. XII. P. II. p. 226). Infolge dessen bestimmen die Farmer vielfach die Bewässerungsaussichten des kommenden Sommers nach der Schneedecke der Gebirge, was allerdings nur zu einer annähernden Schätzung der Begriffe „hoch und niedrig" führen kann. Neben diesen von den Temperaturverhältnissen beeinflussten regelmässigen Schwankungen des Wasserstandes der Flüsse gehen andere, nicht weniger wichtige einher, welche sich über längere Reihen von Jahren vertheilen und deren Gesetze sich bisher noch nicht haben feststellen lassen. Für Bewässerungszwecke in den Arid Lands kommt es hauptsächlich auf die Hochfluthen der Ströme an; denn bei gewöhnlichem und besonders bei tiefem Stande wird ihnen schon jetzt fast alles Wasser entzogen. In der Aufspeicherung der Hochfluthen liegt daher fast die einzige Möglichkeit, den Ackerbau noch mehr zu entwickeln. Es zeigt sich hier ein bedeutender Unterschied zwischen den Flüssen der Arid Lands. Die Fluth der von Schneeschmelze abhängenden steigt und fällt gradweise während längerer Zeit. Dahin gehören der Missouri und seine Tributäre. Die Fluthen erfolgen hier regelmässig in bestimmten Monaten, und man kann mit ihnen rechnen. Wo aber plötzliche Wolkenbrüche oder Gewitterregen, wie im Gilabecken, das Anschwellen verursachen, da tritt es so rapide und unvorhergesehen, sowie zu den verschiedensten und unberechenbaren Zeitpunkten ein, verbunden mit einer so enormen Steigerung der Wassermasse, dass der Ingenieur und Farmer alle Ursache haben, auf ihrer Hut zu sein. Für gewöhnlich bringen solche Fluthen 4—5mal die Durchschnittswassermenge, unter Umständen jedoch viel mehr. So enthielt der Rio grande einmal bei El Paso 11mal, der Gila 12mal und sein Nebenfluss, der Salt-

river, sogar 100mal soviel wie bei gewöhnlichem Stande. (Rep. XII. P. II. p. 228.)

Ebenso wichtig wie die Höhe der Fluthen ist für den Farmer die Zeit ihres Eintretens, ihre Dauer und ihr Verhältniss zur Saat- und Pflanzzeit. Im Westen fallen die Fluthen meistens in den Frühling und Vorsommer, besonders in die Monate Mai und Juni, es ist also zum Beginn des Ackerbaus meistens genügendes Wasser vorhanden. Später aber, wenn die Feldfrüchte zur Reife einer zweiten Berieselung bedürfen, tritt meist Wassermangel ein, der dann schwere Ernteverluste zur Folge hat. Je später daher die Fluthen auftreten, desto besser für den Farmer und auch für die künstliche Aufspeicherung derselben, denn desto eher kann man das Wasser wieder benutzen und desto weniger geht durch Verdunstung etc. verloren. Die Zeit ist für viele Theile der Arid Region schon herangekommen und für andere nähert sie sich reissend schnell, wo man den grössten Theil der Hochfluthen bis zum Juli und August wird aufspeichern müssen, um die Weiterentwickelung des Ackerbaues nicht brach zu legen. Am besten eignen sich dazu die Flüsse der mehr nördlichen Drainage-Gebiete, wie Arkansas, Missouri und andere. (Rep. XII. P. II. p. 227—229.) Wo dagegen plötzliche Riesenfluthen eintreten, wird es zu ihrer Ansammlung mächtiger Dämme und riesiger Reservoirs bedürfen, abgesehen davon, dass in solchen Fällen eine viel längere Beobachtung des Flusses nöthig ist, um einen Ueberblick über die möglicher Weise zu erwartenden Wassermassen zu erhalten. Dazu kommt, dass diese Flussbetten vielfach sandig und von einer ungeheuren Breite im Verhältniss zu dem geringen Wasserfaden sind, den sie für gewöhnlich führen.

Die Flüsse der Arid Region nehmen nicht bis zu ihrer Mündung an Grösse zu, sondern es zeigt sich bei fast allen das Maximum der Wassermenge da, wo sie aus ihren engen Gebirgscanyons heraustreten und ihren Lauf in den grossen Ebenen (Plains) fortsetzen, die fast überall dem Gebirge vorgelagert sind. Bei den grossen Verlusten, welche sie innerhalb der Plains durch Verdunstung und Versickerung erleiden, und da ihnen auf dieser Strecke auch verhältnissmässig wenig Nebenflüsse zugeführt werden, ist es ihnen unmöglich, ihren Wasserstand auf der Höhe zu erhalten, welche er beim Austritt aus dem Gebirge besass. Zwar verbreitert sich im Ganzen das Flussthal, ohne dass aber das eigentliche Bett damit gleichen Schritt hielte. Es wäre daher eine Thorheit, den Strömen erst in der Ebene Wasser zu entnehmen, vielmehr muss dies spätestens beim Verlassen des Gebirges geschehen, wenn es sich nicht noch vortheilhafter erweisen sollte, Reservoirs weiter oben anzulegen.

Während aber die jedes Jahr wiederkehrenden periodischen Hochfluthen die Hauptquelle des aufzuspeichernden Wassers ergeben, dürfen doch auch die schon vorher erwähnten nicht periodischen Schwankungen des relativen Wasserstandes der ganzen Arid Region nicht ausser Acht gelassen werden. Sie machen sich in einem durch eine längere Reihe von Jahren fortgesetzten Steigen oder Fallen des mittleren, sowie des Hoch- und Niedrigwasserstandes bemerklich und lassen sich nicht nur bei den Flüssen und Seen der regenarmen, sondern auch bei denen der regenreichen Striche östlich vom 100″ Meridian nachweisen, wenn sie hier auch nicht so stark hervortreten wie dort. So sank z. B. der Cache la Poudre River (zum South Platte gehörig) im Laufe von 8 Jahren auf die Hälfte seines mittleren Standes; der Arkansas hatte 1886 durchschnittlich 1572 Sekundenfuss, 1889 nur 523 (d. h. $^1/_3$ von 1886), 1891 aber wieder 1382 (d. h. $2^1/_2$-mal von 1889); der mittlere Wasserstand des Utah-Sees stieg von 1884—1885, sank dann bis 1889, um wieder zu steigen. Der Grosse Salzsee fiel 15 Jahre lang, nur 1885/86 durch ein ungewöhnliches Hochwasser unterbrochen. Auch bei den grossen Seen im Osten lässt sich 1885 ein ungewöhnlich hoher Stand feststellen, doch darf man sie nicht völlig mit den Seen der Arid Region vergleichen, da sie im St. Lorenzstrom einen Ausfluss besitzen, der jenen allen fehlt. Ihre Schwankungen scheinen einer fünfjährigen Periode zu unterliegen (Rep. XIII. P. III. p. 17—25). Jedenfalls rühren sie von Klimaschwankungen her, deren Wirkungen sich vielleicht ihrer Geringfügigkeit halber unseren Augen entziehen, die aber in ihrem weltweiten Bereiche und bei längerer Summirung gewiss sich ohne Einfluss auf die Menge der Niederschläge und die Grösse der Verdunstung sein können. Ob Eingriffe durch Menschenhand, wie Niederlegung grösserer Wälder, von Einfluss auf sie sind, ist noch sehr zweifelhaft, da solche doch nur localer Natur sind und auf den allgemeinen Charakter eines so ausgedehnten Gebietes wohl nicht merkbar einwirken. Andererseits ist auch die im amerikanischen Volke verbreitete Ansicht, durch künstliche Bewässerung werde der Regenfall grösser, nicht zutreffend, denn wenn durch die verstärkte Verdunstung auch die unteren Luftschichten abgekühlt werden mögen, so sind doch die in Betracht kommenden Flächen

ebenfalls viel zu gering, um so allgemeine Erscheinungen, wie den Regenfall, beeinflussen zu können. Wächst doch selbst an Binnenseen, die doch eine stetig vor sich gehende Verdunstung besitzen, die Luftfeuchtigkeit kaum merkbar an ihren Uferrändern. (Rep. XII. P. II. p. 234.)

Schliesslich bedürfen noch die in den Strömen theils schwebend, theils am Boden mitgerissenen Sinkstoffe einer Feststellung.

Erstere erhält man, wenn man Wasserproben in verschlossenen Flaschen ruhig stehen lässt, den nach dem Abgiessen der Flüssigkeit verbleibenden Bodensatz im Sandbade trocknet und dann wiegt. Auf die im Boden treibenden Sedimente braucht man nicht so sehr Rücksicht zu nehmen, da sie nur in geringem Grade in die Reservoirs gelangen werden; die schwebenden Bestandtheile sind aber in gewissen Strömen der Plains so bedeutend ($^1/_4$—$^1/_2$ Proc.), dass sie die Reservoirs in 100 Jahren auffüllen würden. Man kann diesen Zeitpunkt jedoch durch Einschaltung von Absatzbassins sowie durch von Zeit zu Zeit wiederholtes Ausbaggern hinausschieben.

*[Fortsetzung folgt.]*

---

## Zur Bestimmung des Versickerungscoefficienten des Bodens.

### Von

**F. M. Stapff.**

### I.

Die atmosphärischen Niederschläge verschwinden von der Oberfläche, auf die sie gefallen, theils durch Verdunstung und Vegetationsprocesse, theils durch oberflächlichen Abfluss, theils durch Versickerung im Boden. Obwohl diese altbekannte dreifache Verwendungsweise nicht die Annahme begründen kann, dass schablonenmässig ein Drittel der Niederschläge verdunste, ein zweites Drittel abfliesse, ein drittes versickere, so wird doch noch in neuen Büchern über Quellen gelehrt, dass in „Mitteleuropa" ein Drittel der Niederschläge durch Versickerung der Quell- oder Grundwasserbildung anheimfalle. Dass dies zufällig einmal zutreffen kann, soll nicht bestritten werden; wohl aber, dass es eine durch die Erfahrung oder Theorie begründete Regel sei, von welcher man in Fragen des praktischen Lebens nützlichen Gebrauch machen dürfte.

Nebensächliches bei Seite gelassen, hängt der oberflächliche Abfluss von dem Gefälle und von Bewegungshindernissen aller Art ab, also überwiegend von der Oberflächengestaltung des Terrains; die Ver-

dunstung von den maassgebenden meteorologischen Verhältnissen des Gebietes, von
seiner Bodenbeschaffenheit, Exposition gegen
Bestrahlung, von seinem Pflanzenkleid und
dem der Saison entsprechenden Zustand desselben; die Versickerung von der Bedeckung des Bodens mit lebender oder todter
Vegetation, von der Wassercapacität und
Permeabilität desselben, von dem Regime
des unterirdischen Abflusses — überwiegend
also von petrographischen und geotektonischen Verhältnissen. Wenn Jemand
auch beweisen wollte, dass alle diese Einflüsse sich in einem grösseren Gebiet so
combiniren müssten, dass daraus in der Re-
gel der Versickerungscoefficient $\frac{1}{2}$ resultirte,
so würden ihm doch die Thatsachen widersprechen.

Aus den von Lueger[1]) mitgetheilten Daten ergiebt sich, dass das Verhältniss zwischen der in einem Gebiet von bestimmter
Beschaffenheit und Grösse flüssig bleibenden
Bodeninfiltration und der Regenmenge in
Frankreich, der Schweiz, Deutschland zwischen 0,043 (Schwarzwald; Becker) und
0,50 (Sorgue bei Vaucluse, Débauve)
schwankt. Für Schweizer Flussgebiete giebt
Lauterburg[2]) den Mittelwerth 0,221 an,
womit Iszkowski's[3]) Berechnung von
0,236 für die Rhône (bis Saône) und 0,209
für den Rhein (oberhalb Bodensee) in Einklang steht. Nach demselben sind die resp.
Coefficienten für das Gebiet der Memel (Til-
sit) 0,161, Weser (Bremen) 0,169; Weichsel
(Mündung) 0,171; Donau (Wien) 0,173;
Oder (Warthemündung) 0,190; Elbe (Alten-
zaun) 0,200; Garonne (Toulouse) 0,166;
Seine (Mantes[4]) 0,187; Loire (Tours) 0,266.
Erheblich kleiner als diese aus dem Nie-
drigstand der Flüsse abgeleiteten Zahlen
fallen die aus der Quellergiebigkeit berechneten aus, nämlich für Schwarzwald 0,043
(Becker[5]), Odenwald 0,053 (ders.), Frank-
reich 0,085 (Paramelle[6]), Gotthard 0,075
(Stapff[7]); und Fälle, in denen $\frac{1}{3}$, $\frac{1}{2}$ oder
mehr des Regenwassers versickert, um in
Quellen wieder hervorzutreten (Sorgue bei

Vaucluse[8]), dürften nur sehr vereinzelt in
spalten- und höhlenreichen Kalkgebirgen
vorkommen. Aus den von Th. Verstraeten
in Proc. verbaux de la Soc. Belge de géologie 1894 S. 141 f. mitgetheilten Ziffern
folgt für Kohlenkalkstein ein Versickerungs-
quotient von 33 Proc. (Hoyoux) und 28 Proc.
(Bocq), bei Zugrundelegung der Niederschläge
von Bruxelles.

Der Versickerungscoefficient, dessen
Kenntniss für die Beurtheilung des Wasser-
regimes der Flüsse, für die Land- und Forst-
wirthschaft, besonders aber für Quell- und
Grundwasserfragen (Wasserversorgung, Was-
serlosung) von praktischer Bedeutung ist,
muss also von Fall zu Fall bestimmt werden. Erlauben es die Umstände, den mittleren Abfluss des Grundwassers und
sämmtlicher Quellen eines natürlich abgeschlossenen Sammel-Gebiets einerseits, das
mittlere Niederschlagsquantum auf dasselbe
Gebiet andererseits zu messen, so ergiebt
sich das Verhältniss beider, d. i. der Versickerungscoefficient, ohne Weiteres. Dies
directe Verfahren lässt sich aber nur selten
anwenden; ich habe danach beispielsweise
ermittelt, dass von dem Gesammtniederschlag
auf das Sammelgebiet der vom Gotthard-
tunnel verschluckten Quellen bei Airolo
15 Proc. der Verdunstung und Vegetation,
7,5 Proc. der Quellbildung anheimfielen, und
77,5 Proc. oberflächlich abflossen[9]).

Zur Erläuterung dieser Zahlen sei bemerkt,
dass sich die ganze, in Tunnelrichtung 2080,
resp. 2540 m, lange Sammelfläche von 2542200
+ 435600 = 2977800 qm, bei 1—57° (im Mittel
31°) Ansteigen, aus 1145 m in 2528 m MH hin-
aufzieht; unten mit Wiesen, dann einem schmalen
Waldgürtel, oben mit Alpweiden bedeckt, aber
auch von Klippwänden durchragt ist, deren sehr
zerrissenes Gefüge aufwärts geschlossener wird:
die Durchlässigkeit der Schuttdecke nimmt bergauf ab. Die mittlere jährliche Niederschlagshöhe auf dem südlichen (grösseren) Theil der
Sammelfläche betrug 981 mm Regen + 686,5 mm
Schnee, Sa. 1667,5 mm; auf dem anstossenden
nördlichen 872,8 mm Regen + 886,0 mm Schnee,
Sa. 1758,8 mm: das niedergeschlagene Wasserquantum also im Mittel täglich 11614 +
2099 = 13713 cbm. Nach Abzug der im
Inneren aufgespeicherten Wässer entflossen
diesem Sammelgebiet durch den Tunnel täglich
10722 + 1166 = 11888 cbm, welches Quantum
aber sowohl die vom Tunnel verschluckten Quellen umfasst als die vor Beginn des Tunnelbaus
vorhandenen Quellbäche der Oberfläche.

Der combinirte Versickerungs- und
Abflusscoefficient ist hier also $\frac{11888}{13713} = 0,867$;

---

[1]) Wasserversorgung der Städte: II, S. 214.
[2]) Allgemeine Bauzeitung, 52. 1887. S. 9.
[3]) Wochenblatt des Oesterr. Ingenieur- und
Architektenvereins; 1886. S. 69.
[4]) Nach Belgrand ausnahmsweise nur 0,03.
(„La Seine". Regime de la pluie, des sources,
des eaux courantes. Paris 1872.)
[5]) Journal für Gasbeleuchtung und Wasserversorgung. Bd. 32, 1888. S. 23.
[6]) In der 3. Ausgabe der „L'art de découvrir
les sources", Paris 1886, finde ich zwar nicht die
betreffende directe Angabe, wohl aber andere,
woraus sich die Zahl berechnen lässt.
[7]) Les eaux du tunnel du St. Gothard; 1891.
S. 102 und 125.

[8]) Débauve: Manuel de l'Ingenieur des Ponts
et Chaussées; 17. fasc. p. 120; Paris 1875.
[9]) Les eaux du tunnel du St. Gothard, p. 102,
125; Tab. X. Pl. II.

25*

oder nach einer anderen Auffassungsweise der je
zusammengehörigen oberirdischen Sammel- und
unterirdischen Quellgebiete $\frac{7638 + 2108}{11614} = 0,839$;
im Mittel 0,85. Der vom Abflusscoefficienten isolirte Versickerungscoefficient (vor Beginn
des Tunnelbaues) wurde dann auf einem Umweg
(l. c. p. 125) zu 7,5 Proc. berechnet, so dass als
Abflusscoefficient 0,85—0,075 = 0,775
resultirt.

Die aus dem Abfluss landwirthschaftlicher Drainagen sich ergeben-
den Coefficienten sind in der Regel
höher, als dass sie den natürlichen, beim
Quellbildungsvorgang maassgebenden entsprechen könnten; beispielsweise 0,2—0,83
(Jahresdurchschnitt) in Sand-, Lehm-, Thonboden, bei 0,6—1,26 m Tiefe. In vielen
Fällen mögen Drainröhren Grundwasser zapfen, das einem viel weiteren Sammelgebiet
entstammt als der berechneten Fläche; in
anderen versickert das Wasser vielleicht
rascher durch die Schüttung der Drainirungs-
gräben als durch den gewachsenen Boden
nebenan. Sehr niedrige Sickerwassercoeffi-
cienten fand Ebermayer[10], nämlich

|                           | 1887<br>958 mm<br>Regen | 1886<br>634 mm<br>Regen |
|---------------------------|-------|-------|
| durch moosbedeckten Boden | 7 Proc. | 6,2 Proc. |
| - vegetationslosen -      | 5,1 - | 3,5 - |
| - Buchenwald-             | 4,1 - | 2,9 - |
| - Fichtenwald-            | 3,0 - | 1,5 - |

Ferner lässt das Abflussquantum
der Flüsse bei Niedrigstwasserstand
nach anhaltender Dürre auf die Versickerung im Sammelgebiet schliessen, und
hierher gehörige Beispiele wurden bereits
oben angeführt. So bestimmte Coefficienten
gelten zunächst aber nur für die gerade
herrschenden abnormen Verhältnisse,
und nicht für die gewöhnlichen; denn
je mehr die Grundwasserwelle zur Zeit der
Abflusswassermessung schon unter ihr Mittel-
niveau gesunken war, eine um so kleinere
Verhältnisszahl zwischen dem Quell- und
Grundwasserdebit einerseits, dem jährlichen
Niederschlag andererseits, wird sich ergeben[11]);
und der nach langer Dürre aus dem eisernen Grundwasserbestand noch stattfindende
Abfluss steht zu dem mittleren jährlichen
Niederschlag überhaupt in keinem directen
Verhältniss mehr.

Ich glaube aber dass man noch auf eine
andere Weise aus dem offenen Abflussquantum eines Sammelgebietes und dem
Niederschlag in demselben, mit Berücksichtigung der übrigen maassgebenden mete-

orologischen Elemente, einen den jeweiligen
Bedingungen der Jahreszeit entsprechenden
Versickerungscoefficienten für dieses
Gebiet ermitteln kann, zunächst für den
Gebrauch der unterirdischen Hydrologie.

Der Abflusscoefficient eines Gebietes lässt sich ohne Schwierigkeit genau bestimmen. Der offene Abfluss setzt sich aber
zusammen aus dem auf der Oberfläche nach
dem Abzugscanal (Bach, Fluss, Strom) gelangten Theil des Niederschlags und aus
jenem Rest des versickerten Regens,
welcher nicht durch die Pflanzenwurzeln
wieder aufgesaugt wurde oder durch die
Capillarität des Bodes wieder an die Oberfläche kam und so (in beiden Fällen) nach
der Versickerung doch noch der Verdunstung anheimfiel. Dieser Rest des
Sickerwassers tritt an günstig gelegenen
Punkten in Quellen zu Tage, welche —
soweit sie nicht verbraucht werden oder
auf ihrem Weg verdunsten — dem Abzugsgraben zufliessen, oder er tritt als Grund-
wasserstrom direct in den Abzugsgraben.
Genügen die unterirdischen Durchflussquer-
schnitte und die Ausflussöffnungen nicht, um
den bezeichneten Rest des Sickerwassers in
demselben Tempo abzuführen, in dem ihn
die atmosphärischen Niederschläge vermehren,
so steigt die Grundwasserwelle über ihren
normalen Stand, und es ist sogar denkbar,
dass sie stellenweise die Oberfläche erreicht,
wodurch der localen Versickerung zeitweilig
ein Ziel gesetzt wäre — zu Gunsten des
directen oberflächlichen Abflusses. Bleiben
aber die Niederschläge und mit ihnen die
Wasserzufuhr aus, so sinkt bei unveränderten Durchfluss- und Abflussquerschnitten die
Grundwasserwelle unter ihren Normalstand,
und die Quell- und Grundwasserabflüsse zum
offenen Abzugsgraben nehmen ab. Für das
Folgende ist es von Belang, dass diese Abnahme proportional der Differenz der Quadratwurzeln aus den jeweiligen Druck-
höhen erfolgt, dass also ein erhebliches
Steigen oder Fallen der Grundwasserwelle
erforderlich ist, damit das Quell-Debit merk-
lich zu- oder abnimmt, und ferner: dass die
Wasserbewegung im Erdinneren eine sehr
langsame ist (falls das Wasser nicht
durch klaffende Spalten und Schläuche
fliesst), dass also in der Regel geraume Zeit
vergeht, bis Ueberfluss oder Mangel an
Niederschlägen den Ausfluss der Quellen
und Grundwasserströme in den offenen Abzugscanal sichtbar ändert.

Der nicht durch Verdunstung und Vegetation verbrauchte Rest des Sickerwassers
erhält die Quellen und Grundwasserströme
und ist der Fonds für künstliche Wasser-

---

[10]) Fortschritte auf dem Gebiet der Agricultur-
physik, 1889.

[11]) Siehe oben Seinegebiet: 0,187 . . . 0,03.

entnahmen[12]), bei deren Anlage man sich vergewissern muss, dass bei gegebenem Niederschlag auf gegebenem Gebiet die ständige Sickerwasserzufuhr der beabsichtigten Entnahme vollauf genügt. Dagegen ist es nur in seltenen Fällen verlangt, meist aber nicht ausführbar, im Voraus mit einiger Sicherheit zu berechnen, wieviel Wasser netto ein solches Terrain überhaupt liefern kann. Hiermit wäre auch die Tragweite unseres Versickerungscoefficienten definirt, welcher das Verhältniss ausdrückt zwischen dem auf einem gegebenen, natürlich abgeschlossenen, Gebiet versickerten und durch Verdunstung oder Vegetation nicht wieder ausgegebenen Wasser zu dem Niederschlag, welchem es entstammt.

Die im Folgenden entwickelte Methode zur Bestimmung des Versickerungscoefficienten geht von der Voraussetzung aus: dass die temporäre, bekannte, Wasserführung des Abflusscanals eines Sammelgebiets durch einen kurzen, unvermittelt beginnenden und wieder endenden, starken Regenfall um ein gewisses Quantum vermehrt wird, so dass sich ein gut begrenztes Hochwasser bekannter Höhe einstellt, welches den nicht sofort wieder verdunsteten, sondern oberflächlich abgeflossenen Theil des Regenwassers darstellt; während der versickerte Theil desselben in der kurzen Zeit zwischen Beginn des Regens und Ende des Hochwassers den Quell- und Grundwasserabfluss nicht erheblich vermehren konnte. (Siehe vorige S.) Für den einzelnen Fall lässt sich also das Sickerwasserquantum vom oberflächlichen Abfluss ideell trennen und ein Abflusscoefficient bilden, welcher das Verhältniss zwischen nur dem oberflächlichen Abfluss und dem Regen ausdrückt. Der mittlere jährliche Abflusscoefficient des Gebietes ist dagegen aus mittlerer Wasserabfuhr durch den Abzugscanal und mittlerer Niederschlagshöhe gebildet und enthält den Versickerungscoefficienten. Man kann also zwei Abflusscoefficienten bilden: den einen inclusive, den anderen exclusive Sickerwasser, und ein Vergleich beider ergiebt den Versickerungscoefficienten.

Bedeutet F das Areal des geologischen Sammelgebietes[13]) des Abflusscanals, R die

mittlere tägliche Niederschlagshöhe auf demselben, $\alpha$ den mittleren Abflusscoefficienten, W das mittlere tägliche Abflussquantum aus dem Gebiet, so ist:

$$W = \alpha \cdot R \cdot F \quad . \quad . \quad . \quad . \quad 1)$$

War unmitttelbar vor einem Hochwasser, welches ein starker zusammenhängender Regenfall verursachte, das tägliche Abflussquantum $W_{II}$, während des Hochwassers (im Mittel täglich) aber $W_I$, so betrug das Plus des Hochwassers $W_I - W_{II}$. Die mittlere tägliche Niederschlagshöhe während des Regenfalles sei $R_I$, der Abflusscoefficient während des Regenfalles und dem Hochwasser $\alpha'$, dann ist

$$W_I - W_{II} = \alpha_I \cdot R_I \cdot F \quad . \quad . \quad . \quad 2)$$

Aus 2) und 1) folgt

$$\frac{W_I - W_{II}}{W} = \frac{\alpha_I \cdot R_I \cdot F}{\alpha \cdot R \cdot F} = \frac{\alpha_I \cdot R_I}{\alpha \cdot R} \quad . \quad . \quad 3)$$

Der mittlere Abflusscoefficient $\alpha$ soll aber sein:

$$\alpha = \frac{\text{Regen} - \text{Verdunstung}}{\text{Regen}} = 1 - \frac{\text{Verdunst.}}{\text{Regen}}$$

$= 1 - v$, wenn $v$ den mittleren Verdunstungscoefficienten des Bodens bezeichnet. Letzterer ist ein aliquoter Theil[14]) $k$ des evaporimetrisch bestimmten Verdunstungsquotienten $\beta$ von einer Wasserfläche; also $v = k\beta$ und $\alpha = 1 - k\beta$, woraus

$$k = \frac{1 - \alpha}{\beta} \quad . \quad . \quad . \quad . \quad 4)$$

Der specielle Abflusscoefficient $\alpha_I$, für die betrachtete Hochwasserperiode soll dagegen sein:

$$\alpha_I = \frac{\text{Regen} - \text{Verdunstung} - \text{Versickerung}}{\text{Regen}}$$

$$= 1 - k\beta_I - \sigma_I,$$

wenn $\sigma_I$ den Versickerungscoefficienten $\left(\frac{\text{Versickerungshöhe}}{\text{Regenhöhe}}\right)$ bezeichnet, und $\beta_I$ den Verdunstungscoefficienten während derselben Periode. Da aber $k = \frac{1-\alpha}{\beta}$ (Gl. 4), so folgt

Gotthard setzt sich das Sammelgebiet zusammen aus einem südlichen, topographisch wohl begrenzten, Flügel von 2 540 000 qm mit directem Abfluss südwärts nach dem Tessin und aus einem nördlichen Flügel von 460 000 qm, jenseits der localen Wasserscheide, mit Abfluss westwärts nach der Tremola. Aus dem geologischen Profil des Gotthard und dem hydrologischen in „Les eaux du tunnel du St. Gotthard" geht aber hervor, dass die daselbst versickernden Wässer sich mit jenen des südlichen Flügels unterirdisch vereinen, dass also beide Flügel zusammengenommen das geologische Sammelgebiet für die aus dem Tunnel von 2800 m abfliessenden Wässer darstellen, während der südliche Flügel das topographische Sammelgebiet ist.

---

[12]) An artesische und andere Tiefwasserentnahmen ist hier zunächst nicht gedacht.

[13]) Man muss zwischen topographischem und geologischem Sammelgebiet unterscheiden. Ersteres wird von den Wasserscheiden bestimmt, letzteres dagegen von den Ausbisslinien des Liegenden der dem Sammelgebiet zufallenden wasserleitenden Schichten. In dem oben citirten Beispiel vom

[14]) Cum beneficio inventarii; besonders in der Vegetationsperiode wird die Verhältnisszahl k Schwankungen unterworfen sein.

$$\sigma_i = 1 - \frac{(1-\alpha)\,\beta_i}{\beta} - \sigma_i \quad . \ . \ . \ 5)$$

und durch Einsetzen dieses Werthes in Gl. 3):

$$\frac{W_i - W_{\prime\prime}}{W} = \frac{\left(1 - \frac{(1-\alpha)\,\beta_i}{\beta} - \sigma_i\right) R_i}{\alpha R}$$

der Versickerungscoefficient

$$\sigma_i = 1 - (1-\alpha)\frac{\beta_i}{\beta} - \alpha\frac{R}{R_i}\left(\frac{W_i - W_{\prime\prime}}{W}\right) \quad . \ 6)$$

Dieser allgemeine Ausdruck lässt sich für den Gebrauch bequemer gestalten, wenn man anstatt der evaporimetrisch zu bestimmenden Verdunstungscoefficienten äquivalente, aber leichter erhältliche, meteorologische Elemente substituirt und anstatt der Abflussquanten W, $W_i$, $W_{\prime\prime}$ die denselben entsprechenden Wasserhöhen.

Für die Verdunstung haben Dalton, Weilenmann, Stelling [15]) rationelle Formeln aufgestellt, letzterer die Formel

$$v = A(e_{\prime\prime} - e) + B(e_{\prime\prime} - e)\,w,$$

wo $e_{\prime\prime}$ die maximale Dampfspannung, entsprechend der Temperatur des verdunstenden Wassers, e die absolute Feuchtigkeit, w die Windstärke bezeichnet. W. Ule [16]) wies darauf hin, dass sich die Anwendung dieser Formel in den meisten Fällen schon deshalb verbietet, weil $e_{\prime\prime}$ nicht ermittelt werden kann (die Temperatur des verdunstenden Wassers wird nirgends beobachtet), und weil es nach Stelling nicht statthaft ist, anstatt dieses Werthes die Temperatur des feuchten Thermometers einzusetzen. In Ermangelung einer dem gegenwärtigen Beobachtungskreis genügenden Formel zur Berechnung der Verdunstungsgrösse stellte Ule deshalb die einfache Formel

$$v = A(T - t)\,w$$

auf, welche Rechnungsresultate ergab, die sich den Evaporimeterbeobachtungen zu Chemnitz, 1885—1889, gut anschliessen. Es bedeutet v die Verdunstungshöhe, T — t die psychrometrische Differenz, w die Windgeschwindigkeit in Meter p. Sec., A einen Erfahrungsfactor, den Ule für Chemnitz zu 0,128 im Jahresmittel berechnete, nämlich für: Januar 0,146, Februar 0,139, März 0,149, April 0,143, Mai 0,123, Juni 0,124, Juli 0,120, August 0,119, September 0,119, Oktober 0,110, November 0,127, Dezember 0,120. Die hienach zurückberechneten Verdunstungshöhen fallen im Durchschnitt 0,02 bis 0,09 mm höher aus als die beobachteten; doch spielt dies im vorliegenden Falle, wo

es sich um die Bildung von Proportionen handelt, die durch kleine gleichzeitige und gleichsinnige Aenderungen im Zähler und Nenner kaum verschoben werden, keine Rolle; und trotz des berechtigten Einwandes, dass Ule's Formel bei Windstille (w = 0) die Verdunstung 0 ergiebt, welches auch die gleichzeitige psychrometrische Differenz (T — t) sei, und trotz des Fehlens eines Gliedes für die Temperatur der Luft oder des abdunstenden Bodens, welche jedenfalls die Verdunstung beeinflusst, wollen wir diese Formel hier doch anwenden, weil sie bei grosser Einfachheit wenigstens ebenso richtige summarische Resultate ergab, als jede andere versuchte, und weil die in sie eingehenden meteorologischen Elemente leicht zu beschaffen sind.

Wir schreiben also in Gl. 6) für $\beta$: $\frac{A(T-t)\,w_i}{R}$, und für $\beta_i$: $\frac{A_i(T_i - t_i)\,w_i}{R_i}$ und erhalten so statt $\frac{\beta_i}{\beta}(1-\alpha)$:

$$(1-\alpha)\frac{\dfrac{A_i(T_i - t)\cdot w_i}{R_i}}{\dfrac{A(T-t)\cdot w}{R}} = \frac{A_i}{A}\cdot\frac{R(T_i - t_i)\,w_i}{R_i(T_i - t)\,w}(1-\alpha)\ 7)$$

In das Verhältniss der Abflussquantitäten $\frac{W_i - W_{\prime\prime}}{W}$ in Gl. 6) lassen sich die resp. Wassertiefen $P$, $P_{\prime\prime}$ $P$ substituiren, da nach Hagen [17]) die Abflussmengen durch ein einigermaassen regelmässiges Bett sich verhalten wie die Quadratwurzeln aus den Kuben der resp. Tiefen, also $\frac{W_i - W_{\prime\prime}}{W} = \frac{\sqrt{P_i^3} - \sqrt{P_{\prime\prime}^3}}{\sqrt{P^3}}$ [18]).

[15]) Ueber die Abhängigkeit der Verdunstung des Wassers von seiner Temperatur und von der Feuchtigkeit und der Bewegung der Luft. Repertorium der Meteorologie. Bd. VIII. 1883.

[16]) Meteorolog. Ztschr., 1891. S. 91.

[17]) Handbuch der Wasserbaukunst, 1869, I. Bd; aus der Abhandlung Hagen's „Ueber die Bewegung des Wassers in Strömen" in Abh. d. K. Preuss. Ak. der Wissenschaften, Berlin 1868.

[18]) Wie zutreffend dies Verhältniss zwischen Wasserabfluss und Tiefe ist, erhellt aus folgendem Beispiel. Ule theilt in Meteorol. Ztschr. 1890 S. 127 Scheck's Wassermessungen an der Saale mit, wonach bei einem

Wasserstand v. 1 m der Abfl. 45,4 cbm pr. Sec.

| | | |
|---|---|---|
| - 2 - | - 129,0 - | - |
| 7/V.   - 2,8 - | - 209,2 - | - |
| 9/V.   - 2,8 - | - 199,85 - | - |
| - 4 - | - 350,0 - | - |

betrug. Aus der Relation $W = \mu\sqrt{P^3}$ folgt aber, dass, wenn der Abfluss bei 1 m Tiefe 45,4 cbm beträgt, derselbe sein musste bei:

2 m $\therefore$ $45,4 \cdot 2^{3/2}$ = 128,5 cbm; Diff. — 0,5 cbm

2,8 - $\therefore$ $45,4 \cdot 2,8^{3/2}$ = 212,7 -   — + 3,5 und        + 12,85 cbm

4,0 - $\therefore$ $45,4 \cdot 4^{3/2}$ = 363,2 -   — + 13,2 -

Da die grösste Differenz zwischen directer Messung und der Berechnung nach Hagen's Formel also nur 6 Proc. beträgt, so sind Ule's Erklärungsversuche für vermeintliche Abweichungen zwischen dem theoretischen und wirklichen Abfluss nicht erforderlich; die geringen Differenzen sprechen vielmehr für sorgfältige Wassermessungen.

Bei dieser Substitution können also vielfach erneuerte directe Abflussmessungen durch Tiefenmessungen ersetzt werden.

Hier ist noch einzuschalten, dass, da die Dauer z' des Hochwassers die Dauer z des verursachenden Regenfalles gewöhnlich übersteigt, der mittlere tägliche Hochwasserabfluss kleiner gefunden wird, als wenn dasselbe Hochwasserquantum während einer der Regendauer gleich langen Zeit abgeflossen wäre; und da wir von dem Vergleich zwischen mittlerem täglichen Regenfall und mittlerem täglichen Abfluss ausgegangen sind, so muss behufs Erhaltung der Proportionalität der Ausdruck $\dfrac{\sqrt{P_i^2} - \sqrt{P_{ii}^2}}{\sqrt{P^2}}$ mit $\dfrac{z'}{z}$ multiplicirt werden. Dann haben wir anstatt $\dfrac{W_i - W_{ii}}{W}$ in die Gl. 6) einzusetzen:

$$\frac{z'}{z} \cdot \frac{(\sqrt{P_i^2} - \sqrt{P_{ii}^2})}{\sqrt{P^2}} \quad \ldots \quad 8)$$

Die Wassertiefen $P_i$ $P_{ii}$ $P$ decken sich in der Regel aber nicht mit den Pegelständen, während es wünschenswerth ist, mit letzteren direct operiren zu können, zur Vermeidung entbehrlicher Umrechnungen. Ist die Wassertiefe unter dem Pegelnullpunkt = a, und der Pegelstand beim Mittelwasserabfluss = x, beim Hochwasserabfluss = $x_i$, bei dem dem Hochwasser unmittelbar vorangehenden Abfluss = $x_{ii}$, also $P = a + x$, $P_i = a + x_i$, $P_{ii} = a + x_{ii}$, so sind

$$\frac{\sqrt{P_i^2} - \sqrt{P_{ii}^2}}{\sqrt{P^2}} = \frac{(a + x_i)^{2/3} - (a + x_{ii})^{2/3}}{(a + x)^{2/3}}$$

und durch Entwickelung der Binomialreihen bis auf die kubischen Glieder und Ordnen der Gl. resultirt schliesslich

$$\frac{\sqrt{P_i^2} - \sqrt{P_{ii}^2}}{\sqrt{P^2}} =$$

$$= \frac{(x_i - x_{ii})[3a(4a + x_i + x_{ii}) - \frac{1}{3}((x_i + x_{ii})^2 - x_i x_{ii})]}{(2a + x)[(2a + x)^2 - \frac{1}{3}x^2]}$$

oder auch

$$= \frac{(x_i - x_{ii})[3a(4a + x_i + x_{ii}) - \frac{1}{3}((x_i + x_{ii})^2 - x_i x_{ii})]}{(2a + x)(2a + 2,225\,x)(2a - 0,225\,x)} \quad 9)$$

Fällt der Pegelnullpunkt in das Mittelwasserniveau (wie bei den böhmischen Pegelstationen), so ist x = 0; also

$$\frac{\sqrt{P_i^2} - \sqrt{P_{ii}^2}}{\sqrt{P^2}} =$$

$$= \frac{(x_i - x_{ii})[3a(4a + x_i + x_{ii}) - \frac{1}{2}((x_i - x_{ii})^2 - x_i x_{ii})]}{8a^3} \quad 10)$$

Und darf man sich mit den quadratischen Gliedern der Binomialreihen begnügen, wird

$$\frac{\sqrt{P_i^2} - \sqrt{P_{ii}^2}}{\sqrt{P^2}} = \frac{(x_i - x_{ii})(4a + x_i + x_{ii})}{(2a + x)^2 - \frac{4}{3}a^2}$$

oder auch

$$= \frac{(x_i - x_{ii})(4a + x_i + x_{ii})}{(3,155a + x)(0,845a + x)} \quad 11)$$

Für den Fall x = 0 aber

$$\frac{\sqrt{P_i^2} - \sqrt{P_{ii}^2}}{\sqrt{P^2}} = \frac{3(x_i - x_{ii})(4a + x_i + x_{ii})}{8a^2} \quad 12)$$

In jedem der Ausdrücke 9) bis 12) ist der Nenner eine Constante, nach deren Bestimmung durch einige directe Wassermessungen bei beobachtetem Pegelstand man nur noch mit den Pegelständen $x_i$ und $x_{ii}$ zu schaffen hat.

Durch Einführung in die allgemeine Gleichung 6) des Ausdruckes 7) (Verdunstung) und eines der Ausdrücke 9) bis 12), zunächst 9) (relativer Wasserabfluss), erhält man folgende brauchbare Formel zur Berechnung des jeweiligen Versicherungscoefficienten $\sigma_i$

$$\sigma_i = 1 - \frac{R}{R_i}\left[(1 - \alpha) \cdot \frac{A_i}{A} \cdot \frac{(T_i - t_i) \cdot w_i}{(T - t) \cdot w} + \alpha \frac{z'}{z} \frac{[3a(4a + x_i + x_{ii}) - \frac{1}{3}((x_i - x_{ii})^2 - x_i x_{ii})](x_i - x_{ii})}{(2a + x)[(2a + x)^2 - \frac{1}{3}x^2]}\right] \cdot 13)$$

Darin bedeutet:

$\sigma_i$ den Versickerungsquotienten des Gebietes in der Beobachtungsperiode,

R die mittlere tägliche Regenhöhe im Gebiet während des ganzen Jahres,

$R_i$ die mittlere tägliche Regenhöhe im Gebiet während des in Betracht gezogenen Regenfalles,

$\alpha$ den mittleren Abflusscoefficienten für das Gebiet während des ganzen Jahres,

$T_i - t_i$ psychrometrische Differenz von Beginn des Regenfalles bis Abfluss des Hochwassers,

$w_i$ Windstärke während dieser Zeit in Meter per Secunde,

$T - t$ psychrometrische Differenz während des ganzen Jahres,

w Windstärke während derselben Zeit, Meter per Secunde,

$A_i$ einen von der Jahreszeit abhängigen Verdunstungsfactor während der Zeit vom Beginn des Regenfalles bis Ende des Hochwassers,

A mittlerer Verdunstungsfactor für das ganze Jahr,

z' Dauer des Hochwassers in Tagen,

z Dauer des Regenfalles in Tagen,

a Tiefe des Abflusscanals unter dem Pegelnullpunkt,

x Pegelstand bei mittlerer Wasserführung des Abzugscanals,

$x_i$ mittlerer Pegelstand während des Hochwassers von der Dauer z',

$x_{ii}$ Pegelstand unmittelbar vor Eintreffen des Hochwassers.

Hierbei ist zu bemerken, dass bei Bildung der Mittelwerthe für $(T_i - t_i)$ $w_i$ und $(T - t)$ w die einzelnen psychrometrischen Differenzen mit den zugehörigen einzelnen

Windstärken zu multipliciren und aus den
so gewonnenen Einzelproducten die Mittel
zu ziehen sind. Entsprechend zu verfahren
ist aber auch bei Bildung eines Mittelwerthes
$x_i$ für den jemaligen Hochwasserstand, d. h.
man muss den Ausdruck hinter $\frac{z'}{z}$ für die
einzelnen beobachteten Werthe von $x_i$ berechnen und aus diesen Einzelausdrücken
das Mittel für die Zeit $z_i$ ziehen.

Liegen directe Evaporimeterbeobachtungen im Sammelgebiet vor, so kann man durch
das Verhältniss zwischen den beobachteten
Verdunstungshöhen, nämlich $\frac{v_i}{v}$, den ent-

sprechenden Factor $\frac{A_i}{A} \cdot \frac{(T_i - t_i) w_i}{(T - t) w}$ ersetzen,

die Benutzung der Temperatur- und Wind-
beobachtungen also umgehen. Die Ver-
dunstungsconstanten $A_i$ und $A$ wären allenfalls durch Evaporimeterbeobachtungen zu
ermitteln, nöthigenfalls durch solche in kli-
matisch-analogen Nachbargebieten zu ersetzen,
am einfachsten so, dass man die Proportionalzahlen $\frac{A_i}{A}$ für die einzelnen Monate überträgt. Diese sind beispielsweise
für Chemnitzer Verhältnisse:

$\frac{A_i}{A}$: Januar 1,14; Februar 1,09; März

　　1,16; April 1,12; Mai 0,96; Juni
　　0,97; Juli 0,93; August 0,93; Sep-
　　tember 0,93; Oktober 0,86; Novem-
　　ber 0.99; Dezember 0,94.

Zur Ermittelung des Abflusscoeffi-
cienten $\alpha$ sind einige sorgfältige directe
Wassermessungen (Abflussprofil, benetzter
Umfang, Stromgeschwindigkeit) erforderlich;

nach der Proportion $\frac{W_i}{W} = \frac{\sqrt{P_i^3}}{\sqrt{P^3}}$ ergiebt

sich dann aus den Pegelständen das Abflussquantum von Tag zu Tag und als Summe der
mittlere jährliche Abfluss, dessen Verhältniss zur Summe des jährlichen Niederschlags
auf das Sammelgebiet der Abflusscoefficient $\alpha$
ist. Aus dem mittleren täglichen Abfluss
berechnet sich auch der mittlere Pegelstand $x$, weiter die ideelle Stromtiefe $a$,
welche dem Pegelstand 0 zukommt. $x_i$ und
$x_{ii}$ sind unmittelbare Pegelablesungen resp.
die Mittelwerthe solcher.

Anstatt des in Gleichung 13) aufgenom-
menen complicirten Ausdruckes $\left(\text{hinter } \frac{z'}{z}\right)$
für das Abflussverhältniss lässt sich bei
kleinen Differenzen $x_i - x_{ii}$ der abgekürzte
nach Gleichung 11) verwenden, und für den
Fall, dass $x = 0$ (d. h. dass der Pegelnullpunkt im Mittelwasserniveau liegt), der Ausdruck nach Gleichung 11) oder 12).

Sind die Abflussquanten $W, W_i, W_{ii}$ auf

andere Weise direct bestimmt (bei kleinen
Bächen z. B. durch Ueberfälle), so setzt man
$\frac{W_i - W_{ii}}{W}$ hinter $\frac{z'}{z}$ ohne Weiteres ein, und
sind die Tiefen $P, P_i, P_{ii}$ direct ermittelt,
z. B. durch Tiefenmessungen in regelmässigen
künstlichen Abflusscanälen, so benutzt man
$\frac{\sqrt{P_i^3} - \sqrt{P_{ii}^3}}{\sqrt{P^3}}$ nach Gleichung 8).

Der nach diesem Plan gefundene Versickerungscoefficient $\sigma$, gilt nur für den jeweiligen Witterungs- und Bodenzustand; und
um den mittleren Versickerungscoëfficienten
desselben Gebietes für das ganze Jahr zu
erhalten, sollte man die Bestimmung wiederholen, so oft in verschiedenen Jahreszeiten
geeignete Regenfälle und Hochwasser eintreten, und dann eine wahrscheinliche Durch-
schnittszahl bilden.

Dabei ist aber zu berücksichtigen, dass
die Methode im Winter, wenn der Boden
gefroren und schneebedeckt ist, unanwend-
bar wird; desgl. im Frühjahr, so lange die
Schneeschmelze noch nicht beendet ist.
Anderseits ist sie auch während der Vegetationsperiode nur mit Vorbehalt zu verwenden, weil in derselben der Wasserverbrauch
der Pflanzen so bedeutend ist, dass er (in
Deutschland) mehr als das Doppelte des
gleichzeitigen Regens beträgt und zum Theil
von aufgespeichertem Grundwasser gedeckt
werden muss. Demzufolge würden Versickerungsquotienten, welche nach dieser Methode
in der Vegetationsperiode bestimmt
werden, nicht nur die Versickerung in sich
begreifen, sondern gleichzeitig auch den
Wasserverbrauch der Vegetation, d. h. den
auf letzteren zurückzuführenden Theil der Verdunstung von bereits im Boden aufgespeichertem Sickerwasser. Beim weiteren Verfolgen
dieser Frage dürfte es sich sogar als möglich herausstellen, den Antheil der Vegetation am Verdunstungscoefficienten
rechnerisch auszuscheiden, und zwar durch
den Vergleich der vor-, während und nach
der Vegetationsperiode gefundenen Versickerungscoefficienten. Jetzt ist es weder meine
Absicht, noch bin ich in der Lage, auf diese
und andere naheliegende Detailfragen einzugehen, wünsche vielmehr vorher die Grundzüge der Methode praktisch zu prüfen.

Die Bildung eines mittleren (für das
Jahr gültigen) Versickerungscoefficienten würde sich zunächst so gestalten, dass
man in den Frühlingsmonaten nach Abfluss
der Schneeschmelzwässer und in den Herbst-
monaten, zwischen beendeter Vegetationsperiode und Einwinterung, recht viele Einzel-
versickerungscoefficienten bestimmt und aus
denselben ein Mittel zieht, welches vorläufig

den mittleren Versickerungscoefficienten $\sigma$ des Gebietes darstellt.

Während der Wintermonate ist die Versickerung eine sehr schwankende, je nachdem der Temperaturgang und die Art des Schneefalles eine ständige langsame Abschmelzung von unten und Versickerung in den Boden zulassen oder eine starke Frostschicht die Versickerung bis in's Frühjahr hinein hindert. Bei plötzlichem Witterungsumschlag und raschem Wegthauen des Schnees fliesst dann das meiste Schmelzwasser oberflächlich ab. Die Versickerung kann in verschiedenen Wintern also zwischen den Extremen $\sigma$ und 0 schwanken und darf vorläufig wohl zu $^\sigma/_2$ angenommen werden.

Während der Vegetationsperiode ist sie dagegen $= 0$ zu setzen, nämlich so weit sie der Quell- und Grundwasserbildung zu gute kommt.

Da in Deutschland von den atmosphärischen Niederschlägen etwa 20 Proc. im Winter, 22 Proc. im Frühjahr, 33 Proc. im Sommer, 25 Proc. im Herbst fallen, so würde daselbst der summarische jährliche Versickerungscoefficient eines Gebietes zu höchstens

$$\Sigma = (0,20 \cdot {}^1/_2 + 0,22 + 0,33 \cdot 0 + 0,25)\,\sigma = 0,57 \cdot \sigma$$

veranschlagt werden dürfen, in Wirklichkeit aber kleiner sein (für Quell- und Grundwasserbildung) wegen des zwar versickerten, durch die Vegetation dem Boden aber wieder entzogenen Wassers.

Dieser summarische Zifferüberschlag soll aber nur zur Demonstration dienen; denn in Wirklichkeit ändern sich die in denselben eingehenden Factoren von Ort zu Ort und Jahr zu Jahr, und anstatt der Theilung des Jahres in 4 Jahreszeiten wäre in diesem Fall eine andere Eintheilung vielleicht zweckmässiger. Dazu kommen noch viele Details, von denen hier nur eines (Einfluss der Vegetation) flüchtig gestreift worden ist.

---

### Das Saccothal und das Vorkommen von Asphalt bei Castro dei Volsci in der Provinz Rom.

Von

Ing. C. Viola, Rom.

Bevor wir die bitumenhaltigen Lagerungen von Castro dei Volsci besprechen, wollen wir einen allgemeinen kurzen Blick auf die geologische Beschaffenheit des Saccothales und der Gebirgsketten längs dieses Thales werfen. Dieses beginnt beim Val-

montone, d. h. an den Abhängen der Colli Laziali, und endigt beim Zusammenfluss von Sacco und Liri. Von da an heisst es Lirithal, dann Gariglianothal, unter welchem Namen es die Abhänge des erloschenen Roccamonfina-Vulcans streift. Man kann sagen, dass das Thal des Sacco und des Garigliano, welches eine durchschnittliche Breite von 10 km und eine Länge von über 80 km hat, zwei grosse erloschene Hauptvulcane, den Laziale und den Roccamonfina, verbindet.

In diesem Thal läuft die Bahnlinie Rom-Neapel; hier geniesst der Reisende eine entzückende Aussicht auf grüne Auen, malerische Dörfer und wohlgepflegtes ergiebiges Erdreich. Der Alpinist kann von hieraus lohnende Ausflüge auf die felsigen Berge unternehmen: links vom Sacco erheben sich die Simbruinischen und Hernischen Gebirge, Vorgebirge des mittleren Appennins, rechts erhebt sich gleich einer Riesenmauer die Lepinisch-pontinisch-ausonische Kette. Letztere beginnt da, wo die Colli Laziali aufhören, und endigt im Vorgebirge von Gaeta.

Verweilen wir hier einen Augenblick, um die geologische Beschaffenheit des Appennins und der vorerwähnten Kette zu betrachten, welche einerseits das Saccothal, andererseits grösstentheils die Pontinischen Sümpfe begrenzt und von Terracina bis Gaeta die Küste bildet. Beide Ketten links und rechts des Saccothals sind aus compacten und krystallinischen, oft breccienartigen, weissen und röthlichen, bald reinen, bald magnesia- und quarzhaltigen Kalksteinen gebildet, welche theils in mächtigen, theils in dünnen Schichten auftreten. Es scheint, dass dieses Gebirge dem Urgonien und Turonien angehöre, da bis jetzt in den untern Schichten Sphaeruliten, Radioliten und kleine Requienien, und in den oberen Hippuriten, Nerineen und Actaeonellen gefunden worden sind[1]. Auf den hohen Berggipfeln trifft man Ueberreste des Eocän, welches aus Nummulitenkalken, Thonerde, Sandsteinen und Conglomeraten mit krystallinischen Gesteinen gebildet ist. Man erinnere sich z. B. an das Eocän von Gorga, Monte Caccume, Carpineto und Sgurgola[2]), wenn man sich nur auf das Lepinisch-pontinische Gebirge beschränken will; ausgedehntere und häufigere Eocänüberreste trifft man auf den Hernischen und Simbruinischen Bergen. Aus dieser übereinstimmenden Beschaffenheit

[1]) Viola, C.: Osservazioni fatte sui Monti Lepini e sul Capo Circeo. Boll. R. Comitato Geol. d'Italia 1894. No. 2.
[2]) Viola, C.: o. c.

dieser identischen Facies der Kreideformation beider Gebirgsketten ergiebt sich sofort der Schluss, dass das Kreidegebirge beider Ketten integrirende Theile einer und derselben Kreideablagerung ausmachen. Dieser nur auf locale Beobachtungen gestützte Schluss hat, wie schon bewiesen worden ist, auch eine allgemeine Bedeutung.

Fassen wir noch folgende Thatsachen zusammen: besonders im Turonien, aber auch im Urgonien kommen breccienartige Kalksteine vor; dieser Kalkstein ist sehr rudistenreich; die Versteinerungen finden sich in grossen und kleinen Bruchstücken vor, ja die Kalksteine selbst sind Rudistenbreccien, und in den Kalkschichten sind dünne Thon- und Mergel-haltige Lager; es geht daraus hervor, dass der Kreidekalk sich klippenartig auf schon vorhandenen Kalkgebirgen gebildet hat.

Das älteste im Saccothale zu Tage tretende Gebirge ist das Eocän[3]), ausser einigen kleinen Kreideinseln, die, bald von den Lepinen, bald vom Appennin abgetrennt, vom Eocän entblösst wurden und somit zu Tage getreten sind. Das Eocän des Saccothales ist dasselbe, welches man auf den oben erwähnten Berggipfeln trifft, aber es ist hier mächtiger; in den niedrigsten Stufen herrschen die Nummulitenkalksteine, in den obersten ganz concordant die Sandsteine und Molassen vor. Diese Molassen können möglicherweise auch dem Miocän angehören. Die Schichten sind bald horizontal, bald geneigt, bald aufgerichtet und oft sehr gefaltet. Discordant folgen auf dem Eocän oder Miocän die Pliocän-Thone und -Sandsteine. Auf dieser Formation beobachtet man das aus Travertin und blauem Thon mit dünnen Tufflagern zusammengesetzte Süsswasserquartär. Sowohl über dem Tertiär als auch über dem Quartärgebirge des Saccothales sind die vulcanischen Tuffe der Colli Laziali und der Herniker Vulcane ausgebreitet. Die Basaltlaven dieser Vulcane liegen entweder direct auf dem Pliocän oder auf dem Eocän, oder endlich auch auf dem

Kreidegebirge auf. Die dem Saccothale oder seiner nächsten Umgebung angehörigen Vulcane sind folgende: rechts Morolo, Patrica, San Marco, Callame, Giuliano di Roma und Villa Santo Stefano; links Ticchiena, Selva dei Muli, San Francesco, Pofi und Arnara[4]). Ein genauerer Blick auf die geologische Karte dieser Region lehrt, dass die Hernischen und Lepinischen Vulcane auf bestimmte Bergrisse oder Spalten zu liegen kommen, deren Hauptstreichen mit der NW—SO-Richtung des Saccothales übereinstimmt. Eine dieser Spalten streift den lepinisch-pontinischen Kalkstein und längs derselben hat sich diese Bergkette von dem Eocän des Saccothales abgetrennt; die andere streift die Hernischen und Simbruinischen Berge und trennt, jedoch nicht vollständig, das Kreidegebirge des Appennin von dem Eocän des Saccothales. Andere mannigfaltige Verwerfungen können sowohl auf den Lepinen als auch auf dem Appennin und in dem Saccothale selbst nachgewiesen werden, und sind von grosser Wichtigkeit für die Tektonik und für das Studium der heutigen Orographie.

Nach diesem kurzen Blick auf die geologischen Verhältnisse dieser Region kann sich jeder Leser die Art und Weise ihrer Entstehung vorstellen[5]): Am Ende der Eocänperiode frühestens oder am Anfang des Miocän erhoben sich die Kalkklippen, indem sie die Tertiärgesteine mithoben. Gleichzeitig mit dieser Erhebung bildeten sich in der Kreide Falten oder, wie man auch sagt, Wellen, welche parallel in der Richtung NW-SO verlaufen. In den Synklinalen dieser Gebirgswellen blieb das Eocängebirge eingepresst. Wo die mächtige Kalkmasse nicht im Stande war, der Bildung dieser Falten zu folgen, sei es wegen der geringen Elasticität des Kalksteines im Vergleiche

[3]) Ponzi, G.: Osservazioni geologiche fatte lungo la Valle Latina da Roma a Mte. Cassino. Atti dell' Accademia pontificia dei Nuovi Lincei. Rom. I. 1848.

Derselbe: Sulla Valle Latina. Ebenda 1852.

Derselbe: Osservazioni geologiche sulle provincie di Frosinone e di Velletri. Ebenda 1858.

Derselbe: Sul sistema degli Appennini. Giornale Arcadico di scienze ecc; N. Serie. XXIII. Rom 1861.

Derselbe: Storia fisica dell' Italia centrale. Atti dell' Accad. d. Lincei. XXIV. 1871.

Derselbe: L'Italia e gli Appennini. Nella raccola intitolala: Studi sulla geografia naturale e civile d'Italia. 1875.

[4]) Ponzi, G.: Sul rinvenimento dei vulcani spenti degli Ernici nella Valle Latina. Atti della Acc. d. Lincei. 1858.

Zezi, P.: Osservazioni geologiche fatte nei diutorni di Ferentino e Frosinone nella provincia di Roma. Boll. R. Comitato geol. d'Italia; VII. 1876. No. 9—10.

Branco, W.: I Vulcani degli Ernici nella Valle del Sacco. Atti dell' Accad. d. Lincei. 1877. Bd. I. Serie 3a.

Derselbe: Die Vulkane des Herniker-Landes bei Frosinone in Mittel-Italien. N. Jahrb. f. Miner. etc. 1877.

Abbate, E: Guida della Provincia di Roma. Rom 1894. Bd. I. S. 132—141.

Viola: o. c.

[5]) Ponzi, G.: L'Italia e gli Appennini. o. c.

Rozet, Lieut.-Colonel: Addition à la Note de M. Ponzi sur l'époque de soulèvement des Appennins. Bull. Soc. Géol. de France; 2. Série. Vol. X. 1852—53.

Cacciamali, G. B : In Valle del Liri. Turin 1889. (Club Alpino Italiano.)

zu seiner Ausdehnung und seiner aussergewöhnlichen Mächtigkeit, sei es wegen des schwachen darauf wirkenden Druckes, bildeten sich nothwendig Spalten und Verwerfungen, welche wir zahlreich sowohl in den Lepinisch-pontinischen Bergen als auch im Appennin beobachten. Das Saccothal stellt folglich eine von Ueberschiebungen begleitete Mulde dar; nach einer derselben hob sich die Lepinisch-pontinische Kreide über das Eocän, nach der anderen hoben sich die Herniker und die Simbruinen. Später, in der Quartärzeit, fanden die Eruptionen der Herniker Vulcane ihren natürlichen Weg durch jene lange Zeit vorher gebildeten Spalten.

Im Saccothal beobachten wir etliche Mineralquellen, unter denen die Eisenund Schwefel-haltigen, wie die von Castro dei Volsci und Ferrentino, eine besondere Erwähnung verdienen[6]). Noch zahlreichere und stärkere Mineralquellen entspringen auf der entgegengesetzten Seite des Saccothales, und zwar längs der Linie, nach welcher die Lepinisch-pontinischen Gebirge die NO-Grenze der Pontinischen Sümpfe bildet, und welche ungefähr den Ort der verschiedenen Ueberschiebungen bezeichnet, die, wie das Saccothal selbst, die Richtung NW—SO nehmen[7]). Aus diesen geologischen Verhältnissen geht deutlich hervor, dass das Saccothal ein vulcanisches Gebirge ist, und dass die Mineralquellen, welche man noch darin findet, ein Ueberbleibsel der vulcanischen Thätigkeit sind, die jetzt fast ganz aufgehört hat.

Die angeführten Schlüsse sind aus isolirten Thatsachen gezogen worden, welche theils von mir, meistentheils aber schon vor mir von bedeutenden Geologen beobachtet worden sind. Diese Schlüsse werden uns jetzt Erscheinungen erklären helfen, deren Ursprung sowohl intratellurisch als auch sedimentär sein können, nämlich das Vorkommen von Kohlenwasserstoffverbindungen im Eocän.

Die Annahme, dass das Petroleum intratellurischen Ursprunges sei, wurde mit Erfolg von Mendeléeff aufgestellt, um die grosse Steinölproduction im Kaukasus zu erklären. Und ich glaube, dass auch die im Saccothal vorkommenden schweren Kohlenwasserstoffverbindungen intratellurischen Ursprunges sind. Bei der Bildung von Kohlenwasserstoffverbindungen wirkt der Wasserstoff

des Wassers auf den im Eisen befindlichen Kohlenstoff; solche Producte sind stickstofffrei oder -arm. Die Annahme des intratellurischen Ursprunges für die Kohlenwasserstoffverbindungen des Saccothales wird sicherer durch chemische Analysen derselben gestützt werden; bis jetzt können wir sie nur mit Hülfe der geologischen Lagerungsverhältnisse aufrecht erhalten.

Das Steinöl und das Erdpech findet man vorzugsweise im Eocängebirge und in der Nähe von ausgebrannten Vulcanen oder von Verwerfungen; auch die krystallinischen Kalksteine der Lepinisch-pontinischen Berge sind schwach bituminhaltig.

Der Asphalt wurde nachgewiesen im Saccothal[8]): rechts bei San Giovanni Incarico und Castro dei Volsci; links bei Collepardo, Filettino, Veroli und Bauco. Das Steinöl wurde bei Pico, Pastena, S. Giovanni Incarico, Castro dei Volsci, Ripi und Strangolagalli, d. h. auf einer Fläche von ca. 500 qkm immer unter den gleichen Verhältnissen, d. h. das Eocän- oder Miocängebiet imprägnirend, gefunden. Einige der angeführten Stellen befinden sich freilich nicht im eigentlichen Saccothale, sondern auf der Abdachung der Hernischen Berge.

Das Eocän unterhalb Castro[9]) dei Volsci ist aus Sandstein, blauem und buntem Thon, Mergelkalkschiefer und weissem compacten Kalkstein zusammengesetzt. Die Schichten sind bald horizontal, bald geneigt, sogar saiger. Gegen Castro, wo das Eocän sich dem Kreidekalke anlehnt, fallen die Eocänschichten kaum mit 22°, aber in der Nähe des Saccoflusses fallen die Schichten mit 70°. Das an den Kreidekalk unmittelbar anstossende Eocän ist aus Sand- und Thonschiefer, welche sich in ganz dünne Blättchen spalten, gebildet. Diese Sandschiefer

[6]) Zezi, P.: o. c.
Abbate, E: o. c.
[7]) Ponzi, G.: La zona miasmatica lungo il Mar Tirreno e specialmente delle Paludi Pontine. Rivista marittima. Rom 1879.

[8]) Demarchi, L.: I prodotti minerali della provincia di Roma. Annali di Statistica. Vol. 2. Serie 2a. Rom 1882.
Abbate, E: o. c.
Zezi, P.: o. c.
Ponzi, G., und Carpi, P.: Rapporto sullo asfalto di Veroli. Atti dell' Accad. Lincei. Rom 1853.
Tenore, G.: Cenno sull' industria mineraria della Terra di Lavoro. (Zeitung „La Campania". Neapel 1866.)
[9]) Spadoni, P.: Osservazioni mineralovulcaniche fatte in un viaggio nell' antico Lazio. Maceruta 1802.
Ludwig, R.: Geologische Bilder aus Italien. Moscau 1875.
Foetterle, F.: Vorkommen von Asphalt am Colle della Pece bei Pofi - Castro in Mittel-Italien. Verhandlg. d. k. k. geol. Reichsanstalt. Wien 1872.
Cacciamali, G. B.: Petroli e Bitumi di Valle Latina. Boll. del Naturalista. Siena 1889.
Demarchi, L.: o. c.

sind bitumenhaltig. Die Stätte, wo solcher Bitumenschiefer blossgelegt wurde, liegt in der Gegend von Campo le Mandre. Der Schiefer hat dort 1¹/₂ m Mächtigkeit. Obgleich man mit Sicherheit voraussehen kann, dass das am Campo le Mandre aufgedeckte Lager nicht gross ist, sind dennoch Merkmale auf der Oberfläche vorhanden, dass die Bitumenschieferlager längs der Strasse zwischen Campo le Mandre und Castro wieder vorkommen.

Von der Grenze zwischen Kreide und Eocän bis zum Ufer des Saccoflusses wechselt die Formation allmälich und concordant auf folgende Weise: nach dem Bitumenschiefer beobachtet man gelbe Molasse mit verhärteten Sandsteinstreifen, dann Thon mit Foraminiferen-Kalklager; weiterhin werden diese letzteren mächtiger und endlich am Colle della Pece, welcher den Saccofluss überragt, sind die Kalkschichten mehrere Meter mächtig. Diese mächtigen Kalklager sind den Sandsteinschichten eingelagert. Vergl. Fig. 45.

**Fig. 45.**

Colle della Pece bei Castro dei Volsci, Provinz Rom.

Das am Colle della Pece vorkommende Eocän oder Miocän ist von einem 2—3 m mächtigen, aus Eocän- und massigen Gesteinen gebildeten Quartär-Conglomerat überdeckt. Der Asphalt imprägnirt vorzugsweise die mächtigen, krystallinischen Kalkbänke von Colle della Pece; aber auch die Sandsteine und die grauen Molassen sind sehr schwach bitumenhaltig. Der Kalkstein ist bald breccienartig, bald compact, und enthält ca. 10 Proc. Erdpech.

Nachdem das Bergwerk von Colle della Pece an den jetzigen Besitzer, Herrn Loreto Ambrosi in Castro, übergegangen war, begannen die Schurfarbeiten, wo früher die Bauern sich damit begnügten, die kleine Quantität Erdpech zu gewinnen, welches sich auf der Oberfläche von selbst ansammelte. Nach den Ausgrabungen unter der Direction des Ingenieur Viviani unternahm man wichtige Gewinnungsarbeiten unter der Leitung des Ingenieur Cadolini. Im Ganzen wurden über 12 Schurfarbeiten unternommen und verschiedene Stollen, von denen einer 500, ein anderer 300 m lang ist, gegraben.

Um sich über die gewinnbare Bitumenquantität Rechenschaft zu geben, soll man vor Allem den Kalkstein aufschliessen, in welchem hauptsächlich der Asphalt angesammelt erscheint.

Die Kalkbänke streichen mit den Eocän-Sandschichten und treten von Aquapuzza bis Monte Nero zu Tage, wo sie ins Alluvium hineinragen, d. h. auf eine Länge von ca. 5 km. Sie erscheinen wahrscheinlich auch links vom Sacco, wo sie aber vom vulcanischen Tuff von Pofi überdeckt sind.

Wie gesagt, fallen die Kalkbänke gegen den Saccofluss; daraus folgt, dass, um eine richtige Aufdeckung zu erreichen, die Untersuchungen senkrecht zu der dem Sacco zugeneigten Abdachung des Colle della Pece gemacht werden sollten.

Man könnte gegen den intratellurischen Ursprung des im Saccothal vorkommenden Bitumens den oft angeführten Grund einwenden, dass die oberen Molassen oft Braunkohlen führen; die Producte der trockenen Destillation dieser Braunkohlen häufen sich im angrenzenden Gebiet an und imprägniren auch weiter entfernt liegende Schichten. Aber dann wäre kein Grund vorhanden, weshalb der Bitumen im Kalkstein sich concentrirt haben soll, der nicht porös ist, dagegen die Braunkohlen führenden Molassen ganz arm gelassen hat.

Ausgedehntere Untersuchungsarbeiten im Saccothale wären sehr zu empfehlen.

Rom, Februar 1895.

---

## Briefliche Mittheilungen.

### Ueber die Wirkung der Dynamit-Explosion bei Keeken am Niederrhein.

Am 19. März d. J. spürte man abends gegen 6 Uhr in der Umgebung von Kirchrath, ca. 10 km nördlich von Aachen, einen merkbaren Erdstoss. In verschiedenen Häusern bewegten sich die nicht eingeklinkten Thürflügel und dicht nebeneinander stehende Gläser klirrten. Man hielt es für die Wirkung eines Erdstosses, wie solche periodisch hier auftreten. Die mit solchen Erscheinungen schon etwas bekannten Einwohner erklärten sich denn auch die Erschütterung als eine natürliche.

Einige Tage nachher kam die Nachricht, es habe bei Keeken am Niederrhein, dort, wo der Fluss in das holländische Gebiet übertritt, eine kolossale Dynamit-Explosion stattgefunden. Zuerst konnte man sich das doch nicht recht mit der verspürten Erderschütterung zusammen reimen, da die Luftlinien-Entfernung von hier nach Keeken über 120 km beträgt. Es erwiess sich jedoch bald, dass rund um die Explosionsstelle auf gleiche und grössere Entfernungen dieselben Erschütterungen zu gleicher Zeit beobachtet wurden. Da die Ortschaften in der Umgebung von Kirchrath und dem benachbarten Herzogenrath von den periodisch auftretenden Erdstössen, welche sich meist nur in der Streichungsrichtung der daselbst auftretenden Sprünge fühlbar machen, nichts spüren, auch wenn die Stösse schon ziemlich heftig, sogar gefährlich sind, so blieb, da diese Bewegungen allerorts beobachtet waren, kein Zweifel über den Ursprung, zumal auch die Zeit genau mit der der erfolgten Explosion zusammen fiel.

Im alten Rheinarme bei Keeken lagen 7 kleine, mit Dynamit beladene Schiffe, welche, auf ihrer Fahrt nach Holland vom Eisgange überrascht, dort Unterkommen gesucht hatten. Da dadurch Gefahr entstand, wurde die Entladung angeordnet; nach Abgang des Eises wurde behördlicherseits die Wiedereinladung gestattet. Dabei hat irgend ein unglücklicher Umstand eine Entzündung hervorgebracht, wodurch das mit 866 Kisten zu je 20 kg = 17 320 kg Dynamit beladene Schiff Elisabeth in die Luft flog. Die Ladungen enthielten zusammen ca. 150 000 kg Dynamit, wovon noch ein Theil in einem besonderen Schuppen am Lande untergebracht liegt. Es ist nicht genau ermittelt, was von den übrigen Ladungen unversehrt geblieben ist; es wird behauptet, dass eine Anzahl Kisten in dem Rhein versenkt liegen. Es wird alles aufgeboten, um weitere Unglücke zu verhüten. Sicher ist also, dass mit einem Schlage mindestens 17 320 kg verpufft sind.

Wer hat sich vor diesem Falle eine künstliche Explosion denken können, deren Wirkung man in 120 km Entfernung durch Bewegung von Thüren u. s. w. hat wahrnehmen können, und die also eine Fläche von über 700 Quadratmeilen umfasst? An den hier angestellten Beobachtungen zu zweifeln, liegt kein Grund vor, da die Erschütterung von allen Seiten und solchen Entfernungen vom Explosionsorte gemeldet war, bevor man von dem traurigen Ereignisse Kunde bekam, das, soviel bis jetzt bekannt ist, 18 Menschenleben kostete.

Es wird allgemein angenommen, diese ausgedehnte Wirkung sei durch den Luftdruck hervorgerufen worden. Bei näherer Betrachtung scheint das aber undenkbar. Wenn ein Luftdruck sich auf 120 km Entfernung wahrnehmbar machen soll, und zwar in einer Weise, dass ein Thürflügel sich in Bewegung setzt, so könnte das doch nur bei Annahme einer fortschreitenden Triebbewegung stattfinden. Das Klirren der dicht zusammenstehenden Gläser kann vielleicht durch eine zitternde Bewegung der Atmosphäre entstehen. Doch ist es nicht anzunehmen, dass auf solche Entfernungen das luftige Element in Schwingung geräth, auch hätte man dann irgend ein Geräusch wahrnehmen müssen, was nicht der Fall war.

Will man sich die Erscheinung am Thürflügel durch den Luftdruck erklären, so muss eine fortschreitende Bewegung der Luft angenommen werden, stark genug, um den Flügel in Bewegung zu setzen. Ist das aber auf 120 km Entfernung noch möglich, dann müsste in der nächsten Umgebung des Explosionsortes eine Sturmwelle entstehen, die Meilen weit im Umkreis Alles niederlegt. Nach den Berichten ist das bei der Keekener Katastrophe nicht eingetroffen. Ein officieller Bericht des Düsseldorfer Regierungspräsidenten vom 21. III.

sagt: „Der entstandene Vermögensschaden ist zwar nicht ganz unbedeutend, jedoch sind die durch die Presse hierüber bisher verbreiteten Nachrichten stark übertrieben. Insbesondere haben die zunächst — aber immer etwa ein Kilometer entfernt — gelegenen Gebäude, ausser einigen Fensterzertrümmerungen und Dachbeschädigungen kaum gelitten". Dieser Aussage kann man doch wohl mehr Zutrauen schenken, als den vielen Zeitungsberichten, die ganz andere Dinge erzählen. Sicher ist es, dass ein wachhabender Gendarm, welcher kaum $\frac{1}{2}$ km entfernt Posten hielt, zwar hingeworfen wurde, sonst jedoch heil davon gekommen ist. Mithin ist die Wirkung in der nahen Umgebung nicht so gewesen, wie man es bei einer Wahrnehmung des Angeführten auf 120 km Distanz annehmen müsste.

Die auf eine so grosse Entfernung wahrgenommenen Erscheinungen können nur auf eine Fortpflanzung durch den festen Erdboden, nicht durch die Atmosphäre zurückgeführt werden. Dynamit wirkt bekanntlich am kräftigsten in der Richtung, wo es den grössten Widerstand findet. Die Explosion in Keeken hat, wie berichtet wird, viele Meter tiefe Löcher in den Boden gerissen und mag unter dem Wasserspiegel unermessbare Wirkungen ausgeübt haben, denn das Schiff schwamm und ist in Atome zerfetzt worden. Die Bodenerschütterung ist es, welche sich so weit erstrecken konnte. Sie hat auf 18 Meilen Entfernung das Klirren der Gläser, das Bewegen der Thürflügel bewirkt. Der zitternde Boden kann solche Wirkungen hervorbringen, ohne in der näheren Umgebung gerade solche Verheerungen anzustellen, wie man sie aus den Wahrnehmungen auf solche Distanzen zu schliessen geneigt ist. Auch der geringe Unterschied in der Zeit der Beobachtungen auf die weiten Distanzen zum Momente der Erregung schliessen die Annahme einer Verpflanzung durch die Luft aus; die Beobachtungen constatiren, dass eine Zeitdifferenz sich kaum angeben lässt. Der Transport der Erschütterung ist demnach so enorm schnell gewesen, dass jede Uebertragung durch die Luft (mit Ausnahme des Lichtstrahles) keinen Vergleich damit aushält. — Es mag aus dieser Erfahrung mancher belehrende Schluss über die Erscheinungen bei den natürlichen Erdbeben gezogen werden können.

Kirchrath, März 1895.

F. B.

## Phosphorit-Bergbau in Nassau.

Der Phosphoritgrubenbetrieb in Nassau im Jahre 1894 beschränkte sich auf folgende Gemarkungen und Förderungen:

| | |
|---|---:|
| Edelsberg bei Weilburg . . . . . . | 926 t |
| Freienfels . . . . . . . . . . . | 56 - |
| Allendorf bei Merenberg (Staatsbetrieb) . | 570 - |
| Niedertiefenbach (desgl.) . . . . . . | 450 - |
| Ahlbach bezw. Dehrn bei Limburg . . | 258 - |
| Staffel . . . . . . . . . . . . | 80 - |
| Summa | 2340 t |

Die Phosphoritgruben bei Oberneisen etc. in dem Bergreviere Diez waren i. J. 1894 nicht in

Förderung. Der Werth der geförderten 2340 t Phosphorit bezifferte sich auf 34053,80 M., pro t also auf 15,1 M., während derselbe in 1893 nur 12,8 M. pro t betrug.

Trotz dieser anscheinenden Besserung der Preise wird die Förderung für das Jahr 1895 kaum das oben für 1894 genannte Quantum erreichen, da nur diejenigen Gruben noch in Betrieb stehen, welche durch Verträge an einen fortdauernden Betrieb gebunden sind. In erster Linie fördert heute noch Edelsberg, während Freienfels eingestellt ist; ferner die Staatsbetriebe in Allendorf und Niedertiefenbach, während Ahlbach bezw. Dehrn seit einigen Wochen den Grubenbetrieb eingestellt hat; bei Staffel arbeiten nur noch 2 Mann. Grosse Vorräthe von mehrjähriger Förderung lagern auf den Gruben und den Lagerplätzen Guntersau und Dehrn. Eine Nachfrage nach Lahnphosphorit seitens der chemischen Fabriken kommt kaum vor, nur kleinere Posten gehen zu billigen Preisen an einzelne Eisenwerke als Zuschlag ab. Eine Hebung des Phosphoritbergbaues in Nassau ist in den nächsten Jahren kaum zu erwarten.

Weilburg, den 16. April 1895.

*Chr. Müller.*
(156, Schulstrasse.)

## Gold in Chile.

(Aus einem Brief des Hrn. Dr. C. Martin, Puerto Montt, 8. Febr. 1895.)

.....Ganz Chile, das heisst alle sandigen oder kiesigen Flächen des Landes, sollen ja kleine Mengen Gold enthalten und es ist von jeher Gold an sehr vielen Stellen gewaschen worden. War der Tagelohn hoch, so brachte die Wäscherei nicht besonders viel ein, jetzt aber, wo der Thaler (peso fuerto) wenig über eine Mark worth ist, der Tagelohn des Arbeiters aber meist unter einem Thaler beträgt, wird überall gewaschen, besonders an der Küste von Chiloe, an unseren Nachbarflüssen Maulli und Chamisa, bei Caralme nördlich von Valdivia, bei Contulmo im Araucanerland, besonders aber an der Maghellaenstrasse und auf den Inseln Lennox und Navarino nahe Cap Hoorn. In unserer Nähe, am Maullin, hat ein chilotischer Fischer mit ein paar Arbeitern in kurzer Zeit (3 Wochen) über 2000 Pesos (Papier), also vielleicht 2500 M. Gold gewaschen. Aehnliche Resultate sind am Strande der maghellaenischen Inseln erzielt worden; im Ganzen sollen diesen Sommer in Chiloe und Llanquihue über 100 000 g Gold gewaschen worden sein".

*Stf.*

---

## Referate.

### Die Gang- und Erzvorkommnisse des Schwarzwaldes. (Fortsetzung von S. 179.)

*C. Gangvorkommen in der Umgegend des Kinzigthales.*

1. Nördlich von Oppenau und Bad Sulzbach ist bei Allerheiligen und in der Lierbach ein Quarzgang durch Bruchstücke bekannt. „Der Quarz trägt überall auf das deutlichste die Spuren verdrängter Schwerspathtafeln. Es ist dies die südliche Fortsetzung des bei Seebach b. 1 im Granit aufsetzenden Ganges."

Dieser Gang könnte die nördliche Fortsetzung des h. 12 streichenden Stollnganges des Michael-Clara-Zuges sein, der im Schlossgrund bei Oppenau durchsetzen soll.

2. Ein mächtiger Schwerspathgang, welcher an den Saalbändern eingesprengt Fahlerz und Wismuthkupfererz führt und unmittelbar vor Freudenstadt an der Strasse nach dem Kniebis bebaut worden ist, dürfte als die nördliche Fortsetzung des Rippoldsauer Gangzuges zu betrachten sein. Der Kniebis ist, nebenbei bemerkt, der höchste (955 m hohe) Berg des nördlichen Schwarzwaldes, von welchem nach allen Richtungen tief eingeschnittene Thäler ausstrahlen, auch das Murg-, das Kinzigthal und einige der nördlichen Nebenthäler des letzteren.

Nach Gmelin's „Beyträge zur Geschichte des teutschen Bergbaus" 1783, S. 425, ist 1726 die Grube S. Georg am Kühnberg zwischen Freudenstadt und dem Lautenbade gemuthet, aber wieder verlassen worden. Von 1750 bis 1755 ist nach derselben Quelle die Grube Charlotte bei dem Lauterbade bebaut worden, aus welcher einige Stufen 5—15 Loth Silber und 12 Pfd. Kupfer (im Ctr.) hielten.

3. Westlich Oppenau resp. der Rinkhalde und des Hauskopfs tritt an den obersten Häusern des Hasselbachthals ein h. 12 streichender saiger stehender Gang von grünem oder violettem Flussspath und Schwerspath, 4 bis 9 Fuss mächtig, in aufgelöstem porphyrartigem Granit auf, welcher 1857 erschürft wurde und in das untere Rothliegende übertritt, aber in dünnen Baryt- und Quartrümern. An Erzen wurde nur ein Körnchen Kupferkies bemerkt. Dieser Gang ist mit den Kinzigthaler Gängen nicht in Zusammenhang zu bringen.

4. Zwischen diesem Gang und dem Gange bei Allerheiligen-Seebach setzt ein Diagonal-Gang in h. 8—9 mit SW-Fallen auf. Von W kommend ist derselbe auf der Höhe zwischen dem oberen Bottenauthale und Schloss Staufenberg 1856 7 Fuss mächtig

erschürft worden. Der Schwerspath des Ganges enthält einige Procent Strontian und Kalk. — Oestlich davon beim Bade Sulzbach findet sich ein Gang im Porphyr und Granit, der am Tage grösstentheils aus Baryt mit Quarz und Brauneisenstein und Psilomelan besteht, von anderen Erzen aber keine Spur führt.

5. Gmelin erwähnt eine Grube Johann Friedrich oder die alte Königswart im Murgthale, unweit des Dorfes Röth im Amte Reichenbach, also östlich von Allerheiligen und Sulzbach gelegen, welche schon unter Herzog Friedrich wegen ihrer schönen Kupfer- und reichen Silbererze bekannt gewesen.

6. In beträchtlicher Entfernung von den Gängen bei Baden und des Kinzigthales gegen O finden sich Gänge bei Neu-Bulach an der Nagold, welche ganz im Sandstein aufsetzen und einen bedeutenden Ertrag an Kupfererzen geliefert haben.

Nach v. Dechen („Die nutzb. Miner. i. d. deutschen Reiche") ist hier ein lang anhaltender Kupfererzgang zwischen Altbulach und Liebelsberg bearbeitet worden, der auch Silber lieferte. Nach demselben finden sich ähnliche Gänge in der Trias im St. Christophsthal bei Freudenstadt und bei Hallwangen. Im Nebengestein der Gänge finden sich Kupfererze imprägnirt.

Ueber den Bergbau auf diesen in den jüngeren Gebirgen auftretenden Gängen bringt Gmelin ausführlichere Nachrichten. In einer Urkunde von 1456 verleiht Graf Ulrich von Württemberg einigen Bürgern von Gemünd das Bergwerk zu Wart im Nagolder Oberamte.

Aus den vielen vorhandenen Halden, Pingen und Stollen will man beweisen, dass schon im 13. Jahrh. in Bulach und dem eine halbe Meile davon gelegenen Dorfe Martismos Bergbau geblüht habe; zuverlässige Nachrichten liegen hierüber aber nicht vor. Im 16. Jahrh. wurde der Bergbau unter Herzog Ulrich wieder aufgenommen, allein theils wegen des geringen Gehalts der Erze (der Gehalt der Fahlerze war 16 bis 18 Pfd. Kupfer und 16—20 Loth Silber im Ctr.), theils wegen anderer Ursachen kam er unter dessen Regierung niemals in rechten Flor. Auch später (1599) überstiegen die Unkosten immer den Ertrag. Ebenso ging es mit den im 17. Jahrh. gemachten Versuchen. 1720 waren 300 Ctr. Erze vorräthig, deren jeder 15, 30 bis 54 Pfd. Kupfer und 6, 15, 20 bis 32 Loth Silber halten sollte. Beim Verschmelzen ergaben dieselben 120 Pfd. Garkupfer mit je 12 Loth Silber. — 1747 wurde ein neuer Stolln und 1749 ein Pochwerk angelegt. 1753 waren die Baue zum grössten Theile aufgelassen,

nachdem in 23 Quartalen 11217 Gulden verbaut worden waren.

Bezüglich der Gangvorkommen im Christophsthal führt Gmelin u. a. Folgendes an:

1569 wurde der Bergbau im Christophsthal, an welchem Herzog Ludwig grossen Antheil besass, mächtig fortgesetzt. 1572 waren gegen 300 Kübel Erz vorräthig. Unter Herzog Friedrich wurde der Bergbau noch eifriger und mit mehr Freiheiten betrieben. Damals (1599) wurden im Christophsthal 5 Stollen und noch 5 andere Gruben betrieben, und unter andern auch gänseköthiges Erz daraus gefördert, das im Ctr. 181 Loth Silber hielt; das Fahl- und Weissgüldenerz hielt 8 Mark, bald mehr, bald weniger, Silber im Ctr., und alle Vierteljahr wurden 150—200 Mark Silber gewonnen und Ausbeute davon gegeben. 1610 war der Erbstolln mit 12 Häuern belegt.

Nach dem Tode dieses Fürsten kam das Bergwerk sehr in Verfall. 1663 ertheilte Herzog Eberhard neue Freiheiten; zu seiner Zeit waren im Christophsthal 5 Zechen im Gange, und 1659 wurde noch das friesenlochische Bergwerk mit 4 Arbeitern belegt; die Erze daselbst hielten im Durchschnitt im Ctr. 1 Mark und 10 Loth Silber und 32 Pfd. Kupfer, und die Erze aus dem vorderen Schachte 8 Loth Silber und 32 Pfd. Schwarzkupfer. Die Erze aus Grube Dorothea hielten 3—4 Quint. Silber und 2 bis 2½ Pfd. Kupfer; hingegen die Erze von Grube Haus Württemberg 2 bis 4 Loth und mehr Silber und 2 bis 5 Pfd. Kupfer im Ctr. Auch 1671 und 1672 wurden aus diesen beiden Gruben viele Erze verschmolzen. Die Erze von Haus Württemberg gaben aus dem Centner 1¾ Loth Silber und 2½ Pfd. Kupfer; der Centner Kupferstein gab 14 Loth Silber und 22 Pfd. Kupfer und 10 Ctr. 56 Pfd. Schwarzkupfer gaben 7 Ctr. 39 Pfd. Garkupfer. Nach dieser Zeit kam der Bergbau durch Kriege und andere Unglücksfälle ganz in Verfall. 1725 wurde die Dorotheenzeche von Neuem gemuthet und 1730 liess die Gewerkschaft die schon 1713 erbaute Silber- und Kupferschmelzhütte repariren, auch ein Poch- und Waschwerk errichten. 1740 wurden Ausbeutthaler mit dem Brustbilde des damaligen Administrators, Herzog Carl Friedrich's, geprägt. — Soweit die Angaben Gmelin's.

Dass in den Triasschichten dieser Gegenden lang anhaltende Gangspalten mit edlen Erzen ausgefüllt auftreten, ist um so merkwürdiger, als nicht weit vom Christophsthale mehrere Gänge beim Uebertreten in diese Gesteine ihre Mächtigkeit und Erzführung verloren haben.

7. Westlich des Kinzigthales resp. von Zell und Bieberach sind bei Lahr mehrere Gruben schon in früherer Zeit, einige noch zu Anfang dieses Jahrhunderts betrieben worden.

D. *Gangvorkommen zwischen dem Kinzigthale und dem Münsterthale.*

1. Südlich des Kinzigthales ist bei Hornberg ein Silber- und Kupferwerk in Betrieb gewesen. Ob dasselbe mit dem Bernharder Gangzug in Verbindung steht, ist sehr fraglich.

2. Von Hornberg gegen W hat in der Umgebung von Emmerdingen am Rande des Schwarzwaldes gleichfalls Bergbau stattgefunden. Im Niederthal bei Vorhof liegt Grube Silberbach auf einem Gange im Gneiss, der zuerst Brauneisenstein, Ocker, Baryt und Quarz führte, bei 46 Ltr. im Stolln Spuren von Blei und Kupfer zeigte und erst in 90 Ltr. Tiefe sich veredelte und zwar auffallend. Hier brachen $^1/_4$ Ltr. mächtig grobkörniger Bleiglanz, Weiss- und Braun-Bleierz, Baryt und Hornstein.

3. Südlich und nicht weit von Emmerdingen baute Grube Karoline im Sexauer Thal bei Eberbach auf Bleiglanz, Fahlerz, Kupferlasur mit Schwerspath und Quarz.

4. Bei Waldkirch im Suggerthal oder Sukenthal soll (nach Leonhard) 1211 ein beträchtlicher Bergbau gewesen sein, der über 300 Leute beschäftigte.

Bei Kweckelbach, unweit Waldkirch, wurde 1790 ein Werk, welches auf silberhaltige Bleierze baute, wegen Krieg aufgegeben.

5. In der Nähe von Freiburg bei Zähringen und im Wildthal waren Gruben auf im Gneiss aufsetzenden Erzgängen in Betrieb; dieselben führten an ersterem Orte silberarmen Bleiglanz, Blende und Schwerspath, an letzterem Punkte silberreichen Bleiglanz, Weissbleierz, Brauneisenstein und Quarz.

F. *Gangvorkommen im Münsterthale.*

Das Gebiet des Münsterthales ist wie dasjenige des Kinzigthales reich an Gang- und Erzvorkommen. Die letzteren unterscheiden sich aber sehr von einander, indem an der Kinzig an vielen Punkten edle Silber-, Kobalt und andere seltene Erze vorkommen, dagegen im Münsterthale meistens Bleiglanz und Blende; nur einige Gänge führen edle Silbererze und etwas Kobalt.

1. Amselgrunder Gangzug.

a) Am Rheinthal resp. am Rande des Schwarzwaldes von Freiburg gegen S tritt im Amselgrund bei Staufen nach Vernier, eines Berichterstatters von 1781, ein h. 1 streichender Gang auf, welcher in Schwerspath Bleiglanz führt, der bei 20 Pfd. Blei 1 Loth Silber im Ctr. hält. Nach Carato, eines zweiten Berichterstatters von 1786, sollen die Alten 17 Stollen untereinander auf diesem einen Gange getrieben haben; der unterste wurde 1786 wieder geöffnet. Der Gang sei hier handbreit und bestehe aus grauem Quarz mit Bleierz, das bei 30 Pfd. Blei 1$^1/_4$ Loth Silber im Ctr. Erz enthalte.

Die gegenwärtig noch sichtbaren Baue liegen (nach Schmidt) im Porphyr und bilden zwei, etwa 100 m auseinander liegende Reihen. Die obere, gegen S gelegene, streicht N 330 W, etwa parallel dem dortigen Gneisstreifen; hier befinden sich 9 Schächte und auf deren Halden neben viel Porphyr auch viel Schwerspath nebst Quarz, etwas Bleiglanz, braune Blende, halbzersetzte Kiese und Malachit. Die untere nördliche Reihe von Bauen besteht aus 3 Schächten und einem grossen Stolln. Das Streichen derselben ist N 310 W. Das von Vernier angegebene Streichen muss irrig sein oder sich auf einen Quarzgang beziehen. Alle Gänge des Amselgrundes durchsetzen den Porphyr. Nördlich von Staufen enthält der am Gebirgsrande liegende Buntsandstein auch dicke Schwerspath-Schnüre, so dass unter Annahme der Gleichalterigkeit dieser Schwerspath-Absätze mit denjenigen der benachbarten Erzgänge, letztere auch jünger als der Buntsandstein sind. (Schmidt.)

b) Vom Amselgrund gegen S tritt am Hellenberg resp. am nördlichen Gehänge des Untermünsterthals, an der SO-Ecke des Wölfenthals ein mächtiger Schwerspath- und Quarz-Gang mit wenig Spuren von Erz am Tage in h. 12 mit 50° östlichem Fallen auf, der die Fortsetzung des Vernier'schen h. 1 streichenden Ganges im Amselgrund sein dürfte.

2. Ambringer Gangzug.

a) Oestlich des Amselgrundes liegt oben im Ambringergrund eine Grube, welche auf h. 1—2 streichenden Gängen mit silberhaltigen Kupfererzen gebaut hat. 1781 wurde dieselbe noch betrieben. In einem alten Stolln, St. Michael genannt, führt der erste Gang Blende und Kupferkies mit wenig Fahlerz; eine Probe enthielt bei 5 Pfd. Kupfer 3—8 Loth Silber im Ctr. 1785 wieder aufgenommen, führte der Gang bei 2$^1/_3$—3 Fuss Mächtigkeit Kupferkies und Bleiglanz in Hornstein und Quarz, ferner Fahlerz in Schwerspath, im Hangenden und Liegenden je einen fingerbreiten Streifen von Kies, stellenweise mit etwas Fahlerz. Letzteres hielt 12 Pfd. Kupfer und 15 Loth Silber, der Kies 7 Pfd. Kupfer und 8 Loth Silber, das Bleierz 15 Pfd. Blei und 8 Loth Silber im Ctr. Das Bleierz ist demnach sehr silberhaltig.

b) 66 Ltr. gegen S liegt ein zweiter Gang: Streichen h. $1^1/_5$, Fallen 84°, Mächtigkeit $1^1/_2$—2 Fuss, Schwerspath und feinkörnigen Bleiglanz mit viel Eisenooker führend. Bei 15 Pfd. Blei betrug der Silbergehalt 2 Loth 1 Qu. Auf diesem Gange ist der Katharina-Stolln 1786 noch betrieben worden und liegen ausserdem ein alter Stolln und ein Schacht.

c) Nach Carato setzt $^1/_4$ Stunde vom St. Michael-Stolln gegen S ein Gang auf, welcher 4 Fuss mächtig ist und mit 60° gegen O fällt. Der hangende Theil des Ganges besteht aus Hornstein, Quarz und Kupferkies mit 7 Pfd. Cu und 8 Loth Ag, der liegende Theil aus Schwerspath, Flussspath und eingesprengtem silberhaltigen Bleiglanz. Carato hat diesen Gang über eine Stunde weit verfolgt und als einen Hauptgang bezeichnet.

d) Ausser diesen Gängen befindet sich weiter unten im Ambringergrund an dessen Nordseite ein Gang bei der Porphyr-Gneiss-Grenze, welcher N 200 streicht und mit Stolln und einigen Verhauen bebaut worden ist. In dem Rest der einst mächtigen Halde fand Prof. Schmidt Quarz, Schwer- und Braunspath mit eingesprengtem Bleiglanz nebst etwas Kupferkies, Eisenkies und Theilchen eines fahlerzähnlichen Minerals.

### 3. Kropbacher Gangzug.

Im Untermünsterthal setzen an der Etzenbach, auch Metzenbach genannt, und an der Kropbach Gänge auf, welche in der Streichrichtung der Gänge des Ambringergrundes gegen S liegen.

a) In der ältesten Urkunde des Schwarzwälder Bergbaus, mit welcher 1028 das Hochstift Basel von Kaiser Conrad II. beschenkt wurde, werden die Silbergruben Cropach (Kropbach) und Steinbrunnen genannt. Von da ab bis 1781, zu Vernier's Zeit, liegen über den Bergbau bei Kropbach keine Nachrichten vor. Damals wurde an zwei Stellen gearbeitet. Erstens fand Vernier an der Strasse bei dem Dorf Kropbach, auf der S-Seite des Münsterthals, zwei Stollen in Betrieb, den Karl August- und den Galgenhalder-Stolln. Ersterer ist im Porphyr angesetzt und baute auf einem ziemlich mächtigen, zuerst h. 12 und weiter h. 2 zwischen Gneiss und Porphyr streichenden Spath- und Quarztrum mit sehr viel Blende und etwas Bleierz, sowie mittelst eines Querschlags

G. 95.

auf einem ähnlich, h. 2—3, streichenden Trum. 100 Klafter thalabwärts liegt der zweite Stolln auf einer in h. 12 streichenden Kluft. Weiter gegen O liegt ein dritter Stolln, wahrscheinlich auf dem Kapuzinergang.

Carato fand 1786 den „Barbara-Stolln im Grobbach" in Betrieb, auf einem $2^1/_2$ Fuss mächtigen, h. $1^7/_8$ streichenden, mit 72° gegen Abend fallenden Gang aus Gypsspath (Schwerspath gemeint) und Quarz mit 2—3 Zoll breiten Erzschnüren. Die Erze hielten bei 80—86 Pfd. Blei 3—4 Loth Silber im Ctr.

Diese Gänge liegen in der südlichen Streichrichtung des Ambringer Zuges.

Zweitens wurde im Kapuziergrund, welcher Name heute nicht mehr bekannt ist, gearbeitet; wahrscheinlich ist es der von Kropbach gegen O in die Galgenhalde einschneidende Seitengrund, in welchem sich eine Reihe bedeutend alter Verhaue bis über den höchsten Grat der Galgenhalde hinzieht. Im Ludwig-Stolln streicht der mächtige Schwerspath- und Quarzgang h. 2, führt aber nur spärlich silberarmen Bleiglanz. Auf dem Gange liegen eine Reihe alter Schachtpingen, sowie fünf grosse Verhaue und jenseits des Rückens zwei grosse offene Stollen. Die zum Theil grossen Halden beweisen langen und lebhaften Betrieb. Als Gangarten finden sich darin Quarz und Schwerspath und an Erzen braune und schwarze Blende, Bleiglanz, oft reichlich eingesprengt, und bisweilen auch etwas Kupferkies.

b) Ebenso bedeutend waren die Werke am Ausgang des Metzen- oder Etzenbachergrundes, auf der N-Seite des Münsterthals, am südlichen Fusse des Baderskopfs, die 1781 und 1786 als im Betrieb befindlich erwähnt werden. „Das Gebirge scheint hier von mehreren sich kreuzenden Erzgängen und auch von erzhaltigen Lettenklüften durchsetzt zu sein." (Schmidt.) Die wichtigsten Baue liegen am Südhang des Baderskopfs, entlang dem Münsterthal. Ein Stolln ist auf einen fast saiger fallenden und h. 3—4 streichenden drusigen Spath- und Quarz-Gang mit Bleiglanz-Augen getrieben. Dieser Gang in der Fortsetzung der Kropbacher Gänge kreuzt einen Spath- und Letten-Gang von verschiedener Mächtigkeit, welcher h. 9 streicht, mit 45° gegen NO einfällt und den ersten Gang etwas verwirft. Der Gang mit h. 9 Streichen führt derben Bleiglanz, bisweilen mit etwas Fahlerz und Kupferkies und bald am Hangenden bald am Liegenden von einer 1 Fuss mächtigen Lettenkluft begleitet. Die Erze hielten: Derber Bleiglanz 68 Pfd. Blei und 2 Loth Silber; feinkörniger Bleiglanz 49 Loth Silber

27

und 69 Pfd. Blei; Bleischeiderz 2 Loth Silber
und 56 Pfd. Blei; Pochgänge 2 Qu. Silber
und 6¹/₂ Pfd. Blei; Kupfererz 6 Loth 3 Qu.
Silber und 1 Pfd. Kupfer; Fahlerz 45 Loth
2 Qu. Silber und 10 Pfd. Kupfer. Diese
Erze waren also zum Theil reich an Silber.
1786 waren drei Stollen im Betrieb,
St. Joseph, St. Anna und Herzog, jeder auf
einem besonderen Gange; der erste führte
drei Fuss mächtige Pochgänge mit wenig
Scheiderz, der zweite war 5 Fuss mächtig,
nur Pocherze führend und der dritte Gang
war 4 Fuss mächtig, aber taub. Die Gang-
wart war vorwiegend Quarz.

Der NW streichende Gang scheint bis
gegen den Ausgang des früher bereits erwähnten Wölfenthals sich zu erstrecken, wo
einige Schächte und alte Verhaue am Westhang des Baderskopfs, oberhalb der früheren
Aufbereitungsanstalt der Metzenbacher Gewerkschaft, jetzt noch „Pochhäusli" genannt,
liegen. Dieser Gang streicht diagonal zu
den Ambringer und Kropbacher Gängen.

c) Oben auf dem Berggrat zwischen dem
Etzenbach und Diezelbach liegen zwei alte
Schachtpingen im Porphyr, wie es scheint auf
einem Quarzgang. Erze und andere Mineralien
sind nicht zu sehen.          [Fortsetzung folgt.]
                                C. Blömecke.

## Die submarinen Kohlengruben in West-
cumberland. (R. W. Moore: Historical
sketch of the Whitehaven Collieries. Transact. North of Engl. Inst. Min. and Mechan.
Eng.; Newcastle u. T. 43, 1894, S. 407 bis
432.)

Zur Zeit der römischen Invasion war
schon das Vorkommen der Steinkohle im
östlichen Cumberland bekannt und gelegentlich ausgebeutet. Weit später wurden die
Kohlenflötze im Westen von Cumberland aufgefunden. Die hier zu Tage austretende
productive Kohlenformation streicht in nordöstlicher Richtung vom Vorgebirge St. Bees'
Head bei Whitehaven (vergl. Fig. 46) bis in
die Nähe von Carlisle, wo sie von 800 m
mächtigen Schichten des rothen permischen
Sandsteins, Keupermergel und Lias bedeckt
wird[1]). Die einzelnen Kohlenflötze sind seit
langem bekannt und werden längs des Küsten-
saumes ausgebeutet zu Whitehaven, Harrington, Workington, St. Helens, Seaton, Clifton,
Camerton, Flimby, Ewenrigg und Ellenbo-
rough bei Maryport, ferner im östlichen Zuge
bei Dearham, Crosby, Aspatria und Bolton.

Von allen diesen Gruben ist der Kohlenbergbau zu Whitehaven der älteste und jedenfalls der erste, welcher submarine Kohle
förderte.

Um die Mitte des 16. Jahrhunderts gehörte der ganze Landstrich, auf dem jetzt
Whitehaven sich erhebt, zur Abtei St. Bees.
Nach Aufhebung der Klöster und Einziehung
der Güter hat König Eduard VI. letztere
als Krongüter 1553 dem Sir Thomas Chaloner zu Lehen gegeben. Chaloner behielt
sich das Recht, Kohlen zu suchen, vor, über-
liess hingegen den Arbeitern zu eigenem
Gebrauche die nothwendige Kohle abgaben-
frei. Um 1600 kam das ganze Gut in Folge
Pfandrechts in den Besitz der Familie Lowther, welche noch heute dasselbe eignet.

Unter dem ersten Eigenthümer, Sir Cri-
stoph Lowther, war Whitehaven noch ein
Dorf von 50 Hütten und besass keinen gesicherten Hafen. Dessen Sohn, Sir John
Lowther, war der eigentliche Gründer des
Kohlenbergbaues. Er verschaffte sich die
Erlaubniss, auf dem Terrain zwischen Hoch-
und Tiefwassermarke im ganzen Bezirke
zwischen St. Bees und Whitehaven zu schürfen. Damals hatte man schon mehrere
Schächte niedergebracht und bezeichnete die
im NO liegenden als Whingill, die im SW
liegenden hingegen als Howgill terrain. In
der Mitte des 17. Jahrhunderts begann man
die Gruben des letztgenannten Terrains durch
Strecken zu entwässern und durch neue
Schächte zugänglicher zu machen[2]).

1725 begann für Whitehaven die Zeit
der Neuerungen, die vom Director Spedding
unter Sir James Lowther eingeführt wurden.
Spedding führte eine regelmässige Ventila-
tion der Gruben, den Gebrauch des Schiess-
pulvers ein und erfand die Steel-mill. Letztere besteht aus einer Stahlscheibe, welche,
schnell um ihre Achse rotirend, continuirlich
Funken am Feuerstein schlägt. Hierdurch
gewann der Häuer ein Mittel, sich an feuer-
gefährlichen Stellen zu orientiren. Der Erfolg der Pumpe (s. oben), welche die Schächte
im Umkreis des St. Beesthales trocken legte,
ermunterte Spedding, auch die unter See
befindlichen Kohlenflötze anzugreifen. 1729
wurde bei Saltom an der Hochwassermarke
ein Schacht von 3 m Durchmesser abgesunken, der in 139 m Tiefe das Hauptflötz er-

---

[1]) R. Russel: The extension of the West
Cumberland coalfield south ward and north ward
under the St. Bees Sandstone. Trans. North of
Engl. Inst. Min. and Mechan. Eng. Newcastle u. T.
44, 1895, S. 231—242, Taf. 16 u. 17.

[2]) Statt der alten Methode, das Wasser in
Gefässen emporzuwinden, wurde 1700 eine durch
Pferde betriebene Wasserhebmaschine aufgestellt.
1718 wurde statt letzterer beim Ginns-Schacht eine
Newcomen atmosphärische Maschine eingebaut,
welche die zweite dieser Art in England war. Sie
hatte Kupferkessel von 3 m Durchmesser, Messing-
cylinder von 0,7 m und Pumpen aus Holz mit
0,2 m Durchmesser.

reichte (1731). Während des Abteufens der Schachte zeigte sich eine reichliche Entwicklung brennbaren Gases, welches beim Schachtkranz aufgefangen und von Spedding selbst zur Beleuchtung verwendet wurde. Es ist zweifellos, dass die Kohle, welche die vom Saltom-Schachte westwärts getriebenen Strecken lieferten, die erste submarine Kohle der Welt war. Sie war anfangs von allen Abgaben frei, bis endlich der Fiscus auch die Mineralien unter der Tiefwassermarke in die Regalien einbezog.

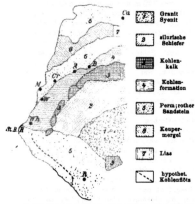

A = Aspatria. B = Bolton. Ca = Carlisle. Cr = Crosby. M = Maryport. W = Workington. Wh = Whitehaven. R = Ravenglass. St. B. H = St. Bees' Head.

Fig. 46.

Die Kohlenflötze senken sich regelmässig nach W mit einem Fallwinkel von $4\frac{1}{2}$°, und ihre submarine Existenz ist heute auf 5 km Entfernung vom Festlande sichergestellt. Schon seit 1793 ist die Reihenfolge der Flötze, wie sie durch den Kingschacht im Howgill-Terrain aufgeschlossen wurde, bekannt:

| | Mächtigkeit des Flötzes | Tiefe unter Schachtkranz |
|---|---|---|
| Crow-Kohle . . . . . | 0,66 m | 55 m |
| Yard bank . . . . . | 0,91 - | 145,5 - |
| Burnt band . . . . . | 2,40 - | 182,5 - |
| Prior[2] oder Hauptflötz . | 3,00 - | 218,5 - |
| Untere Yard bank . . | 0,81 - | 235,3 - |
| Six-quarters od. unterstes Flötz . . . . . | 1,51 - | 291,8 - |

Durch Bohrungen wurde in neuerer Zeit (1866) noch ein um 100 m tiefer liegendes Flötz (Harrington-Flötz oder four foot coal) von 1,25 m Mächtigkeit aufgeschlossen, auf

[2] Ein Prior der Abtei St. Bees soll den Ausbiss von diesem Flötz gefunden haben, daher es nach ihm benannt wurde.

welches dann mächtige Schichten von Kohlenkalk ohne Kohle folgen. Andere Bohrungen südlich von Whitehaven haben ergeben, dass in einer Tiefe von 436 m das Hauptflötz noch in der Gegend von St. Bees aushält. Weil Ausbisse des Kohlenkalkes südlich bei Ravenglass vorhanden sind, spricht Russel (l. c.) die Erwartung aus, dass die productive Kohlenformation sich längs des Meeresstrandes (vergl. Fig. 46) von Whitehaven bis Ravenglass wird verfolgen lassen, und dass das Hauptflötz etwa in 420 m Tiefe liegt. Da diese Kohlenflötze bekanntlich nach SW fallen, so sprach im Anschlusse hieran (l. c.) Peile diese Hypothese aus, die Kohlenflötze von Cumberland seien mit jenen von Nord-Wales in submariner Verbindung. Die Figur 47 stellt nach Russel den Querschnitt zwischen St. Bees' Head und Ravenglass dar und lässt die Discordanz zwischen den silurischen Skiddaw-Schiefer, der Kohlenformation und dem bedeckenden St. Bees-Sandstein erkennen. Für die Gruben von Whitehaven ist daher noch im S theils am Festland, theils submarin genügend unverritzte Kohle vorhanden.

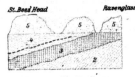

Fig. 47.

Die alte Familie Lowther, welcher der Kohlenbergbau in Whitehaven seinen Aufschwung verdankt, erhielt schon 1784 und erneut 1807 die Peerage. Das Haupt der Familie trägt den Titel Earl of Lonsdale. Im Jahre 1888 verpachtete er die Gruben an die Whitehaven Colliery Company[4]. Trotz der Auflassung zahlreicher Schächte auf dem Festlande ist die Productionsziffer nicht gesunken. Während 1731 das Howgill-Terrain mit den Schächten Corporal, Swinburn, Harrison, Greenbank, Saltom wöchentlich 1500 t und Whingill mit den Schächten Pearson, Carr, Pedlar, Taylor 290 t lieferten, genügen jetzt die Schächte Wellington, Croft und Williams für eine wöchentliche Förderung von 13 200 t. Croft liegt 4 km südlich von Whitehaven und liefert seit 120 Jahren Kohle, 2 km näher an Whitehaven erhebt sich das Grubengebäude des Wellington-Schachtes,

[4] Vergl. H. M. James: Description of the Whitehaven Collieries. Transact. North of Engl. Inst. Min. and Mech. Eng. Newcastle u. T. 43, 1894, S. 435—436.

27*

1843 begonnen. Im N von Whitehaven, nahe dem Gestade nächst Bransty ist der 1840 begonnene Williams-Schacht. Mit Ausnahme einer kleinen Partie im Croftterrain wird die ganze Kohle submarin gewonnen; die Distanz von den Schächten bis vor Ort beträgt ungefähr 5 km.

Die Fördermaschinen sind oberirdisch aufgestellt. Durch endlose Seile werden die vollen Hunde dem Schachte zugeführt. Jeden Tag, denselben mit 10 Arbeitsstunden angesetzt, förderten William 800, Wellington 800, Croft 600 t, so dass die Gesammtausbeute jährlich auf mindestens 660000 t geschätzt werden kann. Während jetzt Hochdruck-Dampfmaschinen diese Förderung leicht bewältigen, mussten vor 100 Jahren noch 350 Pferde von der Grube hierfür gehalten werden. Die grossen Unkosten führten 1791 zur Aufstellung einer Dampfmaschine nach dem patentirten System von Mr. Adam Heslop. Die erste dieser Art wurde auf dem Davy-Schacht, Whingillterrain, eingebaut. Sie war eine Condensations-Niederdruckmaschine, und verfertigt von Heslop und Millward in den Seaton-Eisenwerken bei Workington. Sie functionirte bis 1878, wo sie abgeworfen und als Rarität in das Museum of Science and Arts zu South Kensington übertragen ward. Erwähnenswerth ist ferner, dass 1812 Mr. Taylor Swainson, Ingenieur der Gruben, ein „Eisenpferd" erfand, welches vielleicht die erste Locomotive der Welt zu bezeichnen ist. Diese Dampfmaschine sollte die beladenen Hunde ziehen, allein ihre Zugkraft war zu gering, um diesen Zweck zu erreichen. Es blieb beim Versuche.

*S. A.*

### Blei- und Zink-Erzlagerstätten von Missouri. (Arthur Winslow. Transact. Am. Inst. Min. Eng. Bridgeport Meeting Okt. 1894.)

Dieser Gegenstand wurde schon d. Z. 1893 S. 402 und 1894 S. 64 und 474 berührt. Derselbe findet sich auch schon ausführlich behandelt in „Report of the Geological Survey of Missouri, Jefferson City. 1874." Seit dieser Zeit sind 20 Jahre verflossen und zahlreiche ergänzende Erfahrungen und Beobachtungen gemacht worden, so dass es wohl berechtigt erscheint, wenn die Herren A. Winslow und J. D. Robertson dem Gegenstand neue und eingehende Untersuchungen haben zu Theil werden lassen, deren Ergebnisse in einem demnächst erscheinenden Bande der „Reports" erörtert werden sollen. Eine einstweilige Uebersicht dieser Ergebnisse liefert die vorliegende Arbeit.

Die schon in den früheren „Reports" gewählte Gruppirung der Lagerstätten in einen südwestlichen, einen südöstlichen und einen centralen Erzdistrict ist auch in dieser neuen Bearbeitung beibehalten. Diese drei Districte berühren einander nicht, sondern sind durch erzfreie Landstrecken gänzlich von einander geschieden.

Archäische Gesteine, insbesondere Granite, treten nur im südöstlichen District als Kuppen und Kämme zu Tage und sind von Sandsteinen und Kalksteinen des Unter-Silur umgeben, welche sich in erodirten Einsenkungen des archäischen Gebiets abgelagert haben und den weitaus grösseren Theil desselben ganz bedecken. Auch der centrale District ist fast ganz vom Unter-Silur eingenommen. Dasselbe erreicht eine Mächtigkeit von etwa 600 m und enthält in diesen beiden Districten alle wichtigen Blei- und Zink-Erzlagerstätten. Die Gesteine sind hauptsächlich dolomitische Kalksteine; dazwischen Hornsteine und Sandsteine, und nur untergeordnet Schieferthone und Conglomerate. Devon ist nur noch stellenweise und schwach vertreten, was auf eine später eingetretene längere Denudationsperiode hinweist.

Im südwestlichen District zeigt das nur dort auftretende Unter-Carbon eine discordante Auflagerung auf dem Silur. Das Unter-Carbon besteht vorwiegend aus weissen oder grauen Kalksteinen, ferner aus Hornsteinen, Schieferthonen und Sandsteinen. Es wird bis 150 m mächtig und enthält beinahe alle bedeutenderen Erzlagerstätten des südwestlichen Districts. Hier liegen auch obercarbonische Schichten, oft mit Steinkohle, discordant darüber, was im centralen District nur an einzelnen kleinen Stellen, im südöstlichen nirgends der Fall ist. Im südwestlichen District sind die Zinkerze weitaus vorherrschend, in den übrigen beiden die Bleierze. Die Lagerstätten finden sich innerhalb der einzelnen Districte gruppenweise zusammenliegend, während andere Gegenden fast frei davon sind.

Die Gestalt der Lagerstätten ist vom Verf. wenig übersichtlich behandelt. Dieser Mangel ist wohl dem Bestreben zuzuschreiben, sich statt der alten klaren Cotta'schen der neueren Groddeck'schen Eintheilungsweise der Erzlagerstätten anzuschliessen; ein Versuch, welcher fast immer unglücklich ausfällt.

Die Gestalt der hier in Frage stehenden Lagerstätten wurde im Referat d. Z. 1893 S. 402 beleuchtet, wonach die Hauptformen derselben sind: liegende Stöcke von rundlichem Querschnitt (Erzläufe, runs), lagerförmige Stöcke (Lagerzonen, openings), kreisförmige Stöcke (Erzringe, circles), unregelmässige Erzanhäufungen in zerklüfteten und zerbrochenen Gesteinsmassen (oft stockwerkartig). Dazu kommen noch im Südosten, nach Winslow, Imprägnationen dolomitischer Kalksteinschichten. Gänge sind selten und wenig mächtig.

Die Gangarten dieser verschiedenen Lagerstätten sind oft mechanisch oder chemisch veränderte Theile des Nebengesteins. In anderen Fällen sind es eingewaschene Thone, welche grösstentheils von der Verwitterung und Zersetzung von Kalk- und Thongesteinen an der Erdoberfläche herrühren, sowie Sande als Zersetzungsproducte von Sandsteinen und von Hornstein. Die interessanteste Gangart ist ein im Südwesten in grossen Massen auftretender secundärer Hornstein, übergehend in feinkörnigen Quarzit, von Jenney (d. Z. 1893 S. 402) als „Cherokit" bezeichnet. Dieses unrein aussehende Gestein ist bald schwarz und bituminös, bald grau, braun oder gelb gefärbt und verkittet oft zahlreiche eckige Bruchstücke des ursprünglichen Hornsteins, welcher von weisser oder hellgrauer Farbe ist, zu sehr charakteristischen Breccien. Bisweilen sind die Bruchstücke nicht scharflinig begrenzt, sondern ringsum zerfressen und verschwimmen dann in den sie umgebenden secundären Hornstein, mit welchem sie stets fest verwachsen sind. Es scheint demnach, dass zuerst durch partielle Auflösung von ursprünglichem Hornstein Kieselsäure-Lösungen entstanden sind, welche später unter veränderten Verhältnissen, vielleicht bei verminderter Temperatur, ihre Kieselsäure als secundären Hornstein wieder abgesetzt haben. Dabei mengten sich die färbenden bituminösen Stoffe und Eisenoxyde ein, sowie auch wechselnde Mengen thoniger Zersetzungsproducte. Gleichzeitig oder intermittirend wurden auch Bleiglanz und Zinkblende niedergeschlagen, welche als einzelne scharf ausgebildete Krystalle, Krystallgruppen oder als bald unregelmässige, bald linsenförmige Nester in dem secundären Hornstein eingeschlossen sind, oder, wenn sie durch Zersetzung und Auflösung wieder daraus entfernt wurden, scharfe Abdrücke hinterlassen haben. In gleicher Weise finden sich an manchen Stellen zahlreiche krummflächige Rhomboëder von Bitterspath darin, durch deren spätere Wiederauflösung zellige Hornsteine entstanden. Auch secundäre grobkörnige Kalksteine und Dolomite kommen vor und enthalten ebenfalls eingesprengte Sulfide in Krystallen und Nestern. Die Dolomite sind theilweise durch Umwandlung von Kalksteinen, von Spalten aus, entstanden und gehen in den ursprünglichen Kalkstein über; zum andern Theil bilden sie frische Absätze in Hohlräumen und in Spalten. Im südöstlichen und und im centralen District tritt auch viel Schwerspath als Gangart in den Lagerstätten auf.

Die Erze sind hauptsächlich Bleiglanz und Zinkblende und deren Zersetzungserzeugnisse Weissbleierz, Galmei und Kieselzink. Anglesit und Pyromorphit sind selten; Willemit ist niemals gefunden worden. Als begleitende Mineralien erscheinen Kalkspath, Bitterspath, Pyrit (seltener), Markasit (reichlich), Kupferkies, Quarz, Bitumen, bisweilen auch Limonit, Malachit und Azurit.

Als gewöhnlichste, aber keineswegs unabänderliche paragenetische Reihenfolge der primären Mineralien giebt Verf. folgende an: Dolomit, Blende, Bleiglanz, Schwerspath, Kalkspath, Eisenkies. Die Bemerkung, dass der Dolomit stets älter sei als die Sulfide, dürfte für denjenigen Dolomit zutreffen, welcher durch Umwandlung aus Kalkstein entstanden ist, nicht aber auch für allen in Hohlräumen auskrystallisirten, da derselbe oft scharf ausgebildete Bleiglanzkrystalle vollkommen einschliesst.

Einige sorgfältig ausgewählte Beispiele illustriren die verschiedenen Arten und Gestalten der Lagerstätten.

In den Eagle Mines in SW-Missouri kommen die Erze in „Erzläufen" (runs) vor, welche sich gewissen Störungslinien entlang erstrecken, von unregelmässigem Querschnitt sind, bald mehr rundlich, bald mehr ausgebreitet, und aus einem Gemenge von lockerem dolomitisirten Kalkstein mit kleinen und grossen Bruchstücken von niedergebrochenen Hornsteinlagen und mit eingeschwemmten Thonen bestehen. Die Erze sind vorwiegend Blende, weniger Bleiglanz, deren Krystalle und derbe Massen theils in den dolomitischen und thonigen Gesteinen eingesprengt, theils an den Hornsteinstücken angesetzt sind. Das Ganze geht seitlich in feste unveränderte Schichten aus Kalkstein und Hornstein über.

In den Oswego Lands, unweit Joplin im SW-District, sind ähnlich beschaffene Lagerstätten mehr flach und lagerartig gestaltet und bilden sonach „Lagerzonen" (openings). Das Erzvorkommen beschränkt sich auch hier auf die dolomitisirten Theile des Kalksteins und ist von 15 m mächtigen unveränderten und ferneren Schichten von Kalkstein und Hornstein überlagert. Im dolomitischen Gestein finden sich auch gelegentlich grössere Hohlräume mit Krystallen von Kalkspath und Bleiglanz, seltener von Blende, ausgekleidet.

Die Alba Mine unweit Carthage im SW-District liefert ein Beispiel eines „Erzringes" (circle). In einer rundlichen Einsenkung von etwa 30 m Durchmesser liegen concentrisch niedergesunkene Schichten obercarbonischer Schiefer mit zerbrochener Steinkohle und mit etwas Zinkblende; darunter und ringsum ausbeissend zuerst zerbrochene blendereiche dolomitische Massen und sodann ein erzreiches Gemenge von Hornsteinbruchstücken mit Dolomitblöcken und theils weichen, theils hart verkieselten Thonen, welche stellenweise in unreinen secundären Hornstein übergehen.

Eine andere Art von ringförmiger Lagerstätte stellt die Conlogue Mine in Miller County, Central-Missouri, dar, deren Abbildung ich in Fig. 48 nach Winslow wiedergebe, da dieselbe einen Ein-

blick in die Entstehungsweise solcher Lagerstätten
gewährt. Der Hohlraum ist im Horizontalschnitt
ringförmig und war ursprünglich, d. h. vor dem
Abbau der Lagerstätte, gänzlich ausgefüllt mit
Blöcken und Stücken des umgebenden Kalksteins,
vermengt mit Thon und Sand, nebst reichlichen
Mengen von dazwischen abgesetztem Schwerspath
und Bleiglanz. Letzterer fand sich am reichlichsten
entlang der konischen Aussenwand der Lagerstätte
und zog sich auch in Gestalt von Adern und
Schnüren in das Nebengestein hinein. Der jetzt
noch verbliebene innere Kegel aus Bruchgestein
war vor dem Abbau grösser und enthielt in seinen
äusseren Theilen ebenfalls Erze. Die Lagerstätte
hatte also die Gestalt eines konisch nach unten
erweiterten Ringes. Die Unterlage besteht aus
Bruchstücken und Thon. Der unterste und grösste
Durchmesser des Ringes beträgt über 25 m. Die
Bildung desselben erklärt sich durch Hinabsinken
einer konischen Gesteinsmasse in einen darunter
entstandenen Hohlraum, theilweises Niederbrechen
des Daches in Stücken, endlich Absatz von Schwerspath und Bleiglanz in den Zwischenräumen und

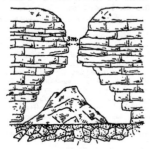

Fig. 48.
Conlogue Mine in Missouri.

Einschwemmung von Thon. Wäre der Hohlraum
weiter und das Dach muldenförmig eingebrochen,
so entstünde um diese Mulde eine ringförmige
Bruchzone und, nach späterer Ablagerung von Erz
in dieser Bruchzone, eine Lagerstätte wie die oben
erwähnte Alba Mine.

Die Victor Mine, bei Webb City im SW-
District, bietet ein Beispiel für die unregelmässigen
Erzanhäufungen in zerbrochenen Hornsteinmassen,
deren Zwischenräume theils mit Thon, theils mit
einem secundären Hornstein ausgefüllt sind. Das
Erz ist fast nur Blende, welche in derben Massen
entweder an den Hornsteinsteinstücken haftet oder
frei im Bindemittel liegt. Diese erzreichen Breccien
erreichen eine Mächtigkeit bis 20 m und sind von
25 m mächtigen Kalksteinschichten bedeckt. Die
Kalksteine sind oft von Schloten durchsetzt, welche
von der Erdoberfläche bis zu der Lagerstätte hinabreichen.

Die Bonne Terre Mines, im SW-District,
zeigen Imprägnationen dolomitischer Kalksteinschichten. Die obersten 30 m der dortigen untersilurischen Kalksteine sind mergelig und oft dünn-
schichtig; darunter folgen gegen 100 m dick ge-

schichtete, welche vorzugsweise erzführend sind;
sodann etwa 10 m Mergelschiefer, 30 m sandiger
Kalkstein und endlich Sandstein. Die dolomitischen
Kalksteine sind meist grau, theils feinkörnig und
dicht, theils grobkörnig und porös bis löcherig.
Manche sind auch grün und chloritisch, und die
untersten gehen oft in Sandstein über. Grosse
und langgestreckte, aber unregelmässig begrenzte
Partien der über den Mergelschiefern liegenden
Kalksteinschichten enthalten mehr oder weniger
reichlich eingesprengten Bleiglanz, der poröse Kalkstein viel mehr als der dichte. Der Bleiglanz tritt
ausserdem in Schichtfugen und in feinen Spalten
auf. Die Imprägnationen sind von der Schichtung unabhängig; sie erstrecken sich in verticaler
Richtung bald nur durch eine oder zwei Kalkbänke, bald werden sie sehr mächtig, bis gegen
30 m. Nur selten sind sie durch Schichtfugen
oder Spalten begrenzt; meistens verlaufen sie ohne
scharfe Grenzen durch allmäliche Abnahme des
Bleiglanzgehaltes in den gewöhnlichen erzfreien
Kalkstein. Der durchschnittliche Gehalt der Imprägnationen beträgt 5 Proc. an metallischem Blei.
Neben Bleiglanz ist stets etwas Eisenkies zugegen,
und an manchen Stellen, insbesondere in höheren
Teufen, wurden ansehnliche Mengen von Kupferkies und von Ni- und Co-haltigem Magnetkies abgebaut. Schwerspath kommt nicht vor. Die Lagerstätten sind nicht selten von dünnen Spalten durchsetzt, welche aber niemals eine grosse Erstreckung
besitzen und keine Verwerfungen hervorbringen.
Grössere und erzführende Spalten sind selten; sie
werden stets nach der Tiefe zu ärmer an Erz und
keilen sich schliesslich aus. Es ist daher höchst
unwahrscheinlich, dass die Erze aus der Tiefe
stammen. Ebenso wenig kann eine gleichzeitige
Entstehung derselben mit dem Kalkstein angenommen werden wegen ihrer von der Schichtung unabhängigen Verbreitung.

Eine seltenere Art von Lagerstätten stellen
die Vallé Mines im SO-District dar, nämlich ein
Netz von horizontalen Canälen, welche in einer
festen Kalksteinschicht ausgewaschen und theils
mit Bleiglanz und Schwerspath, theils mit rothen
Thonen angefüllt sind. Der Querschnitt eines
Canals ist oft nur 30 cm hoch und 1 m breit;
doch finden sich auch grosse hebleartige Aus-
weitungen. Das Nebengestein, ein hellfarbiger,
krystalliner, dolomitischer Kalkstein, ist an den
Canalwänden zersetzt, aufgeweicht und von sand-
artiger Beschaffenheit.

Endlich bietet die Virginia Mine im SO-
District ein Beispiel der in Missouri selten vorkommenden gangförmigen Lagerstätten. Ein $\frac{1}{2}$
bis 4 m mächtiger Schwerspathgang schliesst stellenweise viel Bleiglanz ein. Das Nebengestein ist
dolomitischer Kalkstein mit dünnen Hornsteinbänken,
stellenweise auch eine Hornstein-Breccie mit dolomitischem Kalk als Bindemittel, was auf gewalt-
same mechanische Störungen hinweist. Der Gang
ist auf etwa eine engl. Meile Länge und 100 m
Tiefe verfolgt und abgebaut worden.

Ueber die Entstehung der Lagerstätten äussert der Verfasser folgende Ansichten. Mehrfache Hebungen und Senkungen, welche zu verschiedenen Zeiten in Mis-

souri erfolgt und geologisch nachgewiesen sind, haben Verschiebungen und Zerspaltungen in den vorhandenen Schichtgesteinen erzeugt. In den Zeiten der Senkungen kam das Land theilweise unter Wasser und es wurden neue Gesteinsschichten aufgelagert. In den Zeiten der Hebungen dagegen, insbesondere seit der letzten grossen Hebung der Carbonzeit, waren die Gesteine der Einwirkung der Atmosphärilien und der atmosphärischen Gewässer ausgesetzt, welche letztere die Spalten und verschobenen Schichtfugen auswuschen und erweiterten und Hohlräume mannigfacher Art hervorbrachten. Durch Unterwaschungen entstanden Senkungen und Einstürze und Ansammlungen von Gesteinsbruchstücken und Blöcken. Durch Denudation an der Erdoberfläche wurden, wie die noch vorhandenen Reste bezeugen, grosse Gesteinsmassen zerstört und sowohl Bruchstücke als residuäre Thone in die unterirdischen Hohlräume gespült, welche, wenn Verstopfungen eintraten, ganz mit solchen Zerstörungserzeugnissen angefüllt wurden. Theils gleichzeitig, theils nachträglich wurden Gangarten wie Schwerspath, Kalkspath, Bitterspath, Quarzit, secundärer Hornstein, sowie alle Erze aus Lösungen abgesetzt. Durch grossartige Auslaugung von Kalkmassen und Niederbrechen der zwischengelagerten Hornsteinbänke entstanden die mächtigen Bruchstückanhäufungen und mannigfaltigen Breccien des Südwestens. Dass auch die ringförmigen Lagerstätten durch Einbrüche zu erklären sind, wurde schon oben ausgeführt.

Weniger befriedigend ist die genetische Erklärung derjenigen Lagerstätten des SO-Districts, welche aus Kalkstein mit eingesprengtem Bleiglanz bestehen: durch allmäliche metasomatische Verdrängung von Kalktheilchen durch Bleiglanztheilchen. Auch erscheint es seltsam, dass Winslow die wichtige genetische Rolle gänzlich übersehen hat, welche in zahlreichen Lagerstätten von Missouri die Dolomitisirung der Kalksteine gespielt hat, obgleich er selbst bei Einzelbeschreibungen gelegentlich anführt, dass die Erzführung sich auf die dolomitisirten Theile einer gewissen Kalkmasse beschränkt und obgleich dieser Gegenstand schon in dem Report of the Geol. Survey of Missouri (1874, S. 405—413), ferner in den Transactions of the Academy of Science of St. Louis (Band III, S. 246—252) und im American Journal of Science and Arts (1875, Band 110, S. 300) behandelt worden ist. Insbesondere in SW-Missouri wurde die Entstehung der „Erzläufe" und der „Lagerzonen" fast durchweg mit einer Dolomitisi-

rung des Kalksteins von Spalten und Schichtfugen aus eingeleitet, und da mit diesem Vorgang eine Volumverminderung und oft Auflockerung des ganzen Gesteins verbunden ist, wurden so kleinere und grössere Räume für die Ablagerung der Erze geschaffen, sowie auch die Auswaschung durch circulirende Wasser vorbereitet und erleichtert. Es würde mich wundern, wenn man nicht auch bei näherer Untersuchung der von der Schichtung unabhängigen Bleiglanzeinsprengungen des Südostens fände, dass die meist porösen erzführenden Kalkmassen reicher an Mg-Carbonat sind als die umgebenden erzfreien, und dass folglich auch hier eine vorhergehende Dolomitisirung die Imprägnation mit Bleiglanz ermöglicht hat. Es wäre dies eine weit einleuchtendere Erklärung des Thatbestandes als die „metasomatische Verdrängung" von Kalkspath durch Bleiglanz.

Zum Schlusse behandelt Winslow noch die Herkunft der metallhaltigen Lösungen. Er ist zunächst mit Sandberger der Ansicht, dass die Metalle ursprünglich aus dem archäischen Grundgebirge stammen, und dass bei der allmälichen Zerstörung solcher Gebirgsmassen und der Ablagerung der Zerstörungsproducte Metallspuren in die Sedimente übergingen. Von J. D. Robertson ausgeführte Analysen zeigten in der That, dass die archäischen Silicatgesteine Missouris enthalten an Blei 0,00197 bis 0,0068 Proc., an Zink 0,00139 bis 0,0176 Proc., ferner die dolomitischen Kalksteine des Silur bis zu 0,00156 Proc. Blei und bis 0,01538 Proc. Zink, endlich die untercarbonischen Kalksteine bis 0,00346 Proc. Blei und bis 0,00256 Proc. Zink. Daneben findet sich etwas Kupfer, Mangan und Barium. Winslow verwirft aber mit Recht die unwahrscheinliche Annahme einer Herauslaugung der meist schwerer löslichen Metallverbindungen aus den leichter löslichen Kalksteinen. Er leitet, ihrer unmittelbaren Herkunft nach, die in den Lagerstätten angehäuften Erze nicht von den Metallspuren der Nebengesteine ab, sondern von denjenigen der ungeheuren Gesteinsmassen, welche im Laufe einer langen Zeit nachweislich durch Denudation entfernt worden sind und deren Zersetzungs- und Lösungsrückstände in Gestalt von Thonen, Sanden und Hornsteinbruchstücken heute noch in grosser Menge vorliegen und integrirende Bestandtheile der meisten der oben erwähnten Lagerstätten bilden. Mit dieser Anschauung stimmen sämmtliche Beobachtungen so gut überein, dass man dieselbe wohl als die richtige anzusehen hat. Die metallführenden Lösungen wären demnach hier, wie das auch von manchen europäischen Zink- und Blei-Erzlagerstätten schon früher nachgewiesen wurde, hauptsächlich von Oben gekommen.

*A. Schmidt.*

---

## Litteratur.

**47.** Broja, R., Geh. Bergrath: Der Steinkohlenbergbau in den Vereinigten Staaten von Nord-Amerika, mit besonderer Berücksichtigung der neuesten Fortschritte. Leipzig, A. Felix, 1894. 112 S. mit 5 Holzschnitten und 16 lithogr. Tafeln. Pr. 14 M.

Verf. bereiste in den Jahren 1876 und 1893 im amtlichen Auftrage die wichtigsten Kohlendistricte der Ver. Staaten (vergl. d. Z. 1894 S. 68). Das Wesentlichste über den Anthracitbergbau Pennsylvaniens, dem auch die vorliegende Schrift fast ausschliesslich (S. 8—87) gewidmet ist, wurde schon nach der ersten Reise in Bd. 25 und 26 der „Zeitschrift für Berg-, Hütten- und Salinenwesen im Preussischen Staate" mitgetheilt, und hier folgen nun Ergänzungen und Berichte über die Fortschritte in den letzten 17 Jahren. Es werden ferner die Bergbaue bei Clearfield auf halbbituminöse (d. Z. 1894 S. 426), bei Pittsburg auf bituminöse Kohle behandelt, sodann der Blockkohlendistrict von Brazil in Indiana und endlich der Steinkohlenbergbau in West-Virginien (d. Z. 1894 S. 425). Kürzere Bemerkungen über die geologischen Verhältnisse der Flötze gehen stets der ausführlichen Beschreibung der technischen Einrichtungen voran. — Von den sauberen Tafeln stellt eine eine Karte der Kohlenfelder dar, eine andere eine Productionskarte; die übrigen enthalten Einzelheiten über Abbaumethoden u. s. w.

**48.** Ingalls, W. R.: The tin-deposits of Durango, Mexico. Transact. Am. Inst. Min. Eng.; Florida Meeting, March 1895. 18 S. m. 8 Fig.

Nach Ingalls kommt das Zinnerz dieser Gegend (vergl. auch d. Z. 1894 S. 461 und 1895 S. 146) in stark zersetztem Rhyolit und in Rhyolit-Tuffen vor, als Imprägnationen entlang Spalten und Verschiebungsflächen. Die Gestalt der Zinnstein-Theilchen ist in der Regel eine traubige. Die einzelnen Knöllchen sind oft nesterweise angehäuft und die einzelnen Nester durch Schnüre und Adern verbunden. Die Erze, welche Spaltenfüllungen (Gänge) bilden, sind stets von Eisenglimmer begleitet. Das gewonnene Haufwerk hält 3 bis 10 Proc. Zinn. Das Erz muss stark antimonhaltig sein, da das daraus erschmolzene Werkzinn 7 bis 9 Proc. Antimon enthält. *A. S.*

**49.** Jaccard, A., Profess. de géol. à l'acad. de Neuchâtel: Le pétrole, l'asphalte et le bitume au point de vue géologique. Paris, F. Alcan, 1895. 292 S. mit 30 Textfig. Pr. 5 M.

**50.** v. Kalecsinszky, A.: Ueber die untersuchten ungarischen Thone, sowie über die bei der Thonindustrie verwendbaren sonstigen Materialien. (Zugleich als Ergänzungsheft des von der königl. ung. geol. Anstalt i. J. 1885 herausgegebenen Cataloges über Thone.) Jahresber. d. kgl. ung. geol. Anst. f. 1892. Budapest 1894. 31 S. mit 1 lithogr. Karte.

Verf. bespricht 135 Thone. Auf der Uebersichtskarte sind sämmtliche untersuchte und in der Sammlung des kgl. ung. geolog. Institutes aufbewahrte Thonarten verzeichnet. Die Karte enthält besondere Bezeichnungen für die feuerfesten und nicht feuerbeständigen Materialien, ferner für jene, welche nach dem Brennen weiss werden; auch der Grad der Feuerfestigkeit ist durch Nummern bezeichnet, und Thonarten, welche von Töpfern oder zur Ziegelfabrikation benützt werden, oder bei deren Fundort sich eine Ofenfabrik befindet, sind als solche gekennzeichnet. Augenfällig ist das schon von vorn herein wahrscheinliche Resultat, dass die besseren, porzellanartigen oder zur Steingutfabrikation geeigneten Thonarten des Landes in solchen Gegenden vorkommen, in welchen sich feldspathreiche Gesteine vorfinden, besonders aber in den Trachytgegenden.

**51.** Kloos, J. H., Prof. Dr.: Ueber die Wasserversorgung der Städte Braunschweig und Wolfenbüttel. Vortrag, gehalten i. V. f. Naturwissensch. zu Braunschweig am 10. Januar 1895. Braunschweig, Benno Goeritz, 1895. 15 S. Pr. 0,50 M.

Seit dem letzten Vortrage über diesen Gegenstand (vergl. d. Z. 1894 S. 165) ist die Wasserversorgungsanlage von Wolfenbüttel nach dem Entwurf von Prof. Arnold in Hannover fertiggestellt. Die Trinkwasserfrage für diese Stadt ist demnach einschliesslich der Vorversuche innerhalb vier Jahre gelöst worden, indem das unmittelbar bei der Stadt zonen zwei Brunnen aufgeschlossene Grundwasser für eine Bevölkerung von 24 000 Seelen hinreicht und eine vorzügliche Beschaffenheit hat. Den raschen Verlauf der Angelegenheit verdankt die Stadt ihrer günstigen Lage innerhalb des Gebietes des Kreidekalksteines (Pläner), welche Formation namentlich im Versenkungsgebiete des Okerthales aus stark zerklüfteten und daher durchlässigen Schichten besteht. Der Grundwasserträger besteht hier aus den groben Kiesen und Sanden des Diluviums, welche die weiten Klüfte des Kalksteins erfüllen.

Durch die für Braunschweig seit dem Jahre 1892 stattgehabten Vorversuche ist erreicht worden, dass nicht an in bestimmter Richtung weiter gearbeitet werden kann, und dass bestimmte Projecte in Frage kommen, welche Verf. näher angiebt und erklärt. Zu gleicher Zeit haben die bei Melverode, Leiferde und Stöckheim stattgehabten Bohrungen einen Einblick in die unter dem Diluvium des Okerthalgrabens liegenden Schichten gestattet und die bis jetzt ungeahnte Ausdehnung des Kreidethonmergels (Quadratenkreide) in südlicher Richtung dargethan. Da letzterer kein Wasser führt und eine grosse Mächtigkeit hat, kann in der nächsten Nähe der Stadt nur das in den überlagernden Kiesschichten circulirende Grundwasser in Frage kommen. Dasselbe ist zwar reichlich vorhanden, ohne die Anlage einer Reinigungs- bezw. Enteisenungsstation jedoch zum vorliegenden Zwecke unbrauchbar.

Es wird allerdings möglich sein, auch Braunschweig, wenn auch aus grösserer Entfernung, mit Wasser aus dem zerspaltenen Kreidekalkstein zu versehen, wobei einmal die Gegend von Mascherode und dem Lechlumer Holze, dann aber auch das Gebiet zwischen Elm und Asse, namentlich der Plänerkalkzug bei Dettum und Weferlingen, in Betracht kommen. An beiden Stellen ist eine starke Stauung des Grundwassers an einer zwischen dem durchlässigen Kalkstein und den undurchlässigen Thonen und Thonmergeln vorhandenen Verwerfung z. Th. durch Bohrungen und Schürfungen nachgewiesen, z. Th. an dem Auftreten von Quellen ersichtlich. Ferner wird auch auf den westlichen Bruchrand des Elms, auf die Gegend von Hemkerode und Erkerode, aufmerksam gemacht. Vorversuche haben hier noch nicht stattgefunden; jedoch lässt sich aus den geologischen Verhältnissen in Verbindung mit dem hohen Grundwasserstande in Hemkerode und dem Auftreten einer starken Quelle in einem Erdfalle bei Veltheim entnehmen, dass man auch hier auf gestautes Grundwasser rechnen kann.

**52.** Merrill, Fr.: Salt and gypsum industries of New York. New York State Mus. Bull. Albany 1893. III. No. 11. S. 5—84 mit 2 Karten.

**53.** Meyer's Conversations - Lexikon. Ein Nachschlagewerk des allgemeinen Wissens. Fünfte, gänzlich neu bearbeitete Auflage. Leipzig und Wien, Bibliogr. Institut. 1894.

Von diesem zuletzt d. Z. 1894 S. 364 erwähnten grossartigen Werke sind inzwischen die nicht minder inhaltsreichen und prächtig ausgestatteten Bände 6, 7 und 8 erschienen, womit das Ganze bis zum Stichworte „Hübbe“ gediehen ist. Eine Durchsicht der im 7. Bande enthaltenen geologischen Artikel über Gletscher (mit 8 Tafeln), Gänge (mit einer Farbendrucktafel), Gebirgsbildung, Gesteine, Gold u. s. w. lässt erkennen, wie — neben zusammenfassenden allgemeinen Darstellungen — die Fachwissenschaften bis ins Einzelne Berücksichtigung gefunden haben.

**54.** Schleifenbaum, Bergmeister: Der auflässige Gangbergbau der Kupfer- und Kobalterz-Bergwerke bei Hasserode im Harz, Grafschaft Wernigerode. ·Zeitschr. d. Naturw. Vereins des Harzes in Wernigerode. IX. 1894. 90 S. mit 1 Karte i. M. 15 000.

Die Gänge des Gebietes — theils Quarz-, theils Kalkspathgänge mit Kupfer-, Kobalt- und Nickelerzen, etwas Wismuth in gediegenem Zustande, brauner Zinkblende und Arsenkies ,— setzen meist im Contacthof des Brocken-Granitmassivs auf. — Nach Mittheilung der topographischen Verhältnisse wird die Geologie der Harzer Erzgänge in Anlehnung an v. Groddeck, Lossen, von Koenen und Klockmann kurz erörtert (S. 6—18). Die Abschnitte IV bis VII bringen sodann eine ausführliche Darstellung des Muthens, der Bergwerksprivilegien und des ehemaligen Betriebes auf Grund der Acten des fürstlichen Archivs.

G. 95.

**55.** Sievers, Wilh., Prof. Dr.: Das Erdbeben in Venezuela am 28. April 1894. Mit 2 Karten von L. Friederichsen. Mitthl. d. Geogr. Ges. in Hamburg 1891—92. Hamburg 1895. S. 237—244, Taf. 5 u. 6.

Das Erdbeben war ein tektonisches. Wie Sievers' geognostische Karte der südlichen Hälfte der venezolanischen Cordillere i. M. 1 : 1 000 000 auf Tafel 6 erkennen lässt, durchschneidet die Zone der grössten Erschütterung sämmtliche Gesteinsgruppen der Cordillere quer, und zwar gerade da, wo die wesentlich nordöstliche Streichrichtung des westlichen Drittels der Cordillere in die mehr ostnordöstliche bis östliche des mittleren Drittels übergeht. Hier sind daher Dislocationen und Spannungen vorhanden, deren Auslösung anscheinend dieses Erdbeben erzeugt hat; von dieser Grenzlinie aus pflanzte sich die Bewegung nach beiden Seiten fort, stiess aber auch in das benachbarte Vorland des Maracaibo-Sees vor.

---

# Notizen.

## Ursprung des Goldes in Quarzgängen.

Professor J. L. Lobley hat (nach Eng. Min. Journ. 58. 1894, S. 534) in einer Vorlesung über diesen Gegenstand Folgendes geäussert. G. Bischof (Chem. und phys. Geologie III, S. 845), sowie auch Sterry Hunt und Newberry halten es für wahrscheinlich, dass Gold in die Erzgänge als gelöstes Silicat eingeführt worden ist. Da auch Kieselsäure in viel Wasser löslich ist, so kann in den reinen Goldquarz-Gängen sowohl das Gold als der Quarz aus denselben Lösungen herstammen. Wilkinson hat eine Reihe von Versuchen gezeigt, dass Gold, welches durch Einwirkung von organischen Stoffen aus seinen Lösungen ausgefällt wird, sich mit Vorliebe an Körper ansetzt, welche aus Metall oder Metallverbindungen bestehen, insbesondere an schon vorhandenes Gold und an Schwefelmetalle wie Eisenkies und Bleiglanz. Dies erklärt die häufige Association des Goldes mit Sulfiden und besonders mit Eisenkies. Da Sonstadt in dem Meerwasser der Ramsay Bai der Insel Man gelöstes Gold in erheblicher Menge nachgewiesen hat (vergl. d. Z. 1894 S. 203), so muss man schliessen, dass die Weltmeere ungeheuere Mengen dieses Metalles in Lösung enthalten. Es ist daher zu vermuthen, dass das Gold aus den Meeren, durch organische Stoffe niedergeschlagen, in die Sedimente gekommen sei, aus diesen unter dem Einfluss von Druck und Wärme als Silicat wieder aufgelöst wurde und sich beim Aufsteigen solcher Lösungen in Spalten von Neuem ausgeschieden habe, zugleich mit der unter gleichen Umständen in Lösung gelangten freien Kieselsäure.

*A. Schmidt.*

## Goldlagerstätten in Columbia und Ecuador.

(Draper. Eng. Min. Journ. 58. 1894, S. 532.) Am Westhang der Andeskette finden sich in den Staaten Columbia und Ecuador, vom südlichen

28

Theil des Isthmus von Panama bis zum Hafenort Esmeraldas (vergl. d. Z. 1893 S. 124), zahlreiche Ablagerungen von Gold führenden Sanden und Geröllen. Die Unterlage besteht aus porphyrischen Massen. Darüber liegt ein meist purpurfarbenes, sehr hartes Conglomerat, welches aus den verschiedenartigsten Gesteinen zusammengesetzt ist, jedoch nur selten Quarzgerölle enthält. Auf diesem Conglomerat ruhen mit sehr wechselnden Mächtigkeiten die geschichteten Goldsande, wie auch blaue, zähe, goldhaltige Thone. Sie enthalten im Durchschnitt etwa 40 cents Gold im Kubik-Yard, auch etwas Platin und viel arsenikalisches Eisenkies in deutlichen Krystallen. Eine sorgfältige Prüfung der Conglomerate hat ergeben, dass dieselben kein Gold halten. Die Gegend ist reich an Wasser und Holz, das Klima aber ungesund und die spärliche Bevölkerung zu Arbeiten nicht brauchbar. Es findet daher bis jetzt nur eine geringe Ausbeutung statt. Im Innern der rasch ansteigenden Andeskette sollen, nach umlaufenden Gerüchten, reiche Goldlagerstätten vorhanden sein, aber von den Eingeborenen sorgfältig verheimlicht und verdeckt werden. Verschiedenen Expeditionen ist es nicht geglückt solche aufzufinden. *A. Schmidt.*

**Silber in Mexico.** Im Hannoverschen Bezirksverein des Vereins deutscher Ingenieure sprach am 19. Oktober 1894 Herr Lehzen über „das Silber, sein Vorkommen und seine berg- und hüttenmännische Gewinnung in Mexico und Südamerika" und führte dabei (nach Z. d. V. deutsch. Ing. 38. 1894, S. 1463) u. a. Folgendes aus:

Ausser in den schon lange bekannten Gruben sind in Mexico in neuester Zeit im fernsten Norden der Republik, im Staate Coahuila, auf den Hängen der Sierra mojada ganz unerschöpflich scheinende Silbererzlager erschlossen worden, und wenn auch diese Erze zu arm sind, um augenblicklich eine Zugutemachung zu gestatten, so kann wohl die Zeit kommen, wo die sich bessernden Verkehrsverhältnisse jener grossen Wüstengegenden die Gewinnung dieser Schätze lohnend erscheinen lassen.

Was heute von Mexico an Silber ausgeführt wird, entstammt den Gruben von 103 Bergwerkbezirken. Von diesen gehören 61 der Sierra madre del Centro, dem Hauptmittelgebirge, an; $^3/_{10}$ entfallen auf die Sierra madre occidental, das Westhauptgebirge, und das letzte Zehntel wird von den Gruben der Sierra madre del Sur, dem Südhauptgebirge, sowie von unbedeutenden Fundorten im Staate Oaxaca geliefert.

Für die Gänge des Hauptmittelgebirges lässt sich die interessante Thatsache oder Regel feststellen, dass sie sich alle auf den Westhängen der dem Meridiane parallel streichenden Gebirgsketten, und zwar so vertheilt finden, dass jeder Gang durch den Osthang der weiter westlich folgenden Kette abgeschnitten wird.

Die bedeutendsten Bezirke des Mittelgebirges sind die von Pachuca, del Monte und Atotolnico, nächst diesen aber die Bezirke von Taxco, Zucualpan, Temascaltepec und Sultepec. Die Mehrzahl der Gruben jener letztgenannten Bezirke liefert Erze an die Hacienada de los Arcos, welche längere Zeit durch den Vortragenden geleitet wurde. Eine Anzahl der Gruben gehört dem genannten Hüttenwerke zu eigen, und unter diesen ist die Grube Guadalupe bei Zacualpan die bedeutendste, die nach allen Regeln der Kunst, ganz in europäischer Weise, betrieben wird, allerdings ohne Fahrkünste, die sich wegen mangelnder Betriebskraft nicht einbauen liessen. Als Fahrten dienen, wie überall in Mexico, beiderseitig eingekerbte Baumstämme, da die barfuss gehenden Leute sich an die Sprossen unserer Leitern nicht gewöhnen können. Auf allen nach mexicanischer Art betriebenen Gruben erfolgen die Förderung und Wasserhaltung durch Menschen, welche das Erz oder Wasser in einem Ledersacke oder Schlauche auf dem Rücken forttragen. Während die sämmtlichen zu Arcos gehörenden Gruben Firstenabbau betreiben, ziehen die Mexicaner den einfacher auszuführenden Strossenbau vor, so weit sie ihre Gruben überhaupt noch nach einem Plane bearbeiten; denn die Mehrzahl der Besitzer hat gegen eine geringe Abgabe ihre Gruben an Häuer überlassen, die auf eigene Gefahr und für eigene Rechnung hineingehen, um in ganz planloser, lebensgefährlicher Weise Erze zu gewinnen, die sie dann an festgesetzten Probirtagen auf die Ankaufsstellen der Hütten- und Amalgamirwerke schaffen, woselbst eine Durchschnittsprobe gezogen und der Silbergehalt dokimastisch (nach der Freiberger Ansiedeprobe) festgestellt wird. Der sich ergebende Nettowerth des Erzpostens wird dem Eigenthümer sofort baar ausbezahlt.

**Eisenerz von Hellevig in Norwegen.** In der Sitzung der schwedischen geologischen Gesellschaft am 7. Februar d. J. legte Dr. Walfr. Petersson Stufen eines norwegischen Eisenerzes vor, welches mit dem von ihm untersuchten Vorkommen von Routivare im schwedischen Norrland die grösste Aehnlichkeit hat (vergl. d. Z. 1893, S. 269). Dieses Eisenerz findet sich zu Hellevig am Dalsfjord im Itre Holmedal Kirchspiele im Nordre Bergenhus Amt und wurde seiner Zeit von Tellef Dahl untersucht und beschrieben (Programm der Universität Kristiania, 1864, 2. Hälfte). Eine von Riley ausgeführte Analyse des Erzes stimmt genau mit dem von Petersson ausgeführten und S. 269 d. Z. 1893 mitgetheilten des Routivare Erzes überein. Das Eisenerz besteht aus einer Durchwachsung von Titanmagnetit, Ilmenit und grünem Spinell nebst farblosem Glimmer in untergeordneter Menge, von denen der Spinell theils in erbsgrossen Individuen, theils fein eingesprengt auftritt, während der Ilmenit in Hanfkorngrösse in den Titanmagnetit eingewachsen ist. Das Erz bildet ein 6—8 m mächtiges und auf 340 m Länge nachweisbares Lager zwischen metamorphosirtem silurischem Schiefer und einem Massengestein, das von Dahl für Eklogit gehalten, nach der mikroskopischen Untersuchung von Riess (Mineralog. u. petrogr. Mitth. 1878, S. 223) ein umgewandelter Gabbro, bestehend aus Saussurit, lauchgrünem Augit oder Omphacit, Granat u. s. w., erkannt wurde. Die Uebereinstimmung mit dem Vorkommen von Routivare, einem Magnetit-Spinellit, ist in mineralogischer, chemischer und genetischer Beziehung fast vollkommen.
*G.*

Ueber **Manganerze im Kaukasus** hat das russische Journal für Bergwesen kürzlich die nachfolgenden Mittheilungen gebracht.

Manganlager sind im Kaukasus in den Gouvernements Kutaïs, Tiflis, Jelisawetpol, in der Nähe von Baku und in der Niederung des Flusses Tschorocha bekannt. Im Gouvernement Kutaïs, und zwar im Kreise Scharopansk, befindet sich das grösste Manganlager; im oberen und unteren tertiären Becken des Flusses Quirilla (Nebenfluss des Rion) treten hier die Erze in Schichten auf. Sonst kommen sie in den tertiären und Kreideablagerungen in Form von Stöcken, in vulcanischen in Gestalt von Adern, Durchsetzungen, Stöcken und Nestern vor. Im Abbau begriffen ist gegenwärtig nur das ungefähr 40 km von der Station Quirilla belegene obere Becken bei dem Dorfe Tschiatur, 600 m über dem Meeresspiegel. Das Lager wird von dem Fluss Quirilla durchschnitten; die Flussufer, auf denen das Manganerz liegt, bestehen aus tertiären Ablagerungen. Die Schichten sind nur wenig geneigt und wechseln zwischen 1,5 bis 2,5 m Mächtigkeit. Der Wad bildet einen Hauptbestandtheil unter den Manganerzen, dann folgen Pyrolusit, Manganit und Psilomelan. Durchschnittlich enthalten die Erze 86 Proc. Manganhyperoxyd neben 1—2,5 Proc. Manganoxydul.

Die Ausfuhr von Manganerzen aus dem Kaukasus begann im Jahre 1879 mit ungefähr 600 t; gegenwärtig beträgt die Ausfuhr etwa 1 Mill. t Erz mit einem mittleren Gehalt von 50 Proc. Metall. — Der Gesammtvorrath an Erz allein des oberen Beckens am Fluss Quirilla wird auf ungefähr 14 Mill. t geschätzt. *Th.*

**Erdöl.** Auf Veranlassung des russischen Finanz-Ministers hat der auf dem Gebiete der Naphtaindustrie in Russland allgemein bekannte Technologe O. Gulischambarow kürzlich ein Werk herausgegeben, welches die Naphtaindustrie der Vereinigten Staaten von Nordamerika im Zusammenhange mit der allgemeinen industriellen Entwickelung des Landes behandelt und unter Berücksichtigung der vom Verfasser in Amerika zur Zeit der Chicagoer Weltausstellung gesammelten Erfahrungen verfasst worden ist. Aus den Angaben Gulischambarow's geht hervor, dass die Naphtaausbeute in den Vereinigten Staaten von Nordamerika seit einigen Jahren in der Abnahme begriffen ist, während diejenige Russlands stetig eine Zunahme zeigt. Nebenbei ist eine Verschlechterung der Beschaffenheit des amerikanischen Petroleums zu bemerken. Es ist anzunehmen, dass die Naphtaausbeute Russlands bald grösser als diejenige Amerikas sein wird. Zur Zeit liefert Russland etwa 46 Proc. der gesammten auf der Erde geförderten Naphtamenge, während auf Amerika 51 Proc. und auf die übrigen Länder 3 Proc. entfallen. In beiden Ländern wurden in den letzten 10 Jahren die unten folgenden Naphtamengen nach Gulischambarow gefördert.

Einzelne Naphtaquellen im nordöstlichen Theil des Kaukasus, im Terek-Gebiet bei Grosnoje, sollen in ihrer Ergiebigkeit den Bakuschen Quellen kaum nachstehen. Es ist anzunehmen, dass auch die Naphtaindustrie auf diesem Gebiete des Kaukasus sich bald in derselben Weise wie auf der Halbinsel Apscheron entwickeln wird. Nach den Mittheilungen der Zeitschrift „Kaspija" ist auf dem Gebiete von Romanin bei Baku durch eine Naphtafontaine plötzlich trockener Sand und Steine zwei Tage hindurch in derartigen Mengen ausgeworfen worden, dass die nächste Umgebung theilweise davon bedeckt wurde, während eine andere Fontaine, auf dem Sabuntschischen Felde, bei einer Tiefe des Bohrloches von etwa 450 m periodisch keine Naphta, sondern nur Wasser lieferte.

| | In den Ver. St. v. Nordam. | In Russland |
|---|---|---|
| 1884 | 3 074 362 | 1 477 967 |
| 1885 | 2 773 863 | 1 900 080 |
| 1886 | 3 562 715 | 2 457 000 |
| 1887 | 3 589 873 | 2 702 700 |
| 1888 | 3 505 205 | 3 154 739 |
| 1889 | 4 463 894 | 3 810 856 |
| 1890 | 5 816 997 | 3 979 390 |
| 1891 | 6 892 098 | 4 756 424 |
| 1892 | 6 411 870 | 4 904 991 |
| 1893 | 6 145 792 | 5 544 630. |

Dieselbe Zeitschrift bringt die Mittheilung, dass auch im Norden des europäischen Russlands, im Gebiet der Petschora, unweit der Küste des nördlichen Eismeeres, am Flusse Uchta, Naphtaquellen entdeckt worden sind. Auch soll auf dem nördlichen Theil der Insel Sachalin Naphta seit längerer Zeit bekannt, deren Ausbeutung aber durch den strengen und andauernden Winter daselbst behindert sein. Neuerdings sind nun auch auf dem südlichen Theil der Insel, in der Nähe des Cap Leiden, Naphtaquellen entdeckt worden. Da die klimatischen Verhältnisse hier günstiger liegen, dürfte eine Ausbeutung dieser Quellen bevorstehen. *Th.*

**Die Gasausströmungen in Wels.** Seit der am 4. Oktober 1894 erfolgten Gaseruption und Brandkatastrophe beim Bohrloch der Wolfsegg-Traunthaler Gesellschaft in Wels machen sich in der Schottergrube der k. k. Staatsbahn nächst dem Bahnhofe Wels Gasausströmungen bemerkbar. Der von der Stadtgemeinde Wels als geologischer Experte geladene Professor Dr. Koch aus Wien hat noch am 27. Februar das Entweichen des Naturgase in der Schottergrube, welches zweifellos mit der Tiefbohrung der Wolfsegg-Traunthaler Gesellschaft zusammenhängt, nachweisen können. In seinem Elaborate führt der genannte Geolog auch an, dass aus dem Ende Januar angeblich ca. 462 m tiefen Bohrloche durch die gewaltigen Massen der unter grossem Druck sausend entweichenden Naturgase bedeutende Mengen von ausserordentlich salzhaltigem Wasser ausgeschleudert werden, das durch einen sehr grossen Gehalt an Jod und Brom etc. ausgezeichnet ist. (Vergl. d. Z. 1893 S. 324.)

**Auer'sches Gasglühlicht.** Die Grundlage dieses Glühlichtes ist, wie Dr. Glinzer in einem Vortrage am 28. November v. J. in Hamburg ausführte (s. Z. f. angew. Chemie 1895 S. 185), die von Auer von Welsbach entdeckte merkwürdige Eigenschaft der „Edelerden", in gewissen molecularen Mischungen die ihnen zugeführte Wärme zum weitaus grössten Theil in Licht um-

28*

zusetzen und dabei eine äusserst lange Gluth unverändert auszuhalten. Die Oxyde der der Cer-Gruppe angehörenden Metalle Yttrium, Cer, Lanthan, Didym und Erbium, ferner des dem Zinn verwandten Zirkoniums und Thoriums, zu denen sich noch die Niobsäure gesellt, finden sich nun hauptsächlich in folgenden Mineralien:

Der Thorit und der noch reichere Orangit, fast nur in Norwegen gefunden (in den Feldspathbrüchen und auf den Inseln des Langesundfjord), enthalten die Thorerde als Silicat. Der ausser in Norwegen und Ural in Süd- und Nordamerika u. s. w. verbreitete Monazit, vielfach jetzt als Sand gewonnen, enthält die Phosphate der Cer-, Lanthan- und Didymerde und fast immer Thorerdesilicat. Dieselben 3 Cererden als Silicate ohne Thorerde finden sich im Cerit. Die Niobate und Titanate der Ytter-, Cer- und Erbinerde ohne Thorerde führt der Euxenit, ähnlich die Niobate der Cer-, Lanthan- und Didymerde mit Thorerde der Aeschynit. Hauptsächlich Yttererdesilicat, nicht ohne die anderen Cererden, enthält der Gadolinit, die Silicate der letzteren mit einiger Yttererde der Orthit. Geringere Wichtigkeit hat der Yttrotantalit, grössere der altbekannte Zirkon, das Zirkonerdesilicat. (Möglicherweise technisch verwendbarer Beryll findet sich in ganz bedeutenden Mengen in einigen Feldspathbrüchen von Smaalenene in Norwegen.) Aus einer Reihe Analysen dieser Mineralien aus alter und neuer Zeit ergiebt sich bei ausserordentlicher Mannigfaltigkeit der sonstigen Zusammensetzung ein Gehalt von 50 bis 70 Proc. an Edelerden, wobei aber zu bemerken ist, dass im Handel von solcher reinen Waare überhaupt keine Rede ist. So ist besonders der neuerdings vielgehandelte Monazitsand ein Rohmaterial von äusserst fragwürdiger Beschaffenheit, da er oft nur wenige Procente Thorerde enthält.

Gleichwohl sind die Preise dieser Mineralien, welche sowohl aus Norwegen als aus Amerika über Hamburg ihren Weg nach Wien zum Auer'schen Mutterhaus, auch z. Th. nach Berlin, Paris u. a. nehmen, in den letzten Jahren abnorm in die Höhe gegangen. So notirte — alles pro 1 kg — Orangit 1892 noch 200 M., ist aber seit 1893 überhaupt kaum mehr oder vielleicht für 500 bis 600 M. zu haben; Thorit 1893 180 M., 1894 250 bis 325 M., jetzt 420 M.; norwegischer Monazit ist von 8 M. (93) auf 28 bis 30 M. (94) hinaufgegangen, amerikanischer Monazitsand von 3,50 auf 6,80 M.; Euxenit von 30 auf 40, Gadolinit von 15 auf 60 bis 70 M., Cerit von 3 auf 5, Aeschynit von 10 auf 50 M., während Orthit und Yttrotantalit die alten Preise von 2 bis 3 M., Zirkon Norwegen 12 M., Ural 6 bis 7 M. behalten haben. Erwägt man hierbei, dass maassgebende Analysen wie bei anderen Artikeln hier wegen der ungemein grossen Schwierigkeit und Langwierigkeit der Trennung der Edelerden äusserst kostspielig sein würden und deshalb fast regelmässig unterbleiben, so muss man dieses Treiben als ein fieberhaft-ungesundes bezeichnen, welches nur durch die geradezu staunenswerthen finanziellen Resultate der Auer-Gesellschaften zu erklären ist. Da versteht man denn auch, wie von einem Ring der norwegischen Thorerdegrubenbesitzer sowie von dem beabsichtigten Trust der nordamerikanischen

Monazitgruben gegenüber Europa in den letzten Monaten die Rede sein konnte. Indessen ist ein Versiegen der Quellen für das Auer-Licht weder durch das Ausgehen der Mineralien noch durch künstliche Machenschaften zu befürchten; dazu ist der Kreis der Mineralien doch zu gross und ihre Verbreitung zu vielfältig. Alle diese Umstände aber lassen den Auer'schen Glühkörper als ein Erzeugniss erscheinen, welches den hohen Preis wohl verdient. —

Ueber die Monazite von Nord-Carolina machte H. B. C. Nitze in Baltimore, Md., auf der Florida-Versammlung des American Institute of Mining Engineers im März d. J. einige Mittheilungen. Das Gebiet umfasst 1600—2000 engl. Quadratmeilen der Burke, Mc. Dowell, Rutherford und Cleveland counties. Die 30—60 cm mächtigen Monazit-Sandablagerungen finden sich hier längs der Bäche. Der Monazit wird infolge seines hohen spec. Gewichts von den zahlreichen Begleitmineralien durch Waschen in Schlämmkästen getrennt. Während der letzten 2 Jahre wurden aus diesem Gebiet 130 000 Pfund engl. in 1893 und 546 855 in 1894 versandt, deren Werth am Gewinnungsort 7600 bezw. 36 200 Dollar betrug.

Ueber Monazit (und Xenotim) von Brasilien finden sich einige Mittheilungen in „Mineralogische und petrographische Nachrichten aus dem Thale der Ribeira de Iguape in Süd-Brasilien“ von Henrique E. Bauer (Berichte des naturw. Vereins zu Regensburg, IV. Heft für 1892—93). Nach Dr. Gorceix, Exdirector der Bergschule in Ouro Preto, besteht der brasilianische Monazit aus 28,7 Proc. Phosphorsäure, 31,3 Proc. Ceroxyd und 39,9 Proc. Didym- (+ Lanthan- ?) Oxyd. (Ueber Gasglühlicht vergleiche ferner Wilh. Gentsch: „Gasglühlicht, dessen Geschichte, Wesen und Wirkung“, in Dingler's polyt. Journ. 1895, Bd. 295, Heft 9 u. f., Stuttgart, Cotta. 130 S. m. Fig.; auch separat zum Preise von 2,40 M.)

**Eisleben.** In der Sitzung des Vereins zur Beförderung des Gewerbefleisses am 4. März in Berlin besprach Geh. Bergrath Leuschner aus Eisleben die Wasserverhältnisse des Mansfelder Kupferschiefer-Bergbaues und die Erdstörungen in der Stadt Eisleben. (Vergl. d. Z. 1894 S. 57 und 247.)

Die Zechsteinformation, in welcher der Kupferschiefer-Bergbau umgeht, zerfällt in 3 Abtheilungen (vergl. d. Z. 1893 S. 340): eine untere, welche das sog. Weissliegende, das Kupferschieferflötz und den Zechstein umfasst; eine mittlere, bestehend aus Anhydrit oder Gyps und eine obere, zusammengesetzt aus bunten Letten mit Einlagerung mehr oder weniger mächtiger Gypsstöcke. Das Flötz bildet die Grundlage für den Mansfelder Bergbau und zeigt eine Mächtigkeit von 18—24 cm; über dem Flötz liegt ein Dach, auch Dachklotz genannt, die 15—35 cm feste Bank von mergligem Kalkstein; über dem Dach liegt die sog. Fäule, 0,75—1 m mächtig, ein blaugrauer Kalkstein mit vielen offenen Querklüften, welche die Schichtungsklüfte durchsetzen und meist dem Gestein jeden Halt nehmen, sobald der unterliegende Dachklotz entfernt wird. Das Vorkommen des

Anhydrit in der Zechsteinformation ist nun sehr ausgedehnt und verwandelt sich ersterer ungemein gern in Gyps durch Aufnahme von Wasser, dabei sein Volumen um 33 Proc. vergrössernd; diese Veränderungen finden noch heute statt und werden so lange dauern, bis aller Anhydrit in Gyps umgewandelt ist. Eine so grosse Volumenveränderung bedingt natürlich eine allmälich eintretende Verschiebung der sonstigen Lagerungsverhältnisse; im Zusammenhang damit entstehen zahlreiche Klüfte, die häufig in grosse, sich weit fortsetzende Spalten übergehen und die dazu beitragen, die Wasser des Gebirges weit fortzuführen. Hinzu kommt, dass das Zechstein-Gebirge oberhalb des Kupferschieferflötzes einige Schichten führt, als Rauchwacke, Asche, Stinkstein, welche sich durch Porosität auszeichnen. Diese Schichten in Verbindung mit den sog. Schlotten, Leerräumen, die durch Auflösung von Steinsalz durch Wasser entstanden sind, und den sie durchsetzenden Spalten müssen als grossartige Ansammlungsräume für Zuflüsse gelten. Sie erklären auch einfach die Thatsache, dass ein so grosses Wasserbecken wie der ehemalige salzige See mit den 14 km weit entfernten Schächten in Verbindung kommen konnte.

Welche bedeutende Wassermassen aus den Schächten des Mansfelder Kupferschieferreviers zu entfernen waren, ergiebt die Thatsache, dass 1892 etwa 39, 1893 etwa 44, 1894 etwa 36 Mill. cbm Wasser gehoben wurden, wofür jährlich etwa 2 Mill. M. (5—7 Pfg. pro cbm) Kosten entstanden. Der letzte Wasserdurchbruch durch Abbau des Schieferflötzes erfolgte um 1889 in der IV. Tiefbausohle unterhalb der Stadt Eisleben[1]) in der Gegend der Annen-Kirche; ob aber die eingetretenen Erdsenkungen hiermit zusammenhängen, ist nach Ansicht des Redners mehr als zweifelhaft. Nur eine Möglichkeit sei denkbar, welche die Störungen in Eisleben vielleicht auf bergbauliche indirecte Veranlassung zurückführen könnte, nämlich wenn in viel höheren Sohlen als wo jetzt der Bergbau umgeht, Schlottenzüge vorhanden wären, die erst jetzt entwässert und zu Bruche gegangen wären; doch müsste diese Annahme erst bewiesen werden; wahrscheinlich seien die Erdstörungen in Eisleben in der Hauptsache eine Folge der veränderten Grundwasserverhältnisse, entstanden durch Zuschüttung alter Canäle. — (Sicherem Vernehmen nach lässt die Gewerkschaft jetzt nach eingeholter Erlaubniss der Bergpolizei vom Ottoschachte aus einen Querschlag nach Eisleben zu treiben, um den unter der Stadt befindlichen Hohlräumen nahe zu kommen.)

**Die Goldproduction Californiens** wird für das laufende Jahr eine kolossale Zunahme aufweisen. Der Rückgang, welchen die californische Goldgewinnung während der letzten Jahre aufweist, ist zum grossen Theil auf die Ausserbetriebsetzung der hydraulischen Minen zurückzuführen, welche eine jährliche Goldausbeute von 5 bis 6 000 000 $ lieferten. Im vorigen Jahre wurde von der californischen Legislatur ein Gesetz erlassen

---

[1]) Vergl. hierzu den bei Ed. Winkler in Eisleben erschienenen Plan der Stadt i. M. 1:6250 mit eingezeichnetem Hauptsenkungsgebiet. Pr. 0,60 M.

(die sog. Caminetti-Bill), wodurch 50 hydraulischen Minen die Erlaubniss zur Wiederaufnahme des Betriebs ertheilt wurde. Dieses Gesetz trat jedoch erst im Oktober 1894 in Kraft, so dass die davon berührten Minen erst gegen Ende vorigen Jahres ihre Thätigkeit wieder aufnehmen konnten.

**Westaustralien.** Die schnelle Entwickelung des westaustralischen Goldbergbaues veranschaulichen folgende Zahlen der jährlichen Production:

| | Unzen | Werth £ | | Unzen | Werth £ |
|---|---|---|---|---|---|
| 1886 | 302 | 1 147 | 1891 | 30 311 | 115 182 |
| 1887 | 4 873 | 18 517 | 1892 | 59 548 | 226 283 |
| 1888 | 3 493 | 13 278 | 1893 | 110 890 | 421 385 |
| 1889 | 15 492 | 58 871 | 1894 | 207 181 | 787 098 |
| 1890 | 22 806 | 86 663 | 1895 | 58 815 i.1. Quart. |

---

## Vereins- u. Personennachrichten.

### Alfred Wilhelm Stelzner †.

Am 25. Februar verschied zu Wiesbaden im Alter von erst 54 Jahren Alfred Wilhelm Stelzner, Professor der Geologie an der k. Bergakademie zu Freiberg. Dem vorwärtsstrebenden Schaffensdrange eines ausgezeichneten Forschers hat der Tod ein allzu zeitiges Ziel gesteckt, viel früher, als sogar alle die erwarten mussten, welche den von einer tückischen Krankheit Betroffenen einem unaufhaltsamen Verfalle entgegen gehen sahen, viel zu früh für Freiberg und seine Hochschule, welche den Heimgegangenen sowohl wegen seiner wissenschaftlichen Bedeutung als wegen seines vortrefflichen Charakters als einen ihrer Besten verehrten.

Stelzner war am 20. Dezember 1840 zu Dresden als Sohn eines höheren Beamten geboren, besuchte daselbst die Kreuzschule und die damalige polytechnische Schule und kam im Sommer 1859 nach Freiberg, wo er sich zunächst einem Vorbereitungscurs unterzog, um im Oktober des gleichen Jahres als Studirender an der Bergakademie aufgenommen zu werden. Eine ernste Neigung zur Geologie und Mineralogie, welche sich schon frühzeitig bei ihm als Schüler gezeigt hatte, wies fortan seinem Streben die Richtung; 1864 bestand er mit Auszeichnung seine Prüfung als Bergmann und mit seiner Examenarbeit über „die Granite von Geyer und Ehrenfriedersdorf und die Zinnerzlagerstätten von Geyer" eröffnete 1865 die „Gangcommission" ihre „Beiträge zur geognostischen Kenntniss des Erzgebirges" — ein Zeichen, wie viel man bereits damals auf den jungen Geologen hielt. Im Sommer 1864 nahm Stelzner als Volontär an den Aufnahmen der k. k. Reichsanstalt in Wien Theil, der ihn v. Cotta als seinen besten Schüler aufs angelegentlichste empfohlen hatte; die Resultate seiner damaligen Thätigkeit sind in einer Abhandlung über die Umgebung von Scheibbs in Niederösterreich veröffentlicht. Von 1866—1870 gab ihm seine Stellung als Inspector der Bergakademie reichlich Gelegenheit, alle Sammlungen der Hochschule, welche ihm unterstellt waren, eingehend kennen zu lernen und vor allem auch seine Litteraturkenntnisse in der Bibliothek der

Anstalt zu erweitern. Zugleich war er zeitweise als Lehrer an der Bergakademie und an der Bergschule thätig. Im Januar 1871 folgte er einer Berufung als Professor der Geologie und Mineralogie an die Universität Córdoba in der Argentinischen Republik; zugleich mit dem Lehramte war ihm auch die Aufgabe übertragen worden, die geologische Beschaffenheit des grossen Ländergebiets zu untersuchen, so dass er damit in die Reihe der Forschungsreisenden eintrat. In der Argentinischen Republik verblieb er bis 1874, um am 1. Oktober dieses Jahres den Lehrstuhl für Geologie an der Freiberger Bergakademie einzunehmen. Die neue Thätigkeit, welcher Stelzner pflichtgetreu jede andere Beschäftigung unterordnete, daneben auch die Verarbeitung seiner in Südamerika gesammelten Beobachtungen nahmen seine Arbeitskraft während der folgenden Jahre fast ganz in Anspruch. Erst geraume Zeit nach seiner Rückkehr in die Heimath gelangten seine Untersuchungen über die Geologie der Argentinischen Republik zur Veröffentlichung; das stattliche, mit bewundernswerther Sorgfalt ausgearbeitete Werk wird für immer eine hervorragende Stelle in der geologischen Litteratur einnehmen.

Stelzner's früheste wissenschaftliche Arbeiten, die noch in seine Freiberger Studentenzeit fallen, zeugen bereits von einer grossen Tiefe der Beobachtung. Schon als Bergakademiker — anfangs der 60 er Jahre — fertigte er Dünnschliffe an, und die Freude, gerade dem Unscheinbaren und Kleinen nachzugehen, hat ihn zu einem geschickten Mikroskopiker werden lassen. Exactheit und Gründlichkeit, welche seine Arbeitsweise überhaupt auszeichneten, sprechen auch aus jeder seiner Schriften; sie äusserten sich aber auch in der grossen Bedächtigkeit, mit der er an die Veröffentlichung seiner Beobachtungen herantrat und die allen denen wohl bekannt ist, welche ihm nahe gestanden haben. Die immerhin nicht unbeträchtliche Zahl der von ihm veröffentlichten Arbeiten befindet sich deshalb auch in keinem richtigen Verhältniss zu der rastlosen Thätigkeit, welche ihn fast täglich bis in die tiefe Nacht hinein an den Studirtisch zu fesseln pflegte.

Die wissenschaftlichen Arbeiten des Verstorbenen bewegen sich fast nur auf der Grundlage erwiesener und beobachteter Thatsachen, Hypothesen pflegte er als Skeptiker gegenüber zu stehen; hatte er sich indessen selbst von der Richtigkeit einer neuen Beobachtung überzeugt, so verfolgte er die Erscheinungen bis in ihre letzten Consequenzen mit einer unermüdlichen Zähigkeit und verschiedene schöne Aufsätze, die man wohl für immer als klassisch bezeichnen darf, sind Zeugnisse seiner scharfsinnigen Beobachtungsgabe geworden. Dabei stand ihm eine staunenswerthe Litteraturkenntniss zu Gebote, wo es sich darum handelte, seine Behauptungen durch Analogien zu bekräftigen.

Stelzner war ein Geologe aus der alten Schule C. F. Naumann's, dessen er sich stets voll Verehrung erinnerte und mit dem er eine Vielseitigkeit gemeinsam hatte, wie sie leider heutzutage immer seltener zu werden scheint und die bei ihm vorzugsweise in seiner Lehrthätigkeit, weniger in

seinen Publicationen zum Ausdruck gelangte. Als Mikroskopiker hat er Ausgezeichnetes geleistet, — es sei hier nur an seine Untersuchungen über die Melilithbasalte und über die Umwandlung der Zinkdestillationsgefässe erinnert; neben den mikroskopischen Arbeiten beschäftigten ihn auch längere Zeit Studien über die mechanische Sonderung der Gesteinsbestandtheile mittels schwerer Flüssigkeiten. Ganz besonders aber ist den Lesern dieser Zeitschrift Stelzner's Bedeutung als Kenner der Erzlagerstätten bekannt, und als solcher genoss er den Ruf einer hervorragenden Autorität. Weithin über die ganze Erde, wo fleissige Bergleute der Erde ihre Schätze abzuringen suchen, nannte man den Freiberger Geologen als einen der Tüchtigsten, an den man sich immer und immer zuversichtlich um Rath wandte. Seiner Feder entstammt eine grössere Reihe von Schriften über Erzlagerstätten. und in den weitesten Kreisen ward er bekannt durch seine Controverse mit F. v. Sandberger über die Entstehung der Erzgänge, einen heftigen aber von beiden Theilen gleich sachlich geführten Streit. Vielleicht noch mehr als auf seine Veröffentlichungen stützte sich sein weitverbreiteter Ruf auf seine Lehrthätigkeit; sie nahm den grössten Theil seiner Kraft in Anspruch und trug um so schönere Früchte, als der Lehrer seinen Schülern nicht nur in der liebenswürdigsten Weise nahe trat, so lange sie vor ihm lernten, sondern auch mit gar vielen in steter Verbindung verblieb, nachdem sie schon lange die Akademie verlassen hatten und in alle Welt zerstreut ihrem Berufe nachgingen. So verknüpften denn auch Stelzner viele enge Beziehungen mit dem Ausland, über dessen Bodenschätze er in ganz hervorragender Weise unterrichtet war, und die oft sich wiederholenden Sendungen aus allen Theilen der Erde kamen wiederum der Hochschule zu gute, die in der reichhaltigen, von Stelzner geschaffenen Erzlagerstättensammlung ein einzigartiges Kleinod ihr eigen nennt. Das Verhältniss des Heimgegangenen zu seinen Schülern war ein in seltenem Maasse herzliches, und wohl mancher alte Freiberger hat mit etwas mehr als gewöhnlicher Theilnahme die Kunde vom Tode seines treuen Lehrers vernommen. Trotz der gewaltigen Arbeitsmenge, welche dem Vielbeschäftigten kaum Zeit zu kurzer Erholung liess, hatte er sich doch ein stets heiteres Gemüth bewahrt, und sein jugendfrischer Humor zusammen mit einer gewissen Treuherzigkeit und sein bescheidenes, gegen Jedermann gefälliges Wesen hatten ihm zahlreiche Freunde erworben, so dass er auch im weiteren Kreise der deutschen Geologen eine beliebte Erscheinung gewesen ist. Stelzner war unvermählt geblieben; eine jüngere Schwester waltete seines gastfreien, freundlichen Heims.

Menschliche Hinfälligkeit setzt dem Schaffensdrange auch solcher, denen eine lange Frist gegönnt ist, seine Grenzen: wie die Gestirne, so erreichen auch geistige Grössen früher oder später im Höhepunkt ihrer Laufbahn den schönsten Glanz, und nur Wenigen ist es beschieden, eine ungeschwächte, sich stets verjüngende Schaffenskraft mit ins späte Greisenalter zu nehmen. Stelzner's Verlust ist um so herber, als er nicht einmal die hohe Stufe erreichen

durfte, auf welche ihn seine unermüdliche Thatkraft und seine Fähigkeiten sicherlich noch gehoben hätten: es war ihm nicht vergönnt sein
Werk zu erfüllen. Mitten aus seinen Plänen hat
ihn der Tod hinweggerissen. Gerade in letzter
Zeit trug er sich mit den Entwürfen zu einer
Reihe von sehr bedeutsamen Werken aus dem
Gebiet der Erzlagerstättenlehre, und vielleicht hätte
er sich noch entschlossen, seine reichen Erfahrungen
auf letzterem Gebiete, zu deren Veröffentlichung
der bedächtige Mann trotz allen Drängens seiner
Fachgenossen nicht zu bewegen gewesen war,
weiteren Kreisen im Zusammenhange zugänglich
zu machen. Es wird die Sorge eines dankbaren
Schülers sein, dass dieselben gleichwohl der Zukunft
nicht ganz verloren gehen, wie auch ein fast
druckfertiges Manuscript über die Zinnerzvor-
kommnisse von Bolivia der Veröffentlichung zugeführt werden soll.

Die fruchtbare Thätigkeit Stelzner's hat
einen jähen, unerwarteten Abschluss gefunden: im
November des verflossenen Jahres kam ein tückisches
Nierenleiden zu heftigem Ausbruch und zwang
ihn, seine Thätigkeit zu unterbrechen; gleichwohl
richtete sich der schon Schwerkranke nochmals
auf, bis ihn Ende Dezember die Krankheit von
Neuem und zwar für immer darnieder warf. Die
Symptome des Leidens liessen den Freunden keine
Zweifel über den tödtlichen Verlauf desselben, nur
der Kranke selbst setzte noch volle Hoffnung in
den Erfolg eines Aufenthalts in Wiesbaden, wohin
er sich Ende Januar begab — um Freiberg nicht
mehr wieder zu sehen. Unaufhaltsam führte der Verfall dem Tode zu; trotz der aufopfernden Pflege
durch schwesterliche Treue verschied er ruhig und
sanft am Morgen des 25. Februar.

Freiberger und Bergmann ist Stelzner geblieben bis zum letzten Athemzuge: Bergknappen
haben denn auch den Todten in der alten Bergstadt zur letzten Ruhe gebettet. Dort schläft er,
so wie er es sich gewünscht hatte, in einer stillen
Ecke des ehrwürdigen Donatsfriedhofes neben seinem Lehrer B. v. Cotta, und auf beider Gräber
blicken die weiten Halden der nahegelegenen Silbergruben hernieder.

Freunde und Schüler werden ihm immerdar
ein treues und dankbares Andenken bewahren!

### A. W. Stelzner's bedeutendste Schriften.

1864. Ein Beitrag zur Kenntniss des Versteine-
rungszustandes der Crinoidenreste. Neues
Jahrb. f. Mineralogie etc. 1864.

1865. Die Granite von Geyer und Ehrenfriedersdorf, sowie die Zinnerzlagerstätten von
Geyer. Beiträge zur geognostischen
Kenntniss des Erzgebirgs, I. Freiberg
1865.

1865. Die Umgebung von Scheibbs in Niederösterreich, auf Grund einer im Sommer
1864 ausgeführten Untersuchung zusammengestellt. Jahrb. d. geol. Reichsanst. Wien. 15. 1865.

1866. Ueber den eigenthümlichen Erhaltungszu-
stand einiger fossiler Echiniden. N. Jb.
f. Min. 1866.

1867. Gesteine vom Cap verde. Berg- und Hüttenmännische Ztg. 26. 1867.

1869. Ueber Garbenschiefer. Ebenda 28. 1869.
Ueber mikroskopische Flüssigkeitsein-
schlüsse in Mineralien und Gesteinen.
Ebenda.

1870. Ueber eigenthümliche Krystallstructur des
Labradores, Pegmatolithes und Korundes.
Ebenda. 29. 1870.
Ueber das Vorkommen von Edelsteinen
in der sächsischen Schweiz. Sitzungs-
ber. der „Isis". Dresden 1870.

1871. Quarz mit Trapezoëderflächen. Eine para-
genetische Studie. (Dissertation.) N.
Jb. f. Min. 1871.
Petrographische Bemerkungen über die
Gesteine des Altai. (Aus: v. Cotta, Der
Altai, sein geologischer Bau und seine
Erzlagerstätten.) Leipzig 1871. E. Weber.
Untersuchungen im Gebiete des sächsi-
schen Granulitgebirges. N. Jb. f. Min.
1871.

1872. Bemerkungen über die nutzbaren Mineralien der Argentinischen Republik. Bg.-
u. Hütt. Ztg. 31. 1872.

1873. Mineralogische Beobachtungen im Gebiete
der Argentinischen Republik. Tschermak's
mineralog. Mitth. 1873.

1876. Hornblende- und Bronzitgesteine im Sesiathale, M. Rosa. Zt. d. deutsch. geol.
Ges. 28.

1877. Bronzitgabbro von Varallo im Sesiathale.
Bg.- u. Hütt. Ztg. 36. 1877.

1878. Glimmerporphyrit aus dem Orevitzathale
im Banat. — Gangförmige dichte Sye-
nite aus der Gegend von Tharand. Ebenda.
37. 1878.
Flüssigkeitseinschlüsse im Topas (mit
Th. Erhard). Tschermak's mineral. u.
petrogr. Mitth.

1879. Die über Bildung der Erzgänge aufgestell-
ten Theorien. Vortrag auf der Versammlung deutscher Geologen zu Baden-Baden.

1880. Eine Frage über die Bildung der Erz-
gänge. Bg.- u. Hütt. Ztg. 39. 1880.
Bemerkungen über krystallinische Schie-
fergesteine aus Lappland und über einen
Augit führenden Gneiss aus Schweden.
N. Jb. f. Min. 1880. II.

1881. Ueber die Umwandlung der Destillations-
gefässe der Zinköfen in Zinkspinell und
Tridymit (mit Hans Schulze). Ebenda.
1881. I.

1882. Vorläufige Mittheilungen über Melilithba-
salte. Ebenda. 1882. I.
Zinkspinellhaltige Fayalitschlacken der
Freiberger Hüttenwerke. Ebenda.
Ueber Melilith und Melilithbasalte.
Ebenda. 1882. II.

1883. Melilith führender Nephelinbasalt von Elber-
berg in Hessen. Ebenda. 1883. I.
Ueber ein Glaukophanepidotgestein aus
der Schweiz. Ebenda.
Ueber den das Liegende des Comstock
Lode bildenden Diorit. Bg.- u. Hütt.
Ztg. 42. 1883.
Rutil und Zirkon aus dem Freiberger
Gneissgebiete. Ebenda.
Grünstein vom Spitzberg bei Geyer. Ebenda.

On the biotite-holding amphibolite-granite from Syene (Assuan). — Microscopical examination of thin sections of the rock of the Obelisk, lately transported to New-York from Alexandria by Lieut. Commander H. H. Gorringe U. S. N. (Aus Gorringe, Egyptian Obelisks 1888. VIII.)

1885. Ueber Nephelinit von Podhorn bei Marienbad in Böhmen. Jb. geol. Reichsanst. Wien. 35. 1885.

Die Entwickelung der petrographischen Untersuchungsmethoden in den letzten fünfzig Jahren. Festschrift der „Isis", Dresden 1885.

1886. Ueber den Zinngehalt und über die chemische Zusammensetzung der schwarzen Zinkblende von Freiberg. (Mit A. Schertel.) Jahrb. f. d. Berg- u. Hüttenwesen i. Kgr. Sachsen 1866.

1887. Ueber die Bohnerze der Villacher Alpe. Verh. d. geol. Reichsanst. Wien 1887.

1889. Ueber die Zusammensetzung des als Uebergemengtheil in Gneiss und Granit auftretenden Apatites. N. Jb. f. Min. 1889.

Die Lateralsecretionstheorie und ihre Bedeutung für das Pribramer Ganggebiet. Freiberg 1889.

1890. Ueber die Isolirung von Foraminiferen aus dem Badener Tegel mit Hilfe von Jodidlösung. Ann. d. naturhist. Hofmuseums in Wien. V. 1890.

1891. Die Sulitjelma-Gruben im nördlichen Norwegen. Nach älteren Berichten und eigenen Beobachtungen. Freiberg 1891.

Das Eisenerzfeld von Naeverhaugen. Als Manuscript gedruckt. Berlin 1891.

1892. Die Zinnerzlagerstätten von Bolivia. Vortrag in der 39. Vers. d. deutsch. geol. Ges. zu Strassburg i. E. 1892.

1893. Ueber Franckeit. N. Jb. f. Min. 1893.

Ueber eigenthümliche Obsidianbomben aus Australien. Z. d. deutsch. geol. Ges. 1893.

Die Diamantgruben von Kimberley. Sitzungsber. der „Isis". Dresden 1893.

1894. Bemerkungen über Zinckenite von Oruro in Bolivia. Z. f. Krystallographie 1894.

Die Zukunft der Edelmetallbergbaues. Verh. d. deutschen Silbercommission. (S. d. Z. 1894 S. 428—436.)

*Dr. Alfred Bergeat.*

## Deutsche geologische Gesellschaft. Berlin.

*Sitzung vom 3. April 1895.*

Dr. Loretz: Ueber die Liasformation im Koburgschen.

Dr. Zimmermann: Ueber den südlichsten Jurapunkt nördlich vom Thüringerwald in der Gegend von Saalfeld.

Herr Maas: Ueber die Kreideformation am nördlichen Harzrande.

Dr. Jäckel legt ein von ihm präparirtes Gebiss eines Zechsteinfisches, Janassa bituminosa, vor.

Berufen: Professor der Mineralogie und Geologie Dr. Richard Brauns von der technischen Hochschule in Karlsruhe an die Universität Giessen zum Nachfolger von Prof. Streng.

Professor Dr. E. Koken von der Universität Königsberg nach Tübingen als Nachfolger Prof. Branco's.

Dr. Michael vom mineralogischen Museum der Universität Breslau als Hilfsgeolog an die geol. Landesanstalt und Bergakademie zu Berlin.

Léon Dupasquier als Professor der Geologie nach Neuchâtel als Nachfolger Jaccard's.

Landesgeolog Dr. Beck in Leipzig ist an Stelle Prof. Stelzner's an der Bergakademie in Freiberg provisorisch mit einem Theile der Vorlesungen und Praktika desselben (Paläontologie, Bestimmen von Gesteinen, mikroskopische Untersuchungen) beauftragt worden; den anderen Theil (Geologie und Lagerstättenlehre) übernimmt einstweilen der bisherige Assistent des Vorstorbenen, Dr. Bergeat.

Die geologische Gesellschaft zu London verlieh: die Wollaston-Medaille dem Sir Archibald Geikie; die Murchison-Medaille dem Prof. G. Lindström; die Lyell-Medaille dem Prof. J. F. Blake und die Bigsby-Medaille Herrn C. D. Walcott.

Der Chefgeolog des Geolog. Comitees zu St. Petersburg, Th. N. Tschernyschew, gedenkt die Monate Juli und August dieses Jahres auf Nowaya Semlya und Waigatsch zu verbringen, um „wenigstens eine annähernde Vorstellung über den geologischen Bau des Innern beider Inseln zu gewinnen".

In Konstantinopel soll ein geodynamisches Observatorium eingerichtet werden, und zwar unter der Leitung des Herrn Agamennone.

Gestorben: Der verdienstvolle Lagerstättenforscher, k. k. Bergrath Professor Franz Pošepný zu Wien-Döbling am 27. März nach längerem schweren Leiden im Alter von 59 Jahren.

Der Professor der Mineralogie an der Universität zu Pavia und Herausgeber des Giornale di Mineralogia (Milano), Dr. Cav. Francesco Sansoni am 28. März im 42. Lebensjahre.

Berghauptmann a. D. Karl v. Auerhahn in Prag.

Forstrath Henschel, Professor für forstliche Geologie an der Hochschule für Bodenkultur in Wien.

Professor der Geologie (am Yale College) James Dwight Dana in New-Haven im Alter von 82 Jahren.

Die Bibliothek des † Prof. Dr. A. von Klipstein in Giessen ist von Karl Theodor Völcker's Antiquariat in Frankfurt a. M., Römerberg 3, erworben worden und im Catalog No. 202 aufgeführt.

*Schluss des Heftes: 24. April 1895.*

# Zeitschrift für praktische Geologie.

## Ueber
### Blei- und Fahlerz-Gänge in der Gegend von Weilmünster und Runkel in Nassau.[1]
#### Von
#### F. v. Sandberger.

Die fragliche Gegend[2]) gehört zu der dem nordwestlichen Abhange des Taunusgebirges vorgelagerten Hügellandschaft, welche vielfache Gesteinswechsel bemerken lässt. Dachschiefer der oberen Abtheilung des Unterdevons (Orthoceras-Schiefer) sind an vielen Orten entwickelt und werden bei Langhecke seit Jahrhunderten abgebaut. Nur zuweilen, z. B. bei Lützendorf nächst Weilmünster, Eufingen und Niederselters enthalten sie Leitversteinerungen (Orthoceras triangulare und commutatum, Goniatites compressus u. a.), die freilich auch auf grossen Strecken fehlen. Graugrüne, ganz in Schalstein umgewandelte Diabastuffe sind ebenfalls sehr häufig und ebenso wie eruptive dichte Diabase für das Vorkommen der Erze von hervorragender Bedeutung.

Eine grosse Anzahl von aufgelassenen Gruben, sowie einige noch im Gange befindliche sind in diesen Gesteinen unter eigenthümlichen Verhältnissen betrieben, wie Verfasser z. Th. noch selbst gesehen hat. Dieselben liegen fast sämmtlich in einem von NO nach SW von Weilmünster bis Weyer verlaufenden Zuge. Am besten beobachtet wurde das Vorkommen von Weyer bei Runkel[3]), welches längere Zeit von dem um den nassauischen Bergbau hochverdienten Geh. Bergrath Fr. Odernheimer geleitet und erst 1846 aufgelassen wurde. Die Schichten streichen hier h. 4—5, die drei Gänge aber h. 7—9; jenseits h. 9 hörte die Erzführung auf. Die Erze waren grossblättriger Bleiglanz mit geringem und Fahlerz mit höherem Silbergehalte. Als Gangarten

traten Braunspath und Quarz auf, an letzteren waren die Erze gebunden. Bleiglanz fand sich hauptsächlich, wo der Thonschiefer an dichten Diabas anstiess, Fahlerz dagegen, wo er mit aufgelockertem Schalsteine wechselte, seltener kamen beide Erze gemengt vor. In der Teufe legten sich die Schichten ganz flach, und der Diabas wurde immer mächtiger und dichter, während die Gangspalte ganz zusammengedrückt und nur als Besteg erschien. Es unterliegt wohl keinem Zweifel, dass der in höherer Teufe vorgefundene Diabas nur Ausläufer eines Stockes in der Teufe darstellte, welcher noch keine Auslaugung erfahren hatte und daher auch keine Erze liefern konnte. Was ich in der letzten Zeit des Betriebs (1840) selbst auf der Grube Mehlbach gesehen habe, stimmt ganz mit Odernheimer's Bericht über Weyer überein; auch hier erschien der damals betriebene Erzgang in dichtem Diabase, dessen Klüfte zuweilen mit Verwachsungen von blauem Asbest und Kalkspath ausgefüllt waren, völlig zerdrückt und nur als Besteg. Es unterliegt also keinem Zweifel, dass beide Male die Aufreissung der Gangspalte in dem überaus zähen Diabase aus mechanischen Gründen unmöglich war und selbstverständlich auch eine Injection der Mineralien der Erzgänge von unten im Sinne der damals noch allgemein angenommenen Erzgang-Theorie ganz unzulässig erscheint.

Durchaus analog verhalten sich die Fahlerz führenden Gänge der Gruben Eduard und Alter Mann bei Langhecke, Goldkaute bei Weinbach, vielleicht auch der Grube Laubus bei Haintchen.

Die Grube Alter Mann resp. die zu ihr gehörende Grube Rothenküppel bietet das einzige mir bekannte Beispiel von höfischem, d. h. mit Erzen imprägnirtem Nebengestein. Der Schalstein im Hangenden des Bleiglanzganges enthält nämlich eingesprengte und angeflogene Kupfererze, besonders Kupferlasur[4]) in Menge; doch kommen auch kleine Partien vor, welche ganz den Habitus von aus Fahlerz entstandenem Ziegelerz besitzen, wie ich s. Z. selbst gesehen habe.

---

[1]) Aus den Sitzungsberichten der mathematisch-physikalischen Klasse der k. bayer. Akad. d. Wiss. 1895. Bd. XXV. Heft 1; mit Genehmigung des Verfassers und des Sekretariats der Akademie.
[2]) Behufs der geographischen Orientirung empfiehlt sich die der Beschreibung des Bergreviers Weilburg von Fr. Wenckenbach, Bonn 1879, beigefügte Uebersichtskarte.
[3]) Odernheimer in seiner Zeitschr.: „Das Berg- und Hüttenwesen im Herzogthum Nassau". I. S. 90 f.

[4]) Wenckenbach, Jahrb. d. nass. Vereins für Naturkunde. XXXI u. XXXII. S. 100.

Die Mineralien der Gänge zeigen keine bestimmte Reihenfolge, besonders der Braunspath, welcher in der Regel unter, aber wie auch anderwärts stellenweise auch über dem Quarze erscheint. Im Ganzen kommen folgende vor:

1. **Braunspath** in schwachgekrümmten Rhomboëdern von 2,94 spec. Gew. oder derben Massen, im frischen Zustande von rein weisser Farbe. Auf den Halden geht die Farbe sehr bald in das Gelbliche und schliesslich Tiefbraune über, weil Eisen- und Manganoxydul in höhere Oxydationsstufen umgewandelt werden. Nach dem spec. Gew. würde der Braunspath Breithaupt's Tautoklin zunächst stehen.

2. **Kalkspath** findet sich sparsam in kleinen wasserhellen Krystallen $R^3$. $R$ über dem Braunspath. Ich bin sehr geneigt, ihn für ein Zersetzungsproduct des letzteren anzusehen, welches bei der Oxydation der übrigen Bestandtheile abgeschieden worden ist.

3. **Quarz** ist einer der wichtigsten Bestandtheile der Gänge und findet sich entweder derb und von grauweisser Farbe oder in farblosen kleinen Krystallgruppen $\infty R \pm R$, welche nicht selten krystallisirtes Fahlerz umschliessen.

4. **Fahlerz** häufig krystallisirt in den Formen $\frac{0}{2} \cdot \frac{2\,0\,2}{2} \cdot \infty 0$, wozu selten noch $-\frac{2\,0\,2}{2}$ hinzukommt, oder derb. Das Mineral von 4,82 spec. Gewicht ist stahlgrau mit rein schwarzem Strich. Es giebt vor dem Löthrohre sehr deutliche Reactionen auf Antimon, Arsen und schwache auf Wismuth; Kobalt ist in demselben nicht enthalten, sondern nur Kupfer, Eisen, Zink und wechselnde Quantitäten von Silber, welche zuweilen bis zu 1 Proc. steigen. Es handelt sich daher um ein Antimon-Arsen-Fahlerz, welches den Vorkommen von Müsen bei Siegen und Brixlegg zunächst stehen dürfte. Wie ersteres zeigt es auch zuweilen einen dünnen Ueberzug von Kupferkies, über dessen Bedeutung ich mich wiederholt ausgesprochen habe.[5]) Von den Producten der Oxydation des Fahlerzes wird später die Rede sein.

5. **Antimonsilberblende** (dunkles Rothgültigerz). Krystalle dieses stets über Fahlerz auftretenden Erzes sind sehr selten, doch fand ich deutliche Säulenflächen an Stücken von Grube Mehlbach, aber die Enden waren nicht gut ausgebildet. Derbes Rothgültigerz ist in früheren Jahrhunderten offenbar auf mehreren Gruben getroffen worden. So berichtet Wenckenbach[6]) nach den Acten über eine 2½ Centner schwere Masse, welche um 1600 auf der Grube Alter Mann bei Langhecke eingebrochen ist. Von Weyer wird kein Rothgültigerz erwähnt.

6. **Bleiglanz**. Das Mineral ist auf allen Gängen und zwar in grossblättrigen Aggregaten vorgekommen, aber in grösserer Menge nur zu Weyer am Contacte von Thonschiefer mit dichtem Diabas, sowie in faustgrossen Knollen in Braunspath eingewachsen auf der Grube Goldkaute bei Wein-

---

[5]) Untersuchungen über Erzgänge. II. S. 289 f.
[6]) Jahrb. d. nass. Vereins f. Naturkunde. XXXI. u. XXXII. S. 196.

---

bach unweit Weilburg; auf der Grube Mehlbach hat er nur eine untergeordnete Rolle gespielt. Krystalle sind mir nicht zu Gesicht gekommen. Der Silbergehalt ist gering, nur 1 Loth im Centner.

7. **Kupferkies**. In geringer Menge derb und zuweilen in verzerrten quadratischen Sphenoiden krystallisirt auf Quarz, sowie sehr selten als dünner Ueberzug auf Fahlerzkrystallen auf Grube Mehlbach. Eine bergmännische Wichtigkeit hat er nicht besessen.

### Zersetzungs-Producte.

#### a) von Fahlerz.

8. **Gelbeisenerz**. Wie an vielen anderen Orten beginnt auch an den Fahlerzen der hier besprochenen Erzgänge die Zersetzung mit der Bildung einer Menge von Klüftchen, in welchen schwefelsaures Eisenoxydul und Kupferoxydul enthalten ist und durch destillirtes Wasser ausgezogen werden kann. Das Erz geht dann in eine matte schmutziggrüne Masse und schliesslich in eine ockergelb gefärbte erdige Substanz über, welche weder Kupferoxyd, noch Arsen oder Antimon enthält, wohl aber Eisenoxyd und viel Wasser, daher als Gelbeisenerz bezeichnet werden muss. Es ist der letzte Rest des Erzes, aus welchem auch Arsen und Antimon durch alkalische Gewässer ausgelaugt worden sein müssen; Ziegelerz kommt nicht vor.

9. **Kupferschaum** in blättrigen Partien bedeckt zuweilen die eben erwähnte graugrüne Schicht des Fahlerzes, ist aber bisher nur auf der Grube Mehlbach als Seltenheit gefunden worden.

10. **Thrombolith**. Aus dem Gemenge mit arsensaurem Kupferoxyd scheidet sich stellenweise ein mattgrünes, halberdiges Mineral aus, welches aus Kupferoxyd, Antimonsäure und Wasser mit wenig Eisenoxyd besteht und ganz mit dem Thrombolith von Rezbanya übereinstimmt.

11. **Kupferlasur**. Ueberdeckt die gelbe Zersetzungsschicht in kugeligen und traubigen Aggregaten, die zuweilen in deutliche Krystalle $\infty \dot{P} \infty . 0 P . - P . \infty P$ auslaufen. Besonders schön von Grube Eduard bei Langhecke.

12. **Malachit** in kleintraubigen Aggregaten findet sich in geringerer Menge zwischen und über der Kupferlasur und muss als jünger wie diese gelten. Die kohlensauren Kupferoxyde sind daher sehr spät, vermuthlich durch Zersetzung des Vitriols durch kohlensauren Kalk des Braunspaths ausgefällt worden.

13. **Kupfermanganerz** von schwarzer Farbe und braunem Strich tritt ebenfalls in kleintraubiger Form als jüngstes Kupfererz über den bisher erwähnten Mineralien auf, genau so wie bei Saalfeld, Kamsdorf und Freudenstadt.

#### b) von Bleiglanz.

14. **Weissbleierz**. Ist auf Grube Mehlbach in kleinen, bündelartig zusammengehäuften Aggregaten in geringer Menge gefunden worden.

15. **Grünbleierz** in dünnen grünen Ueberzügen auf Quarz gleichfalls auf Grube Mehlbach.

16. **Mennige** in deutlichen Pseudomorphosen nach Weissbleierz, welche in zerfressenem Quarze eingewachsen waren. Ich habe diese merkwürdige und seltene Pseudomorphose schon 1845[7]) bekannt

---

[7]) Jahrb. f. Min. 1845. S. 577.

gemacht, mich aber einer Erklärung derselben enthalten. Auch jetzt bin ich noch nicht zu einer solchen gelangt, da ich mich den von Blum[8]) gegen eine Entstehung derselben durch Einwirkung von Hitze vorgebrachten Bedenken nicht verschliessen kann. Dass in uralter Zeit einmal Betrieb durch Feuersetzen stattgefunden haben könnte, ist ja nicht zu leugnen, aber eine so schöne Erhaltung der Form nur denkbar, wenn die Wärme allmälich auf das von Quarz umschlossene Weissbleierz eingewirkt hätte. Leider besitze ich das Belegstück nicht mehr. Solche von anderen Fundorten, die ich untersucht habe, zeigen keine Erscheinungen, welche auf Einwirkung hoher Temperatur deuten.

Wenn man sich die Art der Ausfüllung der Gänge klar zu machen sucht, so ist es vor Allem nöthig, die Bestandtheile der Nebengesteine in Betracht zu ziehen.

In erster Linie sind die Schalsteine näher zu charakterisiren. Von diesen liegt zwar eine Anzahl von Analysen von Neubauer und Dollfus[9]) vor, wobei aber nur die bei gewöhnlichen quantitativen Analysen übliche Menge von $1 — 1^1/_2$ g untersucht wurde; Schwermetalle, Antimon und Arsen sind in diesen gewöhnlich nicht berücksichtigt. Allein das constante Auftreten von Beschlägen secundärer Kupfererze in den Schalsteinen und das Gebundensein der Kupferkiesgänge an sie hatte mich schon 1852[10]) veranlasst, den Kupfergehalt des Nebengesteins als Quelle dieser metallischen Ausscheidungen zu bezeichnen. Dieser ist nun durch Analysen von 10—12 g Substanz unzweifelhaft nachgewiesen worden, aber daneben auch in einigen ein solcher von Antimon, Arsen und Zink, d. h. sämmtliche Bestandtheile des Kupferkieses und des Fahlerzes. Um auf Silber zu prüfen, hätte noch eine weit grössere Menge Schalstein in Arbeit genommen werden müssen, da es auch in den Fahlerzen nur in geringer Menge auftritt. Trotzdem ist aber sein Vorkommen nicht zweifelhaft und seine locale Concentration zu Rothgültigerz augenfällig. Dass das Fahlerz in den Gängen an Schalstein als Nebengestein gebunden war, ergiebt sich aus obigen Bemerkungen als nothwendig. Das zur Umwandlung der Oxyde in Schwefelmetalle nöthige schwefelsaure Natron fehlt in keinem Schalstein und organische Substanz ist ja in allen vorhanden, welche einigermaassen zersetzt erscheinen.

Anders verhält sich der Bleiglanz, welcher vorzugsweise da einbrach, wo Thonschiefer das Nebengestein bildete. Es er-

scheint auffallend, dass die Schalsteine kein Blei enthalten, während dasselbe doch in Kalkspathklüftchen jüngerer Diabase, z. B. in der Gegend von Weilburg und Diez häufig genug als Bleiglanz in Begleitung von Zinkblende und Kupferkies beobachtet wird, aber die Thatsache bleibt deshalb doch bestehen. Dagegen ist Blei in den Orthocerasschiefern und auch älteren (Rhipidophyllen-) Schiefern der Lahngegend sehr verbreitet, während Kupfer in diesen nur untergeordnet auftritt. Es wird das wohl der Grund sein, warum Bleiglanz vorzugsweise in den Gangklüften zwischen Thonschiefer und dichtem Diabase auftrat und nur ausnahmsweise mit Fahlerz zusammen vorkam.

Betrachtet man ferner die Gangarten, so lässt sich im Allgemeinen behaupten, dass Braunspath schon in einer frühen Periode der Auslaugung des Nebengesteins reichlich gebildet wurde, da er schon als solcher in dem Schalstein vorhanden war, während Quarz erst bei sehr starkem Angriffe des Nebengesteins aus dessen Silicaten abgeschieden werden konnte, wobei auch die schwermetallischen Bestandtheile desselben in Freiheit gesetzt und auf bekannte Weise in Schwefelmetalle umgesetzt wurden. Dass dieselben in der Regel erst mit dem Quarze auf der Gangspalte erscheinen, ist also aber erklärlich.

Vergleicht man andere Gänge, so erscheint das hier geschilderte Vorkommen gewissermaassen als eine Miniaturausgabe der an Diabas mit silberhaltigem Augit (0,001 Proc. Silber) gebundenen weltberühmten Gänge von Andreasberg[11]) am Harze; auch mit Přibram bestehen gewisse Analogien. Entfernter sind schon diejenigen mit dem Wolfacher Wenzelgange[12]), da zwar die Art der Ausfüllung, nicht aber auch die Lagerungsverhältnisse mit den nassauischen Uebereinstimmung bemerken lassen.

Die Ausbeute war im vorigen Jahrhundert nicht unbeträchtlich und vermuthlich durch häufige Einbrüche von Rothgültigerz bedingt, die actenmässig festgestellt sind; von der Grube Mehlbach giebt es auch eine hübsche Ausbeutemünze mit dem Bilde des damaligen Regenten, Fürsten Carl August von Nassau-Weilburg. Gegenwärtig würde eine Wiederaufnahme des Bergbaues angesichts des ungünstigen Verhaltens der Gänge in der Teufe und des tiefgesunkenen Preises des Silbers keine Aussicht auf Erfolg haben.

[8]) I. Nachtrag zu den Pseudomorphosen. S. 92.
[9]) Jahrb. d. nass. Vereins f. Naturkunde. X. S. 49ff.
[10]) Jahrb. d. nass. Vereins f. Naturkunde. VIII. S. 6.

[11]) Vergl. Moericke, d. Z. 1895, S. 7—9.
[12]) Vergl. d. Z. 1895, S. 171.

## Gänge
### der Zinnerz- und kiesigblendigen Bleierz-
### formation im Schneeberger Kobaltfelde.

Von

**Dr. Karl Dalmer.**

Im Abschnitt No. 3 meiner Arbeit über den Altenberg-Graupener-Zinnerzlagerstätten-district (d. Z. 1894 S. 320) habe ich die Ansicht vertreten, dass die Entstehung der kiesigblendigen Bleierzgänge ebenso wie die der Zinnerzgänge mit Graniteruptionen · in ursächlichem Zusammenhang stehen dürfte, und dass für die Bildung der ersteren im Allgemeinen in grösserer Entfernung von dem glutflüssigen, metallische Fumarolen spendenden Eruptivmagma die Bedingungen gegeben waren. Es sei mir gestattet, noch nachträglich darauf hinzuweisen, dass auch eine Reihe wichtiger Beobachtungen, welche H. Müller über das Vorkommen genannter beider Gangformationen im Schneeberger Kobaltfelde in seiner trefflichen und umfassenden Beschreibung dieses Erzdistrictes[1]) mitgetheilt hat, sich im Sinne obiger Theorie deuten lässt.

Die Schneeberger Kobaltgänge setzen hauptsächlich in einem, südwestlich durch das grosse Eibenstocker Granitmassiv, nordöstlich durch die weit kleinere Oberschlemaer Granitpartie begrenzten, ca. 3 km breiten, der Phyllitformation angehörigen Schiefergebiet auf.

Die Gänge der Zinnerz- und kiesigblendigen Bleierzformation erscheinen hier theilweise in Gestalt von diese Kobaltgänge begleitenden, wie diese, spath- oder flachgangweise streichenden, älteren Nebentrümern, die bald im Hangenden, bald im Liegenden der Kobaltgänge sich vorfinden und von denselben, wie vielfach beobachtet, deutlich durchsetzt werden. Aus Müller's Darstellung ergiebt sich nun, dass diese Nebentrümer in der Nähe der Granitmassive, so insbesondere in den Grubenfeldern Fürstenvertrag und Weisser Hirsch (unweit vom Oberschlemaer Granit) und in dem von Adam Heber und Siebenschleen (nahe dem Eibenstocker Granit) aus Mineralien der Zinnerzformation, weiter vom Granit entfernt hingegen aus solchen der kiesigblendigen Bleierzformation sich zusammensetzen. Im Fürstenvertrager und Weiss-Hirscher Grubenrevier enthalten sie z. B. an Gangarten Quarz, Turmalin, Glimmer, zuweilen auch Topas, an Erzarten Wolfram, Molybdänglanz, manchmal, jedoch nur selten, auch Zinnerz. Sie

---

[1]) Cotta, Gangstudien, Bd. III.

setzen auch in den das Schiefergebirge unterteufenden Granit (unterirdische Fortsetzung des Oberschlemaer Stockes) hinein und erscheinen alsdann fest mit dem letzteren verwachsen.

Ausser solchen Nebentrümern sind auch flachgangweise streichende, selbstständige Gänge von ähnlicher Zusammensetzung bekannt. Bei einigen derselben konnte constatirt werden, dass sie nur in grösserer Tiefe Turmalin, Glimmer, Wolfram führen, während sie weiter oben nur aus Quarz und Letten bestehen. Andere hinwiederum behalten bis an die Tagesoberfläche herauf jene charakteristischen Mineralien der Zinnerzformation bei. In der Nähe des Eibenstocker Granitmassivs, in den Grubenfeldern von Adam Heber und Siebenschleen, besitzen die vorerwähnten Nebentrümer der Kobaltgänge öfters eine greisenartige Zusammensetzung. Sie bestehen alsdann aus weissem Quarz und häufig eingewachsenem Glimmer und enthalten zuweilen Turmalin, Arsenkies und Wolfram. Mitunter sind sie mit einem glimmerreichen, granitischen Ausschram oder mit einer Art Letten erfüllt, der fast durchweg aus feinen, zersetzten Glimmerschüppchen besteht. Weiter von den Granitmassen entfernt, also mehr im mittleren Theile des Schneeberger Kobaltfeldes weisen die Trümer durchgängig den Charakter der kiesigblendigen Bleierzformation auf. Sie enthalten Quarz, erdig-feinschuppigen Chlorit, Arsenkies, schwarze Zinkblende, Eisen- und Kupferkies, auch silberarmen Bleiglanz und bisweilen Molybdänglanz.

Ausser durch diese, die Kobaltgänge begleitenden Nebentrümer wird die Gruppe der älteren Gangformationen auch noch durch eine Reihe selbstständiger, NO streichender Gänge vertreten. Die Ausfüllung derselben besteht vorherrschend aus glas- bis fettglänzendem weissen Quarz, der durchaus mit demjenigen der Zinnerz- und kiesigblendigen Bleierzformation übereinstimmt, sowie aus grauem Letten. Nur selten und nie in beträchtlicher Menge sind diesen hauptsächlichsten Bestandtheilen einige andere Gang- und Erzarten beigesellt; am häufigsten noch silberarmer Bleiglanz, nächstdem Kupferkies, Arsenkies und schwarze Blende, selten Molybdänglanz, von Gangarten dagegen dunkelgrüner, feinschuppiger Chlorit und Flussspath. Bei Annäherung oder bei Eintritt in das Eibenstocker Granitgebiet nehmen diese Gänge öfters Mineralien der Zinnerzformation, insbesondere Turmalin und Glimmer auf.

So wurde der das Schiefergebiet der

Grube Wolfgang Maassen durchquerende Roland Morgengang innerhalb des Eibenstocker
Granits (im Felde vom Schwalbener Flügel)
aus drei Trümern bestehend angetroffen, von
denen sich das liegende aus derbem Quarz,
das hangende aus grobstenglichem Turmalin
und das mittlere aus Eisenerz und eisenschüssigem Letten zusammengesetzt erwies.

Nahe und in dem Oberschlemaer Granit
hingegen gehen diese morgengangweise
streichenden Quarzgänge theilweise in solche
der Kupfererzformation (welche der kiesig-
blendigen Bleierzformation nahesteht) über.
Sie führen alsdann ausser Quarz verschie-
dentliche Kupfererze, als Kupferkies, Buntkupferkies, Kupferglanz, Fahlerz, Weiss-
kupfererz und Ziegelerz, ferner silberarmen
Bleiglanz, schwarze Zinkblende und als seltenere Bestandtheile Arsenkies, Eisenkies
und Wolfram. Bezüglich dieser Erze bemerkt H. Müller, dass dieselben sich nicht
selten zu besonderen Trümern concentriren,
welche die quarzige Gangausfüllung durchsetzen. Dies deutet darauf hin, dass die
Bildung der Erze theilweise später erfolgt
ist als die des Quarzes. — In welchem
Altersverhältniss diese Morgengänge zu den
älteren Nebentrümern der Kobaltgänge stehen,
ist nicht sicher ermittelt. Vermuthlich sind
sie jünger als genannte Trümer.

Die Entstehung der Morgengänge muss
zu einer Zeit erfolgt sein, als das Oberschlemaer Massiv bereits bis zu nicht un-
beträchtlicher Tiefe erstarrt war. Dies ergiebt sich daraus, dass die ersteren auch
im Granit aufsetzende Gänge von Quarzporphyr und Porphyrit (die wohl als Nach-
zügler der Graniteruption aufzufassen sind)[2]
durchsetzen. Die Erscheinung, dass die
tauben Quarzgänge im Eibenstocker Granit
nicht auch den Charakter der kiesigblendigen
Bleierz-, beziehentlich Kupfererz-, sondern
den der Zinnersformation annehmen, würde
vom Standpunkt der an der Spitze dieses
Aufsatzes erwähnten Theorie darauf zurückzuführen sein, dass das Eibenstocker Massiv
zur Zeit der Bildung jener Gänge minder
tief erstarrt war als das Oberschlemaer.

Dies ist aber auch schon insofern eine
durchaus nicht unwahrscheinliche Annahme,
als bei einem so ausgedehnten Massiv wie
das Eibenstocker der Process der Abkühlung
und Verfestigung gewiss weit langsamer von-
statten ging, als bei dem weit kleineren
Oberschlemaer. Sodann aber scheinen ver-

[2] Die Eruption der westerzgebirgischen Granite
hat nach der Hauptfaltung, also nach der älteren
Carbonzeit und vor Ablagerung des Rothliegenden
stattgefunden. Die Porphyrgesteine sind keinesfalls
jünger als das Rothliegende.

schiedene, im böhmischen Theile des westlichen Erzgebirges durch Laube[2] ermittelte
Thatsachen darauf hinzudeuten, dass der
Granit vom Eibenstocker Typus (Turmalin
führender Albit-Lithionitgranit, entsprechend
dem Erzgebirgsgranit Laube's) etwas später
emporgedrungen ist als der Biotit-Oligoklas-
granit (Gebirgsgranit Laube's), welchem
Typus auch das Oberschlemaer Massiv angehört.

---

## Ein

### Beitrag zu der Frage nach der Entstehung und dem Alter der Ueberschiebungen im westfälischen Steinkohlengebirge.

#### Von
#### Dr. F. A. Hoffmann.

In der neusten Zeit ist die Frage nach
der Entstehung der Ueberschiebungen wiederum sehr in Erörterung gekommen, nachdem dieselbe längere Zeit infolge der epochemachenden Arbeiten Heim's geruht hatte.
Die Heim'sche Erklärungsweise der Ueberschiebungen als Faltenverwerfungen durch
Auswalzung des sog. Mittelschenkels erschien
vorläufig völlig ausreichend und erst langsam wagten sich Stimmen hervor, welche
Bedenken und Einwürfe gegen dieselbe geltend machten. So ist es vor Allen in
neuster Zeit Rothpletz gewesen, der in
seinen „Geotektonischen - Problemen" die
Auffassung Heim's einer Kritik unterzog
und nicht nur für Heim's eigenstes Gebiet,
die Glarner Alpen, sondern für die allerverschiedensten Gebirge, den Schweizer Jura,
das schottische Hochland, das Erzgebirge
und die Lausitz, die rheinisch- westfälische
und belgische Steinkohlenformation, die
Alleghanies etc. nachweist, dass zwar Ueberschiebungen überall sehr häufig und theilweise in sehr grossem Maassstabe vorkommen,
dass aber von einem ausgewalzten Mittel-
schenkel nirgends ausreichende Spuren vorhanden sind.

Bezüglich der Ueberschiebungen des westfälischen Steinkohlengebirges hat gleichzeitig
Leo Cremer (Essener Glückauf 1894, No.
62—65) die Heim'sche Erklärungsweise
der Ueberschiebungen, welche von G. Köhler
speciell auf dieses Gebiet angewendet worden
ist, nicht für ausreichend erachtet. In der
That müsste man nach der Heim'schen
Theorie in einem Gebiet, das wie das west-
fälische Steinkohlengebirge doch nur in ver-

[2] Geologie des böhmischen Erzgebirges. I.
S. 98.

hältnissmässig geringem Maasse vom Faltungs-process betroffen worden ist, erwarten, dass sich neben Faltenverwerfungen, deren Mittel-schenkel durch Auswalzung fast vollständig verschwunden ist, auch deren fänden, welche einen nur in geringem Maasse ausgewalzten Mittelschenkel aufwiesen, dass sich alle mög-lichen Uebergänge von der überkippten Falte bis zur vollendeten Ueberschiebung fänden. Zwar hat G. Köhler sehr intensive Fält-lungen des die Ueberschiebungen begrenzen-den Gebirges verschiedentlich beobachtet und zur Erklärung der Ueberschiebungen im Sinne Heim's ausgenutzt (Zeitschrift für Berg-, Hütten- und Salinenwesen, Bd. 28, 1880), aber diese Fältelungen sind nur spär-liche Ausnahmen im Verhältniss zu den vielen Fällen, in welchen die Ueberschie-bungen als blosse Verwerfungsklüfte erschei-nen, ausgefüllt mit einem schmalen Streifen mulmigen Gesteinsmaterials, der sich auch in den meisten echten Sprüngen vorzufinden pflegt, und der unmöglich als Rest eines ur-sprünglich vielleicht mehrere 100 m mäch-tigen Faltenschenkels gelten kann.

Cremer und Rothpletz fassen die Ueber-schiebungen als durch tangentialen Druck ent-standene flach fallende Spalten auf, an denen sich das hangende Gebirgsstück emporschob. Hierbei mögen locale Fältelungen, wie sie G. Köhler constatirt hat, infolge des Rei-bungswiderstandes entstanden sein, und eben-so findet der in der Ueberschiebungskluft meist vorhandene Gesteinsmulm sowie die häufig zu constatirenden Schleppungen oder Hakenschläge, Umbiegungen der hangenden und liegenden Schichten in der Richtung ihrer Fortsetzung nach der anderen Seite der Ueberschiebung, eine ausreichende Erklärung durch die Reibung der sich in entgegenge-setzter Richtung an einander vorbei bewegen-den Gebirgsmassen. G. Köhler's Entgeg-nung im Essener Glückauf (1894, No. 90 u. 92) vermag die von Cremer aufgestellte Theorie nicht zu widerlegen. Köhler be-schränkt sich im Wesentlichen darauf, Theile seiner früheren Veröffentlichungen zu wieder-holen und Zweifel an der Richtigkeit der Cremer'schen Beobachtungen zu erheben, wozu nicht der geringste Grund vorliegt.

Bezüglich der Frage nach dem Zeitpunkt der Entstehung der Ueberschiebungen gehen die Ansichten von Cremer und Rothpletz weit auseinander. Cremer ist der Meinung, dass die Ueberschiebungen vor Beginn der Faltung des Kohlengebirges entstanden seien. Er wird zu dieser Ansicht bewogen durch die von ihm zuerst bekannt gegebene sehr wichtige Thatsache, dass die Ueber-schiebungen im westfälischen Carbon nicht,

wie man früher annahm, ebene Flächen sind, sondern dass sie in derselben Weise wie die Carbonschichten Sättel und Mulden bil-den, also mit dem Kohlengebirge gefaltet sind [1]). Rothpletz spricht bezüglich des Alters der Ueberschiebungen allerdings nur mit Vorbehalt eine Ansicht aus. Er stellt in dem Nachtrag zu seinen „Geotektonischen Problemen", in welchem er den inswischen erschienenen Cremer'schen Aufsatz bespricht, für die Entstehung der Ueberschiebungen die folgende Aufeinanderfolge der Disloca-tionen auf: „1. Faltung des rheinisch-west-fälischen Kettengebirges (?) am Ende der Carbonzeit. 2. Als Folge derselben und letzte Aeusserung dieser Gebirgsbil-dung treten grosse und flache Ueber-schiebungen auf. 3. In nachpermischer Zeit treten untergeordnetere Faltungen und Dislocationen ein, die sowohl die älteren Falten als auch die mehr oder minder ebenen Schubflächen der Ueber-schiebungen vielfach umgestalten."

Die unter 3 ausgesprochene Ansicht, dass noch in nachpermischer Zeit — d. h. be-stimmter ausgedrückt zur Tertiärzeit, wäh-rend der Faltungsperiode, durch welche die norddeutsche Trias, Jura und Kreide zum Theil in Falten gelegt wurden — das west-fälische Carbon am Rande des rheinischen Schiefergebirges von Faltungen und Dislo-cationen betroffen sein sollte (vgl. hierzu Cremer, Die Steinkohlenvorkommnisse von Ibbenbüren und Osnabrück etc., Essener Glückauf 1895, No. 8 u. 9, sowie das Referat dieser Arbeit d. Z. 1895 S. 165), ist auf keinen Fall aufrecht zu erhalten. Denn diese Einwirkungen des nachpermischen Fal-tungsprocesses müssten sich auch in der überlagernden jüngeren Kreide bemerkbar machen; das ist aber keineswegs der Fall: die Kreide ist von den mannigfachen Stö-rungen und Faltungen, welche das Carbon betroffen haben, vollständig unberührt ge-blieben. Weder setzen die Ueberschiebungen in die Kreideschichten fort, noch nehmen diese Schichten an der Faltung des Carbons den geringsten Antheil. Die Grenze zwischen Carbon und der auflagernden Kreide ist eine

---

[1]) Im Anschluss an diese Beobachtungen Cre-mers weist Fr. Büttgenbach (Essener Glückauf 1894, No. 86 u. 87) nach, dass auch in der Wurm-mulde bei Aachen der Verlauf der Ueberschiebungen durch die Faltung beeinflusst ist. Hieran an-knüpfend sucht Büttgenbach in dieser Zeitschrift (März 1895) eine Erklärung der tektonischen Er-scheinungen der Wurmmulde zu geben. Verfasser verzichtet, auf diese mit einer schrankenlosen Phan-tasie aufgestellte Theorie einzugehen, da dieselbe sich durch ihre eigenen Widersprüche widerlegt und wohl kaum einen ernsthaften Anhänger finden wird.

fast völlig ebene, schwach nach N einfallende Abrasionsfläche. Wenn aber die
unter 3 ausgesprochene Annahme nicht aufrecht zu halten ist, kann auch die unter
2 angegebene Zeit des Aufreissens der Ueberschiebungen nicht richtig sein. Denn da
Cremer in einer ganzen Reihe von Fällen
zur Evidenz nachweist, dass die Ueberschiebungen in ihrem Verlaufe durch die Faltung
des Carbons beeinflusst sind, können diese
gefalteten Ueberschiebungen nicht am Schlusse
des Faltungsprocesses aufgerissen sein. Es
muss nothgedrungen noch nach der Entstehung dieser Ueberschiebungen der Faltungsprocess angedauert haben.

Cremer vertritt, wie schon bemerkt, eine
Rothpletz ganz entgegengesetzte Meinung,
indem er die Ueberschiebungen vor Eintritt
des Faltungsprocesses als erste Bethätigung
der tangentialen Druckwirkung als flache
Sprünge aufgerissen denkt. Alsdann ist nach
seiner Ansicht das hangende Gebirgsstück
längs des Sprunges hinaufgeschoben worden,
bis die jetzt vorhandene Sprunghöhe erreicht
war. Er will es dahingestellt sein lassen,
ob nicht schon während dieser Aufwärtsbewegung längs des Sprunges in geringem
Maasse Faltung der Schichten eingetreten
ist; der eigentliche Faltungsprocess soll
aber erst nach Abschluss der überschie-
benden Bewegung eingetreten und die anfänglich annähernd ebenen Ueberschiebungs-
flächen hierdurch so modificirt worden sein,
wie sie jetzt erscheinen. Bei einer solchen
Annahme drängt sich uns die Frage auf: Aus
welchem Anlass soll die Aufwärtsbewegung
des hangenden Gebirgsstückes plötzlich abbrechen? Längs des vorhandenen Ueber-
schiebungsrisses bot sich ein Weg, auf welchem die dem vorhandenen Drucke aus-
weichenden Gebirgsmassen den geringsten
Widerstand fanden, und es ist nicht einzusehen, warum dieser einmal gebahnte Weg
verlassen wurde und die herrschenden Spannungen sich nun auf eine sicherlich weit
grössere Kraft erfordernde Weise auszu-
gleichen suchen, indem sie nämlich das ganze
Schichtensystem in Falten legen. Cremer
giebt uns keine Auskunft auf diese Frage,
und alle Erwägungen und Muthmaassungen,
welche man bezüglich dieses Punktes an-
stellt, führen nur zu gegentheiligen Schlüssen
und zu Zweifeln an der Richtigkeit der
Cremer'schen Annahmen.

Nach Ansicht des Verfassers hat man,
um das Gefaltetsein der Ueberschiebungen zu erklären, gar nicht nöthig,
die Entstehung dieser Dislocationen
vor Beginn des Faltungsprocesses zu
legen. Es mögen Ueberschiebungsspalten zu

jeder Zeit während des Faltungsprocesses
aufgerissen sein, die Aufwärtsbewegung des
hangenden Gebirgsstückes und der Faltungsprocess werden gleichzeitig nebeneinander
hergegangen sein und es wird der Verlauf der Ueberschiebungen schliesslich der
nämliche sein, wie ihn die Profile in Cremer's
Abhandlung zeigen. Bei einem derartigen
Vorgange wird die ursprünglich als annähernd
ebene Fläche aufgerissene Ueberschiebung in
Folge der Einsenkung von Mulden und der
Erhebung von Sätteln im Schichtensystem

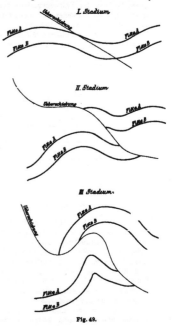

Fig. 49.

sich mehr und mehr krümmen und allmälich
selbst Sättel und Mulden bilden, so wie es
die obenstehenden Figuren in 8 Stadien
illustriren. Das hangende Gebirgsstück
rutscht in die von dem Liegenden gebildeten
Mulden hinein. Jedoch ist es ersichtlich,
dass die Aufwärtsbewegung längs der Ueberschiebung allmälich sich verlangsamen und
schliesslich ganz zum Stillstand kommen
muss, je mehr sich die Widerstände infolge
der Krümmung der Ueberschiebung vergrössern. Vielfach wird auch dieser Stillstand in der Bewegung der Gebirgsmassen
entlang der Ueberschiebung aus dem Grunde

eingetreten sein, weil sich die Widerstände
nicht infolge von Krümmung der Ueberschiebung, sondern infolge des Uebergehens
derselben in eine steilere Stellung (über 55°,
vergleiche die nächste Spalte) erhöhten. Es
werden daher Ueberschiebungen, welche in
der ersten Zeit des Faltungsprocesses aufgerissen sind, zum Stillstand gekommen sein,
lange bevor der tangentiale Druck und damit der Faltungsprocess selbst aufhörte.
Andere Ueberschiebungen aus einer späteren
Zeit des Faltungsprocesses werden erst gleichzeitig mit der Faltung zum Stillstand gekommen sein und wieder andere, welche
gegen Schluss der Faltungsperiode erst auf-
rissen, werden entweder gar nicht oder nur
in geringem Maasse gefaltet sein.

Wie aus der brieflichen Mittheilung hervorgeht, welche Leo Cremer in dieser

wiedergegebene Figur 13 sowie der darauf
bezügliche Theil der Arbeit erkennen, dass
das Gebirge in der Mulde, welche durch die
in der Figur zur Darstellung gebrachte Ueberschiebung gebildet wird, ausserordentlich gestört ist, so dass von einem „Geschlossen-
sein" der Schichten in dieser Mulde wohl
kaum noch die Rede sein kann.

Auf Grund seiner Beobachtungen und
Erfahrungen stellt Cremer ausserdem ein
empirisches Gesetz auf, vermöge dessen man
im Stande sein soll, den Verlauf der Ueberschiebungen in der Tiefe aus dem Verlauf
der Gebirgsfalten zu projectiren. In den
von Cremer untersuchten Fällen durchschneiden die Ueberschiebungen die Schichten
in einem Winkel von 12° bis 18°, im
Mittel 15°. Cremer nimmt diesen Winkel
als gesetzmässig für alle Ueberschiebungen

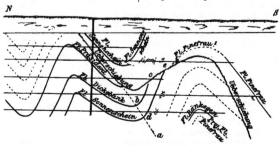

**Fig. 50.**
Profil durch Schacht und Querschlag der Zeche Fröhliche Morgensonne; nach Cremer.

Zeitschrift (1894 S. 465) veröffentlicht als
Erwiderung auf die Ausführungen Stapff's
in seiner Besprechung der Cremer'schen
Arbeit (d. Z. 1894 S. 418) scheint Cremer
einen Vorgang, wie ihn Verfasser eben entwickelt hat, für nicht möglich zu halten.
Indem er nämlich die von Stapff behandelte
Möglichkeit bespricht, dass infolge verschiedener Reibungswiderstände die Ueberschiebung auch ursprünglich als gekrümmte
Fläche aufgerissen sein könne, äussert er:
„Es ist schwer einzusehen, wie nun entlang
eines solchen wellenförmigen Risses die
Gebirgsschichten geschlossen derart hinauf,
hinüber und hinunter geschoben werden
können, dass z. B. die Verhältnisse meiner
Figur 13 (Profil durch Schacht und Querschlag von Fröhliche Morgensonne) entstehen."
Es werden aber bei einem derartigen Vorgang, den Cremer für unmöglich hält, die
Gesteinsschichten wohl kaum mehr auf Plasticität beansprucht, als bei dem Faltungsprocess überhaupt. Ausserdem lässt gerade
die von Cremer angeführte, hier in Fig. 50

an und ist dann allerdings in der Lage,
durch Anwendung der Parallelprojection mit
einem Projectionswinkel von 15° den Verlauf
der Ueberschiebung aus dem Verlauf der
Flötze zu berechnen. Diese Annahme eines
constanten Neigungswinkels zwischen Schichten
und Ueberschiebungen ist aber nur dann
gerechtfertigt, wenn thatsächlich alle Ueberschiebungen aufgerissen sind, so lange die
Carbonschichten sich noch in ebener Lagerung befanden. Denn wie Cremer selbst
in der schon erwähnten brieflichen Mittheilung in dieser Zeitschrift nachweist, wird
ein Hinaufschieben von Gebirgsmassen durch
seitlichen Druck längs eines die Schichten
durchsetzenden Risses zur Unmöglichkeit,
sobald der Neigungswinkel der Ueberschiebung + dem Reibungswinkel 90° beträgt.
Cremer findet als Maximum des Neigungswinkels 55°; doch wird derselbe wohl noch
kleiner sein, da der angenommene Rei-
bungscoefficient sehr niedrig erscheint. Andrerseits wird das Minimum des Neigungswinkels jedenfalls höher als 0° sein, da der

entstehende Riss desto länger wird, je mehr er sich der Horizontalen nähert und bei der erhöhten Länge desselben auch die Widerstände wachsen, welche dem Zerreissen entgegenstehen. Es wird also bei horizontal gelagerten Schichten einen bestimmten **Winkel zwischen Ueberschiebung und Schichtung** geben (der sich allerdings mit dem die Schichten aufbauenden Gesteinsmaterial ändern wird), für welchen die zu überwindenden Widerstände einen Mindestwerth haben, und unter welchem die Ueberschiebungen im Allgemeinen aufreissen werden. Sobald aber die Schichten aus ihrer horizontalen Lagerung gehoben sind, wird dieser Winkel alle möglichen Grössen zwischen 0° und 90° annehmen können, die

in vollständigem Widerspruch mit der Cremer'schen Theorie steht; derselbe wird in Fig. 51 (nach einem markscheiderischen Profil maassstäblich gezeichnet) zur Darstellung gebracht. Die Ueberschiebung durchsetzt die Flötze Fünfhandbank, Röttgersbank und Herrnbank ungefähr unter 90°. Dieser Fall ist nach Cremer's Theorie und seinen eigenen Worten (Briefliche Mittheilung in dieser Zeitschrift) nicht möglich, da er selbst das Maximum des Neigungswinkels zwischen Schichtung und Ueberschiebung auf 55° berechnet. Diese Ueberschiebung kann nimmermehr vor Beginn der Faltung aufgerissen sein, ihre Entstehung wird vielmehr in eine sehr späte Zeit der Faltungsperiode fallen, als die Mulde, durch welche die Ueber-

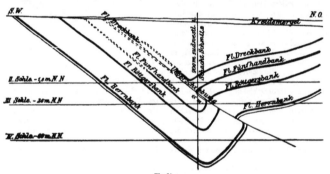

**Fig. 51.**
Profil durch die Baue der Zeche ver. Sälzer und Neuack südwestlich von Schacht Schmitz i. M. 1 : 3000.

Constanz des Winkels wird nur fortbestehen zwischen dem aufreissenden Spalt und der Horizontalebene. Daraus ist nicht etwa der Schluss zu ziehen, dass die Ueberschiebungen auch jetzt noch unter einem constanten Winkel einfallen müssen; durch die Faltung sind sie, wie schon oben auseinandergesetzt wurde, nach ihrem Aufreissen derartig beeinflusst, dass sie jetzt unter jedem Winkel zwischen 0° und 90° einfallen können.

Cremer führt eine ganze Reihe von Ueberschiebungen auf, welche alle einen Neigungswinkel von 12 — 18° gegen die Schichtung aufweisen. Verfasser ist aber überzeugt, dass, nachdem einmal die Aufmerksamkeit auf die Ueberschiebungen und deren Verlauf gelenkt ist, sehr bald auch Fälle festzustellen sein werden, mit welchen die Cremer'sche Theorie nicht in Einklang zu bringen sein wird. Ich führe vorläufig nur einen derartigen Fall von der Zeche ver. Sälzer und Neuack bei Essen an, der

G. 95.

schiebung hindurchsetzt, schon ungefähr in ihrer jetzigen Gestalt vorhanden war.

Ob die punktirte Ergänzung des Verlaufs der Ueberschiebung oberhalb der 2. Sohle genau der Wirklichkeit entspricht, muss dahingestellt bleiben; der vom Markscheider angegebene Verlauf erscheint nicht unwahrscheinlich. Vielleicht aber setzt die Ueberschiebung auch gar nicht durch das Flötz Dreckbank hindurch, sondern verläuft in diesem Flötz bis zu Tage. Zu dieser letzteren Vermuthung komme ich infolge einer Beobachtung, welche ich auf der nämlichen Zeche ver. Sälzer und Neuack zu machen Gelegenheit hatte und auf welche ich etwas genauer eingehen möchte, da auch sie beweist, dass die Ueberschiebungen eine Begleiterscheinung des Faltungsprocesses bilden.

In der steil aufgerichteten Schölerpader Mulde im Felde jener Zeche wird zur Zeit nur noch in dem liegendsten verliehenen[2])

---

[2]) Die Zeche ver. Sälzer und Neuack baut auf einem in früherer Zeit zur Verleihung gekommenen

30

Flötz Herrnbank Abbau in grösserem Maasse
getrieben. Das Liegende dieses Flötzes, ein
sehr milder Schieferthon, zeigt fast überall
breite Furchen, welche ziemlich unregelmässig, aber doch stets dem Einfallen angenähert verlaufen. Die Kohle des Flötzes
ist ausserordentlich mürbe, von Rutschflächen durchsetzt und theilweise parallel
der Schichtung schiefrig abgesondert. Dicht
unterhalb der Sattelkuppe des Nordflügels
der Mulde, dort wo das flache Einfallen
aus der Sattelkuppe in das steile des Flügels übergeht, wird das Flötz von einer
kleinen Ueberschiebung durchsetzt, infolge
deren das Flötz auf eine geringe Höhe doppelt gelagert ist und ein schwaches Berge-
mittel zwischen sich einschliesst. Die Ueberschiebung verliert sich nach unten in dem
Flötze selbst und setzt nicht in das Liegende desselben hinein. Es scheint demnach, dass die Ebene des Flötzes in dem
steilen Sattelflügel als Ueberschiebungsfläche
gedient habe. Dadurch erklären sich in
vollem Maasse sowohl die Rutschstreifen am
Liegenden wie die Zerrüttung der Kohle.
Nach Aussage des Betriebsführers hat sich
eine derartige Ueberschiebung auch in jedem
der hangenden Flötze vorgefunden; es muss
dahin gestellt bleiben, ob diese Ueberschiebungen identisch sind mit der in Flötz
Herrnbank nachgewiesenen, oder ob sich der
Vorgang, welcher im Flötz Herrnbank statt-
gehabt hat, in jedem der hangenden Flötze

dem Winkel einfiel, welcher für das Aufreissen einer Ueberschiebung günstig war,
so wird, sobald der erforderliche seitliche
Druck auf die betreffenden Schichten wirkte,
die Zerreissung des Gebirges in dem Flötz
selbst stattfinden. Da wo das Einfallen des
Flötzes sich wieder ändert, wird diese Ueberschiebung aus dem Flötz heraustreten und
die Schichten unter einem mehr oder minder
spitzen Winkel durchsetzen, wie es die Fig. 52
veranschaulicht.

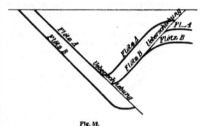

Fig. 52.

Bei Durchmusterung der von Runge
(Das Ruhr-Steinkohlenbecken) veröffentlich-
ten Profile trifft man verschiedentlich auf
Ueberschiebungen, welche unter spitzem
Winkel von einem Flötze auslaufen, ohne
durch dasselbe hindurchzusetzen. Es ist
sehr wahrscheinlich, dass in allen diesen
Fällen die Fortsetzung der Ueberschiebungen

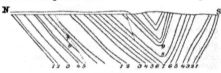

Fig. 53.
Profil durch die Zeche Eintracht Tiefbau bei Steele i. M. 1 : 16500.

wiederholt hat, so dass also in jedem dieser
Flötze eine Ueberschiebung verläuft.

Ein derartiger Vorgang wie der auf der Zeche
Sälzer und Neuack beobachtete wird jedenfalls nicht vereinzelt dastehen. Die Kohlenflötze bestehen im Verhältniss zu den umgebenden Gesteinsschichten aus einem sehr
weichen Material, das dem Aufreissen einer
Ueberschiebung weit weniger Widerstand
entgegensetzte als Sandstein oder auch
Schieferthon. Sobald daher ein Flötz während des Faltungsprocesses annähernd unter

in den Flötzen selbst liegt. Ein derartiger
Fall scheint z. B. in dem auch von Roth-
pletz abgebildeten Profil durch die Zeche
Eintracht Tiefbau vorzulegen, welches in
Fig. 53 wiedergegeben ist. Hier durch-
setzt eine Ueberschiebung die Flötze 9 und
8, aber nicht mehr Flötz 7. Sie ist im
Liegenden von Flötz 7 wahrscheinlich des-
halb nicht beobachtet worden, weil sie ihren
Verlauf im Flötz selbst nimmt.

Zu der Ueberzeugung, dass die Ueberschiebungen im engsten Zusammenhang
mit der Faltung stehen und gleichzeitig
mit derselben entstanden sind, kommt man
auch, wenn man die Vertheilung der Ueberschiebungen im Ruhrkohlenbecken beobachtet. In stark gefalteten Specialsätteln und

sog. Längenfeld, d. h. es sind ihr nicht sämmtliche
Flötze in einem bestimmt umgrenzten Felde bis zur
ewigen Teufe verliehen worden, sondern nur eine
Gruppe von Flötzen, deren liegendstes Herrnbank ist.

Mulden häufen sich die Ueberschiebungen, während bei schwach gefalteten Mulden mit gleichmässig einfallenden Flügeln Ueberschiebungen sehr spärlich auftreten oder gänzlich fehlen. Wollte man auf einer Karte des Ruhrkohlenbeckens die s ä m m t l i c h e n Ueberschiebungen, aber nicht den Verlauf der Sättel und Mulden eintragen, so würde uns diese Karte durch die Vertheilung der Ueberschiebungen doch erkennen lassen, an welchen Stellen das Gebirge stark gefaltet ist, an welchen Stellen schwach.

Die Zeit wird lehren, ob die Cremer'-sche Ansicht zu Recht besteht, ob die des Verfassers. Leider wird derartigen, mehr wissenschaftlichen Fragen trotz ihrer grossen Bedeutung für den praktischen Grubenbetrieb von Seiten der technischen Grubenbeamten und Markscheider immer noch zu wenig Interesse entgegen gebracht, so dass viele Aufschlüsse unbeachtet bleiben, welche im Stande wären, ein besseres Licht über die complicirten Vorgänge bei der Gebirgsbildung zu verbreiten.

---

## Ueber die Aussichten künstlicher Bewässerung in den regenarmen Strichen der Vereinigten Staaten.

Auf Grund der Arbeiten des U. S. Geological Survey
dargestellt von

### M. Klittke.

*[Fortsetzung von S. 194.]*

Wie man aus dem bisher Gesagten sieht, umfassen die Vorarbeiten allein schon eine solche Menge von Arbeiten, dass man sich nicht wundern darf, wenn in den Reports of the Geolog. Survey anfangs noch wenig von Einzelanlagen und ihren muthmaasslichen Kosten die Rede ist. Naturgemäss können solche Berechnungen erst durchgeführt werden, wenn in topographischer und hydrographischer Beziehung die nöthigen wissenschaftlichen Unterlagen vorhanden sind. Erst im Report XIV, Part. III finden wir daher eine kleine Anzahl von vollendeten, sowie theilweise fertigen Plänen von Reservoirs und den dazu gehörigen Canalanlagen; die vorhergehenden Reports X, XI und XII beschäftigen sich dagegen mit der topographischen und hydrographischen Untersuchung der Drainage-Gebiete. Durch wen die Bewässerungssysteme ausgeführt werden, ob von der Centralregierung, ob von den Einzelstaaten, ob von erst neu zu schaffenden Körperschaften oder durch Privatunternehmer, all diese Fragen liegen dem Geological Survey vorläufig noch fern.

Wenn daher auch in den neueren Reports in vielen Fällen auf engumgrenzte Drainage-Gebiete eingegangen ist, so beziehen sich doch die genaueren Mittheilungen hauptsächlich auf grössere Auffangegebiete. Es liegt dies vor allem an der verhältnissmässig kurzen Dauer der Arbeit, hat aber für europäische Leser den Vorzug, ihnen schneller einen genügenden Ueberblick über die hydrographischen und agriculturellen Verhältnisse der „Arid Region" zu geben, als wenn sie sich in eine Unzahl von Einzelheiten vertiefen müssten, welche selbst mit Hülfe eingehender Karten wohl kaum von hinreichendem Interesse für sie sein würden.

Wie schon einmal erwähnt, hat der Geological Survey die Arid Region in eine Anzahl grösserer und kleinerer D r a i n a g e - G e b i e t e eingetheilt, deren Grenzen überall von den natürlichen Wasserscheiden gebildet werden. Da letztere aber nur in ganz seltenen Fällen (z. B. zwischen Idaho und Montana) mit den Staatsgrenzen zusammenfallen, so ist die Folge, dass selten ein Staat allein Antheil an einem solchen Bewässerungsgebiet hat, vielmehr treffen in den meisten Fällen die Interessen mehrerer Staaten in demselben zusammen. Es ist hierbei meines Wissens das erste Mal, dass ein Amerikaner die Unzweckmässigkeit der geradlinigen Staatsgrenzen, wie sie hauptsächlich im Westen vorherrschen, zugesteht. Bisher hat man immer das P r a k t i s c h e solcher Grenzen hervorgehoben, und wenn man das Zeichnen der Karten in Betracht zieht, so muss man ja auch zugeben, dass gerade Linien sich am bequemsten und schnellsten ziehen lassen und dass sie auch dem Feldmesser zum Theil wenig Schwierigkeiten bieten. Dass solche Grenzen jedoch vollständig naturwidrig sind, und, ausser in der Ebene, ihre Umsetzung in die Praxis auch oft grosse Schwierigkeiten bietet, darüber ist man bisher stets stillschweigend hinweggegangen; jetzt aber, wo, wie hier in der Bewässerungsfrage, die Interessen der so glatt aneinandergrenzenden Staaten miteinander in Gegensatz gerathen müssen, jetzt beginnt man zu ahnen, dass die anfänglich mit so grosser Selbstbefriedigung behandelten Grenzen ein sehr unangenehmes Hinderniss bilden werden, und dass man sie kaum unpraktischer hätte legen können, wenn man beabsichtigt hätte, sich gegenseitig möglichst viel Schwierigkeiten zu bereiten. Der Director des Geological Survey, J. W. Powell, gesteht dies auch offen ein, und hat den Muth, zur Beseitigung dieses Uebelstandes das einzig Richtige vorzuschlagen, nämlich: Man solle auf die schönen Grenzen gar keine Rück-

30*

sicht nehmen, sondern einfach die Bewohner jedes Drainage-Gebiets zu einer Genossenschaft vereinigen, welcher die Verwaltung der Wald- und Wasserschätze darin übergeben würde. Allerdings darf man sich nicht verhehlen, dass vorläufig durchaus keine Aussicht auf Durchführung dieses Vorschlages ist, denn bei der Eifersucht der einzelnen Staaten aufeinander und dem Vorherrschen von Sonderinteressen unter ihren Bewohnern wird es sehr schwierig, wenn nicht unmöglich sein, Angehörige benachbarter Staaten unter einen Hut zu bringen, abgesehen davon, dass Hunderte gieriger Landspekulanten die triftigsten Gründe haben, nicht nur die Bildung solcher Interessengemeinschaften, sondern überhaupt eine gründliche Ordnung der Bewässerungsverhältnisse zu hintertreiben. Wer da weiss, wie sehr der persönliche Vortheil in den Vereinigten Staaten, besonders bei Behandlung von Fragen, welche das Gemeinwohl betreffen, überwiegt, wie schamlos dort mit öffentlichem Eigenthum geschaltet wird und mit welch ungeheurem Langmuth das Volk diesem Treiben seit Bestehen der Republik zugesehen hat und dies auch noch heute thut, der wird nicht sobald eine Besserung dieser Verhältnisse erwarten.

Wenden wir uns nach dieser Abschweifung den grösseren Drainage-Gebieten im Einzelnen zu.

Ein Blick auf eine Karte der Arid Region, in welche nur die Flussläufe und die Drainage-Gebiete eingetragen sind, lässt es für den ersten Augenblick unmöglich erscheinen, in der verwirrenden Mannigfaltigkeit die beherrschenden Punkte oder besser Linien herauszufinden, die in dies Nebeneinander Ordnung zu bringen vermöchten. Man kommt erst einen Schritt vorwärts, wenn man mit einer solchen Karte eine andere vergleicht, welche in möglichst grossen Zügen ein Bild der physikalischen Gestaltung dieses Gebietes giebt. Man bemerkt alsdann, dass je eine grössere oder kleinere Anzahl von Flussgebieten sich zu einer Gruppe vereinigen lässt, sowie ferner, dass die gesammten Wassermengen von zwei Gebirgscentren ausstrahlen, als deren grösseres sich die Felsengebirge im östlichen Theile der Arid Region darstellen, während ein weit geringeres Wasserquantum von der Sierra Nevada und dem Cascaden- und Küstengebirge im Westen herstammt. Dass die zwischen den beiden Gebirgscentren liegenden Tafelländer ebenfalls ihren Antheil an der Wasserversorgung tragen, insofern als sie einen Theil des Regenfalls zu den Flüssen

abführen, ist selbstverständlich. Während aber der grösseren Menge des von den Gebirgen herabkommenden Wassers doch die Möglichkeit gegeben ist, zum Meere zu gelangen, finden wir schliesslich noch einige Drainage-Bezirke, denen jeder Abfluss nach aussen hin mangelt, in denen sich daher die geringen Niederschläge in einem Centralbecken ansammeln müssen, soweit sie nicht durch die Verdunstung auf dem Wege dahin aufgezehrt werden.

Innerhalb eines jeden einzelnen Drainage-Gebietes sind wieder noch besondere Unterabtheilungen zu unterscheiden, von denen sich wenigstens die beiden ersten bei fast jedem Fluss der Arid Lands vorfinden. Es sind dies die Quellbezirke (Headwater Districts) und die Hauptstromdistricte (Main Trunk River Districts). Erstere schliessen die eigentlichen Quellen sowie alle Wildbäche ein und umfassen auch die Ländereien am Austritt des Flusses aus dem Gebirge. Diese Gebiete sind ihres Wasserreichthums wegen von der grössten Wichtigkeit für künstliche Bewässerung. Die Hauptstrombezirke umfassen die Gegenden, in denen der Fluss fast gar keinen Wasserzuschuss von den Seiten her empfängt. Sie können nur in Verbindung mit den Quellbezirken betrachtet werden und erst, wenn in jenen die nöthigen Untersuchungen fertiggestellt sind.

Die Lost-river-Gebiete endlich bieten infolge ihrer Beschränkung auf sich selbst in Fragen der künstlichen Bewässerung die geringsten Schwierigkeiten, da ihre Niederschläge sich, wie man sagen darf, in einem ewigen Kreislauf befinden und andere Gebiete wenig oder gar nicht in Mitleidenschaft ziehen.

Der leichteren Uebersichtlichkeit halber nehmen wir daher 5 Gruppen an.

Die erste Gruppe der Drainage-Gebiete umfasst die Flussläufe, welche ihre Wassermassen zum Missouri und Arkansas River, mittelbar also zum Mississippi, herabsenden. Sie besitzen im Grossen und Ganzen eine östliche Richtung, und es gehören dazu folgende Gebiete:

1. Der obere Missouri mit seinen Nebenflüssen Marias, Milk und Musselshell River.
2. Der Yellowstone mit Bighorn, Tongue und Powder River.
3. Der Little Missouri, Canon ball, Moreau, Cheyenne, White und Niobrara River.
4. Der Nord- und Süd-Platte River.
5. Der Oberlauf des Arkansas, Cimaron und Canadian Rivers.

Zur zweiten Gruppe rechnen wir die Flüsse, welche in hauptsächlich südlicher

Jahrgang 1895.
Juni.

Klittke: Künstl. Bewässerung in den Verein. Staaten. 237

Richtung dahinströmen oder doch wenigstens ihre Gewässer einem südlich mündenden Strome zuführen.

Solche sind der Rio Colorado und der Rio grande del Norte. Ersterer umfasst mit seinen Nebenflüssen vier bedeutende Drainage-Gebiete: Den Green River, den Grand River, den eigentlichen Colorado mit San Juan und Colorado Chiquito und den Gila mit Rio Verde, Salt, San Pedro und S. Cruz River. Das Gebiet des Rio grande ist verhältnissmässig schmal; mit zu ihm ist das des Rio Pecos zu rechnen.

Die dritte Gruppe entwässert nach NW.

Es gehören dazu der Columbia mit seinen Nebenflüssen, deren hauptsächlichster der Snake River mit Owyhee und Salmon River ist. Kleinere Drainage-Gebiete schliessen sich an den Missoula, sowie an den Des Chutes und John Day River an.

Die Auffanggebiete der vierten Gruppe beschränken sich auf den Staat Californien.

Sie sind von geringerer Ausdehnung und führen ihre Gewässer zum Sacramento und San Joaquin River. Ausserdem besteht hier noch ein schmales Gebiet kurzer Küstenflüsse von Santa Cruz im N bis San Diego im S.

Für die fünfte Gruppe bleiben uns nun noch die Gebiete, welche keinen Abfluss nach aussen haben (Lost-river-Districts).

Es ist zunächst das des Bear Lake nebst dem gleichnamigen Flusse. Daran schliesst sich das des Great Salt- und des Utah Lake. Dann folgt das Riesengebiet des „Grossen Beckens", zu welchem man die beiden vorhergehenden und das an seiner entgegengesetzten Grenze sich anschliessende des Humboldt Rivers rechnen muss.

Das Drainage-Gebiet des Missouri oberhalb seiner Vereinigung mit dem Yellowstone hat eine Grösse von 249 111 qkm, wovon 34 476 qkm auf Canada entfallen. Die höchsten Bodenerhebungen liegen in der Südwestecke, wie ihr fällt es allmälich nach N und O ab und geht schliesslich in die grossen Ebenen über. Ueber die Hälfte des Gebietes hat über 1300 m Meereshöhe, nur sehr wenig liegt unter 650 m. Ungefähr 80 Proc. sind Weideland, das bei genügender Bewässerung auch Feldfrüchte tragen würde. Die übrigen 20 Proc. eignen sich infolge ihrer Oberflächengestalt und ihres Waldwuchses nicht hierzu; 12½ Proc. davon tragen Brennholz, 7½ Proc. dagegen sind mit Nutzholz bestanden. Da der Regenfall aus Mangel an Stationen im Gebirge noch nicht gemessen werden konnte, so liegen nur Beobachtungen aus den Thälern und Ebenen vor; er schwankt je nach der Höhenlage zwischen 10 und 20 Zoll, erreicht also im Durchschnitt nur 15 Zoll, sinkt aber im Osten des Gebietes auf 10—12, während

er in den Gebirgen sicherlich 30 Zoll erreichen, wenn nicht überschreiten wird. Da von Mai bis Juli etwa ½ der Jahresmenge fällt, so ist dies für den Ackerbau sehr günstig; leider aber tritt kurz vor der Ernte gewöhnlich Wassermangel ein, weshalb nach dem Census von 1889 nur 0,57 Proc. des anbaufähigen Bodens unter Cultur war. Diese Ländereien liegen hauptsächlich im Süden und Westen des Gebietes, wo demzufolge auch die Bevölkerung am dichtesten ist. Hauptindustrie wird für längere Zeit noch der Bergbau bleiben, doch drängt er zu einer Erweiterung des Ackerbaues, da die Minendistricte einen guten Markt für die Erzeugnisse des letzteren bieten. Solange jedoch nicht grössere Reservoir- und Canalanlagen hergestellt werden, kann von Vergrösserung der Culturländereien nicht die Rede sein, da im Sommer alles verfügbare Wasser in den Quellgebieten verbraucht wird (Rep. XI. P. II p. 38—41. XIII. P. III p. 34—36).

Der Missouri entsteht aus dem Gallatin, Madison und Jefferson River. Alle drei entspringen in den Felsengebirgen, und zwar erstere beide in der NW-Ecke des durch seine Naturwunder allbekannten Yellowstone National Parks, letzterer weiter westlich. Eine am Missouri und seinen Nebenflüssen bezüglich der Bewässerung sehr wichtige Erscheinung sind die sogenannten Terrassen (Bench)-Ländereien, welche sich von den eigentlichen Uferflächen bis zum Fuss der Vorberge erstrecken und in ihren verschiedenen Stufen Kunde von dem Dasein längstentschwundener Seen in früheren geologischen Epochen geben, denen sie ihr Dasein verdanken. Wenngleich ihre Oberfläche oft aus Kiesschichten besteht, so erweisen sie sich bei künstlicher Bewässerung meistens als sehr fruchtbar. Die Schwierigkeit liegt nur darin, Wasser billig hinaufzubringen.

Der Gallatin ist der Ausfluss mehrerer in 2700 m Höhe liegender Seen; nachdem er durch enge Canyons geströmt ist, tritt er in das schöne Gallatinthal, eine breite, fruchtbare Ebene von 650 qkm Fläche, welche mit Hülfe der vielen kleinen Nebenflüsschen schon in hohem Grade nutzbar gemacht wird. Da das Auffanggebiet aus steilen, waldbedeckten Gebirgen besteht, in denen gegen 762 mm Niederschläge fallen, so erreicht der Ablauf hier die beträchtliche Höhe von 330 bis 355 mm, weswegen auch der Fluss selbst zwischen 320 und 6800 Sec.-Fuss schwankt und z. B. bei dreijährigem Durchschnitt 950 Sec.-F. aufweist, ein Wasserquantum, welches zur Cultivirung von einer doppelt so grossen Fläche genügen würde, als sie nach dem Census von 1889 bestellt wurde, natürlich nur, wenn man den Haupttheil der Hochfluthen aufspeicherte. Nach schneereichen Wintern gedeiht sogar an besonders günstigen Oertlichkeiten Winterweizen ohne Berieselung. In den dürren Jahren 1889 und 1890 hat man dagegen die Erfahrung gemacht, dass in solchen Zeiten ohne Reservoirs grosse Ernteverluste eintreten, und da die bisher übliche Bewässerung mittelst kleiner Canäle, wie sie von jedem einzelnen Farmer oder ganz kleinen Gruppen solcher ohne bedeutende Kosten ausgeführt werden können, der Erwerbung von Vermögen seitens dieser Leute sehr günstig war, so fand sich seit dem Census von 1889 auch genügendes Kapital zum Bau grösserer Canäle, welche zu jeder Seite des Flusses das Wasser am unteren Canyonende entnehmen und es theils direct, theils mit Hülfe von Tunnels und Fluthgerinnen auf weiter unterhalb liegende Terassenländereien führen. Einer derselben hat eine Länge von 37 km und beherrscht 60 000 acres (24 000 ha). Infolge dessen ist das ganze Gallatinthal, dessen Besiedelung erst 1863 begann, jetzt von einem dichten Netzwerk von Canälen und Gräben durchzogen. Die Nebenflüsschen und Bäche trocknen Ende Sommer vielfach aus; der Fall des Gallatin beträgt etwa 4,5 m pro km. Die Farmen haben durchschnittlich eine Grösse von 40 ha. (Rep. XIII, P. III, p. 41—46).

Der Madison River wird durch den Firehole River und heisse Quellen des Yellowstone Parks gespeist, und hieraus erklärt sich sein auffallend gleichmässiger Wasserstand. Nach dem Verlassen des Canyons durchströmt er das in einer Meereshöhe von 1500 m liegende Madisonthal, in dem trotz der mangelnden Verbindungen mit der grossen Welt doch lohnender Ackerbau getrieben wird, da die Minenstädte gute Abnehmer sind. Das Quellgebiet ähnelt dem des Gallatin, ist aber weniger dicht bewaldet; der Fall beträgt 3,5 m pro km; Sedimente sind nur in ganz geringem Grade vorhanden. Der Fluss selbt wird so gut wie nicht ausgenutzt, dagegen seinen Seitenbächen viel Wasser entnommen. Die Dürre von 1889/90 erwies sich hier ebenfalls sehr lehrreich, denn viele Farmer sahen sich 1890 gezwungen, ihr Land zu überfluthen, um es nur überhaupt erst pflügen und bestellen zu können. Für gewöhnlich ist nur eine einmalige Bewässerung der Feldfrüchte nöthig, und selbst in trockenen Jahren kommen weniger totale Fehlschläge, als vielmehr nur geringere Ernteerträge vor. Die Farmen haben ungefähr dieselbe Grösse wie im Gallatinthal. Die Bewässerungsmethode ist sehr roh und es wird viel Wasser im Oberlauf verschwendet. Jetzt ernten die Farmer im oberen Thal oft nicht genug Heu, um ihr Vieh durch den Winter zu bringen, während sich durch Reservoirs nicht nur alle Uferländereien, sondern auch die Terassen weiter unten bequem unter Cultur bringen liessen, denn der Madison schwankt für gewöhnlich zwischen 1200—1500 Sec.-Fuss, steigt aber von Mai bis Juli bis auf 6000 Sec.-Fuss.

Nach seiner Vereinigung mit dem Gallatin wird wenig Wasser verwendet, obwohl er hier (nach dreijährigem Durchschnitt) 1900 Sec.-Fuss führt, und diese Wassermenge für weit mehr Land, als vorhanden ist, genügen würde. (Rep. XIII, P. III, p. 46—49).

Der Jefferson River entsteht aus Bighole und Beaverhead River. Sein Auffangegebiet ist viermal so gross, wie das der eben genannten Ströme, liegt aber nur in 1800 m Meereshöhe, und da die Gebirge, aus denen er sein Wasser empfängt, niedrige, breite Rücken bilden, von denen die Niederschläge nur langsam und schwer ablaufen, so erreicht er bei Niedrigwasser nur 200 Sec.-Fuss. Infolge dessen ist sein Gebiet auch weniger dicht besiedelt und es kommen auf eine Farm durchschnittlich 60 ha. Der Beaverhead River durchströmt das schöne und mit vielen Seen und Sümpfen bedeckte Centennialthal, welches sich von 1800 m bis 1500 m hinabzieht. Oben gedeihen alle Futterarten mit Ausnahme von Alfalfa, ferner Hafer, Gerste, Weizen, jedoch nicht Mais; doch hat man in den oberen Seitenthälern seit 30 Jahren nur Wiesenwirthschaft getrieben und sich noch nicht einmal zum Anbau der gewöhnlichsten Gartengewächse emporgeschwungen. Im Sommer herrscht überall Wassermangel infolge Austrocknens der Bäche, und während der Dürre von 1889/90 wurden die ganzen Wiesenflächen von der Sonne versengt. Der Bighole River beschreibt einen mächtigen Bogen und übertrifft an Auffanggebiet noch den Beaverhead, führt aber auch nur ebenso wenig Wasser wie jener. In seinem Thale herrschen unendliche Streitigkeiten über Wasserrechte; jeder sich weiter oben ansiedelnde Farmer legt einen im unteren Thale lahm; dazu kommen Klagen über Kleinheit der Canäle, Verluste durch Verdunstung und Sickerwasser, kurz, wenn irgendwo, so sind hier Reservoirs und eine strenge Controlle der Wasserbenutzung am Platze. Das Drainage-Gebiet des Jefferson bietet ein treffliches Beispiel dafür, wie sich in Amerika die einzelnen Erwerbszweige ablösen. Im Anfang der Besiedelung beherrschte der Bergbau Alles; dann wandte man sich der Viehzucht zu und jetzt ist man im Uebergange von dieser zum Ackerbau begriffen, hat aber auch die Erfahrung machen müssen, dass er ohne Anlage von Reservoirs keine dauernden Aussichten bietet, während man sich durch dieselben einer Wassermenge von 100 000 Ackerfuss versichern könnnte. (Rep. XIII, P. III, p. 49—52).

**Das Thal des Missouri selbst ist zunächst eng und felsig, später wird das Flussbett sandig und ist stellenweise von Inseln durchsetzt. Der Strom schwankt (nach 8 jährigen Beobachtungen) zwischen 3679 und 14 400 Sec.-Fuss, sinkt aber sehr selten unter 2000 Sec.-Fuss und würde daher reichlich Wasser abgeben können, wenn es nicht so schwierig wäre, dasselbe auf die Länderleien zu bringen. Solche bieten sich im Missouri-Thal selbst sowie in dem nordwestlich davon liegenden Prickly Pear-Thal in grosser Ausdehnung; wenn aber auch die vielen Gebirgsbäche ausgenutzt werden, so bedarf es doch dringend mehrerer grosser Canäle und Reservoirs, um Verluste, wie sie 1889 eintraten, wo nur $\frac{1}{4}$ des gewöhnlichen Ertrages geerntet wurde, zu verhindern. Unter den jetzigen Verhältnissen ist der Streitigkeiten um Wasser kein Ende, da beide Thäler bereits dicht besiedelt sind.**

Derjenige der Nebenflüsse des Missouri, mit dem sich der Geol. Survey am eingehendsten beschäftigt hat, ist der Sun River. Er sowohl wie der 80 km unterhalb Helena mündende Dearborn River entspringt auf der Hauptkette der Rocky Mountains, und beide durchströmen in östlichem Laufe die mächtigen Terrassen- und Tafelländer, welche sich vom Gebirge bis zum Missouri ausdehnen, aber ausserordentlich an Wassermangel leiden, da Dearborn und Sun River selbst ein tief eingeschnittenes Bett besitzen und die Nebenflüsschen austrocknen. Am Dearborn ist augenblicklich der längste Canal in ganz Montana in Benutzung, auch haben Besitzer von Grasfarmen an den oberen Bächen auf eigene Kosten kleine Bassins erbaut, die sich während der Frühjahrsfluthen füllen.

Aehnlich liegen die Dinge am Sun River. Sein Auffangegebiet umfasst 5580 qkm und setzt sich aus dichtbewaldeten steilen Bergzügen zusammen. Daher besitzt sein felsiges Bett eine Neigung von 7,5 m pro km. Die Ufer sind hoch und die Canyons der Zuflüsse eng. Der im Gebirge fallende Schnee wird im April und Mai durch die warmen Chinook-Winde geschmolzen, ehe er zu Firnschnee erhärten kann, weswegen plötzliche und sehr unregelmässige Hochfluthen nicht selten sind. Unter den jetzigen Verhältnissen liefert der Sun River nur für die erste Hälfte der Wachsthumsperiode genügendes Wasser; da nun von März bis September nur geringe Verluste durch Verdunstung eintreten und sich schon von Natur am Fuss der Berge kleinere Vertiefungen und auch breitere Coulées vorfinden, die sich mit geringen Kosten zu Reservoirs ausbauen lassen, so könnte man ca. 94 000 ha cultivirbares Land versorgen, von denen nach Abzug der für Viehweide, Brache, Wege- und Städteanlagen nöthigen Ländereien sicher noch rund 80 000 ha dem Ackerbau dienen könnten. Dieselben befinden sich zur Zeit noch grösstentheils in den Händen des Staates und würden im Falle des Zehn- bis Zwanzigfache im Preise steigen, während sie jetzt nur als Viehweide dienen und zu 12,50 M. pro ha käuflich sind. Bis jetzt sind die Vermessungsarbeiten für 10 Reservoirs von 400—4800 ha Bodenfläche sowie für 3 Canäle fertig gestellt. Der laufende Meter eines 3 m-hohen Dammes lässt sich hier, wenn man einen Excavator und einen von Pferden getriebenen Elevator benutzt, zu 0,40 M. herstellen. Der Sun River liefert bei Niedrigwasser 200 Sec.-Fuss, im Winter enthält er aber bis zu 4000 Sec.-Fuss, mehr als genügend, um alle Reservoirs zu füllen.

Seit alles Weideland neuerdings eingefenzt ist und das Vieh nicht mehr schrankenlos weiden kann, hat sich die Nachfrage nach Wasser sehr gesteigert, da die Ranchmen ohne Bewässerung nicht genügend Heu zur Durchwinterung ihrer Heerden erzielen können. Vorläufig fehlt es jedoch an Capital zu grösseren Unternehmungen. (Rep. XI, P. II, p 120—133; XIII, P. III, p. 55 bis 57, 371—386.)

Unter den weiteren linksseitigen Nebenflüssen des Missouri verdient zunächst der Smith River Erwähnung. Er ist ein wasserreicher Strom, der am unteren Ende des Chestnut-Thales, das der Missouri selbst durcheilt, in letzteren mündet. An seinem Oberlauf wird eine Menge von Wasser zur Erzielung reicherer Heuernten in sorglosester Weise verbraucht, während es im Ackerbaudistrict mangelt. Streitigkeiten sind daher auch hier an der Tagesordnung. Im Chestnutthal steigt der Missouri bei Hochfluten auf 30000 Sec.-Fuss und überschwemmt dann weite Strecken, welche vorzügliches Heu ergeben; bleiben die Fluthen aber aus oder sind sie ungewöhnlich niedrig, so treten grosse Ausfälle ein. Die bisherigen grösseren Canäle sind unpraktisch angelegt und haben daher die Erwartungen ihrer Erbauer nicht erfüllt.

Ebenfalls aus den Rocky Mountains gehen zum Missouri der Teton, Marias und Milk River. Ihr Gebiet besteht fast gänzlich aus Hochplateaus und Prärien und eignet sich seiner Natur nach hauptsächlich zur Viehzucht, wenn auch Versuche, die man in den Indianer-Reservationen angestellt hat, beweisen, dass alle Getreidearten, Hanf, Flachs, Gemüse und einiges Obst hier gedeihen. Ackerland findet sich in schmalen Streifen längs der Ströme und bringt in feuchten Jahren gelegentlich auch Ernten ohne künstliche Bewässerung. Die Dürre von 1889 hinterliess dagegen allein im Bereich des Teton River einen Schaden von 160 000 M. Wenngleich der allgemeine Abfall des Landes nach Osten die Anlage von Canälen begünstigt, so ist doch der Gehalt dieser 3 Ströme im Ganzen zu gering, als dass selbst später eine bedeutende Ausdehnung des Ackerbaues eintreten könnte, zumal sich bei der sehr geringen Besiedelung und dem Mangel ausreichender Verkehrsanlagen auch kein Capital finden will. Auf den Missouri selbst kann man hier auch nicht zurückgreifen, vielmehr kann ihm nur noch oberhalb der Sun River-Mündung Wasser entnommen werden, da er weiterhin in einem zu tiefen Troge dahinströmt (Rep. XIII. P. III p. 59 u. 62).

Von Süden her kommen bezüglich der Irrigation vor Allem der Judith und der Musselshell River in Betracht. Das Drainagegebiet des Judith wird von 1800 bis 2100 m hohen Gebirgen umschlossen; sein im Oberlauf gut bewässertes Thal wurde erst von 1880 an besiedelt, die Farmer sind durchschnittlich arm und begnügen sich daher mit Ausnutzung der Gebirgsbäche, die sie mit eigener Kraft bewältigen können.

In feuchten Jahren bedarf es keiner Berieselung, wie dies z. B. 1887 u. 1888 hier der Fall war; 1889 zeichnete sich aber auch durch Wassermangel aus.

Der Musselshell-River entspringt an der Südseite der Little Belt Mountains, seine Quellbäche kommen auch z. Th. von den Elk und den Crazy Mountains. In der Nähe von Martindale besitzt jeder Farmer seinen kleinen Canal, doch werden nur die Uferländereien überfluthet; die Terrassen bringen zur Zeit kaum dürftigen Graswuchs trotz ihres durchgängig reichen Bodens.

Von der Mündung des Judith bis zu der des Yellowstone dehnen sich zu beiden Seiten des Missouri wasserlose Oeden, sogenannte Badlands (Mauvaises Terres) aus, denen jede bessere Zukunft abgesprochen werden muss.

Trotzdem das nordwestliche Montana infolge seiner gebirgigen Beschaffenheit wenig Ackerboden im Verhältniss zu seiner Ausdehnung besitzt, ist es doch wegen seiner Mineralschätze stärker besiedelt als der östlichere Theil; da nun aber die kleineren Thäler mit ihren schmaleren Strömen auch dem Wenigerbemittelten Bewässerung möglich machten und in den Minenstädten stets guter Absatz für Ackerproducte vorhanden war, so ist es erklärlich, wenn sich bisher noch nicht Kapital genug zur Bewältigung grösserer Bewässerungsanlagen fand. In Zukunft wird sich dies bald ändern.

*[Fortsetzung folgt.]*

---

## Briefliche Mittheilungen.

### Silbererzvorkommen von Tambang-Salida, Sumatra.

Bezugnehmend auf den in dieser Zeitschrift veröffentlichten Artikel von Herrn Dr. W. Moericke „Ueber edle Silbererzgänge in Verbindung mit basischen Eruptivgesteinen", erlaube ich mir, Ihnen folgende ergänzende Mittheilung zu machen:

Als weiterer Beleg für den Zusammenhang edler Silbergänge mit basischen Eruptivgesteinen kann das Silbererzvorkommen von Tambang-Salida an der Westküste der Insel Sumatra angeführt werden. Diese Erzlagerstätte ist in den auf jenem (Deutschland an Grösse fast gleichkommenden) Eilande so ausserordentlich verbreiteten Augitandesit (bezw. Propylit) von frühtertiärem bis miocänen Alter eingeschlossen und besteht aus einem an der Oberfläche (zu Tage) mehr als 10 m mächtigen, sich nach der Tiefe hin mehr und mehr auskeilenden Hauptgange und mehreren unbedeutenden Nebengängen. In der Nähe des Ganges ist der Andesit sehr stark zersetzt, im Uebrigen aber ausserordentlich fest und nur an den Mündungen der eingetriebenen Stollen verwittert. An verschiedenen Stellen genommene Proben von unzersetztem Gestein ergaben nun sämmtlich auf dem trockenen Wege die Anwesenheit von Silber (bis 0,00085 Proc.) und ebenso liessen sich auch auf nassem Wege darin reichlich Mangan und Calcium und Spuren von Kupfer, Antimon, Arsen sowie meistens auch von Blei und Zink nachweisen. Nimmt man nun an, dass sich die Erzgänge hier durch örtliche Auslaugung des Andesits gebildet haben, dann erklärt sich ihr Gehalt und ihre Zusammensetzung sehr einfach. Die Gangmasse besteht der Hauptsache nach aus Quarz (zuweilen mit amorphem Kieselsäure-Anhydrid verbunden) allein, oder Quarz in Verbindung mit kleinen Feldspath-Leisten, wodurch das Ganggestein das Aussehen von Felsitporphyr gewinnt. Nesterweise finden sich auch Gilbertit ähnliche, wasserhaltige Thonerde-Silicate in der Gangmasse. Das im Gange enthaltene Erz, ein silber- und goldreiches Arsen-Antimon-Fahlerz mit einem Gehalt an Kupfer, Blei, Zink und Mangan (Eisen) ist in der Gangmasse in Form von Bändern und Nestern (ähnlich den sog. Bonanzas des Comstock-Lode) vertheilt. Fast überall wird das Erz von Manganspath, Kalkspath und zuweilen von Schwerspath und Braun- resp. Eisenspath begleitet, ohne dass sich jedoch unter diesen Mineralien eine bestimmte Reihenfolge der Ausbildung feststellen liesse.

Der Erzreichthum nimmt nach der Tiefe hin rapide ab, wovon man sich leider erst durch umfangreiche, völlig zwecklose Grubenbauten hat überzeugen lassen. Ueber Tag muss der Hauptgang ursprünglich sehr silber- und goldreich gewesen sein, wovon die ausgedehnten, schon vor mehreren Jahrhunderten von den Malayen mit ihren primitiven Werkzeugen hergestellten Pingen Zeugniss ablegen. (Die später den Abbau an sich ziehende niederländisch-ostindische Compagnie begegnete schon viel ärmeren Erzen). In den oberen Teufen soll Gold und Silber in gediegenem Zustande vorgekommen sein, zweifellos ein Umwandlungsproduct der Fahlerze. Wie man auf den alten Halden sieht, ist an dem Ausgehenden (zu Tage) auch der Manganspath in die höheren Oxydationsstufen des Mangans umgewandelt.

Man darf wohl annehmen, dass mit Kohlensäure und organischen Basen und Säuren beladene Wasser auf den Feldspath des Andesits eingewirkt, kohlensaure Alkalien gebildet und mit deren Hülfe die Silicate des Nebengesteins ausgelaugt und zersetzt haben. Ich habe selbst mehrfach beobachtet, dass das älteren Andesit-Territorien entstammende Wasser verhältnissmässig reich an Kieselsäure und kohlensauren Alkalien ist. — Die obengenannten Schwermetalle sind höchstwahrscheinlich in dem Augit des Andesits enthalten, nicht aber wohl in dem Feldspath desselben oder den winzigen Schwefelkies-Partikeln, die man unter dem Mikroskop zuweilen in ziemlicher Menge in Dünnschliffen beobachten kann.

Bleiglanz und Zinkblende sind meines Wissens in dem Hauptgange von Tambang-Salida niemals angetroffen, wohl aber in einem nahe liegenden, von jenem getrennten Nebengange. Ich will noch erwähnen, dass in der Gegend von Tapan-Indrapura

von den Eingeborenen in Tagebauten aus zersetztem Andesit und Andesit-Tuff gediegenes Gold gewaschen wird, welches wohl nur durch Auslaugung
und Umsetzung aus dem Andesit entstanden ist. —
Die der Primärzeit angehörenden, von den Andesiten petrographisch oft gar nicht zu unterscheidenden Diabase auf Sumatras Westküste haben, abgesehen von einigen technisch bedeutungslosen Eisen-
und Kupfererz-Lagerstätten, soweit bis heute bekannt, nirgends Material für werthvolle Erzablagerungen geliefert.

*Dr. Emil Carthaus.*

## Brianza.

In meiner brieflichen Mittheilung über Bonarelli's neue Karte der südwestlichen Brianza
(d. Z. 1895 S. 65) sagte ich, dass Curioni bei
Lezzeno unfern Bellagio Lias-Ammoniten gefunden
hat. Von Prof. Schmidt in Basel über diesen
wichtigen Fund befragt, gebe ich hier die Uebersetzung der Notiz in Curioni's „Lombardia" (l. c.
I. p. 411, 6. Absatz des Anhangs):

„Aus Blatt XXIV der Dufour-Karte, publicirt von der schweizerischen Geologischen Commission, welches die an die Schweiz angrenzende
Gegend der Provinz Como betrifft, ergiebt sich,
dass der Gesteinszug, der sich von Villa di Lezzeno nach der Cavagnola (gegenüber Argegno) erstreckt, zum Rhät gerechnet ist.

Südlich von Villa ist die ganze Flanke des
Berges von Lezzeno von erratischen Massen (Granit, Serpentin) bedeckt, die wahrscheinlich von
einer Seitenmoräne herrühren. Wenn man in die
Thäler der Wildbäche oberhalb Lezzeno ein-
dringt, findet man anstehenden Fels, bestehend
aus schwarzen, einigermaassen mergeligen Kalksteinen. Unter den Trümmern dieses Kalksteins fand
ich (Curioni) Ammoniten, ähnlich jenen (Arieten)
von Moltrasio, und daher gehört derselbe zum
unteren Lias."

Dass Curioni die charakteristischen, schon
von Zollikofer erwähnten Arieten von Moltrasio,
nicht genau gekannt hätte, ist nicht anzunehmen;
es wäre nur die Fundstelle bei Lezzeno genauer
zu bestimmen. Nach meiner Kenntniss der Gegend
liegt dieselbe im Valle della Villa, da, wo das
charakteristische Kalkband (Dolomia a Conchodon
meiner Karte i. M. 1 : 86 400; cf. d. Z. 1894
S. 291) das Bachthal überschreitet; es ist dies der
bemerkenswertheste Aufschluss auf mehrere Kilometer in der Runde. Dieses Kalkband biegt sich
bei Pescau zum See herab, wie man schon vom
Dampfer aus sehen kann, und ist nur auf Escher's
alter Karte (2. Aufl. ed. Bachmann) richtig
gezeichnet; die Schweizer Dufour-Karte XXIV lässt
dasselbe irrthümlich bis La Cavagnola gehen. Von
La Cavagnola bis zum Castello di Nesso ist die
Schichtenstellung mannigfaltig gestört; dann beginnt
ein grosser Sattel über Careno und Pognana auf
dem Westabhang des Mte. Preaola (1410 m). Da,
wo der Gegenflügel wieder zum Seeufer sinkt, un-

fern Pognana, trifft man wieder das charakteristische plattige, z. Th. schiefrige Gestein von Moltrasio, das zu technischen Zwecken abgebaut wird.
Die Schichtenlagerung bei Torrigia, Carate, Urio
(östliches Ufer) entspricht vollkommen der bei Pognana; der Comer See ist dort ein einfaches
Erosionsthal. Man hat auch auf allen Karten
die beiden Ufer zum Lias gezogen, nur möchte
ich als neu hervorheben, dass man eine Zweitheilung des Lias von Argegno südwärts schon
von weitem erkennt, die noch auf keiner Karte
eingetragen ist. Bei genauerer Untersuchung
findet man die obere Partie dieser „grauen Jura-
Kalke" fossilleer, die untere mit zwei gewaltigen
Kalkriffen, die sich wie ein Band kilometerweit
erstrecken, enthält bei Moltrasio und Villa di Lezzeno Ammoniten; zwischen Torrigia und Moltrasio,
sowie von Nesso nach Pognana finden sich Dutzende
von Steinbrüchen in diesem charakteristischen
dünnplattigen Gestein. Die besten Platten, bis zu
0,5 m im Quadrat, werden in der Gegend mannigfaltig verwendet, zur Dachbedeckung etc. Die
Ammoniten-Fundstelle bei Lezzeno kann die Schlussfolgerung gestatten, dass der Conchodon-Dolomit
von Menaggio-Tremezzo (Ostufer) und Lezzeno (West-
ufer) mit den Kalkbändern von Moltrasio und
Pognana-Nesso gleichalterig ist.

Weitere Forschungen in der Brianza und am
Ostufer des Comer Sees sind nöthig, um die Fortsetzung des Conchodon-Dolomits von Colonno westlich bis Argegno und von Lezzeno südlich in den
erwähnten gestörten Gebirgspartien zu finden; es
kann diese vielleicht durch Versteinerungen erwiesen werden. — Bei San Benedetto nördlich von
Colonno soll der Ammonitico rosso (cf. d. Z. 1894
S. 291) anstehen; weitere Fossilfunde im Lias des
Südabhangs der Brianza hat Bonarelli kürzlich
veröffentlicht[1]) und dieselben mit andern lombar-
dischen, venetianischen und piemontesischen Lias-
versteinerungen verglichen. Seine Suite umfasst
117 Species, darunter 60 Ammonitenarten in 13
Gattungen. Ebenso wie ich nach dem blossen
Augenschein und der genauen lithologischen
Untersuchung eine Theilung der „grauen Kalke"
der Brianza in mindestens zwei Stufen erkenne,
so sucht Bonarelli dasselbe durch das Studium
der Versteinerungen darzuthun. Es fragt sich nun,
ob beide Theilungsmodi ein übereinstimmendes
Resultat ergeben. Jedenfalls halte ich an dem
Grundsatze fest, dass der Beweis aus der Lagerung
dem aus den Fossilien voransteht. — Es wäre
zu wünschen, dass die Blätter Varese bis Como
der italienischen geologischen Karte, (nach
Stella[2]) bereits aufgenommen sind, publicirt würden.

Ems, den 26. April 1895.

*H. Becker.*

---

[1]) Guido Bonarelli: Fossili Domeriani della
Brianza. Rendiconti r. ist. Lombard. ser. II. 28. Bd.
1895.

[2]) Stella, d. Z. 1894. S. 78.

---

## Referate.

Die Erzgänge des Annaberger Bergreviers. Von Hermann Müller. (Erläuterungen zur geol. Specialkarte des Königreichs
Sachsen. — S. Litt. No. 38).

Die vorliegende Abhandlung des bewährten Kenners der sächsischen Erzlagerstätten
behandelt das einst durch seinen ergiebigen
Silberbergbau berühmte Annaberger Bergrevier
und giebt uns in übersichtlicher Darstellung
ein in jeder Beziehung vollständiges Bild
von den interessanten, bisher nur mangelhaft
bekannten Gangverhältnissen dieses Erzdistrictes sowie von der Geschichte des daselbst
betriebenen Bergbaues. Wir entnehmen der
Arbeit nachfolgende Daten von allgemeinerem
Interesse.

Die Annaberger Erzgänge setzen vorwiegend in der, aus zweiglimmerigen Gneissen
sich aufbauenden Gneissformation auf. Die
Schichten der letzteren bilden hier eine flache
Kuppel, deren Centrum in der Nähe von
Annaberg liegt und werden häufig von Eruptivgesteinen, nämlich von Mikrogranit, Lam-
prophyr- und Basaltgängen, sowie an einer
Stelle (westlich von Buchholz) von einer
Granitkuppe durchsetzt. Die weiter westlich
sich anschliessende Glimmerschieferformation
ist verhältnissmässig arm an Erzlagerstätten.

Die in technisch-bergmännischer Beziehung
wichtigen Gänge des Annaberger Reviers gehören fast durchgängig der Kobalt-Silbererzformation an, doch sind auch ältere Gangformationen, nämlich die Zinnerz- und kiesig-
blendige Bleierzformation vertreten.

Was zunächst die Zinnerzformation
anbetrifft, so lässt sich auch im Annaberger
Revier eine gewisse Beziehung zwischen dem
Vorkommen derselben und dem Auftreten
granitischer Gesteine nicht verkennen. Die
Gänge derselben finden sich nämlich hauptsächlich im Umkreis der kleinen Buchholzer
Granitkuppe, sowie in einigen, von zahlreichen
Mikrogranitgängen durchsetzten Gneissterri-
torien. Im Allgemeinen sind tiefstreichende
Morgen- und Spatgänge vorherrschend, die
entweder saiger aufsetzen oder steil nach N
fallen. An der Ausfüllung derselben be-
theiligen sich folgende Erz- und Gangarten:
Quarz, Hornstein, Chlorit, Zinnerz, ausserdem
bald spärlicher, bald häufiger: Wolframit,
Arsenkies, Kupferkies, Eisenkies, Rotheisenerz oder rother Eisenocker; auch Turmalin,
Flussspath und Steinmark-Letten und Brocken
von Gneiss sind gleichfalls ziemlich häufige
Gangbestandtheile. Das Nebengestein dieser
Gänge, der Gneiss, ist häufig auf einige bis

mehrere Centimeter Mächtigkeit mit eingesprengtem Zinnerz imprägnirt, bisweilen auch
an solchen Stellen, wo die Ausfüllungsmasse
des Ganges selbst kein Zinnerz enthält.
Mitunter treten an Stelle der eigentlichen
Gänge Trümerzüge, die denen von Ehrenfriedersdorf gleichen. Von Interesse ist, dass
local (auf Thielefundgrube) auch flötzartige,
d. h. sehr flach fallende Gänge angetroffen
worden sind.

Gänge der kiesig-blendigen Bleierzformation sind namentlich in der näheren
Umgebung von Annaberg sehr verbreitet,
weisen hier jedoch meist keine den Abbau
lohnende Erzführung auf. Es sind in der
Regel tiefstreichende Morgen- oder Spatgänge,
deren circa 45—65⁰ betragendes Einfallen
vorwiegend nach N gerichtet ist. An der
Ausfüllung betheiligen sich oft sehr reichlich
Zerreibungs- und Zersetzungsproducte des
Nebengesteins, doch bilden auch mitunter
die charakteristischen Gangarten und Erze
der Formation die alleinige Ausfüllung. Im
letzteren Falle macht alsdann Quarz, (oft
in Hornstein übergehend) den vorwiegenden
Bestandtheil aus, mit dem als übrige Gangarten öfters etwas Flussspath, Braunspath,
Chlorit, als Erzarten dagegen Schwefelkies,
Leberkies, Kupferkies, Arsenkies, schwarze
oder braune Zinkblende, Bleiglanz (silberarm)
vergesellschaftet erscheinen. Local treten
noch als seltenere Bestandtheile verschieden-
liche Kupfererze, ferner in geringer Menge
Eisenspath und Eisenglanz hinzu. Die Structur
ist gewöhnlich eine unregelmässig-massige;
sowohl Lagenstructur als Drusen finden sich
selten.

Ein intensiverer Bergbau hat nur auf
einigen am Ostabhange des Pöhlbergs sowie
bei Buchholz gelegenen Gängen stattgefunden.
Diese Vorkommnisse weisen zum Theil eine
bedeutende Mächtigkeit und durch Zusammen-
scharung vieler Trümer bedingten, stock-
werkartigen Habitus auf und sind ausserdem
noch dadurch bemerkenswerth, dass hier
das gneissige Nebengestein zum Theil auf
beträchtliche Entfernung hin umgewandelt
(chloritisirt) und mit Erz imprägnirt angetroffen worden ist.

Diese Erscheinungen erinnern sehr an
Verhältnisse, wie sie häufig an Zinnerzlagerstätten beobachtet worden sind, überhaupt
sind auch sonst die beiden älteren Gangformationen im Annaberger Revier durch
Uebergänge sehr eng mit einander verbunden,
was sich einerseits darin offenbart, dass in
Zinnerzgängen die charakteristischen Mineralien dieser Formation local verschwinden
und an deren Stelle Kiese, Zinkblende und
Bleiglanz eintreten, anderseits darin, dass

Jahrgang 1895.
Juni.

Erzgänge des Annaberger Bergreviers.

die Gänge der kiesig-blendigen Bleierzformation nicht selten auch Zinnerz führen.

Bezüglich des Alters der in Rede stehenden beiden Gangformationen konnte festgestellt werden, dass die kiesig-blendigen Bleierzgänge jünger sind als die Lamprophyrgänge, hingegen älter als die Basalteruption.

Die weitaus wichtigsten Gänge des Annaberger Reviers sind, wie schon erwähnt, diejenigen der Kobalt-Silbererzformation. Das Hauptverbreitungsgebiet derselben ist die nähere Umgebung von Annaberg; doch sind auch noch verschiedene kleinere Ganggebiete bekannt, von denen insbesondere das von Weipert namhaft zu machen ist. Die Gänge dieser Formation besitzen vorwiegend nördliches Streichen, doch sind auch tiefstreichende Morgen- und Spatgänge nicht selten. Spärlicher kommen stehende Gänge vor.

Die mineralische Zusammensetzung der Ausfüllungsmasse dieser Gänge wird hauptsächlich gebildet von Schwerspath, Flussspath, Quarz, Braunspath, in deren Gesellschaft häufig verschiedene Kobalt-, Nickel-, und Wismutherze, edle Silbererze und Schwefelkies einbrechen, ausserdem als minder gewöhnliche oder seltene Vorkommnisse zahlreiche andere, theils erdige, theils metallische Mineralien als Hornstein, Chalcedon, Amethyst, Kalkspath, Aragonit, Kaolin, Steinmark, Gyps, Kalksinter, desgl. Kupferkies, Bleiglanz, braune und gelbe Zinkblende, Markasit, Kupferfahlerz, Eisenspath, Uranpecherz, Uranocalcit, Uranblüthe, Urangummi, gediegenes Arsen, Realgar, Braun- und Rotheisenerz, Eisenglanz, Pyromorphit, Kupferblende, Kupfergrün, Malachit, Kupferschwärze, Rothkupfererz, Antimonglanz, Federerz, Cheleutit, Millerit, Eugenglanz, Stephanit, Chlorsilber, Pharmakolith, Kobaltblüthe, Kobaltbeschlag, Nickelocker, Gilben und Eisensinter. Vielfach nehmen auch Bruchstücke, sowie grusige oder lettige Zersetzungsproducte des Nebengesteins, welche letzteren mitunter durch Beimengung einer kohligen Substanz schwarz gefärbt erscheinen, sehr wesentlichen Antheil an der Gangausfüllung.

Die Structur der Gangausfüllung ist vorwiegend unregelmässig massig. Lagenweise Anordnung der Gemengtheile findet sich selten, hingegen sind Drusen ziemlich häufig. Letztere ermöglichen zahlreiche Beobachtungen über die Altersfolge der verschiedenen Mineralien. Die Resultate derselben, die übrigens genau mit den im Schneeberger Revier erzielten Ergebnissen übereinstimmen, finden sich in einer tabellarischen Uebersicht niedergelegt. Der Verfasser unterscheidet 5 Hauptstufen der Gangausfüllung, von denen die erste Schwerspath und Flussspath, die zweite Quarz,

Hornstein, sowie die Hauptmasse der Schwefelmetalle, insbesondere die Kobalt- und Nickelerze, die dritte Uranpecherz und Kalkspath, die vierte namentlich edle Silbererze, gediegen Arsen, sowie verschiedene Zersetzungsproducte der vorerwähnten Mineralien, die fünfte endlich lediglich Zersetzungsproducte umfasst. Verschiedene Thatsachen weisen übrigens darauf hin, dass eine mehrfach wiederholte Aufreissung und Ausfüllung der Gangspalten stattgefunden hat. Besondere Trümer jüngerer Gangarten, neben der älteren Gangausfüllungsmasse hinlaufend oder sie durchsetzend, sind ziemlich häufige Erscheinungen. Bisweilen kann man in einem Gange mehrere Trümer von drei bis vier verschiedenen Bildungszeiten beobachten. Als verhältnissmässig sehr neue Spaltenbildungen erscheinen namentlich viele Letten- und Ausschram-Trümer.

Bezüglich des relativen Alters der Kobalt-Silbererzgänge sind im Annaberger Revier folgende Thatsachen ermittelt worden: Die genannten Gänge durchsetzen die Lamprophyr- und Mikrogranitgänge, sowie auch diejenigen der Zinnerz- und kiesig-blendigen Bleierzformation; sie sind also jünger, als all diese letztgenannten. Hingegen werden sie, wie vielfach beobachtet, von den Basaltgängen durchsetzt und scharf abgeschnitten, so dass sie also älter als diese sein dürften. Da jedoch in einzelnen Fällen bei Oberwiesenthal und auch im Joachimsthaler Revier inmitten von Basaltgängen edle Silbererze eingesprengt, sowie auch Trümer von Kalkspath und Uranpecherz beobachtet worden sind, so zieht Verfasser hieraus den Schluss, dass die Erzbildung auch nach der Eruption der mitteltertiären Basalte fortgedauert habe und dass die Entstehung der Kobalt-Silbererzgänge im Allgemeinen innerhalb der Tertiärperiode erfolgt sei.

Die Erzführung der Kobalt-Silbererzgänge ist eine absätzige. Reichere Erzmittel finden sich an Kreuzen verschieden streichender Gänge (doch werden auch verschiedene auffällige Ausnahmen von dieser Regel angeführt), ferner längs Anschaarungen von Trümern, ganz besonders aber da, wo die Kobalt-Silbererzgänge die sogenannten Schwebenden durchsetzen. Unter letzteren sind eigenthümliche, meist durch flaches Fallen ausgezeichnete, häufig, doch keineswegs immer der Schichtung des Gneisses parallel laufende, gangartige Gebilde zu verstehen, die bei einer bis 2 Meter ansteigenden Mächtigkeit sich aus mehr oder minder zersetztem, öfters mit kohliger Substanz imprägnirtem, gneissigen Material zusammensetzen und von Erzen meist nur etwas Schwefelkies und seltener Kupferkies enthalten. Dieselben sind älter als die Gänge der Kobalt-Silbererz- und der kiesigblendigen Bleierzformation und dürften vielleicht zur Zeit der Lamprophyreruption sich gebildet haben. Fast die Hälfte des gesammten Silber- und Kobalterzausbringens der Annaberger Gruben ist wohl Kreuzen der Erzgänge mit derartigen Schwebenden entnommen.

Endlich finden sich noch im Annaberger Revier Gänge der Eisen- und Manganerzformation. Dieselben sind im östlichen Theile des Reviers meist als taube oder doch erzarme Quarzgänge ausgebildet, die hier zum Theil auf grossen, weithin sich erstreckenden Verwerfungsspalten aufsetzen. Erzreicher sind im Allgemeinen die Gänge der westlichen Revierabtheilung. Merkwürdig sind hier insbesondere die in der Gegend von Langenberg (etwa eine Stunde nordöstlich von Schwarzenberg) vorhandenen und durch ausgedehnten Bergbaubetrieb gut aufgeschlossenen Lagerstätten. Hier wird eine flachmuldenförmige Vertiefung innerhalb des Glimmerschiefergebirges durch eine ausgedehnte Ablagerung von Quarzbrockenfels, sowie grossentheils mulmigen Eisen- und Manganerzen ausgefüllt, die mit Gängen der Eisen- und Manganerzformation in Zusammenhang steht und wohl als ein Absatzproduct von, während der Tertiärzeit aufgestiegenen, heissen Quellen zu betrachten ist.

Ueber die Altersfolge der in diesen Lagerstätten auftretenden Mineralien konnte Folgendes festgestellt werden:
1. Schwerspath, Flussspath, Braunspath, Kalkspath, zerstört und verdrängt durch
2. Quarz, Hornstein, Brauneisenerz, Rotheisenerz, Psilomelan, Polianit;
3. Pyrolusit, Wad, Gelbeisenerz, Stilpnosiderit — Zersetzungsproducte der vorigen; zuweilen mit einer jüngeren Generation von Quarzkryställchen im Mulm.

Aus dem, den ersten Abschnitt der Arbeit bildenden, historischen Theil mögen hier nur einige auf den Annaberger Bergbau bezügliche Angaben Erwähnung finden. Die Annaberger Silbererzgänge sind im Jahre 1492 fündig geworden. Bereits im Jahre 1500 waren zahlreiche Gruben in Betrieb, die bald gegen 2000 Bergleute beschäftigten und reichen Gewinn abwarfen. Von der Bedeutung dieses Silberbergbaues legen nachfolgende Ziffern Zeugniss ab.

Im Annaberg-Buchholzer Bergrevier sind während der Blütheperiode von 1496—1600 zusammen annähernd producirt worden:
1 352 900 Mark Silber,
48 460 Centner Kupfer
in dem damaligen Einlösungswerth von circa 10 828 200 Flgr. für Silber (1 Mark = durchschnittlich 8 Flgr.) und 314 990 Flgr. für Kupfer (1 Centner zu 6½ Flgr.), 11 138 190 Flgr. in Summa, wovon 3 829 834 entsprechend 24 319 445 Mark 90 Pf. jetziger deutscher Reichswährung Ausbeuten entfallen sind.

Die eigentliche Blüthezeit des Annaberger Silberbergbaues dauerte nur bis zum Jahre 1560. Im letzten Viertel des Jahrhunderts sank die Zahl der betriebenen Bergwerke und die Silberproduction immer mehr, und am Ende des Jahrhunderts standen nur noch 2, zuletzt nur 1 Grube in Ausbeute.

Die Ursachen dieses Niedergangs sind weniger in einer Erschöpfung der Gänge, als vielmehr in technischen Schwierigkeiten, die sich beim Eindringen des Bergbaues in grösseren Teufen entgegenstellten, sowie in verheerenden, epidemischen Krankheiten zu suchen. Während der ersten Hälfte des 17. Jahrhunderts lag der Betrieb fast völlig darnieder. Einen neuen Aufschwung nahm jedoch sodann der Annaberger Bergbau, als es gelang, für die auf den Gängen daselbst reichlich einbrechenden Kobalterze eine Verwerthung zur Herstellung blauer Farben ausfindig zu machen. In dieser zweiten Blütheperiode, die von 1700 bis 1850 dauerte, wurden in Summa gewonnen 115 153 Mark Silber im Werthe von 1 192 144 Thaler und 157 110 Centner Kobalterz im Werthe von 1 723 681 Thaler. Nach 1850 jedoch ging es mit dem Bergbau rapide zurück. Den hauptsächlichsten Anlass hierzu gab die Verdrängung der Kobalt- durch die Ultramarinfarben und die hierdurch bedingte Preisminderung des Kobalts, ferner aber die hiermit in Zusammenhang stehende Kündigung des Kobaltlieferungsvertrags seitens der Schneeberger Blaufarbenwerke. Dazu kam noch, dass die Versuche, die Annaberger Gänge in grösserer unverritzter Teufe aufzuschliessen, nicht von Erfolg gekrönt waren, indem es nicht gelang, reichere Erzmittel auszurichten. Im Jahre 1892 stellte die letzte Grube ihren Betrieb ein.

Zum Schluss sei noch bemerkt, dass der vorliegenden Abhandlung eine Gangkarte, sowie drei Tafeln beigegeben sind, von welchen die beiden ersten instructive Grubenprofile, welche die Bedeutung der Schwebenden für die Veredlung der Kobalt-Silbererzgänge veranschaulichen, sowie Profile durch die Langenberger Eisenerzlagerstätten enthalten, während auf der dritten das Verhalten der Erzgänge zu den Lamprophyr- und Basalteruptionen durch eine Anzahl lehrreicher Durchschnitte bildlich erläutert wird.

*K. Dalmer.*

## Die Gang- und Erzvorkommnisse des Schwarzwaldes. (Fortsetzung von S. 210.)

### 4. Ehrenstetter-Riggenbacher Gangzug.

a) Bei St. Ulrich liegt in den Goldengründen ein Schacht auf einer h. 5 streichenden, mit 50° gegen S einfallenden Kluft, enthaltend lockeren Thon mit kleinen Kieskugeln, im Liegenden auch etwas Spath und Kupferkies mit 2 Qu. Silber im Ctr.

b) In der Streichrichtung dieser Kluft liegt gegen S im Ehrenstetter Grund, östlich von dem gleichnamigen Orte, ein h. 3—4 streichender Gang, auf welchem grosse Schächte (Pingen) an dem Thalgehänge und zwei Stollen im Thale sich befinden. Vernier sah im Gange nur Blende anstehen und fand in der Halde Bleierze mit 7 Pfd. Blei und 1 Loth 3 Qu. Silber im Ctr. „Die Halden schliessen auf Schlegel- und Eisenarbeit und sehr hohes Alter. Viel Hornstein und Zinkblende mit etwas Bleiglanz finden sich darin. Der Betrieb ist wahrscheinlich in alter Zeit wegen des mit den damaligen Hilfsmitteln nicht zu bewältigenden Wasserzudrangs eingestellt, später nie wieder aufgenommen worden." (Schmidt.)

c) In derselben Streichungslinie liegen die alten Gruben im Riggenbach- (Rickenbach-, Rückenbach-) Thale. Diese bedeutenden alten Werke scheinen hauptsächlich im 18. Jahrh. vom Kloster St. Trudpert betrieben worden zu sein. Dieselben förderten ausser Blei- und Silbererzen auch Kupfererze. In den älteren Urkunden ist der Riggenbach nirgends erwähnt. 1726 bestanden die Silbergrube Gottesehre und die Kupfergrube Segen Gottes. Vernier berichtet 1781: „Ein Hauptgang streicht fast wie das Thal h. 2—3 und fällt wie der Gebirgshang gegen SO. In oberer Teufe war der Gang ziemlich abgebaut, 20 Klafter unter diesen Bauen liegt der Erbstolln Maria-Trost, in welchem der Gang gegen W 2 Fuss mächtig, Quarz, Schwer- und gelben Eisenspath mit eingesprengtem silberhaltigen Bleiglanz führte, an den Saalbändern von Blende, Eisen- und Kupferkies begleitet. Gegen O war der Gang uneler und im Streichen und Fallen zertrümmt. Der Gang wird von mehreren Lettenklüften durchkreuzt und verworfen. Erzstufen ergaben 15—21 Pfd. Blei und 3—4 Loth Silber im Ctr., eine auch noch 1½ Pfd. Kupfer. Scheid- und Pochwerke waren vorhanden. Carato spricht 1786 von einem Bergwerk im Riggenbach, welches seit vielen Jahren Ausbeute gegeben, an Silber und Kupfer. Von 1823—1838 wurden die Stollen Peter und Ludwig betrieben.

„Am westlichen Abhang des Riggenbachthals liegen mächtige Verhaue und Schächte, unten im Grunde drei Stollen. In der grossen Halde des obersten (Paul) Stolln findet man viel Quarz mit Eisenspath und Blende und Adern von Bleiglanz, selten etwas Eisen- und Kupferkies. Etwas weiter südlich, unweit der Porphyr-Grenze, neben dem Ausgang eines Seitengrundes, finden sich Spuren eines Hauptstollns, wahrscheinl.ih des Peterstollns. Nordwestlich von diesen beiden Stollen liegen oben im Walde auf dem Erzgang alte Verhaue, eine Reihe Stollen und Schächte in h. 2—3 und 3—4.

Das Nebengestein ist überall stark zersetzter Gneiss, dessen Glimmer theils gebleicht, theils chloritisirt, theils in Eisenerz verwandelt ist. Diese hier auffallend verbreitete Glimmer-Zersetzung hat ohne Zweifel den Stoff geliefert zu der reichlichen Bildung von Eisenspath, welcher in anderen Münsterthaler Gruben in der Regel nicht vorkommt." (Schmidt.)

In dem bei dem früheren Pochwerk mündenden Wilhelm-Stolln ist ein Gang im Gneiss aufgeschlossen, welcher als Fortsetzung des Hauptganges angesehen wurde, Bleiglanz und viel Blende führte. Letztere nahm nach der Tiefe zu.

Prof. Schmidt fand in den Halden der Riggenbacher Gruben auch Kalkspath und bemerkt dazu, dass derselbe wie der Spatheisenstein nur allein im Riggenbach als eins der ältesten Mineralien eine bedeutende Rolle spielt, sonst aber nur höchst selten als Vertreter des Bitterspaths auftritt.

d) Auf der anderen Seite des Untermünsterthals liegen in der weiteren Fortsetzung des Gangzuges, auf dem obersten Hang des Rückens zwischen der Wogenbach und dem Wildbach eine Reihe von Verhauen, wie es scheint auf einem NS streichenden Schwerspathgang, sowie in der Tiefe des Thals mehrere Stollen. An der Westseite des Wogenthals scheint ein Stolln nach diesem Gang getrieben zu sein. Gegenüber, an der Ostseite des Wildbachs findet sich ein alter Stolln auf einem schmalen Schwerspathgang mit etwas Bleiglanz, N 200 streichend; in der Nähe liegen noch mehrere Stollen.

e) Auf der Westseite des Wildbachs liegen bedeutende Verhaue auf 2 parallel in h. 1 streichenden Gängen. Ein vom Münsterthal vom Rotte Hof herangetriebener Tiefstolln hat als „Unterbau" gedient. — Auf dem östlichen der beiden Gänge liegen ein Stolln und 3 tiefe Schachtpingen mit grossen und umfangreichen Halden, und eine Reihe von minderen Verhauen. In der Halde finden sich Schwerspath-Stücke mit Bleiglanz. — Einem anderen Gang oder vielleicht einem verworfenen Theil des vorigen dürften die ansehnlichen Verhaue angehören, welche weiter oben am Waldrande und im Walde liegen. In einer Einsenkung des Gehänges liegt eine sehr grosse Schachtpinge mit ungeheurer Halde. Der ganze Bergabhang ist Verhau bis gegen den Neumagenbach hinab, welcher im Münsterthal am Hang hinfliesst.

Auf den Halden findet sich neben Schwerspath auch viel Quarz mit Bleiglanz. Im Münsterthal selbst sind noch 2 Stollen gegen SW, einer östlich der Strassenbrücke über den Neumagen, der andere etwas westlich vom Ausgang des Wildbachs. Obige Baue müssen sehr bedeutend gewesen sein. Die Halden derselben gehören zu den grössten im ganzen Münsterthaler Gebiet. (Schmidt.)

Wie Vernier berichtet wurde, sollen diese Gänge vom Kloster St. Trudpert bebaut worden, silberhaltige Bleierze als Zuschlag beim Verschmelzen der kiesigen Silbererze vom Riggenbach geliefert haben und gänzlich abgebaut sein. — Am Ausgang des Wildbachs lagen das Pochwerk und die Schmelzhütte, an der Stelle der jetzigen Metz'schen Seidenspinnerei. —

### 5. Steinbrunner Gangzug.

a) Ein zweiter Gang findet sich dicht bei St. Ulrich an dem vom Bitterst herabkommenden Bach, der h. 12 streicht und fast saiger einfällt. Einige Schächte und ein Stolln, in welch letzterem der Gang aus Quarz, Spath und schwarzem Kies mit $\frac{1}{2}$ Pfd. Kupfer im Ctr. bestand, liegen auf demselben.

b) In der südlichen Streichrichtung dieses Ganges liegen im Steinbrunnen, einem nördlichen Nebengrund des Obermünsterthals, Bergbaue, welche zu den ältesten des Münsterthaler Gebiets gehören, indem schon in der oben angeführten Belehnungsurkunde von 1028 ein Steinbrunnen genannt wird.

Zur Zeit Verniers' waren auch diese Baue wieder aufgethan.

Der durch das ganze Gebirge des Steinbrunnens sich ausdehnende Hauptgang streicht in h. 3. Ueber die Ausfüllung des Ganges ist nichts gesagt. Unten im Thalgrund mündet ein tiefer Stolln.

c) Oestlich von dem Gange liegt ein Stolln auf einer h. 5 streichenden Scharkluft, welche früher stark bebaut worden ist und wahrscheinlich edel war.

Thalabwärts, gegen WS, findet man an demselben (nördlichen) Hang des Obermünsterthals, im Laitschenbachgrund, einen in h. 5—6 aufsetzenden Gang, welcher die Fortsetzung jener Kluft sein dürfte. In einer Schachtpinge steht der Gang ziemlich mächtig an, aus Schwerspath mit viel Blende und etwas silberarmen Bleierzen bestehend. In der grossen Halde vor dem verbrochenen Stolln findet sich Schwerspath mit Quarz, in welchem Blende und Bleiglanz eingesprengt ist.

6. Weiter westlich ist im Hauptthal an der Westseite des Scheibenfels ein Stolln in alter Zeit betrieben worden, welcher jetzt zu einem Bierkeller verbaut ist. Bei der St. Trudpert-Brücke münden zwei alte Stollen; das Gebirge ist Gneiss. Halden dieser drei Stollen fehlen.

7. In der Streichrichtung der zuletzt beschriebenen südlichen Baue liegt am Nordhang des Sussenbrunnenthals, welches an der Vereinigung des Ober- und Untermünsterthals gegen SW ausläuft, auf etwa halber Höhe des Jägerbergs der „Erzplatz", eine grosse alte, völlig überwachsene Halde, vor einem Stolln gegen NW einsetzend. Vernier erwähnt hier einen h. 2—3 streichenden „Gelbkupfer-Gang". Am Südabhang jenseits des Baches fand Prof. Schmidt vereinzelte Stückchen von Schwerspath und Gangquarz mit wenig eingesprengtem Kupferkies.

8. Im Finstergrund, einem Seitenthälchen des Sussenbrunnen, sah Vernier zwei Stollen auf einem h. 12—1 streichenden „brandigen Kupfergange". Unter brandig sind in dessen Bericht stets okrig zersetzte Massen verstanden. Eine Stufe ergab 1 Pfd. Kupfer und 2 Qu. Silber im Ctr.

9. Dem oben erwähnten Scheibenfels gegenüber mündet bei St. Trudpert der Müstergrund in das Obermünsterthal, in welch ersterem auf der SW-Seite des Baches ein zerfallener Stolln mit ziemlich grosser Halde liegt. In letzterer findet sich viel quarziger Gneiss, Quarz mit eingesprengtem Eisenkies und etwas Schwerspath. Zwei Schächte liegen in h. N 400 daselbst. In verschiedenen Mineraliensammlungen fand Prof. Schmidt kleine Stufen aus dieser Grube, aus Schwer- und Flussspath mit etwas Bleiglanz und Spuren von Rothgiltigerz; ferner Quarz mit blättrigem bis haarförmigem Antimonglanz und mit etwas Braunspath und Eisenkies. Dieser Bergbau ist weder in Urkunden noch in der Litteratur erwähnt, soll zu Anfang dieses Jahrhunderts in Betrieb, aber nicht von grosser Bedeutung gewesen sein. (Schmidt.) Es treten hier aber Erze auf, welche sich auch in den weit östlich vom Sussenbrunnen und dem Orte Mulden in den Gängen des folgenden Gangzuges finden.

**10. Der Teufelsgrunder und Schindler Gangzug im Muldener Bezirk.**

Die in den verschiedenen Zuflüssen des Muldener Baches früher bearbeiteten Gänge dieses Zuges sind: Die Gänge im Teufelsgrund am Schindler (nach welchem Daub seinen einen Gangzug genannt hat), im Kaltwasser-, im Knappen-Grund, im Herrenwald, im Holzschlag und auf der Breitenauer Ebene.

Die Hauptgänge resp. Gruben sind die des Teufelsgrunds und des Schindler. Die meisten der kurzweg mit „Münsterthal" bezeichneten Stufen in den Mineralien-Sammlungen[1]) stammen aus diesen beiden Gruben und durch den bis in die Neuzeit in den letzteren geführten Betrieb ist dieser Bezirk der bekannteste des Münsterthals (Schmidt).

In der mehrfach angezogenen 2. Urkunde von 1028 werden die Muldener Gruben aber nicht genannt. „1160 wurden reiche Silberminen in dem nahen Berge des Benediktiner Klosters St. Trudpert entdeckt und von Erzgräbern abgebaut, welche sich (nebenbei bemerkt) gegen die Klosterleute unehrerbietig benahmen. Der Ausdruck „in dem nahen Berge" kann sich möglicherweise auf den Teufelsgrund und Schindler beziehen." (Schmidt.)

Im 13. Jahrh. entstand die nahe Stadt Münster, welche im Wappen einen Bergmannsschlägel führt. Es bestanden daselbst im 14. Jahrh. „Wurkhöfe" (wahrscheinlich Aufbereitungsanstalten) und Schmelzhöfe (Hüttenwerke). Der Bergbau wurde theils vom Abt von St. Trudpert, theils von den Grafen von Freiburg betrieben oder verliehen.

1512 verleiht der Abt Martin das Bergwerk St. Anna im Schindler, welches die früheste Erwähnung des Schindler ist. 1564 waren die „Münsterthaler Bergwerke" noch im Betrieb. 1724 wurde ein Vertrag zwischen dem Abt Augustin und dem Freiherrn von Struve, Baden-Durchlach'schem Schmelzwerks-Commissarius, zur Ausbeutung der Münsterthaler Gruben gethätigt, und 1728 ein „Schwefelkies-Tractationscontract" mit demselben zur Ausscheidung von Silber und Gold aus Schwefelkies.

Nach Vernier waren 1781 im Teufelsgrund und am Schindler eine Anzahl von seit langer Zeit verlassenen Stollen, welche auf einen bedeutenden früheren Betrieb hinwiesen, vorhanden. „Der Schindler-Gang muss nach Vernier's Beschreibung schon auf seiner ganzen Länge bekannt gewesen

sein. In einem hübsch ausgeführten „Grund-, Saiger- und Kreuz-Riss" des k. k. Bergwerks Teufelsgrund vom 30. Juni 1792 sind von den jetzt bekannten 5 Stollen die drei höchsten bereits eingezeichnet. Weiter oben sind noch zahlreiche Verhaue auf dem Ausbisse des Ganges angedeutet. Auf dem Schindler-Gang sind zwar nur oben 2 Stollen und 5 andere Verhaue angegeben; dazu ist aber bemerkt, dass die Verhaue bis zum Bach hinabziehen und nur wegen Zeitmangels nicht eingezeichnet wurden. Die Karte enthält den Entwurf zu einem tiefsten Erbstolln. Die grosse Ausdehnung der Verhaue sowohl als der bergmännischen Auffahrungen beweisen einen bedeutenden und langen Betrieb in älterer Zeit." (Schmidt.)

Die Teufelsgrunder Gruben wurden 1809 von der Bad. Regierung mit Erfolg wieder aufgenommen und 1833 mit dem Pochwerk am Schindler und anderen Werken an eine Gewerkschaft verkauft. 1834 übernahm dieselben der Bad. Bergwerksverein, welchem der Inspector Daub vorstand. 1852 gingen diese Werke in den Besitz einer englischen Gesellschaft über. Dieselbe hat die Gruben im Teufelsgrund und am Schindler mehrere Jahre schwunghaft, aber nicht lucrativ betrieben, eine grosse Aufbereitungsanstalt in Mulden erbaut und im Ganzen 400 Arbeiter beschäftigt. 1864 wurde der Bergbau, welcher vorher von einer anderen Gesellschaft übernommen worden war, gänzlich eingestellt.

a) Der Teufelsgrunder Gang (vergl. auch die Abh. Daub's „Der Bergbau des Münsterthals, in Karsten's und v. Dechen's Archiv f. Min. etc., Bd. 20, 1846) beginnt in einem, als Teufelsgrund bezeichneten kleinen Gebirgseinschnitt, westlich des Kaibengrundes bei Mulden. Derselbe durchsetzt den Südhang des Teufelsgrunder Kopfs (859,8 m), sodann die vom Schindler Kopf (858,9 m) herabziehende Schlucht und schneidet den Schindler-Gang unweit des Gipfels (814,6 m). Das Streichen des Teufelsgrunder Ganges ist h. 4,2 bei 65—90° SW-Fallen und einer durchschnittlichen Mächtigkeit von etwa $^1/_3$ m. Der Gang ist auf ca. 1000 m bekannt, verdrückt sich an den Enden dieser Aufschliessungslänge und wird unbauwürdig. Aehnliche Verdrückungen treten auch an anderen Stellen auf, wo das Fallen ein flaches wird. Die Ausfüllung besteht hauptsächlich aus Fluss- und Schwerspath, ferner aus Quarz, Bitter-, Eisen-, Kalk- und Braunspath, mit Bleiglanz, Zinkblende, Kupfer- und Eisenkies. Diese Mineralien sind im Allgemeinen schichtenweise parallel den Gangwänden angeordnet, mit bald mehr, bald weniger deutlich erkennbarer Symmetrie. In der Mitte

---

[1]) Eine beachtenswerthe Specialsammlung, auch von grösseren Gangstücken, aus den Erzgruben des Schwarzwaldes befindet sich im Naturhistorischen Museum zu Basel.

finden sich oft grosse drusige Hohlräume.
Kupferkies, gediegen Arsen, Antimonglanz,
in Nadeln bis zu mehreren Centimetern Länge,
edle Silbererze etc. kommen in geringer Menge
vor. Es sind dies: Rothgiltigerz, sehr selten; Glaserz, gediegen Silber, beide ebenfalls selten; Federerz, Realgar, Cerussit, Auri-
chalcit, sehr selten; Chalcedon selten; Gyps
nur spärlich, als jüngste Bildung. — Gediegen Silber ist röthlich weiss bis dunkel-
grau und in diesen Farben nur vom Teufelsgrunder Gang bekannt. Desgleichen gediegen Arsen in hohlen Kugeln mit Lagen-Structur,
oft mit Bleiglanz zwischen den Lagen. Realgar
soll nach Leonhard ein zarter, zinnober-
rother, strichweise vertheilter Anflug sein,
welcher sich selten auf Schwerspath- und
Flussspath-Aggregaten findet. — Das Haupt-
erz ist Bleiglanz mit einem Silbergehalt,
nach Leonhard's Beitrag III, von 4—7 Loth
im Ctr., das Nebengestein Normalgneiss, dessen
Glimmer oft gebleicht und theilweise in
Eisenerze verwandelt ist. An einer Stelle
tritt Hornblende auf, an einer anderen ist
der Gneiss von einer gangartigen Porphyrmasse durchsetzt, welche steil nach NO einfällt und 40—60 m mächtig ist. — Der
Erzgang durchsetzt diesen Porphyr mit verminderter Mächtigkeit und ist erst östlich
davon bauwürdig. Zunächst beim Porphyr
war in einer aufrecht stehenden Zone des
Ganges der Kalkspath als Gangart vorwiegend, in einer folgenden Zone der Flussspath und in einer dritten der Schwerspath.
Die erste Zone war die erzreichste, die
zweite führte die silberreichsten Erze. Daub
giebt an, dass der Schwerspath mehr in den
oberen, der Flussspath mehr in den unteren Teufen vorkam. Quarz kam nur im
untersten oder Wilhelm-Stolln in grösserer
Menge vor. Lettenbestege fehlen meistens,
nur an flachen und verdrückten Stellen, bisweilen eine scharfe und glatte Ablösung
bildend, sind solche vorhanden. Im Hangenden des Ganges befinden sich zahlreiche
Nebentrümer, besonders an stärkeren Krümmungen; dieselben sind aber wenig mächtig
und keilen sich bald wieder aus. Der Gang
wird von vielen Lettenklüften durchsetzt,
welche h. 7 und 8,6 streichen und 45—75°
gegen NO einfallen; dieselben sind schwach
und verwerfen den Gang nur unmerklich.
1792 war letzterer 200 m lang überfahren, 1846 690 m. Das gesammte auf
dem Teufelsgrunder Gang erschlossene Ab-
baufeld hatte 250 m Höhe und eine mittlere
horizontale Länge von etwa 600 m. Ergiebig war aber hauptsächlich nur der zwischen dem Prophyr- und dem Schindler-Gang
befindliche Theil. Unter der Thalsohle scheint

der Gang noch nicht untersucht zu sein.
(Schmidt.)

Der Teufelsgrunder Gang wird an seinem
östlichen Ende vom Schindler-Gang spitzwinklig durchsetzt und wenig verworfen.

b) Der Schindler-Gang ist also jünger
als der Teufelsgrunder Gang und setzt nach
S in die Schindler-Schlucht, folgt dieser bis
zu ihrem Ausgang, durchschneidet den Kaibengrund, den Vorhügel des Herrenwalds, und
endet beim Krinner Bach unweit des Ortes
Kaltwasser. Der Schindler-Gang streicht
h. 1,3 bis 1,6 und fällt mit 70—90° bald
gegen O, bald gegen W ein. Derselbe ist
15—180 cm mächtig, an vielen Stellen in
mehrere Trümer zerspalten und auf 1300 m
Länge bekannt.

Die Ausfüllung ist im Allgemeinen wie
die des Teufelsgrunder Ganges, mit etwas
mehr Quarz und Blende. Gediegen Arsen
ist selten; die edlen Silbererze fehlen ganz.
Gneissbruchstücke geben oft dem ganzen
Gang ein breccienartiges Aussehen. In der
Mitte des Ganges befinden sich Drusen bis
$^1/_4$ m weit und bis 4 m lang. — „Eine besondere, dem Teufelsgrunder Gang gänzlich
abgehende Erscheinung sind die sogenannten
„Schlechten", d. i. offene Klüfte, welche die
Gangfüllung schiefwinkelig durchsetzen, alle
einander parallel streichend und nördlich
einfallend, oft in Abständen von nur wenigen
Centimetern folgend. Sie deuten auf spätere
Gesteinsbewegungen hin." (Schmidt.)

In einem grossen offenen Bruch ist der
Gang 8 Fuss mächtig und meistens Kiese
führend, weshalb dieser nördliche Gangtheil
früher die „Kieszech" hiess.

Der Schindler-Gang ist auch an beiden
Enden weniger erzreich als in der Mitte und
nach der Teufe quarziger; in den höheren
Niveaus sind die Gangarten späthiger Natur
(Fluss-, Schwer-, Braun- und Eisenspath).

Spatheisenstein kommt somit nicht nur
im Riggenbach vor, wie im Vorhergehenden
bemerkt, sondern hier an der dritten Stelle
des Münsterthaler Gebiets.

Das Nebengestein ist, wie beim Teufelsgrunder Gang, Normalgneiss, im Contact
meistens etwas zersetzt.

Der Schindler-Gang durchsetzt und verwirft den schmalen Porphyr-Gang, welcher
vom Holzschlag herab und quer durch den
Kaibengrund streicht; er ist also auch jünger
als dieser Gesteinsgang.

Bergbau ist schon 1512 auf dem Schindler-
Gang umgegangen und wahrscheinlich schon
mehrere Jahrhunderte früher. Grosse Verhaue und 6 Stollen, von welchen der unterste
im Kaibengrund als Erbstolln angesetzt ist.
Die Verhaue finden sich bis in den Kalt-

wassergrund hinein. Die grossen Halden der Stollen beweisen, dass der alte Betrieb weit in den Berg eingedrungen ist. In den 40er Jahren dieses Jahrhunderts wurde der oberhalb des Ortes Mulden mündende Erbstolln aufgewältigt. Derselbe steht bei ca. 550 m vom Mundloch mit einem in der Schindler-Schlucht niedergehenden, über 120 m tiefen Schacht in Verbindung. Bei dieser Tiefe traf man den Porphyr und daneben einen alten Schacht. Der Gang ist weit unter die Stollnsohle abgebaut.

Im südlichen Theile zeigen die Halden der Verhaue viel späthige Gangart, besonders Schwerspath.

Die Fortsetzung des Schindlerganges ist, wie schon bemerkt, bis in den Kaltwassergrund am Nordhang des Belchen zu verfolgen. In einem westlich des Baches gelegenen Stolln ist ein mächtiger Gang mit Schwerspath, Quarz, Blende und „kleinen Bleierz-Augen" aufgeschlossen, der die Fortsetzung des Schindler-Ganges gegen S bildet. Nach Prof. Schmidt kommt in der Halde dieses Stollns auch viel Flussspath vor.

c) Auf der anderen Thalseite ist ein 3 Fuss mächtiger Erzgang mit Blende und etwas Bleiglanz mittelst eines Stollns erschlossen, der h. 1 streicht, parallel mit dem vorigen.

d) Südöstlich, auf dem Grat zwischen Kaltwassergrund und einem kleinen westlichen Seitengrund des Knappengrundes, ist ein alter Stolln gegen S 210 W getrieben. Die nicht unbedeutende Halde enthält viel Schwerspath und etwas fein eingesprengte Blende. Bleiglanz ist nicht zu bemerken.

Dieser Gang scheint gegen N zunächst an der Ausmündung des Knappengrundes in dem Krinner Grund, wo ein Stolln mit kleiner Halde Schwerspath sich befindet, fortzusetzen und weiter gegen N durch den oben erwähnten Herrenwald und Holzschlag.

e) Am oberen Herrenwaldbach, der in der Nähe der Schindler-Schlucht in den Kaibengrund mündet, findet sich eine sehr grosse und auffallend frische Berghalde, welche ausser Gneiss nur wenig Schwerspath und Quarz, aber kein Erz führt, soweit dieselbe an der Oberfläche von Prof. Schmidt untersucht werden konnte. Dieser Stolln, Leopold genannt, war 1847 wieder in Betrieb, mit welchem bei ca. 100 m ein ½ m mächtiger Erzgang erreicht wurde, dessen Streichen ist angegeben ist. Die Gangarten waren die im Münsterthale gewöhnlichen. Quarz war vorherrschend; die Erze waren gut und der Bleiglanz reich an Silber.

f) Im District Holzschlag liegen alte Baue am Westhang des als „Breitnauer Ebene"

bekannten Bergrückens. Drei Schächte mit ansehnlichen Halden sind in einer Linie, in h. 4,5, ungefähr parallel mit dem Teufelsgrund-Gang, auf dem Gange niedergebracht. Seitlich des untersten Schachtes befindet sich ein Stolln mit mächtiger Halde. In letzterem fand Vernier einen 3 Fuss mächtigen und h. 5 streichenden Gang mit grossen Quarzdrusen und einem drei Finger breiten Streifen von Bleierz. Eine Probe desselben ergab 17 Pfd. Blei und 1 Loth Silber im Ctr. Auf der Halde fand Schmidt Gneiss mit Blendeadern; theils dichten, theils drusigen Quarz mit oft reichlich eingesprentem Bleiglanz und auch etwas Kupferkies; stellenweise Fluss-, Bitter- und grosskrystallinischen Kalkspath mit Eisenocker. „Alles deutet auf gutartige Gänge und ergiebigen Bergbau in alter Zeit".

An der Vereinigung des Herrenwaldbachs mit dem Kaibengrund tritt ein h. 4 streichender Erzgang auf, welcher die südliche Fortsetzung des vorigen Ganges bilden dürfte. Gegenwärtig ist noch ein Stolln und eine Schachtpinge bemerkbar, auf deren Halden viel Quarz und Schwerspath mit Bleiglanz-Aederchen und etwas Blende und Flussspath liegt.

g) An der Ecke der Thäler Kaibengrund und Krinnerbach, an welcher auch der Schindler-Gang gegen S durchsetzt, liegt östlich von diesem der nach Vernier unter dem Namen „Multenpranke" bekannte Grubenbau. Es liegen hier einige Schachtpingen auf einem h. 3—4 streichenden Gange. In den verwachsenen Halden finden sich einzelne Stücke Schwerspath mit etwas Flussspath, Quarz und Bleiglanz.

Vernier war der Ansicht, dass die im Vorhergehenden beschriebenen Gänge am Kaltwasserbach, im Herrenwald und Holzschlag einen einzigen Erzgang bilden, was nach Prof. Schmidt's Untersuchungen nicht der Fall ist. Es scheinen drei bis vier verschiedene Gänge zu sein, welche sich mit dem Schindler-Gang vereinigen und als ein Gang gegen S fortsetzen dürften.

11. Oestlich von diesen Gängen finden sich noch alte Baue am Belchen. Am nordwestlichen Hang des sogen. Scheuerle-Kopfs (1199,2 m), dicht bei dem dortigen Vorkommen von Hornblende-Gestein liegt ein alter Schacht auf einem Gang, welcher nach Vernier's Beschreibung in h. 3 streicht, 4 Fuss mächtig ist und, ausser Drusen, Quarz und Flussspath besitzt. Nach demselben Berichterstatter soll sich mit diesem Gange ein h. 11 streichender Gang mit Quarz, blauem Flussspath und Kies, aber ohne Erz, scharen.

32

12. Von da gegen N fand **Vernier** im Knappengrund zwei Stollen auf einem in h. 1 aufsetzenden Gang, mit Spath und Quarz ausgefüllt, und etwas Erz führend. In der Mitte des Grundes soll das „Hauptwerk", bestehend aus zwei übereinander liegenden Stollen gelegen haben. Mit dem unteren Stolln ist der Gang, welcher jetzt noch am Ausgehenden etwas Bleierz zeigt, auf 380 m Länge gegen S überfahren worden.

13. Nahe an der Kreuzung der Gänge Schindler und Teufelsgrund durchsetzt eine mächtige Porphyrmasse das Gebirge. Auf der anderen Seite derselben, gegen N findet sich am NO-Hang des Brandbergs in dem Seitenthälchen Elendgass ein alter Bau, ein Stolln, mit welchem ein in h. 4 streichender und ½ Fuss mächtiger Schwerspathgang, sowie eine mächtige Lettenkluft überfahren worden ist.

Dieses Gangvorkommen liegt vereinzelt zwischen den zuletzt beschriebenen Gangzügen und denjenigen am Stohren, bei Hofsgrund-Willnau, sowie am Schauinsland und Erzkasten gegen NO.

### 14. Stohren-Hofsgrund-Willnau-Schauinsland-Erzkasten-Gangzug.

a) Alte Baue liegen bei Farnacker im Stohren-Hochland hoch oben im Obermünsterthal. Prof. Schmidt hat im Karlsruher G. L. Archiv eine Anzahl Urkunden über die Silber- und Bleibergwerke am Stohren aus den Jahren 1297—1327, 1570—1633, 1690 bis 1754 gefunden, welche auf ein hohes Alter und langen, andauernden Betrieb der Stohrener Baue hinweisen. Darunter befinden sich Grubenrechnungen der Werke „am Stohren der Wildenau". Demnach wurde auch die Wildenau, jetzt Willnau, zum Stohren gerechnet. Andere Documente nennen das Bleiwerk Stohren neben den Bleiwerken Hofsgrund und Willnau, woraus hervorgeht, dass ausser den Stolln in der Willnau noch ein anderes Werk im Stohren vorhanden war, welches nur dasjenige am Farnacker kann gewesen sein, weil sich nirgends sonst Spuren alten Bergbaus vorfinden. 1726 ist die Bleigrube zur Mariahilf an dem Stohren vom Kloster St. Trudpert betrieben worden. Nach Vernier war der Betrieb am Stohren 1781 gänzlich eingestellt. Derselbe soll auf zwei Gängen mit einem Streichen in h. 3 und geringem Fallen gegen W umgegangen sein. Die Gangart wäre mürb und sandig gewesen, mit wenig Bleiglanz und Grünbleierz. Ersterer hielt bei 40—60 Pfd. Blei 1 Loth und 1—2 Qu. Silber im Ctr. Der Gang ist 80 Ltr. lang abgebaut, alsdann durch eine Lettenkluft durchkreuzt und hinter derselben schmal und unbauwürdig geworden. Die jetzt noch vorhandenen Halden sind ziemlich ansehnlich. (Schmidt.)

Oestlich vom Stohren, jenseits der Wasserscheide des Münsterthales, liegt der alte Bergbauort Hofsgrund.

b) Der Gesprenggang. Dieser Gang liegt zwischen dem Gang am Farnacker und dem Willnau-Hofsgrunder Hauptgang. Derselbe wurde hauptsächlich von Hofsgrund aus mittelst Stollen bergmännisch bebaut. Der Gesprenggang ist an der Oberfläche durch eine wellig verlaufende Reihe alter Schächte bis über die Wasserscheide des Münsterthales zu verfolgen. Dieser wellige Verlauf mag entweder den Verwerfungen durch Lettenklüfte zu verdanken sein, oder darauf beruhen, dass streckenweise mehrere parallele Gänge vorhanden waren. Carato sagt nämlich, dass der „Schärfstollen No. 57" mehrere Gänge durchfuhr, und zwar bei 16 Lachter einen 7 zölligen, bei 32 Ltr. einen 9 zölligen, bei 45 Ltr. den Gesprenggang, 1½ Fuss mächtig, und 16 Ltr. weiter noch einen Gang von 1 Fuss Mächtigkeit, h. 4 streichend, brandig, d. h. reich an Eisenoxyden. 1781 wurde der Gesprenggang noch bebaut; die Förderung geschah durch einen Erbstollen, welcher in der Nähe des jetzigen Schulhauses zu Hofsgrund mündet. Die bauwürdigen Theile des Ganges enthielten in der Tiefe ein Gemenge von Zinkblende mit Bleiglanz und strahligem Bleischweif. Der derbe Bleiglanz hielt 62—70 Pfd. Blei und 1 bis 1¼ Lth. Silber im Ctr., oft auch weniger; der Bleischweif nur 60 Pfd. Blei und 1 bis 2 Qu. Silber; die Pochgänge hielten 3 Qu. Silber. Am Ausgehenden fand sich viel Grünbleierz mit Weissbleierz und zersetztem Bleiglanz. Die Gangart war dieselbe, wie in den Willnauer Gängen: lockerer, gneissartiger Schiefer, von weissem Letten und Quarzstreifen durchzogen. Die in den Sammlungen befindlichen Stufen von „Hofsgrund" scheinen (nach Prof. Schmidt) sämmtlich aus den oberen Teufen des Gesprengganges herzurühren. Sie enthalten neben Chalcedon und zerhacktem Quarz vorwiegend oxydische Erze, insbesondere Pyromorphit, Zinkspath und Kieselzink. Als Seltenheit fanden sich Eusynchit, Fahlerz und Kupferkies. Fluss- und Schwerspath sind meist zerstört und ihr früheres Vorhandensein nur aus Abdrücken in zerhacktem Quarz nachweisbar. Nach Vernier streicht der Gang h. 1—2 bei 45° Fallen gegen Mittag und ist der grösste Theil der Abbaufelder über dem Erbstolln von den Alten durch sehr ausgedehnte Baue erschöpft; unter dem Erbstolln ständen schöne Erze (Bleiglanz und

Grünbleierz) an, aber ein grosser Wasserzu-
fluss hindere den Abbau; derselbe (Vernier)
schlägt vor, einen grossen tiefen Stolln vom
Münsterthalgehänge heranzutreiben, welcher
alle Hofsgrunder Gänge schneiden und die
Wasserlösung erwirken würde.

1820 wurde der Betrieb eingestellt.

c) Willnau-Hofsgrunder Gänge. Oestlich
vom Gespreggang liegen Reihen von alten
Bauen, welche sich vom Orte Hofsgrund in
SSW-Richtung über den Gebirgskamm nach
der oberen Willnau hinüberziehen und von
Carato als Willnauer Gang bezeichnet werden. Nach Vernier gehören dieselben zwei
parallelen Gängen an, was Prof. Schmidt
nach der Lage der alten Pingen und Halden
bestätigt. „Die zwei Haldenreihen liegen
nur etwa 10 m auseinander. Ihr Streichen
ist am Süd-Ende in der Willnau und bei
Halden (Haldenwirthshaus) N 300, am Nord-
Ende bei Hofsgrund N 200".

Ein ebenso streichender dritter Gang
scheint weiter östlich, der Dorfskirche gegenüber, kurze Zeit bebaut worden zu sein.
Die erwähnten zwei Hauptgänge müssen
lange Zeit hindurch in Betrieb gewesen sein,
und zwar einerseits an ihrem Süd-Ende
durch mehrere Stollen, welche in der als
Willnau bezeichneten Einsenkung untereinander angesetzt sind, quer auf die Gänge;
hauptsächlich aber am Nord-Ende, wo sich
bei Hofsgrund eine ungeheure Halde befindet, welche auf eine grossartige Ausbeutung hinweist. Diese „grosse Halde" ist
schon bei Vernier 1781 erwähnt. Der Bergbau war damals schon eingestellt. Die
Hauptförderung geschah in alter Zeit hauptsächlich durch einen zu der grossen Halde
gehörigen tiefen Stolln. Die alten Schächte
auf der Höhe besitzen meistens geringe
Halden und waren ohne Zweifel nur Wetter-
schächte.

„Was den Inhalt der Gänge anbetrifft,
so sagt Vernier, die Gangart habe aus
lockerem, gneissartigen Schiefer bestanden,
von zerreiblichem weissen Letten und von
Quarzstreifen durchzogen (wie beim Gesprenggang). Das Erz war Bleiglanz mit Grünbleierz und bisweilen auch Weissbleierz. Auf
den Stollenhalden in der Willnau findet man
viel Schwerspath, grosse Krystalle oder derbe
Massen von Bleiglanz einschliessend, welch
letzterer zum grössten Theile in Cerussit
verwandelt ist. Daneben zeigt sich viel zer-
hackter Quarz. Sowohl Schwerspath- als
Quarzstücke sind oft mit hübschen Kryställchen oder derben Ueberzügen von Pyromorphit bedeckt. Letzterer ist stets viel
jüngerer Bildung und muss zum Theil sogar auf den Halden oder im alten Mann

entstanden sein, da sich lose Quarzstücke
finden, an welchen sich ringsum Pyromorphit
angesetzt hat.

„Alle diese Gänge werden nach Vernier
von vielen Lettenklüften durchsetzt und verworfen, deren eine insbesondere, gegen
10 Klafter mächtig und h. 9—10 streichend,
alle Gänge durchkreuzen soll." (Schmidt.)

In der Streichrichtung des Gesprengganges und des Hofsgrund-Willnauer Gangzuges finden sich Gänge gegen N am Schauinsland (1240,4) und am Erzkasten (1286,3 m)
mehrere Gänge.

d) Schauinsland heisst der oberste Theil
des Kappeler Thals am Nordhang des Erzkastengipfels. Hier begann der Bergbau
ums Jahr 1740; 1781 war derselbe längst
wieder eingestellt. Drei Stollen waren auf
einem h. 2—3 streichenden Gange getrieben.
Einer dieser Stollen wurde 1881 wieder aufgethan. „Der Erzgang zeigte sich sehr zersplittert und von sehr wechselnder Mächtigkeit bis 1 m, N 660 streichend, fast saiger
einfallend. Derselbe war auf 50—60 Ltr.
erzführend, sodann aber sich mehr südlich
wendend zu einem Streichen von N 300 und
dann taub; möglicherweise ist der Gang
durch eine letzteres Streichen besitzende Kluft
abgeschnitten oder verworfen." (Schmidt.)

Nach demselben sind die alten Erzstufen
in der Freiburger Sammlung daher und waren
die 1881 gewonnenen Erze breccienartig.
Eckige Stücke eines Schuppengneisses sind
von Schnüren von Bleiglanz und Quarz durchsetzt, seltener von Blende und umgeben in
der Regel von bläulichem hornsteinartigen
Quarz oder von Bleiglanz; Zinkblende verkittet das Ganze.

e) Der Gang Gegentrum am Südabhang
des Erzkastengipfels wird, was schon der
Name andeutet, als südliche Fortsetzung
des Schauinslandganges angesehen. Die
weitere südliche Fortsetzung dürfte der Gespreggang bilden. Am Gegentrum streichen
aber 2 Parallelgänge aus dem Thaleinschnitt
gegen den Berggipfel hinauf, etwa N 200.
Die Baue auf denselben sind sehr alt. 1781
wurden 2 Stollen aufgewältigt, welche poch-
würdiges Erz lieferten, nämlich feinkörnigen
Bleiglanz mit Quarz und Kalkspath und
einem Silbergehalt von 1 Lth. 2 Quent. im
Ctr. Das Nebengestein bestand aus Normalgneiss, die Gangausfüllung vorzugsweise aus
Quarz mit Blende und Bleiglanz, sowie
Eisenoxyd mit Schwerspath und Quarz.

f) Etwa ¼ Stunde westlich vom Rast-
haus am Erzkastengipfel liegen am Nordhang des Gebirgszugs in den sogen. „Roth-
lache" 3 alte Stollen übereinander mit ansehnlichen Halden, in einem Streichen von

32*

etwa N 300. Dieses Streichen, sowie der
Inhalt der Halde deuten auf ähnliche Verhältnisse wie am Schauinsland. (Schmidt.)

Dieser Gang liegt in der Streichungslinie des Ganges am Farnacker im Stohren.

Der Bergbau bei Hofsgrund hat ein hohes
Alter aufzuweisen (S. Trenkle). 1372 wird
der Diesselmuth, jetzt „Halden" bei Hofsgrund erwähnt. Von der Ergiebigkeit dieses
Bergbaues zeugt noch ein Glasgemälde,
welches ein reicher Gewerke und Bürger
von Freiburg dem Münster daselbst als Dank
für den Segen des Bergbaues geschenkt hat.
Dieses Gemälde aus dem 14. Jahrh. befindet
sich am 5. Fenster der Nordseite des Lang-
hauses und stellt zwei arbeitende Bergknappen dar mit der Unterschrift: „Diesselmuth und Nollingsfrond", wie die Gruben
bei Hofsgrund damals hiessen. — Um die
Mitte des 16. Jahrh. waren die Werke nicht
mehr ergiebig. In Folge des 30jährigen
Krieges trat Stillstand ein. Der Bergbau
wurde 1724 wieder aufgenommen von Privaten und 1788 von der österreichischen
Regierung übernommen. 1820 kam derselbe
abermals zum Erliegen. Wie schon erwähnt, wurde 1881 ein Stolln am Schauinsland wieder aufgewältigt; damals wurden
auch alte Halden auf die Gewinnung von
Stück-Zinkblende ausgeklaubt. Seit einigen
Jahren werden von der Gewerkschaft „Schwarzwälder Erzbergwerke"[2] in Köln Versuchsarbeiten in den Hofsgrunder Gruben am
Schauinsland und Erzkasten ausgeführt; im
Sommer 1893 erschloss man hochsilberhaltige Blendemittel, gegen Ende 1894 wurden
3 Gänge von 2, 1,5 und 2 m Mächtigkeit
durchquert und in diesem Jahre hofft man
noch 2 weiter vorliegende Gänge anzutreffen.

15. Gangvorkommen bei Wieden.

a) Südlich von Hofsgrund und Willnau
finden sich zunächst Gänge bei Wieden.
Oben im Wiedener Thal liegen hinter der
zum Dorfe Wieden gehörigen Sägefabrik ein
Stolln und ein Schacht auf einem h. 1—2
streichenden Bleierzgang, dessen angeblich
sehr hoher Silbergehalt (14 Loth im Ctr.)
Vernier „verdächtig" vorkam. Allem Ansehen
nach ist dies diejenige Grube, welche Carato
1786 als St. Antoni-Stolln in den Wieden
bezeichnet. Dieselbe wurde 1780 aufgenommen. Der Gang ist 145 Ltr. lang durchfahren, setzt h. 2 mit 63° W-Fallen und
6—8 Fuss mächtig auf. Die Ausfüllung be-

steht aus Quarz, Fluss- und Schwerpath in
welch letzteren beiden Gangarten Bleiglanz
in ¹/₂ bis 2¹/₂ Zoll starken Schnüren einbricht.
In Klüften kommt auch Grünbleierz vor.
Der Bleiglanz hält bei 58 Pfund Blei 8 Lth.
Silber, nesterweise auf wenig Fuss Erstreckung
auftretend, so dass der Gang im Ganzen
arm ist.

b) In der ungefähren Streichrichtung
gegen S finden sich hoch oben am Osthang
des Rollspitz-Berges an der sog. Moosbach
1 Stolln und 1 Schacht auf einem in h. 1
aufsetzenden Gang, welcher Quarz und Flussspath mit „Glanzschnüren" und „Bleiaugen"
von geringem Silbergehalt führt. — 1781
wurde ein tiefer Stolln begonnen. Die Halden
besitzen geringen Umfang und enthalten
(nach Prof. Schmidt) Quarz, Schwer- und
Flusspath mit etwas Bleiglanz und Blende.

c) Ein anderer alter Bau liegt auf der
östlichen Seite des Wiedener Thals, im
Finstergrund, ein Stolln auf einem h. 1—2
streichenden Gange. Nach einer Relation
eines Directoratsbeamten von 1769 soll der
Gang Quarz, Spath und silberhaltigen Bleiglanz führen. — Auf der Halde fand Prof.
Schmidt noch Schwerspath und Flusspath
mit etwas zersetztem Bleiglanz.

d) Im Langenbach bei der Münsterhalde
und am Stuhlkopf liegen mehrere kleine und
grosse Stollen und eine ziemlich grosse Halde
mit quarziger Gangart und eingesprengtem
silberarmen Bleiglanz. Weiter oben sieht
man die Ausbisse eines h. 4, quer durch
den Grund streichenden Ganges. Nach alten
Schriften soll im Langenbacher Grund das
reichste Bergwerk des Münsterthals gewesen
sein (Vernier). —

Dies wären die Hauptgangvorkommen
des Münsterthals. Der Schindler-Gang, nach
welchem Daub seinen ersten Gangzug nannte,
liegt ungefähr in der Mitte all dieser Gänge.
Nach der genauen Untersuchung dieser Gegend
durch Schmidt und nach der von demselben
angefertigten Karte befinden sich hier ebenso
wenig wie im Kinzigthal nur 2 Hauptgangzüge resp. zwei parallele Gangspalten, sondern mehrere parallel und diagonal streichende
Gänge, welche auch als Hauptspalten angesehen werden können. Das Münsterthal
wird, wie das Kinzigthal, in seiner ganzen
Ausdehnung im Gneiss- und Granitgebirge
von vielen Gangspalten in den verschiedensten
Streichrichtungen durchschnitten, worauf im
Resumé zurückgekommen werden wird.

F. Gangvorkommen südlich des Münsterthales.

1. Bei Todtnau, südlich von Wieden war
ehemals auch bedeutender Bergbau im Gange.
1247 wurde mit dessen reichen Ausbeute dem

---

[2] Dieselbe Gewerkschaft nahm 1893 alte Baue
bei Weilersbach am Eingang des Höllenthals, Station
Kirchgarten, mit Erfolg wieder auf; hier ist ein
Gang mit silberhaltiger Blende auf etwa 1300 m
Länge bekannt. (Ergänzung zu Abschnitt D, S. 208.)

Kloster St. Blasien aufgeholfen. Das Stift besass 1352 nicht weniger als 45 Poch- und Schmelzhütten, welche gegen Zins verpachtet waren. 1374 scheint der Bergbau daselbst bereits herabgekommen zu sein.

Noch jetzt führt Todtnau einen Bergmann mit Schlägel und Eisen im Wappen.

Im Wiesenthal zwischen Todtnau und Brandenberg war ein Bleibergwerk, die Grube Maus am Brandenberg, in Betrieb. Dieselbe ist wohl zuletzt eingegangen und noch in den 20er Jahren dieses Jahrh. betrieben worden. Dieselbe baute auf einem Gang mit silberhaltigem Bleiglanz, Braun- und schönem Flussspath.

2. Schönau, von Todtnau gegen S gelegen, ist auch ein alter Bergbauort. Das Bleiwerk Uzenfeld und das bei Aiteren unfern Schönau wurden anfangs dieses Jahrh. wieder aufgenommen. Der Gang, welcher im Thonschiefer aufsetzt, führt Bleiglanz, Blende, Kupferkies, Baryt und Quarz.

Bei Geschwand wurden ebenfalls Gänge im Thonschiefer auf Bleiglanz und Kupferkies bebaut.

3. Weiter unten im Wiesenthal ist bei Hausen unfern Schopfheim Ende des vorigen Jahrh. ein Gang, wieder im Granit aufsetzend, mit Kupferkies, Ziegelerz, Kupfergrün, Quarz, Fluss- und Schwerspath mittelst eines Stollns bebaut worden.

Schopfheim liegt ziemlich nahe der südlichsten Grenze des Schwarzwaldes.

4. Von Schönau gegen O liegt der ebenfalls einst nicht unbedeutende Bergbauort St. Blasien. Alte Silber- und Bleigruben liegen bei Bildstein und Ausserurberg.

In Grube Neuglück am südlichen Thalgehänge setzt ein Gang im Gneiss auf, Bleiglanz, kohlen- und phosphorsaures Bleierz mit Flussspath und Quarz führend. In der Schlucht des Steinabaches, ¹/₄ Stunde von St. Blasien, wurde zu Anfang dieses Jahrh. (in den 20er Jahren) eine verlassene Bleigrube wieder aufgenommen. Der Gang derselben setzt im Granit auf und führt Erze wie der von Neuglück.

1829 erschürfte man Bleierzgänge.

In Grube Neue Hoffnung Gottes bei St. Blasien führt der Gang oben kohlen- und phosphorsaures Bleierz, dann Bleiglanz.

In diesem Jahrh. ist bei St. Blasien eine nicht unbedeutende Nickelerz-Lagerstätte in einem Serpentin-Stock entdeckt worden.

5. Am Rande des Gebirges, in der Nähe des Rheinthals liegt vom Münsterthale aus gegen S die ebenfalls sehr alte Bergstadt Sulzburg, deren Umgebung reich an Gangvorkommen ist. Die Stadt führt heute noch im Wappen einen Bergmann mit dem Schlägel

in der Hand, vor dem Mundloch eines Stollns stehend.

Schon Ende des 10. Jahrh. müssen hier Gruben betrieben worden sein (Leonhard). Im Jahre 1028 schenkt Kaiser Conrad II. dem Hochstift Basel die Gruben im Sulzburger Thal. Die glänzendste Epoche für Sulzburg war wohl die der Mitte des 16. und noch zu Anfang des 17. Jahrh., denn um 1540 beschäftigte der Bergbau gegen 500, vor Beginn des 30jährigen Krieges noch 300 Menschen, dann trat lange Stillstand ein.

6. In der Riester-Grube brachen in dem ¹/₄ Ltr. mächtigen Gang silberhaltiger Bleiglanz, Barytspath, und Quarz. Grube Himmelsehre baute auf Bleiglanz, Fahlerz, Blende, Quarz und Barytspath. In der Kobaltgrube kamen ausser Kobalterzen, Bleiglanz, Eisen- und Arsenkies mit Barytspath und Hornstein vor. Dies ist im Südschwarzwald der einzige Fundpunkt von Kobalterzen und der zweite von Arsen. Im Krebsgrund, am Sulzburgerthal sind Bleierzgänge bebaut worden. Die ¹/₄ Stunde von Sulzburg liegende Grube Amalie förderte in Quarz eingesprengte Kupfererze, Kupferlasur, Kupfergrün und Fahlerz. Im Lambertsweg, einer anderen Gebirgsschlucht, findet sich Bleiglanz und Kupferkies.

7. Im Schweizergrund liegt die Antimongrube, deren Gang im Thonschiefer auftritt, aus welchem durch einen kleinen Schacht Antimonglanz, Blende und Eisenkies gewonnen wurde. Mit dem Teufelsgrunder Gang ist dies die zweite Fundstelle von Antimon im Südschwarzwald.

8. In der Schlucht Holderpfad befindet sich ein Quarzgang, der Arsenik-, Kupfer- und Eisenkies und Fahlerz mit 75 Loth Silbergehalt führte.

9. Der Gang der Grube Fürstenfreude in der Schlucht Junge Vogelbach setzt im Granit auf und führt Bleiglanz und Grünbleierz mit Barytspath und Quarz (Leonhard).

Diese Grube und die Gruben bei Badenweiler sind in neuerer Zeit wieder aufgenommen worden. Die Grube Fürstenfreude besteht aus drei übereinander liegenden Stollen. In dem oberen befinden sich bedeutende Abbaue, welche bis unter die Sohle des Mittelstollns niedergehen. Der Gang ist 0,5—1 m mächtig, streicht h. 3 und fällt 75—80° östlich. Die Ausfüllung besteht aus Schwerspath mit etwas Quarz und Bleierz in Trümern und eingesprengt. Am Liegenden ist dieselbe mit dem Nebengestein fest verwachsen, während am Hangenden stellenweise ein schmieriger Kaolinbesteg sich findet. Das Nebengestein ist

Granit, in der Nähe der Lagerstätte mit Schwefelkies und Bleiglanz imprägnirt.

10. Nicht fern davon, gegen Badenweiler, baute nach Leonhard die Grube Karl Ludwig auf Kupferkies, Kupfergrün und Ziegelerz.

11. Weiter gegen S, eine Stunde von Sulzburg liegt (nach demselben Autor) die berühmte Grube Haus Baden bei Badenweiler, welche wahrscheinlich schon im 11. Jahrh. betrieben wurde. Ein ungeheures, theilweise mit Vegetation bekleidetes Haufwerk ist über die Halde gestürzt, die sog. „Blaue Halde", welches von dem Umfang des Bergbaues früherer Zeit zeugt; keine Spur der Anwendung von Schiesspulver ist zu finden. An Gangarten kommen Fluss- und Barytspath, an Erzen die schönsten Bleierze: Bleiglanz, kohlen-, phosphor- und arseniksaures Bleierz. „Das Auftreten derselben hat nicht wie das der übrigen metallischen Substanzen im Schwarzwaldgebiet einen entschiedenen gangartigen Charakter, sondern mehr den einer Lagerstätte und zwar, seltsamerweise zwischen Granit und neptunischem Gebirge (Keuper). Die Mächtigkeit ist verschieden, bis zu 12 Fuss; die Erstreckung beträgt, alten Halden nach zu schliessen, wohl über 1000 Lachter". (Leonhard.)

12. Nicht weit von Badenweiler liegen noch die Gruben Frischer Fund und Karlsstolln, gleichfalls auf Bleierz betrieben.

Durch Markgraf Karl Wilhelm wurde 1716 die Wiederaufnahme der Gruben um Sulzburg und Badenweiler angeordnet. Der Betrieb dauerte bis in die 30 er Jahre desselben Jahrh., hatte aber keinen günstigen Erfolg.

1740 wurden mehrere Gruben um Sulzburg und Badenweiler von Neuem aufgenommen. Im Anfang schien alles zu Beste von Statten zu gehen, Poch- und Waschwerke und eine Schmelzhütte wurden errichtet. Von 1746—48 wurden im Karlsstolln viel silberhaltiger Bleiglanz und in Grube Himmelsehre beträchtliche Mengen Erz gefördert. 1750 kamen dieselben zum Erliegen. Der Karlsstolln wurde 1792 wieder betrieben und lieferte silberhaltigen Bleiglanz, Kupferkies, Kupferglanz, Kupferlasur mit Quarz, 1798 aber für unbauwürdig erklärt.     *[Fortsetzung folgt.]*
*C. Blömecke.*

**Spaltenbildung.** (Th. G. Skuphos: Die zwei grossen Erdbeben in Lokris am 8./20. und 15./27. April 1894. Zeitschr. d. Ges. f. Erdkunde zu Berlin. Bd. 29. 1894. No. 6. S. 409—474 mit Taf. 14—18.)

Ueber Spaltenbildungen bei den jüngsten tektonischen Erdbeben in Japan und Griechenland wurde bereits d. Z. 1894 S. 204 und 334 berichtet. Der S. 334 schon citirte junge griechische Geologe Dr. Skuphos hat in dem oben angeführten Aufsatz nun eingehendere Mittheilungen über die von ihm beobachteten Erscheinungen in Lokris gemacht.

Bei dem Erdbeben am 15. April bildete sich parallel dem Canal von Atalanti, welcher die Insel Euböa vom griechischen Festlande trennt, eine 65 km lange Spalte, die östlich vom Kopais See am Meere begann und sich von hier aus in nord-westlicher Richtung über die Stadt Atlanti bis Hagios Konstantinos erstreckte, wo sie abermals an das Meer herantrat. Diese Spalte durchschneidet in ihrem Verlaufe die Dolomite, Kalke und Schiefer der Kreideformation, die Mergel, Conglomerate und Sandsteine des Neogen, alluviale Anschwemmungen, Serpentine und andere Eruptivgesteine. In dem festen Kreidegestein ist die Sprunghöhe der Verwerfung sehr unbedeutend und beträgt nur den Betrag von etwa 30 cm, dagegen sind die Neogenschichten und noch mehr das Alluvium mit grossen Sprunghöhen auf bedeutende Entfernungen hin durchschnitten, und zwar ist derjenige Theil, der nord-östlich von der Spalte liegt, in die Tiefe gesunken. Ausser dieser Hauptspalte haben sich noch eine Reihe von Nebenspalten gebildet; die eine derselben durchsetzt in der Richtung von NO nach SW die Ebene von Atalanti und trifft mit der grossen Spalte am Rhodaberge zusammen. Diese 7 km lange Spalte hat den nord-westlich von ihr liegenden Theil der Ebene um 30—50 cm versenkt und eine von ihr gekreuzte Strasse durch zahlreiche Risse so verworfen, dass sie nicht mehr passirbar war. Die Ränder dieser Spalte haben einen Abstand von 5 bis 25 cm. Ein andere Spalte hat sich in der Stadt Atalanti selbst von der grossen Spalte abgezweigt und so wieder mit ihr vereinigt, dass beide einem elliptischen Landstrich von 800 m Länge und 300 m Breite einschlossen, der um 1—1¹/₂ m gesenkt wurde. Eine andere Spalte bei dem Dorfe Skenderaga hat ebenfalls einen Landstrich von 500 m Länge und 35—45 m Breite versenkt, aber um den bedeutenden Betrag von 15—20 m, so dass dadurch der Lauf eines Baches unterbrochen und ein kleiner See gebildet wurde. Zahlreiche Parallelspalten der grossen Spalte von 5—7 km Länge bildeten sich an der Küste zwischen Cap Knemidos und Lagga, eine Spalte bei Hagios Konstantinos versenkte eine Fläche von 3—4 Morgen Grösse in das

Euböische Meer und eine Parallelspalte zu derselben hat eine Insel von 42 m Länge und 15 m Breite durch eine schmale Meerenge von dem Lande abgetrennt. An einer anderen Stelle ist ein Küstenstreifen von ungefähr 300 m Länge und 12—15 m Breite vom Festlande abgetrennt und in der See verschwunden.

Das Hauptinteresse knüpft sich an die grosse Lokrische Spalte. Die grösste Sprunghöhe beträgt bei derselben etwa 2 m, gewöhnlich aber nur etwas über 1 m, mit Ausnahme des Kreidekalks, wo sie, wie erwähnt, nur bis 30 cm erlangt. In diesem Gestein ist auch die Breite der Spalte nur 5—25 cm, während sie in den jüngeren Formationen 1—4 m beträgt. Ausser der Einsenkung des nordöstlichen Flügels hat aber auch eine horizontale Verschiebung stattgefunden und zwar in der Richtung von SO nach NW, doch erreicht dieselbe nur einen verhältnissmässig geringen Betrag.

Es kann keinem Zweifel unterliegen, dass hier nicht einfache Abrutschungen stattgefunden haben, sondern dass man es thatsächlich mit tektonischen Bewegungen und Spalten zu thun hat. Die ganze Meerenge von Atalanti ist entstanden durch Grabeneinbrüche, die mit den ausgedehnten tektonischen Bewegungen im Aegäischen Meer in ausserordentlich junger Zeit in Verbindung stehen. Durch diese staffelförmigen Grabenbrüche ist die Insel Euböa erst in einer Zeit vom griechischen Festlande getrennt worden, als wahrscheinlich das Land schon von Menschen bewohnt war; wie denn bekanntlich die ganze Lostrennung Griechenlands von Kleinasien in so später Zeit erfolgt ist, dass der Gedanke ausgesprochen werden konnte, es könnte die erste Besiedlung Griechenlands von Kleinasien her auf dieser jetzt verschwundenen Landbrücke erfolgt sein. Die bei dem letzten Lokrischen Erdbeben stattgehabten Bewegungen sind als eine directe Fortsetzung und Weiterausbildung dieser Grabenbrüche aufzufassen, und die von Skuphos ausgesprochenen Befürchtungen, es könnten früher oder später noch viel ausgedehntere Flächen des verworfenen Flügels unter dem Niveau des Euböischen Meeres verschwinden, ist wohl nicht ganz ungerechtfertigt.

Von grossem Interesse sind die Erscheinungen, die bei Gelegenheit dieses Erdbebens an ober- und unterirdisch circulirenden Wassern gemacht sind. Eine ganze Reihe von Quellen zeigten bei unveränderter Temperatur eine sehr erhebliche Zunahme, während andere Quellen unmittelbar nach dem Erdbeben vollständig versiegten, aber nach einiger Zeit mit viel grösseren Wassermengen wiederkehrten. Das Wasser der Stadt Atalanti vermehrte sich um das Dreifache, während die grosse Quelle von Pesari verschwand und in der Spalte einen anderen Weg nahm, und zwar trat es in 2 Brunnen, die sich etwa 150—200 m von der Stadt entfernt, von der Spalte bergabwärts, befinden, in solchem Maasse zu Tage, dass es die Brunnenumfassung fortriss und bachartig den fensterartigen Quellenöffnungen entströmte. An der Bucht von Larymna befand sich ein System von Teichen und Canälen, durch welche die daranliegenden Mühlen getrieben wurden. Dieses Wasser verschwand bei dem grossen Erdbeben des Charfreitages vollständig, kehrte nach einigen Tagen bedeutend verstärkt wieder, konnte aber in den von zahllosen Rissen durchsetzten Teichen und Canälen nicht mehr gehalten werden und floss jetzt als Bach ab. — Noch viel mannichfaltiger sind die auf das Wasser bezüglichen Erscheinungen auf der gegenüberliegenden Insel Euböa. Dort hat sich die Zahl der Heilquellen von Aedipsos verdoppelt und die Wassermenge vervielfacht. Die hier zu Tage tretenden Wasser haben Temperaturen von 40—70° C. In der Umgebung der Ortschaft Plantanos befanden sich etwa 50 alte, seit vielen Jahrhunderten erloschene Quellbecken, aus denen jetzt heisses Wasser von 70—80° C. springbrunnenartig bis zur Höhe von 1 m über den Brunnen emporspritzt, während die Temperatur der früher vorhandenen Quellen von 28 auf 55° gestiegen ist.

Entlang des Flusses Thermopotamos sind zahlreiche neue, zum Theil schwefelwasserstoffhaltige Quellen mit einer Temperatur von 81° entstanden, und ähnliche Erscheinungen sind an zahlreichen anderen Stellen beobachtet. Auch im Meere selbst sind Spalten entstanden, aus denen schwefelwasserstoffhaltige Thermen emporsteigen.

Von praktischer Bedeutung sind ferner eine Reihe von Beobachtungen, die sich auf das verschiedene Maass der Zerstörung der Gebäude beziehen. Am meisten gelitten haben diejenigen Häuser, die auf losem Schuttboden stehen, und darunter wieder haben die grössten Zerstörungen diejenigen erfahren, die auf 1 bis 1½ m mächtigen lockeren Bildungen über festem Gestein der Kreideformation gebaut waren, da deren Fundamente nicht bis auf das anstehende Gestein in die Tiefe reichten. Dagegen haben die in den letzteren fundirten Häuser bedeutend weniger gelitten, ein Umstand, der für die Frage der Neuansiedlung in den heimgesuchten Gebieten von der höchsten Bedeutung ist.

Zum Schlusse mögen noch einige Beobachtungen hier Platz finden, die Dr. S k u p h o s , der als Augenzeuge das zweite grosse Erdbeben am Charfreitage miterlebte, mitgetheilt hat. (Das erste Erdbeben, welches weniger verheerende Wirkungen geäussert hatte, hatte 7 Tage vorher stattgefunden.)　S k u p h o s schreibt:

„Die von unten nach oben stossende Kraft war eine solche, dass die anwesenden 2 Officiere und ich, obwohl wir uns auf dem Erdboden fest aneinander hielten, nicht auf dem Boden blieben, sondern uns auf und ab bewegten, wie Gummibälle, welche die Kinder springen lassen. Die letzte nach unten gehende Bewegung war derart, dass alle Leute ein Gefühl hatten, wie wenn sie mit einem Aufzug zu einem hoch gelegenen Punkte, wie z. B. dem Eiffel-Thurm in Paris, durch verschiedene Luftschichten allmälich zum Horizont hinabstiegen. Dasselbe Gefühl hatten auch der Bürgermeister und sämmtliche Officiere und andere gebildete Leute in Atalanti.

Nach einigen Secunden folgten undulatorische Erderschütterungen von O nach W, welche mit grosser Gewalt eine volle halbe Stunde mit Unterbrechungen anhielten. Jeder Stoss dauerte 5 bis 8 Secunden. Die bei diesem Erdbeben gebildeten seismischen Wogen des Bodens waren auch mit blossem Auge bemerkbar. Gehen oder Stehen war auf dem Erdboden unmöglich, weil die Höhe der Wogen derartig war, dass bald der eine und bald der andere Fuss auf der Höhe der Wogen war, und so plötzlich und schnell fand dieses unwillkürliche wechselweise Niedergehen der Füsse statt, dass man hätte glauben können, die Leute tanzten „pas de quatre".

Der durch diese schreckliche, angsterregende, wellenförmige Bewegung des Bodens hervorgerufene Zustand wurde noch mehr verstärkt durch das unaufhörliche, wie von tausenden von Kanonen erzeugte furchtbare unterirdische Getöse.

Dreizehn Minuten ungefähr blieb darauf der Boden in Ruhe, bis uns um 10 Uhr ein neues, nicht minder schreckliches unterirdisches Getöse von unseren Plätzen aufschreckte, da demselben gleichzeitig auch eine sehr starke von O herkommende undulatorische Erschütterung von 9 Secunden Dauer folgte. Alle, die in dem Zelt waren, wurden von Neuem in Angst versetzt und machten sich auf eine grössere Katastrophe gefasst. Die Flucht in die Gebirge, welche einige vorgeschlagen, ist in so schrecklicher Stunde sehr gefahrvoll wegen der Abrutschungen von Felsen und der Bildung von Rissen u. s. w. Ich untersagte, da die Gefahr bedeutend grösser ist, wenn man seinen Platz fortwährend wechselt, als wenn man auf einem Punkte stehen bleibt, den Aufbruch aus den Zelten.

Das Erbleichen und das Zurücktreten der Zunge bis in die tiefste Höhlung des Mundes, sowie das schreckliche Gefühl von Durst, welches durch die bei Allen eingetretene unheimliche Erregung hervorgerufen wurde, ist so allgemein bekannt, dass ich es nicht besonders zu beschreiben brauche. Ich selbst, von Natur sehr nervös, wurde von einer solchen Neuropathie und Nervenerschütterung heimgesucht, dass ich den Gebrauch meiner Glieder vor Zittern nicht in meiner Gewalt hatte, und es musste mehr als eine Stunde vergehen, bis mein Körper wieder zur Ruhe kam."

*K. Keilhack.*

**Gold in Argentinien.** Der italienische Bergingenieur V. N o v a r e s e veröffentlicht in den Annali di Agricoltura No. 191 (relazione sul servicio minerario nel 1890), Firenze 1892, eine Abhandlung („I giacimenti auriferi della Puna de Jujuy") über ein interessantes, von ihm untersuchtes Goldvorkommen in den Andes Argentiniens, in der Provinz Jujuy, der nördlichsten von den 14 Provinzen der Republik. Sie grenzt an Bolivia, bildet eine Vorstufe der bolivianischen Andes und sendet alle ihre Gewässer durch den Rio Grande de Jujuy und einen anderen, de Estarco genannt, dem Paraguay zu. Sie ist ein Hochland, eine Puna, wie im angrenzenden Chile und in Bolivia, und erreicht 3500—4500 m Meereshöhe.

Die Puna besteht zum grössten Theile aus einer paläozoischen Formation, aus vielfach gefalteten, steil aufgerichteten Schiefern, Grauwacken und Quarziten, welche L. B r a c k e b u s c h für silurisch hält, und die sich durch goldführende Quarzgänge auszeichnet. Sie wird discordant von einer jüngeren Formation überlagert, die unten aus rothem Conglomerat, darüber rothen thonigen Sanden mit eingelagerten rothen Schieferthonbänken (manta colorada) und weichem, weissen Sandstein mit Thonlagen (argamata) und dolomitischen Kalken besteht und von B r a c k e b u s c h für untere Kreideformation gehalten wird, während N o v a r e s e sie eher für Trias halten möchte. Auf sie folgt, gleichfalls discordant, eine mächtige T e r t i ä r b i l d u n g , bestehend aus Trachyten, Andesiten und ihren Tuffen, Conglomeraten, rothen Sanden mit Thon, weichem Sandstein und einem goldhaltigen Conglomerate bei Eureka. Darüber endlich eine Q u a r t ä r b i l d u n g mit den goldhaltigen Conglomeraten der Puna in der Quebrada de Humahuaca und ihren Seitenthälern und darüber Alluvialsande, Dünen und Sande mit Gold und Salz. Im Uebrigen sind die geologischen Verhältnisse der trockenen, fast vegetationslosen Puna de Jujuy noch wenig bekannt.

Was nun die G o l d l a g e r s t ä t t e n der Puna betrifft, so sind sie in ihrem östlichen Theil beschränkt auf die Departements Rinconada, Santa Catalina und Cochinoca; die meisten befinden sich in der Gebirgskette zwischen dem Rio Grande de Estarco oder San Juan und der Hochebene von Rinconada, z. Th. auch in der Sierra de Cochinoca, und bestehen theils aus goldhaltigen Quarzgängen in den silurischen Schiefern und Grauwacken, theils aus Seifenlagern oder placers im Alluvium.

Die Quarzgänge sind sehr zahlreich und ihr Ausgehendes durch die weissen Quarzkämme oder crestones schon von weitem leicht zu erkennen in dem einschliessenden röthlichen Gestein, mit dem sie conformes Fallen und Streichen haben, in das sie jedoch unter verschiedenen Winkeln Apophysen oder Trümer entsenden. Die Mächtigkeit ist selbst auf demselben Gange sehr wechselnd und oft stockwerkartig zertrümmert, die Länge sehr wechselnd. Sie kommen meist in den Schiefern (pizarra), seltener in der Grauwacke vor. Der Quarz ist krystallinisch mit einzelnen grösseren Krystallen in Drusen, weiss, fest und compact und an vielen Stellen goldhaltig, jedoch ziemlich unregelmässig befunden und führt ausser metallischem Gold Schwefelkies (bronzo), Limonit und silberhaltigen Bleiglanz in geringer Menge. Der Goldgehalt setzt zuweilen in das Nebengestein über, z. B. auf der Grube „La Perdida" bei Santa Catalina, ebenso bei Ajedrez auf der „Veta azul" in der Schlucht des Rancho viejo. Die gangführende Zone des Cerro di Cabalonga glaubt Brackebusch mit gewissen Trachyten in der östlichen Sierra in Zusammenhang bringen zu können, doch ist er wenigstens für goldführende Quarzgänge in der Sierra di Cabalonga noch nicht zu erweisen. Der durch die trockene Probe ermittelte Goldgehalt betrug im Quarz und Schiefer nach Dr. J. K. Kyle von der Münze zu Buenos Ayres in der Tonne von Grube La Perdida bei Santa Catalina: Goldquarz 15 g, Schiefer 112,5 g, Schiefer aus alten Bauen 64,94 g; von Grube La Cruz del Sul (Timon Cruz): Goldquarz 179 g, Schiefer 5 g; Bleiglanz mit viel Quarz ergab in der Tonne 217,3 kg Pb, 245 g Ag und 5 g Au; der begleitende Quarz hielt viel Limonit mit Schwefelkies und 10 g Au.

Die Goldseifen oder placers bieten geringeres Interesse, sie finden sich an beiden Abhängen der Sierra di Cabalonga im Alluvium und werden von den Wäschern unterschieden in Oberflächenseifen, aventaderos oder shallow placers, und Tiefseifen, veneros, deep leads, deren Material und Goldgehalt sehr schwankend ist.

G.

## Litteratur.

**56.** Canaval, Richard, Dr.: Das Kiesvorkommen von Kallwang in Obersteier und der darauf bestandene Bergbau. Mitthlg. d. naturw. V. f. Steiermark, Jahrg. 1894. Graz, 1895. 109 S. mit 1 Tafel.

Eine eingehende, geologisch und bergbaulich interessante Studie, die an Vogt's Arbeiten über norwegische Kiesvorkommen vielfach anknüpft; in einem Referat kommen wir darauf zurück.

**57.** Draghicenu, M. M.: Geologia aplicata. Studii asupra Idrologici subterane din punctul de vedere al alimentarei oraselor din Romania mare, cu privire speciala asupra alimentarei Bucuresilor. Bucuresci 1895. 181 S. 4°, m. 4 Taf. und 1 Karte in Folio. Pr. 8 M.

**58.** Gutzwiller, A.: Die Diluvialbildungen der Umgebung von Basel. Verh. d. Naturf. Ges. in Basel. Bd. X 1895, S. 512—682, mit Taf. XI u. XII. Pr. 3 M.

Verf. behandelt ausführlich 1. Die fluvioglacialen Ablagerungen (Niederterrasse, Hochterrasse, Deckenschotter); 2. glaciale Ablagerungen in der Umgebung von Basel; 3. glaciale und fluvioglaciale Ablagerungen der Ostschweiz. Es folgen 4. Schlussfolgerungen über die fluvioglacialen Ablagerungen bei Basel, sodann wird 5. der Löss besprochen und 6. eine Uebersicht der verschiedenen diluvialen Ablagerungen der Umgebung von Basel gegeben, die schliesslich zu folgender Gruppirung führt:

| | |
|---|---|
| Niederterrassenschotter | Oberpleistocän |
| Löss und Lösslehm | |
| Hochterrassenschotter | Mittelpleistocän |
| Jüngerer Deckenschotter | |
| Oberelsässischer Deckenschotter | Unterpleistocän |

Die Tafeln enthalten 8 Uebersichtsprofile.

**59.** Heim, Albert: Geologische Nachlese. No. III. Der Eisgang der Sihl in Zürich im Februar 1893. Vierteljahrsschr. der Naturforsch. Ges. i. Zürich. 39. 1894. 14 S. No. IV. Der diluviale Bergsturz von Glärnisch-Guppen. Ebenda 40. 1895. 32 S., m. 1 Tafel. No. V. A. Rothpletz in den Glarner Alpen. Ebenda, 38 S. m. 1 Tafel.

Unter Bezugnahme auf die in dieser Zeitschrift mehrfach erwähnten Anschauungen von Heim und Rothpletz hinsichtlich der Ueberschiebungen sei hier besonders auf No. V hingewiesen, worin Heim sehr entschieden die Vorwürfe und Angriffe des letzteren zurückweisst. Die Sorgfältigkeit der Beobachtungen und Aufzeichnungen Heim's gegenüber den schematischen Darstellungen von Rothpletz lassen besonders die Profile auf der beigegebenen Tafel erkennen, welche die Verwerfung im Luchsingertobel nach den verschiedenen Auffassungen beider darstellen.

**60.** Legrand: Notes sur des mines de cuivre et de cuivre argentifère, situées aux sources du Rio Génil, dans le district de Guejar-Sierra, province de Grenade (Espagne). Bruxelles, 1894. 64 S. 8°, m. e. color. Plan. Pr. 1,20 M.

**61.** Lemberg, H.: Die Steinkohlenzechen des niederrheinisch-westfälischen Industriebezirks. Dortmund, C. L. Krüger. 1895. 2. Auflage. 100 S. Pr. 2 M.

Das sorgfältig bearbeitete Werkchen enthält ein Verzeichniss der Zechen, nach den zuständigen Poststationen alphabetisch geordnet, nebst allen Angaben, die für den geschäftlichen Verkehr mit denselben von Wichtigkeit sind: Adressen, Anschlüsse, Frachten, Belegschaften, Förderung nach Quantität und Qualität, Syndicatsverhältnisse etc.

**62.** Mierisch, Br., Dr.: Eine Reise quer durch Nicaragua, vom Managua-See bis nach Cabo Gracias á Dios. Ausgeführt im Jahre 1893. Peterm. Mitthlg. Gotha. 41. 1895. III. S. 57 bis 66. Mit Taf. 4: Geol. Karte (nebst 3 Profilen) des nördlichen Theiles der Republik Nicaragua i. M. 1:700000.

Einen früheren Reisebericht des Verf. erwähnten wir d. Z. 1893 S. 213. Die dem neuen Berichte beigegebene geologische Karte unterscheidet 11 verschiedene geol. Formationen und verzeichnet auch die Minendistricte (Gruben und Goldwäschen) von Ucunvas und Vava am Cuculaia; von Pis-Pis; von La Concepcion und Cuicuina im Gebiet des Prinzapolca. (Ueber Gold in Nicaragua s. d. Z. 1894. S. 74 u. 256.)

**63.** Navarro, L. F.: Más sobre la teoria de la sustitucion en Almadén. Actas de la Sociedad española de Historia natural. Segunda Ser. Tomo III. Madrid. Noviembre 1894.

Die von Prado aufgestellte Hypothese, dass die Sandsteine einer nachträglichen Substitution des Zinnobers für Kieselsäure ihren Gehalt an Quecksilbererz verdanken, wurde namentlich durch G. F. Becker (s. d. Z. 1894 S. 14) bekämpft und von diesem eine gleichzeitige Ablagerung von Quarz und Zinnober angenommen. Navarro vertheidigt in der vorliegenden Notiz die ersterwähnte Substitutionstheorie auf Grund der Untersuchung von Dünnschliffen zahlreicher von Almadén stammender Sandsteine. Diese sind gebildet aus eckigen, nicht abgerollten Quarzfragmenten, die von Chalcedon, dem Zinnober in verschiedener Menge beigemengt ist, krustificirt und cementirt wurden. Durch Erhitzen zerfallen die zinnoberreichen Sandsteine in lose Körner, während die an Erz armen Sandsteine in ihrer Consistenz verbleiben nur eine mässige Lockerung des Gefüges eintritt. Die mikroskopische Untersuchung der Dünnschliffe lehrte, dass die Structur der Sandsteine unabhängig von dem Erzgehalt bei den verschiedenen Probestücken eine gleiche ist, und dass die Umrindung der Quarzkörner theils aus reinem, theils aus Zinnober haltendem Chalcedon besteht, ohne dass im letzteren Falle structurelle Veränderungen sich im Schliffe zeigen. Die Altersfolge zwischen Erz und Chalcedon lässt sich im Schliffe wohl nicht deutlich erkennen, der Autor schliesst aber aus der Gesammtheit seiner Beobachtungen, dass die Erzbildung jünger sei als die Entstehung des ursprünglichen Sandsteines, und dass Chalcedon erst nachträglich durch Zinnober verdrängt wurde.

*Schrauf.*

**64.** Stainier, H., (Dr., Prof. à l'Institut agricole de Gembloux): Bibliographie générale des gisements de phosphates de chaux. Ann. de la Soc. géol. de Belgique, Liège. 1894.

Es werden hier nicht weniger als 606 Arbeiten über Ablagerungen von phosphorsaurem Kalk aufgeführt, eingetheilt in folgende Gruppen: allgemeine Beschreibungen; Deutschland, Algier und Tunis, England, Antillen, Argentinien, Oesterreich, Belgien, Canada, Spanien, Ver. Staaten, Frankreich, Inseln des Stillen Oceans, Indien, Italien, Palästina, Peru, Portugal, Russland, Skandinavien. — Die auf Belgien bezügliche Gruppe von 47 Arbeiten ist auch in Proc.-verb. de la Soc. Belge de Géol. T. VIII. 1894. S. 190—192 mitgetheilt.

**65.** Verstraeten, Th., Ingénieur: Examen hydrologique des bassins du Hoyoux et du Bocq. Proc.-verb. de la Soc. Belge de Géol. Bruxelles. T. VIII. 1894. S. 141—165 m. 6 Fig.

Diese Studie berührt besonders die Wasserverhältnisse in Kalkstein-Gebieten; vergl. hierzu auch H. Stainier: „Les calcaires sont-ils aquifères en profondeurs", ebenda S. 178—180.

---

# Notizen.

**Structur der Goldkörner.** Professor Liversidge über dessen Golduntersuchungen schon d. Z. 1894 S. 262 und 401 berichtet wurde, hat ferner gefunden, dass, wenn man natürlich vorkommende Goldkörner durchschneidet, die Schnittflächen polirt und mit Chlorwasser ätzt, eine krystallinische Structur, ganz ähnlich den Widmanstett'schen Figuren, zum Vorschein kommt; die Krystallflächen gehören dem Octaëder und Hexaëder an. Erwärmt man die Körner durch einen Bunsen-Brenner, so entstehen sowohl an den polirten als an den unpolirten Stellen Blasen, welche bei stärkerer Erhitzung mitunter zerplatzen, wobei kleine Goldpartikel fortgeschleudert werden. Da bei Auflösung der Blasenhaut mittelst Chlorwasser keine solche Explosion eintritt, scheinen die Blasen durch Verdampfung eines festen oder flüssigen Stoffes zu entstehen. Beim Zerschneiden einiger Körner zu Scheiben wurden eingeschlossene Quarzstückchen gefunden, welche man anfangs für die Ursache der Explosionen hielt; allein in einigen Fällen dauerte, wenn in der Blase nur eine kleine Oeffnung entstanden war, die Gasausströmung fort und erzeugte Flammenkegel wie beim Austritt durch eine Düse. (Oesterr. Z. f. Bg. u. Hw. nach Iron and Coal Trades Rev., 1895 S. 119.)

**Goldgehalt der Transvaal-Kohlen.** Vor einiger Zeit wurde Professor Stelzner in Freiberg von der österreichischen Regierung beauftragt, eine der fiskalischen Kohlengruben in Böhmen auf Goldgehalt der Kohlenasche zu untersuchen. Es wurde allerdings Gold nachgewiesen, aber nicht in mit Nutzen ausbringbarer Menge. Die hierbei auffallende Aehnlichkeit des böhmischen

Kohlenbeckens mit demjenigen des Witwatersrands veranlasste Stelzner, seinen früheren Schüler Ad. Görz in Johannesburg zu ähnlichen Untersuchungen anzuregen. Dieser liess von dem dortigen Chemiker Dr. Loevy eingehende Untersuchungen anstellen und erhielt hierüber folgenden Bericht vom 30. März 1894:

„Auf Veranlassung des Herrn Ad. Goerz habe ich die Aschen verschiedener Steinkohlen süd-afrikanischer Provenienz auf ihren event. Goldgehalt untersucht. Zur Untersuchung gelangten zunächst 4 Kohlensorten, nämlich: Brakpan-, Vaalriver-, Spring-Colliery- und Vogelfontein-Kohle.

Zur Erlangung guter Durchschnittsproben wurden je 200 lbs. der genannten Kohlensorten verascht und mit der Asche einer jeden Sorte je vier Feuerproben, unter Anwendung von 116,64 g per Probe, ausgeführt. Die nachstehenden Resultate geben die Mittel der auf diese Weise erhaltenen unter einander gut übereinstimmenden Werthe an:

|  | Gold (fein) per 2000 lb. Tons |
|---|---|
| 1. Asche der Brakpankohle . . . | 0 dwts. 5 grs. |
| 2. - - Vaalriverkohle . . | Spur |
| 3. - - Spring-Collierykohle | 3 dwts. 5 grs. |
| 4. - - Vogelfonteinkohle . | 3 - 2 - |

Die Resultate 1 und 2 (Brakpan und Vaalriver) dürften ein theoretisches und praktisches Interesse kaum gewähren, da Spuren bis zu einigen grains Goldes meist selbst im Johannesburger Strassenstaub gefunden werden, sofern nur eine genügende Menge des betreffenden Materials bei der Untersuchung zur Anwendung kommt.

Die Resultate 3 und 4 jedoch sind zweifellos von theoretischer und vielleicht auch von praktischer Bedeutung. Immerhin erscheint es mir gewagt, auf Grund derselben irgend welche definitive praktische oder theoretische Schlussfolgerungen aufzustellen, da die bis jetzt erhaltenen Resultate einer weiteren Bestätigung durch eine grössere Anzahl von Analysen bedürfen.

Auf diesem Gesichtspunkte fussend, bin ich gegenwärtig damit beschäftigt, die qu. Versuche in grösserem Maasstabe fortzusetzen, indem ich je eine halbe Tonne der Spring- und Vogelfonteinkohle verasche, um darauf durch eine grössere Anzahl von Analysen den effectiven Goldgehalt der Aschen zu ermitteln. Sollte letzterer im Durchschnitt nicht weniger als 3 dwts. betragen, so beabsichtige ich Auslaugungsversuche mit Cyankalium vorzunehmen. Eine günstige Prognose glaube ich allerdings diesen Versuchen mit Cyankalium deshalb nicht stellen zu können, weil der unvermeidliche Kohlengehalt der Aschen die Extractionsausbeute wesentlich vermindern, resp. ein Arbeiten mit stärkeren Lösungen erfordern dürfte. Für die event. Behandlung der Aschen durch den Plattner'schen Chlorinationsprocess (nach vorhergegangener Concentration) käme als äusserst günstiger Factor das Wegfallen des kostspieligen Röstens in Betracht."

In einem zweiten Bericht vom 9. Juni 1894 führte Dr. Loevy ferner aus:

„Um ein annähernd richtiges Urtheil über den Goldgehalt einer Kohlensorte zu erhalten, habe ich für meine weiteren Versuche nur Spring-Colliery-Kohle verwendet. Von dieser wurden 12 Säcke à 200 lbs., im Ganzen also 2400 lbs., verascht und die von je 200 lbs. Kohle erhaltene Asche besonders untersucht. Die Analysen ergaben folgende Resultate:

**1. Sendung.**

|  | Gold (fein) per 2000 lbs. (Ton) |
|---|---|
| Sack No. 1 . . . . | 3 dwts. 5 grs. |
| - - 2 . . . . | 3 - 18 - |
| - - 3 . . . . | 3 - 0 - |
| - - 4 . . . . | 4 - 6 - |

**2. Sendung.**

| Sack No. 5 . . . . | 5 dwts. 18 grs. |
|---|---|
| - - 6 . . . . | 9 - 5 - |
| - - 7 . . . . | 7 - 6 - |
| - - 8 . . . . | 5 - 16 - |

**3. Sendung.**

| Sack No. 9 . . . . | 0 dwts. 19 grs. |
|---|---|
| - - 10 . . . . | 0 - 14 - |
| - - 11 . . . . | 1 - 0 - |
| - - 12 . . . . | Spur. |

Hieraus berechnet sich der Goldgehalt der von 2400 lbs. Kohle erhaltenen Asche auf 3 dwts. 19 grs. per Ton (2000 lbs.).

Aus obigen Resultaten ist ersichtlich, dass der Goldgehalt der Aschen ein äusserst schwankender ist und sich bei 12 ein und demselben Kohlenmustern entstammenden Kohlenmustern zwischen Spuren und 9 dwts. bewegt. Bemerkenswerth erscheint die Thatsache, dass je 4 in einer Sendung gelieferte Muster unter einander ziemlich übereinstimmende Resultate ergaben. So zeigen z. B. sämmtliche Muster der im April erhaltenen dritten Sendung (Sack 9—12) übereinstimmend niedrige Resultate, während die 4 Muster der zweiten Sendung (Sack 5—8) übereinstimmend auffallend hohe Resultate ergaben. Ich schliesse daraus, dass die dritte Sendung einer anderen Stelle der Grube entstammte als die beiden ersten Sendungen, und dass der Goldgehalt der Kohle an verschiedenen Stellen der Grube ein verschiedener ist.

Zu Cyankalium-Extractions-Versuchen verwendete ich ein Durchschnittsmuster, dessen Goldgehalt durch Feuerprobe auf 2 dwts. 17 grs. ermittelt wurde. Das Resultat dieser Versuche war, dass bei Anwendung einer 1 proc. Cyankaliumlösung nach 84 stündiger Extractionsdauer nur unwägbare Spuren Goldes in Lösung gingen.

Als äusserst ungünstiger Factor für die event. Behandlung der Asche mit Cyankalium in Betracht kommt hier der Umstand, dass die Aschen ein ausserordentliches Absorbtionsvermögen für Flüssigkeiten besitzen, vermöge dessen sie die Hälfte ihres Gewichtes an Flüssigkeit aufsaugen und damit eine sich fast trocken anfühlende Masse bilden. Das Durchfiltern der Extractionsflüssigkeit wird hierdurch sehr erschwert und kann nur durch Auswaschen mit grossen Mengen Wassers bewerkstelligt werden, was grossen Zeitverlust zur Folge hat.

Nach den Ergebnissen meiner Versuche muss eine Behandlung der Aschen mit Cyankalium als ausgeschlossen betrachtet werden, während die Anwendung des Chlorinationsprocesses an dem geringen Goldgehalt der Aschen scheitern dürfte. Somit glaube ich, dass unter den heutigen Verhältnissen am Witwatersrand eine praktische Verwerthung des Goldgehalts der Kohlenaschen nicht möglich ist, vorausgesetzt natürlich, dass der Goldgehalt nicht bedeutend höher ist, als bis jetzt durch meine Analysen ermittelt wurde."

**Kupfererzlager der Kirghisensteppe in Sibirien.** (Eng. Min. Journ. 58. 1894, S. 363.) Südöstlich von der Stadt Orenburg, aber schon jenseits der sibirischen Grenze, wird eben ein neuer Kupfererzdistrict in Betrieb genommen auf den Besitzungen des Fürsten Dolgorucky. Die geologische Formation der Gegend ist permisch und besteht zuunterst aus Kalkstein, darüber aus gröberen und feineren, Kupfer führenden Sandsteinen mit Pflanzenresten, endlich zuoberst aus Conglomeraten und Mergeln. Der Kupfer führende Sandstein ist $\frac{1}{2}$ bis 1 m mächtig, ganz durchtränkt mit Eisen- und Kupferoxyden, sowie auch mit Malachit und Kupferlasur, und hält 5—12 Proc. Cu. Eine Analyse ergab z. B. 66 Proc. Kieselsäure, 19 Proc. Eisenoxyde, 10 Proc. Kupferoxyde, 5 Proc. Kohlensäure und Wasser. Schwefel scheint ganz zu fehlen. Besonders reiche Erze finden sich in der, den Sandstein von seinem Dach abgrenzenden Schichtfuge, sowie auch im Sandstein selbst in Klüften und in der unmittelbaren Umgebung der oft reichlich darin angehäuften Pflanzenreste. Auch sind die lockeren Theile des Sandsteins reicher als die dichten und festen. Das Flötz fällt 15° W und ist auch in der Tiefe erzhaltig, wie Versuchsschächte gezeigt haben. Es ist auf eine Erstreckung von mehreren Kilometern zusammenhängend verfolgt worden, scheint aber eine noch viel grössere Ausdehnung zu besitzen, da es an Orten, welche über 100 km auseinander liegen, in gleicher Entwickelung erschürft wurde. *A. Schmidt.*

Ueber **Brunnenbohrungen auf kleinen Felseninseln** hat Nordenskiöld eine sehr bemerkenswerthe Mittheilung an die Pariser Akademie gesendet. Man leidet auf den Lotsenstationen und den Leuchtthürmen in Schweden oft Mangel an Süsswasser. Um diesem Uebelstande abzuhelfen, hatte Nordenskiöld dem Generaldirektor der Lotsenstationen und Leuchtthürme vorgeschlagen, zu untersuchen, ob man sich nicht, selbst auf den Inselchen mitten im Meere, dadurch eine genügende Menge Süsswasser verschaffen könnte, dass man in das Granitgestein bis zu einer Tiefe von 30—50 m Bohrungen ausführt. Zu diesem Vorschlage, der anfänglich allgemein mit Zweifel aufgenommen wurde, war Nordenskiöld auf Grund folgender Ueberlegungen gekommen: 1) Die täglichen, jährlichen und säcularen Temperaturschwankungen müssen ein Abgleiten des oberen Theiles des Gesteins von den unteren Schichten, die solchen Schwankungen nicht ausgesetzt sind, verursachen, und durch dieses Abgleiten müssen in ziemlich gleichbleibenden Tiefen wagerechte Spalten hervorgerufen werden. 2) Die Beobachtung zeigt, dass das in die schwedischen Eisenbergwerke eindringende Wasser niemals salzig ist, selbst wenn die Bergwerke auf kleinen Inseln im Meere liegen und bis 100—200 m unter die Oberfläche reichen. Nach einigem Zögern wurde im Frühling vorigen Jahres auf der Lotsenstation Arköe in der

Ostsee (58° 29′ nördl. Br. und 16° 58′ östl. L. von Greenwich) ein Versuch gemacht, der von vollständigem Erfolge gekrönt war. In 33 m Tiefe, von denen sich 30 m unter Oberfläche des Meeres befanden, traf man auf wagerechte Spalten im Gestein, die täglich ungefähr 20 000 Liter Süsswasser von vorzüglicher Beschaffenheit lieferten. Die Wassermenge wird wahrscheinlich sehr vermehrt werden können, wenn man in den Bohrlöchern Dynamit explodiren lässt (Torpediren). Seitdem ist der Versuch an acht anderen Orten erneuert worden. In Tiefen von 33—39 m hat man immer Süsswasser gefunden, das im Allgemeinen bis zu 2—4 m unter der Oberfläche, zuweilen auch an die Oberfläche selbst emporsteigt.

Die Brunnen von 65 mm Drm. sind durch Diamantenbohrung in das krystallinische Gestein (Granit, Gneiss, Diorit etc.) gegraben worden, und man spricht daher schon von „Diamantenbrunnen" und „Diamantenwasser". Für die Brunnenbohrung ist Gestein auszuwählen, das an der Oberfläche keine Sprünge zeigt.

Nach dem bis jetzt in Schweden gemachten Versuchen scheint es gewiss, dass man sich dort in allen Gegenden mit krystallinischem Gestein reichliche Mengen reinen und durchaus gesunden Wassers mit verhältnissmässig geringen Kosten verschaffen kann. Ausserhalb der skandinavischen Halbinsel wiederholen sich wahrscheinlich dieselben Bedingungen in vielen Gegenden mit krystallinischem Gestein; möglich wäre es indessen, dass in Ländern, wo die Temperaturschwankungen an der Erdoberfläche unbedeutend sind, weniger günstige Bedingungen für solche Brunnenbohrungen obwalten.

**Bodensenkungen in Belgien.** In der Brüsseler geologischen Gesellschaft sprach am 5. Mai De Munck über die im Mittelbecken auf einer 2200 m langen Strecke in zehn Gemeinden längs des ganzen Canals des Centre genau beobachteten Bodensenkungen. Man erklärte diese Bewegungen als durch den ausgedehnten Minenbetrieb allein veranlasst, aber diese Erklärung ist nicht stichhaltig. Sollte der Bergbau allein die Veranlassung sein, so müssten ganz kolossale Zusammenbrüche erfolgt sein. Dazu kommt, dass unter den vier mitbetheiligten Gemeinden Nimy, Oburg, Casteau und Thieuvies überhaupt keinerlei Abbau umgeht. Die Sachlage ist so ernst, dass eine genaue geologische Untersuchung des ganzen Gebietes der Becken Mons und Centre unabweisbar erscheint. — Nach eingehenden Erörterungen beschloss die Versammlung die Veranstaltung einer umfassenden Untersuchung, zu welcher staatliche Ingenieure der Bergwerksabtheilung, Mitglieder der geologischen Gesellschaft und Vertreter der Zechen zugezogen werden sollen.

Im Anschlusse hieran verdient besondere Erwähnung, dass in den Zechen des Beckens Mons, im sog. Borinage, in ganz ausserordentlicher Tiefe gearbeitet wird, in der Grube Sainte-Henriette bei Flénu in einer Tiefe von 1200 m. (Vergl. d. Z. 1894 S. 75). Die in solcher Tiefe herrschende Temperatur beträgt 45°, wird aber durch die gute Wetterführung auf 20° herabgemindert. Das aus Manillahanf und Stahl gefertigte Förderseil, das Lasten von 6000 kg aus der Tiefe von 1200 m heraufbefördert, hat ein Gewicht von 14 310 kg.

**Neue Zinkerzlager** sind in der Provinz Lüttich zwischen Chaudfontaine und Tilff an der Ourthe entdeckt worden. Concessionsgesuche für deren Ausbeutung liegen der belgischen Regierung bereits vor. Bisher waren in dieser Provinz nur 3 Gruben in Betrieb, nämlich die der Gesellschaft Vieille Montagne in Moresnet, diejenige von Engis an der Maas (Nouvelle Montagne) und eine bei Huy in Corphalie.

**Ein Freigoldfund** wurde, wie die Grazer Montan-Zeitung mittheilt, am 25. April d. J. auf den Kajerneller Zechen bei Boicza in Siebenbürgen gemacht; in 24 Stunden wurden hier 10 kg Gold aus dem Tiefbau gefördert. (Vergl. d. Z. 1895 S. 44.)

**Aluminium.** Die nachstehende, auf den europäischen Continent bezügliche Tabelle macht ersichtlich, welche Fortschritte die Aluminium-Industrie in dem letzten Jahrzehnt gemacht hat.

| Jahr | Production kg | Gesammtwerth M. | Preise pro kg M. |
|---|---|---|---|
| 1884 | 68 | 5 561 | 82,— |
| 1885 | 128 | 10 505 | 82,— |
| 1886 | 1360 | 111 240 | 82,— |
| 1887 | 8154 | 243 080 | 29,80 |
| 1888 | 8607 | 267 800 | 31,20 |
| 1889 | 22 215 | 412 088 | 18,55 |
| 1890 | 27 760 | 391 410 | 14,10 |
| 1891 | 67 950 | 412 000 | 6,— |
| 1892 | 117 269 | 704 000 | 6,— |
| 1893 | 153 932 | 1 046 800 | 6,80 |

## Vereins- u. Personennachrichten.

### Franz Pošepný †.

Abermals ist uns ein ausgezeichneter Vertreter der bergmännisch-geologischen Wissenschaften durch den Tod vorzeitig entrissen worden! Am 27. März d. J. verstarb zu Döbling bei Wien der Bergrath und Professor Franz Pošepný nach längerem schweren Leiden im Alter von 59 Jahren, und mit ihm der beste Kenner der österreichischen und ungarischen Erzlagerstätten. Eine eingehende Schilderung des Wirkens und Schaffens des Dahingeschiedenen soll seinem „Archiv für praktische Geologie", jenem leider nicht zur rechten Entwickelung gelangten Vorläufer unserer „Zeitschrift für praktische Geologie", dessen zweiter Band soeben im Drucke vollendet wird, vorbehalten bleiben. An dieser Stelle sei — in Anlehnung an den Nekrolog in den Vereins-Mittheilungen der Oesterreichischen Zeitschrift für Berg- und Hüttenwesen — nur ein kurzer Abriss seines Lebensganges wiedergegeben.

Am 30. März 1836 in Starkenbach in Böhmen geboren, erhielt Pošepný die erste Schulbildung in

Reichenberg und Königinhof und an der Realschule in Prag, worauf er im Jahre 1852 das Prager Polytechnikum bezog, um sich vornehmlich den Naturwissenschaften zu widmen. Um seine geologischen Kenntnisse beim Bergwesen zu verwerthen, ging P. 1857 an die Montanlehranstalt nach Pibram. Hier interessirten ihn insbesondere die von Grimm als freier Gegehstand gehaltenen Vorträge über Erzlagerstättenlehre, bei welchen er zum ersten Male die Ansicht aussprechen hörte, dass das Erzvorkommen an zersetzte Gesteine gebunden sei, eine Lehre, die ihn später viele Jahre beschäftigte und gefangen hielt. Nach Absolvirung der Bergstudien trat P. 1859 in den Staatsdienst und wurde als unbesoldeter Candidat der Berg-, Forst- und Güterdirection in Nagybánya zugewiesen, welche ihn nach Ohlálaposbánya in Siebenbürgen sandte, wo er 1860 zum Bergwesenspraktikanten ernannt wurde. Nach einer Zeit wenig befriedigender Bureauarbeit eröffnete sich ihm ein günstigeres Feld der Thätigkeit, als er zum Leiter einer Schürfung auf Braunkohle in der Gegend von Kovács im Kövárer District ausersehen wurde. Er machte sich sofort an die geologische Aufnahme dieses Gebietes, welcher die bis dahin noch nicht durchgeführte topographische Aufnahme desselben vorhergehen musste, und vermochte bald an Petrefactenfunden das oligocäne Alter der Kohle zu bestimmen.

Im Jahre 1862 wurde P., dessen ausgesprochene Eignung zur Untersuchung und Erklärung geologischer Verhältnisse erkannt worden war, mit der Aufgabe betraut, die Erzlagerstätten von Rodna in Siebenbürgen zu studiren. Die fast erschöpfte Grube stellte diesem Studium grosse Schwierigkeiten entgegen; da dasselbe nicht vorwärts schreiten wollte und P. aus den Publicationen der geologischen Reichsanstalt entnehmen zu können glaubte, dass man bei dieser die Kenntniss erlangen musste, wie in ähnlichen Fällen vorzugehen sei, so wurde der Wunsch in ihm rege, einige Zeit die Hilfsmittel dieser Anstalt zu benützen. 1863 wurde P. als erster zur zeitweiligen Verwendung bei der geologischen Reichsanstalt berufen; in der Folge wurden auch andere jüngere Bergleute in gleicher Weise dieser Anstalt zugetheilt, eine Gepflogenheit, die sich bis in die 70 er Jahre erhielt. Während P. diesen seinen Studien oblag und im ersten Sommer an den Arbeiten im Nordosten Ungarns theilnahm, besuchte Rittinger das Werk Rodna; er nahm daselbst die von P. begonnenen Arbeiten in Augenschein und dieser erhielt den Auftrag, seine Rodnaer Studien zu beenden. Er kam demselben nach, doch gewährte ihm das Ergebniss seiner grossen Mühen und seine umfassende, mit 16 tischgrossen Gruben- und Tagkarten ausgestattete Arbeit keine Befriedigung, weil er es nicht über sich gewinnen konnte, die veralteten Ansichten Grimm's zu verlassen und den eigenen Beobachtungen zu vertrauen.

Gegen Ende 1865 erhielt P. die Weisung, über den Aerarial-Goldbergbau Verespatak in Siebenbürgen eine ähnliche Arbeit durchzuführen, eine Aufgabe, die ihn bis zum Jahre 1869 beschäftigte. Nach Wien einberufen, wurde ihm das Studium des Bergbaues Raibl übertragen; da ihn dasselbe längere Zeit in Anspruch nahm und seine Relation nicht rasch genug einlief, drängte man ihn wiederholt zur Abgabe derselben, was seinen Unmuth umsomehr erweckte, als er trotz seiner 11 jährigen Dienstzeit und der mehrfachen Bethätigung seines umfassenden Wissens als kärglich besoldeter Exspectant sich fortfristen musste. P. folgte daher einem Rufe, der ihm einen befriedigenderen Wirkungskreis in Ungarn eröffnete, indem er im März 1870 die vom technisch-administrativen Dienste ganz unabhängige, eigens für ihn geschaffene Stelle eines ungarischen Montangeologen annahm. Als solcher führte er mehrere Arbeiten über Rezbánya, Magurka, Herrngrund und Königsberg durch, kehrte aber im September 1872, auf Grund eines ihm vom österreichischen Ackerbauministerium erwirkten Urlaubes, nach Raibl zurück, um das dort begonnene Studium der Erzlagerstätten zu Ende zu führen. Er legte seine Ausarbeitung im September 1873 dem Ackerbauministerium vor, worauf er nach Ungarn zurückkehrte, um im Schemnitzer District seine Untersuchungen fortzusetzen. Da aber seine Verwendung in der diesseitigen Reichshälfte zur Untersuchung anderer Bergbaue beansprucht wurde, zog es P. vor, seiner Stellung in Ungarn zu entsagen und die ihm angebotene Stelle eines Vicesecretärs im Ackerbauministerium anzutreten. Er führte nun von 1873 bis 1879 eine Reihe montangeologischer Arbeiten in Tirol und im Salzburgischen durch, die im I. Bande seines „Archivs für praktische Geologie" zur Veröffentlichung gelangten. Reisen in das Ausland, darunter die Reise zur Weltausstellung in Philadelphia, die er über mehrere der Vereinigten Staaten von Nordamerika und bis Nevada und Californien ausdehnte, fallen in diesen Zeitabschnitt.

Die Ueberzeugung von der Wichtigkeit des Studiums der Erzlagerstätten für den Baubetrieb veranlasste P. in unausgesetzt wiederholten Vorstellungen und Denkschriften die Einführung von Vorträgen an den Bergakademien über diesen Gegenstand zu empfehlen; in der That erwirkte das Ackerbauministerium i. J. 1879 vom Kaiser die Ermächtigung, an den Bergakademien von Leoben und Příbram eigene Lehrkanzeln für die specielle Geologie der Erzlagerstätten zu errichten und übertrug Posepný jene von Příbram, bei welcher Gelegenheit ihm der Titel eines Bergrathes verliehen wurde. In der Zeit seiner Lehrthätigkeit daselbst beschäftigte er sich nebenbei sehr eingehend mit dem Studium der geologischen Verhältnisse des Příbramer Gebietes und der Erzlagerstätten des dortigen grossartigen und wichtigen Bergbaues; die Ergebnisse dieser mit bewunderungswürdiger Ausdauer, grossen Kosten und ohne andere Beihilfe durchgeführten Arbeit hat P. in einer Abhandlung niedergelegt, welche der II. Band seines Archivs enthalten wird. Auch über die Goldvorkommen bei Eule in Böhmen hat P. ein umfassendes Manuscript hinterlassen. Im Mai 1882 war er zum ausserordentlichen Professor für specielle Geologie der Lagerstätten und im Juni 1887 zum ordentlichen Professor dieses Faches und für analytische Chemie ernannt worden. Widrige Verhältnisse und die Rücksicht auf seine angegriffene Gesundheit nöthigten ihn, i. J. 1888 seine Stellung

aufzugeben und aus dem activen Staatsdienste zu scheiden.

Posepný zog sich nach Wien zurück, wo er sich in dem an der Peripherie der Residenzstadt gelegenen Cottage-Viertel ein behagliches Heim einrichtete, um ganz seinen Lieblingsstudien zu leben. Reisen nach Siebenbürgen, nach Deutschland, in die Schweiz, nach dem Ural, nach Frankreich und England, nach Schweden und Norwegen, nach Italien und Sardinien und zuletzt im Frühjahre 1894 nach Griechenland und dem Orient bis Jerusalem waren in erster Linie diesen Studien gewidmet. Die in den Bergbaugebieten dieser Länder gesammelten Beobachtungen, Aufzeichnungen und Gesteine wissenschaftlich zu verarbeiten und nebenbei alle litterarischen Erscheinungen auf bergmännischem und geologischem Gebiete, die er sich aus allen Ländern der Erde zu beschaffen wusste, aufmerksam zu studiren, war in der Zeit seines Aufenthaltes in Wien Posepný's unermüdliche Beschäftigung, der er mit erstaunlichem Fleisse oblag. Erwähnt sei noch, dass er auch anthropologische und numismatische Studien mit grossem Eifer betrieb.

Das Ergebniss seiner Forschungen hat P. in zahlreichen Publicationen (ihre Zahl übersteigt weitaus hundert) und zuletzt in der dem internationalen Ingenieur-Congresse in Chicago vorgelegten umfassenden Abhandlung „Ueber die Bildung der Erzlagerstätten" zusammengestellt; das deutsche Original derselben ist zum Theil im I. Hefte des Jahrbuches der Bergakademien 1895 erschienen, den Schluss wird das demnächst zur Ausgabe gelangende 2. Heft dieses Jahrbuches bringen (s. d. Z. 1894 S. 474). Es war dies die letzte grössere Arbeit des Dahingeschiedenen; sie bildete gleichsam ein Vermächtniss, das er seinen Fachgenossen darbot. Ein altes Lungenübel, dem sich in den letzten Jahren ein Herzleiden beigesellte, hatte die Rüstigkeit des kräftigen Mannes gebrochen. Todesfälle in seinem näheren Bekanntenkreise, darunter das Ableben seines Forschungsgenossen Stelzner in Freiberg, bewirkten überdies in den letzten Wochen eine sichtliche Herabstimmung seines Gemüthes, und als eine Lähmung dazutrat, erkannte er, dass seinem Leben nur mehr ein kurzes Ziel gesteckt sei. Von der treuen Sorge seiner Gattin umgeben, welche ihn auf all' seinen weiten Reisen begleitet und an all' seinen Arbeiten thätigen Antheil genommen hatte, verschied er am Morgen des 27. März nach kurzem Todeskampfe. — Sein Hinscheiden hat in dem weiten Kreise seiner Freunde das lebhafteste Mitgefühl hervorgerufen und selbst Jene, die, anderen Ansichten zuneigend, seiner Auffassung geologischer Vorgänge nicht in ihrem vollen Umfange beipflichten können, versagen ihm nicht die Anerkennung seiner hohen wissenschaftlichen Bedeutung.

## James Dwight Dana †.

Am 15. April verschied am Herzschlag in Nordamerika zu New-Haven im Staate Connecticut der weithin berühmte Naturforscher und Nestor der amerikanischen Geologen James Dwight Dana, Professor der Geologie und Mineralogie an der Yale Universität zu New-Haven. Mit ihm verlor die Wissenschaft nicht nur Amerikas, sondern der ganzen civilisirten Welt einen der strebsamsten und fleissigsten Arbeiter und Förderer auf dem Gebiete der Erdkenntniss. Dana war am 12. Februar 1813 zu Utica im Staate New-York geboren und bezog 1829 die Universität zu New-Haven, damals Yale College genannt, um Mathemathik und Naturwissenschaften, die letzteren besonders unter dem ausgezeichneten Chemiker und Geologen Silliman, von dem in Amerika das erste Hand- und Lehrbuch der Chemie verfasst wurde, zu studiren. Die geologischen Wissenschaften befanden sich damals in einem Zustande heftigster Gährung, von der die lebenden Generationen sich kaum einen Begriff machen können. Der Kampf der Plutonisten und Neptunisten tobte noch heftig, wiewohl er nach und nach Verschiebungen erlitten hatte. Schon das Eintreten der Vulcanisten, wie Hamilton, Ferber, Dolomieu im 18. Jahrh., dann Humboldt, Buch, Gemellaro, Boussingault, Darwin u. A. im 19. Jahrh., hatte die Anschauungen wesentlich geändert und zu der Theorie der Hebung und Parallelrichtung der Gebirge geführt. Die Untersuchung der fossilen thierischen Reste des Eocän bei Paris durch Cuvier und Brogniart, sowie die Vergleichung mit den Resten älterer Bildungen, brachte diese zu der Theorie von plötzlichen Umwälzungen auf der Erdkruste und sie fand auch in Deutschland Anhänger. Dagegen sahen in England Buckland (1823 und 1828), Townsend (1824) u. A. in den Versteinerungen und Diluvialerscheinungen eher Beweise für die Richtigkeit der mosaischen Schöpfungsgeschichte. Silliman (geb. 1772, gest. 1864) stand dieser Ansicht nicht fern, wie aus seinem Buche „Uebereinstimmung der neueren Entdeckungen mit der biblischen Geschichte von der Schöpfung", das 1838 in deutscher Uebersetzung von Rhode erschien, hervorgeht. Es ist somit nicht zu verwundern, wenn sich Dana als Student der Ansicht seines Lehrers zunächst anschloss, wenngleich er bald durch eigene Forschung sich genöthigt sah, sie aufzugeben.

Das Yale College bildete damals einen hauptsächlichen Anziehungs- und Mittelpunkt für die Forschung in den Vereinigten Staaten. Im Jahre 1716 als Collegiate school of Connecticut mit geringen Mitteln gegründet, nahm es nach einer erheblichen Schenkung des in Connecticut geborenen Elihu Yale, späteren Gouverneurs der Ostindischen Compagnie zu Madras, den obigen Namen an, ergänzte sich nach und nach durch Facultäten (medicinische 1814, juristische 1843, philosophische „scientific" 1847, theologische 1867) und hat seit 1887 auf Beschluss der General assembly of the state Connecticut den Namen Yale University angenommen, die 1892/93 2000 Studenten und 155 Professoren und Lehrer besass, unter diesen James Dwight Dana für Mineralogie und Geologie und seinen Sohn Edward S. Dana für Experimental-Physik, beide Herausgeber des American Journal of Science and Arts. Diese berühmte, jährlich in 2 Bänden erscheinende Zeitschrift wurde 1819 von Professor Benjamin Silliman gegründet und ihre 1. Reihe erschien bis 1845 in New-York, die 2. mit dem Zusatze:

„and arts" von 1846 bis 1870 in New-Haven, die 3. ebenda von 1871 bis heute. Das Journal umfasste fast das ganze Gebiet der Naturwissenschaften und war für lange Jahre die hauptsächlichste Niederlage für die naturwissenschaftliche Forschung in Theorie und Praxis in Amerika, an welchem Erfolge J. D. Dana, seit 1854 zusammen mit dem jüngeren Benjamin Silliman (geb. 1816, Professor seit 1847) und später seinem eigenen Sohne, als Herausgeber das grösste Verdienst zukommt.

Nachdem Dana am Yale College seine Studien beendet und die Grade als M.A. und L.L.D. erworben hatte, fand er an der Staats-Navigationsschule eine Anstellung als Lehrer der Mathematik und Nautik und machte als solcher von 1833 bis 1835 auf einem Kriegsschiffe eine längere Reise im Atlantischen Ocean und dem Mittelmeere mit, nach deren Beendigung er als Assistent Silliman's an das College in New-Haven berufen wurde. Von grösstem Einflusse auf seine spätere Entwicklung war seine Berufung, als Naturforscher an der von der Regierung ausgerüsteten und von Capitän Wilke geführten Expedition zur Erforschung des Grossen Oceans theilzunehmen. Diese Seereise währte 4 Jahre, von 1838 bis 1841, und gab Dana Gelegenheit, einen so reichen Schatz an Material zu sammeln, dass er noch auf viele Jahre mit Bearbeitung desselben beschäftigt war. Seine in Washington in 4to erschienenen Arbeiten zu den grossen Reiseberichte Wilke's sind die wichtigsten Theile desselben. Es sind davon hervorzuheben der „Report on the zoophytes" 1846, in welchem die Polypen einer neuen Eintheilung unterzogen werden; dann der „Report on geology of the Pacific" 1849, welcher besonders die Koralleninseln und die vulcanischen Erscheinungen in der Südsee, namentlich auf Hawai in den Sandwich-Inseln, behandelt; endlich der „Report on crustacea" 1852 bis 1854, der die Krustenthiere des Stillen Oceans betrifft.

Bereits im Jahre 1845 übernahm Dana die Professur der Geologie am Yale College und durch Heirath mit der Tochter seines früheren Lehrers Silliman wurden die wissenschaftlichen Beziehungen beider noch inniger, so dass er in der Folge eine beträchtliche Reihe von Arbeiten mit ihm und Silliman jun. unternahm. Dana gehörte zu den fleissigsten und vielseitigsten Forschern und Schriftstellern und auch sein Verhältniss zu den Fachgenossen des In- und Auslandes war von der liebenswürdigsten Art. Daher konnte es nicht fehlen, dass er bald Mitglied vieler gelehrten Gesellschaften wurde, z. B. der Amerikanischen Akademie der Künste und Wissenschaften zu Boston, der Geologischen Gesellschaft zu London, der Philomatischen Gesellschaft zu Paris, der Schwedischen Akademie der Wissenschaften zu Stockholm, der Kaiserl. Russischen Naturforscher-Gesellschaft zu Moskau u. A. m., nachdem er auf seinen Reisen in Europa vielfach mit Fachgenossen in persönlichen Verkehr getreten war. Sein Name hat in der wissenschaftlichen Welt aller Breiten einen guten Klang und seine umfassende mehr als 60jährige Thätigkeit wird noch lange unvergessen bleiben. Der Nachfolger auf seinem Lehrstuhle ist sein Sohn Edward S. Dana, der mit seinem

Schwager Silliman schon in den letzten 2 Jahrzehnten sein treuer Mitarbeiter bei der Herausgabe des American Journal war.

Dana's schriftstellerische Thätigkeit umfasst 1. verschiedene Hand- und Lehrbücher, 2. einzelne besondere Schriften, 3. zahlreiche Abhandlungen in Silliman's American Journal über Themata der Mineralogie, Krystallographie, Geologie im Allgemeinen, der Tektonik, Vulcane, Paläontologie u. s. f. Von seinen höchst zahlreichen Veröffentlichungen mögen hier nur die nachstehenden angeführt sein.

1. Hand- und Lehrbücher: System of Mineralogy, New-York and London 1845; 3. Aufl. 1850; 4. erweitert 1854; 6. 1892 unter Mitarbeit von G. J. Brush (Verf. des Manual of determinative Mineralogy 1875). Dazu Supplements I.—X. 1855—1862. — Manual of Mineralogy for schools and colleges, London 1853; 2. Aufl. 1857; 3. 1863. — Manual of Geology, Philadelphia 1863. — Textbook of Geology, Philadelphia 1864.

2. Einzelschriften: Earths contraction in cooling; Geological results, 1842. — Origin of Continents, 1847. — Origin of the grand outline features of the earth, 1847. — Volcanoes on the moon, 1846. — On the volcanoes and volcanic phenomena of the Hawaiian islands, 1887—1889. — Characteristics of volcanoes, 1890. — Structure and classifications of zoophytes, 1846. — On coral reefs and islands, 1853. — Corals and coral islands, 1872. — Address on the American geological history, 1856. — On the geognostic distribution of crustacea, 1854.

3. Abhandlungen im American Journal: Notice of treatise on pseudomorphous minerals and observations on pseudomorphism, 1845. — On serpentine pseudomorphs and other kinds from the Filly Forster Iron mine, 1874. — Crystallographic and crystallogenic contributions, nomenclature, cohesion, homoeomorphism of the trimetric system, 1847—1854. — Review of Marcou's geology of North America, 1858. — On the Apalachians and Rocky Mountains as time boundaries in geological history, 1863. — Notice of the chemical and geological essays (Canada) of T. S. Hunt, 1875. — Papers on the quaternary in New-England including the glacial and fluvial phenomena or the drift and terraces, 1884. — On the southward ending of a great synclinal in the Taconic range, 1884. — On a system of rock notation for geological diagrams, 1885. — On Taconic rocks and stratigraphy, 1885. — A dissected volcanic mountain; some of its revelations, 1886. — Kilauea (Hawai) after the eruption of March, 1868; volcanic action, 1887. — Areas of continental progress in North America, 1889. — Archaean axes of eastern North America, 1890. — Origin of coral reefs and islands, 1885.

Dieses keineswegs erschöpfende Verzeichniss von Dana's Schriften legt ein glänzendes Zeugniss von seiner Vielseitigkeit und seinem ausserordentlichen Fleisse ab. Seine langjährige und umfassende Lehrthätigkeit daneben ist einer sehr grossen Anzahl von Schülern zugute gekommen,

die, über ganz Amerika verbreitet, ihrem verehrten Lehrer ein treues Andenken bewahren, wie auch seine persönliche Liebenswürdigkeit und Aufopferung allen europäischen Fachgenossen, die ihn in New-Haven aufgesucht haben, unvergesslich sein wird.

Bonn, Anfang Mai. *Gurlt.*

## Deutsche geologische Gesellschaft. Berlin.

*Sitzung vom 1. Mai 1895.*

Dr. Beushausen: Ueber die facielle Verbreitung der Zweischaler im rheinischen Devon.

Dr. Müller: Die Vertheilung der Belemniten in der Unteren Kreide des nordwestlichen Deutschland.

Dr. Zimmermann: Tiefbohrungen in Zechstein und Trias im südlichen Nordthüringen. (Referat folgt.)

Dr. Beyschlag: Ueber die Kohlensäureausströmung in einem Bohrloch auf Salz bei Salzungen. (Referat folgt.)

Der sechste Allgemeine deutsche Bergmannstag wird vom 10. bis 12. September d. J. in Hannover tagen. Vorträge sind bis zum 1. August beim Geh. Bergrath Schrader in Braunschweig anzumelden.

Professor W. H. Dall und Dr. G. Becker in Washington sind vom U. S. Geological Survey mit einer wissenschaftlichen Expedition nach Alaska beauftragt worden.

Erwählt: Der Mineralog Adolf Carnot, Generalinspector der Minen, zum Mitgliede der Pariser Akademie.

Privatdocent Dr. Karl Futterer von der Universität in Berlin zum ordentlichen Professor der Mineralogie und Geologie an der technischen Hochschule in Karlsruhe. F. ist 1866 zu Stockach in Baden geboren; 1889 promovirte er in Heidelberg zum Doctor, wurde dann Assistent an der geol.-paläont. Sammlung des Museums für Naturkunde in Berlin und habilitirte sich 1892 als Privatdocent daselbst. Vergl. d. Z. 1895 S. 88.

Professor Dr. Konrad Oebbeke von der Universität Erlangen zum ordentlichen Professor für Mineralogie an der technischen Hochschule zu München.

Dr. H. Exton zum Präsidenten der Geological Society of South-Africa in Johannesburg. (Vergl. d. Z. 1895 S. 184.)

Gestorben: Professor Wilhelm Voss, Mycolog und Mineralog, in Wien am 30. März im Alter von 46 Jahren.

E. W. Olbers, Geolog, 79 Jahre alt, in Lund am 17. Februar.

Xavier de Reul, Anthropolog und Geolog, in Brüssel am 25. April.

Dr. Robert Sachsse, Professor der Agriculturchemie an der Universität Leipzig, daselbst am 26. April.

———

*Schluss des Heftes: 22. Mai 1895.*

Verlag von Julius Springer in Berlin N. — Druck von Gustav Schade (Otto Francke) in Berlin N.

## Krokiren
### für technische und geographische Zwecke.

Von

**P. Kahle in Aachen.**

[*Fortsetzung von S. 60.*]

*Dritter Abschnitt.*
### Winkelmessung.
#### A. Wagrechte Winkel (Horizontalwinkel).

**27.**[1]) Nächst Abschreiten kommt als Hauptmittel für die Geländeaufnahme die Winkelmessung in Betracht. Theils verbunden mit Abschreitungen, theils für sich wenden wir sie in allen Fällen an, wo der directen Entfernungsermittlung (meist durch Abschreiten) Hindernisse in den Weg treten oder die Rücksicht auf den Zeitaufwand Abschreitungen nicht zweckmässig erscheinen lässt. So messen wir Punkte innerhalb unzugänglicher Grundstücke oder Terrainformen (an Felswänden und Abhängen, in nassem Boden, jenseit eines Wasserlaufes) gewöhnlich durch Winkelmessungen in Verbindung mit einer abschreitbaren oder bekannten Geraden ein, wir bestimmen die Lage unseres Standortes in Bezug auf drei gegebene Punkte durch Messung der Winkel zwischen den drei Richtungen, die Entfernung (und Höhe) naher, jedoch unzugänglicher Punkte ermitteln wir durch eine Art indirecter Winkelmessung, welche der Distanzmessung der praktischen Geometrie entspricht.

**28. Zur Charakteristik der Winkelmessung.** Der mehr private Charakter der Krokirungen, ihr Hauptzweck: Die Darstellung von Geländeformen, Bodenbeschaffenheit und Bodenaufbau, gestatten gegenüber den Messungen der praktischen Geometrie eine erhebliche Erweiterung der Unsicherheitsgrenzen, für Hauptwinkel auf etwa 0,1—0,3°, für die übrigen je nach Zweck der Einmessung und Entfernung auf ein und mehr Grad. Dieser Umstand sowie die Leichtigkeit freihändiger Winkelmessung gestatten weiterhin eine viel häufigere Anwendung des Vorwärtseinschneidens zur Bestimmung von Entfernung und Lage der Punkte,

als dies in der praktischen Geometrie angängig und üblich ist. Weiterhin verweisen wir auf die Verwendung der Kroki-Winkel zu Darstellungen im Aufriss, wie Profilen, Rundsichten. Da der Krokirende gewöhnlich ohne Gehilfen arbeitet und Zeit wie Kosten möglichst einzuschränken sind, so sind nur Instrumente, welche sich ohne viel Beschwerden transportiren lassen, und Methoden, welche bequem und rasch auszuführen sind, anzuwenden, so insbesondere die Winkelaufzeichnung. Manche für geographische Aufnahmen sehr nützliche Messung unterbleibt und wird vielleicht durch eine einfache Einschätzung ersetzt, lediglich weil das Auspacken eines sonst praktischen Instrumentes oder das Messverfahren selbst zu umständlich war. Uebrigens bildet die Mehrzahl der Krokis improvisirte Gelegenheitsaufnahmen, welche höchstens die Mitführung eines ganz einfachen Winkelgeräthes voraussetzen. Eine der Hauptbedingungen für erfolgreiche Winkelmessung in der praktischen Geometrie, die sorgfältige Signalisirung und Centrirung, kommt beim Krokiren grösstentheils in Fortfall. Man muss mangels Zeit und Mittel zur regelrechten Aussteckung eines Netzes oder der Axen Gegenstände unmittelbar, wie die Natur sie bietet, als Zielpunkte verwenden (vgl. die Zusammenstellung in *33*). Da die Geländeaufnahme eine vorwiegend graphische, so werden etwaige excentrische Messungen meist durch die entsprechende Eintragung des Standortes berücksichtigt. Endlich erfolgt die Herstellung der Karte beim Krokiren ausschliesslich im Felde und zwar gewöhnlich sogleich in definitiver Fassung. Dies Entstehen der Karte an Ort und Stelle, die Fertigstellung derselben bis ins letzte Detail unter steter Anschauung der Verhältnisse bildet einen gewissen Vorzug des Krokis vor der Tachymeteraufnahme, wie sie gewöhnlich gehandhabt wird, sofern sich nicht leugnen lässt, dass, wenn die Karte erst im Zimmer auf Grund der berechneten Lattenpunkte und Handrisse angefertigt wird, manche Eigenheit des Terrains und der Situation verwischt oder ungenau dargestellt wird.

**29. Aufnahme schiefer Winkel.** Der Winkel zwischen zwei natürlichen Richtun-

---

[1]) Zur Vereinfachung von Verweisen auf frühere Abschnitte wird im Hinblick auf die Zweispaltung der Seite der Zeitschr. eine Paragraphirung mittels vorgesetzter Nummern erforderlich.

gen ist gewöhnlich schief; die für die Abbildung auf der Kartenebene erforderliche Ablothung eines solchen wird bei den Instrumenten der praktischen Geometrie durch die senkrechte Kippebene des Fernrohrs oder durch senkrechte Diopter und die wagrechte Kreistheilung bez. Tischplatte besorgt.

Mit derartigen Ablothvorrichtungen sind nur die wenigsten der beim Krokiren zur Verwendung gelangenden Freihandinstrumente ausgestattet, infolge dessen sich mit solchen nur Zielpunkte wirklich einstellen lassen, welche in oder nahe der wagrechten Ebene durch das Auge liegen, während bei hoch oder tief gelegenen Punkten die Zielvorrichtung nach Augenmaass in die Lothebene des Zielpunktes zu bringen ist. Dies Ablothen nach Augenmaass lässt sich bei einiger Vertrautheit mit derartigen Instrumenten und Messungen auf etwa 1° genau bewerkstelligen, sodass die aus der Unsicherheit in beiden Richtungen entspringende Unsicherheit des Winkels selbst auf 1 . $\sqrt{2}$ oder etwa 1 ½ Grad (bei einmaliger Messung) zu veranschlagen ist. Der Ablothfehler bildet wohl die Hauptfehlerquelle freihändiger Winkelmessung und wird am beträchtlichsten (5—10°) bei freihändigen Peilungen mit Compass ohne Diopter und beim Einschätzen der Richtungen. Diese Fehlerquelle lässt sich unter Umständen nahezu beseitigen durch wirkliches Ab- oder Auflothen des zu hoch oder zu tief gelegenen Punktes; man bringt ein Loth (z. B. den weit ab gehaltenen Stock, ein primitives Loth) in seine Richtung und sucht längs desselben einen leicht erkennbaren Punkt im Gelände in oder nahe der wagrechten Ebene auf, um ihn nunmehr als Zielpunkt an Stelle des unbequem gelegenen zu benutzen. Dies Auflothen wird namentlich bei tief gelegenen Punkten erforderlich, da diese meist durch das Instrument oder die Zeichenebene verdeckt werden. Findet sich jenseit eines solchen Punktes kein Gelände für die Auflothung, so wird sich die fragliche Richtung unter Umständen rückwärts verlängern und einlothen lassen (nach *56*). Ein geeigneter Lothpunkt findet sich in dem verfügbaren Gelände fast immer und es ist ein solches Verfahren beim Krokiren insofern zulässig, als die beim Einlothen oder Umsetzen von Richtungen begangenen Fehler erheblich kleiner ausfallen werden als die bei freihändiger Winkelmessung in solchen Fällen oder überhaupt zu befürchtenden. Man könnte auch den schiefen Winkel w selbst messen nebst den Neigungen $s$ und $\eta$ seiner Schenkel, um hieraus rechnerisch den wagrechten $\alpha$ abzuleiten (für Krokis am einfachsten nach der Grundformel $\cos \alpha = (\cos w - \sin s \sin \eta)$ :

$(\cos s \cos \eta)$ mit Rechenschieber, unter Beobachtung der Vorzeichen von $s$ und $\eta$); doch wird man hiervon, namentlich wegen des Zeitverlustes, nur in besonderen Fällen Gebrauch machen.

Ein fortgesetztes Auf- und Ablothen von Punkten kann beispielsweise erforderlich werden, wenn es sich um Aufnahme eines mit dichtem Gebüsch bewachsenen Thales als topographische Grundlage für geologische Einzeichnungen handelt, wobei das Gebüsch nur kurze Sichten und Abschreitungen auf der Sohle gestattet, während die Gehängestirn einen Ueberblick über den Verlauf des Thales zulässt. In solchen Fällen würden die Hauptpunkte des Thales von oben aus unter Auflothung aufzunehmen, das Detail durch Abschreitungen und secundäre Winkelmessungen in das Hauptnetz einzupassen sein.

## 30. Ermittelung kleiner Winkel aus gegebenen geraden Strecken und umgekehrt. (Für Genauigkeitsabschätzungen, Centrirungen und Höhenüberschläge.)

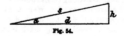

**Fig. 54.**

Gegeben (gemessen) d und h oder s und h, gesucht $\alpha$ (Fig. 54). Für Krokis und Winkel bis 15° hinreichend genau $\alpha = \dfrac{h}{d} \cdot 57 = \dfrac{h}{s} \cdot 57{,}5$[*]).

Beispiele: Ein Punkt B ist durch Bestimmung des Winkels $\alpha = 24°$ zwischen seiner Richtung in einem Punkt A eines Weges und der Richtung der letzteren und durch Abschreiten der Entfernung $AB = s = 125^x$ oder 100 m eingemessen worden: bei Revision der Karte findet sich, dass er 15—20 m näher dem Weg liegt, als die Karte angiebt. Es wird ein Fehler f in der Ablesung des Winkels $\alpha$ angenommen. Aus $f = 17{,}5 \cdot 60 : 100$ findet sich ein muthmaasslicher Fehler von 10°, sodass der gemessene Winkel wahrscheinlich 14°. — Unter welchem Winkel erscheint eine Hausfront von schätzungsweise 10 m Länge in einer Entfernung von 5 km? Aus $\alpha = 10 \cdot 57 : 5000$ findet man etwas über 0,1°. Auf gleiche Weise erhält man für die Dicke eines 0,3 m starken Stammes in einer Entfernung von 200 m den Gesichtswinkel kleiner als 0,1. Diese Beträge bleiben beträchtlich innerhalb der Genauigkeitsgrenze freihändiger Winkelmessung überhaupt, d. h. es ist gleichgiltig, welche Seite des Objectes man bei der Winkelmessung einstellt. — Höhenschätzung: Der Abstand d einer Bergstirn ist auf 1,5 km geschätzt, der Höhenwinkel $\varepsilon$ nach demselben freihändig zu + 3,5° bestimmt. Hieraus ergiebt sich überschläglich der Höhenunterschied zu $h = d \cdot \varepsilon : 60$ = rund 90 m. — Um kleine Winkel nach Minuten und Secunden zu ermitteln, ist anstatt 57,3

---

[*]) Anstelle der für Ueberschlagsrechnen unbequemen Zahl 57 kann man gewöhnlich 60 verwenden. (Leitf. f. d. Unterr. in der Terrainlehre etc. auf den Kgl. Kriegsschulen.)

zu setzen 34,38 bezw. 206 265; oder man merkt sich die Bogenlängen bei einem Radius von 1 km, nämlich $1^0 = 17,5$ m; $1' = 3$ cm; $1'' = 5$ mm.

**31. Die Verwendung des Rechenschiebers.** Ausserordentlich gute Dienste leistet dem Krokirenden bei derartigen Ueberschlagsrechnungen, wie bei rechnerischer Verwendung gemessener Winkel überhaupt, endlich auch die Winkelmessinstrument selbst (*50*), der Rechenschieber. Die oben angeführten Beispiele lassen sich mit einer Einstellung (auf der oberen Scala, der Quotient stets zuerst eingestellt) unmittelbar ablesen. Genauere Werthe giebt die Rückseite der Zunge als trigonometrische Tafel. Die Sinus lassen sich bei allen Rechenschiebern ohne Umwenden der Zunge nach Einstellen der Gradzahl an einem Index auf der Rückseite des Lineals auf Vorderseite desselben direct ablesen (Probe mit sin $30^0 = 0,5$). Bei französischen Rechenschiebern und bei solchen der Firma Nestler in Lahr werden in gleicher Weise auch die Tangenten ermittelt (Probe mit tg $26,6^0 = 0,5$).

Weiteres geben die Anleitungen von Dennert & Pape, Ott, Müller-Bertossa u. A.[2]).

**32. Eintheilung der Krokiwinkel.** Die aufzunehmenden Winkel scheiden sich in zwei Klassen: Hauptwinkel und Anschlussnebst Nebenwinkeln.

Wird mangels geeigneter Karten die Aufnahme eines grösseren Geländeabschnitts (etwa von ein Drittelhectar ab) mittels

---

[2]) Hauptbezugsquellen in Deutschland: Mathemat.-mech.-Institut Dennert & Pape-Altona, und Fabrik feiner Zeichenutensilien und Messapparate Nestler-Lahr i. B. Die Theilungen werden seit einem Jahrzehnt anstatt auf Buchsholz auch auf Celluloid aufgetragen, was den Vortheil grösserer Ableseschärfe, den Nachtheil zeitweiliger Unbrauchbarkeit infolge Klemmens hat (insbes. bei nied. Temperatur oder feuchter Witterung). Es ist daher geboten, den Rechenschieber stets in der Tasche auf einer mittleren Temperatur zu halten. Neuerdings findet man an Stelle des 4 zähnigen Läufers (s. Fig. 22, S. 59) einen Glasläufer mit zwei Indexstrichen, welche ein schärferes Einstellen und Ablesen gestatten; dagegen war der ältere 4 zähnige Läufer zum Berechnen barometrisch gemessener Höhen sehr bequem, da ein bestimmter Abstand der Zahnenden ohne weitere Einstellung die Anbringung der Temperaturcorrection am rohen Höhenunterschied ermöglichte. — Rechenschieber mit Theilung auf Celluloid je nach Ausstattung und Schärfe der trig. Theilung 7—10 Mark; ältere Rechenschieber von Buchsholz (z. B. v. Nestler-Lahr) 5—7 Mark. Anleitungen durchschnittlich 1 Mark. Einen kleineren Rechenschieber (ohne trig. Theilung, für welche eine kleine Tabelle von Grad zu Grad anzufertigen) aus Carton liefert das technische Versandtgeschäft Reiss-Liebenwerda mit Anleitung zu 1,50 Mark; grosse Holz-Rechenschieber mit Theilung auf Carton die Papierhandlung A. Ostheimer-Wien, Reitschulgasse.

Krokiren erforderlich, so wird zweckmässig ein Dreiecksnetz über denselben gelegt mit Seitenlängen bis zu einigen hundert Metern, dessen Netzpunkte von leicht kenntlichen rundum sichtbaren topographischen Gegenständen (s. *33*) dargestellt werden. Nachdem die Winkel auf den Netzpunkten oder die Hauptwinkel aufgenommen, construirt man, von einer abgeschnittenen oder sonstwie gegebenen Seitenlänge ausgehend, das Dreiecksnetz mit Lineal und Transporteur, und erhält so gewissermaassen das Gerüst, in welchem die Detailaufnahme mittels Winkelmessungen geringerer Ordnung, Abschreitungen, Abschätzungen und nach dem Augenschein aufzubauen ist. Auf diese Weise wird die Lage der aufzunehmenden Gegenstände anstatt in Bezug auf einen einzigen Ausgangspunkt und -richtung nunmehr auf die näher und bequemer gelegenen Netzpunkte und -seiten eingemessen, und es erleichtert und verschärft ein solches Netz die Aufnahme wesentlich und fördert den Ueberblick über die Arbeit. Bei kleineren Aufnahmen benutzt man oft zwei sich kreuzende natürliche Geraden (Wegestrecken, Grenz- oder Saumlinien) als Hauptaxen für die Anlehnung des Zwischengeländes; der Winkel zwischen solchen Axen ist gleichfalls als Hauptwinkel anzusehen. Die nunmehr für die Detailaufnahme erforderlichen Winkel bezeichnen wir als Anschlusswinkel, die an derartig eingemessene Gegenstände anschliessenden als Nebenwinkel; denjenigen Schenkel, an welchen ein anderer Winkel anzutragen ist, als Anschlussschenkel. Es leuchtet ein, dass die Hauptwinkel, welche die Ausgangspunkte und Axen für die Detailaufnahme gegen einander festlegen, sorgfältiger zu messen sind als Anschluss- und Nebenwinkel. Bei ersteren ist die Erstrebung einer Genauigkeit von $0,1—0,3^0$ geboten, bei letzteren kann unter Umständen, z. B. bei geringer Entfernung, eine Unsicherheit von $2—3^0$ noch unschädlich sein.

Bei den meisten für geographische oder technische Zwecke erforderlichen Krokirungen kommt man ohne Netz, nur mit Winkelaufnahmen zweiter Classe aus. Die Nothwendigkeit, einen grösseren Terrainabschnitt auf Grund eines Dreiecksnetzes selbständig kartiren zu müssen, kann jedoch nach eigenen Erfahrungen des Verfassers auch in vielvermessenen Culturländern, insbesondere allerdings im Hochgebirge, eintreten. Nehmen wir an, ein Geograph oder Ingenieur braucht für einen wissenschaftlichen oder technischen Zweck vom obern Theil eines Hochthales der Alpen eine Kartenskizze in grösserem Maassstab, etwa 1:5000 oder 1:2500. Die Landeskarten geben im westlichen Theil einen Kilometer natürlicher Erstreckung mit 2 cm, im östlichen mit $1\frac{1}{2}$ cm wieder, auf welchem Raum

34*

sich wenig Details eintragen lassen. Karten mit dem
gewünschten Maassstab sind für das Hochgebirge
im Allgemeinen nicht vorhanden. Der Betreffende
würde sich sonach die Kartenskizze selbst anzufertigen haben. Der Ingenieur denkt zunächst an
eine Tachymeteraufnahme mit Theodolit oder Messtisch, vorausgesetzt dass in seinem Etat eine hin-
reichende Summe hierfür eingestellt ist. Wer im
Hochgebirge topographische Aufnahmen gemacht
hat, kennt die Schwierigkeiten, Verzögerungen und
Unbilden, welche felsiges Terrain, Transport,
Witterung, insbesondere die rasch sich bildenden
Nebelwolken mit sich bringen, ganz abgesehen
davon, dass der Lattenträger zu vielen Punkten
ohne Gefahr für sich und Latte überhaupt nicht
gelangen kann, die Aufnahme solcher also mit
Vorwärtseinschnitten erfolgen muss, wobei das
umkehrende Fernrohr die Aufsuchung der fraglichen Punkte inmitten unzähliger ähnlicher Fels-
gebilde häufig erschwert. Für eine photogramme-
trische Aufnahme, als schnellstes Verfahren, fällt
allerdings die Latte fort; sie setzt jedoch den nicht
immer leicht zu beschaffenden Apparat, hin-
reichende Einübung und geeignete Localitäten für
die Entwickelung voraus. Weiterhin beansprucht
die Ableitung des Planes aus den Aufnahmen
einige Zeit. Es bleibt also für den Ingenieur und
mehr noch für den mit Tachymeteraufnahmen gewöhnlich nicht vertrauten Geographen nur der
Ausweg, mittels Krokirung das Kartenbild zu beschaffen.

**33. Zielpunkte und Scheitelpunkt.**
Wie schon erwähnt tritt beim Krokiren an
Stelle einer regelrechten Aussteckung mit
Stäben und Signalen die Verwendung topographischer Gegenstände zu natürlichen
Signalen. Als solche finden sich in uncul-
tivirten Gegenden: Stamm oder Spitze einzelner Bäume, Büsche auf Gipfeln, hellge-
färbte Bäume am Waldsaum, Felsspitzen und
-kanten, Steinhaufen bezw. kleine Stein-
männer, helle oder grössere Steine (weisse
Kiesel auf dunklem Boden sind bis auf
1 km noch erkennbar), Hütten, Häuser (Giebel,
Kanten), Zelte; in Culturgegenden treten
hinzu: Stangen, Thürme, Zaunpfeiler, helle
oder grössere Grenzsteine u. a. Um einzelne
Gegenstände an Zäunen, Waldrändern, Baum-
reihen etc. als Zielpunkte hervorzuheben,
umbindet man sie mit einem Stück Papier
(auf 1—2 km sichtbar), oder heftet mit Reisszwecken ein Stück weisses Papier an; biswelen
lässt sich in vegetationslosen Gegenden eine
bestimmte Stelle durch Stein auf Papier als
Zielpunkt hervorheben; auf solche Weise
können bereits bei einem Erkundungsgang,
wie er grösseren Aufnahmen vorangeht, bestimmte Gegenstände für die nachherige Auswahl und Verwendung gekennzeichnet werden.

Bei Anschlussmessungen finden sich
weiterhin: Feld- oder Waldecken, scharfe
Wegebiegungen, hinreichend scharf hervortretende Terrainpunkte, Erdhaufen, Fels-

klippen, Quarzadern an Felswänden, Büsche;
bei Flusskrokirungen: Landvorsprünge, einzelne aus dem Wasser hervortretende Steine,
Inselspitzen, Erlen, Weiden u. a. Bisweilen
wird an Stelle eines Zielpunktes sogar eine
Linie treten, z. B. wenn die Richtung eines
nicht hinreichend scharf abgegrenzten Weges,
einer Hecke etc. in Bezug auf eine Gegebene
zu bestimmen ist.

Es ist hervorzuheben, dass manche dieser
Zielpunkte ganz nebensächliche topographische Gegenstände bilden, z. B. Bäume am
Waldsaum, helle Steine u. dgl., und nur dadurch Bedeutung erhalten, dass die eigentliche Aufnahme der Situation durch Abschreitungen und Einschätzungen an jene
gewissermaassen angehakt wird.

Der Scheitel des Winkels liegt beim
freihändigen Winkelmessen entweder nahe
der Hand oder im Auge; im ersten Falle
hätte man die Hand mit dem Instrument
über dem natürlichen Scheitelpunkt zu halten, im zweiten den rechten bezw. linken
Fussballen daraufzusetzen. Auf diese Regel
ist jedoch nur bei Hauptwinkeln mit kurzen
Schenkeln Bedacht zu nehmen.

Bei Messung von Krokiwinkeln kann es vorkommen, dass vom Standort A aus Standort B
sichtbar ist, nicht dagegen A von B aus, indem
zwischen beiden, jedoch nahe an A ein Hinderniss C.
In diesem Fall ist Richtung A B auf einen beiderseits sichtbaren Punkt auf C abzuloten.

**34. Centrirung.** Viele der oben genannten Zielpunkte können nicht unmittelbar
als Standort (z. B. für Anschlussmessungen)
benutzt werden, indem seitliche Ausdehnung
oder Höhe die Winkelmessung über dem
Stationspunkt selbst verhindern. In diesem
Falle ist bei geringer Seitenerstreckung
(Stangen, Baumstämme etc.) das Instrument
an das Hinderniss selbst anzulegen, bei
grösserer Ausdehnung dagegen der Abstand
der Ziellinien vom Centrum der Station abzuschätzen und hiermit in Verbindung mit
der ungefähren Länge der Ziellinien der
Winkel so zu verbessern, dass er als im
Centrum selbst beobachtet gelten kann. Oder
man trägt im Kroki den seitlichen Standort entsprechend seiner Lage zum Haupt-
punkt und einem Nachbarpunkt ein und
benutzt die Richtung: Standort—Nachbarpunkt als Anschlussrichtung für die An-
tragung der excentrisch gemessenen Winkel.

Beispiel für rechnerische Centrirung. Fig. 55:
T = Mitte eines Thurmes und P sind Hauptpunkte.
Q ist einzumessen. Länge T P = 305 m ist gegeben, Länge T Q geschätzt zu 150 m, Radius
des Thurmes aus dem Umfang zu 3,0 m bestimmt.
Auf der Tangente R Q bis zur Tangente $T_1$ P
vorwärts, $T_1$ excentrischer Standort. Gemessen

$a_1 = 73,3^0$. Richtung $T_1 P$ wird centrirt mittels $\frac{3}{305} \cdot 57 = 0,6^0$; für $T_1 Q$ ergiebt sich $\frac{8,0}{150} \cdot 57 = 1,1^0$. Mithin $a = 78,3 - 0,6 + 1,1 = 78,8^0$.

**Instrumente bezw. Messungsmethoden für Hauptwinkel.**
**Instrumente mit Stativen.**[4]

*35. Die Winkeltrommel*[5], Fig. 56, besteht aus zwei übereinander stehenden, drehbaren Cylindern von zusammen 8,5 cm Höhe und 7 cm Durchmesser mit Diopterschlitzen und -Fäden. Der untere trägt die Theilung, der obere den Nonius; mit diesem lassen sich 2 Minuten, ohne ihn Zehntelgrade ablesen und Zwanzigstelgrade schätzen;

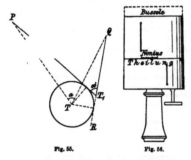

**Fig. 55.** **Fig. 56.**

letzteres reicht für Krokirungen aus, da die zu verwendenden Taschentransporteure die Winkel nur auf ein Zehntelgrad auftragen lassen. Alle Ablesungen mit Taschenlupe. Ein Trieb bewerkstelligt die Drehung des oberen Cylinders. Um einen Winkel zu messen, stellt man die Diopter mittels Trieb auf das eine Object ein und liest den Stand des Nullstriches mittels Handlupe ab. Dasselbe für das zweite, dritte u. s. w. Object.

Die Differenzen der Ablesungen geben die Winkel. Alle Beobachtungen sind in umgekehrter Reihenfolge zu wiederholen und zu mitteln. Um constante Ablesefehler zu eliminiren und gleichzeitig zur Verschärfung der Resultate wird die ganze Trommel auf dem Zapfen um ein Stück gedreht und eine zweite Beobachtungsreihe angestellt. Zur Controle der ersten Richtung während der Beobachtung der übrigen dient ein zweites Diopter auf dem unteren Cylinder. Die Diopter gestatten Richtungen bis $\pm 20^0$ Neigung einzustellen; Haupterforderniss ist hierbei senkrechter Stand der Diopter. Ist eine Bussole beigegeben, so liest man nach der ersten und zweiten Einstellung der ersten Richtung beide Nadelenden mit ab. — Die Dicke des Diopterfadens entspricht bisweilen einem Winkel von $10'$, derselbe verdeckt sonach schmale Gegenstände, wenn ihre Entfernung einen bestimmten Betrag überschreitet. — In solchen Fällen stellt man entweder rechten Fadenrand auf linke Objectseite, linken auf rechte Objectseite ein und mittelt die erhaltenen Ablesungen, oder man beobachtet durch den kleinen Kreis, in welchem der Diopterschlitz oben und unten endet, wobei der schmale Gegenstand auf Fadenmitte projicirt werden kann.

Einen ähnlichen Apparat bildet der mehr in Süddeutschland und Oesterreich angewandte Winkelkegel[6], bei welchem eine Scheibe mit Gradtheilung einen abgestumpften Hohlkegel mit Diopter trägt.

*36. Die Diopterbussole.* Zwei Haupttypen: a) Bussole mit schwingender Nadel (an Stelle des Spiegelprisma links in Fig. 57 denke man sich ein gleiches Diopter wie rechts angesetzt); gewöhnlich auf Stockstativ anstatt auf Dreibein. Nach Einstellung der Diopter auf das Object durch Drehen der Bussole Nadelablesung entweder in der Ruhelage oder bei drei aufeinander folgenden Umkehren $l_1 r l_2$; in letzterem Falle ergiebt sich die muthmaassliche Ruhelage für die Ruhelage aus $\frac{1}{4} (l_1 + 2 r + l_2)$, auf etwa $1^0$ genau, und es empfiehlt sich diese Art Ablesung für Winkel zweiter Klasse, wenn man das Ausschwingen der Nadel nicht abwarten kann. Zur Eliminirung des Trägheitsfehlers der Nadel sind alle Ablesungen der Ruhelage doppelt in der Weise zu machen, dass man die Objecte zuerst von links nach rechts, dann in umgekehrter Reihenfolge einstellt. Hierbei zeigen sich Differenzen der Ablesungen bis zu $1^0$; die Doppelablesungen sind zu mitteln.

---

[4] Wir führen vier Apparate mit Stativen an. Für gelegentliche Aufnahmen kleiner Geländeabschnitte wird Niemand ein Stativinstrument mitführen, sondern alle etwaigen Messungen freihändig bewerkstelligen. Anders, wenn es sich um Krokirung eines grösseren Gebietes handelt, wie im Beispiel zu 32. Hierzu werden ohnehin Vorüberlegungen für Aufnahmemethoden und eine gewisse Ausrüstung erforderlich, und es figurirt beispielsweise für Forschungsreisende eine Diopterbussole mit Stativ bereits unter den „nothwendigen Ausrüstungsgegenständen". Winkeltrommel, Diopterbussole und Krokirtisch in Verbindung mit einem Neigungsmesser, oder Pressler's Messknecht an Stativ können für topographische Aufnahmen vom Genauigkeitsgrad des Krokis nahezu den Theodoliten mit Höhenkreis ersetzen.

[5] Ohne Stativ 27 Mark, mit Bussole 30 Mark (J. Raschke - Glogan); dreibeiniges Zapfenstativ 5—7 Mark. Ein kleineres Instrument einschl. Stativ liefert J. Kern-Aarau zu 26,5 Fr.

[6] Neuhofer & Sohn, Hofoptiker, Wien I: ohne Stativ 18 Fl., Stockstativ 1,50 Fl., Dreifussstativ 6 Fl.

b) Bussole mit schwingender Theilung: Schmalkalder'sPatentbussole[7]) (Fig.57), auf Stock oder Dreibein, jedoch (im Gegensatz zu a) auch als Freihandinstrument für rohe Winkelmessungen zu gebrauchen (52). Die schwingende Theilung, ein flacher Ring, mit Magnetnadel als Durchmesser fest verbunden, stellt sich mit 0° auf Magnet-Nord ein. Am Schlitzdiopter ist ein Prisma angesetzt, mittels dessen spiegelnder Hypotenuse die Theilung während der Einstellung der Diopter auf das Object beobachtet wird. Einstellung des Prismas auf richtige Sehweite durch Verschieben desselben mittels des Knopfes k. Ablesungen wie bei a.

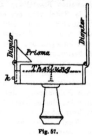

**Fig. 57.**

Die Winkelmessungen mit Diopterbussolen bezw. Winkeltrommel mit Bussole haben den grossen Vortheil, dass sich alle Richtungen sogleich, als magnetische, oder unter Anbringung der Missweisung als astronomische, Azimute darstellen und mit Zulegeplatte aufzeichnen lassen. Die Winkelaufnahme ist also überall orientirt.

Die Missweisung für Aufnahmegebiet und Jahr lässt sich auf etwa $\frac{1}{2}$° genau den Tafeln in Jordan's Handbuch der Vermessungskunde; Gauss, Die trig. und polygonom. Rech. d. Feldmesskunde; dem Phys. Atlas von Berghaus, den Veröffentlichungen der Seewarte etc. entnehmen (gewöhnlich für einen bestimmten Zeitpunkt, z. B. 1. Juli 1895, angegeben unter Beifügung der muthmaasslichen Aenderung pro Jahr).

**37. Pressler's Messknecht**[8]) **an Stativ.** Der bereits Seite 54 erwähnte, in 47 abgebildete Messknecht lässt sich mittels Schraube an einem Stativ befestigen; dasselbe bildet zusammengelegt einen dicken Gehstock, dessen hohler Griff kleine Geräthschaften enthält. Zielvorrichtung ein Diopterlineal (Maassstab) mit Aufsteck-Dioptern und Libelle, eventuell Compass. Win-

kel über 90° werden in zwei Theile zerlegt gemessen. Ablesung $\frac{1}{10}$, Schätzung $\frac{1}{30}$ Grad. An der senkrechten Wand hängt das Loth, sodass man zugleich den Höhenwinkel (auf etwa 0,1° genau) messen kann. Dies Instrument zeichnet sich durch bequemen Transport aus, indem der Messknecht selbst zusammengeklappt in der Brusttasche, das Diopterlineal in einem schmalen Etuis in einer äusseren Tasche und das Stativ als Stock in der Hand getragen werden kann. Auf Vorder- und Rückseite sind graphisch die Logarithmen, Reciproken, Quadrat- und Kubikwurzeln, Kreisumfänge und -flächen, Bogenlängen und -höhen, Chorden und die trigonometrischen Functionen aufgetragen, sodass der Apparat zugleich einem Tabellenwerk von etwa 150 Seiten entspricht. — Unter Umständen kann derselbe auch als Transporteur dienen. Ueber die Benutzung des Messknecht als Freihandinstrument s. 47.

Bezug[9]) gesondert oder mit Textbuch; letzteres enthält ausser der eingehenden Gebrauchsanweisung mancherlei anregende Aufgaben und viele sehr nützliche Daten aus der Maasskunde, Messkunde, Physik, Mathematik, Astronomie etc. und erscheint unter dem Titel: „Der Ingenieurmessknecht mit Textbuch von M. Pressler" in zwei Ausgaben, von denen Ausgabe B für unsre Zwecke in Betracht kommt. Messknecht allein nebst Lupe und Futteral 2,50 Mk.; Messknecht mit Textbuch und Tasche 6 Mk.; alles übrige (Diopterlineal, Reservegeräthschaften, Stativ) 19 bis 22 Mk.; vgl. Umschlag zum Textbuch.

**38. Transporteure.** Die mit Winkeltrommel oder Messknecht, sowie später zu erwähnenden Freihandinstrumenten gemessenen Winkel werden mit Transporteur ins Kroki übertragen und zwar mittels einfacher, in ganze, besser in halbe Grade getheilter Halbkreise aus durchsichtigem Horn oder aus Carton. Erstere sind insofern bequemer, als sie die Zeichnung nicht verdecken, werfen sich dagegen bei hoher Temperatur[10]). Hauptwinkel, deren Schenkellängen den Radius des Gradbogens mehrfach übersteigen,

---

[7]) Techn. Versandtgeschäft Reiss-Liebenwerda: ohne Stab, in Etui 40 Mark; Stock- oder Zapfenstativ 4—7 Mark.

[8]) Die unglückliche Bezeichnung für das originelle und praktische Instrumentchen lässt sich leider nicht mehr beseitigen. Dasselbe entspricht etwa einem Taschentheodolit.

[9]) von der Verlagsbuchh. Moritz Perles, Wien (Seilergasse).

[10]) Transporteure zwischen 10 und 15 cm Durchmesser aus Horn sind jetzt in den meisten grösseren Papierhandlungen zu 0,60 Mk. erhältlich; einen Vollkreis von 17 cm Durchm. aus Carton liefert die Papierhandl. v. Ostheimer-Wien, Reitschulgasse, zu 0,20 Fl.; für Zimmerarbeiten sind zu empfehlen die grösseren Halbkreise aus Carton von 30 cm Durchm. von Ostheimer-Wien 0,50 Fl. oder Hofoptiker Neuhöffer & Sohn-Wien I in $\frac{1}{2}$° getheilt, Kante in mm getheilt, mit Hornblättchen als Centrum, 1,00 Fl. Horntransporteur 15 cm Durchm. mit präciser Theilung zu 3,60 Fr. von J. Kern-Aarau; endlich ein Transporteur von 50 cm Durchm. aus Ahorn, mit facettirter Theilung zu 3,50 Mk. von Zeichenutensilienfabrik Nestler-Lahr.

trägt man, wenn angängig, nochmals im Zimmer mittels der Tangente auf; bei Winkeln über 45° benutzt man in diesem Fall die Sehne = dem Doppel-Sinus des halben Winkels. — Das Auftragen der mit Bussoleninstrumenten gemessenen Winkel geschieht gewöhnlich mit dem Zulegezeug.

*Platte*

*z*

**Fig. 58.**

*39*. **Der Krokirtisch (Fig. 58).** Das für die Aufnahme von Hauptwinkeln wie für die Detailaufnahme grösserer Abschnitte bequemste Instrument besteht aus der kreuzweis verleimten Tischplatte mit 40 cm Seitenlänge und $1\frac{1}{2}$ cm Dicke, dem Stativ von 1,3 m Höhe und einem Diopterlineal. An Stelle des sonst üblichen Zapfenstativs wird besser ein Schiebestativ (wie für phot. Camera) verwendet, da dasselbe durch Verschieben der Beinglieder die Wagrechtstellung der Tischplatte erleichtert, überdies beim Transport zum Aufnahmegebiet sich auf $\frac{1}{3}$ der Beinlänge zusammenschieben lässt. An der Unterseite der Tischplatte wird ein Metallzapfen *z* eingeschraubt zum Aufsetzen der Platte auf das Stativ; Festhaltung derselben in einer bestimmten Lage mittels Seitenschraube. Diopterlineal von Holz, 21 cm lang, mit Millimetertheilung an Schrägkante[11]); Wagrechtstellung der Tischplatte mittels Taschenlibelle bezw. der Diopterlibelle oder mittels Anhalten der beiden Niveaus der Taschencanalwage (*60*) an zwei benachbarte Tischkanten. — Aufnahme auf Zeichencarton oder ungerollten Zeichenbogen, angezweckt oder aufgeklebt.

[11]) Wegen seiner Leichtigkeit und Billigkeit empfiehlt sich das am Schluss von *37* erwähnte Diopterlineal (mit Libelle und Futteral 5 Mk.). Der Preis von Krokirtischen ausschliesslich Diopterlineal schwankt zwischen 12 Mark (Nestler-Lahr) und 10,5—19 Fl. (Militär-Detaillirtisch von Hofoptiker Neuhöffer & Sohn-Wien I).

Der Aufnahme eines grösseren Geländeabschnittes geht die Ermittelung des zulässigen Maassstabes voran; man schätzt die Entfernungen ab, fertigt eine rohe Skizze und verschiebt dieselbe auf der Platte zur Ableitung günstigster Lage und zulässigen Maassstabes. Die voraussichtliche Lage der Hauptpunkte wird auf dem Zeichenbogen bereits ganz leicht angedeutet. Bei der eigentlichen Aufnahme wird auf der ersten Station die Platte roh orientirt, sodass die rohen Richtungen der Hauptpunkte annähernd in die ihnen entsprechenden natürlichen fallen, hierauf Standort I definitiv eingetragen. In den Standort wird gewöhnlich eine feine Pikirnadel (mit Siegellackkopf) gesteckt, um an diese das Diopterlineal anzulegen[12]). Nach erfolgter Einstellung Ziehen eines kleinen Stückes der Richtungslinie in der Gegend des angeschnittenen Punktes unter Beifügung der Nummer der Hauptpunkte (II, III u. s. w.) bezw. von Buchstaben für die zur Einzeichnung der Situation etc. erforderlichen Zwischenpunkte, welche zugleich mit den Hauptpunkten aufgenommen werden. Für die Zwischenpunkte entweder Abkürzungen oder kleine lat. Buchstaben, eventuell im Krokirheft vermerkt. Die Entfernung (Lage) der angeschnittenen Punkte ergiebt sich, wie bereits hier bemerkt wird, gewöhnlich durch Anschneiden derselben auf einem zweiten Standort (Schnitt der Richtungslinien) oder, wenn der Zielpunkt von andrer Seite voraussichtlich nicht genommen werden kann, durch Abschreiten und andere Methoden. Auf Standort II wird zunächst wieder der Tisch orientirt durch Anlegen der Ziehkante an Richtung II I und Einstellen der Diopter durch Drehen der Platte; kleine Verschiebungen durch Anklopfen mit Schlüssel oder Messer bewerkstelligt; dann weiter wie auf I.

Der zum Ausziehen der Richtungslinien verwandte Stift (Härte 5 oder 6 H) wird zweckmässig meisselförmig zugespitzt, da eine solche länger ziehfähig bleibt und schärfer am Lineal anliegt als die Spitze; das Eintragen von Buchstaben etc. erfolgt mit Spitze am entgegengesetzten Stiftende; sehr zweckmässig sind auch metallene Bleistifthalter mit Schieberingen zum Einstecken und Ausnutzen von Stiftfragmenten und verschiedenen Stifthärten

[12]) Die Militärtopographie arbeitet nicht mit Pikirnadeln, sondern bringt das Lineal unter gleichzeitiger Einstellung auf den Zielpunkt vorerst so nahe als möglich an den Standort, dann durch Parallelverschieben des mit beiden Händen dirigirten Lineals die Ziehkante scharf über den Standort. Bei einiger Uebung arbeitet man auf diese Weise ebenso schnell als mit Nadeln. Dagegen wird der Standort nicht ausgeweitet und der Tisch nicht zerstochen.

oder Radirgummi. Lässt sich der Krokirtisch über dem Stationspunkte $S$ selbst wegen seitlicher Ausdehnung seines Trägers (Thurm, Baumstämme etc.) nicht aufstellen, so wird der excentrische Standort $S_1$ gemäss seiner Lage zu $S$ und einer der Hauptrichtungen in $S$ eingezeichnet und von ihm aus die Richtlinien gezogen. Hierdurch fällt das Centriren der Richtungen fort.

Erfordert die Aufnahme mehrere Zeichenblätter, so ist darauf zu achten, dass die benachbarten Blätter wenigstens eine Strecke gemeinsam haben; mittels derselben wird im Quartier, nachdem die Blattränder mit Mundleim bestrichen, der Anschluss beider Blätter in der Weise hergestellt, dass man die gemeinsame Strecke auf den an eine Fensterscheibe gehaltenen Blättern zur Deckung bringt. Bei geringfügigen Ueberschreitungen des Blattrandes werden an den betreffenden Stellen kleine Papierstücke angeklebt und ihnen beim Ziehen der Richtlinien und bei sonstigen Zeichnungen eine feste Unterlage (Taschenbuch etc.) untergehalten.

Den einfachsten, fast überall rasch herzustellenden Krokirtisch bildet ein Holzdeckel auf einen zugespitzten Pfahl von Brusthöhe aufgenagelt, dieser nach Einstossen in den Boden seitlich mit steinbeschwerten Schnuren verankert; das Diopterlineal ersetzt ein rechtwinklig gearbeitetes Brettchen von einigen cm Dicke, eventuell mit verticalem Längssägeschnitt von 1—1½ mm Weite.

**Freihändige Hauptwinkelmessung[13]).**

**40. Spiegelinstrumente: Prismentrommel mit Gradtheilung.** Aufbau und Theilung ähnlich wie bei der Winkeltrommel. Die gleichzeitige Einstellung zweier Objecte wird durch im Innern angebrachte, drehbare Prismen mit spiegelnder Hypotenuse ermöglicht, die hierzu erforderliche Drehung des einen Prismas (halb so gross als der gemessene Winkel) an der entsprechend bezifferten Theilung in den richtigen Winkel umgesetzt.

Von den Sextanten ist hier zu erwähnen der **Dosensextant** von gleichem Aufbau und Theilung wie die Prismentrommel und

[13]) Es folgt nunmehr eine Aufzählung derjenigen Hilfsmittel und Methoden, welche dem Wanderer, nur mit einem einfachen Instrument ausgerüstet, eine für gelegentliche Aufnahmen erforderliche rasche Winkelaufnahme ermöglichen. Es wird hierbei wie auch bei Besprechung der Hauptwinkelmessung nicht vorausgesetzt, dass der Leser, dessen Interessen vorliegende Anleitung berührt, von allen angeführten Hilfsmitteln Gebrauch machen wird, sondern, vielleicht bereits in Besitz des einen oder anderen Apparates oder Geräthes, möglichst mit einem solchen allein seine etwaigen Winkelaufnahmen zu bewerkstelligen sucht. Die hierbei erforderlichen Operationen sind möglichst eingehend beschrieben, einerseits weil Manches, was zunächst als selbstverständlich erscheint, bei der Messung selbst sich nicht so einfach gestaltet, andrerseits weil verschiedene der behandelten Methoden, soviel dem Verfasser bekannt, neu sind.

**die Reflectoren[14]).** Letztere gestatten zugleich die Aufzeichnung der gemessenen Winkel.

Die Spiegelinstrumente sind bei regelrechten topographischen Aufnahmen in mässig welligem Terrain unter hinreichender Hervorhebung der Zielpunkte äusserst bequem zu verwenden; beim Krokiren dagegen kann die Spiegelung der oft nur mit freiem Auge zu unterscheidenden Zielgegenstände leicht zu Verwechselungen Anlass geben. Weiterhin lassen sich Winkel mit einigermaassen geneigten Schenkeln entweder nicht oder nur als schiefe Winkel messen; in letzterem Fall wird Messung des Neigungswinkels und Reduction des schiefen Winkels auf den Horizont erforderlich.

Der Preis der Prismentrommel ist wenig höher als derjenige der Winkeltrommel mit Bussole, die Preise der übrigen schwanken zwischen dem doppelten und vierfachen der letzteren. Die Prismentrommel wird auch auf Stativ gebracht.

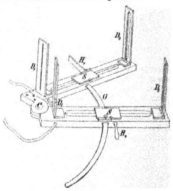

Fig. 59.

*41. Krokirapparat des Verfassers.* Fig. 59. Derselbe gestattet Winkel mit Schenkelneigungen zwischen + und − 45° ohne Benutzung des Lothes wagrecht zu messen, mit einer für Krokis hinreichenden Genauigkeit, und dient zugleich als Transporteur zum Auftragen des gemessenen Winkels. Auf den 18 cm langen Schenkeln $A_1 A_2$ einer Schmiege mit hohem Drehpunkt $C$ sind Diopter $D_1 D_2$ mit Scharnieren aufgesetzt zum Einstellen von Richtungen, deren Neigungen ± 20° nicht übersteigen.

[14]) Abb. und Beschreibung der verschiedenartigen hierher gehörenden Instrumente s. Hunnäus, Die Instrumente der prakt. Geometrie; Kossmann, Oberst, Die Terrainlehre, Terraindarstellung u. das milit. Aufnehmen.

Zum Einstellen von Richtungen mit grösserem Höhenwinkel dienen die Spiegel $S$, mittels welcher durch den Schlitz $D_1$ hindurch die Einstellung des Fadendiopters $D_2$ auf das hochgelegene Object bewerkstelligt werden kann. Für Richtungen mit grossem Tiefenwinkel sind auf den Schenkeln Längsspalten von 1 cm Breite angebracht, über deren Mitte Fäden laufen; dieselben vertreten also gleichfalls Fadendiopter. Ein Gradbogen $G$ gestattet die Ablesung der Schenkelöffnung an einem rohen Index auf Zehntelgrad [15]).

Die freihändige Einstellung der Diopter auf zwei Richtungen erfordert einige Einübung. Man stellt sich so auf, dass die Körpervorderseite ungefähr der Halbirung des zu messenden Winkels zugekehrt ist, fasst den Apparat an dem Klappgriff $H_1$ und der festen Handhabe $H_2$ oder bei grösseren Winkeln direct an beiden Schenkeln, drückt die Arme fest an den Leib und stellt zunächst Richtung 1 ein; diese sucht man festzuhalten, während unter leichter Kopfwendung der andere Schenkel auf Richtung 2 eingestellt wird; die gleichzeitige Einstellung auf beide Richtungen lässt sich durch Kopfwendung schnell controliren, worauf der Winkel am Gradbogen abgelesen wird. Man macht für Hauptwinkel etwa 3—5, für die übrigen zwei Einstellungen und Ablesungen, stellt das Mittel aus letzteren ein und arretirt den Schenkel $A_2$ mittels einer Schraube. Die Innenkante des einen Schenkels wird nunmehr an die im Kroki gegebene Anschlussrichtung angelegt, die Mitte des hohlen Drehpunktes $C$ über den Scheitel des Winkels geschoben, und ein kleines Stück der zweiten Richtung längs der Innenkante des andern Schenkels mit scharfem Blei gezogen.

Je nach Beobachtungsweise mit rechtem oder linkem Auge stellt man zweckmässig zuerst rechte oder linke Richtung ein, oder man gewöhnt sich, den linken Schenkel mit rechtem, den andern mit linkem Auge einzustellen, wodurch die erforderliche Kopfwendung verringert wird. Der Apparat gestattet Winkel bis zu 90° zu messen, grössere Winkel werden in zwei Theile zerlegt, oder man misst den Ergänzungswinkel zu 180°.

Beim Krokiren hängt der Apparat (Gewicht 0,25 kg) an einer um den Hals gelegten Schnur (Diopter beim Gehen zusammengeklappt) und zwar soweit herab, dass er eventuell auf die in 45 beschriebene Krokirmappe aufgelegt werden kann. Beim

Arbeiten mit Krokirtisch (39) kann der Apparat als Diopterlineal verwendet werden.

Für Winkel bis zu 90° mit mässigen Schenkelneigungen fand sich als mittlerer Fehler einer Messung $\pm 0,2°$; sonach für das Mittel aus einer dreimaligen Messung $\pm 0,2 : \sqrt{3} = 0,2 \cdot 0,6 = \pm 0,1°$.

Ein einfacherer Apparat dieser Art lässt sich leicht in folgender Weise herstellen: An Stelle der 4 Diopter wird seitlich des hohlen Drehpunktes $C$ ein metallenes Klappstück ohne Schlitz so aufgeschraubt, dass seine Fusskante mit der Innenkante des linken Schenkels einen halben Rechten bildet und die aufgerichtete (zugeschärfte) Kante lothrecht über dem Mittelpunkt von $C$ steht. Vom oberen Ende derselben aus laufen nach den Enden der beiden Innenkanten zwei Seidenfäden, weiterhin sind an ihr im Abstand von 1 mm eine Reihe schmaler Einschnitte von etwa 1 mm Breite und Tiefe angebracht; diese nebst Fäden wirken ebenso wie Diopter und gestatten Winkel, deren Schenkel nicht zu sehr geneigt sind, gleichfalls bis auf Bruchtheile von Graden genau aufzunehmen.

Die freihändige Winkelaufnahme unter Kopfwendung wird in den Lehrbüchern der Terrainlehre bezw. den Anleitungen zum Krokiren meist nur beiläufig erwähnt, obwohl sich bei einiger Einübung derselben eine Genauigkeit erreichen lässt, welche die freihändige Aufnahme beispielsweise mit Schmalkalder's Bussole übertrifft und an diejenige mit einfachen Stativinstrumenten heranreicht.

**42. Winkelaufzeichnung auf Krokirdeckel oder -Mappe unter Beihilfe eines Begleiters oder bei fester Unterlage.** Krokirdeckel ist jeder ebene Pappdeckel, auf welchem die Zeichenfläche befestigt ist (durch zwei umgespannte Gummibänder, mit Reisszwecken oder Mundleim); das beste Krokirbrett ist ein Zeichenblock, jetzt überall und in sehr handlichen Formen zu 0,50 bis 1 M. erhältlich. Auch die Tischplatte in 39 kann, wie dort angegeben, hierzu verwendet werden. Ueber den Transport im Felde s. 45.

Als Zieler lassen sich zwei □-Lineale, desgl. der zusammengelegte Zollstock benutzen. Der eine Beobachter hält die Mappe auf den Fingerspitzen und dreht sie so, dass die Zielkante des einen Lineals, an der im Kroki gegebenen Anschlussrichtung anliegend, auf den entsprechenden natürlichen Zielpunkt trifft, während der Begleiter eine gleiche Zielvorrichtung auf den anderen Zielpunkt einstellt, und die Richtungslinie an Anfang und Ende der Zielkante auszieht. Darauf wird das Krokirbrett in die normale Zeichenlage gebracht und die vom Begleiter gezeichnete Richtungslinie parallel zum Scheitelpunkt verschoben (mit Zirkel).

Gestatten die gewählten Punkte ein Auflegen des Krokirbrettes (Gartenpfeiler, Brückengeländer, grössere Grenzsteine), so

---

[15]) Bezug vom Techn. Versandgesch. Reiss-Liebenwerda.

kann man ohne Begleiter die erforderlichen Winkelaufzeichnungen bewerkstelligen. Nachdem die Zielvorrichtung an die erste (gezeichnete) Richtung angelegt und durch Drehen der Unterlage in die entsprechende natürliche gebracht, wird das Brett an einer gerade nicht gebrauchten Stelle beschwert, um die zweite Richtung aufzeichnen zu können.

*43. Aufnahme eines Richtungsdreieckes.* Man nimmt den Winkel auf durch Abmessen der Strecken a und b auf den Schenkeln (vom Scheitel aus) und der Verbindungslinie s ihrer Endpunkte (mit Bandmaass oder improvisirter Messlatte). Stock in den als Scheitelpunkt geltenden Terrainpunkt lothrecht eingesteckt, längs desselben (kniend) die Zielpunkte auf nähere Punkte eingelothet, diese sogleich vermarkt. Abstände der Marken unter sich, c und vom Scheitel a und b gemessen. Das Dreieck in irgend einem Maassstab in die Zeichnung mittelst Zirkel übertragen. Nur auf nahezu wagrechtem Bogen anwendbar (insbesondere zur Aufnahme der Winkel zwischen den Streichrichtungen von Böschungen, zwischen zwei Mauern unter Ablothen der Richtungen oder Anlegen von Stäben).

*44. Winkelentnahme aus Plänen oder Karten.* Steht für das zu bearbeitende Gebiet bereits ein Plan oder eine Karte grösseren Maassstabes zur Verfügung, welche durch Krokirungen zu ergänzen ist, so liegen die Resultate der Hauptwinkelmessung gewissermaassen schon vor Augen; es geben also alle Verbindungslinien von Punkten der Karten, welche sich im Terrain hinreichend scharf wiederfinden lassen, Anschlussschenkel ab. Jedoch ist auch hierbei Vorsicht geboten, insbesondere bei Benutzung älterer Karten und man sollte Punkte, für welche sich der Identitätsnachweis nicht mit voller Schärfe führen lässt, nicht als Anschlusspunkte benutzen.

Auf eine weitere Fehlerquelle bei Entnahme von Winkeln aus gedruckten Plänen, entspringend aus dem in verschiedenen Richtungen ungleichen Karteneingang (vgl. S. 58 bis 59), ist neuerdings von Prof. Hammer in Stuttgart hingewiesen worden[16]). Derselbe leitet aus obiger Ursache Winkeländerungen bis zum Betrag von nahezu $1\frac{1}{2}^0$ ab; ein solcher entspricht bereits dem mittelbaren Fehler der einmaligen Winkelmessung mit rohen Freihandinstrumenten.

Weitere kleine Veränderungen der ursprünglichen Winkel auf vorhandenen Plänen werden herbeigeführt, wenn der fragliche Geländeabschnitt in einen grösseren Maassstab zu übertragen ist.

---

[16]) Zeitschr. f. Vermessungswesen. 1895, S. 161.

*45.* Die Krokirmappe. Bevor wir zur Messung der Winkel zweiter Klasse übergehen, schalten wir aus dem Kapitel über Ausrüstung die Beschreibung von Feldmappen ein. Die Krokirmappe zählt zu den beim Aufnehmen grösserer Geländeabschnitte nothwendigsten Ausrüstungsgegenständen, einerseits als Behälter für Karten, Schriftstücke und Zeichenmaterial, andererseits aber als Zeichenunterlage; die Zuverlässigkeit einer Krokirung hängt nicht zum wenigsten ab von der grösseren oder geringeren Bequemlichkeit beim Aufzeichnen.

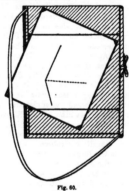

Fig. 60.

Krokirmappe Fig. 60. Zwei zu einer Tasche verbundene Pappdeckel von $31 \times 40$ cm mit marmorirtem Papier überzogen. Ein breites an zwei gegenüberliegenden Ecken befestigtes Band dient zum Anhängen und Festhalten der Mappe während Aufnahme und Transport, wobei das Band über die linke Schulter und unter dem rechten Arm hindurchläuft, und zwar kann durch einfaches Umwenden der Mappe auch die Seite b an den Körper gebracht und so die Zeichenfläche verbreitert werden. Die Mappe hängt beim Zeichnen und Schreiben etwas geneigt, beim Marschiren im Gebiet senkrecht vorn am Leib oder an der Seite herabgezogen. Der Krokirende behält beide Hände zum Zeichnen und Messen frei, wodurch der Ermüdung der Hand vorgebeugt, die Arbeit beschleunigt und das Zeichnen correcter wird. Die Pappdeckel sind am Rand noch mehrfach durchlocht zum Durchziehen von Gummibändern, welche Zeichenpapier, Zeichenblock oder Feldbuch festhalten. Der Oberdeckel ist an drei Seiten mit Rahmen zum Einlegen von Feldbuch, Schreibpapier, der Unterdeckel ist glatt zum directen Auflegen von Zeichenpapier. Beim Transport nach dem Aufnahmegebiet wird das Band um die Mappe geschlungen und in die Schleife bei b miteingebunden[17]).

Feldbuchmappe von Reiss-Liebenwerde. Der eine Deckel trägt eine geräumige Tasche, der andere ist mit einem Lederrahmen zum Unterschieben des Schreib- oder Zeichenpapiers versehen. Nahe dem Aussenrande ist um den Deckel ein breites Gummiband zu legen, unter welches an der Unterseite des Zeichendeckels der Taschendeckel beim Zeichnen geschoben wird. Diese Tasche lässt sich in eine Hängemappe umwandeln, wenn man durch die 4 Metallösen, welche Rahmen und Deckel verbinden, ein oder zwei Schnuren ohne Ende, etwa von 1,7 m Länge, diagonal durchzieht, welche sich auf dem Rücken des Beobachters nochmals kreuzen; Transport wie oben[18]).

Die beschriebenen Mappen können unmittelbar als Zeichen- oder Schreibunterlage bei Messung von Winkeln und Uebertragung derselben mit Transporteur oder Diagramm dienen. Bei freihändiger Winkelaufnahme auf Krokirdeckel (46) bilden sie die Unterlage des letzteren beim Einzeichnen von Situation etc. Die Benutzung eines solchen, am besten eines Zeichenblocks, empfiehlt sich bei allen Aufnahme, welche mehrere Standorte erfordern, da die Orientirung auf den einzelnen Standorten durch Drehen des Deckels rasch bewerkstelligt werden kann. In Fig. 60 bezeichnet die weissgelassene Fläche den orientirten, mit Gummibändern festgehaltenen Zeichenblock.

*[Fortsetzung folgt.]*

---

### Bauxit und Smirgel.

Von

Dr. A. Liebrich in Gelsenkirchen, chem. Laboratorium.

Es dürfte nicht uninteressant sein, die beiden gleichartigen Mineralien Bauxit und Smirgel einmal nebeneinander zu stellen, um sowohl über die Aehnlichkeit bezüglich

[17]) Eine solche Hängemappe ist auch im Zimmer bequem zu verwenden, wenn man Schriftstücke anfertigen will, ohne sich über den Tisch beugen zu müssen, als Unterlage bei Lectüre. Als Unterlage für das Feldbuch diente sie dem Verfasser bei Präcisionsnivellements und gestattete, während des Weges von einem Standort zum andern und der Aufstellung daselbst zu rechnen. — Bezug von der Papierhandlung Urban-Aachen. Dieselbe liefert derartige Hängemappen auch in dem zum Tragen in einer Ueberziehertasche bequemen Format 12½ × 31 cm, welches aufgeklappt eine feste und eine drehbare Zeichenunterlage von 31 × 25 cm bietet. Innentasche zum Aufbewahren des auf Wunsch beigegebenen Krokirpapieres (quadrirt) und Horntransporteurs.

[18]) Ohne Schnüre und Gummibänder in Leder 5 Mark, in Leinen 3 Mark.

der chemischen Zusammensetzung, als auch bezüglich des Vorkommens ein anschauliches Bild zu erhalten.

Zuverlässige Smirgel-Analysen scheinen allerdings nicht im Ueberfluss vorhanden zu sein und auch über das Vorkommen des Smirgels sind die Nachrichten nicht allzu reichlich. Die hauptsächlichen Vorkommen des Smirgels sind das auf Naxos[1]), das oder eigentlich die in Kleinasien[1]) und das von Chester in Massachusetts. Jedenfalls ist das Auftreten des Smirgels eine vereinzelte Erscheinung, ebenso wie das des Bauxites. Sowohl auf Naxos, wie am Berge Gummugdagh und nach Mittheilungen von L. Smith (Silliman American Journ. X. S. 354 und Ann. min. XVIII, S. 259) an einigen anderen Orten in Kleinasien ist die ursprüngliche Lagerstätte des Smirgels ein auf Urgebirge ruhender körniger Kalk, weiss oder bläulich von Farbe und in der Nähe des Smirgels durch Eisenoxyd dunkelgelb gefärbt. Der Smirgel tritt gangartig, in Stöcken und in einzelnen derben Stücken im Kalk auf. — L. Smith beschreibt auch das Vorkommen des Smirgels von Chester in Massachusetts. Herrschende Gesteine sind Gneiss und Glimmerschiefer. Der Gneiss erscheint stellenweise sehr zersetzt, die Schichtung oft sehr gestört, gewunden. Auf den Klüften findet sich Kalkspath. Auffallend ist der gänzliche Mangel an Quarz im Gneiss in der unmittelbaren Nähe der Lagerstätte.

Was die genauer beschriebenen Vorkommen von Bauxit anlangt, so tritt derselbe gangartig auf in den Kreideschichten bei les Baux. Im Vogelsberge, Westerwald und in Irland erscheint er auf Basalt, in der Wochein zwischen Trias- und Jurageräteinen[2]). Der Bauxit tritt demnach nur in jüngeren Gesteinen auf im Gegensatz zu Smirgel, der nur in ältesten auftritt.

Was die chemische Zusammensetzung von Bauxit und Smirgel anbelangt, so besteht der wesentlichste Unterschied im Gehalte der Bauxite an grösseren Mengen chemisch gebundenen Wassers. Der Smirgel besteht aus Thonerde und Eisenoxyden neben wenig Wasser, der Bauxit aus den Hydraten von Thonerde und Eisenoxyd.

Würde der Bauxit gleichen Einflüssen ausgesetzt worden sein, wie sie bei der Bildung des Smirgels gewirkt haben müssen, so wäre das Hydratwasser des Bauxites sicherlich verloren gegangen. Rechnen wir dieses Wasser ab, stellen wir also die Zusammensetzung von geglühtem Bauxit neben

[1]) Vergl. d. Z. 1894 S. 479.
[2]) Ueber Bauxit in den Ver. Staaten von Nordam. vergl. d. Z. 1893 S. 243, 1894 S. 256.

die des Smirgels, so erhalten wir folgendes Bild:

### Smirgel:

| | $Al_2O_3$ | $Fe_2O_3$ | $SiO_2$ | CaO | $TiO_2$ | $H_2O$ |
|---|---|---|---|---|---|---|
| 1. | 68,50 | 33,25 | 1,61 | 0,92 | — | 1,90 |
| 2. | 70,10 | 22,21 | 4,00 | 0,62 | — | 2,10 |
| 3. | 77,82 | 8,62 | 8,13 | 1,80 | — | 3,11 |
| 4. | 75,12 | 13,06 | 6,88 | 0,72 | — | 3,10 |
| 5. | 68,53 | 24,10 | 3,10 | 0,86 | — | 4,72 |
| 6. | 64,20 | 34,60[2]) | 2,— | — | — | — |
| 7. | 55,80 | 37,60[4]) | 7,20 | — | — | — |
| 8. | 56,10 | 37,28[5]) | 7,— | — | — | — |

### Bauxit:

| | $Al_2O_3$ | $Fe_2O_3$ | $SiO_2$ | CaO | $TiO_2$ | $H_2O$ |
|---|---|---|---|---|---|---|
| 1. | 64,57 | 28,36 | 3,14 | 0,30 | 3,47 | |
| 2. | 62,66 | 28,05 | 5,42 | 0,15 | 3,58 | |
| 3. | 50,60 | 40,83 | 6,83 | 1,15 | — | |
| 4. | 66,21 | 26,82 | 6,13 | 0,78 | — | |
| 5. | 71,28 | 21,98 | 1,54 | 1,12 | 4,48 | |
| 6. | 69,55 | 19,24 | 3,80 | 2,27 | 4,24 | |

(abgerechnet)

Smirgelanalysen 1—5 sind von L. Smith ausgeführt (Liebig und Kopp, Jahresber. 1850 S. 706), Anal. 6—8 von R. Jagnaux (N. Jahrb. für Min. etc. 1886. I. S. 393). — 1. Smirgel von Kulah in Kl. As. 2. Sm. von Samos. 3. Sm. v. Gummuch. 4. Sm. v. Nicaria. 5. 6. Sm. v. Naxos. 7. Sm. v. Tyrus. 8. Sm. v. Smyrna.

Bauxitanalysen: 1. Bauxit von les Baux. (St. Claire Deville, N. Jahrb. f. Min. etc. 1871 S. 940). 2. Bx. v. Allauch bei Marseille. (Derselbe, ebenda). 3. Bx. v. les Baux (Rivot. Percy-Wedding, Eisenhüttenkunde I. S. 386). 4. Bx. v. Garbenteich (W. Will, Berichte der Oberhess. Ges. Giessen 1883, 22. S. 311). 5. Bx. v. Garbenteich (Liebrich, ebenda 1891, 28. S. 71). 6. Bx. v. Lich (Derselbe, ebenda S. 78).

Zu bemerken ist noch, dass die Titansäure bei allen den Analysen der Bauxite und Smirgel, bei denen sie nicht angegeben ist, keinesfalls berücksichtigt wurde. Ein Smirgel von Naxos enthielt nach meiner Prüfung 2,10 Proc. Titansäure. Smith hat ausserdem das Eisenoxydul als Eisenoxyd mitbestimmt. Die Analysen von Jagnaux weisen im Gegensatz zu denen von Smith weder Kalkerde noch Wasser auf. Bei den Bauxitanalysen, die keine Titansäure anführen, kann man ruhig ca. 3 Proc. Titansäure als Eisenoxyd mit bestimmt annehmen.

Das wenige Wasser im Smirgel dürfte zum Theil sicherlich auch an die Thonerde gebunden sein. Smith fand in Korund von Kleinasien 0,70—3,7 Proc. Wasser, in solchem aus Ostindien 2,80—3,10 Proc., wobei besonders hervorgehoben wird, dass die Gegenwart von Diaspor nicht bemerkt werden konnte.

Die Verschiedenheiten zwischen Bauxit und Smirgel sind wesentlich zwei. Einmal der Unterschied bezüglich des Wasserge-

haltes und zweitens der des Vorhandenseins von Eisenoxydul im Smirgel. Diese beiden Verschiedenheiten als durch andere Verhältnisse der Abscheidung bedingt aufzufassen bei gleichartiger, ursprünglicher Bildungsweise der Lösungen, dürfte nicht gezwungen erscheinen.

Dass die Bauxitsubstanz sich durch eigenartige Zersetzung aus Silicaten gebildet hat, ist unzweifelhaft und auch für den Smirgel wird wohl kein Geolog eine andere Bildungsweise anzunehmen geneigt sein. Dass hier wie da das Wasser eine hervorragende Rolle gespielt hat, dafür bürgt schon der Wassergehalt der beiden Mineralien. Mit aller Wahrscheinlichkeit sind es die gewöhnlichen Atmosphärilien, Wasser und Kohlensäure, vielleicht in Verbindung mit Lösungen von kohlensauren Alkalien oder kohlensaurem Kalke, welchen die Bauxit-, wie auch die Smirgelbildung zuzuschreiben ist, nur dass die Temperatur- (bezw. auch Druck-) Verhältnisse abnorme dabei gewesen sein müssen. Durch verschiedene Grade der Temperatur- und Druckverhältnisse können sowohl die Differenzen im Wassergehalte der verschiedenen Bauxite und Smirgel, als auch der Eisenoxydulgehalt der Smirgel Erklärung finden.

Dass das Eisen der Silicate von kohlensäurehaltigen Gewässern als kohlensaures Eisenoxydul in Lösung gebracht und fortgeführt wird, um an der Luft als Eisenoxydhydrat abgeschieden zu werden, ist bekannt, ebenso auch, dass das Eisencarbonat bei höherer Temperatur in Magneteisen verwandelt werden kann. Allerdings ist mir nicht bekannt, dass bei Gegenwart von Wasser und Luft mit Wirkung höherer Temperatur aus Eisencarbonat Magneteisen gebildet werden kann, während es aus Eisenchlorür künstlich auf diese Weise hergestellt worden ist. Immerhin lässt sich als wahrscheinlich annehmen, dass aus Eisencarbonat auf solche Weise Magneteisen erzeugt werden kann und die Natur bei dem Magneteisen des Smirgels in ähnlicher Weise gewirkt hat.

Dass auch die Thonerdesilicate der Gesteine, die bei der Verwitterung derselben als Kaolin und Thon zurückbleiben, von kohlensauren Gewässern angegriffen werden, wenn auch weit weniger als die Eisensilicate, dürfte anzunehmen sein. Sehr kleine Mengen von Thonerde sollen in den meisten Gewässern zu finden sein. Die Absätze der Thermen enthalten stets gewisse Mengen von Thonerde.

Allerdings ist von dieser Erscheinung bis zu einer Bauxitbildung noch ein grosser

---

[2]) Besteht aus 26,80 $Fe_3O_4$ und 6,90 $Fe_2O_3$.
[4])     -     - 17,50   -    19,50 -
[5])     -     - 11,—   -    - 25,90 -

Schritt, doch dürfte immerhin dadurch der Weg angedeutet sein.

Dass die Schwefelsäure, die entfernt noch in Betracht gezogen werden könnte, wie sie in vulcanischen Gegenden aus der Tiefe dringt oder durch Verwitterung von Kiesen sich bildet, die Silicate zersetzend und Alaune und andere Sulfate bildend, bei den hier besprochenen Bildungen mitgewirkt hätte, ist sehr unwahrscheinlich, da dann irgend welche directe Spuren von ihr jedenfalls vorhanden sein müssten.

Ein gewisser Uebergang von Smirgel zu Bauxit lässt sich durch passende Auswahl einiger Analysen sehr deutlich machen.

| | $Al_2O_3$ | $Fe_2O_3$ | CaO | $SiO_2$ | $H_2O$ | $TiO_2$ |
|---|---|---|---|---|---|---|
| 1. | 60,10 | 33,20 | 0,48 | 1,80 | 5,62 | — |
| 2. | 55,40 | 24,80 | 0,20 | 4,80 | 11,60 | 3,20 |
| 3. | 49,97 | 19,87 | 0,58 | 4,61 | 24,54 | — |

1. Smirgel von Gummuch nach Smith (Liebig und Kopp, Jahresber. 1850 S. 706). 2. Bauxit von Allauch bei Marseille nach St. Claire Deville (No. 2 von oben). 3. Bauxit von Garbenteich nach W. Will (No. 4 von oben). Ueber den verschiedenen Wassergehalt der Bauxite vergl. man meine Abhandlung in Berichten der Oberhess. Ges. Giessen 1891, 28. S. 57.

---

## Ackerbodenuntersuchung der römischen Campagna.

### Von
### C. Viola in Rom.

In letzter Zeit bin ich oft über die Bodenanalysen des Ackerbodens der Römischen Campagna befragt worden, welche ich im Jahre 1884 im Laboratorium für Bodenkunde der königlich preussischen geologischen Landesanstalt in Berlin

unter Leitung des Herrn Prof. Dr. F. Wahnschaffe ausgeführt habe. Da diese Analysen die einzigen vollständigen sind, die davon existiren, so dürfte ihre Veröffentlichung nicht unwillkommen sein.

Die sieben Localitäten in der Nähe von Rom, wo die Proben genommen wurden, sind folgende:

1. Zwischen dem Hause der Cavallari und dem Fluss Anio rechts von der Strasse Tiburtina.
2. Gut Pratalata, links von der Strasse Tiburtina, 300 m von der Strasse, welche zur Festung Tiburtina führt.
3. Gut Tor Sapienza bei dem Thurm gleichen Namens.
4. Gut von Grotta Ferrata bei dem Hause S. Paolo.
5. Auf der Strasse Ardeatina rechts, 100 m vom Hause Cimarra.
6. Zwischen dem Gute von tre Fontane bei M. St. Alessio und bei dem Gute von Vigna Murata.
7. Zwischen der Strasse Ardeatina und der Strasse, welche zum Thurme Cecchignola führt, bei den Ruinen von Chiesaccia.

Die physikalischen Eigenschaften der genannten Bodenproben, bei gewöhnlicher Temparatur, entnimmt man folgender Zusammenstellung:

| Boden | Spec. Gewicht | | Porosität | | Wassercapacität in (Stunden) | | | |
|---|---|---|---|---|---|---|---|---|
| | wirklich | scheinbar | Löcher | Füllung | 7 | 15 | 25 | 45 |
| | | | | | ccm | ccm | ccm | ccm |
| 1 | 2,58 | 1,39 | 46,10 | 53,9 | 20 | 28 | 31 | 33,5 |
| 2 | 2,41 | 1,16 | 51,9 | 48,1 | 21,5 | 29 | 32 | 34 |
| 3 | 2,56 | 1,37 | 46,5 | 53,5 | 22 | 27 | 31,5 | 34 |
| 4 | 2,47 | 1,10 | 55,5 | 44,5 | 23 | 27 | 28 | 29 |
| 5 | 2,42 | 1,15 | 52,5 | 47,5 | 14 | 22 | 27 | 32 |
| 6 | 2,51 | 1,12 | 55,4 | 44,6 | 12,5 | 15,5 | 17 | 18 |
| 7 | 2,38 | 1,14 | 52,1 | 47,9 | 15 | 20,5 | 25 | 28 |

Die Körnung und die mit dem Schöne'schen Apparate ausgeführte Schlämmung haben Folgendes ergeben:

| Boden | Grand über 2 mm | Sand | | | | | Staub 0,05—0,01 mm | Feinstes unter 0,01 mm | Summa |
|---|---|---|---|---|---|---|---|---|---|
| | | 2—1 mm | 1—0,5 mm | 0,5—0,2 mm | 0,2—0,1 mm | 0,1—0,05 mm | | | |
| 1 | | Grosse Menge von Concretionen | | | | | — | — | — |
| 2 | 5,74 | 51,47 | | | | | 14,17 | 28,56 | 99,94 |
| | | 2,17 | 18,62 | 5,00 | 5,81 | 19,87 | | | |
| 3 | | Grosse Menge von Concretionen | | | | | — | — | — |
| 4 | 2,00 | 41,25 | | | | | 25,46 | 31,18 | 99,89 |
| | | 1,27 | 16,69 | 7,85 | 5,67 | 10,29 | | | |
| 5 | 19,48 | 49,87 | | | | | 13,30 | 17,39 | 100,04 |
| | | 7,80 | 8,90 | 13,77 | 4,80 | 14,60 | | | |
| 6 | 2,51 | 18,79 | | | | | 26,70 | 52,00 | 100,00 |
| | | 0,69 | 2,13 | 2,41 | 5,03 | 8,53 | | | |
| 7 | 20,62 | 49,35 | | | | | 20,68 | 9,31 | 99,98 |
| | | 18,34 | 4,20 | 10,60 | 3,54 | 12,70 | | | |

Der Auszug des bei 100° getrockneten und vom Grande befreiten Bodens mit kochender Salzsäure hatte folgende chemische Zusammensetzung:

| Boden | $Fe_2O_3$ | $Al_2O_3$ | $CaO$ | $MgO$ | $K_2O$ | $Na_2O$ | $SiO_2$ | $Ph$ | $Ph_2O_5$ | Rückstand |
|---|---|---|---|---|---|---|---|---|---|---|
| 1 | 3,80 | 10,33 | 23,74 | 0,55 | 0,86 | 0,23 | 0,56 | 0,07 | 0,17 | 41,96 |
| 2 | 7,74 | 15,44 | 2,48 | 0,63 | 0,85 | 0,40 | 0,52 | 0,09 | 0,21 | 60,96 |
| 3 | 3,76 | 7,00 | 23,20 | 0,78 | 0,31 | 0,07 | 0,59 | 0,08 | 0,18 | 43,90 |
| 4 | 8,30 | 17,54 | 2,59 | 0,45 | 0,33 | 0,11 | 0,55 | 0,08 | 0,18 | 61,32 |
| 5 | 6,79 | 15,51 | 3,86 | 0,61 | 0,82 | 0,40 | 0,43 | 0,15 | 0,34 | 59,68 |
| 6 | 8,44 | 19,44 | 2,96 | 0,58 | 0,60 | 0,15 | 0,40 | 0,09 | 0,21 | 56,48 |
| 7 | 6,12 | 19,16 | 3,96 | 0,65 | 0,70 | 0,21 | 0,14 | 0,16 | 0,37 | 59,16 |

Nach Aufschliessung des bei 100° getrockneten und vom Grande befreiten Bodens durch verdünnte Schwefelsäure (1:5) bei 200° C. erwies sich derselbe folgendermaassen zusammengesetzt:

| Boden | $FeO$ | $Fe_2O_3$ | $Al_2O_3$ | $CaO$ | $MgO$ | $K_2O$ | $Na_2O$ | Rückstand |
|---|---|---|---|---|---|---|---|---|
| 1 | 3,50 | 1,11 | 6,92 | 8,93 | 0,98 | 0,74 | 0,42 | 78,27 |
| 2 | 7,93 | 1,80 | 13,76 | 4,01 | 0,74 | 0,79 | 0,31 | 60,46 |
| 3 | 2,58 | 1,31 | 9,28 | 15,79 | 0,63 | 0,70 | 0,31 | 57,93 |
| 4 | 8,60 | 0,81 | 15,60 | 2,00 | 0,69 | 0,50 | 0,23 | 57,94 |
| 5 | 8,13 | 2,26 | 6,58 | 6,38 | 0,85 | 0,60 | 0,42 | 57,13 |
| 6 | 6,18 | 4,23 | 13,62 | 4,53 | 0,78 | 0,82 | 0,50 | 60,23 |
| 7 | 7,90 | 0,23 | 16,19 | 5,01 | 0,66 | 0,91 | 0,35 | 58,10 |

Die Aufschliessung durch Flusssäure ergab:

| Boden | $Fe_2O_3$ | $Al_2O_3$ | $CaO$ | $MgO$ | $K_2O$ | $Na_2O$ |
|---|---|---|---|---|---|---|
| 1 | 5,25 | 11,11 | 24,43 | 1,96 | 1,26 | 0,96 |
| 2 | 11,10 | 19,33 | 5,88 | 5,42 | 1,46 | 0,68 |
| 3 | 4,26 | 11,61 | 24,34 | 1,85 | 1,06 | 0,72 |
| 4 | 10,37 | 21,51 | 4,87 | 2,12 | 1,58 | 0,45 |
| 5 | 12,06 | 19,55 | 7,96 | 3,81 | 1,45 | 0,56 |
| 6 | 11,11 | 19,86 | 4,78 | 2,64 | 1,47 | 0,52 |
| 7 | 9,04 | 20,62 | 8,69 | 3,91 | 1,96 | 0,89 |

Die Aufschliessung mit Natriumcarbonat zur Bestimmung der Kieselsäure und andere Bestimmungen ergaben:

| Boden | $SiO_2$ | $H_2O$ bei 100° | $CO_2$ | Humussubstanzen | Combinationswasser | Glühverlust |
|---|---|---|---|---|---|---|
| 1 | 29,33 | 3,21 | 17,31 | 1,17 | 4,44 | 25,85 |
| 2 | 44,79 | 3,76 | 0,08 | 1,95 | 9,27 | 11,70 |
| 3 | 29,34 | 1,03 | 19,69 | 0,88 | 4,88 | 25,45 |
| 4 | 46,72 | 4,51 | Spur | 1,05 | 9,36 | 10,41 |
| 5 | 43,07 | 1,52 | 0,18 | 2,20 | 8,44 | 10,82 |
| 6 | 48,05 | 2,10 | Spur | 0,62 | 11,44 | 12,06 |
| 7 | 43,00 | 4,02 | 0,00 | 2,24 | 9,58 | 11,82 |

Die chemische Zusammensetzung der bei 100° getrockneten Bodenproben ist daher folgende:

(Siehe nebenstehende Tabelle.)

Die Analysen und Untersuchungen sind nach bekannten Methoden ausgeführt worden, welche von Prof. Wahnschaffe selbst i. J. 1887 auseinandergesetzt worden sind.

| | 1 | 2 | 3 | 4 | 5 | 6 | 7 |
|---|---|---|---|---|---|---|---|
| $FeO$ | 3,50 | 7,93 | 2,58 | 8,60 | 8,13 | 6,18 | 7,90 |
| $Fe_2O_3$ | 1,87 | 2,29 | 1,39 | 0,81 | 3,03 | 4,24 | 0,26 |
| $Al_2O_3$ | 11,11 | 19,33 | 11,61 | 21,51 | 19,55 | 19,86 | 20,62 |
| $CaO$ | 24,48 | 5,83 | 24,34 | 4,87 | 7,96 | 4,78 | 8,69 |
| $MgO$ | 1,96 | 5,42 | 1,85 | 2,12 | 3,81 | 2,64 | 3,91 |
| $K_2O$ | 1,26 | 1,46 | 1,06 | 1,58 | 1,45 | 1,47 | 1,96 |
| $Na_2O$ | 0,96 | 0,63 | 0,72 | 0,45 | 0,56 | 0,52 | 0,89 |
| $SiO_2$ | 29,33 | 44,79 | 29,34 | 46,72 | 43,07 | 48,05 | 43,00 |
| $CO_2$ | 17,31 | 0,08 | 19,69 | Spur | 0,18 | Spur | — |
| $H_2O$ | 4,44 | 9,27 | 4,88 | 9,36 | 8,44 | 11,44 | 9,58 |
| Humus | 1,17 | 1,95 | 0,88 | 1,05 | 2,20 | 0,62 | 2,24 |
| $Ph_2O_5$ | 0,16 | 0,21 | 0,18 | 0,18 | 0,34 | 0,21 | 0,37 |
| Sa. | 97,06 | 99,19 | 98,52 | 97,25 | 98,72 | 100,01 | 99,42 |

Rom, Mai 1895.

---

## Ueber die Aussichten künstlicher Bewässerung in den regenarmen Strichen der Vereinigten Staaten.

Auf Grund der Arbeiten des U. S. Geological Survey dargestellt von

**M. Klittke.**

[Fortsetzung von S. 240.]

Der wichtigste Nebenfluss des oberen Missouri ist der ebenfalls im Nationalpark entspringende Yellowstone. Er besitzt in dem von ihm durchflossenen Yellowstone-See einen natürlichen Regulator, welcher sich mit geringer Mühe auf einen Fassungsgehalt von 1 Million Ackerfuss bringen lassen würde; doch ist dies nicht einmal nothwendig, da er mehr Wasser fasst, als sich verwenden lässt. Sein Auffanggebiet beträgt beim Austritt aus diesem See 3367 qkm; es ist im Ganzen dicht bewaldet und umschliesst bei einer durchschnittlichen Seehöhe von 2750 m eine ganze Anzahl von Gipfeln, welche 3000 m übersteigen. Das Gesammt-Drainagegebiet beträgt 180 779 qkm; das des Missouri oberhalb der Yellowstone-Mündung zwar 246 290 qkm, doch deuten die bisherigen Strommessungen darauf hin, dass beide Flüsse an diesem Punkte ungefähr die gleiche Wassermenge besitzen. Ueber die Hälfte des Gebietes liegt oberhalb der 1200 m Linie, nur sehr wenig unter 600 m. Von den höchsten Erhebungen in der Südwestecke fällt das Land allmälich nach O zu ab. Ein sehr charakteristisches Merkmal bilden die beiden innerhalb liegenden, durch den Bighorn River getrennten Ketten der Absaroka und Bighorn Mts., von denen die Hauptmenge der Gewässer zum Yellowstone hinabrinnt. Etwa $^2/_3$ des Gebietes sind Weideland, das übrige Drittel etwa je zur Hälfte mit Brenn- und Nutzholzwaldungen bestanden.

Die Niederschläge erfolgen meistens in Gestalt von Schnee und differiren je nach der Höhenlage zwischen 254 und 1016 mm. Bei der durchgängig steilfelsigen Beschaffenheit der Ketten läuft ein hoher Betrag des Schmelzwassers schnell ab und verursacht Ende Mai bis Anfang Juni regelmässig Hochfluthen, welche seinen Stand rapide von dem Durchschnitt von 500—1000 Sec.-Fuss auf 12000 und mehr Sec.-Fuss erhöhen. Das Sinken geht bedeutend langsamer vor sich. Nach der Vereinigung mit dem Bighorn enthält er über 13000 Sec.-Fuss. Die Messstation befindet sich bei Horr im Canyon, woselbst das 45 m breite Flussbett ein sehr gutes, felsiges Querprofil bietet.

Der Yellowstone strömt an der Nordseite seines Gebietes entlang, empfängt daher hauptsächlich von S her Nebenflüsse. Während aber $^3/_4$ seiner Wassermenge aus Wyoming stammt, liegen die besten Ländereien grösstentheils in Montana. Nach NO tritt ein langsamer Uebergang in die Plains ein, welche sich schliesslich in der Umgebung der Black Hills in Bad Lands verwandeln. Das bis jetzt bewässerte Land erreicht nur den Betrag von 0,38 Proc. der Weidefläche, da vorläufig nur die eigentlichen Uferländereien unter Cultur sind. Die Bewässerungsanlagen am Oberlauf beschränken sich auf kleine Strecken; hin und wieder hat sich ein Farmer ein kleines Reservoir angelegt und einige Gräben gezogen. Unterhalb Park City hört auch dies auf, denn es begleitet die Crow Indian Reservation den Fluss auf eine längere Strecke. Diese Reservation umfasst ferner auch den besten Theil der Ländereien am bedeutendsten Nebenflusse des Yellowstone, dem Bighorn River. Er gehört zu den wasserreichen Strömen und führte im Juli 1892 bei Alauw 9707 Sec.-Fuss, doch lässt sich auf die grösseren und höher gelegenen Flächen Wasser nur durch lange und theure Canäle bringen. Am Little Bighorn haben die Crow Indianer ein wenig für Bewässerung gethan. Das Centrum der Irrigation am Bighorn ist augenblicklich Lander.

Unterhalb des Bighorn mündet der Tongue River. Er kommt von den Bighorn-Mts. in Wyoming und wird dort oben sehr stark in Anspruch genommen, da eine Menge guten Ackerbodens das verfügbare Wasserquantum bei weitem übersteigt. In Montana ist dies nicht der Fall. Die Ufer sind meistens steil, und man verwendet daher stellenweise von Windmotoren getriebene Pumpen, um sein Wasser emporzuheben; das Uferland ferner ist meistens schmal und wird durch den sehr gewundenen Flusslauf in zu kleine Flächen zerlegt, als dass man längere Canäle bauen könnte.

Die Niederschläge der entgegengesetzten (O-)Seite der Bighorn-Mts. führt der Powder River dem Yellowstone zu. Sein Wasser wird im Quellgebiet derartig in Anspruch genommen, dass in einer Entfernung von 30 bis 80 km vom Gebirge nichts mehr vorhanden ist und Streitigkeiten zwischen den Farmern kein Ende nehmen. Seinen Unterlauf begleiten ebenfalls „Bad Lands", welche sich weder zu Ackerbau noch Viehzucht eignen.

Auch am unteren Yellowstone wird Ackerbau nur stellenweise getrieben, meistens an den Mündungen von Nebenflüsschen, welche mehr Fall besitzen als der Hauptstrom. So wasserreich derselbe hier auch ist, so nutzt man diesen Umstand nur zur Unterhaltung von Gärten mittelst Pumpwerken aus, denn es ist ausserordentlich schwierig und ohne Aufwendung unverhältnissmässig grosser Summen unmöglich, sein Wasser auf die Terrassenländer zu bringen. (Ein solcher Canal müsste eine Länge von 160 km haben.) Viele Farmer haben sich daher begnügt, sogenannte „Hochwassercanäle" anzulegen. Sie nehmen einen Theil der Frühjahrsfluth auf und geben denselben zur gründlichen Durchfeuchtung ausgedehnter Wiesenflächen ab. (Rep. XIII. P. III, p. 63—72.)

Nach oberflächlicher Schätzung besitzt Montana gegen 60 günstige Reservoirstellen, welche in Summa 4 Millionen Ackerfuss Wasser liefern könnten. Dabei darf aber als sicher angenommen werden, dass sich diese Zahl bei gründlicher Durchforschung des Staates als bedeutend höher herausstellen wird; 27 sind bereits vermessen und kartirt.

In den sich östlich an Montana anschliessenden Staaten Nord- und Süd-Dakota haben bisher keine amtlichen Untersuchungen hinsichtlich der Irrigation stattgefunden. Das innerhalb ihrer Grenzen fallende Drainagegebiet des Little Missouri und anderer Nebenflüsse des Missouri bis hinab zum Cheyenne und White River ist, wenn man von den Black Hills in S absieht, eine völlig waldlose Ebene, und auch das eben erwähnte Waldgebirge vermag nur als Auffangebiet für den Little Missouri, sowie den Cheyenne zu dienen. Zur Bewässerung sind daher bis jetzt nur die Quell- und Seitenbäche dieser beiden Ströme in den Black Hills nutzbar gemacht worden.

In viel ausgedehnterem Maasse ist dies dagegen im ganzen Quellbereich des ebenfalls noch unserer ersten Gruppe angehörigen Platte River der Fall. Sein im Gebirge sehr scharf, in den Plains dagegen nur unbestimmt abgegrenztes Drainagegebiet hat eine Grösse von 148 459 qkm und fällt von den Hochgebirgen im S desselben langsam nach N und O ab. Fast die ganze Fläche liegt höher als 900 m über dem Meere, mehr als die Hälfte über 1200 m und ein Viertel übersteigt sogar 2100 m. Die Plains erheben sich vom Zusammenfluss des Nord- und Süd-Platte allmälich bis zu 2100 m; hiermit beginnen die Bergketten, welche wieder bis zu 3000 und 3600 m ansteigen, während zwischen ihnen sich wellige, von fern aber fast eben erscheinende Hochthäler ausdehnen, deren Bodenfläche durchschnittlich in 2400 m Seehöhe liegt und die unter dem Namen „Parks" bekannt sind. Vom North-Park kommt der Nord-Platte, vom Middle-Park der Grand River, und am South-Park entspringt der Süd-Platte. Drei Viertel des Gebietes ist als Weideland, welches sich auch für Ackerbau eignet, zu bezeichnen; der Rest ist zu drei Vierteln mit Hoch- und Niederwald bestanden, das übrige aber Wüste.

Der Regenfall schwankt zwischen 305 und 508 mm und beträgt im Durchschnitt etwa 380 mm; er ist im Allgemeinen ziemlich gleichmässig über die Monate vertheilt, doch zeigt der Mai ein Maximum; am geringsten ist er von Novbr. bis Febr. Er nimmt mit der Entfernung von den Gebirgen zunächst ab, steigt aber dann wieder mit der Annäherung an den 100″ Meridian bis auf 508 mm.

Die künstliche Bewässerung steht im Quellgebiet des Platte, d. h. in Colorado, auf einer so hohen Entwickelungsstufe, wie nur irgend in den Vereinigten Staaten, Californien kaum ausgenommen. Wo Wasser mit erträglichen Kosten zu haben ist, da wird es auch ausgenutzt. Man findet hier einige der grössten Canäle, und wenn auch in dem Theile des Gebietes, welcher zu Wyoming gehört, noch eine Vergrösserung dieses Canalnetzes möglich ist, so gilt für Colorado bereits das Gegentheil, denn die Fassungskraft derselben übersteigt bei weitem die Wassermenge, welche die Flüsse abzugeben vermögen. Im Sommer kann daher vielfach das Bedürfniss nach Wasser nicht befriedigt werden. Die Ackerländereien liegen in den meisten Fällen am Fuss der Gebirge, seltener in den eigentlichen Plains, da hier das Wasser zu knapp ist.

Der Platte River entsteht aus dem Nord- und Süd-Platte. Ersterer entspringt im nördlichen Colorado im North Park der Felsengebirge, windet sich in einem mächtigen Bogen nördlich um die Laramie Hügel herum, wobei er den Sweetwater und den Laramie River aufnimmt, und wendet sich dann östlich. Der Süd-Platte entspringt hinter der Frontkette der Felsengebirge in Colorado,

durchbricht diese in engen Canyons, strömt dann längs des Gebirges nach N und wendet sich endlich an der Einmündung des Cache la Poudre Rivers ebenfalls nach O, um sich in längerem Laufe immer mehr dem Nord-Platte zu nähern und sich schliesslich, nachdem er viele km weit in ganz geringer Entfernung parallel zu ihm dahingeströmt ist, mit ihm zu vereinigen. Wenngleich das Klima in dem in 2300—2450 m Höhe gelegenen North Park für den eigentlichen Ackerbau zu kalt ist, so finden sich doch in ihm und den nahegelegenen Thälern vorzügliche Wiesenflächen, welche überall, wo es möglich ist, von den Seitenbächen des Nord-Platte bewässert werden. Durch einen Canal zu jeder Seite des Flusses selbst würde man auch die höher gelegenen Ländereien nutzbar machen können; jetzt wird nur das eigentliche Flussthal bewässert. Im Gebiete des Sweetwater Rivers, welcher durch eine ausgedehnte wellige Prairie von 1800 m Seehöhe dem Nord-Platte zuströmt und beständig bedeutende Wassermengen abgeben kann, gedeihen bereits die härteren Cerealien; allein auch hier bedarf es noch gründlicher Untersuchungen und grösserer Canalanlagen, um sein Wasser nicht unbenutzt zu lassen. Die Seitenbäche werden völlig verwendet.

Der weiter unterhalb in den Nord-Platte mündende Laramie River kommt von der Medicine Bow Range, durchfliesst als ein klarer, reissender Gebirgsstrom die Laramie Plains, welche 2100 m über dem Meere liegen und ihres kalten Klimas wegen sich nur zur Viehzucht und Heugewinnung eignen. Er nimmt fast gar keine Nebenflüsse auf, da alle vom Gebirge herabkommenden Bäche in Seen oder Sümpfen schon vorher ein Ende finden. Er schwankt zwischen 43 und 1620 Sec.-Fuss, steigt bisweilen aber auf 4000 Sec.-Fuss. (Rep. XIII, P. III, p. 79—81 und 181 bis 183.)

Nach der Vereinigung mit dem Laramie tritt der Nord-Platte allmälich in die grossen Ebenen, in denen Bewässerung an die Anlage mächtiger Canäle gebunden ist. An der Grenze von Nebraska beginnen daher auf beiden Seiten grössere Anlagen, und wieder andere, deren Zweck es ist, die 100 m über dem Flussbett liegenden Bluff-Ländereien mit Wasser zu versorgen, und deren Herstellung Millionen von Dollars verschlingen wird, befinden sich noch in Vorbereitung. Im Flussthal selbst gedeihen Mais, Weizen und andere Cerealien, bisweilen auch ohne künstliche Bewässerung. Bei dem Wasserreichthum des Nord-Platte sind die Aussichten für die Zukunft sehr günstig, zumal wenn man die Anfänge der Canäle je 15—30 km von einander entfernt hält. Die obere Bodenschicht im Flussthal ist nämlich von Sand unterlagert, und wenn auch der Fluss im Sommer bisweilen unter 500 Sec.-Fuss sinkt, so gelangt doch ein grosser Theil des benutzten Wassers in diese Sandschicht und kann 15 km weiter unterhalb von Neuem verwendet werden[1].

Das Quellgebiet des Süd-Platte, der von South Park herkommt, liegt noch etwas höher, die

[1] Das bereits einmal benutzte Wasser muss erst den Boden auf eine längere Strecke durchlaufen, um sich wieder mit Nährstoffen zu beladen.

Niederschläge erfolgen daher hier in Form reichlicher Schneefälle. Wasser ist dort oben in sehr grosser Menge vorhanden und wird zur Berieselung der in 2400—3000 m Höhe liegenden Grasländereien benutzt, welche unter diesen Umständen bedeutende Erträge abwerfen. Infolge der starken Beanspruchung herrscht aber stellenweise im Sommer Wassermangel. Am Austritt aus seinem Canyon besitzt der Süd-Platte etwa 1400 Sec.-Fuss, von diesem Punkte bis zu dem bekannten Orte Denver gehen von ihm einige der bedeutendsten Canäle in Colorado aus, unter ihnen vor allem die 137 km lange „English Highline" der North Colorado Irrigating Co. Bei Denver schwankte der Strom 1889/90 zwischen 200 und 1300 Sec.-Fuss; da aber die Canäle für eine weit grössere Gesammtmenge eingerichtet sind, so ist es im Sommer oft nicht möglich, sie alle völlig zu versorgen. (Rep. XIII, P. III, p. 179—181.)

Auf seinem Wege nordwärts nimmt der Süd-Platte unzählige Gebirgsbäche auf, welche in ihrem Wasserstande sehr bedeutenden Schwankungen unterworfen sind und bei Hochwasser gelegentlich gefährlich werden. So stieg z. B. der Clear Creek am 1. August 1888 plötzlich für 2 Stunden von 200 auf 8700 Sec.-Fuss. Der grösste dieser Seitenflüsse ist der Cache la Poudre River. An ihm wurde zuerst in den Vereinigten Staaten in der Nähe von Greeley künstliche Bewässerung ins Werk gesetzt. Der Wasserstand schwankt zwischen 80 und 800 Sec.-Fuss, stieg aber einmal im August 1890 auf 1600 Sec.-Fuss. Der Ackerbau ist hier hoch entwickelt, auch im Thal des Süd-Platte selbst, und wenn die Canäle auch stellenweise trocken liegen, so findet sich doch in Abständen von je 2—8 km genug Sickerwasser, um weiter berieseln zu können. Am Fuss der Berge hat man durch Thalsperren bereits Reservoirs gebaut, doch werden noch viele Schwierigkeiten zu überwinden sein, ehe dem öfteren Wassermangel im Sommer abgeholfen wird.

Je mehr sich die beiden Platte River ihrer Vereinigung nähern, desto stärker wird der Regenfall, Feldfrüchte bedürfen daher hier für gewöhnlich keiner Bewässerung, weshalb sich die Landeigenthümer auch mehr dem sog. „Dry Farming" zugewandt haben. Dies gilt jedoch nur von Flussländereien, auf den höher gelegenen Plains haben Bewässerungsversuche wenig Erfolg gehabt. Speculanten ist es hier gelungen, Farmer aus dem Osten herzulocken und ihnen Wasserrechte zu verkaufen, die sich nachher als ganz werthlos erwiesen. Auch die hier unternommenen Versuche, Grundwasser zur Bewässerung zu benutzen, sind fehlgeschlagen und haben nur unnütze Kosten verursacht. Der östlichste Punkt künstlicher Bewässerung in den Vereinigten Staaten ist North Platte am Nord Platte River; von hier geht ein Canal zum Süd Platte hinüber. Noch weiter nach O hat man einen Canal für Wasserkraftzwecke abgezweigt, der vielleicht auch ein wenig für Ackerbau abgeben wird. Die zahlreichen,

von Quellen gespeisten und daher dauernd fliessenden Seitenbäche werden wahrscheinlich in Zukunft auch noch verwendet werden (Rep. XIII P. III p. 73—108). Amtliche Vermessungen haben im Gebiet des Platte nicht stattgefunden, jedenfalls weil der grösste Theil des verfügbaren Wassers bereits in festen Händen ist.

Dagegen wandte die Geological Survey dem letzten unserer ersten Gruppe angehörigen Strome, dem Arkansas, erhöhte Aufmerksamkeit zu. Während, wie eben erwähnt, künstliche Bewässerung im Thal des South Platte grosse Fortschritte gemacht hat, steht sie in dem des Arkansas noch sehr zurück. Und doch findet man besonders an den Nebenflüsschen, die zum grösseren Theil nur zeitweise Wasser führen, viele natürliche Senkungen, deren eine z. B. ein Auffangegebiet von über 100 qkm hat und in ihrer Mitte einen See von 15 m Tiefe und 5 qkm Oberfläche besitzt. Diese würden die bequemsten Stellen für billige Reservoirs liefern und letztere sich durch die oft plötzlich niedergehenden Regen (bisweilen 152 mm in wenigen Stunden) füllen lassen. Es gilt dies hauptsächlich von den in den Ebenen gelegenen Reservoirs; allein die Verluste durch Verdunstung werden bei ihrer grossen Oberfläche und verhältnissmässig geringen Tiefe sehr gross sein. Wenn sie also nicht unumgänglich erforderlich sind, so ist die Anlage von Gebirgsbecken vortheilhafter, denn diese besitzen stets eine grosse Tiefe im Verhältniss zu ihrer Fläche, auch ist die Verdunstung infolge ihrer Lage zwischen 1200 und 3300 m viel geringer und ihre Füllung wenig oder gar nicht vom Zufall abhängig. Der Arkansas ist nämlich ein Fluss von sehr wechselndem Wasserstande; er führt während der Hochfluthen ungeheure Wassermassen zu Thal, die oft grosse Zerstörungen anrichten, besitzt aber im Sommer und Herbst kaum 250—500 Secundenfuss. Man kann ihn so recht als den typischen Strom der Arid Region betrachten, denn er steht gerade in der Mitte zwischen den grossen Strömen von Montana mit ihrem Wasserüberfluss und ihren regelmässigen Hochfluthen und denen von Arizona, die für gewöhnlich nur ganz geringe Wassermengen führen, aber zu unvermuthet hereinbrechenden Ueberschwemmungen neigen.

Der Arkansas entspringt in den Schneegebirgen von Colorado in einer Seehöhe von 1500—3000 m. Diese ganze Partie der Arid Region entbehrt des genügenden Regenfalls, doch wird dieser Mangel durch reichlichen Schnee ersetzt. Derselbe bleibt oberhalb der 3000 m-Linie vom Oktober bis April liegen und füllt die Engthäler des

Hochgebirges oft bis zu 15 m Tiefe an.
Schmelzend liefert er genügendes Wasser für
die Frühjahr- und Vorsommer-Bewässerung;
im Vorfrühling dagegen und von Ende Juli
bis Anfang August tritt Wassermangel ein.

Oberhalb Canyon City, wo er aus dem
Gebirge in die Plains tritt, ist der Arkansas
ein reiner Gebirgsstrom; sein Fall beträgt
von Leadville bis zu diesem Punkt, also auf eine
Strecke von ca. 200 km, etwa 1450 m; von
nun aber ändert er seinen Charakter gänzlich;
das Bett verbreitert sich unter sehr geringem
Fall, die Strömung ist schwach und setzt
beträchtliche Mengen von Sinkstoffen ab,
viele Sandbänke treten auf und der Fluss
wechselt sein Bett häufig. Im Oberlauf
wurden an sieben Quellbächen acht Mess-
stationen angelegt, ausserdem eine Haupt-
station bei Canyon City. Die Wassermenge
schwankte an letzterer während der Sommermonate 1888—1890 zwischen 300 und 2690
Secundenfuss, steigt jedoch bei Hochfluthen
über 5500 Secundenfuss. Hier im Gebiet
der Quellflüsse reifen Getreidearten nicht
mehr und auch der Graswuchs erlaubt nur
einen Schnitt; Bewässerung ist daher im
Quellgebiet nur in geringem Maasse im Gange
und wird sich hier voraussichtlich auch in
Zukunft kaum vergrössern, da die Bodengestaltung sich wenig dazu eignet. In den
Plains dagegen, die man früher als die
„Grosse Amerikanische Wüste" bezeichnete,
ist guter Boden in so unermesslichen Flächen
vorhanden, dass die Entwickelung des Ackerbaus hier gänzlich von dem verwendbaren
Wasserquantum abhängt. Da der Arkansas
wahrscheinlich bei Canyon City jährlich etwa
500 000 Ackerfuss abgeben kann, so ergiebt
sich daraus, dass nur ein Bruchtheil des
Ackerlandes jemals nutzbar gemacht werden
kann, und dass dieses, um allzulange Canäle
zu vermeiden, möglichst in den Vorhügeln
und von hier aus so weit nach Osten hin in
der Nähe des Stromes ausgewählt werden
muss, als noch die Versorgung mit Wasser
möglich ist. Bei der Durchlässigkeit des
Bodens wird ein Theil des einmal verwendeten Wassers wieder weiter unterhalb in
den Arkansas gelangen und nochmals benutzt werden können. Unterhalb Canyon
City erhält der Strom nur wenig Zuwachs;
der Purgatoire und Huerfano River geben
im Jahre nur 30 000—50 000 Ackerfuss.
Dagegen schwillt hier der Strom durch gelegentliche Wolkenbrüche plötzlich gefährlich
an; so enthielt er 1889 nach einem derartigen Ereigniss eine solche Wassermenge,
dass sie einen Monat lang zur Berieselung
grosser Strecken ausgereicht hätte; so aber
verlief sich die Menge in zwei Tagen, und

eine Woche nachher trat bereits Wassermangel auf den Farmen ein. Die von der
Schneeschmelze im Hochgebirge abhängigen
Aenderungen des Wasserstandes gehen viel
langsamer vor sich. Da nun die Wolkenbrüche nicht an bestimmte Oertlichkeiten
gebunden sind, man also keine Reservoirs
zur Aufspeicherung ihrer Regenmassen anlegen kann, und auch starke Dämme vielleicht
der plötzlichen Beanspruchung nicht gewachsen
wären, so ist es praktischer, an Herstellung
von Hochgebirgsreservoirs zu denken. Es
sind bereits 9 davon vermessen, welche im
Gehalt von 5000 bis 45000 Ackerfuss
schwanken und insgesammt 245000 Ackerfuss ergeben würden. Eins der besten bietet
die Natur in den Twin- (Zwillings-) Seen,
welche nicht allzuweit südlich von dem bekannten Minencentrum Leadville in Colorado
in der Nähe von Mount Massive, Mt. Elbert,
Grizzly und La Plata Peak liegen. Sie
werden durch zwei Frontmoränen eines ehemaligen Gletschers aufgestaut, der einstmals
das Thal des sie heute durchströmenden
Lake Creeks ausfüllte.

Dieser Bach hat ein Auffangegebiet von
264 qkm, welches sich auf 1000 qkm vergrössern
lässt, sobald man, was leicht geschehen kann,
durch Canäle das Wasser des oberen Arkansas und
einiger Quellbäche auch den Twin Lakes zuführt.
Man vermeidet dadurch die Anlage kleinerer und
kostspieliger Sammelbecken oberhalb. Schätzungsweise hat man das Ablaufwasser dieses Gesammt-
gebietes auf 309 600 Ackerfuss berechnet. Diese
ganze Menge aufzuspeichern, sind Twin Lakes
nicht geräumig genug, selbst wenn man etwas
unterhalb des unteren Sees an einer günstigen
Stelle einen Querdamm zöge, der den Wasserstand
derselben um etwa 13 m erhöhen würde. Auch
bei dieser Vergrösserung der Oberfläche des Reservoirs würde der Fassungsgehalt nur von 103 500
auf 121 800 Ackerfuss steigen; man müsste daher
das Becken jährlich zweimal entleeren, und zwar
zuerst vor dem 1. Mai, um Raum zur Aufnahme
des Frühjahrshochwassers zu gewinnen. Der Damm
würde bei einer Länge von ca. 1100 m, zu $\frac{3}{4}$
nicht 6 m Höhe zu übersteigen brauchen, und
müsste nur für 60 m Länge zur vollen Höhe gebracht werden. Die obere Breite würde 8,50 m
sein, die innere Abdachung im Verhältniss von 1 : 3,
die äussere von 1 : 1½ mit 1,50 m breiten Absätzen auf 6 m Vertikalabstand. Auf 90 m der
Länge würde eine Abdachung überflüssig
sein. Die Krone des Dammes soll sich 2,50 m über
den höchsten Wasserstand des Beckens erheben,
eine Höhe, die man für genügend hält, die Kraft
der von den W- und NW-Winden herangetriebenen
Wellen zu brechen. Der Boden ist an Ort und
Stelle kiesig bis sandig-lehmig, auch ist genügend
Granit für Mauerwerk sowie reichlich Holz zu
Gerüsten vorhanden. Um Ueberfluthungen und
Durchbrüchen des Dammes vorzubeugen, müssten
Schleusen vorgesehen werden, durch welche der
Speisungscanal geschlossen werden könnte, sowie

schliesslich im Damm ein Wasserthor, durch welches das ganze Reservoir, welches gefüllt eine Fläche von 1390 ha einnehmen würde, innerhalb 40 Tagen entleert werden könnte. Die Gesammtkosten sind für den Damm auf 387 372 M. veranschlagt; dazu kommen für Schleusenanlagen, Uferbauten etc. 229 100,50 M., ferner 10 Proc. Zuschlag für zufällige Nebenausgaben, sodass die Baukosten für die ganze Anlage dadurch auf 678 108,75 M. steigen. Dies ergiebt für jeden Ackerfuss aufgespeicherten Wassers ungefähr 5,90 M. Das durch die Vergrösserung dauernd überfluthete Land hat einen Werth von 148 750 M; der Canal vom Arkansas zu den Twin Seen wird bei einer Länge von 7 km gegen 120 000 M. erfordern. (Sa. 946 858,75 M.). Die Wassermenge wird, wenn man 30 Proc. für Verdunstung auf dem Wege zu den Ländereien abzieht, noch immer 80 400 Ackerfuss betragen und zur Bewässerung von 21 440 ha genügen. In Colorado zahlt man für Berieselung eines acre (0,4 ha) 8,50 M. jährlich, was in diesem Falle eine Verzinsung von 48 Proc. des Anlagecapitals ergeben würde. Wie ersichtlich, ist Twin Lake Reservoir also sehr rentabel.

Da das Gebiet der Twin Lakes innerhalb der Staatsländereien liegt und die Ufer ziemlich steil ansteigen, so sind die Summen für Ankauf von Ländereien nicht gross, auch wird durch die Aufstauung nur wenig Bodenfläche bedeckt. Ausserdem sind im Gebiet des oberen Arkansas noch 30—40 günstige Stellen für Reservoirs erkundet und zum Theil auch vermessen worden. (Rep. XI, P. II, p. 183—144; Rep. XII, P. II, p. 55—125; Rep. XIII, P. III, p. 362—370).

Wir verlassen hiermit die erste Gruppe der Drainagegebiete und wenden uns zur zweiten; sie umfasst das Entwässerungsgebiet des Colorado und des Rio grande, welche beide ihre Wasserfluthen dem Süden zuführen.

Die vom Colorado drainirte Fläche ist ihrer Grösse nach eine der ausgedehntesten im Bereiche der Arid Lands (582 877 bis 669 826 qkm), und erstreckt sich von dem grossen Gebirgscentrum in Wyoming und Colorado, von welchem der grösste Theil der uns beschäftigenden Ströme ausgeht, südlich bis hinab zum Golf von Californien. Sieben Staaten (Wyoming, Colorado, New Mexico, Utah, Nevada, Californien und Arizona) haben Antheil an ihr. Der grössere, nördliche Theil dieses Gebietes besteht aus Hochgebirgen und Hochplateaus, welche mit steilem Absturz zu den kleineren, südlichen abfallen; letzterer erhebt sich mit Ausnahme einzelner Gipfel nur wenig über Meereshöhe. Der Colorado entsteht aus dem Zusammenfluss der Green und des Grand River; ersterer entspringt auf den Wind River Mts. in Wyoming, letzterer auf den Hochgebirgen Colorados. Die Nebenflüsse des ersteren nehmen auch noch den ganzen Ablauf des

Wasatch und Uintagebirges auf, so dass das Quellgebiet des Colorado von diesen drei Gebirgen umrahmt wird. Da dieselben noch grösstentheils mit Hochwald bedeckt sind und sich auch zwischen ihnen sowie weiter südlich auf dem Coloradoplateau grössere Hoch- und Niederwälder finden, so sind all diese Flüsse wasserreich; sie haben tiefe, enge Canyons ausgehöhlt (das des Colorado ist z. B. 900—1800 m tief), durch welche die zwischen den Randgebirgen liegende Hochebene in viele Einzeltafelländer getheilt ist. Diese nehmen in Steilterrassen allmälich nach Süden hin ab und endigen am unteren Colorado mit zwei besonders steilen Abstürzen, den 500 m hohen Hurricane- und den 800 m hohen Washklippen. Das bewässerbare Land liegt im Allgemeinen am Fuss der Berge und eignet sich hauptsächlich zur Weidewirthschaft, besitzt aber im Verhältniss zur vorhandenen Wassermenge eine geringe Ausdehnung, so dass es nur selten nöthig sein wird, Reservoirs anzulegen. Bei der grossen Ausdehnung des Flussgebietes von Norden nach Süden sind natürlich die klimatischen Unterschiede sehr bedeutend. Oben in Wyoming gedeihen ausser der Kartoffel noch Roggen, Hafer und Gerste in gewissem Grade, Weizen erst in Colorado und Utah, besonders in den leicht bewässerbaren Thälern des Yampa, White, Grand, Green und Uinta Rivers; weiter südlich, in Süd-Utah und Nord-Arizona tritt letztere Möglichkeit sehr zurück, da die Canyons meistens eine Tiefe von mehreren Tausend Fuss erreichen, und es sich nicht bezahlt machen würde, wenn man Wasser so hoch emporzuheben versuchte. Hier ist der Mais die Hauptfrucht; im ganzen südlichsten Thal des Colorado dagegen gedeihen Wein, Baumwolle, Zuckerrohr, Orangen, Limonen, Dattelpalmen und andere subtropische Gewächse. Selbst wenn nun auch die oberen Quellflüsse des Colorado im höchsten Maasse nutzbar gemacht würden, so würde er trotzdem unterhalb seines Canyons noch Wasser zur Berieselung von einigen Millionen Ackern liefern können. Sein Wasserstand schwankt, wie längere Beobachtungen ergeben haben, bei Yuma zwischen 1 und 5 m; die Hochfluthen treten meistens im Juni und werden gewöhnlich durch die plötzlich vom Gila herbeigeführten Wassermengen verursacht. Die höchste Fluth des Colorado im Jahre 1891, welche bei Yuma 20 m überstieg, setzte sogar den tiefsten, 68,5 m unter dem Meere gelegenen Theil der Coloradowüste in Californien zeitweilig unter Wasser und brachte den dort belegenen Salzwerken empfindlichen

Schaden. Da aber ausser den bereits angeführten sieben Staaten der Union auch noch
Mexico, in dessen Gebiet seine Mündung
fällt, an dieser Frage interessirt ist, und
Meinungsverschiedenheiten unvermeidlich erscheinen, so hat der Geological Survey bisher vermieden, ihr näher zu treten, sich
vielmehr mit der Erforschung des Gila-
beckens begnügt, welches zum allergrössten
Theile in den Staat Arizona fällt.

Der Rio Gila entspringt im westlichen
Waldgebiet von New Mexico in einer Höhe
von 2100—2400 m; mit 1800 m tritt er in
Arizona ein und strömt nun mit schnellem
Fall abwärts, so dass er in der Mitte seines
Laufes, bei Florence, nur noch eine Höhe
von 450 m über dem Meere besitzt. Sein
Gebiet hat eine Grösse von 170 992 qkm.
Die stärksten Erhebungen finden wir an der
NO-Grenze desselben, doch sind es nicht Gebirge, sondern der Rand eines Hochplateaus.
An diesem steigen die hauptsächlich aus SW
und S kommenden Winde empor und lagern
infolgedessen an ihnen Regen und Schnee ab.
Die daraus entstehenden Gebirgsbäche fliessen
allgemein nach SW und bilden schliesslich
einestheils den Rio Verde, anderntheils
den Salt River, der in den Verde mündet.
Weiter östlich geht der Rand der Hochebene
in Gebirge über, deren Bäche in den verschiedensten Himmelsrichtungen dahinfliessen
und sich endlich zum Gila vereinigen. Im
Uebrigen bestehen die Grenzen seines Gebietes aus niedrigen Erhebungen, deren Abflüsse ihn oft nicht mehr erreichen, sondern
im Sande versiegen. Der Bodengestalt nach
unterscheiden wir daher einen kleineren,
hochgelegenen, rauhen, bergigen und zerrissenen Theil im NO, und einen riesigen,
fast ebenen, tiefgelegenen und sehr fruchtbaren im SW. Ersterer ist sehr metallreich
und dient hauptsächlich als Wassersammler,
ist aber für Ackerbau wenig geeignet.
Letzterer dagegen kann fast alle Erzeugnisse
der gemässigten und der subtropischen Zone
hervorbringen, sobald ihm genügend Wasser
zugeführt wird. Die rauheren Striche bedecken etwa 27 Proc. der Fläche und liegen
oberhalb der 1500 m-Curve; die Ebene steigt
bis zu 900 m an und umfasst ca. 44 Proc.
Selbst im Gilabecken machen sich die poli-
tischen Grenzen einigermaassen störend bemerkbar, denn es entfallen noch 2 Proc. auf
den Staat Mexico; 10 Proc. kommen auf
New-Mexico und 88 auf Arizona. Der Ackerbau beschränkt sich bis jetzt fast ganz auf
die Uferländereien der Ströme; im Jahre
1890 standen 24 743 ha in Cultur, doch
war bereits eine doppelt oder dreifach so
grosse Fläche berieselt, aber des Wasser-

mangels wegen wieder verlassen worden. Es
sind dies nur 0,1—0,2 Proc. der vorhandenen
Ackermenge, welche sich auf mehrere Millionen Hektar beläuft; weitere Entwickelung
wird aber dringend gewünscht, da der Bergbau viel Nachfrage nach Ackerproducten
erzeugt und manche Erze zur Zeit nur wegen
des hohen Preises der Lebensmittel nicht
abbauwürdig erscheinen. Die Water duty
ist zur Zeit sehr niedrig; sie beträgt bei
Florence am mittleren Gila nur 13,2 ha pro
Ackerfuss, am unteren Saltriver 20 ha,
würde sich bei sorgfältiger Verwendung aber
sicher auf 48 ha steigern lassen. Unter den
jetzigen Verhältnissen klagen die Farmer
darüber, dass ihnen für ihr Geld zu wenig
Wasser geliefert werde, während die Gesellschaften behaupten, schon zuviel abzugeben.
Zunächst sättigt man jetzt die Alfalfa-Felder,
dann berieselt man die Körnerfrüchte und
Gemüse, und schliesslich, wenn im Sommer
Mangel eintritt, wendet man das noch ver-
bleibende Nass den werthvollsten Obstgärten
und Weinbergen zu. Die jährliche Ackerfläche hängt ganz von der vorhandenen
Wassermenge ab und vergrössert oder verkleinert sich im Verhältniss zu ihr. Ohne
künstliche Bewässerung ist eine Ausdehnung
des Ackerbaues unmöglich.

Es hängt dies mit den Regenverhältnissen
des Gilabeckens zusammen. Die Menge der
Niederschläge nimmt mit der Höhe über
dem Meere zu; so fallen bei Yuma 76,2, bei
Texas Hill 101,6, bei Maricopa 127, endlich in
den Bergen 254, 381 und auch 508 mm. Diese
Regenmengen vertheilen sich aber nicht nur
sehr unregelmässig auf die einzelnen Monate,
sondern auch die Jahressummen variiren sehr
bedeutend. Am meisten fällt im Juli und
August, am wenigsten im Mai und Juni.
Die Hochfluthen sind kurz und heftig, der
Gila steigt dann in ganz kurzer Zeit um
2½ bis 4 m, seine Breite nimmt von 90
auf 2500 m zu und er gleicht einem un-
passirbaren Schlammsee. Neben diesen regelmässigen Hochfluthen des Januar und Februar treten noch plötzliche Springfluthen
auf, welche, wie es scheint, einer fünfjährigen
Periode unterliegen und ihre Ursache theils
in Wolkenbrüchen, theils in Klimaschwankungen haben mögen. Die bisherigen meteorologischen und Wasserstands-Beobachtungen
erstrecken sich auf eine zu kurze Reihe von
Jahren, um einen Schluss darüber zu gestatten, ob die Fluthwasser genügen werden, künstliche Reservoirs überhaupt zu
füllen.

Der Gila ist ein Fluss, an welchem man
so recht alle Unterabtheilungen eines Drainage-Gebietes studiren kann; man findet

Quell- und Hauptstrombezirke, und auch die Lostriver Districte fehlen ihm nicht.

Zu den Quellbezirken gehören die Gebiete des oberen Gila, des San Pedro, Verde und des oberen Salt River.

Man rechnet das Quellgebiet des Gila von seinem Beginn bis zur Stadt Florence; es umfasst 28309 qkm und steigt von 900 bis zu 3000 m an. Die Bäche und der Gila selbst führen hier mit Ausnahme besonders dürrer Jahre, wie 1889, stets reichlich Wasser, weshalb hier oben, wo 3655 ha cultivirt wurden, die Nothwendigkeit der Bewässerung noch nicht so sehr hervorgetreten ist.

Von Süden, aus Sonora, empfängt der Gila hier zunächst den San Pedro, ungefähr 72 km oberhalb Florence; in seinem Auffangegebiet fällt wenig Schnee, er ist daher fast gänzlich auf die Sommerregen angewiesen und, wenn er auch nicht gerade völlig, sondern nur stellenweise im Unterlauf austrocknet, so wechselt er in seinem Wasserstande doch ausserordentlich (zwischen 1 und 507 Sec.-Fuss). Auch er steigt bisweilen in ganz kurzer Zeit um 3 m, um ebenso schnell wieder zu fallen. Nur 0,15 Proc. des anbaufähigen Bodens stehen in seinem Becken unter Berieselung, und wenn auch verschiedene günstige Oertlichkeiten für Sammelbecken vorhanden sind, so ist es doch fraglich, ob er dieselben füllen wird. Es bedarf noch genauerer Untersuchungen.

Der beträchtlich unterhalb Florence von Norden her einmündende Rio Verde stellt ein Quellgebiet für sich vor. Er entsteht aus vielen Bächen, deren Wasser theilweise, wie am Walnut Creek, gänzlich verbraucht wird, zum Theil aber auch, wie das des unteren Verde selbst, den Bedarf übersteigt. Vorzüglicher Boden, der alle Getreide-, Gemüse- und Obstarten bis zu Pfirsichen und Aprikosen trägt, findet sich in dem gegen 50 km langen Verde-Thal; die trotzdem vorkommenden Fehlschläge in der Ernte sind auf die in den Bewässerungsgräben herrschende Unordnung zurückzuführen. Messungen des Wasserstandes wurden nur im August und September 1889 ausgeführt; der Fluss schwankte zwischen 140 und 480 Sec.-Fuss.

Das Quellgebiet des oberen Salt River schiebt sich zwischen das des Gila und des Verde; es ist grösstentheils sehr zerrissen und dicht bewaldet, daher sich nur 350 ha unter Cultur befinden. Der Fluss führte 1890 zwischen 185 und 2200 Sec.-Fuss; seine Wassermenge sowie die seiner Seitenbäche übersteigt weit das Bedürfniss. Das oben sehr enge Thal erweitert sich erst weiter unten bei seiner Vereinigung mit dem Rio Verde. Dies sogenannte „untere Thal" des Salt bildet eine Hauptunterabtheilung des mittleren Gila-Beckens und gehört nicht mehr den Quellbezirken, sondern den Hauptstromgebieten an, als welche wir ausser ihm noch das des mittleren und das des unteren Gila aufzufassen haben. Es erstreckt sich bis zur grossen Krümmung dieses Flusses und umfasst nicht nur das ausgedehnteste Ackerland im ganzen Drainagebezirk, sondern auch die längsten und verzweigtesten Canäle. Es werden bereits 11 884 ha bewässert, und für diese Ackerfläche ist im Frühjahr und Herbst genug Wasser vorhanden, im Sommer aber nicht, obgleich man jeden Tropfen ausser der Hochfluth benutzt. Könnte man letztere aufspeichern, so würde sich die cultivirte Ackerfläche leicht verdoppeln lassen.

Der Salt River gab den Hydrographen in den Jahren 1890 und 1891 Gelegenheit, die für dies ganze Gebiet so charakteristischen, plötzlich eintretenden Hochfluthen in einer Grösse zu bewundern, wie es wohl nur selten bei einem andern Flusse möglich sein dürfte. Am 21. Febr. 1890 stieg er nämlich von 1000 auf 148 000 Secundenfuss, übertraf sich selbst jedoch im folgenden Jahre ganz bedeutend. Von 835 Sec.-Fuss kam er am 18. Febr. 1891 auf 154 000, erreichte am 19. Febr. 276 000, um am 21. Febr. bis auf 69 100 und am 22. Febr. auf 14 890 Sec.-Fuss zu sinken. Aber schon am 24. Febr. war er wieder bis auf 300 000 Sec.-Fuss angeschwollen, sank aber dann so rapide, dass er am 26. Febr. nur noch 15 000 Sec.-Fuss führte. Diese Fluth war seit Menschengedenken die höchste in diesen Gegenden, sie zog natürlich auch das untere Gilathal in Mitleidenschaft, überschwemmte es weit und breit und machte sich sogar noch in einem auffälligen Steigen des unteren Colorado bemerklich. Der an Brücken, Canälen etc. angerichtete Schaden war sehr beträchtlich. Solche Vorkommnisse, deren unerwartete Wiederholung nicht ausgeschlossen ist, müssen bei Anlage von Sammelbecken mit in Berechnung gezogen werden und erhöhen die Anlagekosten ganz beträchtlich. (Rep. XI, P. II, p. 61—63; XII, P. II, p. 310 bis 314.)

Der Hauptstrombezirk des mittleren Gila ist in seinem Wasserbezuge gänzlich auf das angewiesen, was ihm vom oberen Gila und dem San Pedro zugeht. Da oben bereits viel Wasser verbraucht wird, so ist sein Wasserstand hier sehr wechselnd; er schwankte zwischen 11 und 6330 Sec.-Fuss. Es werden 2648 ha mittelst 14 Canälen, welche direct vom Gila ausgehen, bewässert; die 2. Ernte leidet meistens unter Wassermangel. Weniger als 3 Proc. der Niederschläge erreichen das Flussbett, denn die Verdunstung ist recht bedeutend; sie beträgt im Jahre 2311,4 mm und schwankt je nach den Monaten zwischen 76,2 und 330,2 mm. Oberhalb Florence würde sich bei Buttes im Gila Canyon, das hier 60 m breit ist, durch einen hohen Damm ein vorzügliches Sammelbecken schaffen lassen, dass 8000—12 000 ha versorgen könnte.

Das Hauptstromgebiet des unteren Gila endlich beginnt an der Mündung des Salt River in denselben und erstreckt sich bis Yuma am Colorado; der Ackerbau ist in noch weit höherem Grade von den Wasserverhältnissen in den Quellgebieten abhängig, als am mittleren Gila. Wenngleich der Boden sehr fruchtbar und das Klima für alle subtropischen Gewächse geeignet ist, so wurden 1889 doch nur 222 ha bestellt, und es ist sehr fraglich, ob sich diese Fläche mit Hülfe der schon in Angriff genommenen und noch beabsichtigten Canäle sehr vergrössern lassen wird. Einer derselben soll eine Länge von 120 km erhalten und 200 000 ha bewässern.

Wie schon vorher erwähnt wurde, kommen im Drainagegebiet auch die sogenannten „Lost river"-Bezirke vor. Es sind deren drei; von N nähern sich dem Gila der Aqua Fria und der Hassayampa, von S der Santa Cruz River. Der Aqua Fria ist im Oberlauf ein Gebirgsstrom, welcher genug Wasser zur Berieselung der dortigen Grasfarmen liefert; weiter unterhalb versinkt er schliesslich im Sande der Plains. Nur zur Fluthzeit gelangen schlammige Wassermassen aus ihm in den Gila. Sein Auffanggebiet umfasst nur 3678 qkm.

Etwas grösser ist das des Hassayampa; es beträgt 4688 qkm. In ihm wurde schon vor mehreren Jahren das Hassayampathal durch den Walnut́ grove-Damm in ein grosses Reservoir umgewandelt; jedoch vermochte der Damm am 22. Februar 1890 dem Druck nicht länger Stand zu halten; es trat ein Dammbruch ein, in dessen Gefolge eine Anzahl von Menschenleben und eine grosse Menge Eigenthum vernichtet wurden.

Der von S her, aus den Mexicanischen Bergketten herkommende Santa Cruz, welcher ein Gebiet von 90 659 qkm entwässert, ist ebenfalls im Oberlauf ein Gebirgsstrom, der dort reichlich Wasser abgeben kann; in der Ebene verliert er sich aber schliesslich und strömt wahrscheinlich in unterirdischen Sandschichten zum Gila. Sein Bett ist bei Tucson gewöhnlich trocken. Es fehlt daher häufig im Sommer an der nöthigen Feuchtigkeit, um die unter dem Pfluge befindlichen 1069 ha zu bewässern.

Infolge des am mittleren und unteren Gila sowie im Gebiete der Lost Rivers alljährlich eintretenden Wassermangels haben sich viele Farmer genöthigt gesehen, Brunnen von oft sehr bedeutender Tiefe und grosse Tanks anzulegen, um nur das für ihre Heerden nötige Nass zu beschaffen. (Rep. XI P. II p. 58—63; Rep. XII P. II p. 292 bis 316.)

Oestlich von dem Drainage-Gebiet des Colorado, welches als das grösste innerhalb des Arid Lands sich nicht nur durch seine Länge, sondern auch durch seine Breite hervorhebt, stossen wir auf den zweiten grossen Strom, der die Arid Lands nach S hin entwässert, den Rio grande del Norte. Im Gegensatz zu dem eben genannten ist sein Gebiet nur schmal und erreicht auch nur die Hälfte der Länge jenes. Es bedeckt 376 068 qkm. Der Rio grande entspringt in den Gebirgen Süd-Colorados, westlich vom San Luis-Thal, aus welchem er die Hauptmenge seines Wassers bezieht, da im übrigen Gebiet erstens nicht allzuviel Regen fällt und zweitens der grösste Teil desselben bereits verdunstet ist, ehe er in den Fluss gelangen kann. Den Punkt der grössten Nutzbarkeit erreicht er daher nicht weit unterhalb seines Quellbezirks. Er geht dann in südlicher Richtung durch New Mexico und bildet schliesslich bis zu seiner Mündung die Grenze zwischen Texas und Mexico. Urtheilt man nach dem Eindruck, den er auf einer Karte macht, so könnte man geneigt sein, ihn für einen der grösseren Ströme der Vereinigten Staaten zu halten. Allein er führt verhältnissmässig wenig Wasser, ja im Jahre 1888 blieb sein Bett sogar unterhalb Albuquerque für einige Monate völlig trocken. Sein Thal, welches bis 30 km oberhalb Santa Fé eng und felsig ist, verbreitert sich bis zu dieser Stadt auf 8—11 km; bis Bernalillo folgt alsdann wieder ein enges Canyon, um hier von Neuem auf eine Länge von 160 km sich zu erweitern. Bei San Marcial tritt der Fluss zum dritten Mal in ein Canyon, auf dessen einem Ufer sich der berüchtigte Jornada del Muerto bis in die Nähe von Fort Selden hinzieht. Hier beginnt das 90—100 km lange Mesilla-Thal, welches bei El Paso in einen nur 4—5 km breiten Engpass übergeht, dem dann wiederum ein breites Flussthal bis Fort Hancock folgt.

Die Canyons sind in weiche Sandsteine, stellenweise auch in Conglomerate und blasige Laven eingeschnitten, und da der Strom auch heute noch diese zerstörende Thätigkeit fortsetzt, so führt er sehr viel Sinkstoffe mit sich. Die Abstürze der ihn rechts und links begleitenden Tafelländer (Mesas) erheben sich 100—200 m über sein Bett, die Canyons erreichen eine Tiefe bis zu 300 m (so z. B. bei Embudo).

Der Regenfall ist ausserordentlich verschieden, geht im nördlichen Teile des Flussgebietes selten unter 254 und über 508 mm. hinaus, sinkt aber im Süden tief unter 254 mm. Die stärksten Regen fallen überall im Juli und August, die geringsten im Dezember und Januar.

Am Rio grande sind die Unterschiede zwischen den einzelnen Abtheilungen seines Gebietes von Natur so deutlich hervorgehoben, wie nirgends wieder bei einem amerikanischen Strome, und so sind seine Anwohner denn auch mit den Begriffen „Quellbezirk (Headwater District)“, „Hauptstromgebiet (Main Trunk River District)“ und „Lost River District“ seit langem vertraut.

Der für die Wasserversorgung wichtigste Teil seines Gebietes liegt in Colorado. Der Fluss durchströmt hier eine von 2700 bis 3400 m hohen Gebirgen umgebene Centralebene, welche selbst noch 2200—2300 m über dem Meere liegt und ihm nur an der Südseite einen Ausweg gestattet. Oberhalb der Stadt Del Norte gehen ihm zahllose, wasserreiche Gebirgsbäche zu, unterhalb nur sehr wenige, daher sich sein Charakter an diesem Punkte völlig ändert. Bisher ein Gebirgsstrom, führt er seine Gewässer nun in einem sehr gewundenen Bette thalabwärts, das zum Aerger der Canalbesitzer noch dazu oft seine Lage wechselt. Er schwankt hier zwischen 400 und 5900 Sec.-Fuss.

Ein grosser Teil der Gebirge in seinem Thale gehört jedoch zur Klasse der Lost rivers. Infolge der hier hochentwickelten Bewässerung ist der Boden stellenweise total gesättigt und hat sich in Sumpf verwandelt, weil nicht für Entwässerung gesorgt wurde. An tief gelegenen Stellen hat man solche Wassermengen zum Theil durch artesische Brunnen wieder nutzbar gemacht.

Weiter südlich durchströmt der Rio grande das San Luis-Thal, eine Ebene von 112 km Länge und 65 km grösster Breite, welche ehemals den Boden eines riesigen Sees bildete und heute grosse Bewässerungssysteme enthält, welche dem Rio grande zeitweilig sein ganzes Wasser entziehen. Das Klima eignet sich noch für die härteren Cerealien, da der Schneefall zu gering ist, um dem Winterweizen zu schaden. Mais dagegen gedeiht nicht und Alfalfa nicht überall. Der Boden ist seiner Güte nach sehr verschieden; im Norden giebt es sogar zahlreiche salzhaltige Stellen.

Die Bewässerungsmethoden im San Luis Thal sind verschieden. Gewöhnlich läuft längs der W- und N-Seite der hier meist ein Rechteck bildenden Farmen ein Haupt-Canal entlang, ausserdem von der Mitte ·der W-Seite ein gleicher in diago-

naler Richtung nach der SW-Ecke. In Abständen von je 800—1200 m gehen von diesen Seitencanäle aus, von denen sich wieder nach je 30 m Gräben oder Acequias abzweigen, deren Zahl nach Grösse und Bodengestalt der Farm wechselt. Die Acequias sind mit ganz niedrigen Erdaufwürfen eingefasst; haben sich alle Canäle und Gräben gefüllt, so macht der Farmer nach je ein paar Schritten mit einer Hacke kleine Durchlässe in die Erdaufwürfe und lässt das dazwischen liegende Ackerland bis zu einer gewissen Tiefe überfluthen. Dann werden die Durchlässe wieder geschlossen, und das Wasser sickert langsam ein. Andere lassen einfach die Furchen voll laufen und sperren dann den Zufluss. Für einen Streifen alten Culturlandes von 30 m Breite zu beiden Seiten eines Canals bedarf es keiner Bewässerung, weil genügende Feuchtigkeit durch die Canalwände hindurchdringt; die Farmer nennen dies Subirrigation. Selten sind mehr als 3 Berieselungen für eine Fruchtart nothwendig, vielfach genügen zwei. Die Wiesen beginnt man vom 1. Mai ab zu überrieseln, Korn- und Kartoffelfelder vom 1. Juni an; Anfang August schliesst die Irrigationsperiode. Die grössten Canäle sind sehr breit und flach und laufen zwischen Dämmen, die auf den gewachsenen Boden aufgeschüttet wurden. Infolge dessen fliesst das Wasser sehr leicht aus, aber auch die Verluste durch Sickern sind sehr gross; dagegen halten sich die Herstellungskosten in bescheidenen Grenzen. Schleusen etc. werden aus Holz hergestellt und müssen deshalb oft erneuert werden. Die kleineren Canalsysteme gehören den Landbesitzern, die grösseren sind Eigenthum von Gesellschaften, welche Wasserrechte auf 1—5 Jahre vermiethen oder sie dauernd verkaufen. Der Miether muss sich durch Unterschrift verpflichten, das Wasser nur zu eigenem Gebrauch zu benutzen. Manche Gesellschaften zahlen zurück, sobald sie verhindert sind, das bedungene Wasserquantum zu liefern; ein Zoll kostet jährlich pro acre (0,4 ha) zwischen 3 und 4 M. Die Farmer zahlen lieber diese Miethe, anstatt ein dauerndes Wasserrecht zu kaufen, theils aus Armuth, theils aus Zweifel an der dauernden Leistungsfähigkeit des Canals. Manche Canäle gehen, wenn ³/₄ ihrer Wasserrechte dauernd verkauft sind, in den Besitz des Käufers über.

Die Water Duty ist im San Luis-Thal sehr verschieden, manche Stellen brauchen 13 Ueberfluthungen, während an anderen 1—2 genügen; indess wächst die Water duty, da das Land im 2. Jahre nur noch ³/₄ der Wassermenge des ersten braucht und im 5. auch ohne Bewässerung eine Ernte bringt.

Südlich vom San Luis-Thal treten die Berge näher an den Rio grande heran; in ihnen entspringen zahlreiche Bäche, deren Wasser meistens für Acker- und Bergbau ausgenutzt wird. Erst im Gebiet des von O her kommenden Taos River verbreitert sich das Thal wieder. Hier haust eine starke mexicanische Bevölkerung, welche jedoch theils infolge Wassermangels, theils ihrer Indolenz wegen kaum 10 Proc. des

vorhandenen Bodens bebaut. Der Bergbau
in der gold- und silberreichen Taos Range
wird durch den Mangel schiffbarer Flüsse
in seiner weiteren Entwickelung sehr gehindert. Die Indianer leisten hier mehr im
Ackerbau als die Mexicaner; letztere stehen
noch fast auf derselben Entwickelungsstufe,
wie zu Zeiten der spanischen Herrschaft.
Sie lassen z. B. den Weizen, der hier die
Hauptfrucht ist, noch von Pferden austreten.
Infolge dessen ist er mit kleinen Steinchen
gemischt, und da diese sich nicht entfernen
lassen, so werden sie mitgemahlen. Amerikaner essen das Mehl deshalb nicht.

Die Bewässerung geschieht nach alter
Art. Jedes Feld wird durch gepflügte Dämme
in Vierecke getheilt und dann überfluthet;
man meint, der fruchtbare Schlamm setze
sich so gleichmässiger ab. Jede Gemeinde
besitzt ihre eigenthümliche Methode. Im
Taosbezirk herrscht das Majordomo-System.
Im Frühjahr wird aus der Zahl der Ge-
meindeglieder ein Majordomo gewählt; er
theilt Jedem nach Maassgabe seines Besitzes
oder der geleisteten Arbeit an den Canälen
und Dämmen seinen Antheil an Wasser,
nach Tagen und Stunden berechnet, zu. Dadurch ist es auch dem Aermsten möglich,
sein Stück Land zu bestellen; andererseits
aber kommen auch viele Parteilichkeiten
vor. Der Majordomo ist von der Arbeit an
den Dämmen etc. während seiner Amtszeit
befreit. Die Indianer haben an manchen
Orten aus alter Zeit das Recht auf vier
volle Tage Bewässerung in jeder Woche.

Dem Taos gegenüber liegt auf dem West-
ufer des Rio grande die Tres Piedras
Mesa. Trotz ihres guten Bodens hat
Ackerbau hier keine Aussichten, da alle
Versuche, Wasser heraufzubringen, fehlge-
schlagen sind.

Nachdem der Rio grande nun das enge
und tiefe Canyon von Embudo in reissendem Laufe durchströmt hat, treten die Höhen
zu beiden Seiten mehr zurück und es öffnet
sich das 40 km lange Espanola-Thal,
dessen niedrig gelegene Uferländereien bereits völlig von Mexicanern und Indianern
bewässert werden. Der Fluss besitzt hier
nur geringe Geschwindigkeit und erschwert
die Anlage von Canälen durch seine Trieb-
sandmassen. Es werden nur 10 Proc. des
Wassers, und zwar hauptsächlich das der
Seitenbäche, benutzt. Der Rio grande nimmt
hier von W her seinen grössten Nebenfluss, den Chama, auf. Sein Drainage-
biet kommt dem vierten Theil von dem
Rio grande gleich; am Oberlauf finden sich
keine Alluvialthäler, sondern nur niedrige
Mesas, eingeschlossen von hohen Gebirgs-

ketten. Erst weiter unten verbreitert sich
sein Thal und wird dem von Espanola ähnlich. Seine Quellen und Nebenflüsschen
entstehen meistens in 2400 m über dem
Meere, wo sehr viel Schnee fällt. Die
warmen Frühjahrsregen erzeugen daher plötzliche Hochfluthen, ebenso die starken Sommerregen. Im Herbst ist er flach. Das
Thal steigt von 1700 bis 2300 m; wenn
auch Junifröste nicht selten und die Sommer
nur kurz sind, so ist der Ackerbau doch
lohnend. Es sind 40 000—60 000 ha Ackerland vorhanden; davon können zur Zeit
12 000 ha bewässert werden, doch befinden
sich nur 5000 thatsächlich in Cultur. Die
Zeit hat für Mexicaner keinen Werth, daher kümmern sie sich nicht darum, dass sie
alljährlich ihre primitiven und von jeder
Fluth hinweggerissenen Dämme wieder herstellen müssen. Ausserdem leidet das Cha-
mas-Thal Mangel an Verkehrstrassen.

Das Thal des Rio grande erweitert sich
ganz allmälich, unterbrochen von einzelnen engeren Stellen, wie bei Bernalillo
und Albuquerque. Es wird an diesen
Orten bereits viel Weinbau getrieben, andererseits findet man aber auch an der Ostgrenze ausgedehnte Salzländereien, welche
ebemals dem Ackerbau dienten, jetzt aber
mangels genügender Entwässerung unbrauchbar geworden sind. Die Farmen der Indianer zeichnen sich meistens vor denen der
Mexicaner aus, da jene thätiger sind und
mehr Gemeinsinn als diese besitzen. Auffallend ist der Mangel an Bäumen; man
findet sie nur auf den Besitzungen von
Amerikanern oder reichen Mexicanern. Der
weiteren Entwickelung des Ackerbaus steht
besonders die geringe Bevölkerungszahl entgegen.

Der Rio grande nimmt hier von W
zuerst den James und ca. 110 km südlicher den Puerco auf, letzterer wieder den
San José. Sie führen meistens trotz ihres
grossen Drainage-Gebietes sehr wenig Wasser
und sind im Winter und Vorfrühling nur
weite Strecken, besonders im Unterlauf,
wasserlos. Auch die meisten Seitenbäche
fliessen nur zur Fluthzeit bis zu ihrer Mündung. Die Zahl der Farmen ist daher sehr
beschränkt, und man gewinnt hauptsächlich
Heu. Bei Laguna am San José zeigen sich
noch Spuren eines ehemaligen, von den Indianern erbauten Dammes, der einen künstlichen See von 50—60 ha Fläche abschloss,
aber 1859 oder 1860 fortgerissen wurde.
Am oberen Puerco erneuern die Mexicaner
ihre rohen, aus Faschinen und Steinen bestehenden Dämme alljährlich, denn das
Flussbett gestattet keinen gemauerten Damm.

Wenngleich sich am unteren Puerco gegen 250 qkm gutes Ackerland vorfinden, so würde doch zur Nutzbarmachung desselben ein Canal von 100—120 km Länge erforderlich sein, während man das Wasser billiger auf die den Strom begleitenden Mesas leiten könnte.

Das Thal des Rio grande von Embudo bis San Marcial bietet auf eine Strecke von 800 km eine Ackerfläche von über 1000 qkm, welche aber unter den jetzigen Umständen nur ungenügend bewässert wird. Auf der Ostseite begleiten den Strom ausserdem langgedehnte Mesas, welche sich 90—180 m über sein Bett erheben, für Ackerbau aber unzugänglich sind, da das Hinaufheben von Wasser zu grosse Kosten machen würde. Die grösste unter ihnen ist die berüchtigte Jornada del Muerto; sie bildet eine anscheinend ganz ebene, mit Gras bedeckte Fläche, welche sich in einer Länge von 160 km bei 50 km Breite von Carthagena bis Fort Selden erstreckt. Auch die Viehzucht leidet hier unter dem Wassermangel, denn Brunnen geben selbst bei 90 bis 100 m Tiefe meistens salziges Wasser.

An die Jornada del Muerto schliesst sich das Mesilla-Thal; es ist ca. 50 km lang und enthält den ausgezeichnetsten Boden in New-Mexico; doch kann er nicht in seiner ganzen Ausdehnung beackert werden, da am oberen Rio zuviel Wasser entnommen wird, als dass der Strom selbst in feuchten Jahren hier allen Ansprüchen genügen könnte.

Im südlichen New-Mexico breiten sich zwischen dem Rio grande und dem Pecos grosse Wüsten, als Gypsebenen bekannt, aus. Im Centrum dieser Ebenen tritt ein Basaltstrom von 400—6000 m Breite und einer Länge von 24—32 km zu Tage. Seinem Aussehen nach scheint er neueren Datums, wenngleich die örtliche Ueberlieferung, die seine Entstehung in die Zeit der spanischen Eroberung verlegt, wohl keinen Anspruch auf Glaubwürdigkeit besitzt. Sie sind von Bergen umgeben, allein alle von diesen herabkommenden Bäche versinken entweder oder endigen in einem Salzsumpf. Es wird vielleicht in Zukunft möglich sein, Theile dieses alten Beckens zu bewässern, wenn man in den Gebirgen Reservoirs anlegte. Ruinen und alte Canalspuren deuten auf frühere Bewässerung.

Augenblicklich vermag der Rio grande den an ihn gestellten Ansprüchen nicht zu genügen, da er zu wenig Wasser enthält und dies auch nicht sorgfältig ausgenutzt wird. Im Jahre 1890 führte er bei Del Norte (Oberlauf) 1090 Sec.-Fuss; 210 km

weiter südlich, bei Embudo 1240, d. h. nur 150 mehr; bei El Paso, 830 km südlicher, aber nur 1050, also 190 Sec.-Fuss weniger, obgleich er auf dieser langen Zwischenstrecke eine Menge Nebenflüsse aufnimmt. Ausserdem ist bei dem letztgenannten Orte von Ende Juli bis Mitte Dezember häufig überhaupt kein zusammenhängender Wasserlauf, sondern nur eine Reihe von Tümpeln im sonst trockenen Flussbett vorhanden. Bei Embudo müssen nämlich mindestens 300—400 Sec.-Fuss vorüber fliessen, wenn bei El Paso überhaupt Wasser vorhanden sein soll.

Die Sinkstoffe im Wasser des Rio grande betragen $1/4$ bis $1/2$ Proc.; nach jedem Regen und besonders während der Dezemberfluth sind sie sehr bedeutend, so dass sie ein Reservoir in 100 bis 150 Jahren auffüllen würden. Den Messungen zufolge führt der Rio grande jährlich 3 830 000 Tonnen fester Bestandtheile mit sich, eine Menge, welche 1 qkm 2,075 m hoch bedecken würde. Auch die Verdunstung ist in dem warmen Klima des Mittel- und Unterlaufes sehr bedeutend (jährlich 2067,6 mm) und muss bei Anlage von Sammelbecken in Rechnung gesetzt werden.

Der Wasserstand schwankt bei Niedrigwasser zwischen 300 und 400 Sec.-Fuss, steigt aber auch während der Hochfluthen selten über 10000 Sec.-Fuss. Immerhin ist die Wassermenge genügend, bei Aufspeicherung der Fluthen die Weiterentwickelung des Ackerbaues zu ermöglichen.

Eine günstige Gelegenheit dazu bietet zunächst das White Rock Canyon oberhalb des Thales von Albuquerque. Ein Fangdamm am Südende dieses Canyons würde nicht nur gestatten, alles Wasser während der Berieselungsperiode zu verwenden, sondern auch während des übrigen Jahres alles in künstlichen, in den Seitenthälern anzulegenden Reservoirs aufzuspeichern. Freilich würde der Fluss dadurch bei El Paso auf $1/3$ seiner Wassermenge verringert werden. Da man aber dann im Thal von Albuquerque 400 000 bis 800 000 ha zu berieseln im Stande ist, bei El Paso aber nur 16—24 000 ha, so kann die Wahl nicht schwer fallen.

Das weiter südlich folgende, schon vorher erwähnte Thal von Mesilla könnte ebenfalls durch einen Damm, der das oberhalb gelegene Canyon bei Point of Rocks absperrte, in weit grösserem Umfange bewässert werden. Allein dadurch würde der Ackerbau in dem südlich auf den Engpass von El Paso folgenden El Paso-Thal gänzlich lahmgelegt werden, und dies darf nicht gescheben, weil Mexico, dem der untere Theil dieses Thales gehört, Einspruch dagegen erheben würde.

Eine der allergünstigsten Oertlichkeiten für ein Sammelbecken im Drainagegebiet des Rio grande, wenn nicht der Vereinigten Staaten überhaupt findet man im Canyon von El Paso. Die Pläne und Kostenanschläge für dies Reservoir sind bereits völlig fertig gestellt und man kann sie also zum Vergleich mit ähnlichen Anlagen in anderen Gegenden heranziehen.

Wenn man nämlich das Canyon durch einen Damm sperrt, so muss sich oberhalb desselben ein See von 23,5 km Länge und 6,5 km grösster Breite bilden, dessen mittlere Tiefe 7,5 m, die grösste aber nicht ganz 20 m betragen und der eine Fläche von 10 400 ha bedecken würde, vorausgesetzt, dass ein Wasserstand von 0,60 m über dem Ueberfallwehr vorhanden wäre. Stände das Wasser mit den letzteren in gleicher Höhe, so würde die Fläche sich auf 9900 ha verringern, der Inhalt aber immer noch 537 340 Ackerfuss betragen, eine Wassermenge, gegenüber der die bisher grössten Reservoirs, das von San Mateo in Californien mit 18 200 und das New-Croton Reservoir in New-York mit 92 000 Ackerfuss ziemlich unbedeutend erscheinen.

Die Ufer des Canyons bestehen an der für den Damm ausgewählten Stelle aus weichem Kalk, welcher jedoch undurchlässig ist, da er keine grösseren Spalten besitzt. Dieser Kalk liegt im Flussbett selbst 2,4—16 m unter Triebsand. Der Damm erreicht bei einer Länge von etwa 190 m eine grösste Höhe von 34,65 m über dem Felsboden, von etwa 20 m über dem Flusswasser. Als Baumaterial kann man den in der Nähe vorkommenden Kalk benutzen. Die grösste Schwierigkeit liegt in der Fundamentirung im Triebsande, und es ist noch nicht entschieden, ob man sich zur Herstellung der Baugrube des Poetsch'schen Gefrierverfahrens oder einer anderen Methode bedienen wird. Jedenfalls erhöhen sich die Kosten hierdurch ganz bedeutend. In den Damm werden 24,77 m unter dem Ueberfallwehr 4 eiserne Röhren von je 1,22 m (48 Zoll) Durchmesser gelegt, um bei Hochfluthen eine schnelle Leerung des Reservoirs herbeizuführen und der Ueberfluthung des Dammes vorzubeugen. Ebenso wird 1,36 m unter der Dammkrone ein Ueberfallwehr von 60 m Länge angelegt. Da nun über dieses, wenn das Wasser bis zur Krone steht, 6300 Sec.-Fuss gehen und die 4 eisernen Röhren dazu noch 4840 hindurchlassen, in Summa also 11 140 Sec.-Fuss abfliessen können, der Fluss hier aber höchstens einmal 7200 Sec.-Fuss führt, so ist die Gefahr, es könnte bei Hochfluthen plötzlich ein Ueberlaufen des Reservoirs und infolge dessen ein Dammbruch eintreten, wohl nicht zu befürchten.

Die Bewässerung beginnt im Thal von El Paso im Februar, und die Fluthen treten im April und Mai ein. Damit dieselben auch den nöthigen Raum finden, muss man dafür sorgen, dass der Wasserstand desselben zu dieser Zeit 2,40 m unter der Kante des Ueberfallwehrs steht. Alsdann beträgt die Oberfläche 8800 ha, und das Reservoir ist im Stande, 176 000 Ackerfuss aufzunehmen. Angenommen der Fluss führt 6000 Sec.-Fuss, so würde man täglich 11 900 Ackerfuss aufspeichern können. Lässt man nun die Hälfte hiervon entweichen, so bedarf es einer Zeit von 30 Tagen, um 174 000 Ackerfuss anzusammeln und damit das Reservoir zu füllen. Da eine Fluth jedoch niemals 30 Tage dauert, die Wassermenge des Rio grande auch nicht dauernd die angenommene Höhe behält, so ist eine übermässige Beanspruchung des Reservoirs nicht zu befürchten.

Die Kosten dieses Riesenbeckens werden dadurch sehr vergrössert, dass man gezwungen sein wird, zwei Bahnlinien, welche jetzt durch das künftige Reservoir laufen, zu verlegen. Dies wird etwa 2 359 560 M. erfordern; die Erbauung des Dammes selbst wird 1 217 476 M. beanspruchen, und für überfluthete Ländereien wird man 276400 M. zahlen müssen. Diese Beträge ergeben eine Summe von 3 853 436 M.; rechnet man noch 10 Proc. derselben auf zufällige Mehrkosten, so erfordert das Reservoir in Summa 4 238 780 M.

In der Nutzbarmachung der angestauten Wassermassen ist man jedoch nicht auf die Verwendung zu Bewässerungszwecken allein beschränkt. Da der Rio grande hier durchschnittlich 1200 Sec.-Fuss führt, so könnte man 600 Sec.-Fuss davon 15 m tief über das Wehr fallen lassen und ihre Kraft dabei ausnutzen. Man hätte in diesem Falle 10 143 Pferdekräfte täglich 8 Std. lang zur Verfügung. Unterhalb des Reservoirs stehen auf amerikanischem Gebiet etwa 32 000 ha, auf mexicanischem sogar 50 000 ha Ackerland zur Verfügung. Es lässt sich daher eine genügende Verzinsung des Anlagecapitals erwarten. (Rep. XI, P. II, p. 52—58; Rep. XII, P. II, p. 240—282; Rep. XIII, P. III, p. 411—422.)

Zum Drainagegebiet des Rio grande gehört schliesslich noch ein Fluss, der, obwohl er in den genannten mündet, doch ein so umfangreiches Terrain entwässert, dass man ihn beinahe für selbstständig erklären möchte, der Pecos River. Er entspringt in mehreren Quellbächen auf der Ostseite der Santa Fé Range und strömt dem Rio ungefähr parallel nach S, indem er bis Fort Sumner zunächst als ein echter Gebirgsstrom die aus Sandsteinen bestehenden Mesas in engen Canyons durchbricht. Unterhalb des genannten Ortes ändert sich die Umgebung völlig. Niedrige wellige Hügel begleiten den Fluss, um endlich bei Roswell in Prärie überzugehen. Der Boden besteht hier aus Gyps und Kalk und fällt in sehr langsamer Steigung nach S zu ab, bis er am unteren Pecos in New-Mexico eine fast horizontale Ebene bildet, auf welcher stellenweise gar kein Wasserabfluss stattfindet. Dasselbe versinkt im Kalkfelsen in den zahlreichen Sinks, die zwar jedes Jahr zu gewissen Zeiten Wasser enthalten, in ihrer Umgebung jedoch zum Erstaunen der Bewohner dieser Striche keine

Salzinkrustationen bilden. Oestlich von Pecos dehnen sich die bekannten Stacked Plains (Llano estacado) aus.

Das Thal ist ausgezeichnet, war aber bis vor nicht langer Zeit noch fast unbekannt, da diese Gegenden zwischen dem Rio grande und dem Pecos den Tummelplatz der Apachen, Comanchen und Navajoes bildeten und sich daher nur kühne Grenzer und Viehbesitzer hier ansiedelten. Letztere hielten sogar aus Brodneid Farmer mit Gewalt fern. Ueberproduction in Vieh führte aber zur Verarmung der Besitzer, und so wendet man sich jetzt mehr dem Ackerbau zu.

Das Klima am Pecos ist das eigentlich typische für die Arid Region. Es fallen jährlich 304,8—381 mm Regen, jedoch sind selbst die hauptsächlichen Schauer im Juni bis August sehr ungewiss und wechselvoll. Schnee hält sich nicht lange. Die oberen Quellbäche führen gewöhnlich bis zu der Stelle, wo die Santa Fé-Eisenbahn sie schneidet, Wasser, sind aber weiter unten oft monatelang trocken. Im Jahre 1889 gab ein Brunnen von 4,5 m Tiefe im Flussbett bei Las Colonias kaum genug Wasser für diesen Ort. Später ist der Pecos wieder wasserreicher, weil er dauernde Zuflüsse aus starken Quellen empfängt. Aus solchen von 6 resp. 15 Sec.-Fuss Stärke entstehen z. B. seine Seitenbäche Aqua negra und Aqua negra chiquita, welche klares schwarzes Wasser führen. Bei Roswell ist er daher wieder ein Strom von 45—60 m Breite mit einer durchschnittlichen Tiefe von 0,50 m. Viele dieser Quellen sind schwach salzig und besitzen eine etwas höhere Temperatur als die der Luft. Von Fort Sumner ab fehlen östliche Nebenflüsse so gut wie ganz, denn der Boden der Stacked Plains ist durchlässig. Unter den westlichen, welche von den White Mts. herabkommen, ragt als der grösste der Rio Hondo hervor; im Februar 1888 führte er 48 Sec.-Fuss, zu anderen Zeiten sogar einmal 200. Viele dieser Bäche versinken kurz nach dem Austritt aus dem Gebirge im Sande oder endigen in einem Sumpf, erscheinen jedoch einige km vor der Vereinigung mit dem Pecos als eine Reihe von Quellen wieder. Zur Fluthzeit sind sie zusammenhängende Wasserläufe. Am Penasco, einem derselben, hat vielfach die Gesellschaft von Viehzüchtern die beiden getrennten Flussenden durch einen Canal verbunden und so den Strom um 50 km verlängert. Man kann daher sagen, dass der Pecos erst von Roswell ab dauernd Wasser führt, und wenn dies auch keine bedeutende Menge ist, so genügt sie doch zur nothdürftigen Bewässerung. Ausserdem aber treten im Frühling und Sommer mächtige Hochfluthen ein.

Am Oberlauf sind die Schwierigkeiten, Wasser auf die Felder zu leiten, so gross, dass selbst die Mexicaner Abstand genommen haben; später bis Fort Sumner bilden letztere die gesammte Bevölkerung. Die Farmer speichern vielfach die Quellwässer des Nachts auf. Am mittleren Pecos enthalten die Uferländereien und die Mesas guten Ackerboden, allein letztere sind infolge ihrer Erhebung über das Flussbett nicht bewässerbar; dagegen ist dies am Unterlaufe mit den Prärieländereien der Fall. Das Uferland bildet meistens einen schmalen, bis zu 5 km breiten Streifen und ist den Ueberfluthungen ausgesetzt. Das beste Land liegt zwischen Roswell und Pecos. Am Hondo River ist ein Canal angelegt worden, welcher mit Hinzuziehung einiger noch zu erbauender Sammelbecken 40000 ha mit Wasser versorgen kann. Ein anderer, vom Pecos selbst ausgehender Canal beherrscht 80000 ha und ein dritter, noch im Bau begriffener, wird genügend Wasser für 20000 ha liefern. Den Damm- und Canalbauten werden durch den reissenden Strom, der zudem sein Bett häufig ändert und die Ufer unterwäscht, grosse Schwierigkeiten bereitet (Rep. XII, P. II, p. 282—290)[2]).

---

[2]) Um einen Anhalt zur Beurtheilung der Verhältnisse der angeführten Ströme zu bieten, mögen im Folgenden die entsprechenden Zahlen über die Oder folgen. Dieselben sind der ministeriellen Denkschrift über Memel, Weichsel, Oder etc. vom Jahre 1888 entnommen.

Die Oder besitzt ein Gesammtauffanggebiet von 119337 qkm bei einer Stromlänge von 944,37 km. Ihre Quelle liegt 634 m über dem Spiegel der Ostsee. Oberhalb der Warthemündung, deren Drainagegebiet dem der Oder bis zu diesem Punkte fast gleichkommt (53250 zu 55261 qkm), vertheilt sich ihr Gebiet fast gleichmässig auf Gebirge, Hügel- und Flachland, unterhalb derselben gehört es ganz dem Flachlande an. Die Regenhöhe im demselben beträgt durchschnittlich nur 586,2 mm. Der nicht durch Verdunstung etc. verloren gehende Theil der Niederschläge fliesst überwiegend in den Wintermonaten ab und wird zur Hälfte durch die Warthe zugeführt. Es gelangen etwa 21—27 Proc. der Niederschläge zum Ablauf. Der Wasserstand schwankte bei Frankfurt a./O. zwischen 5,36 m (1854) und 0,08 m (1842), und ist im Durchschnitt 1,29 m. Die höchste gemessene Stromgeschwindigkeit betrug bei Glogau 1,8 m, die mittlere unterhalb Steinau 0,47 m, oberhalb Görlitz 0,50 m, oberhalb der Warthemündung 0,53 m, unterhalb derselben 0,63 m in 1 Sec. Die von je 1000 qkm des Gebietes zum Ablauf kommende Wassermenge sinkt bei sehr tiefem Stande von Breslau bis zur schlesischen Grenze bis auf 0,76 cbm, von der Warthemündung bis Schwedt bis auf 1,47 cbm, steigt aber bei Hochwasser auf 63,7 resp. 39,04 cbm. Diese Zahlen ergeben in Verbindung mit vorgenommenen Messungen für Frankfurt a./O. bei Niedrigwasser ca. 175 cbm (6180 cbf. engl.) Wassermenge pro Secunde, bei Hochwasser dagegen 1057,5 cbm (37347 cbf. engl.). Das letztere fällt gewöhnlich in den Winter (März), seltener in den Sommer, doch sind gerade die beiden höchsten Wasserstände

Wegen der Collisionen zwischen schon bestehenden und neu erworbenen Wasserrechten, und weil die Interessen verschiedener Staaten in Frage kommen, gehört die

Regelung der Bewässerungsverhältnisse im Gebiet des Rio grande zu den verwickeltsten Dingen.

*[Fortsetzung folgt.]*

---

## Referate.

**Californisches Seifengold.** (R. E. Browne. Eng. Min. Journ. 59. 1895 S. 101.) Manche sind der Ansicht, dass das Gold der Seifen nicht ausschliesslich von der mechanischen Zerstörung goldführender Gänge etc. herrührt, sondern zu einem grossen Theile chemisch abgesetzt ist. Als Hauptgründe dafür werden angeführt: das grössere durchschnittliche Volum der Goldflitter und Körner in den Seifen gegenüber denjenigen in den festen Lagerstätten, sowie auch die grössere Reinheit des Seifengoldes gegenüber dem Berggolde; zwei Umstände, welche durch neuere Untersuchungen in Californien abermals bestätigt worden sind. Der erstere Umstand erklärt sich aber leicht daraus, dass beim Abbau von Goldgängen alles Gold, grobes und feines, zusammengenommen wird, während durch Zerstörung und Wiederabsatz in Seifen das feinste Gold weiter fortgeschwemmt wird und sich an anderen Stellen und weniger concentrirt ablagert als das gröbere, und die Goldwäscher vorzugsweise die reicheren Ablagerungen bearbeiten, in welchen sich grössere Körnchen und gelegentlich auch Klümpchen vorfinden. Grössere zusammenhängende Massen von gediegenem Gold finden sich aber vereinzelt auch in den Gängen, und die grösste Masse, welche bis jetzt in Californien überhaupt in einem Stück aufgefunden worden ist, von einem Gewicht von 195 Pfund, stammte aus einem Quarzgang zu Carson Hill in Calaveras County. — Was den zweiten Umstand anbelangt, so hat Verfasser den durchschnittlichen Feingehalt des Goldes von 800 ver-

schiedenen Seifen zu 0,89 bestimmt, dagegen denjenigen von 200 verschiedenen Goldquarz-Bergwerken zu nur 0,82, so dass sich in der That in Californien ein ansehnlicher Mehrgehalt des Seifengoldes herausstellt. In quantitativer Beziehung sind die Einzelergebnisse ziemlich schwankende. An einem Ort (Ruby Mine) war es möglich, Berggold und Seifengold von einer und derselben Herkunft mit einander zu vergleichen. Ersteres im Durchschnitt 0,865 fein, letzteres 0,898. Die Verunreinigungen bestehen grösserentheils aus Silber, kleinerentheils aus unedlen Metallen. Die durchschnittliche Zusammensetzung der untersuchten 1000 Proben war: 0,876 Gold, 0,120 Silber und 0,004 Kupfer, Eisen, Blei etc.

Weitere bemerkenswerthe Untersuchungen in der Ruby Mine haben ergeben, dass der Feingehalt des Seifengoldes von der Grösse der Körner desselben abhängt. Ein grösserer Klumpen von 200 Unzen Gewicht war nämlich nur 0,849 fein; Körner von mehr als 10 Unzen besitzen im Durchschnitt einen Feingehalt von 0,860; das gesammte Erzeugniss, wie schon oben erwähnt, einen solchen von 0,898, und die feinsten Körnchen und Flitterchen allein etwa 0,910. In einem und demselben Seifenlager wächst also der Feingehalt des Goldes mit der Kleinheit der Goldkörner. Zu diesen Beobachtungen tritt noch eine weitere hinzu, welche von Herrn Hoffmann in der Red Point-Seife gemacht wurde, dass nämlich an solchen Stellen, wo Wasser durch die Seife sickert, das Gold einen höheren Feingehalt besitzt als sonst. Alle diese Dinge erklären sich durch die einfache und an sich höchst wahrscheinliche Annahme, dass das natürliche Gold in Berührung mit Luft und Wasser durch Oxydation und Auslaugung der weniger edlen Metalle eine Reinigung erfährt. Diese Einwirkung wird in bestimmter Zeit, oder vielleicht sogar überhaupt, nur bis zu einer gewissen Tiefe in jedes einzelne Körnchen eindringen können, und die Reinigung feiner Flitterchen daher eine viel vollständigere sein müssen als diejenige grober Körner. Der Unterschied im Feingehalt von Berggold und Seifengold erklärt sich hiernach von selbst. Es scheint, dass hier eine

---

von 1811 und 1854 im August eingetreten. Die Fluthwelle legt den Weg von Breslau bis Schwedt durchschnittlich in 10 Tagen zurück. Eisversetzungen sind weniger gefährlich wie bei der Weichsel. Die Krone der Deiche ist meistens 2,5 m breit und liegt 0,62 cm über dem Wasserstande von 1854. Die Regulirung hat eine Durchschnittstiefe des Fahrwassers von 1 m bei Niedrigwasser erstrebt und grösstentheils erreicht. Die schiffbare Länge des Stromes beträgt 772 km, mit Einrechnung aller Nebenflüsse und Canäle 1700 km. Die Baukosten haben von 1843—1888 die Summe von fast 43 Millionen Mark erreicht.

endgültige Lösung dieser vielumstrittenen Frage vorliegt.

*A. Schmidt.*

### Zinnober in Texas. (W. P. Blake. Transact. Am. Inst. Min. Eng. Florida Meeting. März 1895.)

Im vergangenen Jahr wurden im südlichen Texas, wenige km nördlich von dem die Grenze gegen Mexico bildenden Rio Grande, Zinnober-Ablagerungen aufgefunden und vom Verf. untersucht. Die Stelle liegt etwa 150 km südlich von der Station Marfa der südlichen Pacific-Eisenbahn.

Das Tafelland von Marfa besteht zu oberst aus einer festen Lage von Basaltlava. Bewegt man sich gegen die Niederungen des Rio Grande hinab, so bemerkt man an den Thalgehängen zunächst unter der Lava einförmige, weisse, kieseligthonige Gesteinsmassen, wahrscheinlich vulcanische Tuffe. Dieselben sind ungefähr 150 m mächtig und ungeschichtet, enthalten aber in ihrem oberen Theile ein dunkelgefärbtes, 3 m mächtiges Conglomeratlager aus theilweise gerundeten Bruchstücken von porphyrischen Felsarten, welches von den weissen Tuffen darüber und darunter stark absticht und auf grosse Entfernungen fortlaufend erkennbar ist. Verf. hält diese Bildungen für tertiär. Sie gehen nach unten über in nachweisbar cretaceische Schichten, und zwar zunächst blaue und gelbe Schieferthone mit zahlreichen Abdrücken von Inoceramus, und darunter hellfarbige massige Kalksteine mit grossen Exogyren und andern Kreideversteinerungen. In der Nähe des Zinnobervorkommens sind die Schichten einseitig gehoben und mehr zerbrochen, und es treten Gryphaeenkalke auf, sowie gelbbraune Kalksteine, welche grossentheils aus Foraminiferenschalen, insbes. Nodosaria texana, zusammengesetzt sind. Stellenweise kommen auch krystalline Silicatgesteine und Eruptivgänge von solchen zum Vorschein.

Der Zinnober findet sich bisweilen als kleine Knollen im festen Kalkstein; grössere derbe Knollen, bis zu 1 kg im Gewicht, liegen im Schieferthon. Er ist hellroth, weich und zerreiblich, und mit Kalkspath vermengt. Noch reichlicher tritt er als kleine glänzende Krystalle fein vertheilt auf in weissen Thonen und Schiefern, insbesondere dann, wenn die Thone mit Kieselsäure imprägnirt und daher hart sind. Endlich kommt das Erz noch in eigenthümlichen Breccien vor, in welchen Blöcke und kleine Bruchstücke von weissem Thonstein und von kieseligem Thonschiefer verkittet sind durch eine harte und dichte eisenreiche Masse von rothbrauner Farbe. Hier sind oft die Blöcke und Stücke durch eingedrungene Lösungen in concentrischen Lagen mit Eisen imprägnirt und gefärbt; Zinnober bildet oft in gleicher Weise, jedoch spärlicher, concentrische Imprägnationen. Es scheint, dass der Zinnober durch einen ähnlichen Vorgang niedergeschlagen wurde wie die Eisenoxyde, aber zu anderer Zeit und unter veränderten Umständen, da derselbe hier von den Eisenoxyden getrennt auftritt.

Ein anderer Aufschluss zeigt dagegen eine eisenreiche Breccie, in welcher der Zinnober mit den Eisenoxyden innig vermengt erscheint.

Die Kalksteine der Umgegend sind stark zerklüftet und die Klüfte häufig an beiden Seiten mit abgesetzten Eisenoxyden überkleidet. Die Quelle der Eisenlösungen ist wahrscheinlich in einem benachbarten blauen Schieferthon zu suchen, in welchem sich ansehnliche Mengen von Eisenkies vorfinden. Es ist, nach dem Verfasser, wohl möglich, aber bis jetzt nicht nachgewiesen, dass dieser Kies quecksilberhaltig ist und durch Zersetzung nicht allein die Eisenoxyde, sondern auch den Zinnober geliefert hat.

*A. Schmidt.*

### Die Nickelerz-Lagerstätte zu Lancaster Gap in Pennsylvanien. (J. F. Kemp. Transact. Am. Inst. Min. Eng. Bridgeport Meeting, Oktober 1894.)

Die ganze Gegend zwischen der Stadt Baltimore in Maryland einerseits und Lancaster County in Pennsylvanien andererseits ist durch ein reichliches Auftreten basischer Eruptivgesteine ausgezeichnet, mit stellenweise abbauwürdigen Ansammlungen von Chromeisenstein. Nickelerze sind nur selten und spurenweise darin gefunden worden. Hiervon macht aber das nordwestlichste dieser basischen Gesteinsvorkommen eine Ausnahme, indem es mit einer Nickelerz-Lagerstätte innig verknüpft ist. Das basische Gestein bildet einen Stock, welcher mit linsenförmigem Querschnitt durch den Gneiss in die Tiefe setzt. Der linsenförmige Ausbiss an der Erdoberfläche ist etwa 450 m lang und 150 m breit. Das Gestein ist ein Amphibolit, enthält weitaus vorwiegend grüne Hornblende, daneben Glimmer, Plagioklas und etwas Titanit. Längs seinem Contact mit dem Gneiss ist der Amphibolit, besonders am westlichen Ende des OW streichenden Stockes, mit nickelhaltigen Kiesen durchsetzt, stellenweise in abbauwürdigen Anhäufungen, hauptsächlich Magnetkies und Kupferkies, daneben auch Eisenkies. In secundären Schnüren kommt auch Millerit vor, sowie Quarz mit eingesprengten

Kiesen. Im Uebrigen sind die Kiese stets innig mit der Hornblende vermengt. Die mikroskopische Untersuchung zeigt die Grenzen zwischen den beiden Mineralien meist als ganz unregelmässige, jedoch an einzelnen Stellen scheint es, als haben die Kiese scharf ausgebildete Hornblendekrystalle umwachsen und Zwischenräume zwischen solchen ausgefüllt. Der Kiesgehalt ist im Contact mit dem Gneiss am stärksten und nimmt nach dem Innern des Stockes hin ab, erstreckt sich aber bisweilen 9 m weit hinein in bauwürdiger Menge. Die innere Hauptmasse des Gesteins enthält nur vereinzelte kleinere Ausscheidungen davon. Der Gneiss ist erzfrei, soweit es sich ohne eingehendere Untersuchungen feststellen lässt, und beide Gesteine sind an ihrer gegenseitigen Berührungsfläche ebenso frisch und fest wie in der Mitte. Die geförderten Erze, ein Gemenge von Hornblende und Kiesen, halten 1 bis 3 Proc. Nickel, $^1/_2$ bis 1 Proc. Kupfer und etwas Kobalt. (Vgl. d. Z. 1893 S. 259.)

Ueber die Entstehung dieser Lagerstätte bestehen zweierlei Meinungen. Die einen glauben an den Absatz der Erze aus wässeriger Lösung von den Contactflächen aus. Hierfür spricht besonders die Art der Vertheilung der Erze und der obenerwähnte mikroskopische Befund. Die andern nehmen eine Ausscheidung der Erze aus dem Gesteinsmagma durch Differentiationsprocesse (s. Vogt, d. Z. 1893 S. 4 ff. und 1894 S. 381 ff.) an. Hierfür spricht die innige Einmengung der Erze in den Amphibolit, das tiefe Eindringen derselben in den Amphibolitstock, das Fehlen der Erze im Gneiss und der frische und feste Zustand von Amphibolit und Gneiss an ihren Berührungsflächen. Der Verfasser neigt sich letzterer Anschauung zu, scheint aber die Frage noch nicht für völlig entscheidbar zu halten. — Derselbe fügt noch einige Bemerkungen bei über einige andere Nickel-Lagerstätten bei Peekskill und Haverstraw am Hudsonfluss (Staat New York), wo ähnliche, aber weniger reiche Erze als Fahlbänder im gewöhnlichen Gneiss auftreten ohne unmittelbar erkennbare Beziehungen zu Eruptivgesteinen.

*A. Schmidt.*

**Anthracit im Perm bei Budweis in Böhmen.** (Fr. Katzer, Oester. Z. f. Berg- u. Hüttenwesen, 43. 1895). Nordöstlich von Budweis in Südböhmen wird Bergbau auf einem Anthracitkohlenflötz getrieben, welches sich dem permischen Schichtensystem eingelagert findet. Die Permschichten treten hier auf einem unregelmässig langgestreckten Gebiet von ca. 15 qkm zu Tage. Sie über-

lagern im O, N und NO die archäische Formation und werden im S und SW von Tertiär bedeckt, unter welchem sie möglicherweise noch auf einige Erstreckung fortsetzen; hierüber werden aber erst demnächst vorzunehmende Bohrungen Aufklärung geben. Die Ablagerung ist im Allgemeinen muldenförmig, jedoch gestalten vielfache Störungen die Lagerungsverhältnisse sehr complicirt, besonders im südlichen Theile.

Die untere Abtheilung des Perm setzt sich aus Conglomeraten, Arkosen und Sandsteinen zusammen, und zwar nehmen die Arkosen mehr den mittleren Theil der Abtheilung ein. Die obere Abtheilung des Perm besteht in ihrem unteren Theile aus dunkelgrauen bis fast schwarzen, feinkörnigen, stellenweise sehr glimmerreichen Sandsteinen, Sandsteinschiefern und Schieferthonen, welchen das Anthracitflötz eingelagert ist, im oberen Theile aus rothbraunen und grünlichgrauen Sandsteinen und Sandsteinschiefern. Im südlichen Theile der Ablagerung, in welchem zur Zeit das Anthracitflötz abgebaut wird, beträgt die Mächtigkeit des Flötzes 90 bis 125 cm, im Mittel 1 m. Im N des Gebietes, wo gegenwärtig noch kein Abbau stattfindet, scheint die Mächtigkeit auf 70 bis 80 cm herunterzugehen. Jedoch erscheint das Flötz auch hier noch abbauwürdig, da die Lagerungs-Verhältnisse in diesem Theile regelmässiger sind als im südlichen und der Bergbau überhaupt durch ein sehr gutes Hangendes und Liegendes und durch die Trockenheit des Gebirges erleichtert wird.

Die Qualität des Anthracites ist eine sehr gute. Er besitzt halbmetallischen Glanz und flachmuscheligen Bruch. Zwei Proben ergaben 6,4 bezw. 9,4 Proc. Aschengehalt, 6,8 bezw. 6,2 Proc. flüchtige Bestandtheile und einen Wärmeeffect von 7100 bezw. 7400 Calorien.

*Dr. F. A. Hoffmann.*

**Weisse Phosphorite in Tennessee.** (C. W. Hayes. Transact. Am. Inst. Min. Eng. Florida Meeting. März 1895.) Ausser den früher (d. Z. 1894 S. 291) besprochenen, meist dunkelfarbigen, sog. „schwarzen Phosphoriten", welche regelrechte Lager und Flötze devonischen Alters bilden, hat man nunmehr in Tennessee auch „weisse Phosphorite" aufgefunden, ähnlich denjenigen von Florida (d. Z. 1893 S. 44 u. 166) und anscheinend von secundärer Entstehung. Dieselben liegen, soweit bis jetzt entdeckt, westlich vom Tennessee-Fluss in der weiteren Umgebung von Linden in Perry County. Sie erscheinen in zweierlei Gestalt, nämlich als Bindemittel von Hornsteinbreccien und als Umwandlungserzeugnisse carbonischer Kalkschichten.

Die devonischen wie auch die stellenweise entblössten silurischen Gesteine der Gegend sind oft dick bedeckt mit losen Hornsteinbruchstücken, von der Zerstörung carbonischer Wechsellagerungen von Kalkstein und Hornstein herrührend. Entlang gewissen horizontal am Gehänge fortlaufenden Linien, welche ungefähr den Ausbissen der in dem früheren Referat aufgeführten schwarzen Devonschiefern entsprechen, sind die losen Hornsteinstücke durch infiltrirten Phosphorit in feste Breccien von oft grosser, aber ganz unregelmässiger Ausdehnung verwandelt. Der Phosphorit ist wahrscheinlich aus dem oberen der beiden devonischen Phosphoritlager ausgelaugt und in der Nähe der Oberfläche der Gebirgsgehänge wieder abgesetzt worden. Er kommt stellenweise auch in reinen Massen, frei von Hornstein, vor und besitzt dann das Aussehen eines Kalksinters, enthält aber bis 80 Proc. Phosphat.

Die zweite Art des Auftretens ist als regelmässige Zwischenlagerungen zwischen ganz gebliebenen carbonischen Hornsteinschichten, hier also den sonst zwischengelagerten Kalkstein vertretend. Dass der Phosphorit in diesem Falle ein Umwandlungserzeugniss aus Kalkstein ist, geht aus der mikroskopischen Untersuchung hervor, welche zeigte, dass die körnigen Partien aus gut ausgebildeten, aber isotropen Rhomboëdern zusammengesetzt sind, also ohne Zweifel pseudomorphe Bildungen von Phosphorit nach Kalkspath. Wie die ursprünglichen Kalksteine und Kieselkalke dieser Formation, so sind auch diese Phosphorite meist stark mit Hornsteinmasse, bald feiner bald gröber, durchsetzt. Sie halten nur etwa 30 Proc. Phosphat und sind daher von geringerem ökonomischen Werth. Ueber die Herkunft der Phosphatlösungen, welche die Umwandlung bewirkt haben, ist aus den bisherigen Beobachtungen noch kein bestimmtes Urtheil zu gewinnen.

*A. Schmidt.*

**Das „Neu Pedrara" Onyx-Lager in Nieder-Californien.** (Eng. Min. Journ. 58. 1894. S. 509.) Diese neu entdeckte Lagerstätte liegt auf der zu Mexico gehörigen Halbinsel Nieder-Californien, in der Nähe des 30. Breitengrades, 20 engl. Meilen vom Golf von Californien und 50—60 von dem Ankerplatz San Carlos am Stillen Ocean. Das bisher berühmteste und ergiebigste, jetzt aber nahezu erschöpfte Vorkommen von Onyx, unweit Puebla in Mexico, heisst „La Pedrara",

und man hat daher diesem niedercalifornischen den Namen „Neu Pedrara" gegeben.

Steil aufgerichtete metamorphische Schiefer bilden die Gebirgsmassen der Gegend und enthalten gelegentlich Adern von Onyx. Die Hauptablagerungen liegen aber in den Schluchten und Thälern. Die Böden beider sind nämlich bedeckt mit abwechselnden Schichten von Travertin und Conglomeraten in einer Gesammtmächtigkeit bis zu 7 m, und in diesen Schichten finden sich drei 0,3 bis 0,8 m mächtige Lager von Onyx concordant eingelagert. Die heutigen Flussläufe haben diese Schichten an vielen Stellen angeschnitten und so aufgeschlossen, dass sie durch Steinbrucharbeit abgebaut werden können. Eine noch vorhandene, Kalktuff absetzende und Gase entwickelnde Quelle, der sog. „Vulcan", weist darauf hin, dass der Travertin ein Erzeugniss früherer Quellenthätigkeit ist, und wahrscheinlich ist der Onyx auf ähnliche Weise entstanden. (Vergl. d. Z. 1893 S. 199 u. 221.) Das Mineral zeigt perlweisse, blassgrüne und rosarothe Färbungen und ist oft noch von einem Netzwerk von rosenrothen Aederchen durchsetzt. Es ist durchscheinend und politurfähig und frei von opaken eisenreichen Theilen, welche den Onyx aus Arizona so sehr in seinem Ansehen schädigen, sowie auch von anderen Verunreinigungen und Einschlüssen. Da die Gegend wasserarm und öde, ist der Abbau etwas kostspielig. Das Mineral wird in Gestalt von Blöcken nach San Carlos gefahren, von da zu Schiff nach San Diego in Californien und gelangt von hier aus durch die Eisenbahn weiter und in den Handel. Es findet zu decorativen Zwecken verschiedener Art Verwendung.

*A. Schmidt.*

**Das Erdbeben in San Juan, Arg.** Im Anschluss an die S. 137 d. Z. verzeichneten Mittheilungen von W. Bodenbender über das am 27. Oktober v. J. stattgefundene starke Erdbeben von San Juan in der Argentina entnehmen wir dem umfangreichen, hochinteressanten officiellen Bericht des genannten Professors der Geologie an der Universität Córdoba, welcher von ihm unterm 16. April über die Ursachen und Wirkungen des Bebens erstattet worden ist, folgende Sätze:

In der in Rede stehenden Region östlich der Hauptcordillere finden sich in ostwestlicher Reihenfolge archäische Schiefer, silurische, devonische, carbonische, permische und triassische Schichten. Weiter westwärts treten, in der Hauptcordillere selbst, jurassische und cretacische Ablagerungen auf. Der Schichtenfolge entsprechend finden sich die älteren Ergussgesteine, wie Granit, Diorit u. s. w., hauptsächlich im O; dann folgen nach W hin Melaphyre, Diabase, Porphyrite u. dergl., bis zuletzt, in der Centralcordillere, Andesite, Trachyte, Basalte mit verwandten Lavamassen auftreten. Die jetzigen Durchbrüche beschränken sich auf das Gebiet der Centralcordillere, deren Bildung für eine sehr junge, vielleicht eine der jüngsten auf der Erde angesprochen werden muss und anscheinend noch nicht abgeschlossen ist. Zur Kreidezeit bestand die Hauptcordillere noch nicht; ihre Stelle nahm ein grosses Meer mit Inselreihen ein.

Unsere Erdbeben und Vulcane stehen in engster Verbindung mit unsern Kettengebirgen und mit den Senkungszonen, durch welche die letzteren begrenzt werden. Die Anden setzen ihre Aufwärtsbewegung (wenigstens stellenweise — C. O.) noch fort[1].

Der Ausgangspunkt des letzten Bebens liegt im Norden der Provinzen San Juan und La Rioja, wahrscheinlich in der Nähe des 26. Grades s. Br. und zwischen 67° und 69° w. L. in einem noch wenig erforschten Vulcangebiete. Die stärksten Erschütterungen traten in den meridional verlaufenden Zonen auf, die schon in früheren Zeiten abgesunken waren, und erreichten die grösste Heftigkeit in den der Hauptcordillere zunächst liegenden Reihen, nach O hin schwächer werdend. Die Fortpflanzungsgeschwindigkeiten nach O und W hin betrugen etwa 1—1,2 km für die Secunde. In den südlichen Theilen der Zonen, die vorwiegend aus neozoischen Absätzen bestehen, richteten die unterirdischen Bewegungen, zum Theil wohl in Folge grösseren Wasserreichthums des Bodens, grössere Verwüstungen an, als in den nördlichen mit älterem, felsigen Untergrund. Es war ein tektonisches Beben, das als eine Fortsetzung der Vorgänge früherer Zeiten zu betrachten ist.

Solche Darlegungen eines deutschen Geologen, der als Staatsbeamter bereits Jahre lang jene Gegenden bewohnt und studirt, wiegen schwerer, als Reisebeobachtungen anderer. Sie reden für sich selbst und bedürfen keines Commentars.

*C. O.*

---

[1] Von Moquina aus konnte man, nach den Aussagen eines gebildeten Beobachters, über den Höhenzug von Talacastra vor dem Erdbeben nur einen weissen Punkt der Sierra Nevada von Olivares in der Hauptcordillere erblicken. Nach dem Beben sieht man von demselben Standpunkt aus ganz deutlich einen Theil des Rückens derselben Sierra Nevada von Olivares. Ist diese Beobachtung richtig, so müsste die Hauptcordillere gestiegen oder die östlich von ihr liegende Zone gesunken sein.

## Litteratur.

66. **Die Resultate der Untersuchung des Bergbau-Terrains in den hohen Tauern.** Herausgegeben vom k. k. Ackerbau-Ministerium. Wien. Aus der k. k. Hof- und Staatsdruckerei. 1895. 8°. Mit 17 Textfiguren und 1 geologisch-bergmännischen Karte in Folio i. M. 1:25000.

Seit 1889 wurden amtliche Neuaufnahmen aller noch eruirbaren Reste von alten Kauen, Pochern, Stollen, Halden und Gangausbissen ausgeführt, um über die Rentabilität der in unwirthlichen Höhen von 2000—2800 m liegenden Goldbergbaue der Tauern ein sicheres Urtheil abgeben zu können. Schon am 7. Mai 1892 hat Alois Pfeffer über seine erste Bergfahrt in den Goldtauern in der Oesterreichischen Zeitschrift für Berg- und Hüttenwesen unter Beilage einer detaillirten Karte berichtet. Die fortgesetzten Begehungen, an denen namentlich Professor Hofmann aus Pribram und Oberbergverwalter Anton Edler v. Posch aus Wien thätigen Antheil genommen haben, ermöglichten jetzt, ein Urtheil über die Aussichten einer Wiederaufnahme des Bergbaues abzugeben.

Es wurden untersucht in den hohen Tauern: A. auf der Kärntner Seite die Bergbaue 1. im Möllthale, 2. im kleinen Fleissthale, 3. im Gross-Zirknitzthal, 4. Waschgang im Klein-Zirknitzthal, 5. Sadnigthal in Grossfragant; B. auf der Salzburger Seite 1. die Goldbergbaue im Rauriser Thale, 2. die Baue im Siglitzthale, am Seekopf und Silberpfennig, 3. am Rathhausberg.

In dem Gneissschiefer-Terrain dieser Region wurden auch noch einzelne Gangausbisse aufgefunden, die im Quarz Pyrit, Arsenkies, Kupferkies nebst minimalen Spuren von Bleiglanz, Fahlerz und Zinkblende zeigten. Allein die Probe solcher Vorkommnisse ergab nur 0,0050 Proc. Au, 0,0382 Proc. Ag und 6,5 Proc. Cu, wodurch neuerdings die Metallarmuth der Tauergänge constatirt ist, wegen welcher in den letzten Decennien auch jene Goldbergbaue auflässig wurden, die sich, wenn auch mit Zubusse bis in unser Jahrhundert fortfristeten. Beispielsweise betrug für den Zeitraum 1659 bis 1836 der Ertrag des Goldbergbaues am hohen Goldberg bei Rauris 62 840 fl, hingegen die Zubusse 303 870 fl. (Vgl. d. Z. 1894 S. 367.)

Die reichen Erträgnisse der alpinen Goldbergbaue im Mittelalter waren wohl möglich, weil vor 300 Jahren an der Stätte der jetzigen Gletscher noch eisfreie Stellen waren und deshalb auch die Häuerarbeit billiger und ausgiebiger war; andrerseits war der Gehalt der Gänge nächst den Gangausbissen am reichsten. Jetzt deckt der Metallgehalt der noch zu erschürfenden Erze nicht den dritten Theil der Kosten des Ausschlages. Noch viel weniger würden durch die aufbereiteten Erze und deren Verhüttung die Zinsen bezahlt werden für ein neu zu investirendes Kapital, welches nöthig wäre, um mittelst Tiefbaustollen und Versuchsbauten die Abbauorte aus den unwirthlichen Horizonten in wirthliche tieferliegende Gegenden zu verlegen. Auch wären solche Tiefbaue nothwendig, um mit Sicherheit die Frage beantworten zu können, ob in der Teufe der Adel der Goldgänge noch aushält und eine neuerliche Belebung des einstigen Goldbergbaues gestattet. — Wie die vorliegende Publication hervorhebt, kann diese Frage vielleicht in nächster Zeit ohne besondere Geldopfer gelöst werden, wenn beim Baue der Tauernbahn die projectirten Tunnels, die entweder von Rauris oder von Gastein nach Sachsenburg führen sollen und in einer Meereshöhe von circa 1300 m 12 km lang die Tauern und also auch die Gänge vom Rathhausberg, Goldberg u. s. w. unterfahren, unter bergmännische Aufsicht und Erforschung gestellt werden. *S. A.*

67. **Jordan, W., Dr., Prof. a. d. Techn. Hochschule in Hannover:** Handbuch der Vermessungskunde. 2. Auflage. Zweiter Band: Feld- und Landmessung. Stuttgart 1894, J. B. Metzler. 754 S. und 56 S. Tabellenanhang. Pr. 20 M.

Die vierte Auflage gliedert sich wieder in drei Haupttheile: Ausgleichungsrechnung, Feld- und Landmessung, Erdmessung, je in einem Band behandelt; jedoch sind bei der vorliegenden Auflage im zweiten Band, da dieser früher vergriffen war als der erste und demgemäss früher erschien, auf 28 Seiten die Grundzüge der Ausgleichungsrechnung nach der Methode der kleinsten Quadrate nochmals vorausgeschickt, wodurch die zur einfachsten Land- und Feldmessung nöthigen Genauigkeitsbegriffe und Ausgleichungen unmittelbar an die Hand gegeben werden. (Der erste Band ist inzwischen gleichfalls in neuer Auflage erschienen.)

Von den Ursachen, welche die ausserordentliche Bedeutung und Verbreitung des Jordan'schen Werkes begründeten, führen wir insbesondere zu: exacte Fassung und gründliche Behandlung des Stoffes;

praktische Veranschaulichung von Theorien, Methoden und Berechnungen, insbesondere durch bis ins Detail durchgeführte Beispiele und Rechenschemata; namentlich letztere werden für den Rechner von Bedeutung, da sie ihn meist der Mühe der Ueberlegung für den Gang und Anordnung der Rechnung überheben;

stete Rücksichtnahme auf die staatlichen Verordnungen und Anforderungen hinsichtlich der Vermessungen;

eingehende Behandlung der Genauigkeitsuntersuchung und der Vertheilung der durch die unvermeidlichen Beobachtungsfehler entstandenen Widersprüche; durch die Bemühungen Jordans, dem die Ausgleichungsrechnung hinsichtlich theoretischer Untersuchungen wie praktischer Anleitung ausserordentlich viel verdankt, hat sich die Erkenntniss Bahn gebrochen, dass die Untersuchung der Genauigkeit einer ausgeführten Messung ebenso wichtig ist wie die Berechnung selbst.

Vermehrt wurde die neue Auflage durch eine grosse Reihe von Zusätzen, von welchen wir, als von allgemeinem Interesse, anführen solche hinsichtlich: Abschreitungen, Feldschreibtisch, Planimeter, Rechenmaschinen, Behandlung des Theodoliten im Felde, Rechenhilfsmittel und -Formulare; Signalisirung und Festlegungsmittel, Stadtvermessungen (insbes. Festlegungsmittel); Einrichtung der Coordinatenveröffentlichungen der Preuss. Landesaufnahme; Beschleunigung von Nivellements durch zweckmässige Einrichtung der Stative, Geschwindigkeit derselben, Freihandnivellirinstrumente, besondere Nivellementsmethoden, Einsinken der Stative und Latten und Aenderung der Resultate hierdurch, die Nivellements der Preuss. Landesaufnahme; Rechenhilfsmittel für barometrische Höhenbestimmungen, Schrittreduction mittels Aneroidbeobachtungen; Distanzmessung ohne Latte, graphische und Rechenhilfsmittel für Tachymeteraufnahmen; Messbandzüge mit dem Stockkompass und freihändiger Höhenwinkelmessung, flüchtige Aufnahmen; Vorarbeiten für Eisenbahnbau etc; Flussaufnahmen.

Neu ist Kapitel XVII über Photogrammetrie, dieses wichtigste Hilfsmittel für topographische Aufnahmen bei möglichster Beschränkung von Personal, Zeit- und Kostenaufwand, besonders im Hochgebirge; ferner von allgemeinstem Interesse Kap. XVIII über die deutschen Landesvermessungen, in welchem wir u. a. eine Vergleichung älterer und neuerer Darstellung desselben Gebietes in Höhencurven finden. Eine sehr willkommene Zugabe bilden die geschichtlichen und litterarischen Anhänge, besonders zu den Kapiteln über Rechenhilfsmittel, Triangulirung, Nivellirung, trigonometrische und barometrische Höhenmessung, Distanzmessung, Messtischaufnahmen, Linienabsteckung und Photogrammetrie. Endlich haben die werthvollen Angaben über Statistik hinsichtlich Zeitaufwand u. a. Vorzüge der einzelnen Messungsmethoden gegeneinander beträchtliche Erweiterungen erfahren.

Der zweite Band schliesst wie früher mit einer Sammlung von Hilfstafeln, u. a. eine sehr wichtige Vergleichungstabelle der verschiedenen europäischen Längenmaasse. Ausgestattet ist derselbe mit etwa 500 Figuren, darunter ca. 150 Abbildungen von Instrumenten.                    *K.*

68. **Kreutz, Felix, Prof. Dr.:** Steinsalz und Fluorit, ihre Farbe, Fluorescenz und Phosphorescenz. Anzeiger d. Akad. d. Wissensch. in Krakau. 1895. April. S. 118—127.

Das Resultat der früheren Abhandlung des Verf. „Ueber die Ursache der Färbung des blauen Steinsalzes" (Abhandl. u. Anz. der Akad. 1892) erwähnten wir bereits d. Z. 1893 S. 410; jetzt hat derselbe, angeregt durch Goldstein's Entdeckungen und Erörterungen „Ueber die Einwirkung von Kathodenstrahlen auf einige Salze" (Sitzb. d. Akad. d. Wissensch. in Berlin, Juli 1894 und in Wiedemann's Ann. 1895 Heft 2), seine Versuche wiederholt und ausgedehnt. Sie führten zur Erkennung weiterer bis jetzt am Steinsalz noch nicht beobachteter Eigenschaften. Am wahrscheinlichsten erscheint dem Verf. die Annahme, dass eine phosphorsaure Eisenverbindung das Steinsalz sowie den Fluorit blau färbe.

69. **Küntzel, Markscheider, Charlottenhof:** Beiträge zur Identificirung der oberschlesischen Steinkohlenflötze. I. Das Umwandlungsgebiet des Gerhardflötzes. Z. d. Oberschles. Berg- u. Hüttenm. V. 34. April-Mai 1895. S. 12—16, m. 1 Situationsskizze u. 3 Blatt Profilen.

**70.** Matteucci, R. V.: Bussola - clinometro a sospensione cardanica da geologo. Atti R. Ist. d'Incorragg. Napoli (4.) VII. No. 6. 1894. S. 5, mit 1 Taf.

Dies neue Modell eines Geologencompasses gestattet, Fallen und Streichen zu gleicher Zeit zu bestimmen. Beim Gebrauch legt man die unten flache Hülse des Apparates auf die betreffende Schicht und klappt dann einen Bügel auf, der senkrecht zu der Unterlage steht. In diesem Bügel hängt der eigentliche Compass mittelst des cardanischen Ringes und wird sich also horizontal stellen. Ein fest mit ihm verbundener zweiter Bügel, der senkrecht zum ersten steht und eine Theilung trägt, gestattet das Ablesen des Fallwinkels. Der Compass eignet sich auch als Nivellationsinstrument und zur Distanzwinkelmessung; vergl. S. 269 dieses Heftes. (N. Jb. f. Min. etc. 1895. I.)

**71.** Miczynski, K.: O pochodzeniu i składzie chemicznym gleby w dolinie sadeckiej. (Ueber die geologische Abstammung und chemische Zusammensetzung des Ackerbodens im Dunajec-Thale bei Sandez, Galizien.) Berichte der physiographischen Commission der Akademie der Wissenschaften in Krakau. II. 2. S. 192 bis 215, m. 1 Tabelle u. 2 lith. Tafeln.

Nach einer kurzen Uebersicht der letzten Fortschritte der Pedologie giebt Verf. die von ihm benutzte Methode der Forschung an. Die Bodenproben wurden durch 3 m tiefe Bohrungen entnommen; bei jeder Bohrung wurde gleich das Bodenprofil festgestellt. Sodann folgt die Charakteristik der einzelnen Bodenarten nach ihrer geologischen Abstammung und nach ihrem Gehalt an den wichtigsten assimilierbaren Pflanzennährstoffen, sowie kurze Angabe der wildwachsenden Pflanzenarten, die jeder von diesen Bodenarten eigen sind.

Das betreffende Gebiet ist eine beckenförmige Erweiterung des Dunajec-Thales bei der Stadt Neu-Sandez. Die das Thal rings umgebenden Hügel des nördlichen Beskides bestehen aus Ablagerungen des unteren Oligocäns, der hier theils als Magòra-Sandstein, theils als „bunte Schiefer" zu Tage tritt. Die Thalsohle bilden quartäre Ablagerungen, wie Löss, Terrassenschotter, Terrassenlehm und jüngere alluviale Gebilde der Flüsse und Bäche.

Den verschiedenen geologischen Formationen entsprechen die Bodenarten, die sich durch besondere Eigenschaften unterscheiden lassen und deren allgemeine Verbreitung auf Karte I ersichtlich gemacht ist. Aus dem Magòra-Sandstein entsteht meistens ein sehr leichter sandiger gelber Lehm, der an den Hügelgipfeln mehr locker und sandig auf grobkörnigem Untergrunde liegt, an den Abhängen dagegen je tiefer desto feinkörniger wird und oft im Untergrunde dünne undurchlässige Schichten führt. Die chemische Zusammensetzung dieser Böden ist durch grosse Armuth an Kalk (0,095 Proc.) und Phosphorsäure (0,03 Proc.) gekennzeichnet. Der Kalk ist infolge der grossen Durchlässigkeit dieser Böden ausgelaugt und findet sich oft in den unteren Schichten in Form mergeliger Concretionen.

Die „bunten Schiefer" kommen hauptsächlich im nördlichen Theil des Gebietes zum Vorschein.

Die von denselben stammenden Bodenarten haben einen ganz anderen Charakter; es sind meistens sehr schwere Thonböden. Die chemische Zusammensetzung scheint günstiger zu sein, als die bei der vorigen Bodenart, besonders in Bezug auf Kali- und Phosphorsäuregehalt. Das bringt jedoch den darauf gebauten Pflanzen wenig Nutzen, wegen der grossen Bündigkeit und Undurchlässigkeit des Ober- und Untergrundes.

Die quartären Ablagerungen nehmen den grössten Theil des Beckens ein. Der diluviale Terrassenlehm bildet einen sehr guten Ackerboden. Es ist dies ein mässig sandiger, milder Lehm mit durchlässigem Untergrunde. Die Mächtigkeit dieses Lehmes ist verschieden; in der Nähe der südlichen Hügel ziemlich gross, vermindert sie sich infolge der Denudation gegen den Fluss zu immer mehr, so dass der darunter liegende diluviale Schotter immer näher an die Oberfläche kommt und einen sehr durchlässigen Untergrund bildet. Die aus diesem Lehm gebildete Bodenart zeigt einen hohen Gehalt an Humus und Stickstoff, dagegen wenig Phosphorsäure und äusserst wenig Kalk. Die Stickstoffansammlung kommt von der langjährigen, reichen Düngung mit Stallmist und Stadtfäcalien. Die jüngsten Ablagerungen des Dunajec und der ihm zuströmenden Bäche treten theils als lehmiger Sand, viel öfter jedoch als loser Sand und Kies zu Tage.

Zum Schluss ist eine kurze Schilderung der landwirthschaftlichen Verhältnisse beigegeben, besonders berücksichtigt ist dabei das Dorf Zulabincze bei Neu-Sandez, das sich durch Vorhandensein von verschiedenen Bodenarten beisammen auf kleinem Gebiet auszeichnet, wie aus der beigehefteten speciellen geologischen Karte II ersichtlich ist.

**72.** Neumayr, Melchior, Prof. Dr.: Erdgeschichte. Zweite Auflage, neu bearbeitet von Prof. Dr. Victor Uhlig. Erster Band: Allgemeine Geologie 693 S. mit 278 Abbildungen im Text, 12 Farbendruck- und 6 Holzschnitt-Tafeln sowie 2 Karten. Leipzig und Wien. Bibliographisches Institut. 1895. Pr. geb. 16 M.

Die vorliegende erste Band der zweiten Auflage des populären Werkes, das zu dem grossen populär-wissenschaftlichen Sammelwerk: „Allgemeine Naturkunde" gehört, hat tief einschneidende Aenderungen erfahren, hervorgerufen durch die ausserordentlichen Vermehrungen der geologischen Beobachtungen in fast allen Ländern der Erde, welche in vielen selbst grundlegenden Anschauungen eine Wandlung vollzogen haben. Prof. Uhlig, ein Schüler Neumayr's, hat zwar pietätvoll die Eigenart des Werkes erhalten, gleichwohl aber den wissenschaftlichen Wandlungen in den Anschauungen durchaus Rechnung getragen und demgemäss viele Fragen auf neuer Grundlage besprochen. Namentlich hat der Abschnitt über Gebirgsbildung eine bedeutende Umgestaltung erfahren, bedingt durch das Erscheinen von E. Suess' „Antlitz der Erde" und den sich an dieses Werk anschliessenden Arbeiten.

Der Inhalt des 1. Bandes gliedert sich in die physikalische und dynamische Geologie und die Gesteinsbildung. Die Erde im Weltraume, die physische Beschaffenheit der Erde; Vulcane, Erdbeben, Gebirgsbildung, Wirkung von Wasser und Luft; Schichtgesteine, Massengesteine und krystallinische Schiefer sind in populär-wissenschaftlicher Weise zur Darstellung gelangt. Der Neubearbeiter hat es verstanden, selbst die schwierigsten Materien klar und anschaulich darzustellen, so dass jeder Gebildete aus diesen fesselnden Darlegungen bleibenden Gewinn zu ziehen vermag. Der illustrative Theil, unter dem besonders die meisterlich ausgeführten Vollbilder in Buntdruck auffallen, ergänzt den Text in willkommenster Weise. Das beliebte Werk hat einen Verjüngungsprocess durchgemacht, der seinen Werth wiederum auf eine Reihe von Jahren sichert und ihm die Anerkennung aller Anhänger wissenschaftlicher Erkenntniss erwerben muss.

**73.** Risler, E.: Géologie agricole. Nancy, 1884 bis 1895. 3 Bände, mit Tafeln. Pr. 19,50 M. (Supplement: Carte géologique et statistique des gisements de phosphates de chaux exploités en France. 1889. Pr. 2,50 M.).

**74.** Tschernyscheff, Th. N., (in St. Petersburg): Ueber die Ramjejew'sche Goldlagerstätte im Orskischen Kreise. Verh. d. kais. russ. mineral. Ges., Ser. II, 29, 1892. S. 225—226.

A. Karnojitzky referirt hierüber in Groth's Zeitschr. für Krystallogr. folgendermaassen: Ein Diabasporphyrit, dessen Grundmasse und porphyrartige, stark zersetzte Plagioklas- und Augitausscheidungen beträchtliche Mengen secundären Chlorits und Calcits enthalten, und ein ähnlich zusammengesetzter Tuff zeigen reiche Ausscheidungen von Gold in Spalten und Rissen der Gangart, während seine kleinsten Theilchen in der Masse der letzteren zerstreut sind. Nach Th. Tschernyscheff's Betrachtungen sind hier (wie es auch bei den Diallag- und Gabbrogesteinen der Fall ist) das Integriren und Individualisiren des Goldes mit der Metamorphosirung des primären Bisilicats und mit seiner Umwandlung in die $H_2O$-haltigen Verbindungen verbunden, wie es vom Verf. früher für die Goldlagerstätten des südlichen Urals nachgewiesen worden war (Mém. du Comité géol. d. l. Russie, 3, No. 4, S. 306—309).

**75.** Traverso, Stef.: Geologia dell' Ossola. Genova 1895. 275 S. m. 12 Taf.

**76.** Villars, M. E. de: Statistique générale des richesses minérales et métallurgiques de la France et des principaux états de l'Europe. Consistance des principales mines et usines. Paris, Dunod & Vicq. 1895. 251 S. 4⁰. Pr. geb. 16 M.

Eine umfassende, gross angelegte und zum Theil bis auf die einzelnen Werke hinabgehende Montanstatistik, die jedoch nur für Frankreich, daneben für Belgien, auch wohl für Russland, vollständig und zuverlässig ist. Deutschland kommt verhältnissmässig kurz weg. Weiter sind Grossbritannien, Schweden und Norwegen, Oesterreich-Ungarn, Italien, Spanien berücksichtigt. Es werden meist nur die Zahlen für das Jahr 1892 gegeben, zuweilen daneben auch diejenigen für 1891 oder für 1893; vielfach ist der Raum zu nach-

träglichen Eintragungen für 1893 leer gelassen. Die Tabellen geben nur Production und Arbeiterzahl, keine Werthe an.

---

# Notizen.

**Deutschlands Bergwerksproduction.** Ueber die Production der Bergwerke, Salinen und Hütten im Deutschen Reich und in Luxemburg während der Jahre 1894 und 1893 enthält das letzte der vom kaiserl. Statist. Amt herausgegebenen „Vierteljahreshefte zur Statistik des Deutschen Reichs" folgende vorläufige Angaben (in Tonnen zu 1000 kg):

| | 1894 | 1893 | Zunahme (+) oder Abnahme (—) von 1893 auf 1894 i. Proc. |
|---|---|---|---|
| **I. Bergwerksproducte.** | | | |
| Steinkohlen | 76 772 659 | 73 852 330 | + 4,0 |
| Braunkohlen | 22 108 446 | 21 573 828 | + 2,5 |
| Asphalt | 55 981 | 47 238 | + 18,5 |
| Erdöl[1] | 17 232 | 13 974 | + 23,3 |
| Steinsalz | 735 490 | 669 043 | + 9,9 |
| Kainit | 727 234 | 646 755 | + 12,4 |
| Andere Kalisalze | 916 339 | 879 477 | + 4,2 |
| Eisenerze | 12 392 065 | 11 445 840 | + 8,3 |
| Zinkerze | 728 616 | 787 910 | — 7,5 |
| Bleierze | 162 675 | 168 413 | — 3,4 |
| Kupfererze | 588 195 | 584 950 | + 0,6 |
| Silber- u. Golderze | 19 080 | 18 778 | + 1,6 |
| Schwefelkies | 134 787 | 121 329 | + 11,1 |
| **II. Salze aus wässeriger Lösung.** | | | |
| Kochsalz | 522 590 | 504 523 | + 3,6 |
| Chlorkalium | 149 755 | 137 216 | + 9,2 |
| Glaubersalz | 66 309 | 71 696 | — 7,5 |
| **III. Hüttenproducte.** | | | |
| Roheisen | 5 380 039 | 4 986 003 | + 7,9 |
| darunter: Masseln zur Giesserei | 840 094 | 739 737 | + 13,6 |
| Masseln zur Flusseisenber. | 3 160 848 | 2 831 635 | + 11,6 |
| Masseln zur Schweisseisenbereitung | 1 384 560 | 1 370 199 | — 2,6 |
| Gusswaaren erst. Schmelzung | 34 553 | 34 697 | — 0,4 |
| Bruch- und Wascheisen | 9 984 | 9 635 | + 3,6 |
| Zink[2] | 143 577 | 142 956 | + 0,4 |
| Blei[2] | 100 758 | 94 659 | + 6,4 |
| Kupfer[2] | 25 722 | 24 011 | + 7,1 |
| Silber (Kilogr.)[3] | 444 213 | 449 333 | — 1,1 |
| Gold ( - )[3] | 4 133 | 3 074 | + 34,5 |
| Schwefelsäure und rauchendes Vitriolöl (Tonnen) | 503 621 | 478 193 | + 5,3 |
| **IV. Verarbeitetes Roheisen.** | | | |
| Gusseisen 2. Schmelzung | 1 090 694 | 1 018 035 | + 7,1 |

[1] Vergl. d. Z. 1895 S. 107.
[2] Vergl. d. Z. 1894 S. 478.
[3] Vergl. d. Z. 1894 S. 476 u. 477.

| | 1894 | 1893 | Zunahme (+) oder Abnahme (—) von 1893 auf 1894 i. Proc. |
|---|---|---|---|
| Schweisseisen und Schweissstahl . | 1 116 293 | 1 136 848 | — 1,8 |
| Flusseisen und Flussstahl . . . | 3 617 210 | 3 159 652 | + 14,5 |

Hiernach hat die Gewinnung der wichtigsten Bergwerkserzeugnisse der Menge nach gegen das Vorjahr meist zugenommen; auch die Gewinnung der Salze und die Eisenproduction ist wesentlich gestiegen. Anders verhält es sich allerdings mit dem Werth der Production, der bei den meisten Erzeugnissen zurückgegangen ist. Der Werth der Steinkohlen betrug allerdings 509,2 Millionen Mark gegen 498,4 Millionen im Jahre 1893, 527 Millionen im Jahre 1892 und 589,5 Millionen im Jahre 1891. Berechnet man hieraus den Tonnenwerth, so ergiebt sich als Durchschnittswerth der Tonne 6,63 Mk. gegen 6,75 Mk. im Vorjahr. Der Werth der Braunkohlen wird auf 53,1 gegen 55,0 Millionen angegeben, der der Eisenerze auf 42,2 gegen 39,8 Millionen, der der Zinkerze auf 10,3 gegen 14,3, der Bleierze auf 12,1 gegen 14,1 und der Kupfererze auf 16,2 gegen 18,1 Millionen Mk. Der Werth des gewonnenen Kochsalzes betrug 14,3 gegen 14,0, der des Chlorkaliums 18,9 gegen 17,3 Millionen Mk. Die gesammte Roheisenproduction hatte einen Werth von 231,6 Millionen Mk. gegen 216,3 Millionen, woraus sich ein Tonnendurchschnittswerth von 43,04 gegen 43,39 Mk. ergiebt. Der Werth der Zinkproduction beträgt 41,8 gegen 47,3 Millionen, der der Bleiproduction 19,0 gegen 18,4, der Kupferproduction 21,9 gegen 23,4 Millionen Mk. Erheblich gesunken ist der Werth der Silbergewinnung[2]), der 38,6 gegen 47,1 Millionen Mk. beträgt, wogegen der der Goldproduction von 8,6 auf 11,5 Millionen Mk. gestiegen ist.

Ueber die **Nutzbarmachung der nordwestdeutschen Moore** sprach, wie wir dem „Globus" entnehmen, der Director der Moorversuchsstation zu Bremen, Dr. B. Tacke, auf dem elften deutschen Geographentag. Er unterschied zwischen 1. Niederungsmooren, entstanden aus Ueberresten von Gräsern und Sumpfwiesenpflanzen, 2. Hochmooren, gebildet aus Torfmoosen, Wollgräsern und Heidekräutern, 3. Uebergangsmooren, d. h. Vermittelungsformen zwischen diesen beiden Arten.

Da die Niederungsmoore an werthvollen Pflanzennährstoffen, besonders an Stickstoff reich sind, so gewähren sie bei genügender Entwässerung einen vorzüglichen Ackerboden; doch ihre Gefahr sind die Fröste. Man mildert diese Gefahr durch die sogen. Moordamm- oder Sanddeckcultur, die darin besteht, dass man das Moor mit einer Schicht Sand von bestimmter Dicke beschüttet. Hierin haften die Pflanzen und senken ihre Wurzeln bis zu dem nun vor Frostgefahr besser geschützten Untergrund hinab.

Die Hochmoore dagegen sind arm an Kalk und Stickstoff. Sie verlangen, um ertragsfähig zu werden, sorgfältige Düngung; sie sind also schon von vornherein weniger günstig gestellt. Hinzu kommt, dass ihre grosse Ausdehnung und die dadurch veranlasste beschränkte Zugänglichkeit die Bewirthschaftung sehr erschwert. Die gewaltigen Flächen dieser Hochmoore sind zusammenhängende poröse und wasserdurchsetzte Torfmoorpolster, entstanden aus den absterbenden Pflanzenschichten, die sich Generation auf Generation übereinanderlegen und so nach oben wachsen. Die inneren Theile ragen deshalb oft convex über die Umgebung hervor; der Redner war geneigt, hiervon den Namen Hochmoor abzuleiten. Das Ganze gleicht sozusagen einem ungeheuren wassergefüllten Schwamme. Am Rande der Moore nun, oder wo eine künstliche Entwässerung eingetreten ist, entsteht ein dichter Heidegraswuchs, der im Stande ist, allmälich eine nahrhafte Humusschicht zu erzeugen. Allein ihre Nährstoffe haben nicht ohne Weiteres für die Ackerpflanzen brauchbare Form. Ein primitives Verfahren, sie zweckmässig umzuwandeln, ist das bekannte Moorbrennen, das die lästige Erscheinung des Heer- oder Höhenrauches erzeugt. Freilich muss dieses zu Asche Brennen der dünnen Humusschicht als ein Raubbau schlimmster Art bezeichnet werden, da die Ackerkrume dadurch mehr und mehr vernichtet wird; die unterliegenden Moorschichten entziehen sich dem Brennen, und so muss nach wenigen Jahren eines unsicheren Ertrages, bei dem der empfindliche Buchweizen die Hauptfrucht ist, eine langjährige Brache eintreten, damit sich erst wieder eine neue Humusschicht bildet. Man kann diese Cultur nicht einfach durchweg verbieten, da sie für manche arme Colonien bei ihrer Billigkeit zunächst die einzig mögliche Form des Erwerbes ist, doch strebt man ihre Beseitigung an. Weit rationeller ist die Veen- oder Sandmischcultur. Diese hat in Holland ausserordentliche Erfolge erzielt, wird aber auch bei uns schon in ausgedehntem Maasse angewendet. Sie besteht darin, dass man die oberste Vegetationsschicht abhebt, darauf die darunter liegende vertorfte Schicht aussticht und dann die obere Schicht auf den sandigen Untergrund bringt und mit diesem zu fruchtbarer Ackerkrume vermischt. Der ausgehobene Torf wird getrocknet und als Brennmaterial verwerthet. Vorbedingung für die Möglichkeit von Veencultur ist, dass zunächst Wege, am besten Canäle, geschaffen werden, die das Innere dem Verkehr erschliessen und eine lohnende Verwerthung des gewonnenen Torfes gestatten. Nach diesen Gesichtspunkten ist in der zweiten Hälfte des vorigen und im ersten Drittel dieses Jahrhunderts im Gebiete der ehemaligen Bisthümer Bremen und Verden von Staatswegen ein grossartiges Besiedelungswerk mit etwa 80 Moorcolonien, meist aus kleinen Betrieben von 10 bis 12 ha zusammengesetzt, entstanden. Seitdem sind dann durch Zusammenwirken der preussischen und bremischen Regierung noch weitere Verbesserungen der Hochmoorcultur durch Kunstdüngungsverfahren, durch Einführung neuer Fruchtarten u. a. erreicht worden. Die praktische Feststellung, ob die jedesmaligen Maassnahmen ertragsfähig sind, wird auf verschiedenen staatlichen Moorversuchsstationen ausgeführt.

Ueber **Marmorbrüche in Norwegen** (vergl. d. Z. 1894 S. 115 und 1895 S. 87) geht der Vossischen Zeitung unterm 15. Juni aus Kristiania folgende Mittheilung zu:

In Norwegen hat sich seit einigen Jahren eine umfangreiche Marmorindustrie entwickelt, von der gerade jetzt viel die Rede ist, weil die Marmorbrüche an eine dänische Gesellschaft verkauft worden sind. Dies hat zu einer Interpellation im Storthing Veranlassung gegeben, denn man möchte verhindern, dass die Marmorlager in ausländische Hände übergehen.

Lange Jahre lagen diese Schätze unbenutzt da und bildeten nur ein Studienfeld der Geologen. Marmor findet sich in Norwegen in ungeheuren Massen, wesentlich im Amte Nordland, dann auch beim Drontheimfjord, im Amte Bergen u. s. w. Nach dem Gutachten der Professoren Brögger und Vogt wird der norwegische Marmor weder an Qualität noch an Quantität von irgend einem Marmorlager in Europa übertroffen. Als Baumaterial zeichnet sich der Marmor durch Festigkeit und Widerstandsfähigkeit gegen Witterungseinflüsse aus, und zudem kommt er in allen möglichen Arten vor, blendend weisser, gelber, rother, blauer, grauer bis zum ganzen schwarzen. Ebenso beispiellos ist die Ausdehnung der Marmorlager, denn eins von diesen hat eine Länge von 15 km bei einer Breite von 1 km, und ein Ingenieur, der dies Lager untersucht hat, bezeichnet es als unerschöpflich. Mehrere andere Marmorfelder haben gleichfalls einen Umfang von mehreren Kilometern.

Die meisten Marmorlager liegen in der Nähe der Küste, so dass Betrieb wie Verfrachtung keine Schwierigkeiten bieten. In Carrara werden jährlich etwa 170 000 t Marmor im Werthe von 20 Millionen Mark gewonnen und über 8000 Menschen beschäftigt. Von diesem Marmor ist nur ein verschwindender Theil zu Bildhauerzwecken brauchbar, während sich der norwegische Marmor dazu verhältnissmässig gut eignet. Man hat berechnet, dass er für 80 Kronen (ungefähr 90 Mark) für den Kubikmeter gefördert werden kann, wogegen der carrarische mit 300—500 Fr. bezahlt wird. Es liegt somit auf der Hand, dass der Marmorbetrieb sich zu einem der grössten Industriezweige Norwegens entwickeln kann.

Die wichtigsten Marmorlager in Norwegen, etwa 200, sind auf einen Besitzer vereint, der die gesammten grossen Marmorbrüche einer dänischen Actiengesellschaft verkauft hat, welche die Absicht hegt, im Kopenhagener Freihafengebiet eine Fabrik zur Veredelung der rohen Marmorblöcke zu errichten. Im Besitz der grossen Marmorbrüche würde jede weitere Concurrenz in Norwegen unmöglich machen, und deshalb sucht man die Regierung zu veranlassen, auf Grund einschlägiger Gesetzesbestimmungen den Uebergang der norwegischen Marmorlager an Ausländer zu verhindern. Die Angelegenheit wird das Storthing noch weiter beschäftigen.

Ueber **Insekten der Steinkohlenzeit** berichtete Dr. G. Brandes in Halle in der Sitzung des naturw. Vereins am 10. Januar:

Ein ungeheuer reicher und wichtiger Fund ist in den Steinkohlenschichten von Commentry gemacht. Charles Brongniart (Compt. rend. der Pariser Akademie, 21. Mai 1894) beschreibt

von dort 137 Insektenarten, von denen 102 neu sind. Sie vertheilen sich auf die Ordnungen der Neuropteren, Orthopteren, Homopteren und Thysanuren und auf 62 — darunter 46 neue — Gattungen. Die von Blumennahrung lebenden Familien fehlen, wie ja auch die „Blumen" s. s. in dieser Periode noch nicht nachgewiesen sind. Interessant ist die Gösse der vorgefundenen Libellen, die eine Flügelspannweite bis zu 70 cm aufweisen. Das wichtigste Ergebniss sind aber die anatomischen Abweichungen, da sie uns wieder einmal einen kleinen Blick in das Schaffen der Natur thun lassen und eine hypothetisch längst verbreitete Ansicht bestätigen. Die Segmentirung des Körpers, die heutzutage bei dem ausgebildeten Insekt nur an dem Hinterkörper vorhanden ist, erstreckt sich nämlich bei vielen der gefundenen Formen auch auf den Mittelleib, dessen drei Ringe aber entsprechend den drei Fusspaaren auch je ein Flügelpaar tragen, wie wir es sonst nur noch bei Termitenlarven kennen. Man darf mit Recht auf die ausführliche, von Abbildungen begleitete Abhandlung über diesen Gegenstand gespannt sein.

**Diamantgruben in Nordwest-Borneo.** (Jaarboek van het Mijnwezen in Nederlandsch Oost-Indië. Uitgegeven op last van den Minister van Koloniën. Amsterdam 1894. S. 94—130.)

In den Alluvionen längs des Flusses Landak und seiner einmündenden Bäche wird aus dem geförderten Geschiebesand ausser etwas Gold auch eine geringe Menge von Diamanten gewaschen. Die Gruben liegen bei Singgang, Monggo, Moeara Behe, Sikip, Engkankin, Riam Melanggar und sind höchstens 4 m tief und wie Duckelbaue angelegt. Die ausgebeuteten Alluvionen bestehen aus Quarzsand und sind im Maximum bis 2 m dick, aber mit der Mächtigkeit der Lager nimmt nicht etwa auch der Reichthum an Diamanten zu. Diese letzteren sind meist klein, selten 2 Karat schwer, licht gelblich gefärbt und vom zweiten Wasser, doch immer deutlich krystallisirt; Oktaëder, Dodekaëder, Tetrakontaoktaëder wurden beobachtet. Die primäre Lagerstätte ist noch unbekannt, sie müsste an den Quellen des Landak gesucht werden, allein die dortige Gegend ist noch nicht geologisch und mineralogisch durchforscht.

Die in der Nähe der Diamantfelder auftretenden Felsarten sind von D. frei. Die Geschiebemassen liegen längs des Landak direct auf gelbbraunem Sandstein. Bei den häufigen Wasserfällen ist durch Erosion der Granit blossgelegt, auf welchen dann Basalt folgt. Dieser ist älter als die diamantführende Drift, welche ersteren gelegentlich bedeckt. Die holländischen Bergingenieure betrachten weder Granit noch Basalt als Muttergestein des Diamant, vermuthen vielmehr für die Diamantvorkommen von Südost-Borneo (s. d. Z. 1894 S. 239), dass die krystallinischen Schiefer nächst Riam Kiva und Riam Kanan als Muttergestein für D. betrachtet werden können. In der Nähe dieser letztgenannten Gruben ist auch die Diamantschleiferei zu Marta poera. S. A.

**Salpeterlager bei Prieska in Süd-Afrika.** (Marloth. Eng. Min. Journ. 59. 1895 S. 87). Der Ort Prieska liegt im Kapland am mittleren

Orange Fluss, etwas nördlich von den Doornbergen. Das Hauptgestein der Gegend sind die Kimberley-Schiefer der oberen Karoo-Formation, von doleritischen Gängen durchzogen. Das Vorkommen des Kaliumsalpeters hat aber mit der geologischen Formation nichts zu thun. Der Salpeter findet sich im Gebirge unter vorspringenden Felsen und in Höhlen, wo er theils dicke Ueberzüge über den Felswänden bildet, theils zahlreiche Spalten erfüllt. Von diesen ursprünglichen Fundorten wurde er theilweise in die angrenzende Ebene hinabgespült, wo er den Boden imprägnirt hat. Der Salpeter ist ein Fäulnissproduct von Anhäufungen von Excrementen der dort zahlreich hausenden Kaninchen. Das warme, trockene Klima mit nur zeitweise auftretenden Regen ist der Salpeterbildung sehr günstig, und der Bildungsvorgang lässt sich an Ort und Stelle genau durch alle Zwischenstadien verfolgen. Das gebildete Salz wird in der Regel aus den faulenden Stoffen durch Wasser ausgelaugt und an tieferen Stellen in gereinigtem Zustande, oft aber auch mit Kalksinter vermengt, wieder abgesetzt. In ähnlicher Weise bildet sich in manchen Gegenden Indiens und auf Ceylon Kaliumsalpeter aus Excrementen von Fledermäusen fortdauernd und wird von Zeit zu Zeit aus den betreffenden Hohlräumen entfernt und verwerthet. Die afrikanischen Lagerstätten lassen ebenfalls einen lohnenden Abbau erhoffen.
*A. S.*

### Golden Cross Goldlagerstätte in San Diego County, Californien. (Eng. Min. Journ. 59. 1895 S. 84.)

Das Hauptgestein ist Hornblendeschiefer mit Gängen und Butzen von Pegmatit. Das Gold findet sich aber nur in solchen Bänken, welche in Epidot und chloritische Substanzen verwandelt und stark mit Quarz imprägnirt sind. Der Epidot und der gelegentlich damit zusammenvorkommende derbe Granat sind oft besonders reich an Gold. Der Feldspath des ursprünglichen Gesteins ist in diesen veränderten Bänken grösstentheils verschwunden. Dieselben besitzen Mächtigkeiten von 4 bis 20 m und sind von Spalten durchsetzt, welche Verwerfungen von 5 m und mehr bewirkt haben. Die Goldzufuhr scheint hier in Zusammenhang mit der Gesteinsmetamorphose zu stehen. *A. S.*

### Obsidian-Berg in San Salvador.

Wie Dr. C. Sapper im „Globus" 1895 Bd. 67 S. 306 mittheilt, hat er kürzlich im Departement Jutiapa (Guatemala) neben anderen bisher noch nicht bekannten Vulcanen einen Berg entdeckt, dessen Gipfelpartie fast ausschliesslich aus Obsidian besteht. Von diesem, aztekisch „Iztepequu" (d. h. Obsidianberg) genannten Berge mögen, wie Dr. Sapper vermuthet, die Indianer das Material für ihre Obsidianwaffen bezogen haben, welche in Chiapas, Guatemala und San Salvador so allgemein gebräuchlich waren, während in Yucatan und bereits im Peten Feuersteinwaffen (Lanzen- und Pfeilspitzen) herrschten.

### Alaska.

Eine Erforschung der Gold- und Kohlenlager von Alaska ordnete, wie bereits S. 264 kurz mitgetheilt wurde, der amerikanische Congress an und bewilligte dafür 5000 Dollars. Dr. P. F. Becker, der bekannte Goldexpert, wird die Untersuchung leiten, der Paläontolog Dr. Wm. H. Dall, der mit der Geographie und allgemeinen Geologie dieser Gegend sehr vertraut ist, und ein geologischer Assistent werden ihn begleiten. Die Expedition sollte Washington am 15. Mai verlassen und je einen Monat in den drei verschiedenen Districten der Küste von Alaska zubringen. Bei Sitka, wo das Vorkommen von Gold und Kohle bereits bekannt ist, soll die Untersuchung beginnen. Das amerikanische Kriegsschiff „Pinta" steht der Expedition für ihre Reisen in den zahlreichen Inlets und Buchten dieses Gebietes zur Verfügung. Von Sitka aus soll die Expedition dann zunächst nach Kadiak Island und Cooks Inlet, und von da nach Shumagin gebracht werden. Die letztgenannte Insel besitzt auch grosses Interesse durch die dort gefundenen fossilen Reste und einen thätigen Vulcan. Die Auffindung brauchbarer Kohle in Alaska wäre besonders für die nordamerikanische Marine von grosser Bedeutung.

---

## Vereins- u. Personennachrichten.

### Deutsche geologische Gesellschaft. Berlin.
*Sitzung vom 12. Juni 1895.*

Dr. Kosmann: Ueber den Rückstand in röthlichem jüngeren Steinsalz aus dem 600 m tiefen Bohrloch von Wehmingen, 12 km südöstlich von Hannover. Derselbe beträgt etwa 0,3 Proc. und besteht aus Eisenoxyd (amorph, nicht krystallisirt wie im Carnallit), Gips, Thon, Kieselsäure in Form von an beiden Enden auskrystallisirten kleinen Bergkrystallen und Glimmerblättchen.

Dr. Potonié: Ueber die Gabelungen der fossilen Farnwedel.

Prof. Dr. Scheibe: Ueber einen Erzgang im Gabbro des Radauthals bei Harzburg. Dieser ist durch die bekannten Steinbrüche blossgelegt und zeigt zwischen deutlichen Salbändern ein 15 cm mächtiges Gangmittel, aus vorwiegend Kalkspath mit Arsenikkies, Fe As, daneben Kupferkies und Zinkblende, bestehend. Co ist mit 4,13, Ni mit 0,20 Proc., Bi und Sb in Spuren nachgewiesen.

*Hauptversammlung in Coburg.*

Die 41. allgemeine Versammlung wird vom 12.—14. August d. J. in Coburg stattfinden; vergl. d. Z. 1894 S. 264. Vom 9.—11. August finden Excursionen von Coburg aus statt, am 15. August soll von Eisfeld aus eine fünftägige Excursion in den Thüringer Wald angetreten werden. Das nähere Programm nebst einer Zusammenstellung der geol. Litteratur für die Excursionsgebiete (78 Titel) ist von dem Geschäftsführer, Herrn Dr. H. Loretz in Berlin N., Invalidenstr. 44, zu beziehen. Im Voraus sei auf das sehr vollständige, ganz Thüringen umfassende Litteraturverzeichniss hingewiesen, mit dessen Ausarbeitung für die Abhandlungen der Kgl. Preuss. geol. Landesanstalt Herr Dr. E. Zimmermann gegenwärtig beschäftigt ist·

## Internationaler Verein für Höhlenforschung.

Ueber die Aufgaben und Aussichten eines solchen äussert sich Regierungsrath Franz Kraus in Wien in einem Aufsatz über „Die Felsengräber", besonders Asiens, in der Sonntagsbeilage No. 25 zur Vossischen Zeitung vom 23. Juni d. J. folgendermaassen:

„Eine Geographie der Höhlen giebt es nicht; sie würde zeigen, wie viel da noch nachzuholen und welches ungeheure unbearbeitete Material für künftige Forschungen noch vorhanden ist. In Europa wird dieses nach und nach wohl ausgearbeitet werden, denn die Wichtigkeit der Höhlenforschung für die verwandten Disciplinen beginnt sich bereits Geltung zu verschaffen. Es muss darauf gedrungen werden, dass die Reisenden künftighin genaue Verzeichnungen der Lage der Höhlen aufschreiben und auch das Innere ausführlicher und sachgemässer beschreiben, als dies mit wenigen Ausnahmen bisher der Fall gewesen ist. Erst dann wird es möglich werden, die Verbreitungsbezirke gewisser Typen festzustellen und hieraus Schlüsse auf die Zeit der Errichtung oder Benutzung künstlicher Höhlen, sowie auf den Culturzustand, die Nationalität der Völker bauen zu können, die ihre Spuren in diesen Räumen zurückgelassen haben."

„Vereinzelten Bestrebungen wird es nie gelingen, eine auch nur annähernde Uebersicht dieses schier unerschöpflichen Materials zu Wege zu bringen. Ob es aber je gelingen wird, in dieser Beziehung eine Vereinigung zu Stande zu bringen, das ist nach den bisherigen Erfahrungen noch sehr fraglich. Die neue Société de Spéléologie in Paris (vergl. d. Z. 1894 S. 447 u. 448) wäre wohl geeignet, einen Mittelpunkt für die Höhlenforschung abzugeben; es muss aber noch abgewartet werden, ob ihr auch die Mittel zufliessen, um diese Aufgabe so erfüllen zu können, wie sie dem Zwecke entspricht. Vorläufig kann der Hauptzweck jeder solchen Vereinigung nur darin bestehen, Uebersichtskarten über das vorhandene Material und Nachweise über die bestehende Litteratur über bekannte Höhlen zu liefern, um diese ergänzen zu können und zugleich zu verhindern, dass man nicht mit der Wiederentdeckung bereits bekannter Dinge Zeit und Mühe verschwende, während anderswo Localitäten gar nicht erforscht werden, die weit lohnendere Ergebnisse hätten, wenn die verlorene Zeit ihnen gewidmet worden wäre. Dabei darf die Berichterstattung über neue Entdeckungen nicht vernachlässigt werden. An Gelegenheit zu solchen fehlt es nirgend, und zumal bei den Felsgräbern ist diese noch reichlich vorhanden, denn ihr Verbreitungsbezirk umfasst beinahe die ganze Erdoberfläche. Am reichsten mögen sie wohl in Indien vertreten sein, wo es ähnliche Felsenstädte giebt wie im Hauran, und ausserdem Tempel, Gräber-, Klosterhöhlen, untermischt mit zahlreichen natürlichen Höhlen, von deren Gesammtzahl man auch nicht annähernd eine Vorstellung hat."

„Auch in Amerika werden immer neue Cliffwohnungen und Grabhöhlen aufgefunden und selbst in Europa kennt man noch nicht alle vorhandenen, wofür der Umstand spricht, dass fortwährend neue Entdeckungen gemacht werden. Ueber einige Höhlen oder höhlenartige Räume spricht nur noch die Sage. Durch eine richtige Deutung der Sage kann man Fingerzeige über die muthmaassliche Lage vergessener Höhlen erhalten, und dies hat auch bereits zu einzelnen solchen Wiederentdeckungen geführt. Wer sich daher mit der Höhlenforschung eingehend beschäftigen will, der sollte nicht nur in der Geologie bewandert sein, sondern er müsste auch die alte Geschichte genau kennen, er sollte Archäolog, Anthropolog, Sagenforscher und weiss Gott, was noch alles sein. Das kann kein Einzelner mehr leisten, und darum ist es nöthig, dass die Specialisten, anstatt jeder für sich allein zu arbeiten, mit allen jenen zusammenwirken, die in ihrer Art unsere Kenntniss der Höhlenräume fördern können."

Die IX. Internationale Versammlung der Bohringenieure und Bohrtechniker (sowie die II. ordentliche Generalversammlung des „Vereins der Bohrtechniker") findet vom 26. bis 29. September in Halle statt. Anmeldungen, Programm und sonstige Auskünfte durch Herrn Bohrunternehmer Ingenieur Heinrich Thumann in Halle a. S., Merseburgerstr.

Fünfundzwanzig Jahre akademischer Lehrthätigkeit hat jetzt der Geheime Regierungsrath Dr. Albert Orth, Professor an der Universität und der landwirthschaftlichen Hochschule zurückgelegt.

Albert Orth, 1835 zu Lengefeld bei Korbach im Fürstenthum Waldeck geboren, studirte in Göttingen und Berlin zuerst Philologie und Philosophie, später aber Naturwissenschaften und insbesondere Geologie. Schliesslich wandte er sich der Landwirthschaft zu. Seine praktischen Erfahrungen darin erwarb er in dreijähriger Lehre in verschiedenen Gutswirthschaften. Von 1860 bis 1865 wirkte er als Oberlehrer an der landwirthschaftlichen Lehranstalt zu Beberbeck. Während der nächsten beiden Jahre war Orth wiederum praktisch thätig, diesmal in leitender Stellung auf den Gütern Lengefeld und Rhena. 1867 kehrte Orth zur wissenschaftlichen Arbeit zurück.

Als erste selbständige Schrift veröffentlichte er 1868 „Beiträge zur Bodenuntersuchung". Mit ihr eröffnete Orth eine für sein Fach grundlegende litterarische Thätigkeit. Die wissenschaftliche Arbeit Orth's ist von einem leitenden Gedanken durchdrungen: Orth hat ungleich thatkräftiger, als es vor ihm geschah, die engen Beziehungen zwischen Chemie, Geologie und Landwirthschaft betont. Früher beschränkte man sich im Wesentlichen darauf, die Oberkrume des Bodens oder seine geologischen Grundlagen in Betracht zu ziehen; man nahm auf die übrigen Bedingungen der Bodenfruchtbarkeit nur sehr wenig Rücksicht. Hierin schaffte Orth Wandel. Er zeigte, dass man, um zu richtiger Schätzung zu gelangen, auch die Untergrundverhältnisse, den Wasserstand, insgesammt die entwickelungsgeschichtlichen Processe, die der Boden durchmacht, genau beachten muss. Orth vertiefte wesentlich das Studium des Bodens. Er nützte damit zugleich der allgemeinen Biologie, indem er die Abhängigkeit der Fauna und Flora nicht nur von den oberen, sondern auch von den tieferen Bodenschichten verständlich machte. Die Bedeutung seiner neuen Auffassung in der Bodenkunde erbärtete Orth praktisch seinen Fachgenossen gegenüber in einer Reihe von Studien, die umgrenzte Bezirke im Sinne der neuen Lehre behandeln. Trotz des genauen Eingehens in Einzelheiten ist Orth aber immer und zwar mit Erfolg bemüht, die allgemeinen leitenden Gedanken ganz zur Anschauung zu bringen. Die einzelne Beschreibung ist bis zu einem gewissen Grade ein Beispiel, durch das die allgemeine Geltung der von ihm betonten Erscheinungen gleichsam bewiesen werden soll. — In diesem Sinne sind von Orth's Schriften vornehmlich die folgenden gehalten: „Die geologischen Verhältnisse des niederdeutschen Schwemmlandes" (1870), „Geognostische Durchforschung des schlesischen Schwemmlandes zwischen dem Zobtener und dem Trebuitzer Gebirge" (1872), „Die geognostisch-agronomische Kartirung mit besonderer Berücksichtigung der geologischen Verhältnisse Norddeutschlands, erläutert an der Aufnahme des Rittergutes Friedrichsfelde" (1875). Von anderen Schriften Orth's sind noch seine Karte von Rüdersdorf (1877), die er zu der geologischen Aufnahme Preussens beisteuerte, „Die geognostisch-agronomische Kartirung" (1878), die „Wandtafeln zur Bodenkunde" und die Beschreibung des Wurzelberbariums der landwirthschaftlichen Hochschule hervorzuheben.

Seine akademische Lehrthätigkeit begann Orth jetzt vor 25 Jahren als Privatdocent in Halle. 1871 wurde er nach Berlin berufen; er erhielt hier eine Professur an der Universität und eine Docentenstelle an dem damaligen landwirthschaftlichen Institut, der jetzigen landwirthschaftlichen Hochschule. Auf Orth's Anregung wurde hier ein agronomisch-pedologisches Laboratorium für das physikalische, chemische und geologische Studium des Bodens eingerichtet. Verbunden damit ist eine entsprechende Abtheilung des landwirthschaftlichen Museums, das zu einem Theile aus den Beweisstücken, die Orth für seine Theorie beibringt, besteht. Besonders vermerkt sei noch Orth's Bestreben, sein Fachwissen der öffentlichen Gesundheitspflege nutzbar zu machen. (Voss. Z.)

**Ernannt:** Bei der geol. Landesanstalt und Bergakademie in Berlin Landesgeolog Dr. Beyschlag zum etatsmässigen Professor für Lagerstättenlehre und Geognosie (letzteres zunächst vertretungsweise), Landesgeolog Dr. Ebert zum etatsm. Professor für Paläontologie, Bezirksgeolog Dr. Scheibe zum etatsm. Professor für Mineralogie, Docent Dr. Kötter zum etatsm. Professor für höhere Mathematik; ferner die bisherigen Hülfsgeologen Dr. L. Beushausen und Dr. G. Müller zu Bezirksgeologen.

Dr. Baumann in Striegau zum Assistenten am mineralog. Institut der Universität Breslau.

Dr. N. V. Ussing zum Professor der Mineralogie an der Universität Kopenhagen (an Stelle von Johnstrup, s. S. 48).

Dr. G. M. Dawson zum Director des Geological Survey of Canada (als Nachfolger von Selwyn).

Dr. Bergt habilitirte sich für Mineralogie und Geologie an der Technischen Hochschule zu Dresden.

Von der physikalisch-mathematischen Klasse der kgl. Akademie der Wissenschaften in Berlin sind dem Professor der Geologie an der Universität Breslau, Dr. Fritz Frech, zu tektonischen Studien im Gebiete der Radstädter Tauern 1000 Mk. bewilligt worden.

Der Assistent an der Hochschule zu Stockholm, Cand. O. Ekstam unternimmt im Sommer eine Forschungsreise nach Nowaja Semlja (vergl. S. 224), um dort seine 1891 begonnenen phytobiologischen und phytopaläontologischen Forschungen fortzusetzen.

**Gestorben:** Der Geolog Gustav E. A. Nordenskiöld, ein Sohn des bekannten Gelehrten und Forschungsreisenden, am 26. Juni im Alter von 27 Jahren im Sanatorium zu Mörsiel in Schweden. N. führte 1890 die schwedische Spitzbergen-Expedition. 1891 suchte er Heilung seines Brustleidens in Colorado, wo von ihm die Ruinen der Felsenwohnungen in den Cañons von Mesa Verde erforscht und in „The Cliff Dwellers of the Mesa Verde, south-western Colorado" (vergl. Globus, Bd. 65 S. 356) eingehend beschrieben wurden.

Professor Valentin Ball in Dublin, Director des naturhistorischen Museums daselbst. B. stand früher im Dienste der geol. Landesaufnahme von Indien und beschäftigte sich hier namentlich mit der ökonomischen Geologie. Er schrieb: „Tagebuch eines indischen Geologen", 1879; „Diamanten, Kohle und Gold in Indien" 1881; ferner im selben Jahre ein Handbuch der ökonomischen Geologie Indiens, welches den 3. Band des grossen Handbuchs der indischen Geologie bildet, das H. B. Medlicott zusammen mit Malet und Ball herausgab.

Professor Pellegrino von Strobel am 10. Juni bei Vignall bei Traversetolo, Prov. Parma, geb. am 21. August 1821 in Mailand.

Bergrath Meydam in Neuwied im Alter von 58 Jahren.

Der Geolog und Archäolog R. Fitch in Norfolk.

Ingenieur Eckley B. Coxe in Drifton, Pa., Präsident des American Institute of Mining Engineers.

Für die Museen in Philadelphia werden Schenkungen, sowie Tausch- und Kaufangebote von einzelnen Objecten, wie von ganzen Sammlungen möglichst bald erbeten unter der Adresse: Gustav Niederlein, pr. Adr. Centralverein für Handelsgeographie in Berlin W., Lutherstr. 5.

--------

*Schluss des Heftes: 26. Juni 1895.*

Verlag von Julius Springer in Berlin N. — Druck von Gustav Schade (Otto Francke) in Berlin N.

### Zur Bestimmung des Versickerungs-coefficienten des Bodens.

Von

**F. M. Stapff.**

#### II.

### Versickerung im Quadersandsteingebiet des Polzenflusses (Böhmen).

Hierzu Taf. IV.

Zur Erprobung der im ersten Abschnitt (S. 194 dieses Jahrgangs) entwickelten Me-thode zur Bestimmung des Versickerungs-coefficienten hätte ich am liebsten ein ganz kleines homogenes Gebiet gewählt; es ge-lang mir aber nicht ein solches auszumit-teln, für welches die erforderlichen zusam-menhängenden Regen- und Wasserabfluss-messungen und meteorologischen Beobach-tungen gleichzeitig vorlagen. · Herr Prof. Hellmann lenkte meine Aufmerksamkeit auf die einschlägigen Beobachtungen in ba-dischen und böhmischen Flussgebieten, deren Einsichtnahme im K. Preuss. met. Cen-tralinstitut mir sein freundliches Entgegen-kommen erleichterte. Als dem Zweck noch am besten (leider aber nicht völlig) ent-sprechend wurde der obere Theil des Pol-zengebietes im nördlichen Böhmen ausge-wählt, für welchen die vom technischen Bu-reau des Landesculturrathes f. d. Königreich Böhmen veröffentlichten[1]) ombrometrischen Beobachtungen an einigen und zwanzig Re-genmessstationen vorlagen, desgleichen die täglichen Wasserstandsbeobachtungen am Polzen zu Böhmisch Leipa, d. i. an der unteren Grenze des gewählten Gebietsab-schnittes. Ferner kam zu statten eine Studie des Prof. F. Steiner: „Die Regulirung des Polzenflusses im Weichbilde von Böhm. Leipa" (Prag 1891, H. Dominicus), welche als Separatbeilagen eine „Skizze der geologischen Verhältnisse des Polzengebietes (nebst geol. Uebersichtskarte)" von Prof. G. C. Laube sowie eine „Ermittelung der Abflussmengen des Polzenflusses bei Hochwasser" von dem Ingenieur U. Huber (und Oberingenieur Böhm) beigefügt sind. Vervollständigt wurde dies Material durch die Liebenswür-digkeit des Herrn Hofraths J. Hann, wel-

cher mir die Terminbeobachtungen der me-teorologischen Station (II. Ordn.) Böhm. Leipa für die Jahre 1892 u. 1893 im Ori-ginal anvertraute, und durch das wohlge-neigte Entgegenkommen des Präsidiums des H. Landesculturrathes für das Königreich Böhmen, welches die (nicht veröffentlichten) Terminbeobachtungen von 21 Regenmess-stationen im oberen Polzengebiet in Ab-schrift kostenfrei ·zu meiner Verfügung stellte. Zu Dank verpflichtet bin ich schliesslich noch Herrn Ingenieur H. Richter vom tech-nischen Bureau des böhm. Landesculturrathes für erbetene Aufschlüsse über Detailverhält-nisse im bearbeiteten Gebiet und für nütz-liche Rathschläge. Zu meiner Orientirung und um einige zweifelhafte Punkte festzu-stellen, habe ich das Gebiet um Pfingsten d. J. in verschiedenen Richtungen durch-streift.

#### Topographische Verhältnisse.

Das Gebiet des Polzen, des letzten grösseren östlichen Elbzuflusses in Böhmen, lehnt sich im Norden an das Lausitzer Ge-birge, im Osten an das Jeschkengebirge, im Süden an das böhmische Plateau (Teufels-mauer, Wratener Kamm) und durchgreift westwärts das Böhmische Mittelgebirge bis zum Elbthal bei Tetschen. Es umfasst 1140 qkm; im Folgenden kommt davon aber nur der obere 606,4 qkm einnehmende Abschnitt bis Böhm. Leipa in Betracht, welcher südlich vom Kummergebirge u. s. w. begrenzt wird. Aus der österr. General-stabskarte (1 : 75000; Zone 3/3 Col. XI/XII) ist zu ersehen, dass sich die Hauptachse des Thalgebietes in WNW-richtung von dem Plateau über Hühnerwasser nach Tetschen er-streckt. In dieser Linie beträgt das sum-marische Gefälle von Hühnerwasser (334 m) bis B. Leipa (243 m) auf einer Strecke von 22 km, 4,05 pr. mille[2]). Die obersten 8 km (Hühnerwasser-Kummer) der Hauptthalmulde, welche im Folgenden mit „IV. Mittlerer Polzen" bezeichnet werden und bis B. Leipa 155 qkm enthalten, durchfliessen aber nur ganz unbedeutende Bachrinnsel, während

---

[1]) Prag, Verlag d. tech. Bureaus d. Landescul-turrathes; letzte Ausgabe 1894.

[2]) Die der top. Karte entnommenen Höhen-ziffern beziehen sich nicht auf den Wasser-spiegel der Wasserläufe, sondern auf feste Punkte an denselben.

der Polzenbach aus ENE herankommt, bei Niemes den Jungfernbach trifft, und mit diesem die Hauptthalmulde erst bei Kummer erreicht. Das summarische Gefälle des Polzenbaches („I. Oberer Polzen", mit 69,9 qkm bis Niemes) von seinen Quellen bei Oschitz (380 m) bis Kummer (ca. 265 m), beträgt auf 19 km (Luftlinie) 6,1 p. m. Mit dem Polzenbach vereinigt sich bei Wartenberg der vom Jeschkengebirge aus E und NE herabkommende Jeschkenbach und das Hennersdorfer Wasser, deren Theil-Gebiet von 67,2 qkm „II. Jeschkenbach" signirt wird. Vom Jeschken, dem höchsten Punkt des ganzen Polzen-Gebietes in 1010 m MM., bis Wartenberg in 299 m, beträgt das summarische Gefälle auf 13½ km geradlinige Entfernung 52,7 p. m.; doch entspringen die obersten Quellbäche an der W- und NW-Flanke des Berges nicht höher als etwa 900 m ü. M., sodass das eigentliche Gefälle des Jeschkenbaches sich auf ca. 46 p. m. reducirt. Das gegen NW anstossende Theil-Gebiet „III. Jungfernbach" mit 127,4 qkm, erstreckt sich aus der Ecke zwischen Jeschkengebirge und Lausitzer Gebirge gegen SSW, resp. S, bis Niemes und fällt auf 21 km geradliniger Entfernung aus 507 m (Zigeunerberg i. S.) in 275 m (Niemes) ab; d. i. ein summarisches Gefälle von 11,05 p. m. Einzelne Gipfel der nordwestlichen und nördlichen Wasserscheide sind zwar höher (Hochwald 748 m, Lausche 791 m), einzelne Sattelpunkte aber viel niedriger (Pankratz-Freudenhöher Sattel 391 m), und die mittlere Kammhöhe von etwa 550 m führt zu einem summarischen Gefälle von ca. 14½ p. m. Die beiden westlichsten Theilgebiete, nämlich „V. Zwittebach" mit 135,2 qkm, und „VI. Rodowitzer-Bach mit 51,7 qkm, dachen sich vom Lausitzer Gebirge nahezu nordsüdlich ab; ersteres mit einem summarischen Gefälle von 18,4 p. m. (vom Vogelbeerd in 660 m bis Brenn in 255 m, 22 km geradlinige Entfernung); letzteres mit 42,2 p. m., von der Umgebung des 755 m hohen Kleissberges nach der 12 km entfernten Bachmündung unterhalb Dobern in 249 m M.-H.

Aus dieser Zusammenstellung der nördlichen Zuflüsse des Polzen bis B. Leipa erhellt, dass dieselben in ostwestlicher Reihenfolge ihre Richtung successive aus Ost-West in Nord-Süd drehen; theils wegen Umbiegung der wasserscheidenden Kammlinie, theils wegen Aenderung im Einfallen der Gebirgsschichten (?). Da die nördlichen Zuflüsse weitaus die bedeutendsten sind, so scheint der Polzenfluss nach kleineren

geographischen Karten erst nordsüdlich zu verlaufen und dann in scharfem Knie nach WNW einzubiegen.

Der uns hier beschäftigende Abschnitt des Polzengebietes wird südwärts von dem etwa 100 m über die Thalsohle ansteigenden Kummergebirge begrenzt, aus welchem keine nennenswerthe oberfläbliche Wasserzuflüsse kommen. (Das südlich vom Kummergebirge belegene wasserreiche Robitzer Thal gehört zwar auch zum Polzengebiet, mündet aber erst unterhalb Leipa in das Hauptthal).

Die Gefälleverhältnisse des Sammelbeckens sind also dadurch charakterisirt, dass der Hauptabzugscanal oben (Hühnerwasser-Kummer) 6,1 p. m., unten (Kummer-Leipa) 1,5 p. m., im Ganzen 4,05 p. m. einfällt; der Jeschkenbach 52,7 resp. 46 p. m.; der Jungfernbach 11,05 resp. 14,5 p. m.; der Zwittebach 18,4 p. m.; der Rodowitzer Bach 42,2 p. m. Diese Zahlen geben zwar eine allgemeine Vorstellung über die Abdachung der Thalmulden; wegen der zahlreichen grossen und kleinen Windungen der Wasserläufe sollte man sie aber mit ½—⅔ multipliciren, um die resp. summarischen Stromgefälle zu erhalten; unterhalb des Gebirgsrandes herrschen stundenlange weite ebene Thalböden vor, mit wenig auffälligen Zwischenstufen, in denen das Gefälle concentrirt ist.

Man kann sich das ganze Polzengebiet als eine flache Schüssel in dem Plateau zwischen Iser- Elbe-, Lausitzer- und Jeschkengebirge vorstellen, welche im Westen, Norden, Osten von den genannten Gebirgen (z. Th. auch dem Böhm. Mittelgebirge) steil, im Süden von der Plateauanschwellung aber flach umrandet ist, und welche von dem in ostwestlicher Richtung durchziehenden niedrigen Rücken des Kummergebirges in eine nördliche und südliche Hälfte getheilt wird. Hier haben wir es nur mit der nördlichen Hälfte zu thun, und zwar mit deren oberem Theil bis B. Leipa; weiter abwärts, und zumal im Böhm. Mittelgebirge, ändert sich der bis dahin ziemlich gleichförmige topographische und geologische Charakter des Gebietes.

Bis unterhalb Wartenberg, wo sich der Polzen zwischen den Basaltkegeln des Limbergs und Rollbergs durchzwängt, ist der Thalboden moorig, sumpfig und mit Teichen besetzt; aber auch weiter abwärts, bei Niemes vorbei und bis in die Niederungen von Leipa, ist das Flussbett in Alluvialsand und Wiesenmoore eingewühlt und windet sich in unzähligen Krümmungen durch das sumpfige flache Thal.

Obwohl wir das Robitzer Bachgebiet, südlich vom Kummergebirge, von dem zu behandelnden Theil des Polzengebietes ausgeschieden haben, ist hier doch auf die grosse Aehnlichkeit desselben mit dem Polzenthal (oberhalb Leipa) hinzuweisen, namentlich auch auf die starken Quellen und grossen natürlichen Teiche in demselben und gleichzeitig auf die Wasserarmuth des Kummergebirges; denn es ist nicht ausgeschlossen, dass ein Theil des im Polzengebiet niedergeschlagenen Wassers unter dem Kummergebirge hin nach dem Robitzer Thal abzieht und dem Polzenfluss erst unterhalb Leipa wieder zugeführt wird. Die dem Kummergebirge entlang gezogene topographische Südgrenze des zu behandelnden Theiles des Polzengebietes würde sich solchenfalls mit der hydrologischen nicht genau decken. Ich beschränke mich auf diesen Hinweis; denn eine Remedur ist ausgeschlossen, es sei denn, dass entsprechende Compensation anderweitig stattfände.

*Geologische Verhältnisse (nach Laube).*

Die im Polzengebiet anstehenden Schichtgesteine gehören grösstentheils der **böhmischen Kreideformation** an. Der Ursprung und Oberlauf des Polzen und seiner Hauptzuflüsse liegen darin; und nur die unbedeutenden, vom Jeschken kommenden Bäche entspringen in phyllitischen Schiefern.

Die böhmische Kreideformation umfasst folgende von unten nach oben aufgezählte Stufen:

I. Cenoman.
1. Süsswasserthone und Sandsteine.
2. Brackische, glaukonitische, z. Th. eisenschüssige Sandsteine.
3. Marine Quadersandsteine, Grünsandsteine, (Unterquader), Conglomerate und Sandsteine.

II. Turon.
1. Grobkalke, kalkige Sandsteine, Quadersandsteine.
2. Grünsandsteine, kalkige und thonige Mergel (Quadermergel).
3. Graue, grob- und mittelkörnige Quadersandsteine (Mittelquader).

III. Senon.
1. Kalksteine und mergelige Kalksteine (Plaenerkalk).
2. Schieferthone und Mergel (Baculithenthone, Plaenermergel).
3. Lockerer, weisser, grob- und mittelfeinkörniger Sandstein (Oberquader).

Da grosse Flächen von schwebenden Schichten einer und derselben Bildung eingenommen werden, so herrscht grosse Monotonie; denn ältere Glieder treten unter jüngeren nur an den Plateaurändern hervor.

**Herrschendes Gestein ist der mittlere Quadersandstein II. 3 (Isersandstein).**

Gegen die südliche Wasserscheide des Plateaus steigt man von der Elbe oder Iser auf mächtigen breiten Stufen hinan, welche von langen steilwandigen Erosionsthalfurchen durchschnitten sind, die sich um die Wasserscheide in ein Labyrinth von Schluchten zersplittern. Einzelne der langen tiefen Thalgründe führen reichlich Wasser, die meisten, weniger tief eingeschnittenen, sind aber Trockenthäler. Auch das Plateau ist trocken und quellenlos, sodass die Ortschaften ihren Wasserbedarf in Cisternen sammeln oder von weit entlegenen Randquellen holen müssen. Der ganze Plateaurand gegen Elbe und Iser ist dagegen an der Sohle ausserordentlich quellreich, sodass man diese Gegend sogar für die Wasserversorgung von Prag ins Auge gefasst hatte. Diese Erscheinung erklärt sich daraus, dass der das Plateau aufbauende, sehr durchlässige, Mittelquader II. 3 auf thonig mergeligen Schichten (Quadermergel II. 2) liegt, in die er nach unten übergeht. Hier staut sich das Sickerwasser und tritt seitlich in Quellen zu Tage. Das Plateau und die flachen Thalfurchen sind also trocken und gestatten nur da mühsamen Ackerbau, wo sich eine Decke von Höhenlöss erhalten hat, während auf dem kahlen Quadersandstein und seinem sandigen Detritus kaum Kiefern fortkommen. Auf der nördlichen Abdachung, gegen das Polzenthal, herrschen dieselben Verhältnisse. Der Mittelquader setzt mit einem niedrigen Steilrand gegen das Robitzer Thal ab, zieht über den Rücken von Hühnerwasser-Oschitz bis an den Jeschkenkamm und reicht im Westen bis unmittelbar an das Böhm. Mittelgebirge. Auch das wie eine Schwelle durch das Polzengebiet ziehende Kummergebirge besteht aus diesem Sandstein; in seiner Sohle, und in tief gerissenen Thälern des Randgebirges, treten aber auch hier wieder mergelige, wasserundurchlässige Schichten hervor. Obwohl ganz bewaldet, ist das Kummergebirge doch trocken und quellenlos; in den tieferen Schichten steckt aber ein enormer Wasservorrath, welcher am Rand des Gebirges theils oberirdisch in einzelnen starken Quellen hervortritt, theils aus dem Grund der das Gebirge umsäumenden Moore und Teiche herauskommt[3]); und zwar besonders am Südrand des Kummergebirges, da die Schichten vom Polzenthal ganz flach abfallen. Jüngere Kreideschichten treten in diesem Theil des Polzengebietes fast gar nicht auf; dage-

---

[3]) Wurm, „Das Kummergebirge" S. 29.

gen sind einzelne Lösspartien sogar auf dem ganz zerschlissenen Kummergebirge noch erhalten.

Jenseits des Kummergebirges ändern sich die geologischen Verhältnisse insoweit, als sich bis zu einer von Leipa nach dem Hochwald reichenden Linie jüngere Glieder der Kreideformation, Baculithenthone und Oberquader (III. 2 und III. 3), von NW hereinschieben. Die wenig mächtigen Baculithenthone breiten sich von Leipa gegen Reichstadt und das Kummergebirge hin unmittelbar auf dem Mittelquader aus, und nach ihrem plötzlichen Absetzen am Mittelquader kann man eine Schichtenstörung längs des Querrandes annehmen.

Im Bahneinschnitt bei Brenn, dann nordwestwärts von da zwischen Leipa und Reichstadt, sieht man die Baculithenthone von Fetzen trockenen weissen Quadersandsteins (Oberquader III. 3) bedeckt, welcher weiter nordwärts, auf der bereits erwähnten Linie von Leipa zum Hochwald, sich consolidirt und so zunimmt, dass die thonigen Schichten nur noch an den Rändern zwischen den oberen und mittleren Quadermassen hervortreten. Die zu geschlossenen Massen vereinigten Oberquader ziehen sich über Haida, Bürgstein, Zwickau, zwischen dem basaltischen Mittelgebirge im Südwesten und dem Granit des Lausitzer Gebirges im Norden, nach dem Oberquaderplateau von Kreibitz.

Die wasserstauende Wirkung der Baculithenthone macht sich gegen die Oberquader nicht in gleichem Maasse geltend wie jene der Quadermergel dem Mittelquader gegenüber; am wenigsten in den tiefer gerissenen Thälern, durch welche der Jungfern-, Zwitte-, Dobern-Bach mit starkem Gefälle abfliessen. Nur im Bereich des letzteren wiederholen sich (bei Bürgstein) im Kleinen die Erscheinungen des Robitzer Thales am Fuss des Kummergebirges. Dagegen haben die Baculithenthone einen indirecten dauernden Antheil an der Wasserhältigkeit des Polzengebietes; wo sie an die Thalsohlen herantreten und sich diesen anschmiegen, bilden sie den wasserundurchlässigen Untergrund, zusammen mit den durch die Erosion herabgespülten und in den Thalmulden abgesetzten undurchlässigen Kreidethon- und Höhenlösspartikeln. Erste Ursache der Wasserstagnation in den Thalböden ist aber deren geringes Gefälle. So lange der Polzen sein Bett noch nicht tief genug durch das Mittelgebirge eingesägt hatte, war er um Leipa herum zu einem See aufgestaut, in welchem der beigespülte thonige Detritus zum Absatz kam und so den versumpfenden und vermoorenden Thalboden bildete.

Den übrigen Theil des Gebietes, von Niemes nordwärts zur Landesgrenze, und nordostwärts über Wartenberg gegen den Jeschkenkamm, nehmen monotone Flächen von Mittelquader ein, auf welchen inselartige Depots von jüngeren Gliedern der Kreideformation liegen geblieben sind, besonders im Schutz von Basaltbergen auf den Rücken flacher, oft auch mit Lehm und Löss bedeckter Anhöhen. Die flachen ausgeschweiften Thalfurchen sind hier, im Mittelquader, zwar nicht bis in die unterliegenden mergeligen Schichten eingeschnitten; aber dennoch ist das — aufwärts schmälere — Polzenthal bis an den Krassaberg bei Oschitz vermoort und mit Teichen besetzt, denn auch hier bilden umgelagerter Lehm, Löss und Baculithenthon eine undurchlässige Thalsohle. Hier bewirkten der Rollberg und Limberg einen langwierigeren Aufstau des Polzen. Gegen Nordosten stösst das Kreidegebiet an die cambrischen und krystallinischen Schiefer des Jeschkenkammes, und zwar entlang der grossen Störungslinie, welche von der Nordseite des Harzes quer durch Sachsen, zwischen dem Lausitzer Granitgebirge und dem Elbsandsteingebirge hindurch, den Jeschken erreicht und längs dessen südwestlichem Abfall mit südöstlichem Streichen bis in das Karpathengebiet fortsetzt. An dieser Störungslinie ist in unserem Gebiet zwischen Pass und Pankratz an der Südwestseite des Trögelbergs ein Glied der untersten Stufe der böhmischen Kreide, nämlich cenomaner Quader (I. 3), über die dahinter liegenden alten Schiefer hinaufgeschoben und steil aufgerichtet. Eine entsprechende Schichtenaufrichtung kann weiter südwärts bei Liebenau wahrgenommen werden, und Unterbrechung derselben entlang dem Jeschken ist nicht anzunehmen[1]. Die aufgerichtete Schichtenstellung geht rasch in die schwebende über, dürfte aber dennoch die erste Veranlassung gegeben haben, dass der obere Polzen und

---

[1] Weder auf dem Wege von Ochitz nach der Jeschkenkuppe, noch von dieser nach Kriesdorf herab, habe ich aufgerichtete Sandsteinschichten, oder andere als Mittel-Quaderbrocken wahrgenommen. Der Polzen kommt z. Th. aus einem mit Schwimmtorf überzogenen Sumpf, z. Th. aus Quellen daneben, welche dem schwebend geschichteten Mittelquader so stark entfliessen, dass sie sofort die Intscher Mühle treiben. Von da bergauf und bis zum Phyllit, Glimmerschiefer, Quarzit u. a. (Jeschkenkuppe), welche man anstehend zuerst in ca. 600 m M.-H. trifft, deuten keine äussere Merkmale auf einen Schichtenbruch. Ebenso verhält es sich 2 km weiter nordwärts, wo am Abstieg, noch im oberen Kriesdorf ca. 500 m ü. M., Phyllit und Glimmerschiefer ansteht, auf welchem an der rechten Thalseite Sandstein ruhig abgelagert ist.

seine Zuflüsse eine westliche Richtung nahmen. (Laube; l. c. Beil. A., S. 4)

Unzählige vereinzelte Kegelberge von basaltischen Gesteinen oder Phonolith erheben sich im besprochenen Gebiet; u. a. auch die „Teufelsmauer", ein Basaltgang, welcher bei Oschitz nahe der Wasserscheide zwischen Polzen- und Isergebiet hinzieht. Die Durchbrüche im mittleren Theil des Gebietes bestehen ausnahmslos aus basaltischen Gesteinen, die der südlichen und nördlichen Umrandung aus Phonolith. Die basaltischen Kegel sind an ihrem Fuss meist mit einem Tuffmantel umgeben, welcher den phonolithischen fehlt. Beide gewähren aber den unterliegenden Ablagerungen einen, selbst in grössere Entfernung reichenden Schutz gegen die Erosion; auch kann man ihnen einen Einfluss auf die Gestaltung der Thalgerinne nicht absprechen. Die schützende Wirkung der Eruptivkuppen zeigt sich am besten im Gebiet des Oberquaders, welcher dadurch bei Kreibitz in zusammenhängendem Plateau, im Oberlauf des Polzen aber in zahlreichen isolirten Partien auf von Mittelquader (und Baculithenthon) gebildeten Sockeln erhalten worden ist. Diese der Erosion widerstehenden Buckel weisen den fliessenden Wässern und den von ihnen gefurchten Thälern die Richtung an. Die Lage und Richtung des Wartenberger Thales (I) wird von acht Basaltbergen angedeutet; vier auf der Nordseite, drei auf der Südseite, ein achter (Krassaberg bei Oschitz) als östlicher Thalabschluss. Das Kummergebirge ist nach seiner ganzen Erstreckung gleichfalls mit zahlreichen Basaltkuppen (Mickenhauer Steine) und einer Phonolithkuppe besetzt, welche den Mittelquader des Gebirges gegen die Abtragung verfestigten und so die Erhaltung dieser eigenthümlichen Bodenschwelle ermöglichten. Wegen je nur geringer räumlicher Ausdehnung sollen diese eruptiven Kegelberge keinen nennenswerthen Einfluss auf die Wasserführung des Polzengebietes ausüben, abgesehen vielleicht von dem weit sichtbaren 694 m hohen Rollberg (zwischen Niemes und Wartenberg).

Hinsichtlich der Umrandung des Polzengebietes ist zu erwähnen, dass der den nordwestlichen Rand bildende Jeschkenkamm, bis auf die Linie von Christophsgrund — Pankratz, aus Phylliten mit zwischengelagerten Kalksteinen, Quarz- und Kalkschiefern besteht, welche quer zum Rücken gefaltet und gegen die cambrischen Schiefer zwischen den genannten Orten gestaut sind; die cambrischen Schiefer aber finden ihr Widerlager an den krystallinischen Gesteinen in der Vereinigung des Lausitzer- und Isergebirges bei Kratzau und Grottau. Der Jeschken ist ein wasserarmes, trockenes Gebirge, welches weder für die Wasserversorgung von Reichenberg (auf der Nordostseite) in Betracht gezogen werden konnte, noch dem Polzengebiet bedeutende Zuflüsse spendet. Nur der Jeschkenbach, zu welchem zahlreiche klare Quellbächlein sich in Kriesdorf vereinen, der Schönbach und die Ursprungsläufe des Jungfernbachs reichen bis in den Phyllit, resp. die cambrischen Schiefer, während der Polzen selbst die Quadergrenze nicht überschreitet.

Den nördlichen Rand des Polzengebiets, zwischen dem Jeschkenkamm und dem Mittelgebirge, bildet das Lausitzergebirge, welches bis zum Hochwald hauptsächlich aus Mittelquader besteht, zwischen Hochwald und dem Kleisberg (755 m) bei Haida aus Oberquader. Die den Oberquader überragenden Bergkuppen bestehen aus Phonolith, die dem Mittelquader aufgesetzten aus Basalt. Im oberen Mergthal, Zwitte- und Biberbachthal, tritt der Baculithenthon als schmaler Saum unter dem Oberquader hervor.

Das dem Lausitzer Gebirge beim Kleisberg sich anschliessende Mittelgebirge umrandet das untere Polzengebiet und kommt hier nicht weiter in Betracht. Die Basalt- und Phonolithkegel unseres Gebietsabschnittes dürften also auf Spalten sitzen, welche von dem Mittelgebirge als Eruptionscentrum ostwärts ausstrahlen.

Die nach Vorstehendem kurz zusammengefasste geognostische Charakteristik der Theilgebiete unseres Wassersammelbeckens ist also:

### I. Oberer Polzen.

Thalgehänge Sandstein. Flussgerinne Sumpfboden.

### II. Jeschkenbach
### (und Hennersdorfer Wasser).

Am Ursprungslauf, oberhalb Kriesdorf, Phyllit im Gerinne und am Gehänge; ebenso am Schönbach oberhalb Schönbach: Thalabwärts Quadersandstein.

### III. Jungfernbach.

Thalgehänge und Gerinne im Ursprungszulauf oberhalb Pankratz cambrische Schiefer; Oberlauf Quadersandstein; Unterlauf Quadersandstein am Gehänge, Sumpfboden im Gerinne.

### IV. Mittlerer Polzen.

Thalgehänge Quadersandstein; Flussgerinne Niemes-Kummer Sumpfboden; Kummer-Brenn Quadersandstein; Brenn-Leipa Sumpfboden.

**V. Zwittebach.**

Thalgehänge und Flussgerinne Quadersandstein.

**VI. Rodowitzer Bach**
**(Bürgsteiner Bach).**

Thalgehänge und Flussgerinne Quadersandstein, Baculithenthon.

*Vegetation.*

Die zahllosen, den monotonen Quadersandsteinflächen aufgesetzten Basaltkegel verschiedenster Form und Grösse verleihen der aus der Ferne gesehenen Landschaft grossen, Reiz, und die vielen Aussichtsthürme, besonders auf den Randbergen, gestatten leichte Uebersicht der weiten Fluren, Wiesenbänder, Waldblöcke, Häuserzeilen der Dörfer und Häuserhaufen der Städtchen. Die flachen Thalmulden sind von feuchten Wiesen eingenommen, stellenweise moorig, sumpfig oder doch sauer; auf den Plateaus und ihren Flachrändern sieht man selten einen öden Fleck zwischen den Aeckern, auf welchen Hafer, Roggen, Hackfrüchte, Klee gebaut wird; alle Kuppen, ausserdem aber besonders magere Flecken der flachwelligen Plateaus, ihre Steilränder und Raine, sind mit Kiefern-Fichten-Birkenwald bestanden, welcher sich an der Gebirgsumrandung zu zusammenhängenden Forsten consolidirt. Heide-Ginster-Kiefernbüsche auf nicht cultivirten Rainen verrathen Armuth des Sandbodens, auf welchem Hackfrüchte und Klee noch am besten zu gedeihen scheinen, während die meisten Getreidefelder einen etwas dürftigen Eindruck machen, sofern sie nicht Lössinseln einnehmen. Unter den Waldbäumen sind Nadelhölzer bei weitem vorherrschend, Kiefern auf den Sandstein-Plateauhügeln, Fichten auf den Basaltkuppen und den Randbergen.

*Atmosphärische Niederschläge.*

In Prof. Steiner's eingangs erwähntem Gutachten sind die Niederschlagshöhen an 53 ombrometrischen Stationen des oberen und mittleren Polzengebietes für die Jahre 1878—1889 zusammengestellt; von diesen Stationen sind später viele eingegangen, und in den „Ergebnissen der ombrometrischen Beobachtungen in Böhmen", welche der Landesculturrath für die Jahre 1891/93 veröffentlicht hat, sind davon nur noch 20 bis 21 aufgenommen, die für vorliegende Arbeit in Betracht kommen. Vermisst werden namentlich einige Hochstationen entlang der SW-Seite des Jeschken und auf isolirten Basaltkegeln; im Uebrigen sind die Stationen der Grösse der Theilgebiete entsprechend gut vertheilt, und nur das kleine Gebiet II. Jeschkenbach, sowie das grosse III. Jungfernbach sind jetzt fast ohne Regenmesser. Da letzteres aber von Regenmessstationen rings umzogen ist, so ist der Mangel innerer Stationen nicht fühlbar. Aus der den Jahresberichten des Landesculturraths beigefügten Isohyetenkarte von Böhmen ist ersichtlich wie in einer von NE nach SW durch das obere und mittlere Polzengebiet ziehenden breiten Gasse die Niederschläge vom Randgebirge nach innen successive von 800 mm auf 500 mm jährlich abnehmen. Diese Gasse wird (noch im Bereich des Gebirges) auf ihrer Nordwestseite von einer nassen Insel flankirt, auf deren Spitze (um Neuhütte herum) die jährliche Niederschlagssumme 1000 mm erreicht; und auf ihrer Südostseite von einer, aus dem Iser- und Riesengebirge nach dem südlichen Jeschken herankommenden nassen Zone, in welcher die Niederschläge bis 1100 mm betragen. Anderseits liegen mitten in der Gasse, fast in der Thalmulde des Polzen, zwei isolirte Trockeninseln mit kaum 400 mm (Heuthor am Kummergebirge) und 500 mm (Dobern) Jahresniederschlag. Hieraus erhellt, dass die von verschiedenen Seiten kommenden gewundenen Polzenzuflüsse bald nasse, bald trockene Striche passiren, und dass selbst in kleinen Theilgebieten die Niederschläge nahe belegener Orte sehr differiren können. Dadurch wird aber die genaue Berechnung der Niederschlagssumme auf das ganze Gebiet, welche mit dem gleichzeitigen Totalabfluss aus demselben verglichen werden soll, sehr erschwert.

Ich habe das arithmetische Mittel der (je derselben Periode angehörigen) Niederschläge an den einzelnen Stationen eines jeden Theilgebiets gezogen, wenn erforderlich unter Berücksichtigung benachbarter Aussenstationen, dasselbe mit dem Flächeninhalt des betreff. Theilgebietes multiplicirt, die so erhaltenen Producte aller Theilgebiete addirt, in die Summe der Producte mit dem Flächeninhalt des ganzen Gebietes dividirt, und so eine der Wahrheit möglichst nahe kommende mittlere Niederschlagshöhe im ganzen Gebiet erhalten.

Die in Rechnung gezogenen ombrometrischen Stationen, ihre Meereshöhen, Jahresniederschlagssummen in 1892 und 1893 sind folgende[5]):

---
[5]) Die eingeklammerten Stationen liegen ausserhalb des betreffenden Theilgebietes, sind bei Berechnung des Niederschlags in demselben aber zugezogen worden.

I. Oberpolzengebiet. Krassa 360 m ü.
M.; 1892: 486,3 mm; 1893: ?. Wartenberg 310 m
ü. M.; 563,7 mm u. 707,8 mm. (Niemes 294 m
ü. M.; 549,2 mm und 626,2 mm.)
II. Jeschkenbachgebiet.     (Freudenhöhe
381 m ü. M.: 555,6 mm u. 772,3 mm.) (Wartenberg 310 m ü. M.; 563,7 mm u. 707,8 mm.)
III. Jungfernbachgebiet. (Hochwald 456 m
ü. M.; 527,7 mm u. 733,9 mm.) (Gr. Mergthal
400 m ü. M.; 589,8 mm u. 698,8 mm.) (Freudenhöhe 381 m ü. M.; 555,9 mm u. 772,3 mm.)
(Niemes 294 m ü. M.; 549,2 mm u. 626,2 mm.)
Diese Stationen liegen sämmtlich hart an der
Grenze von III.
IV. Mittelpolzengebiet. Gross Roll 340 m
ü. M.; 577,7 mm u. 565,8 mm. Paulinenhof 325 m
ü. M.; 575,2 mm u. 627,0 mm. Glashütten 305 m ü.
M.:514,6 mm u. 628,1 mm. Niemes 294 m ü. M.:

(Tanneberg b. Blottendorf 570 m ü. M.; 724,0 mm
u. 941,4 mm.) Röhrsdorf 460 m ü. M.; 606,6 mm
u. 857,0 mm. Gr. Mergthal 400 m ü. M.; 589,8 mm
u. 698,8 mm. Zwickau 360 m ü. M.; 572,6 mm
u. 725,5 mm. (Schwojka 400 m ü. M.; 597,1 mm
u. 704,0 mm.) Reichstadt 265 m ü. M.; 465,9 mm
u. 578,6 mm. Brenn 295 m ü. M.; 388,8 mm u.
503,3 mm.
VI. Rodowitzer Bachgebiet (Tanneberg
570 m ü. M.; 724,0 mm u. 941,4 mm.) Schwojka
400 m ü. M.; 597,1 mm u. 704,0 mm. Dobern
258 m ü. M.; 396,9 mm u. 498,5 mm.

Folgende Tabelle enthält die auf angegebene Weise berechneten monatlichen und
jährlichen Niederschlagshöhen in den Theilgebieten und dem ganzen Sammelbecken
für die Jahre 1892 und 1893.

*Tabelle 1.  Niederschläge.*

| Monat | Monatliche und jährliche Niederschlagshöhe in den Theilgebieten und dem ganzen Sammelbecken in Millimeter | | | | | | |
|---|---|---|---|---|---|---|---|
| | I. Ober-polzen 69,9 qkm | II. Jeschken-bach 67,2 qkm | III. Jung-fernbach 127,4 qkm | IV. Mittel-polzen bis Leipa 155 qkm | V. Zwitte-bach 135,2 qkm | VI. Rodo-witzer B. 51,7 qkm | Ganzes Ge-biet bis B. Leipa 606,4 qkm |
| | **1892** | | | | | | — |
| Januar . . . . . | 42,67 | 40,9 | 53,58 | 50,88 | 69,72 | 67,8 | 55,04 |
| Februar . . . . | 44,27 | 58,95 | 50,43 | 42,66 | 57,27 | 59,7 | 50,99 |
| März . . . . . . | 26,87 | 43,7 | 25,6 | 21,7 | 23,16 | 21,6 | 25,87 |
| April . . . . . . | 35,7 | 57,85 | 33,0 | 33,48 | 35,13 | 34,63 | 37,85 |
| Mai . . . . . . . | 43,53 | 34,7 | 37,78 | 38,86 | 56,7 | 64,23 | 44,85 |
| Juni . . . . . . | 63,67 | 67,95 | 87,43 | 66,23 | 98,43 | 82,57 | 79,15 |
| Juli . . . . . . | 60,03 | 59,09 | 52,25 | 50,03 | 51,89 | 61,93 | 54,08 |
| August . . . . . | 48,57 | 32,7 | 35,1 | 36,12 | 31,62 | 31,93 | 35,6 |
| September . . . | 74,77 | 69,2 | 75,28 | 65,37 | 60,14 | 55,13 | 66,92 |
| Oktober . . . . | 31,08 | 35,55 | 34,15 | 32,26 | 32,39 | 30,57 | 32,77 |
| November . . . | 3,57 | 4,55 | 3,3 | 3,54 | 6,25 | 6,57 | 4,47 |
| Dezember . . . | 53,28 | 54,8 | 62,78 | 39,5 | 75,29 | 68,73 | 58,14 |
| **Jahr** | 527,91 | 559,9 | 555,68 | 480,63 | 597,99 | 585,39 | 545,72 |
| | **1893** | | | | | | |
| Januar . . . . . | 80,45 | 74,9 | 58,9 | 49,6 | 68,35 | 68,7 | 63,72 |
| Februar . . . . | 57,45 | 69,35 | 75,7 | 52,09 | 84,37 | 70,07 | 68,32 |
| März . . . . . . | 58,5 | 64,7 | 58,08 | 39,81 | 78,14 | 78,8 | 60,43 |
| April . . . . . . | 2,4 | 2,5 | 1,33 | 0,72 | 2,13 | 1,13 | 1,69 |
| Mai . . . . . . . | 75,35 | 85,9 | 69,13 | 63,46 | 66,05 | 68,77 | 69,54 |
| Juni . . . . . . | 47,05 | 40,4 | 48,35 | 43,36 | 54,65 | 51,47 | 47,71 |
| Juli . . . . . . | 57,55 | 80,45 | 77,45 | 58,87 | 85,11 | 77,4 | 72,45 |
| August . . . . . | 70,95 | 87,25 | 73,53 | 57,48 | 63,39 | 61,7 | 67,88 |
| September . . . | 65,9 | 70,3 | 68,9 | 58,42 | 75,39 | 58,03 | 63,25 |
| Oktober . . . . | 76,55 | 79,55 | 86,9 | 72,01 | 93,46 | 87,47 | 82,6 |
| November . . . | 56,5 | 63,45 | 64,78 | 43,3 | 64,82 | 61,4 | 57,91 |
| Dezember . . . | 18,35 | 21,3 | 32,37 | 19,9 | 29,33 | 29,7 | 25,41 |
| **Jahr** | 667,0 | 740,05 | 715,92 | 559,02 | 765,09 | 714,64 | 680,41 |

549,2 mm u. 626,2 mm. Heidedörfel 302 m ü. M;
604,7 mm u. 646,2 mm. (Strassdorf 250 m ü. M.;
495,4 mm u. 552,2 mm.) Brenn 295 m ü. M.;
388,8 mm u. 503,3 mm. Reuthor 290 m ü. M.;
238,6 mm ? und 338,9 mm. (Dobern 258 m ü.
M.; 396,9 mm u. 498,5 mm.) B. Leipa 263 m
ü. M.; 489,0 mm u. 604,0 mm.
V. Zwittebachgebiet. (Neuhütte 557 m
ü. M.; 751,2 mm u. 964,4 mm.) Ober-Lichtenwalde 450 m ü. M.; 694,2 mm u. 944,0 mm.
Hochwald 456 m ü. M.; 527,7 mm u. 733,9 mm.

Die Ziffern der letzten Columne dieser
Tabelle sind in Col. 2 der Tabelle III re-
capitulirt als Grundlage der daselbst in Col.
3 und 4 enthaltenen Werthe für die mittlere tägliche Niederschlagshöhe und
das Niederschlagsquantum im Sammelbecken.
Uebrigens erhellt aus Tab. I, dass das
Mittelpolzengebiet die geringsten, das Zwittebachgebiet die reichlichsten Niederschläge

empfängt; und da diese Gebiete fast $\frac{1}{3}$ des Gesammtareals einnehmen, auch am dichtesten mit Regenmessern besetzt sind, so üben sie einen ausschlaggebenden Einfluss auf die Richtigstellung der Niederschlagshöhen in der letzten Columne. Allenfalls aber dürften diese eher zu klein als zu gross sein.

Am niederschlagsreichsten sind die Sommermonate, demnächst die Wintermonate, letztere besonders für das Bergland. Am niederschlagsärmsten war 1892 der November, 1893 der April; die weniger ausgesprochenen Correspondenzminima fielen 1892 in den April, 1893 in den Dezember.

Auffällig erscheint, dass das auch dem Polzengebiet verderbliche Dürrejahr 1893 ungewöhnlich reichliche, aber zeitlich verschobene Niederschläge brachte; und da die gleichzeitige Verdunstungsenergie niedrig war, so verblieb der Wasserstand im Polzen entsprechend hoch. Es war der Regenmangel im April und Juni, welcher das Wachsthum störte.

Schnee kann irgendwo im Gebiet von Mitte Oktober bis Anfang Mai fallen, gewöhnlich von Anfang November bis Mitte April. Nur im Januar kommt im ganzen Gebiet Schnee ohne Regen vor; dagegen regnet es im Dezember und Februar öfters in den Thälern, während es auf den Bergen schneit, und in den übrigen Schnee-Monaten wechseln Regen und Schnee.

Im Dezember, Januar, Februar, März ist der Boden meist schneebedeckt; und zwischen Ende März und Mitte April pflegt die Winterschneeschmelze beendet zu sein; ein unmittelbarer Vergleich von Niederschlag und Abfluss, behufs Ermittelung der Versickerung, ist also zunächst auf die Monate April — November beschränkt.

### Verdunstung.

Wegen des Einflusses, den die Luftwärme auf die Entwickelung von Hochfluthen (besonders im Frühjahr) ausübt, werden an vielen der böhmischen Regenmessstationen auch Temperaturbeobachtungen angestellt. Die im ersten Theil dieses Aufsatzes, S. 198, adoptirte Annahme, dass die Verdunstungsschnelligkeit der psychrometrischen Differenz und der Windstärke proportional wachse, machte aber das Heranziehen vollständiger meteorologischer Beobachtungen erforderlich, welche für unser Gebiet freilich nur von Böhmisch Leipa erhältlich waren. Die Annahme, dass die für diesen Ort in 258 m M.-H. ermittelte Verdunstung für das ganze Gebiet bis zu 1000 m M.-H. gelte, ist zwar ausgeschlossen; wir haben es im Folgenden

zunächst aber nur mit dem Verhältniss zwischen der Verdunstung an gewissen Tagen und der mittleren im ganzen Jahre zu thun, und erlauben uns, mangels anderer Unterlagen, die Annahme, dass dies Verhältniss dem zu Leipa festgestellten im ganzen Gebiet wesentlich gleich sei.

Ich habe für die — in den Leipaer Beobachtungsjournalen bereits gezogenen — Pentadenmittel, je der 3 täglichen Beobachtungstermine, von Trockentemperatur (T) Feuchttemperatur (t) und Windstärke (w) die Producte (T — t). w gebildet, und aus diesen die Monatsmittel für die 3 Beobachtungstermine 7 Vm., 2 NM., 9 Ab. und für den ganzen Tag gezogen, welche zu weiterem Gebrauch in den Columnen $^6/_8$, $^{10}/_{12}$, $^{14}/_{16}$, $^{18}/_{20}$ der Tab. III verzeichnet stehen[6]) In Col. 5, 9, 13, 17 sind noch die bezügl. Trockenthermometertemperaturen beigefügt, und in Col. 21 die Proportionalzahlen zwischen monatlichem (A,) und jährlichem (A) Verdunstungsfactor. Diese Verdunstungsfactoren (siehe I. Thl. S. 198 u. 200) sind die von Ule für Chemnitz berechneten und werden hier nur nothhalber übertragen.

Für Umrechnung der in den Journalen nach 10 theiliger Scala verzeichneten Windstärke in Windgeschwindigkeit verdanke ich Herrn Prof. Hellmann einen Schlüssel, wonach man in Oesterreich annimmt für:

| Windstärke nach Scala | 0 | 1 | 2 | 3 | 4 | 5 | 6 | 7 | 8 | 9 | 10 |
|---|---|---|---|---|---|---|---|---|---|---|---|
| Windgeschwindigkeit in Meter per Sec. bis | 1 | 3 | 5 | 8 | 11 | 15 | 19 | 24 | 29 | 34 | 40 |

Aus den Ziffern in den Schlusszeilen der Tab. III ersieht man übrigens, dass bei fast gleicher mittlerer Lufttemperatur in den Jahren 1892 und 1893 die psychrometrische Differenz und die Windstärke, also auch das Product beider (d. i. das Verdunstungsmaass) 1892 grösser war als 1893, und zwar im Verhältniss $\frac{6,29}{5,75} = 1,094$. Weiter erkennt man aus den Zahlen der Col. 20 eine langsame Zunahme der Verdunstung vom Januar bis März, dann eine plötzliche bedeutende Steigerung in den Monaten April bis September, endlich ein allmäliches Abfallen von da bis Dezember. Nachmittags (2 h) ist die Verdunstung fast durchweg grösser als Morgens und Abends, Abends höher als Morgens, ausgenommen in den Monaten Mai, Juni, Juli, wo sie Abends kleiner ist als Morgens.

---

[6]) Multiplicirt man die in den Col. $^6/_7$, $^{10}/_{11}$, $^{14}/_{13}$ oder $^{18}/_{19}$ stehenden Zahlen (Monatsmittel) mit einander, so entstehen also nicht die in Col. 8, 12, 16, 20 verzeichneten Producte, welche Mittelzahlen der Pentadenproducte sind.

*Wasserabflussmengen.*

Mitten im Ort Böhm. Leipa finden seit 1. Sept. 1891 tägliche Pegelbeobachtungen statt. Directe Wasserabflussmessungen daselbst sind aber nicht vorgenommen worden, und man muss auf solche zurückgreifen, welche 1888/89 die Herren Huber und Böhm, im Interesse der Polzenregulirungsprojecte Steiner's, zu Leskenthal, 5—6 km oberhalb B. Leipa, ausführten.

Nach Huber's Berechnung dieser Messungen (l. c. Beilage B; S. 18) entsprechen den Pegelständen (Tab. II Zeile 1) zu Leskenthal beistehende (Zeile 2) Abflussmengen des ganzen Polzen daselbst.

Brücke nahe der Magdalenenkirche) — 16 angab[7]); damit war die Frage aber nicht erledigt, denn überträgt man die Abflussmenge bei + 14 des Leskenthaler Pegels auf — 16 des Leipaer, und setzt man für beide Profile dieselbe Abflusscurve voraus, so resultiren für die Hochfluthen von 1881 und 1888 (Wassermengen und) Wasserhöhen in Leipa, welche den thatsächlichen nicht entsprechen. Es fehlte jetzt das tertium comparationis, nämlich ein gleichfalls von Herrn Huber an „Vogel's Steg" bei Leskenthal angebrachter Pegel, an welchem vermuthlich auch die tieferen Wasserstände obiger Tabelle II abgelesen worden sind; denn der noch vorhandene Leskenthaler Pegel steht unter Null im Ufersand.

Man darf anstandslos annehmen, dass sich die Durchflussmengen (an demselben

*Tabelle II.*

| Pegelstand in Leskenthal bezügl. Böhm.-Leipa | −78 | −53 | −28 | −3 | ±0 | +22 | +47 | +64 | +72 | +97 | +122 | +129½ | +132 | +136 | +147 | +172 | +179 |
|---|---|---|---|---|---|---|---|---|---|---|---|---|---|---|---|---|---|
| Abflussmenge in cbm per Sec. Leskenthal (Nullpunkt 236.07 m ü. M.) | 0.167 | 0,636 | 1,387 | 2,416 | 2,555 | 3,709 | 5,268 | 6,478 | 7,088 | 13,595 | 26,409 | 30,491 | 31,768 | 34,196 | 41,284 | 59,820 | 65,656 |
| Dto.; von mir übertragen auf Böhm.-Leipa (Nullpunkt ca. 229,2 m) | 0,19 | 0,72 | 1,58 | 2,75 | 2,90 | 4,21 | 5,98 | 7,36 | 8,05 | 15,44 | 30,00 | 34,84 | 36,09 | 38,85 | 46,90 | 67,96 | 74,59 Hochwasser 1881 |

In Steiner's erwähnter Studie findet sich nur folgende Stelle (S. 17), welche die Beziehung zwischen dem Durchfluss in Leskenthal und der Normalwasserspiegelcôte zu Leipa betrifft, nämlich: „Die Normalwassermenge, d. h. die Wassermenge bei der uns als Normal gegebenen Wasserspiegelcôte des Polzen (zu Leipa), war uns, da gleichzeitige Beobachtungen in Leskenthal und Leipa nicht vorhanden sind, nur approximativ, jedoch mit hinreichender Genauigkeit zu bestimmen möglich. Sie entspricht nahezu dem Leskenthaler Pegel und beträgt 2,5 cbm pro Secunde."

Nach Herrn Ingenieur Richter's gefälliger Mittheilung haben auch später keine vergleichende Messungen zu Leskenthal und Leipa stattgefunden, weshalb mir derselbe rieth, meine Studie über das ganze Polzengebiet bis Theresienau auszudehnen, für welches Pegelprofil er seine umfassende Wassermessungen mir gütigst zur Verfügung stellte. Ich glaubte davon absehen zu sollen, theils um nicht mit einem fast doppelt so grossen Gebiet zu thun zu bekommen, dessen orographische und geologische Verhältnisse flussabwärts recht heterogen sind, theils weil die ausgeglätteten Hochfluthwellen zu Theresienau verzögert eintreten, also dem dieser Bestimmungsmethode des Versickerungscoefficienten zu Grunde liegenden Princip nicht wohl entsprechen. Am 2. Juni d. J., NM 3—½ 8, habe ich zwar durch directe Pegelablesungen, erst in Leipa, dann in Leskenthal, dann wieder in Leipa, festgestellt, dass der noch wohl erhaltene Leskenthaler Pegel (den Hermsdorfer Höfen gegenüber auf dem rechten Polzenufer an einem Erlenstamm festgenagelt) + 14 zeigte, während der Leipaer (an der zweiten

Tage) zu Leskenthal und Leipa verhalten wie die gleichzeitigen Niederschlagsmengen auf das Sammelgebiet bis Leskenthal zu jenen auf das ganze Gebiet bis Leipa. 1892 fielen auf das ganze Gebiet bis Leipa 0,330157 cbm, dagegen auf das Gebiet bis Leskenthal (voriges nach Abzug des Rodowitzer Theilgebietes und eines 22,5 qkm grossen unteren Zwickels des Mittelpolzengebietes) 0,290675 cbm, daher

$$\frac{\text{Durchfluss Leipa}}{\text{Durchfluss Leskenthal}} = \frac{0,330157}{0,290675} = 1,136.$$

1893 aber waren die entsprechenden Ziffern

$$\frac{\text{Leipa}}{\text{Leskenthal}} = \frac{0,413562}{0,364159}$$ d. i. wiederum = 1,136.

Da die böhmischen Pegel ihren Nullpunkt im Normalwasserspiegel haben (bei dem jetzigen Leipaer soll dies auf 3 cm zutreffen; bei dem ehemaligen Leskenthaler [an dem Vogel's Steg?] wird es auf Grund der obenstehenden Worte Steiner's angenommen), so muss beim Nullstand des Leipaer Pegels durch das dortige Profil 1,136 × 2,555 = 2,902 cbm pr. Sec. fliessen, wenn zu Leskenthal

---

[7]) Das städtische Pegeljournal giebt für diese Tage:

1. Juni 7 Vm. — 11; 7 Nm. — 14
2. Juni 7 Vm. — 18; 7 Nm. — 19
3. Juni 7 Vm. — 17; 7 Nm. — 20.

Dieser Pegel steht im Unterwasser aller Wehre der Stadt; der Wasserspiegel oberhalb derselben, nach Leskenthal zu, liegt ca. 2,7 m höher. Ein 2. Pegel, an der „ersten Brücke", zeigte am 2. Juni Nm. — 1 bis — 4; derselbe steht im Oberwasser der letzten „kleinen" Mühle und wird jetzt nicht mehr notirt.

*Tabelle II*

| Monat | Niederschläge ganze Samm[e] | | | | | | | enz (T—t): Wi —t).w. Böhm | | | | hwindigkeit (w): pa. | | | | | | |
|---|---|---|---|---|---|---|---|---|---|---|---|---|---|---|---|---|---|---|
| | Monats-mittel mm | Tages-mittel mm | | | | | | 9 Abends | | | | Tagesmitte | | | | | | |
| | | | | T | T—t | w | | T | T—t | w | | T | T—t | w | | T | (T—t) | w |

**18[79]**

| 55,04 | 1,775 | 1076360 | — 4,0 | 0,4 | 5,3 | 2,22 | — 0,5 | 0,3 | 5,1 | 1,80 | — 2,9 | 0,5 | 5,2 | 2,50 | — 2,5 | 0,4 | 5,2 |
| 50,99 | 1,758 | 1066051 | — 0,9 | 0,5 | 4,5 | 1,83 | + 2,3 | 1,0 | 4,5 | 5,27 | 0,0 | 0,7 | 4,5 | 2,85 | 0,5 | 0,7 | 4,5 |
| 25,87 | 0,835 | 506344 | — 2,4 | 0,4 | 4,5 | 1,63 | 3,7 | 1,6 | 4,9 | 7,52 | — 0,7 | 0,6 | 4,6 | 2,57 | — 0,2 | 0,9 | 4,7 |
| 37,85 | 1,262 | 765277 | + 4,3 | 0,8 | 3,9 | 2,82 | 11,2 | 3,8 | 4,3 | 16,20 | + 6,1 | 1,3 | 4,4 | 5,82 | + 7,2 | 2,0 | 4,2 |
| 44,85 | 1,447 | 877461 | 11,8 | 1,6 | 3,2 | 4,62 | 16,6 | 3,3 | 5,1 | 15,87 | 11,0 | 1,2 | 3,6 | 3,80 | 13,0 | 2,0 | 4,0 |
| 79,15 | 2,638 | 1599683 | 16,8 | 2,5 | 3,8 | 9,72 | 21,3 | 5,5 | 4,8 | 25,72 | 15,1 | 1,7 | 3,4 | 6,18 | 17,7 | 3,2 | 3,8 |
| 54,08 | 1,744 | 1057562 | 15,9 | 2,2 | 3,6 | 7,78 | 21,7 | 6,0 | 3,8 | 22,85 | 15,5 | 2,4 | 2,8 | 6,68 | 17,7 | 3,5 | 3,4 |
| 35,60 | 1,149 | 6967 | 16,5 | 2,0 | 2,7 | 5,45 | 25,3 | 7,4 | 2,8 | 19,82 | 18,3 | 3,3 | 2,6 | 8,42 | 19,6 | 4,2 | 2,7 |
| 66,92 | 2,231 | 13528 | 11,4 | 0,7 | 2,2 | 1,57 | 18,3 | 3,9 | 2,8 | 11,15 | 13,6 | 1,0 | 3,1 | 3,50 | 14,4 | 1,9 | 2,7 |
| 32,77 | 1,057 | 6409 | 5,4 | 0,5 | 2,4 | 1,22 | 10,1 | 1,3 | 3,5 | 4,63 | 6,2 | 0,6 | 3,3 | 2,02 | 7,2 | 0,8 | 3,1 |
| 4,47 | 0,149 | 903 | 0,0 | 0,9 | 3,0 | 2,67 | 3,1 | 0,9 | 3,3 | 2,73 | 0,1 | 0,5 | 3,0 | 1,57 | 1,1 | 0,8 | 3,1 |
| 58,14 | 1,876 | 11376 | — 3,6 | 0,3 | 3,5 | 1,15 | — 1,9 0,5 | | 4,0 | 2,37 | — 3,3 | 0,4 | 3,6 | 1,58 | — 2,7 | 0,4 | 3,7 |
| | | | | | | 1,05 | 3,55 | 3,56 | | | | 6,6 | 1,2 | 3,68 | | 7,8 | 1,7 | 3,76 |

**188[0]**

| Januar | 63,72 | 2,056 | 1246758 | — 11,7 | 0,2 | 3,8 | 0,82 | — 6,8 | 0,4 | 4,1 | 1,50 | — 9,5 | 0,4 | 4,7 | 1,77 | — 9,4 | 0,8 | 4,2 |
| Februar | 68,32 | 2,442 | 1480829 | — 1,1 | 0,4 | 3,2 | 1,48 | + 2,3 | 1,8 | 3,4 | 3,02 | — 0,2 | 0,5 | 3,3 | 1,82 | + 0,3 | 0,9 | 3,3 |
| März | 60,43 | 1,949 | 1181874 | + 1,2 | 0,5 | 4,5 | 2,38 | 6,9 | 2,4 | 5,7 | 11,62 | + 3,1 | 1,0 | 5,1 | 4,82 | 3,6 | 1,3 | 5,1 |
| April | 1,69 | 0,056 | 33958 | 3,8 | 1,1 | 2,9 | 3,33 | 13,4 | 4,8 | 3,9 | 18,40 | 6,7 | 2,1 | 3,4 | 7,00 | 7,6 | 2,7 | 3,4 |
| Mai | 69,54 | 2,243 | 1360155 | 11,9 | 1,5 | 4,4 | 6,75 | 16,7 | 4,2 | 4,5 | 18,85 | 10,4 | 1,6 | 3,5 | 5,57 | 12,3 | 2,4 | 3,1 |
| Juni | 47,71 | 1,590 | 964176 | 15,8 | 2,1 | 2,9 | 6,13 | 21,3 | 4,3 | 3,6 | 16,28 | 15,1 | 1,7 | 2,2 | 3,72 | 16,8 | 2,7 | 2,9 |
| Juli | 72,45 | 2,387 | 1417157 | 16,9 | 1,6 | 2,9 | 4,53 | 22,7 | 3,6 | 3,1 | 11,18 | 16,6 | 1,2 | 2,4 | 2,78 | 18,2 | 2,1 | 2,8 |
| August | 67,88 | 2,173 | 1317707 | 15,5 | 1,4 | 2,3 | 3,62 | 21,2 | 4,35 | 3,8 | 18,47 | 15,5 | 1,7 | 2,2 | 4,02 | 16,9 | 2,5 | 2,8 |
| September | 63,25 | 2,108 | 1278291 | 9,9 | 0,9 | 2,4 | 2,43 | 16,2 | 3,5 | 4,3 | 15,23 | 11,2 | 1,2 | 2,9 | 3,30 | 12,4 | 1,9 | 3,2 |
| Oktober | 82,60 | 2,664 | 1615450 | 7,2 | 0,6 | 3,3 | 2,20 | 13,3 | 2,3 | 3,8 | 8,45 | 9,2 | 1,0 | 3,7 | 3,87 | 9,7 | 1,3 | 3,6 |
| November | 57,91 | 1,980 | 1170352 | 1,1 | 0,5 | 3,5 | 1,70 | 3,2 | 1,0 | 3,8 | 4,18 | 1,3 | 0,6 | 3,1 | 1,87 | 1,9 | 0,7 | 3,5 |
| Dezember | 25,41 | 0,820 | 497248 | — 1,3 | 0,4 | 2,9 | 1,25 | 0,8 | 0,6 | 2,9 | 1,78 | — 1,1 | 0,4 | 2,7 | 1,03 | — 0,7 | 0,5 | 2,8 |
| Jahr | 680,41 | 1,864 | 1130330 | 5,8 | 0,9 | 3,25 | 3,05 | 10,9 | 2,8 | 3,91 | 10,74 | 6,5 | 1,1 | 3,27 | 3,46 | 7,6 | 1,6 | 3,4 |

bei dortigem Nullpunkt 2,555 passiren; und unter Voraussetzung eines Parallelganges beider Pegel (welcher gleiches Gefälle an beiden Orten, aber entsprechend weiteres Durchflussprofil zu Leipa erfordert) würde dasselbe Verhältniss auch für andere Pegelstände gültig sein. Demgemäss habe ich in Zeile 3 Tab. II die Abflussmengen berechnet, welche zu Leipa bei den dortigen Pegelständen, nach Zeile 1, stattfänden, und mit den Ziffern der ersten Zeile als Abscissen, jenen der zweiten als Ordinaten die Abflusscurve construirt, von welcher für die folgenden Berechnungen die den täglichen Pegelständen zu Leipa zukommenden Abflussquanten abgegriffen wurden.

In der Tab. III sind die betreffenden Einzelwerthe zu Monatsmitteln zusammengezogen, nämlich in Col. 22—24 höchste, niedrigste und Mittelpegelstände; in Col. 25 mittlerer Secundenabfluss, in Col. 26 mittlerer täglicher Abfluss[6]).

Aus der Division des letzteren durch den mittleren täglichen Niderschlag auf das Gebiet, nach Col. 4, resultiren die in Col. 27 verzeichneten monatlichen Abflusscoefficienten.

Zur Rechtfertigung des eingeschlagenen Verfahrens für Bestimmung der Abflussmengen sei noch gesagt, dass die Unsicherheit sich eigentlich erst bei sehr hohen Pegel-

---

[6]) Da die Abflussmittel nicht aus den Pegelmitteln berechnet sind, sondern aus den Pegelständen von Tag zu Tag zukommenden Einzelabflusswerthen, so decken sie sich nicht mit den Quanten, welche nach der Abflusscurve den Pegelmittelzahlen zukommen.

| Pegelständ 1 | | | Wasserabfluss ,eipa | | | :en für | | | | | | | | |
|---|---|---|---|---|---|---|---|---|---|---|---|---|---|---|
| Pegel, Centi | | | Mittlerer Secunden- abfluss cbm | Mittlerer täglicher Abfluss cbm | | Reise Ver- sickerung σ | Unmittelbar Regenver- brauch der Vegetation | Unmittelbar oberfläch- lichen Ab- fluss d, | | | | | | |
| Max. | Min. | | | | | | | | | | | | | |
| +141 | —36 | + 7 | 5,463 | 472003 | 0,439 | | | | | | | | | |
| +136 | —13 | + 53 | 10,553 | 911819 | 0,855 | | | | | | | | | |
| + 31 | —32 | — 8 | 2,542 | 219629 | 0,433 | | | | | | | | | |
| + 2 | —28 | —13 | 2,283 | 197251 | 0,258 | | | | | | | | | |
| + 38 | —28 | —16 | 2,192 | 189389 | 0,215 | 29.IV.—9.V. nass | 0,514 | 0,453 | 0,061 | 0,055²) | | | | |
| — 11 | —29 | —21 | 1,880 | 162432 | 0,102 | | | | | | | | | |
| — 6 | —28 | —22 | 1,845 | 159408 | 0,151 | | | | | | | | | |
| — 15 | —38 | —24 | 1,737 | 150077 | 0,215 | | | | | | | | | |
| — 17 | —34 | —23 | 1,776 | 151446 | 0,112 | | | | | | | | | |
| — 11 | —28 | —20 | 1,936 | 167270 | 0,261 | | | | | | | | | |
| — 18 | —32 | —22 | 1,888 | 158803 | 1,758 | | | | | | | | | |
| + 19 | —39 | —15 | 2,196 | 189734 | 0,167 | | | | | | | | | |
| + 24 | —30½ | —11 | 2,991 | 258422 | 0,2858 | | | | | | | | | |

=xA,

| | | | | | | | | | | | | | | |
|---|---|---|---|---|---|---|---|---|---|---|---|---|---|---|
| 0 | —29 | —18 | 2,083 | 175651 | 0,141 | | | | | | | | | |
| +128 | —15 | +59 | 12,843 | 1109635 | 0,750 | | | | | | | | | |
| +130 | — 8 | +64 | 11,589 | 996970 | 0,844 | | | | | | | | | |
| 0 | —25 | —13 | 2,283 | 197251 | 5,800 | | | | | | | | | |
| — 8 | —28 | —20 | 1,939 | 167530 | 0,123 | 19. bis 26. V. feucht | 0,550 | 0,351 | 0,199 | 0,015 | 0,538 | 0,400 | 0,138 | 0,033 | 0,42 |
| | | | | | | 27. VI. bis 4.VII. feucht | 0,661 | 0,571 | 0,090 | 0,008 | | | | | |
| — 14 | —37 | —25 | 1,719 | 148522 | 0,154 | 10. bis17.VII. trocken | 0,302 | 0,112 | 0,190 | 0,021 | 0,617 | 0,488 | 0,134 | 0,015 | 0,36 |
| — 15 | —36 | —24 | 1,763 | 152323 | 0,107 | 17.bis26.VII. feucht | 0,627 | 0,523 | 0,104 | 0,009 | 0,505 | 0,374 | 0,181 | 0,013 | 0,48 |
| — 17 | —32 | —23 | 1,771 | 153014 | 0,117 | 21. bis 30. VIII.trocken | 0,277 | 0,173 | 0,104 | 0,015 | 0,387 | 0,256 | 0,131 | 0,013 | 0,6 |
| — 12 | —31 | —22 | 1,827 | 157858 | 0,124 | 6. bis 12. IX. wenig feucht | 0,532 | 0,444 | 0,088 | 0,015 | 0,548 | 0,469 | 0,079 | 0,017 | 0,4 |
| + 21 | —24 | —10 | 2,353 | 203299 | 0,126 | 13. bis 21. X. feucht | 0,752 | 0,730 | 0,022 | 0,024 | 0,668 | 0,634 | 0,034 | 0,080 | 0, |
| + 37 | —23 | — 7 | 2,597 | 224381 | 0,192 | 1. bis 10. XI. nass, gefror. | 0,354 | 0,354 | 0 | 0,063 | 0,513 | 0,513 | 0,0 | 0,060 | 0, |
| | | | | | | 14. bis 27.XI. feucht | 0,718 | 0,718 | 0 | 0,057 | | | | | |
| + 5 | —24 | —11 | 1,382 | 205805 | 0,414 | | | | | | | | | |
| + 21 | —26 | — 5 | 3,697 | 319421 | | | | | | | | | | |

*Vertikale Randangaben:* ab Nov. 92 bis 16. April 93 — Mittelwerth sw = 0,085 — 0,376 — 0,539

ständen, oder grossen Differenzen zwischen den (in Rechnung geführten) Einzelpegel- ständen fühlbar macht. Nun kommen aber in den zwei discutirten Jahren keine höhe- ren Pegelstände als + 141 cm und keine niedrigeren als — 39 cm vor, und zwar so vereinzelt, dass sie bei der Mittelzahlbildung fast aufgehen; und bei den speciell behan- delten Hochfluthen variiren die Extrem- Wasserstände zwischen — 23 und + 36 cm. d. i. eine Amplitude, für welche die Wasser- standscurve genügende Genauigkeit gewährt, etwa eine Genauigkeit derselben Ordnung, wie sie auch bei der Bestimmung des Sam-

melareals, des Niederschlagsquantums und der Verdunstung vorausgesetzt werden darf.

*Berechnung der Versickerungscoefficienten.*

Die Tab. III enthält alle Ziffern, welche zur Bildung der in den folgenden Berech- nungen verwendeten allgemeinen Werthe erforderlich sind, und deren Herkunft im Vorgehenden erläutert wurde. Sie enthält in den letzten Columnen auch noch einige Resultate der nachfolgenden Berechnungen.

¹) Die Werthe für $\frac{A,}{A}$ und (A,) = xA, der Col. 21 gelten beiden Jahren.

²) Die Coefficienten IV. bis V. 92 sind in die Mittelzahlen unter 1893 einbezogen.

³) Die Jahresmittel am Ende der Monatsmittel- colonnen beziehen sich auf XII. 92 bis XI. 93. Zu denselben gehört noch $[[\sigma]] = 0,146$ und $[\sigma] — [[\sigma]] = 0,175$. Siehe Text.

40*

Da wir hier mit den Wasserabflussmengen direct operiren können, so kommen die Erörterungen des I. Theiles, S. 198/199, über die Manipulation mit Wassertiefen und Pegelständen in Wegfall, und wir haben in Gl. 13 den ganzen Factor hinter $\frac{z'}{z}$ durch $\frac{W_i - W_u}{W}$ zu ersetzen, sodass die Bestimmungsgleichung lautet:

$$\sigma_i = 1 - \frac{R}{R_i}\left[(1-\alpha) \cdot \frac{A_i \cdot (T_i - t_i) \cdot w_i}{A \cdot (T - t) \cdot w} + \alpha \frac{z'}{z}\left(\frac{W_i - W_u}{W}\right)\right]$$

Darin bedeutet: $\sigma_i$ den gesuchten Versickerungscoefficienten; R die mittlere tägliche Regenhöhe im Gebiet während des ganzen Jahres; $R_i$ dito während des in Betracht gezogenen Regenfalles; $\alpha$ den mittleren jährlichen Abflusscoefficienten; $T_i - t_i$ psychrometrische Differenz seit Beginn des Regenfalles bis Abfluss des Hochwassers; T — t dito während des ganzen Jahres; w, Windstärke in Meter pro Secunde während des Regens

deren allgemeiner Zusammenhang und Verlauf aus beistehendem, den erwähnten Berichten entnommenen Diagrammausschnitt (Fig. 61) ersichtlich ist.

Am 27. April 1892 begann schwacher Regen, welcher am 30. auf 15 mm stieg, am 2. Mai wieder aufhörte (abgesehen von unbedeutenden, unterbrochenen Einzelniederschlägen bis zum 7. Mai). Andererseits war der Pegelstand zu Leipa am 29. April auf — 23 cm gesunken, stieg dann rasch bis auf + 36 cm am 4. Mai, und fiel ab bis — 24 cm am 9. Mai. Dieser Fall scheint für die Berechnung des Versickerungscoefficienten sehr günstig. Dasselbe kann man aber nicht sagen von den Regenfällen vom 14. bis 23. Mai und vom 29. Mai bis 7. Juni, welche nur unerhebliche Oscillationen des Wasserstandes hervorbrachten. Erst ein am 10. Juni unvermittelt anhebender, bis zum 15. währender Regenfall von 15 mm (maximo) brachte wieder eine merkliche Wasserschwellung hervor, von — 28 cm am 11. Juni auf — 13 cm am 13., auf — 23 cm am 20., welche der Rechnung unterzogen werden könnte.

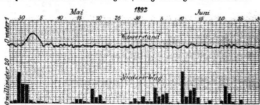

**Fig. 61.**
Niederschläge im Polzengebiet und gleichzeitige Pegelstände zu B. Leipa.

und Hochwassers; w dito während des ganzen Jahres; A, den von der Jahreszeit abhängigen Verdunstungsfactor während des Regenfalls und Hochwassers; A dito während des Jahres; z, Dauer des Hochwassers in Tagen; z Dauer des Regenfalls in Tagen; W, mittleres tägliches Abflussquantum während des Hochwassers; $W_u$ dito unmittelbar vor dem Hochwasser; W dito während des ganzen Jahres.

Aus den graphischen Darstellungen der Niederschlagshöhen und Wasserstände, welche mit den jährlichen Berichten des Böhmischen Landes-Culturrathes veröffentlicht werden, ersieht man ohne weiteres, wie die winterlichen Schneeanhäufungen im Polzengebiet bei ihrer Schmelze im Frühjahr eine oder mehrere mächtige Flussanschwellungen zu Leipa hervorbringen, welche erst im März/April ganz verlaufen, und hier zunächst ausser Betracht bleiben. Das Gleiche gilt von gelegentlichen Fluthen in den Wintermonaten (z. B. Januar und Dezember 1892), welche durch theilweises Wegthauen von vor Wochen gefallenem Schnee herrühren. Mithin bleiben für unsere nächsten Betrachtungen nur die Regenfälle und Wasserschwellen der Monate April/November,

Im Allgemeinen bringen Sommerregen nicht so starkes Anschwellen des Flusses hervor als gleichstarke Frühlings- und Herbstregen, weil im Sommer zu der grösseren Verdunstung und Aufsaugung im ausgetrockneten Boden noch der Verbrauch der Vegetation kommt.

Ein Vergleich der Niederschlags- und Wasserstandscurven lehrt, dass der höchste Wasserstand zu Leipa am 3. Tage nach dem stärksten Regenfall im Gebiet eintritt; dass das Steigen des Wassers nicht stricte mit dem Beginn des Regens anhebt; dass die Schwelle 2—7 Tage, im Mittel 4 Tage, nach beendetem Regen verlaufen ist. Während sich eine Fluthschwelle nach Höhe und Dauer gewöhnlich scharf definiren lässt, bietet die Bestimmung von Anfang, Ende und Dauer des zugehörigen Regenfalles einige Schwierigkeit; besonders auch, weil an den einzelnen Stationen des grossen Gebietes der Regen ungleichmässig vertheilt und zeitlich versetzt erscheint. Um von willkürlichen Annahmen möglichst los zu kommen, habe ich deshalb die mittlere Regenhöhe R, in Bezug auf die Dauer der Fluth bestimmt; damit kommt aber der Factor $\frac{z'}{z}$ in obenstehender Gleichung in Wegfall.

Bei Bildung der in die Berechnung eingehenden Jahresmittel (Regenhöhe, Verdunstung, Abfluss, Abflusscoefficient) scheint es unrichtig, das Kalenderjahr zu Grunde zu legen, da die nach der discutirten Regen-Fluthkatastrophe eintretenden Witterungsverhältnisse ohne allen Einfluss auf die Katastrophe sind. Deshalb ist es sachgemässer, die betreffenden Jahresmittel je für die 12 auf einander folgenden Monate zu bilden, in deren letztem der discutirte Regenfall eintrifft; und hierzu liefert die Tabelle III das übersichtlich geordnete Material. Da dies Verfahren für 1892 aber nicht consequent durchführbar ist, weil die erforderlichen Daten für 1891 fehlen, so sollen im Folgenden zunächst nur die Versickerungsverhältnisse im Jahr 1893 rechnerisch behandelt werden.

Hinsichtlich der in Tab. III Col. 27 zusammengestellten monatlichen und jährlichen Abflusscoefficienten sei noch auf die grosse Uebereinstimmung der Jahresmittel 0,286 und 0,283 in 1892 und 1893 hingewiesen, welche bei den so verschiedenen Niederschlags-, Verdunstungs- und Abflussverhältnissen dieser Jahre geradezu überrascht.

Dass die Abflusscoefficienten in den Sommermonaten am niedrigsten sind, im Juni 1892 und Juli 1893 sogar auf $1/10$ herabgingen, ist auch durch den Vegetationsprocess erklärlich; das Sinken auf $1/6$ oder $1/7$ im Dezember 1892 und Januar 1893 beruht aber theils auf dem geringen Niederschlag im November 1892, theils auf dem Liegenbleiben der im Dezember-Januar als Schnee gefallenen Niederschläge. Die barocken hohen Coefficienten 1,76 im November 1892 und 5,8 im April 1893 entstehen dadurch, dass hier Dinge verglichen werden, die eigentlich incomparabel sind, nämlich die ungewöhnlich niedrigen Niederschläge dieser Monate mit Abflussmengen, die den Niederschlägen vorangehender Monate entstammen.

Es soll nun zunächst ein Fall detaillirt durchgerechnet werden, während ich mich bei den übrigen auf Mittheilung der ein- und ausgehenden Ziffern beschränken muss.

Wasserstand eintrat, welchem Wiederanschwellen folgte) $W_s = 2{,}051$ cbm.

Abfluss pr. Sec. bei 25 cm Pegelstand zu Anfang der Fluth $W_n = 1{,}69$ cbm.

Mittlerer Abfluss pr. Sec. im Jahr, Juni 1892 bis Mai 1893, nach Col. 25 Tab. III, $W = 3{,}654$ cbm.

$$\frac{W_s - W_n}{W} = \frac{2{,}051 - 1{,}69}{3{,}654} = \frac{0{,}361}{3{,}654} = 0{,}099.$$

Nach anhaltendem Regen (mit Schnee) vom 1.—7. Mai trat zwei- bis dreitägiger Aufenthalt ein; dann schwacher Streuregen an fast allen Stationen bis 13. Mai; dann zweitägiger Aufenthalt. Der Regenfall, welcher die Fluth veranlasste, fand an allen Stationen (wenig versetzt) in den 5 Tagen vom 16. bis 20. Mai statt. Ganz unerhebliche Regenfälle auf 2 Stationen am 15. Mai und auf 2 anderen am 21. Mai sind in die Regensummen einbezogen. Es folgte 3 tägiger Aufenthalt; dann am 24. und 25. Mai von Neuem schwacher Streuregen, welcher nicht mit in die Regensummen einbezogen ist, weil er die am 26. Mai wieder ausgeglichene Schwelle nicht merkbar beeinflusst haben kann. Hiernach ist anzunehmen, dass der Regen vom 16.—20. Mai auf durchfeuchteten Boden fiel.

Die mittlere tägliche Niederschlagshöhe in den 5 Regentagen war:

Ober-Lichtenwalde 4,20 mm; Neuhütte 5,66; Hochwald 5,22; Freudenhöhe 6,72; Gross-Mergthal 4,28; Tanneberg (Blottendorf) 5,62; Röhrsdorf 5,48; Zwickau 6,28; Schwojka 6,64; B. Leipa 6,32; Dobern 4,54; Reichstadt 5,10; Wartenberg 5,10; Krassa 1,44; Gross-Roll 4,46; Paulinenhof 4,60; Niemes 3,22; Brenn 4,80; Heidedörfel 5,30; Glashütten 4,98; Strassdorf 4,20 mm[*].

Nach dem S. 310 gegebenen Vertheilungsschema ergiebt sich hieraus als mittlere tägliche Niederschlagshöhe im Theilgebiet I. Ober-Polzen 3,253 mm; II. Jeschkenbach 5,91; III. Jungfernbach 4,86; IV. Mittel-Polzen 4,658; V. Zwittebach 5,234; VI. Rodowitzer Bach 5,6 mm.

Bei Berücksichtigung der Grösse der einzelnen Theilgebiete (Tabelle I) folgt aus diesen Zahlen als mittlere tägliche Niederschlagshöhe im ganzen Gebiet während der 5 Tage, 16.—20. Mai, *4,886 mm;* und bei Verthei-

19.—26. Mai 1893.

| Mai | 19. | 20. | 21. | 22. | 23. | 24. | 25. | 26. |
|---|---|---|---|---|---|---|---|---|
| Pegelstände, cm, und Wassermengen (cbm pr. Sec.). (Am 13. V. — 22 (1,83); am 27. V. — 19 (1,99).) | — 25 (1,69) | — 14 (2,20) | — 9 (2,43) | — 16 (2,11) | — 19 (1,99) | — 20 (1,94) | — 20 (1,94) | — 23 (1,80) |

Mittlerer Abfluss pr. Secunde während 7 Tagen (der 26. Mai zählt nicht mit, da am Morgen dieses Tages der niedrigste

[*] Die Station Heathor wurde ausgeschlossen, weil die dasigen Niederschläge bedenklich klein erscheinen (1892: 238,6; 1893: 338,9).

lung auf die 7 Tage der Wasseranschwellung im Sinne des S. 316 Gesagten:

$$R_1 = \frac{1{\cdot}886 \cdot 5}{7} = 3,49 \, mm.$$

Als mittlere tägliche Niederschlagshöhe in dem nächst vorgehenden Jahr, Juni 1892 bis Mai 1893. folgt aus den Zahlen der Col. 3 Tab. III R = 1,6325 mm. Daher

$$\frac{R}{R_1} = \frac{1,6325}{3,49} = 0,468.$$

Der mittlere Abflusscoefficient während des Jahres, Juni 1892 bis Mai 1893, ergiebt sich durch Division der Summe der täglichen Niederschlagsmengen im ganzen Gebiet (Col. 4 Tab. III) in die Summe der täglichen Abflussquanten (Col. 26 Tab. III) in den betreffenden Monaten; oder auch durch Division des mittleren Niederschlags

pr. Sec.: $\frac{1,6325 \cdot 606,4 \cdot 1\,000\,000}{86\,400 \cdot 1000} = 11,4585$ cbm

in den mittleren Abfluss pro Secunde 3,654 cbm; also

$$\alpha = \frac{3,654}{11,4585} = 0,318.$$

Die durch $(T_r - t_r) \, w_r$ ausgedrückte relative Verdunstungsenergie ist für den ganzen Zeitraum vom 16.—25. Mai zu berechnen.

| Mai | 7 Vorm. | | 2 Nachm. | | 9 Abends | | Tag | |
|---|---|---|---|---|---|---|---|---|
| | T−t | w | T−t | w | T−t | w | Verdunst.-Factor | Verdunst.-Energie |
| 16.—20. | 1,16 | 2,0 | 2,83 | 3,56 | 2,0 | 7,11 | 1,44 | 2,6 3,7 4,37 |
| 21.—25. | 2,16 | 5,0 | 10,85 | 2,25 | 0,26 | 1,2 | 0,03 | 2 6,4 14,43 |
| 16.—25. | | | im Mittel täglich | | | | | 9,4 |

Anderseits giebt Col. 20 Tab. III als Jahresmittel, Juni 1892 bis Mai 1893: $(T - t) \, w = 6,61$. Daher

$$\frac{(T_r - t_r) \, w_r}{(T - t) \, w} = \frac{9,4}{6,61} = 1,422.$$

Als Proportionalzahl der Verdunstungsfactoren $\frac{A_r}{A}$ entnehmen wir Col. 21 Tab. III für den Monat Mai $\frac{A_r}{A} = 0,96.$

Durch Einsetzen dieser Zahlenwerthe in die Gl. S. 316 (unter Weglassung des Factors $\frac{z_r}{z}$, da $R_r$ auf die Dauer $z$, der Fluth bezogen ist) folgt der Versickerungscoefficient

$$\sigma_r = 1 - \frac{1,6325}{3,49} \left( (1 - 0,318) \cdot 0,96 \cdot \frac{9,4}{6,61} \right.$$
$$\left. + \, 0,318 \cdot 0,099 \right)$$
$$= 1 - 0,468 \, (0,682 \cdot 0,96 \cdot 1,422 + 0,318 \cdot 0,099)$$
$$= 1 - 0,468 \, (0,931 + 0,031) = 1 - 0,45$$
$$\sigma_r = 0,55.$$

**27. Juni bis 4. Juli 1893.**

Nachdem der Wasserstand allmälich auf — 24 cm (1,75), am 27. Juni, herabgegangen war, stieg derselbe auf — 16 (2,11) am 1. Juli, und sank dann auf — 25 (1,69) am 4. Juli; später trat abwechselndes Steigen und Fallen ein. In den 7 Fluthtagen betrug der mittlere Secundenabfluss $W_r$ = 1,907 cbm. Vor der Fluth flossen 1,75 cbm ab, unmittelbar nach derselben 1,69 cbm; es fand also in der Fluthzeit eine allmäliche Abnahme des ständigen Abflusses statt, welcher Rechnung getragen wird, wenn wir

$$W_n = \frac{1,75 + 1,69}{2} = 1,72 \, \text{cbm}$$

einführen. Der mittlere Abfluss im Jahr vom Juli/August 1892 bis Juni/Juli 1893

war $W = \frac{3,64 + 3,633}{2} = 3,637 \, \text{cbm.}$

Daher

$$\frac{W_r - W_n}{W} = \frac{1,907 - 1,72}{3,637} = \frac{0,187}{3,637} = 0,051.$$

Der Regenfall, welcher die Wasserschwelle verursachte, fand in den 3 Tagen vom 28. bis 30. Juni statt. Ganz unbedeutende Regenschauer auf 4 Stationen am 27. Juni sind hinzugezogen worden, dagegen die schwachen anhaltenden Niederschläge am 23.—26. Juni ausgeschlossen. Dem hier betrachteten Regen auf stark feuchten Boden folgte zehntägige Trockenheit.

Der mittlere tägliche Niederschlag in den 3 Tagen, 28.—30. Juni, betrug zu: O.-Lichtenwalde 11,2 mm; Neuhütte 13,57; Hochwald 6,6; Freudenhöhe 8,03; Gr. Mergthal 7,87; Tanneberg 11,67; Röhrsdorf 11,63; Zwickau 9,5; Schwojka 8,77; B. Leipa 8,17; Dobern 5,6; Reichstadt 7,17; Wartenberg 5,47; Krassa 5,67; Gr.-Roll 6,67; Paulinenhof 6,8; Niemes 10,33; (Brenn 5,6); Heidedörfel 6,23; Glashütten 2,93; Strassdorf 2,9 mm; und hiernach in den Theilgebieten: I. Ober-Polzen 7,154 mm; II. Jeschkenbach 6,748; III. Jungfernbach 8,211; IV. Mittel-Polzen 6,104; V. Zwittebach 9,359; VI. Rodowitzer Bach 8,678 mm.

Die mittlere Niederschlagshöhe im ganzen Gebiet war demnach 7,684 mm; oder, über die 7 tägige Fluthperiode verbreitet gedacht, $R_r = \frac{7,684 \cdot 3}{7} = 3,294 \, mm.$

Die mittlere tägliche Niederschlagshöhe im Jahre Juli/August 1892 bis Juni/Juli 1893 war dagegen R = $\frac{1,545 + 1,595}{2} = 1,57 \, mm.$

Also $\frac{R}{R_r} = \frac{1,57}{3,294} = 0,477.$

Mittlerer Abflusscoefficient im Jahre nächst vor Juni/Juli 1893:

$$\alpha = \frac{3,640 + 3,633}{10,8443 + 11,1953} = 0,33.$$

Relative Verdunstungsenergie für die 7 Tage, 27. Juni bis 3. Juli, $(T_r - t_r) \, w_r$

$= 6{,}42$; desgl. für das dem Juni/Juli 1893 vorangehende Jahr $(T - t)w = 5{,}915$; daher

$$\frac{(T, - t,)\,w,}{(T - t)\,w} = \frac{6{,}42}{5{,}915} = 1{,}085.$$

$\dfrac{A,}{A}$ für Juni/Juli: $\dfrac{0{,}97 + 0{,}94}{2} = 0{,}955.$

Der **Versickerungscoefficient**
$$\sigma, = 1 - 0{,}477\,[(1 - 0{,}33) \cdot 0{,}955 \cdot 1{,}085$$
$$+ 0{,}33 \cdot 0{,}051]$$
$$= 1 - 0{,}477\,(0{,}694 + 0{,}017)$$
$$\sigma, = 0{,}661.$$

### 10.—17. Juli 1893.

Der am 10. Juli auf $- 33\,(1{,}38)$ gesunkene **Wasserstand** stieg auf $- 20\,(1{,}94)$ am 14./15., sank dann bis $- 26\,(1{,}65)$ am 17. Der mittlere Secundenabfluss während der 7 tägigen **Fluth** war $W, = 1{,}657$ cbm; unmittelbar vor dem Anschwellen flossen dagegen am 10. Juli $W,, = 1{,}38$ cbm ab; und der mittlere Secundenabfluss im Jahre, August 1892 bis Juli 1893, war $W = 3{,}633$; daher

$$\frac{W, - W,,}{W} = \frac{1{,}657 - 1{,}380}{3{,}633} = \frac{0{,}277}{3{,}633} = 0{,}076.$$

**Mässig starker Regen** fiel auf ganz trockenen Boden in den 3 Tagen vom 11.—13. Juli, Regenschauer auf 3 Stationen am 10. Juli, auf 3 anderen am 14. Juli, auf 3 weiteren am 15. Juli (je 0,1—0,4 mm) sind mit aufsummirt worden; am 16. Juli regnete es gar nicht.

Die **täglichen Niederschlagshöhen** (11. bis 13. Juli) waren: O.-Lichtenwalde 3,2 mm; Neuhütte 5,87; Hochwald 6,13; Freudenhöhe 15,67; Gr. Mergthal 8,8; Tanneberg 2,83; Röhrsdorf 6,53; Zwickau 6,3; Schwojka 3,37; B. Leipa 1,13; Dobern 0,83; Reichstadt 3,63; Wartenberg 1,17; Krassa 6,0; Gr. Roll 1,48; Paulinenhof 1,17: Niemes 1,13; Brenn 2,4; Heidedörfel 1,1; Glashütten 6,03; Strassdorf 3,77 mm; und in den Theilgebieten: I. Ober-Polzen 2,833 mm; II. Jeschkenbach 8,417; III, Jungfernbach 6,683; IV. Mittel-Polzen 2,111; V. Zwittebach 4,407; VI. Rodowitzer Bach 2,344;

daher im ganzen Gebiet $4{,}385$ mm. Auf die 7 tägige Fluthperiode bezogen wird also

$$R, = \frac{4{,}885 \cdot 3}{7} = 1{,}879 \text{ mm}.$$

Die mittlere **tägliche Niederschlagshöhe** im ganzen Jahr, August 1892 bis Juli 1893: $R = 1{,}595$ mm.

$$\frac{R}{R,} = \frac{1{,}595}{1{,}879} = 0{,}849.$$

**Mittlerer Abflusscoefficient** in demselben Jahre $\alpha = \dfrac{3{,}633}{11{,}1953} = 0{,}325.$

**Relative Verdunstungsenergie** für die 7 Tage vom 10.—16. Juli: 10. Juli $= 9{,}53$; 11.—15. Juli $= 7{,}07$; 16. Juli $= 4{,}73$; im Mittel $(T, - t,)\,w, = 7{,}09$.

Desgl. für das vorhergehende Jahr $(T - t)\,w = 5{,}65$;

$$\frac{(T, - t,)\,w,}{(T - t)\,w} = \frac{7{,}09}{5{,}65} = 1{,}255.$$

$\dfrac{A,}{A}$ für Juli $= 0{,}94.$

Der **Versickerungscoefficient**
$$\sigma, = 1 - 0{,}849\,[(1 - 0{,}325) \cdot 0{,}94 \cdot 1{,}255$$
$$+ 0{,}325 \cdot 0{,}076]$$
$$= 1 - 0{,}849\,(0{,}797 + 0{,}025)$$
$$\sigma, = 0{,}302.$$

### 17.—26. Juli 1893.

In unmittelbarem Anschluss an die vorhergehende **Fluth** stellte sich eine neue 9 tägige ein, indem der **Wasserstand** von $- 26\,(1{,}65)$, am 17. Juli, auf $- 19\,(1{,}99)$ am 19. Juli stieg, und dann allmälich zu $- 26\,(1{,}65)$ am 26. Juli herabging. Während dieser Periode war $W, = 1{,}85$, $W,, = 1{,}65$ und W (für das Jahr August 1892 bis Juli 1893) $= 3{,}633$ cbm. Daher

$$\frac{W, - W,,}{W} = \frac{1{,}851 - 1{,}650}{3{,}633} = \frac{0{,}201}{3{,}633} = 0{,}055.$$

Der **Regen** setzte auf fast allen Stationen am 17. Juli heftig ein, wurde am 18. Juli am stärksten und hörte am 22. Juli überall wieder auf; abgesehen von Neuhütte, wo es noch am 23. Juli 3,2 mm regnete, welche in die Niederschlagsumme eingezogen sind. Am 23. und 24. Juli regnete es gelinde nur an je einer Station, und der am 25. Juli schwach beginnende, allmälich zunehmende Regen kommt für die behandelte **Fluth** nicht in Betracht. Der 6 tägige **Regen** fiel auf angefeuchteten Boden.

Die mittlere **tägliche Niederschlagshöhe** betrug zu:

O.-Lichtenwalde 6,35 mm; Neuhütte 7,13; Hochwald 5,97; Freudenhöhe 4,05; Gr. Mergenthal 6,02; Tanneberg 8,28; Röhrsdorf 8,82; Zwickau 7,02; Schwojka 6,57; B. Leipa 5,97; Dobern 2,8; Reichstadt 5,27; Wartenberg 3,6; Krassa 3,42; G. Roll 3,83; Paulinenhof 5,08; Niemes 4,25; Brenn 3,97: Heidedörfel 4,17; Glashütten 4,07; Strassdorf 4,58 mm; in den Theilgebieten: I. Ober-Polzen 3,756; II. Jeschkenbach 3,825; III. Jungfernbach 5,071; IV. Mittel-Polzen 4,302; V. Zwittebach 6,539; VI. Rodowitzer Bach 5,883 mm;

und im **ganzen** ¦**Niederschlagsgebiet** $4{,}981$ mm.

Auf die Fluthdauer von 9 Tagen bezogen war also $R, = \dfrac{4{,}981 \cdot 6}{9} = 3{,}321$ mm; und mit $R = 1{,}595$, wie im vorhergehenden Beispiel, wird

$$\frac{R}{R,} = \frac{1{,}595}{2{,}321} = 0{,}48.$$

Der **Abflusscoefficient** $\alpha = 0{,}325$, das **Verhältniss der Verdunstungsfactoren** $\dfrac{A,}{A} = 0{,}94$; die mittlere relative Verdunstungsenergie im Rechenjahr, $(T-t)$ w $= 5,65$, bleiben dieselben wie im vorhergehenden Fall. Die relative Verdunstungsenergie in den Tagen vom 17. bis 25. Juli betrug: 17.—20. Juli: 5,93; 21.—25. Juli: 7,47; im Mittel täglich $(T, -t,)$ w, $= 6,77$.

$$\frac{(T, -t,) w,}{(T-t) w} = \frac{6,77}{5,65} = 1,198.$$

Der Versickerungscoefficient

$\sigma, = 1 - 0,48 [(1 - 0,325) \cdot 0,94 \cdot 1,198$
$\qquad\qquad\qquad\qquad + 0,325 \cdot 0,055]$
$= 1 - 0,48 (0,760 + 0,018)$
$\sigma, = 0,627.$

### 21.—30. August 1893.

Der abwärts schwankende Wasserstand erreichte am 21. August mit — 30 $(1,47)$ sein Minimum; stieg dann bis — 19 $(1,99)$ am 28. August und ging am 30. August auf — 30 $(1,47)$ zurück. Während dieser 9 tägigen Anschwellung betrug der mittlere Abfluss pr. Sec. W, $= 1,8144$ cbm; der Niedrigabfluss W$_{\prime\prime} = 1,47$, und der mittlere Abfluss im Jahr, September 1892 bis August 1893, war W $= 3,636$ cbm. Daher

$$\frac{W, - W_{\prime\prime}}{W} = \frac{1,8144 - 1,4700}{3,636} = \frac{0,3444}{3,636} = 0,095.$$

Der Regen begann nach 5—6 tägiger Trockenheit — also auf ausgetrockneten Boden — am 22. August fast auf der ganzen Linie, erreichte sein Maximum am 24. August und hielt an bis zum 27. In diesen 6 tägigen Regenfall eingerechnet werden die unbedeutenden sporadischen Niederschläge am 21. und 28. August; ausgeschlossen sind dagegen vereinzelte Sprühregen am 29. und 30.

Die mittlere tägliche Niederschlagshöhe war:

O.-Lichtenwalde 3,2 mm; Neuhütte 4,78; Hochwald 4,78; Freudenhöhe 4,28; Gr. Mergthal 3,2; Tanneberg 4,85; Röhrsdorf 5,85; Zwickau 5,88; Schwojka 5,92; B. Leipa 3,63; Dobern 4,3; Reichstadt 4,88; Wartenberg 6,2; Krassa 5,42; Gr. Roll 4,77; Paulinenhof 5,83; Niemes 5,08; Brenn 3,53; Heidedörfel 6,97; Glashütten 5,73; Strassdorf 2,97 mm; — in den Theilgebieten: I. Ober-Polzen 5,55 mm; II. Jeschkenbach 5,242; III. Jungfernbach 4,325; IV. Mittel-Polzen 4,696; V. Zwittebach 4,668; VI. Rodowitzer Bach 5,022 mm;

in dem ganzen Niederschlagsgebiet $4,799$ mm.

Auf 9 tägige Fluthdauer bezogen ist also
$$R, = 4,799 \cdot 6/9 = 3,199 \text{ mm}.$$

R (für das Jahr September 1892 bis August 1893): $1,68$ mm; daher

$$\frac{R}{R,} = \frac{1,68}{3,199} = 0,525.$$

Der mittlere Abflusscoefficient in unserem Rechenjahr war $\alpha = 0,309$; die mittlere relative Verdunstungsenergie

$(T-t) w = 5,44$; das Verhältniss der Verdunstungsfactoren im August $\frac{A,}{A} = 0,93$. Die relative Verdunstungsenergie in den 9 Tagen, 21.—30. August war: 21.—25: 15,3; 26.—29.: 6,54; im Mittel täglich $(T, -t,)$ w, $= 11,41$. Also

$$\frac{(T, -t,) w,}{(T-t) w} = \frac{11,41}{5,44} = 2,1.$$

Der Versickerungscoefficient

$\sigma, = 1 - 0,525 [(1 - 0,309) \cdot 0,93 \cdot 2,1$
$\qquad\qquad\qquad\qquad + 0,309 \cdot 0,095]$
$= 1 - 0,525 (1,348 + 0,029)$
$\sigma, = 0,277.$

### 6.—12. September 1893.

Der sinkende Wasserstand erreichte am 6. September ein Niedrigstniveau mit — 30 $(1,47)$; dann trat Steigen ein auf — 16 $(2,11)$ am 9. September; dann Fallen bis — 30 $(1,47)$ am 12. September. Der mittlere Wasserabfluss während dieser 6 tägigen Anschwellung betrug pr. Sec. W, $= 1,80$ cbm; der Niederwasserabfluss W$_{\prime\prime} = 1,47$; der mittlere Jahresabfluss, Oktober 1892 bis September 1893, W $= 3,641$. Daher

$$\frac{W, - W_{\prime\prime}}{W} = \frac{1,80 - 1,47}{3,641} = \frac{0,33}{3,641} = 0,091.$$

Der verursachende Regenfall dauerte 4 Tage, vom 7.—10. September; die unbedeutenden Randniederschläge an einer Station (6. Sept.) und an 2 anderen (11. Sept.) sind einsummirt. Es folgt kaum unterbrochene Trockenheit bis zum 16.; vorher hatte es ziemlich stark geregnet am 31. August; dann ganz vereinzelt und schwach bis zum 4. September; nahezu regenfrei war der 5. und 6. September; mithin darf man annehmen, dass der betrachtete Regenfall auf wenig feuchtem Boden stattfand.

Die mittlere tägliche Niederschlagshöhe während desselben war zu:

O.-Lichtenwalde 9,03 mm; Neuhütte 4,78; Hochwald 3,98; Freudenhöhe 4,3; Gr. Mergthal 5,5; Tanneberg 4,7; Röhrsdorf 5,58; Zwickau 4,78; Schwojka 2,83; B. Leipa 3,2; Dobern 3,18; Reichstadt 3,7; Wartenberg 7,88; Krassa 4,88; Gr. Roll 4,48; Paulinenhof 4,03; Niemes 3,75; Brenn 3,03; Heidedörfel 4,55; Glashütten 3,58; Strassdorf 5,3 mm; — in den Theilgebieten: I. Ober-Polzen 5,483; II. Jeschkenbach 6,063; III. Jungfernbach 4,381; IV. Mittel-Polzen 3,897; V. Zwittebach 4,888; VI. Rodowitzer Bach 3,900;

in dem ganzen Niederschlagsgebiet $4,643$ mm.

Auf 6 tägige Fluthdauer bezogen, wird also

$$R, = \frac{4,643 \cdot 4}{6} = 3,095 \text{ mm}.$$

Und da die mittlere tägliche Niederschlagshöhe im Rechenjahr Oktober 1892 bis September 1893 $= 1{,}67$ mm, so ist

$$\frac{R}{R_{\prime}} = \frac{1{,}67}{3{,}095} = 0{,}54.$$

Der mittlere Abflusscoefficient im Rechenjahr war $\alpha = 0{,}317$; die mittlere Verdunstungsenergie $(T-t)\,w = 5{,}57$; das Verhältniss der Verdunstungsfactoren (September) $\frac{A_{\prime}}{A} = 0{,}93$. Die relative Verdunstungsenergie: 6.—10. Sept. 7,47; 11. Sept. 6,6; vom 6. bis 11. Sept. im Mittel täglich $(T,-t_{\prime})\,w_{\prime} = 7{,}35$; daher

$$\frac{(T,-t_{\prime})\,w_{\prime}}{(T-t)\,w} = \frac{7{,}35}{5{,}57} = 1{,}319.$$

Der Versickerungscoefficient

$$\sigma_{\prime} = 1 - 0{,}54\,[(1-0{,}317)\cdot 0{,}93\cdot 1{,}319 + 0{,}317\cdot 0{,}091]$$
$$= 1 - 0{,}54\,(0{,}838 + 0{,}029)$$
$$\sigma_{\prime} = 0{,}532.$$

### 18.—21. Oktober 1893.

Der Wasserstand war am 18. Oktober auf $-22\,(1{,}83)$ gesunken; hob sich am 18. bis $+18\,(4{,}02)$; ging am 21. Oktober auf $-23\,(1{,}80)$ zurück. Während dieser 8tägigen Anschwellung betrug der mittlere Abfluss pr. Sec. $W_{\prime} = 2{,}763$ cbm; der Niedrigabfluss $W_{\prime\prime} = 1{,}815$. Im Jahr, November 1892 bis Oktober 1893, flossen pr. Sec. im Mittel $W = 3{,}675$ cbm ab. Also

$$\frac{W_{\prime} - W_{\prime\prime}}{W} = \frac{2{,}763 - 1{,}815}{3{,}675} = \frac{0{,}948}{3{,}675} = 0{,}258.$$

Fünftägiger Regenfall, vom (13.) 14. bis 18. Oktober, setzte nach mehrwöchentlicher Trockenheit (abgesehen von ganz unerheblichen sporadischen Schauern) kräftig ein, flaute nach dem 2. und 3. Tage ab, und endete gleichzeitig an allen Stationen bis auf 5, in denen es noch am 19. gelinde regnete. Die betreffenden Niederschläge sind dem Regenfall zugerechnet, ebenso die erheblichen vom 13. an zwei anderen Stationen. Am 20. war es ganz trocken; am 21. hub neuer Regen an, der hier nicht in Betracht kommt. In Berücksichtigung der herbstlichen Jahreszeit, ist anzunehmen, dass der Regenfall auf Boden stattfand, welcher von den vorhergehenden Schauern noch feucht war.

Die mittlere tägliche Niederschlagshöhe war zu:

O.-Lichtenwalde 13,06 mm; Neuhütte 15,46; Hochwald 10,62; Freudenhöhe 7,96; Gr. Mergthal 9,94; Tanneberg 14,56; Röhrsdorf 11,18; Zwickau 9,88; Schwojka 8,80; B. Leipa 7,22; Dobern 6,62; Reichstadt 7,74; Wartenberg 7,64; Krassa 8,2; Gr. Roll 7,34; Paulinenhof 8,24; Niemes 7,88; Brenn 6,74; Heidedörfel 8,5; Glas-

hütten 6,88; Strassdorf 8,4 mm; — in den Theilgebieten: I. Ober-Polzen 7,907 mm; II. Jeschkenbach 7,8; III. Jungfernbach 9,1; IV. Mittel-Polzen 7,536; V. Zwittebach 10,798; VI. Rodowitzer Bach 9,993 mm;

in dem ganzen Niederschlagsgebiet $8{,}873$ mm.

Auf 8 tägige Fluthdauer bezogen, ist also

$$R_{\prime} = \frac{8{,}873\cdot 5}{8} = 5{,}546\;mm.$$

Mittlere tägliche Niederschlagshöhe des Rechenjahres $R = 1{,}804$; daher

$$\frac{R}{R_{\prime}} = \frac{1{,}804}{5{,}546} = 0{,}325.$$

Im Rechenjahr November 1892 bis Oktober 1893 war der mittlere Abflusscoefficient $\alpha = 0{,}29$; die mittlere relative Verdunstungsenergie $(T-t)\,w = 5{,}76$; das Verhältniss der Verdunstungsfactoren für Oktober $\frac{A_{\prime}}{A} = 0{,}86$ [10]). Die relative Verdunstungsenergie vom 13.—15. Oktober betrug 5,01; vom 16.—20.: 7,87; im Durchschnitt vom 13. bis 20. täglich $(T,-t_{\prime})\,w_{\prime} = 6{,}48$. Mithin

$$\frac{(T,-t_{\prime})\,w_{\prime}}{(T-t)\,w} = \frac{6{,}48}{5{,}76} = 1{,}125.$$

Der Versickerungscoefficient

$$\sigma_{\prime} = 1 - 0{,}325\,[(1-0{,}29)\cdot 0{,}86\cdot 1{,}125 + 0{,}29\cdot 0{,}258]$$
$$= 1 - 0{,}325\,(0{,}687 + 0{,}075)$$
$$\sigma_{\prime} = 0{,}752.$$

### 1.—10. November 1893.

Nach wiederholten Schwankungen im Oktober erreichte der Wasserstand am 1. November $-17\,(2{,}07)$; stieg bis zum 4. auf $-1\,(2{,}86)$; fiel am 10. auf $-20\,(1{,}94)$. Während dieser 9tägigen Anschwellung flossen im Mittel pr. Sec. $W_{\prime} = 2{,}447$ cbm ab; der Niedrigdurchfluss betrug im Mittel $W_{\prime\prime} = \frac{2{,}07 + 1{,}94}{2} = 2{,}005$ und der mittlere Jahresabfluss, Dezember 1892 bis November 1893, $W = 3{,}739$; daher

$$\frac{W_{\prime} - W_{\prime\prime}}{W} = \frac{2{,}447 - 2{,}005}{3{,}739} = \frac{0{,}442}{3{,}739} = 0{,}118.$$

Der verursachende Regenfall war nicht scharf limitirt. Es rieselte hie und da vom 26.—31. Oktober, an welchem Tage noch an 8 Stationen je 0,3 bis 1,2 mm Regen gemessen wurden. Die Niederschläge vom 31. sind in die Summe des 5tägigen Regenfalles eingerechnet, der am 1. heftig einsetzte, all-

---

10) Diese Zahl, sowie die entsprechende für $A_{\prime}$ (Oktober), passt nicht in die Reihe der übrigen, nämlich September 0,93, November 0,99. Sollte sie etwa auf Druckfehler beruhen und durch $\frac{0{,}93 + 0{,}99}{2} = 0{,}96$ zu ersetzen sein, so würde der Versickerungscoefficient $\sigma_{\prime} = 0{,}726$ (anstatt 0,752).

mälich abnahm, und am 5. endete. Es folgten 3 Tage mit ganz unbedeutenden (0,1—2,4 mm) Schneefällen an 12 vereinzelten Stationen; darauf 5 Tage ohne jegliche Niederschläge. Die Schneeniederschläge habe ich nicht in den Regenfall einbezogen, weil sie zu der am 10. November abschliessenden Wasseranschwellung nicht beigetragen haben können bei einer Mitteltemperatur in Leipa von + 0,6° am 6. bis 10. und von — 0,9° am 11.—15. Der Regen fiel auf durchnässten, z. Th. aber gefrorenen Boden.

Die mittlere tägliche Niederschlagshöhe war zu:

O.-Lichtenwalde, 3,04 mm; Neuhütte 4,92; Hochwald 3,96; Freudenhöhe 2,72; Gr. Mergthal 6,32; Tanneberg 4,32; Röhrsdorf 3,96; Zwickau 2,94; Schwojka 1,96; B. Leipa 1,38; Dobern 1,64; Reichstadt 1,80; Wartenberg 2,56; Krassa 3,8; Gr. Roll 2,16; Paulinenhof 4,24; Niemes 2,44; Brenn 1,44; Heidedörfel 2,7; Glashütten 1,64; Strassdorf 1,62 mm; — in den Theilgebieten: I. Ober-Polzen 2,933; II. Jeschkenbach 2,64; III. Jungfernbach 3,86; IV. Mittel-Polzen 2,14; V. Zwittebach 3,47; VI. Rodowitzer Bach 2,62:

in dem ganzen Sammelgebiet *2,985 mm*.

Auf die 5 Abflusstage bezogen, resultirt hieraus die mittlere tägliche Niederschlagshöhe

$$R_i = \frac{2{,}985 \cdot 5}{9} = 1{,}6585 \ mm.$$

Die mittlere tägliche Niederschlagshöhe im Jahre, Dezember 1892 bis November 1893, war dagegen R = *1,952 mm*; daher

$$\frac{R}{R_i} = \frac{1{,}952}{1{,}6585} = 1{,}177.$$

Der mittlere Abflusscoefficient für das Rechenjahr war $\alpha = 0{,}273$; die mittlere relative Verdunstungsenergie $(T-t)w = 5{,}78$; das Verhältniss der Verdunstungsfactoren (pro November) $\frac{A_i}{A} = 0{,}99$.

Die relative Verdunstungsenergie in den Tagen, 1.—5. November: 4,37; 6.—9. November: 3,87; im Mittel 1.—9. November: $(T_i - t_i)w_i = 4{,}15$ täglich. Mithin

$$\frac{(T_i - t_i)w_i}{(T-t)w} = \frac{4{,}15}{5{,}78} = 0{,}718.$$

Der Versickerungscoefficient

$$\sigma_i = 1 - 1{,}177\,[(1 - 0{,}273) \cdot 0{,}99 \cdot 0{,}718$$
$$+ 0{,}273 \cdot 0{,}118]$$
$$= 1 - 1{,}77\,(0{,}517 + 0{,}032)$$
$$\sigma_i = 0{,}354.$$

**14.—27. November 1893.**

Der Wasserstand oscillirte vom 10. bis 14. zwischen — 18 und — 22 cm und war am 14. — 19 (1,99); er stieg dann bis + 31 (4,90) am 22., und ging wieder herab

auf — 12 (2,31) am 27. Obwohl der niedrige Stand vom 14. nicht wieder erreicht wurde, dürfen wir die discutirte Wasserschwelle doch nicht weiter rechnen als bis zum 27., weil dann neues Ansteigen erfolgte. Während der 13 tägigen Fluth flossen im Mittel pr. Sec. $W_i = 2{,}857$ cbm ab; der Niedrigstabfluss bei Beginn der Fluth war $W_{ii} = 1{,}99$, und der mittlere Jahresabfluss, wie im vorigen Beispiel, W = 3,739; daher

$$\frac{W_i - W_{ii}}{W} = \frac{2{,}857 - 1{,}99}{3{,}739} = \frac{0{,}867}{3{,}739} = 0{,}232.$$

Die verursachenden Niederschläge bestanden zum Theil in Schnee und bedürfen deshalb einer besonderen Erläuterung. Obwohl es in den 5 Tagen nächst vor dem 13. weder geregnet noch geschneit hatte, erfolgten die 7 tägigen Niederschläge vom 14.—20. doch auf durchfeuchteten Boden, denn der vom 6.—8. hier und da dürftig gefallene Schnee war noch nicht weg, als unsere Niederschlagsperiode mit Schneefall begann. Sie wäre deshalb hier nicht verwendbar, wenn nicht vom 17./18. ab anhaltender starker Regen eingesetzt wäre, der den vorher gefallenen Schnee zur Fluth brachte. Nur auf der Station O.-Lichtenwalde schneite es in der ganzen Zeit, und da daselbst der Schnee auch liegen blieb, so ist der Niederschlag dieser Station = Null zu setzen. Auf 6 anderen Stationen folgte am 20. auf den Regen Schnee, und auch die Niederschläge dieses Tages sind von der Summirung ausgeschlossen worden. Vom 21. bis 24. fehlten Niederschläge, und die am 24./25. wieder anhebenden waren ohne Einfluss auf die betrachtete Wasserschwellung, um so weniger als sie fast durchweg aus Schnee bestanden.

Aus diesem Gesichtspunkt betrachtet, waren die mittleren täglichen Niederschlagshöhen vom 14. bis 20. zu:

O.-Lichtenwalde: Null (als Schnee 5,08): Neuhütte 3,96; Hochwald 2,81; Freudenhöhe 5,75; Gr. Mergthal 4,01; Tanneberg 5,8; Röhrsdorf 4,3; Zwickau 4,07; Schwojka 4,36; B. Leipa 4,53; Dobern 3,19; Reichstadt 4,23; Wartenberg 4,8; Krassa 0,76; Gr. Roll 1,68; Paulinenhof 4,57; Niemes 4,03; Brenn 3,83; Heidedörfel 3,59; Glashütten 3,96; Strassdorf 4,1 mm; — in den Theilgebieten: I. Ober-Polzen 3,195; II. Jeschkenbach 5,273; III. Jungfernbach 4,15; IV. Mittel-Polzen 3,718; V. Zwittebach 3,737; VI. Rodowitzer Bach 4,448;

und in dem ganzen Sammelgebiet *3,99 mm*.

Mittlere Niederschlagshöhe auf 13 tägige Fluthdauer bezogen:

$$R_i = \frac{3{,}997 \cdot 7}{13} = 2{,}148 \ mm.$$

R (wie im vorhergehenden Fall) = $1,952$ mm; daher

$$\frac{R}{R_r} = \frac{1,952}{2,148} = 0,909.$$

Der mittlere Abflusscoefficient $\alpha = 0,273$; $(T-t)\,w = 5,78$; $\frac{A_r}{A} = 0,99$; — für das Jahr von Dezember 1892 bis November 1893.

Die relative Verdunstungsenergie war an den Tagen vom 14.—15. November: 1,87; 16.—20. 1,33; 21.—25. 2,5; 26. 2,80; im Mittel täglich (vom 14.—26. November) $(T_r - t_r)\,w_r = 1,98$. Daher

$$\frac{(T_r - t_r)\,w_r}{(T-t)\,w} = \frac{1,98}{5,78} = 0,343.$$

Der Versickerungscoefficient

$$\sigma_r = (1 - 0,909\,[(1 - 0,273)\cdot 0,99 \cdot 0,343 + 0,273 \cdot 0,232]$$
$$= 1 - 0,909\,(0,247 + 0,063)$$
$$\sigma_r = 0,718.$$

Für das Jahr 1892 lässt sich die Berechnung der Versickerungscoefficienten nicht in gleicher Weise durchführen wie hier für 1893 geschehen, weil die zur Mittelzahlbildung erforderlichen Daten von 1891 fehlen (siehe S. 317). Da es aber wünschenswerth ist, auch für einen Frühlingsmonat vor Mai/Juni die Versickerung zu kennen, wozu der Regenfall und die Fluth im April/Mai 1892 sonst brauchbare Rechnungselemente bieten, so will ich noch diesen Fall durchnehmen, obwohl das Resultat nur approximativ sein kann.

### 29. April bis 9. Mai 1892.

Am 29. April war der Wasserstand auf − 23 (1,80) gesunken, stieg dann bis + 36 (5,21) am 4. Mai, und fiel auf − 24 (1,75) am 9. Mai. Während dieser 10tägigen Fluth flossen im Mittel pro Secunde $W_r = 3,0065$ cbm ab; am Anfang und Ende derselben $W_n = \frac{1,80 + 1,75}{2} = 1,775$. Da der mittlere Secundenabfluss im Jahre, Mai-Juni 1891 bis Juni/Mai 1892, nicht ermittelt werden kann, so nehmen wir dafür den entsprechenden des folgenden Rechenjahres, also $W = \frac{3,662 + 3,654}{2} = 3,658$ an, und erhalten

$$\frac{W_r - W_n}{W} = \frac{3,0065 - 1,775}{3,658} = \frac{1,2315}{3,658} = 0,332.$$

Der die Fluth verursachende sechstägige Regenfall wird vom 29. April bis 4. Mai gerechnet; ganz unbedeutende Niederschläge, den 28. an 3 Stationen, werden mit einsummirt, unerhebliche schneeige Niederschläge am 5.—7. bleiben dagegen unberücksichtigt; desgleichen schwacher sporadi-

scher Regen am 9. Am intensivsten regnete es vom 30. April bis 2. Mai. Der Boden war vorher durchnässt.

Die mittlere tägliche Niederschlagshöhe betrug zu:

O.-Lichtenwalde 11,07 mm; Neuhütte 6,38; Gr. Mergthal 5,7; Hochwald 4,9; Freudenhöhe 6,93; Tanneberg 8,4; Röhrsdorf 8,68; Zwickau 4,38; Schwojka 5,2; B. Leipa 5,73; Dobern 2,63; Reichstadt 4,77; Wartenberg 5,38; Krassa 5,92; Gr. Roll 5,32; Paulinenhof 5,73; Niemes 2,58; Brenn 4,47; Heidedörfel 7,87; Glashütten 3,4; Strassdorf 5,17; — in den Theilgebieten: I. Ober-Polzen 4,628; II. Jeschenbach 6,158; III. Jungfernbach 5,029; IV. Mittel-Polzen 4,767; V. Zwittebach 5,895; VI. Rodowitzer Bach 5,411;

in dem ganzen Sammelgebiet $5,267$ mm.

Auf zehntägige Fluthdauer bezogen wird

$$R_r = \frac{5,267 \cdot 6}{10} = 3,16 \text{ mm}.$$

Für R substituiren wir den bezüglichen Werth des nächsten Rechenjahres, Mai/Juni 1892 bis April/Mai 1893, nämlich

$$\frac{1,7484 + 1,6325}{2} = 1,6905.$$

Daher

$$\frac{R}{R_r} = \frac{1,6905}{3,16} = 0,535.$$

Analog übertragen sind die Werthe für den mittleren Abflusscoefficienten $\alpha = \frac{3,658}{11,867} = 0,308$; für die mittlere relative Verdunstungsenergie $(T-t)\,w = \frac{4,26 + 6,61}{2} = 5,44$; und für $\frac{A_r}{A}$ (April/Mai) $\frac{1,12 + 0,96}{2} = 1,04$.

Die tägliche relative Verdunstungsenergie in der Periode vom 29. April bis 8. Mai 1892 war: 29./30. April 9,4; 1. bis 5. Mai 4,27; 6.—8. Mai 6,96; im Mittel $(T_r - t_r)\,w_r = 6,10$. Also

$$\frac{(T_r - t_r)\,w_r}{(T-t)\,w} = \frac{6,10}{5,44} = 1,121.$$

Der Versickerungscoefficient

$$\sigma_r = 1 - 0,535\,[(1 - 0,308)\cdot 1,04 \cdot 1,121 + 0,308 \cdot 0,332]$$
$$= 1 - 0,535\,(0,807 + 0,102)$$
$$\sigma_r = 0,514.$$

Die im Vorhergehenden bestimmten, in Col. 28 und 29 Tab. III übersichtlich zusammengestellten, Versickerungscoefficienten zeigen grosse Unregelmässigkeiten, bei deren Beurtheilung im Voraus berücksichtigt werden muss, dass nicht alle discutirten Regenfälle und Wasseranschwellungen für die Berechnung der Coefficienten völlig geeignet waren; ich unterlasse es aber unbequeme Resultate auszuschliessen, weil es

41*

hier zunächst darauf ankommt, die Gangbarkeit des Verfahrens zu prüfen. Der auffällige Wechsel zwischen sehr niedrigen und sehr hohen Coefficienten, welche je 2 unmittelbar aufeinanderfolgende Bestimmungen im Juli, August, November ergaben, erklärt sich zum Theil daraus, dass die betreffenden Resultate einander ergänzen, da sie sich im Grunde genommen auf 2 Phasen je einer längeren Fluth beziehen; verkoppelt man demgemäss die zusammengehörigen Einzelwerthe, so resultiren fast durchweg Versickerungscoefficienten zwischen 0,50 und 0,55.

Um den Einfluss der Bodenfeuchtigkeit und der Regendichte auf die Versickerung ersichtlich zu machen, habe ich die einzelnen Regenfälle und die Bodenzustände vor deren Eintreffen charakterisirt, möchte aber darauf hinweisen, dass die Feuchtigkeit an der Oberfläche porösen Sandsteins allweg bald latent wird, während Moore auch bei trockener Luft feucht bleiben; immerhin erkennt man, dass die Versickerung nach anhaltender Trockenheit am geringsten war (10.—17. Juli, 21. bis 30. August; doch kommen in diesen Fällen auch noch andere Umstände zur Geltung), und der kleine Versickerungscoefficient für nassen Boden, welchen das Beispiel 1. bis 10. November ergiebt, erklärt sich vielleicht aus einer theilweisen Frostschicht. Es geht schon aus dem Aufbau der Bestimmungsgleichung hervor, dass — caeteris paribus — der Versickerungscoefficient umsomehr wächst, je kleiner $\frac{R}{R_t}$ wird, d. h. je grösser die mittlere tägliche Niederschlagshöhe der Fluthperiode im Vergleich zu der des Jahres ist; dies steht in vollem Einklang mit der alten Erfahrung, dass anhaltender gleichmässiger Regen die Grundwasserbildung am meisten fördert. Der Einfluss der Verdunstungsenergie während der einzelnen Regen- und Fluthperioden auf den Versickerungscoefficienten ist aber ein viel höherer als man à priori hätte vermuthen können; und da die Verdunstung von Tag zu Tag erheblich wechseln kann, so wird schon daraus der ständige Wechsel der Versickerungscoefficienten erklärlich. Hierzu kommt der Einfluss der Vegetationsprocesse, welcher weiter unten erörtert werden soll.

Durchweg erscheinen die bestimmten Specialversickerungscoefficienten sehr hoch. Es ist nicht ausgeschlossen, dass unterirdische Abflüsse aus dem Niederschlagsgebiet sich dem betrachteten Stück des Flussgebietes entziehen (siehe S. 307),

wodurch ein zu hoher Versickerungscoefficient erscheinen müsste; bei der Grösse des Niederschlagsgebietes dürfte der daraus erwachsende Fehler aber immerhin ein sehr mässiger sein. Die starke Versickerung steht in vollem Einklang mit den in dem geologischen Abschnitt geschilderten Verhältnissen, mit der Trockenheit der Sandsteinplateaus und dem Wasserreichthum entlang ihren Sockeln.

Es war deshalb ein glücklicher Griff, dass zum Gegenstande dieser Studie ein Terrain gewählt wurde, welches s.z.s. einen Typus darstellt.

Aber auch die Moore in den Thalböden tragen dazu bei, dass die Versickerung gross erscheint, indem sie den Abfluss verzögern; das von ihnen zurückgehaltene Wasser kommt zwar allmälich dem Fluss, und nur zum geringsten Theil der Quellbildung, zu gute; die Bestimmung des Versickerungscoefficienten nach der behandelten Methode verliert dadurch aber nicht an praktischem Interesse, sondern tritt vielmehr in unmittelbaren Dienst der Hochwasserforschung.

*Einfluss der Vegetationsprocesse.*

Die im Vorhergehenden ermittelten Versickerungscoefficienten bezeichnen zunächst nur jenen Bruchtheil der Niederschläge, welcher nicht unmittelbar verdunstet oder oberflächlich abfliesst; wie viel davon aber wirklich versickert und der Quell- und Grundwasserbildung dient, wie viel zur Unterhaltung des Lebensprocesses der Pflanzen aufgeht, ist eine andere Frage, zu deren Beantwortung ich die Untersuchung auch über die Vegetationsmonate ausgedehnt habe. Aus den Versickerungscoefficienten in Monaten ohne lebhaftes Pflanzenwachsthum (z. B. November) lässt sich der Einfluss der reinen Verdunstung auf die Versickerung ziffermässig feststellen, und durch Uebertragung des gewonnenen Resultats auf Monate mit Vegetation lässt sich der Antheil des Lebensprocesses der Pflanzen an jenem Wasserverbrauch bestimmen, den wir bisher kurzweg der Versickerung mit zugeschrieben haben.

Es ist $\sigma_t = 1 - \alpha_t - \beta_t$; wenn $\sigma_t$ wie früher den Versickerungscoefficienten bedeutet; $\alpha_t$ den temporären, durch den betrachteten Regenfall bedingten Abflusscoefficienten, also $\alpha_t = \frac{W_t - W_n}{R_t \cdot F}$; $\beta_t$ den temporären Verdunstungscoefficienten, also $\beta_t = \frac{A_t \cdot (T_t - t_t) w_t}{R_t}$. Da wir bisher $W_t$ und $W_n$ in Kubikmeter pro Sec., $R_t$ in Millimeter pro Tag, F in Quadratkilometer ausgedrückt haben, so wird (da 1 Tag $= 86\,400$ Sec.; $F = 606{,}4$ qkm)

$$\alpha_{\prime} = \frac{(W_{\prime} - W_{\prime\prime}) \cdot 86\,400}{R_{\prime} \cdot 0{,}001 \cdot 606{,}4 \cdot 1\,000\,000}$$

$$= 0{,}143 \left(\frac{W_{\prime} - W_{\prime\prime}}{R_{\prime}}\right) \ldots 14)$$

In dem Ausdruck für $\beta_{\prime}$ ist sowohl die Regenhöhe $R_{\prime}$ als die Verdunstungshöhe $(T_{\prime} - t_{\prime})\,w_{\prime}$ in Millimeter pro Tag verstanden; der für unser Gebiet gültige Verdunstungsfactor $A_{\prime}$ ist aber jetzt als solcher einzuführen, während wir uns bisher mit übertragenen Verhältnisszahlen $\frac{A_{\prime}}{A}$ beholfen haben. Wir nehmen an, dass Ule's Verdunstungsfactoren für Wasserflächen (Chemnitz, 1. Abschn. S. 198) für den Boden unseres Gebietes gültig werden, wenn wir sie mit $\varkappa$ multipliciren. $\varkappa$ enthält dann 1. den Coefficienten k für Umsetzung der Verdunstung von einer Wasserfläche in jene vom Boden (1. Abschn. S. 197), 2. die Relation zwischen der für Leipa festgestellten relativen Verdunstungsenergie $(T_{\prime} - t_{\prime})\,w_{\prime}$ und der gleichzeitigen für das ganze Gebiet, 3. einen empirischen Correcturfactor. Wir haben also

$$\beta_{\prime} = \frac{\varkappa \cdot A_{\prime} (T_{\prime} - t_{\prime})\,w_{\prime}}{R_{\prime}}, \ldots 15)$$

und erhalten durch Einsetzen von 14) und 15) in obige Gl. $\sigma_{\prime} = 1 - \alpha_{\prime} - \beta_{\prime}$:

$$\sigma_{\prime} = 1 - \frac{1}{R_{\prime}} \Big( 0{,}142\,(W_{\prime} - W_{\prime\prime})$$
$$+ \varkappa \cdot A_{\prime}\,(T_{\prime} - t_{\prime})\,w_{\prime} \Big) \ . \ 16)$$

daraus

$$\varkappa = \frac{(1 - \sigma_{\prime})\,R_{\prime} - 0{,}142\,(W_{\prime} - W_{\prime\prime})}{A_{\prime} \cdot (T_{\prime} - t_{\prime}) \cdot w_{\prime}} \ 17)$$

Für die Periode vom 14.—27. November 1893 war $\sigma_{\prime} = 0{,}718$; $R_{\prime} = 2{,}148$; $W_{\prime} - W_{\prime\prime} = 0{,}867$; $A_{\prime} = 0{,}127$; $(T_{\prime} - t_{\prime})\,w_{\prime} = 1{,}98$; daher

$$\varkappa = \frac{0{,}282 \cdot 2{,}148 - 0{,}142 \cdot 0{,}867}{0{,}127 \cdot 1{,}98} = 1{,}919.$$

Für die Periode 1.—10. November 1893 mit $\sigma_{\prime} = 0{,}354$; $R_{\prime} = 1{,}659$; $W_{\prime} - W_{\prime\prime}$

$= 0{,}442$; $A_{\prime} = 0{,}127$; $(T_{\prime} - t_{\prime})\,w_{\prime} = 4{,}15$ wird

$$\varkappa = \frac{0{,}646 \cdot 1{,}659 - 0{,}142 \cdot 0{,}442}{0{,}127 \cdot 4{,}15} = 1{,}914.$$

Für 13.—21. Oktober 1893 mit $\sigma_{\prime} = 0{,}752$; $R_{\prime} = 5{,}546$; $W_{\prime} - W_{\prime\prime} = 0{,}948$; $A_{\prime} = 0{,}110$; $(T_{\prime} - t_{\prime})\,w_{\prime} = 6{,}48$ wird

$$\varkappa = \frac{0{,}248 \cdot 5{,}546 - 0{,}142 \cdot 0{,}948}{0{,}110 \cdot 6.48} = 1{,}741.$$

Für 19. April bis 9. Mai 1892 mit $\sigma_{\prime} = 0{,}514$; $R_{\prime} = 3{,}16$; $W_{\prime} - W_{\prime\prime} = 1{,}2315$; $A_{\prime} = 0{,}143$; $(T_{\prime} - t_{\prime})\,w_{\prime} = 6{,}10$

$$\varkappa = \frac{0{,}486 \cdot 3{,}16 - 0{,}142 \cdot 1{,}2315}{0{,}143 \cdot 6.1} = 1{,}560.$$

Für den Monat November, ohne Pflanzenwachsthum, erhalten wir also übereinstimmend $\varkappa = 1{,}919 \ldots 1{,}914$; während dieser Coefficient für Oktober, wo die Vegetationsprocesse noch nicht beendet sind, kleiner ausfällt ($\varkappa = 1{,}741$); und für April-Mai, wo die Vegetation sich entfaltet, noch kleiner ($\varkappa = 1{,}56$). Nehmen wir also den Mittelwerth $\varkappa = \frac{1{,}919 + 1{,}914}{2} = 1{,}917$ als Reductionscoefficienten der nach Elimination des Vegetationseinflusses bleibenden Verdunstungsfactoren, so werden die neuen Factoren ($A_{\prime}$) $= \varkappa \cdot A_{\prime}$ für die Gesammtbodenoberfläche unseres Sammelgebietes [11]): Januar 0,280; Februar 0,266; März 0,286; April 0,274; Mai 0,236; Juni 0,238; Juli 0,230; August 0,228; September 0,228; Oktober 0,211; November 0,243; Dezember 0,230; Jahr 0,245. Mit Hülfe derselben und der Gl. 16), für welche wir jetzt

$$\sigma = 1 - \frac{1}{R_{\prime}} \Big( 0{,}142\,(W_{\prime} - W_{\prime\prime}) + (A_{\prime}) \cdot (T_{\prime} - t_{\prime})\,w_{\prime} \Big)$$

schreiben wollen, worin $\sigma$ den reinen, durch äussere Vegetationseinflüsse nicht verschleierten Versickerungscoefficienten bedeutet, können wir den unmittelbaren Antheil der Vegetation am Regenwasserverbrauch abschätzen.

Bei Benutzung der früheren Ziffernwerthe folgt für:

**29. April bis 9. Mai 1892. Der Versickerungscoefficient:**

$$\sigma = 1 - \frac{1}{3{,}16}\,(0{,}142 \cdot 1{,}2315 + 0{,}255 \cdot 6{,}10) = 1 - 0{,}316\,(0{,}175 + 1{,}555) = 0{,}453.$$

**Sofortiger Wasserverbrauch der Vegetation:**

$$\sigma_{\prime} - \sigma = 0{,}514 - 0{,}453 = 0{,}061 \text{ des täglichen Regens, d. i. } 3{,}16 \times 0{,}061 = 0{,}19 \ mm.$$

**19.—26. Mai 1893:**

$$\sigma = 1 - \frac{1}{3{,}49}\,(0{,}142 \cdot 0{,}361 + 0{,}236 \cdot 9{,}4) = 1 - 0{,}286\,(0{,}051 + 2{,}218) = 0{,}351.$$

$$\sigma_{\prime} - \sigma = 0{,}55 - 0{,}351 = 0{,}199; \text{ d. i. } 3{,}49 \cdot 0{,}199 = 0{,}69 \ mm.$$

---

[11]) Vorstehende Werthe für ($A_{\prime}$), welche noch einmal in Tab. III, Col. 21 untere Hälfte, zusammengestellt sind, folgen aus Multiplication der I Abschn. S. 198 gegebenen Zahlen für $A_{\prime}$ je mit 1,917.

**27. Juni bis 4. Juli 1893:**

$$\sigma = 1 - \frac{1}{3{,}294}\,(0{,}142 \cdot 0{,}187 + 0{,}234 \cdot 5{,}915) = 1 - 0{,}304\,(0{,}027 + 1{,}384) = 0{,}571.$$

$$\sigma_1 - \sigma = 0{,}661 - 0{,}571 = 0{,}09;\ \text{d. i. } 3{,}294 \cdot 0{,}09 = 0{,}30\ \text{mm.}$$

**10.—17. Juli 1893:**

$$\sigma = 1 - \frac{1}{1{,}879}\,(0{,}142 \cdot 0{,}277 + 0{,}23 \cdot 7{,}09) = 1 - 0{,}532\,(0{,}039 + 1{,}631) = 0{,}112.$$

$$\sigma_1 - \sigma = 0{,}302 - 0{,}112 = 0{,}19;\ \text{d. i. } 1{,}879 \cdot 0{,}19 = 0{,}36\ \text{mm}$$

**17.—26. Juli 1893:**

$$\sigma = 1 - \frac{1}{3{,}821}\,(0{,}142 \cdot 0{,}201 + 0{,}23 \cdot 6{,}77) = 1 - 0{,}301\,(0{,}029 + 1{,}557) = 0{,}523.$$

$$\sigma_1 - \sigma = 0{,}627 - 0{,}523 = 0{,}104;\ \text{d. i. } 3{,}821 \cdot 0{,}104 = 0{,}35\ \text{mm.}$$

**21.—30. August 1893:**

$$\sigma = 1 - \frac{1}{3{,}199}\,(0{,}142 \cdot 0{,}3444 + 0{,}228 \cdot 11{,}41) = 1 - 0{,}312\,(0{,}049 + 2{,}601) = 0{,}173.$$

$$\sigma_1 - \sigma = 0{,}277 - 0{,}173 = 0{,}104;\ \text{d. i. } 3{,}199 \cdot 0{,}104 = 0{,}33\ \text{mm.}$$

**6.—12. September 1893:**

$$\sigma = 1 - \frac{1}{3{,}095}\,(0{,}142 \cdot 0{,}33 + 0{,}228 \cdot 7{,}35) = 1 - 0{,}323\,(0{,}047 + 1{,}676)) = 0{,}444.$$

$$\sigma_1 - \sigma = 0{,}532 - 0{,}444 = 0{,}088;\ \text{d. i. } 3{,}095 \cdot 0{,}088 = 0{,}27\ \text{mm.}$$

**13.—21. Oktober 1893. Versickerungscoefficient:**

$$\sigma = 1 - \frac{1}{5{,}546}\,(0{,}142 \cdot 0{,}948 + 0{,}211 \cdot 6{,}48) = 1 - 0{,}18\,(0{,}135 + 1{,}367) = 0{,}73.$$

### Wasserverbrauch der Vegetation:

$$\sigma_1 - \sigma = 0{,}752 - 0{,}73 = 0{,}022\ \text{des Regens; d. i. täglich } 5{,}546 \cdot 0{,}022 = 0{,}12\ \text{mm.}$$

Vorstehende Zahlen sind in Tabelle III übersichtlich zusammengestellt, und zwar die reinen Versickerungcoefficienten $\sigma$ in Col. 30, die Coefficienten für den Vegetationsverbrauch in Col. 31; und auf dem Diagramm Fig. 62 stellt die Linie $\sigma$ den Verlauf der ersteren dar, die Linie $\sigma_1$ den Verlauf der noch mit dem Vegetationsconsum verwickelten Versickerungscoefficienten, so dass die zwischenliegende schraffirte Fläche ein Maass für den unmittelbaren Antheil der Vegetation am jeweiligen Regenverbrauch abgiebt. Es ist jedoch zu bedenken, dass dieser Regenconsum der Vegetation nicht etwa den gleichzeitigen Wasserbedarf derselben darstellt, welcher ein sehr viel grösserer ist, und, soweit nicht der Regen zu seiner Deckung genügt, dem Thau, Nebel, vor allem aber dem aufgespeicherten Grundwasser entnommen werden muss. Ist der Boden so durchlässig wie der Sandstein unseres Gebietes, so werden die Pflanzenwurzeln die erforderliche Feuchtigkeit nicht immer seiner äussersten Schicht entnehmen können, und tritt dann Regenmangel in der Wachsthumsperiode ein — wie im Jahr 1893 —, so ist Misswachs die unausbleibliche Folge. Hieraus wird ersichtlich, von welch' eminent praktischer Bedeutung eine richtige Ermittelung des Versickerungscoefficienten auch für die Landwirthschaft ist.

Aus den Ziffern für April 1892 und Mai 1893 lässt sich übrigens leicht extrapoliren, dass ungefähr am 26. April der Regenverbrauch durch die Vegetation begonnen hätte (wenn die bezüglichen Coefficienten einem und demselben Jahr angehörten); und durch Extrapolation vom 6.—12. September auf 13.—21. Oktober findet man, dass ungefähr am 20. Oktober der directe Regenverbrauch durch die Vegetation aufhörte. Am stärksten war derselbe gegen Ende Mai, vom Mai bis August überhaupt etwa 0,12 des gleichzeitig gefallenen Regens oder 0,4 mm pro Regentag.

Dass die reinen Versickerungscoefficienten $\sigma$ in verschiedenen Monaten so weit auseinandergehen, beruht auf dem jeweiligen Zustand der Bodenoberfläche und der Art des Regenfalles, vor Allem aber auf der so wechselnden Verdunstungsenergie; deshalb tritt die Abhängigkeit der Versickerung von der geologischen Beschaffenheit des Gebietes auch erst bei Betrachtung des Jahresmittels von $\sigma$ klar hervor, behufs dessen Feststellung wir weiter unten versuchen wollen $\sigma$ auch für die Wintermonate zu berechnen. Jetzt sei nur noch darauf hingewiesen, dass die Versickerung im Juli und August am kleinsten war (0,112 und 0,173), im Oktober am stärksten (0,73), womit ja die bekannte Abnahme des Grundwassers im Sommer in Einklang steht.

*Abflusscoefficient der Wasserschwellen.*

Maassgebend für die Beurtheilung, selbst Prognose, von Hochwässern an einem und demselben Ort, welche nicht Folge rapider Schneeschmelze sind, ist der Bruchtheil $\alpha_{\prime}$ eines grossen Regengusses, welcher ohne vorhergehende Versickerung zum sofortigen Abfluss kommt; und die Gleichung $\alpha_{\prime} = 1 - \sigma_{\prime} - \beta_{\prime}$ lässt ohne Weiteres erkennen, dass dabei der Versickerungscoefficient $\sigma_{\prime}$ und der Verdunstungscoefficient $\beta_{\prime}$ den Ausschlag geben. Mit Benutzung der Gl. 14), nämlich $\alpha_{\prime} = 0{,}142 \dfrac{(W_{\prime} - W_{\prime\prime})}{R_{\prime}}$, und der bisherigen Ziffernwerthe (S. 317) für $W_{\prime}$, $W_{\prime\prime}$, $R_{\prime}$ erhalten wir folgende Abflusscoefficienten für die einzelnen Flussanschwellungen:

Auch diese Werthe sind in Tab. III Col. 32 und in das Diagramm Fig. 62 eingetragen, und zwar in letzteres mit von oben nach unten gerechneten Ordinaten, wodurch die Connexität der Linien $\sigma_{\prime}$ und $\sigma$ einerseits, und $\alpha$, $\alpha_{\prime}$ andererseits, sofort in's Auge springt. Im Juni/Juli ist danach — bei dem gegebenen örtlichen Gefälle und Durchflussprofil — die Ueberschwemmungsgefahr am geringsten, im Frühling und Spätherbst am grössten.

Dass die Coefficienten $\alpha_{\prime}$ so geringfügig erscheinen, besonders im Vergleich mit dem mittleren Abflusscoefficienten $\alpha$, beruht darauf, dass dieselben nur den sofort oberflächlich abfliessenden Ueberschuss der Wasseranschwellung über den schon vorhandenen Abfluss ausdrücken, während die mittleren Abflusscoefficienten $\alpha$ den ganzen Abfluss, inclusive des versickerten Wassers, begreifen.

$$
\begin{aligned}
\text{29. April bis 9. Mai 1892:} \quad & \alpha_{\prime} = 0{,}316 \cdot 0{,}175 = \mathit{0{,}055} \\
\text{19.—26. Mai 1893:} \quad & = 0{,}286 \cdot 0{,}051 = \mathit{0{,}015} \\
\text{27. Juni bis 4. Juli} \quad & = 0{,}304 \cdot 0{,}027 = \mathit{0{,}008} \\
\text{10.—17. Juli} \quad & = 0{,}532 \cdot 0{,}089 = \mathit{0{,}021} \\
\text{17.—26. Juli} \quad & = 0{,}301 \cdot 0{,}029 = \mathit{0{,}009} \\
\text{21.—30. August} \quad & = 0{,}312 \cdot 0{,}049 = \mathit{0{,}015} \\
\text{6.—12. September} \quad & = 0{,}323 \cdot 0{,}047 = \mathit{0{,}015} \\
\text{13.—21. Oktober} \quad & = 0{,}180 \cdot 0{,}135 = \mathit{0{,}024} \\
\text{1.—10. November} \quad & = \frac{0{,}142 \cdot 0{,}442}{1{,}659} = \mathit{0{,}063} \\
\text{14.—27. November} \quad & = \frac{0{,}142 \cdot 0{,}867}{2{,}148} = \mathit{0{,}057}.
\end{aligned}
$$

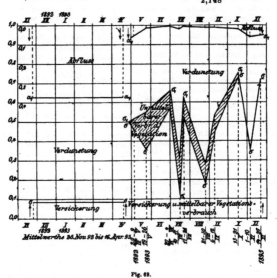

Fig. 62.

Gang der Versickerung, der Verdunstung und des sofortigen Abflusses in den Sommermonaten.

Uebrigens will es scheinen, als ob die Stauwerke in der Stadt Leipa und die für Hochwasser unzureichenden Eisenbahnbrückenöffnungen unterhalb, Hauptursache der häufigen verheerenden Ueberschwemmungen in den südlichen Stadttheilen seien. Bei dem geringen Gefälle des Thalweges trägt die Aufdämmung des Flusses in Leipa um ca. 2,7 m überdies zur Versumpfung des Thales, viele Kilometer aufwärts, in erster Linie bei.

### Versickerung im Winter.

Ich nehme, an dass das Minimalwasserquantum $W_0$, welches im Winter bei anhaltendem Frost noch zum Abfluss kommt, lediglich aufgespeichertem Grundwasser entstammt, das von unten oder seitwärts in die Abflussrinnen tritt. Das mittlere winterliche Abflussquantum $W_i$ setzt sich also zusammen aus $W_0$ und jenem Theil der atmosphärischen Niederschläge $S$, welche nicht der Verdunstung $V$ und der Versickerung $\Sigma$ anheimfielen. Es ist daher

$$W_i = S + W_0 - \Sigma - V;$$

oder

$$\Sigma = S - W_i + W_0 - V;$$

und der mittlere winterliche Versickerungscoefficient wird

$$\sigma_w = \frac{\Sigma}{S} = 1 - \left(\frac{W_i - W_0 + V}{S}\right) \quad . \quad 18)$$

Dabei ist die Winterdauer von der Einwinterung an bis zum erfolgten Abfluss der Schneeschmelzwässer zu rechnen, und auf diese Zeit beziehen sich die Mittelzahlen S, W, und V.

Es ist leicht zu übersehen, dass diese summarische Berechnungsweise dem bisher befolgten Princip nicht völlig entspricht; denn bei der langen Winterdauer muss ein Theil des in der gleichen Periode versickerten Wassers noch mit zum Abfluss kommen, und ob der Minimalabfluss des Winters dem mittleren Grundwasserdebit genau entspricht, ist auch fraglich. Eine Compensation findet allerdings statt zwischen den am Winteranfang in die Abflussrinnen tretenden Herbstsickerwässern und den am Frühlingsanfang z. Th. schon ausgetretenen Wintersickerwässern.

Die Dauer des Winters 1892/93 rechnen wir hier vom 25. November 1892 bis 16. April 1893, d. h. vom Beginn bleibenden Schnees bis zum Eintritt des niedrigen Pegelstandes — 20, welcher den Abfluss der Schneefluth markirt; in Summa 142 Tage.

| | | | | |
|---|---|---|---|---|
| November | 5 Tage | $\times$ | 0,149 = | 0,745 |
| Dezember | 31 | - $\times$ | 1,876 = | 58,140 |
| Januar | 31 | - $\times$ | 2,056 = | 63,723 |
| Februar | 28 | - $\times$ | 2,442 = | 68,317 |
| März | 31 | - $\times$ | 1,949 = | 60,430 |
| April | 16 | - $\times$ | 0,056 = | 0,896 |

In 142 Tagen        252,251 mm;
d. i. täglich *1,776 mm.*

---

Die mittlere tägliche Niederschlagshöhe auf dem ganzen Gebiet während dieser Zeit war (vergl. Tab. III, Col. 2 und 3)
(Siehe vorherstehende Aufstellung.)
Das entsprechende mittlere tägliche Niederschlagsquantum
$$S = 1{,}776 \cdot 0{,}001 \cdot 606{,}4 \cdot 1000000 = 1\,076\,966 \text{ cbm.}$$

Das Abflussquantum betrug nach Tab. III Col. 25 im

| | | | | cbm pr. Sec. |
|---|---|---|---|---|
| November | 5 Tage | $\times$ | 1,838 = | 9,190 |
| Dezember | 31 | - $\times$ | 2,196 = | 68,076 |
| Januar | 31 | - $\times$ | 2,033 = | 63,023 |
| Februar | 28 | - $\times$ | 12,843 = | 359,604 |
| März | 31 | - $\times$ | 11,539 = | 357,709 |
| April | 16 | - $\times$ | 2,283 = | 36,528 |
| | 142 | | | 894,130 |

im Mittel *6,297;* oder täglich $W_i = 544061$ Cubikmeter.

Der absolut niedrigste Pegelstand von — 39 trat im Dezember 1892 ein. Es scheint aber zu willkürlich, nach diesem allein $W_0$ zu berechnen, und ich ziehe vor, aus den absolut niedrigsten Wasserständen je der einzelnen Monate den mittleren niedrigsten Secundenabfluss in den Jahren 1892/93 herzuleiten und anzunehmen, dass derselbe nur dem Grundwasser entstammt. Die niedrigsten Pegelstände der einzelnen Monate (Col. 23 Tab. III) ergeben als mittleren Minimalabfluss 1892: 1,501, 1893: 1,709; in beiden Jahren also *1,605* cbm pr. Sec.; d. i. täglich $W_0 = 138\,672$ cbm. Es ist also $W_i - W_0 = 544061 - 138672 = 405389$, und jener Bruchtheil der winterlichen Niederschläge, welcher erst bei der Schneeschmelze zum Abfluss gelangt und namentlich die Frühlingshochfluthen verursacht: $\frac{405\,389}{1\,076\,966} = 0{,}376.$

Die Verdunstungshöhe (Tab. III, Col. 20 und 21) war:

| | | | | | |
|---|---|---|---|---|---|
| November | 5 Tage | $\times$ | 0,243 . 1,43 = | 1,737 |
| Dezember | 31 | - $\times$ | 0,280 . 1,70 = | 12,121 |
| Januar | 31 | - $\times$ | 0,280 . 1,36 = | 11,805 |
| Februar | 28 | - $\times$ | 0,266 . 2,11 = | 15,708 |
| März | 31 | - $\times$ | 0,286 . 6,25 = | 55,412 |
| April | 16 | - $\times$ | 0,274 . 8,92 = | 39,104 |
| | 142 | | | 135,887 |

im Mittel täglich *0,957 mm.*

Das auf dem ganzen Gebiet im Winter verdunstete Wasserquantum also im Mittel täglich: $V = 0{,}957 \cdot 0{,}001 \cdot 606{,}4 \cdot 1000000 = 580\,325$ cbm; d. i. $\frac{580\,825}{1\,076\,966} = 0{,}539$ der gefallenen Niederschläge.

Es wird der mittlere Versickerungscoefficient für die Wintermonate

$$\sigma_w = 1 - \left(\frac{544\,061 - 138\,672 + 580\,825}{1\,076\,966}\right) = 0{,}085.$$

*Der mittlere Versickerungscoefficient für das ganze Jahr.*

Mit Hülfe des Diagramms Fig. 62 und der dazu gehörigen Ziffernwerthe der Tab. III habe ich die Monatsmittel der Versickerungscoefficienten $\sigma_l$, $\sigma$ und des Abflusscoefficienten $\alpha_l$ für Wasseranschwellungen gezogen und in Col. 33, 34, 36 der Tab. III zusammengestellt; desgleichen die Differenzen $\sigma_l - \sigma$ der Monatsmittel für die Versickerungscoefficienten, welche das unmittelbare Zurückhalten von Regenwasser durch die Vegetation von Monat zu Monat darstellen (Col. 35), und die Differenzen $1,00 - (\sigma_l + \alpha_l)$, welche den der Verdunstung anheimgefallenen Bruchtheil des Regenwassers ausdrücken (Col. 37).

Aus den Monatsmitteln für $\sigma$ (Sommermonate) und dem Mittelwerth $\sigma_w$ für die Wintermonate November—April lässt sich nun der mittlere jährliche Versickerungscoefficient $[\sigma]$ herstellen, wobei aber die verschiedenen Niederschlagshöhen der einzelnen Zeitabschnitte zu berücksichtigen sind.

Da für den Monat April keine genügende Sonderbestimmung des Versickerungscoefficienten vorliegt und der Werth $\sigma_w$ auch nur den halben April umfasst, so führen wir für diesen Monat als $\sigma$ das arithmetische Mittel aus $\sigma_w$ und $\frac{\Sigma \sigma_{\text{V-XI}}}{n} = 0,449$ ein; also $\sigma_{\text{April}} = \frac{0,085 + 0,449}{2} = 0,267$; und da die Bestimmung für November 1893 nahezu den ganzen Monat umfasst, so wird $\sigma_w$ nur für Dezember 1892 bis März 1893 in Rechnung gebracht.

Es wird dann:

$$[\sigma] = \big[0,085 \cdot (58,14 + 63,723 + 68,317 + 60,43) + 0,267 \cdot 1,692 + 0,4 \cdot 69,538 + 0,483 \cdot 47,714 +$$
$$+ 0,374 \cdot 72,446 + 0,256 \cdot 67,38 + 0,469 \cdot 63,253 + 0,634 \cdot 82,598 + 0,513 \cdot 57,908\big] :$$
$$\big[58,14 + 63,723 + 68,317 + 60,43 + 1,692 + 69,538 + 47,714 + 72,446 + 67,38 +$$
$$+ 63,253 + 82,598 + 57,908\big] = \frac{228,698}{713,189} = 0,3207.$$

Dies ist also der für ein grösseres Gebiet von porösem Quadersandstein gesuchte **specifische** Versickerungscoefficient, welcher ausser den localen geologischen auch die in vorhergehenden Capiteln erörterten topographischen, klimatischen und vegetativen Verhältnisse voraussetzt. Es wäre aber irrthümlich anzunehmen, dass das ganze diesem Coefficienten entsprechende Wasserquantum zur Quell- und Grundwasserbildung verwendet werde und nach unterirdischer Circulation oberflächlich wieder abfliesse. Die Bestimmungsmethode geht von der Betrachtung einzelner intensiver Regenfälle aus, und nimmt dann stillschweigend an, dass die vielen zwischenliegenden Schwachregen im Verhältniss der Regenhöhen ebenso versickern wie die Regenstürze; das kann aber nicht der Fall sein, am wenigsten im Sommer, wenn Sprühregen auf Feld, Wald und Wiese kaum den Boden benetzen, von nacktem trockenem Boden wohl aufgesaugt werden, aber dennoch bald der Verdunstung nach aussen anheimfallen. Ausserdem verbraucht die Vegetation nicht nur das, bereits in Rechnung gebrachte, unmittelbar zurückgehaltene Regenquantum, sondern ein durch die Wurzeln aufgesaugtes Wasserquantum, welches den Betrag der Sommerregen um das Doppelte übersteigen kann. Dasselbe wird zunächst dem eben versickerenden Wasser entnommen, und wenn dies nicht genügt, dem bereits versickerten[12]) — falls dieses mittelbar in den Bereich der Wurzeln kommt; es wird also der Quell- und Grundwasserbildung entzogen. Der Wasserbedarf der Wald-, Wiesen- und Culturgewächse während der Vegetationsperiode ist zwar vielfach untersucht worden; von den betreffenden Resultaten kann hier aber kein directer Gebrauch für die Rechnung gemacht werden, mangels genauer Kenntniss der Flächen, welche die verschiedenen Culturen und Bestände einnehmen. Es dürfte aber die Annahme gerechtfertigt sein, dass von den Niederschlägen der Vegetationsperiode der Quell- und Grundwasserbildung nichts zu statten kommt; wogegen wir von einer

---

[12]) Betrachtet man die an die Steilwände des Oybin u. a. kahlen Quadersandsteinklippen mit den Wurzeln geklammerten Nadelbäume, so muss man sich sagen, dass das in den Gesteinsporen zurückgehaltene Sickerwasser ihre Hauptnahrungsquelle ist; denn von einer Wasserzufuhr aus grösserem Sammelgebiet als dem der unmittelbaren Klippenoberfläche kann hier keine Rede sein. Es können also Pflanzen ihren Wasserbedarf dem in den Gesteinsporen sozusagen latent gewordenen Sickerwasser entnehmen, ohne mit dem flüssigen Sickerwasser (Grundwasser) in directe Berührung zu kommen, welches aber von porösem Gestein aufwärts gezogen wird, wenn die erforderlichen Druckdifferenzen vorhanden sind oder durch die Wasserentnahme der Wurzeln hergestellt werden. In der südwestafrikanischen Steinwüste (Namieb) sieht man öfters einzelne starke Ebenholzbäume an sonst kahlen Klippen hoch über der Ebene. Sie wurzeln dann zwar immer in erdgefüllten Klüften und Spalten; aber diese enthalten kein flüssiges Wasser, sondern nur Porenwasser, welches die Nebel und sehr spärliche Regen liefern. Der Ebenholzbaum ist deshalb ein sehr trügerischer Wasserindicator; ausser wenn er in einem trockenen Flussbett steht, wo man so wie so Wasser findet.

directen Entziehung flüssig aufgespeicherten Grundwassers durch die Pflanzenwurzeln — also von negativer Versickerung — in unserem Gebiet absehen, weil der poröse Quadersandstein vielleicht 250 Liter Wasser pro Cubikmeter verschlucken und an die Vegetation nach Bedürfniss theilweise wieder abgeben kann.

Scheiden wir also aus dem Zähler vorhergehender Gleichung für [σ] die Summanden 0,4.69,538+0,483.47,714+0,374.72,446 +0,256.67,38+0,469.63,253 aus, welche die 5 Vegetationsmonate Mai bis September betreffen, so wird der reducirte Versickerungscoefficient, welcher den der Quell- und Grundwasserbildung anheimfallenden Theil der jährlichen Niederschläge ausdrückt:

$$[[\sigma]] = \frac{103,828}{713,139} = 0,146.$$

Diese Zahl kann controlirt werden. Bei der Bestimmung des Versickerungscoefficienten $\sigma_w$ für die Wintermonate gingen wir vom mittleren Minimalabfluss der Jahre 1892/93, nämlich 1,605 cbm pro Secunde, aus, und betrachteten denselben als lediglich von Quell- und Grundwasser herrührend, also vorstehendem [[σ]] entsprechend. In denselben 2 Jahren war aber die mittlere tägliche Niederschlagsmenge (Tab. III, Col. 4)

$$\frac{904\,142 + 1\,180\,330}{2} = 1\,017\,236,$$

d. i. *11,774 cbm pr. Sec.*; daher

$$[[\sigma]] = \frac{1,605}{11,774} = 0,136.$$

Die Uebereinstimmung beider Zahlen scheint genügend, da dieselben aus ganz verschiedenartigen Betrachtungen hervorgegangen sind; sie lässt aber erkennen, dass man auf sehr einfache Weise den Versickerungscoefficienten [[σ]] approximativ abschätzen kann durch Proportionirung des mittleren Minimalabflusses in einem Jahr (aus den absolut niedrigsten Pegelständen der einzelnen

unmittelbar das sogn. „Quellenergebniss" unseres Gebiets, d. i. die pro Quadratkilometer und Secunde erhältliche Wassermenge Q (Liter). Es ist, wenn R die jährliche Niederschlagshöhe in Millimeter bedeutet:

$$Q = \frac{0,146 \cdot R \cdot 1000000}{365,25 \cdot 86400} = 0,00463\,R.$$

Für das Jahr 1892 mit R = 545,7 wird Q = *2,53 Liter pro Sec.*

Für das Jahr 1893 mit R = 680,4 wird Q = *3,15 Liter pro Sec.*

Zum Vergleich sei angeführt, dass der Quellergebnisscoefficient nach Débauve für die Sorguequelle 0,01586 ist; nach Lauterburg für Schweizer Flussgebiete (Mittelwerth) 0,007; nach Paramelle für französische Quellen 0,00264; nach Stapff für Gotthardquellen 0,00238; nach Becker für Odenwaldquellen 0,00168; desgl. für Schwarzwaldquellen 0,00136; die Mittelzahl (la Sorgue eingerechnet) 0,00515 kommt also dem hier für das Polzengebiet gefundenen Coefficienten 0,00463 nahe. Die von Iszkowski aus dem kleinsten Normalwasser französischer, deutscher und österreichischer Flüsse abgeleiteten Werthe sind etwas höher, 0,00511—0,00845. Uebrigens nimmt unter sonst gleichen Verhältnissen der Quellergebnisscoefficient erfahrungsgemäss mit der Grösse des Niederschlagsgebiets ab.

### Schluss.

Ich will noch die Hauptergebnisse dieser Untersuchung in Jahresmitteln zusammenstellen, da die Monatsmittel und Einzelresultate bereits in Tab. III und auf Fig. 62 resumirt sind.

Bei Berechnung des Jahresmittels für den Verdunstungscoefficienten $\beta_{1x}$ wurde dasselbe Verfahren eingeschlagen, wonach (S. 329) auch der mittlere Versickerungscoefficient [σ] für das ganze Jahr erhalten worden ist; die Herkunft der übrigen Zahlen ist in den Textzeilen nachgewiesen.

| | |
|---|---|
| [[σ]] Flüssig bleibende Versickerung | 0,146 |
| $\alpha_1$ Unmittelbarer oberflächlicher Abfluss und abgeflossenes Schneeschmelzwasser | |
| $\alpha — [[\sigma]] = 0,284 — 0,146 =$ | 0,138 |
| [σ] — [[σ]] Mittelbarer Verbrauch der Vegetation (aus dem Boden zurückgezogen) | |
| $0,321 — 0,146 =$ | 0,175 |
| $\sigma_1 — \sigma$ Unmittelbarer Verbrauch der Vegetation (in den Sommermonaten dem fallenden Regen entnommen; aus dem Verlust) | 0,070 |
| $\beta_{1x}$ Der Verdunstung anheimgefallen | 0,471 |
| | 1,000. |

Monate berechnet) mit der entsprechenden Jahresniederschlagsmenge. Das führt auf eine alte Methode zurück, welche von Jahr zu Jahr wechselnde Coefficienten ergeben muss, aus denen eine Mittelzahl zu bilden ist.

Aus dem Coefficienten [[σ]] = 0,146 für die flüssig bleibende Bodeninfiltration folgt

Ueber die flüssig bleibende Versickerung wurde im Vorhergehenden das Nöthige gesagt; die gefundene Verhältnisszahl liegt innerhalb der gewöhnlichen Grenzen und entspricht dem Gefälle des Gebietes, der Permeabilität seines vorherrschenden

Gesteines, der Zurückhaltung des Wassers durch Moore, sowie dem notorischen Wasserreichthum am Sockel der Plateaus. Die schwächste bleibende Versickerung findet in den Wintermonaten und im August statt, die stärkste im Frühling und Herbst.

Der Bruchtheil der Niederschläge, welcher oberflächlich abfliesst, unmittelbar oder bei der Schneeschmelze, ist maassgebend für die Wasseranschwellungen (unter gegebenen örtlichen Verhältnissen). Dieser Abfluss ist am kleinsten im Juli und August (Monatsmittel), und nimmt von da rückwärts und vorwärts rasch zu, so dass er in den Wintermonaten im Mittel $^3/_8$ der Niederschläge ausmacht. Da sich der Winterabfluss aber hauptsächlich auf den Anfang und das Ende des Winters concentrirt, so übersteigt er um diese Zeit (Schneeschmelze) den mittleren bedeutend und verursacht Hochfluthen, welche im Sommer ausgeschlossen sind, abgesehen von aussergewöhnlichen Wolkenbrüchen[18]). Der geringe unmittelbare Abfluss im Hochsommer entspricht nicht nur der hohen Verdunstung dieser Jahreszeit, sondern auch dem Wasserverbrauch der Vegetation; und da letzterer mit dem Pflanzenreichthum zunimmt, so folgt auch noch, dass dichte Bewaldung und geschlossene Culturen Sommerhochfluthen hindern oder abschwächen müssen.

Hier, bei Abfluss, ist noch einzuschalten, dass meine anfänglichen Bedenken wegen ungenügender Genauigkeit der in Rechnung geführten Abflussmengen schon dadurch sehr erleichtert worden sind, dass — wie aus der Zifferberechnung der Coefficienten $\sigma$, hervorgeht — die Werthe $\alpha\left(\dfrac{W - W_{\prime\prime}}{W}\right)$ nur je 2,1 bis 12,6 Proc. (im Mittel kaum 4 Proc.) der Beträge von

$$(1 - \alpha)\,\frac{A_{\prime}}{A} \cdot \frac{(T_{\prime} - t_{\prime})\,w_{\prime}}{(T - t)\,w}$$

ausmachen, so dass kleine Fehler dieser Werthe ohne erheblichen Einfluss auf die Richtigkeit der Coefficienten $\sigma$, und der davon abhängigen sind. Die Abflusscoefficienten $\alpha$ ändern sich dagegen proportional den Abflussmengen und unrichtige Annahme derselben hat unrichtige Coefficienten zur Folge, wenngleich die Proportionalität derselben meist nur wenig verschoben wird.

Unmittelbar von der Vegetation verbraucht nennen wir dasjenige Wasser, welches in den Sommermonaten die Pflanzen benetzt und von ihnen eingesaugt wird, oder von ihrer Oberfläche sofort wieder abdunstet. Da auch der eingesaugte Theil hauptsächlich wieder ausdunstet, so könnte dieser Wasserverbrauch ebensowohl mit zum Verdunstungswasser gezogen werden. Wie wir uns den

---

[18]) Eine aussergewöhnliche Hochfluth der Elbe trat z. B. im September 1890 ein.

mittelbaren Verbrauch durch die Vegetation vorstellen, wurde oben erläutert. Der Gesammtverbrauch der Vegetation, nämlich $0,175 + 0,070 = 0,245$ des jährlichen Niederschlags, erscheint klein, wenn man ausser Acht lässt, dass sich derselbe auf etwa 5 Monate concentrirt. Während dieser 5 Monate beansprucht er also $^{12}/_5 . 0,245 = 0,588$ der jährlichen Niederschläge, d. i. von 613 mm in den Jahren 1892 und 1893 370 mm oder 2,42 mm täglich.

Und da nach Risler

Wiesen und Kleefelder täglich 3,4—7  mm
Hafer                       3,0—5
Getreide                    2,8—4
Reben                       0,9—1,8
Tannenwald                  0,5—1,1

verbrauchen, so würden 2,42 mm vollauf genügen, wenn das ganze Terrain mit Tannenwald bestanden oder mit Hackfrüchten (den Reben hier gleichzusetzen) bestellt wäre; sie genügen aber kaum für Getreidebau über die ganze Fläche, und wenn solcher ausgedehnt und ohne Auswahl der Lagen betrieben würde, könnte er nur kümmerlich gedeihen. Da die meisten Wiesen an und für sich nass, selbst sumpfig sind, so kommen sie hier nicht weiter in Betracht.

Die Verdunstung verzehrt nahezu die Hälfte der jährlichen Niederschläge; im August 0,60, von da rückwärts zum Juni und vorwärts zum Oktober weniger, dann wieder mehr. Es könnte auffällig erscheinen, dass die mittlere Verdunstungsquote 0,435 der Monate Mai bis November jene der Monate Dezember bis April, 0,539, untersteigt; aber es ist zu berücksichtigen, dass im Winter der grösste Theil der atmosphärischen Niederschläge, als Schnee, der Verdunstung ausgesetzt bleibt, während im Sommer das meiste sofort abfliesst oder versickert oder von der Vegetation verbraucht wird, so dass nur ein Bruchtheil direct verdunsten kann. Wäre dem nicht so, so würde im Sommer mehr Wasser verdunsten können als vom Himmel fällt; dass aber auch bei grosser Kälte Eis und Schnee sich verflüchtigen, haben die Versuche der Nordpolfahrer erwiesen; und von den Alpengipfeln „leckt" die Sonne den Schnee.

Bei dem grossen Antheil, welchen die Verdunstung am Verbrauch der atmosphärischen Niederschläge nimmt, spielt dieselbe auch eine hervorragende Rolle bei den Versickerungs- und Abflussvorgängen; und die Genauigkeit der bezüglichen Coefficienten hängt ganz wesentlich von der Sicherheit ab, womit die Verdunstungsenergie bestimmt werden kann. Diese Sicherheit lässt aber leider noch viel zu wünschen übrig; im Vorhergehenden haben wir uns mit einer Verdunstungsformel begnügt, welche theoretisch nicht einwandsfrei ist; wir haben die constanten Factoren dieser Formel einer anderen Gegend entlehnt; wir haben uns mit den erforderlichen meteorologischen Elementen von nur einem Punkt in dem grossen Gebiet beholfen. Defecte der durchgeführten Berechnungen sind also u. a. auch mit einer Lücke in der heutigen Meteorologie zu entschuldigen, welche die Fachmeteorologen wohl am meisten selbst empfinden, welche aber auch Ingenieuren fühlbar wird, die für praktische Zwecke meteorologischer Hülfe bedürfen: ich meine das Fehlen regelmässiger Verdunstungsbeobachtungen im Programm der meisten meteorologischen Stationen. Genügen die bisherigen evaporimetrischen Methoden nicht zur Erreichung befriedigender Resultate, so ist der jetzt hochfliegende meteorologische Genius wohl im Stande bessere zu schaffen.

Während des Druckes vorliegenden Aufsatzes hatte Herr Hofrath Hann die Güte, mir seine Meinung über die Erweiterung der Verdunstungsbeobachtungen an den meteor. Stationen mitzutheilen; und ich hoffe, dass derselbe mir nicht verargen wird, wenn ich mir erlaube, hier einige Sätze seines Briefes zu wiederholen und so die Schlussstrophen meines Aufsatzes zu modificiren: „Die Meteorologen werden wohl nicht auf Ihren Wunsch eingehen und Verdunstungsbeobachtungen des Bodens anstellen. Diese gewiss äusserst wichtigen Beobachtungen für praktische Zwecke müssen den Hydrologen zufallen, den Aemtern für den hydrographischen Dienst, welche hierzu die Mittel haben. Ich habe oft genug bei den Herren Ingenieuren dies angeregt, leider ohne Erfolg. Der Staat giebt wenigstens bei uns (durch das k. k. Ackerbauministerium) ohnehin grössere Summen für ähnliche Zwecke aus. Die gewöhnlichen Verdunstungsbeobachtungen machen wir auch, oder ohnehin — aber das was Sie wünschen ist doch etwas ganz anderes. Es müsste ein Versuchsfeld dafür gewählt werden, flaches oder geneigtes Terrain und Niederschläge, Abfluss und Verdunstung eine Zeit hindurch und mit Rücksicht auf ganz bestimmte Fragen gemessen werden. Das wäre Sache der Herren Ingenieure, die Meteorologen könnten dabei nur mit Rath beistehen. In den Rahmen der regelmässigen gewöhnlichen Beobachtungen passen diese Messungen nicht, für welche die met. Institute weder das Terrain, noch die Persönlichkeiten, Instrumente und Mittel haben . . . Kurz, ich sehe keinen anderen Ausweg, als ein gewisses streng abgeschlossenes Abflussgebiet zu wählen, den Niederschlag und Abfluss zu messen, und das in den Boden bis unterhalb der Verdunstungsschichte eindringende Wasser. — Die Differenz giebt dann die mittlere Verdunstung von der Oberfläche über einem grösseren Gebiet.“

# Krokiren
## für technische und geographische Zwecke.
### Von
P. Kahle in Aachen.

[Fortsetzung von S. 275.]

**Instrumente bezw. Messungsmethoden für Winkel zweiter Klasse. (Eigentliche Krokirungsmessungen.)**

*46.* Freihändige Winkelaufnahme auf Krokirdeckel ohne Gehilfen. Kleinere Winkel (bis etwa 70°) lassen sich mittels Kopfwendung aufnehmen. Aufstellung im Scheitel nach *41*, Zeichenunterlage auf den Fingerspitzen, Anschlussschenkel im Kroki als Gerade ausgezogen oder mittels zweier Stecknadeln in Standort und Zielpunkt vermarkt. Nach Einstellung dieses Anschlussschenkels auf natürliche Richtung den Zieler (□ Lineal) mit der andern Hand in die Richtung des anzutragenden Schenkels gebracht, Richtung mit zwei feinen Strichen an Anfang und Ende der Ziehkante vermarkt und Parallele hierzu durch den Scheitel. Oder Linealkante an Anschlussschenkel angelegt und eingestellt, Auge unter Kopfwendung in die andere Richtung gebracht, in dieser den Zeichenstift zweimal lothrecht aufgesetzt, parallel zur Verbindung der Fusspunkte eine Gerade durch den Scheitel. Dies Verfahren durch Markirung des Scheitels mit Nadel vereinfacht. — Bei ungünstiger Lage des Scheitels (z. B. nahe einem entfernteren Rande der Zeichenfläche) Winkel an bequem gelegener Stelle derselben aufgenommen und an die richtige übertragen.

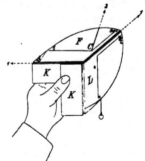

**Fig. 63.**

*47.* Freihändige Winkelmessung mit Pressler's Messknecht (ohne Diopter) Fig. 63.

Apparat mit linker Hand gehalten und eine der zu Centrum — 90° oder Centrum 0°

parallelen Schnittkanten auf Richtung 1 eingestellt, mit rechter Hand Lothfaden in
Richtung 2 gerückt. Aufstellung etc. siehe
*41.* Die Winkel lassen sich zwar nach
Anleitung des Textbuches mit dem Apparat
selbst in die Zeichnung übertragen, zweckmässiger mit einem Horn- oder Cartontrans-
porteur. Im Zeughäuschen finden sich Nadeln zur Aussteckung des Radius nach 0
oder 90°, wodurch die Einstellung schärfer
wird. Um bei rasch auf verschiedenen
Standorten auf einander folgenden Messungen,
wie bei Krokis, nicht nach jeder Messung das
Loth bergen und die Flügel zusammenklappen
zu müssen, würde es rathsam sein, die bei
Umformung zur Ecke übereinanderfallenden
Klappen K durch eine federnde Klammer
zusammen zu halten und den Apparat mittels einer durch die Klammer gezogenen
Schnur umzuhängen. Der Lothfaden dient
zugleich zum Einlothen hoch oder tief gelegener Punkte.

Der Messknecht war früher sehr verbreitet,
es hatte sich sogar eine besondere Messknecht-
geometrie ausgebildet. Auch heute noch dürften
sich Instrument nebst Textbuch manchem Geographen oder Techniker als willkommene Reise-
begleiter erweisen; das Instrument selbst in Futteral nimmt einen Raum von 21 × 14 × 1 cm
ein und gestattet, wie im Textbuch näher erläutert, auch beiläufige Zeitbestimmungen.

*48.* Abgreifen der Winkelöffnung
mit Zirkel, Zollstock oder Schmiegen.
Zirkel geöffnet an das untere Augenlid ge-
stemmt und Spitzen auf Objecte eingestellt.

Für nicht zu kleine Winkel (> 20°)
lässt sich in ähnlicher Weise, jedoch mit
Kopfwendung, auch der Zollstock gebrauchen;
je die Hälfte der Glieder zu einem Schenkel
vereinigt. Desgleichen Schrägmaasse oder
Schmiegen, wie beispielsweise das dreiarmige
Perspectivlineal.

(Leitf. f. d. Unterr. in der Terrainlehre a. d.
Kgl. Kriegsschulen; Schultze, Major à la suite
d. Gen., Kurze Anl. zum prakt. Krokiren f. milit.
Zwecke.)

*49.* Freihändige Winkelmessung
mit Pendelquadrant. Die Lehrbücher
der Terrainlehre bzw. Terrainaufnahme behandeln nur die Messung von Höhenwinkeln
mit Pendelquadrant, und zwar zeigen die
Abbildungen hierfür ein quadratisches oder
viertelkreisförmiges Brettchen mit Theilung
und Loth. Nach *41* und *47* lassen sich
auch Horizontalwinkel mit dem Quadranten
aufnehmen. Es giebt Quadranten, welche
durchbrochen sind und an der lothrechten
1—1¹⁄₂ cm hohen Innenrundung die Theilung
tragen, während das Loth über dem Schnittpunkt der beiden geraden Innenkanten mit
aufgeklebtem Holzplättchen befestigt ist.

Lässt man an dieser Stelle ein ähnliches
Klappstück wie am Ende von *41* beschrieben aufsetzen (jedoch ohne die Einschnitte),
so kann die eine Kante desselben zum Ablothen zu hoher oder tiefer Punkte dienen,
wobei sie sich auf die Theilung projicirt.
Ein solcher Apparat dürfte von allen Winkel-
instrumenten für gewöhnliche Krokis das
zweckmässigste sein, da er Leichtigkeit, Bequemlichkeit und Anwendbarkeit für wagrechte und lothrechte Winkel vereinigt. Das
Loth wird, wenn nicht gebraucht und beim
Transport, durch zwei Seitenschlitze gezogen.

*50.* Brachimetrie. Mit diesem Ausdruck bezeichnen wir alle Messungen (Winkel, Entfernungen, Höhen), welche mittels
der Armlänge (brachion), genauer der Strecke
Auge—Hand, und eines in letzterer wagrecht oder senkrecht gehaltenen Maassstabes
(metron) bewerkstelligt werden. Wir behandeln in diesem Abschnitt nur die brachimetrische Winkelmessung.

Maassstab ein Lineal oder Rechenschieber. Arm soweit als möglich vorgestreckt,
mittels Daumen und Nachziehen der übrigen
Finger den Maassstab soweit in die Hand
geschoben, bis Centimeterstrich 0 auf das
linke, der Daumennagel auf das rechte Object einsteht. Ablesung 1 in Centimetern
und deren Bruchtheilen. Diese Zahl entspricht bereits annähernd der Gradzahl des
gemessenen Winkels. Zur Ableitung genauerer Werthe für die Umsetzung der Centimeter in Grade lässt man entweder die
Entfernung Auge—Lineal = *a* von einer zweiten Person ein für allemal abmessen und
berechnet die Winkel mittels 571 : *a*, oder
man verschafft sich einige bekannte Winkel
(etwa bis 20°) und misst diese nach; z. B.
indem eine Hausfront von bekannter Länge
in verschiedenen, mit Band oder Latte gemessenen Abständen eingestellt wird. Mit
einem Lineal von 30 cm lassen sich auf
diese Weise Winkel bis zu 25°, mit dem
Rechenschieber unter Anfassen der ausgezogenen Zunge bis 35° messen; zugleich ersieht man hieraus, dass die Entfernung der
Objecte wenigstens doppelt bis 2¹⁄₂ Mal so
gross als der scheinbare gegenseitige Abstand derselben sein muss.

Für die Krokirung wird meist die Ablesung selbst verwendet. Man fertigt sich
aus Carton ein rechtwinkliges Dreieck, dessen
längere Kathete der Strecke *a* entspricht,
während die kürzere beiderseits eine der
Ablesung am Maassstab entsprechende Theilung trägt, indem beispielsweise 2 mm des
Diagramms gleich 1 cm natürliche Länge
gesetzt wird; oder Millimeterpapier auf
Carton aufgeklebt und das genannte Dreieck

zurecht geschnitten. Wie wir hier im Voraus bemerken, kann auf diese Weise, mit senkrecht gehaltenem Maassstab, auch der Gesichtswinkel einer Lothrechten bestimmt werden.

Diese Methode der Winkelaufnahme bildet unter Aneinandersetzen der gemessenen Winkel ein bequemes Hülfsmittel bei Aufnahme landschaftlicher Rundsichten. Man verwendet als Zeichenfläche quadrirtes Papier, z. B. 1 Carréseite zu 1 bis 2 cm der Ablesung gerechnet. Bei Aufnahme geologischer Profile an senkrechten Abstürzen kann man, von einer Wagrechten, z. B. der Fusslinie, als Horizont ausgehend, brachimetrisch zugleich rohe Höhenbestimmungen vornehmen. Auf brachimetrische Entfernungs- und Höhenbestimmungen kommen wir in den folgenden Abschnitten zurück.

Grössere Winkel lassen sich mittels des mit beiden Händen gehaltenen Zollstockes oder Taschenrollbandes aufnehmen. Die Arme weit vorgestreckt, fasst man mit linker Hand etwa bei cm 10 und richtet die Anfassstellen auf die beiden Objecte. Die Differenz beider Stellen ist annähernd gleich der Sehne des aufgenommenen Winkels für den Radius: mittlere Entfernung der beiden Anfasspunkte vom beobachtenden Auge. Verfasser fand:

| für die Sehne | den Winkel zu | |
|---|---|---|
| 20 cm | 21 ° | und als mittleren |
| 40 | 40 | Fehler einer Messung |
| 60 | 57 | etwa 1 cm. Wie |
| 80 | 75 | man sieht, entspricht |
| 100 | 95 | ein Centimeter wie- |
| 120 | 115 | derum ungefähr |
| 140 | 138 | einem Grad. |

Mittelst dieses Verfahrens kann man erforderlichen Falls auch zur Nachtzeit einen oder einige Winkel näherungsweise aufnehmen, wobei es sich selbstverständlich nur um helle oder scharf abgegrenzte Objecte handeln kann. Man zählt die durch die rechte Hand laufenden Nieten (15—18 cm von einander entfernt) und schätzt die rechte Anfassstelle zwischen zwei solche ein.

Um ohne Maassstab einen nicht zu grossen Winkel abzuschätzen, z. B. den Gesichtswinkel einer Bergmasse am Horizont, bedient man sich weiterhin der Augendistanz. Hält man bei wagrecht vorgestrecktem Arm den Daumen oder Bleistift aufrecht und blickt abwechselnd mit rechtem und linkem Auge, so rückt derselbe scheinbar nach links und nach rechts. Diese Verschiebung bildet einen constanten Wirkungswerth, etwa 7 bis 8°, welcher sich genauer ergiebt, indem man die Pupillendistanz durch die Entfernung (rechtes) Auge—Hand dividirt und den Quotienten mit 57 multiplicirt. Durch An-

einandersetzen einiger solcher Messungen oder Abschätzungen des in Frage kommenden Winkels in Vielfachen obigen Augenwinkels kann man Winkel bis etwa 45° roh bestimmen.

Um befriedigende Resultate mittels brachimetrischer Messungen zu erlangen, ist auf gleichmässige Haltung des Kopfes, weiteste Streckung des Armes und gleichmässige Haltung des Maassstabes zu achten. Die beschriebenen Verfahren dürften auch für Photographen und Landschaftsmaler von Nutzen sein, indem solche mittels eines Centimeterbandes und kleinen Maassstabes den Gesichtswinkel eines Aufnahmeobjectes in wagrechter Richtung auf 1—2, in senkrechter auf ½—1 Grad genau mühelos ermitteln können. Von Nutzen werden sie weiterhin als Mittel zur Prüfung von Winkelschätzungen, sofern die Fehler bei solchen das fünf- bis zehnfache des mittleren Fehlers brachimetrischer Winkelmessungen erreichen.

*51. Abschreiten eines Richtungsdreiecks.* Derselbe Vorgang wie in *43*, jedoch die Entfernung grösser gewählt und abgeschritten; ebenes Gelände vorausgesetzt; das Streckenverhältniss ins Kroki übertragen. Bei gleicher Länge der Schenkelstücke erhält man übrigens auch die Gradzahl des Winkels hinreichend genau aus 58,4 mal Sehne durch Schenkel, solange der Winkel kleiner als 45°.

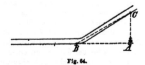

Fig. 64.

Das Abschreiten eines Richtungsdreiecks kommt namentlich bei Aufnahme von Wegegabelungen und Wegekrümmungen in Betracht; so ist die Krümmung der Strasse in Fig. 64 durch Abschreiten des Dreiecks A B C, wobei A in der Verlängerung der Bankettkante liegt und vermarkt wird, hinreichend scharf aufgenommen.

*52. Freihändige Winkelaufnahme mittels Schmalkalder's Bussole oder Taschenbussole.* Schmalkalder's Bussole mit beiden Händen bei fest anliegenden Armen gehalten. Ablesung nach Ausschlägen s. *36a*. Die Differenz der Ablesungen für zwei Richtungen giebt deren Winkel. Störend bei freihändigen Messungen ist das Schwanken der Theilung in verticaler Richtung. Der mittlere Fehler einer Richtung wird hierdurch nicht viel geringer als bei der gewöhnlichen Taschenbussole.

Taschenbussole etwa in Brusthöhe gehalten, bei einspielender Nadel das Nord- oder Süd-Azimut der fraglichen Richtung eingeschätzt. Genauigkeit der Schätzung etwa 5°, was für manche Zwecke, z. B. Einpassung eines nach Schritten aufgenommenen Fussweges zwischen zwei Punkte von gegebener Lage, ausreicht.

Grösser wird der Schätzungsfehler bei Aufnahmen mit dem Taschencompass mit Windrose. Es ist rathsam, die 0—180°-Linie der Grad-Theilung bezw. die N S-Linie der Windrose im Compass aussen am unteren Rand des Gehäuses mit zwei eingeritzten Strichen zu vermarken; Uebertragung derselben mittels aufgelegtem □ Lineal. Bei der Aufnahme auf dem ersten Standort die Richtungen als Azimute eingezeichnet unter Angabe der Nordlinie; auf allen übrigen Standorten das Kroki durch Anlegen der N S-Marken an die Nordlinie des ersten Standortes und Drehen des Krokis zum Einspielen der Nadel vorerst orientirt. Die Uebertragung der N S-Linie auf die Aussenseite fällt fort bei vierkantigem Etui, indem hier eine Seite als Anlegekante benutzt wird.

Der Vollständigkeit halber verweisen wir noch auf einige weitere, namentlich in Oesterreich gebrauchte, mehr militärische Freihandapparate, welche in: Zaffauk, k. k. Major, Gemeinfassl. Anleitung zum Croquiren des Terrains mit und ohne Instrumente, S. 75—82 beschrieben und abgebildet sind.

*53. Einschätzen der Richtungen.* Der weitaus grösste Theil der Winkel wird beim Detailliren unmittelbar nach Anschauung eingetragen, wobei man unbewusst steile Richtungen auf die Zeichenfläche einlothet. In diesem Einschätzen von Richtungen lässt sich allmälich eine solche Fertigkeit erreichen, dass Winkelmessungen mit Instrumenten irgend welcher Art für Anschluss- und Nebenmessungen nur noch vereinzelt erforderlich werden. Unterstützt wird das richtige Einschätzen durch zweckmässige Haltung der Zeichenfläche. Man dreht Körpervorderseite und eingezeichneten Anschlussschenkel der natürlichen Richtung desselben zu und zeichnet den anzutragenden in der Richtung des natürlichen ein. Dies lässt sich besonders bequem beim Gebrauch der Krokirmappe in *45* mit Zeichenblock bewerkstelligen, da einerseits der Anschlussschenkel durch Drehen des Zeichenblockes schnell eingestellt ist, andrerseits die Aufhängung der Mappe erlaubt, das Auge senkrecht über den Winkelscheitel zu halten; man vereinigt die Glieder des Zollstockes zu einem Winkel, legt die eine Hälfte an Scheitel und Anschlusspunkt an, hält sie

mit einer Hand fest, indess die andere Hälfte nach der anzutragenden Richtung eingestellt wird. — Bei sorgfältiger Körperhaltung und einiger Einübung lässt sich beispielsweise eine gebrochene Wegstrecke, welche zwei gegebene Punkte verbindet, mittels Abschreiten und Richtungseinschätzungen nach obigem Verfahren fast ebenso genau einschalten, als mit Taschencompass nach *52* unten.

*54. Angabe der Nordrichtung im Kroki nach dem Stand der Sonne.* Durch Aufzeichnung der Schattenrichtung auf dem entsprechend den natürlichen Richtungen gehaltenen Feldriss unter Beischreibung der Zeit. Die jeweilige Himmelsrichtung der Sonne kann man je nach Umständen bis auf Zehntelgrade genau ableiten mit Hülfe der Sonnen- und Sterntafeln des Verfassers[19], welche (in Ortszeit) zunächst angeben, wann die Sonne in O, SO, S, SW, W steht, durch Einschaltung jedoch auch für die Zwischenzeiten das Azimut der Sonne annähernd ermitteln lassen. Nach Orientirung des Feldrisses Bleistift in einem bestimmten Punkte lothrecht aufgesetzt und Schattenrichtung unter Beischreiben der Zeit vermarkt. Am genauesten wird die Einzeichnung, wenn sie in einem der oben angegebenen 5 Zeitpunkte erfolgt; in den Zwischenzeiten kann die Unsicherheit wohl einige Grade erreichen. Zur Ableitung zunächst des Azimuts der Schattenrichtungen ist die Zeitangabe vor Benutzung der Tafeln nach der beigegebenen Karte in Ortszeit umzusetzen. Vergl. das Beispiel S. 11 u. 12 der Erläuterungen.

*55. Ausstecken von Geraden, Einschalten von Zwischenpunkten (mit Gehilfen).*

Gewöhnlich handelt es sich um Absteckung einer Axe für Aufnahme nach rechtwinkligen Coordinaten. An Stelle der Fluchtstäbe treten improvisirte Ersatzmittel, z. B. der Stock, Pfähle, Stangen, Stämme von Bäumen, Reiser, unter Umständen auch Steine. Dienen schiefe Gegenstände als Richtpunkt, so wird ihre Spitze in zwei um 90° verschiedenen Richtungen abgelothet und alle Messungen auf den Lothpunkt bezogen[20]. Sind Zwischenpunkte in einer Geraden einzuschalten, welche einer- oder

[19] Sonnen- und Sterntafeln für Deutschland, Oesterreich und die Alpen. C. Mayer-Aachen. Preis 1,35 Mk.

[20] So wurden z. B. die Signale für die topographische Aufnahme in der Aachener Gegend von vornherein schief gestellt, um den Messtisch lothrecht unter dem Bretterkreuz an der Signalspitze aufstellen zu können.

beiderseits von Bäumen oder sonstigen Lothrechten von einer gewissen seitlichen Ausdehnung begrenzt werden, so muss an beiden Seiten derselben vorbeigezielt und zwischen den beiden so erhaltenen Zwischenpunkten das Mittel ausgesteckt werden; oder man nimmt von vornherein nur die eine Seite als Axe.

Die Verständigung eines etwaigen Gehilfen muss bei grösseren Entfernungen auf optischem Wege erfolgen. Nachstehend die hauptsächlichsten Zeichen, wobei vorausgesetzt wird, dass der Gehilfe, den Stab seitwärts und lothrecht haltend, dem Beobachter auch bei wachsender Entfernung von diesem das Gesicht zukehrt: „Halt": beide Arme seitwärts ausgestreckt; „nicht richtig" oder „ab": Arm hoch, schnell hin und hergeschwenkt; „rückwärts weiter": Arm nach vorn einen Kegel beschreibend heruntergeschwenkt; „näherkommen": Arm schräg nach unten zeigend: „zurückkommen": Arm tief, hin- und hergeschwenkt; „mehr nach rechts oder links": den rechten oder linken Arm wagrecht ausgestreckt (der Gehilfe geht so lange seitwärts, als der Arm ausgestreckt bleibt); „gut": Arm hoch und nach vorn im Halbkreis nieder; „Stab lothrecht": Arm hoch und in der verlangten Richtung seitwärts einen Viertelkreis; „Achtung": Arm hochgehalten; seitens des Gehilfen: „verstehe nicht, Aufstellung nicht möglich": Stab hin- und hergeschwenkt.

$A$    $C$    $Z$    $B$

Fig. 65.

**56. Aussteckungen ohne Gehilfen.**
a) Einschaltung eines Zwischenpunktes auf Strecke A—B in der Gegend von Z (Fig. 65). Auf A mit Loth oder Stock Punkt B auf einen näherliegenden, scharf hervortretenden Punkt C ab- oder aufgelothet, diesen vermarkt. Die Einschaltung von Z erfolgt nunmehr wie in b).
b) Eine Gerade AC rückwärts verlängern. Das Terrain hinter A oder C ist zugänglich. Man bringt sich mittels vorgehaltenem Loth oder Stock in die Gerade, und zwar, wenn A oder C Gegenstände von erheblicher seitlicher Ausdehnung, an beiden Seiten derselben vorbeizielend, die jedesmalige Richtung mit fallendem Stock (oder Stein) vermarkt, die Mitte ausgesteckt. Wenn das Terrain hinter A und C nicht zugänglich, dagegen zwischen beiden: nach a) einen Zwischenpunkt eingelothet, von diesem aus die Richtung nach A oder C auf entferntere Objecte eingelothet (Horizontpunkte wie Büsche, Baumgipfel, Thürme u. a., Stangen; Terrainpunkte, z. B. Steine). Ein geeigneter Punkt findet sich fast immer, indem, wie bereits erwähnt, Zweck und Maassstab der Krokirungen für die Schärfe der Pointirung weitere Grenzen gestatten als die Feldmessung. Das letztbeschriebene Verfahren

der Rückwärtsverlängerung wird namentlich beim Herauflothen sehr tief gelegener Punkte für Winkelmessungen (29) zu statten kommen, weiterhin beim Aufsuchen des einem entfernten Punkt gegenüberliegenden Horizontpunktes.

c) Sich selbst in eine Gerade mit unzugänglichen Endpunkten einschalten; z. B. für Orientirung einer Aufnahme oder Einpassung derselben in eine vorhandene Karte durch Einschalten zwischen zwei Kirchthürmen; oder bei Aufnahme eines Profils quer durch ein Thal, in welchem Fall es rathsam sein wird, auf dem Thalboden einen Punkt zwischen zwei auf den beiderseitigen Gehängestirnen oder Bergscheiteln gegebenen Punkten einzurichten. Die gegebenen Punkte brauchen gegenseitig nicht sichtbar zu sein, dagegen beide von Punkten des Zwischengeländes aus. Hierzu zwei improvisirte Stäbe $S_1$ und $S_2$, z. B. Stock und eine Stange oder Pfahl von bekannter Länge erforderlich. $S_1$ und $S_2$ in den Punkten $P$ und $Q$, Fig. 66, im Abstand von 20 bis

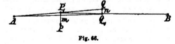

Fig. 66.

30 Schritt, nach Augenmaass in der Geraden $A B$ eingesteckt. Von $Q$ aus zeigt sich, dass $S_1$ in $P$ um das Stück $m$, abgeschätzt in Theilen oder Vielfachen von $S_1$, von der Geraden $Q A$ absteht; $S_1$ eingerückt nach $P_1$; von $P_1$ aus scheint nunmehr $S_2$ in $Q$ um $n$ abseits der Geraden $P_1 B$ zu stehen; $S_2$ nach $Q_2$ eingerückt; u. s. f. bis die Abstände aus der Geraden, $m$ und $n$, verschwinden. Liegen $A$ und $B$ sehr hoch über $P$ und $Q$, so wird ihre Richtung auf bequemer gelegene Punkte eingelothet (29). Einen Näherungspunkt gewinnt man bereits durch Einrücken einer auf dem Boden liegenden langen Stange. — Steht, nach Augenmaass in oder nahe der Geraden $A B$, eine Unterlage $S$ zum Auflegen des Krokirdeckels zur Verfügung, so kann die Selbsteinschaltung noch etwas beschleunigt werden durch Aufzeichnen des Dreiecks $A S B$. Nachdem Winkel $A S B$ durch Einstellen eines □ Lineals oder sonstwie aufgezeichnet, werden die geschätzten Entfernungen $S A$ und $S B$ in einem bestimmten und bequemen Maassstab auf den Schenkeln abgetragen, und von $S$ auf die Gerade $A B$ ein Loth gefällt; aus dessen Länge lässt sich bereits der natürliche Abstand des Standortes $S$ von der Geraden ableiten. Schärfere Einrückung, wenn erforderlich, unter Zuhilfenahme eines zweiten $S$ wie oben erläutert.

**57. Abstecken oder Aufsuchen von ganzen, halben und doppelten Rechten.** Das Abstecken von Winkeln, beschränkt auf die Winkel 90, 180 und 45°, eventuell 60°, wird erforderlich bei Aufnahme nach rechtwinkligen Coordinaten und bei Entfernungsbestimmungen. Wir unterscheiden zwei Arten von Instrumenten und Methoden: präcise Instrumente, insbesondere für Aufnahme mit Latten oder Messband; rohere Instrumente oder Verfahren, mehr für Abschreitungen. Unter die erste Klasse, sämmtlich Spiegelinstrumente, fallen:

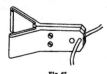

Fig. 67.

Der 90°-Spiegel, gewöhnlich als **Winkelspiegel** bezeichnet. Ausser der bekannten Form stellt Reiss-Liebenwerda neuerdings kleinere (Taschen-) Instrumente her (siehe Fig. 67), deren Preis etwa gleich dem halben der älteren Instrumente. Zur Prüfung auf 90° eine Gerade mit drei Stäben $AMC$ ausgesteckt (Fig. 68); über das Loch von $M$ mittels Loth den Spiegel gebracht, das Gesicht der Richtung $B$ zugekehrt, an Richtung $MA$ und $MC$ je einen rechten Winkel angetragen und Richtung der Spiegelbilder $B_1$ und $B_2$ mit Stäben vermerkt; ist der Spiegel justirt, so fallen Richtung $MB_1$ und $MB_2$ auf $MB$ zusammen, andernfalls die Mitte $B$ ausgesteckt und mittels Zug- und zwei Druckschrauben den einen Spiegel in die richtige Stellung gebracht.

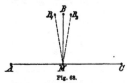

Fig. 68.

Für das Aufsuchen der Lothpunkte bei Aufn. n. rechtw. Coordinaten wird daran erinnert, dass zwecks Einhaltung der Richtung beim Vorrücken auf $AC$ wenigstens ein Zwischenpunkt auszustecken ist.

Der 180°- oder **Einschaltungsspiegel** ist gewöhnlich mit einem 90°-Spiegel vereint und dient zum Selbsteinschalten in die Gerade zwischen zwei gegebenen Punkten bezw. zur Controle des Einhaltens der Axenrichtung bei Aufn. n. rechtw. Coord. Prüfung:

Man nähert sich mit Loth am Spiegel von zwei Seiten der Geraden $AB$, Fig. 69, bis die Bilder von $A$ und $B$ übereinander stehen. Ist der Spiegel justirt, so fallen die Punkte $I$ und $II$, über welchen der Spiegel die verlangte Bildstellung giebt, auf den Punkt $M$ in der Geraden $AB$ zusammen. Andernfalls die Mitte $M$ ausgestreckt und über dem Loch den einen Spiegel mittels der Druck- und Zugschrauben in die entsprechende Stellung gebracht. Das vorstehende Verfahren zeigt zugleich, wie man sich auch mit nicht justirtem Spiegel einschalten kann.

Fig. 69.

Der 45°-Spiegel, allein oder mit einem 90°-Spiegel verbunden, Fig. 70, dient insbesondere zur Bestimmung von Entfernungen (Abschn. IV). Prüfung: Mit einem 90°-Spiegel einen Rechten abgesteckt und von dessen Schenkeln aus nach innen zweimal 45° abgesteckt[21]).

Fig. 70.

**58. Rohe Hülfsmittel für Absteckung bestimmter Winkel.** Auf geringe Bruchtheile eines Grades genau lassen sich Winkel von 90 und 45° abstecken mit dem Krokirapparat in *41*, dem Gradbogen und Pressler's Messknecht, durch Einstellen der betreffenden Gradzahl.

Auf 1 bis $\frac{1}{2}$° genau kann man rechte Winkel abstecken (Lothe auf eine Axe fällen) mit jeder rechtwinkligen Ecke (Buch, Mappe, Brett) unter Kopfwendung (*41*) oder indem man die Ecke nahe der Nasenwurzel hält und abwechselnd mit rechtem und linkem Auge längs der linken und rechten Kante zielt. Ueber Aufstellung und Armhaltung s. *41*.

Zum rohen Abstecken von 45° dient ein quadratisches Stück Carton, in der Diagonale zusammengefaltet, die eine Klappe als Handhabe.

[21]) Die üblichen Preise sind: Gewöhnlicher Winkelspiegel je nach Grösse 6 bis 10,50 Mark; Lothstab an Stelle des bei Wind unruhigen Lothes 5 Mark; 90 und 180°-Spiegel vereint je nach Grösse 8 bis 12 Mark; Taschenwinkelspiegel für 90° 3 Mark, für 90 und 45° 4 Mark (beide von Reiss-Liebenwerda).

Aehnlich wie 45° lassen sich 60° zum Ermitteln unzugänglicher Entfernungen verwenden (Abschn. IV).

Nebenbei erinnern wir daran, dass in einem gleichschenklig-rechtwinkligen Dreieck Kathete durch Hypotenuse = 1 : 1,41 = 0,71; ferner, wenn in einem Dreieck die Seiten sich wie 3 : 4 : 5 verhalten, das Dreieck ein rechtwinkliges ist (Construction eines rechten Winkels im Felde mit Bandmaass; Hyp. 15 m, Kath. 12 und 9 m).

## B. Verticalwinkel.

*59. Eintheilung der Verticalwinkel.* Für geographische Aufnahmen kommen drei Arten in Frage:

a) Höhenwinkel (bezw. Tiefenwinkel): Der lotrechte Winkel zwischen Zielrichtung und wagrechter Ebene; in der Zielebene das Auge. Gebraucht zur Ermittelung von Höhen und Entfernungen, ferner für Abschreitungen.

b) Profilwinkel: Der Fallwinkel von Böschungen, der scheinbare Fallwinkel von Schichten an natürlichen Profilen und andere Winkel zwischen einer geneigten Geraden und der wagrechten Ebene, bei deren Betrachtung und Bestimmung das Auge sich seitlich der Winkelebene befindet. Profilwinkel gelangen zur Aufnahme beim Abzeichnen natürlicher geologischer Profile, bei landschaftlichen Aufnahmen (insbesondere für Beschreibung von Reisen) und für Ergänzung von Krokirungen durch eingelegte Profile[22]).

c) Gesichtswinkel, unter welchem bestimmte Abschnitte einer Lothrechten dem Auge erscheinen, z. B. die Gesammthöhe von Bäumen, Stangen, Abstürzen, die Strecke zwischen Gurtsimsen und Spitze von Thürmen, Stockwerke an Häusern u. a. Der Gesichtswinkel wird gewöhnlich nicht direct (z. B. durch Höhenwinkel nach Spitze und Tiefenwinkel nach Fuss), sondern mittelbar brachimetrisch gemessen und gebraucht zur Ermittelung von Entfernungen, bei Aufnahmen von Rundsichten, Profilen.

Alle Verticalwinkel werden freihändig unter Einstellung mit freiem Auge gemessen. Hinsichtlich Pointirung gilt das Gleiche wie bei dem Horizontalwinkel; man benützt nur natürlich gegebene Punkte als Ziel von

---

[22]) So kann beispielsweise bei Tachymeteraufnahmen für Eisenbahnvorarbeiten etc. der Handriss (gewöhnlich ein Kroki nach Einschätzungen in vorhandene reducirte Pläne) durch seitliche Beifügung einiger roh mittels Neigungsmesser und Entfernungsabschätzungen eingelegter Profile zweckmässig ergänzt und hierdurch manches an Lattenpunkten und späterhin an Ueberlegungen bei Construction der Höhencurven gespart werden.

besonderer Markirung der anzuzielenden Stelle ab. Dem freien Auge heben sich sogar kleine Terrainflächen von einer gewissen Beschaffenheit hinreichend scharf ab, um sie als Zielpunkte verwenden zu können.

Die grösste beim freihändigen Messen von Verticalwinkeln zu erwartende Genauigkeit beträgt etwa 0,1°, eine solche reicht für alle Zwecke der Krokirung aus; in manchen Fällen, z. B. für Abschreitungen, für Aufnahme von Profilen ist eine Unsicherheit von 1° unschädlich.

*60. Messung der Höhenwinkel.* Arm angedrückt oder der Hand irgend einen festen Halt gegeben, z. B. durch Auf- bzw. Anlegen auf Pfahl, Stock. Die zur Verwendung gelangenden Instrumente sind bereits S. 54. kurz beschrieben. Das Princip der Neigungsmesser mit schwingendem Höhenkreis (von Matthes, Randhagen, Sickler, Wolz, Zugmaier) veranschaulicht Fig. 71,

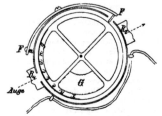

Fig. 71.

welche direct einem Neigungsmesser der Werkstätte Wolz-Bonn entspricht. $R_1$ $R_2$ Fragmente des Richtrohres (an der Rückseite des Gehäuses angesetzt) mit Schlitz und Faden; an den übrigen Neigungsmessern ist das Richtrohr gewöhnlich durch einen Schlitz bei $R_1$ und einen zweiten bei $R_2$ mit Faden ersetzt, so dass der Apparat mehr eine Dose darstellt. Beim Zielen projicirt sich der Faden auf die Theilung, deren O Radius sich vermöge des durch Feilen oder Verschrauben regulirbaren Gewichtes $G$ wagrecht stellt. Mittels des Federhebels $F$ kann die schwingende Theilung arretirt werden, wodurch einerseits die Axe während des Transportes geschont, andrerseits das Ausschwingen beschleunigt wird. Zweckmässig geht man nach jeder Messung mit dem Rohr auf die Nulllage zurück und arretirt, bringt bei der nächsten Messung zunächst das Rohr annähernd wieder in diese Lage, hebt die Arretur auf und geht langsam in die Zielrichtung über.

Angefasst wird der Apparat mit Daumen auf Federknopf, Zeige- und Mittelfinger beiderseits $R_2$. Zur Eliminirung der Axenträgheit ist bei jeder Messung das Object in der Richtung von oben nach unten und von unten nach oben einzustellen, wobei man mitunter Unterschiede bis zu 0,5° erhält; das Mittel gilt als Beobachtung. Für genauere Messungen ist es rathsam, jeden Höhenwinkel wenigstens dreimal zu messen. — Beim Krokiren kann man die Instrumente an Schnur um den Hals gehängt in Brusthöhe tragen. — Die Preise schwanken zwischen 20 und 30 Mark.

Bei Pressler's Messknecht (47) wird nach Einstellung der Zielkante (oder Diopter) und nachdem der Lothfaden vermuthlich zur Ruhe gelangt ist, die Lothebene vorsichtig zur Seite gekippt und abgelesen. Hier tritt also zum Zielfehler noch der Fehler in Folge Unruhe und Verschiebung des Lothes. Letzterer vermindert sich etwas mit zunehmender Länge des Lothes (zweckmässig 30—40cm). Der Messknecht wird hierbei mit rechter Hand so gehalten, dass die Fläche $F$ in Fig. 63 lothrecht steht. Beim Pendelquadrant (48) kann man, wenn die Theilung an der Innenkante aufgetragen, den Lothstand meist während der Einstellung, ohne Umkippen, ablesen.

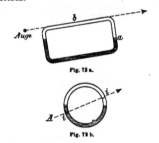

Fig. 72 a.

Fig. 72 b.

Für manche Zwecke, z. B. Abschreitungen, Profilwinkel, kann auch die geschlossene Canalwage, Fig. 72a und 72b, ein Taschennivellirinstrument, als Neigungsmesser gebraucht werden[23]). Dieselbe besteht aus einer 1 cm weiten, viereckig oder kreisförmig zusammengebogenen Glasröhre mit gefärbter Flüssigkeit. An der innern Rundung wird (bei Bestellung) eine Gradtheilung aufgeklebt oder eingelassen. Man bringt die Seite $a$ oder $b$ der viereckigen, die Marken $i$ $i$ der kreisförmigen in die Zielrichtung, markirt den Stand des Niveaus an der Gradtheilung mit dem Daumennagel und liest für diesen ab.

[23]) Vgl. Deutsche Rundschau f. Geographie u. Statistik 1888; Zeitschr. f. Verm. 1892, 1893, 1894; Jordan's Handb. f. Vermessungsk. 4. Aufl.

Da die Theilung bei hoher Temperatur (25—30°) angebracht wird, so liefert die Ablesung im Winter zu niedrige Höhenwinkel; die erforderliche Correction wird sogleich ersichtlich, wenn man die Canalwaage so vor sich hält, dass beide Niveaus sich um gleichviel unter den Nullmarken der Theilung befinden.

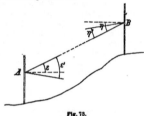

Fig. 73.

**61. Der Indexfehler.** Vor dem Gebrauch der Neigungsmesser ist zu untersuchen, ob ein Indexfehler vorhanden, und, ist das der Fall, wenn angängig zu beseitigen, andernfalls in Rechnung zu ziehen. Man bringt an zwei Lothrechten (Stangen, Pfosten) von 10—20 m Entfernung Marken $A$ und $B$ an, Fig. 73, und bestimmt den Neigungswinkel ihrer Verbindungslinie mit einem der oben genannten Neigungsmesser unter Anlegen des Dosenmittelpunktes an die Marken; dann soll bei einer hinreichenden Anzahl von Wiederholungen das Mittel $\varepsilon$ in $A$ den gleichen Werth wie das Mittel $\eta$ in $B$ ergeben. Andernfalls entspricht die Ablesung nicht dem Neigungswinkel der Zielrichtung; man erhält von unten aus soviel mehr, wie von oben aus zu wenig oder umgekehrt, und den wahren Werth aus dem Mittel von $\varepsilon'$ und $\eta'$. Die Vergleichung des Mittels mit $\varepsilon'$ und $\eta'$ giebt die Verbesserung beobachteter Höhen- und Tiefenwinkel, z. B. $\varepsilon' = +10{,}35$, $\eta' = -9{,}85$; Mittel $10{,}15$; sonach Verbesserung einer Messung mit $-0{,}20^0$. Bei den Neigungsmessern von Matthes, Zugmaier u. A. lässt sich die Abweichung durch Seitwärtsschrauben des Gewichts beseitigen. Auf gleiche Weise wird der Indexfehler am Halbkreis mit Loth festgestellt, vorausgesetzt, dass das Auge beim Zielen immer am gleichen Ende der Zielkante (beim Nullstrich der Theilung).

Beim Messen von Verticalwinkeln über 28° mit Messknecht und beim Beobachten mit Pendelquadrant überhaupt befindet sich das Auge je nach Höhen- oder Tiefenwinkel an verschiedenen Enden der Zielkante, sodass die Untersuchung eines Indexfehlers nicht mehr wie oben, sondern durch Nachmessen eines bekannten; z. B. aus Abstand und Höhe abgeleiteten, Winkels zu erfolgen hat.

Hinsichtlich Untersuchung der unvermeidlichen oder unregelmässigen Beobachtungsfehler vgl. S. 50 und Anm. 2 daselbst.

*62.* Der Scheitel des Höhenwinkels liegt bei freihändiger Messung im Auge; oft handelt es sich jedoch um Richtung: Standort — Object, sodass der Winkel wegen der Augen- oder Zielhöhe z (gewöhnlich 1,6 m) zu verbessern ist. Um einen freihändig gemessenen Höhen- oder Tiefenwinkel $\varepsilon$ oder $\eta$ auf Richtung Standort — Object $= \angle \beta$ zu reduciren, schätzt man vorerst Höhenunterschied Standort — Object $=$ h ab; dann ist

für Höhenwinkel $\mathrm{tg}\,\beta = \dfrac{h}{h-z}\,\mathrm{tg}\,\varepsilon,$

für Tiefenwinkel $\mathrm{tg}\,\beta = \dfrac{h}{h+z}\,\mathrm{tg}\,\eta.$

Z. B. geschätzt h $=$ 10 m;

$$\mathrm{tg}\,\beta = \frac{10}{8,4}\,\mathrm{tg}\,\varepsilon = 1,19\,\mathrm{tg}\,\varepsilon$$

$$= \frac{10}{11,6}\,\mathrm{tg}\,\eta = 0,86\,\mathrm{tg}\,\eta;$$

geschätzt h $=$ 100 m; tg $\beta = 1,02$ tg $\varepsilon$.

$= 0,98$ tg $\eta$.

In letzterem Falle würde, in anbetracht der Unsicherheit der freihändigen Winkelmessung, eine Reduktion auf Standort überflüssig sein. Bei Gegenmessungen ist tg $\beta = \frac{1}{2}\,(\mathrm{tg}\,\varepsilon - \mathrm{tg}\,\eta)$ oder näherungsweise $\beta = \frac{1}{2}\,(\varepsilon - \eta)$.

Bei Winkelmessungen für Bestimmungen von Höhenunterschieden wird der Winkel nicht reducirt, sondern die Zielhöhe z am Höhenunterschied in Rechnung gebracht.

Wie früher erwähnt, fällt der Lothpunkt des Auges bei gewöhnlicher Kopfhaltung auf den Fussballen; das ändert sich jedoch bei steilen Zielungen, indem man beim Zielen aufwärts den Kopf nach hinten, abwärts nach vorn biegt; in Folge dessen misst man einen Höhenwinkel zu klein, einen Tiefenwinkel zu gross; auch die Zielhöhe ändert sich ein wenig. Doch kommt diese Fehlerquelle gegenüber der Unsicherheit freihändiger Winkelmessung überhaupt kaum in Betracht und wird bei Gegenmessungen, z. B. bei schärferer Bestimmung des Neigungswinkels von Böschungen durch Aufstellung auf Fuss und Stirn, auch einigermaassen wieder ausgeglichen dadurch, dass man von unten aus einen Punkt der Böschungsstirn anzielt, auf welchem man sich, oben angelangt, zur Gegenmessung gewöhnlich nicht aufstellen kann.

*63.* Messung von Profilwinkeln, z. B. von Böschungen, Schichtenrändern. Aufstellung so weit es geht seitwärts und möglichst nahe der Ebene, welche die Ebene des Profilwinkels in der Profillinie senkrecht schneidet. Beim Neigungsmesser mit schwingendem Kreis hält man Zielrohr oder die Diopter-Schlitze, bei den Pendelinstrumenten die Zielkante, bei der Taschencanalwaage die eine Seite bezw. die beiden Nullstriche parallel der Profillinie, wobei die Theilungsebene parallel der Ebene des Profilwinkels sein soll; an den Neigungsmessern die Theilung, nachdem sie zur Ruhe gelangt, arretirt und abgelesen. Brachimetrisch lässt sich der Profilwinkel bestimmen, indem man einen bestimmten Punkt innerhalb der Profilfläche ins Auge fasst, den Daumennagel an einen bestimmten Centimeterstrich des Lineals und auf den erwähnten Punkt einstellt, Lineal wagrecht und senkrecht hält und in beiden Lagen den Schnitt der Ziellinien nach den von der Zielkante getroffenen Punkten der Profillinie in der Theilung abliest; Profilwinkel entweder direct mittels der Ablesungen aufgetragen oder aus trig. Tangente ermittelt.

*64.* Die Messung von Gesichtswinkeln ist bereits in *50* beschrieben. Hier ist noch zu bemerken, dass bei grösserer Entfernung der Lothrechten der Gesichtswinkel zuweilen als Höhenwinkel betrachtet werden kann, z. B. wenn vor einer Bergmasse eine breite Wiesenfläche sich ausbreitet, welche gestattet, in ziemlichem Abstand von der Gehängefläche Aufstellung zu nehmen.

---

## Ueber die Aussichten künstlicher Bewässerung in den regenarmen Strichen der Vereinigten Staaten.

Auf Grund der Arbeiten des U. S. Geological Survey dargestellt von

**M. Klittke.**

[Fortsetzung von S. 292.]

Wenden wir uns nun vom SO der Arid Region zum NW, zu derjenigen Gruppe von Drainage-Gebieten, welche ihre Niederschlagsmengen zum Columbia entsenden. Letzterer selbst kommt für Bewässerungszwecke nur in geringem Maasse in Frage, desto wichtiger ist dagegen das Gebiet seines grössten Nebenflusses, des Snake-River. Derselbe entspringt ebenfalls in dem Centrum des Abflussgebietes der Arid Lands, dem Yellowstone Park, und durchströmt jenes gewaltige Tafelland, welches sich in einer Ausdehnung von 450 000 qkm nördlich vom „Grossen Becken" erstreckt und unter dem Namen Columbia Plateau bekannt ist. Es besitzt im SO eine Durchschnittshöhe von 1800 m über dem Meer und fällt ohne Terrassenbildung allmälich zum Columbia River ab, der es in einem 300 m tiefen Canyon durchbricht. An Sterilität kommt es dem „Grossen Becken" und dem Colorado Plateau beinahe gleich; ist es doch wie jene ein Product vulcanischer Thätigkeit, denn es tritt uns heute als eins der grössten erstarrten Lavafelder auf Erden entgegen und ist durch das Emporpressen der flüssigen Massen entstanden, welches dem Versinken der ganzen vortertiären Gebirge in dieser Gegend folgte. Der Boden ist im Ganzen hart und noch wenig verwittert und Ackerbau wie künstliche Bewässerung beschränken sich zur Zeit hauptsächlich auf die Flussthäler. Es sind aber mehrere Millionen Acker gutes Land vorhanden und auch Gelegenheit zu stärkerem Berieseln. Im Quellgebiet der North und South Fork ist alles dicht bewaldet, der Schnee bleibt 4—5 Monate liegen, Frost dauert vom 1. Sept. bis Mitte März und Bewässerung mittelst flacher Gräben findet an den Forks vielfach statt. Man benutzt das Wasser vom 15. Mai bis zum 15. Juli, in regnerischen Frühjahren etwas später. Es treten zwei Hauptfluthen ein; die eine infolge der plötzlichen Schneeschmelze am Mittellauf im Frühling, die andere, wenn der Schnee und das Eis im Quellgebiet schmilzt. Erstere ist plötzlich und von kurzer Dauer, letztere steigt bei längerer Dauer langsamer an. Im oberen Gebiet des Snake River zeigt sich schon eine Erscheinung, welche wir später im „Grossen Becken" häufiger antreffen werden, nämlich das Verschwinden ganzer Ströme im Sande. Es tritt dies am auffälligsten in den Camas Plains und der Rocky Desert auf, welche sich innerhalb des Bogens befinden, den der Snake River nach der Vereinigung seiner verschiedenen Forks macht. Der Big und Little Lost River finden hier ein Ende, ohne den Snake zu erreichen, ihr Wasser wird gänzlich zur Bewässerung von Viehfarmen verwendet. Aehnlich ist es mit dem des Camas Creek sowie des Little und Big Wood River, welche zwar in den Snake münden, aber nur im Winter ihre Gewässer in ihn ergiessen. Der Snake River strömt hier durch ein ganz waldloses Gebiet und erhält daher auf einer langen Strecke bis zu seiner Wendung nach N nur kleine, kurze Bäche, weshalb von künstlicher Bewässerung hier nicht die Rede ist. Es ändert sich dies erst mit der Einmündung des Owyhee River (170—18466 Sec.-Fuss). Derselbe kommt von S aus einem bergigen, menschenleeren und theilweise mit geringem Niederwald bestandenen Gebiet, in welchem bisher nur wenige Viehfarmen unterhalten werden. Im Thal des Jordan, der von O

her in ihn einmündet, ist etwas Bewässerung vorhanden, zu deren weiterer Ausdehnung sich die Owyhee-Ditsch Co. gebildet hat. Sie beabsichtigt 20 000 ha zu versorgen.

Etwa 30 km unterhalb des Owyhee mündet der Malheur River in den Snake; seine North Fork führt dauernd Wasser, da ihr Auffangebiet grösser ist und Schnee in demselben bis zum Juni liegen bleibt. Er enthielt durchschnittlich in den letzten 6 Jahren 7000—8000 Sec.-Fuss, wurde aber im Sommer auf die letzten 20—30 km seines Laufes trocken, da im Quellgebiet starker Wasserverbrauch stattfindet. Man lässt das Wasser auf den Viehfarmen der North und Middle Fork aus Parallelfurchen auf die Wiesen durchsickern, weil bei gänzlicher Ueberrieselung zuviel durch Verdunstung verloren gehen würde.

Das Wasser des kurz vor dem Malheur-River mündenden Boise River findet an seinem Unterlauf Verwendung; im Sommer bleibt sein Bett trocken.

Er entspringt auf den Saw Tooth Mts. in Central-Idaho und besitzt ein Auffangebiet von 6475 qkm. Vierjährige Messungen haben ergeben, dass er vom Sept. bis März seinen tiefsten Stand mit 1200—2000 Sec.-Fuss erreicht, im Frühling und Sommer steigt er dagegen während der Hochfluthen bis auf 30 000 Sec.-Fuss. Etwa 20 km oberhalb der Stadt Boise, wo der Strom aus einem tiefen Lava-Canyon in die Ebene hinaustritt, wird er durch einen Damm, welcher über den Hochwasserstand emporragt, gesperrt und seine Gewässer werden in einen Canal geleitet, der sie in dem fruchtbaren Dreieck vertheilt, welches sich von hier zwischen dem Boise und Snake bis zur Vereinigung beider erstreckt. Der Boden vermag alle Erzeugnisse der gemässigten Zone hervorzubringen und ist sehr fruchtbar; es lassen sich hier 140000 ha bewässern. Um jedoch den Damm bei Hochwasser zu entlasten, hat man 105 m oberhalb desselben ein Ueberfallwehr errichtet, dessen Kante 2,43 m unter der Dammkrone liegt und welches bei einer durchschnittlichen Länge von 137 m im Stande ist, 30 000 Sec.-Fuss mit Umgehung des Dammes wieder in die Boise zu leiten. Der Canal wird dem Fluss 2585 Sec.-Fuss entnehmen, doch verringert sich seine Fassungskraft mit der zunehmenden Vertheilung des Wassers. Für letztere werden stellenweise natürliche Wasserläufe nutzbar gemacht, so dass man dreimal genöthigt, solche mittelst hölzerner Gerinne zu überschreiten. Die Idaho Mining Co., welche diesen Canal erbaut, beabsichtigt sein Wasser nicht nur für Ackerbauzwecke, sondern auch zur Ausbeutung der goldhaltigen Kieslager, welche beide Ströme in der Nähe ihrer Vereinigung begleiten, mittelst der hydraulischen Methode zu verwenden. Um jedoch durch letzteren Betrieb bereits vor Fertigstellung dieses Canals einigen Gewinn zu erzielen, hat sie 35 km unterhalb seines Dammes provisorisch den Phyllis Canal mittelst eines einfachen Uferdurchstiches vom

Boise River abgezweigt. Ein besonderes Charak-
teristicum desselben ist eine mächtige hölzerne
Rohrleitung durch eine tiefe Einsenkung. Das
Rohr ist wie ein Fass aus Dauben gearbeitet,
welche durch eiserne, mittelst Schrauben zusam-
mengepresste, Reifen gedichtet werden. Die Leitung ruht auf hölzernen Schwellen auf dem Erdboden und wird an Wegkreuzungen auf einfachen,
hölzernen Brücken überschritten. Nach Vollendung
des neueren Canals wird man den Phyllis Canal
an ihn anschliessen. (Rep. XIII, P. III, p. 198
bis 203.)

Nicht ganz so wasserreich ist der nun
folgende Weiser River, obwohl er einem
Waldgebiet entspringt. Sein Wasserstand
hängt sehr von den Temperaturverhältnissen
seines Quellgebiets ab; gewöhnlich liegt dort
bis weit in's Frühjahr hinein Schnee, sodass
die schnell verlaufende Frühjahrshochfluth
meistens Mitte März eintritt. Bis zum Juni
führt er viel Wasser, der tiefste Stand ist
Ende August; Fröste beginnen in der letzten
Septemberhälfte. Im Quellgebiet liegen fast
gar keine Ansiedlungen, desto mehr Viehfarmen dagegen am Mittel- und Unterlauf.
Es wird hauptsächlich Luzerne (Alfalfa) und
Mais angebaut; erstere berieselt man vom
1. März bis etwa zum 1. September, und
zwar jeden Schnitt einmal; letzterer wird
bis zum 1. August 3 bis 4 mal bewässert.
Der Weiser River variirt zwischen 13000
und 160 Sec.-Fuss und sein Stand wächst
bei Hochfluthen oft in ganz kurzer Zeit um
mehrere Meter.

Der Geological Survey hat bisher nur
im Quellgebiet des eigentlichen Snake River
Untersuchungen über die Möglichkeit von
günstigen Reservoiranlagen angestellt. In
geringer Entfernung südlich vom Yellowstone-
See bietet die Natur selbst eine vorzügliche
Gelegenheit im Jackson-See. Ein Querdamm
von nur 6 m Höhe am Südende desselben
würde genügen, um $^1/_2$ Million Ackerfuss
Wasser aus einem Gebiet von ca. 2200 qkm
dort anzusammeln. Noch viel günstigere
Verhältnisse bietet kurz nach dem Austritt
des Snake aus Wyoming das Swan-Thal.
Bei einer Länge von 13 km und einer Breite
von 6$^1/_2$ km besitzt es so steile Ufer, dass
man durch Aufführung eines Sperrdammes
von 40 m Höhe ein Riesenreservoir schaffen
könnte, welches bei einer Wassertiefe von
30 m eine Fläche von 83 qkm, und wenn
der Wasserstand nur 15 m betrüge, noch
immer eine solche von 65 qkm bedecken
würde. Es würde mit Leichtigkeit 1$^1/_2$ Millionen Ackerfuss liefern und auch nicht an
Wassermangel leiden, da sein Auffanggebiet
13895 qkm beträgt. Auch bei Falls River
würde sich ein beträchtliches Reservoir mit
geringen Kosten anlegen lassen. Ausserdem

wurde bereits die Linie eines bei Eagle
Rock am Snake River beginnenden und bei
American Falls wieder zu diesem Strome
zurückkehrenden Canals vermessen, welcher
86560 ha des besten Bodens bewässern
würde.

Man wird 2,5 km südlich von Eagle Rock
(jetzt Idaho Falls genannt) einen Damm von 56 m
Länge und 16,50 m Höhe über dem Flussbett er-
bauen, nebst einem Ueberfallwehr von 274 m
Länge und 4,5 m Höhe. Der Snake schwankt
hier zwischen 2500 (Febr.) und 38000 (Mai-
Juni) Sec.-Fuss. Es ist bis jetzt nur der am Südufer beginnende Canal vermessen, doch wird sich
von diesem Damme auch an der Nordseite ein
solcher abzweigen lassen. Ersterer erhält eine
Länge von 162,5 km und wird in seinem Laufe
stellenweise sowohl den Blackfoot River als auch
den Portneuf Creek benutzen, letzteren jedoch nur
auf eine Strecke von 300 m, um einen Durchstich
einer Eisenbahnlinie zu vermeiden. Die Gesammtkosten sind mit 1759056 M. veranschlagt; es
kommen somit auf den ha zu bewässernder Fläche
etwa 20 M. Kosten. Allerdings liegen 56400 ha
dieser Ackerfläche in der Fort Hall Indian Reservation, und es stehen daher nur 30160 ha weissen
Ansiedlern offen. Unter diesen Umständen erscheint es doch einigermaassen fraglich, ob das
Anlagecapital genügend verzinsen wird, solange die Indianer Reservation für Ansiedler gesperrt bleibt.

Da der Strom bei den American-
Fällen (15,25 m hoch) plötzlich in ein
tiefes Canyon eintritt, bei den Zwillings-
(Twin) Fällen nochmals um 27,50 m und
endlich bei den grossen Shoshone-Fällen
sich um 94,50 m erniedrigt, so ist es unmöglich, ihn auf dieser langen Strecke nutzbar zu machen; Canäle müssen daher oberhalb der American-Fälle von ihm ausgehen.
Eine Privatgesellschaft ist bereits mit der
Anlage eines solchen oberhalb von Eagle
Rock beschäftigt.

Kurz vor den Salmon-Fällen des Snake
brechen 45 m über seinen Gewässern mächtige Quellen aus der senkrechten Canyon-
wand, welche ihm 4000 Sec.-Fuss zuführen.
Es wird in Zukunft wahrscheinlich möglich
sein, unter Benutzung der Fallkraft dieser
Quellen einen Theil ihres Wassers bis zur
Uferhöhe emporzupumpen; es ist ganz ausserordentlich klar und soll stets die gleiche
Temperatur besitzen. Aller Wahrscheinlichkeit nach sammelt es sich in einem unter
der Lava liegenden System von natürlichen
Canälen, welche in diesen Quellen zu Tage
treten (Rep. XI, P. II, pag. 77—92 und
190—200).

Ueber die ebenfalls zum Columbia River
gehörigen Drainage-Gebiete des Missoula,
Des Chútes und John Day's River
fehlen noch Angaben.

Wir treten nun in die vierte und damit vorletzte Gruppe der Drainage-Gebiete ein; sie beschränkt sich fast ganz auf den Staat Californien und zieht nur die NW-Ecke von Nevada, sowie das südliche Oregon in ihren Bereich, doch fällt dafür der nördliche Küstenstreifen bis Santa Cruz hinab überhaupt nicht mehr in die Grenzen der Arid Lands; letztere schneiden hier vielmehr mit dem Kamm der Küstengebirge ab. Diese Gruppe von Drainage-Gebieten charakterisirt sich dadurch, dass es in ihr an wahrhaft grossartigen Strömen, wie sie jede der bisher behandelten aufzuweisen hat, zu fehlen beginnt; von solchen kommen nur der Klamath, der Sacramento und der San Joaquin River in Betracht, und auch von ihnen gehören nur der Oberlauf, sowie die meist kurzen Nebenflüsse auf einem Ufer zum Gebiet der Arid Lands. Alle anderen Waserläufe endigen in abflusslosen Seen, und diese letztere Eigenthümlichkeit bietet daher einen Uebergang zur fünften und letzten Gruppe, welche nur den soeben genannten Charakterzug besitzt.

Californien ist dɔrjenige Staat der Union, in dem die künstliche Bewässerung am weitesten vorgeschritten ist, besonders in dem wärmeren Süden desselben. Die ausgedehnte Senkung zwischen der Sierra Nevada und den direct die Küste begleitenden Bergketten wird von dem Sacramento und San Joaquin River eingenommen, welche sich gemeinsam in die Bay von San Francisco ergiessen. Die durch diese Flüsse getrennten Hälften des Längsthales zeigen einen ganz verschiedenen Charakter. Während die Westseite dürr ist und nur zeitweilig fliessende Wasserläufe besitzt, ist die Ostseite fruchtbar und von vielen wasserreichen Nebenflüssen der soeben genannten Ströme durchzogen. Letztere vermögen in ihrem wechselvollen Stande jedoch nicht allen Anforderungen der Farmer zu genügen; daher hat man sich in der Sierra Nevada nach passenden Reservoirstellen umgesehen, um die von dem Hochgebirge herabrieselnden Niederschläge zu sammeln und durch die natürlichen Wasserläufe zum San Joaquin hinabzuleiten.

Man kann östlich vom San Joaquin, je nach der Höhenlage und Bodengestaltung, drei verschiedene Zonen unterscheiden. Nachdem man die eigentliche Thalebene durchschritten hat, erhebt sich in etwa 60 m Meereshöhe auf einer Strecke von 30—40 km stufenartig ansteigende, unregelmässige Hügelreihen, durch von NW nach SO streichende Thäler getrennt. Sie endigen nach O in einer Meereshöhe von 1200—1500 m und gehen in ein grosses, allmälich ansteigendes Tafelland über, welches von tiefen Canyons durchschnitten ist, und an dessen Ostgrenze 1800—2100 m über dem Meere der Hochgebirgskamm der Sierra Nevada emporsteigt, dessen höchste Gipfel 3350—4250 m erreichen. Hier im Hochgebirge bieten die Seen, Sümpfe oder Wiesen der Hochthäler vielfach günstige Gelegenheit zur Anlage von Sammelbecken, welche um so nothwendiger sind, als alle Flüsse schon jetzt nicht mehr den Ansprüchen an Wasser genügen können und das Ackerland im Thal von so hoher Fruchtbarkeit ist, dass selbst theure Sammelanlagen sich bezahlt machen. Die Zahl derselben im Gebiet des San Joaquin und seiner Nebenflüsse übersteigt die im Drainage-Bezirk des Sacramento bedeutend.

Der nordwestliche Theil des Sacramento-Thales bedeckt etwa 634,5 qkm ausgezeichneten Bodens, der bei ausreichender Bewässerung nicht nur prächtiges Getreide, sondern auch edlere Obstarten, wie Aprikosen, Pfirsiche etc. in reicher Fülle trägt. Es sind bereits 56000 ha unter Cultur; durch den sogenannten Central Irrigation District Canal entnimmt man dem Flusse direct das nöthige Wasser. Der Sacramento hat oberhalb Collinsville ein Auffangebiet von 67824 qkm, in welchem durchschnittlich 381 mm Regen fallen. Die Fluth tritt im Frühling ein, der tiefste Stand im Spätherbst. Im November 1881 erreichte der Strom mit 160000 Sec.-Fuss seinen höchsten bekannten Stand; sein Mittelwasser wechselte zwischen 7000 und 30000 Sec.-Fuss; von Februar bis Juli (der Hauptbewässerungsperiode) der Jahre 1878—1885 schwankte er zwischen 3600 und 90000 Sec.-Fuss; er führt also mehr als genügend Wasser für Agriculturzwecke mit sich.

Ein zweiter, grösserer Canal entnimmt das Wasser dem von der Coast Range zum Sacramento hinabströmenden Stoney Creek. Derselbe besitzt zwar nur ein verhältnissmässig kleines Auffangegebiet von 1916,6 qkm; da jedoch in demselben 635 mm Regen fallen, so erreicht er einen Durchschnittsgehalt von 500—1000 Sec.-Fuss, während seine Hochfluthen auf 20000 Sec.-Fuss steigen. Dieser noch im Bau begriffene Kraft-Canal wird etwa 4800 ha bewässern; edle Gartenfrüchte reifen hier eher als im südlichen Californien, daher die Aussichten für Farmer hier sehr günstig sind. Unter den bedeutenderen Nebenflüssen des Sacramento, die von der Sierra herabkommen, verdient der American River unsere Aufmerksamkeit. Er entnimmt sein Wasser zahlreichen Hochgebirgs-Seen und Bächen aus einem Drainage-Gebiet von

4921 qkm. Die Niederschlagmenge schwankt dort oben zwischen 762 u. 1778 mm, und es gelangen von ihr 381—457,2 mm jährlich in die Wasserläufe. Obwohl keine Wasserstandmessungen vorhanden sind, so hat doch die Erfahrung vieler Jahre ergeben, dass der American River genügend Wasser besitzt, um mehrere Canäle zu speisen. Zu dem Zweck ist man dabei, ihn ungefähr 2½ km oberhalb der Stadt Folsom, nach welcher der Canal seinen Namen führen wird, durch einen Damm zu sperren, der nach dem Urtheil amerikanischer Ingenieure zu den hervorragendsten in der ganzen Welt gehört.

Derselbe wird bei einer grössten Länge von 152 m eine Maximalhöhe von 30 m erreichen und oben 7,2 m breit sein. In der Mitte liegt seine Krone auf 55 m 1,8 m tiefer und bildet so ein Ueberfallwehr, welches jedoch durch eiserne Schützen bis zur Dammkrone erhöht werden kann. Man beabsichtigt, einen Theil des angesammelten Wassers zur hydraulischen Goldwäsche im Bette des Flusses unterhalb des Dammes, alles übrige aber zunächst als Kraftquelle für die Stadt Folsom und dann zur Bewässerung des Sacramentothales zu beiden Seiten des American zu benutzen. Man hofft, bei einer Fallhöhe von 18 bis 19 m am Damm etwa 4000 Pferdekräfte zu erhalten. Der einzige Uebelstand besteht in den riesigen Mengen von Sinkstoffen, die der Strom während seiner Hochfluthen mit sich führt; bei einer derselben ging das Wasser 9,5 m hoch über das Wehr und hinterliess eine 9 m tiefe Schlammschicht im Reservoir; Versuche, dieselbe durch die Selbstthätigkeit des Wassers zu entfernen, haben bis jetzt zu keinem Erfolge geführt. Man wird sich der Sinkstoffe jedoch auf irgend eine Weise entledigen müssen, da andernfalls das Reservoir in einer kurzen Reihe von Jahren aufgefüllt wird. Der Canal wird wahrscheinlich im Cosumne River endigen und durch denselben das unbenutzte Wasser dem Sacramento zuführen.

Den südlichen und grösseren Theil des Californischen Thales bewässert der San Joaquin und seine zahlreichen und hinsichtlich künstlicher Bewässerung höchst wichtigen Nebenflüsse. Der San Joaquin selbst wechselt seinen Wasserstand nicht nur in den einzelnen Jahreszeiten, sondern auch in den verschiedenen Jahren ausserordentlich; seine Hochfluthen werden hauptsächlich durch Temperaturwechsel im Gebirge verursacht und treten daher plötzlich und unter rapidem Steigen auf. Die Nebenflüsse des San Joaquin sind nicht an sich selbst für den Ackerbau im Thal wichtig, sondern hauptsächlich dadurch, dass in ihrem Quellgebiet sich eine Menge guter Gelegenheiten zur Anlage von Reservoirs finden, deren Inhalt man mittelst der natürlichen Flussläufe in's Hauptthal hinableiten kann. Der Geological Survey hat 7 derselben bereits vermessen und auch vorläufig die Kosten der Dammanlagen festgestellt.

So finden wir an der Middle Fork des Stanislaus River 1884 m über dem Meer Kennedy Meadow, ein Wiesenthal, das durch einen Damm zu einem Reservoir von 1843—2963 ha Oberfläche und einem Gehalt von durchschnittlich 45000 Ackerfuss umgewandelt werden kann. Auch der in 2440 m über der See liegende Kennedy See bietet eine ähnliche Gelegenheit. Allerdings wird auf dem 274 km langen Wege bis zu den Ländereien ein sehr starker Verlust durch Verdunstung eintreten. Der Stanislaus besitzt ein Drainage-Gebiet von 2512 qkm und wird an Wasserreichthum nur vom Tuolumne und Merced River übertroffen. Der erstere von diesen nimmt in dieser Hinsicht die erste Stelle in Californien ein; sein Wassergehalt schwankt zwischen 60 (Herbst) und 28000 Sec.-Fuss (Winter und Vorsommer). Am oberen Tuolumne ist Tuolumne Meadow Reservoir vermessen worden; es liegt in 2542 m Meereshöhe und muss durch einen Haupt-, sowie drei Seitendämme geschlossen werden. Die Kosten sind verhältnissmässig gering. Ein anderes Reservoir lässt sich aus dem Tenaya See (2435 m üb. See) durch einen Haupt- und 4 Seitendämme herstellen. Es ist insofern günstig, als es bei einer Oberfläche von nur 239 ha einen Inhalt von 23082 Ackerfuss besitzt, also die Verluste durch Verdunstung nicht besonders gross sein können. Das Wasser muss 306 km weit hinabgeleitet werden. Die Thalländereien bestehen aus schwerem Lehmboden; in den Vorhügeln herrscht sandiger Lehm. Am unteren Tuolumne zweigt sich oberhalb La Grange der Turlock Canal ab; er beginnt mit einem 150 m langen Tunnel, benutzt später natürliche Wasserläufe und hat einen Kostenaufwand von etwa 4¼ Mill. Mark erfordert. In dem ausgegrabenen Erdreich wurde für über 50000 Mark Gold gewaschen.

Am Merced River wird Aufspeicherung seines sehr wechselnden Standes wegen noch viel nothwendiger als an den bisher erwähnten californischen Flüssen. Man wird daher seine Fluthen durch einen 48 km langen Canal in das Merced Reservoir leiten und hier etwa 15000 Ackerfuss aufspeichern. Oberhalb dieser Stelle besitzt der Merced ein Auffangebiet von 2777 qkm; in der Bewässerungszeit führt er 1500—4000 Sec.-Fuss. Es sind gegen 30000 ha fruchtbaren Ackerlandes vorhanden und die betr. Gesellschaft verkauft Wasserrechte zum Preise von 106,25 M. pro ha zuzüglich einer Miethe von jährlich 10,63 M. für die gleiche Fläche; auch giebt sie Ländereien mit der Berechtigung zur dauernden Bewässerung ab: der Preis schwankt je nach der Lage der Grundstücke zwischen 1000—2000 M. pro ha. Das Wasser erreicht vom Reservoir aus erst nach einer Strecke von 240 km die Ländereien.

Der Kings River hat ein Drainagegebiet von 4805,5 qkm, welches zur Hälfte über der Grenze des ewigen Schnees liegt, und ergiesst sich in den Tulare Lake. Er schwankt zwischen 210 und 9000 Sec.-Fuss und führt im Mittel etwa 1700; im Dezember tritt infolge der Winterregen eine erste Fluth ein, welcher im Mai die Hauptfluth folgt. Daher kann er in der Bewässerungszeit (Winter und Frühling) gewöhnlich den Anforderungen genügen. Sowohl auf dem Nordals auch auf dem Südufer zweigen sich zahlreiche, rohgebaute Canäle von zum Theil bedeutender Länge ab. Da man hier im Anfange ohne einheitlichen Plan vorging, so ist eine ganze Anzahl derselben eigentlich unnütz und führt nur zur Wasservergeudung; auch hemmen die in der stellenweise sehr schwachen Strömung lustig wuchernden Wasserpflanzen die Vertheilung des Wassers.

In den Tulare See ergiesst sich zur Zeit der Frühjahrsfluthen auch der Tule River; während des übrigen Jahres wird sein Wasser auf der Uferstrecke von Potterville bis Tipton gänzlich verbraucht, so dass man ihn dann in die Klasse der Lost Rivers zu rechnen hat.

In ähnlichem Grade hat sich künstliche Bewässerung an dem zwischen Tule und Kings River strömenden Kaweah River ausgebreitet, besonders um Visalia herum. Der Kaweah steigt während der schnell wieder abfallenden Fluth bis auf 14 000 Sec.-Fuss.

Der grösste Nebenfluss im südlichen San Joaquin-Thal ist der Kern River; er entwässert die Gebirgszüge westlich von der Hauptkette der Sierra Nevada aus einem Gebiet von 6083,5 qkm und tritt nach einem Laufe von 153 km Länge aus dem Gebirge in die ausserordentlich fruchtbare Thalebene, in deren stellenweise lehmigem, meistens aber kiesigsandigem Boden er sich ein von 1—2 m hohen Ufern eingeschlossenes Bett ausgegraben hat, welches in einem Delta endigt, durch das er gleichzeitig mit dem Kern-, Tulare- und Buena Vista-See, sowie mit dem San Joaquin in Verbindung tritt. Sein Wasserstand ist zwar in den einzelnen Jahren veränderlich, denn man hat Fälle beobachtet, in denen einerseits die Frühjahrshochfluth ausblieb (1879), andererseits aber eine ganz abnorme Höhe erreichte (1867, 30 000 Sec.-Fuss); die Wassermenge fällt jedoch während der Irrigationssaison (Febr. bis Juli) selten unter 500 Sec.-Fuss, hält sich vielmehr durchschnittlich auf 1500 Sec.-Fuss, so dass die zahlreichen Canäle, mittelst deren bereits 60 000 ha bewässert werden, und unter denen der Calloway-Canal der bedeutendste ist, keinen Wassermangel leiden. Die sandigen Aecker werden durch die sich absetzenden Sinkstoffe allmälich verbessert und tragen dann selbst einige halbtropische Gewächse.

Die gesammten Hochgebirgs-Reservoirs,

unter welchen ausser den schon genannten noch die von Bear Valley, Eleanor See und Little Yosemite Valley erwähnenswerth sind, werden in Summa 1710 ha bedecken und einen Inhalt von 178 575 Ackerfuss besitzen, durch Verdunstung werden etwa 10 680 Ackerfuss verloren gehen und also 162 895 zur Verfügung bleiben. Da man aber diese Wassermassen, wie schon erwähnt wurde, je nach der Lage der Sammelbecken 240 bis 300 km hinableiten muss, so wird unterwegs sicher noch ein Verlust von 35—50 Proc. eintreten; es werden also besten Falls gegen 108 600 Ackerfuss benutzbar bleiben, eine geringe Menge im Verhältniss zu den vorhandenen ausgedehnten Ackerflächen. Trotz der stellenweise recht hohen Anlagekosten ist Aussicht auf Ausführung dieser Projecte vorhanden, weil die Erträge der bewässerten Ländereien die Auslagen in kurzer Zeit ersetzen.

Auch in den übrigen Gegenden Californiens, welche keine Beziehungen zu den Sacramento- und Joaquin-Thälern besitzen, hat die Natur mehrere ausgezeichnete Sammelbecken geschaffen. Der Geological Survey hat seine Hauptthätigkeit unter ihnen dem Clear Lake zugewendet. Derselbe liegt 120 km nördlich von San Francisco in der Coast Range 400 m über dem Meere. Die Uferländereien sind sehr werthvoll, und aus diesem Grunde muss von einer Erhöhung des Wasserspiegels abgesehen werden; auch würden die Niederschläge, welche durchschnittlich 508—533 mm erreichen, zur Füllung des Reservoirs genügen. Trotzdem kann man den See dadurch zu einem solchen umgestalten, dass man den aus ihm austretenden Cache Creek an dieser Stelle um 3 m vertieft. Bei einer solchen Erniedrigung des Wasserspiegels unter den mittleren Tiefwasserstand würde der See immer noch eine Fläche von 147,25 qkm bedecken, bei Tiefwasser 165,20 qkm und bei einer Erhöhung um 3 m 186,68 qkm. Es werden dadurch 385 300 (resp. 435 300) Ackerfuss Wasser verfügbar, von denen nach Abzug der Verdunstungsverluste, welche eine Höhe von jährlich 1371,6 mm erreichen, noch 184 700 (resp. 298 400) Ackerfuss übrig bleiben. Die wirklich in den See gelangenden Bruchtheile der Niederschläge sind mehr als genügend, ihn bis zu dem berechneten Stande anzufüllen. Das Bett des zur Hinableitung zu benutzenden Cache Creek muss natürlich entsprechend vertieft und seine Ufer gegen Beschädigungen durch die zu Thal gehenden Wassermassen geschützt werden.

In der Coast Range finden wir ausserdem einige der kühnsten Thalsperren in der

**Nähe von San Diego im südlichen Californien.**

Eine derselben sperrt den Sweetwater Creek, ein Küstenflüsschen, welches nach kurzem Laufe in die San Diego Bay geht und sein Maximum im Winter mit 1000 Sec.-Fuss erreicht, während es im Sommer kaum 10 Sec.-Fuss führt. Etwa 10 km oberhalb der Mündung durchquert ein an der Krone 116 m langer Damm eine enge Schlucht. Seine obere Dicke beträgt nur 3,64 m, die untere 14 m. Die dem Wasserdruck ausgesetzte Fläche hat eine Neigung von 1 : 6, die äussere auf die untersten 7,60 m eine solche von 1 : 3, dann auf 9,64 m von 1 : 4 und nun bis zur Krone von 1 : 6. Der Damm ist gekrümmt und hat infolge dessen trotz seiner geringen Mächtigkeit bisher allen Fluthen widerstanden, zumal sich an seinem einen Ende ein Ueberfallwehr befindet, welches 1500 Sec.-Fuss durchlässt, mehr, als je eine Hochfluth herbeiführt. Das Reservoir liegt 36,5 m

über dem Meere, und diese Lage genügt, das Wasser bis in die höchsten Gegenden der Stadt San Diego emporzutreiben. Bei 21 m Wassertiefe am Damm enthält es 18000 Ackerfuss. Die Verdunstung wird durch Zufluss reichlich ersetzt und die Sinkstoffe sind so gering, dass sie das Sammelbecken erst nach 1000 Jahren unbrauchbar machen würden.

Ein anderes, 112 km von San Diego ebenfalls in der Coast Range angelegtes Becken ist das Cuyamaca Reservoir. Es bedeckt 400 ha und fasst 11500 Ackerfuss. Zur Hinableitung benutzt man den Boulder Creek- und San Diego Canyon, führt das Wasser aber der starken Verdunstung halber in bedecktem Gerinne, welches Querthäler auf 315 Gerüsten (trestles) überschreitet, und durch 8 Tunnels hinab. Der Sperrdamm ist aus Erde aufgeschüttet und hat bei einer Länge von 193,50 m eine obere Breite von 10,60 m. In der Mitte ist er 12 m hoch.

*[Schluss folgt.]*

---

## Referate.

**Die Entstehung des Erdöls.** (C. Engler. Chem. Industrie, 1895, No. 1 u. 2.) Der Verf. bespricht in diesem Aufsatz, welcher seine früheren Arbeiten zusammenfasst und die Ergebnisse derselben einem weiteren Leserkreise bekannt zu geben bestimmt ist, zunächst kurz diejenigen Hypothesen über die Entstehung des Erdöls, welche vermöge ihrer Begründung in wissenschaftlichen Kreisen Aufnahme fanden oder ernstlich besprochen wurden. Hierher gehört die Hypothese von Sokoloff, welcher annimmt, dass ursprünglich im Weltall vorhandener Kohlenstoff und Wasserstoff in frühen Stadien der Entwickelung der Himmelskörper zu Kohlenwasserstoffen zusammentraten, dass diese sich in dem noch zähflüssigen Magma auflösten, um sich bei späterer Abkühlung wieder auszuscheiden, durch Risse und Spalten der erkalteten Masse zu entweichen und später sich zu verdichten. Dieser Hypothese, welche durch das Vorkommen von Kohlenwasserstoffen in Meteoriten und Kometen gestützt erscheint, sowie den bekannteren Hypothesen von Berthelot und Mendelejeff hält Engler neben anderen Punkten besonders den Nachweis von Pyridinbasen, deren Entstehung nur auf organisches Leben zurückgeführt werden könne, in verschiedenen Rohölen entgegen. Ferner müsste bei dieser Entstehungsart, wie schon Piedboeuf gegen die Emanationshypothesen[1])

---

[1]) Zu den Emanationshypothesen gehört auch die neuerdings von O. Lang (Essener Glückauf

eingewandt hat, eine Trennung der verschiedenen Destillationsproducte nach ihrem Siedepunkt eingetreten sein, was bisher nirgends beobachtet wurde.

Gegen die Hypothesen, welche die Entstehung des Erdöls auf pflanzlichen Ur-

---

1894 S. 1740 und 1895 No. 29—31) ausgesprochene Ansicht. Lang erkennt nur thonige und mergelige Schichten als primäre Oellagerstätten an und denkt sich aus diesen das in grösseren Mengen flüssig vorkommende Erdöl durch Destillation entstanden, nachdem die bituminösen Thone und Mergel in eine solche Tiefenlage gerückt worden sind, in welcher nach der geothermischen Tiefenstufe die zur Destillation nöthige Wärme herrscht. Dem von Piedboeuf und Engler erhobenen Einwand begegnet Lang mit dem Bemerken, dass dahin, wo die ersten Destillationsproducte hingelangten, auch die späteren hinwandern konnten, welche Wanderungen ihnen dadurch erleichtert wurden, dass jene die Wege und Räume vorwärmten. Dazu sind die in den oberen Teufen vorhandenen Schichten doch wohl eine zu complicirte Vorlage. Zur Begründung seiner Ansicht stellt Lang die Behauptung auf, dass die reiche Petroleumführung des Oelheimer Diluviums beweise, dass erst nach der letzteren Ablagerung das jetzt vorhandene Erdöl gebildet sein kann! Auch „das Expansionsbedürfniss und der Wandertrieb, welchen das neu gebildete Erdöl ersichtlich besessen hat", widerspricht nach Lang einer Erdölbildung ohne Destillation geradezu! Dieser Wandertrieb rührt doch wohl einfach daher, dass das Erdöl erstens eine Flüssigkeit ist und zweitens Gase gelöst enthält, welche eine Ortsveränderung bewirken, wenn an irgend einer Stelle der auf dem Oel lastende Druck nachlässt. Reichere Erdöllager als in den höheren Teufen müssen nach der Lang'schen Hypothese in tieferen, dem Destillationsherde angetroffen werden. Für den Bergbau kann diese Hypothese, wie überhaupt die Emanationshypothesen, also sehr gefährlich werden, da sie leicht zu allzutiefen, kostspieligen und voraussichtlich ergebnisslosen Bohrungen veranlassen muss.

sprung zurückführen (Lesquereux, Binney, Wall, Hochstetter, Krämer, Daubrée u. A.) schliesst sich Engler den Höfer'schen Auseinandersetzungen an, wonach unter Berücksichtigung des geologischen Vorkommens ein genetischer Zusammenhang zwischen Erdölvorkommen und kohlenführenden Schichten nicht besteht, und betont vom Standpunkt des Chemikers die Unmöglichkeit, dass sich aus pflanzlichen Resten Kohlenwasserstoffe gebildet haben könnten, ohne Hinterlassung von kohlenstoffreichen, koksartigen Rückständen, dass aber diese neben Erdöl in der Natur nicht bekannt sind.

Länger verweilt der Verfasser bei der Hypothese, durch welche die Entstehung des Erdöls auf thierische Reste zurückgeführt wird, und welche durch die Versuche des Verf. die kräftigste Stütze gefunden hat. Der erste, der sich bestimmt in dieser Richtung ausgesprochen hat, ist Leopold von Buch; heute zählt diese Hypothese zu ihren Anhängern die Mehrzahl der Forscher, welche sich mit der Frage nach der Entstehung des Erdöls beschäftigt haben oder noch beschäftigen. Zwei Punkte bieten der Beantwortung dieser Frage besondere Schwierigkeit, nämlich 1., wie man sich den chemischen Vorgang bei der Bildung des Erdöls zu denken habe, und 2., wie man sich die zur Erzeugung von grossen Mengen von Erdöl nöthigen Anhäufungen von Thierresten vorstellen soll.

Bei der Erklärung des chemischen Vorganges bildete das vollständige oder fast vollständige Fehlen des Stickstoffs in dem natürlichen Erdöl die Hauptschwierigkeit für eine brauchbare Erklärung des Uebergangs der Thierreste in Erdöl, weil die durch Destillation aus solchen gewonnenen Oele alle einen hohen Gehalt an Stickstoffverbindungen aufweisen. Die auf verschiedene Beobachtungen und Versuche gestützte Annahme, dass die Umwandlung wohl in zwei Abschnitten vor sich gegangen sein möge, einem ersten, in welchem die stickstoffhaltigen Stoffe (Muskelfasern, Proteïnstoffe u. s. w.) zersetzt und die widerstandsfähigeren Fette ausgeschieden wurden, und einem zweiten, in welchem die Umsetzung der Fette in Kohlenwasserstoffe stattfand — wodurch der geringe Gehalt des Erdöls an Stickstoff sich leicht erklärt — führte Engler dazu, ausschliesslich thierische Fettstoffe zu verwenden. Es gelang in der That, solche (Trioleïn, Tristearin und Fischthran) durch Destillation bei 365—420° und unter einem Druck von 20—25 Atmosphären in flüssige Kohlenwasserstoffe und Gase umzuwandeln. Freie Fettsäuren verhalten sich unter denselben Verhältnissen wie die Glyceride; Oelsäure liefert ausserdem dieselben Producte bereits beim Erhitzen im zugeschmolzenen Glasrohr ohne gleichzeitige Destillation. Das gleiche Verhalten zeigt Thran. Destillate, welche aus einer grossen Menge von Fischthran (3 Fass) gewonnen worden waren, zeigten noch einen kleinen Rest unzersetzten Fettes, etwa 33 Proc. Kohlenwasserstoffe der Olefinreihe, in geringer Menge wohl auch Acetylene, während der grössere Theil aus gesättigten Kohlenwasserstoffen bestand, von denen — abgesehen von dem in den Gasen enthaltenen Methan — das Pentan, die normalen und secundären Hexane, Heptane und Octane und das normale Nonan isolirt wurden. Ausserdem wurden festes Paraffin und Schmieröle und wahrscheinlich auch Naphtene erkannt. Es sind also die Bestandtheile, welche im natürlichen Rohöl vorkommen. Nennenswerthe Rückstände von koksartigen Substanzen kamen bei diesen Versuchen nicht vor, und es ist also durch letztere einer der bisherigen Haupteinwände gegen die Möglichkeit der Bildung des Erdöls aus thierischen Resten beseitigt.

Das aus Thran dargestellte „künstliche Rohpetroleum", dessen Ausbeute bis zu 75 Proc. beträgt, ist von bräunlicher Farbe, in dünnen Schichten durchsichtig und von stark grüner Fluorescenz. Spec. Gew. 0,8105. Bei fractionirter Destillation erhält man daraus, zwischen 140 und 300°, ungefähr 60 Proc. eines wasserhellen Brennöls von schwach-bläulicher Fluorescenz, dessen spec. Gew. 0,8025 und dessen Entzündungspunkt 26,5° beträgt.

In den Gasen wurde Sumpfgas in grosser Menge, ausserdem Kohlensäure, Kohlenoxyd und Olefine erkannt. Das erstere überwiegt in allen natürlichen Oelgasen; von den 3 letzteren ist die Kohlensäure in allen, Kohlenoxyd und Olefine in vielen Erdölgasen aufgefunden.

Soweit die Versuche. Wie fand nun in der Natur der Uebergang der Fettstoffe in Kohlenwasserstoffe statt? Mit dem Hinweis, dass Leichenwachs und andere fossile Fettreste aus freien Fettsäuren bestehen, und dass es Jünemann gelungen ist, Talg durch zweimonatliche Behandlung mit fliessendem Wasser fast vollständig in freie Fettsäuren zu verwandeln, hält es Engler für wahrscheinlich, dass sich die Fettstoffe nicht direct in Kohlenwasserstoffe umwandelten, sondern dass vorher durch Abspaltung von Glycerin die Bildung freier Fettsäuren eingetreten sein müsse. Es handelt sich also nur noch darum, die Umbildung der Fettsäuren zu erklären. Der Annahme von Ochsenius, nach welchem den

44*

Mutterlaugensalzen ein Einfluss auf die Oelbildung beigemessen wird, kann sich Engler nicht anschliessen, weil dahin zielende Versuche ohne Ergebniss blieben, und weil sich diese Hypothese auf keine bekannten analogen Vorgänge stützen kann. Ebenso wenig hält er die Ansicht von Bertels, welcher die Thätigkeit der Bacterien für den Umwandlungsprocess in Anspruch nimmt, für hinreichend begründet. Als Hauptfactoren bei der Umbildung sieht Engler Druck mit mehr oder weniger Wärme, beide unterstützt durch die lange Zeitdauer des Processes an. Die bei seinen Versuchen gebrauchte hohe Temperatur hält Engler nicht für unbedingt erforderlich. Bei der Bildung des Erdöls von verschiedenen Fundstätten haben wahrscheinlich verschiedene Bedingungen obgewaltet; so hält es Engler für möglich, dass bei der Entstehung der an Naphtenen reichen Erdöle des Kaukasus höhere Temperaturen eingewirkt haben, als bei der Bildung des pennsylvanischen Erdöls. Ein eigentlicher Destillationsprocess hat dabei in gewöhnlichen Fällen nicht stattgefunden, sondern eine Umwandlung an der Ablagerungsstätte der Thierreste, was jedoch eine spätere Ortsveränderung unter dem Druck der gebildeten Gase nicht ausschliesst. Ob zwischen Fettsäuren und Erdöl die Bildung eines Zwischenproductes anzunehmen ist, nach Zaloziecki etwa von Erdwachs, lässt Engler dahingestellt. Obgleich es ihm gelang, aus bituminösen Schiefern durch Auslaugung mit Benzol Bitumen zu gewinnen, welche dem Erdwachs nahestehen, so bleibt es doch auffallend, dass bei den zahlreichen Versuchen der künstlichen Umwandlung von Fetten in Erdöle erdwachsähnliche Zwischenproducte nicht beobachtet werden konnten. Auch die Frage, ob der Abbau der Fettstoffe mehr durch Abspaltung von Wasser oder von Kohlensäure vor sich ging, ist nicht sicher beantwortet. Doch ist Engler, im Gegensatz zu Veith u. A., welche nur die Abspaltung von Kohlensäure annehmen, auf Grund seiner Versuche der Ansicht, dass sich beide Verbindungen abspalten. Zur Erklärung der Anwesenheit geringer Mengen aromatischer Stoffe (Pseudocumol und Mesitylen), welche bis jetzt fast in allen Erdölen aufgefunden worden sind, weist Engler auf die Ringschliessungen hin, zu denen Semmler durch Condensation gewisser Aldehyde gekommen ist und wodurch er auch die Bildung terpenartiger Kohlenwasserstoffe (welche von Krämer auch im Erdöl aufgefunden wurden) in den Pflanzen erklärt. Für den geringen Gehalt an aromatischen Kohlenwasserstoffen der Benzolreihe glaubt

Engler jedoch, ebenso wie für die Pyridinbasen, auch noch kleine Mengen übriggebliebener stickstoffhaltiger Substanz in den Fettresten heranziehen zu sollen, und erinnert daran, dass es gelungen ist, die Phenylessigsäure, ein gewöhnliches Fäulnissproduct thierischer Stoffe, unter ungefähr gleichen Bedingungen wie die Umwandlung der Fettstoffe in Erdöl-Kohlenwasserstoffe, in Toluol und Kohlensäure (mit wenig Kohlenoxyd) zu spalten.

Wenden wir uns nun zu der zweiten Frage, mit der sich Engler beschäftigt, nämlich zu der Frage: Wie sollen die Massengräber von Thierleichen entstanden sein, aus deren Leichenwachs sich später unsere Erdöllager gebildet haben? Gegen die Ansicht von Zincken[2]), nach der sich die Leichen der im Meere lebenden Thiere auf dem Meeresgrunde ansammeln, führt Engler die Ergebnisse der neueren Forschungen an, wonach die in tieferen Regionen des Meeres lebenden Thierarten die untersinkenden Cadaver der oberen Regionen aufzehren, so dass nur unter ganz besonderen Umständen sich auf diesem Wege Massenanhäufungen bilden können. Auch mit der Ochsenius'schen Annahme[3]). Tödtung reichen marinen Lebens in abgeschlossenen Buchten durch einbrechende Mutterlaugensalze, kann sich Engler, wenigstens für sehr ausgedehnte Erdöllager, nicht befreunden, weil nicht recht einzusehen ist, woher die gewaltigen Massen von Mutterlaugensalzlösungen kommen sollen, wie solche für die plötzliche Versalzung von Buchten und Becken so grossen Umfanges angenommen werden müssten. Zusagender ist ihm die verwandte Andrussow'sche Ansicht[4]), nach welcher die brackische Fauna des pontischen Beckens nach dem Durchbruch des Bosporus durch den Einbruch von Meereswasser vernichtet wurde. Die Zersetzung der hierdurch getödteten Thiere sowie der jetzt aus den oberen Regionen niedersinkenden Thierleichen erzeugte und erzeugt gegenwärtig noch eine so bedeutende Menge von Schwefelwasserstoff, dass das Wasser bereits bei 200 Faden Tiefe damit stark genug gesättigt ist, um alles organische Leben in dieser Tiefe unmöglich zu machen.

---

[2]) Geologische Horizonte der fossilen Kohlen. Die Vorkommen der fossilen Kohlenwasserstoffe. Leipzig 1883 S. 121 und 122.
[3]) Die Natur, 1882 S. 350; Chemiker-Zeitung 1891 No. 53; d. Z. 1893 S. 197.
[4]) Nach einem Bericht von Jahn in dem Jahrbuch der K. K. geol. Reichsanstalt 1892 Bd. 42. S. 361. Jahn spricht sich gegen die Ochseniussche Annahme in der gleichen Weise wie Engler aus.

Die Hypothese von Sickenberger[5]), wonach in Meeresbuchten oder abgeschlossenen Meeren (z. B. das Rothe Meer, für welches Fraas schon früher die heute noch vor sich gehende Bildung von Erdöl annahm) unter sehr günstigen klimatischen Bedingungen ein derartig üppiges marines Leben sich entwickeln kann, dass die Zahl der Aassfresser nicht hinreicht, die untersinkenden Thierleichen aufzunehmen und zu vernichten, wodurch also die Möglichkeit der Bildung von Massengräbern geboten ist, giebt Engler ohne Gegenbemerkung wieder. Desgleichen die durch Beispiele gestützte Annahme von Jones[6]), welcher bedeutende Süsswasserzuflüsse, starken Frost, heftige Stürme sowie Lavaergüsse als Ursachen massenhafter Vernichtung marinen Lebens ansieht. Beiden Hypothesen, sowohl der von Sickenberger als der von Jones, scheint Engler also zustimmend gegenüberzustehen. Jedenfalls spricht er sich zu Gunsten der folgenden, besonders von Zaloziecki[7]) ausgeführten Hypothese aus, nach welcher die Ansammlung von Massen von Thierleichen auf Meeresströmungen zurückgeführt wird, durch welche die Reste marinen Lebens immer wieder an derselben Stelle angeschwemmt, von Sand und Schlamm überdeckt und so der Aufzehrung und Oxydation entzogen wurden, um später sich in Erdöl umzuwandeln. Diese Hypothese scheint mir auch die elsässischen Oelvorkommen am besten zu erklären.

Zum Schluss fasst Engler den Entstehungsprocess des Erdöls, ohne dabei die angegebene Reihenfolge der einzelnen Vorgänge in allen Theilen als feststehend betrachten zu wollen, folgendermaassen zusammen: Bildung von Massengräbern mariner Fauna (in seltenen Fällen auch von Süsswasserthieren), Vermischung und Ueberlagerung mit Sand und Schlamm (Kalk, Thon), weitere Bildung darüber gelagerter Sedimentärgesteinschichten, daneben, oder schon vorher, Fäulniss der stickstoffhaltigen Thiersubstanz, Ausscheidung der freien Fettsäuren aus den zurückgebliebenen Fettresten, worauf dann stattgehabter Hebung der Ufer oder Becken, beziehungsweise durch Senkung derselben, unter der Wirkung von Druck allein oder unter Mitwirkung von Wärme, also je nach localen Verhältnissen unter verschiedenen Bedingungen, der Umwandlungsprocess in Erdöl vor sich ging.

*L. van Werveke.*

---

[5]) Sickenberger, Chemiker-Zeitung 1891 S. 1582.
[6]) Geol. Magaz. 1882 S. 533.
[7]) Dingl. Polyt. Journ. 1891 Bd. 280 S. 5.

# Litteratur.

77. **Bauer, Max, Prof. Dr.:** Edelsteinkunde. Eine allgemein verständliche Darstellung der Eigenschaften, des Vorkommens und der Verwendung der Edelsteine, nebst einer Anleitung zum Bestimmen derselben, für Mineralogen, Steinschleifer, Juweliere etc. Leipzig, Ch. H. Tauchnitz. 1895. Etwa 450 S. m. 8 Chromotafeln, mehreren Lichtdruckbildern u. Lithographien, sowie vielen Illustrationen im Text. In ca. 8 Lieferungen. 1. Lfg. 48 S. Preis jeder Lfg. 2,50 M.

78. **Brockhaus: Conversations-Lexikon. 14. Aufl.** in 16 Bänden. Leipzig.

Das hier wiederholt lobend erwähnte Werk ist mit dem soeben erschienenen 14. Bande bis zum Stichworte „Soccus" vorgeschritten. Jetzt, da nur noch 2 Bände bis zur Vollendung dieses grossartigen Wissenschatzes fehlen, erkennt man immer deutlicher, in wie vollkommener Weise die vielen Einzelartikel einer Wissenschaft sich zu einem abgerundeten Gesammtbilde derselben aneinander reihen. Immer lieber greift man nach diesem Rathgeber, überzeugt, dass er nicht im Stiche lässt.

79. **Dove, Karl, Dr.:** Beiträge zur Geographie von Südwest-Afrika. IV: Der Wasservorrat des Landes. Peterm. Mittheilungen, 41. 1895 S. 92—96.

Verf. kommt zu folgendem praktischen Schlussresultat: „Es kann als ziemlich feststehend gelten, dass Tiefbohrungen mittels grosser Bohrapparate wenigstens im Gebiet des obern Swakop und des obern Fischflusses keine Aussicht auf grosse Erfolge gegenüber dem Graben gewöhnlicher Brunnen bieten. In manchen Gebieten, wie z. B. bei Windhoek, würden sie nach der Ansicht Duft's, der ich mich vollkommen anschliesse, im Gegentheil sogar eine grosse Gefahr für die unersetzlichen heissen Quellen bilden, welche durch die Ausführung solcher Experimente unter Umständen der Gegend völlig verloren gehen könnten. Das Gebiet aber, wo man mit grösserer Aussicht auf Erfolg auch in weiter Entfernung von Flussbetten an die Herstellung von Tiefbrunnen denken mag, das Gebiet am mittlern Nosob und am Unterlauf seiner Quellflüsse, kommt vorläufig für eine Colonisation noch kaum in Betracht. Wozu also in Deutschland Pläne für eine Bewässerung auf alle mögliche Art machen, solange man noch kein einziges Mal die einfache und von Gemeinden und Einzelnen in ganz Südafrika erprobte Methode der Dammbewässerung angewendet hat, deren Befolgung auch in unserm Schutzgebiet von den segensreichsten Wirkungen begleitet sein wird." Vergl. Dr. Sander, Bremen: Ein Vorschlag zur wirthschaftlichen Erschliessung Deutsch-Südwestafrikas (Berlin, Dietrich Reimer; Pr. 0,30 M.), worauf wir demnächst zurückkommen.

80. **Geologische Karte von Böhmen, i. M.** 1 : 200 000, publicirt vom Comité für die

Landesdurchforschung von Böhmen. Section III:
Umgebung von Eisenbrod, Jicin bis Braunau
und Nachod, von A. Frič und G. C. Laube.
Prag, Arch. naturw. Landesdurchf. 1895. 1
color. geol. Karte in Fol. m. Text von 24 S.
Pr. 5 M.

Bisher erschien Section VI: Umgebung von
Kuttenberg bis Böhmisch-Trübau, von J. Krejči
und A. Frič. 1891. 1 color. geol. Karte in Fol.
m. Text v. 10 S. Pr. 4,40 M. Vergl. d. Z. 1893
S. 338.

81. Pošepný, F., k. k. Bergrath: Archiv für
praktische Geologie. II. Bd. Freiberg i. S.,
Craz & Gerlach. 1895. 780 S. mit 6 Taf.
Pr. ca. 25 M.

Dieser, bereits S. 262 angekündigte II. Band
des „Archiv für praktische Geologie" soll noch im
Laufe des Monat Juli zur Ausgabe gelangen. Wir
beschränken uns heut auf die nachfolgende Inhalts-
übersicht:

I. Die Goldvorkommen Böhmens und der
Nachbarländer. Von F. Pošepný. S. 1—484,
Taf. I—III.

II. Die alten Goldwäschen am Salzachflusse
in Salzburg. Von Max Reichsritter von Wolfs-
kron. S. 485—498.

III. Die Golddistricte von Berezov und Mias
am Ural. Von F. Pošepný. S. 499—598, Taf. IV.

IV. Ueber die Goldseifen der Lieser in
Kärnten. Von Dr. Richard Canaval. S. 599
bis 608.

V. Beitrag zur Kenntniss der montan-geolo-
gischen Verhältnisse von Pribram. Von F.
Pošepný. S. 609—752, Taf. V u. VI.

82. von Zittel, Karl A., Prof. a. d. Universität
München: Grundzüge der Paläontologie (Paläo-
zoologie). München u. Leipzig, R. Oldenbourg.
1895. 971 S. mit 2048 Text-Abbildungen.
Pr. geb. 25 M.

Das grosse, 5 Bände starke „Handbuch der
Paläontologie" des Verfassers — Pr. 133 M.;
vergl. die Beilage zu Heft 1, 1894, d. Z. — ist
nach 20jähriger Arbeit abgeschlossen. Allgemein
war der Wunsch nach einem auf der im „Handbuch" eingeschlagenen Methode fussenden „Lehr-
buche", und dieses liegt nun in vorzüglicher Ausstattung und zu einem äusserst billigen Preise in
obigen „Grundzügen der Paläontologie" vor. Darstellung und Stoffanordnung folgen der im Hand-
buche eingeschlagenen Methode, doch sind inzwischen nothwendig gewordene Aenderungen in
der sich so schnell entwickelnden Systematik weit-
gehend berücksichtigt. „Die Versteinerungen sind
in diesem Werk vorzugsweise als fossile Organismen behandelt, während ihre Bedeutung als
historische Documente zur Altersbestimmung der
Erdschichten nur in zweiter Linie Berücksichtigung
finden konnte. Auf die Aufzählung und Beschreibung einzelner geologisch wichtiger Leit-
fossilien wurde darum verzichtet, doch sind
dieselben bei Auswahl der Abbildungen nach
Möglichkeit bevorzugt."

## Notizen.

Eine „Geologische Wand" ist jetzt im Hum-
boldtshain zu Berlin fertig gestellt und am 26. Juni
d. J. vor zahlreich erschienenen Mitgliedern der
„Gesellschaft für Heimathkunde der Provinz Brandenburg" von Oberlehrer Dr. Eduard Zache,
dem Erbauer derselben, erläutert worden.

Die Wand soll, wie der Vortragende ausführte,
in erster Linie ein Hilfsmittel für den geographischen und naturwissenschaftlichen Unterricht sein.
Sie soll zeigen, wie die Erdrinde entstanden ist,
wie im Laufe der Jahrmillionen ihr Antlitz sich
ausgebildet hat; das geographische Bild, das der
Atlas bringt, soll sich beleben, der Schüler auch
der leblosen Natur ihre Gesetze ablauschen, um in
den todten Steinen den ursächlichen Zusammenhang
zu erkennen. Dann aber soll er die Schätze des
Erdinnern in ihrer natürlichen Umgebung sehen,
so dass hierdurch in seiner Vorstellung ein frischeres
Bild entsteht als durch die Abbildung.

Nachdem der Vortragende über die verschiedenen Zweige der Geologie sich verbreitet hatte, machte
er auf die Beispiele aufmerksam, welche die Wand
hierzu einschliesst. Dann zur historischen Geologie
übergehend, erläuterte er, von den ältesten Schichten in der westlichen Ecke bis zu den jüngsten in
der östlichen fortschreitend, die einzelnen Formationen mit ihren Merkwürdigkeiten und ihren Beziehungen zum Ganzen.

Die Urzeit der Erde wird durch die 4 ersten
Felder dargestellt. Hier treffen wir die krystallinischen Schiefer: die Gneisse, Glimmerschiefer, den
Phyllit; und von den massigen Gesteinen: den
Granit, Diorit und Gabbro. Wir sehen, wie die
Schichten sich gefaltet haben und wie ein Stock
weissen Granits bis an die Oberfläche emporgepresst worden ist. — Die Felder 5 bis 11 umfassen das Alterthum der Erde. Es sind im 5.
Felde die ältesten versteinerungsführenden Schichten aufgemauert, die cambrischen und silurischen
Schiefer, sowie die Kalke, Schiefer und Grauwacken
des Devon. Das 6. Feld enthält die flötzleere und
die productive Steinkohlenformation, die sich durch
die beiden Kohlenflötze leicht kenntlich macht;
hier ist auch eine Anzahl von Pflanzenabdrücken
angebracht. Auf der Verwerfungsfläche zwischen
den beiden Hälften dieses Feldes ist die Porphyrmasse in die Höhe gedrungen und hat sich an
der Oberfläche zu einer Kuppe ausgebreitet. Das
7. Feld ist gänzlich aus Harzer Gesteinen aufgemauert; es schliesst in seinen Schiefern das Erzlager des Rammelsberges ein; dann folgt im
8. Felde ein Riffkalk mit einer Höhle voller Tropf-
steine; im 9. Felde erblickt man in discordanter
Lagerung Schichten der Steinkohle und des Rothliegenden auf steilgestellten Kulmschichten. Gerade
die Schichten der Kohlenformation zeichnen sich
durch grosse Lagerungsstörungen aus. Im 10. Felde
lagern Gesteine der Zechsteinformation auf Urgebirge, und im 11. Felde sind die wichtigen Glieder
des Zechsteins: der Mansfelder Kupferschiefer
und die Salze von Stassfurt aufgebaut. — Die
Felder 12 bis 17 umschliessen das Mittelalter der

Erde. Und zwar von 12 bis 14 die Trias mit dem Rüderdorfer Muschelkalk, der vom Buntsandstein mit einer Platte voller Thierfährten unterlagert und von einer Schicht Keupermergel überlagert wird. Das 15. Feld besteht aus oberschlesischem Muschelkalk aus der Gegend von Tarnowitz und Beuthen; es beherbergt Proben der Zink-, Blei- und Eisenerze des dortigen Gebiets. Das 16. Feld enthält Gesteinsproben aus dem nordwestdeutschen Jura und der unteren Kreide, während das 17. Feld die schlesischen und sächsischen Quadersteine und den Pläner der oberen Kreide umschliesst. Im letzten Felde endlich, das die Neuzeit repräsentirt, treffen wir die heimischen Bildungen, das Tertiär von Freienwalde und das Diluvium der Berliner Umgebung. Gekrönt wird schliesslich das vorletzte Feld durch eine Basaltkuppe.

Eine ausführliche Arbeit über die „Geologische Wand" von Dr. Zache wird vorbereitet. Eine recht anschaulich geschriebene „Geognostische Skizze des Berliner Untergrundes" lieferte Dr. Zache als wissenschaftliche Beilage zum Programm der IX. Realschule zu Berlin, Ostern 1893. (Progr. No. 126, R. Gärtner's Verlagsbuchh. 25 S. mit 4 Fig.). Eine ähnliche „Geologische Wand", die für die oben beschriebene vorbildlich war, befindet sich in Halle a. S.; vergl. hierüber K. v. Fritsch: Erläuterungen zu dem gemauerten geologischen Profil im Garten des landwirthschaftlichen Instituts der Universität Halle. Dresden 1891. 40 S. m. 1 Lichtdrucktafel.

**Stickstoff.** Quellen, die fast reinen Stickstoff exhaliren, sind — wie Dr. Cabolet in einem Vortrage zu Schönebeck am 19. Mai d. J. (Z. f. angew. Chemie 1895 S. 400) mittheilte — die Thermen von Bath in England, die von Yalonka in Kleinasien, die Quelle von Petersdorf bei Wien sowie die von Klein-Ragoczy a. d. Saale (nach Angaben von Prof. Erdmann). Zu diesen vereinzelten Vorkommen ist den Untersuchungen Cabolet's auch die Soolquelle bei Sülldorf, einem kleinen Ort in der Nähe der Bahnstation Osterweddingen der Linie Blumenberg-Magdeburg, zu rechnen. Eine im März d. J. genommene Probe der Soole ergab einen Gehalt von 4,30 Proc. NaCl, 0,14 K Cl, 0,11 Mg Cl$_2$, 0,13 Ca SO$_4$. Die fortwährend aufsteigenden Gasblasen ergaben nur 0,25—0,3 Proc. Kohlensäure und im Uebrigen aus Stickstoff. Auf einen Argongehalt konnte das Gas nicht geprüft werden. Nach Erdmann ist der Gehalt solcher Quellgase an Argon meist sehr gering, weil dasselbe vom Wasser leicht gelöst und zurückgehalten wird.

**Ostafrika.** Bereits vor einiger Zeit war nach Berlin das Gerücht gelangt, dass im Bezirk Usambara Gold gefunden sei. Neuere Berichte bestätigen das Auffinden von Schwemmgold, auch hat man geologische Verhältnisse beobachtet, die das Vorhandensein von Diamanten vermuthen lassen. Eine andere der geol. Landesanstalt eingesandte Mineralprobe von etwa 100 g erwies sich als stark bituminöser Kohlenschiefer; derselbe ist bisher nur in Geröllen gefunden und gleicht wenig den Kohlenschiefern der Steinkohlenforma-

tion. Die Regierung hat die Entsendung eines geologischen Sachverständigen beschlossen, dessen Bericht abzuwarten ist.

---

# Vereins- u. Personennachrichten.

## Deutsche geologische Gesellschaft. Berlin.

*Sitzung vom 3. Juli 1895.*

Dr. Böhm: Ueber die geologischen Verhältnisse der Umgegend von Arosa in Graubündten. Für die (den Glimmerschiefern so ähnlichen) „Bündtener Schiefer" wird Jura-Alter nachgewiesen.

Prof. Dr. Dames: Kurze Bemerkung über den Keuper Lüneburgs.

Dr. Müller: Ueber Aufschlüsse in der Kreide und im Diluvium am Dortmund-Emscanal.

Eine **internationale Gletschercommission** hat sich während des VI. internationalen Geologen-Congresses zu Zürich (s. d. Z. 1894 S. 368) auf Anregung des Capitän Marschall Hall zu dem Zwecke gebildet, die Beobachtungen und Untersuchungen über die Schwankungen der Gletscher in den verschiedensten Ländern durch Publication in einem Journal zu concentriren und so jedem leicht zugänglich und für die Wissenschaft verwerthbar zu machen. Für jedes Land, in dem Gletscher vorkommen, wurde ein Obmann gewählt, der die Beobachtungen seines Landes sammelt und an die Centralstelle befördert, die sie in französischer Sprache nach bestimmten, von der Commission festgestellten Normen veröffentlicht. Bei der Constituirung dieser Commission wurde für die Centralstelle Professor Dr. F. A. Forel in Morges zum Präsidenten und Dr. L. Du Pasquier in Neuchâtel zum Secretär gewählt. Die Obmänner für die einzelnen Länder sind für: Amerika Prof. Dr. H. F. Reid-Baltimore, Dänemark Dr. K. J. V. Steenstrup-Kopenhagen, Deutschland Prof. Dr. S. Finsterwalder-München, England nebst Colonien Capitän Marshall Hall-Parkstone (Dorset), Frankreich Prinz Roland Bonaparte-Paris, Italien Prof. Dr. J. Taramelli-Pavia, Norwegen Prof. A. Ojen-Kristiania, Oesterreich Prof. Ed. Richter-Graz, Russland Prof. Dr. J. Muschketof-St. Petersburg, Schweden Dr. Svenonius-Stockholm, Schweiz Prof. Dr. F. A. Forel-Morges und Dr. L. Du Pasquier-Neuchâtel. Die Kosten der Veröffentlichungen der Gletschercommission hat Prinz Roland Bonaparte übernommen. — In bergbaulicher Beziehung haben die Gletscherstudien besonders auch insofern praktische Bedeutung, als der Rückgang oder das Vorrücken der Gletscher das Ausgehende von Lagerstätten zugänglich macht oder verdeckt. So war, wie kürzlich S. 296 erwähnt wurde, vor 300 Jahren Goldbergbau in den hohen Tauern an solchen Stellen möglich, die heute von Gletschern bedeckt sind. Und andererseits sind gegenwärtig z. B. am Monte Rosa im Pissethal Gänge entdeckt worden, die bis 1870 von dem damals 1500 m weiter hinabreichenden Gletscher verhüllt waren. Ueber die empirische Bestimmung der Erosion durch Gletschereis vergl. d. Z. 1893 S. 14.

Die 67. Versammlung deutscher Naturforscher und Aerzte findet vom 16. bis 21. September d. J. in Lübeck statt. Wie der vom ersten Geschäftsführer, Herrn Dr. jur. und phil. W. Brehmer in Lübeck, zu beziehenden Einladung zu entnehmen ist, sind Vorträge bereits in reicher Zahl angemeldet, für die 9. Abtheilung, Mineralogie und Geologie (Einführender: Kaufmann Aug. Siemssen, Schriftführer: Dr. med. R. Struck) z. B. folgende:

1. K. k. Oberbergrath und Vicedirector der k. k. geologischen Reichsanstalt Dr. Edm. von Mojsisovics in Wien: Ueber die Beziehungen des germanischen Triasbodens zur mediterranen Triasprovinz. — 2. Prof. Dr. H. Haas in Kiel: Die lateritische Entstehung der norddeutschen Tertiärgebilde. — 3. Dr. med. A. Stricker in Köln: Das Wachsthum der Krystalle. — 4. Privatdocent Dr. E. Stolley in Kiel: Thema vorbehalten. — 5. Dr. phil. Gottsche in Hamburg: Thema vorbehalten. — 6. (Für eine gemeinsame Sitzung mit Abtheilung 2, Physik und Meteorologie): Prof. Svante Arrhenius in Stockholm: Ueber die Erklärung von Klimaschwankungen in geologischen Epochen (Eiszeit, Eocänzeit) durch gleichzeitige Veränderung des Gehaltes der Luft an Kohlensäure. — Weitere Vorträge sind bei dem Einführenden anzumelden.

Für Abtheilung 9 sind Ausflüge nach Lauenburg und Segeberg in Aussicht genommen.

Ueber die Excursionen der Schweizerischen Geol. Gesellschaft vom 8. bis 15. September d. J. in der Umgebung von Zermatt und in der Simplon-Gruppe unterrichtet ein von Prof. C. Schmidt in Basel, Hardtstr. 107, zusammengestelltes und durch denselben zu beziehendes Programm. Dasselbe führt auch die wichtigste Litteratur des Excursionsgebietes in 25 Titeln auf. Ad hoc ausgearbeitete Profile werden den Excursionsmitgliedern zur Verfügung gestellt werden.

Die diesjährige Herbstversammlung des American Institute of Mining Engineers findet vom 8. bis 12. Oktober in Atlanta, Pa., statt. Ein Besuch der dortigen Ausstellung, Theilnahme an dem dort tagenden Bergmannstage und Ausflüge in die Granitbrüche von Stone Mountain und Pickens County sowie nach Chattanooga und Asheville sind mit derselben verbunden.

Eine der Preisaufgaben der belgischen Akademie der Wissenschaften in Brüssel für das Jahr 1896 verlangt eine Beschreibung der Phosphat-, Sulfat- und Carbonat-Mineralien des belgischen Bodens nebst Angabe der Lager und Localitäten. Preis: eine goldene Medaille im Werthe von 600 Francs; Sprache: französisch oder flämisch: Termin etc.: bis zum 1. August 1896 mit Motto und verschlossener Namensangabe bei dem ständigen Secretär der Akademie einzureichen.

Die ordentliche Professur für Geologie und Erzlagerstättenlehre bei der K. Bergakademie zu Freiberg ist am 13. Juli vom 1. Oktober d. J. ab dem k. s. Sectionsgeologen Dr. Richard Beck übertragen worden.

Ernannt: Dr. Schmidt zum Hülfsgeologen an der geol. Landesanstalt zu Berlin.

Privatdocent der Geologie an der Universität Leipzig Dr. Hans Lenk, ein Schüler Sandberger's und Strengs, zum ausserordentlichen Professor.

Der Mineralog Olivier des Cloizeaux, Ehrenprofessor am naturhistorischen Museum in Paris und seit 1869 als Nachfolger Archiac's Mitglied der Pariser Akademie, ist zum Mitgliede der Berliner Akademie der Wissenschaften erwählt worden. Dieselbe Akademie hat am 13. Juni Prof. Dr. Albrecht Schrauf in Wien zum correspondirenden Mitglied der physikalisch-mathematischen Classe gewählt.

Bergrath Schmeisser in Aachen hat längeren Urlaub erhalten und reiste, begleitet von Bergassessor Dr. Vogelsang aus Bonn, am 12. d. J. nach Australien ab, um auf Ansuchen einer englischen Bergbaugesellschaft die westaustralischen Goldfelder einer Prüfung zu unterziehen. Die Herren beabsichtigen, über Ostaustralien, Tasmanien, Neu-Seeland und Californien, in welchen Ländern sie ebenfalls noch Aufgaben zu erfüllen haben, in etwa Jahresfrist zurückzukehren.

Dr. Albano Brand, Docent an der Technischen Hochschule in Berlin-Charlottenburg, der früher im Siebenbürgischen Bergbau thätig war, geht im Auftrage der Anglo German Exploration Compagny im August d. J. ebenfalls mit längerem Urlaub nach Westaustralien.

Bergingenieur Robillaz geht im Auftrage der französischen Regierung nach Transvaal zur amtlichen Berichterstattung über die dortigen Goldminen.

Am 8. Juli d. J. wurde in feierlicher Weise das von der Stadt Hildesheim dem am 24. Februar v. J. verstorbenen Ehrenbürger Senator Dr. Hermann Römer gewidmete Denkmal enthüllt, eine lebensgrosse, vom Prof. Hartzer in Berlin modellirte Broncebüste auf röthlich-braunem Granit-Postament vor dem Museumsgebäude. Vergl. den Nachruf d. Z. 1894 S. 167.

Recht ansprechende Bildnisse (Photographien) des allverehrten † Bergraths Stelzner sind, wie wir im Anschluss an den Nachruf S. 221 mittheilen, von Craz & Gerlach in Freiberg i. S. zu beziehen: Preise: Cabinet 1 M., Quart 3.60 M., Folio 10 M.

Gestorben: Der Geolog Dr. W. C. Williamson im Alter von 78 Jahren zu Clapham, London SW. W. war 1851—1892 Professor am Owens College zu Manchester.

Professor Thomas Henry Huxley, 75 Jahr alt, zu Eastbourne in England am 29. Juni.

*Schluss des Heftes: 18. Juli 1895.*

Verlag von Julius Springer in Berlin N. — Druck von Gustav Schade (Otto Francke) in Berlin N.

## Die Braunkohlenablagerungen zwischen Weissenfels und Zeitz.

Von

Dr. Max Fiebelkorn.

*Einleitung.*

Nachdem Reichenbach im Jahre 1830 seine Untersuchungen über die Gewinnung von Paraffin veröffentlicht hatte und dieser jetzt so bedeutende Industriezweig über England und Frankreich nach Deutschland wieder zurückgekehrt war, wandten sich die Industriellen besonders der sächsisch-thüringischen Braunkohle zu; dieselbe liess sich verhältnissmässig leicht verschweelen und lieferte eine hohe Ausbeute an Mineralölen und Paraffin. Der Industrie folgte die Wissenschaft, und bald finden wir in Zeitschriften aller Art Abhandlungen und Notizen über die sächsisch-thüringischen Kohlenlager. Die Forscher beschäftigten sich dabei in der Hauptsache mit den Ablagerungen zwischen Weissenfels und Zeitz, zumal sich gerade dort der s. Z. so viel besprochene Pyropissit in bedeutender Menge vorfand. Trotz der vielen zerstreuten Mitteilungen ist jedoch nur die von Stöhr über den Pyropissit herausgegebene Arbeit umfassender; die Kenntniss der genannten Ablagerungen wurde später noch durch den von v. Fritsch auf dem IV. Allgemeinen deutschen Bergmannstage gehaltenen Vortrag über die Entstehung der Schweelkohlen vervollständigt.

In den Osterferien dieses Jahres hielt ich mich dank der Liebenswürdigkeit der Direction auf den beiden Mineralöl- und Paraffin-Fabriken Teuchern und Gerstewitz der „Sächsisch-thüringischen Actien-Gesellschaft für Braunkohlen-Verwerthung" auf, um dort den Betrieb und die Laboratoriumsthätigkeit kennen zu lernen. Gleichzeitig hatte ich Gelegenheit, die in Gruben überall gut aufgeschlossenen Kohlenablagerungen zu studiren, und beschloss, nach meiner Rückkehr dieselben auf's Neue zu bearbeiten, wennschon ich mir bewusst war, dass es mir in sieben Wochen nicht möglich sein würde, eine erschöpfende geologische Untersuchung der Gegend anzustellen. Ich habe daher die Arbeit so angelegt, dass ich zunächst einen allgemeinen

G. 95.

Ueberblick über die geologischen Verhältnisse der Gegend gegeben habe, wobei auch die Entstehung der Braunkohlen Berücksichtigung fand, deren Autochthonie für mich ausser allem Zweifel steht. An Beispielen habe ich mich dann bemüht, einen Einblick in die Lagerung, Schichtenfolge etc. der Kohle zu geben. Eine Anzahl Abbildungen wird die Auseinandersetzungen verständlicher machen. Die zum Schlusse gegebene Statistik gewährt einen Einblick in die industrielle Thätigkeit jener Gegend.

Bei der Anfertigung der Arbeit habe ich eine ausserordentliche Unterstützung erhalten seitens des Generaldirectors der „Sächsisch-thüringischen Actien-Gesellschaft für Braunkohlen-Verwerthung", Herrn J. Kuhlow, sowie des Berginspectors der genannten Gesellschaft, Herrn F. Kaselitz. Beiden Herren gestatte ich mir an dieser Stelle noch einmal meinen Dank auf das Ehrerbietigste auszusprechen. Gleichzeitig bin ich auch Herrn Garke, Procuristen obiger Gesellschaft, für die liebenswürdige Anfertigung vorzüglicher Photographien zu lebhaftem Danke verpflichtet.

*1. Verzeichniss der benutzten Werke und Abhandlungen.*

1799. J. C. W. Voigt, Kleine mineralogische Schriften. Weimar.

1827. Museum de l'Univers. Moscou. Minéraux. Tome II.

1845. C. F. Naumann, Porphyre, Braunkohlen, Quarzgeröllformation Sachsens. N. Jahrb. f. Min. etc. (Briefl. Mittheil.)

1845. G. Heine, Ueber die Zusammensetzung eines brennbaren Fossils von der Grube Braune Caroline bei Helbra. N. Jahrb. f. Min. etc. p. 149.

1845. Freiesleben, Briefl. Mittheil. über erdige Braunkohle, ebenda, p. 152.

1850. Wackenroder und Staffel, Ueber eine erdige Braunkohle von Gerstewitz. Arch. Pharm. 60, p. 14. Pharm. Centr. p. 123. Ann. Chem. Pharm. 70, p. 315. Liebig und Kopp's Annalen. 1849. p. 710.

1850. Bischof, Die Braunkohlen der Provinz Sachsen. Der Bergwerksfreund 13 No. 23. Dingl. polyt. Journ. 116, p. 103. Liebig und Kopp's Annalen, p. 689.

1850. Karsten, Erdige Braunkohle aus der Gegend zwischen Weissenfels und Zeitz. Erdmann und Marchand's Journ. f.

45

prakt. Chemie 94, p. 467. Liebig und Kopp's Annalen, p. 818.

1850.  Karsten, Ueber erdige Braunkohle im Hangenden einiger Braunkohlenflötze zwischen Weissenfels und Zeitz. Z. d. D. geol. Ges., p. 71 (Protok.-Bericht).

1850.  Mitscherlich, Erläuterungen zu vorstehenden Mittheilungen. Ebendort, p. 71.

1851.  Leop. v. Buch, Lagerung der Braunkohlen in Europa. Abh. d. kgl. Akademie der Wissensch. zu Berlin.

1852.  Mahler, Ueber die Lagerungsverhältnisse des Gerstewitzer Kohlenlagers. Erdmann's Journ. f. prakt. Chemie, p. 19.

1852—68.  G. A. Kenngott, Uebersicht der Resultate mineralogischer Forschungen für die Jahre 1844—65.

1852.  Brückner, Ueber einige eigenthümliche wachshaltige Braunkohlen. Erdmann u. Marchand's Journ. f. prakt. Chemie. Liebig's und Kopp's Jahresberichte.

1854.  C. F. Naumann, Lehrbuch der Geognosie. II. Leipzig.

1855.  Carl Müller, Die Paraffinfrage (2. Das Material der Paraffinindustrie). Die Natur, p. 337.

1857.  Ungen. Autor, Die Verwerthung der Braunkohle. Der Berggeist, II, p. 510.

1858.  P. Herter, Beitrag zur Charakteristik der thüringisch-sächsischen Braunkohlenformation. Abh. der naturf. Ges. zu Halle IV, p. 39.

1859.  Ottiliae, Das Vorkommen, die Aufsuchung und Gewinnung der Braunkohlen in der preuss. Prov. Sachsen. Z. f. Berg-, Hütten- und Salinenwesen in Preussen, p. 281, mit einer Uebersichtskarte, Taf. XV.

1862.  Zincken, Limulus Decheni aus dem Braunkohlensandsteine bei Teuchern. Zeitschr. f. die ges. Naturw. 19, p. 321.

1863.  C. Giebel, Limulus Decheni im Braunkohlensandsteine bei Teuchern. Ebendort 21, p. 64.

1863.  G. Bischof, Lehrbuch der chem. und phys. Geologie. Bonn.

1864.  Breithaupt, Die Mineralölfabrikation in der Gegend von Weissenfels. Berg- und Hüttenmänn. Zeit. 23, p. 18.

1867.  C. F. Zincken, Die Physiographie der Braunkohle. Hannover.

1867.  Stöhr, Das Pyropissit-Vorkommen in den Braunkohlen bei Weissenfels und Zeitz (Preuss. Provinz Sachsen). N. Jahrb. f. Min. etc. p. 403.

1871.  C. F. Zincken, Ergänzungen zur Physiographie der Braunkohle. Halle.

1874.  A. Albrecht, Die Braunkohlen-Mineralöl-Industrie in der Provinz Sachsen. Z. d. Vereins deutsch. Ing. 17, p. 622. Polyt. Centralblatt, p. 449. Wagner's Jahresber., p. 970.

1875.  H. Mietzsch, Geologie der Kohlenlager. Leipzig.

1876.  L. Bischof, Das Wesen der Braunkohlen. Z. f. die Paraffin-, Mineralöl- und Braunkohlen-Industrie. Halle. No. 2, p. 11.

1877.  Grotowski, Empyreumatische Untersuchung des Pyropissits. Ebendort. No. 21. Wagner's Jahresber., p. 1038.

1879.  H. Schwarz, Ueber die Zusammensetzung des Pyropissits. Ebendort. No. 13. Chem. Industrie, p. 243.

1879.  Erläuterungen zur geol. Spec.-Karte von Preussen und den Thüring. Staaten. Blatt Stössen (Gradabth. 57, No. 52).

1879.  dito. Blatt Osterfeld (Gradabth. 57, No. 58).

1880.  E. Riebeck, Beiträge zur Kenntniss des Pyropissits. Freiburg i. Br.

1883.  H. Fischer und D. Rust, Ueber das mikrosk. und opt. Verh. der verschiedenen Kohlenwasserstoffe, Harze und Kohlen. Groth's Z. f. Kryst. und Min. 7, p. 209.

1884.  C. Gümbel, Beiträge zur Kenntniss der Texturverhältnisse der Mineralkohlen. Sitz.-Ber. d. mathem.-phys. Klasse der kgl. bayr. Akad. d. Wiss. zu München, p. 111.

1885.  A. Kenngott, Harze. Encyklop. der Naturw. Breslau.

1887.  Graf zu Solms-Laubach, Einleit. in die Paläophytologie. Leipzig.

1889.  Vom IV. Deutschen Bergmannstage (Braunkohlenbergbau bei Gerstewitz). Allgem. österr. Chem. und Techn. Ztschr. Wien. No. 20, p. 646.

1890.  v. Fritsch, Ueber die Entstehung der Braunkohlen, besonders der Schweelkohlen. Festber. d. Verh. des IV. allgem. Deutsch. Bergmannstages. Halle. p. 70. Stahl u. Eisen, 1889, p. 843. Wagner's Jahresber., p. 2.

1890.  M. Vollert, Der Braunkohlenbergbau im Oberbergamtsbezirk Halle und in den angrenzenden Staaten. Halle a./S.

1890.  N. S. Shaler, General account of the fresh water swamp district of Virginia and North Carolina. Tenth annual report of the United States Geological Survey. Part I. Geology., p. 255.

## II. Litteratur.

Im Jahre 1799 gab J. C. W. Voigt[1]) in seinen „Kleinen mineralogischen Schriften" die erste Mittheilung über eine erdige Kohle von eigenartiger Beschaffenheit von Helbra in Thüringen. Erst im Jahre 1827 fand diese Kohle weitere Erwähnung durch Freiesleben im „Museum de l'Univers", wo sie als „graue Erdkohle" bezeichnet wurde. Derselbe Forscher sprach dann 1845 von ihr in einer brieflichen Mittheilung an C. F. Naumann, welcher letztere in demselben Jahre über die Braunkohlenformation zwischen Leipzig und Altenburg schrieb und hierbei auch die Gegend zwischen Weissenfels und Zeitz berührte. Gleichzeitig führte Heine

---

[1]) Die Werke der citirten Autoren siehe unter I.

die erdige Kohle noch einmal von Helbra an, gab eine Analyse derselben und erörterte ihre ev. Verwendung. Wackenroder und Staffel nahmen sodann 1849 die chemische Untersuchung „einer erdigen Braunkohle von Grostewitz in der Nähe von Merseburg" vor und machten auch Mittheilungen über die Lagerung derselben.

Das folgende Decennium brachte eine grössere Anzahl von Abhandlungen und Notizen über dieses Thema. Zunächst veröffentlichte Karsten 1850 seine Resultate über die chemische Zusammensetzung der erdigen Kohle zwischen Weissenfels und Zeitz und Kenngott verlieh ihr in demselben Jahre den Namen Pyropissit, nachdem sie kurz vorher von C. Andrae erwähnt worden war und Marchand eine chemische Untersuchung derselben vorgenommen hatte. Ebenso analysirte zu gleicher Zeit Bischof Kohlen von Runthal, Werschen und Gerstewitz. 1851 gab Leopold von Buch eine Uebersicht über die Entwickelung der Braunkohlenablagerungen Deutschlands und trug auch die sächsischthüringischen in seine Karte ein. Im folgenden Jahre gab Mahler einen Bericht über die Lagerungsverhältnisse des Gerstewitzer Kohlenlagers, während Brückner auf Grund eingehender chemischer Untersuchungen des Pyropissits sieben bisher unbekannte Körper in ihm nachwies. Gleichzeitig kam er durch seine Versuche zu dem Schlusse, dass der Pyropissit nicht zu den Kohlen, sondern zu den Harzen zu rechnen sei. 1854 behandelte dann Naumann das Fossil noch einmal, ohne jedoch etwas Neues zu bringen, und vier Jahre später sprach sich P. Herter für die allochthone Entstehung der sächsischthüringischen Kohlen aus. 1859 bearbeitete Ottiliae „das Vorkommen, die Aufsuchung und die Gewinnung der Braunkohlen in der preussischen Provinz Sachsen". Er führte die gute Brennbarkeit der Schweelkohle zwischen Köpsen und Wählitz, sowie bei Werschen auf einen hohen Retinitgehalt zurück und erwähnte den in damaliger Zeit für den Pyropissit angewandten Namen Wachskohle. Gleichzeitig machte er Mittheilungen über die Lagerung der Braunkohlen, die Knollenquarze und die Mächtigkeit der Lehmdecke.

Im Jahre 1862 schlug Breithaupt für den Pyropissit die Bezeichnung Olean vor. Zu derselben Zeit wurde in dem Steinbruche bei Schortau unweit Teuchern das von Zincken in die Litteratur als Limulus Decheni eingeführte Petrefact gefunden, welches Giebel 1863 näher beschrieb. 1867 kamen zwei weitere Arbeiten über die Braun-

kohlenablagerungen zwischen Weissenfels und Zeitz heraus. Die eine war von Zincken verfasst und in der „Physiographie der Braunkohle" enthalten. Die Weissenfels-Zeitzer Braunkohlen wurden hier zum ersten Male ausführlicher behandelt. Eine noch eingehendere Bearbeitung erfuhren sie in der zweiten Arbeit desselben Jahres, welche Stöhr herausgab. Derselbe machte Mittheilungen über die Lagerungsverhältnisse der dortigen Gruben und beschrieb auch eine Anzahl von Tage- und Tiefbauen; gleichzeitig führte er die Fundorte der Kohle, soweit sie ihm bekannt waren, an und vermerkte auf einer Karte die Stellen, wo der Pyropissit zu finden war. Bei seinen Untersuchungen über das Vorkommen genannten Fossils kam er zu vortrefflichen Resultaten.

Aus den siebenziger Jahren ist zunächst ein Nachtrag zu der „Physiographie der Braunkohlen" von Zincken anzuführen (1871); 1874 machte dann Albrecht Versuche über die Schmelzbarkeit des Pyropissits und ein Jahr darauf gab H. Mietzsch einige Mittheilungen über Wachskohle und ihre Lagerung, sowie über Knollensteine. 1876 behandelte L. Bischof „das Wesen der Braunkohle" und verfertigte eine Karte über die Lage der Gruben, Kohlenpressen, Fabriken und Theerschweelereien zwischen Weissenfels und Zeitz. Im nächsten Jahre sprach sich Quenstedt dahin aus, dass der Pyropissit mehr Pflanzen als Thieren seinen Ursprung verdanke, und Grotowski veranstaltete seine „empyreumatischen Untersuchungen" des Fossils, welche Schwarz 1879 und E. Riebeck 1880 durch weitere chemische Arbeiten ergänzten.

1883 stellten H. Fischer und D. Rüst das optische Verhalten des Pyropissits fest, denen im folgenden Jahre Gümbel seine Forschungen über die mikroskopische Structur anschloss. 1885 behandelte Kenngott den Pyropissit noch einmal. 1889 kamen schliesslich noch zwei wichtige Arbeiten heraus, deren die von v. Fritsch verfasste die Entstehung der Schweelkohlen behandelte, während eine andere, von Vollert veröffentlichte, sich mit dem Braunkohlenbergbau im Oberbergamtsbezirk Halle etc. beschäftigte. In dieser Arbeit fanden auch die Weissenfels-Zeitzer Braunkohlenablagerungen vielfach Berücksichtigung. Der geologische Theil des Werkes ist von v. Fritsch verfasst.

### III. Topographische Beschreibung der Gegend.

Das für die Arbeit in Betracht kommende Gelände umfasst die Messtischblätter Stössen, Osterfeld (östliche Hälfte), Zeitz und Möl-

45*

sen[2]). Die Gegend stellt eine flachwellige Hochfläche dar, die in nordwestlicher Richtung nach dem Saalthale und in südöstlicher Richtung nach dem Thale der weissen Elster hin abfällt. Im Allgemeinen liegt die Höhe der Berge zwischen 2—300 m über dem Meeresspiegel; nur selten zeigt sich eine Erhöhung, die die übrigen Berge in bedeutendem Maasse überragt. Der höchste Punkt auf Blatt Zeitz liegt östlich von Drossdorf in 288,15 m, während sich die höchste Erhebung auf Blatt Mölsen in der Stadt Hohenmölsen mit einer Höhe von 214,66 m findet.

Entsprechend dem zweifachen Abfalle der Hochfläche findet die Entwässerung derselben in nordwestlicher und südöstlicher Richtung statt, wobei die Wasserscheide etwa mit der Chaussee Königshofen—Meineweh (Blatt Osterfeld) zusammenfällt und dann ungefähr am Nordrande von Blatt Zeitz in östlicher Richtung weitergeht.

Nach der Saale fliessen folgende Bäche ab:

1. Die Grunau, welche südlich von Böhsau entspringt und in ihrem Laufe eine nordwestliche Richtung beibehält.

2. Die Rippach. Dieselbe kommt aus Kistritz und fliesst bis Zemschen im Allgemeinen in nordöstlicher Richtung. An letztgenanntem Orte biegt der Bach jedoch nach Norden um und behält auf seinem ferneren Laufe diese Richtung bei. Die Rippach hat vier Nebenflüsse, von denen eine zwischen Deuben und Naundorf entspringt und zwischen Keutzschen und Zemschen in die Rippach mündet. Ein zweiter hat seine Quelle in Ober-Kaka, geht unter dem Namen „Zellschen Bach" bei dem Dorfe Zellschen vorüber und trifft die Rippach bei Teuchern. Einen dritten Nebenfluss stellt die Nessa dar, die in Ober-Nessa entspringt und bei Gnäditz in die Rippach mündet. Der nördlichste Nebenfluss des genannten Baches ist die Aupitz (Blatt Mölsen), die von ihrer Quelle in Aupitz über Granschütz nach Taucha fliesst und hier mit der Rippach zusammentrifft.

3. Der Greisselbach, welcher westlich von der Rippach in einer im Allgemeinen nördlichen Richtung fliesst und von Wiedebach her kommt. Er berührt auf seinem Laufe Weissenfels.

Von den, südlich der Wasserscheide, der weissen Elster zufliessenden Bächen ist der nördlichste

1. Der Maibach. Er entspringt bei Meineweh, vereinigt sich nach kurzem Laufe mit dem Ellrich-Bache und hat im Allgemeinen einen westöstlichen Lauf.

2. Ein parallel mit ihm verlaufender Bach ohne Namen hat seine Quelle bei Thierbach und erhält kurz vor Groitzschen einen Zufluss in Gestalt eines Wässerchens, das südlich von Priesen entspringt. Beide zusammen fliessen von Groitzschen an in südöstlicher Richtung und kommen bei Näthern auf einen grösseren Bach, dessen Quelle westlich von Ronsdorf liegt. Von hier aus geht der Lauf über Grana. Dicht hinter dem Dorfe mündet der Bach in die weisse Elster. Von Süden erhält die letztere ebenfalls eine Reihe von Zuflüssen, welche hier jedoch nicht berücksichtigt werden sollen.

Der landschaftliche Charakter der Gegend ist einförmig und wird nur an manchen Stellen etwas lebendiger. Obwohl sich das Land durch grosse Fruchtbarkeit auszeichnet, so dass die Ortschaften verhältnissmässig dicht bei einander liegen, hat es doch unter dem Mangel an Wald sehr zu leiden. Allerdings ist dadurch eine weite Fernsicht in das Land gestattet, demselben jedoch durch das Fehlen der Forsten gerade die Naturschönheit genommen, welche eine kurze Strecke weiter nach Naumburg hin das Herz des Naturfreundes so sehr erquickt. Recht fühlbar macht sich ferner der Mangel an Wasser, der mit der Durchlässigkeit des Bodens verknüpft ist. Durch den letzteren Umstand wird bewirkt, dass im Sommer die Bäche leicht austrocknen, während sie zur Thau- und Regenzeit heftig anschwellen und stark fluthen. Immerhin bieten die vorhandenen kleinen Gewässer der Gegend den Vortheil, dass sich an ihren Ufern saftige Wiesengründe mit Erlen und anderen Laubbäumen hinziehen, welche dem Auge des Wanderers eine angenehme Abwechselung gewähren. Im Allgemeinen gleicht die Gegend zwischen Weissenfels und Zeitz mit ihrer welligen Oberfläche und ihrem Mangel an Wasser und Wald auffallend der Magdeburger Börde.

## IV. Geologische Verhältnisse der Gegend.

### A. Allgemeines.

Die Braunkohlen der Gegend zwischen Weissenfels und Zeitz gehören zu den mächtigen Kohlenablagerungen, welche den nordöstlichen Theil des Thüringischen Gebirgsbeckens ausfüllen helfen. Dasselbe beginnt zwischen dem Rheinischen und Westfälischen Schiefergebirge und zieht sich am südwestlichen Harz entlang über Kassel, Gotha und Weimar bis nach Leipzig hin. Im Osten wird es vom Sächsischen Erzgebirge begrenzt und bei seinem Eintritte in das Elbgebiet von den Diluvialmassen bedeckt. Die das-

---

[2]) Blatt Stössen und Blatt Osterfeld sind bereits kartirt (Grad-Abth. 57, No. 52 und 58).

Fig. 74.

Karte der Gegend zwischen Weissenfels und Zeitz mit Eintragung der im Folgenden besprochenen Kohlenablagerungen (soweit die Ausdehnung derselben bekannt ist).

selbe ausfüllenden Schichten bestehen hauptsächlich aus Carbon, Rothliegendem, Zechstein und Buntsandstein. Der letztere wird vom Tertiär überlagert und bildete bei seiner flachwelligen Oberflächenbeschaffenheit ein günstiges Gebiet zur Entstehung von Kohlenablagerungen. In den Thälern der grösseren Ströme kommt er überall an den Gehängen zu Tage, wie es das geologisch bereits aufgenommene Blatt Stössen mit Leichtigkeit erkennen lässt. In dem Gelände zwischen Weissenfels und Zeitz findet man ihn nur selten und Stöhr führt ihn nur aus folgenden Thälern auf: Teuchern-Zemschen, Nessatbal bei Köpsen und Aupitzthal zwischen Aupitz und Taucha. Durch Bohrungen ist er im Liegenden der Kohlenformation häufiger gefunden, so z. B. in der Grube No. 354 bei Granschütz in ca. 42 m Tiefe. Der Buntsandstein lagert, soweit bekannt, gewöhnlich concordant, so dass er unzweifelhaft überall das Liegende der Braunkohlenformation bilden wird.

Die Kohlenablagerungen der Gegend zwischen Weissenfels und Zeitz bilden in dem grossen Thüringer Becken eine Abtheilung für sich und hängen mit dem Halleschen Braunkohlenbezirke nur durch einige Specialvorkommnisse zusammen, aus denen Vollert 10 Gruben aufführt. Sie beginnen nördlich im Rippachthale bei Poserna und erstrecken sich über eine grosse Anzahl von Ortschaften bis zu dem bei Zeitz in den Buntsandstein tief einschneidenden Elsterthale. An diese Hauptmulde, welche durch Erosionsthäler vielfach zerstückelt ist und im Allgemeinen die Gestalt eines länglichen Viereckes besitzt, schliessen sich einige Specialmulden an. Dieselben bestehen im Westen aus der Wiedebach-Langendorfer Mulde (Blatt Stössen) und im SW aus den Mulden von Waldau, Weickelsdorf und Stolzenhayn (Blatt Osterfeld). Mit dem im SO der Hauptmulde liegenden Meuselwitzer Flötzvorkommen besteht keine Verbindung, wie überhaupt die Kohle beider Ablagerungen von einander sehr abweicht.

Vollert hat in seine Karte, in welche er die Braunkohlenablagerungen des Oberbergamtsbezirkes Halle eingetragen hat, auch die Weissenfels-Zeitzer Mulde eingezeichnet, die Erosionsthäler dabei jedoch nicht berücksichtigt, trotzdem sie Stöhr auf der von ihm veröffentlichten Karte bereits 1867 mitgetheilt hatte.

## B. Die Braunkohlenablagerungen.

### a) Das Liegende.

Das Hangende des Buntsandsteines bildet
Thon von wechselnder Mächtigkeit, der theilweise zur Herstellung feuerfesten Materials
dient. Auf Grube Soessen ist derselbe sandig und plastisch und erreicht bis 17 m
Mächtigkeit. Innerhalb des Thones liegt
eine 1—2 m mächtige Sandschicht, die theils
in festere Massen übergeht und Braunkohlensandstein bildet (Grube 354 bei Granschütz
s. Fig. 75), theils kiesig und grandig wird,
Knollensteineinschlüsse enthält und durch
Verkittung des Materials Conglomeratbänke
liefert. Die Kiesbänke benutzt man besonders gern zum Versenken der Gruben-
wasser. Ein schöner Aufschluss derselben
lässt sich unweit von Groeben in der Kreis-
kiesgrube beobachten, wo das Liegende des
Groeben-Wildschützer Kohlenlagers ausgeht.
Es zeigen sich hier mächtige Kiesbänke,
hauptsächlich aus Quarz- und Kieselschiefer
bestehend, mit deutlich transversaler Schichtung. Ihre Gesteinsstücke sind durch ein
kieseliges Bindemittel theilweise vollkommen
mit einander verkittet und bilden häufig
feste Bänke in loserem Material. Der Braunkohlensandstein des Liegenden findet sich
nach Vollert in mehreren, oft 1—2 m mächtigen Bänken vorwiegend am westlichen und
südwestlichen Ausgehenden der grossen
Hauptmulde.

### b) Die Kohle.

#### α) Lagerungsverhältnisse.

Die Kohle bildet ein Flötz von 4—21 m
Mächtigkeit und ist in einer nahezu regelmässigen Mulde abgelagert, der Flügel nur
unter geringem Neigungswinkel nach dem Innern zu einfallen (Vollert). Local tritt über
dem Hauptflötze, von ihm gewöhnlich durch
Thon getrennt, ein zweites von ca. 1 m Mächtigkeit auf, dessen Kohle von weitaus geringerer Beschaffenheit als die des Hauptflötzes
ist. Die Flötze fehlen in den Thaleinschnitten fast regelmässig und nur in seltenen Fällen, wie bei Taucha, erstreckt sich
das Flötz noch eine Strecke in die Thalsohle hinein. Hierbei tritt die auffallende
Erscheinung ein, dass sich das Liegende
nach dem Thale zu in der Regel heraushebt
und höher liegt, als unter den nebenliegen-
den Erhöhungen[*]).

In der Hauptmulde sind die Kohlen
stark gestört und es finden sich eine Menge
localer Unregelmässigkeiten, wodurch kleine
Partialmulden und -sättel hervorgebracht

[*] Vergl. hierzu d. Z. 1894 S. 284. — Red.

sind. An den Sätteln nimmt das Flötz
nicht selten an Mächtigkeit ab, so dass das
anscheinend Ausgehende desselben nur ein
Heben an der Sattellinie darstellt (Stöhr).
Dieser Fall ist z. B. im Osten der Grube
Taucha zu beobachten. Ein anderes Mal ist
das Flötz linsenförmig und hat seine grösste
Mächtigkeit in der Längsachse der Linse,
oder es ist in der Mitte verdrückt und
wächst dann nach den Seiten zu an Stärke.
Locale Sattelbildungen erwähnt Vollert aus
dem nördlichen Theile der Ablagerungen bei
Poserna, Taucha, Gerstewitz, sowie westlich
von Teuchern bei Schortau und Schölkau.
Durch dieselben werden einzelne Specialmulden von der Hauptmulde getrennt; so
die von Taucha, Zorbau, Sössen, Schölkau etc.
Zu den Verdrückungen in den Kohlenflötzen
gehören die sogen. Sandsäcke, welche mit
Kies und Sand, seltener Thon ausgefüllt
sind.

Von der Gerstewitzer Ablagerung giebt
Stöhr ein recht charakteristisches Profil.
Das Flötz ist unregelmässig wellenförmig
gelagert. In der Mitte der ganzen Partie
tritt ein bedeutender Sattel auf, dessen
Sattellinie mit dem höchsten Niveau der
Oberfläche zusammenfällt. An ihm lässt die
Mächtigkeit des Flötzes nach, während es
nach Osten eine Mulde bildet und sich in
dieser Richtung hebt und ausgeht.

In der Waldau-Weickelsdorf-Stolzen-
hayner Mulde entsprechen die Flötze sehr
breitgedrückten Linsen, deren Ränder sich
fein auskeilen. Man unterscheidet drei
grössere und mehrere kleinere Felder. Dieselben führen ein theilweise schweelwürdiges
Flötz von 2—5 m Mächtigkeit, welches in
einer mit 8—12° Neigung einsetzenden Mulde
wellenförmig und unregelmässig eingelagert
liegt. In der Wiedebach-Langendorfer Mulde
dagegen tritt in einer flachen Mulde in
dem Buntsandsteine aufgelagertes und aus
Feuerkohle bestehendes Flötz bis zu 14 m
Mächtigkeit auf.

Interessante Einblicke in die Lagerung
der Kohlen gewährt Grube Sössen der „Sächsisch-thüringischen Actien-Gesellschaft für
Braunkohlenverwerthung". Die Ablagerung,
auf der die Grube baut, bildet die Ver-
mittelung zwischen den Braunkohlenlagern
von Weissenfels bis Zeitz und denen von
Lützen bis Leipzig, wohin sie sich mit
mehrfacher Unterbrechung erstrecken. Das
Kohlenflötz bei Sössen ist verhältnissmässig
flach gelagert und streicht in der Hauptsache
von NW nach SO. Bedeutende Einsenkungen
und Schwankungen in der Mächtigkeit des
Flötzes machen sich vielfach bemerkbar.
Während im nordwestlichen Flügel die Sohle

Fig. 75.
Grube No. 354 bei Granschütz.

des Flötzes bei einer Mächtigkeit desselben von 20 m 65 m unter der Normalhorizontalen liegt, befindet sich die Flötzsohle in der Mitte der Ablagerung nur 45 m unter der Horizontalen und das Flötz ist nur ca. 5 m mächtig, zudem noch durch ein Thonmittel von 1 m Mächtigkeit getheilt. Im südöstlichen Felde liegen über dem Hauptflötze verschiedene nicht abbauwürdige Flötzausläufer, die sich in einer Entfernung von 3 — 4 km zu einem abbauwürdigen Flötze ausgebildet haben und auf dem zwei Gruben in geringer Tiefe unter Tage bauen. Das Liegende dieses Flötzes bildet der hangende Sand des Sössener Hauptflötzes, der stark wasserführend ist und bei Berührung heftige Wasserdurchbrüche verursacht.

#### β) Mineralogische Beschaffenheit der Kohle.

Die die Flötze bildende Kohle stellt sich als eine erdige, mehr oder weniger zerreibliche Masse von gelblicher, rothbrauner, hell- bis dunkelbrauner und schwarzer Farbe dar. Sie färbt mehr oder weniger ab, zeigt mit dem Nagel gestrichen Glanz, fühlt sich mitunter rauh an und zeigt im Allgemeinen keine organische Structur. In den unteren Partien ist sie gewöhnlich dichter und geht nach dem Liegenden zu nicht selten in richtige Knorpelkohle über. Die Flötze sind von zahlreichen senkrechten Klüften durchzogen, deren Entstehung auf die Austrocknung der Kohlenflötze zurückzuführen ist. In ihnen zeigen sich in mehr oder weniger grossen Zwischenräumen von einander parallel gelagerte und den Schwankungen des Untergrundes in ihrer Lagerung folgende hellere und dunkle Kohlenschichten, von denen die ersteren mehr auf die oberen, die anderen mehr auf die unteren Partien des Flötzes beschränkt sind; jedoch ist diese Beobachtung nur ganz allgemein zu fassen. Beim Verbrennen entwickelt die Kohle einen durchdringenden talgig-harzigen Geruch und hinterlässt eine weissgraue oder röthliche Asche. In trockenem Zustande zerfällt sie in einen mehr oder weniger feinen Staub.

Mit Zincken kann man die zwischen Weissenfels und Zeitz anstehende Kohle in folgende Unterabtheilungen trennen:

1. Schweelkohle.
2. Feuerkohle[3]).
3. Russkohle.
4. Blattkohle.
5. Glanzkohle.
6. Stängelige Glanzkohle.

1. Die Schweelkohle. Die Schweelkohle ist eine stark bituminöse Masse, welche beim Entzünden ein flüchtiges Feuer entwickelt und mit Vortheil der trockenen Destillation zur Gewinnung von Mineralölen und Paraffin unterworfen wird. Bei der chemischen Untersuchung derselben findet man nach v. Fritsch nur amorphe harzige Theile.

Ueber den Theergehalt derselben hat Zincken folgende Uebersicht gegeben[4]):

| | | | | | | | | |
|---|---|---|---|---|---|---|---|---|
| Kohle v. Gerstewitz, | | 6—60 Zoll mächtig, | lieferte No. I | 36 Pfd. Theer vom sp.G. | 0,850 |
| | | | „ II 31 | „ | „ | „ | „ | 0,856 |
| | | | „ III 25 | „ | „ | „ | „ | 0,825 |
| „ „ Webau | Grube No. 348 | | lieferte 25 | „ | „ | „ | „ | 0,835—0,838 |
| „ „ | „ „ 321, | 6—60 Zoll mächtig, | „ 30 | „ | „ | „ | „ | 0,835—0,845 |
| „ „ Wählitz | „ „ 144 | | „ 36 | „ | „ | „ | „ | 0,830 |
| „ „ Unterwerschen | „ „ 281, | 20—40 Zoll mächtig, | „ 25 | „ | „ | „ | „ | 0,845 |
| „ „ Gosserau | „ „ 35 u.333, | 20—40 „ | „ 23 | „ | „ | „ | „ | 0,840—0,843 |
| „ „ Aue | „ „ 470, | 10—40 „ | „ 30 | | | | | |
| | „ „ 480, | 10—40 „ | „ 28 | „ | „ | „ | „ | 0,833—0,860 |
| „ „ Stolzenhayn | „ „ 495 | | „ 20 | „ | „ | „ | „ | 0,840—0,860. |

Die Schweelkohle wird von Zincken in drei Varietäten unterschieden:

a₁. Eine braune bis dunkelbraune, eigenthümlich schmierige, feinerdige Kohlenmasse mit unregelmässigen Partien von Glanzkohle. Sie enthält häufig flachgedrückte Coniferenhölzer und findet sich in der Mitte des Gerstewitzer Braunkohlenflötzes.

a₂. Eine feinerdige, gelb- bis dunkelbraune, dichte, aber leicht zerreibliche Kohle, zum Theil mehr oder weniger Retinit enthaltend, meistens in den oberen, aber auch in den mittleren Schichten des Flötzes von Teuchern, Reussen, Deuben, Stolzenhayn etc.

a₃. Der Pyropissit.

Der Pyropissit wurde 1799 zuerst von C. J. W. Voigt von Helbra her erwähnt und als bituminöse Holzerde bezeichnet. Diese Notiz fand vorläufig jedoch keine weitere Beachtung und man wurde auf ihn erst wieder aufmerksam, als man in den vierziger Jahren unseres Jahrhunderts bei Gerstewitz eine mehrere Fuss mächtige Schweelkohle traf, die bei ihrer weichen und lehmartigen Beschaffenheit anfangs für Lehm gehalten wurde. Ein Zufall brachte ein Stück des Fossils auf einen heissen Ofen, wo dasselbe schmolz und auseinanderlief. Der wahre Werth dieser von Grube No. 122 im Gerstewitzer Revier stammenden Kohlen-

---

³) Zincken hat diese Bezeichnung nicht.
⁴) Phys. d. Braunk, 1871, p. 186.

masse wurde jedoch auch jetzt noch so wenig erkannt, dass in den Anfangsjahren „die guten hellfarbigen Schweelkohlen" für unbrauchbar gehalten und höchstens mit Feuerkohle zusammengewonnen und zu Kohlenziegeln verstrichen wurden. In Leipzig waren diese „Weisskohlen" s. Z. sehr beliebt. Auf manchen Gruben wurde die Schweelkohle als „unreife Braunkohle" betrachtet und erst ganz allmälich kam man dahin, ihre vortrefflichen Eigenschaften zu würdigen und auszunutzen.

Sofort nach Auffindung des Fossils untersuchte Mitscherlich dasselbe, ohne jedoch nennenswerthe Resultate zu erzielen. Im Jahre 1845 wurde Heine auf dasselbe durch den Geschworenen Ziervogel aufmerksam gemacht, der es auf der Grube „Braune Caroline" bei Helbra gesehen hatte. Damals hatte die Leipziger Asphaltgesellschaft diese Kohle bei Gelegenheit des Asphaltgiessens in der neuen Augustinischen Entsilberungsanstalt zu Gottesbelohnungshütte bei Hettstedt möglicherweise für brauchbar zu Asphaltgüssen gehalten und eine Probe derselben von mehreren Centnern bekommen. Ueber den Ausfall der Untersuchungen ist nichts bekannt geworden. In demselben Jahre erhielt Heine von Freiesleben die Mittheilung, dass die eigenthümliche Kohle von ihm bereits 1827 als „graue Erdkohle" bezeichnet worden sei. Während Freiesleben in Eisleben amtierte (1800—1804), kam sie dort ziemlich reichlich vor, so dass sie der Hüttenbesitzer Klunger zur Zapfenschmiere benutzte. Wackenroder und Staffel bezeichneten 1849 das Mineral als Bergtalg und Kenngott gab ihm 1850 den jetzt allgemein gebräuchlichen Namen Pyropissit ($\pi\tilde{v}\varrho$ = Feuer, $\pi\iota\sigma\sigma\alpha$ = Harz). Trotzdem schlug Breithaupt 1868 für das Fossil den Namen Olean vor, wahrscheinlich, weil ihm die Kenngott'sche Arbeit unbekannt geblieben war. Seit den fünfziger Jahren geht der Pyropissit auch unter der Bezeichnung Wachskohle.

In trockenem Zustande stellt der Pyropissit eine amorphe, gelblich-weisse, bröckelige Masse dar, welche getrocknetem Lehme nicht unähnlich ist. Der Strich ist fettglänzend. Zwischen den Fingern ist das Fossil leicht zerreiblich und wird dabei klebrig und braunschwarz. Der Bruch ist matt, uneben und erdig, jedoch erhält der Pyropissit beim Reiben mit einem harten Gegenstande einigen Glanz. Das hl des Fossils wiegt lufttrocken 22—41 kg, grubenfeucht 62—80 kg. Das spec. Gew. der einzelnen Stücke schwankt nach den verschiedenen Fundorten bedeutend; nach Kenngott beträgt dasselbe 0,493 bis

0,522, nach Karsten 0,9, nach Bischof 1,25, nach Grotowski 1,004. Im Allgemeinen schwimmt Pyropissit auf dem Wasser und ist so „fettig", dass die Keilhaue in ihm „wie im Rindstalg stecken bleibt". Beim Entzünden verbrennt er mit hellrussender Flamme unter Entwickelung eines nicht unangenehmen harzigen Geruchs. Bei 170° schmilzt er zu einer schwarzen glänzenden Masse und tropft, so dass man mit ihm mit Leichtigkeit scharfe Siegelabdrücke machen kann. Bei höherer Temperatur bläht sich die Masse auf und stösst Theerdämpfe aus. Auf dem Platinbleche erhitzt, schmilzt er und läuft zu einer schwarzen Masse auseinander. In einer Glasretorte erhitzt, bräunt er sich bei 72° und ist bei 100° ganz schwarz. Seine Zersetzung beginnt bei 80—90° C. unter Entwickelung fast unsichtbarer Dämpfe, die sich zu einer festen weissen, zum grössten Theil aus Paraffin bestehenden Masse verdichten. Bei gesteigerter Temperatur beginnt die Bildung flüchtiger Kohlenwasserstoffe. Der reine Pyropissit liefert pro Tonne 40—50 Pfund Theer. Ottiliae führte das gute Brennen des Pyropissit von Werschen, sowie von den Lagerstätten zwischen Köpsen und Wählitz auf einen starken Retinitgehalt zurück.

Die chemische Zusammensetzung des Pyropissits hat die Forscher Jahrzehnte hindurch lebhaft interessirt. Im Jahre 1799 untersuchte Voigt als der erste die „graue bituminöse Holzerde" von Helbra. Die Proben wurden ½ Stunde unter der Muffel gelassen und bei mässigem Röstfeuer erhitzt. Die Kohle zerfiel dabei in weisse Asche und hatte von 31 Pfd. 6 Pfd. verloren, das heisst, der Aschengehalt betrug 80,65 Proc.; mithin waren die Proben schlecht oder bei weitem nicht genügend erhitzt. 1845 stellte Heine dann, soweit mir bekannt ist der erste, Untersuchungen über die Zusammensetzung des Pyropissits an Stücken aus der Grube „Braune Caroline" bei Helbra an. Dieselben ergaben:

| | |
|---|---|
| Wasser . . . . . | 15,0 Proc. |
| Fette und Oele . | 46,4 - |
| Kohle . . . . . | 3,6 - |
| Asche . . . . . | 45,0 - |

Nach ihm behandelten Wackenroder und Staffel den Pyropissit in chemischer Hinsicht weiter und fanden, dass seine schwierige Benetzbarkeit durch Wasser auf einem wachsartigen, in heissem Alkohol und Aether schwer löslichen Fette beruht. Bei 100° getrocknet, verlor diese Substanz 22 Proc. Wasser. Die trockne, im Platintiegel geglühte Masse hinterliess 45,41 Proc. Asche und gab durch Erschöpfung mit kohlensaurem Natron und Behandeln der abfiltrirten Lösung mit Salzsäure 22,6 Proc. eines braunen Niederschlags, den Wackenroder als Huminsäure bezeichnete. Die Menge des aus dem Pyropissit mit Alkohol und Aether ausgezogenen Fettes betrug 17,9 Proc.; dasselbe erhielt von Wackenroder den Namen Cerinin und bestand nach einigen

Analysen aus 76,68—78,24 Proc. C und 11,09 bis 12,27 Proc. H.

Marchand fand dann später (1850), dass der Pyropissit durch trockene Destillation bis 62 Proc. Paraffin liefere und dass sich aus einem Pfund der Masse 3 Cubikfuss Leuchtgas herstellen lassen. Gleichzeitig veröffentlichte Karsten Analysen von erdiger Braunkohle aus der Gegend zwischen Weissenfels und Zeitz, während Bischof Untersuchungen über Pyropissitstücke von Runthal, Werschen und Gerstewitz bekannt machte, welche unten noch einmal Erwähnung finden werden. Zwei Jahre später förderte L. Brückner dann die Kenntniss von der chemischen Zusammensetzung des Pyropissits, indem er folgende Körper in demselben nachwies:

Leucopetrin . . . . . . $C_{50} H_{42} O_2$
Georetinsäure . . . . . . $C_{24} H_{31} O_7$
Amorphes indifferentes Harz $C_{50} H_{40} O_6$
Geomyricin . . . . . . . $C_{68} H_{68} O_4$
Geocerain . . . . . . . . $C_{56} H_{54} O_4$
Geocerinon . . . . . . . $C_{110} H_{110} O_9$.

Zincken, welchem wir ebenfalls einige Notizen über die chemische Zusammensetzung des Pyropissits verdanken, beschränkte sich auf die Mittheilung, dass die Erdkohle von Runthal merkwürdigerweise eine ziemlich elementare Zusammensetzung wie der Lignit der Grube Adolph im Westerwalde besitzt, trotz der verschiedenen äusseren Beschaffenheiten beider Kohlenarten.

Eingehender beschäftigte sich Grotowski mit der Chemie des Pyropissits. Derselbe nahm eine Destillation der reinsten Varietät desselben bei möglichst niedriger Temperatur und bei vorsichtigem Arbeiten in Glasretorten, welche sich in einer Kältemischung befanden, vor. Seine Resultate ergaben im Mittel:

Theer . . . . . 66,06 Proc.
Koks . . . . . 26,15   -
Gas und Verlust.  7,79   -

Der Theer bildete eine gelbliche, gegen Ende der Destillation bräunlich werdende Masse von mehr als butterartiger Consistenz und mässigem Creosotgeruche mit einigen Tropfen sauren Wassers. Zuerst ging die Hauptmasse des Paraffins in weisser Farbe über; die Endproducte waren ölreich. Grotowski ist der Ansicht, dass ein Theil des Paraffins im Pyropissit bereits fertig gebildet vorhanden ist, dass aber die bei weitem grösste Menge desselben, sowie die flüssigen Oele ihre neue Form der trockenen Destillation verdanken. Bei der Paraffinbildung sollen namentlich die

seiner Abhandlung gleichzeitig eine 1861 von Dr. Grouden vorgenommene Analyse des Pyropissits an, auch veröffentlichte er die Ergebnisse einer Aschenuntersuchung für 100 Theile Pyropissit in folgender Zusammenstellung:

|  | I. | II. | III. | IV. |
|---|---|---|---|---|
| Eisenoxyd | 0,6 | 0,6 | 0,5 | 0,5 |
| Kalkerde | 3,5 | 3,5 | 4,0 | 3,1 |
| Thonerde | 0,8 | 0,8 | 0,3 | 0,5 |
| Schwefelsäure | 0,2 | 0,2 | 0,5 | 0,4 |
| Kohlensäure | 0,1 | 0,1 | 0,2 | 0,2 |
| Lösliche Kieselsäure | 1,0 | 1,0 | 10,0 | 11,0 |
| Sand | 3,6 | 8,0 | 23,5 | 52,0 |

Aus diesen Analysen ergab sich, dass, je geringer der Pyropissit an Qualität ist, desto mehr sein Gehalt an Sand und löslicher Kieselsäure anwächst. Kalk und Schwefelsäure waren unzweifelhaft als Gyps vorhanden.

Zwei Jahre später fand Schwarz in der lufttrockenen Kohle:

Hygroskopisches Wasser  20,86 Proc.
Asche . . . . . . . 10,88   -
Organische Substanz . . 68,26   -

Bei 100° getrocknete Substanz hinterliess 13,89 Proc. Asche, von der eine Durchschnittsanalyse folgende Resultate ergab:

Kieselsäure . . . . . . . . . . 60,48 Proc.
Eisenoxyd u. Thonerde . . . . . 28,63   -
Kalk . . . . . . . . . . . . . . 6,96   -
Schwefelsäure . . . . . . . . . 2,12   -
Kohlensäure, Phosphorsäure, Verluste 1,81   -

Der Sandgehalt in der Asche war verhältnissmässig hoch. Daneben zeigte sich etwas Gyps und kohlensaurer Kalk. Die Menge des Eisenoxyds war gering; dafür erwies sich die der Thonerde um so höher. Von Phosphorsäure konnten Spuren nur mit Hilfe eines Molybdänniederschlages nachgewiesen werden.

Bei der Untersuchung des Pyropissits hat Schwarz ferner gefunden, dass die durch indifferente Lösungsmittel aus dem Fossil ausgezogenen Substanzen Anhydrite der Oxycerotinsäure ($C_{27} H_{54} O_2$) darstellen, aus denen sich die letztere beim Kochen mit alkoholischem Kali durch Wasseraufnahme bildet. E. Riebeck konnte ein Jahr später trotz sorgfältiger Arbeit diesen Körper nicht wieder isoliren.

Auch Schwarz hat eine Analyse des Pyropissits gemacht und veröffentlicht. Dieselbe ist in der folgenden Tabelle mit den Analysen der anderen oben erwähnten Forscher zum Vergleiche zusammengestellt.

| Jahr | Beobachter | Fundort | Spec. Gew. | $H_2O$ | C | H | O | N | Asche |
|---|---|---|---|---|---|---|---|---|---|
| 1850 | Karsten | Weissenfels-Zeitz | 0,9 | — | 68,92 | 10,30 | 20,78 | — | 13,5—13,6 |
| 1850 | Bischof | Gerstewitz | — | — | 67,11 | 10,28 | 10,02 | — | 12,59 |
| 1861 | Grouden | ? a[b]) | — | 33,90 | 43,81 | 6,97 | 8,81 | 0,008 | 6,51 |
|  |  | b | — | — | 66,24 | 10,55 | 13,34 | 0,012 | 9,86 |
| 1879 | Schwarz | ? | — | — | 74,19 | 11,46 | 14,35 | — | — |
| 1880 | E. Riebeck | — | — | — | 63,60 | 10,76 | 13,54 | — | 12,10 |

Harze eine wichtige Rolle spielen. Als Ausbeute ergaben sich 23,05 Proc. Paraffin mit einem Schmelzpunkte von 54° C. Grotowski führte in

[b]) a für lufttrockene Substanz, b für Trockensubstanz berechnet.

Seit 1880 hat sich kein Forscher mehr mit der chemischen Zusammensetzung des Pyropissits beschäftigt; alles was in den bis heute dazwischen liegenden 15 Jahren veröffentlicht ist, beruht lediglich auf den Angaben der oben genannten Autoren, deren Resultate theils mit, theils ohne Quellenangaben in die Lehrbücher übernommen sind. Es wäre gerade für den Chemiker unzweifelhaft eine interessante Arbeit, sich der Untersuchung des Pyropissits zu widmen, da sein Vorkommen von Jahr zu Jahr abnimmt und es nicht wahrscheinlich ist, dass die von L. Brückner und Anderen gefundenen Körper einheitliche Gebilde darstellen. Schon die complicirten Formeln derselben ergeben auf das Deutlichste, dass es gewiss möglich sein wird, dieselben in weitere, einfachere Verbindungen zu zerlegen.

Das optische Verhalten des Pyropissits ist nach H. Fischer und D. Rust wegen seines geringen Grades von Durchsichtigkeit schwer zu bestimmen, doch konnte constatirt werden, dass dasselbe isotrop ist[6].

Mikroskopische Untersuchungen des Pyropissits hat zuerst Zincken angestellt. Derselbe fand, dass das Mineral unter dem Mikroskope ein Gemenge von wenigen durchscheinenden Harzpartien mit vorwaltend undurchscheinenden erdigen Theilen darstellt. Er betrachtet den Pyropissit daher als ein fast zersetztes fossiles Harz. Stöhr hat kurz darauf eine erneute Untersuchung des Fossils vorgenommen, jedoch die durchscheinenden Harzpartien nicht erkennen können.

Genauere mikroskopische Untersuchungen des Pyropissits veröffentlichte später (1884) Gümbel. Nach seinen Beobachtungen ist der Pyropissit von Weissenfels der Falkenauer Gaskohle vergleichbar. Unter dem Mikroskope zeigen Stücke von Weissenfels körnige, unregelmässige Bröckchen, rundliche, undurchsichtige Knöllchen und vereinzelte braune Blattfetzen mit noch gut erhaltener Textur, wie sie sich bei den Moosen findet. In Stücken, denen durch kochenden Alkohol und Aether die harzartigen Gemengtheile entzogen sind, lassen sich, nachdem sie mit Bleichflüssigkeit[7] behandelt sind, im Rückstande kaum weitere Spuren einer organischen Textur unterscheiden, einzelne, Faserkohlen ähnliche Fetzen ausgenommen. Nur schleuderähnliche, oft spiralig gewundene dünne Fädchen liessen sich häufiger beobachten. Rundlich umgrenzte Flecken deuteten auf eine Betheiligung von Sporen und Pollen hin.

Bei sehr langsam gesteigerter Hitze verkohlt und in Asche verwandelt, hinterliess der Pyropissit einen im Volumen gleichgrossen, graulich-weissen Rückstand von 14,2 Proc., der sich unter Aufbrausen theilweise löste. Die übrig bleibenden Theilchen bestanden aus sehr zahlreichen scharfeckigen Quarzkörnchen, kleinsten Quarzkryställchen, Thonschollen und einzelnen opaken Kügelchen. Diatomeen wurden nicht beobachtet.

Eine andere mikroskopische Untersuchung des Pyropissits stellte Gümbel an dem Pyropissit von Sauforst an. Derselbe zeigte sich dem von Weissenfels im Allgemeinen ähnlich, jedoch waren zahlreiche Reste von Moos und Gras an seiner Zusammensetzung betheiligt. Auch fanden sich ganze Stücke von Holz, das wie die Hauptmasse in eine gelbe zerreibliche Substanz verwandelt war. Noch deutlicher traten die Blattheile neben sehr zahlreichen Pollenkörnern nach der Behandlung mit Aether hervor. Bei Anwendung von Bleichflüssigkeit zeigten sich zahlreiche braune Kügelchen, dann durchlöcherte kugelige Bläschen und durchlöcherte Blättchen mit harzähnlichen Stoffen in grosser Häufigkeit. Letztere hatten sich wohl nur durch Einwirkung der Chemikalien gebildet. Von ihnen musste man aber die halbkugeligen Häutchen wohl unterscheiden, die sicher den Hüllen zerplatzter Pollenkörnchen angehörten.

Bei diesen beiden mikroskopischen Untersuchungen des Fossils hat es Gümbel bewenden lassen, ohne zu versuchen, der Frage nach der Entstehungsweise desselben näher zu treten. —

Der Pyropissit hat sich besonders häufig und schön in der Gegend zwischen Weissenfels und Zeitz gefunden, ist aber auch aus anderen Bezirken bekannt geworden. Er bildete in der erstgenannten Gegend im Ausgehenden der Kohle Lagen von 0,40 bis 2,00 m Mächtigkeit. Seine Fundstellen sind von Stöhr auf einer Karte verzeichnet worden, wobei dieser Autor die auch von anderen Forschern wahrgenommene, bisher noch unerklärte Erscheinung beobachtet hat, dass das Fossil nördlich der Rippach viel häufiger auftritt als südlich derselben. Von Fundstellen des Pyropissits nördlich der Rippach theilt Stöhr mit:

1. Gerstewitz (Gruben No. 152, 436, 427, 354, 358).

2. Drei Vorkommen bei Granschütz (Grube No. 392), Aupitz und Webau (Grube No. 321).

3. Zwischen Wählitz und Köpsen (Grube No. 244), sowie Grube No. 350, 271 und 396.

---

[6] Bei diesen Autoren s. auch die Anfertigung von Dünnschliffen fossiler Kohlenwasserstoffe, Harze, Braunkohlen etc. p. 215. Anm.

[7] Chlorkalium und Salpetersäure.

Südlich der Rippach fand sich Pyropissit an folgenden Stellen:

Ober-Werschen (Grube No. 338), zwischen Theissen und Zeitz (Grube No. 397, 470, 386, 444), sowie bei Haardorf und Stolzenhayn.

In den letzten Jahren ist die Ausbeute an Pyropissit sehr zurückgegangen, und man hat statt seiner mehr und mehr die minderwerthige Schweelkohle der trockenen Destillation unterwerfen müssen.

Bei seinen Untersuchungen des Fossils hat Stöhr eine Reihe von interessanten Beobachtungen gemacht, welche bei ihrer Wichtigkeit für die Lagerungsverhältnisse und Entstehungsfrage desselben hier kurz Erwähnung finden mögen: Der Pyropissit tritt nur in oberer Teufe auf und findet sich unter einem 8—10 Lchtr. mächtigen Deckgebirge nicht mehr. Er erscheint als integrirender Bestandtheil des Flötzes, dessen hangendste Partie bildend, und zwar dort, wo die Flötzmächtigkeit gegen das Ausgehende geringer wird, nur in localen Mulden und Sätteln. Der Pyropissit imprägnirt häufig die erdige Braunkohle und bildet im Flötze selbst vielfach hellere, theilweise verschweelbare Schichten, die mit den gewöhnlichen Kohlenschichten wechsellagern, immer aber die obersten Partien des Flötzes einnehmen. Er findet sich aber auch in Nestern in der Feuerkohle, die bald scharf begrenzt sind, bald in die benachbarte Kohle übergehen. Auf seine Bildung haben z. Tb. Localverdrückungen Einfluss; von wesentlicher Bedeutung für seine Entstehung ist aber auch die Art des Deckgebirges: besteht dasselbe aus Kies, so ist die Qualität des Pyropissits eine vorzügliche; wird es aber von Thon und Sand gebildet, so hat er eine schlechte Beschaffenheit. Er wird stets von Russkohle begleitet und ist auch bei nesterweisem Vorkommen meist von einer Russschicht eingehüllt. Mit Ausnahme von Thonblättchen und Verunreinigungen durch Sand kommen Einschlüsse ihm ihm nicht vor.

2. Die Feuerkohle. Die Feuerkohle bildet diejenige Kohlenart, welche dunkler und dichter als die Schweelkohle erscheint, eine kürzere Flamme, aber intensivere Hitze als dieselbe giebt und am meisten in den unteren Partien der Flötze vorkommen soll. Dass dies nicht der Fall ist, zeigt fast jede Grube der Gegend zwischen Weissenfels und Zeitz, wo sie ebenso gut in den oberen Theilen des Flötzes findet und in der gesammten Kohlenmasse fortgesetzt mit der Schweelkohle wechsellagert. Eine von Karsten veröffentlichte Analyse derselben ergab: 64,32 Proc. C, 5,63 Proc. H, 30,05

Proc. O. Aus diesen Resultaten geht hervor, dass die Feuerkohle ärmer an Kohlenstoff, aber reicher an Sauerstoff als die gute Schweelkohle ist.

Die Feuerkohle ist nach v. Fritsch sehr leicht auf ihren Gehalt an organischen Stoffen zu prüfen. Entweder wird sie einfach in Wasser gekocht und es trennen sich dann schwere Kohlenwasserstoffverbindungen und Zellengewebe, welche letzteren im Wasser etwas länger schwimmen; oder aber die Kohle wird mit concentrirter rauchender Salpetersäure behandelt; nach einigen Tagen schwimmen dann in einer braunen Flüssigkeit eine Menge von organischen Theilchen. Wir können dieselben durch Wasser und dann durch Alkohol reinigen. Sie sind von einer bewundernswerthen Zartheit, zum Theil Zellen-, zum Theil Oberhautgewebe, die sich nicht stark verdrückt zeigen.

3. Die Russkohle. Dieselbe stellt eine dunkelfarbige, erdige oder mulmige Kohle von geringem Heizwerthe dar, welche mit den Feuerkohlen zusammen Verwendung findet. Wie wir bereits oben gesehen haben, steht sie in ihrem Vorkommen in Zusammenhang mit dem Pyropissit.

4. Die Blattkohle. Sie zeichnet sich vor den anderen Kohlenarten dadurch aus, dass sie aus übereinanderliegenden, sehr dünnen Lagen von Pflanzenblättern besteht. Durch ihre Zusammensetzung, ihre Farbe, ihren Glanz und ihre reinere kohlige Beschaffenheit steht sie der Papierkohle sehr nahe. Bei Runthal ist nach Zincken stellenweise eine bis 6 Zoll starke Schicht eines Aggregats von fast lauter braunen Laubholzblättern bei 10 Fuss Flötzteufe des 50 Fuss mächtigen Flötzes im Sommer 1863 vorgekommen. Zu der Blattkohle gehören wohl auch die mürben, schiefrigen Schichten, welche in Grube v. Voss bei Deuben und an anderen Orten die obersten Lagen des Flötzes bilden.

5. Die Glanzkohle (Knorpelkohle). Dieselbe stellt eine derbe, mit muscheligem Bruche brechende, dunkelschwarze Kohle dar und bildet die festeste Varietät der Braunkohle. Ihre Härte beträgt 2,5—3,0. Die Entstehung derselben ist in den Braunkohlenlagern zwischen Weissenfels und Zeitz wohl auf starken Druck zurückzuführen. Zincken kannte sie ebenfalls schon und führt sie von Gerstewitz an, wo sie in der unteren Region der Braunkohlenflötze als zerklüftete, kleinmuschelige Masse in unregelmässigen Partien bis ½ Cbfuss Inhalt inmitten der braunen Schweelkohle vorkam. Nach dem genannten Autor ist sie ohne Zweifel aus harzigem Coniferenholze

entstanden, dessen weniger harzige Theile die Schweelkohle lieferten. Auch bei Köpsen und Schwöditz zeigten sich grössere oder kleinere Glanzkohlenpartien netzförmig zwischen Eisenkies. Zur Zeit lässt sich dieselbe als unterste Partie des Kohlenflötzes im Tagebau der Grube No. 354 sehr gut beobachten.

6. Stängelige Glanzkohle. Ihre Entstehung ist auf eine hohe Temperatur zurückzuführen, welche durch Zersetzung eines Minerals entstanden sein kann. So führt Zincken von Schwöditz stänglige Glanzkohle mit prismatischen Absonderungen von 2—4 Linien breiten Seitenflächen und von $\frac{1}{2}$—1 Zoll Länge an; sie hatte sich bei der Zersetzung eines Eisenkieslagers gebildet, welches in einer Mächtigkeit von 1—3 Zoll das Kohlenflötz mehr oder weniger horizontal durchzog.

*[Fortsetzung folgt.]*

---

# Ein
## neuer Gang im nordwestlichen Oberharz.

### Von
### Baurath Dr. **W. Langsdorff** in Clausthal.

Es ist noch nicht lange her, seit bei den Harzgeologen die Erkenntniss zum Durchbruch gekommen ist, dass, bevor zur definitiven geologischen Aufnahme des Westharzes geschritten werden kann, es nothwendig ist, das Gangnetz festzustellen, welches der jetzigen Lagerung der Schichten als Gerippe dient. Bis diese Aufgabe zur endgültigen Lösung gelangt, dürfte indess noch längere Zeit verstreichen. Es darf sich daher wohl rechtfertigen, wenn zu dem aufzuführenden Gebäude schon jetzt der eine oder andere Baustein zur Stelle gebracht wird. Als ein solcher will die gegenwärtige Mittheilung angesehen sein.

Als sichere Grundlage zur Feststellung der Haupt-Gangzüge muss die bekannte Gangkarte von E. Borchers dienen, welche diejenigen Spalten enthält, welche durch den Bergbau aufgeschlossen sind. Bei näherer Untersuchung der Schichten findet man jedoch bald, dass ausser den von Borchers verzeichneten Spalten noch eine Menge anderer Schichtentrennungslinien vorhanden sein müssen. Die letzteren lassen sich im Allgemeinen in 2 Klassen eintheilen: in Schichtenzerreissungslinien, welche senkrecht oder in einiger Neigung zum Schichtenstreichen sich befinden, und in Faltenverwerfungslinien, welche dem Streichen mehr oder weniger parallel laufen und wozu auch diejenigen gehören, welche der Harzer Bergmann als „faule Ruscheln" bezeichnet. Stellenweise kommt noch eine dritte Klasse von Trennungslinien hinzu, welche mit den beiden vorgenannten spitze Winkel bilden und daher rühren, dass eine Compression stattgefunden hat, deren Axe sich gegen beide Streichungsrichtungen schräg stellte.

Es wird die Richtigkeit dieser Auffassungen dadurch bestätigt, dass nicht selten an dem Zusammentreffen verschiedener Schiebungsrichtungen — sofern Schiefer das anstossende Gestein bildet — Doppelschieferung stattfindet. Kommen dagegen compacte Gesteine (Grauwacken p. p.) in Betracht, so äussern sich die doppelt orientirten Druckrichtungen dadurch, dass die Gesteinsbänke im Querschnitt S-förmige, mit Gangmasse ausgefüllte Risse zeigen.

In der Nähe der Hauptgangzüge müssen sich die anstossenden Schichten oft erhebliche Schiebungen, Drehungen und Biegungen gefallen lassen. Bald sind die letzteren gruppenweise in parallelen Lagen verschoben, bald tritt in der Nähe der Spalten eine fächerförmige Lage ein, bald endlich haben sich breite Streifen parallel zu den Spalten abgelagert oder sind durch Abrutschen in die Spalte selbst herabgesunken und hierbei oft S-förmig gebogen worden, so dass man sich der Täuschung hingeben kann, man habe Hauptsättel und Mulden vor sich. Bei näherer Untersuchung findet sich jedoch, dass die Sattel- und Muldenbildung sich nur auf die nächste Nähe der Spalte beschränkt.

Eine Vervollständigung unserer seitherigen Kenntniss der Oberharzer Gänge ergiebt sich aus der Thatsache, dass einzelne Punkte existiren, von welchen aus ein ganzes Bündel von Spalten sich strahlenförmig ausbreitet, während seither nur einzelne dieser Gangstrahlen bekannt gewesen sind. Ebenso lassen sich zwischen den bekannten Gängen noch eine Menge von Parallelgängen feststellen lassen. Endlich — und dies ist bei dem neuen Gang der Fall, mit dem sich gegenwärtige Mittheilung beschäftigt — hat sich herausgestellt, dass an Stellen, an welchen seither nur eine Schaarung, d. h. spitzwinklicher Verlauf zweier Gänge zu einem einzigen, beobachtet worden ist, in Wirklichkeit eine Gangkreuzung stattfindet.

Wenn man, von Clausthal in's Innerstethal herabsteigend, das letztere bei dem unteren Zechenhause betritt, so kommt man — dem Wasserlaufe folgend — an einer Aufeinanderfolge von Steinbrüchen vorbei, von welchen die abbauwürdigen Grauwackebänke als Baumaterial gewonnen werden. Auf dem Kärtchen sind bei g' 4 solche Brüche ersichtlich gemacht, deren Ausbeutung bald links bald rechts vom Wasserlauf stattfindet. Die Schichten stehen meist vertical oder zeigen schwach südöstliches Einfallen.

Dicht oberhalb des letzten Pochwerkes tritt eine Störung ein. Im Bette der Innerste tritt eine geborstene Scholle von Grauwacken und Conglomeraten auf, die rings von andern Gesteinen umgeben ist. Fragt man die Steinbruchsarbeiter, ob die Grauwackenlagen noch weit in den Berg hineinreichen, so erhält man verneinende Antwort und zugleich gewinnt man bei weiterer Untersuchung der Oberfläche die Gewissheit, dass die Erstreckung der Grauwackebänke in den rechtsseitigen Berg um so mehr abnimmt, je mehr man sich der Conglomeratanhäufung im Innerstebett nähert. Es geht hieraus hervor, dass man es mit einem Gang zu thun hat, welcher das Schichtenstreichen schräg durchschneidet.

zum Theil unzugänglich gemacht ist, etwas näher in's Auge zu fassen.

Die Aufschlüsse finden sich einerseits an der Chaussee zwischen der Clausthaler Silberhütte und den Silbernaaler Schächten (Meding- und Haus-Braunschweig-Schacht) und andererseits an dem in ca. 520 m Seehöhe angelegten Fahr- und Fussweg, welcher sich auf dem Kärtchen zwischen den Buchstaben c d e f hin- und herschlängelt.

Zunächst findet man bei der Vergleichung der Profile am Berge und im Thale, dass die beiderseitigen Schichten, soweit sie die gerade Linie b c d e f nach Süden überschreiten, nicht mehr übereinstimmen, wogegen zwischen dem Zuge des Hauptganges und der genannten geraden Linie Uebereinstimmung herrscht. Namentlich ist zu erwähnen, dass die Schichten des grossen Grauwackesteinbruchs bei d, sowie der durch Bahn und Chaussee durchbrochenen Grauwackenklippe bei f auf das Terrain zwischen

Fig. 76.

Biegt man nun unterhalb des letzten (auf dem Kärtchen angegebenen) Pochwerks in das sog. Paulwasserthal ein, so ist an dessen östlicher Thalseite am Ende der daselbst neben der Chaussee hervorragenden Klippe eine zeitweise mit emporsickernden Quellen erfüllte Stelle zu beobachten, welche die Schnittstelle des Ganges andeuten.

Verfolgt man das Innerstethal von der Clausthaler-Hütte weiter, so betritt man ein Gebiet, in welchem die Thalsohle mit dem altbekannten Silbernaaler Hauptgang zusammenfällt, durch dessen Nachbarschaft die augenscheinliche Verschiedenheit der beiderseits anstehenden Schichten sich hinlänglich erklärt.

Um den weiteren Verlauf des neuen, auf dem Kärtchen mit a b c d e f g g' bezeichneten Ganges, welcher auf dem grössten Theil seiner Erstreckung mit dem Silbernaaler Hauptgang parallel läuft, besser studiren zu können, ist es nöthig, das Terrain zwischen den beiden Gängen, welches in seinem oberen Theile leider durch Schlackenhalden

den beiden Gängen beschränkt sind und an letzteren beiderseits abschneiden. Dagegen ist diese Uebereinstimmung wieder wahrzunehmen bei den Steinbrüchen P und P¹, welche ausserhalb des Streifens zwischen beiden Gängen liegen.

Am Haus-Braunschweig-Schacht befindet sich südlich eine Faltenverschiebung, ebenso wie aufwärts neben der Clausthaler Silberhütte. Die letztere kann vielleicht auch als Zerreissungsspalte gedeutet werden. — Unterhalb Silbernaal durchschneiden Bahn und Chaussee nochmals den Hauptgang, entfernen sich aber dann schnell von dem letzteren in nordwestlicher Richtung; die dort auftretenden Schichten kommen für unseren Zweck nicht weiter in Betracht.

Der Silbernaaler Hauptgang wendet sich vom Meding-Schacht über Haus-Braunschweig gegen das sog. Kreuzbacher Thal, solches am sog. „Stillen See" durchschneidend und nördlich neben dem letzteren gegen den Chausseesattel auf dem Bauersberg verlaufend.

Von da sendet er einen Zweig genau

nach Westen (Bergwerksglücker Gang), während
der Hauptgang die Sohle der Grunder Mulde
verfolgt. Oberhalb des weiter im Thale gelegenen Zechenhauses „Wiegmannsbucht" tritt
abermals eine Verzweigung ein (Silbernaaler
und Isaakstanner Gang). Beide Zweige
vereinigen sich wieder im Braunschweigischen
Gebiet westlich von der Grube „Hülfe
Gottes", die auf dem Kärtchen nicht mehr
angegeben ist.

Seither hat man angenommen, dass an
der Abzweigung des Isaakstanner vom Silbernaaler Gang (bei Q auf dem Kärtchen)
eine Gabelung (Scharung), aber keine Kreuzung stattfinde.

Diese Annahme wird jedoch durch zwei
Beobachtungen widerlegt, die in Verbindung
mit dem seither Vorgetragenen auf eine
Gangkreuzung hinweisen, während der
directe Beweis durch die an der Kreuzungs-
stelle ausserordentlich stark auftretende
Gesteinszersplitterung fast unmöglich gemacht
wird.

Es sind dies Störungen im Schichtenstreichen, welche sich bei a an der neuangelegten, nach dem Eichelberge führenden
Waldchaussee und bei c an dem den grossen
Kreuzbach umziehenden chaussirten Wald-
wege vorfinden.

An diesen Stellen schieben sich plötzlich
von dem beiderseitigen Streichen abweichende
und dasselbe beinahe senkrecht durchschnei-
dende Schichten ein, welche genau im Streichen des neuen Ganges liegen. Namentlich
bei c ist diese Einschiebung, welche in einer
Breite von 8,5 m aus compacten Grauwacken
besteht, die sich zwischen die regelmässig
geschichteten Schieferlagen eingekeilt haben,
so in die Augen fallend, dass hier das Einschneiden des neuen Ganges ausser Zweifel
gestellt ist.

In den Biegungen des Fahrwegs d e f
wird an den Stellen, wo der neue Gang ein-
schneidet, mehrerorts Doppelschieferung beobachtet, welche sich zum Theil noch bis in
die Nähe der Thalsohle fortsetzt.

Schliesslich darf auch erwähnt werden,
dass ein so nahes Zusammentreten paralleler
Gangspalten, wie es hier sich am Silbernaaler Zuge zeigt, auch noch an andern
Orten beobachtet wird und Kunde giebt von
den gewaltigen Kräften, welche bei der Entstehung der oberharzischen Gänge in Wirksamkeit getreten sind[1]).

---

[1]) Vergl. hierzu das Referat S 383—385 dieses
Heftes, wo auch die in dieser Zeitschrift bisher
enthaltenen Abhandlungen und Referate über die
Oberharzer Gänge citirt sind.

# Beiträge zur genetischen Classification der durch magmatische Differentiationsprocesse und der durch Pneumatolyse entstandenen Erzvorkommen.

Von

J. H. L. Vogt (Kristiania).

[Fortsetzung von S. 156.]

## 2. Die Apatit-Ganggruppe.

Die hierzu gehörigen Gänge, die sich
namentlich dadurch charakterisiren, dass sie
genetisch an ein Gabbrogestein geknüpft sind,
und dass sie im Nebengestein eine „Skapolithisations-Metamorphose" hervorgerufen haben, sind im südlichen Norwegen
reichlich vertreten und hier auch ganz gut
studirt worden; entsprechende Gänge sind
in den letzten Jahren auch in der Umgebung von Gellivara im nördlichen Schweden entdeckt worden; weiter sind auch die
schon längst bekannten canadischen Apatitvorkommen geologisch mit den norwegischen und nord-schwedischen zu einer gemeinschaftlichen Gruppe zusammenzufassen.

Im Folgenden werden wir zuerst die
norwegischen, zu der Apatit-Ganggruppe[1])
gehörigen Vorkommen näher behandeln und
dann die übrigen Gangdistricte, im nördlichen Schweden und in Canada, kurz besprechen.

Wie schon längst zuerst von den Ge-
brüdern J. und T. Dahll (1864) nachgewiesen und später von W. C. Brögger und
H. Reusch (1875) nebst verschiedenen anderen Forschern[2]) näher angegeben worden
ist, sind die norwegischen Apatitgänge geologisch sehr eng an ein Gabbrogestein, nämlich an Olivinhyperit (mit ophitischer)
bezw. Olivingabbro (mit eugranitisch-kör-
niger Structur), gebunden, und zwar derart,
dass die Gänge theils innerhalb der oft
ziemlich kleinen Gabbrofelder selber, theils
in den umgebenden archäischen Schiefern,
aber immer in der Nähe der Gabbromassive,
auftreten (s. z. B. Fig. 77).

---

[1]) Weil diese genetisch hoch interessanten Gänge
ausserhalb Norwegens und Schwedens oft ziemlich
wenig bekannt sind, werden wir sie hier etwas eingehender beschreiben.

[2]) Die wichtigste Litteratur über die norwe-
gischen Apatitgänge ist: Brögger und Reusch,
Z. d. Deutsch. geol. Ges. 1875; Nyt Magazin for
naturvidenskaberne, Bd. 25, 1880; Hj. Sjögren,
Geol. Fören. Förh. Bd. 6, 1883 und Bd. 7, 1884;
J. H. L. Vogt, Geol. Fören. Förh. Bd. 6, 1883 und
Bd. 14, 1892 (S. 211—224); A. Lacroix, Bull. de
la soc. franç. de min. Bd. 12, 1889 (S. 181—258);
G. Löfstrand, Geol. Fören. Förh. Bd. 12, 1890.
Referat i. N. Jahrb. f. Min. etc. 1893 I. S. 36—38.

Um diese wichtige geologische Erscheinung sicher festzustellen, werden wir hier, vorzugsweise auf Grundlage meiner eigenen Untersuchungen, die verschiedenen, Apatitgänge führenden Districte in Norwegen kurz besprechen.

Die meisten, und zwar darunter auch die wichtigsten norwegischen Apatitgänge finden sich in dem aus archäischen Schiefern gebauten, rund 110 km langen und 25 km breiten Küstenfeld zwischen Langesund (Bamle) und Lillesand (an der südöstlichen Küste des Landes), und zwar sind die Gänge hier namentlich in den folgenden Gegenden (Kirchspielen) zerstreut:

Bamle: mindestens 4—5 verschiedene Olivinhyperit-Massive, sämmtlich mit Apatitgängen, darunter das sehr bedeutende Apatitfeld bei Ødegaarden; daneben zahlreiche Gänge in der Nähe der Olivinhyperite.

Langö und Gomö: 2 etwas grössere Felder von Olivinhyperit (Areal rund bezw. 3 und 1 qkm), mit sehr zahlreichen Eisenglanz-Albitgängen, die sich mineralogisch wie auch geologisch sehr eng an die gewöhnlichen Apatit-, Rutil-, Titaneisen-, Eisenglanzgänge anschliessen (siehe hierüber meine Darstellung in Geol. Fören. Förh. Bd. 14, 1892: Ueber die Bildung der wichtigsten norweg. und schwed. Eisenerzvorkommen. 1892. S. 114—127).

Kragerö mit Umgebung (Skaabö, Sandökedal, Drangedal): mindestens 10 verschiedene Olivinhyperit-Massive (unmittelbar bei der Stadt Kragerö bei Valberg; mehrorts bei Hulsvand, Landsvärk, Barlandskil bei Kilsfjord u. s. w.); darunter die meisten mit Apatitgängen innerhalb der Gabbros, weiter auch zahlreiche Apatitgänge unmittelbar an der Gabbrogrenze, darunter die seiner Zeit sehr ergiebigen Gruben unmittelbar bei der Stadt Kragerö.

Risör mit Umgebung (Söndeled, Gjerrestad, östl. Theil von Vegaardshei): mindestens 9 verschiedene Olivinhyperit-Massive (unmittelbar bei der Stadt Risör, Tjerndalen, Husaas, Regaardshei, Hiaas, Fogne, Tranbergass bei Simonstad, Nærestad u. s. w.), darunter jedenfalls 7 mit Apatitgängen; weiter viele Apatitgänge in der Nachbarschaft der Gabbros.

Tvedestrand mit Umgebung (Holt, Vegaardshei, Aamli): mehrere Gabbro-Massive mit zahlreichen Apatitgängen theils innerhalb der Gabbros, theils in der Nähe derselben.

Froland (2 Meilen nördlich von Arendal): ebenfalls mehrere Gabbrofelder mit Apatitgängen.

Grimstad mit Umgebung (siehe Kartenskizze, aufgenommen von mir in den Jahren 1883 und 1884[3], Fig. 77): 10 bis 12 verschiedene kleine Gabbrofelder mit zahlreichen Apatitgängen theils innerhalb der Gabbros, theils in den umgebenden archäischen Schiefern.

In Summa kennen wir so innerhalb dieses archäischen, rund 110 km langen Küstenfeldes zwischen Langesund und Lillesand, das ein Areal von ungefähr 2500 qkm deckt, bisher mindestens 40—50 verschiedene Massive von Gabbro (Olivinhyperit), die alle zusammengelegt, einem approximativen Ermessen zufolge, eine Flächengrösse von rund etwa 30 qkm[4] — also nur ¹/₈₀ des ganzen archäischen Gebietes — erreichen. Unter den zu Hunderten, vielleicht sogar zu Tausenden zu zählenden einzelnen Apatitgängen, die auf mehr als Hundert verschiedenen Bauerngütern zerstreut sind, treten nach Ermessen ungefähr die Hälfte oder vielleicht zwei Drittel innerhalb dieser vielen kleinen Gabbro-Massive auf, und die übrigen Gänge finden wir in den Gneissschiefern in der Nähe der Gabbros, meist nur 100 oder einige 100 m, selten 1 oder 2 km von der Gabbrogrenze entfernt[5]). Auch sei hinzugefügt, dass unter den sehr vielen, mindestens 45—50 betragenden, bisher bekannten Olivinhyperit-Massiven innerhalb unseres Küstenfeldes es nur ein Paar (nämlich soweit mir bekannt nur etwa 5) Massive giebt, wo Apatitgänge nicht (oder bisher nicht?) entdeckt worden sind.

Ganz analogen Erscheinungen begegnen wir auch in den zwei kleinen und isolirten, Apatitgänge führenden Districten in Snarum und in Thelemarken[6]).

In Snarum (in Modum, 50 km westlich von Kristiania): 3 oder vielleicht noch mehrere kleine Olivinhyperit-Massive mit ein paar ganz unbedeutenden Apatitgängen innerhalb der Massive und einige Gänge, darunter Oxöiekollen in der Nähe derselben.

In Nissedal (südlicher Theil von Thelemarken, 100 km nördlich von Arendal): 2 oder noch mehrere Gabbro-Massive sowohl mit einigen kleinen Apatitgängen innerhalb, wie auch mit einigen kleinen Gängen ausserhalb der Gabbros.

Diese Uebersicht bestätigt mit unzweifelhafter Sicherheit die schon von vielen

---

[3]) Eine entsprechende Kartenskizze über diesen District ist auch früher von Löfstrand (l. c.) veröffentlicht worden.

[4]) Die vier bisher bekannten grössten Olivinhyperit-Felder sind rund 3, 3, 2 und 1 qkm gross; die meisten erreichen nicht einmal eine Grösse von ¹/₂ qkm. — Ungefähr die Hälfte der vielen kleinen Gabbrofelder sind i. M. 1 : 50 000 geologisch kartirt worden; die übrige Hälfte nur i. M. 1 : 200 000. Die Arealberechnung ist nicht genau, mag jedoch eine annähernde Vorstellung geben.

[5]) Einige sporadische, ganz unbedeutende Apatitgänge sind jedoch vielleicht auch in Gneissdistricten angetroffen worden, wo der Gabbro noch nicht nachgewiesen worden ist; man kann aber ziemlich getrost voraussetzen, dass der „Erzbringer" durch mehr eingehende Untersuchungen sich entdecken lässt.

[6]) Apatitgänge sind auch auf Söndniöre (hier, wie sonst, mit Rutil, daneben aber mit Hypersthen (!) statt sonst Enstatit) und auf Nordmiöre (Hevne) nachgewiesen worden; geologisch sind diese Vorkommen aber nicht untersucht worden.

früheren Forschern nachgewiesene **Verknüpfung der Apatitgänge mit dem Gabbro
(Olivinhyperit bezw. Olivingabbro)**.
Wie dieses Verhältniss zwischen Apatitgang
und Eruptivgestein zu erklären ist, darüber
verweisen wir auf die folgende Erörterung;
hier gilt es vorläufig nur festzustellen, dass
irgend eine genetische Verbindung existirt.

Wie ich schon in einer früheren Abhandlung in dieser Zeitschrift (1893, S. 132)

durch Ausscheidungen (magmatische Differentiationsproducte) von Nickel-Magnetkies-Lagerstätten aus, und die Olivinhyperite sind
beinahe durchgängig von Apatitgängen begleitet. Diese Unterscheidung ist schon
längst von den Grubenbeamten der Nickel-
erz- und Apatit-Gruben beobachtet worden,
und deswegen sind die populären Bezeichnungen der Norite kurz „Nickel-Gabbros" und die
der Olivinhyperite kurz „Apatit-Gabbros".

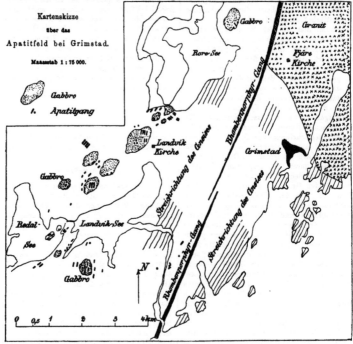

Kartenskizze
über das
Apatitfeld bei Grimstad.

Maassstab 1 : 75 000.

Fig. 77.

erörtert habe, lassen sich die meisten südnorwegischen Gabbrogesteine in zwei grosse
petrographische Gruppen theilen, nämlich:

**Olivingabbros** (Olivin + Diallag +
Plagioklas), meistens mit ophitischer Structur, deswegen als **Olivinhyperite** zu bezeichnen (über die Petrographie dieser Gesteine siehe unten);

**Norite** (rhombischer Pyroxen + Plagioklas).

Unter diesen zwei Gabbrogesteinen zeich-
sich, wie früher näher dargestellt worden
ist (d. Z. 1893, Heft 4 und 7), die Norite

Beide Gabbrotypen treten oft in örtlicher
Gesellschaftung mit einander auf; — so liegt
die bekannte Apatitgrube, in Olivinhyperit,
zu Ødegaarden in Bamle nur im Abstand
von ein oder ein paar km von den Nickel-
Magnetkies-Gruben, in Noriten, zu Meinkjär,
Nysten etc. (d. Z. 1893, Tafel VI, Fig. 3
bis 6); und die Apatitgänge in Snarum, ebenfalls in und bei Olivinhyperit, sind nicht
mehr als 10—12 km von der Erteli Grube
auf Ringerike (d. Z. 1893, Tafel V, Fig. 8)
entfernt —; in der Regel lassen sich die
beiden Gabbrotypen scharf von einander ge-

trennt halten, obwohl sie hie und da durch petrographische Uebergänge mit einander verknüpft sind.

Dass diese Gabbros als intrusive Eruptivgesteine aufzufassen sind, lässt sich (wie schon früher in dieser Zeitschr. 1898, S. 134—135 näher erörtert) durch eine Reihe von Argumenten sicher beweisen: Unsere Gesteine zeichnen sich durch die für Eruptivgesteine charakteristische massige Structur aus, nämlich theils durch eugranitisch-körnige und theils durch ophitische (hyperitische) Structur; und zwar ist dieses Kriterium hier in der Regel sehr leicht wahrzunehmen, weil die vorliegenden Gabbros im Allgemeinen nicht stark dynamometamorphosirt sind (ohne flasserige Structur). In der Nähe der Contacte sind die Gabbros oft ganz feinkörnig (Beispiel der Olivinhyperit an der Südspitze von Gomö) oder mit Kugelstructur versehen (der Romsaas Kugelnorit, d. Z. 1898, Tafel V, Fig. 9); hie und da zeigen sie auch verschiedenartige, für die Grenzfaciesstufen[1]) bezeichnende Differentiationserscheinungen (z. B. Uebergang von Norit zu Amphibolpikrit; s. d. Z. 1898 S. 134). Auch schneiden die Gabbros mehrorts quer durch die umgebenden Schiefer hindurch (Beispiel Südspitze von Gomö; auch Nysten Grube in Bamle, d. Z. 1898, Tafel VI, Fig. 4). Und weiter sind die Gabbros hie und da theils von grobkörnigen Gabbrogängen und theils von feinkörnigen Gängen (Zwischenstufe zwischen Olivinhyperit und Olivindiabas), von demselben petrographischen Charakter wie das relativ feinkörnige Grenzfaciesgestein, durchkreuzt; auch verzweigen sich derartige Gänge mehrorts von den Olivinhyperit-Massiven in die angrenzenden Schiefer hinein (Beispiel Südspitze von Gomö). — Endlich müssen wir auch berücksichtigen, dass die Gabbros an der Arendal- und Kragerö-Küste in die verschiedenen Abtheilungen, in die man die archäische Formation hier eingetheilt hat, hinaufsetzen, nämlich theils in die grauen und rothen Gneisse u. s. w., bei Arendal, Grimstad, unmittelbar bei der Stadt Risör u. s. w.; theils in die Cordieritgneisse bei Tvedestrand; und theils auch in die jüngste hier vorhandene Etage, nämlich in die Hornblendeschiefer-Quarsschiefer-Etage bei Kragerö-Langö-Bamle; und selbst innerhalb dieser letztge-

nannten Etage kennen wir Gabbro auf verschiedenen stratigraphischen Niveaus, nämlich sowohl hoch in der darüberliegenden Hornblendeschiefer-Etage, wie auch bedeutend tiefer, an der Grenze zwischen Hornblendeschiefer und dem untenliegenden Quarzschiefer.

Diese letztere Beobachtung beleuchtet auch das Alter unserer Gabbros; diese brechen nicht nur durch die älteren, sondern auch durch die jüngste der an der Kragerö-Arendal-Küste nachgewiesenen archäischen Etagen hindurch; andererseits fehlen unsere „Apatitgang-Gabbros" — also die Olivinhyperite — in der silurischen Formation des Kristiania-Gebiets, wie auch in dem sehr ausgedehnten Kristianssand'schen Granit-Gebiet. Die vorliegenden Gabbros sind deswegen wahrscheinlich von einem spät-archäischen Alter[2]).

*[Fortsetzung folgt.]*

---

## Asphalt-Vorkommen von Limmer bei Hannover und von Vorwohle am Hils.

Von

### Dr. F. A. Hoffmann.

In der nächsten Umgebung von Hannover, westlich von dieser Stadt in den Gemarkungen Velber und Ahlem, findet schon seit den vierziger Jahren die Gewinnung von Asphaltkalk statt zur Darstellung von Mastix für die Strassen-Asphaltirung. Das Vorkommen wurde im Jahre 1843 von D. H. Henning zuerst in Angriff genommen. Später verband sich derselbe zur Ausdehnung des Unternehmens mit August Egestorff. Die Firma D. H. Henning & Aug. Egestorff verarbeitete das gewonnene Rohmaterial in einer Fabrik, welche zwischen Hannover und Ahlem im Dorfe Limmer gelegen war, daher der bei Hannover producirte Asphalt noch jetzt allgemein unter dem Namen „Limmer-Asphalt" bekannt und geschätzt ist. Im Jahre 1871 traten Henning & Egestorff ihren Besitz an eine englische Gesellschaft, die United Limmer & Vorwohle Rock Asphalte Company (Limited) ab, in deren Händen das stetig vergrösserte Geschäft seither geblieben ist. Ausser bei Limmer gewinnt diese Gesellschaft ihr Rohmaterial für die Mastix-Darstellung auch bei Vorwohle am Hils und bei Ragusa in Sicilien. Die Verarbeitung

---

[1]) Als eine eigenthümliche Grenzfacieserscheinung, von pneumatolytischer Natur, mag erwähnt werden, dass der Olivinhyperit auf Langö und Gomö mehrorts in der Nähe der Grenze — und gänzlich von Apatitgängen unabhängig — die Skapolitisations-Metamorphose erlitten haben; siehe hierüber unten.

[2]) Es mag hier eingeschoben werden, dass wir in Norwegen auch Gabbro — obwohl zu anderen Typen gehörend — kennen, die in die cambrischen und silurischen Schiefer hinaufsetzen.

dieses gesammten Materials geschieht in der jetzt zu Linden bei Hannover gelegenen Fabrik. Der englischen Gesellschaft gesellte sich im Jahre 1873 die Deutsche Asphalt-Actien-Gesellschaft der Limmer und Vorwohler Grubenfelder zu und neuerlich als 3. Firma die Hannoversche Baugesellschaft, welche beide sowohl bei Hannover wie bei Vorwohle Rohmaterial gewinnen. Für die Vorwohler Asphalt-Industrie kommen ausserdem noch drei weitere Firmen in Betracht.

Der Werth des für die Darstellung von Mastix oder Gussasphalt (für Asphalt-Trottoir), sowie von Stampfasphalt (für Asphalt-Fahrstrassen) zur Verwendung kommenden Rohmaterials ist einmal zu beurtheilen nach der Gleichmässigkeit des Bitumengehaltes und nach dem Procentsatz dieses Gehaltes, dann aber auch nach der Reinheit des von Bitumen durchtränkten Kalksteins. Von Verunreinigungen des Kalksteins ist namentlich die Thonerde ausserordentlich schädlich. Dieselbe vermag sich mit dem Bitumen nicht so intensiv zu verbinden wie der kohlensaure Kalk. Unter dem Einfluss der Sonnenwärme schwitzt daher bei thonhaltigem Mastix oder Stampfasphalt das Bitumen aus dem fertiggestellten Asphaltpflaster leicht aus, das Gefüge lockert sich, es dringt Wasser ein und der Frost sprengt den Asphalt auseinander. Es ist daher unter Umständen ein bitumenarmer, aber reiner Kalkstein einem bitumenreicheren, aber durch Thonerde verunreinigten Kalkstein vorzuziehen, da der Thonerdegehalt durch Zusatz von reinem Kalkstein wieder herabgedrückt werden muss, so dass sich der ursprünglich hohe Bitumengehalt doch wieder erniedrigt.

Ausserdem bleibt bei der Verwerthung von bituminösem Gestein zu Asphaltpflaster zu berücksichtigen, dass sich das Bitumen aus Kohlenwasserstoffen von hohem Siedepunkt zusammensetzen muss; denn einmal herrscht in den sog. Mastixkesseln, in welchen das Zusammenschmelzen von Asphaltkalk mit Goudron[1]) stattfindet, eine Temperatur bis zu 230°, dann aber würde auch das fertiggestellte Asphaltpflaster sich unter dem Einfluss der Sonnenwärme zu sehr erweichen bei Gegenwart von leichter flüchtigen Kohlenwasserstoffen. Petroleum und Naphta (unter 200° C. flüchtig), sowie Petroléne (zwischen 200 und 250° flüchtig) sind also für die Darstellung von Mastix werthlos.

Unter diesen Gesichtspunkten schränkt sich die Masse des für die Asphalt-Darstellung brauchbaren bituminösen Gesteinsmaterials sehr ein, und obgleich in den hannoverschen und braunschweigischen Landen bituminöse Schichten sehr häufig sind, haben sich bis jetzt doch nur die Vorkommen von Limmer und Vorwohle als brauchbar für die Asphalt-Industrie erwiesen. Auf diesen Asphaltkalk-Vorkommen in Gemeinschaft mit dem Vorkommen von Lobsann im Unterelsass beruht unsere gesammte deutsche Asphalt-Industrie. Das Vorkommen im Unterelsass ist bereits von L. van Werveke in einer interessanten Abhandlung in dieser Zeitschrift (März 1895) ausführlich beschrieben worden; hieran anschliessend dürfte eine Behandlung der lagerstättlichen Verhältnisse der Vorkommen von Limmer und Vorwohle nicht unwillkommen sein.

*A. Asphaltvorkommen in der Gegend von Hannover.*

Die Asphaltgewinnung bei Hannover beruht auf 2 getrennt liegenden und in lagerstättlicher Beziehung sehr ungleichartigen Vorkommen, welche getrennt von einander behandelt werden müssen.

**1. Das Asphalt-Vorkommen in den Gemarkungen Velber und Ahlem.**

Dieses Vorkommen liegt westlich von den Städten Hannover und Linden, sowie von dem Dorfe Limmer an der Strasse zwischen Limmer und Harenberg. Von den auf dem Vorkommen bauenden beiden Gesellschaften hat die United Limmer & Vorwohle Rock Asphalte Company den südlichen Theil der Ablagerung und damit das Ausgehende der asphalthaltigen Schichten im Besitz und betreibt daher ausschliesslich Tagebau; der deutschen Asphalt-Actiengesellschaft, welche nordöstlich von ersterer baut, fiel nur das Ausgehende der hangendsten ärmeren Schichten zu, während die liegenden, reicheren Schichten in solcher Teufe in das Feld der Gesellschaft übertraten, dass dieselbe genöthigt war, von dem ursprünglichen Tagebau zum Tiefbau überzugehen und daher ihr Feld durch einen Schacht bis zur Tiefe von 35 m aufgeschlossen hat.

Die asphaltführenden Schichten gehören dem oberen Jura an und zwar vom mittleren Kimmeridge, den Pterocerasschichten, aufwärts bis zu den Eimbeckhäuser Plattenkalken des Portland. Jedoch haben sich die Eimbeckhäuser Plattenkalke nur in geringem Maasse in dem Tagebau der deut-

---

[1]) Goudron ist eine durch Zusammenschmelzen von Trinidad-Asphalt mit Paraffinöl gewonnene Masse, vermittels welcher der gemahlene Asphaltkalk auf den erforderlichen Procentsatz an Bitumen (16—18 Proc. bei Stampfasphalt, 21—23 Proc. bei Gussasphalt) gebracht wird.

schen Gesellschaft derartig asphaltführend gezeigt, dass sie abbauwürdig erschienen; die Hauptmasse der bituminösen Schichten gehört dem mittleren Kimmeridge an. C. Struckmann hat in verschiedenen Aufsätzen (Z. d. D. geol. Ges. 1871, 1874, 1875 und 1887, sowie „Der obere Jura von Hannover", Hannover 1878) den sehr reichhaltigen paläontologischen Inhalt der aufgeschlossenen Horizonte beschrieben und die einzelnen Schichten identificirt. Auch findet das Vorkommen schon Erwähnung in der Abhandlung des Oberbergraths Jugler: „Ueberblick der geognostischen Verhältnisse des

Im südlichen Theile der Ablagerung streicht die östliche Hauptverwerfung ungefähr in der nämlichen Richtung wie die Schichten, also hora 3; im Norden dagegen wendet sie sich mehr nach Osten, hora 5, herum, während die Asphaltschichten mehr nördliches Streichen, hora 1, annehmen; auch verflacht sich im Norden das Einfallen der Schichten bis auf 16°. Im Süden nähert sich das Ausgehende der Asphaltlager immer mehr der östlichen Hauptverwerfung, so dass sich der keilartige asphaltführende Schichtencomplex in dieser Richtung stetig verkürzt und verschmälert und

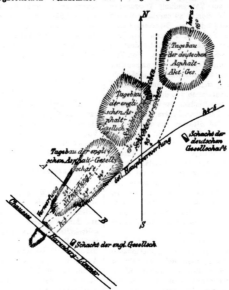

Fig. 78.
Situation und Lagerung in den Asphaltbrüchen bei Ahlem und Velber.

Königreichs Hannover nach ihren Beziehungen für die technische Anwendung" (Zeitschrift des Architekten- u. Ingenieur-Vereins für das Königreich Hannover, 1855), sowie in H. Credner: „Ueber die Gliederung der oberen Juraformation", Prag 1863.

Die asphaltführenden Schichten streichen im Mittel von SW nach NO (hora 3) und fallen von Tage aus unter 16° bis 24° nach O ein. Jedoch werden sie schon in nicht grosser Teufe durch eine Verwerfung abgeschnitten, welche unter 45° nach W, also den Asphaltschichten entgegen, einfällt (vergl. die Skizze Fig. 78).

südlich von der Chaussee Harenberg-Limmer vollständig heraushebt. Ausserdem wird dieser südliche Theil der bituminösen Schichten noch verschmälert durch eine saiger einfallende Verwerfung, welche ebenfalls nordöstlich streichend die Schichten um ca. 6 m ins Hangende verwirft (vergl. Fig. 79, Profil durch den südlichen englischen Tagebau). Im Norden dagegen verbreitert sich die Ablagerung in Folge des Divergirens von Hauptverwerfung und Schichtenstreichen, so dass die deutsche Asphaltgesellschaft die Aussicht hat, in nordöstlicher Richtung die Asphaltlager in der Tiefe noch auf weitere Erstreckung hin vorzufinden. Schliesslich werden die Schichten allerdings auch hier durch eine Verwerfung völlig abgeschnitten. Hinter der östlichen Hauptverwerfung wird allerorten ein fester, in feuchter Luft plastisch werdender, etwas Glimmer führender Thon von grauer Farbe anstehend gefunden. Derselbe gehört ausweislich der eingeschlossenen Petrefakten dem Hilsthon an, also einem jüngeren Horizont als die Asphaltlager; östlich der Verwerfung wäre daher die Fortsetzung der Asphaltlager in der Tiefe unter dem Thon zu suchen.

In dem südlichen Tagebau der englischen Gesellschaft ist zur Zeit folgende Aufeinanderfolge der Schichten zu erkennen:

Das Liegende des untersten, vierten Asphaltkalklagers bildet ein lockerer, sandiger Kalkmergel

dig aus Steinkernen von Gastropoden und Zweischalern (namentlich Cyprina nuculaeformis. Röm.) aufbaut. Der Asphalt durchdringt diese obere Muschelbank nicht gleichmässig wie die untere, sondern hat sich besonders auf den Hohlräumen angesammelt, welche die Stelle der ehemaligen Muschelschalen einnehmen. Da nun der Stein stets entlang diesen Hohlräumen bricht, triefen die losgebrochenen klotzigen Blöcke dieser Bank förmlich von dem herausfliessenden Asphalt. Thatsächlich ist aber der Asphaltgehalt dieser Schicht weit geringer als der der Unterbank und der übrigen Lager, in welchen das Bitumen die Kalkkörnchen ganz gleichmässig umschliesst und zusammenhält. Daher giebt die magere Oberbank beim Mahlen ein grauweisses, trockenes Mehl, während der übrige, fette Asphaltkalk sich in Folge des hohen Bitumengehaltes nur zu einem schmierigen, klebrigen Grus mahlt. Ein Stückchen des fetten Asphaltkalkes der Unterbank

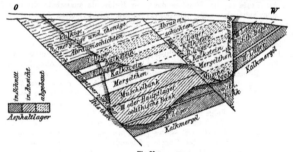

**Fig. 79.**
Profil A B durch den südlichen Tagebau der englischen Gesellschaft.

von grauer Farbe der nirgends deutlich aufgeschlossen war. Ueber demselben folgt:

1. Eine 2,5 m starke Bank eines fetten feinkörnig oolithischen Asphaltkalkes (viertes Lager), von Bitumen braunschwarz gefärbt und stark bituminös riechend; vielfach schliesst er Schalenreste und Abdrücke von Petrefakten ein. Das Bitumen bildet eben Cement, welcher die oolithischen Körner zusammenhält. In der unteren, ca. 1,5 m starken Bank dieses Lagers wird der Asphaltkalk verunreinigt durch Schnüre von hellgrauem, dichten und sehr festen Kalkstein, welche bis 20 cm anwachsen. In Folge dieser Einschlüsse wird in dem englischen Tagebau nur die obere, 1 m starke Bank des Lagers gebaut.

2. 0,40 m sehr fester grauer Kalkstein mit Schalen und Steinkernen von Gastropoden und Zweischalern, stellenweise etwas mit Bitumen durchtränkt.

3. 6 bis 7 m mächtiges Hauptlager von Asphaltkalk aus 2 verschiedenartigen Bänken bestehend. Die 3 bis 4 1/2 m mächtige Unterbank ist ein lockerer, feinkörnig oolithischer, braunschwarzer Asphaltkalk von derselben Beschaffenheit wie das 4. Lager. Die 2,5 bis 3 m mächtige Oberbank besteht aus einem grauen, festen Kalkstein, sog. mageren Asphaltkalk, der sich vollständig

zerfällt in Aether vollständig; es bleiben nur die oolithischen Körner übrig, die sich in Salzsäure bis auf einen geringen Rückstand auflösen. Der Asphaltkalk der Muschelbank dagegen zerfällt in Aether nicht, das Bitumen wird nur an der Oberfläche des Stückes aufgelöst.

4. 2,5 m mächtige Bank von bläulichgrauem, an der Luft schnell zerbröckelnden Thonstein.

5. 1,5 m fester, dichter, unreiner Kalkstein, hellgrau gefärbt in dicken Bänken brechend.

6. 1 m mächtiges (zweites) Lager von fettem, braunschwarzen, bröckeligen Asphaltkalk, reich an Abdrücken von Petrefakten. In Aether zerfällt er zu Staub und kleinen unregelmässigen Kalk-Bruchstücken, nicht, wie der fette Asphalt des 3. und 4. Lagers, zu oolithischen Körnern.

7. Bröckeliger, dünnbankiger, schwach bituminöser Kalkstein, 0,70 m mächtig.

8. 1,5 m mächtige Bank von fettem Asphaltkalk (1. Lager) von der nämlichen Beschaffenheit wie der des 2. Lagers.

9. Verschieden mächtige Folge von Abraumschichten, aus dünnplattigen, mergeligen Kalksteinen und Mergelthonen, auch fettem, plastischen Thone bestehend. Die Kalkschichten haben auch stellenweise einen schwachen Bitumengehalt, so namentlich der etwa 5 m über dem 1. Lager be-

findliche Eimbeckhäuser Plattenkalk, dessen Bänke stellenweise ganz erfüllt sind mit dem Leitfossil desselben, der Corbula inflexa.

Sämmtlicher Asphaltkalk riecht stark nach Bitumen. Die losgebrochenen Stücke des sog. fetten Asphaltkalkes (1., 2., 4. Lager, sowie Unterbank des 3. Lagers) erhalten durch Anfassen in Folge ihrer mürben Beschaffenheit und des hohen Procentgehaltes an Bitumen eine schmierige Oberfläche und bedecken sich schnell mit braunen Tropfen ausschwitzenden Bitumens. Bei längerem Liegen an der Luft nimmt jedoch der sämmtliche Asphalt in Folge Verflüchtigung der Kohlenwasserstoffe eine weissliche Verwitterungsrinde an.

Der Bitumengehalt ist in ein und derselben Schicht ziemlich gleichmässig; nur findet nach der Teufe zu, im Einfallen der Schichten, eine ziemlich starke Abnahme des Asphaltgehaltes statt. Die vorstehende Beschreibung der einzelnen bituminösen Schichtglieder gilt für den südlichen Bruch der englischen Gesellschaft (der nördliche Bruch derselben Gesellschaft ruht seit längerer Zeit). Der Bitumengehalt ist am grössten und steigt bis auf 18 Proc., beträgt im Mittel 12 bis 14 Proc. und geht im mageren Asphalt der Muschelbank noch viel weiter herunter. In Folge der Abnahme des Bitumengehalts nach der Teufe zu baut die deutsche Asphaltgesellschaft weit ärmere Mittel ab. Die Muschelbank des Hauptlagers ist hier überhaupt nicht mehr bauwürdig, so dass der Abbau in der deutschen Grube in der letzten Zeit nur auf der Unterbank des Hauptlagers und auf dem 4. Lager umgegangen ist. Das 1. und 2. Lager ist hier bereits durch die östliche Hauptverwerfung abgeschnitten; auch würde ein unterirdischer Betrieb auf denselben wegen ihrer geringen Mächtigkeit wohl kaum lohnen.

Abgesehen von den vorerwähnten Verwerfungen treten noch eine Anzahl Sprünge auf, welche anscheinend sämmtlich zwischen hora 3 bis 5 streichen. Sie haben geringe Sprunghöhe und verwischen daher das von den Lagerungsverhältnissen entworfene Bild nicht sonderlich. Eine derartige Verwerfung tritt auch in dem in Fig. 79 zur Darstellung gebrachten Profil auf. Nur im Norden der Ablagerung, in den unterirdischen Bauen der deutschen Asphaltgesellschaft, scheinen sich in Folge einer ganzen Reihe von Verwerfungen die Verhältnisse verwickelter zu gestalten. Nach Durchfahrung des nördlichsten Sprunges hat man die Asphaltlager nicht angetroffen, hofft dieselben aber durch eine tiefere Sohle zu erschliessen, da man sie in dem nordöstlich vorliegenden, der

deutschen Asphaltgesellschaft gehörigen Gebiet durch verschiedene Bohrungen festgestellt hat.

## 2. Das Asphalt-Vorkommen von Linden.

Ungefähr 2,5 km südöstlich von dem beschriebenen Ahlemer Asphalt-Vorkommen wird im Gebiet der Stadt Linden, westlich vom Lindner Berg, ein Lager von Asphaltkalk von der Hannoverschen Baugesellschaft unter einem 30 Morgen grossen Grundstück abgebaut. Dasselbe findet sich unter ganz anderen Verhältnissen als die Asphaltlager von Ahlem. Die Schichten bilden hier eine nach Süden, Osten und Westen geschlossene Mulde und fallen unter einem Winkel von 10 bis 14° ein. Nach Norden ist der Verlauf der Mulde, da ausserhalb des Grundstückes fallend, nicht weiter bekannt. Vielfache Sprünge durchsetzen die Mulde nach allen Richtungen hin.

Man ist auf das Vorkommen ursprünglich durch eine Petroleumquelle aufmerksam geworden, welche am Ausgehenden des Lagers hat, hat das Lager vom Tage herein verfolgt und ist dann zum Tiefbau übergegangen. Die Baue haben jetzt eine Tiefe von 50 m erreicht, mittels derselben ist die Mulde an der Ost-, Süd- und Westseite umfahren worden. Mit dem Förderschacht hat man nach Angabe des Grubenrisses die folgenden Schichten durchsunken:

> 3 m Gerölle,
> 2 m Kies,
> 28 m blauer Thon,
> 5 m grüner Thon,
> 5 m Asphaltkalk.
> Liegendes: blauer Thon.

Das Asphaltlager ist also im Liegenden und Hangenden eingeschlossen von einem theils plastischen, theils harten mergeligen Thon, welchen man in der Grube an den häufigen Sprüngen vielfach zu beobachten Gelegenheit hat. Mangels von Petrefaktenfunden lassen sich nur Muthmaassungen über das Alter dieser Thonschichten anstellen. In der Gegend von Hannover treten Thone sowohl als Glieder des Lias und unteren Doggers wie des Hils auf, und da beide Formationen in der Gegend der Asphaltgrube über Tage anstehen, kann das Lager sowohl der einen wie der anderen Formation angehören. Eine genaue Kartirung der Gegend hat noch nicht stattgefunden. Die H. Credner'sche geognostische Karte der Umgegend von Hannover aus dem Jahre 1865 ist in viel zu kleinem Maassstabe, um einen Anhalt zu gewähren, und enthält ausserdem eine Menge Unvollständigkeiten und Unrichtigkeiten, insbesondere in dem interessirenden Gebiete. Ein Theil der Fehler der Karte ist von C. Struckmann bereits berichtigt worden. Auf der ursprünglichen Credner'schen Karte ist das ganze Gebiet nördlich und westlich des Lindener Berges bis nach Davenstedt als Untersenon bezeichnet.

Das 4 bis 5 m mächtige Asphaltlager besteht aus einem mergeligen, weichen Kalkstein von erdigem Bruche; durch den Bitumengehalt ist es dunkelbraun gefärbt, von Petrefakten findet sich keine Spur in demselben. Das Gestein zeichnet sich durch einen ausgesprochenen Petroleumgeruch aus im Gegensatz zu dem Ahlemer Asphaltgestein, welchem ein reiner Asphaltgeruch anhaftet. Der Petroleumgeruch des Lindener Gesteins rührt von einem merkbaren Gehalt an Kohlenwasserstoffen von niedrigerem Siedepunkt her. Zufolge einer Analyse setzt sich der Gesammt-Bitumengehalt desselben von 8,80 Proc. zusammen aus 2,55 Proc. Kohlenwasserstoffen, welche beim Erhitzen auf 255° C. sich verflüchtigen, während 6,25 Proc. aus schwerer siedenden Kohlenwasserstoffen bestehen, welche bei der angegebenen Temperatur zurückbleiben. In Aether zerfällt der Asphaltkalk nur sehr langsam und unvollständig zu grauem Pulver, das sich grossentheils in Salzsäure löst. Das Asphaltlager ist nicht von ganz gleichmässiger Beschaffenheit. Es wechseln heller braun gefärbte festere Lagen mit dunkleren lockeren Lagen ab. Den ersteren giebt man wegen der grösseren Reinheit des Kalksteins den Vorzug bei der Verarbeitung des Materials. Auch unabhängig von der Schichtung wechselt der Asphaltgehalt; stellenweise schwitzt das Gestein das Bitumen in dicken Tropfen aus und erscheint von sehr fetter Beschaffenheit, während an anderen Stellen mageres Gestein vorwaltet. Das durchschnittlich fetteste Asphaltgestein liefert der östliche Muldenflügel.

Abgesehen von der Gewinnung des Asphaltkalkes findet in der Grube bei Linden auch eine allerdings sehr untergeordnete Gewinnung von unreinem Petroleum statt (bloss ca. 3 t jährliche Production), welches ausschliesslich als Schmieröl Verwendung findet. Das Petroleum tritt an bestimmten Stellen in der Grube auf, an welchen man zur Ansammlung desselben Vertiefungen angebracht hat. Es sammelt sich nicht etwa an jeder beliebigen, tief gelegenen Stelle in der Grube, sondern es quillt nur an bestimmten Punkten. Auch findet an diesen Punkten kein Herabträufeln des Petroleums von den Stössen oder dem Dache statt, so dass man annehmen könnte, das Petroleum

sonderte sich aus dem Asphalt des Lagers ab. Es ist also keine andere Deutung zulässig als die, dass das Petroleum durch die liegenden Schichten emporquillt.

## B. Asphaltvorkommen bei Vorwohle am Hils.

Am Südwestabhang des Hils, nordnordwestlich von der an der Bahnstrecke Kreiensen-Holzminden gelegenen Station Vorwohle und östlich von dem Braunschweigischen Städtchen Eschershausen, findet sich das andere Vorkommen, welches an dieser Stelle näher besprochen werden soll. (Vgl. Fig. 80.)

Fig. 80.
Maassstab 1 : 200 000.

Der Höhenzug des Hils baut sich aus Schichten des oberen Jura und der unteren Kreide auf, welche mit ziemlicher Regelmässigkeit unter 15 bis 20° nach NO, nach dem Inneren der sog. Hilsmulde, einfallen. Ebenso wie bei Ahlem gehört auch hier am Hils der Asphaltkalk dem oberen Jura an, liegt aber in einem etwas höheren Niveau desselben, in der Zone des Ammonites gigas, dem unteren Portland. In diesen, durch den bezeichneten Ammoniten kenntlichen Schichten am Waltersberge, zu beiden Seiten der von Holzen nach Grünenplan führenden Strasse ein reger Steinbruchbetrieb auf Asphaltkalk statt. Die Schichten sind namentlich in dem grossen Steinbruch der deutschen Asphalt-Actiengesellschaft sehr schön aufgeschlossen. Unter einer verschieden mächtigen Abraumdecke von dünnbankigen kalkigen und mergeligen Schichten wird dort ein in dicken Bänken brechendes Kalksteinlager von ungefähr 7 m Mächtigkeit als Asphaltkalk gewonnen. Die untersten 3,5 m des Lagers haben den höchsten Bitumengehalt, der aber dennoch nicht über 6 Proc. hinausgeht, also bedeutend geringer ist als der des Limmerschen Asphaltkalkes. Ueber dieser 3,5 m mächtigen Bank findet sich eine 0,5 m starke Lage eines dünnplattigen Kalksteines, der als zu schwach bituminös ausgehalten wird, und hierüber folgt abermals eine 8 m mächtige Bank brauchbaren Asphaltkalkes. Auch die darüber liegende Kalksteinbank von ca. 4m ist noch bituminös, findet aber nur in geringem Maasse Verwendung.

Der Asphaltkalk ist ein sehr festes Gestein von unregelmässigem erdigen Bruche. In einer hellbräunlichen, fast dichten Grundmasse sieht man schwärzliche, oolithische Körner dicht verstreut liegen, die dem Gestein ein gesprenkeltes Aussehen verleihen. Der Bitumengehalt des Kalkes scheint sich in diesen oolithischen Körnern zu concentriren, da derselbe zugleich mit der Menge der oolithischen Körner zu- und abnimmt. Das Gestein besitzt nur einen schwach bituminösen Geruch, welcher stärker beim Anschlagen und Reiben desselben hervortritt; überhaupt ist dem Gestein der allerdings auch nur geringe Bitumengehalt kaum anzumerken. In Aether zerfällt das Gestein nicht; in Salzsäure löst es sich vollständig unter Ausscheidung brauner Flocken von Bitumen. Von Petrefakten finden sich ausser dem schon angeführten Ammonites gigas, der zum Theil in riesenhaften Exemplaren bis zu $^1/_2$ m im Durchmesser angetroffen wird, namentlich Schalen von Ostreen und anderen Zweischalern sowie Zähne und Schuppen von Pycnodonten.

Von dem Hauptbetriebpunkt südlich von der Grünenplan-Holzener Landstrasse, dem sogenannten Greifplatz, wo dicht nebeneinander die Brüche der deutschen Asphalt-Actiengesellschaft, der Vorwohler Asphalte Company und der grossentheils unterirdische Betrieb von L. Haarmann & Cie. liegen, ist der Asphaltkalk in nördlicher Richtung längs des Bergabhanges auf weite Erstreckung bis zu dem den Hils von Ith trennenden Thaleinschnitt erschürft; dort, am Buchenbrink, findet noch ein Steinbruchbetrieb (von Thomä) auf dem nämlichen Asphaltkalklager statt. Es sind also von diesem Asphaltkalk noch geradezu unerschöpfliche Vorräthe vorhanden. Allerdings nimmt der Bitumengehalt der Schichten nach dieser im Streichen liegenden Richtung ab (zugleich mit der Menge der oolithischen Körner). Ebenso soll eine, wenn auch geringe Abnahme des Bitumengehaltes in einfallender Richtung zu verspüren sein.

Ungefähr 1400 m in südlicher Richtung vom Waltersberg, von demselben durch einen Vorberg des Hils, den Glockenhöhl, getrennt, findet sich in etwas höherem Niveau am Abhang des Bergzuges, am Wintgenberge,

ein zweiter Complex von Aufschlusspunkten im Asphaltkalk. Das hier zu Tage ausgehende Lager wird von der United Limmer & Vorwohle Rock Asphalte Company abgebaut. Dieselbe hat das Lager zuerst durch Tagebau ausgebeutet und ist dann bei zunehmender Mächtigkeit der Abraumdecke zum Stollenbetrieb übergegangen. An den englischen Besitz angrenzend, hat in neuerer Zeit die Hannoversche Baugesellschaft ein Terrain erworben und teuft ca. 100 m östlich von dem englischen Tagebau einen Schacht ab, mit welchem sie das Lager in 48 m Teufe erreichen wird.

Das Asphaltkalklager hat die allgemeine Streichrichtung der Schichten des Hilsgebirges von SO nach NW (hora 10. 4. 8.) und fällt mit ca. 15—18° nach NO ein. In den englischen Bauen hat das Lager eine Mächtigkeit von 6 bis 7 m. Das Liegende desselben bilden Thonschichten; auf denselben folgen 8 m Asphaltkalk, $^1/_2$ m fester, petrefaktenreicher, schwach bituminöser Kalk, $3^1/_2$ m Asphaltkalk. Die obere Bank von Asphaltkalk ist bitumenreicher als die untere. Der Bitumengehalt wird durch Analyse auf 7,96 Proc. angegeben; eine andere Analyse ergab 9,81 Proc. in Aether lösliches Bitumen und 1,75 Proc. in Aether unlösliche organische Substanz. Das Wintgenberger Lager ist demnach weit reicher an Bitumen als der Waltersberger Asphaltkalk, was sich auch sofort an der dunklen chokoladenbraunen Färbung und dem starken Bitumengeruch zu erkennen giebt. Der Asphaltkalk ist in Bänken von 1 bis 2 Fuss Dicke abgesondert; es ist ein weicher dichter Kalkstein, von erdigem, etwas flachmuscheligen Bruche. In Aether zerfällt das Gestein nicht, in Salzsäure löst es sich vollständig unter Abscheidung von Bitumenflocken. An der Luft schwitzen die fetteren Asphaltkalkstücke das Bitumen tropfenweise aus, bei längeren Liegen an der Luft nehmen sie ebenso wie der Limmersche Asphalt eine hellgraue Verwitterungsrinde an. Petrefakten finden sich im Asphaltkalk nur spärlich, sind dagegen häufig in der 0,5 m mächtigen Zwischenbank. Es finden sich aber nur wenig bezeichnende, in der oberen Hälfte des Jura und im Wealden verbreitete Zweischaler, durch welche sich die Altersstufe des Asphaltkalkes nicht weiter einengen lässt. A. v. Strombeck behandelt das Vorkommen im Jahrgang 1871 der Zeitschr. d. Deutschen geol. Gesellsch. und schliesst aus den vorgefundenen Petrefakten des Lagers, aus der Ueberlagerung durch Hilsthon und durch Gleichstellung des Lagers mit dem Waltersberger Asphaltkalk, dessen Horizont durch das Vorkommen von Ammonites gigas sich genau festlegen lässt, dass das Wintgenberger Lager gleichfalls dem unteren Portland angehört[2]).

Ueber dem Asphaltkalklager liegt zuerst eine 0,5 bis 1 m mächtige Thonbank, dann folgt 1 m fester Kalkstein und hierauf wiederum Thon. Man hat diesen in den unteren Bänken sehr festen, in den oberen Bänken aber plastischen Thon in dem Schachte der Hannoverschen Baugesellschaft von Tage herein in einer Mächtigkeit von 38 m durchsunken. Es finden sich in demselben zahlreiche Bruchstücke von Belemnites subquadratus, Ammonites noricus etc., wodurch er sich als Hilsthon zu erkennen giebt.

Im Norden wird das Asphaltlager durch eine in hora 4 streichende Verwerfung abgeschnitten und ist nördlich derselben, am Glockenhohl, durch Schürfe und Bohrungen nicht angetroffen worden. Südlich von dieser Verwerfung ist das Lager auf eine streichende Länge von annähernd 800 m durch die englische Gesellschaft aufgeschlossen worden, nimmt aber nach Süden zu an Mächtigkeit ab und scheint sich vollständig auszukeilen. Zwar hat man am Neuehauskopf, ca. 650 m südlich von der erwähnten Verwerfung, ein bituminöses Kalksteinlager erschürft, dasselbe scheint mir aber der Beschaffenheit des Gesteins nach nicht mit diesem besprochenen, sondern mit einem noch zu erwähnenden tieferen Lager identisch zu sein. Die Hannoversche Baugesellschaft, deren Feld östlich an das der englischen Gesellschaft grenzt, so dass derselben das Asphaltlager in der Tiefe zufällt, hat in einem 70 m tiefen Bohrloch, welches im Streichen des Lagers 360 m südöstlich von dem Schacht derselben Gesellschaft angesetzt war, das Lager nicht angetroffen; es scheint sich hier bereits vollständig ausgekeilt zu haben.

Auch bei diesem Asphaltlager ist die Bemerkung gemacht worden, dass der Asphaltgehalt am Ausgehenden am stärksten ist und sich im Einfallen verringert.

Direct unterhalb ihres Tagebaues am Wintgenberge hat die englische Gesellschaft in neuester Zeit ein weiteres Lager von Asphaltkalk aufgeschlossen und in Abbau genommen. Dasselbe ist von dem oberen Lager getrennt durch eine 15 m mächtige Lage von Gesteinen, welche in ihrem oberen Theile aus Thonen, in ihrem unteren Theile aus mergeligen dünnplattigen Kalkbänken besteht. Das Lager selbst hat eine bau-

würdige Mächtigkeit von 4 m. Die obersten Bänke sind ebenso wie bei dem oberen Lager am reichsten an Bitumen, doch erreicht der Asphaltkalk nicht die Güte desjenigen aus dem oberen Lager, er scheint bezüglich des Bitumengehaltes in der Mitte zwischen dem oberen Wintgenberger und dem Waltersberger Lager zu stehen. Das reichere Gestein aus den oberen Bänken des Lagers ist ein fester Kalkstein von dunkelgrauer Farbe, sehr reich an Petrefakten, namentlich an Ostreen, die mit ihrer Schale erhalten sind. Es ist ziemlich grobkörnig, besitzt einen erdigen, unregelmässigen Bruch und riecht ziemlich stark nach Bitumen. Bezüglich seiner Structur ähnelt es dem Gestein des Waltersberger Lagers weit mehr als dem des oberen Wintgenberger Lagers, namentlich in Folge des Vorhandenseins von oolithischen Körnern. Dieselben treten aber in dem bituminöseren, dunklen Gestein der oberen Bänke nicht deutlich hervor; deutlicher erkennt man die dunklen Körner in der hellbraunen Grundmasse der unteren Bänke des Lagers. Der Bitumengehalt steht aber in diesem Gestein nicht im Zusammenhang mit der Menge der oolithischen Körner, sondern ist in der ganzen Masse des Gesteins vertheilt. In Folge der grösseren Aehnlichkeit des Asphaltkalks vom Waltersberge mit dem des unteren Wintgenberger Lagers wäre ich eher geneigt, diese beiden Lager für gleichaltrig zu halten und nicht das obere Lager mit dem Waltersberger Lager zu parallelisiren, wie dies v. Strombeck thut. Der paläontologische Befund der beiden letzteren Lager erfordert eine solche Parallele nicht. Eine genaue Untersuchung des unteren Wintgenberger Lagers bezüglich seines ziemlich reichhaltigen Vorraths an Petrefakten wird jedenfalls diese Frage sofort erledigen.

Der Abbau des unteren Lagers am Wintgenberg wird erst seit Jahresfrist betrieben; in Folge dessen ist über den Verlauf desselben wenig bekannt. Jedoch scheint mir dasselbe, wie schon bemerkt wurde, identisch zu sein mit dem am Neuehauskopf erschürften Lager.

Zum Schlusse möchte ich noch einige Erörterungen anstellen über die Genesis der Asphaltkalk-Vorkommen von Limmer und Vorwohle.

Man hat für die im Hannoverschen und Braunschweigischen Gebiete so verbreiteten Vorkommen von Bitumen (incl. Erdöl) in früherer Zeit den Entstehungsherd zumeist in der Steinkohle gesucht, und zwar nahmen die Einen die Steinkohle des Carbons, welche

---

[2]) Vergleiche auch Georg Böhm, Beiträge zur geogn. Karte der Hilsmulde, Z. d. D. geol. Ges. 1877.

in der Tiefe unter den mesozoischen Formationen anstehen sollte, hierfür in Anspruch[2]), die Andern aber die Kohle der Wealdenformation, welche ja in diesem Gebiete in schwachen Flötzen sehr verbreitet ist. Auch v. Strombeck, der in der schon erwähnten Arbeit (Zeitschr. d. D. geol. geol. Ges. 1871) auch auf die Genesis des Asphaltlagers vom Wintgenberg zu sprechen kommt, gesteht zwar zu, dass Asphalt nach chemischen Grundsätzen ebenso gut aus thierischen wie aus pflanzlichen Stoffen abzuleiten sei, führt aber trotzdem das Asphaltvorkommen sowohl am Wintgenberg wie bei Ahlem auf die Kohle der Wealdenformation zurück, die ja in der Nähe anstehe (am Wintgenberg), resp. weggewaschen sein könne (bei Ahlem), Da die Asphaltkalkschichten älter sind als die Wealdenformation, ist er ausserdem genöthigt, ein Herabsteigen des Bitumens von oben nach unten anzunehmen. Am Wintgenberg ist der Asphaltkalk direct vom Hilsthon überlagert, die Wealdenformation fehlt hier vollständig. Erst in der Entfernung von mehreren Kilometern tritt die Wealdenformation auf, die in weiterer Entfernung auch ganz unbedeutend kohleführend wird. Nirgends aber, wo man auch die Wealdenkohle erschlossen hat, ist eine Zersetzung derselben bemerkbar, welche bei der Abscheidung der den Asphalt zusammensetzenden Kohlenwasserstoffe eingetreten sein müsste. Zur Begründung seiner Ansicht und zur Widerlegung der Auffassung, welche den Asphalt von thierischen Organismen hergeleitet wissen will, führt v. Strombeck namentlich das nur spärliche Vorkommen von Petrefakten im Wintgenberger Lager an, deren geringe Menge unmöglich das vorhandene Bitumen geliefert haben könne. Es ist aber sehr wohl denkbar, dass sich eine bitumenhaltige Schicht aus faulenden thierischen Weichtheilen bildete, ohne dass uns gleichzeitig die Harttheile erhalten blieben. Denn einmal können die das Bitumen liefernden Lebewesen ausschliesslich oder zum allergrössten Theile solche gewesen sein, welche überhaupt keine erhaltungsfähigen Theile besassen, wie zum Beispiel Quallen und Medusen; dann aber kann der Aragonit der Schalen von Gastropoden, Zweischalern u. s. w., welche zur Bildung des Bitumens beitrugen, durch kohlensäurehaltiges Wasser gelöst worden sein, bevor die Schichten soweit erhärtet waren, um einen bleibenden Abdruck von den gelösten Schalen zu bewahren. Wiederum können an anderer Stelle unter

anderen Verhältnissen die Schalenreste in grosser Menge erhalten geblieben sein, während die Weichtheile vollständig absorbirt wurden.

Für den Asphaltkalk von Ahlem scheint mir bei dem ausserordentlich grossen Reichthum an Petrefakten in den betreffenden Schichten gar keine andere Erklärung in Frage zu kommen als diejenige, dass sich das Bitumen in situ gebildet hat. Die Anhänger der Theorien, welche die Bildung des Erdöls etc. in die Tiefe der Erde gelegt wissen wollen, werden vielleicht wegen des Vorhandenseins so zahlreicher Spalten in den Asphaltschichten von Ahlem trotz alledem an ihrer Ansicht festhalten. Jedoch ist auch nicht der geringste Zusammenhang zwischen den Spalten und dem Bitumengehalt der Schichten zu verspüren; es findet weder eine Anreicherung des Bitumens in der Nähe der Spalten statt, noch bemerkt man irgend welche Reste von Bitumen in den Spalten selbst.

Ebenso kann betreffs der Entstehung des Waltersberger und des unteren Wintgenberger Lagers kaum eine andre Erklärung in Frage kommen als die Bildung des Asphalts in situ aus thierischen Resten. Freilich sind die Petrefaktenreste im Waltersberger Lager nicht zahlreich, aber der Bitumengehalt ist ebenfalls nur gering. Dann aber scheint mir der Zusammenhang zwischen dem höheren oder niedrigeren Bitumengehalt dieses Lagers mit der grösseren oder geringeren Menge von oolithischen Körnern sehr für eine Bildung des Bitumens gleichzeitig mit derjenigen der Oolithkörner zu sprechen[4]). Der Asphaltkalk des unteren Wintgenberger Lagers ist ziemlich reich an Versteinerungen, so dass man einen anderen Entstehungsherd für das Bitumen des Lagers ebensowenig wie für den Ahlemer Asphalt zu suchen braucht. Dagegen ist im oberen Wintgenberger Lager der Mangel an Petrefakten, welche sich im Wesentlichen auf eine wenig bituminöse feste Kalkbank im Lager beschränken, immerhin auffällig. Vielleicht ist ein Theil des Bitumengehaltes auf das untere Lager zurückzuführen. Jedenfalls erscheint mir eine derartige kilometerweite Wanderung aus der Wealdenkohle in das Lager, wie sie v. Strombeck annimmt, noch dazu in absteigender Richtung, ausgeschlossen.

---

[2]) Vergl. F. F. Freiherr v. Dücker, Petroleum und Asphalt in Deutschland, Bückeburg 1880.

[4]) Verfasser gedenkt noch eine mikroskopische Untersuchung dieser Oolithkörner, zu welcher er augenblicklich keine Gelegenheit hat, vorzunehmen, um den anscheidenden Zusammenhang derselben mit dem Bitumengehalt eventuell zu erforschen; die Resultate dieser Untersuchung werden eventuell später in dieser Zeitschrift veröffentlicht werden.

Von ganz abweichender Entstehung scheint mir dagegen das Lindener Asphalt-kalklager. Dasselbe ist völlig frei von Versteinerungen, ebenso sind die liegenden und hangenden Thone so gut wie versteinerungslos. Unreines Petroleum quillt noch jetzt durch die liegenden Schichten bis zu dem Lager empor. Es scheint mir daher hier eine Infiltration des gesammten Bitumengehaltes in die zwischen den Thonen liegende poröse Kalkbank vorzuliegen. Die verschiedene Zusammensetzung des Bitumens in dem Lager, welches zu $6^1/_4$ Proc. aus schweren Kohlenwasserstoffen (Siedepunkt über $250^0$) und nur zu $2^1/_2$ Proc. aus leichteren, petrolartigen Kohlenwasserstoffen besteht, und des aufdringenden Petroleums, das zum allergrössten Theil aus leichteren Kohlenwasserstoffen besteht, scheint vielleicht gegen diese Auffassung zu sprechen. Nun ist aber das Petroleum auch bis zu Tage emporgedrungen und früher in einer Quelle gewonnen worden, so dass es mir denkbar erscheint, dass die schwerer beweglichen asphaltischen Kohlenwasserstoffe des aufsteigenden unreinen Petroleums bei der Durchsickerung des porösen Kalksteinlagers in demselben zurückblieben und sich allmälich bis zu dem vorhandenen Procentgehalt anreicherten, während die leichter beweglichen Petrol-Verbindungen grösstentheils durch das Lager bis zu Tage empordrangen.

In welcher Tiefe der ursprüngliche Herd des im Lindener Lager aufsteigenden Petroleums sich befindet, darüber lässt sich kaum eine sichere Vermuthung aussprechen. Gehören die Thone und das bituminöse Kalklager dem Hils an, so sind vielleicht dieselben oberjurassischen Schichten, die bei Ahlem das Bitumen führen, der Entstehungsherd des aufdringenden Petroleums; gehören die Schichten dem oberen Lias oder unteren Dogger an, so bilden möglicher Weise die Posidonienschiefer des Lias das Bitumen-Reservoir. Den Entstehungsherd des aufquellenden Petroleums in die Kohle des etwa in der Tiefe anstehenden Carbons zu legen, kann sich Verfasser nicht entschliessen. Die mesozoischen Schichten der ganzen Gegend sind derartig reich an thierischen Resten, dass man nicht nöthig hat, zur Erklärung der vielfachen Vorkommen von Petroleum und Bitumen in den Hannoverschen und Braunschweigischen Landen eine so gut begründete Theorie wie die der Entstehung des Petroleums etc. durch Massengräber von Thierleichen fallen zu lassen zu Gunsten einer Theorie, welche auf so vielen unerwiesenen Voraussetzungen fusst.

---

## Ueber
### ein Wiesenkalklager bei Ravensbrück unweit Fürstenberg i. Mecklenburg.

Von
Dr. Max Fiebelkorn.

Nördlich von dem Städtchen Fürstenberg, von ihm nur durch eine Chaussee getrennt, liegt das Dorf Ravensbrück, welches sich durch sein Kalklager in neuerer Zeit besonders in landwirthschaftlichen Kreisen eine stetig zunehmende Beachtung erworben hat. Das Kalkvorkommen ist in geologischer wie in technischer Hinsicht von gleicher Bedeutung, so dass im Folgenden ein kurzer Ueberblick über die Lagerung, Gewinnung und Verwerthung des dort gefundenen Materials gegeben werden soll. Derselbe mag gleichzeitig dazu dienen, die Aufmerksamkeit der Interessenten auf die in den Mecklenburger Seen vorhandenen Kalklager zu lenken, welche vielfach noch unberührt unter dem Spiegel des Wassers ruhen. Den Herren Pohlandt und Kiekebusch, den Besitzern des Ravensbrücker Gutes und Kalklagers, bin ich für die freundlichen Mittheilungen, welche sie mir über ihr Besitzthum zugehen liessen, sowie für die liebenswürdige Führung bei Besichtigung des Fundortes, der Kalköfen und der Maschinen zu Danke verpflichtet, und ich gestatte mir, denselben den genannten Herren hier noch einmal auszusprechen.

### I. Das Kalklager in geologischer Hinsicht.

Das Dorf Ravensbrück liegt auf der Grenze zwischen dem Steinförder- und Neu-Thymenforst, welche sich beide durch grossen Reichthum an Wild auszeichnen. Sehr häufig treten in diesen wie in den angrenzenden Wäldern Seen auf, von denen hauptsächlich zu nennen sind (vergl. dazu die beigegebene Karte): Im Osten der Stolp-See, Sidow-See, Ober- und Unter-Kastaven-See; im Norden der Thymen-See, Möven-See, Gr. Schwaberow-See; im Westen der Ziern-See, Menow-See, Peetsch-See, Röblin-See, im Süden der Schwedt-See, Balen-See und Bürger-See. Die Längsachse der Seen verläuft im Allgemeinen von NO nach SW oder von NW nach SO. Dieselben sind als echte Rinnenseen aufzufassen. Ihre Tiefe ist nicht bedeutend, wie es der Röblin- und Balen-See beweisen, die eine solche von 7 resp. 8 m besitzen. Der Wasserspiegel sämmtlicher Seen liegt in einer Höhe von 52—60 m über Normal-Null. Meistens sind die Seen durch „Fliesse" mit einander verbunden, welche sich fast sämmtlich in die bei Fürstenberg in Brandenburg eintretende Havel ergiessen. Dieselbe geht dicht hinter Gr. Menow durch den Ziern- und Menow-See und wendet sich dann in östlicher Richtung weiter zu dem Röblin-See bei Fürstenberg. Nach dem Durchflusse durch die Stadt mündet sie in den Balen- und Schwedt-See ein.

Die die Umgegend von Ravensbrück durchschneidenden Rinnen haben Thäler mit verhältnissmässig steilen Böschungen hervorgebracht. An ihren Rändern treten vereinzelt und in Gruppen zahlreiche Hügel auf, welche zusammen mit den Seen und

Wesenberg nach Fürstenberg zu verlief. Geinitz hatte ihn nur bis Wesenberg verfolgen können, jedoch auch bei Fürstenberg Geschiebeanhäufungen beobachtet.

Neuerdings[2]) ist von demselben Forscher eine eingehende Beschreibung der mecklenburgischen Endmoränenzüge gegeben worden. Geinitz ist in derselben zu dem Resultate gekommen, dass nur vier derartige Gebilde Mecklenburg im allgemeinen von SO nach NW durchziehen. Zwei sind von ihm bereits genau erforscht worden. Die nördliche jüngere Endmoräne beginnt bei Kalkhorst und geht bei Feldberg in den von Berendt, Schroeder

**Fig. 81.**
Topographische Karte der Umgegend von Ravensbrück bei Fürstenberg i. M.

Rinnen der Gegend ein eigenartiges Gepräge verleihen.

Geinitz[1]) hatte bei der geologischen Durchforschung Mecklenburgs gefunden, dass das ganze Land eine grosse Moränenlandschaft darstellt, indem die zehn von ihm beobachteten Geschiebestreifen, welche dasselbe als Endmoränen in nordwest-südöstlicher Richtung einander ungefähr parallel durchziehen, sehr nahe aneinander treten. Ravensbrück lag im fünften Geschiebestreifen, der, von Klützer Ort kommend, über Moidentin, Sternberg, Karow, Poppentin, Rechlin und

und Wahnschaffe studierten uckermärkischen Endmoränenzug über, während die südlichere ältere von Segrahn bis Fürstenberg verläuft. Die Entfernung beider Züge von einander beträgt ca. 30 km.

Das zwischen ihnen liegende Gebiet wird im südlichen Theile, der uns hier allein interessirt, von dem grossen Inudationsgebiete der Müritz eingenommen[2]). Dasselbe bildete zur Zeit, als das Eis die nördlichere Endmoräne aufbaute, nach Geinitz einen grossen flachen Sammelsee, der im SO über die Neu-

---

[1]) Die Geschiebestreifen in Mecklenburg. Leopoldina XXII, 4°, Halle 1886.

[2]) Die Endmoränen Mecklenburgs. Landw. Ann. No. 20—26, 31—33, 35 und 36. Rostock 1894. Mit 9 Tafeln und 1 Karte. Sonderabdruck.

[3]) Geinitz, l. c. Sonderabdr. p. 22.

Strelitzer Gegend hinausreichte. Als sich das Eis später weiter zurückzog, wurde das Becken trocken und von Wasserläufen und Rinnen durchfurcht. Die vorhandenen Seen blieben beim Versiegen derselben theilweise zurück.

Die Umgegend von Ravensbrück zeigt uns, dass wir uns dort nicht mehr in dem oben genannten Inudationsgebiete befinden, sondern ein typisches Endmoränengebiet vor uns haben, welches im NO resp. O sein Vorland besitzt. Es wird sich höchst wahrscheinlich, was ich bei der kurzen mir zu Gebote stehenden Zeit nicht genau habe feststellen können, der Bogen Zempow-Fürstenberg noch weiter nördlich von der genannten Stadt hinaufziehen.

Das von uns zu betrachtende Kalklager liegt im Thymen-See, dem Reste einer von NW nach SO verlaufenden Rinne. Ihr Weg ist angedeutet durch den Gr. Schwaberow-See und den Thymen-See. Beide Seen sind heute noch durch ein von N kommendes Fliess verbunden, welches sich im Bette der ehemaligen Rinne als schmales Band hinzieht und durch den Schwedter See in die Havel mündet. Westlich vom Thymen-See liegt der Möven-See, der vor längeren Jahren durch eine jetzt versandeten künstlichen Canal mit dem Thymen-See verbunden war und einen Theil seines Wassers an den letzteren abgegeben hat. Den Zweck dieses Verfahrens habe ich nicht ergründen können.

Im NW des Thymen-Sees liegt eine kleine, mit Kiefern bewachsene Insel, welche auf der von der kartographischen Abtheilung der kgl. preussischen Landes-Aufnahme herausgegebenen Karte nicht verzeichnet ist. Derartige Inseln werden von Geinitz[1]) als Woort bezeichnet und sind Stücke des Nachbarplateaus, von dem sie durch Erosion getrennt worden sind. Sie haben oft dieselbe Höhe wie das Nachbarplateau, nicht selten sind sie später durch Erosion abgetragen und dadurch niedriger als die benachbarten See-Ufer geworden. Dieser Fall trifft auch bei der genannten Insel zu, welche von den Ufern des Thymen-Sees bedeutend überragt wird.

Auf der westlichen Seite wird die Insel mit den Ufern durch ein Torfmoor verbunden, welches nur bei hohem Wasserstande unter Wasser gesetzt wird, sonst aber die Insel als Landzunge erscheinen lässt. Die Oberfläche desselben bildet eine humose, mit Gras bewachsene Schicht von ca. 0,50 m Mächtigkeit, welche von Torf von wechselnder

---

[1]) Die Seen, Moore und Flussläufe Mecklenburgs. 4°. Güstrow 1886.

Mächtigkeit unterlagert wird. Im Durchschnitte handelt es sich um ein Lager von 1 m Dicke. Nach Durchstossung des Torfes kommt man auf ein Lager von Wiesenkalk, dessen Mächtigkeit zwischen 9 und 24 m wechselt. Man kann jedoch annehmen, dass dieselbe nach dem Waldrande zu geringer wird, so dass den Berechnungen am besten eine Durchschnittsmächtigkeit von 7 m zu Grunde gelegt wird.

Der Kalk besitzt im nassen Zustande eine blaugraue Farbe, die sich beim Trocknen in eine grauweisse umwandelt. Dieselbe ist in den oberen Partien des Lagers heller als in den unteren. Im feuchten Zustande ist der Kalk sehr plastisch. Er wird von zahlreichen organischen Resten durchsetzt, welche theils Muscheln und Schnecken noch lebender Arten angehören und dann mit schneeweisser Schale erhalten sind, theils Wirbelthieren resp. Fischen entstammen und sich in Gestalt von Wirbeln, Gräten, Zähnen, Knochen etc. vorfinden. Ganze Exemplare von Fischen habe ich selbst nicht beobachtet, jedoch sollen dieselben nicht allzu selten sein. Humose Substanz ist dem Kalke in grösserer Menge eingelagert und durchsetzt denselben in Gestalt einer äusserst feinen, parallelen Schichtung. An den Querschnitten getrockneter Kalkstücke zeigt sich dieselbe recht deutlich als zarte Bänderung. In grubenfeuchtem Zustande enthalten die oberen Kalklagen an Wasser 67,8—68,6 Proc., die unteren 69,04—69,5 Proc.

Das Liegende des Kalklagers bildet Sand in unbekannter Mächtigkeit. Wir haben somit auch hier die von Geinitz beobachtete Dreigliederung in den Ablagerungen der Mecklenburger Seen, in denen der Wiesenkalk nicht selten noch durch Diatomeenerde und Moore überlagert ist. Die Entstehung derartiger Ablagerungen muss, wie Geinitz bereits bemerkt, so vor sich gegangen sein, dass zuerst bei reichlich und stark strömendem Wasser als ältere Alluvial- resp. Postglacialbildung der Sand zum Absatze kam. Bei langsamer und spärlicher fliessendem Wasser lagerte sich Moorerde und Wiesenkalk ab, auf denen sich ein reiches Leben von Süsswassersumpf-Conchylien und -Diatomeen entwickelte. Als das Wasser allmälich fast ganz versiegte, bildete sich auf diesem Untergrund schliesslich der Torf.

Die Grösse des Kalklagers beträgt ca. 80 Morgen = 203 480 qm. Bei einer durchschnittlichen Mächtigkeit von 7 m entspricht dies einem Rauminhalte von ca. 1 424 360 cbm. Wie meine unten angeführten Analysen ergeben, enthält der Kalk ca. 88 Proc. reinen kohlensauren Kalk. Die verfügbare Menge des letzteren beträgt somit ca. 1 253 487 cbm.

## II. Abbau und Verwerthung des Kalkes.

Die physikalische Beschaffenheit des Kalkes macht denselben zur Gewinnung besonders geeignet. Er besitzt eine ausserordentliche Plasticität und kann infolgedessen leicht in Würfeln abgestochen und zum Trocknen hingelegt werden. Die Förderung des Kalkes geht genau in derselben Weise vor sich, wie es beim Torfe üblich ist. Im Allgemeinen wird so gearbeitet, dass zwei Torfstechmaschinen jedesmal eine viereckige Stange von 0,37 m Querschnitt herausheben. Dieselbe wird in 26 Würfel von 0,052 cbm Inhalt zerschnitten. Ob die beiden vorhandenen Torfstechmaschinen für einen rationellen Betrieb hinreichend sind, scheint mir fraglich. In unmittelbarer Nähe am Platze der Gewinnung wird der Kalk auf der Wiese zunächst vorgetrocknet; der hiernach zurückbleibende Wassergehalt beträgt noch 60,1—68 Proc. In recht trockener Jahreszeit kann er bis auf 20—30 Proc. heruntergehen. Durch bequemen Transport mittels zweier Prahme wird der Kalk alsdann auf dem oben erwähnten Fliesse zu der in der Nähe des Gutes befindlichen Kalkbrennerei geschafft und hier theils gebrannt, theils zu Düngezwecken gemahlen.

Zum zweiten Vortrocknen wird das Material in Schuppen niedergelegt, welche bei einem etwaigen Grossbetriebe unzweifelhaft eine wesentliche Vergrösserung werden erfahren müssen. Hier geht jetzt der wesentlichste Theil der Wasserentziehung vor sich, so dass der an dem genannten Orte getrocknete Kalk nur noch 6,97—13 Proc. Wasser enthält. Hierauf wird der Kalk in zwei sog. Schüttöfen gebrannt. Der eine derselben ist mit 3 Heizlöchern versehen und verarbeitet pro Schicht (= 18 Brennstunden) 1500 Kalkwürfel = 275,6 Ctr., während der andere mit vier Heizlöchern in derselben Zeit 2000 Kalkwürfel = 366 Ctr. brennt. Die Feuerung geschieht seit Kurzem mit Kohle, wodurch der gebrannte Kalk eine bessere Beschaffenheit als mit Holzfeuerung erhält. Er besitzt eine sehr starke Bindekraft und der aus ihm hergestellte Mörtel soll nach den Angaben des Herrn Kiekebusch dem Cementmörtel gleichkommen. Speciell für Wasserbauten soll dieser Mörtel sehr geeignet sein. Im Uebrigen wird Wiesenkalk erfahrungsmässig besser gebrannt, wenn er durch einen Thonschneider gelassen und in Ziegelform gebrannt wird. In dieser Form ist zu 16 Theilen trocknen Wiesenkalkes nur 1 Theil Kohlengruss erforderlich. Ev. könnte auch in den ersten Stadien des Brennens der zusammen mit dem Kalk geförderte Torf beim Brennprocesse mit verwandt werden. Ueberhaupt würde es sich bei einer etwaigen Vergrösserung des ganzen Betriebes wohl empfehlen, praktischere Kalköfenconstructionen einzuführen, wobei besonders continuirliche Oefen zu berücksichtigen wären.

Zur Verwendung des Wiesenkalkes als Düngemittel wird derselbe ebenso wie auch der gebrannte Kalk gemahlen. Hierzu dient eine von Krupp gelieferte und durch eine Locomobile getriebene Mühle nebst Schneckenwerk, welche täglich 6 — 800 Ctr. Kalk verarbeiten kann.

Für den Vertrieb des Kalkes als Mauerkalk ist die oben erwähnte leichte Brennbarkeit desselben von Bedeutung, zumal die Herstellung desselben bei dem zu erzielenden Preise von 1,50 M. pro Ctr. sich unzweifelhaft rentirt. Jedoch darf dabei nicht unbeachtet bleiben, dass der Kalk eine gelbliche Farbe hat, die jetzt durch Kohlenfeuerung allerdings fast weiss werden soll. Günstiger liegen die Verhältnisse bei der Verwerthung des Kalkes als Düngemittel. Um das Material in die geeignete Beschaffenheit überzuführen, ist es nur nöthig, dasselbe zu trocknen und zu mahlen, so dass die Herstellungskosten verhältnissmässig geringe sind. Für die brauchbare Verwendung des Wiesenkalkes zu Düngezwecken lässt sich besonders anführen, dass derselbe ein ausserordentlich zartes und lockeres Gefüge besitzt, so dass seine Assimilitationsfähigkeit dem Boden gegenüber eine nicht unbedeutende ist. Dazu kommt, dass das Material eine hohe Procentzahl von kohlensaurem Kalke enthält, zu dem noch 1½ Proc. Stickstoff und Phosphorsäure treten. Analysen des Wiesenkalkes lagen bis jetzt nur von zwei Seiten vor. Die eine war in dem Laboratorium des Herrn Prof. Dr. Gruner an der landwirthschaftlichen Hochschule angefertigt, während die andere, bisher nicht veröffentlichte, dem Laboratorium des Herrn Dr. Moscheles zu Berlin entstammt. Schliesslich habe ich selbst auf dem chemisch-technischen Laboratorium des Herrn Prof. Dr. Witt an der Kgl. technischen Hochschule zu Charlottenburg mehrere Analysen des Kalkes gemacht (soweit mir die Resultate von Wichtigkeit erschienen), welche ich nachstehend sämmtlich aufführe:

Gruner.

| | |
|---|---|
| Ca CO₃ | 91,4450 |
| Mg CO₃ | 1,1187 |
| Fe₂O₃ + Al₂O₃ | 0,5388 |
| Humus | 5,9356 |
| Lösliche Si O₂ | 0,3854 |
| Unlösliche Si O₂ | 0,5500 |
| | 99,9780. |

### Moscheles.

| Wasser . . . 13,84—15,05 | In 100 Theilen absolut trockener Substanz. | |
|---|---|---|
| Unlösliche $SiO_2$ . . . | 1,48 | 1,74 |
| Lösliche $SiO_2$ . . . . | 0,31 | 0,37 |
| $Fe_2O_3 + Al_2O_3$ . . . | 0,26 | 0,31 |
| $CaCO_3$ . . . . . . | 76,00 | 89,40 |
| Humussaurer Kalk . . | 4,37 | 5,14 |
| $MgCO_3$ . . . . . . | 1,15 | 1,34 |
| Phosphorsäure . . . | 0,007 | 0,008 |
| Alkalien } Spuren. | | |
| Schwefelsäure } | | |

### Analysen des Verfassers.

I. Kalk aus den oberen Partien des Lagers:

| | a | b |
|---|---|---|
| $SiO_2$ . . . . . . | 0,27 | 0,37 |
| $FeO_3 + Al_2O_3$ . . . | 0,32 | 0,46 |
| $CaCO_3$ . . . . . . | 88,14 | 88,03 |
| $MgCO_3$ . . . . . | 1,17 | 1,10 |
| Organische Substanz . | 6,85 | 5,51 |
| Phosphorsäure nicht gefunden. | | |

II. Kalk aus den mittleren Partien des Lagers:

| | a | b |
|---|---|---|
| $SiO_2$ . . . . . . | 0,76 | 0,82 |
| $Fe_2O_3 + Al_2O_3$ . . . | 0,46 | 0,28 |
| $CaCO_3$ . . . . . | 88,75 | 88,55 |

| | a | b |
|---|---|---|
| $MgCO_3$ . . . . . | 1,65 | 1,54 |
| Organische Substanz . | 4,35 | 5,20 |
| Phosphorsäure in Spuren. | | |

III. Kalk aus den unteren Partien des Lagers:

| | a | b |
|---|---|---|
| $SiO_2$ . . . . . . . | 0,79 | 0,74 |
| $Fe_2O_3 + Al_2O_3$ . . . | 0,59 | 0,41 |
| $CaCO_3$ . . . . . . | 88,04 | 88,14 |
| $MgCO_3$ . . . . . | 1,45 | 1,40 |
| Organische Substanz . | 5,56 | 5,23 |
| Phosphorsäure in Spuren. | | |

Die unter a und b aufgeführten Resultate entstammen Durchschnittsproben aus verschiedenen Stellen in ungefähr gleicher Höhe des Lagers. Sämmtliche Resultate sind auf absolut trockene Substanz berechnet.

Der Stickstoffgehalt des Kalkes wurde nur als Gesammtstickstoff mit Hilfe der Kjeldal'schen Methode bestimmt, wie sie Wahnschaffe[*] angegeben hat. Bei sechs Untersuchungen ergab sich im Durchschnitt der Gesammtstickstoff = 1,45 Proc. Bei Vergleichung sämmtlicher Analysen zeigte sich, dass der Kalk in seinen oberen, mittleren und unteren Partien im Allgemeinen eine gleiche chemische Zusammensetzung besitzt.

---

## Referate.

**Ueber die Gangsysteme des westlichen Oberharzes** trug, wie bereits S. 94 mitgetheilt wurde, Dr. Wilh. Langsdorff-Clausthal auf der 66. Versammlung der Gesellschaft Deutscher Naturforscher und Aerzte zu Wien im vorigen Herbste vor. Hier folge der Vortrag ausführlich[1]).

Es ist in den letzten Jahren von bewährten Forschern die Ansicht ausgesprochen worden, dass die Entstehung der Gänge des Harzes nicht, wie früher allgemein angenommen, in die Periode des Kulms, der auf dem Plateau des Oberharzes den grössten Flächenraum einnehmenden Formation, zu verlegen sei, sondern dieselbe erst im Zechstein begonnen und sich bis in die Tertiärzeit erstreckt habe. Die Forscher, welche diese Ansicht vertreten, stützen sich auf die Thatsache, dass einzelne Gangspalten, vom Kulmgebiet des westlichen Oberharzes ausgehend, nicht nur direct in den Zechstein verlaufen, sondern selbst in jüngeren Formationen durch zusammenhängende Depressionslinien und Verwerfungen an denselben sich bemerklich machen[2]). —

Es ist hier nicht der Ort, diesen Gegenstand im Einzelnen zu verfolgen, es genügt vielmehr, im Allgemeinen darauf hinzuweisen, dass die Dislocationslinien im Oberharze ein sehr complicirtes Netz bilden und es daher, um auf ausserharzische Spalten Schlüsse zu ziehen, nothwendig ist, vorerst eine genaue Feststellung der im Harze selbst auftretenden Spaltensysteme vorzunehmen, was bis jetzt nur in beschränktem Maasse geschehen ist.

Die älteste übersichtliche Aufnahme der Spalten des Oberharzes, insbesondere der Clausthaler Hochebene, ist diejenige des Bergraths Borchers. Dieselbe wurde ausgeführt von 1856—65; sie gründet sich auf amtliche Quellen, ist unbedingt zuverlässig und hat in der grossen Lossen'schen Harzkarte unverändert Aufnahme gefunden. Hierzu treten die Aufnahmen der Geologen v. Groddeck und E. Kayser, letztere mitgetheilt im 1881 er Jahrbuch der geologischen Landesanstalt in Berlin. Bezüglich des St. Andreasberger Gangsystems beruht die Arbeit Kayser's auf amtlichen Quellen, hinsichtlich der im Brockengebiet verzeichneten Spalten auf seinen eigenen Beobachtungen.

In neuerer Zeit ist man auf Grund genauerer Schichtenbeobachtungen zu dem Re-

---

[1]) Ueber einen ähnlichen Vortrag desselben Forschers auf der 65. Versammlung zu Nürnberg im Jahre 1893 siehe d. Z. 1894 S. 293.

[2]) Siehe A. von Koenen (Das Alter der Erzgänge des Harzes) d. Z. 1894 S. 149—151.

[*]) Anleitung zur wissenschaftlichen Bodenuntersuchung. Berlin 1887. S. 115.

sultat gelangt, dass die durch die genannten
Forscher sowie durch den verstorbenen Bezirksgeologen Halfar nachgewiesenen Dislocationslinien bei weitem nicht den Bestand
an solchen erschöpfen. Namentlich hat sich
gezeigt, dass eine Anzahl Gänge, die man
früher als Einzelspalten aufgefasst hat, und
die bei Borchers noch als solche angegeben
sind, vielmehr noch Parallelspalten neben
sich haben, wodurch selbstverständlich sich
auch die Lage der anstossenden Schichten
ganz anders gestaltet, als solches vor dem
Bekanntsein der Parallelspalten angenommen
werden konnte.

Wollte man versuchen, die Systematisi-
rung der verschiedenen, theilweise sich
kreuzenden Gänge nach einseitigen Grundsätzen, d. h. entweder bloss nach der Streichungsrichtung oder bloss nach dem mineralogischen Charakter stattfinden zu lassen,
so würde man, wie neuerdings auch Klockmann im Dezemberheft 1893 der „Zeitschrift für praktische Geologie" hervorgehoben hat[2]), überall mit unüberwindlichen
Schwierigkeiten zu kämpfen haben, weil dem
Inhalte nach verschiedene Gänge — wenigstens streckenweise — gleiches Streichen
zeigen oder umgekehrt. An den Schaarungs-
und Kreuzungsstellen treten oft sehr verwickelte Spaltungsverhältnisse (Unterbrechungen und Zersplitterungen) ein, die nur durch
genaue Localuntersuchung zu entwirren sind.
Es muss demnach bei der Gruppirung der
Gangsysteme ein combinirtes Verfahren eingeschlagen werden, bei welchem die beiden
angegebenen Gesichtspunkte gleichzeitig in
Betracht gezogen werden. Ein solches Verfahren führt zu folgenden Resultaten:

### 1. Gangsystem von Clausthal.

Trägt man in die Borchers'sche Karte
die Richtung des allgemeinen Schichten-
streichens der Clausthaler Gegend ein (von
SW gegen NO einen Winkel von 30° mit dem
Meridian bildend), so ergiebt sich das Resultat, dass, soweit es um die nähere Umgebung von Clausthal handelt, fast keine
der auftretenden Gangrichtungen mit dem
Schichtenstreichen übereinstimmt, dass vielmehr zwei unter spitzem Winkel (ungefähr
30°) sich schneidende Richtungen vorherrschen, die eine nach NW, die andere
nach SW hin verlaufend. Dabei zeigen sich
die Gänge um so reicher an Erzgehalt
(Bleiglanz, Kupferkies, Blende u. s. w.), je
mehr ihr Streichen sich auf das Schichtenstreichen senkrecht stellt.

[1]) „Beiträge zur Erzlagerstättenkunde des Harzes: II. Zur Frage nach dem Alter der Oberharzer Erzgänge", S. 466—471.

Das Clausthaler Gangsystem besteht aus
mehreren Zügen, deren Nennung hier unterbleibt, die aber im Ganzen die so eben berührte spitzwinklige Lage gegen einander
zeigen. Letztere ist in hervorragender Weise
an die Nähe des Korallenstockes des Ibergs
geknüpft, nach welchem nach A. Römer's
Vorgang die betreffende devonische Kalkfor-
mation benannt ist.

Bemerkenswerth ist, dass eine Gruppe
von Gängen vom Iberg[4]) auszustrahlen oder
— richtiger aufgefasst — an dem Massiv
des Ibergs einen Widerstand gefunden zu
haben scheint, so dass die Gänge an demselben entweder abbrechen oder den Eindruck machen, als seien sie genöthigt gewesen, sich nach beiden Seiten einen Ausweg zu verschaffen. Dass in der Nähe des
Ibergs eine Aufstauchung der an denselben
anstossenden Kulmschichten stattgefunden
hat, ergiebt sich ausserdem aus dem Auftreten zahlreicher, dem Streichen der Hauptgänge paralleler Schichten (Zerknickungs-
linien), welche nur dadurch erklärt werden
können, dass von O her ein gewaltiger
Seitendruck die Schichten des Kulms zu-
sammengepresst, theilweise zerissen und über
einander geschoben und es veranlasst hat,
dass das Gangnetz den Anblick zweier sich
spitzwinklig schneidender Strahlenbüschel
gewährt.

Unter vielen Beweisstellen hierfür seien hier nur
zwei, welche durch Bahnbau und Steinbruchsbetrieb
oberhalb der Station Wildemann freigelegt worden
sind, erwähnt. An der einen Stelle haben sich die
geschobenen Grauwackeschichten in der Schichten-
ebene derart gespalten, dass die hangende Partie
nach oben, die liegende nach unten gebogen, demnach beide aus einander gespreizt sind und in benachbarte Schiefermassen sich in dieser Lage fest-
gekeilt haben. An der zweiten Stelle ist ersichtlich,
wie die zu einem steilen Gebirgskamm aufgestauch-
ten Grauwackemassen über ihre frühere Unterlage
gewaltsam in die Höhe geschoben worden sind. —
Diese, sowie noch eine Reihe anderer Zerknickungs-
und Ueberschiebungslinien zum Ausdruck zu bringen,
wird Aufgabe der demnächstigen geologischen Kartirung der Section Clausthal-Seesen sein.

### 2. Gangsystem des Lerbacher Zuges.

Bereits E. Kayser hat in der oben citirten Abhandlung darauf aufmerksam gemacht,
dass der sog. Harzer Diabaszug (von Lerbach
gegen Altenau) durch die zahlreich in den
Stringocephalenkalk eingelagerten Roth-
eisensteinflötze eine vorzügliche Gelegenheit zum näheren Nachweis der diesen
Höhenzug durchquerenden Gänge darbiete.
Vortragender hat, diesen Gedanken auf-
greifend, seiner Zeit dahin zielende Beob-

[4]) Vergl. d. Z. 1893 S. 405.

achtungen gemacht und in seiner 1884 erschienenen Karte der Gegend zwischen Osterode und Clausthal das Resultat veröffentlicht.

Im Wesentlichen und namentlich bezüglich der Hauptgangspalten stimmt die von dem Bezirksgeologen M. Koch der Geologenversammlung zu Goslar im August 1893 vorgelegte Karte mit meiner Aufnahme überein, hat aber dadurch noch eine wichtige Ergänzung gebracht, dass es dem Genannten gelungen ist, zwischen Kulm und Stringocephalenkalk das Vorhandensein von Cypridinen führenden Schiefern nachzuweisen und so eine ununterbrochene Aufeinanderfolge von Schichten vom Devon bis in den Kulm auf dem Lerbacher Höhenzug zu constatiren. Bereits auf der Borchers'schen Karte findet sich südlich von Bad Grund ein kurzes, bogenförmig nach SO sich wendendes, durch eine Reihe alter Eisensteingänge markirtes Gangstück angegeben, welches in seiner Verlängerung mit einer der constatirten Spalten des Lerbacher Gangsystems zusammenfällt und als diesem angehörig sich erweist.

Im Allgemeinen liegen die Spalten des Lerbacher Systems innerhalb einer keilförmig gegen St. Andreasberg sich verjüngenden Fläche. Denselben gehören auch die beiden St. Andreasberger sog. „faulen Ruscheln" an, zwischen welchen die edlen dortigen Erzgänge eingeschlossen sind. Letztere rechnet Klockmann mit Rücksicht auf ihren Mineralgehalt noch zum Clausthaler System, während die faulen Ruscheln sich dem Charakter der Lerbacher Spalten anschliessen, der darin besteht, dass Bleiglanz und Blende gänzlich fehlen und an nutzbaren Mineralien nur Rotheisenstein und Schwerspath hervortreten.

Endlich zeigt gleiches Streichen und gleichen mineralogischen Charakter wie die Lerbacher Spalten eine Reihe von Gangspalten in der Gegend zwischen St. Andreasberg und Lauterberg, woselbst Rotheisenstein früher und Schwerspath noch in den letzten Decennien massenhaft gewonnen worden sind. Es verdient hier erwähnt zu werden, dass die Lauterberger Gänge mit porphyrischen Eruptionen im Zusammenhang stehen und theilweise ganz mit Porphyrmasse erfüllt sind[5].

### 3. Grosse Oderspalte und sonstige südnördlich streichende Gänge.

In den im Berliner Jahrbuch 1881 von Lossen[6] und E. Kayser veröffentlichten Arbeiten ist zuerst nachgewiesen, dass zwischen dem Brocken und St. Andreasberg eine gewaltige, fast südnördlich streichende Spalte — von ihren Entdeckern als „grosse Oderspalte" bezeichnet — den Oberharz gewissermaassen in zwei Hälften theilt. Mehrere der genannten parallelen Spalten finden sich weiter westlich bei Altenau, und kleinere Verwerfungslinien von gleichem Streichen an verschiedenen Stellen des Clausthaler Gangsystems.

Endlich hat v. Könen in einer im 1893 er Jahrbuch der Berliner geologischen Landesanstalt veröffentlichten Arbeit[7] nachgewiesen, dass gleiches Streichen auch mehrere Dislocationslinien besitzen, die in den Triasschichten westlich des Harzes aufgefunden worden sind, von denen eine von Eichenberg gegen Kreiensen streichende am deutlichsten ausgeprägt sei. Es dürfte gestattet sein, für alle diese Spalten Gleichaltrigkeit zu beanspruchen.

### 4. Gangsystem des Brockenmassivs.

Dieses Gangsystem ist von E. Kayser in der oben angegebenen Abhandlung zuerst nachgewiesen worden. Die Spalten zeigen vorwiegend ein Streichen von NW nach SO und haben die gemeinsame Eigenthümlichkeit, dass sie im Granitgebiet beginnen und von da in die südlich angrenzenden hercynischen Schichten, in welchen sie zum Theil erzführend werden, auslaufen, theilweise auch die Grenze zwischen Granit und hercynischem Gestein darstellen. Im Streichen schliessen sie sich vorzugsweise den Gängen des Lerbacher Systems an.

Das öftere Zusammenfallen der jetzigen Grenze zwischen Schichten der Kulmperiode und der Hercynperiode einerseits und dem Zechstein andererseits mit Spalten des Lerbacher Systems spricht dafür, dass die Entstehung dieses Systems wahrscheinlich in die Zechsteinperiode zu verlegen ist.

---

## Litteratur.

83. Behme, Friedrich, Dr., Hannover: Geologischer Führer durch die Umgebung der Stadt Harzburg einschliesslich Ilsenburg, Brocken, Altenau, Oker und Vienenburg. Hannover und Leipzig, Hahn'sche Buchhdlg. 1895. 96 S. mit 75 Abbildungen und einer geol. Karte der Umgebung von Bad Harzburg i. M. 1 : 25 000. Pr. 0,60 M.

---

[5] Vergl. d. Z. 1893 S. 470 (Klockmann), 1894 S. 323 (Langsdorff, Ueber das Gangsystem des nordwestlichen Oberharzes).
[6] Ueber Lossen's 4 Ganggruppen s. d. Z. 1893 S. 172.

[7] Referat hierüber siehe d. Z. 1893 S. 149—151.

Die sehr lobenswerthe Tendenz dieses nützlichen und so billigen kleinen Führers, den wir
allen Harzbesuchern ohne Ausnahme warm empfehlen, kennzeichnet der Verfasser selber in der
Einleitung, indem er sagt: „Wie alle Naturwissenschaften kann die Geologie nicht allein aus Lehrbüchern erlernt werden. Sie verlangt vielmehr
zu ihrem richtigen Verständniss auch ein Studium
ihres Gegenstandes durch unmittelbare Anschauung. Ja gerade sie erfordert unter den
Naturwissenschaften am dringendsten Beobachtungen in der freien Natur. Daher erklärt
es sich, dass die Geologie gegenüber anderen
Wissenschaften, die allein aus Büchern oder unter
Zuhülfenahme von Sammlungen erlernt werden
können, etwas vernachlässigt erscheint. Es wird
sich dies aber gewiss ändern, wenn immer wieder
darauf hingewiesen wird, wie gerade diese Wissenschaft durch die zu ihrem Verständniss nöthige Verbindung von theoretischem mit praktischem Studium ungemein anregend wirkt, und vor Allem,
wenn ihr wirthschaftlicher Werth immer
mehr richtig erkannt wird. Die Geologie ist in
erster Linie mit berufen, neue Grundlagen
unseres nationalen Wohlstandes zu schaffen
und die alten zu erhalten. Der Geologe erschliesst
die Lagerstätten der werthvollen Erze, der
Kohlen und wichtigen Salze. Es sei nur auf die
Auffindung und Verfolgung der Eisenerze und
Kohlenflötze hingewiesen, deren Vorhandensein,
obwohl sie tief im Erdinnern verborgen sind, von
dem Geologen durch das Studium der Schichten
auf der Erdoberfläche erkannt wird. Dem Techniker ist die Geologie eine treue Beratherin.
Sie weist ihn darauf hin, welche Gesteine er im
Erdinnern bei Tunnelbauten zu erwarten hat,
zeigt ihm, wie die Legung von Fahrstrassen und
Schienenwegen am besten dem Gebirgsbau angepasst wird, damit nicht Verschüttungen später sein
mühsames Werk zerstören. Sie lehrt ihn das
Steinmaterial für Bauten, Dämme, Pflasterungen
und Strassenbedeckungen kennen und in seiner
Verwendbarkeit für die verschiedenen Zwecke beurtheilen. Wo es gilt, Quellen aufzufinden, leistet
die Geologie die beste Hülfe, und es liessen sich
noch zahlreiche Beispiele anführen, die den Werth
der Geologie besonders für den Techniker aufs
Deutlichste zeigen. Schliesslich sei auch noch
darauf hingewiesen, wie ihre Kenntniss dem Landwirth hilft, seinen Boden richtig zu erkennen
und sein Land durch Benutzung bodenverbessern-
der Gesteine im Werthe zu erhöhen."

Die erste Auflage (Umgebung von Goslar)
erschien im vorigen Jahre; s. d. Z. 1894 S. 436.
Die vorliegende Ausgabe ist wesentlich bereichert.
Die Profile 27 und 28 veranschaulichen Lagerungsverhältnisse der „Hercynia" am Harlyberge bei
Vienenburg: unter dem Muschelkalk folgen 15 m
Röth (oberer Buntsandstein), 250 m mittlerer Buntsandstein, 120 m Rogenstein, 200 m unterer Buntsandstein, 12 m Salzthon, 0,10 — 2 — 35 m hangendes Steinsalz, 16—70, durchschnittlich 25 bis
30 m Kalisalze, darunter liegendes Steinsalz
mit 60—80° Einfallen. (Belegschaft ca. 400 Mann;
jährliche Förderung ca. 2½ Millionen Centner
Kalisalze, wovon die Hälfte kainitisch ist und gemahlen direct zu Düngezwecken abgegeben wird,

während man die andere, carnallitische Hälfte in
Langelsheim weiter verarbeitet.) Ein zweiter
Schacht ist Anfang 1894, genau 10 Jahre nach
dem ersten, 1500 m weiter westlich, östlich vom
Klostergute Wöltingerode angefangen und jetzt
niedergebracht. — Die Figuren 46 und 47 zeigen
Profile durch die dem Lias angehörigen, 1200 m
weit streichend aufgeschlossenen unter Eisenstein-
lager der Grube „Friederike" bei Harzburg
(Belegschaft: 110 Mann; jährliche Eisensteinför-
derung: 1 250 000 Centner), deren Erze auf der
Mathildenhütte verschmolzen werden.

84. Bücking, H., Strassburg: Neue Mineral-
funde von Westeregeln. Sitzber. d. Akad. d.
Wiss. Berlin 1895. S. 533—540.

Verf. theilt unter Beigabe von 13 Figuren
die Beobachtungen mit, welche er an Kieserit-,
Coelestin-, Heintzit- und Boracit-Krystallen aus
den Carnallitlösungsrückständen der Consolidirten
Alkaliwerke zu Westeregeln machte. Zwei ausserdem beobachtete unbekannte Mineralien konnten
wegen Mangels an genügendem Material bis jetzt
noch nicht näher untersucht werden.

85. Geologische Karte von Böhmen. (Vergl.
Litt. No. 80.) Section II: Umgebung von
Teplitz bis Reichenberg, von A. Frič und G.
C. Laube. Prag, F. Řivnáč in Comm. 1895.
1 geol. col. Karte in Fol. i. M. 1 : 200 000
m. Text von 36 S. Pr. in Mappe 5,60 M.

86. Schulze, Erwin, Dr.: Lithia Hercynica.
Verzeichniss der Minerale des Harzes und
seines Vorlandes. Leipzig 1895; Veit & Co.
16 u. 191 S. 8°. Pr. 4,20 M.

87. Supan: Die neue geologische Karte von
Russland. (Carte géologique de la Russie d'Eu-
rope, éditée par le comité geologique, 1892.
Note explicative, 23 S. St. Petersburg 1893.
7 Rubel.) Peterm. Mitthlg. 41, 1895. VI.
S. 138—139, mit Taf. 9: Geol. Karte von
Russland, 31 × 37 cm, i. M. 1 : 10 000 000;
auf Grundlage der vom Russischen Geologischen
Comité herausgegebenen Karte in 1 : 2 520 000
redigirt von A. Supan.

„Alle bisherigen geologischen Uebersichtskarten von Russland beruhten auf der Darstellung
von Murchison aus dem Jahre 1845, die allerdings später durch Helmersen und Nikitin Berichtigungen erfuhr . . . Auch diese neue Karte
ist nur als eine vorläufige zu bezeichnen, da bisher nur etwa der vierte Theil des Reichs durch
das anfangs der 80er Jahre gegründete Geologische Comité aufgenommen ist. Indess hat
man doch bereits soweit eine Uebersicht gewonnen,
dass nur noch wenige Strecken als völlig unbekannte bezeichnet werden müssen. Die Mitglieder
des Comités theilten sich in die Arbeit; die Karte
zählt nicht weniger als 15 Autoren auf, unter
denen Karpinsky, Nikitin, Tschernyschew,
Sokolów und Michalsky die grössten Flächen
zu bearbeiten hatten. Als topographische Unterlage diente die Karte von Iljin in 1 : 2 520 000;
doch bedurfte sie im N mehrfacher Berichtigungen.
Der verhältnissmässig grosse Maassstab gestattete

eine Detaillirung in Stufen; im Ganzen sind 45 geognostische Elemente unterschieden, die wir — entsprechend unserem kleinen Maassstabe — auf 15 bezw. 18 reducirt haben."

88. Uebersichtskarte der Braunkohlenwerke zwischen Eger und Karlsbad i. M. 1 : 75 000. Teplitz 1895, A. Becker. Pr. 1 M.

Eine 37 × 57 cm grosse Karte in 2 farbigem Druck, auf der die Braunkohlenzechen und die Buschtehrader Eisenbahn deutlich hervortreten. Eine ähnliche Uebersichtskarte (20 × 56 cm) des nordwestböhmischen Braunkohlenbeckens Aussig-Komotau i. M. 1 : 144 000 erschien im vorigen Jahre in demselben Verlage als Beigabe des „Taschenbuch für Braunkohlen-Interessenten des nordwestlichen Böhmens", I. Jahrgang (Pr. 2 M.), das eine ganze Reihe willkommener Zusammenstellungen enthält: gesetzliche Bestimmungen, Behörden, Vereine, Besitzer, Zechen, Litteratur etc. — Eine 22 × 29 cm grosse, farbige geologische „Uebersichtskarte von Teplitz, Bilin, Dux, Brüx und Umgegend nach Bergrath H. Wolf's Gruben-Revierkarte", mit 2 Profilen, gezeichnet von Norbert Marischler i. M. 1 : 100 000, erschien ebenda 1893; Pr. 0,80 M. Vergl. hierzu auch die Notiz S. 389 dieses Heftes betr. Katastrophe in Brüx.

---

# Notizen.

**Schieferindustrie in Thüringen.** Einem Berichte des Herrn Landesgeologen Dr. Keilhack über die Excursion der Deutschen geologischen Gesellschaft am 9. August d. J. entnehmen wir Nachstehendes:

Das Cambrium ist eine in Thüringen an Versteinerungen sehr arme Formation und führt in dem Gebiete zwischen Lauscha und Steinach nur sehr spärliche Reste einer als Alge gedeuteten, Phycodes genannten Pflanze. Am Beginne des Städtchens Steinach trafen wir die obere Grenze der ausserordentlich mächtigen Formation des Cambrium und gelangten in die ältesten Glieder der nächst jüngeren Formation, des Silur. Dasselbe beginnt mit einem schwarzen Thonschiefer, der durch seine eigenthümlichen Structurverhältnisse eine ausgedehnte und interessante Industrie ins Leben gerufen hat, die Griffelfabrikation. Dieser Schiefer besitzt nämlich neben seiner ursprünglichen Schichtung nicht nur einen, sondern zwei Schieferungsdurchgänge[1]), so dass er beim Verwittern zu lauter stengligen Stücken zerfällt. Kluge Benutzung dieser eminenten Spaltungsfähigkeit hat zur Fabri-

---

[1]) Während die Schieferung auf den ersten Blick in ihrer Richtung erkannt wird, macht das Auffinden der Schichtung oft grosse Mühe: man muss irgend eine etwas abweichende bankförmige Einlagerung aufsuchen und ihren Verlauf verfolgen, oder aus der Lage flacher, fast immer in der Schichtebene gelegener Versteinerungen die Lage derselben ermitteln.

kation der von unseren Kindern zu Milliarden verbrauchten Schieferstifte geführt. Etwa 800 m über der Thalsohle liegt westlich vom Städtchen Steinach, dessen Einwohner fast sämmtlich von der Griffelfabrikation leben, der Fellberg, auf dessen Höhe gewaltige Schieferbrüche liegen, in denen gegen 800 Menschen thätig sind.

Das dunkle, von Bergfeuchtigkeit durchtränkte Gestein wird in Stücken etwa von der Form und Grösse eines Scheites in einer im Walde aufgestapelten Holzklafter gewonnen und gerade wie eine solche weiter bearbeitet. In zahlreichen auf der Höhe des Berges dicht bei den Brüchen liegenden Holzhütten werden die Schieferscheite in Stücken von der Länge des zukünftigen Schieferstiftes zersägt. Sodann werden aus diesen kurzen Stücken in der Richtung der einen Schieferung flache Platten von der Stärke eines Schieferstiftes herausgesägt; nunmehr genügen ganz leichte Schläge mit einem Hammer, um diese Platte in eine Reihe von viereckigen Stiften zu zerlegen, da die Platte von einer Reihe von der zweiten Schieferung entsprechenden Klüften durchsetzt ist. Der viereckige Stift wird hierauf durch eine runde Oeffnung mit scharfem Rande mittelst einer durch Treten in Bewegung gesetzten Maschine hindurchgepresst und entfällt derselben als runder Stift; die weitere Arbeit findet an einer andern Stelle statt, wo Mädchen die Stifte mit fabelhafter Geschwindigkeit in einer durch eine Turbine bewegten Maschine anspitzen. Hierauf werden dieselben mit buntem Papier beklebt und dann erst ist der Stift für den Gebrauch des kleinen ABC-Schützen fertig. Der Preis stellt sich — unglaublich, aber wahr — für das Tausend fertig papierter Stifte auf 18 Pfennig. — Eine Abweichung von dieser Fabrikationsmethode hat Russland durch Einführung eines hohen Zolles auf fertige Stifte veranlasst; für die Ausfuhr nach Russland werden die sog. „Russensteine" angefertigt. Es sind das Stücke Schiefers von der Länge eines Stiftes, die durch Hindurchpressen durch eine Hobelmaschine glatte Wände erhalten und dabei gleichzeitig in allen ihren äusseren Poren verstopft werden, so dass das Schieferstück im Innern feucht bleibt. Die weitere sehr einfache Zerlegung in einzelne Stifte findet dann jenseit der Zollgrenze statt. Es werden jährlich etwa 200 t dieser Russensteine exportirt.

Die Griffelschiefer des Untersilur enthalten sehr spärliche Versteinerungen, unter denen namentlich stark verzerrte Trilobiten bemerkenswerth sind. An der oberen und unteren Grenze dieser Schichtenabtheilung stellen sich Einlagerungen von Roth- und Brauneisenstein ein, die mehrfach ausgebeutet werden. — Der Abstieg aus den interessanten Griffelbrüchen des Fellberges nach Hämmern führte uns in die zweite Stufe des Untersilur, in die sog. Lederschiefer, weiche, dünne, ganz eigenthümlich verwitterte Thonschiefer von ziemlicher Mächtigkeit, ohne Versteinerungen. Oberhalb des Dörfchens Hämmern folgt sodann, aus einer einzigen Stufe bestehend, das Mittelsilur; es sind das schwarze Kieselschiefer, die in einzelnen kahlen, von Wasserrissen durchfurchten Rücken bei Hämmern auftreten und

49*

daselbst zahlreiche Abdrücke der merkwürdigen Graptolithen enthalten. Es kommen hier sowohl gerade, wie gekrümmte Formen vor, und unter den letzteren sehr zahlreich spiralig aufgerollte.

Von Hämmern gingen wir nach Sonneberg und durchquerten dabei die ganze Schichtenfolge des Obersilur und Devon und schliesslich den Kulm. Zur Beobachtung gelangten folgende Schichtenglieder: im Obersilur zuerst der Ockerkalk, ein ganz charakteristischer bunter Kalk mit zahlreichen, Ocker- erfüllten Höhlungen, hierauf dunkle Schiefer mit Graptolithen, aber nur geraden, und dann das Devon. Im Unterdevon Thonschiefer und Quarzite mit einer Knollenkalkeinlagerung, von Versteinerungen winzige Tentaculiten und grosse Nereiten; im Mitteldevon weiche, charakterlose Thon- und Tuffschiefer; endlich im Oberdevon Thonschiefer mit Knollenkalken und Quarziten. In den hier in überkippter Lagerung auftretenden Knollenkalken wurde ziemlich zahlreich eine kleine Muschel gefunden. Der nun folgende Kulm endlich ist aus Thonschiefern, Grauwacken und Dachschiefern zusammengesetzt. Die Kulmformation liefert in erster Linie die dunklen Dachschiefer, die in ungeheuren Mengen besonders im Frankenwalde bei Lehesten fabricirt werden. Die helleren, grünlichen Schiefer dagegen, mit denen gewöhnlich Muster in die dunklen eingedeckt werden, entstammen dem Cambrium.

Die Marbeln oder Murmeln unserer Kinder werden, wie wir jenem Excursionsbericht noch entnehmen, in Sonneberg aus Muschelkalkstein gefertigt, bei Crock aus dem Material der harten Myophorienbänke im Oberen Röth; würflige Stücke werden in Kugelmühlen zu Kugeln geschliffen, welche mit Anilinfarben gefärbt werden. Der Fabrikant erhält von den Händlern für den Sack mit 1000 Stück 75 Pfennig. Die Marbelindustrie ist in Thüringen aus Salzburg eingeführt, wo dazu Marmor verwendet wird.

**Quecksilber in Steiermark.** Das sporadische Vorkommen von Zinnober im devonischen Kalke bei Gratwein und Rein, 11 km nordnordwestlich von Graz, ist seit mehr als 50 Jahren bekannt. Anker in seiner Mineralogie Steiermarks, Morlot, 1848, und namentlich Andrae, 1854, haben hiervon Erwähnung gethan. Die damaligen Schürfungen führten zu keinem abbauwürdigen Erzlager, denn Andrae spricht schon 1854 von dem „auflässigen" Zinnober-Bergbau von Pachernegg bei Rein.

Besseres Resultat scheinen die neuesten Schürfungen geliefert zu haben. Den dortigen Berichten zufolge ist man auf eine zinnoberführende Kalksteinzone gestossen, die eine Länge von mindestens 800 m und, nach Zinnoberfunden an der Oberfläche zu urtheilen, eine Breite von 10 m hat und die mehr oder weniger zinnoberführend ist. In einer Höhe von 100 bis 120 m über der Thalsohle treten der devonischen Formation angehörige Kalke und Schiefer auf, welche miteinander wechsellagern. Gewisse Partien dieses sehr mächtig entwickelten devonischen Kalksteines sind quarzig und von rohwändiger Beschaffenheit (kohlensaurer Kalk 50,11, kohlensaures Eisenoxydul 35,31, kohlensaure Talkerde 11,85, kohlen-

saures Manganoxydul 3,08 Proc.) und diese führen vorwiegend Zinnober. In Gratwein sind die zinnoberreichen Kalklager von devonischen Schiefern eingeschlossen, und entsprechen die Lagerstätten des Gratwein-Eisbacher Zinnobers der Bildung durch aufsteigende Quellen. Proben aus Gratweiner Erzen sollen einen Quecksilbergehalt von 5,72 Proc., ärmere Muster 4,12 Proc. haben. Das Unternehmen in Gratwein liegt bereits in Händen englischer Grossindustrieller, welche sich durch das frühere Schicksal der dortigen Zinnobergruben nicht entmuthigen liessen.

Ueber **Chromeisenerzgruben in Kleinasien** hielt W. F. Wilkinson, welcher im Herbst vor. J. Kleinasien bereiste, am 19. Juni d. J. vor der „Institution of Mining and Metallurgy" einen Vortrag, dem wir zur Ergänzung der d. Z. 1894 S. 71 und 385 gebrachten Mittheilungen nach „Stahl und Eisen" v. 15. Juli 1895 folgende Angaben entnehmen.

Die Hauptvorkommen von Chromerz in Kleinasien befinden sich in der Provinz Aleppo, in der Nähe der Städte Alexandrette und Antiochia, ferner im Süden von Smyrna und endlich in der Provinz Brussa. Das Erz tritt hier wie fast überall nesterförmig im Serpentingestein auf (s. auch d. Z. 1893 S. 268). Der Abbau erfolgt steinbruchartig und geht nur so weit in die Tiefe, als es die Wasser gestatten. Die gegenwärtig im Betrieb stehenden Abbaue im Süden von Brussa liegen etwa 60 engl. Meilen von der Küste bezw. dem Hafen von Gemlek entfernt. Der Erztransport erfolgt mit Rücksicht auf die schlechten Wege nur mittels Kameelen, von denen eines durchschnittlich 846 Pfund Erz trägt; bisher wurde an Fracht von den Gruben bis zum Hafen 53 sh. für die Tonne Erz bezahlt. Es ist indessen zu erwarten, dass durch die neue Eisenbahn nach Kutahia, welche eine Zweiglinie der Strecke Ismid —Eskiehehir und Angora bildet, die Transportkosten billiger werden. Die Erze werden nur oberflächlich sortirt, enthalten durchschnittlich 50 Proc. Chromoxyd und kosten in England ungefähr 4 £ 10 sh. Die Kosten für die eigentliche Erzgewinnung sind sehr gering, da am Taglohn im Sommer 10 d. und im Winter 8 d. bezahlt werden, wobei die Arbeitszeit von Sonnenaufgang bis Sonnenuntergang dauert. Die meisten Chromerze gehen nach England, Nordamerika und Deutschland; die jährliche Ausfuhr nach diesen 3 Ländern wird auf 24 000 t geschätzt, doch sind die von verschiedenen Autoren gemachten Angaben vielfach nicht zuverlässig[*]).

Ueber **Cölestin** von Giershagen bei Stadtberge, Westfalen, berichtet Prof. Dr. E. Holzapfel:

„Die Fundstelle des Cölestin liegt nördlich von Giershagen, unweit Marsberg in Westfalen. Die gefalteten Schichten des Devon und Carbon

---

[*]) Reiche Chromerzlager sind auch bei Uesküb in Makedonien, am Wardar, erschürft worden, deren Ausbeutung durch jüngst ertheilte Concessionen der türkischen Regierung erleichtert wird. Die Nachfrage nach Chromerzen ist sehr gross.

werden hier von flachgelagerten Gesteinen des
Oberen Perm bedeckt. Dieses besteht in seiner
oberen Abtheilung aus sandigen rothen Letten,
welche gelegentlich ansehnliche Gipsstöcke einschliessen. Dicht nördlich vom Giershagener
Schützenplatz treten in diesen Letten einige unregelmässige Klüfte auf, die mit Cölestin ausgefüllt sind. Ausserdem ist stellenweise das Gestein
vollständig imprägnirt mit Cölestin, welcher alle
Spalten und sonstigen Hohlräume ausfüllt, gelegentliche Rollstücke von Eisenkiesel und anderen älteren Gesteinen incrustirt und in zahlreichen Drusen
auskrystallisirt ist. Das Vorkommen ist gut aufgeschlossen, da es seit Kurzem in einem Tagebau abgebaut wird." Die krystallographischen
Verhältnisse dieses Vorkommens erörtern ausführlich A. Arzruni und K. Thaddéeff in Groth's
Zeitschr. f. Kryst. 25, 1895. S. 38—72.

Ueber die **Katastrophe von Brüx** führte
Professor Toula aus Wien auf der 41. Versamm-
lung der Deutschen geologischen Gesellschaft zu
Coburg am 14. August Folgendes aus:

Die nachbasaltische Braunkohlenformation der
Umgebung von Brüx besteht aus einem mächtigen
Kohlenflötze, welches bei Dux im Tagebau gewonnen wird, aber nach N zu einfällt und bei
Brüx bereits 100—180 m unter Tage liegt. Es
wird überlagert von undurchlässigen Letten und
darüber von Conglomeraten und Quarzsandsteinen.
Letztere sind stellenweise ein zusammenhangsloser
Sand und mit Wasser völlig gesättigt. In Folge
der Feinheit der Sandkörner kann dieser Sand,
wenn er irgendwo angezapft wird, wie ein Schlamm-
strom sich bewegen und wird deshalb als
Schwimmsand bezeichnet. Das Braunkohlen-
gebiet wird ausserdem von einer Anzahl von Verwerfungen durchschnitten, durch die stellenweise
der Schwimmsand an der Braunkohle abschneidet.
Es ist sehr wahrscheinlich, dass bei dem unterirdischen Grubenbau durch Ablösung einer grossen
Braunkohlenpartie eine solche mit dem Schwimm-
sande in Verbindung stehende Spalte angetroffen
wurde, und dass durch sie die unterhalb Brüx
lagernden Schwimmsandmassen in die Baue hinein-
flossen, angeblich in einer Menge von 40000 cbm,
eine Zahl, die der Vortragende für zu klein hält.
In die durch Abfliessen des Schwimmsandes erzeugte Lücke stürzte die Oberfläche nach, wobei
zahlreiche grössere und kleinere, als „Pingen" bezeichnete Einsturztrichter sich bildeten, in denen
einen beispielsweise ein Wagenschuppen der Eisenbahn mit den Wagen spurlos verschwand. Die
über die Bahn führende Geghitterbrücke liegt über
einer Pinge und der mittlere Tragpfeiler der
Brücke hängt mit dem Fundamentklotze frei in
der Luft. — Zur Erläuterung dieser und anderer
Begleiterscheinungen der unheimlichen Katastrophe
legte der Vortragende eine Reihe vortrefflicher,
von ihm selbst aufgenommener Photographien vor.
Um dem weit verbreiteten Verdachte entgegen-
zuwirken, dass der unter der Stadt Brüx stehende Theil des Flötzes, der sog. Schutzpfeiler,
widerrechtlich abgebaut sei, und zur Beruhigung
der stark erregten Bevölkerung werden gegenwärtig
drei Bohrungen und ein Schacht in diesem Gebiete niedergebracht.

(Ein „Situationsplan der Katastrophe in
Brüx nebst einem geologischen Profil von Brüx
nach Bergrath Wolf's Grubenrevierkarte" ist
bei A. Becker in Teplitz erschienen; Pr. 0,40 M.
Derselbe verzeichnet die Erdrisse und das einge-
brochene Terrain sowie im Profil 9 verschiedene
geologische Formationen.)

Die **Versorgung mit Grundwasser** statt mit
Oberflächenwasser, wozu auch in dieser Zeitschrift wiederholt ermahnt wurde, macht stetige
Fortschritte. So erhält jetzt das in Britz er-
stehende Krankenhaus des Kreises Teltow eine
eigene Wasserversorgung nach dem System des
Ingenieurs Oesten. Das Wasser wird aus Tiefbrunnen auf dem Grundstücke selbst gehoben und
bedarf somit einer Befreiung von dem Eisengehalte, der in der Regel dem aus grösseren
Tiefen entnommenen Grundwasser anhaftet. Diese
Reinigung erfolgt mittelst des von Oesten herrührenden Verfahrens, wonach das Wasser aus
Brausen, also in feinen Strahlen und schliesslich
zu Tropfen aufgelöst, zwei Meter hoch durch die
Luft fällt. Das Eisen ist im Wasser in Form
von Oxydul enthalten. Bei ausgiebiger Berührung
mit Luft nimmt diess Eisenverbindung noch Sauerstoff auf und bildet Eisenoxyd, das sich alsbald
als gelbliche Trübung bemerkbar macht. Filtra-
tion durch eine Kiesschicht trennt den Eisen-
schlamm vom Wasser, und letzteres läuft in vorzüglicher Reinheit und Durchsichtigkeit ab. Zugleich wird durch dies einfache Lüftungsverfahren
der gewöhnlich vorhandene leichte Geruch nach
Schwefelwasserstoff beseitigt. Wie weit die
Reinigung geht, beweist die Anwendung so behandelten Wassers in Betrieben, die ungewöhnlich
hohe Ansprüche an die Reinheit des Wassers
stellen, beispielsweise in Glacé- und Carton-Papier-
fabriken, wo ebenfalls das benutzte Wasser erst
durch einen Oesten'schen Reiniger geht.

Zu **rechtzeitigen Baugrunduntersuchungen**
mahnt das folgende, der „Voss. Ztg." unterm
11. August aus Ragnit in Ostpreussen gemeldete
Ereigniss: An der Kirche im Dorfe Rautenberg,
Reg.-Bez. Gumbinnen, zeigten sich, obwohl sie erst
vor 15 Jahren erbaut wurde, in den Ecken plötzlich bedeutende Risse, die man befürchtete ihren
Einsturz. Bei den an den Ecken der Kirche vorgenommenen Bohrungen bis zu einer Tiefe von
7 m stellte es sich heraus, dass von der südwestlichen nach der nordöstlichen Ecke sich ein Trieb-
sandlager mit einer mächtigen Wasserader
unter der Kirche hinzieht. Das Wasser stieg sehr
schnell fast bis zur Oberfläche. An den beiden
andern Ecken dagegen war nur fester Lehm und
keine Spur von Wasser zu finden. Durch starke
Verankerungen hofft man dem Auseinandergehen
der Wände vorzubeugen.

**Alpentunnel.** Da die Durchbohrung des
Simplon bevorsteht und demnächst auch der Bau
der kühnen Jungfrau-Bahn mit langem Tunnel
im obersten Abschnitt in Angriff genommen werden soll, dürfte die folgende kleine vergleichende
Tabelle willkommen sein:

|  | Mont Cenis | Gotthard | Simplon |
|---|---|---|---|
| Tunnellänge . . . | 12849 m | 14998 m | 19731 m |
| Höhe des Culminationspunktes . | 1294,7 m | 1154,6 m | 705,2 m |
| Höchste Gesteinstemperatur . . . | 29,5° | 30,8° | 40° |
| Baukosten in Millionen Francs . . | 75 Mill. | 66 Mill. | 65 Mill. |
| Baukosten rund per km . . . . . . | 6 Mill. | 4 Mill. | 3 Mill. |
| Fortschritt rund per Jahr . . . . . | 1 km | 2 km | 4 km. |

# Vereins- u. Personennachrichten.

## Deutsche geologische Gesellschaft. Berlin.

*Allgemeine (41.) Versammlung in Coburg vom 12.–14. August 1895.*

Vor den eigentlichen Sitzungstagen fanden vom 9.–11. August von Coburg aus verschiedene Excursionen unter Betheiligung von etwa 40 Geologen statt. Die erste, am 9. August, wurde unter Führung von Dr. Loretz in das Herz des Thüringer Waldes unternommen (Cambrium, Silur, Devon und Kulm); sie führte über Lauscha, Steinach, Hämmern nach Sonneberg. Ueber die Griffelschieferbrüche des Fellberges, die Stiftfabrikation u. s. w. vergl. die Notiz auf S. 387. Am folgenden Tage führte Dr. Pfaff eine Excursion über Lichtenfels und Staffelstein in das klassische Juragebiet von Vierzehnheiligen und Banz im Mainthale, und am 11. August wurde unter Führung von Professor Dr. Beyschlag und von Oberlehrer Prof. Dr. Pröscholdt-Meiningen ein Ausflug in das Gebiet des fränkischen Keupers bei Rodach und Heldburg gemacht.

Am Montag den 12. August eröffnete der Geschäftsführer der Versammlung, Landesgeolog Dr. Loretz-Berlin, die erste Sitzung, zu der sich gegen 60 Theilnehmer eingefunden hatten. Als Vorsitzender wurde Prof. v. Koenen-Göttingen gewählt. In Vorträgen sprachen

Prof. Fr. Toula-Wien über seine geologischen Untersuchungen an der kleinasiatischen Küste des Marmarameeres;

Dr. Pabst, Custos des Gothaer Museums, unter Vorlage von 17 guten Photographien über Platten mit Thierfährten aus dem Rothliegenden des Thüringerwaldes;

Dr. Blankenhorn-Erlangen über pseudoglaciale Erscheinungen in den deutschen Mittelgebirgen;

Dr. Klemm-Darmstadt über die genetischen Beziehungen des krystallinen Grundgebirges im Spessart.

Am zweiten Sitzungstage führte Prof. Baltzer-Bern den Vorsitz. Es sprachen

Prof. Kayser-Marburg über die Fauna des hessischen Septarienthones;

Prof. Dr. Beyschlag-Berlin über den Schichtenaufbau des Thüringer Waldes unter Vorlage der ersten Abdrücke der neuen geologischen Uebersichtskarte desselben i. M. 1 : 100 000;

Dr. E. Dathe-Berlin über das Erdbeben in Schlesien vom 11. Juni 1895;

Dr. Gürich-Breslau über Facieswechsel im polnischen Mittelgebirge (Cambrium bis Oberdevon);

Dr. H. Potonié-Berlin über die Frage, ob die Steinkohlenflötze in ihrer grossen Mehrzahl an Ort und Stelle entstanden (autochthon) oder von weither zusammengeschwemmt (allochthon) sind; P. entschied sich auf Grund genauer Untersuchungen des Verbandes der Stigmarienschiefer mit den Steinkohlenflötzen für die Giltigkeit der erstgenannten Entstehungsweise in Bezug auf die Mehrzahl der Flötze.

Den Vorsitz des dritten Sitzungstages führte Prof. Kayser-Marburg. Es trugen vor

Prof. Toula-Wien über die Katastrophe von Brüx (vergl. S. 389);

Dr. Zimmermann-Berlin über seine (schon S. 302 erwähnte) Zusammenstellung der geol. Litteratur von Thüringen (sie wird etwa 2000 Nummern umfassen und von einer Karte begleitet sein, die sämmtliche geol. Karten des Gebietes und deren Maassstab zeigt); sodann über scheinbar eruptive Massen in Spalten des nordöstlichen Vorlandes des Thüringerwaldes;

Prof. Fraas-Stuttgart über den Fund eines Menschenzahnes im altdiluvialen Kalktuff von Taubach bei Weimar;

Dr. Jäckel-Berlin über die Organisation der Cystideen und die Entstehung der paarigen Extremitäten;

Prof. Scheibe-Berlin über den Mesodiabas in den Oberhöfer Schichten des Mittleren Rothliegenden im Thüringer Walde.

Als Ort der nächstjährigen Versammlung wurde Stuttgart gewählt und zu Geschäftsführern derselben Prof. Fraas und Prof. Eck.

Ausgestellt waren während der Versammlung in Coburg: ein Tableau von 24 Messtischblättern der geol. Landesaufnahme der Umgebung von Coburg i. M. 1 : 25 000; ferner die schon erwähnte Uebersichtskarte des Thüringer Waldes von Prof. Beyschlag i. M. 1 : 100 000, sowie Blatt Frankreich der geol. Karte von Europa i. M. 1 : 500 000 (s. d. Z. 1895 S. 3). Als Geschenk des Vorstandes der Gesellschaft wurde eine geol. Uebersichtskarte der Umgebung Coburgs i. M. 1 : 50 000 vertheilt.

## Frequenz der Bergakademien.

Bei der Bergakademie zu Clausthal am Harz sind im laufenden Sommer-Semester 126 Studirende eingeschrieben (gegen 116 im S.-S. 1894).

Im Lehrjahre 1894/95 wurde die Akademie von 154 Studirenden besucht (gegen 108 im Lehrjahre 1893/94; vergl. S. 183), darunter 26 (20) Bergbaubeflissene (Kandidaten für den Staatsdienst).

Der Nationalität nach entfallen hiervon auf:

| | | |
|---|---|---|
| Preussen . . . . . . . | 102 | Studirende |
| Das übrige Deutschland . . | 15 | - |
| Oesterreich-Ungarn . . . | 3 | - |
| Die Schweiz . . . . . . | 1 | - |
| Russland . . . . . . . | 4 | - |
| Serbien . . . . . . . | 2 | - |
| Italien . . . . . . . | 1 | - |
| Spanien . . . . . . . | 1 | - |
| Portugal . . . . . . . | 1 | - |
| Holland und Colonien . . | 5 | - |

Grossbritannien und Irland .    4 Studierende
Nord- und Mittel-Amerika .    7    "
Süd-Amerika . . . . . .    4    "
Australien . . . . . .    1    "
Afrika . . . . . . . .    3    "

Die Gesammtzahl der Besucher der Bergakademie zu Leoben betrug zu Beginn des Studienjahres 1893/94 223, darunter 2 Gäste, im Vorjahre (s. d. Z. 1894 S. 40) 182; somit trat eine Vermehrung um 41 Hörer und 2 Gäste ein. Der angegebenen Nationalität nach waren von den am Ende des Studienjahres verbliebenen 214 Hörern:

| | | | |
|---|---|---|---|
| Deutsche . . . | 136 | Rumänen . . . | 1 |
| Čechoslaven . . | 34 | Italiener . . . | 4 |
| Polen . . . . | 32 | Engländer . . . | 2 |
| Slovenen . . . | 2 | Schweden . . . | 1 |
| Ruthenen . . . | 1 | Serben . . . . | 1 |

Von den 24 Besuchern der Bergakademie zu Pribram im Studienjahre 1893/94 waren geboren: 17 in Böhmen, 3 in Mähren, 2 in Schlesien, 1 in Krain und 1 in der Bukowina. Der Nationalität nach waren: 2 Hörer Deutsche, 21 Čechoslaven und 1 Slovene.

**Transvaal.** Den letzten beiden Jahresberichten der Witwatersrand Chamber of Mines (1894 und 1895) ist zu entnehmen, dass in Transvaal nach einer schnellen wirthschaftlichen und bergbaulichen Entwickelung nunmehr auch das wissenschaftliche Leben zu erwachen beginnt. In Pretoria ist ein Staatsmuseum entstanden, in Johannesburg ist, wie schon S. 184 berichtet wurde, eine geologische Gesellschaft in der Entstehung begriffen, und ebendort hat sich in wenigen Jahren unter der Aegide der Minenkammer ein mineralogisches Museum entwickelt, welches an Umfang und Reichhaltigkeit eine sehr achtenswerthe Bedeutung beanspruchen darf. Ende 1894 wurde, ursprünglich um für dieses Museum zu sammeln, durch den Geologen Draper von den Pyramidbergen südwärts über Pretoria und Johannesburg bis zum Vaalflusse ein geologisches Profil aufgenommen, dessen Ergebnisse die Minenkammer veranlasst haben, bei der Staatsregierung die Gründung einer allgemeinen geologischen Landesaufnahme zu befürworten. — Was die Geologie der von Draper durchforschten Landstrecken betrifft, so ist bekanntlich nach der allgemeiner verbreiteten und älteren Ansicht das Gelände von Witwatersrand bis über den Vaalfluss hinaus als eine grosse Mulde anzusehen, deren goldführende Conglomerate in der Tiefe sich fortsetzen und vielleicht auch im Süden wiedergefunden werden könnten: Gibson hingegen lässt den goldhaltigen Nordflügel der einstigen Mulde 10 km südwärts vom Rande durch eine grosse, westöstliche Bruchlinie begrenzt sein, wonach eine Auffindung des abgebrochenen Südflügels nicht zu erwarten wäre. Die Ergebnisse der Draper'schen Aufnahme werden erst später genauer veröffentlicht werden; so weit sie bisher bekannt sind, scheinen sie in jener für den fortschreitenden Bergbau so wichtigen Controverse mehr für die ältere, auch von Schmeisser vertretene Ansicht zu sprechen. (Globus.)

Die Geologen Dr. Feiseyne aus Lemberg und Dr. Karl Redlich aus Bonn sind am 18. Juli in Bukarest eingetroffen, um im Auftrage des Domänenministers Rumäniens praktisch-geologische Untersuchungen vorzunehmen.

Zur Fortsetzung petrographisch-geologischer Untersuchungen am Monte Adamello wurden Herrn Dr. W. Salomon-Berlin von der Akademie der Wissenschaften in Berlin 1200 Mk. bewilligt.

Dr. M. Blanckenhorn aus Erlangen begab sich im Frühjahr 1894 im Auftrage des Deutschen Palästina-Vereins nach Jerusalem, um eine geologische Aufnahme des Westjordanlandes, zunächst Judäas, auszuführen. Die erste Frucht seiner Arbeiten ist eine geologische Karte der Umgegend von Jerusalem i. M. 1 : 200000, die in der Zeitschrift des Deutschen Palästina-Vereins erscheinen wird. Für das übrige Westjordanland (Idumäa und Judäa), wo nur topographische Karten in kleinerem Massstabe vorlagen, wurden die Hauptgrundlinien der Tektonik festgestellt. Die Aufnahmen erstreckten sich über ein Gebiet von über 4000 qkm. Nachdem Bl. Recognoscirungen im Ostjordanlande vorgenommen, begab er sich im Juli 1894 behufs kartographischer Aufnahmen nach Hauran. — Die von Blanckenhorn vorbereiteten meteorologischen Stationen in Palästina richtet jetzt Dr. Kersten aus Berlin ein.

Dr. Rob. Goering-Berlin geht im Monat September als Managing Director der aus der „Südafrikanischen metallurgischen Vereinigung" entstandenen African Metals Co. nach dem Transvaal. An dieser Compagnie sind namentlich die Dresdener Bank, die Darmstädter Bank, die Deutsche Gold- und Silber-Scheideanstalt und die Hakort'schen Werke betheiligt.

Mit der Untersuchung der S. 351 erwähnten Funde in Ostafrika ist Bergassessor Bornhardt, z. Z. in Berlin, betraut worden. B. wird zuerst die Kohlenfunde am Njassa See untersuchen.

Bergreferendar Georg Bohaghel-Heidelberg, reist mit zweijährigem Urlaub Anfang September nach Transvaal.

Unter dem Vorsitz des Consuls Vohsen hat sich ein Ausschuss gebildet, der sich die Erschliessung Deutsch-Südwestafrikas durch Anlage von Bewässerungswerken zur Aufgabe gemacht hat.

Auf dem internationalen geographischen Congress in London sprach A. de Smidt: „On the rise and progress of cartography in the Colony of the Cape of Good Hope." Eine officielle Karte i. M. 1 : 800000 ist in Ausführung begriffen. Ueber weitere geodätische Arbeiten in Südafrika berichtete ein Vortrag von Dr. David Gill. Diese Aufnahmen wurden als Anfänge einer grossen Triangulationsarbeit von Süd nach Nord bis zum Anschluss an das Netz der Nilgebiete bezeichnet.

Der Leiter der schwedischen Expedition nach dem Feuerlande, der Geolog Docent Otto Nordenskiöld, hat seine Reise angetreten und dürfte Ende August in Buenos-Ayres anlangen. Dort trifft er mit den übrigen Theilnehmern der Expedition, Lic. Ohlin (Zoologe) und Dr. Dusén (Botaniker), zusammen, und im Oktober erfolgt die Weiterreise zum Seehafen Punta-Arrenas auf der chilenischen Seite des Feuerlandes, von wo aus die Reise über die Magelhaens-Strasse zur argentinischen Seite fortgesetzt wird. Die Mittel der Expedition bestehen in verschiedenen Stipendien, ferner hat Baron Oskar Dickson in Gothenburg, der freigebige Förderer wissenschaftlicher Unternehmungen, hierzu 5000 Kronen beigesteuert.

Mit Unterstützung der Humboldt-Stiftung bei der Berliner Akademie der Wissenschaften wird unser Mitarbeiter Dr. med. Wilhelm Möricke aus Stuttgart, ein Schüler Zittel's in München, zum geologischen Studium der Anden nach Südamerika gehen. M. wird die während eines früheren längeren Aufenthaltes in Chile begonnenen Forschungen nun auf breiterer Grundlage und mit verbesserten Mitteln fortsetzen.

Unter Führung von A. Newman ist im April d. J. eine Expedition aufgebrochen, welche das Gebiet zwischen den Murchison- und den Coolgardie-Goldfeldern, deren Zusammenhang man vermuthet, erforschen soll.

Der „Ungarische Landes-Montanisten-Verein" wird seine dritte Wanderversammlung vom 15. bis 17. September d. Jahres zu Vajda-Hunyad in Siebenbürgen abhalten. Den Vorsitz führt Se. Excellenz der Herr Graf Géza Teleky. Ihr Erscheinen haben zugesagt als Protector Exc. Dr. Alexander Wekerle und als Ehrenpräses Exc. Finanzminister Ladislaus Lukács. Geplant werden Ausflüge zum Eisensteinbergbau Gyalàr, zum Kohlenbergbau Petrosény und zum Tellurgoldbergbau Nagyág.

Ernannt: Dr. Hermann Credner, Honorarprofessor an der Universität Leipzig, zum ordentl. Professor für historische Geologie und Paläontologie.

Die Professoren der Geologie und Paläontologie Ober-Bergdirector Dr. Wilhelm von Gümbel und Dr. Carl Alfred Zittel in München zu correspondirenden Mitgliedern der Akademie der Wissenschaften in Berlin.

Dr. Hans Lenk, vor Kurzem zum ausserord. Professor der Geologie in Leipzig ernannt (s. S. 352), wurde als Nachfolger Oebbeke's (s. S. 264) als ordentl. Professor nach Erlangen berufen.

Dr. E. C. Quereau zum Professor der Geologie und Mineralogie an der Syracuse University.

Dr. Edward B. Matthews zum Associate an der John Hopkins University.

Gestorben: H. Bermann in Budapest, Herausgeber der Ungarischen Montan-Industrie-Zeitung, die nun zu erscheinen aufgehört hat.

Henri Witmeur, Professor der Mineralogie und Geologie in Brüssel.

Eduard Wilhelm Neubert, k. sächs. Betriebsdirector der fiskalischen Erzbergwerke Himmelfürst Fundgrube, im 60. Lebensjahre zu Brand bei Freiberg i. S. N. übernahm als Nachfolger des verstorbenen Bergverwalters Nestler im Jahre 1871 die Leitung jener Grube, um deren Entwickelung er sich besondere Dienste erworben hat.

Friedr. Wilh. Blees, kaiserl. Bergmeister a. D., bis 1874 Revierbeamter von Lothringen, in Quelen bei Metz im Alter von 68 Jahren.

Joseph Thomson, Geolog, 37 Jahre alt, am 2. August in London. Th. forschte 1881 im Auftrage des Sultans von Sansibar im jetzigen Deutsch-Ostafrika nach Kohlenlagern.

Joseph Granville Norwood, früher Professor der Geologie und Chemie an der Universität von Missouri, zu Columbio, Mo., am 6. Mai im Alter von 88 Jahren. (Necrolog mit Bildniss s. American Geologist 1895, vol. XVI, No. 2, S. 69—74, von G. C. Broadhead.)

## Bureau für praktische Geologie. Berlin.
### Charlottenburg, Schillerstr. 22.

Der Herausgeber dieser Zeitschrift, Berg-ingenieur Max Krahmann in Wetzlar, seither Ingenieur der Bergwerksdirection der Actien-Gesellschaft Buderus'sche Eisenwerke zu Main-Weserhütte bei Lollar, giebt zum 1. Oktober d. J. diese Stellung auf und verlegt — um der Preussischen geologischen Landesanstalt und anderen Instituten, Centralbehörden und Bibliotheken näher zu sein — seinen Wohnsitz nach Berlin, Charlottenburg, Schillerstr. 22. Gleichzeitig wird die Redaktion dieser Zeitschrift zu einem Bureau für praktische Geologie erweitert werden.

Berathen und unterstützt von dem ausgedehnten, die ersten Vertreter der angewandten Geologie umfassenden Mitarbeiterkreis der Zeitschrift, wird das Bureau für praktische Geologie sich vor allem dadurch in den Dienst des wirthschaftlichen Lebens stellen, dass es die neusten Errungenschaften der Wissenschaft und die maassgebenden Erfahrungen der Praxis für das mit so eigenartigen Schwierigkeiten verknüpfte bergmännisch-geologische Gutachten nutzbar zu machen sucht. Auch die in einer ausgedehnten und vielsprachigen Litteratur verstreuten Ergebnisse früherer Forschungen sowie die zur Beurtheilung der heutigen Bauwürdigkeit so wichtigen historischen Nachrichten werden systematisch gesammelt und der Gegenwart dienstbar gemacht werden. Ferner wird das Bureau Rath und Auskunft in allen geologischen Fragen des Bergbaues und Tiefbaues, der Baumaterialbeschaffung, der Wasserversorgung, des Meliorationswesens, der Hygiene u. s. w. ertheilen, die Bezugsquellen und die Verwendung aller in den verschiedensten Industriezweigen verwendeten mineralischen Rohstoffe nachweisen und ihre Prüfung vermitteln, sowie die Schätzung von Bergwerken, die Inspection oder Oberleitung von Aufschlussarbeiten und Tiefbohrungen, die Durchführung von Muthungs- und Verleihungsangelegenheiten u. dergl. übernehmen. Die Zeitschrift selbst wird mit den wesentlich besseren redaktionellen Hülfsmitteln in Berlin in der seither verfolgten Richtung weiter entwickelt werden.

*Schluss des Heftes: 22. August 1895.*

Verlag von Julius Springer in Berlin N. — Druck von Gustav Schade (Otto Francke) in Berlin N.

# Zeitschrift für praktische Geologie.

1895. Oktober.

## Die Montanindustrie im Grossherzogthum Baden.

Von

Dr. L. Buchrucker, Gr. Bergmeister.

[Fortsetzung von S. 173, 1894.]

### II.

Der Bergbau am Schauinsland, auf den Gemarkungen Kappel, Weilersbach und Oberried östlich von Freiburg wurde, abgesehen von den in früheren Zeiten durchlebten Betriebsperioden mit ihren Wechselfällen und Störungen, in unserem Jahrhundert anfangs der vierziger Jahre wieder aufgenommen, aus welcher Zeit die ersten Schürf- und Muthscheine auf Blei- und Silbererze in den Acten zu finden sind.

Ein Jahrzehnt später arteten die in jenem Gebirgstheile des Schwarzwaldes betriebenen Schürfungen zu einer wahren Manie aus, indem eine vollständige Goldgräberei am sog. Goldberge bei Oberried entstand, die dem mehrere Centner schweren und hinter einer silbernen Thür im Berge verborgenen goldenen Martin galt. Dass sich mit diesen Arbeiten natürlich nur Laien im Bergbau, glaubensstarke Bauern der Umgegend und schwindelhafte Abenteurer befassten, bedarf wohl nur der Erwähnung. Der goldene Martin wurde natürlich nicht gefunden und die bergbaulichen Arbeiten nach diesem sonderbaren Heiligen hörten ausgangs der fünfziger Jahre wieder auf; es hatten als einzigen praktischen Nutzen die Anwesenheit von Gangspalten nachgewiesen, deren lettige Gangfüllung mit Schwefelkies imprägnirt ist.

Damals bestand im Grossherzogthum noch der Badische Bergwerksverein, welcher sich 1834 aus der Vereinigung der 1830 gegründeten Gewerkschaft „Neue Hoffnung Gottes und Neuglück" und aus dem seit 1826 bestehenden Kinzigthaler Bergwerksverein gebildet hatte. Dieser Badische Bergwerksverein gedachte den vaterländischen Bergbau wieder neu zu beleben und muthete zu seinen im Münsterthale und Kinzigthale in Bau stehenden Gruben, woselbst damals über 400 Bergleute beschäftigt wurden, um 1847 im ganzen 66 Erzgänge am Schauinsland, bei Hofsgrund und Weilersbach, welche schon zum grössten Theile in früheren

Jahrhunderten bergmännisch bebaut worden waren.

Durch Zuschuss englischer Capitalien ward 1852 aus diesem Verein die concessionirte Gesellschaft für den Abbau der Silber- und Bleiminen im Grossherzogthum Baden gebildet, welche bis zum Beginn der sechziger Jahre einen lebhaften und theilweise recht lucrativen Betrieb im Münsterthale vollführte. 1864 zerschlug sich diese Gesellschaft, angeblich weil man bei einem Münsterthaler Querschlagsbetrieb in einen tauben Gangkörper eingeschlagen hatte, und nach Uebergang der Tagegebäude in den Besitz der Firma C. Mez u. Söhne in Freiburg fielen 1866 sämmtliche Gruben und die bis dahin noch gemutheten Erzgänge am Schauinsland, bei Hofsgrund, Weilersbach und im Münsterthale wieder in's Bergfreie.

Da erhielt nach mehrjähriger Pause um 1876 Freiherr von Roggenbach in Freiburg wieder die ersten Schurfscheine auf die alten Gruben am Schauinsland und 1879 die Muthscheine auf 9 Erzgänge in den Gemarkungen Hofsgrund, Kappel und Obermünsterthal. Nachdem 1884 dem Genannten eine Grube Schauinsland im Kappelerthale in Gestalt eines Längenfeldes von 500 m Länge und 80 m Breite (je 15 m im Hangenden und Liegenden des Erzganges), wie dies damals noch Rechtens war, verliehen werden konnte, wurde am 6. November 1889 das Auffahren eines tiefen Stollns mit 5 Bergleuten und 1 Steiger begonnen, und damit der Anfang gemacht zu dem heutigen Betrieb am sog. Erzkasten.

Nach Erweiterung des Grubenfeldbesitzes durch die 1890 erfolgte Verleihung dreier Geviertfelder und nach Umwandlung des ursprünglichen Längenfeldes in ein Geviertfeld ging das Eigenthum des Freiherrn v. Roggenbach im Mai 1891 in den Besitz der bald nachher gegründeten Gewerkschaft Schwarzwälder Erzbergwerke in Köln über, welche seit jener Zeit den Bergbau am Schauinsland im Kappelerthale und seit ca. 1½ Jahr denjenigen bei Weilersbach betreibt (vergl. das Referat d. Z. 1895. S. 252).

Durch die zahlreichen Pingen und Halden, als Ueberreste früherer Bergbaue, durch die Nachrichten aus alten Archivalacten und durch die bisher im jetzigen Betriebe er-

haltenen Aufschlüsse am Erzkasten, bei Hofsgrund, bei Oberried und Weilersbach, sowie
durch zahlreiche Schürfarbeiten der Gewerkschaft Schwarzwälder Erzbergwerke auf den
Gemarkungen Bromberg, Littenweiler, Kirch-
zarten, Kappel, Weilersbach, St. Ulrich, Hofsgrund, St. Wilhelm, Aftersteg, Todtnau,
Bollschweil etc. können ziemlich sichere Anhaltspunkte über die Verbreitung und Beschaffenheit der in jenem Gebirgsstrich aufsetzenden Erzlagerstätten gewonnen werden.
Zur besseren Veranschaulichung habe ich
das schematische Kärtchen i. M. 1 : 100 000
entworfen (in Fig. 82 i. M. 1 : 200 000
wiedergegeben) und daselbst mit einer dem

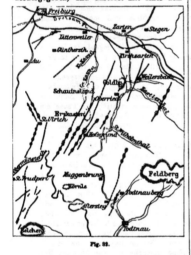

Fig. 82.

Zwecke und der Grösse entsprechenden
Genauigkeit die Theile der Erzgänge, welche
nachgewiesen sind, scharf ausgezogen, die
vermeintliche Fortsetzung derselben aber
punktirt eingezeichnet; die südlich des Ober-
münsterthales liegenden Gänge sind in Anlehnung an die Schmidt'sche Karte mit
angegeben worden, um den weiteren Verlauf
der Gangspalten ersichtlich zu machen.

Schmidt[1] hat in seinem Werke auch
die Erzlagerstätten am Erzkasten und bei
Hofsgrund mit behandelt, worauf zur weiteren Orientirung hier noch besonders hingewiesen sein soll, zumal auf S. 13 u. f.
dieses Werkes ein vollständiges Litteraturverzeichniss angegeben ist. Die nachfolgen-

den Darstellungen sollen keineswegs die
montangeologischen Verhältnisse erschöpfen,
sondern im Wesentlichen das Neue den bereits erschienenen Publicationen anfügen.

Die Erzgänge des in Rede stehenden
Gebirgstheiles des Schwarzwaldes setzen fast
ausnahmslos im Gneiss auf. Der Gneiss
ist zwar in seiner Beschaffenheit recht wechselnd, aber im grossen Ganzen giebt er sich
als ein parallel struirtes Gemenge von Feldspath, Quarz und Biotit von meist grauer
Farbe zu erkennen; je nach der Einlagerung
der glimmerigen Bestandtheile könnte man
etwa eine schuppige und eine langflaserige
Art unterscheiden, wovon die letztere entschieden die Hauptmasse ausmacht und das
Muttergestein der Erzlagerstätten bildet.

Ein Blick auf das Kärtchen lässt deutlich erkennen, dass die Gänge im Allgemeinen eine Streichrichtung von SW nach
NO innehalten und damit dem Verlauf der
Gneissgebirgsgrenze gegen das Rheinthal hin
folgen. Das Gneissgebirge verläuft längs
einer Linie, die man sich etwa vom Blauen
nach Freiburg und Waldkirch gezogen denken kann, und liegt so zwischen h. 2 und 3
des bergmännischen Compasses. Nahezu die
gleiche Richtung macht sich bei den Gangspalten geltend, deren Generalstreichrich-
tung h. 8 ist mit dem äussersten Schwanken
nach h. $1^5/_8$ und h. $4^3/_8$.

Wie in anderen Gangdistricten, so treten
auch hier nur selten einzelne isolirte Gänge
auf; meist sind eine grössere Anzahl zu
Gangzügen vereinigt, die durch ein oder zwei
Hauptspalten charakterisirt sind und in einer
Breite von 50 bis 100 m schmale Erztrümer,
taube Klüfte und Nebentrümer führen, die
sich zu- und abschaaren. Solcher Gangzüge sind durch den jetzt daselbst umgehenden
Bergbau und die zahlreichen Schürfarbeiten
mit Sicherheit acht nachgewiesen, die sich
innerhalb einer ca. 8,5 km betragenden Zone
verbreitern und auf eine wechselnde Längenerstreckung von 5 bis 10 km hinziehen.
Das Einfallen der Gänge ist im Allgemeinen
steil, schwankt zwischen 70 bis 80° und
wechselt häufig die Richtung, doch konnte
ein Verflächen nach NW noch am häufigsten
beobachtet werden. In ein und demselben
Gangkörper ändert sich bisweilen die Fallrichtung: so betrug bei dem Schauinslander
Hauptgang vom Tage herein der Fallwinkel
80° nach W und unterhalb der Roggenbach-
stollnsohle auf 12 m Teufe 75° nach O,
welche Richtung sich dann wieder änderte
und in das ursprüngliche westliche Einfallen
überging. Schwankende Mächtigkeit von
zarten Klüften bis zu 2 und 3 m, veränder-

¹) A. Schmidt, Geologie des Münsterthales.
Heidelberg 1886.

liches Fallen und Streichen, Wechsel von erzreichen Gangtheilen mit tauben Partien und Unbeständigkeit in der Mineralführung gehören wie anderwärts auch hier zu den bekannten und alltäglichen Erscheinungen.

Von den Gangmineralien sind am häufigsten Schwerspath und Quarz vertreten, hierzu gesellen sich noch Flussspath, Kalkspath, Braunspath, Eisenspath, Gips; von den Erzen wurden nachgewiesen: Bleiglanz, Zinkblende, Kupferkies, Pyrit, Markasit, Antimon- und Arsenfahlerz, Antimonglanz, Pyromorphit und Cerussit.

Die Art und Weise, wie die Erze mit den Gangmineralien verwachsen sind und paragenetisch erscheinen, lassen die Gänge als zu zwei Gruppen gehörig erscheinen, von denen die eine den Charakter der barytischen Bleiformation und die andere den der kiesigen Bleiformation trägt. Die in den Weilersbacher Feldern erschlossenen Gänge führen in bedeutender Menge und fast ausschliesslich Schwerspath mit Zinkblende und wenig Bleiglanz, ein Umstand, der die Separation der Erze vom Gangmineral so erschwert, dass man mit den heutigen, im Gebrauche befindlichen Aufbereitungsmaschinen wohl schwerlich ein befriedigendes Ergebniss erwarten kann. Die Schauinslander Gänge sind hornsteinartige Quarzgänge mit Kiesen, Bleiglanz und Blende. Das Auftreten von Fahlerz und Antimonit ist den Gangbildungen bei St. Wilhelm und St. Ulrich eigen, woselbst Quarz sowie Schwerspath und Flussspath einbrechen und so vielleicht das sog. harte Trum der barytischen Bleiformation repräsentiren.

### 1. Bergbau am Schauinsland.

Im kleinen Kappelerthale auf der nördlichen Seite des Schauinslandberges oder sog. Erzkastens sind 8 Stollen nach dem Hauptgang hin aufgefahren: der obere, sog. Erzkastenstolln, der mittlere, sog. Roggenbachstolln und der tiefe Stolln. Auf der entgegengesetzten, südwestlichen Seite führen im Niveau des Roggenbachstolln und darüber die 4 Gegentrumstollen in's Gebirge. Die mit diesen bergmännischen Bauten aufgeschlossenen Gänge gehören dem Schauinslander Hauptgangzug an, welcher in einer mittleren Streichrichtung von h. 3 das Gneissgebirge mit einer ca. 80 bis 100 m betragenden Breite durchzieht. Der Hauptgang, welcher auf der mittleren Stollnsohle mit 2 m Mächtigkeit (wovon 1 m derbe Zinkblende) angetroffen wurde, ist jetzt auch an mehreren Punkten von der tiefen Stollnsohle aus erreicht und stellenweise mit abbauwürdiger Erzführung bis zu 1 m aufgeschlossen wor-

den. Durch Ueberhauen und den Durchschlag mit dem Roggenbachstolln hat man gegenwärtig ein abbauwürdiges Erzmittel von grosser Länge und Tiefe nachgewiesen. Die Erzführung besteht vorwiegend aus Bleiglanz und Zinkblende, die im Verhältniss von 1 : 8 im Gangkörper eingewachsen sind; auch Schwefelkies und Kupferkies brechen als seltenere Erze ein. Die Gangfüllung besteht aus Quarz, Schwerspath, Kalkspath und Fragmenten des Nebengesteins.

Den Gängen am Schauinsland ist die Breccienstruktur eigen, wobei namentlich die zahlreichen Gneissbruchstücke eine Hauptrolle spielen, wie das in Fig. 83 gegebene Gangbild eines Ortsstosses im tiefen Stolln veranschaulicht; nicht selten sind die im Gang verstreuten Gneissstücke erst von einem

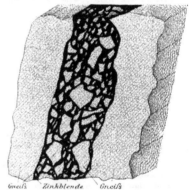

Gneiß    Zinkblende    Gneiß

**Fig. 83.** (¹/₂₀ d. nat. Gr.)

Kalkspathmantel umhüllt und dann erst von strahliger Zinkblende umwachsen, nicht unähnlich dem sogenannten Cocardenerz. Die Gneissbruchstücke im Gangkörper sind wie das Nebengestein in unmittelbarer Gangnähe stark gebleicht und silificirt, der Feldspath ist meist in Kaolinsubstanz verändert.

Ueber die Erze und Gangmineralien sei Folgendes erwähnt:

Die Zinkblende ist von brauner bis schwarzer Farbe und gewöhnlich derb in grossblättrigen Massen oder in büschelförmigen und radialstrahligen Aggregaten zu treffen. Krystalle sind nicht selten und erreichen bisweilen Centimetergrösse; in ihrem Habitus erinnern sie lebhaft an diejenigen von Rodna (s. S. 28). Neben den glänzenden und glatten Würfelflächen und denen, welche einem der Tetraëder zugehören, sind andere gestreift, die Flächen des Trigondodekaëder

50*

sind convex conisch gerundet. Durch häufige Verzerrung und wiederholte Zwillingsbildung sind die Krystalle derart entstellt, dass bei den bis jetzt aufgefundenen Stücken eine deutliche Entzifferung noch nicht gelungen ist. Seltener als diese dunkelen Krystalle finden sich in Drusen mit Quarz und Kalkspath kleine, gelbe, durchsichtige Zinkblendekryställchen, dem Kapniker Vorkommen nicht unähnlich (s. S. 18); sie sind oft ca. 1 bis 1½ cm gross, meist aber viel kleiner und dann auch glänzend und ebenflächig.

Der Bleiglanz bricht in derben, grob- und feinkörnigen Partien, unterwachsen mit Zinkblende, oder er ist regellos in erbsen- bis faustgrossen Putzen im Gangquarz eingebettet. Krystalle sind keine Seltenheit und zeigen die bekannte Combination von Oktaëder und Würfel, wobei $\infty O \infty$ überwiegt.

Kupferkies wurde derb und in undeutlichen, eng verwachsenen Krystallen nur an einigen Punkten bisher aufgefunden.

Schwefelkies ist häufig anzutreffen, aber immer nur in geringen Mengen, derb und verwachsen mit Zinkblende und Bleiglanz, oder in kugeligen Aggregaten und in Krystallen auf Bleiglanz aufsitzend. Von Krystallen wurde die Würfelform allein und combinirt mit dem Dyakisdodekaëder beobachtet.

Die Gangmineralien Quarz und Kalkspath treten ebenfalls häufig krystallisirt auf und liefern die bekannten und gewöhnlichsten Combinationen von $\infty R$ mit $\pm R$ und $\infty R$ mit $-\frac{1}{2} R$, während Schwerspath von weisser und fleischrother Färbung meist in derben, tafligen und späthigen Partien die Gangspalten ausfüllt.

[Fortsetzung folgt.]

---

## Die Braunkohlenablagerungen zwischen Weissenfels und Zeitz.

Von

Dr. Max Fiebelkorn.

[Schluss von S. 365.]

γ) Die Begleiter der Kohle.

1. Der Eisenkies. Dies ist der häufigste Begleiter der Braunkohle zwischen Weissenfels und Zeitz. Krystalle desselben sind mir nicht bekannt geworden und finden sich auch in der Litteratur nirgends erwähnt. Er zeigt sich meistens in kleineren oder grösseren kugeligen und knolligen Massen (bis zu 15 kg), sowie auch eingesprengt. In letzterem Zustande ist er vorzugsweise mit der Glanzkohle verbunden. Seine Farbe ist gewöhnlich speisgelb. Die Entstehung desselben wird sich auf verschiedenartige Vorgänge zurückführen lassen. Nach Senft[3]) ist dieselbe so vor sich gegangen, dass quellsalzsaures Ammoniak, welches sich im Boden aus abgestorbenen und gegen Luft mehr oder weniger verschlossenen Pflanzenresten entwickelte, aus den Gemengtheilen des Bodens Eisenoxyd auflöste und es den Pflanzen als Nahrungsmittel zuführte. Verfaulten die letzteren, so entstand aus der Zersetzung ihrer stets schwefelhaltigen Stickstoffsubstanzen Schwefelwasserstoff-Ammoniak, durch welches sowohl das in der verwesenden Pflanzensubstanz vorhandene Eisenoxyd, wie auch das im Bodenwasser aufgelöste quellsalzsaure Eisenoxydul-Ammoniak in Doppelt-Schwefeleisen, d. h. Eisenkies, umgewandelt wurde und sich an allen festen Pflanzentheilen absetzte. Mietzsch dagegen ist der Ansicht, dass der in den Pflanzen- und Thierresten vorhandene Schwefel Schwefelwasserstoff und Schwefelwasserstoff-Ammoniak bildete, die das Doppelt-Schwefeleisen aus seinen Lösungen zu fällen im Stande waren; andererseits scheint aber auch die Kohle im Stande gewesen zu sein, bei ihrer fortschreitenden Zersetzung aus den Lösungen von Eisenvitriol, das aus den Kiesen fort und fort entstand, durch Entziehung von Sauerstoff und Schwefelsäure sowie des Eisenoxyduls (wahrscheinlich in ungleichem Verhältniss) Eisenkies zu bilden.

Bei der hohen Zersetzbarkeit des in der Braunkohle enthaltenen Eisenkieses scheint es wahrscheinlich, dass derselbe vielfach in seiner rhombischen Gleichgewichtslage als Markasit vorhanden sein wird.

2. Der Schwefel. Er tritt in den Braunkohlenflötzen zwischen Weissenfels und Zeitz stets als Product der Zersetzung von Eisenkies auf. Die Krystalle sind hellgelb und glänzend. Zincken führt sie von Köpsen, Schwöditz und Runthal an. An den beiden letzteren Orten sassen sie lose auf den Flächen zerklüfteter Braunkohlen und waren bei Runthal bis zwei Linien gross.

3. Eisenvitriol, wird von Zincken nur einmal[3]) aus der Kohlenablagerung zwischen Oberschwöditz und Hollsteig erwähnt, wo es aus der Zersetzung von Eisenkies hervorgegangen war und sich auf den Kluftflächen der Kohle festgesetzt hatte.

---

[3]) Die Humus-, Marsch-, Torf- und Lignitbildungen als Erzeugungsmittel neuer Erdrinden. Leipzig, 1862. p. 149.

[3]) Phys. d. Braunk. p. 666.

4. **Schwefelsaures Eisenoxyd**, ebendort und unter denselben Bedingungen entstanden.

5. **Retinit**, bildet länglich runde, erbsen- bis bohnengrosse Stücke, welche bis zur Grösse eines Stecknadelknopfes heruntergehen können und von einer unebenen schmutzig-grauen Rinde umgeben sind. Nach Bischof ist er aus der Zersetzung vegetabilischer Reste hervorgegangen. Er findet sich in der Gegend zwischen Weissenfels und Zeitz überall in der Kohle.

6. **Verkieseltes Holz**, wird von Zincken nur einmal aus der Kohle von Deuben bei Teuchern angeführt[10]).

7. **Lignit**, kommt in den Kohlenflötzen hin und wieder in unregelmässig eingelagerten Stämmen vor und dürfte in der Hauptsache von Coniferen-Stämmen herrühren.

8. **Sand und Thon**. Die Sand- und Thonschichten (resp. Thongallen) rufen in den Flötzen gewöhnlich eine Trennung derselben in zwei oder mehrere Flötze hervor. Daneben treten auch bisweilen Sandstein-Einlagerungen auf.

*δ) Die Verwendung der Kohle.*

Die Verwendung der Weissenfels-Zeitzer Kohle zerfällt in die chemische Verwerthung derselben zur Gewinnung von Mineralölen und Paraffin, sowie in ihre mechanische Aufarbeitung zur Herstellung von Nasspresssteinen und Briquettes. Daneben wird die Kohle, wie sie aus der Grube kommt, auch als Feuerkohle verbraucht. Es ist hier nicht der Ort, auf den hoch interessanten, sich auf der Verwerthung der sächsisch-thüringischen Braunkohle gründenden Industriezweig näher einzugehen, und es sei daher auf die einschlägige Litteratur verwiesen. Ein sehr übersichtliches Werk ist das von Vollert, welches er als Festschrift zum IV. Deutschen Bergmannstage verfasst hat. Ferner vergl. dazu W. Scheithauer, Die Fabrikation der Mineralöle etc. Braunschweig 1895.

*ε) Das Hangende der Kohlenflötze.*

Die hangenden Schichten der Kohle bestehen aus einer wechselnden Folge von weissen und dunklen Sanden verschiedener Mächtigkeit, die theilweise eine schwimmende Beschaffenheit aufweisen. Sie zeichnen sich besonders dadurch aus, dass sie niemals Feldspathkörnchen enthalten und finden daher in schneeweissem Zustande in der Glasfabrication und Gerberei Verwendung.

Häufig sind die Sande bänkeweis zu

festem Sandstein verkittet und auf diese Weise entsteht der sog. Braunkohlensandstein, für dessen dichte Varietät Zincken den in die Litteratur nicht weiter aufgenommenen Namen „Quarzit" vorgeschlagen hat. Er besteht aus Concretionen, die sich aus grösseren und kleineren bis sehr kleinen Quarzkörnern zusammengebacken haben, und besitzt eine mürbe bis sehr feste Beschaffenheit. Sein Bruch ist mehr oder minder eben. Durch zunehmende Grösse der Quarzkörner wird der Sandstein breccienartig. Das Bindemittel bildet Kieselmasse von mattem Bruche. Steigt die Grösse der Kiesel auf einige cm, so entsteht eine Art von Puddingstein, der aus der Gegend von Osterfeld und Waldau bekannt geworden ist. Da der Braunkohlensandstein sich trotz seiner Härte mit verhältnissmässiger Leichtigkeit in würfelförmige Stücke schlagen lässt, so wird er sofort in der Grube zu Pflastersteinen und Bausteinen zerhauen, wobei sich die interessante Erscheinung zeigt, dass der Stein beim Zersprengen nicht an der Grenze zwischen Bindemittel und Quarzkörnern reisst, sondern dass die Quarzkörner mit durchschnitten werden. Sind die Blöcke längere Zeit der Verwitterung preisgegeben, so erhalten sie eine kugelige und nierenförmige Oberfläche mit Hervorragungen, Vertiefungen, Höhlungen und Zellen. Auf dieser Erscheinung beruht der Name „Knollenstein" für sie, unter dem sie in der Litteratur ebenfalls bekannt sind. Für ihre Entstehung nimmt schon Bischof directe Lösung von Kieselsäure in Sickerwässern und späteren Absatz derselben aus den letzteren an[11]).

[10]) Ebendort p. 221.

[11]) Auf die Erklärung der Bildung fester Bänke und damit verwandter Erscheinungen (Concretionen etc.) hat H. Potonié bereits kurz hingewiesen (Naturw. Wochenschr. Band IX. 1894. p. 527). Es ist eine alte Erfahrung, dass sich in stark concentrirten Lösungen wie überhaupt in einem homogenen Material ausscheidende Substanz an heterogenen, in der Lösung oder dem Material befindlichen Körpern festsetzt. Wie wir unten sehen werden, enthalten nun gerade die festen Bänke in dem tertiären Sande vielfach Pflanzenreste, welche sich im losen Sande nie finden. Um die die heterogenen Körper bildenden Pflanzenreste hat sich die im Wasser gelöste Kieselsäure zunächst abgesetzt und die Pflanzen durchdrungen resp. umhüllt. Im ersteren Falle sind sie uns erhalten geblieben, während im letzteren Falle aber durchlässige Kieselsäure die Verwesung der eingeschlossenen vegetabilischen Reste zuliess, so dass uns dann nur die Höhlungen der ehemaligen Hölzer erhalten geblieben sind. Nach der Umhüllung resp. Durchdringung der Pflanzen hat sich dann die Kieselsäure gerade in den Schichten weiter niedergeschlagen, in denen sie sich bereits angesetzt hatte und auf diese Weise sind die festen Sandsteinbänke und -blöcke entstanden, welche man nicht mit Unrecht als grosse Concretionen bezeichnen könnte.

Braunkohlenquarzite finden sich zwischen Weissenfels und Zeitz überall und häufig. Zincken hat die ihm bekannt gewordenen Fundorte mit dem ihm eigenen Fleisse und Eifer zusammengestellt, worauf ich hier verweise[12]).

Als accessorische Beimengungen findet man im Braunkohlensandstein Thongallen, Eisenkies, Eisenstein[13]) und kohlige Partien. Gleichzeitig ist er die einzige Schichtenfolge im gesammten Complexe der Braunkohlenablagerungen, die fossile Reste enthält. Häufig sieht man die Blöcke mit Höhlungen durchzogen, welche von ehemaligen den Block durchsetzenden Wurzeln, Gräsern und Schilfen herrühren. Ebenso kommen auch verkieselte Hölzer im Braunkohlensandstein vor. Von bestimmbaren Resten führt Zincken folgende auf[14]): Chrysophyllum reticulosum H., Aspidium lignitum Gieb., Poacites paucinervis H., Laurus srooscowiciana U., Laurus primigenia U., Laurus Lalages U., Dryandroides haeringiana (Myrica haeringiana U., Baaraia haeringiana Ett.), Dryandroides laevigata H., Echitonium Sophia O. Web., Notelaea eocaenica Ett., Ceratopetalum myricinum Lab., Eucalyptus oceanica U., Callistemophyllum Giebeli H., Celastrus Andromedae U., Quercus furcinervis Rossm. (am häufigsten).

Alle diese Reste fanden sich bei Runtbal. Zu ihnen kommt noch: Taxites Aykii G. (Taxoxylon Aykii U.), welches sich bei Werschen, Granschütz etc. hat beobachten lassen[15]).

Braunkohlensandsteine mit gut erhaltenen Blättern sind im Allgemeinen selten und nur schwer zu bekommen. Ein vorzüglicher kleiner Block ist beim Obersteiger Neesemann auf der Grube v. Voss bei Deuben zu sehen.

Ausser den Pflanzenresten haben sich im Braunkohlensandstein auch solche thierischen Ursprungs gefunden. In den unteren Partien desselben zeigte sich bei Schortau neben Dicotyledonenblättern und Höhlungen von ehemaligen Holzresten mitten im festen Gestein ein Limulus, den Zincken zuerst als Limulus Decheni erwähnt hat. Eine Beschreibung desselben ist von Giebel gegeben worden. Im Laufe der Zeit haben sich ca. 10 Exemplare dieses Thieres an derselben Stelle gefunden.

Neben den Sanden mit ihren Sandsteinen treten im Hangenden der Kohlen nicht selten auch Thone auf, welche niemals irgend welche Spuren von fossilen Resten zeigen, sehr plastisch sind und mitunter recht deutliche Schichtung aufweisen. Dieselbe ist bedingt durch die Einlagerung sehr feiner Sandstreifen. Der Thon ist von dunkelblauer oder gelblicher Farbe und lässt sich infolge seiner Plasticität nur schwer abstechen. Gewöhnlich bildet er das Mittel zwischen zwei local übereinander auftretenden Kohlenflötzen.

ζ) Das geologische Alter der Kohlenablagerungen.

Das geologische Alter der Kohlenflötze mit ihrem Liegenden und Hangenden ist hinreichend bekannt und nur mit wenigen Worten zu berühren. Durch die Arbeiten Credner's, Laspeyres' und anderer ist das unteroligocäne Alter der sächsisch-thüringischen Braunkohlen-Ablagerungen zur Genüge nachgewiesen, und es scheint nur über die Frage nach dem Alter der das Flötz überlagernden Sande nebst Knollensteinen ein Zweifel zu herrschen. Indessen wird es wohl am richtigsten sein, dieselben mit v. Fritsch als eine Faciesbildung der sandig - glaukonitischen Meeresmuschellager von Egeln zu betrachten und sie daher ebenfalls noch in das Unter-Oligocän zu rechnen. Zinken führt an[16]), dass der im Hangenden der Kohle von Weissenfels liegende Sand mit schwarzen Körnern aus Kieselerde, Kalkerde und Eisenoxydul, einzeln und in kleinen Nestern und Bändern auftretend, dem Magdeburger Sande entsprechen und mithin ein mittel - oligocänes Alter besitzen soll[17]). Jedoch liegen für diese Annahme gar keine Gründe vor; es würde sogar höchst unzweckmässig sein, den Schnitt zwischen Unter- und Mittel-Oligocän gerade in die Grenze von Kohle und Sand zu legen, da der Sand sich unmittelbar auf das Flötz aufgelagert hat und Pflanzenreste der damals vorhandenen Gewächse einschliesst. Kohle und Sand stehen daher an dieser Stelle in innigstem Zusammenhange.

η) Die Entstehung der Braunkohlenablagerungen zwischen Weissenfels und Zeitz.

Ueber die Bildung der Kohlen stehen sich zwei Ansichten gegenüber: nach der einen ist das Material derselben allochthon, d. h. im Allgemeinen aus näheren oder ferneren Gebieten zusammengeschwemmt, nach der anderen autochthon, d. h. an Ort und Stelle gewachsen und zur Verkohlung gekommen[18]). Es ist unzweifelhaft, dass

---

12) Phys. d. Braunk. p. 273 ff.
13) Nach Zincken.
14) l. c. p. 132.
15) Zincken, l. c. p. 56.

16) Phys. d. Braunk. p. 261.
17) Mir ist derselbe unbekannt geblieben.
18) O. Kuntze's „Pelagochthonie" (Geognet. Beiträge. Leipzig 1895) lasse ich unberücksichtigt.

sich Kohlenflötze auf ganz verschiedene Weise gebildet haben können, und es wird nicht rathsam sein, nur eine Art der Entstehung derselben anzunehmen. Trotzdem lässt sich nicht leugnen, dass entweder die Allochthonie oder die Autochthonie bei der Bildung der Kohlenflötze eine bevorzugte Rolle gespielt hat. Einige Zeit lang schien es, als sollte sich die Wage auf die Seite der Allochthonie neigen und die letztere den Sieg davontragen, indessen hat sich die Sachlage neuerdings wesentlich zu Gunsten der Autochthonie geändert.

Lyell hat in seinen „Principles of Geology"[19]) angedeutet, welche Aehnlichkeit die Swamps in Virginia mit unseren Kohlenlagern besitzen und von Lesquereux[20]) ist mit Nachdruck darauf hingewiesen worden, dass dieselben die geeignetsten Punkte zu Studien über die Bildung von Kohlenflötzen sein dürften. In späteren Zeiten sind diese Andeutungen vergessen worden und die Geologen haben sich bemüht, Vergleiche zwischen der Entstehung der europäischen Moore mit der der Kohlenlager anzustellen, ohne natürlich erspriessliche Resultate zu erhalten, da sich beide Bildungen nicht mit einander vergleichen lassen. Vor wenigen Monaten hat H. Potonié auf einer Excursion von Neuem auf die Wichtigkeit der Swamps für die Erklärung der Entstehung unserer Kohlenlager betont. Kurz darauf hat Eberdt eine Beschreibung der Senftenberger Kohlenlager gegeben (s. d. Z. 1895 S. 10—13) und ist zu demselben Resultate gelangt. Es sind damit Kohlenlager bekannt geworden, deren Autochthonie ausser allem Zweifel steht.

Ueber die Entstehung der Braunkohlenablagerungen zwischen Weissenfels und Zeitz sind von mehreren Autoren Ansichten geäussert, nach denen das Material der dortigen Kohlenflötze durch Zusammenschwemmung herbeigeführt ist. Besonders v. Fritsch hat sich auf die Seite der allochthonen Entstehung derselben gestellt. Ohne hier eine eingehende Widerlegung dieser Theorie zu versuchen, bringe ich im Folgenden, gestützt auf die bewiesene Autochthonie der Senftenberger Kohlen und auf eigene Beobachtungen sofort meine eigene Ansicht über die Entstehung der Weissenfels-Zeitzer Kohlenlager. Dieselbe dürfte wohl am meisten dem heutigen Standpunkte der Wissenschaft entsprechen.

Eine Allochthonie derselben anzunehmen, ist meiner Meinung nach durchaus unzweckmässig, da wenig für, vieles aber gegen dieselbe spricht. Jedenfalls sind indirecte Be-

weise, wie sie v. Fritsch mehrmals anführt, stets sehr gefährlich und führen leicht zu unrichtigen Resultaten.

Wie wir gesehen haben, ist von H. Potonié und Eberdt die Autochthonie der Senftenberger Kohlenlager durch Vergleichung mit den nordamerikanischen Swamps absolut sicher gestellt und es liegt nahe, eine ähnliche Parallele zwischen den Weissenfels-Zeitzer Braunkohlenflötzen und den Virginischen Sümpfen zu ziehen.

Die Swamps stellen ein Tausende von Quadratmeilen umfassendes Gebiet dar, dessen Boden eine aus Süsswassermollusken, Infusorien, Characeen und Süsswasseralgen gebildete wasserdichte Schicht bildet. Ueber demselben lagert vegetabilische Substanz ohne eine Spur von Erdtheilchen, welche durch die Vermoderung von abgestorbenen Pflanzentheilchen entstanden ist. Die Vegetation dieser Sümpfe besteht aus einem Dickicht von Gräsern, Rohren und Gesträuchen, aus dem in gewissen Abständen Sumpfcypressen (Taxodium distichum) mit ihren Wurzeln und Magnolien emporragen. Auf der dunkelen Wasserfläche hat sich ein grüner Pflanzenteppich aus schwimmenden Moosen gebildet, welcher dem Wanderer anscheinend gestattet, festen Fuss zu fassen, jedoch meistens so dünn ist, dass er unter dem Tritte zerbricht. Die Swamps besitzen nur etwa 5 m Wasserhöhe.

Beim Vergleiche des Weissenfels-Zeitzer Braunkohlenlager mit den Swamps finden wir zwischen beiden verschiedene übereinstimmende Punkte. Zunächst haben wir bereits früher gesehen, dass das Liegende der dortigen Kohlen von Thon gebildet wird. Aus dem Vorhandensein desselben geht einerseits hervor, dass eine günstige Gelegenheit für die Bildung grosser Sümpfe geboten war, während andererseits die Existenz desselben die Anschwemmungstheorie, die eine starke Strömung voraussetzt, bei ihrer Beweisführung nicht unerhebliche Schwierigkeiten entgegenbringt. Dazu kommt, dass der Thon, welcher das Liegende der Grube No. 896 bei Teuchern bildet[21]), Reste von Schilf-, Gras- und Rohrwurzeln zeigt, welche nur von an Ort und Stelle gewachsenen Pflanzen herrühren können (s. Fig. 84). Wir stellen daraus fest, dass hier in der That ein Sumpf vorhanden gewesen ist. Auf der beigegebenen Abbildung lassen sich die Wurzeln deutlich erkennen; man kann dieselben bis zu $\frac{1}{2}$ m Länge vertical verfolgen, wenn auch die Plasticität des Thones dabei hindernd ein-

---

[19]) 1872. p. 512.
[20]) Mining magazine. Februar 1860.

[21]) Die Priorität der Auffindung dieser Reste gebührt Herrn Berginspector Kaselitz, welcher mich auf dieselben aufmerksam machte.

wirkt. Die Stelle, an welcher ich meine
Beobachtungen machen konnte, ist nur klein;
es scheint mir daher nicht ausgeschlossen,
dass wir an einem anderen Orte vielleicht
Reste von Baumwurzeln finden werden.
Neuerdings theilte mir Herr Steiger Merker
auf Grube 854 bei Granschütz mit, dass er
auch in dem oberen Flötze der genannten
Grube häufig vertical verlaufende Wurzel-
reste beobachtet hat.

Wir haben somit zwei Punkte gefunden,
welche durchaus darauf hinweisen, dass wir
es mit einem ehemaligen Sumpfgebiete zu
thun haben. Die Entstehung der Weissenfels-Zeitzer Kohlenlager wird im Hinblick
darauf folgendermaassen vor sich gegangen
sein:

In den Mulden und Becken des Buntsandsteines, welcher überall das Liegende
der Tertiärformation bildet, kam ein feiner
Thon zum Absatze, welchem bei einer hin
und wieder auftretenden stärkeren Strömung
des Wassers stellenweise Kiese und Sande
eingelagert wurden. Auf der wasserdichten
Thonschicht bildete sich allmälich eine
Sumpfvegetation heran, deren Wurzeln wir
in dem Thone der Grube No. 396 noch erhalten haben. Bäume waren in grosser Zahl
vorhanden. So beobachtete Herr Obersteiger
Heckmann im Felde der Grube Taucha
liegende Stämme mit Ansätzen von Wurzeln
oder Aesten. Die Entfernung derselben von
einander betrug 1—5 m. Die meisten
Stämme sind vollkommen in Kohle verwandelt und zerfallen bei der Berührung, bisweilen treten ihre Contouren beim Abbauen
der weichen Kohle vom Stosse noch hervor[22]). Andere sind lignitisch geworden, und
Herr Dr. Potonié erklärte ein Stück eines
solchen Stammes, welches ich ihm zur Besichtigung übergab, als Coniferenholz. Daneben traten auch Laubbäume auf, wie ein
Vorkommen von Runthal beweist[23]), welches
sich als ein Aggregat von fast lauter braunen
Laubholzblättern in einer 16 cm starken
Schicht darstellte. Hierhin gehört vielleicht
auch jene mürbe blätterige Kohle, welche
als oberste dünne Schicht der Kohlenflötze in
manchen Gruben (v. Voss, No. 456) auftritt.
Dass wir meistens gerade den Laubgewächsen
die Schweelkohle verdanken, wie v. Fritsch
behauptet, scheint mir sehr des Beweises zu
bedürfen.

Das Material der abgestorbenen Pflanzen
sank zu Boden und wurde vor der gänzlichen Vernichtung durch den Schutz des
Wassers bewahrt. Allmälich häuften sich
die Massen und erlangten eine bedeutende

Mächtigkeit, ohne sich dabei irgendwie mit
Erdtheilchen zu vermischen. Wie oben bereits erwähnt, ist dies ebenfalls eine Eigenthümlichkeit der vermodernden Massen der
Swamps. Nachdem die Massen vegetabilischen Materials eine bedeutende Mächtigkeit erreicht
hatten, erfolgte ein Einbruch von Gewässern
in das Gebiet und es setzte sich stellenweise eine Thonschicht ab, auf der sich nach
Abfluss des Wassers von Neuem eine Vegetation bildete und dadurch Veranlassung für
ein zweites, dünnes Kohlenflötz gab. Bei
einem späteren Durchbruche des Meeres
wurde dann die gesammte organische Masse
mit Sand beschüttet. Hierbei geriethen
Blätter, Aeste und Stammstücke in den
Sand und sind uns in den später verhärteten
Schichten als Relicte tertiärer Zeit zurückgeblieben. Sicherlich haben auch schon während der Bildung der Kohlenflötze selbt hin
und wieder kleinere Einbrüche des Meeres
stattgefunden, ohne dass dabei jedoch gerade Senkungen und spätere Hebungen des
Landes eingetreten zu sein brauchen; auf
diese Weise werden sich Einlagerungen von
Sand gebildet haben, wie sie Zincken[24])
in 4—10" Mächtigkeit von Grube No. 348
anführt.

Aus der Beschaffenheit der Weissenfels-
Zeitzer Kohlen geht hervor, dass sie nach
der Bedeckung durch die hangenden Schichten
chemischen Umwandlungen ausgesetzt worden sind. Welcher Art dieselben gewesen
sind, wissen wir nicht; doch wird es vielleicht
dem Chemiker einst gelingen zu ergründen,
was dem Geologen zu erforschen versagt ist.
Dass diese Einwirkungen ganz bestimmter
Art gewesen sind, geht jedenfalls aus dem
Umstande hervor, dass sich im Senftenberger
Kohlenlager über dem liegenden Thone ebenfalls eine Schweelkohle gebildet hat, die
nach oben hin allerdings in gewöhnliche
Braunkohle übergeht[25]).

## C. Das Diluvium.

Ueber den unteroligocänen Sanden mit
ihren Knollensteinen resp. beim Fehlen derselben unmittelbar über der Kohle lagert
eine Schichtenfolge von wechselnder Mäch-

---

[22]) Physiogr. d. Braunk. 1867. p. 678.
[23]) Ebendort, p. 181.

[24]) Ebendort, p. 670.
[25]) Scheithauer (Fabrikation der Mineralöle
p. 13) ist mithin im Irrthume, wenn er anführt,
dass die Schweelkohle im Oberbergamtsbezirk Halle
bis jetzt nur in der Gegend zwischen den Städten
Weissenfels und Zeitz und in der Nähe der Mansfelder Seen bei Eisleben, ferner in der Umgebung
der Städte Aschersleben, Halberstadt und Halle a.S.
bekannt ist, und dass in den übrigen Theilen des
genannten Bezirkes, wo Braunkohle gefördert wird,
bis jetzt die Anwesenheit von Schweelkohle nicht
festgestellt werden konnte.

tigkeit, die aus Schottern und aus Löss besteht und dem Diluvium angehört.

### a) Petrographische Beschaffenheit des Diluviums.

Die Schotter zeigen sich als Zusammenhäufungen von Steinchen, welche aus Quarz, Milchquarz, Chalcedon, Achat, Kieselschiefer, versteinertem Holz etc. bestehen. Auch Feuersteine fand ich. Nicht selten treten in den Schottern Thoneisensteine in mehr oder weniger grossen Stücken auf, welche deutlich zeigen, dass sie an Ort und Stelle entstanden

verschwinden nach dem Liegenden zu mehr und mehr. Die Schotter treten nicht überall über der Tertiärformation auf.

Dieselben werden überlagert vom Löss. Er zeigt sich in zwei durch die Farbe von einander abweichenden Ausbildungsweisen, indem die unteren Partien eigenthümlich blaugrau, um eine Wenigkeit grüner als der typische norddeutsche Geschiebemergel in frischem Zustande, aussehen, während die oberen eine rothbraune Färbung aufweisen. Es ist nicht zweifelhaft, dass beide Farben lediglich durch den verschiedenen Oxyda-

**Fig. 84.**
Thon mit vertikal verlaufenden Pflanzenwurzeln im Liegenden der Grube No. 396 bei Fabrik Teuchern.

sind. Kalke sind verhältnissmässig selten. Das gesammte Material verräth im Allgemeinen ohne Weiteres seine Herkunft aus den nahen Gebirgen, und derartige Stücke überwiegen an Zahl bedeutend die aus der nordischen Grundmoräne ausgewaschenen Geschiebe.

Die Schotter sind in durch die Farbe von einander deutlich zu sondernden Bänken abgesetzt, welche vortrefflich transversale Schichtung zeigen und stellenweise durch kleine Kohlenschmitzen schwarz oder durch hohen Eisengehalt tief rostbraun gefärbt sind. Gewöhnlich wechseln Bänke gröberen mit solchen feineren Materials. Letztere

tionszustand der in dem Material enthaltenen Eisenverbindungen bedingt sind, wennschon ich mir die später zu erwähnende schweifartige Emporziehung des blaugrauen Löss in den rothbraunen in Grube No. 396 bei Fabrik Teuchern auf diese Weise nicht recht erklären kann. Es müssten infolgedessen beide Lössarten als eine behandelt werden; ich habe sie im Folgenden jedoch nicht zusammengezogen, da die Bohrtabellen sie getrennt angeben und der blaugraue Löss von den Grubenarbeitern stets gesondert als „Letten" bezeichnet wird.

Die petrographische Beschaffenheit beider Lössarten ist im Allgemeinen dieselbe, wennschon der blaugraue kiesiger und kalkärmer, der rothbraune feinerdiger und kalkreicher ist. Beim Zerreiben zwischen den Fingern färben sie mehlartig ab. Im Wasser zerfallen sie sehr leicht und bilden beim Austrocknen senkrechte Abstürze. Die lockere poröse Structur ist gewöhnlich gut zu beobachten. Ueberall ist der Löss von senkrechten Höhlungen durchzogen, die sich manchmal bis zu $\frac{1}{2}$ m Länge verfolgen lassen. Lössmännchen finden sich naturgemäss am meisten in den oberen Partien und sind eine unwillkommene Beimengung des Löss bei seiner Verwendung zu Ziegelsteinen etc. Hin und wieder sind dem Löss nordische Geschiebe eingelagert, darunter nicht selten Feuersteine.

Wo unter dem Löss die Schotter vorhanden sind, macht sich an ihnen bisweilen ein allmälicher Uebergang in denselben bemerkbar, indem die Schotter nach oben hin kiesartiger werden, darauf in Gestalt von Sandeinlagerungen mit dem Löss wechsellagern und weiter nach oben schliesslich ganz verschwinden. In seinen unteren Partien ist der Löss deutlich geschichtet, oben tritt die Schichtung mehr und mehr zurück.

Reste ehemaliger grosser Säuger sind im Löss nicht selten. Conchylien habe ich nie gefunden.

b) Die Entstehung der Diluvialbildungen.

Der Löss der Gegend zwischen Weissenfels und Zeitz steht durch die gleichartigen Absätze der Hallenser Gegend mit dem Löss der Magdeburger Börde in Verbindung. Ueber die Entstehung des letzteren hat uns Wahnschaffe[36]) bereits ein ebenso deutliches wie unzweifelhaft richtiges Bild gegeben, welches für die Weissenfels-Zeitzer Gegend vielfach zutreffend ist. Ich stelle mir, bezugnehmend auf Wahnschaffe's Ansichten, die Entstehung der Diluvialabsätze zwischen Weissenfels und Zeitz folgendermaassen vor:

Während der Abschmelzperiode der zweiten Vereisung bildeten sich am Rande des norddeutschen Flachlandes zwischen den sich zurückziehenden Gletschermassen und dem Nordrande des deutschen Mittelgebirge Staubecken, von denen eins die Gegend von Weissenfels und Zeitz ausfüllte und sich über Halle wahrscheinlich bis in die Magdeburger Börde erstreckte resp. mit einem dort befindlichen in Verbindung stand. Die Gewässer kamen zunächst von N und S mit

theilweise recht lebhaftem Gefälle und brachten das gröbere Material der Gebirge und der Grundmoräne mit. Beides mischte sich und wurde vermehrt durch die Körnchen des tertiären Sandes, der an manchen Stellen über der Kohle fortgewaschen und in die Schottermassen aufgenommen wurde. Die Strömung war an verschiedenen Orten verschieden stark und so kamen die Schotter nur stellenweise zum Absatze. Vielfach enthalten sie in ihren Bänken Braunkohlenquarzitblöcke, deren Grösse auf die Gewalt der Strömung einen Schluss ziehen lässt.

Nachdem die Schotter abgesetzt waren, wurde die Strömung allmälich eine schwächere. Die feinsten thonigen Theile aus den Mittelgebirgen mischten sich nun mit dem feinen Abhub aus der kalkhaltigen Grundmoräne und begannen zu sinken. Zunächst wechsellagerten sie bisweilen noch mit Sanden von kleinerem Korn, bis letztere allmälich verschwanden und nun legte sich der Löss als eine verhüllende gleichmässige Decke über das gesammte Gebiet. Bisweilen wird dabei an der einen oder anderen Stelle die Strömung eine etwas lebhaftere gewesen sein und es entwickelte sich dort ein reges Pflanzenleben am Boden des Stausees. Der Kalk setzte sich um die Wurzeln der Pflanzen fest und bildete eine noch jetzt erhaltene weisse feine Hülle, während die absterbenden Pflanzen dem Boden nach und nach einen reicheren Humusgehalt gaben, als ihn andere Gegenden aufwiesen, und ihm dadurch eine schwarze Färbung verliehen. Die etwas stärkere Strömung wird gleichzeitig das Zusammenschwemmen der Knochenreste von Säugethieren gerade in einer derartigen Bank begünstigt haben. In Grube No. 354 bei Granschütz werden wir eine solche humusreiche Schicht mitten im gewöhnlichen Löss kennen lernen.

Nachdem die ganze Gegend trocken gelegt war, entstand auf dem fruchtbaren Boden eine reiche steppenartige Grasvegetation. Durch die in das Erdreich eindringenden Wurzeln wurde die Veranlassung zur Bildung von kleinen Poren und Kalkröhrchen in unendlicher Zahl gegeben, welche sich beim Schlämmen des Bodens in reicher Menge auffinden lassen. Gleichzeitig wurde der Boden an seiner Oberfläche durch die alljährlich absterbende Grasvegetation an Humus reicher und es bildete sich allmälich eine schwarze Schicht von $\frac{1}{2}$—2 m Mächtigkeit, die mit russischem Namen auch als Tschernosem bezeichnet wird. Ferner entstanden im Laufe der Zeit durch Concretionirung des Kalkes Lössmännchen, und Sickerwässer werden die Ursache für die

---

[36]) Wahnschaffe, Die lössartigen Bildungen am Rande des norddeutsch. Flachl. Zeitschr. d. D. geol. Ges. 1886. p. 353; s. auch dazu von dems. Verf.: Die Ursachen d. Oberflächengestaltung d. nordd. Flachl. 1891. p. 130.

Bildung einer später noch öfter zu erwähnenden stark eisenhaltigen, hellrothbraunen Bank mitten im Löss gewesen sein. Durch Oxydation der in dem Löss enthaltenen Eisenverbindungen färbten sich schliesslich die oberen Partien der Lössablagerungen rothbraun.

### VI. Beispiele für die Entwickelung der Braunkohlenformation zwischen Weissenfels und Zeitz.

#### 1. Grube No. 396 bei Teuchern.

Das Flötz, auf dem die Grube No. 396 nebst der mit ihr vereinigten Grube Johanne

davon stellenweise bis auf 16 m anwächst. Zum grössten Theile besteht die ganze Ablagerung aus guter Schweelkohle, die, wie meistentheils, an den Muldenrändern vielfach in Pyropissit übergeht. Die Schweelkohle nimmt bei verticaler Betrachtung gewöhnlich die Mitte des Flötzes ein und wird von Feuerkohle über- und unterlagert.

Die ganze Ablagerung ist vielfach gestört und bildet ein System von Sätteln und Mulden; die ersteren sind oft von Kohle überlagert. Treten sie jedoch in grösserer Ausdehnung auf, so fehlt über ihnen das Flötz. Der sonst regelmässig abgelagerte liegende

Fig. 85.
Nord-Wand des Tagebaues der Grube No. 396 bei Teuchern.

d = Schwarzerde ⎫ Diluvium    b = Sand ⎫ Unter-Oligocän.
c = Braungelber Löss ⎭              a = Kohle ⎭

Christiane baut, ist ein Theil einer geschlossenen Mulde, die dicht am Wege Teuchern—Unter-Nessa beginnt und sich in östlicher Richtung bis über die Weissenfels-Zeitzer Strasse fortsetzt. Durch eine von Wildschütz nach der Fabrik Teuchern gezogene Linie wird die Mulde ungefähr halbirt. Ein Zusammenhang dieser Ablagerung mit der zwischen Wildschütz und Groeben sich ausdehnenden findet nicht statt, da das Kohlenflötz durch die Rippach erodirt worden ist. Das Tiefste der Mulde liegt ungefähr in der Mitte; das Flötz ist hier nur ca. 6—7 m mächtig, während es in einiger Entfernung

Thon, der ein feuerfestes Material liefert, ist in den tiefsten Mulden nicht vorhanden. Ausser demselben wird das Liegende von einem feinen Sande gebildet, der stets schwimmend ist und von einem sehr quarzreichen, nicht selten Amethyste enthaltenden Kiese unterteuft wird. Der Kies erreicht bisweilen eine Mächtigkeit bis zu 27 m, ist sehr wasserreich und darf in seinen tiefsten Lagen nicht berührt werden, da sonst starke Wasserzugänge eintreten. Wo er sich über ein bestimmtes Niveau erhebt, ist er trocken und dient dann zur Aufnahme der über dem liegenden Thone zugehenden Wasser. Das

Hangende der Mulde besteht aus tertiärem Sand mit Braunkohlenquarziten und diluvialem Kies und Löss.

Die Grube No. 396 ist Tief- und Tagebau; die Nordwand der letzteren ist in der beigegebenen Photographie (Fig. 85) wiedergegeben. Das Liegende des Tagebaues wird von sehr quarzreichem Kiese und überlagerndem grauen Sande gebildet; hierauf folgt der in feuchtem Zustande graublaue, in trockenem grauweisse Thon mit Pflanzenresten, dessen wir oben bereits Erwähnung gethan haben. Er wird überteuft von dem Kohlenflötze, dessen abwechselnd dunkle und helle Schichten auf der Abbildung gut hervortreten. Eine kleine interessante Störung in der Kohle (auf der rechten Seite der Abbildung) muss auf den Druck des Deckgebirges zurückgeführt werden, da die Faltung nach unten hin allmählich verschwindet. Dies scheint mir gleichzeitig ein Beweis dafür zu sein, dass der Druck der hangenden Schichten durchaus nicht so gering zu veranschlagen ist, wie ihn manche Forscher anzunehmen geneigt sind. In den oberen Partien des Flötzes wechseln dunkele und helle Straten häufiger als in den unteren. Man unterscheidet im Allgemeinen 3 Lagen Feuerkohle und 2 Lagen Schweelkohle, deren Material bei der technischen Verwendung streng gesondert wird. Die Schweelkohle steht mithin in Grube No. 396 der Feuerkohle an Menge nach. Fossile Reste kommen in den Kohlen mit Ausnahme vereinzelter Lignite nicht vor und auch letztere sind verhältnissmässig recht selten. Die obersten Lagen des Flötzes werden von einer sehr minderwerthigen Farbkohle eingenommen, die mit der Feuerkohle zusammen zur Verwendung kommt. Die Schichten des gesammten Flötzes fallen um ein wenig nach Norden ein; die Oberfläche desselben ist wellenförmig gebogen.

Das Hangende der Kohle bildet im Tagebau tertiärer Sand, welcher sich durch seine Farbe von der dunkelen Kohle wirksam abhebt. Die untersten Lagen desselben sind durch kleine Kohlenpartikelchen röthlich gefärbt, weiter nach oben wird der Sand gelb und schneeweiss. Manche Schichten desselben sind zu Braunkohlensandstein verkittet; derselbe wird in gewaltigen Blöcken aus dem Sande herausgeholt und an Ort und Stelle sofort zu Chausséesteinen verarbeitet. Pflanzenreste sollen in ihm vorgekommen sein, es ist mir jedoch nicht gelungen, auch nur eines einzigen habhaft zu werden.

Ueber dem tertiären Sande folgt das Diluvium in Gestalt eines graublauen sandigen Lösses mit zarter Schichtung; Wurzelröhrchen sind in ihm überall vorhanden. Er schneidet im Allgemeinen scharf gegen den ihn überlagernden braunen Löss ab; häufig ist er jedoch in denselben schweifartig emporgezogen und eine Strecke mitgeschleppt — eine Erscheinung, welche die Abbildung nicht wiedergeben konnte. Dieselbe ist wohl auf eine stärkere Strömung des Wassers beim Absatze der oberen Partien zurückzuführen, wodurch die Partikelchen der unteren Schichten in die der oberen stellenweise hineingezogen wurden. Der braune Löss hat an seiner Basis eine stark eisenhaltige Schicht von braunrother Farbe, deren oben bereits Erwähnung gethan ist. Das Material derselben besitzt einen eckigen Bruch. Die Mächtigkeit dieser Schicht beträgt $^1/_2$–$^3/_4$ m Mächtigkeit. Der typische, weiter oben folgende Löss enthält viele kleine Geschiebe nordischen Ursprungs und Feuersteine. Kalkgeschiebe fehlen, soweit ich es habe feststellen können. Die Grösse der Blöcke erreicht selten die einer Faust. Lössmännchen sind in den unteren Partien seltener, werden aber nach oben häufiger und müssen, da die oberen Lagen des Löss zu Ziegelfabrikation verwandt werden, sorgsam aus ihm herausgelesen werden. Die obersten Partien des Löss bildet die Schwarzerde.

Ein Profil von der Nordwand der Grube (Abbildung) gestaltet sich folgendermaassen:

1. Schwarzerde . . . . . . 0,60 m
2. Löss, braungelb . . . . . 3,50 -
3. Löss, blaugrau . . . . . 4,00 -
4. Tertiärer Sand mit Braun-
   kohlenquarzit . . . . . 6,00–8,00 m
5. Rothe Farbkohle . . . . . 0,80 m
6. Feuerkohle . . . . . . . 2,30 -
7. Schweelkohle . . . . . . 0,50 -
8. Feuerkohle . . . . . . . 0,80 -
9. Schweelkohle . . . . . . 4,00 -
10. Feuerkohle . . . . . . . 3,00 -
11. Thon mit Pflanzenwurzeln . . 2,50 -
12. Grauer Sand . . . . . . 1,20 -
13. Sehr quarzreicher Kies . . . 3,00 -

Zwei andere Profile in nächster Nähe ergaben nachstehende Schichtenfolge und deren Mächtigkeit:

I. Am neuen Schachte neben der Fabrik Teuchern:

1. Schwarzerde . . . . . . 0,50 m
2. Löss . . . . . . . . . 7,90 -
3. Tertiärsand mit Braunkohlenquarziten . . . . . . . 8,00 -
4. Feuerkohle . . . . . . . 0,80 -
5. Schweelkohle mit Pyropissit . 0,80 -
6. Feuerkohle . . . . . . . 0,60 -
7. Thon . . . . . . . . . 1,00 -
8. Weisser Sand . . . . . . 0,60 -
9. Sehr quarzreicher Kies . . . 2,00 - u. mehr.

II. Am Wasserhaltungsschachte in der tiefsten Mulde:

1. Schwarzerde . . . . . . 0,60 m
2. Löss . . . . . . . . . 8,00 -
3. Tertiärsand . . . . . . 4,50 -
4. Grober Kies . . . . . . 6,80 -

5. Feuerkohle . . . . . 2,00 m
6. Schweelkohle . . . . 3,50 -
7. Feuerkohle . . . . . 2,00 -
8. Thon . . . . . . . . 0,30 -
9. Grauer Sand . . . . 1,50 -
10. Kies . . . . . . . 2,00 - u. mehr.

### 2. Grube v. Voss und Grube Johannes II.

Zwischen Deuben, Wildschütz und Groeben befindet sich eine grössere Kohlenab-

selben sollen Grube v. Voss und Grube Johannes II im Folgenden besprochen werden.

#### a) Grube v. Voss.

Die Grube v. Voss liegt am Wege von Groeben nach der Weissenfels-Zeitzer Chaussée, in der unmittelbaren Nähe der letzteren. Von der Theerschweelerei Groeben der „sächsisch-thüringischen Actien-Gesellschaft

**Fig. 86.**
West-Wand des Tagebaues der Grube v. Voss bei Deuben (Fortsetzung von Fig. 87 nach links).
(Durch Aufrechtstellung der Platte ist ein verschiedener Maassstab beider Abbildungen entstanden.)

f = Schwarzerde
e = Braungelber Löss } Diluvium
c = Schotterbänke

b = Thon } Unter-Oligocän.
a = Kohle

lagerung, deren Abbau eine Anzahl von Gruben betreiben. In die dieser Arbeit beigegebene Karte ist nur ein Theil derselben mit folgenden Gruben eingetragen: Hedwig, Alt-Groeben, v. Voss, Aurelie, H. O. Schmidt, Neu-Groeben und Johannes II. Von den-

für Braunkohlenverwerthung", welche von ihr mit Kohlen versorgt wird, ist sie etwa 800 m entfernt. Die Lagerung des Flötzes, auf dem die Grube baut, ist unregelmässig wellenförmig. Die tiefste Mulde liegt in der Nähe des Ringofens bei der obengenannten Schweelerei, wo das Liegende 25 m unter die Sohle des Förderschachtes einfällt. Das Streichen dieser Mulde ist nicht genau bekannt, da Strecken in diesem Theile des Grubenfeldes nicht vorhanden sind und die Bohrlöcher keinen Aufschluss geben. Auf dem nordwestlichen Flügel, wo Tiefbau getrieben wird, ist das Flötz vielfach von senkrechten Klüften durchzogen, die mit Löss und Geröll ausgefüllt sind und auf die Zusammenziehung der Kohle beim allmählichen Austrocknen derselben zurückgeführt werden müssen. Als Liegendes der Kohle ist bisher im ganzen Grubenfelde Thon gefunden worden, dessen Mächtigkeit 2,5 — 3 m beträgt. Unter ihm folgt ein feiner, thoniger Sand, der bei stattfindenden Wasserdurchbrüchen, durch Aufnahme von Wasser schwimmend wird. Das Liegende des Sandes bildet gröberer, quarzreicher Sand, der stark wasserführend ist. Seine Mächtigkeit ist unbekannt, da er bis jetzt noch nicht durchteuft worden ist.

Im Tiefbau schwankt die Mächtigkeit der Kohle zwischen 8 — 10 m. Als Einschlüsse finden sich dichter Schwefelkies in geringer Menge, Retinit von Hirsekorn bis Bohnengrösse in feiner Vertheilung und Knorpelkohle mit Blätter- und Nadelabdrücken. Im südöstlichen Theile des Grubenfeldes treten in der Kohle ca. 20—40 cm starke Bänke von bituminösem Braunkohlensandsteine auf. Derselbe hat die Farbe der Kohle, ist meistens sehr hart und steigt und fällt mit den Bänken des Flötzes. Er erscheint nur in der oberen und in der First der zweiten Etage.

Der Tagebau der Grube von Voss erstreckt sich von Norden nach Süden. Die Gewinnung der Kohle erfolgt an der Westseite desselben, wo sämmtliche Schichten vom Hangenden bis zur Kohle inclusive gut aufgeschlossen sind.

Die oberste Schicht bildet die Schwarzerde in Mächtigkeit von ca. 1 m an der Westseite, über 2 m an der Nordseite der Grube. Ihre Beschaffenheit ist dieselbe wie in anderen Gruben. In den untersten Partien liegt eine ca. 40 cm mächtige dunkelbraun gefärbte Schicht, welche den Uebergang zum typischen Löss vermittelt. In dem letzteren sind wie in Grube No. 396 die Lössmännchen in den oberen Lagen häufiger als in den unteren. Ihre Grösse schwankt; meistens stellen sie längliche Concretionen dar, jedoch fand ich auch viereckige bis zu 7 cm Durchmesser. Poren von Wurzeln und Halmen sind in dem Löss überall in Unzahl zu bemerken. Die unteren Partien des Löss sind deutlich horizontal geschichtet. Ge-

schiebe sind in ihm gewöhnlich nicht vorhanden, jedoch bemerkte ich an der Nordwest-Seite der Grube einige Quarze von ca. 5 cm Durchmesser, deren Kanten vollständig abgerollt waren. Die genannte Stelle war auch dadurch bemerkenswerth, dass sich dort die horizontale Schichtung des Lösses auf das Deutlichste verfolgen liess, indem derselbe von vielen mit einander parallelen rothbraun gefärbten Streifen durchsetzt war.

Unter dem dunkelgelbbraunen Lösse folgt der stark-sandige Löss von graublauer Farbe mit geringem Eisen- und Kalkgehalt, der im Uebrigen die Eigenschaften des typischen Löss besitzt und auch die Höhlungen ehemaliger Wurzeln etc. erkennen lässt. Die Lagerung dieser Schicht ist im Allgemeinen eine regelmässige und dadurch noch deutlicher zu beobachten, dass hin und wieder Conglomeratbänke auftreten, die ihr Material aus den weiter unten folgenden Geröllschichten entnommen haben. Im Uebrigen sind die Gerölle nicht nur auf die Conglomeratbänke beschränkt, sondern liegen überall in grösserer oder geringerer Häufigkeit in dem graublauen Lösse vertheilt. Die Schicht lässt sich an der ganzen Westseite der Grube verfolgen, wo sie durch ihre Farbe mit Deutlichkeit überall hervortritt. Wie Fig. 88 zeigt, ist sie an der Nordwest-Ecke der Grube am mächtigsten und verringert sich nach Süden hin ziemlich plötzlich bis zu ca. $\frac{1}{2}$ m Mächtigkeit. An der Nordseite des Tagebaues sieht man sie über einem Sattel der Kohle stark gefaltet und in den braungelben überlagernden Löss hineingepresst; sonst ist die Grenze beider Lössarten überall scharf ausgeprägt. Stellenweise finden sich in dem blaugrauen Löss grössere Partien von braungelbem Lösse eingelagert; besonders interessant ist das Vorhandensein von kleinen Kohlenschmitzen an der Nordwest-Ecke des Tagebaues auf der Grenze beider Lössarten. Dieselben sind nach der Grenzlinie hin sackartig ausgezogen und in Gestalt kleiner Schweife von der nördlich verlaufenden Strömung eine kleine Strecke mitgeschleift; hin und wieder werden sie von Partien braungelben Lösses ersetzt, welche dieselbe Erscheinung aufweisen. Diese Schleppung lässt sich in der ganzen Bank an der oberen Grenze verfolgen.

Unter der graublauen Lössschicht folgt wieder braungelber Löss, welcher in geringer Mächtigkeit auftritt und nach Norden hin auskeilt und verschwindet. Derselbe schliesst eine Bank von braunrother Farbe und eckigem Bruche mit starkem Eisengehalte ein, die beim Austrocknen in verhältnissmässig scharfkantige Stücke zerfällt.

Auch sie zeigt die Höhlungen ehemaliger in ihr vorhandener Pflanzen, die sich aber im feuchten Zustande des Materials kaum bemerken lassen. Nach Süden zu wird die Bank conglomeratisch. Gerölle sind in ihr auch sonst nicht selten; ich fand solche bis zu 5 cm Durchmesser, darunter auch Feuersteine. Eine deutlich horizontale Schichtung war überall zu beobachten. Unter ihr folgt stark sandiger Löss von braungelber Farbe mit hin und wieder auftretenden Kohlenstückchen, kleinen Geschieben und Schichtung.

davon wieder ein. Sie sind in den oberen Lagen häufiger als in den unteren. Ihre Mächtigkeit beträgt 1—30 cm. Die Farbe der Conglomeratbänke ist im Allgemeinen grau, hin und wieder wird sie durch Eisengehalt gelb und in der Nordwest-Ecke der Grube ist sie in bedeutender Mächtigkeit rostbraun. Das Material der Schichten besteht aus kleinen durchsichtigen, scharfen Quarzkörnern; die gröberen Stücke sind ebenfalls meistens Quarze, daneben treten auf: viele Milchquarze, kleine Achate, Feuersteine in ziemlicher Häufigkeit, typischer

**Fig. 87.**
West-Wand des Tagebaues der Grube v. Voss bei Deuben.

f = Schwarzerde }
e = Braungelber Löss } Diluvium　　a = Kohle — Unter-Oligocän.
d = Blaugrauer Löss }
c = Schotterbänke }

Durch eine scharfe, vermittels Farbenwechsel deutlich ausgeprägte Grenze werden die Lössschichten von einer das Hangende der Kohlenformation bildenden Folge von Geröllbänken getrennt. Sie zeigen schöne Torrentoschichtung und setzen sich aus Bänken von feinerem und gröberem Material zusammen, welche mit einander abwechseln. Hin und wieder treten Bänke von ganz groben Geröllen auf. Nach unten nehmen die Bänke mit feinerem Material immer mehr ab und solche mit gröberem werden häufiger. Dünne Braunkohlenschmitzen liegen bänkeweise zwischen den Geröllschichten, keilen sich fortgesetzt aus und setzen nicht weit

Beyrichienkalk, grosse Stücke Kieselschiefer und Massengesteine, besonders Glimmerschiefer nordischen Ursprungs. In den Höhlungen der Quarze bemerkte ich häufig recht hübsche Quarzkrystalle. Ferner sah ich mehrere Stückchen verkieselten Holzes und besonders interessant war das Vorkommen einiger grösserer Kalkblöcke, die in ihrer petrographischen Beschaffenheit lebhaft an die weissen Jurageschiebe Nord-Deutschlands erinnerten. Sie enthielten sehr grosse Bivalven, deren Bestimmung leider nicht möglich war. Bedauerlicher Weise sind diese Kalkstücke vor ihrer Bergung durch die fortschreitenden Arbeiten beim Beseitigen des Abraumes über der Kohle mit fortgenommen worden und verschwunden. In den Geröllablagerungen sah ich ferner häufig Thoneisensteine, welche bisweilen vollständig hohl waren und sich durch bedeutende Härte auszeichneten. Schliesslich sind noch Knollenquarze zu erwähnen, von denen mehrere von den Arbeitern aus den Geröllbänken herausgeworfen waren und die dem ehemals wohl über der Kohle vorhandenen tertiären Sande entstammten, den die Geröllbänke bei ihrem Absatze in sich aufnahmen.

Die Kohlenformation wird im Tagebau durch Thon und Kohle repräsentirt. Der erstere ist nicht überall vorhanden, sondern

4. Geröllbänke . . . . ca. 6,4 m
5. Kohle

An der Südwestseite der Grube ergab sich dagegen nachstehendes Profil:

1. Schwarzerde . . . . . . . ca. 1,0 m
2. Braungelber Löss . . . . - 9.8 -
3. Graublauer Löss . . . . . - 0.5 -
4. Braungelber Löss mit rothbrauner Bank . . . . - 1.0 -
5. Geröllbänke . . . . . . . - 3.7 -
6. Gelber Thon . . . . . . . - 0,2 -
7. Blauer Thon . . . . . . . - 9,0 -
8. Kohle

### b) Grube Johannes II bei Groeben.

Der nördliche Flötztheil dieser in unmittelbarer Nähe von Groeben gelegenen und mit der Theerschweelerei Groeben durch eine

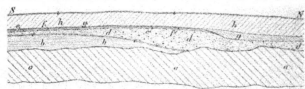

**Fig. 88.**
Profil der West-Wand im Tagebau der Grube v. Voss. (Nach einer Skizze des Verf. im April 1895.)   Maassstab 1 : 1500.

i = Schwarzerde
h = Braungelber Löss
g = Blaugrauer Löss
f = Braunrothe Bank im braungelben Löss
e = Braungelber Löss
d = Geröllbänke mit Kohlenschmitzen und vereinzelten Knollensteinen  }  Diluvium

c = Gelber Thon
b = Blauer Thon
a = Kohle  }  Unter-Oligocän.

beginnt ungefähr in der Mitte der Grube in einer Kohlenmulde. Seine Farbe ist dunkelblau-schwarz, die Schichtung sehr fein. Er fängt mit geringer Mächtigkeit an und bildet weiter südlich ein starkes Lager. Ueber ihm liegt eine dünne Bank von gelblichem, stark sandigem Thon von ca. 20 cm Mächtigkeit.

Unter dem Thon lagert die Kohle; sie enthält dieselben Einschlüsse, welche oben bereits genannt sind. Ihre Mächtigkeit beträgt 14 — 18 m; davon kommen ca. 5 m auf die Schweelkohlen. Die obersten Schichten des Flötzes bildet eine etwa 1,5 m mächtige Bank von Knorpelkohle. Der Abbau der Kohle geschieht in der Grube in der Weise, dass von Stolln aus Bohrlöcher nach oben getrieben werden, die als Stürzlöcher für die abgebauten Kohlen dienen. Auf diese Weise entstehen neben einander eine Reihe von umgekehrt conischen Vertiefungen. — Ueber das Liegende der Kohle siehe oben.

Ein Profil an der Nordwest-Ecke des Tagebaues ergab:
1. Schwarzerde . . . . ca. 1,0 m
2. Braungelber Löss . . - 9,8 -
3. Graublauer . . . . - 2,9 -

Drahtseilbahn verbundenen Grube ist fast horizontal gelagert, während der grössere südliche ein sehr starkes Einfallen bis zu 20° nach dem Tiefsten zu zeigt. In dem letzteren Punkte hat das Flötz eine Mächtigkeit von 24,5 m; nach Süden, Norden und Westen nimmt es langsam ab und geht nach Osten an einem Rücken aus[27]), so dass in einer Entfernung von 100 m nur noch Bestege von geringer Mächtigkeit angetroffen werden. Die Schweelkohle ist hauptsächlich in der Mitte des Flötzes abgelagert, das Verhältniss derselben zur Feuerkohle ist 1 : 1. In den Flötzpartien finden sich häufig Einlagerungen von Kies und Thon, welche meistens als ganz schwache senkrechte Schnüre, oft auch als kleine Nester auftreten.

Der Schichtenwechsel gestaltet sich im Verlauf einer von Norden nach Süden durch das Flötz gezogenen Linie folgendermaassen:

α) Am nördlichen Flötzrande:
1. Schwarzerde . . . . . . 0,40 m
2. Braungelber Löss . . . . 5,00 -
3. Graublauer Löss . . . . 3,60 -
4. Feuerkohle . . . . . . 1,37 -
5. Schweelkohle . . . . . 2.60 -
6. Liegender grauer Thon . . 0.50 -

---

[27]) Hinter ihm legt es sich wieder an.

β) Am Hauptschachte:

1. Schwarzerde . . . . . 1,20 m
2. Löss . . . . . . . 1,00 -
3. Schwarzer Thon . . . 1,00 -
4. Brauner Thon }(? d.Verf.) 4,00 -
5. Grauer Sand } 1,20 -
6. Kies . . . . . . . 1,70 -
7. Feuerkohle . . . . . 1,00 -
8. Schweelkohle . . . . 5,80 -
9. Feuerkohle . . . . . 2,30 -
10. Brauner Thon . . . . 0,50 -
11. Grauer Sand . . . . 2,30 -
12. Kies . . . . . . . 1,30 - u. mehr.

γ) Im Muldentiefsten:

1. Schwarzerde . . . . 0,50 m
2. Löss (gelbbraun) . . . 2,30 -
3. Löss (graublau) . . . 9,50 -
4. Grauer scharfer Sand mit
   Kohlenschnüren . . . 13,00 -
5. Kies . . . . . . . 2,80 -
6. Brauner Sand . . . 1,40 -
7. Brauner Thon . . . 0,70 -
8. Feuerkohle . . . . 11,50 -
9. Schweelkohle . . . . 10,70 -
10. Feuerkohle . _ . _ 2,30 -
11. Liegender brauner Thon 2,80 -

δ) Bohrloch No 26, 100 m östlich vom vorstehenden (γ) entfernt:

1. Schwarzerde . . . . 1,00 m
2. Braungelber Löss . . . 4,90 -
3. Grauer Thon . . . . 1,30 -
4. Grauer Thon . . . . 2,00 -
5. Blauer Thon . . . . 1,80 -
6. Moorboden . . . . . 0,40 -
7. Blauer Thon . . . . 2,20 -
8. Moorboden . . . . . 4,30 -
9. Grauer thoniger Sand . 3,80 -
10. Moorboden . . . . . 4,50 -
11. Thoniger Sand . . . . 4,00 -
12. Moorboden . . . . . 2,50 -
13. Grauer Letten (? d. Verf.) 18,00 -
14. Grauer Sand . . . . 8,00 -

Das letzte Bohrloch ist besonders dadurch interessant, dass in ihm viermal Moorboden getroffen worden ist. Wie bei den
tertiären Braunkohlen und den Steinkohlen
älterer Perioden das Auftreten von Thon-
bänken (sog. Underclay) unter der Kohle von
Bedeutung ist und als Wasser undurchlässige Schicht Gelegenheit zur Bildung eines
Sumpfes gab, so sehen wir auch hier stets
unter dem Moorboden eine Schicht von Thon
resp. thonigem Sande auftreten. In der abwechselnden Folge von Thon und Moor
haben wir hier mithin dieselbe Erscheinung,
wie im Carbon in der Wechsellagerung von
Thonschiefern und Kohle.

Die Entstehung der Bildungen, welche
durch obiges Bohrloch getroffen sind, lässt
sich unschwer erklären. Aus dem Profil geht
auf das Deutlichste hervor, dass wir es bei
sämmtlichen Schichten lediglich mit Diluvial-
absätzen zu haben; entweder folgt die
Kohle unter dem grauen Sande (14) oder
sie ist erodirt und verschwunden; beide
Fälle sind für uns hier gleich unbedeutend.
In der Abschmelzperiode des Eises sind,

wie oben bereits gezeigt, Wasserströme in
das ganze von uns besprochene Gebiet gedrungen und haben stellenweise Schotter in
grosser Menge abgesetzt, deren Material sich
aus nordischen und heimischen Trümmern
mischte; später kam dann das feinere Material
zum Absatze. Während dieser Zeit wird das
Wasser auch in eine tiefe Mulde gekommen
sein und den grauen Sand (14) und grauen
Letten (13) abgesetzt haben. In der Wasser-
undurchlässigkeit des letzteren, welcher unzweifelhaft stark thonhaltig ist, war die Bedingung für die Ansiedelung von Gewächsen
gegeben und es bildete sich eine humose
Schicht, welche später wieder von thonigem
Sande bedeckt wurde. Auf dieser Schicht
konnte sich dann noch einmal eine reichere
Vegetation ansiedeln u. s. f., bis die Mulde
ausgefüllt war. Auf diesen sämmtlichen
Schichten lagerte sich später bei grösserer
Ausdehnung des Wassers als verhüllende
Decke der jetzt braungelbe Löss.

Der im Liegenden des Profiles aus der
Nähe des Hauptschachtes (β) vorkommende
Kies ist sehr quarzreich und enthält häufig
Amethyste. Er ist an einer Stelle in einer
Mächtigkeit von über 28 m angetroffen. Derselbe kommt nach den mir zugegangenen
Mittheilungen unter den sämmtlichen Flötz-
ablagerungen zwischen Weissenfels und Zeitz
vor und soll auch von Taucha her bekannt
sein. Bei Sössen und nach Leipzig zu fehlt
er vollkommen. Infolge seiner grobkörnigen
Beschaffenheit ist er sehr wasserreich, weshalb man auf sämmtlichen Werken vermeidet,
ihn mit den Strecken zu berühren. Wird
er dennoch angefahren, so erfolgen häufig
sehr starke Wasserdurchbrüche aus dem
Liegenden, die schon wiederholt den Betrieb
einzelner Gruben in Frage gestellt haben.

3. Grube No. 354, 358 und 436.

Das von den Gruben No. 354 bei Granschütz, No. 358 bei Aupitz und No. 436 bei
Zorbau[28] bebaute Flötz liegt in einer Mulde,
die im Allgemeinen von NW nach SO streicht
und der Gestalt eines Stiefels nicht unähnlich
sieht. Wo der Schaft desselben anfängt,
liegt das Dorf Gerstewitz. Die Haupt-
streichungslinie ändert ihre Richtung sehr
häufig und das Flötz zerfällt in ein System
von grösseren und kleineren Specialmulden.
Die Sättel sind nur in sehr seltenen Fällen
Luftsättel, vielmehr ist das Flötz auf ihnen
vielfach so mächtig, wie in den Mulden.
Das Deckgebirge wechselt in der Mächtigkeit wie in der Zusammensetzung seiner

---

[28] Auf zwei weitere Gruben ist hier nicht Rücksicht genommen.

Schichten ausserordentlich. Die Kohle besteht aus Feuerkohle und Schweelkohle; im Ausgehenden kommt, wie gewöhnlich, Pyropissit vor, doch immer nur in geringer Mächtigkeit und meistens in Gestalt von Nestern.

### a) Grube No. 354 bei Granschütz.

Das Flötz dieser Grube bildet den südöstlichen Theil der oben erwähnten Hauptmulde und zerfällt wieder in verschiedene Specialmulden, deren tiefste fast in der Mitte des ganzen Feldes liegt. Die Mächtigkeit des Flötzes beträgt im nordwestlichen Theile bis 14 m, in der Mitte bis 12 m; von hier an nimmt das Flötz sehr schnell ab und geht im südöstlichen Theile ganz aus. Diese letztere Flötzpartie ist arm an Schweelkohle, während der mittlere Theil fast ausschliesslich aus solcher besserer und bester Qualität besteht und bis 75 Pfd. Theer auf 1 hl Kohle liefert. Am reichsten an Theer ist die Kohle durchweg nahe am Liegenden, wo sie eine bis 0,60 m starke Knorpelschicht bildet. Im nordwestlichen Theile stellt sich das Verhältniss von Feuerkohle zur Schweelkohle wie 60 : 40.

Die Folge und Mächtigkeit der Schichten im nordwestlichen Flügel gestalten sich folgendermaassen:

| | | |
|---|---|---|
| 1. Schwarzerde | . . . . . . . . | 0,4—0,7 m |
| 2. Löss | . . . . . . . . . | 4,0—6,0 - |
| 3. Gelber Sand | . . . | 2,0—3,0 - |
| 4. Weisser Sand | . . . | 6,0—8,0 - |
| 5. Gelber Sand, ins Röthliche übergehend . | Tertiär | 4,0—6,0 - |
| 6. Weisser Thon, sehr plastisch . . . . | | 0,6—1,0 - |
| 7. Feuerkohle | . . . . . . . | 4,0—4,5 - |
| 8. Schweelkohle | . . . . . . | 3,0—3,5 - |
| 9. Feuerkohle | . . . . . . . | 2,0—2,5 - |
| 10. Schweelkohle | . . . . . . | 5,0—5,0 - |
| 11. Thoniger Sand | . . . . . | 0,2—0,3 - |
| 12. Gestein von thoniger Beschaffenheit mit Schwefelkiesschnüren. . . . | | 0,3—0,4 - |
| 13. Fester Sandstein | . . . . . . | 0,4—0,6 - |
| 14. Thoniges Gestein | . . . . . | 0,5—0,6 - |
| 15. Scharfkörniger Sand | . . . . | 0,3—0,4 - |
| 16. Thon | . . . . . . . . . | über 10,0 - |
| 17. Buntsandstein. | | |

Der Tagebau der Grube No. 354 erstreckt sich von Osten nach Westen und liegt in unmittelbarer Nähe der Fabrik Gerstewitz, welche theils von ihr, theils von der Grube No. 358 und der später zu erwähnenden Grube Gustav mit Kohlen versorgt wird. Von demselben sind s. Z. durch Herrn W. Pütz Photographien angefertigt worden, von denen mir die Direction der „sächsisch-thüringischen Actien-Gesellschaft für Braunkohlen-Verwerthung" eine gütigst zur Verfügung gestellt hat (s. Fig. 75 S. 359). Dieselbe mag im Folgenden zur Erläuterung dienen.

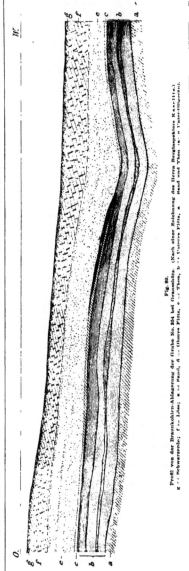

Fig. 80.

Profil von der Braunkohlen-Ablagerung der Grube No. 354 bei Granschütz. (Nach einer Zeichnung des Herrn Berginspektors Kaselitz.)

g = Schwarzerde; f = Löss; e = Sand; d = Obere Flötz, c = Thon, b = Untere Flötz, a = Sand und Thon (a = Unterthon).

Das Hangende des Tagebaues besteht aus Löss und tertiären Sanden. Der Löss hat durchgehends dieselbe Beschaffenheit wie in anderen Gruben und zeigt die Durchsetzung mit Pflanzenwurzeln ganz vorzüglich. Hier bemerkt man ganz deutlich, dass nicht nur Wurzeln, sondern auch stärkere Aeste, welche kreuz und quer im Lösse vertheilt liegen, Gelegenheit zur Bildung von Höhlungen gegeben haben. Dieselben sind fast stets in eine braunrothe Masse verwandelt und treten dadurch deutlich aus der gelben Grundmasse heraus. Die verschiedene Färbung lässt bei vielen mit Leichtigkeit die Jahresringe noch erkennen. Die ausser den Aesten vorkommenden Wurzeln sind vielfach verzweigt, bis zu über $^1/_2$ m Länge zu verfolgen und stellen sich als Reste von Gräsern resp. Schilfen dar. In den oberen Partien des Löss treten die Lössmännchen in bedeutender Menge und Grösse auf und zeigen in ihrem Inneren häufig noch dieselben Poren wie der Löss. Geschiebe fehlen dort vollkommen, wie auch eine Schichtung kaum zu bemerken ist; dieselbe tritt an manchen Stellen jedoch dadurch hervor, dass braunrothe Streifchen dem Lösse horizontal eingelagert sind. Im S. der Grube schiebt sich einmal eine kleine deutlich geschichtete Bank in Gestalt eines grauen schmalen Bändchens ein. Die obere Partie des Löss ist in Schwarzerde verwandelt.

In etwa 6 m Tiefe, von der Oberfläche gerechnet, stellt sich an der SO-Seite der Grube und auf eine grössere Entfernung hin eine schwarze humose Bank von 0,10—0,20 m Mächtigkeit ein. Dieselbe keilt sich nach allen Seiten hin aus und ist nur eine lokale Bildung, die auch im Felde der Grube Taucha beobachtet worden ist. Sie besitzt dieselben senkrechten Poren wie der überlagernde Löss, zeigt jedoch deutliche Schichtung. Die Hüllen der früher vorhandenen Wurzeln etc. sind theilweise als weisse Kalkhülsen zurückgeblieben. Auf die Entstehung dieser Schicht ist oben bereits hingewiesen worden. In dieser Bank sind auffallend viele Reste grosser Säugethiere aufgefunden worden.

Unter der schwarzen Bank folgt die schon öfter erwähnte stark eisenhaltige Lössschicht, welche sich durch die ganze Grube mehr oder weniger deutlich hinzieht und von sandigem Lösse unterlagert wird. Der letztere wird nach unten immer sandiger und deutlicher geschichtet und geht schliesslich in eine reine Conglomeratbank von allerdings nur geringer Mächtigkeit über. Dieselbe enthält neben Kieselschiefer und

Quarz, sowie Feuersteinen, verkieseltem Holz und Thoneisensteinen auch viele nordische Gesteine. Kalk fehlt, so viel ich gesehen habe, vollständig.

Es folgen nun die tertiären Sande, die scharf gegen das Diluvium abschneiden und in verschiedener Färbung — weiss, gelb, grau, chocoladenbraun — auftreten. Ihr Korn wechselt vielfach. Die Schichtung ist sehr deutlich. Nach unten lagern sich immer zunehmende Kohlenschmitzen ein und färben den Sand dadurch stellenweise vollkommen schwarz. Interessant ist in dem gesammten Complexe des tertiären Sandes das Vorkommen einer Anzahl von Verwerfungen und Rutschflächen, welche durch die abwechselnde Färbung der verschiedenen Sandschichten auf das Deutlichste hervortreten. Der weisse Sand wird in den Glashütten und in den Rauchwaarenzurichtereien verwandt.

Eine mir mitgetheilte Analyse desselben hatte ergeben:

| | | |
|---|---|---|
| Feuchtigkeit . . | 0,40 | Proc. |
| Kalk . . . . . | 0,35 | - |
| Eisenoxyd . . . | 1,32 | - |
| Thonerde . . . | 1,55 | - |
| Kieselsäure . . | 96,55 | - |
| | 100,17 | Proc. |

Die tertiären Sande werden unterlagert von einem kleinen Kohlenflötze, welches in der Hauptmulde an dieser Stelle lokal auftritt. Es ist eine Schicht von 1,00 m Mächtigkeit, welche sich an der ganzen Südseite der Grube beobachten lässt. Die Kohle ist locker und bröckelig und wird mit zur Feuerkohle gegeben. Sie enthält bisweilen Reste von Pflanzenwurzeln. Das Liegende derselben bildet ein ausserordentlich plastischer und zäher Thon von blaugrauer Farbe, dessen Mächtigkeit in den Mulden des mit einer wellenförmigen Oberfläche abgelagerten Hauptflötzes zunimmt.

In dem Hauptflötze überwiegt die Menge der Schweelkohle die der Feuerkohle bei weitem, indem die erstere 8—9 m, die letztere 3,50—4,50 m Mächtigkeit besitzt. Eine Eigenthümlichkeit der Schweelkohle im Tagebau besteht darin, dass sie in feuchtem Zustande bedeutend heller ist als während des Trocknungsprocesses; erst nach vollständig eingetretener Trockenheit wird sie wieder weniger dunkel. Infolgedessen nimmt sich der Tagebau wie ein grosses Lager Feuerkohle aus, in dem sich die Schweelkohlenschichten nur wenig von denen der Feuerkohlen abheben. An der Ostseite des Tagebaues zeigte sich im September d. J. auf das Deutlichste, dass hier die Feuerkohle die obersten, die Schweelkohlen die untersten Partien des Flötzes bilden, während die beste, theerhaltigste Kohle die liegendsten Schichten desselben einnimmt — eine Erscheinung, die durchaus gegen die Anschwemmungstheorie spricht. Etwas über der Mitte des Flötzes liegt eine 1—1,5 m mächtige von Zincken schon beobachtete Schicht einer gelbbraunen schmierigen Kohle mit hohem Bitumengehalt, welche in frischem Zustande hellbräunlichroth erscheint, an der Luft schnell dunkelbraun wird und getrocknet dunkelgraubraun aussieht. Nach Zincken scheint sie aus harzigen Coniferenhölzern entstanden zu sein, „deren Conturen beim Abhauen der weichen Kohle vom Stosse öfter hervortreten". In derselben liegen Glanzkohlenpartien eingeschlossen, welche nicht selten mit Schwefelkies durchsetzt sind und „ihren Ursprung harzreichen Wurzelstöcken oder Aesten verdanken mögen."

Der erwähnte Autor hat (p. 678) unmittelbar vom Hangenden des Flötzes Proben von 5,29 m Schweelkohle entnommen und auf den Theergehalt und das spec. Gew. hin untersucht. Er fand folgende Ergebnisse:

| | | | | | |
|---|---|---|---|---|---|
| 0,51 m lieferten pro t 45 | % Theer bei einem spec. Gew. von | 0,830 |
| 0,51 - | - - - 30 | - - - - - - | 0,840 |
| 2,09 - | - - - 25 | - - - - - - | 0,845 |
| 1,05 - | - - - 25 | - - - - - - | 0,850 |
| 1,05 - | - - - 26—30 | - - - - - - | 0,870 |

Das Liegende der Kohle ist dasselbe wie im ganzen Flötze, nur besteht ein Unterschied darin, dass in dem Tagebaue unter der Kohle der feste Sandstein fehlt.

Ein Profil durch den Tagebau gestaltet sich folgendermaassen:

1. Schwarzerde . . . . . . 0,30—0,40 m
2. Löss . . . . . . . . 5,00—6,00 -
3. Humose Schicht mit fossilen Resten 0,10—0,20 -
4. Löss . . . . . . . . 1,00—1,50 -
5. Sandiger Löss . . . . . . 2,00—2,00 -
6. Sand grau . . . . . . 2,00—3,00 -
7. - weiss } Tertiär . . 2,50—3,00 -
8. - grau } . . 2,50—3,00 -
9. I. Flötz . . . . . . 1,00—1,00 -
10. Thon . . . . . . . 0,60—1,00 -
11. Feuerkohle . . . . . 3,00—3,50 -
12. Schweelkohle } II. Flötz . . 2,00—2,50 -
13. Feuerkohle } . . 0,50—1,00 -
14. Schweelkohle } . . . . . 6,00—6,50 -

Das Liegende wie oben (ausschliesslich des festen Sandsteines).

Zincken hat in seinem Nachtrage zur „Physiographie der Braunkohlen" p. 190 ein Profil aus dem Tagebau vom December 1869 gegeben, welches nicht viel von dem obigen abweicht; bei seiner Länge scheint mir eine Anführung desselben hier unzweckmässig.

Im südöstlichen Theile des Grubenfeldes hat sich folgendes Profil aufstellen lassen:

1. Schwarzerde . . . . . . 0,50— 3,00 m
2. Löss . . . . . . . . 8,00—10,00 -
3. Löss, sandig . . . . . . 2,50— 5,00 -
4. Thon . . . . . . . . 0,60— 1,00 -
5. Feuerkohle, wechsellagernd mit geringwerthiger Schweelkohle . 4,00— 8,00 -
Liegendes wie vorher.

## b) Grube No. 358 bei Aupitz.

Der von der Grube No. 358 bebaute Flötztheil der Hauptmulde bildet eine langgestreckte Specialmulde, deren Tiefstes noch unter dem Tiefsten der Grube No. 354 liegt. Dieselbe zerfällt wieder in einzelne kleinere Mulden von geringer Ausdehnung und streicht im Allgemeinen von NW nach SO. Die Muldenränder verlaufen ziemlich flach, während sich das Fallen der Kohle nach dem Tiefsten zu bis zu 10° steigert. Mit der Grube No. 354 ist die Grube No. 358 durch Strecken verbunden; die Hauptverbindung bildet ein im Liegenden aufgefahrener Querschlag, der am Schacht No. 29 der Grube 354 6 m im Liegenden anstehend in der Nähe des Hauptschachtes der Grube 358 das Flötz erreicht.

In der obersten Flötzpartie sind Schweel- und Feuerkohlen sehr unregelmässig abgelagert, während die untersten 4 m eine regelmässig gelagerte gute Schweelkohle liefern. Die Gesammtmächtigkeit der Kohlen beträgt im Muldentiefsten 12—14 m; die hangenden Schichten der Grube sind dieselben wie im nordwestlichen Theile der Grube No. 354. In den oberen Flötzpartien kommen vereinzelt senkrechte sich bald auskeilende Sandschnüre bis zu 0,10 m Stärke vor. Daneben zeigen sich vereinzelt grosse Schwefelkiesknollen bis zu 15 kg Gewicht. Pyropissit wird öfter im südlichen Theile des Feldes nahe am Ausgehenden nesterweise bis zu 0,60 m Mächtigkeit unmittelbar am Hangenden gefunden, auch kommt in den unteren Flötzpartien Retinit vor.

## c) Grube No. 436 bei Zorbau.

Das Flötz dieser Grube bildet den nordwestlichen Theil der oben genannten Hauptmulde und ist am unregelmässigsten gelagert. Der bereits seit längeren Jahren abgebaute nordöstliche Flötztheil war sehr reich an Pyropissit, während in dem jetzt bebauten nordwestlichen Schweelkohle in geringen Mengen und von geringer Güte angetroffen wird.

Die Lagerung des Flötzes ist für die Gewinnung der Kohle denkbar ungünstig und der Abbau derselben mit grossen Schwierigkeiten verknüpft. An der südlichen Grenze liegt das Flötz am Ausgehenden auf 50 m nach Norden hin fast horizontal, fällt dann fast senkrecht ein, verflacht sich hierauf bis auf wenige Grad Neigung und setzt dann wieder auf ca. 200 m Länge mit einer Neigung von etwa 18° in die Tiefe ein. Weiter nach Norden lagert es dann auf ca. 100 m söhlig und wird hier von verschiedenen Thonschnüren von 0,2—1 m Mächtigkeit in 3—4 nicht bauwürdige Flötze getheilt. Hierauf erfolgt dann wieder ein Herausheben des Flötzes auf 200 m Länge, die Thonablagerungen verschwinden und das Flötz ist in einer westlichen Bucht noch einmal horizontal in einer Mächtigkeit von 4—6 m vollständig rein abgelagert. Diese Endbucht besass eine Ausdehnung von 300 m Länge und 200 m Breite und lag so hoch, dass Tagebau betrieben werden konnte.

Das Profil desselben war folgendes:

1. Schwarzerde . . 0,4 m -
2. Löss . . . . . 1,6 -
3. Thon . . . . . 4,0 -
4. Feuerkohle . . 2,0 -
5. Schweelkohle . 0,4 -
6. Feuerkohle . . 1,5 -
7. Schweelkohle . . 0,2 -
8. Feuerkohle . . 1,9 -
9. Thon . . . . 0,8 -
10. Weisser thoniger Schwimmsand von unbekannter Mächtigkeit.

Der hangende Thon war von zähem, plastischem, etwas brüchigem Charakter und zeigte lebhafte Störungen. Stellenweise waren in ihm Nester von Kies zu bemerken. In dem Thon fanden sich nach Angaben des Herrn Berginspectors Kaselitz vereinzelt verkohlte Pflanzenwurzeln, die von ihrer Biegsamkeit fast nichts eingebüsst hatten.

In dem Flötztiefsten, wo dasselbe fast horizontal gelagert ist, zeigte sich folgender Schichtenwechsel:

1. Schwarzerde . . . . . . . . 0,6
2. Löss . . . . . . . . . . . 5,4
3. Kies von mittlerem Korn . . . . 6,0
4. Sand von verschiedener Färbung . 7,0
5. Thon im Wechsellager mit Sand . 12,0
6. Kohle . . . . . . . . . . 0,5
7. Thon . . . . . . . . . . 3,2
8. Kohle . . . . . . . . . . 0,9
9. Thon . . . . . . . . . . 2,0
10. Kohle . . . . . . . . . . 1,2
11. Thon . . . . . . . . . . 0,3
12. Kohle . . . . . . . . . . 1,5 ᵐ

Nahe an der südlichen Grenze gestaltet sich das Profil folgendermaassen:

1. Schwarzerde . . . . . . . . 0,6 m
2. Löss, im unteren Theile sandig . 8,0 -
3. Kies . . . . . . . . . . 4,0 -
4. Bituminöser Thon . . . . . . 5,0 -
5. Kohle . . . . . . . . . . 4,0 -
6. Thoniger Sand . . . . . . . 0,2 -
7. Braunkohlensandstein . . . . 0,8 -

### 4. Grube Taucha und Grube Gustav.

Grube Taucha bei dem Dorfe Taucha und Grube Gustav bei Webau gehören beide einer Ablagerung von hufeisenförmiger Gestalt an, deren concave Seite nach Norden gerichtet ist. Ein Zusammenhang mit einem ev. davon nördlich gelegenen Flötze dürfte durch die Aupitz zerstört sein; ob ein solcher mit den sich südwestlich befindlichen Ablagerungen der Riebeck'schen Werke bei Webau vorhanden ist, hat sich noch nicht feststellen lassen, ist jedoch wahrscheinlich.

#### a) Grube Taucha.

Die Grube Taucha liegt südlich vom Dorfe dicht neben der von Taucha nach Webau führenden Chaussée. In unmittelbarer Nähe des Dorfes geht das im Abbau begriffene Flötz nach Nordost aus, wo am Bergabhange das Liegende und die Kohle zu Tage treten. Nach den andern Himmelsrichtungen gehen die Schichten ebenfalls bald aus, abgesehen von der südöstlichen, wo zunächst ein Flötzanschluss mit dem Zulagefelde Taucha und dann durch eine südwestliche Abschwenkungslinie ein solcher mit dem Felde der Grube Gustav vorhanden ist. Das Flötz wird fast überall von unregelmässigen Erhebungen und Senkungen, sowie Sprüngen und Ueberkippungen begleitet. Nahe dem Liegenden nimmt sie im Muldentiefsten an Stelle der erdigen mehr eine knorpelige Beschaffenheit an; hier zeigen sich auch Reste von Holzstämmen, die an der Luft schnell zerfallen. An Einschlüssen enthält die Kohle Pyropissit, der aber nur im Ausgehenden an der Nord- und Ostseite aufgefunden worden ist und von dem in einigen Jahren an diesen Stellen noch weitere Funde in Aussicht stehen. Im NW des Flötzes treten in demselben zwei Thonmittel von je 20 cm Stärke auf.

Das Liegende ist im Tagebaue nur durch Bohrungen bekannt geworden und setzt sich aus folgenden Schichten zusammen:

Brauner Sand . . . . . . . . 0,50 m
Bräunlichgraue, feste Sandbank . 1,80 -
Weisser Schlämmsand mit Thon . . 6,00 -
Weisser Glimmerthon mit Schwefelkies 8,00 -

Ueber dem braunen Sande folgt die Kohle, welche sich in zwei durch ein Thonmittel von einander getrennte Flötze gliedert. Das obere zeigt nur im mittleren Theile der Mulde und besteht aus Feuerkohle von geringem Werthe. Das Hauptflötz enthält fast durchweg schweelwürdige Kohle und nur eine dünne Lage von ca. 20 cm an seiner Oberfläche besteht aus Feuerkohle.

Tertiärer Sand fehlt in der Tauchaer Ablagerung vollkommen und zeigt nur in Gestalt von Knollensteinen sein ehemaliges Vorhandensein an. Infolgedessen wird die Kohle sofort von diluvialen Schottern überlagert, in denen die Knollensteine zerstreut liegen. Die Beschaffenheit der Schotter ist dieselbe wie in der Grube v. Voss; auffallend ist jedoch das häufige Auftreten grosser

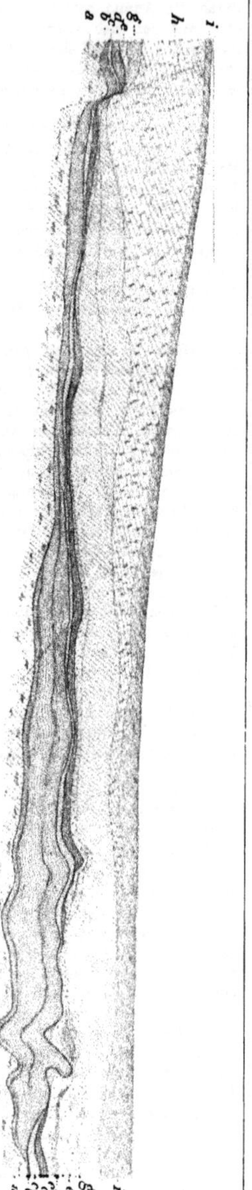

Profil von der Braunkohlen-Ablagerung der Grube Taucha bei Taucha. Links NO, rechts SW. (Nach einer Zeichnung des Herrn Obersteigers Heckmann.)
i = Schwarzerde, h = Braungelber Löss, g = Blaugrauer Löss, f = Humusreiche Schicht, e = Kies (e—i Diluvium); d = Obertes Flötz, c = Thon, b = Unteres Flötz, a = Wasserreiche sandige Thone (a—d Unter-Oligocän).

Fig. 90.

Blöcke nordischen Materials (Porphyr und Gneiss), sowie von Grauwacke und Kieselschiefer. Auch Amethyste lassen sich in grösserer Zahl sammeln. An der nordwestlichen Seite der Ablagerung tritt in dem Grand, wie das beigegebene Profil zeigt, eine humose Bank von feinem Material auf.

Von Interesse scheint mir in den Schotterbänken eine Spur menschlicher Thätigkeit aus diluvialer Zeit zu sein, welche ich bei einem Besuche des Tagebaues selbst gefunden habe. Dieselbe entstammt einer der untersten Geröllbänke und stellt sich als kleine dreieckige Feuersteinspitze von 4 cm Länge und 2 cm Querschnitt dar. Die Bearbeitung des Objectes durch Menschenhand ist unverkennbar. Das untere Ende desselben ist zum Hineinstecken in einen Schaft oder Pfeil zugerichtet. Die kleine Spitze gleicht vollkommen den von Ratzel[29]) gegebenen Abbildungen von Feuersteinwaffen aus sicilianischen Höhlen.

Fig. 91.
Pfeilspitze aus den untersten Schotterbänken in der Grube Taucha.

Ueber den deutlich transversale Lagerung zeigenden Kiesbänken folgt blaugrauer und braungelber Löss von bekannter Beschaffenheit. Auf der Grenze zwischen Kies und Löss finden sich gewöhnlich Reste diluvialer Säugethiere.

Die Schichtenfolge im Hangenden ist im gesammten Grubenfelde im Allgemeinen dieselbe wie im Tagebau, jedoch schwankt die Mächtigkeit der einzelnen Ablagerungen fortgesetzt. Im Tagebau ergab sie sich einschliesslich der Kohle folgendermassen:

1. Schwarzerde . . . 2,50 m
2. Braungelber Löss . 2,50 -
3. Blaugrauer Löss . 5,50 -
4. Kiesbänke . . . 1,50 -
5. I. Kohlenflötz . . 1,00 -
6. Grauer Thon . . 1,00 -
7. II. Kohlenflötz . . 8,00 -

### b) Grube Gustav.

Das Flötz der Grube Gustav liegt in einer länglichen, schlangenartig gewundenen Mulde, die überall von welligen Erhebungen begleitet ist. Die Kohle besitzt überall erdige Structur und ist schwarzbraun gefärbt; an einzelnen Stellen treten zwischen einer Thonbank und dem Liegenden heller gefärbte Lagen von Schweelkohle auf, die ca. 9—10 kg Theer pro 1 hl Kohle liefern. Ausser einzelnen Spuren von Retinit enthält die Kohle

---

[29]) Vorgeschichte des europäischen Menschen. München 1874, S. 105 (Fig. 26—27).

keine Beimengungen. Dieselbe wird nur im Tiefbau gewonnen und giebt ihr Material theils nach der Fabrik Gerstewitz, theils nach der Theerschweelerei Taucha ab.

Die durchschnittliche Ablagerung der Schichten auf Grube Gustav ist folgende:

1. Schwarzerde . . . . . . 1,00 m
2. Löss . . . . . . . . . . 5,00 -
3. Sand und Kies mit Thonein-
   lagen . . . . . . . . . 3,00 -
4. Letten, grüngelb (blaugrauer
   Löss? D. Verf.) . . . . . 8,50 -
5. Kohle . . . . . . . . . 2,00 -
6. Thonmittel . . . . . . . 0,10 - —0,40 m
7. Kohle . . . . . . . . . 2,50 -
8. Brauner Sand mit festen Bänken 2,50 -
9. Grauer Thon . . . . . . 0,50 -
10. Weisser thoniger Schwimmsand unbekannt.

Im östlichen Grubenfelde treten in der Schichtenfolge insofern Schwankungen ein, als über der Kohle sandiger Kies von einer Mächtigkeit bis zu 4,5 m lagert.

*VII. Statistische Nachrichten über die Gewinnung von Schweel- und Feuerkohlen, sowie über die Ausbeute an Theer in einigen Schweelereien.*

1. Schweelerei Gerstewitz,
erhält die Kohlen von Grube 354, 358 und Gustav.

| Jahr | Schweel-kohle in hl | Feuerkohle in hl | Theer in kg | Theer pro hl in kg |
|---|---|---|---|---|
| 1874 | 534 169 | 465 868 | 2 696 750 | 5,05 |
| 1878 | 611 529 | 423 740 | 3 484 650 | 5,70 |
| 1882 | 606 505 | 425 645 | 3 374 200 | 5,56 |
| 1886 | 560 257 | 407 745 | 2 718 950 | 4,85 |
| 1890 | 569 615 | 326 880 | 3 113 400 | 5,56 |
| 1894 | 546 380 | 171 890 | 3 335 350 | 6,10 |

2. Schweelerei Aupitz,
erhielt die Kohlen von Grube No. 358.

| 1874 | 172 914 | 136 229 | 1 069 850 | 6,19 |
|---|---|---|---|---|
| 1878 | 95 820 | 86 502 | 536 097 | 5,60 |
| 1882 | 235 385 | 159 880 | 1 392 300 | 5,92 |
| 1886 | 209 520 | 152 200 | 1 189 150 | 5,68 |
| 1890 | 211 455 | 107 020 | 1 126 650 | 5,33 |
| 1894 | 81 745 | 440 055 | 485 700 | 5,94 |

3. Schweelerei Taucha,
erhält die Kohlen von Grube Taucha und Gustav.

| 1874 | 153 025 | 111 159 | 1 023 300 | 6,69 |
|---|---|---|---|---|
| 1878 | 313 275 | 200 531 | 2 329 750 | 7,12 |
| 1882 | 358 025 | 213 877 | 1 882 350 | 5,26 |
| 1886 | 265 959 | 214 286 | 1 577 400 | 5,93 |
| 1890 | 266 655 | 252 700 | 1 595 050 | 5,98 |
| 1894 | 290 681 | 225 329 | 1 771 900 | 6,10 |

4. Schweelerei Touchern,
erhält die Kohlen von Grube 396 und Johanne Christiane.

| 1882 (8 Mon.) | 147 576 | 139 096 | 848 862 | 5,75 |
|---|---|---|---|---|
| 1886 | 201 115 | 206 790 | 1 165 200 | 5,79 |
| 1890 | 184 805 | 194 215 | 1 142 200 | 6,18 |
| 1894 | 162 890 | 193 315 | 892 775 | 5,48 |

5. Schweelerei Schortau,
erhielt die Kohle von Grube Schortau.

| 1882 | 195 559 | 168 815 | 954 413 | 4,88 |
|---|---|---|---|---|
| 1886 | 237 453 | 261 091 | 1 220 350 | 5,14 |
| 1890 | 90 681 | 103 409 | 402 750 | 4,44 |

6. Schweelereien Groeben I und II,
erhalten die Kohle von Grube v. Voss und Johannes II.

| Jahr | Schweel-kohle in hl | Feuerkohle in hl | Theer in kg | Theer pro hl in kg |
|---|---|---|---|---|
| 1890 | 277 349 | 228 837 | 1 070 650 | 3,86 |
| 1892 | 711 405 | 461 370 | 3 175 680 | 4,46 |
| 1894 | 749 400 | 446 510 | 3 792 916 | 5,06 |

---

# Ueber die Aussichten künstlicher Bewässerung in den regenarmen Strichen der Vereinigten Staaten.

Auf Grund der Arbeiten des U. S. Geological Survey dargestellt von

**M. Klittke.**

*[Schluss von S. 346.]*

Auch in den San Bernardino Mts., welche die südliche Verlängerung der Coast Range darstellen, ist bereits vor längerer Zeit in 1890 m über dem Meere im Bear Valley ein Reservoir geschaffen worden, welches 900 ha bedeckte und 40 550 Ackerfuss Inhalt hatte. Man leitete das Wasser über 30 km weit im Bette des Bear Creek hinab in das Thal von San Bernardino, woselbst 60 000 ha des besten Citronenlandes zur Verfügung stehen. Da die bisher aufgespeicherte Wassermenge aber nicht genügt, so hat die Gesellschaft 45 m unterhalb des alten einen neuen, weit stärkeren Damm im Bau, der seine Krümmung ebenfalls dem Wasser zuwendet und sich von einer oberen Breite von 4,50 m stufenförmig auf 22,40 m verstärkt. Die Höhe wird in der Mitte 36,50 m betragen, und er wird im Stande sein, bei gefülltem Reservoir an seinem Grunde einen Druck von 11,6 t pro Quadratfuss Fläche auszuhalten (Rep. XIII, P. III, p. 398 bis 410).

Ausser den bereits erwähnten Hochgebirgsseen giebt es in der Sierra Nevada und besonders dicht unterhalb ihres Kammes auf dem Ostabfall zum „Grossen Becken" eine grössere Anzahl von Wasserbecken, welche alle als Reste eines riesigen Sees zu betrachten sind, der in längst entschwundenen geologischen Epochen dies ganze Gebiet bedeckte und von amerikanischen Geologen mit dem Namen „Lake Lahontan" bezeichnet wird. Ausser dem durch seine wundervollen landschaftlichen Umgebungen weltberühmten Tahoe-See gehören hierher der Donner-, Independence- und Webber-See.

Der Tahoe-See liegt 1898 m über dem Meere und bedeckt 505 qkm; er soll eine

grösste Tiefe von 457 m besitzen und ist rings
von steilen Felsufern umgeben. Wenngleich
sein Auffangegebiet nur 1350 qkm beträgt,
so würde es doch möglich sein, ihm beträchtliche Wassermengen zu entnehmen. Man
müsste ihn zu dem Zweck entweder durch
einen Querdamm aufstauen (1 Fuss Erhöhung
des Wasserspiegels würde Wasser für 20000 ha
ergeben), oder einen Theil seines Inhalts
mittelst eines Tunnels durch die Tahoe Range
zum Carson River ableiten. Unter allen
Umständen würde dadurch aber die Schönheit der Umgebung leiden, und da noch
andere Möglichkeiten der Wasserversorgung
für die unteren Thäler vorhanden sind, so
werden diese Projecte wohl unausgeführt
bleiben (Rep. XI, P. II, p. 169—172).

Den Ausfluss des Tahoe-Sees bildet der
Truckee, welcher sein Ende in dem abflusslosen Pyramid Lake in Nevada findet, dessen
Wasser zwar brakig, aber noch nicht so
salzig ist, dass Fische darin umkommen
müssten. Aehnliche Verhältnisse wie hier
bestehen an dem Carson River, der im Carson
See endigt.

Das Drainage-Gebiet des oberen Truckee
liegt 2286 m über der See; es besteht aus
steilen Gebirgen, deren Abhänge jedoch trotzdem mit dichtem Fichtenwald bestanden sind.
In 1600—1800 m Höhe treten fruchtbare
Thäler auf, in denen aber nur die härteren
Cerealien und Gartenfrüchte gedeihen. In
den sich zum Truckee entwässernden Neben-
thälern finden wir die schon genannten Seen,
wie denn überhaupt das ganze Drainage-
Gebiet des Truckee sowie des Carson reich
an solchen ist, wenngleich in letzterem
grosse Gebirgsthäler mehr vorherrschen. So
ähnlich aber beide Drainage-Gebiete ihrer
Bodengestaltung nach sind, so verschieden
verhalten sie sich hinsichtlich der künstlichen Bewässerung in ihnen. Im Truckee-
Gebiet ist die Aufspeicherung von der Natur
sehr begünstigt, dagegen stellen sich der
Vertheilung der Wassermassen Schwierigkeiten entgegen. Im Bezirk des Carson wird
ersteres erschwert, die Vertheilung ist aber
bequem, da die Ländereien sich in höherer
Lage befinden. Der Regenfall schwankt
aber sehr und so kommt es vor, dass in
trockenen Jahren kaum genügend Wasser
vorhanden ist, um einige der geplanten Sammelbecken zu füllen, in anderen aber die
Reservoire die Menge nicht zu fassen vermögen.

Das höchstgelegene derselben ist das des
Independence Sees. Er liegt 2133 m über
dem Meere in einem alten Glacialbecken, dessen
Endmoräne das Wasser aufstaut. Mittelst eines
Dammes von 400 m Länge und 12 m Höhe

würde man 23000 Ackerfuss aufspeichern. Der
Independence-Creek geht zum Little Truckee und
dieser zum Truckee.

In 2063 m Meereshöhe finden wir den Web-
ber See im Hochthal des Henness Passes; er
wird vom Little Truckee durchströmt und nach
Vollendung der Thalsperre etwa 11000 Ackerfuss
liefern.

Der Donner See endlich liegt nur 4—5 km
von der Stadt Truckee entfernt in 1858 m
Meereshöhe dicht unter dem Kamme der Sierra.
Wenn man mittelst mehrerer Dämme sein Thal
sowie das des Cold Creek, welches sich mit demselben später verbindet, schlösse, so würden mehrere zusammenhängende Sammelbecken von im
Ganzen 800 ha Fläche und 42000 Ackerfuss-
Fassungskraft entstehen. Ein wenig unterhalb
desselben liesse sich auch am Truckee selbst ein
schmales und langes Reservoir von 80 ha Fläche
anlegen, welches nur sehr geringe Verdunstungsverluste erleiden würde.

Im Little Truckee - Thal können nur
1480 ha bewässert werden; es wird also ein
bedeutender Ueberschuss an Wasser noch
im Thal des Truckee selbst verwendbar sein.
Die Bewässerung ist dort bereits in ziemlichem Umfange im Gange, aber noch der
Erweiterung fähig, besonders am Oberlauf,
wo 12000 ha zur Verfügung stehen und
auch die Wasserentnahme sich verhältnissmässig billig (20,50 M. pro Ackerfuss) stellt.
Auch könnten etwa 12000 ha in der Warm
Spring-Wüste bei Wadsworth vom Truckee
aus mit Wasser versorgt werden, der im
Durchschnitt bei Vista oberhalb Reno vom
April bis zum August 1000 Sec.-Fuss führt.
(Rep. XI, P. II, p. 63—66, 172 u. 175; Rep.
XIII, P. III, p. 387—394.) Im Carson-Thal
werden zur Zeit 10000 ha künstlich bewässert, während 61200 ha verhanden sind.
Die Water duty beträgt 24 ha, ist also noch
einer bedeutenden Steigerung fähig. Weizen,
Hafer, Kartoffeln und die Obstarten der gemässigten Zone gedeihen gut, ebenso finden
sich ausgezeichnete Wiesen vor. Der Regenfall beträgt im oberen Thal 298,5, im
unteren 114,3 mm jährlich; infolge dessen
schwankt auch die Wassermenge des Carson,
zumal die Abhänge der Sierra Nevada hier
zum Theil schon durch Menschenhand ihres
früheren Waldbestandes entkleidet und von
zahlreichen Canyons zerrissen sind, die nur
zeitweilig Wasser führen. Der Carson wechselt zwischen 500—1000 Sec.-Fuss, und seine
Stromgeschwindigkeit ist im Oberlauf so
gross, dass die Messinstrumente versagten.
Nachdem er den Carson-See durchströmt
hat, endigt er in dem Carson Sink, einem
salzhaltigen Gewässer, in welchem die Verdunstungsgrösse der Zuflussmenge ungefähr
die Wage hält, und das in 1183 m Meereshöhe liegt.

Die Gelegenheit zur Aufspeicherung ist im Drainagegebiet des Carson, welches eine Fläche von 2850 qkm bedeckt, nicht so häufig, wie in dem des Truckee, auch sind bedeutend grössere Geldsummen zur Vollendung der Sammelbecken erforderlich. Der Geological Survey hat nur im Long- und Hope-Thale günstige Oertlichkeiten entdeckt und vermessen.

Das Hope Thal liegt ungefähr 16 km vom Südende des Tahoe Sees entfernt 2150 m über dem Meere und gäbe nach Sperrung durch einen Damm von 517,5 m Länge ein 737 ha grosses Reservoir, dass bei einer Wassertiefe von ca. 50 m am Damm bis zu 94810 Ackerfuss einschliessen könnte. Die Kosten würden sich jedoch je nach der Bauart des Dammes auf 75—100 M. pro Ackerfuss belaufen, und es ist nicht unwahrscheinlich, dass dadurch die Inangriffnahme des Werkes sehr verzögert wird.

Im Long Valley liegen die Verhältnisse insofern günstiger, als die Kosten nur etwa 53 M. pro Ackerfuss betragen werden; dagegen fasst das Doppelreservoir, welches sich im Long- und dem nur durch eine geringe Erhebung von ihm getrennten Springmeyer Thal anlegen lässt, nur höchstens 34425 Ackerfuss, also nur $^1/_3$ des Inhalt vom Hope Valley Reservoir. Dazu kommen noch die Canalkosten, so dass immerhin die Anlagen im Carson Gebiet zu den nicht billigen zu rechnen sind, deren Verzinsung mindestens unsicher bleiben wird. Mittelst beider Reservoirs könnte man 36000 ha von den vorhandenen 71200 ha mit Wasser versorgen. (Rep. XIII, P. III, p. 387—397.)

Wir wenden uns nun zur letzten und eigenthümlichsten Gruppe der Drainagebezirke, nämlich der in den Bereich des „Grossen Beckens" (Great Basin) fallenden.

Das „Grosse Becken" hat die Gestalt eines Dreiecks, dessen Spitze am Nordende des Golfs von Californien liegt und dessen Basis von Süd-Oregon nach der Nordwestecke von Utah läuft. Es wird im Osten von dem Wasatch-Gebirge und dem Colorado-Plateau, im Westen aber von der Sierra Nevada und den Küstengebirgen begrenzt, während es im Norden nur durch eine Wasserscheide von sehr geringer Erhebung vom Columbia-Tafelland getrennt ist. Wenngleich es also zum Theil von hohen Gebirgen umschlossen ist, so liegt die Ursache seiner eigenthümlichen meteorologischen Verhältnisse weniger darin, dass es ein wirkliches Becken ist, als vielmehr in dem Umstande, dass besonders durch die westlichen Gebirge die feuchten Seewinde abgefangen werden. Infolge dessen ist dieses 600000 qkm grosse Gebiet sehr regenarm, beträgt doch die Niederschlagsmenge an den günstigsten Stellen höchstens 304,8—381 mm, in den Thälern viel weniger, ja an manchen Punkten nur 25,4 mm jährlich. Dabei fallen die Regen in ganz unbestimmten Zwischenräumen, bisweilen in Gestalt verheerender Wolkenbrüche, während die vielfach vorhandenen Wüsten (Deserts) ihn oft jahrelang entbehren.

Ein weiteres Characteristicum des „Grossen Beckens" sind die vielen Bergketten, welche es von N nach S durchziehen; durch sie besonders ist es zu einer Unmenge von Binnen-Drainage-Gebieten umgewandelt worden, welche dem Ganzen völlig den Charakter eines einzigen Beckens nehmen, da durch die Bergketten eine grosse Mannigfaltigkeit der Bodengestaltung herbeigeführt wird. Während das „Grosse Becken" nämlich im Durchschnitt eine Höhe von 1800 m über dem Meer besitzt, steigen einzelne Ketten bis zu 2300 m an; die Colorado-Wüste liegt dagegen an ihrer tiefsten Stelle wieder 90 m unter dem Meeresspiegel. Man nimmt zur Erklärung an, dass in einer früheren geologischen Epoche ein regelloses Versinken kleiner Gebietstheile und die Bildung zahlloser nordsüdlicher Sprünge und Vulcane eingetreten sei, aus denen neue Massen emporgepresst wurden.

Die fliessenden Gewässer des „Grossen Beckens" endigen ausnahmslos in Salzsümpfen (Playas) oder Salzseen (Playa Lakes), bisweilen verschwinden sie auch einfach in den sogenannten „Sinks", und es trifft dies Schicksal selbst Flüsse von bedeutender Grösse, wie sie besonders an der äussersten West- und Ostgrenze vorkommen. Infolge der Absperrung der feuchten und kühlen Seewinde herrscht tagsüber eine drückende Hitze, welche naturgemäss die Verdunstung des vorhandenen Wassers sehr befördert; die Nächte sind dagegen der enormen Wärmeausstrahlung wegen kalt. Die vorhandenen Seen werden als Reste zweier älterer Süsswassermeere angesehen, die man als Lake Bonneville und Lake Lahontan bezeichnet. Der Grosse Salzsee in Utah gehört dem ehemaligen Gebiet des ersteren an, welcher eine doppelt so grosse Fläche wie heute der Erie-See bedeckte. Ueberbleibsel des Lahontan Lake sind hier der Walker, Carson, Pyramid, Winnemuca, Honey und Eagle See. Der Mangel eines Abflusses hatte in Verbindung mit der starken Verdunstung zur Folge, dass sie alle allmälich salzhaltiger wurden, weshalb ihr Wasser nicht zu Irrigationszwecken verwendbar ist. Man muss sich daher in dieser Hinsicht auf die Flussläufe beschränken, und deshalb wird das „Grosse Becken" auch in Zukunft stets nur eine verhältnissmässig geringe Ackerbau-Bevölkerung ernähren können. Die Richtigkeit dieser Behauptung zeigt sich schon heute darin, dass die Einwohnerzahl des Staates Nevada trotz seines Reichthums an Mineralien stetig zurückgeht.

Der grösste Strom innerhalb des grossen Beckens ist der Humboldt River. Er entspringt auf der Humboldt Range und den Tucurits Mountains in der Nordostecke von Nevada und findet sein Ende nach längerem Laufe in dem verhältnissmässig kleinen Humboldt-See, der nach den Karten des Geological Survey seinerseits wieder mit dem Carson Sink in Verbindung zu stehen scheint. Der Humboldt River dient nebst seinen zahlreichen Nebenflüsschen längs seines ganzen Laufes zu Bewässerungszwecken, doch sind die betreffenden Ackerflächen nicht besonders ausgedehnt.

Von anderen Strömen kommen noch der Jordan, der Bärenfluss und der Sevier in Betracht. Ersterer führt die Gewässer des Utah Sees zum Grossen Salzsee, der Bärenfluss verbindet den Bear Lake mit dem eben genannten See. Der Sevier River findet in dem gleichnamigen Wasserbecken sein Ende. Ausserhalb des Drainage-Gebietes der vier genannten Seen sammt ihren Flüssen ist keine grössere Bewässerung möglich, weshalb sich die Untersuchungen des Geological Survey bisher auf dieselben beschränkt haben.

Wenngleich der Bärenfluss sich in den Great Salt Lake ergiesst, so bildet er doch mit Ausnahme der letzten Strecke seines Unterlaufes ein abgeschlossenes Drainage-Gebiet, an welchem Wyoming, Utah und Idaho Antheil haben.

Er entspringt auf den 2700—2300 m hohen Piks der Uinta Mts. 90 km östlich von der Salzseestadt aus kleinen Seen und Becken, die von Gletschern einst gebildet wurden und sich durch Erosion entleert haben. Sein Lauf bildet der Hauptsache nach einen hohen und engen, nach S geöffneten Bogen und ist durch den stetigen Wechsel zwischen engen Canyons und breiteren Wiesenthälern ausgezeichnet. Letztere ermöglichen am ganzen Oberlauf sowie in den Thälern seiner ungemein zahlreichen Seitenbäche vielfach billige Reservoiranlagen, da alles zu Dammbauten erforderliche Material zur Stelle ist. An dem ganzen Oberlauf liegen nur Heufarmen, welche das gesammte Wasser der Nebenbäche theils direct, theils mittelst ziemlich langer Canäle verbrauchen. Diese Seitenbäche verfügen zwar meistens über ein verhältnissmässig grosses Drainagegebiet, führen aber nicht dauernd

Wasser, denn der Schnee zergeht bald und auch das Regenwasser sammelt sich nicht zu stärkeren Wasserläufen. Auch die öfter eintretenden Wolkenbrüche lassen sich in ihren Folgen zu schwer berechnen, als dass Aufspeicherung hier oben von Nutzen für den Farmer am Unterlauf sein könnte. Dem Bear River selbst kann hier nur an einigen günstigen Stellen Wasser entnommen werden, zumal er keine bedeutende Wassermenge führt. Im Jahre 1877 besass er an der Einmündung der Smith Fork nur 112 Sec.-Fuss, während dieser letztere Nebenfluss 1886 gegen 200 Sec.-Fuss zuführte. An der oberen Smith Fork bietet die Natur in dem durch eine alte Endmoräne aufgestauten Alice See ein sehr bequemes natürliches Sammelbecken, dessen Wasser langsam durch den losen Damm sickert. Das beste Ackerland am Oberlauf findet man an der Thomas Fork; da hier aber zu wenig Wasser vorhanden ist, so beabsichtigt man dasselbe durch einen 3,5 m breiten Canal von Smith Fork herüber zu leiten.

In einer Meereshöhe von 1768 m tritt der Bear River in ein schönes, langgestrecktes Thal, welches mit Ausnahme der Nordseite überall von steilen Hügeln eingeschlossen ist und zum Theil von dem Bären See, einem Wasserbecken von 350 qkm Grösse, bedeckt wird. An das Nordende des Sees schliesst sich eine grasreiche Ebene, welche zur Zeit der Kartirung dieser Landstriche ebenfalls vom See überströmt war und daher auf den Karten auch heute noch als Upper Lake bezeichnet wird. Man findet daselbst zahlreiche Grasfarmen und nicht nur Holz-, sondern auch Steinhäuser. Die Bewohner vermögen ihre Besitzungen nicht dem Staate abzukaufen, da sie officiell „Wasser" sind, und haben sich daher begnügt, ihre Rechte wenigstens in die County-Grundbücher eintragen zu lassen. Diese Gras- und Sumpfebene ist vom See durch eine Sanderhebung von 0,60—1,5 m Höhe, 30—90 m Breite und 8 km Länge getrennt, welche zwei enge Wasserdurchlässe besitzt. Im Jahre 1889 machte eine Gesellschaft den Versuch, dieselbe zu einem Damm zu erhöhen, um den Bärensee als Reservoir benutzen zu können. Es ist jedoch sehr zweifelhaft, ob wirkliche Erfolge damit verbunden waren.

Der Fluss selbst durchströmt den See nicht, sondern ist von ihm durch eine schmale Ebene getrennt; diese wird jedoch bei Hochfluthen mit überschwemmt, ebenso die nördliche Sumpfebene, und von hier fluthen die Gewässer in den See zurück. Während der trockenen Jahreszeit entleert sich der See dagegen mittelst gewundener Canäle durch den Sumpf zum Fluss. Der Bärensee stellt also einen natürlichen Regulator der Hochfluthen des unteren Strombettes vor. An seinem N- und O-Ufer haben sich auf dem Uferland zahlreiche Farmer und Fischer angesiedelt, im nördlichen Thal aber finden wir fast ein Dutzend blühender Städte, deren Gedeihen allerdings ganz von dem Wasserreichthum der Gebirgsbäche abhängig ist. Für empfindlichere Gewächse, wie sie bei Salt Lake City gedeihen, ist das Klima hier zu kalt, denn es kommen noch Fröste im Juli und August vor.

Bei Soda Springs erreicht der Bear River seinen nördlichsten Punkt; er wird hier durch die vom Snake River herüberreichenden Lavamassen zunächst nach W und dann nach S abgelenkt und betritt nun das Gentilethal (Heidenthal). Sein Fall ist hier sehr gering, daher die directe Wasserentnahme schwierig, auch die Humusschicht über der Lava stellenweise so dünn, dass sich solche Ackerflächen nicht zur Bewässerung eignen. Im Gentilethal lebt jeder auf seiner Scholle; Dörfer giebt es daher so gut wie gar nicht. Im nördlichen Theile gedeihen nur Wiesengewächse, weiter unten aber Weizen; alles Wasser wird den Seitenbächen direct entzogen.

Es folgt nun wieder ein enges Canyon, aus welchem der Bear River in das bedeutend umfangreichere Cache Thal, die Kornkammer von Utah, eintritt. Dieses gehört mit seinem Nordende zum Staate Idaho und fällt in Terrassen nach S zu ab. Im Canyon oberhalb ist eine ausgezeichnete Oertlichkeit für ein Reservoir, das sich durch einen nur 9 m hohen Damm schaffen liesse. Der starke Fall im Canyon erleichtert ausserdem die Abzweigung von Canälen. Cache Valley ist, wenn man von seiner Westseite absieht, das am besten bewässerte Thal in Utah, und zwar entnimmt man auch hier das Wasser weniger dem Bear River, als vielmehr seinen Zuflüssen, unter denen besonders Cub Creek, Logan River, Blacksmith Fork und Box Elder Creek zu erwähnen sind. Die am Oberlauf dieser kleinen Flüsse vorhandenen Aufspeicherungsgelegenheiten besitzen nur localen Werth.

Nothwendiger sind Sammelbecken jedoch für die Entwickelung der westlichen Uferländereien. Die Einwohner von Newton haben daher etwa 5 km oberhalb dieses Ortes mittelst zweier Dämme auf der hügeligen Prärie ein Wasserbecken geschaffen, das bei 59 ha Fläche und einer Durchschnittstiefe von 2 m 800—900 Sec.-Fuss fasst. Der erste Damm wurde bereits vor

18 Jahren erbaut und man bewässert 400 ha; eine weitere Ausdehnung ist unmöglich, da nicht mehr Wasser aufgespeichert werden kann. Man lässt dasselbe bei der ersten Ueberfluthung 2 Std., bei der 2. nur 1½ Std. pro Acker laufen. Der Damm musste dreimal erneuert werden, und die Füllung durch den Clarkston Creek beansprucht gewöhnlich 8 Wochen, hat sich aber in trockenen Jahren (1889) auch schon auf mehrere Monate ausgedehnt. Die zweite Ueberfluthung lässt man den Aeckern Ende Juli zu Theil werden.

Das Cache Thal verengert sich am Südende zu den sogenannten Gates, durch welche sich der Fluss den Eintritt in das Salt Lake Thal erzwungen hat. In diesem Canyon wurde 1889 der Bear River Canal, einer der bedeutendsten in ganz Utah, begonnen. Derselbe soll 2000 Sec.-Fuss liefern und 80 000 ha in der Nordhälfte des Thales versorgen. Er wird nach 80 km langem Lauf bei Ogden endigen, vorher aber einen Arm nach W zum Malade Riverthal entsenden. Indess ist kaum anzunehmen, dass der Fluss bis zum Schluss der Irrigationszeit das nöthige Wasser wird liefern können, da er zwischen 300 und 8200 Sec.-Fuss schwankt. Infolge des starken Verbrauchs an Wasser im Oberlauf sind die Farmer des Salt Lake Thales daher schon ängstlich geworden und haben gegen diese Verschwendung Protest erhoben. Man sollte der Ausdehnung der Grasfarmen am Oberlauf und der Vergeudung entgegen treten, dafür aber für Ansammlung der Hochfluthen weiter unten sorgen. Dieselben treten von März bis Juni ein und verlaufen sich regelmässig, wie denn auch die Wassertemperatur auffallend gleichmässig ist und dasselbe sehr geeignet zur Berieselung macht.

Sehr ähnlich liegen die Verhältnisse am Weber und Ogden River, welche etwas weiter südlich bei Ogden in den Grossen Salzsee gehen; jedoch besitzen sie kein natürliches Regulatorbecken. (Rep. XI, P. II, p. 66—70; Rep. XII, P. II, p. 825—834).

An das Drainage-Gebiet des Bear River schliesst sich unmittelbar westlich das des Grossen Salzsees an. Es begreift ausser dem genannten See noch den Utahsee in sich und ist bekanntlich diejenige Oertlichkeit, in welcher künstliche Bewässerung zuerst im grösseren Stil in Nord-Amerika mit schnell sichtbarem Erfolge ausgeführt wurde. Nur ihr allein verdankten die Mormonen die Möglichkeit, über die ersten schweren Jahre hinwegzukommen. Heute ist das ganze Ostufer sowie das Thal des den Grossen Salzsee und den Utahsee verbindenden Jordans bewässert.

Der Jordan hat sich ein tiefes

58*

Canyon eingeschnitten; dieses hat man bereits im Jahre 1874 bei Point of the Mountain durch einen Damm theilweise gesperrt, um das Wasser bis zur Mündung zweier Canäle aufzustauen. Die Umgebung von Salt Lake City und die Stadt selbst sind ganz vom Jordan abhängig. Im Mai 1889 gingen durch das Wehr 218 Sec.-Fuss, im September aber nur 48 Sec.-Fuss, im nächsten Jahre zur gleichen Zeit jedoch wieder viel mehr. Durch diesen Damm wird auch der Stand des Utahsees beeinflusst, doch ist nicht anzunehmen, dass der hohe Stand desselben sich mindern würde, wenn man den Damm entfernte, da der Jordan vor dem Bestehen desselben nicht im Stande war, im Herbst und Winter alles Wasser abzuführen, welches sich in den Fluthen der Frühlingsmonate im See angesammelt hatte. Jetzt aber vertheilt er einen Theil desselben auf die Ländereien. Die Fluthen des Grossen Salzsees spielen hinsichtlich künstlicher Bewässerung natürlich keine Rolle, da sein Wasser nicht dazu geeignet ist. Dagegen werden die zahlreichen, von dem Wasatch-Gebirge herabkommenden Bäche ausgenutzt.

Der Utah-See seinerseits stellt ein natürliches Reservoir vor, welches eine grosse Menge kleiner Gebirgsflüsse aufnimmt, und da er im Jordan einen Abfluss besitzt, so kann sein Wasser niemals salzig werden. Er würde sich noch bedeutend durch einen mit geringen Kosten anzulegenden Querdamm vergrössern lassen; allein da die in diesem Falle überfluteten Uferstrecken schon dicht besiedelt sind, so müssten diese Ländereien mit grossen Kosten ihren jetzigen Eigenthümern abgekauft werden, und an der Höhe dieser Summen wird wohl das Project vorläufig scheitern. Ein weit wichtigeres Hinderniss bildet jedoch die enorme Verdunstung: Der Utha-See ist bei einer grössten Länge von 35 km und einer Breite von 11 km ziemlich flach, dazu den Winden sehr ausgesetzt, und sein Verlust durch Verdunstung beträgt jährlich etwa 514 Sec.-Fuss = 435 429 Ackerfuss, d. h. bedeutend mehr, als ihm durch den Jordan entführt wird. Sein Hauptwasserlieferant, der Provo River, besitzt durchschnittlich nur 532 Sec.-Fuss, ist also gerade nur im Stande, den Verdunstungsverlust zu decken. Die übrigen Flüsse sind im Sommer und Herbst alle sehr klein, zum Theil auch trocken; während der Fluthzeit verwandeln sie sich jedoch in sehr wasserreiche Gebirgsströme. Der See steht gewöhnlich im Mai und Juni am höchsten und fällt dann langsam bis zum Winter. Ausserdem ist er säculären Schwankungen gleich den übrigen grossen Wasserbecken des Landes unterworfen, welche sich seit der Besiedelung seiner Ufer innerhalb von etwa 4 m bewegt haben. Am höchsten stand er 1883 und führte dadurch starke Verluste für die Farmer herbei, denn jede geringe Steigung überfluthet Hunderte von ha. Er fiel nun bis 1889, um von diesem Zeitpunkt an wieder zu steigen. Das vorhandene Wasser der Flüsse wird bereits gänzlich verbraucht und in dürren Jahren herrscht schon Wassermangel. Es liegt dies daran, dass von jedem Wasserlauf zahlreiche flache Canäle abgezweigt sind, zu deren Speisung jedesmal ein Wehr nöthig ist, welches den Wasserstand an der betreffenden Stelle so hoch hält, dass ein Theil des Wassers in den Canal eintreten kann. Die bestehenden Canäle hindern die Anlage eines grossen Sammel-Reservoirs, für das sich an jedem Gebirgsstrome leicht eine passende Oertlichkeit finden würde und das trotz Erbauung eines grossen Sperrdammes doch weniger Kosten verursachen würde, als die vielen kleinen Canäle und Wehre bereits gemacht haben; ausserdem würde es bedeutend grössere Wassermengen gerade dann zur Verfügung stellen, wenn sie am nothwendigsten gebraucht werden. Unter den jetzigen Verhältnissen tritt das Frühjahrshochwasser allerdings während der Wachsthumsperiode des Korns ein, aber es hält nicht bis zur Zeit der Reife aus. Auf den Wasserstand des Jordans übt der Utahsee einen mässigenden Einfluss insofern aus, als die Hochfluthen der Gebirgsflüsse Gelegenheit finden, sich in seinem flachen Becken auszubreiten. Sein Thal bietet noch eine grosse Menge Ackerland, doch wird dies nicht eher anbauwürdig werden, als bis nicht durch Hochgebirg-Reservoirs für genügende Bewässerung gesorgt ist. Solchen Unternehmungen müsste jedoch eine gründliche Untersuchung und Feststellung resp. Ablösung der vorhandenen Wasserrechte vorangehen. Da aber, wie schon erwähnt wurde, der Utahsee infolge der riesigen Verdunstung sich nicht zum Reservoir eignet, und da er andererseits, wenn man diesem Uebelstand durch Verkleinerung seiner Oberfläche mittelst Vertiefung seines Ausflusses abhelfen wollte, wieder ohne einen Sperrdamm von ganz riesiger Höhe nicht im Stande wäre, dann die Hochfluthgewässer aufzunehmen, welche sich nach je 10 jährigen Zwischenräumen in ihn ergiessen, so ist man entschlossen, ihn in seinem jetzigen Zustande zu belassen. (Rep. XI, P. II, p. 70 bis 74; Rep. XII, P. II, p. 334—339.)

Etwas andere Verhältnisse findet man in dem südlicher gelegenen Drainage-Gebiet des Sevier Sees. Er ist eigentlich mehr ein Salzsumpf, der zur Fluthzeit durch die ihn dann erreichenden Gewässer des Sevier-flusses angefüllt wird, während des übrigen Jahres aber infolge der starken Verdunstung zu einer kleinen, von meilenweiten Salz-wüsten umgebenen Wasserfläche zusammen-schrumpft. In seiner näheren Umgebung kann daher von Ackerbau niemals die Rede sein. Am Sevier Fluss sind dagegen mit Ausnahme seines äussersten Unterlaufes zahl-reiche Ansiedlungen entstanden, welche durch den von Jahr zu Jahr sich vergrössernden Wassermangel immer höher nach den Quellen in der Sevier und Beaver Range emporge-drängt wurden, wo die Neuankommenden reichlich Wasser, Holz und Weide finden, wo aber allerdings nur die härteren Getreide-arten und schliesslich nur Futtergräser ge-deihen. In dieser Weise werden auch alle die überaus zahlreichen Querthäler des Ober-laufes ausgenutzt und alles Wasser der Ne-benflüsschen verwendet, so dass in den An-siedelungen des Unterlaufes gerade dann Wassermangel herrscht, wenn man seiner am nothwendigsten bedarf. Streitigkeiten sind daher an der Tagesordnung und man denkt ernstlich an die Anlage von Sammelbecken im Gebirge, die sich vielfach mit geringen Kosten herstellen lassen und vielleicht die grössten und werthvollsten in Utah sind. Das erste derselben findet man in 2200 m über dem Meere an der East Fork im Pla-teau Thal; die Höhenlage gestattet hier nur Grasfarmen. Hundert Meter tiefer würde sich ein zweites Becken anlegen lassen. Die beste Stelle bietet dagegen ein Sumpf an der Mün-dung des Otter Creek in ungefähr 2000 m Meereshöhe. Die untere Enge hat nur eine Breite von 55 m und der Sperrdamm wird sehr billig. Auch kann man durch einen mit geringen Kosten anzulegenden Canal das gesammte Wasser der East Fork hierher leiten. Unter den jetzigen Verhältnissen wird im Quellgebiet viel Wasser verschwen-det, welches am Unterlauf grösseren Nutzen stiften könnte.

Der starke Wasserverbrauch am Ober-lauf hat es bereits mehrfach verursacht, dass das Flussbett im Mittellauf stellen-weise völlig austrocknete; weiter unterhalb füllte es sich jedoch durch Nebenbäche so-wie Sickerwasser wieder genügend, um auch dort einige Bewässerung zu ermöglichen. Die Hauptcanäle zweigen sich bei Joseph (1500 m üb. Meer) ab; das Klima gestattet hier den Anbau aller Erzeugnisse der ge-mässigten Zone, und man benutzt natürlich ausser dem Hauptstrome alle anderen Mög-lichkeiten Wasser zu erlangen. Der Ort Richfield hängt z. B. gänzlich von einer mäch-

tigen Quelle ab. Der Sevierfluss ähnelt in seinem Laufe dem Bear River, insofern er ebenfalls einen langgestreckten, nach S ge-öffneten Bogen bildet. In der Strecke der stärksten Krümmung durchfliesst er ein Ca-nyon, woselbst kein bewässerbares Ackerland vorhanden ist. Seinen Unterlauf in der Se-vierwüste begleiten dagegen grosse Flächen ausgezeichneten Bodens, der nur der Bewäs-serung bedarf, um die höchsten Erträge ab-zuwerfen. Schon 1878 versuchten die ersten Ansiedler, den Strom in der Nähe von De-sert durch einen Damm so anzustauen, dass er einen Seitencanal speisen könnte. Da aber dieser Damm auf dem Alluviallehm des Flussbettes gegründet werden musste, so wurde er von dem nächsten Hochwasser fortgerissen, und dieser Vorgang wiederholte sich solange, bis die Farmer die Unmöglich-keit einer solchen Anlage auf so unsicherem Baugrunde einsahen und beschlossen, einen neuen Canal viel weiter oben abzuzweigen. Ob aber der oben nicht verbrauchte Rest von Wasser genügend zur Berieselung der unteren Ländereien sein wird, ist eine erst noch zu lösende Frage. Wahrscheinlich wird man auch Nebenthäler des Mittel- und Un-terlaufes sowie natürliche Sammelbecken am Rande der Sevier Wüste zur Aushülfe heran-ziehen müssen, denn die einzige Möglich-keit besteht hier darin, einen Theil der Fluthen und ausserdem das Sickerwasser festzuhalten, welches von den am Ober- und Mittellauf überrieselten Ländereien unterir-disch wieder in das Strombett gelangt. Ehe jedoch zwischen den Bewohnern dieser so sehr verschiedenen und in ihren Interessen einander gänzlich entgegengesetzten Land-striche eine gründliche Verständigung her-beigeführt worden ist, und bevor nicht zu-gleich gründliche Vermessungen und Berech-nungen stattgefunden haben, ist an die Ausführung dieser Vorschläge nicht zu den-ken (Rep. XI, P. II, p. 74—77; Rep. XII, P. II, p. 339—344)[1]).

[1]) Angaben über die hydrologischen Verhält-nisse deutscher Ströme finden sich ausser in der S. 291 bereits erwähnten „Denkschrift über die Ströme Memel, Weichsel, Oder, Elbe, Weser und Rhein", Berlin 1888, auch in J. v. Wagner, „Hy-drol. Untersuchungen an der Weser, Elbe, dem Rhein und mehreren kleineren Flüssen", Braun-schweig 1881. Ferner ist im preussischen Mini-sterium für Landwirthschaft, Domänen und Forsten kürzlich ein Werk zum Abschluss gebracht, das für unsere Hydrographie sowohl wie für die ge-sammten wasserwirthschaftlichen Verhältnisse von Bedeutung ist, eine Wasserkarte der nord-deutschen Stromgebiete i. M. 1 : 200000. Auf 42 Blättern bringt die Karte sämmtliche Wasser-läufe mit Höhenverhältnissen, Stauanlagen, Mühlen u. s. w. und vor allem mit ihren Wasserscheiden in klarer abgestufter Weise zur Darstellung. Ein

Man hat nun die Frage aufgeworfen, ob es nicht möglich sein werde, diejenigen Oertlichkeiten, denen weder von einem Flusse her noch aus Regenwasser - Reservoirs das nöthige Wasser zugeführt werden kann, durch artesische Brunnen damit zu versehen. Powell verneint diese Frage, denn zunächst lassen sich durchaus nicht überall artesische Brunnen anlegen, wo man ihrer bedarf. Ferner liefert auch ein noch so mächtiger artesischer Brunnen verhältnissmässig wenig Wasser im Vergleich selbst mit kleineren Strömen. So entspricht ein artesischer Brunnen von 2 Mill. Gallonen (ca. 9 Mill. Liter) täglich einem Wasserlauf von etwa $1\frac{1}{2}$ Sec.-Fuss; ein solcher würde bereits nach einem Lauf von wenigen Kilometern im Sande verschwinden und höchstens 100 ha bewässern können. Jeder in der Nähe eines schon bestehenden artesischen Brunnens neu angelegte beeinflusst ausserdem die Ergiebigkeit des älteren, und so muss man jetzt z. B. bei Denver bereits das Wasser emporpumpen, während es noch vor einigen Jahren durch eigenen Druck bis in die höchsten Stockwerke stieg. Endlich kostet die Anlage eines artesischen Brunnens in geologisch bekannten Gebieten 4250—30 000 M., in unerforschten aber 8500—42 500 M. Die Kosten sind also im Verhältniss zur erlangten Wassermenge sehr bedeutend. Trotzdem zählte man 1890 im Westen bereits 8097 artesische Brunnen, von denen 3930 Wasser für 20758,4 ha lieferten. Es erklärt sich diese Erscheinung vielleicht dadurch, dass die Farmer unter allen Umständen des Wassers bedurften und daher die hohen Anlagekosten nicht scheuten. (Rep. XII, P. II, p. 28.[1]))

übersichtliches, über 300 Seiten starkes Tabellenwerk giebt die Grösse der einzelnen Sammelgebiete und ihrer Unterabtheilungen bis zu solchen sechster Ordnung in bestimmter Folge, so dass die an irgend einer wichtigen Stelle der Wasserläufe gesuchte Sammelgebietsangabe sich leicht dem Kartenwerke entnehmen lässt. — Sehr brauchbare Tabellen und Anweisungen finden sich auch in Reinhard's „Kalender für Strassen- und Wasserbau- und Kultur-Ingenieure", neu bearbeitet von R. Scheck (1895, 22. Jahrgang. Wiesbaden, J. F. Bergmann), so unter IIa der ersten der 3 Beilagen eine „Anleitung zur Berechnung der (mitteleuropäischen) Quellen- und Stromabflussmengen aus der Regenmenge, Grösse und Beschaffenheit der Quellen- und Flussgebiete". — Näheres hinsichtlich Italiens bieten die Erläuterungen zur Carta idrografica d'Italia, von denen bereits 20 Nummern erschienen sind, zuletzt G. Zoppi: Liri-Garigliano Paludi pontine e fucino. Roma 1895, 139 S. mit 6 Taf., dazu Atlas, enthaltend 1 hydrographische Karte i. M. 1 : 250000 und 12 Tafeln.

[2]) Artesische Brunnen sind bisher nur aus jüngeren sedimentären, nicht aber aus metamorphischen Gesteinen erschlossen worden (vergl. hiergegen S. 260). Im Gebiete der Grossen Plains in Nordamerika haben sie aus Schichten, welche zur

Viel billiger stellen sich einfache Pumpbrunnen (ca. 850—1275 M. für 80 ha), und da auch ihr Betrieb nicht theuer ist, so sind sie für kleine landwirthschaftliche Besitzungen auf den Plains zu empfehlen[3]). In Arkansas hat man im Plattethal sogar Hunderttausende von Dollars für Anlage von Stollen und Tunnels in Hügelabhängen ausgegeben, in der meist vergeblichen Hoffnung, lohnende Mengen von Grundwasser dadurch zu erschliessen.

Die Hauptsache bleibt aber immer die Anlage von Sammelbecken, denn nur auf diesem Wege lässt sich die Berieselung ausgedehnter Ackerflächen mit verhältnissmässig geringen Kosten und in einer Weise bewerkstelligen, dass weder die Anwohner des Ober- noch die des Unterlaufs der Flüsse sich gegenseitig benachtheiligen.

Die Möglichkeit, alle die vom Geological Survey beabsichtigten, sowie noch eine grosse Anzahl weiterer Bewässerungsanlagen auszuführen, hängt aber schliesslich weniger von dem dazu nöthigen Capital — denn das findet sich in den Vereinigten Staaten stets schnell — als vielmehr von der Erhaltung und Vermehrung der Waldbestände ab. So lange die nutzlose und oft böswillige Vernichtung der prächtigsten Wälder in demselben Maasse fortschreitet, wie bisher, so lange wird jede durchgreifende Regelung der Bewässerungsverhältnisse unmöglich bleiben. Eine Aenderung kann aber nur eintreten,

cambrischen und Steinkohlenformation gehören, nur Salzwasser ergeben, ebenso aus Trias-Sandstein. Am ergiebigsten und brauchbarsten erwies sich dagegen das Anbohren des Dakota-Sandsteins, der östlich von den Felsengebirgen von der canadischen bis zur mexikanischen Grenze die Basis der Kreideformation bildet und am Fusse des Gebirges in einem nordöstlich streichenden Gürtel von durchschnittlich 500 m Breite zu Tage tritt. Er erstreckt sich etwa bis zur Mitte von Kansas und wird von mächtigen Schichten Schieferthon überlagert, an seinem Ostrande aber durch pleistocäne Schichten verdeckt. Das Tertiär bietet in Colorado, Kansas und Texas nur sehr engbegrenzte Gebiete für artesische Brunnen; ebenso ist die Pleistocän-Formation nur in einem einzigen Falle ergiebig.

[3]) Kohle zum Betriebe von Dampfpumpen ist vielfach im Gebiet der Aridlande nachgewiesen. In Dakota sind mächtige Felder vorhanden, doch liegen sie vorläufig zu tief für gewinnbringenden Abbau; auch in Colorado und Utah hat man grössere Felder erschlossen, geringere in Washington und Nevada. Die Hauptmasse findet sich in den Rocky Mts. und östlich von ihnen. Die Flötze sind hier meistens leicht zugänglich und gut über das Gebiet vertheilt, sodass die Frachtkosten sich in mässigen Grenzen halten. Wenngleich an Qualität nicht der der Oststaaten gleichkommend, eignet sich die Kohle doch zu Heizzwecken und findet neuerdings auch in der Montanindustrie Verwendung. Sie entstammt theils der Kreide-, theils der Tertiärformation. (Rep. XI, P. II, S. 208 u. 209.)

wenn die heranwachsende Generation über die Bedeutung der Wälder für den Volkswohlstand bereits von Jugend an aufgeklärt wird. Wenngleich dies nun nicht in kurzer Zeit zu erreichen ist, und wenn auch, wie die Waldbrände des letzten Sommers gezeigt haben, noch jährlich Tausende von Quadratkilometern der schönsten Hochwälder zu Grunde gehen[4]), so ist doch durch die Arbeiten, welche der Geological Survey hinsichtlich der Bewässerungsfähigkeit der Arid Lands in den letzten Jahren geleistet hat, ein bedeutender Schritt vorwärts gethan worden, und es fehlt schon nicht mehr an Anzeichen, dass europäische Forstcultur zwar langsam, aber sicher ihren Einzug in Nordamerika halten wird. Hoffen wir, dass sie nicht erst herbeigerufen werde, wenn es zu spät ist. Spanien sollte in dieser Hinsicht ein warnendes Beispiel für die Vereinigten Staaten sein; aber bekanntlich sind die Lehren der Weltgeschichte nur dazu da, um nichts aus ihnen zu lernen.

### Nachwort.

Es mag angebracht erscheinen, im Anschluss an den vorstehenden Auszug aus den Irrigations-Reports des Geological Survey der Vereinigten Staaten mit einigen Worten auf die äussere Erscheinung dieser amtlichen Veröffentlichungen näher einzugehen. Es liegen bis jetzt 4 solcher Reports vor, und wenn man von dem ersten derselben (X, P. II) absieht, welcher gleichsam ein Vorwort zu den folgenden darstellt und mehr die Grenzen und den Umfang der beabsichtigten Arbeiten angeben, als näher auf sie eingehen oder ihre Ergebnisse vorführen sollte, so muss man in der That nicht nur von dem reichhaltigen Inhalt, sondern noch mehr von der prächtigen Ausstattung entzückt sein. Die Reports XI, P. II, XII, P. II, XIII, P. III bieten auf fast 1500 Folioseiten eine

unendliche Menge von Mittheilungen, welche nicht nur für den Ingenieur und Wasserbaumeister, sondern vor allem für den Geographen von Interesse sein müssen, denn die mit der Wasserversorgung der regenarmen Striche der Vereinigten Staaten zusammenhängenden Arbeiten setzen eine ausserordentlich genaue Kenntniss der topographischen und meteorologischen Verhältnisse der in Frage kommenden Gegenden voraus. Die Resultate dieser grundlegenden Vorarbeiten finden wir nun in den Reports niedergelegt. Erleichtert aber wird das Verständniss durch gegen 200 prächtige Tafeln, welche nicht nur Karten und Grundrisse, sondern auch eine grosse Menge photographischer Aufnahmen von Gegenden und Wasserbauten darstellen; neben ihnen findet man endlich im Text noch über 800 Abbildungen einzelner Constructionen etc., so dass man wohl sagen darf, dass diese Bände in jeder Hinsicht den Erwartungen, mit denen man an sie herantreten darf, nicht nur entsprechen, sondern sie bei weitem übertreffen[5]). Das amerikanische Volk ist in der glücklichen Lage, derartige Werke, von denen jeder Band sicherlich viele Tausende von Dollars erfordert, herausgeben zu können, und es hat es ferner für seiner Würde entsprechend gefunden, dieselben aller Welt zugänglich zu machen, indem es sie mit einer sonst nicht üblichen Freigebigkeit in Tausenden von Exemplaren an alle gelehrten Gesellschaften versendet. Es ist dies, eine Unterstützung der Wissenschaft, wie sich deren die abendländischen Völker wohl nur in ganz vereinzelten Fällen rühmen können, und wenn sie ihre Erklärung auch wohl hauptsächlich darin findet, dass die Vereinigten Staaten nicht unter einer so gewaltigen Heereslast seufzen, wie das alte Europa, so ist es um nichts weniger schätzenswerth, dass die Neue Welt einen Theil ihres Ueberflusses an Geldmitteln der Wissenschaft zuwendet.

---

### Referate.

**Die gemeinsamen Grundeigenschaften der californischen Goldeigenschaften der californischen Goldquarzgänge.** (Waldemar Lindgren. Bulletin of the Geol. Society of America. Vol. 6. 1895, S. 221 bis 240).

Die zahlreichen Bearbeitungen californischer Goldgänge und Gangbezirke haben bis jetzt nicht zu allgemeineren Ergebnissen geführt, weil die einzelnen Autoren theils nur einzelne oder wenige Vorkommnisse kannten, theils das Gewöhnliche als bekannt voraus-

[4]) Die Waldbrände im Sommer 1894 verwüsteten allein in Minnesota eine Fläche von 13000 qkm.

[5]) Vergl. die Besprechung dieser Reports durch Fr. Ratzel in Peterm. Mittheil. 41. 1895. Litteraturbericht No. 269. — auch No. 266, wo derselbe Referent Whitney's beachtenswerthes Werk über die Bewässerungsfrage eingehend würdigt. — Red.

setzten und nur über davon Abweichendes berichteten. Die vorliegende Arbeit macht es sich nun zur Aufgabe, die gemeinsamen Grundeigenschaften der californischen Goldquarzgänge festzustellen und gleichzeitig die Abweichungen von der Regel zu erläutern. — Zunächst sei erwähnt, dass die californischen Gänge sich von vorne herein von dem berühmten Comstockgang in Nevada dadurch unterscheiden, dass sie in der Regel nur sehr wenig Silber enthalten, während in den ebenfalls sehr goldreichen Comstockerzen das Silber an Masse das Gold weitaus überragt.

In Californien sind die Goldgänge durch die ganze Längenausdehnung des Staates verbreitet, hauptsächlich dem Westhang der Sierra Nevada folgend. Der Kern dieses Gebirges besteht aus verschiedenen granitischen Gesteinen, grossentheils aus sogenanntem „Granodiorit" (s. d. Z. 1894 S. 204; — vergl. auch A. Schmidt, Quarzdiorit von Yosemite. N. Jahrb. f. Min. etc. 1878 S. 716). Daran schliesst sich am Westhang des Gebirges eine Zone dynamometamorpher Gesteine an, welche die Hauptträger des Goldes sind. Diese metamorphe Zone („metamorphic series", „auriferous slates") besteht zum Theil aus bald mehr, bald weniger veränderten und oft stark zusammengepressten Sedimenten, deren Alter ein sehr verschiedenes ist, vom älteren Paläozoicum bis zur Zeit des oberen Jura. Zwischen diesen Gesteinen finden sich grössere und kleinere Massen verschiedener Eruptivgesteine, wie Augitporphyrit, Diabas, Serpentin u. a., ebenfalls von wechselndem, zum grössten Theil jedoch spät jurassischem oder früh cretaceischem Alter. Dieselben gebirgsbildenden Vorgänge, welche die Schichtgesteine metamorphosirten, haben auch viele dieser Eruptiven verändert und in krystalline Schiefer verwandelt. Innerhalb der metamorphen Zone sind im Allgemeinen im Gebirge die Sedimentgesteine, in der Ebene die Eruptiven vorwiegend. Der Granodiorit dringt an seinen Grenzen oft mit intrusiver Gestaltung in die Schiefer ein.

Die Abhängigkeit der Goldquarzgänge von der metamorphen Schieferzone wurde schon früh erkannt und besonders von Prof. Whitney wiederholt betont. In den granitischen Gebieten finden sich nur wenige solcher Gänge und diese fast nur am Contact mit den Schiefern. Im südlichen Theil des Staates, wo die Granite vorherrschen, sind die Goldgänge spärlich und stehen fast immer nachweislich in Verbindung mit den zerstreuten Vorkommnissen der Schiefer. Im mittleren und nördlichen Californien nehmen dagegen die Schiefer eine

bedeutende Breite ein und die Goldgänge sind hier zahlreich und vertheilen sich merkwürdigerweise ziemlich gleichmässig auf alle vorhandenen Gesteinsarten der metamorphen Zone. Man trifft sie hier im Granit, Diorit, Granodiorit, Gabbro, Serpentin, Quarzporphyrit, Augitporphyrit, Hornblendeporphyrit, Diabas, Amphibolit, sowie in den mehr oder weniger veränderten Thonschiefern, Sandsteinen und Kalksteinen. In den späteren Lavaergüssen der Tertiärzeit kommt am Westhang der Sierra kein Gold vor, sondern nur am Osthang des Gebirges. Innerhalb der metamorphen Zone ist also das Auftreten des Goldes an kein bestimmtes Gestein gebunden, auch nicht an die Nähe der Massengranite.

Inbetreff des Alters der californischen Gänge ist es nach Lindgren sicher, dass schon in sehr früher Zeit solche vorhanden gewesen sein müssen, da sich in der Unterlage der metamorphen Gesteinsreihe Goldquarz-Conglomerate vorfinden. Die meisten und reichsten Gänge gehören aber, wie schon längst von Whitney, v. Richthofen und andern gezeigt worden ist, der spät-jurassischen oder früh-cretaceischen Zeit an und sind wahrscheinlich als thermale Nachwirkungen der Granit-Eruptionen anzusehen. Den spätern eruptiven Erscheinungen gegen Ende der Tertiärperiode auf dem Kamm und am Osthang der Sierra scheinen abermals thermale Wirkungen gefolgt zu sein und die jüngeren Goldgänge dieser östlicheren Gegenden hervorgebracht zu haben.

Abgesehen von einigen fahlbandartigen Ablagerungen goldarmer Kiese in Amphibolitschiefern, von einigen goldreicheren Imprägnationen in zersetzten Gesteinsmassen, u. dgl. sind alle Berggold-Lagerstätten Californiens echte Gänge, d. h. Spaltenfüllungen. Ihr Streichen und Fallen ist überaus verschieden, weil hervorgebracht durch die verschiedenen, bald grösseren, bald kleineren mechanischen Druckwirkungen, welchen die Sierra Nevada im Laufe der Zeit ausgesetzt war. Diese spaltenerzeugenden Einwirkungen hingen aber auch von örtlichen Einflüssen ab und von der verschiedenen Beschaffenheit der berührten Gesteinsmassen. In Massengesteinen entstanden mehr oder weniger gerade und scharfe Spalten, in Schicht- und Schiefergesteinen dagegen der Structur parallele Aufblätterungen, in Gesteinen von geringer Festigkeit verwickelte Spaltennetze u. s. f. Es lassen sich daher über Streichen und Fallen der californischen Gänge keinerlei allgemeingültige Angaben machen. Doch sind Fallwinkel unter 20° und über 70° verhältnissmässig selten. Auch die Längenerstreckung der Gänge ist sehr verschieden und bei den meisten gering. Selten lässt sich ein Gang auf einige Kilometer verfolgen und nur ein einziger, nämlich der sogenannte „Muttergang" (mother-lode), auf viele Kilometer. Das Nebengestein der Gänge zeigt nicht selten dem Gang parallele plattige Absonderung oder auch Druckschieferung oder Breccienbildung. Die Mächtigkeit der Gänge erreicht in einzelnen Fällen örtlich bis 5 m, ist aber meistens sehr viel geringer und überaus wechselnd.

Die Ausfüllung besteht hauptsächlich aus milchweissem Quarz von massiger, seltener von gebänderter Structur. Alle übrigen Bestandtheile der Gangmasse treten nur in verhältnissmässig geringen Mengen darin auf und meist nur ganz örtlich, so z. B. Kalkspath und Bitterspath (an den Salbändern), einige weisse oder grünliche Glimmerarten, Albit, Titanit, Ilmenit, Anatas. Das Gold ist ebenfalls in der Gangmasse ganz ungleich vertheilt und in der Regel von mikroskopischer Feinheit, doch gelegentlich auch als dem blossen Auge erkennbare Schuppen und Fäden und Klümpchen vorhanden. Sehr selten sind grössere Klumpen, welche bis zu einem Gewicht von 25 kg gefunden worden sind. Das Gold hält stets etwas weniges Silber, ausnahmsweise auch viel davon, bis zu 30 Proc. Das Gold ist im Quarz fast überall, mindestens spurenweise vorhanden und begleitet von einer geringen Menge von Schwefelverbindungen anderer Metalle, am häufigsten von Pyrit, Magnetkies, Kupferkies, Zinkblende, Bleiglanz. Seltener sind Arsenverbindungen, insbesondere Arsenkies, und noch seltener Verbindungen von Antimon oder Tellur. Markasit kommt fast niemals vor. Die Metallverbindungen sind stets goldhaltig und bisweilen sehr reich daran. Gänge im Granodiorit enthalten fast durchweg mehr Sulfide als Gänge in anderen Gesteinen, und Magnetkies scheint überhaupt nur in ersteren Gängen vorzukommen. In schwarzen Thonschiefern führen die Goldquarzgänge von Sulfiden fast nur Pyrit und bisweilen etwas Arsenkies. Gänge im Gabbro enthalten oft Kupferverbindungen. Diese Angaben treffen aber nicht allzu zu, und im Allgemeinen ist der Einfluss des Nebengesteins auf die Metallführung ein überaus geringer.

Obgleich der Quarz der californischen Gänge überall etwas Gold enthält, so ist dieses doch nur stellenweise derart darin angehäuft, dass sich die Gewinnung lohnt[1]). Ein Gehalt von 5 bis 8 M. an Goldwerth in je einer Tonne (1000 kg) Quarz kann unter günstigsten Umständen schon lohnend

sein. ' Die meisten aus den Tiefbauen Californiens geförderten Erze besitzen aber einen Goldwerth von 20 bis 80 M. pro Tonne. In mächtigeren Gängen liegt bisweilen das gewinnbare Material an einem der beiden Salbänder, und der übrige Theil des Ganges ist unbauwürdig. Doch trifft man auch oft einen gleichen Goldgehalt quer durch den Gang. Parallel der Gangfläche findet aber fast niemals eine gleichmässige Vertheilung des Goldes über grosse Flächen statt, sondern es finden sich neben oft ausgedehnten unbauwürdigen Massen bald ganz unregelmässig gestaltete Erzmittel, bald langgestreckte, flachlinsenförmige „Erzfälle" (chutes), deren von der Lage des Ganges unabhängiges Einfallen meist ein steiles ist und selten unter 45° herabgeht. Die Breite dieser Erzfälle schwankt zwischen etwa 1 und 100 m, und ihre Länge kann 600 m und darüber erreichen. Keilt sich ein Erzfall aus, so findet man gewöhnlich in grösserer Tiefe einen anderen. Eine allmäliche Abnahme des gesammten Goldgehaltes eines Ganges mit der Tiefe ist nicht zu beobachten. Manche Gänge enthalten das Gold in kleineren Ansammlungen als „Erznester". Mit der Zunahme des Goldes im Gang nimmt stets auch die Menge der Sulfide zu.

Ueberaus interessant, besonders in genetischer Beziehung, sind die Beobachtungen des Verfassers über die Veränderungen des Nebengesteins. Diese zeigen sich an den Gängen fast überall und zwar in wechselnder Ausdehnung, welche von der Mächtigkeit des Ganges abhängt, sowie von der Zersetzbarkeit und dem Grad der Zerklüftung des Nebengesteins. Die Umwandlung ist oft schon bei dünnen Adern bemerklich und erstreckt sich bei mächtigen Gängen bis gegen 10 m seitwärts. Wenig angegriffen zeigen sich nur sehr saure Massengesteine und gewisse kohlige Schiefer. Alle übrigen oben genannten Nebengesteine sind verändert, am meisten der Serpentin, und gegen alles Erwarten besteht die Veränderung nicht in einer Verkieselung, sondern durchweg in einer Zersetzung unter Bildung von Carbonaten von Ca, Mg, Fe etc., vermengt mit Sericit, geringen Mengen von chloritischen Stoffen und mit dem etwaigen, meist nur theilweise angegriffenen Quarz des ursprünglichen Gesteins. Ausserdem kommt oft Pyrit vor, in grösserer Menge als im Gang, auch Arsenkies, dagegen keine andern Sulfide. Zahlreiche vergleichende Analysen haben ergeben, dass bei dieser Umwandlung der Ca-Gehalt stets vermehrt, dagegen fast alles Na entfernt wird. Das K der Orthoklase bleibt im Sericit und scheint sich oft

---

[1]) Vergl. d. Z. 1894 S. 91.

sogar vermehrt zu haben. Das Fe der Eisenerze und der Bisilicate hat sich mit S zu Kiesen verbunden. Vorhandenes Ti hat Leukoxen gebildet. Die Sulfide sind viel ärmer an Gold als diejenigen im Quarzgang, und gediegen Gold tritt nicht häufig auf. Doch kommen ausnahmsweise auch bauwürdige Imprägnationen im Nebengestein vor.

Aus dem oben Gesagten werden folgende genetische Schlüsse gezogen. Die wässrigen Lösungen, welche die Goldquarzgänge absetzten, müssen neben Kieselsäure grosse Mengen von Kohlensäure, Ca-Carbonat und Schwefel, als Schwefelwasserstoff oder als Sulfosalze, enthalten haben. Derartige Wasser sind aber in der Natur nur als aufsteigende und gewöhnlich heisse Quellen bekannt. Solche Quellen sind auch jetzt noch in der Sierra Nevada vorhanden und ihre Absätze sind ähnliche, ebenfalls goldhaltig und hauptsächlich nur darin verschieden, dass sie reich an Quecksilber sind, welches in den älteren Goldquarzgängen nur selten vorkommt. Eine Entstehung durch Lateralsecretion im engeren Sinne ist unwahrscheinlich wegen der Gleichheit der Gangfüllung in den verschiedensten Nebengesteinen und wegen des äusserst geringfügigen Einflusses der letzteren auf erstere[2]). Der Ursprung des Goldes ist in tieferen, vielleicht granitischen Gesteinen zu suchen, und die Gänge sind wahrscheinlich Erzeugnisse aufsteigender heisser Quellen, deren Auftreten der regionalen Umwandlung der metamorphen Zone und den Granit-Eruptionen der mesozoischen Zeit nachfolgte.

In einer Specialarbeit desselben Verfassers über den Ophir-District (14. Annual Report. U. S. Geol. Survey) werden im Allgemeinen obige Ergebnisse bestätigt. Doch ist in diesem District das Silber über das Gold der Masse nach überwiegend. Insbesondere sind die Erze aus den im Granodiorit aufsetzenden Gängen viel silberreicher als die Gangerze in Hornblendegesteinen. Die Amphibolitschiefer enthalten kiesige Fahlbänder, und wo die Goldquarzgänge diese kreuzen, findet eine auffallende Anreicherung der letzteren an Edelmetall statt. Diese Einflüsse der Nebengesteine auf die Erzführung erscheinen aber dem Verfasser nicht erheblich genug, um seine oben bezeichneten genetischen Anschauungen zu erschüttern.

*A. Schmidt.*

---

[2]) Vergl. d. Z. 1893 S. 201 u. 319.

**Die Erzlagerstätten von Ducktown in Tennessee.** (C. Henrich. Transact. Am. Inst. of Mining Engineers. Florida Meeting. März 1895). Diese reichen Lagerstätten von Kupfererzen liegen in der südöstlichen Ecke des Staates Tennessee, N. Am. Die Gesteine der Umgegend von Ducktown sind Gneisse und Glimmerschiefer in abwechselnden Schichten, welche in der Regel NO—SW streichen, d. i. parallel dem Verlauf der Appalachischen Gebirgskette, wozu sie gehören, und meist mit etwa 50° gegen SO einfallen. Häufig bemerkt man zwischen mächtigen und geraden Gneisslagen dünnere und durch Verschiebung stark gefältelte Lagen von Glimmerschiefer. Neben diesen Verschiebungen, welche der Lagerung parallel stattgefunden haben, trifft man aber auch Verwerfungsspalten, welche die Schichten in spitzen Winkeln schneiden, entweder geradlinig oder absatzweise von einer Schichtlage zur andern überspringend. Die Lagerstätten scheinen an solche Verwerfungen gebunden zu sein und sind oft selbst von Verwerfungsspalten mit Rutschflächen und Streifungen durchsetzt, woraus zu schliessen ist, dass die Gebirgsbewegungen auch nach der Bildung der Erzlagerstätten fortgedauert haben und vielleicht noch jetzt fortdauern. Verwerfungen von geringerer Ausdehnung schneiden bisweilen die dem Gebirgssystem parallelen im rechten Winkel und bringen an manchen Orten sehr verwickelte und dem Bergbau hinderliche Lagerungsverhältnisse hervor.

Die Lagerstätten selbst sind Gänge, welche gewöhnlich den Hauptverwerfungsspalten folgen, sich jedoch bald stark erweitern, bald zusammenziehen, so dass die Gänge als zusammengesetzt erscheinen aus einzelnen aneinander gereihten, flach linsenförmigen Körpern, also zu den sog. Lenticulargängen gehören. Die Abmessungen der einzelnen Linsen sind überaus verschieden. Neben ganz kurzen finden sich solche, welche auf mehr als 1000 m Länge verfolgt werden können. Die grösste Dicke von einigen beträgt nur 4—5 m, von anderen 30—40 m, und an einer hat eine Bohrung sogar eine Mächtigkeit von mehr als 100 m festgestellt. Drei solche Lenticulargänge liegen in der Umgebung von Ducktown parallel nebeneinander, etwa 1200 m von einander entfernt, dazwischen noch einige kleinere.

Bezüglich des Inhalts lassen sich in jedem Gang drei wesentlich verschiedene Teufenzonen unterscheiden. Zuoberst liegt der eiserne Hut, vom Ausgehenden bis zu Teufen von 5 bis über 20 m hinabreichend. Er besteht vorwiegend aus Brauneisenerz, stellenweise von abbaulohnender Reinheit, meist aber stark verunreinigt durch Quarz und durch vom Nebengestein des Ganges herrührende Schiefermassen. Darunter folgt die **schwarze Kupferzone**, ungefähr horizontal, quer durch den Gang gelagert in einer Mächtigkeit von $^1/_2$ bis $2^1/_2$ m, oft aber auch nur durch einzelne Butzen vertreten. Sie enthält neben etwas Schiefer und Quarz hauptsächlich ein regelloses Gemenge von theils geschwefelten, theils oxydischen Eisen- und Kupfer-Erzen. In Folge ihres Reichthums an Kupfer bildete sie lange Zeit den Hauptgegenstand der bergmännischen Gewinnung. Die schwarze Farbe rührt von Kupferglanz her. Daneben finden sich ansehnliche Mengen von Rothkupfererz und gediegen Kupfer, sowie stellenweise auch Malachit, Kupfervitriol und Eisenvitriol. Die genannten beiden oberen Zonen sind Erzeugnisse der Oxydation und Zersetzung von ursprünglich geschwefelten Erzen, womit eine Auslaugung der Kupferverbindungen am Ausgehenden und eine Concentration derselben in der Kupferzone Hand in Hand ging. Die dritte oder Zone der Sulfide nimmt den ganzen unteren und Haupttheil der Gänge ein, und ihre untere Grenze ist bis jetzt noch nirgends aufgefunden worden. Sie besteht in der Hauptsache aus Magnetkies und Hornblende mit regellos vertheilten Einschlüssen von Glimmerschiefer. Die grünlichgraue, bisweilen durchsichtige Hornblende ist das ältere Mineral und bildet ein Netzwerk von Krystallbündeln oder auch von strahlig gruppirten Nadeln, in dessen Zwischenräumen die Sulfide abgelagert sind. Am östlichen oder hangenden Salband der Gänge überwiegen in der Regel die Erze, während am westlichen Salband oft reiner Hornblendefels vorkommt und gegen O hin allmälich mehr und mehr Magnetkies aufnimmt. Der Magnetkies ist an sich nicht kupferhaltig, sondern wird es nur dadurch, dass er bald inniger, bald in gröberen Partien vermengt ist mit verhältnissmässig geringen Mengen von Kupferkies. Dieser füllt auch kleine Zwischenräume zwischen Magnetkies und Hornblende aus und dringt in Spaltungsfugen der letzteren ein. Seltener finden sich gelbe bis rothe Granaten, in Gestalt von Rhombendodekaëdern, oft ganz durchtränkt mit Kupferkies und Magnetkies und gelegentlich hübsche Drusen bildend. Quarz kommt in den Kiesen als vereinzelte Körner vor, ferner in grösseren Massen an den Salbändern der Gänge, endlich als Ausfüllung quer durch die Gänge verlaufender horizontaler Spalten. Solche horizontale Quarztrümer haben oft das Vordringen der zersetzenden atmosphä-

rischen Einflüsse nach unten verhindert und bilden dann eine scharfe Grenze zwischen der schwarzen Kupferzone und der darunter befindlichen Zone der Sulfide. Sie sind offenbar jünger als die letzteren. Der Quarz enthält häufig Einschlüsse von Eisenkiesen, insbesondere von Markasit. In manchen Theilen der beschriebenen Gangmasse ist bis zu 10 Proc. Kalkspath in Zwischenräumen zwischen Hornblende-Krystallen abgelagert. Die in den Gängen eingeschlossenen Bruchstücke von Glimmerschiefer sind gewöhnlich erzfrei, manchmal aber auch stark zerspalten und dann oft mit Kupferkies und Magnetkies derart durchtränkt, dass sie zu den reichsten Erzen der Gegend gehören. An einzelnen Stellen, besonders an den östlichem Salbändern der Gänge, sind ausser Kupfererzen auch grössere Mengen von Zinkblende und Bleiglanz gefunden worden. Der Kupfergehalt der kiesigen Erze ist überaus schwankend. Die gewöhnlichsten halten nach einmaliger Haufenröstung 3—4 Proc. Cu.

Die zukünftige Bedeutung der Gruben von Ducktown liegt weniger in hohem Metallgehalt der Erze als in dem Vorhandensein unerschöpflicher Mengen derselben, wodurch ein dauernder und lohnender Bergbau und Hüttenbetrieb auf lange Zeit gesichert erscheint. Ueber die Entstehung der Lagerstätten spricht Verf. die, allerdings nur schwach begründete, Ansicht aus, dass dieselben metamorphischer Natur und ein Umwandlungserzeugniss aus eruptivem Pyroxengestein seien.

*A. Schmidt.*

## Litteratur.

**89.** Elliot, R.: Gold, Sport and Coffee Planting in Mysore. Westminster, Constable 1894. 480 S. m. Karte. Pr. 7 sh 6.
Die Karte bringt die vollendeten, die im Bau begriffenen und die vorgeschlagenen Eisenbahnlinien; die Gebiete mit goldführenden Felsarten und solche, in denen bereits Goldfunde gemacht sind, sind durch Farbenauftrag bezeichnet.

**90.** Heydecke: Die Bekämpfung der verheerenden Ueberschwemmungen, des Wassermangels und der Dürre. Braunschweig 1894, J. H. Meyer. 30 S. Pr. 1 M.
Die Versickerung des Regenwassers im Boden muss befördert werden, und zwar durch söhlig um die Gehänge verlaufende Staugräben, welche den oberflächlichen Abfluss nach den Flussrinnen, und somit die Ueberschwemmungsgefahr, hindern sollen, gleichzeitig dem gesammelten Wasser aber Zeit und Gelegenheit geben, vom Boden aufgenommen zu werden, so dass es

der Quell- und Grundwasserbildung zu gute kommt und auch bei ausbleibendem Regen (Dürre) die Bach- und Flussläufe noch zu speisen vermag.

*Stf.*

**91. Klebs, Richard, Dr., Geolog a. d. geol. Landesanst. i. Berlin: Ueber das Vorkommen nutzbarer Gesteins- und Erdarten im Gebiete des masurischen Schifffahrtskanals. Königsberg i. Pr., Graefe & Unger, 1895. 88 S. Pr. 1 M.**

Um festzustellen, welche nutzbaren Erd- und Gesteinsarten im Gebiete des projectirten masurischen Schifffahrtskanals vorhanden sind, hat Verf. dieses Gebiet im Auftrage der Provinz Ostpreussen geognostisch untersucht, besonders den in geognostischer Beziehung bisher fast unbekannten Theil von der russischen Grenze bis Angerburg. An verwendbaren Stoffen fanden sich folgende vor: Blöcke und Steine, Grand (Kies), Kalk, Ziegellehm, Töpferthon, Brenn- und Moostorf, Wiesenmergel und Material zur Entwickelung einzelner Industrien. Die Quantitäten dieser Materialien hat Verf. geschätzt; nach seiner Versicherung sind aber die in Wirklichkeit vorkommenden Mengen viel grösser als die Schätzung ergab.

Nach einer allgemeinen geologischen Uebersicht mit Erklärung der einzelnen Bodenarten und ihrer Entstehung giebt Klebs zunächst die nach eigener Methode erfolgte quantitative Abschätzung der Blockanhäufungen an und zwar in und um der Spirdingsee, bei Eckertsdorf, nordöstlich und westlich Rhein, östlich des Mauersees, um Doben und um Bialla. Es ergab sich eine Summe von 1 830 400 cbm Spreng- und runder Steine und 437 600 cbm kleiner Lesesteine. Die Steine sind ein geeignetes Chaussee- und Schottermaterial. — Sodann folgt das Ergebniss der Abschätzung der Grand- oder Kieslager auf der Ostseite des Spirdingsees auf der Nordseite desselben, um den Mauersee und um den Rheinischen See. Im Ganzen fanden sich 16 310 000 cbm guter und zu vielerlei Zwecken brauchbarer Kieslager vor.

Der überall vorkommende Lesekalk — Findlinge von meist silurischem Kalk — wurde in besonders reichen Mengen angetroffen in der Umgegend von Chmieleven (25 000 cbm Kalksteine) und bei Pieszarken (90 000 cbm). Ausserdem enthalten die Kiese, je steinhaltiger sie sind, desto reichlicher Kalkgeschiebe. Grössere Kalkblöcke sind verhältnissmässig selten. Der Kalk ist gebrannt als Kalkmaterial vorzüglich verwerthbar. Material zur Töpferei und Ziegelindustrie liefern der sogenannte obere Geschiebelehm und der unterdiluviale Thonmergel. Ersterer macht jedoch wegen seines Reichthums an Geschieben Schwemmanlagen für ein gutes Fabrikat nothwendig und kommt daher für grössere Anlagen weniger in Betracht. Nur der unterdiluviale Thonmergel ist brauchbar für die Herstellung besserer Ziegel, für feinere Töpferei und Industriezwecke. Im Ganzen lagern an den Ufern der masurischen Seen über 10 000 000 cbm unterdiluvialen Thones.

Der Wiesenkalk — fast reiner kohlensaurer Kalk — ist in recht bedeutenden Lagern abgesetzt. Er liefert bei geeignetem Brennverfahren ein vorzügliches Düngemittel, ist aber auch als Mauerkalk schon vortheilhaft verwendet worden. Sein Gesammtquantum beträgt über 84 730 000 cbm.

Brenn- und Moostorf ist in unzähligen, grossen und kleinen Becken in der Umgebung der masurischen Seen zu finden. Verf. giebt in einer Tabelle die Grössen- und Inhaltsverhältnisse der kleineren Torflager in den Ortschaften von Angerburg bis Johannisburg an. Als Gesammtsumme ergaben sich 263 000 000 cbm Brenntorf, 9 000 000 cbm Moostorf und 4 000 000 cbm sehr moosiger Torf.

Es folgen sodann Uebersichten über die Verwerthung des Bodens durch Industrie und Landwirthschaft. Zum Schluss kommt Klebs zu dem Ergebniss, dass die besprochenen Stoffe nur durch Anlage eines billigen Transportweges, wie der projectirte Kanal es sein würde, den Bewohnern lohnenden Erwerb auf lang ausgedehnte Zeiträume bieten können. (Näheres über diesen Kanal theilt Dr. Fritz Skowronneck-Berlin mit in der Zeitschrift für Binnenschifffahrt, Berlin SW, bei Siemenroth & Worms, I, 1894—95, S. 46 und 98. — Red.) (Naturw. Wchschr.)

*Dr. L. Schulte.*

**92. Le Neve Foster, C.: Quarrying. One of a course of five lectures on The Sanitation of Industries and Occupations. Read November 8 th 1894. Excerpt from Vol. XVI, Part I, of The Journal of The Sanitary Institute. 18 S. m. 7 Textfig. u. 6 Taf.**

1. Definitions of a quarry; 2. Kinds of minerals worked; 3. Processes of excavation; 4. Methods of arranging the workings; 5. Transport; 6. Preparation of the mineral for the market: 7. Accidents; 8. Diseases; 9. Laws affecting quarrying.

**93. Le Neve Foster, C.: Report of the Departmental Committee upon the Slate Mines of Merionetshire; with appendices. XXXII und 165 S. m. 10 Textfig. u. 7 Taf. London 1895. Pr. 2 s. 6 d.**

1. Description of Merionetshire; 2. Mode of occurence of the slate; 3. Manner of working the beds of slate; 4. Statutes regulating the working of slate mines; 5. Nature of accidents which occur; 6. Epitome of the evidence; 7. Visit of the comitee to Belgium and France; 8. Recommandations.

**94. Masslennikow, S.: Die Naphtaquellen auf Sachalin. Jahrbücher d. Gesellsch. zur Erforschung des Amurgebiets. Wladiwostock 1894. Bd. V. 35 S. m. 3 Blatt Zeichnungen. (In russischer Sprache.)**

Naphtalager sind in den Thälern der kleinen Flüsse in der Nähe der Ostküste, namentlich an den haffartigen Baien von Nyisk und Nabilj, festgestellt, doch ist die Küste hier so schwer zugänglich, rauh und arm an Häfen, das Innere des Landes so dünn bewohnt und unwegsam, dass bei den bedeutenden Kosten der Gewinnung vorläufig ein Nutzen von der Ausbeutung derselben nicht zu erwarten ist. (Ueber Steinkohlen auf Sachalin s. d. Z. 1893 S. 130; 1894 S. 263.)

**95.** Prestwich, J.: A geological inquiry respecting the Water-bearing strata of the country around London. Re-issue with additions by the author. London 1895. 240 S. Pr. geb. 5 M.

**96.** Törnebohm, A. E.: Grunddagen af Sveriges geologi. 2. Aufl. Stockholm, Norstedt, 1894. 213 S. m. 2 geol. Uebersichtskarten. Pr. 2,50 Kr.

Eine populär und allgemeinverständlich geschriebene Geologie Schwedens, im ersten Theile die festen Gesteine bis zur Kreide, im zweiten die nutzbaren Lagerstätten, im dritten die quartären Bildungen beschreibend. Den Niveauveränderungen, der Bildung der Seebecken und der unterirdischen Thätigkeit des Wassers, sowie einem Ueberblick über die geologische Geschichte Schwedens sind besondere Kapitel gewidmet. — Die beiden Karten geben eine abgedeckte Uebersichtskarte von ganz Skandinavien in 1 : 8 000 000 und eine ebensolche des südlichen Schwedens in 1 : 3 500 000. (Peterm. Mitthlg.) *K. Keilhack.*

### Notizen.

**Gold im Donez-Gebiet.** Ueber Goldlagerstätten im südwestlichen Theile Russlands, im Gouvernement Jekatorinoslaw (Donez-Gebiet) haben russische Tagesblätter kürzlich nachfolgende Mittheilungen gebracht.

hat sich die Stärke der goldführenden Adern als sehr verschieden herausgestellt. Der durchschnittliche Goldgehalt sämmtlicher Adern wird auf 12 g pro t Erz geschätzt. Mit Rücksicht auf den relativ hohen Goldgehalt beabsichtigt man an die Ausbeutung des Goldes in grösserem Umfange zu schreiten. Auch sollen auf demselben Gebiete silberhaltige Blei- und Kupfererze vorhanden sein und zum Theil im Abbau begriffen sein. *F. Thiess.*

**Goldgewinnung in der Südafrikanischen Republik.**

| Jahr | Unzen |
|---|---|
| 1885 | 1 737 |
| 1886 | 10 032 |
| 1887 | 48 960 |
| 1888 | 279 600 |
| 1889 | 430 300 |
| 1890 | 540 860 |
| 1891 | 516 |
| 1892 | 1 865 |
| 1893 | 1 835 398 |
| 1894 | 2 289 865 |
| 1895 Erstes Quartal | 288 |

Werth der Ausbeute:

| | |
|---|---|
| 1893 | 5 481 000 £ |
| 1894 | 7 667 000 - |
| 1885—1894 | 25 000 000 - |

Nennwerth des Aktienkapitals der Ende 1894 im Betrieb befindlichen 141 Goldbergbauunternehmungen . 24 702 815 £
Börsenwerth der } Ende 1893 . 13 557 044 -
52 Hauptminen } - 1894 . 31 782 613 -

Nach Mittheilung des staatlichen Bergingenieur-Amtes (Staats-Mijningenieurkantoor) gestaltete sich die Production im Jahre 1894 folgendermaassen (vergl. d. Z. 1894 S. 157 und S. 74):

| Name der Felder (vgl. die Karte Tafel II, Seite 80 dieser Zeitschrift) | Aus den Gruben geförderte Roherze Tonnen | Aus den Flötzen und Gängen | | Aus dem Alluvium | | Insgesammt | | Zahl der Arbeiter | |
|---|---|---|---|---|---|---|---|---|---|
| | | Unzen | £ | Unzen | £ | Unzen | £ | Weisse | Eingeborene |
| Witwatersrand-Feld[1] | 3 062 767 | 1 948 924 | 6 714 781 | 1 015 | 3 387 | 1 949 939 | 6 718 168 | 4 945 | 35 611 |
| Heidelberg-Feld . | 25 618 | 52 685 | 172 340 | — | — | 52 685 | 172 340 | 61 | 859 |
| Schoonspruit-Feld . | 182 448 | 78 358 | 264 724 | — | — | 78 358 | 264 724 | 137 | 1 999 |
| Malmani-Feld . . | 387 | 494 | 1 876 | — | — | 494 | 1 876 | 2 | 16 |
| De Kaap-Feld . . | 118 968 | 86 635 | 295 555 | 848 | 3 043 | 87 483 | 298 598 | 307 | 2 080 |
| Zoutpansberg-Feld | 26 614 | 10 298 | 36 989 | 313 | 1 115 | 10 611 | 38 104 | 58 | 471 |
| Lijdenburg-Feld . | 71 568 | 58 786 | 168 014 | 1 490 | 5 261 | 60 276 | 173 275 | 132 | 1 472 |
| Vrijheid . . . . | 5 500 | — | — | — | — | — | — | 7 | 34 |
| Carolina . . . . | 150 | 13 | 44 | — | — | 13 | 44 | 3 | 12 |
| Pretoria . . . . | | 6 | 23 | — | — | 6 | 23 | — | — |
| Insgesammt | 3 489 015 | 2 236 193 | 7 654 346 | 3 666 | 12 806 | 2 239 865 | 7 667 152 | 5 652 | 42 504 |

Auf den am Don belegenen Gütern eines Herrn Gljebow wurden i. J. 1894 goldführende Adern aufgedeckt. Dieselben fanden sich in Spalten, welche durch Verwerfung oder Verschiebung der Bodenschichten entstanden und mit Schwefelkies ausgefüllt waren. Im letzteren zeigte sich das Gold in Form von kleinen Blättchen eingesprengt. Die in verschiedenen Horizonten entnommenen Erzproben wurden im Laboratorium des Petersburger Berginstitutes untersucht und zeigten auf 1 t Erz 6,5 bis 35 g Gold. Nach vorgenommenen Untersuchungen und Schürfungen

**Mossamedes.** Ueber die Aussendung französischer bergmännischer Expeditionen in diesen Bezirk der portugiesischen Colonie Angola an der südlichen Westküste Afrikas berichteten wir d. Z. 1894 S. 448. Zu nun vorliegenden Berichten von Guilmin äussert sich Brix Förster im „Globus" (Bd. 68 S. 95) folgendermaassen:

„Die Portugiesische Regierung hat 1894 fast die ganze Provinz Mossamedes, ein Areal von 230 000 qkm, einer von Dr. Pereira gegründeten Actien-Gesellschaft mit einem Capital von über 13½ Mill. Francs zur wirthschaftlichen Ausbeute überlassen. Die „Compagnie de Mossamedes" will vor Allem Handel treiben, an der Küste Salpeter

[1] Vergl. die Tabelle S. 46; statt der letzten Zahl lies hier 2 024 159.

und Guano gewinnen und den Rinderreichthum des Inneren nach den Hafenplätzen schaffen (vergl. „L'Afrique Française", August 1894). Ausserdem vermuthet man, dass in Cassinga, im Gebiete des Kalonga oder Tschitando, eines Nebenflusses des oberen Kunene, grosse Goldschätze verborgen liegen. Guilmin wurde erzählt, Gold komme auf einem Flächenraum von 8000 qkm vor, sowohl in Gesteinsschichten als auch im Flusssand; man habe mit den einfachsten Hülfsmitteln schon aus 25 000 kg Sand 235 g Goldstaub gewonnen. Aus letzterem Resultate zieht er den Schluss auf eine „abondance de ce métal précieux". Dieser Bericht erscheint mir etwas stark optimistisch gefärbt; jedenfalls kann man nicht von einem ungeheueren Goldertragniss sprechen, wenn man aus 1000 kg nur 9,8 g Gold gewinnt: denn am Witwatersrand erhielt man 1892 bis 1893 durchschnittlich 20,9 g, in einzelnen Fällen bis zu 38,5 g, sogar 350 g Gold. Für eine mehr vorsichtige Auffassung der thatsächlichen Verhältnisse spricht auch der Umstand, dass die Compagnie de Mossamedes die Goldgewinnung nicht in eigene Hand genommen, sondern sie an eine andere Gesellschaft verpachtet hat, wie in der angeführten Nummer der „Afrique Française" zu lesen ist."

**Helium.** Prof. Heinrich Kayser in Bonn hat das bisher nur in einigen Mineralien, besonders im Clevelt, vorgefundene Helium in freier Form in der Natur nachgewiesen. In den Quellen von Wildbad im Schwarzwald steigen Gasblasen auf, die nach einer alten Analyse von Fehling etwa 96 Proc. Stickstoff enthalten sollen. (Ueber andere Stickstoffquellen vergl. S. 351.) Da in allen solchen Fällen die Möglichkeit vorliegt, dass grössere Mengen von Argon gefunden werden, so unterwarf Kayser, wie er in der „Deutsch. med. Wochenschr." berichtet, das Gas einer Analyse. Etwa 430 cbcm wurden mit Sauerstoff gemischt und bei Gegenwart von Kalilauge Funken durchgeschickt; der überschüssige Sauerstoff wurde dann durch pyrogallussaures Kali entfernt. Es blieben nach dem Trocknen 9 cbcm übrig. Damit wurden einige Geissler-Röhren gefüllt, um das Gas spektroskopisch zu prüfen. Das Gas zeigte im Spektrum die Linien von Argon und Helium, und zwar konnte die Menge des Heliums darin nicht ganz gering sein, da seine Linien sehr hell auftraten und sich leicht photographiren liessen. — Besonders interessant ist an diesem Ergebnisse, dass damit zum ersten Male eine Stelle entdeckt ist, wo die beiden unter dem Namen Helium zusammengefassten Gase frei werden und in die Atmosphäre ausströmen. Es muss sich, so schloss Kayser, danach auch der Luft freies Helium neben dem Argon finden. Thatsächlich hat Kayser auch in der Bonner Luft die Anwesenheit von Helium nachweisen können; freilich gewann er bei der spektroskopischen Untersuchung den Eindruck, dass seine Menge sehr gering ist.

Zur Feststellung der **Regenniederschläge** in Deutschland hat Stadtbaumeister Karl Meier (Berlin) dem am 31. August d. J. in Schwerin eröffneten Abgeordnetentag der deutschen Architekten- und Ingenieur-Vereine einen Bericht erstattet, wonach die meisten bisher zur Verfügung gestellten Ergebnisse der Vereine in der Hauptsache auf gelegentlichen Beobachtungen mit ungenügenden Hilfsmitteln beruhen, so dass ihnen eine wissenschaftliche Bedeutung nicht beiwohnt. Für derartige Untersuchungen sind unter allen Umständen die selbstschreibenden Regenmesser von Hottinger & Comp. in Zürich oder von Sprung-Fuess in Berlin (Steglitz) anzuwenden. Nicht minder schwierig ist die Feststellung der Abflusshöhe der Wassermengen in Kanälen, wofür ein besonderer selbstzeichnender Apparat in Vorschlag gebracht wird.

**Gold und Silber.** Die Weltproduction betrug nach Eng. and Min. Journ. 1895, Vol. 59, No. 26:

|        | 1893          | 1894          |
|--------|---------------|---------------|
| Gold . . . . | 256 236 kg    | 290 383 kg    |
|        | = 158 437 551 $ | = 177 642 316 $ |
| Silber . . . | 5 339 746 kg  | 5 205 065 kg  |
|        | = 134 241 121 $ | = 105 429 034 $. |

**Asphalt.** Die kürzlich, S. 371 und 376, erwähnte Hannoversche Baugesellschaft hat nach längeren Verhandlungen einen grossen jahrelangen Lieferungsvertrag auf Rohasphalt nach Amerika abgeschlossen und geht jetzt zum Abbau ihrer Vorwohler Terrains über, auf welchen sich ein besonders zu Stampfasphalt sehr geeigneter Asphaltkalk findet.

---

# Vereins- u. Personennachrichten.

## VI. allgemeiner Deutscher Bergmannstag. Hannover.

Der am 10. u. 11. September in Hannover tagende VI. allgemeine Deutsche Bergmannstag war von ungefähr 350 Theilnehmern besucht. Als Vorsitzender des Ausschusses eröffnete Herr Geheimer Bergrath Schrader, Braunschweig, die Versammlung. Zum Vorsitzenden wurde Oberberghauptmann Freund, zu Beisitzern Geheimer Bergrath Schrader und Bergrath Krabler, Altenessen, und als Schriftführer Bergrath Hueck, Hannover, und Berginspektor Engel, Essen a. d. R., gewählt.

Es wurden die folgenden Vorträge gehalten:

Am 1. Tag.

1. Bergassessor Doeltz: Ueber die Anwendung der elektrischen Kraftübertragung beim Bergbau.
2. Fabrikbesitzer Körting: Ueber Gasmotoren zur elektrischen Kraftübertragung.
3. Berginspektor Zörner: Ueber Unschädlichmachung des explosiblen Kohlenstaubes.
4. Bergassessor Winkhaus und Bergrath Lohmann: Ueber Sprengstoffe.
5. Berginspektor Uthemann: Bewetterung der Aus- und Vorrichtungsarbeiten in Saarbrücken.

6. Oberbergrath Arndt: Empfiehlt sich der Verwaltungsrechtsweg in Bergsachen?

**Am 2. Tag.**

7. Amtsrath Dr. Struckmann: Geologie der Umgegend von Hannover. (Referat folgt.)
8. Berginspektor Richert: Ueber den Steinkohlenbergbau im norddeutschen Wealden. (Referat folgt.)
9. Berginspektor Siemens: Ueber den Roemer'schen Apparat zur Verhütung des Uebertreibens bei Fördermaschinen.

Wegen Nichterscheinens der Vortragenden kamen die angekündigten Vorträge von Bergrath Meinicke: „Ueber Wassersäulenmaschinen", und von Dr. Kosmann: „Die Kohlenstaubfeuerung in der Braunkohle-Briquet-Fabrikation", nicht zur Verhandlung. Ein verspätet angemeldeter Vortrag von Dr. F. A. Hoffmann: „Ueber Erdöl und Asphalt in den Hannoverschen und Braunschweigischen Landen" kam wegen Mangel an Zeit in Wegfall.

Als Versammlungsort für den im Jahre 1898 abzuhaltenden VII. allgemeinen Deutschen Bergmannstag wurden München und Dortmund vorgeschlagen. Die Majorität entschied sich schliesslich für München.

Bei den am Nachmittag des 11. stattfindenden Ausflügen war namentlich zu der Besichtigung der Gruben und des Hochofenwerkes von Ilsede sowie des Peiner Walzwerks der Andrang sehr stark (140 Theilnehmer). Daneben fand die Besichtigung mehrerer Fabriken in und bei Hannover statt.

Am 12. morgens verliessen sämmtliche Theilnehmer mittels Extrazuges Hannover zur Besichtigung der Unterharzer Werke. Gruppenweise fand der Besuch des Vienenburger Kaliwerks Hercynia, der Okerschen Hüttenwerke und des Rammelsberges bei Goslar statt. Am Nachmittage vereinigten sich die Theilnehmer wiederum bei der Schlussfeier in Harzburg.

Der für den 13. und 14. September im Anschluss an den Bergmannstag geplante Ausflug nach dem Oberharz (Clausthal und Grund) fand ungefähr 60 Theilnehmer.

## OFFICERS OF THE GEOLOGICAL SURVEY OF THE UNITED KINGDOM.

(Head Office: 28, Jermyn Street, London, S.W.)
Director General: Sir Archibald Geikie, D.Sc., LL.D., F.R.S. Director for Great Britain: H. H. Howell.

**I. ENGLAND AND WALES.**

*District Surveyor:* W. Whitaker, B.A. (Lond.), F.R.S.

*Resident Geologist:* Horace B. Woodward.

*Geologists:* J. R. Dakyns, M.A.; R. H. Tiddeman, M.A.; C. Fox-Strangways; J. J. H. Teall, M.A., F.R.S.; W. A. E. Ussher; A. C. G. Cameron; Clement Reid.

*Assistant Geologists:* C. E. de Rance; F. J. Bennett; J. H. Blake; C. E. Hawkins; A. J. Jukes-Browne, B.A.; Aubrey Strahan, M.A.; W. W. Watts, M.A.; G. W. Lamplugh; W. Gibson.

*Palaeontologists:* George Sharman; E. T. Newton, F.R.S.

*Assistant in Fossil Department:* H. A. Allen.

*Fossil Collector:* John Rhodes.

*General Assistant:* Henry J. Gray.

**II. SCOTLAND.**

(Office: Sheriff Court Buildings, Edinburgh.)

*District Surveyor:* B. N. Peach, F.R.S.

*Geologists:* R. G. Symes, M.A.; S. B. Wilkinson; John Horne; W. Gunn; Hugh Miller.

*Assistant Geologists:* C. T. Clough, M.A.; J. S. Grant-Wilson; George Barrow; L. W. Hinxman; J. B. Hill; H. Kynaster, B.A.; A. Harker, M.A.

*Curator of Geological Collections:* J. G. Goodchild.

*Assistant in Fossil Department:* A. Macconochie.

*Fossil Collector:* J. Bennie.

*General Assistant:* R. Lunn.

**III. IRELAND.**

(Office: 14, Hume Street, Dublin.)

*Senior Geologist:* J. Nolan.

*Geologists:* F. W. Egan, B.A.; J. R. Kilroe; Alex. McHenry.

*Assistant Geologist:* Prof. W. J. Sollas, M.A., D.Sc., LL.D., F.R.S.

*Assistant in Fossil Department:* R. Clark.

Ueber die zahlreichen Publicationen der geol. Landesanstalt für Grossbritannien und Irland unterrichtet eine vor Kurzem erschienene Liste von 67 Seiten nebst Uebersichtskarten. Die Verkaufsstellen sind in London: Eyre und Spottiswoode, East Harding Street und E. Stanford, 26 and 27, Cockspur Street, Charing Cross; in Edinburgh und Glasgow: John Menzies and Co.; in Dublin: Hodges, Figgis and Co., Limited.

Seinen achtzigsten Geburtstag feierte am 31. August der Geh. Bergrath Dr. Ernst Beyrich, Professor der Geologie und Paläontologie an der Universität Berlin, einer der Führer seiner Wissenschaft, der hervorragende Verdienste um die Ordnung der deutschen geologischen Aufnahmen hat.

Heinrich Ernst Beyrich, zu Berlin geboren, erhielt hier im Gymnasium zum grauen Kloster seine Schulbildung. Bereits mit 16 Jahren wurde er zur Universität entlassen. Zu Anfang seiner Studienzeit beschäftigte er sich unterschiedslos mit Botanik, Zoologie und Mineralogie; eine Zeit lang trug er sich mit dem Gedanken, Botaniker zu werden. Seiner Sonderwissenschaft, der Mineralogie und Geognosie, wurde Beyrich durch Christian Samuel Weiss zugeführt. Gegen das Ende der auf sechs Halbjahre berechneten Studienzeit ging Beyrich nach Bonn, weil er hier die beste Gelegenheit fand, sich mit der Petrefaktenkunde zu beschäftigen. Bei der rheinischen Universität hörte er Goldfuss, Nöggerath, Bischoff, Treviranus und Nees v. Esenbeck. Wichtig für Beyrich's Bildungsgang wurde noch der Umstand, dass er zu Leopold v. Buch in Beziehung trat. An das Universitätsstudium schloss Beyrich aus eigenem Willen praktische Lehrjahre an. Er durchzog zwei Jahre lang Deutschland und einen Theil Frankreichs zu Fuss kreuz und quer. 1837 brachte er das Studium durch die Doktorpromotion in Berlin zum Abschlusse. Als Opponent ist auf Beyrich's Doktorschrift Julius Ewald vermerkt, mit dem ihn für das ganze Leben enge Freundschaft verband.

Kurz nach der Promotion trat Beyrich in den Dienst des mineralogischen Museums der Berliner Universität. Zuerst Gehilfe, wurde er 1857 nach Weiss' Tode mit der Ueberwachung der paläontologischen Samhlung betraut. 1875 nach Rose's Tod erhielt er die Oberleitung des gesammten Museums. Er hatte diese inne, bis in der zweiten Hälfte der achtziger Jahre die Errichtung des Museums für Naturkunde eine Aenderung in der Organisation nothwendig machte. Die Stellung beim Museum erleichterte Beyrich wesentlich den Eintritt in die akademische Laufbahn. 1841 habilitirte er sich als Privatdocent, fünf Jahre später erfolgte seine Ernennung zum ausserordentlichen Professor und 1865 erhielt er eine ordentliche Professur. Längere Zeit zuvor schon hatte ihn 1853 die Berliner Akademie der Wissenschaften zugleich mit J. Ewald zum ordentlichen Mitgliede gewählt.

Mit der ersten Arbeit von Bedeutung trat Beyrich als Student an die Oeffentlichkeit. Er beschrieb in Poggendorff's Annalen den Phenakit nach einem von ihm entdeckten Vorkommen im Elsass. Besonders anerkannt wurde die strenge krystallographische Behandlung dieses Minerals durch Beyrich. Gerade diese Seite des Erstlingswerkes war es, die Beyrich die für ihn segensreiche Anerkennung Weiss' eintrug. Im weiteren Verlaufe seiner Studien gewann Beyrich sehr frühzeitig die später als überaus wichtig erkannte Anschauung, dass es für den Fortschritt der Geologie in damaliger Zeit vor allem darauf ankam, aus der Paläontologie sich neues Rüstzeug zu beschaffen, und machte die paläontologische Forschung zu seiner Lebensaufgabe. Mit welchem Erfolge er hier schaffte und wirkte, das erhellt daraus, dass seine paläontologischen Einzelstudien zu einem wesentlichen Theile die Grundregeln für die Altersbestimmung der Gesteinsschichten abgaben; zugleich aber kamen sie auch der systematischen Zoologie zu Gute. Was an diesen Untersuchungen Beyrich's besonders gerühmt wird, ist es, dass darin scharfes Unterscheiden und glückliches Zusammenfassen Hand in Hand gehen.

Von den einzeln stratigraphisch-architektonischen Forschungen Beyrich's, die einen sehr wesentlichen Theil der gesammten Arbeit darstellen, ist die Erforschung der Tertiärgebilde des nördlichen Deutschlands herauszuheben. Sie gab den Anstoss dafür ab, dass Beyrich eine neue Schichtengruppirung festlegte. Dauernd verbunden ist Beyrich's Namen mit der „Oligocänformation". Die Arbeiten Beyrich's bewegen sich ganz vorwiegend auf deutschem Gebiet; insbesondere hat er die Verhältnisse des rheinischen Uebergangsgebietes, des Harzes, des Flötzgebietes Schlesiens und einzelner Alpengebiete aufgehellt. Ausserhalb dieses Rahmens liegen die Studien Beyrich's über Timor und einzelne Theile Afrikas.

Ueber der rein wissenschaftlichen Arbeit Beyrich's darf sein organisatorisches Schaffen nicht vergessen werden. Er ist die Seele der deutschen geologischen Landesaufnahme, deren wissenschaftliche Ueberwachung ihm anvertraut ist. Nicht gering anzuschlagen ist sein Verdienst um die Gründung der Deutschen geologischen Gesellschaft, um die der Bergakademie in Berlin und um das naturhistorische Museum, dessen Verwaltung seit der Gründung in seinen Händen liegt. Die leitende Stellung, die er seit 40 Jahren innehat, brachte ihm noch eine andere verdienstvolle Arbeit ein; er hatte die jetzt reichlicher als je aus fernen Landen eingehenden Stücke zu prüfen und zu sichten. Hierin hat er Vielen nicht hoch genug zu schätzende Dienste geleistet, indem er noch an zuständiger Stelle für die Förderung der geologischen Erforschung unbekannter Länderstriche seinen Einfluss geltend machte. Die Leopoldinisch-Carolinische deutsche Naturforscher-Akademie verlieh soeben dem verdienten Geologen aus Anlass der Vollendung des achtzigsten Lebensjahres die goldene Cothenius-Medaille.

In Zürich wurde am 11. September der unter dem Vorsitz von Prof. Tetmajer tagende Congress für Baumaterialienprüfung geschlossen. Es wurde die Gründung eines internationalen Verbandes beschlossen, der eine eigene Zeitschrift herausgeben wird. Ein internationaler Congress soll 1897 in Stockholm stattfinden.

Die Preussische Regierung beabsichtigt, unter Zuziehung von Sachverständigen in kommissarischen Verhandlungen darüber zu berathen, ob nicht auch in Deutschland, wie dies in Oesterreich-Ungarn und in den Vereinigten Staaten von Nordamerika bereits geschieht, der Edelmetall-Verbrauch für Zwecke der Industrie zum Gegenstande amtlicher Erhebungen zu machen sein möchte. Die Handelskammern, in deren Bezirken die Edelmetallwaarenindustrie betrieben wird, sind von dem Minister für Handel und Gewerbe ersucht worden, ihm einige heimische, zur Zuziehung als Sachverständige geeignete Personen zu bezeichnen.

Professor C. Malsch in Santiago, Chile, früher in Clausthal (vergl. d. Z. 1893. S. 412), wurde zum Präsidenten der Deutschen wissenschaftlichen Gesellschaft in Santiago gewählt.

Bergingenieur Dr. phil. F. M. Stapff in Weissensee bei Berlin ist im Auftrage der Deutsch-Ostafrikanischen Gesellschaft zur Untersuchung des Schwemmgoldvorkommens in Usambara (vergl. S. 351) nach Ostafrika abgereist und passirte am 3. September Suës; Ende des Jahres hofft Herr St. wieder zurück zu sein.

Gestorben: Bergwerksbesitzer und Grubenbesitzer G. F. Deetken zu Gross Valley, Californien, im Alter von 62 Jahren. D. war ein Deutscher (in Mosbach geboren) und hatte sich grosse Verdienste um den californischen Goldbergbau erworben; auch litterarisch war er auf diesem Gebiete vielfach thätig.

*Schluss des Heftes: 15. September 1895.*

Verlag von Julius Springer in Berlin N. — Druck von Gustav Schade (Otto Francke) in Berlin N.

# Zeitschrift für praktische Geologie.

1895. November.

## Die technische Verwerthung der Lausitzer Granite.

Von

Dr. O. Herrmann.

Die Lausitz nimmt sowohl hinsichtlich der Verbreitung des Granites wie auch der Verwerthung desselben unter den geologischen Provinzen Sachsens die erste Stelle ein. Der grösste Theil des Felsuntergrundes derselben wird von dem gewaltigen Granitmassiv[1]) ausgemacht, das die silurische Grauwacke durchbrochen hat und nach den in ihm aufsetzenden gangförmigen Eruptivgesteinen mindestens älter als das Rothliegende ist. Das Gestein dieses Granitmassivs, welches im S und N nur wenig über die Grenzen Sachsens hinausgreift, das aber im O im Iser-Riesengebirgsgranit wahrscheinlich seine directe vielfachen Verflösung findet, ist bei der neuen geologischen Specialaufnahme von Sachsen innerhalb des Lausitzer Gebirges als Hauptgranit des Lausitzer Gebietes bezeichnet worden. Dasselbe zeigt sich aus einer Reihe gegeneinander wohl charakterisirter aber durchaus gleichalteriger und gleichwerthiger Varietäten von sehr ungleichem technischen Werthe — welche unten kurz gekennzeichnet werden sollen — aufgebaut. In demselben setzen wenig zahlreiche und meist geringmächtige glimmerarme (aplitische) Ganggranite auf, welche in Folge ihrer vielfachen Verflösung mit demselben zur Eruption des Hauptgranites gehörig, als letzter Nachschub derselben, aufgefasst werden.

---

[1]) Litteratur: Ch. G. Pötzsch: Bemerkungen und Beobachtungen über das Vorkommen des Granits. Dresden 1803. — B. Cotta: Geognost. Beschreibung des Königreiches Sachsen. 1845. Heft 3, S. 4—16, S. 32, Heft 5, S. 376—388. — C. F. Glocker: Geognostische Beschreibung der preuss. Oberlausitz. Görlitz 1857, S. 8—38. — J. Jokély: Der nordwestl. Theil des Riesengebirges ,und des Gebirges von Rumburg etc. Jahrb. d. geol. Reichsanst. Wien, 1859, S. 365—398. — O. Friedrich: Kurze geogn. Beschreibung der Südlausitz etc. Zittau, Progr. des Johanneums. 1871. S. 68—71. — E. Schmidt: Geogn. Beschr. des mittl. u. westl. Theiles der Kreishauptmannschaft Bautzen. Bautzen 1878, S. 6—18. — Die Lausitzer Sectionen der neuen geol. Specialkarte von Sachsen i. M. 1:25000. Leipzig 1888—1895; vergl. die Uebersichtskarte Taf. VII gegenüber S. 253 des Jahrg. 1893 dieser Zeitschr.

Nur an zwei Stellen, im SO von Stolpen und im NW von Görlitz, ist nach den Beobachtungen von G. Klemm und J. Hazard das Granitmassiv von jüngeren Graniten stockförmig durchbrochen worden. Die Gesteine dieser jüngeren Granite wurden mit dem Namen glimmerarmer Stockgranit und Königshainer Stockgranit belegt.

Der Granit tritt im S des Lausitzer Gebirges in zahlreichen langgestreckten, bis fast 600 m ansteigenden Bergrücken auf grossen Flächen zu Tage. In dem hügeligen Norden desselben wird er stark durch Schwemmlandbildungen verhüllt und geht nur auf den kleinen Kuppen und an den Thaleinschnitten zur Oberfläche aus.

Zwei Züge in der Tectonik der Granitstöcke sind von der weittragendsten Bedeutung für die Verwerthbarkeit der Lausitzer Granite geworden. Diese zwei Momente sind die Absonderung des Gesteins und das Auftreten von Druckklüften. Die Absonderung unserer Granite ist in erster Linie eine bankförmige. Von dem Grad der Entwicklung der letzteren und dem Fehlen einer anderen Absonderungsform wird hauptsächlich der technische Werth einer Granitvarietät bestimmt. Sind die Bänke in besonderer Regelmässigkeit ausgebildet, so ist ein lohnender Abbau im grossen Maassstabe ermöglicht (mittelkörniger Lausitzer Granit, Königshainer Stockgranit, Granit von Horka, kleinkörniger Granitit von Rosenhain und Doberschütz), ist die bankförmige Absonderung nur unvollkommen zur Ausbildung gelangt, so ist die Gewinnung eine erschwerte (Rumburger Granitit), sind aber endlich die Bänke durch zahllose bei der Festwerdung des Gesteins entstandene Risse durchzogen, so dass uns eine unregelmässig-vieleckige Absonderung entgegentritt, so ist eine technische Verwerthung im grösseren Maasse fast gänzlich ausgeschlossen (kleinkörniger Lausitzer Granit, porphyrischer Granit von Kleinnaundorf, glimmerarmer Stockgranit).

Zu der bankförmigen Absonderung tritt hier und da, im grossen Ganzen aber selten, eine die Verwerthung stark beeinträchtigende concentrisch-schalige, kugelige Absonderung.

Bei näherer Betrachtung zeigt es sich, dass die Granitbänke langgestreckte übereinander lagernde Linsen darstellen, von denen die obere in der Regel mit ihrer Ausbauchung in der Einsenkung liegt, welche die beiden darunter befindlichen Steinlinsen da bilden, wo sie aneinanderstossen.

Eine höchst eigenthümliche Erscheinung, die auch für die ganze Art des Granitabbaues bestimmend geworden ist, liegt in der Anordnung der Bänke, indem dieselben ausnahmslos den Umrissen der heutigen Berge parallel liegen, also übereinandergepackte Kappen auf letzteren darstellen. Diese linsenförmigen Bänke (die „Blätter" des Steinbruches genannt) haben sich erst im Laufe der beginnenden Verwitterung herausgebildet, indem das Gestein in Folge einer demselben innewohnenden Neigung hierzu durch geschwungene Risse sich theilte. Diese Theilung geht noch heute von der Oberfläche aus vor sich, weshalb die Erscheinung ganz allgemein verbreitet ist, dass die Bänke von der Oberfläche nach der Tiefe zu an Mächtigkeit zunehmen und man allerorts beobachten kann, dass ein Riss, welcher in einer tiefgelegenen mächtigen frischen Bank entsteht, eine Wellenlinie darstellt, welche den Anfang einer Zertheilung der Bank in neue dünne lenticuläre Körper bildet.

Nahe der Oberfläche sind die dünnen Bänke in Folge von weitvorgeschrittener Verwitterung braun und total morsch geworden, so dass beim Abbau ein sandigkiesiger Grus entsteht („fauler Stein, Abraum"), in welchem local noch frischere Partien vorkommen. In grösserer Tiefe ist das Gestein noch fest, aber gänzlich durch Ausscheidung von Eisenoxydhydrat gelb bis braun geworden (die „grauen, unreifen, ungesunden Steine" der Steinarbeiter, welche nur zu Arbeiten geringer Qualität verwerthbar sind). Selbst in einer Tiefe, wo der frische, lichte Granit erschlossen, haben die linsenförmigen Bänke noch randliche braune Zonen, die sich schalig ablösen. Diese Erscheinung wird von den Bruchbesitzer sehr willkommen geheissen, da diese morschen Schalen die Herauslösung der Bänke aus dem Gebirge wesentlich erleichtern. Nach der Tiefe zu werden diese braunen rissigen Krusten dünner und seltener, ja die Risse, welche die bankförmige Absonderung erzeugten, setzen bisweilen streckenweise aus, so dass, wie man sagt, der Stein „verwachsen" ist. Der Granit ist dann sehr schwierig oder gar nicht abzubauen.

Der zweite, für den Abbau wichtige

Factor sind die Druckklüfte, von denen das Granitmassiv allerorts in der Regel in Abständen bis zu etwa 10 m, local auch in grösseren Zwischenräumen, durchsetzt wird, ohne dass das Gefüge des Granites bei der Bildung derselben beeinflusst, der technische Werth in der Nähe derselben beeinträchtigt worden wäre. Diese durch eine gelinde Wirkung des Gebirgsdruckes auf das bereits feste Gestein entstandenen Klüfte stellen wie mit dem Messer geschnittene Flächen dar, die bisweilen aussetzen, um eine Strecke weiter wieder aufzutreten. Ihre Richtung ist meist parallel zu einer bestimmten Himmelsrichtung. Dieselben ordnen sich zu Systemen, von denen in der Lausitz in der Regel zwei sehr steil stehende und senkrecht zu einander gerichtete vorhanden sind[2]. Die ausserordentliche Bedeutung dieser „Wände" oder „Lose" liegt darin, dass durch sie die Bänke natürlich zertheilt worden sind, das Gebirge von Neuem mit Fugen durchzogen wurde und nun die Gewinnung von rechteckigen Stücken ohne Weiteres vor sich gehen kann. In diesen Druckklüften setzt ziemlich oft ein schmaler schwarzgrüner Diabas-, in der östlichen Lausitz bisweilen auch ein Dioritgang auf, die meist morsch sind, mit der Hacke abgetragen werden und von welchen aus der Abbau der Bänke von Neuem leichter in Angriff genommen werden kann. Das Gestein dieser „Klapperwände" wird allgemein von Nicht-Geologen irrthümlicherweise, wenn es dicht erscheint, als Basalt, wenn mittelkörnig, als Syenit bezeichnet.

Weitere Erscheinungen, die in der Steinbruchstechnik eine grosse Rolle spielen, ergeben sich aus der Anordnung der Druck- und Absonderungsklüfte. Tritt der Fall ein, dass in einer mehr oder weniger breiten Partie die Druckklüfte sich dicht bei einander schaaren und das Gestein in kurze werthlose Stücke zertheilen, so spricht man von Riegeln, welche unter Aufwand von mehr oder weniger bedeutenden Kosten abgetragen (unter Anwendung von Pulver, bisweilen auch Dynamit und Lithotrit), durchbrochen oder umgangen werden müssen. Schneiden einzelne Druckklüfte die Richtung des herrschenden Systems unter spitzem Winkel, so können grössere abbauwürdige Gesteinspartien an einer oder mehreren Seiten eingeengt sein, und man spricht von einer Zwänge.

Sind die Gesteinsbänke dünn und die Druckklüfte weit von einander entfernt, so

---

[2] O. Herrmann: Ueber die Wirkungen des Gebirgsdruckes in d. westl. Lausitz. Ber. d. Naturf. Ges. zu Leipzig. 1890—91, S. 116—120.

entsteht der ideale Typus eines Lausitzer Werksteingranitbruches, der Blätterbruch. Ist der Schurf dagegen an einer Stelle angelegt, wo die Gesteinsbänke dick erscheinen, die Druckklüfte jedoch näher bei einander verlaufen, sodass schmale, hohe, wollsack-ähnliche Stücke entstanden, so sagt der Techniker, dass die Bänke auf dem Kopf stehen und nennt einen solchen Bruch einen Kegelbruch.

War die in den Druckklüften sich aussprechende gelinde Wirkung des Gebirgsdruckes für die technische Nutzbarkeit der Granite von grossem Vortheil, so ist eine andere jüngere, intensivere Wirkung des gebirgsbildenden Druckes für dieselbe vernichtend geworden. Im gesammten Gebiete der Lausitz sind Verwerfungen zu verfolgen, die von einer gewaltigen Pressung, Zerstückelung und unregelmässigen Zerklüftung der Gesteine begleitet waren, sodass der Granit und die in ihm aufsetzenden Diabas-, Diorit- und Porphyrgesteine zu geflaserten, geschieferten Gesteinen ausgewalzt worden sind und an den betreffenden Stellen die Gewinnung grösserer Werkstücke ausgeschlossen ist. Diese bis mehrere km breiten Druckzonen, welche vielfach von Quarzgängen begleitet sind, wurden auf den neuen geologischen Specialkarten i. M. 1 : 25 000 hervorgehoben (Symbole: Gz., Gtz. etc.).

Die Abarten des Lausitzer Hauptgranites gehen entweder allmählig in einander über, oder sie setzen, was vorwiegend der Fall ist, scharf gegen einander ab, indem bei der Festwerdung eine plötzliche Aenderung der Gesteinsstructur etc. eintrat. Von den angeführten Varietäten sind der kleinkörnige Granit und der mittelkörnige Granitit die verbreitetsten, da sie zusammen ungefähr $^6/_7$ des ganzen Granitmassivs ausmachen. Von diesem Bruchtheil kommen dann wieder etwa $^2/_3$ auf das mittelkörnige Gestein und $^1/_3$ auf das kleinkörnige, welches namentlich im S und SW des Gebirges vorherrscht und in den übrigen Theilen nur sporadisch vorkommt.

1. Der mittelkörnige Granitit (Biotitgranit), kurz als Lausitzer Granitit (Gt) bezeichnet, das technisch wichtigste Gestein der Lausitz, setzt sich in der Hauptsache aus bläulichem bis milchweissem Feldspath (vorwiegend Oligoklas), rauchgrauem Quarz und schwarzbraunem Magnesiaglimmer (Biotit) zusammen. Aus dem Grunde, weil in dieser Varietät der silberweisse Kaliglimmer (Muscovit) meist ganz fehlt und dann, wenn er local erscheint, stets spärlich auftritt, hat er,

dem wissenschaftlichen Brauche zu Folge, den Namen Granitit erhalten. Seine Farbe ist bläulich weissgrau. Im Steingeschäft wird sie allenthalben schlechthin als „blau" bezeichnet. Da innerhalb der im grossen Ganzen als mittelkörnig zu bezeichnenden Structur, wie auch in der Menge des Magnesiaglimmers kleine Schwankungen vorkommen, so erklärt es sich, dass man in der Praxis von helleren und dunkleren Steinen sprechen kann. Sehr verbreitet, aber ungleich vertheilt, sind kleine Einsprenglinge von speisgelbem Eisen- (Schwefel-) kies oder viel seltener von tombackbraunem Magnetkies, die sich bisweilen auch in Imprägnationszonen anreichern. Von ihnen gehen im frischen Gestein sehr schnell durch Oxydation die gelben bis braunen sich allmälig vergrössernden Flecke von Eisenoxydhydrat hervor. Von eisenkiesreichen Vorkommnissen sagt man, der Stein „rostet" leicht oder er „läuft aus". Solche Partien sind für viele Zwecke nicht verwerthbar.

Eine weitere Eigenthümlichkeit ist das Auftreten von meist rundlichen feinkörnigen Ausscheidungen, die in Folge ihres Reichthums an Magnesiaglimmer dunkelblau erscheinen und welche im Verein mit den der Grauwackenformation entstammenden fremden Einschlüssen (Quarz-Biotitfels, Epidothornfels etc.) von den Steinarbeitern als „Aeste", „Gallen" oder „Aepfel" bezeichnet werden. In mineralogischer Beziehung sind die Ausscheidungen durch die gelegentlich reichliche Führung von Hornblende und Cordierit ausgezeichnet. Nach dem Nordwestrand des Gebirges hin, also in der Gegend Kamenz — Kloster St. Marienstern, nimmt die Korngrösse des Granitites etwas zu, und es werden in demselben 2—4 cm lange, porphyrische, tafelförmige Feldspäthe (Orthoklas mit Schnüren und Adern von Albit) ausserordentlich häufig, sodass das Gestein auf den geologischen Karten als porphyrischer Granitit (Gt$\pi$) hervorgehoben werden konnte.

Auf einer kleinen Fläche im SO von Friedersdorf (Section Moritzburg-Klotzsche) entwickelt sich aus unserem Gestein ein Hornblende-Granitit (Gth.).

Von den Bergen der Lausitz werden aus dieser Varietät beispielsweise der Sibyllenstein bei Pulsnitz, der Klosterberg bei Demitz, der Taubenberg, die Sockel des Löbauer Berges und des Kottmars aufgebaut. In dem Bereiche dieser durch seine meist sehr gut entwickelte bankförmige Absonderung ausgezeichneten Granitabart liegen die meisten Steinbrüche, — über 200 an der Zahl, — so die Steinbruchsdistricte von

Schmölln-Tröbigau-Demitz, von Kamenz, Bischheim, Bautzen, Bischofswerda etc. (Vergl. S. 441).

Ueber die chemische Zusammensetzung giebt eine Anzahl von Scheerer[2]) ausgeführter Analysen Auskunft, von denen die den typischen Lausitzer Granitit von Häslich (Section Kamenz) betreffende, angeführt werden soll:

$SiO_2 = 65,74$; $TiO_2 = 0,90$; $Al_2O_3 = 15,10$; $FeO = 7,15$; $CaO = 2,95$; $MgO = 0,69$; $K_2O = 3,14$; $Na_2O = 3,65$; $H_2O = 0,54\%$. $S: 99,87$.

Es liegen auch mehrere Untersuchungen über die für die Verwerthbarkeit des Gesteins im Hoch- und Tiefbau ausschlaggebenden Eigenschaften vor, welche in der Mehrzahl von der Königlichen Prüfungsstation für Baumaterialien in Berlin ausgeführt worden sind. Darnach beträgt die Druckfestigkeit an Lausitzer Graniten im Mittel 1600 kg[4]), schwankt das specifische Gewicht zwischen 2,7 und 2,859. Die näheren Zahlen für den Granitit aus dem Granitsteinbruch der Firma C. G. Kunath in Auritz bei Bautzen (1890) sind: Druckfestigkeit, im Mittel, lufttrocken 1889 kg, wassersatt 1871, ausgefroren a) an der Luft 1778, b) unter Wasser 1795 kg pro ccm. Das Gewicht der Probestücke a) beim Eintreffen 0,346 kg, 25 Stunden auf heissen Eisenplatten getrocknet 0,345 kg, 12, 100, 125 St. im Wasser gelegen, constant 0,347 kg. Die Wasseraufnahme betrug nach 125 St. pro 1 kg 0,0037 kg, in Procenten des Gewichts nach 12 St. 0,37, nach 125 St. 0,37. Das specifische Gewicht ergab sich im Mittel auf 2,859. Die Versuche auf Abnutzbarkeit ergaben für 30 kg Belastung des Probestückes von 50 $\square$ cm Schleiffläche, 450 Umgänge der Schleifscheibe für den Schleifradius von 22 cm, und bei dem Eigengewicht des Probestückes von 982,4 g (spec. Gew. 2,859):

$$4,6 + 5,2 + 5,2 + 5,6 = 20,6\,g = \frac{20,6}{2,859}\,ccm = 7,2\,ccm;$$

für ein zweites Stück = 7,8 ccm; an Steinen von Thumitz (Demitz) = 8,8 und 9,8 ccm.

2. Die zweite Hauptvarietät des Granitmassives, welche im Gegensatz zu der erstgenannten neben Magnesiaglimmer stets reichlich silberweissen Kaliglimmer enthält, ist der kleinkörnige Granit (zweiglimmeriger Granit) = Lausitzer Granit (G.), ein blaugraues Gestein, das durch die Führung von theilweise sehr umfangreichen Schlieren mit gröberem bis mittelkörnigem Gefüge (Gr) ausgezeichnet ist. In mineralogischer Beziehung ist es durch den steten Gehalt an spargelgrünen Cordieritkörnern oder -Säulen, die im Lausitzer Granitit nur ganz local beobachtet wurden, bemerkenswerth. Ein charakteristisches Aussehen erlangt das Gestein durch zahllos vorhandene, meist nur bis nussgrosse Anhäufungen von Magnesiaglimmer (Biotitputzen). Eine weitere Eigenthümlichkeit ist seine Neigung, bei Anwesenheit von besonders zahlreichen fremden Einschlüssen, eine streifig-flaserige Structur (Gσ) anzunehmen und so bisweilen geradezu Habitus eines Gneisses darzubieten. Diese Granitabart betheiligt sich vorzugsweise am Aufbau des Valtenberges, des Ungers, des Mönchswalder Berges, des Butterberges bei Bischofswerda, des Bielebohs.

Die bereits erwähnte unregelmässig-vieleckige Absonderung dieser Varietät ist die Ursache, dass die Flächen des Lausitzer Granites für den Grosssteinbruchbetrieb fast nicht in Betracht kommen. Nur an wenigen Stellen ist die bankförmige Absonderung, namentlich in den gröberen Schlieren, die sich in allen Eigenschaften dem Lausitzer Granitit nähern, allein zugegen. An solchen finden sich einige Werksteinbrüche, in der gesammten Lausitz jedoch wohl nicht mehr als $^1/_2$ Dutzend (Schirgiswalde, Brettnig).

3. Der grobkörnige (Rumburger) Granitit (Gtγ), welcher ausser in der Rumburg-Schönlindener Gegend noch in dem Striche zwischen Russdorf, Weigsdorf und Oberoderwitz verbreitet ist. Derselbe ist ein blaugraues Gestein, das durch die vorherrschend violblaue Farbe seiner Quarze, die Führung von Cordierit- (Pinit-) Säulen und local von stengeligen Turmalinaggregaten ausgezeichnet ist. Innerhalb seiner Massen finden sich bis mehrere Kilometer lange Schlieren mit kleinkörniger, ferner solche von porphyrischer Structur. Die starke Neigung zur Verwitterung, welche eine mächtige Abraumdecke entstehen liess, die unvollkommene Ausbildung der Bänke, die Zerstückelung in Folge der Wirkung intensiven Druckes innerhalb grosser Flächen, haben im Gebiete desselben nur einen schwachen Steinbruchsbetrieb aufkommen lassen.

4. Der feinkörnige porphyrische Granit (Gπ) von Horka (Section Kloster St. Marienstern), sehr biotitarm, deshalb hellgrau, in grossen Partien fast weiss, gefärbt. Die Feldspatheinsprenglinge sind Orthoklas mit Schnüren und Adern von Albit. Das

---

[2]) Scheerer: Ueber die chem. Constitution der Plutonite. Festschr. zum 100jähr. Jub. der Bergakademie Freiberg. 1866. S. 158.
[4]) Vergl. H. Koch: Die natürlichen Bausteine Deutschlands. Berlin 1892. S. 12 u. 13.

Gestein nimmt ungefähr 1 qkm ein, ist regelmässig bankförmig abgesondert und wird durch etwa $^1/_2$ Dutzend Steinbrüche auf Werkstücke abgebaut. Die fertigen Waaren müssen sehr weit per Axe befördert werden, da die nächste Bahnstation 5 km von den Brüchen entfernt liegt.

5. Der feinkörnige Granitit (Gt$\varphi$) von Rosenhain-Hainspach (Section Schirgiswalde-Schluckenau), von Doberschütz (Section Baruth-Neudorf) und 2 kleinen Arealen auf Section Sebnitz-Kirnitzschthal, hellgrau von Farbe, mit bis über 2 cm grossen von Quarz und Glimmer durchwachsenen Mikroklinindividuen, deren Umrisse nach aussen hin völlig verschwinden und deren Einheitlichkeit sich nur durch das gleichzeitige Einspiegeln zahlreicher benachbarter Partien kundgiebt. Die bankförmige Absonderung macht einen umfangreicheren Abbau möglich, doch ist der im grössten Theil seiner Verbreitung auf Section Schirgiswalde-Schluckenau und Section Sebnitz durch intensive Wirkung des Gebirgsdruckes für eine solche vernichtet worden.

6. Der rothe mittelkörnige Granitit von Zeidler-Ehrenberg (Gtr) (Section Hinter-Hermsdorf), die einzige Lausitzer Granitvarietät mit ausgesprochen rother und zwar licht-ziegelrother Farbe. Das Gestein besitzt eine eigenthümliche in den Erläuterungen zu der genannten Section näher beschriebene Structur, hat umfangreiche Schlieren mit feinerem Korne ausgeschieden und ist der Verwitterung so stark zugänglich, dass mit keinem der vorhandenen Aufschlüsse ganz frisches Gestein erreicht worden war, eine Erscheinung, die die Gewinnung von Werkstücken unmöglich macht und nur die Verwerthung der grusigen Zerfallproducte zulässt.

7. Der porphyrische Granit von Kleinnaundorf, (G$\pi$), (Section Radeburg). Dieser glimmerarme, hellblaugraue Granit ist von feinem Korn und führt zahlreiche 1—2 cm lange porphyrische Feldspathtafeln (Mikroklin). Er tritt in der Umgebung des genannten Ortes in einer Anzahl kleiner Kuppen zu Tage und wird durch einige Steinbrüche auf Mauer- und Strassensteine abgebaut. Eine Gewinnung von grösseren Werkstücken ist in Folge der unregelmässig-polyedrischen Absonderung, die ihn beherrscht, ausgeschlossen.

Jüngere Stockgranite: a) Der glimmerarme Stockgranit (Gs), (Section Stolpen, Neustadt-Hohwald) ist ein mittelkörniges Gestein von gelblicher Farbe mit auffallend wenig Biotit, weissliche, feinkörnige bis dichte Schlieren führend, das sich in

Folge seiner „kurz- und kleinklüftigen Zerstückelung" zu einer technischen Verwerthung im grösseren Maassstabe nicht eignet.

b) Der Königshainer Stockgranit (Gs)[5], welcher im Wesentlichen die Königshainer Berge im NW von Görlitz zusammensetzt, ist ein mittel- bis grobkörniger Granitit von grauweisser, meist ins Gelbliche übergegangener Totalfarbe, dessen Feldspäthe von Albit und Mikroklin-Albit-Perthit gebildet werden. In demselben ist ein kleinkörniger, etwas heller gefärbter Schlierengranit sehr verbreitet. Ausgezeichnet ist das Gestein durch zahllose kleine Hohlräume, in denen die Gesteinsbestandtheile scharfe Umrisse aufweisen, sowie durch bis 30 cm lange pegmatitische Nester, in denen sich vorzugsweise die Granitgemengtheile, dann aber eine grosse Reihe zum Theil seltener Mineralien auskrystallisirt finden. Die Absonderung des Gesteins ist regelmässig bankförmig. In seinem Bereiche liegen die Steinbruchsdistricte von Mengelsdorf-Döbschütz und Königshain-Attendorf mit etwa 35 Brüchen.

Im Steingeschäft werden sämmtliche vorgenannten Granitabarten schlechthin als „Granit" bezeichnet.

Bei näherem Eingehen auf die technische Verwerthung der Granite muss unterschieden werden zwischen einer mehr gelegentlichen, von Alters her geübten, durch welche Steinbrüche entstehen, in denen mit wenigen Arbeitern gearbeitet wird, wenn man gerade Material braucht, die zeitweise verfallen und verwachsen, und zweitens einer jüngeren, edleren, auch gewinnbringenderen Verwerthung, auf welcher der perennirende Grosssteinbruchbetrieb beruht. Die erstere Verwerthung ist die zu Mauersteinen, ferner beim Strassen- und Eisenbahnbau, der sich die Verwerthung des Verwitterungsgruses anschliesst. Zu ihr eignen sich unter Umständen sämmtliche Granitvarietäten. Die zweite ist die Verarbeitung zu Werkstücken. Für diese eignen sich nur einige Varietäten, in erster Linie der mittelkörnige Lausitzer Granitit, sodann der Königshainer Stockgranit und der Horkaer Granit, der kleinkörnige Granitit von Rosenhain und Doberschütz und in geringerem Grade der grobkörnige Rumburger Granitit.

Beim Häuserbau finden die Granite allerorts in der Lausitz zur Aufführung der Grundmauern Verwendung. In den Steinbruch-

[5] G. Woitschach: Das Granitgebirge von Königshain in der Oberlausitz. Abh. der Naturf. Ges. zu Görlitz 1881. S. 141 ff. — J. Hazard: Erl. zu Sect. Löbau-Reichenbach der geol. Specialkarte des Königr. Sachsen. Leipzig 1895. S. 14—25.

districten sieht man nicht selten das ganze Mauerwerk einzelner Gebäude aus Granitbruchsteinen hergestellt. Wenn ein Gebäude aufgeführt werden soll, eröffnet man auf eigenem Grundstücke temporär einen Steinbruch, spaltet wohl auch zu diesem Zwecke einige der massenhaft in den Wäldern zerstreut liegenden Blöcke oder entnimmt das Material den hier und da vorhandenen, z. Th. im Besitze der Gemeinden befindlichen Steinbrüchen. Die Werksteinbrüche produciren, als ihren Abfall, ebenfalls bedeutende Mengen von Mauersteinen, die per Axe abgefahren, gelegentlich auch mit der Bahn verfrachtet werden. So versandte die Firma C. G. Kunath zu den Dresdener Hafenbauten im Jahre 1893 von Demitz und Bautzen aus ca. 1250 Lowries Mauersteine.

Beim Strassenbau[*]) findet der Hauptgranit local Verwendung zur Herstellung des Packlagers der Chausseen, zu der mindestens 20 cm lange Fragmente benutzt werden. Auf den verkehrsarmen Gemeinde- und Gutsstrassen bedient man sich seiner ausserdem zur Beschotterung derselben und erhält dadurch sehr glatte, weiche Fahrbahnen. Jeder, der Gelegenheit gehabt, öfters solche Strassen mit Wagen oder Fahrrad zu benutzen, weiss, wie ausserordentlich angenehm dieselben gegenüber den harten, pflasterähnlichen Basalt- und Diabasstrassen, wie vortheilhaft sie für die Zugthiere und die Gefährt sind. Freilich entstehen auf denselben bald Geleise und schüsselartige Vertiefungen. Der Granit besitzt eben nicht die für ein ausgezeichnetes Beschotterungsmaterial nöthige Festigkeit, er wird bald zu einem Pulver, welches bei Regenwetter einen Brei giebt, zermalmt, zersplittert nicht wie Basalt und Diabas in dauerhafte Fragmente. Aus dem angegebenen Grunde wird der Granit von der Königl. Strassenbauverwaltung für die Chausseeen nur ausnahmsweise auf Strecken mit leichterem und geringem Verkehr verwendet. Die Dauer einer solchen Granitbeschotterung beträgt bis zu 7 Jahren gegenüber der aus Basalt und Diabas auf verkehrsreichen Strassen bis zu 12 Jahren. Im Bezirke der Kgl. Strassenbauinspection Bautzen gelangen, obgleich der Felsgrund desselben zum weitaus grössten Theile aus dem Hauptgranit besteht, von meist feinkörnigen Granitvarietäten (vom Eierberg bei Pulsnitz, Horka, Doberschütz bei Bautzen) nur etwa 200 cbm, vom Basalt aber gegen

900, vom Diabas gegen 5500 cbm, von der Grauwacke 1000 cbm jährlich zur Verwendung.

Bedeutend sind die Mengen von Granit, welche in der Lausitz bei der Herstellung des Oberbaues der Eisenbahnen zur Verwendung gekommen sind. Man bediente sich unseres Gesteines auf dem grössten Theile der Strecken zunächst zur Herstellung des Packlagers, wozu wie beim Strassenbau mindestens 20 cm lange unverwitterte Fragmente benutzt werden, sowie der Bankette. In neuerer Zeit, seit etwa 10 Jahren, ist der Verbrauch seitens der Kgl. Staatseisenbahnverwaltung noch bedeutend dadurch gestiegen, dass dieselbe für die Gleisbettung selbst, an Stelle der ehedem ausschliesslich verwandten Lausitzer Diluvialsande und -kiese, welchen aber stets ein die Wasserdurchlässigkeit vermindernder Lehmgehalt eigen ist, Steinschlag (Klarschlag) verwendet. Dieser aus 3—5 cm grossen, würfeligen, durchaus frischen Gesteinsfragmenten bestehende Klarschlag wurde als Stopf- und Verfüllmaterial für das Geleise zunächst in nassen Einschnitten, sodann bei neuangelegten Strecken angewendet. Allmählig scheint er den entschieden minderwerthigen Kies ganz zu verdrängen. Stellen sich auch die Herstellungskosten dieser Bettung um etwa ¹/₃ höher als bei Anwendung von Sand und Kies, so wird die Differenz in wenigen Jahren durch die grössere Dauerhaftigkeit derselben, die sich seltener nöthig machenden Gleisjustirungen, sowie dadurch, dass die das Tagewasser schnell abführende Bettung längere Dauer der Schwellen, als sonst, gewährleistet, wieder ausgeglichen. Für diesen Zweck ist nun der Granit dem ebenfalls in der Lausitz zu Steinverfüllungen benutzten Basalt, Phonolith, Diabas und der Grauwacke ebenbürtig, da er den nöthigen Anforderungen an ein gutes Bettungs- und Stopfmaterial — d. h. Wetterbeständigkeit und Durchlässigkeit, Festigkeit und Stopfbarkeit — entspricht. Die Preise für Granit sind durchweg niedriger als für Basalt, Phonolith und Diabas. Unter den verschiedenen Granitvarietäten machen sich dann wieder kleine Unterschiede, die in der verschiedenen Härte und Sprödigkeit derselben beruhen, geltend, da dadurch bei den feinkörnigen Abarten für die Zerkleinerung geringere Kosten als bei den mittel- und grobkörnigen verursacht werden, das „Stopfen der Schwellen" sich bei den feinkörnigen Abarten besser bewerkstelligen lässt als bei letzteren.

Der lockere, sandig-kiesige Verwitterungsgrus (fauler Granit), welcher je nach der Varietät, der er entstammt, gelbe, bräun-

*) H. B. Geinitz u. C. Th. Sorge: Uebersicht der im Königreiche Sachsen zur Chausseeunterhaltung verwendeten Steinarten. Dresden 1870.
E. Dietrich: Die Baumaterialien der Steinstrassen. Berlin 1885. S. 75, 232—234.

liche oder blassrothe Farbe aufweist, wird gelegenlich als Gartenkies, auch als Deckmaterial für Wege verwendet. In der nördlichen Lausitz ist diese Verwendung jedoch eine geringe, da dort das Diluvium und Alluvium reichlich Materialien zu einer solchen bieten. In den bewohnten Hochflächen des südlichen Theiles des Lausitzer Gebirges aber tritt die Verwerthung des Gruses mehr in den Vordergrund. Daselbst fehlen die Diluvialkiese auf grossen Flächen gänzlich. Dafür erscheint, offenbar, weil die glaciale Ablagerung hier geringer war oder gänzlich ausblieb, der Granit bis zu viel grösserer Tiefe total morsch, so dass er leicht zu Grus zerfällt. Man gewinnt dieses bis 7 m mächtig werdende Verwitterungsproduct, wie z. B. in der Gegend von Schönlinde-Nixdorf, mit der Spitzhacke, wirft es durch entsprechende Siebe und erhält so einen Sand oder Kies, welcher, ausser in der angegebenen Weise, namentlich ganz allgemein bei der Mörtelbereitung verwendet wird und nach Angaben von Baumeistern ein zweckentsprechendes Material darstellt.

In ökonomischer Hinsicht ist die bisher geschilderte Verwerthung, durch die im gesammten Lausitzer Berg- und Hügellande kaum mehr als 100 Arbeiter Beschäftigung finden dürften, gering gegenüber derjenigen zu behauenen Werkstücken, mit deren Erzeugung etwa 5000 Menschen beschäftigt sind.

Die hauptsächlichsten Artikel, welche aus der Lausitzer Granitindustrie hervorgehen, sind: Treppenstufen nebst Podestplatten, Bordschwellen (Randsteine), Trottoirplatten, Thür- und Fenstergewände, Fussbodenplatten und Bauwerkstücke, wie Auflagequader, Sims- und Verkleidsteine etc. Ausserdem werden gefertigt: Kantenschutz- und Staketsäulen, Gruftplatten, Kilometer-, Grenz- und Prellsteine, Futterkrippen, Wassertröge, Mühlsteine, Ackerwalzen, Sockel, Säulen, sowie ornamentirte und profilirte Decorationssteine, gelegentlich auch geschliffene und polirte Arbeiten, wie Sockel für Denkmäler etc. Ein bedeutendes Geschäft wird in bossirten Pflastersteinen gemacht.

Ch. G. Pötzsch (l. c. S. 50) erwähnt, dass schon am Ende des vorigen Jahrhunderts in der Gegend von Häslich, Steinigtwolmsdorf, Schmölln und Putzkau Granit zu allerhand Werkstücken für den Häuser- und Kirchenbau der Gegend verarbeitet und die Bewohner der betreffenden Striche dadurch sich einen beträchtlichen Nahrungszweig geschaffen hätten. Es wurden damals aber nur die zahllosen, am Fuss der Berge angereicherten, colossalen Granitblöcke gespalten. Die Werkstücke sind theilweise aber Anfang des Jahrhunderts schon an die Elbe gefahren und auf derselben für Norddeutschland etc. verladen worden. Bei Königshain waren zur selben Zeit bereits einige Steinbrüche angelegt, in denen in der Regel 4 Steinmetzen das ganze Jahr hindurch arbeiteten. Als der Zeitpunkt des Erwachens einer Grossgranitindustrie ist jedoch das Jahr 1827, das Gründungsjahr der heute noch bestehenden Firma Fr. Rietscher in Häslich, zu betrachten. In diesem Jahre errichtete der alte Herr Rietscher in Wiesa bei Kamenz den ersten grösseren Steinbruch. Die Werkstücke wurden hauptsächlich nach Dresden abgesetzt.

Die Industrie hat sich, dank verschiedener Factoren, rasch zu grosser Blüthe entwickelt. Es folgten die grossen öffentlichen Bauten zu Dresden, es gingen zunächst die Grossstädte, allmählig dann auch die kleineren Städte zur Verwendung von Granitplatten für die Trottoirs über, die Lausitzer Granite kamen bei den späteren Casernen- und Bahnhofsbauten in grösseren Mengen zur Anwendung, schliesslich wurden in den Städten für das Strassenpflaster bossirte Granitsteine (in Dresden seit 1881) verwendet.

Nach einer gütigen Mittheilung des Vorstandes von Section VII der Steinbruchsgenossenschaft in Dresden-A. waren im Jahre 1894 bei Gewinnung und Verarbeitung von Granit im sächsischen Antheil des Lausitzer Berg- und Hügellandes 4428 Mann, allerdings theilweise nicht das ganze Jahr über, beschäftigt. Es repräsentirt diese Arbeiterzahl bereits $5/7$ von derjenigen, welche der gesammte sächsische Erzbergbau im gleichen Jahre beschäftigte. Hierzu kommen etwa 500 Mann in dem preussischen District von Königshain und etwa 200 in dem böhmischen Striche des Granitgebirges, so dass man als Gesammtsumme von Granitarbeitern in dem von uns behandelten Gebiete etwa 5100 annehmen kann.

Der Absatz der Granitwaare geschieht in erster Linie nach Dresden, Leipzig, Berlin, Hamburg, Hannover, Lübeck, dann nach allen Theilen Deutschlands, besonders von Mittel- und Norddeutschland. Einige Zahlen über die Quantitäten von Granit, welche erzeugt werden, finden sich weiter unten aufgeführt. Seit längerer Zeit wird jedoch über einen starken Druck der Preise allenthalben geklagt. Daran ist die locale Concurrenz, dann diejenige der schlesischen und fichtelgebirgischen Granite, der erbittertsten Rivalen der Lausitzer Steine, schuld. In Norddeutschland begegnen dieselben der Concurrenz der schwedischen Granite, die vielfach, namentlich bei Hafen- und Canalbauten (Nord-Ostseekanal) den Sieg davontragen. Denselben kommt namentlich der directe Seeweg zu Gute, so dass die schwedischen Bruchbesitzer im Stande sind, 1 cbm Granit frei Hamburg für 102 Mk. zu liefern, während 1 cbm oberlausitzer Granit frei Elbkahn Hamburg 130—135 Mk., frei Bahn Hamburg 143—148 Mk. kostet[7]).

Im Jahre 1894 wurden in Deutschland an rohen und behauenen Pflaster-, Bruch- und Werksteinen ca. 8,6 Mill. Doppelcentner im Werthe von 25 Mill. Mark zollfrei importirt. In dieser Summe finden sich über 3,4 Mill. Doppelcentner aus Schweden, die grösserentheils auf Granit kommen.

Der Abbau der Lausitzer Granite zur Gewinnung der genannten Artikel geschieht in der Weise, dass zunächst der Abraum, seien es Verwitterungsgrus oder solcher nebst Schwemmlandbildungen, entfernt wird, um zu dem frischen Stein zu gelangen. Von den natürlichen Bänken desselben werden nun Stücke in wünschenswerther Grösse abgespalten. Zu diesem Zwecke arbeiten die Steinbrecher, allgemein als „Speller" bezeichnet, in Reihen gestellte, 4—10 cm tiefe Keillöcher in den Stein, was jetzt meist mit Stecheisen und Fäustel geschieht, früher allgemein mit einem mondsichelförmigen Hammer, der Zweispitze, ausgeführt wurde. In diese Löcher werden dann Stahlkeile eingesetzt und dieselben nacheinander allmälig mit dem „Birl", einem 5 bis 8 kg schweren Gussstahlhammer mit langem dünnen Stiel eingetrieben und solange „angezogen", bis das Gestein in senkrechter Richtung ebenfläching nach unten bis zur nächsten Bank durchspaltet. Je nach Beschaffenheit und Lage der Gesteinsbänke verwendet man zum Theil auch sog. kurze Patentkeile von 20—30 cm Länge, die entweder hintereinander oder zwischen den gewöhnlichen Keillöchern Anwendung finden. Breite Platten werden in der Bautzen-Demitzer Gegend mit langem Patentzeug, das aus bis über 2 m langen Keilen und je 2 Futtern besteht, gespalten. Auch werden seit etwa 10 Jahren zur Lostrennung aussergewöhnlich grosser Stücke gewaltige Sprengschüsse angewendet. So sah ich beispielsweise, wie in dem Bruch von Fr. Rietscher in Häslich mit einem Schuss, der in einem 1,3 m tiefen und 9 cm weiten Sprengloche mit 5 kg Pulver erzeugt wurde,

eine 1,6 cm dicke Bank nach der einen Seite 10 m, nach der anderen 25 m weit durchgerissen und das 2,5 m breite Stück mehrere Centimeter weit abgerückt worden war.

Die auf die beschriebene Weise gewonnenen Stücke werden nun auf Karren, in Lowries etc. aus dem Steinbruch zu dem stets in unmittelbarer Nähe gelegenen Steinmetzplatz befördert und hier von den „Putzern" weiter bearbeitet. Dieser Platz gewährt in den Lausitzer Brüchen in der Regel den Anblick eines Feldlagers, da jeder Steinmetz unter dem Schutze einer steilgestellten 3 bis 4 m hohen Strohwand (Putzerdach), von denen eine Anzahl in Reihen geordnet sind, seine Arbeit verrichtet. An einigen Plätzen, namentlich im Gebiete der Königshainer Berge, giebt es jedoch auch feststehende, offene Arbeitsschuppen. Von dem Putzer wird das Stück zunächst mit 2 Richtscheidten „eingesehen", dann werden längs der Kanten mit Meissel und Fäustel 3 cm breite glatte Bahnen, die „Schläge", gezogen, darauf die über die Schläge hervorragenden Gesteinspartien vermittels des Stecheisens und Fäustels „abgestochen". Die weitere Bearbeitung besteht darin, dass der bereits ebenen Fläche mit prismatischen gekerbten Hämmern, den Kies- oder Stockhämmern, eine verschieden feinkörnige Beschaffenheit verliehen („stocken" oder „kiesen") wird.

Schliesslich müssen unter Umständen nach Zeichnungen (Schablonen) die Profile ausgearbeitet werden.

Bei den grösseren Brüchen findet sich in der Regel noch ein Schleifhaus, in dem die Bestellungen von geschliffenen Steinen gefertigt werden. Diese Bestellungen werden nicht selten aber auch an die Syenit-(Diabas)- Schleifereien[8]) der Lausitz abgegeben, die aus selbstständig Arbeiten aus geschliffenem einheimischen Granit liefern.

Kurze Gesteinsbänke und Abfallstücke werden in der Mehrzahl der Lausitzer Brüche jetzt zu Pflastersteinen verarbeitet. Der Arbeiter zieht mit dem „Schröter", einem kleinen keilförmigen Hammer an langem dicken Stiel, auf welchen er mit dem Fäustel schlägt, auf der Platte eine Rille, längs deren der Stein sodann beim Daraufschlagen mit dem „Birl" meist gradfläching auseinanderfällt. Die Stücke werden von den „Bossirern" mit dem Bossirhammer, der cylindrisch ausgearbeitete Endflächen trägt, unter Umständen weiter bearbeitet, sodass man bossirte, halbbossirte und roh zugeschlagene Pflastersteine erzeugt erhält.

[7]) Jahresbericht der Handels- u. Gewerbekammer zu Zittau für 1894. S. 71—76.

[8]) Diese Zeitschr. 1895, S. 161—165.

In den Brüchen mit rationellem Betriebe wird anderweitiger Abfall von frischem Gestein sorgfältig gesammelt und verwerthet. So gewinnt man Mauersteine, ferner Ziersteine für Gärtenrundtheile und Gräber, weiterhin aus dünnen „Schalen" Deckplatten für Schleusen und Gräben etc.

Wenn ich nun noch erwähne, dass sich bei einem grösseren Bruche noch ein massives Gebäude, in dem die Arbeiter die Pausen verbringen können, die „Bude" genannt, ferner ein Contor, eine Schmiede, in einiger Entfernung ein Pulverhaus befinden, dass ferner die durch den Abfall entstehenden Haldenterrassen sich immer vergrössern, so wird man einsehen, dass ein solcher Bruch schliesslich als eine stattliche Anlage erscheint. Als besonders sehenswerth sei hier der riesige mit Bergbremsbahn versehene Steinbruch von C. G. Kunath am Nordabhang des Kloster- (Thumitzer-) Berges bei Demitz, in welchem ca. 200 Arbeiter thätig sind, erwähnt.

Wie mehrfach angedeutet, eignet sich zum Abbau für Werkstücke in erster Linie der mittelkörnige Lausitzer Granitit. In seinem Bereiche liegen die Steinbruchdistricte von Demitz-Tröbigau-Schmölln, wo sich an den Hängen des Klosterberges (Thumitzerberg), des Hradschen etc. etwa 30 Steinbrüche mit ca. 1200 Arbeitern befinden, von denen aus das Material auf den Stationen Demitz und Schmölln verladen wird; ferner der District von Häslich-Möhrsdorf-Ober- und Niedersteina etc., die ihre Producte auf Station Bischheim verladen, weiter der District von Kamenz mit den Brüchen bei Jesau, Bernbruch, Wiesa und Nebelschütz, Wendisch- und Deutsch-Baselitz, in denen ca. 300 Arbeiter beschäftigt sind; der District von Bautzen mit den Brüchen bei Nadelwitz, Auritz, Burk und Oberkaina. Sodann wäre noch zu nennen der Bruchdistrict von Bischofswerda mit den in unmittelbarer Nähe der Stadt gelegenen Brüchen, derjenige von Königsbrück mit den Brüchen bei Laussnitz, ferner derjenige von Löbau mit Brüchen bei Herwigsdorf und Kötzschau. Es kommen weiterhin Granitwaaren in grösserer oder geringerer Menge fast von allen Eisenbahnstationen zwischen Radeberg, Kamenz, Löbau und Oberoderwitz zum Versand, namentlich noch von Station Sohland, aus der Wehrsdorfer Gegend, von Schirgiswalde etc.

Die bedeutendsten Firmen, die sich mit der Gewinnung des Lausitzer Granitites befassen, sind: C. Sparmann & Co. (Besitzer Fr. Huth) in Demitz, seit 1849, mit ca. 500 Arbeitern, deren Brüche in dem

Bezirk Demitz-Tröbigau-Schmölln und in Häslich bei Kamenz liegen; C. G. Kunath (Besitzer B. Hietzig und P. Jahn) in Dresden, seit dem Jahre 1876, mit ca. 470 Arbeitern, deren Brüche in Thumitz-Demitz unter der Betriebsleitung von E. Rodig, deren Brüche in Auritz, Nieder-Neukirch und bei Bautzen unter der von Architekt O. Rossbach in Bautzen stehen.

Es folgen sodann die älteste Lausitzer Firma: Fr. Rietscher in Häslich mit Brüchen in Häslich, Kindisch etc. und in der Kamenzer Gegend (ca. 250 Arbeiter), ferner J. Gierisch in Kamenz (13 Brüche in Häslich, Möhrsdorf, Wiesa, Jesau etc., 300 Arbeiter), J. F. Lehmann in Bautzen (Brüche in Oberkaina), G. Birus in Kamenz. Alsdann wären noch namhaft zu machen Grundmann & Ranft in Bischofswerda, Becher & Beier in Demitz. Ausser den genannten Geschäften giebt es noch eine ganze Reihe kleinerer, die selbstständig liefern und dann noch geradezu eine Unzahl von kleineren Besitzern und Pächtern, welche für die grösseren Geschäfte arbeiten.

Die grösste Mehrzahl der Brüche, auch die der bedeutendsten Firmen, befindet sich im Besitze von Rittergütern und ist durch Verträge, welche in der Regel auf 10—12 Jahre lauten, erpachtet. Der Pachtzins für einen einzigen Bruch kann bis 6500 M. jährlich betragen.

Sollten grössere Bauten aufgezählt werden, bei denen Quader, Platten und Stufen von Lausitzer Granitit Verwendung gefunden, so müssten die meisten neuen Casernen, Brücken, Markthallen, grösseren Schulgebäude nicht nur Sachsens, sondern auch vieler Städte Norddeutschlands genannt werden. Als ein Unicum sei die Lieferung der Firmen C. G. Kunath und C. Sparmann & Co. für die neue Dresdener Carola-Brücke hervorgehoben, welche in 36 Stück Auflagequadern mit dem colossalen Inhalt von je 4,1 cbm aus Brüchen in der Nähe von Demitz bestand.

Von geschliffenen und polirten grösseren Arbeiten aus Lausitzer Granitit wären zu nennen die Sockel zu den beiden Reiterstatuen vor dem Schloss zu Braunschweig, die Wasserbassins auf dem Albertplatz in Dresden-Neustadt, sämmtlich aus Stein von Häslich bei Kamenz, geliefert von Fr. Rietscher, letztere in Gemeinschaft mit Sparmann & Co.

Die Verwerthung zu geschliffenen Artikeln wird übrigens durch die zahlreichen dunklen Flecke ausserordentlich beeinträchtigt.

Die Preise für Lausitzer Granitwaaren

sind nach Bearbeitung, Profilirung und Dimensionen sehr verschieden. Sie betragen beispielsweise für 1 lauf. m Stufe 4—8,50 M., 1 qm Podestplatte 12—32 M., 1 qm Platte 5—12 M.

Angaben über die ganze Menge von Lausitzer Granitit, welche jährlich zum Versand gelangt, sind kaum zu beschaffen. Es seien hier, um auch dadurch noch die Vorstellung von dem Umfang und der Bedeutung, sowie der Entwickelung unserer Industrie zu vervollständigen, die Zahlen für den Versand von Lowries (vorwiegend zu 10 000 kg, aber auch zu 12 500 und 15 000 kg) Werkstücke[9]) von den wichtigsten Verladestationen angegeben:

| Jahr: | 1888 | 1889 | 1893 | 1894 |
|---|---|---|---|---|
| Demitz | 774 | 1296 | 4317 | 4447 |
| Schmölln | 1350 | 1660 | 1982 | 1900 |
|  |  |  | (ca. 21 Mill. kg) | (ca. 20 Mill. kg) |
| Kamenz | — | — | 3726 | 3572 |
|  |  |  | (ca. 37,5 Mill. kg) | (ca. 35,8 Mill. kg) |
| Bischheim | — | — | 1356 | 1241 |
| Bautzen | — | — | 888 | 1116 |
| Bischofswerda | — | — | 484 | 358 |
|  |  |  | (ca. 4,5 Mill. kg) | (ca. 3,5 Mill. kg) |

Wird bei der Aufzählung der Granite die technische Verwerthbarkeit als Maassstab verwendet, so muss an zweiter Stelle der Königshainer Stockgranit genannt werden.

Die Steinbrüche, in welchen derselbe hauptsächlich abgebaut wird, liegen einestheils in der Nähe der Ortschaften Mengelsdorf, Dittmannsdorf, Döbschütz, Krobnitz, Hilbersdorf und meistens auf dem Grund und Boden der Rittergüter gleichen Namens, von denen sie in Pacht genommen sind. Die Steine werden von hier aus auf Station Reichenbach verfrachtet. Unter den bedeutenderen Firmen bauen hier ab F. B. Neumann im Jahre 1893 mit 48 Arbeitern, W. Rudolph mit 35 Arbeitern. Ein zweiter Steinbruchsdistrict findet sich zwischen Königshain und Attendorf, aus welchem die fertigen Waaren nach Görlitz zur Bahn gefahren werden. Die hier namhaft zu machenden Firmen L. Brüggemann (72 Arbeiter), M. Gröhe (50), C. C. von Thaden (55) gewinnen den Granit vorzugsweise in eigenen Brüchen. Ausser den erwähnten Firmen giebt es in den Königshainer Bergen noch eine grosse Anzahl kleinerer Besitzer und Pächter, wie W. Jochmann in Biesig etc., sodass die Gesammtarbeiterzahl im Jahre 1893 sich auf ca. 500 beläuft.

Als Vorzüge des Königshainer Stockgranites gegenüber dem Lausitzer Granitit

werden die Farbenbeständigkeit gerühmt, welche ihren Grund in der Armuth an Schwefelkieseinsprenglingen hat und die für manche Arbeiten, wie Gruftplatten, Treppenstufen von Werth ist; sodann die Reinheit, d. i. der Mangel an dunklen Flecken (glimmerreichen Ausscheidungen und Einschlüssen), welche eine ausgedehntere Benutzung zu geschliffenen Artikeln zulässt. Auf der anderen Seite ist der erstere zäher und schwieriger zu bearbeiten.

Von grösseren geschliffenen und polirten Arbeiten seien genannt: die 4 Löwen für das neue Rathhaus in Hamburg, die 1,75 m hoch und ca. 3 m lang sind, zu denen die Blöcke in dem Bruche von Rudolph gewonnen und die in Hamburg ausmodellirt und geschliffen wurden.

Selbstständige Schleifereien fehlen in der dortigen Gegend.

Die übrigen für Werkstücke nutzbaren Granitvarietäten werden von kleineren Besitzern und Pächtern ausgebeutet, bieten aber nichts Bemerkenswerthes.

Was die Arbeiterverhältnisse anlangt, so ist zu erwähnen, dass weibliche Arbeiter nur ganz ausnahmsweise zum Fortschaffen von Abraum beschäftigt werden, unter den männlichen hier und da Italiener und Czechen beobachtet wurden: die weitaus grösste Mehrzahl aber besteht aus einheimischen Deutschen, die in benachbarten, oft recht weit entfernten Dörfern wohnen und vielfach ansässig sind. Dorthin gehen sie in der Regel des Abends und betreiben nebenher etwas Landwirthschaft. Um die Mittagszeit wird dem entfernter Wohnenden, wenn irgend möglich, von Angehörigen das Essen zum Bruche gebracht. Wenn dann die Signale die Zeit zur Pause angeben, so verstummt der eigenthümliche Klang, der von den verschiedenen Werkzeugen hervorgebracht wird, für eine Stunde, der Fäustel ruht, die Schutzbrille wird zur Seite gelegt und nun gruppirt sich, meist direct an den Arbeitsplätzen, manch' anmuthiges Familienbild. Hier sieht man Kinder zu Füssen des essenden Vaters spielen, dort die Frau an der Seite des Mannes erzählen. Nachdem die Mahlzeit verzehrt, wählt der Arbeiter im Sommer meist irgend einen beliebigen Platz im Bruche, wo er, direct auf hartem Stein, die Jacke oder ein Strohkissen unter dem Kopfe, bald in einen tiefen Schlaf verfällt, zu neuer Arbeit sich stärkend. Man sieht unter den Leuten meist kräftige, wetterfeste Männer. Wenn nun zwar berücksichtigt werden muss, dass von Haus aus nur durchaus kräftige Leute sich dem Berufe des Granitarbeiters widmen können, so kann

---

[9]) Incl. der verhältnissmässig geringen Zahl von Wagen mit Mauersteinen.

auf der anderen Seite berichtet werden,
dass die harte Arbeit — welche das ganze
Jahr hindurch, ganz abnorme Witterungsverhältnisse ausgenommen, andauert — dann
eine gesunde ist. In Sonderheit wird all-
seitig, auch von den Aerzten der Gegend,
bestätigt, dass eine mörderische Wirkung
des Granitstaubes auf die Lunge, wie bei
der Sandsteinarbeit, nicht vorhanden ist.

Von den Arbeitern werden die Ab-
räumer nach der Stunde bezahlt. Die
Speller arbeiten hier im Stundenlohn, dort
im Accord. In ersterem Falle erhalten sie,
local nach der Geschicklichkeit abgestuft,
18—25 Pf. pro Stunde. Die Putzer liefern
überall Accordarbeit. Die Accordarbeiter
verdienen in der westlichen Lausitz an dem
einen Ort durchschnittlich 2 M. 75 Pfge., an
dem anderen 3 M., in der Königshainer Gegend durchschnittlich 2 M. 50 Pf. Es kommen
hier bei den einzelnen Arbeitern ausserordentlich grosse, von Geschicklichkeit und
Fleiss bedingte Schwankungen vor.

Soll ich schliesslich noch einmal zusam-
menfassen, welche Gesichtspunkte bei der
Anlage eines Werksteingranitbruches
erfahrungsgemäss in der Lausitz zu berücksichtigen sind, so wären als solche etwa
die folgenden zu nennen. Zunächst ist die
Verwerthbarkeit einer Granitvarietät
festzustellen. Diese ist begründet in erster
Linie in der Widerstandsfähigkeit des
Gesteines gegen die Verwitterung, in dessen
Härte (Abnutzung), in dessen Druck- und
Bruchfestigkeit, in der Spaltbarkeit,
Frostbeständigkeit, Farbe und Farbenbeständigkeit; von untergeordneter Bedeutung sind die Reinheit (Armuth an
dunklen Ausscheidungen und an fremden
Einschlüssen), das Korn und die Politur-
fähigkeit des Gesteines. Bei der eigentlichen Anlage des Bruches kommt in Betracht und lässt sich vorher bestimmen: die
Art der Absonderung, die Ausdehnung
der betreffenden Granitvarietät, die Mächtigkeit des Abraumes, ferner die Lage des
Punktes mit Bezug auf Eisenbahn und
Chausseen, mit Bezug auf die Schwierigkeit
der Abfuhr, auf die Nähe von Ortschaften,
aus denen Arbeiter herbeigezogen werden
können und in die Material, besonders auch
der Abfall, direct abgesetzt werden kann.
Von grosser Wichtigkeit ist es, ob der Bruch
an einem Berggehänge angelegt werden
kann oder ob er auf dem Gipfel einer
kleinen Kuppe, bezw. in der Ebene
angesetzt werden muss. In ersterem Falle
sind alle Lasten, wie Abraum, die Blöcke
und fertigen Werkstücke, das Wasser bergab

zu befördern und wirken dabei durch ihre
eigene Schwere als Fortbewegungsmittel, in
letzterem Falle herrscht das Umgekehrte. Es
machen sich dann tiefe Einschnitte oder Anlagen von Seilzügen auf schiefer Ebene, von
Krahnen, ferner zur Förderung des sich dann
stark ansammelnden Wassers die Benutzung
von Hebern, Handpumpen, Windmotoren,
Pulsometern mit Dampfmaschinen etc. erforderlich. Ein weiteres Moment, welches vor
Ankauf oder Erpachtung eines Areals wohl
berücksichtigt werden muss, ist die Erwägung,
ob die Stelle innerhalb oder in der Nähe einer
der in der Lausitz zahlreich vorhandenen
Zonen liegt, in denen die Gesteine
durch die Wirkung des Gebirgsdruckes
stark beeinflusst, also geflasert, geschiefert und mit, oft verborgenen, Rissen durchzogen sind. Die Unterlassung der Vorsichts-
maassregel, den geologischen Bau der Gegend
an der Hand der vorhandenen Specialkarten
oder erfahrenen Rathes zu erkunden, hat
hier und da schwere Opfer an Geld nach
sich gezogen. Aber auch wenn alle die genannten Factoren ermittelt sind, können sich
während des „Aufmachens des Bruches" noch
unerwartet grosse Hindernisse in den Weg
und die gewinnbringende Fortführung desselben in Frage stellen. Diese sind das Vorhandensein von breiten, durch enggeschaarte
Druckklüfte stark zertheilten Partien
(Riegel), deren Beseitigung oder Durch-
brechung grosse Kosten verursachen und den
Abraum vermehren, ferner die unregelmässige Stellung einzelner Druckklüfte
(„Zwängen"), die oben geschilderten Verwachsungen der Platten und endlich das
plötzliche Hervortreten von kugeligen Absonderungen.

Wenn von der Verwerthung des Lausitzer
Hauptgranites die Rede ist, so darf nicht
eines Productes vergessen werden, das direct
aus demselben hervorgegangen und sich noch
auf ursprünglicher Lagerstätte befindet. Es
ist dies der Kaolinthon (Gtk), zu welchem
der Lausitzer Granitit in den flach mulden-
förmigen Einsenkungen der Niederung längs
der sächsisch-preussischen Grenze, in denen
sich Wasser oft und lange ansammelt, verwittert ist. Im Gegensatz zu dem trockenen,
kiesigen Verwitterungsgrus auf den Kuppen
und Bergen geht daselbst die Verwitterung
des Gesteines viel weiter, indem der Biotit
für das Auge verschwindet und der Feldspath zu Kaolin umgewandelt wird, sodass
ein thoniges Verwitterungsproduct entsteht,
welches von zahllosen Quarzen durchspickt
ist und die Granitstructur noch erkennen
lässt. Dasselbe, dessen Mächtigkeit local

bis über 25 m durch Bohrungen nachgewiesen, besitzt stellenweise von der oberen Grenzfläche ab, meist aber unter einer bis 5 m mächtigen, gelb und weiss gefleckten Rinde, schneeweisse Farbe und giebt ca. 45 Proc. verwerthbaren Kaolin. Zwei von mir mit dem Schöne'schen Schlämmapparat — an einer Probe aus der Thongrube der Margarethenhütte bei Quatitz in 3 m Tiefe entnommen und einer solchen aus 4,5 m Tiefe der Grube bei der Adolfshütte — ausgeführte Analysen ergaben folgende Resultate:

| Korngrösse in Proc.: | unter 0,01 | 0,01—0,05 | über 0,05 mm |
|---|---|---|---|
| Quatitz | 40,5 | 18,00 | 41,5 |
| Adolfshütte | 37,5 | 13,0 | 49,5. |

Die Hauptverbreitung dieses Kaolinthones liegt zwischen Kamenz und Klix. In diesem Striche geht derselbe auf grösserer Erstreckung nahezu zu Tage aus, sodass er bei Anlage von Gräben und schon durch den Ackerpflug zur Oberfläche gefördert wird. Auf Section Welka-Lippitsch konnte allein so ein Kaolinthongebiet von über 3 qkm zur kartographischen Darstellung gelangen.

Seit längerer Zeit wurde dieses Material in einer Ziegelei nahe Bahnhof Bautzen, sowie in einer solchen östlich von Cölln, namentlich aber in der Margarethenhütte — letztere beiden nördlich von Bautzen gelegen — zu Chamottesteinen für Gasanstalten, Generatoren etc. verarbeitet.

In neuerer Zeit ist man daran gegangen, dasselbe zu schlämmen und die geschlämmte Kaolinmasse vorzugsweise für die Papierfabrikation abzusetzen. Dies geschieht in der mit allen technischen Hilfsmitteln der Neuzeit ausgestatteten kostspieligen Anlage der Adolfshütte bei Crosta, 10 km nördlich von Bautzen, welche durch eine eigene 7 km lange Schmalspurbahn mit der sächsischen Staatsbahn verbunden ist, welche mit 2 Dampfmaschinen, 2 elektrisch betriebenen Pumpwerken etc. arbeitet, und in der sich neben der Kaolinschlämmerei Ziegel- und Chamottefabrikation finden. Beamtenhäuser und Casernement für einen Theil der Arbeiter, deren Zahl sich auf durchschn. 130 beziffert, vervollständigen das sehenswerthe riesige Etablissement. Die Versendung von geschlämmtem Kaolin hat im Herbst 1892 begonnen. Das Material wird in Sachsen, Thüringen und einem Theil von Schlesien abgesetzt[10]).

Chemnitz, Technische Staatslehranstalten.

---

[10]) Jahresbericht der Handels- u. Gewerbekammer zu Zittau für 1893, S. 97, für 1894, S. 136.

---

# Beiträge zur genetischen Classification der durch magmatische Differentiationsprocesse und der durch Pneumatolyse entstandenen Erzvorkommen.

Von

J. H. L. Vogt (Kristiania).

[Fortsetzung von S. 370.*)]

Auf den norwegischen Apatitgängen — oder richtiger, auf den zu der Apatit-Ganggruppe gehörigen Gängen in Norwegen — sind bisher die folgenden Mineralien nachgewiesen worden.

Apatit; Wagnerit (Varietät Kjerulfin); Kryptolith; Staffelit (oder Dahllit; Secundärbildung).

Rutil; Titaneisen, Eisenglanz; Magnetit; Pseudobrookit; Titanit und Yttrotitanit; Zirkon. Anatas (Secundärbildung).

Magnetkies, Schwefelkies, Kupferkies, Bleiglanz.

Verschiedene Magnesiaglimmer; Enstatit; Augit; Hornblende (nebst Asbest); Skapolith; verschiedene Feldspäthe (Orthoklas mit Mikroklin, Albit, Oligoklas, vielleicht auch etwas mehr basische Feldspäthe); Quarz; Turmalin; Epidot; Prehnit; Talk, Chlorit. — Kalkspath.

Bei dieser Gelegenheit werden wir uns nicht eingehender mit der Mineralogie dieser vielen Mineralien beschäftigen; wir können uns damit begnügen, auf die vielen einschlägigen Abhandlungen[9]) hinzuweisen; — doch seien zum Verständniss der Genesis der Gänge einige namentlich chemische Bemerkungen kurz eingeflochten.

Der Apatit der norwegischen Apatitgänge ist durchwegs ein Chlor-Apatit, worin Fluor gänzlich zu fehlen scheint oder

---

*) Auf S. 368, Mitte links, lies „Skaatö" statt „Skaabö", und drei Zeilen darunter „Kragerö, bei Valberg, mehrorts bei Hulsvand"; ferner in Anmerkung 6 „Söndmöre" und „Nordmöre".

[9]) In Brögger und Reusch's oben citirter Arbeit (Z. d. Deutsch. geol. Ges. 1875 und Nyt Mag. 1880) sind die meisten Mineralien kurz beschrieben. Daneben können wir erwähnen: Betreffend Enstatit: Brögger und vom Rath, Grosse Enstatitkrystalle, Groth's Z. f. Kryst. u. Min., 1877, Bd. 1. — K. Johannesson, Enstatit und seine Umwandlungsproducte. Bih. till sv. Vet.-Akad. Handl. 17, II. 1892 (Stockholm). Wagnerit (Kjerulfin): Brögger, Groth's Z. 1879, Bd. 3 (auch Arbeiten von v. Kobell, Bauer, Pisani, Rammelsberg). Dahllit (kohlensäurehaltiges Kalkphosphat): Brögger und Bäckström. Öfvers. af sv. Vet.-Akad. Förh. Bd. 45, 1888. Hamberg, Geol. Fören. Förh. Bd. 13, 1891. Kryptolith: Mallard, Bull. Soc. min. Bd. 10, 1887. Pseudobrookit: Brögger, Geol. Fören. För., Bd. 10, 1888. Anatas: Hamberg, Geol. Fören. Förh., Bd. 8, 1886. Eisenglanz und Albit: Vogt, Geol. Fören. Förh, Bd. 14, 1892.

jedenfalls bisher nicht nachgewiesen worden ist[10]).

Die Formel des Apatits wurde bekanntlich früher $3 Ca_2 P_2 O_8 . Ca (Cl, Fl)_2$ (oder $Ca_{10} (PO_4)_6 . (Cl, Fl)_2$) geschrieben; dies ist jedoch nach den neueren Untersuchungen[11]) insofern nicht correct, als $Cl_2$ oder $Fl_2$ sehr oft durch O (Sauerstoff) ersetzt ist, was namentlich von den verwitterten Apatiten gilt. Die Formel ist somit, nach Völcker und Hoskyns-Abrahall, $Ca_{10} (PO_4)_6 (Fl_2, Cl_2, O)^{12}$).

Reiner Chlorapatit — ohne Fluor und ohne Ersetzung des Chlors durch Sauerstoff — soll der Formel nach 6,82 Proc. Cl und reiner Fluorapatit 3,77 Proc. Fl enthalten.

Von dem Apatit der norwegischen Apatitgänge sind mir die folgenden Cl-Bestimmungen bekannt:

*Cl-Bestimmungen in norwegischem Apatit.*

|  | 1 | 2 | 3 | 4 | 5 | 6 | 7 | 8 |
|---|---|---|---|---|---|---|---|---|
| Proc. Cl | 0,81 | 0,91 | 1,03 | 1,10 | 1,88 | 1,52 | 2,26 | 2,30 |

|  | 9 | 10 | 11 | 12 | 13 | 14 | 15 | 16 |
|---|---|---|---|---|---|---|---|---|
| Proc. Cl | 2,63 | 2,66 | 2,71 | 3,5 | 4,10 | 4,27 | 5,06 | 5,8 |

No. 1—3, 5—7, 13, 15 von Völcker analysirt; No. 4, 8 Uebungsanalysen der Studirenden am metall. Laboratorium zu Kristiania; No. 9 vom Verf.; No. 10 von Weber; No. 11 von G. Rose; No. 12, 16 von Prof. Waage, Kristiania; No. 14 von cand. min. J. Dahl, metall. Lab. Kristiania. (Siehe Völcker's oben citirte Arbeit, weiter Rammelsberg's Mineralchemie, Dana's Mineralogie, die zwei Analysen von Waage in Brögger und Reusch's Arbeit).

No. 3—5 und 13 von Kragerö; No. 12, 16 von Ödegaarden in Bamle; No. 14 von Risör Umgebung; No. 8 von Grimstad Umgebung: No. 10, 11 von Snarum.

Völcker (l. c.) macht ausdrücklich darauf aufmerksam, dass „über 20 Exemplare von norwegischem Apatit von Kragerö sich als fluorfreie Chlorapatite erwiesen". Und dass der Apatit von Ödegaarden in Bamle durchgängig ganz frei von Fluor ist, ergiebt sich, privaten Mittheilungen der Betriebsingenieure Andresen und Hässler zufolge, daraus, dass an den schon längst dort in Gebrauch stehenden Glas- und Porzellangefässen,

in denen über tausend Proben von Apatit zur Gewichtsanalyse mit Schwefelsäure aufgelöst worden sind, keine Spur von Aetzung sich nachweisen lässt.

Die Analysen No. 13—16, mit 4,10 bis 5,8 Proc. Cl, sind die chlorreichsten Apatite, die überhaupt in der ganzen Welt analysirt worden sind.

Bekanntlich gehört Chlorapatit, die norwegischen Vorkommen abgerechnet, zu den Seltenheiten. So ist der canadische Apatit, im Gegensatz zu dem norwegischen, ein chlorhaltiger Fluorapatit, mit Verhältniss zwischen Chlor und Fluor, wie an der folgenden Tabelle (nach Chr. Hoffmann, Geol. Surv. Canada, 1879, und Völcker, l. c.) angegeben:

| Proc. Cl | 0,04 | 0,09 | 0,09 | 0,10 | 0,23 | 0,26 | 0,43 | 0,44 | 0,47 | 0,48 |
|---|---|---|---|---|---|---|---|---|---|---|
| Proc. Fl | 3,55 | 3,38 | 2,20 | 2,85 | 3,86 | 3,47 | 3,73 | 3,31 | 3,79 | 2,45 |

Und der Apatit der Zinnsteingänge ist fast durchweg ein Fluorapatit (z. B. Apatit von Ehrenfriedersdorf (Sachsen) mit 2,27 Proc. Fl, ohne Cl), in welchem im Allgemeinen Chlor nur in geringen Mengen nachgewiesen worden ist (z. B. Apatit von Schlackenwalde (Böhmen) mit 0,05 Proc. Cl).

Der Apatit der norwegischen Apatitgänge ist von stark wechselnder Farbe; weiss, lichtweingelb, graugelb, braungelb; weiter roth, braun, grün und blaugrün von vielen verschiedenen Nüancen. Bald tritt er in derben Massen und bald in ganz gut entwickelten Krystallen auf, die mehrmals bedeutende Dimensionen (z. B. Länge 30 cm) erreichen, die aber krystallographisch wenig Interesse darbieten (säulenförmige Krystalle $\infty P$, P, OP; ausnahmsweise auch $\infty P 2$, $\frac{1}{2} P$ und $2 P 2$ nachgewiesen).

Sehr bemerkenswerth ist es, wie schon von früheren Forschern erwähnt, dass der Apatit von Ödegaarden in Bamle mehrmals von einer kohlenstoffhaltigen Substanz verunreinigt ist.

In Apatit aus einem Apatitgang von Midbö bei Tvedestrand hat Mallard (l. c.) eine feine mechanische Beimischung von Kryptolith (Monacit, also Cer-Lanthan-Phosphat) nachgewiesen; auch haben schon längst Wöhler und Bischof Spuren von Cer, Lanthan, Didym und Yttrium im Apatit von Snarum entdeckt.

Wie wir später näher erörtern werden, charakterisiren sich die norwegischen Apatitgänge vorzugsweise durch magnesiareiche Silicate (Enstatit, Magnesiaglimmer, Hornblende u. s. w.); es mag deswegen von Interesse sein zu betonen, dass auf unseren Apatitgängen auch ein Magnesia-Phosphat (Wagnerit, Varietät Kjerulfin, von Formel $(Mg Fl) Mg PO_4$, mit 5,2—10,7 Proc. Fl und Mg in geringer Menge durch Ca und Na ersetzt) hie und da auftritt, an einer Stelle (Havredal) ganz reichlich, sonst (Ödegaarden) nur als mineralogische Seltenheit. Auch dieser Kjerulfin kommt gelegentlich in auffallend grossen Krystallen vor (Litteratur früher angegeben).

---

[10]) Der fluorhaltige Moroxit von Arendal stammt nicht von den Apatitgängen, sondern von den dortigen Eisenerzlagern.

[11]) Siehe Völcker, Ber. d. deutsch. chem. Ges. 16, S. 2460. — J. L. Hoskyns-Abrahall, Inaugural-Dissertation. München 1889.

[12]) Auch diese Formel wird wahrscheinlich einer Revision zu unterwerfen sein, indem im Apatit der Thomasschlacken die Gruppe $(Fl_2, Cl_2, O)$ durch eine Silicatverbindung ersetzt werden kann. Zwei Analysen des natürlichen hexagonalen Phosphat der Thomasschlacken (vom spec. Gew. 3,153—3,155; bei dem natürlichen Apatit 3,16—3,22) ergaben, zufolge Bücking mit Linck und Stead mit Ridsdale, die Formel (nach der alten Schreibweise): $3 Ca_2 P_2 O_8 . Ca_2 Si O_5$ (mit bezw. 3,81 Proc. und 3,90 Proc. Si O). Siehe meine Arbeit „Gesetze der Mineralbildung", 1892, Abschnitt Apatit.

Auf unseren Apatitgängen sind verschiedene Titansäure-Verbindungen oft sehr reichlich vertreten; zwar gilt dies namentlich vom Rutil, der wohl überhaupt nirgends in der ganzen Welt so massenhaft auftritt wie auf einzelnen unserer Apatitgänge. (Siehe hierüber unten).

Der Rutil — von wechselnder Farbe, je nach dem Eisengehalte (etwa 0,2—5 Proc. Eisengehalt) — kommt öfters in Krystallen vor (mässig lange Säulen, meist nur ∞ P, ∞ P ∞, P; andere Flächen, wie P ∞ und P 3, nach Brögger und Reusch selten; ebenfalls knieförmige Zwillinge, nach P ∞, sehr selten).

Titaneisen (von der Umgebung von Kragerö in grossen, flächenreichen Krystallen, die in den mineralogischen Sammlungen zerstreut sind) ist auch ein treuer Begleiter des Apatits; Pseudobrookit dagegen ist nur an einer einzelnen Localität angetroffen worden (zu Havredal, nach Brögger). — Anatas ist nur als Secundärbildung nachgewiesen worden (nach Hamberg: zuerst Umwandlung, durch Einwirkung kalk- und kieselsäurehaltiger Lösungen, von Rutil zu Titanit; später Umwandlung von Titanit zu Anatas. — Titanit (als Primärmineral) ist ganz reichlich verbreitet, mehrmals in grossen Individuen; ebenfalls ist Yttrotitanit angetroffen worden. — Einen kleinen Zirkonkrystall habe ich gelegentlich in dem Apatitgang zu Gulaasen bei Ormlid (s. Fig. 99) gesehen.

Eisenglanz ist in den gewöhnlichen Apatitgängen hie und da angetroffen worden (Beispiel Hiaasen) und findet sich in ganz überwiegender Menge in den Gängen auf Langö. — Die in vielen mineralogischen Sammlungen zerstreuten, sehr grossen, tafelförmigen Eisenglanzkrystalle

Magnetkies von Husaas (Risör)    Ni + Co 3,35 Proc.
- - Ringsjö (Bamle)    1,99 -
- - Fogne (Gjerstad)    Spur
Schwefelkies — Hanto (Grimstad)    0,6 Proc.
- - Fogne (Gjerstad)    Spur.

Auch der Magnetkies von Hiaasen (bei Risör) hat sich als ganz nickelreich erwiesen.

Unter diesen Apatit-Magnetkies-Gängen setzen die zu Husaas (mit Enstatit, Glimmer, Oligoklas u. s. w.) und zu Hiaas (mit Hornblende) innerhalb der Olivinhyperit-Massive auf; die drei letztgenannten dagegen in archäischen Schiefern in der Nähe der Eruptivgesteine.

Kupferkies findet sich auch nicht selten (bisweilen, zu Ödegaarden, in grossen Krystallen), ausnahmsweise so reichlich, dass das Erz erschürft worden ist. — Bleiglanz nur als mineralogische Seltenheit.

Unter den Silicatmineralien beansprucht der Enstatit das höchste Interesse, einerseits weil dies sonst nicht sehr verbreitete Mineral auf unseren Apatitgängen in reichlicher Menge vertreten ist, und andererseits weil der Enstatit gerade auf unseren Gängen nicht selten in Individuen von sehr beträchtlicher Grösse (in Längen von ca. 0,4 m) vorkommt. Ueber die krystallographisch-mineralogischen Eigenschaften des Minerals und über den durch Aufnahme von Wasser verursachten Uebergang von Enstatit zu einer Steatitsubstanz verweisen wir auf die vorliegenden früheren Abhandlungen (Brögger und Reusch, v. Rath, Johansson, Helland); hier stellen wir nur einige Analysen des Minerals daneben.

*Enstatit-Analysen.*

| | Frisch | | | Zwischenstufen | | umgewandelt | | | |
|---|---|---|---|---|---|---|---|---|---|
| | No. 1 | No. 2 | No. 3 | No. 4 | No. 5 | No. 6 | No. 7 | No. 8 | No. 9 |
| $SiO_2$ . . . . | 57,86 | 58,00 | 57,67 | 57,65 | 57,62 | 59,33 | 59,51 | 56,35 | 57,68 |
| $Al_2O_3$ . . . | 1,67 | 1,35 | 1,21 | | 1,48 | 1,22 | 0,97 | 0,23 | 1,02 |
| $FeO$ . . . . | 1,40 | 3,16 | 2,89 | 3,68 | 1,96 | 2,62 | 2,95 | 3,33 | 4,99 |
| $MnO$ . . . . | | | | | | | | 0,20 | |
| $MgO$ . . . . | 37,67 | 36,91 | 37,91 | 34,08 | 34,72 | 30,89 | 30,87 | 32,92 | 30,37 |
| $CaO$ . . . . | 0,10 | | | | 0,12 | 0,72 | 0,37 | | |
| $H_2O$ . . . . | 0,54 | 0,80 | 1,67 | 3,71 | 4,88 | 5,89 | 6,01 | 6,88 | 7,21 |
| Summe . . . | 99,24 | 100,22 | 101,37 | 99,12 | 100,28 | 100,67 | 100,70 | 99,91 | 101,22 |

(O P, ∞ R, ∞ P 2, + ⅓ R, + ¼ R, ∸ 4 R, ∸ ⅚ R, + ⅗ R: muscheliger Bruch; mit 3,55 Proc. Ti O₂), mit Etikette „Peder Anker Grube", stammen von einem zu der Apatit-Ganggruppe gehörigen Eisenglanz-Albit-Gang auf Langö.

Magnetkies findet sich auf den meisten Apatitgängen, oftmals in reichlicher Menge und in grossen Individuen (oft mit ausgeprägt guter schaliger Zusammensetzung nach O P); Schwefelkies dagegen mehr untergeordnet.

Einige von cand. min. J. Dahl (an dem metallurg. Laboratorium zu Kristiania) auf meine Veranlassung ausgeführten Nickel- und Kobaltbestimmungen an diesen Kiesen von Apatitgängen ergaben:

No. 1, 4, 9 von Ödegaarden; No. 2, 3, 5, 8 Kjörrestad in Bamle; No. 6, 7 von Snarum. — No. 1, 4, 8 analysirt von K. Johansson; No. 2, 3, 5, 7, 9 von C. Krafft; No. 6 von A. Helland.

Neben Enstatit sind Hornblende und Magnesiaglimmer, die ebenfalls oft in sehr grossen Krystallen vorhanden sind, die am reichlichsten vertreten Silicatmineralien unserer Apatitgänge. Die Hornblende ist am öftesten dunkel rabenschwarz, bisweilen jedoch auch anders gefärbt (lichter grün; bräunlich). In einem Gang bei Kragerö ist die Hornblende zum Theil zu Asbest umgesetzt (siehe ältere Beschreibungen).

Der Magnesiaglimmer ist ziemlich wechselnd, doch meist entweder dunkel-rothbraun (von Ødegaarden; NB. nicht Phlogopit) oder dunkel-grünschwarz.

Unvollständige Analyse des Meroxen-Glimmers von Ødegaarden:

| $SiO_2$ | $TiO_2$ | $Al_2O_3$ | $Fe_2O_3$ | $FeO$ | $MgO$ | $CaO$ | $H_2O$ |
|---|---|---|---|---|---|---|---|
| 40,24 | 0,56 | 12,92 | 7,67 | 2,15 | 23,29 | 0,85 | 0,68 |

Kali, Natron nicht bestimmt; Fluor, Lithion nicht vorhanden. Nach Wleugel, Brögger und Reusch's Arbeit.

Kali- und Lithionglimmer sind nie auf unseren Gängen beobachtet worden.

Monosymmetrischer Augit (jedenfalls zum Theil Malakolith) ist hie und da nachgewiesen worden, gelegentlich in grossen Krystallen; gehört aber auf den norwegischen Apatitgängen zu den Seltenheiten.

Skapolith dagegen ist an vielen Apatitgängen sehr reichlich vertreten und kommt auch oft in grossen Krystallen (Länge 10—25 cm; Breite bis 10 cm) vor, die aber am öftesten stark zersetzt sind; gelegentlich ist der Skapolith auch gänzlich paramorph umgebildet worden (zu Kaliglimmer, u. s. w.)

In einem Skapolith von Kokken (Kokkepladsen) in der Nähe von Kragerö hat F. D. Adams (Amer. Journ. of. Sc. 1879, B. 17) 2,013 Proc. Chlor nachgewiesen; auch $SO_3$ und $CO_2$ gegenwärtig.

(Ueber den sehr charakteristischen, constanten Chlorgehalt der Skapolithe siehe unten.)

Unter den Feldspäthen begegnen wir hie und da, wohl ausschliesslich in den in Gneissen aufsetzenden Gängen, etwas Orthoklas oder Mikroklin. Albit (in tafelförmigen, oft ganz gut entwickelten Krystallen, nach $\infty \bar{P} \infty$; weiter $OP$, $'P\infty$, $\infty'P'$, u. s. w.; in Zwillingen nach dem Albitgesetz) findet sich in ganz reichlicher Menge an einigen Apatitgängen (z. B. Oxöiekollen in Snarum) und ist für die Eisenglanz-Albit-Gänge auf Langö-Gomö das am meisten charakteristische Mineral. Und endlich ist ein lichtgrüner Plagioklas namentlich auf den in Gneissen auftretenden Gängen ein sehr häufiger Bestandtheil (siehe vom Rath „Die Zwillingsverwachsung der triklinen Feldspäthe nach dem sogenannten Periklin-Gesetze und über eine darauf gegründete Unterscheidung derselben". Monatsb. d. k. Akad. d. Wissensch. zu Berlin, 1876).

Quarz, ebenfalls sehr häufig, oft auch in sehr beträchtlicher Menge, auf den in den archäischen Schiefern auftretenden Apatitgängen; spielt aber, wie wir hier unten erwähnen werden, auf den Gängen innerhalb der Olivinhyperitfeldern nur eine sehr zurückgezogene Rolle.

Turmalin ist nur an einem Apatitgang (mit Apatit, Titaneisen, Eisenglanz, Hornblende, Skapolith u. s. w. zusammen) zu Hiaasen bei Risör in etwas reichlicher Menge nachgewiesen worden; in ein paar anderen Gängen (z. B. Ødegaarden in Bamle, Risviken bei Grimstad, Fjone in Nissedal) ist das Mineral gelegentlich angetroffen worden. Turmalin gehört auf den Apatitgängen zu den Seltenheiten.

Prehnit sehr selten (Hasdal bei Ravnefjeld; Umgebung von Kragerö).

Epidot sammt Talk und Chlorit ebenfalls selten.

Kalkspath fehlt an vielen, vielleicht sogar an den meisten Vorkommen, findet sich aber hie und da auch in reichlicher Menge.

Hier möchten wir auch die Aufmerksamkeit auf die eigenthümliche Thatsache lenken, dass die Mineralien der Apatitgänge oftmals in Individuen von ganz erstaunlicher Grösse auftreten; namentlich gilt dies von folgenden: Enstatit, Hornblende, Glimmer, Skapolith, Kjerulfin, hie und da auch Apatit, weiter Rutil, Titaneisen, Eisenglanz, Pseudobrookit, Magnetkies, u. s. w.

Bezüglich der Mineralogie der norwegischen Apatitgänge ist noch besonders zu betonen, dass Flussspath bisher überhaupt nie angetroffen worden ist. Selber habe ich im Laufe der letzten 15 Jahre die meisten norwegischen Apatitgänge, in Anzahl mehrere Hunderte, besucht, und trotzdem ich meine Aufmerksamkeit stets darauf gerichtet habe, ist es mir nie gelungen, Flussspath hier zu entdecken[13]). Ebenfalls theilen mir die Ingenieure der Ødegaarden-Apatitgruben mit, dass sie hier nirgends Flussspath gesehen haben.

Auch fehlen Topas, Alkaliglimmer, Beryll und mehrere übrige Mineralien der Zinnstein-Ganggruppe; ebenfalls fehlt Schwerspath.

Wie wir unten näher erörtern werden, sind die Apatitgänge in Bezug auf Genesis mit den Zinnsteingängen zu vergleichen[14]), indem die erstgenannten durch Pneumatolyse nach Eruption von basischen, die letztgenannten von sauren Gesteinen entstanden sind. In allen beiden Fällen haben die Halogene sehr wichtige Rollen, als „agents minéralisateurs", gespielt, bei den Zinnsteingängen ganz überwiegend Fluor, bei den Apatitgängen dagegen überwiegend Chlor (norwegische Apatitgänge) oder Chlor und Fluor in etwa mittlereren Verhältnissen (canadische Apatitgänge).

---

[13]) In einer älteren Arbeit, in Geol. Fören. Förh. Bd. 6, 1883, habe ich, auf Grundlage privater Mittheilungen, auch Flussspath und Schwerspath an einigen Apatitgängen, die ich selber nicht besucht hatte, angegeben; spätere Untersuchungen haben doch ergeben, dass dies auf Missverständniss beruhte.

[14]) Hierüber verweisen wir auf einen besonderen Abschnitt im Folgenden.

Bei den Zinnsteingängen sind von fluorhaltigen Mineralien namentlich vertreten: Flussspath, Fluorhaltiger Glimmer, (Zinnwaldit am öftesten mit 4—7 Proc. Fl, Lepidolith mit meist 5—9 Proc. Fl) Topas, (14—18 Proc. Fl) Turmalin (niedriger Fluor-Gehalt) und Apatit, der wohl durchweg ein Fluorapatit ist, gelegentlich mit einem kleinen Chlorgehalt; hier also im Durchschnitt mindestens 100, vielleicht in der Regel sogar mindestens 1000 mal so viel Fluor wie Chlor.

Bei den norwegischen Apatitgängen dagegen umgekehrt: erstens ist der Apatit hier ein Chlorapatit, in unverändertem Zustande oft mit 3—5,5 Proc. oder noch mehr Chlor und jedenfalls in der Regel gänzlich frei von Fluor; und weiter enthält der Skapolith, sowohl auf den Gängen wie auch, wie wir unten näher behandeln werden, in dem skapolithisirten Nebengestein, constant einen nicht ganz unwesentlichen Chlorgehalt, nämlich 2—3, im Durchschnitt rund 2,5 Proc. Chlor. Der Apatitgang selber, mit zugehörigen metamorphen Saalband-Zonen, wird so durchschnittlich etwa 1,5 Proc. Chlor führen.

Von Fluor dagegen begegnen wir an den norwegischen Apatitgängen im Allgemeinen theils keiner Spur, theils nur einer Kleinigkeit; das einzige an Fluor etwas reiche Mineral, nämlich der Wagnerit (Kjerulfin, mit 5—10 Proc. Fluor) gehört zu den grossen Seltenheiten und ist nur an einer Localität etwas reichlicher nachgewiesen worden; und bezüglich des Magnesiaglimmers ergiebt die Analyse von Wleugel, an Glimmer von Ödegaarden, keine Spur von Fluor; weil aber in Magnesiaglimmer sonst sehr oft, obwohl nicht constant, ein kleiner Fluor-Gehalt hineingeht (meist 0,1—2, Durchschnitt 0,5—1,5 Proc.), lässt sich doch vermuthen, dass auch der Magnesiaglimmer der norwegischen Apatitgänge jedenfalls mehrmals etwas fluorhaltig ist[15]). Die übrigen bisher auf den norwegischen Apatitgängen nachgewiesenen Mineralien enthalten keine Spur Fluor mit Ausnahme des ganz spärlich auftretenden Turmalins (mit 0,0—1,15, im Allgemeinen 0,1—0,7 Proc. Fluor).

Auf bei weitem den meisten Apatitgängen fehlt der Wagnerit vollständig, und auch der Magnesiaglimmer, mit einem fraglichen kleinen Fluor-Gehalt, ist oft nicht vorhanden oder nur spärlich vertreten; bei diesen Apatitgängen begegnen wir somit im

Durchschnitt mindestens etwa 50—100 mal soviel Chlor wie Fluor. Bei anderen Gängen dagegen, z. B. zu Ödegaarden, ist der Glimmer ganz reichlich; selbst vorausgesetzt, dass der Glimmer hier nicht weniger als durchschnittlich 1 Proc. Fluor enthält, würde die ganze Lagerstätte, wenn wir auch das in Skapolith umgewandelte Nebengestein mitrechnen, wie eine besondere Berechnung ergiebt, mindestens 10—50 mal so viel Chlor wie Fluor führen. Nur bei den Wagneritreichen Gängen, zu Havredal, mag die relative Fluormenge sich etwas höher stellen.

Bei den canadischen Apatitgängen sind von Chlor- und Fluor-haltigen Mineralien vertreten: chlorhaltiger Fluorapatit (im Durchschnitt 0,25 Proc. Chlor und 3—3,5 Proc. Fluor); Skapolith (mit 2—3 Proc. Chlor) ganz reichlich auf den Gängen selber, weiter auch im Nebengestein nachgewiesen; und Magnesiaglimmer, mit einem fraglichen kleinen Fluorgehalt; Flussspath nur als mineralogische Seltenheit. — Der Skapolith scheint, den verschiedenen Beschreibungen zufolge, etwas reichlicher vorhanden zu sein als der Apatit; neben dem Fluor des Apatits (und des Glimmers?) begegnen wir so ganz wesentlichen Mengen von Chlor, in dem Skapolith wie auch in dem Apatit; im Durchschnitt wahrscheinlich ungefähr gleiche Mengen von Chlor und Fluor oder wohl lieber etwas mehr Chlor als Fluor.

Auf den norwegischen Gängen treten die Mineralien in gegenseitig höchst verschiedenen Gemengverhältnissen auf; so giebt es — indem wir nur die Phosphate, Titansäure- und Eisenverbindungen sowie die Sulphide berücksichtigen — eine ganze Reihe verschiedener Gang-Typen:

1) Ueberwiegend Apatit und ganz wenig Rutil, Titaneisen, Kies u. s. w. Diese Gänge sind stark verbreitet; Beispiel: Ödegaarden, Kragerö, Regaardshei, u. s. w. — Nach den am reichlichsten vertretenen Silicatmineralien könnte man diese Gänge in Untergruppen, wie Hornblende-Apatit-Gänge, Glimmer-Apatit-Gänge, Enstatit-Apatit-Gänge u. s. w. eintheilen.

2) Ueberwiegend Wagnerit (Kjerulfin), daneben Titanmineralien (darunter Pseudobrookit). Hierzu gehört nur ein einziges Vorkommen oder Vorkommen-Feld, nämlich zu Havredal, in der Nähe von Ödegaarden, in Bamle.

3) Apatit mit mehr oder minder reichlicher Beimischung von Rutil, Titaneisen, Kies u. s. w. Stark verbreitet.

4) Verschiedene Kiese (Magnetkies, untergeordnet Schwefelkies und Kupferkies)

---

[15]) Es mag hier eingeschoben werden, dass man in Magnesiaglimmer von amerikanischen Localitäten neben Fluor gelegentlich auch etwas Chlor nachgewiesen hat (0,27, 0,44, 0,45 Proc. Cl).

und Apatit in mittleren Gemengverhältnissen. Etwas verbreitet. Diese Gänge
sind hie und da gleichzeitig auf Apatit und
entweder Magnetkies (Hiaasen) oder Kupferkies (Hanto bei Grimstad; Gluppe bei Risör)
geschürft worden.

5) Ueberwiegend Magnetkies (auf
gewöhnlichen Hornblende-Glimmer-Enstatit-
Gängen), wenig Apatit. Selten.

6) Rutil und Apatit in mittleren Gemengverhältnissen, bisweilen Rutil überwiegend. Etwas verbreitet (namentlich zwischen
Gjerstadvand und dem östlichen Theil von
Vegaardsheien). Aus diesen Gängen wird der
technische Bedarf der ganzen Welt an Rutil
gedeckt[16]).

7) Magnetkies und Rutil, ohne Apatit. Sehr wenig verbreitet. Bekannt ist
namentlich ein Vorkommen, bei Fogne, von
ganz gut entwickelten, in Magnetkies eingebetteten Rutilkrystallen.

8) Apatit und Eisenglanz in mittleren Gemengverhältnissen. Wenig verbreitet.
Beispiel Hiaasen (Eisenglanz, Titaneisen,
Apatit, Turmalin, Hornblende u. s. w.; zu
seiner Zeit auf Eisenerz geschürft).

9) Eisenglanz (mit einem ganz niedrigen Titangehalt) ganz überwiegend; Apatit
nur spurenhaft. Viele kleine Gruben und
Schürfe, die auf Eisenerz betrieben wurden,
auf Langö-Gomö, nur etwa 7—10 km von
Ødegaarden in Bamle entfernt. — Dass
diese als Contactvorkommen bei Olivinhyperit auftretenden und von der Skapolithisations-Metamorphose im Nebengesteine begleiteten Eisenglanz-Albit-Gänge (Brecciengänge,
zum Theil mit Ringelerz-Structur) in der
That sich genetisch an die gewöhnlichen
Apatitgänge schliessen, habe ich in einer
früheren Arbeit (1. c., 1892) näher erörtert.

Unter den nach Hunderten, vielleicht
sogar nach Tausenden zu zählenden norwegischen Apatitgängen führen bei weitem die
meisten so ganz unbedeutend wenig Apatit,
dass an eine Bauwürdigkeit gar nicht zu

denken ist[17]). Andere dagegen enthalten
stellenweise ganz reine und mächtige Nester
oder Stöcke von Apatit (von z. B. 10—30 m
Länge und 0,5—1, selten 2 m Mächtigkeit),
die sich mit Gewinn abbauen lassen; in der
Regel keilen sich jedoch diese Apatit-Nester
gegen die Tiefe zu sehr schnell aus, und
die kleine Schürfarbeit muss eingestellt werden. Mehr aushaltende Apatitgänge oder
Apatitgang-Felder gehören zu den grossen
Seltenheiten, und in der That giebt es in
ganz Norwegen bisher nur ein einziges
Feld, nämlich das bekannte Feld zu Ødegaarden in Bamle, das in wirklich bergmännischem Maassstabe betrieben worden
ist (mit Gruben von 160 m Tiefe). Von
anderen etwas grösseren Apatitvorkommen
seien dasjenige unmittelbar bei der Stadt
Kragerö, wo in den Jahren 1854—58
aus drei Gruben oder Schürfen in Summe
rund 5000 Apatit gebrochen wurden, wo
aber die Apatitnester sich schon in einer
Tiefe von etwa 20 m auskeilten, und dasjenige bei Regaardshei und Ravnefjeld
in der Nähe von Risör erwähnt; an der
letzteren Stelle fand Grubenbetrieb in den
1870-Jahren statt, und auch in der letzten
Zeit sind jährlich hier rund 200 t Apatit producirt worden. Von kleineren Schürfen, die bis 10 oder 20 m abgeteuft sind,
und unter denen jeder in der Regel zwischen
50 und 200 t Apatit geliefert hat, giebt
es eine ganze Anzahl; ein Paar von diesen
Vorkommen mögen vielleicht zu etwas
grösserem Betrieb Veranlassung geben können.

Export von Apatit aus Norwegen.

Durch-        ⎰ 1851—55        100 t
schnittlich ⎱ 1856—60        705 -
jährlich      ⎰ 1861—65        55 -

Stammt beinahe ausschliesslich von den
Kragerö-Gruben.

In 1866—71 fand kein Betrieb Statt.

In 1872 wurde das Apatitfeld zu Ødegaarden entdeckt; die folgende Tabelle
über Apatitexport repräsentirt ziemlich genau
auch die Production zu Ødegaarden, indem
die Production der übrigen Gruben oder
Schürfe einerseits und der kleine inländi-
sche Verbrauch von Apatit andererseits
(nämlich einige Hundert oder vielleicht ein
Tausend t jährlich bei zwei kleinen Super-
phosphatfabriken) einander ungefähr decken:

---

[16]) Zufolge einer Berechnung, die ich vor einigen Jahren aufgestellt habe, sind an dem Hauptvorkommen von Rutil, zu Fogne in Gjerstad, in
Summe, seit etwa 1875, ungefähr 125 t Rutil (mit
rund etwa 90 Proc. Titansäure, ein wenig Beimischung von Hornblende) gebrochen worden; daneben haben auch andere Vorkommen einige t oder
Dutzend t Rutil geliefert. Die jährliche Production
in den letzten Jahren mag auf rund 15 t geschätzt werden (Rutil wird als Zusatz zu Majolika,
um eine Elfenbein-ähnliche, gelbe Nüance hervor-
zurufen, gebraucht; Preis früher 3—5 M., jetzt etwa
1,50 M. pro kg). Die Fognegrube (Länge ca. 40 m
und Tiefe ca. 20 m) wird gleichzeitig auf Rutil und
Apatit betrieben; neben 1 t Rutil fallen 2—5 t
Apatit.

[17]) Der Preis pro t (à 1000 kg) prima Apatit,
mit 85—88 Proc. dreibasischem phosphorsauren
Kalk, frei in norwegischen Hafen geliefert, schwankte
früher zwischen 90 und 130 Reichsmark: seit 1892
ist der Preis infolge der Concurrenz des Florida-
und Carolina-Phosphats auf 75—80 M. gesunken.

| | | | |
|---|---|---|---|
| 1872 | 124 t | 1884 | 6460 t |
| 1873 | 1211 | 1885 | 1605 |
| 1874 | 1682 | 1886 | 1791 |
| 1875 | 958 | 1887 | 4821 |
| 1876 | 2070 | 1888 | 4797 |
| 1877 | 2406 | 1889 | 10665 |
| 1878 | 2863 | 1890 | 11119 |
| 1879 | 2035 | 1891 | 4258 |
| 1880 | 7945 | 1892 | 2427 |
| 1881 | 8992 | 1893 | 1513 |
| 1882 | 15388 | 1894 | 2086 |
| 1883 | 9884 | | |

In Summa sind somit zu Ødegaarden seit der Entdeckung des Apatit in 1872, das Jahr 1894 einbegriffen, rund 110 000 t

Fig. 92.

Profil der Gabbrokuppe, von 150 m Höhe, zu Regaardshei bei Risör. Die schwarzen Linien links sind Apatitgänge.

unter die meisten wichtigeren Gänge — innerhalb der Gabbromassive auf; die übrigen Gänge in den benachbarten krystallinen Schiefern; und zwar folgen alle diese Gänge im Allgemeinen nicht besonderen Gangklüften oder Verwerfungsspalten, sondern vorzugsweise den in den verschiedenen Gesteinen schon vorhandenen Rissen oder Klüften, also in den Gabbromassiven vorzugsweise den normalen Absonderungsflächen und in den Schiefern vorzugsweise den Schichtungsflächen.

Die Gabbromassive der Apatitdistricte sind durchweg — gleichgültig ob sie Apatitgänge führen oder nicht — ziemlich stark durch Absonderungsflächen zerklüftet, unter denen oftmals mehrere ungefähr parallel verlaufende Flächen zu besonderen Kluft- oder Spaltensystemen zusammengefasst werden können. Bei vielen Gabbromassiven (z. B. bei Regaardsheien, Fig. 92 nebst Detailzeichnung Fig. 101, Husaas, Fig. 97a u. b; u. s. w.) begegnen wir nur einem einzigen derartigen Spaltensystem, mit zahlreichen,

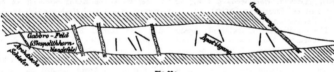

Fig. 93 a.

Kartenskizze mit Längen- (Fig. 93 b) und Querprofil (Fig. 93 c) des Odegaarden-Feld in Bamle.
Auf der Kartenskizze und dem Längenprofile, die mir freundlichst durch Berging. J. C. Andresen zur Disposition gestellt worden sind, sind nur einige der wichtigeren Apatitgänge eingezeichnet.
(Die Schraffirung des Gneises giebt nicht die Streichrichtung an.)

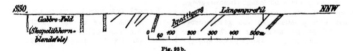

Fig. 93 b.

Apatit, der grösstentheils mit 85—88 Proc. dreibasischem phosphorsauren Kalk geliefert worden ist, producirt worden; der Gesammtwerth dieser Apatitmasse beträgt rund 12 Mill. Reichm. (darunter vielleicht etwa 3 Mill. R. M. Nettogewinn); die Manuschaftsbelegung stieg in 1880 zu ca. 350 und in 1882 zu 800—900 Arbeiter, ist aber in 1894 auf nur 75—100 herabgesunken.

Die grossen Schwankungen der Production rühren theils von den wechselnden ärmeren oder reicheren Anbrüchen, theils von den Conjuncturen her, die in den letzten Jahren sehr niedrig waren, aus welchem Grunde die Production seit 1891 sehr klein gewesen ist.

Wie oben angegeben, setzen die Mehrzahl der norwegischen Apatitgänge — dar-

Fig. 93 c.

angenähert parallelen Absonderungsflächen, und daneben verschiedenen unregelmässigen Klüften in beliebigen Richtungen; bei anderen Localitäten dagegen (z. B. bei Ødegaarden, Fig. 93 und 96) finden wir mehrere derartige Kluftsysteme, die übrigens zum Theil so wenig ausgeprägt sind, dass man oftmals zweifelt, ob in der That von einem wirklichen System die Rede sein kann.

Die meisten dieser Absonderungsflächen der Gabbromassive verlaufen mit ziemlich flachen Winkeln, meist mit etwa 25° bis 50° gegen die Horizontale geneigt; folglich zeichnen auch die Apatitgänge innerhalb der Gabbros sich in der Regel durch ziemlich schwaches Fallen aus (siehe Fig. 92, 93, 96 und 101); ausnahmsweise begegnen wir jedoch auch mehr senkrecht stehenden Gängen.

Im Streichen erreicht jeder einzelne dieser Apatitgänge wohl nie eine Länge über 100—150 m, in der Regel beträgt die Länge nur etwa 30—50 m, oft sogar nur 10—30 m; auch im Fallen keilen sich die Gänge in der Regel ziemlich schnell aus, meist nach einem Verlauf von etwa 50 m; selten lassen sie sich über 100 m nach der Fallrichtung verfolgen.

Skapolithhornblendefels

0  1,6  2,0      2,0  1,8  1,1  0,5      1,2  1 m
(bezeichnet Mächtigkeit des reinen Apatits)

Fig. 94 a.

Skapolithhornblendefels

Glimmer
Apatit
Glimmer

0 1 2 3 4 5      10      20      30      40 m

Fig. 94 b.

Längenprofil durch flach schwebende Apatit-Glimmer-Enstatit-Gänge zu Odegaarden.
Die Zahlen 1,6 m, 2 m u. s. w. an Fig. 94 a bezeichnen die Mächtigkeit des ganz reinen Apatits (der in der Figur schwarz gezeichnet ist).

Noch unregelmässiger als die Gänge ist die Apatitführung der Gänge, und in der That kenne ich keine Lagerstätten, die sich durch eine solche Unbeständigkeit und Unregelmässigkeit auszeichnen wie die Apatitgänge. Die Mächtigkeit des ganz reinen Apatits (oder der Apatitmasse mit 95 bis 98 Proc. chemisch reinem Apatit) mag zu Ødegaarden gelegentlich 3—4 m erreichen; Mächtigkeiten von mehr als 2 m gehören jedoch zu den grossen Seltenheiten, und im Allgemeinen muss man sich begnügen, Gänge mit nur 0,25—1 m Apatit-Mächtigkeit abzubauen. — Selbst bei den besten und mächtigsten Gängen muss man aber immer darauf gefasst sein, dass der Apatit sich plötzlich auskeilt, wie an den nebenstehenden Zeichnungen, Fig. 94a und b, von Ødegaarden angegeben.

In Ødegaarden hat man gelegentlich nachweisen können, dass die Apatitgänge etwas verschiedenen Alters sind, indem ein Apatitgang hie und da von einem anderen, ganz entsprechenden Gang durchschnitten

und etwas verworfen wird; derartige Durchkreuzungen gehören jedoch zu den Seltenheiten, und man muss annehmen, dass der Altersunterschied nur ganz gering gewesen ist, so dass die Gänge nur von verschiedenen Stadien einer und derselben Bildungsepoche herrühren.

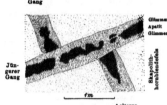

Aelterer Gang

Glimmer
Apatit
Glimmer

Jüngerer Gang

Skapolith-hornblendefels

1 m

Aelterer Gang

Fig. 95.

Gangkreuz zwischen Apatitgängen zu Odegaarden.

Der ganze Complex oder das Gewirre von Apatitgängen innerhalb der Gabbromassive ist mit den Stockwerken vieler Zinnsteinvorkommen innerhalb der Granitmassiven zu vergleichen; in beiden Fällen handelt es sich um „Erz"-Gänge auf den Absonderungsflächen der betreffenden Eruptivgesteine.

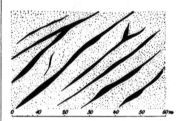

0      10      20      30      40      50      60 m

Fig. 96.

Profil durch eine Art „Gangzug" von Apatitgängen in Skapolithhornblendefels zu Odegaarden.
Schwarz ist Apatit-Glimmer-Gang; licht ist Skapolithhornblendefels.

In seinem nicht metamorph umgewandelten Zustande leistet der Gabbro — gleichgültig ob „Apatit-Gabbro" (Olivinhyperit) oder „Nickel-Gabbro" (Norit) — einen bedeutenden Widerstand gegen die denudirenden Kräfte; deswegen ragen die Gabbros als markirte, oft auch ganz steile und schroffe Felsen oder Kuppen hervor (Beispiel von Olivinhyperiten: Regaardshei Fig. 92; Gomöknuten; Hiaas; Husaas, Fig. 97a; Landsvärksaas u. s. w.; und von Noriten: Högaas; Romsaas, die beiden letzteren (s. d. Z. 1893 Tafel V, Fig. 9 und

57*

Tafel VI, Fig. 2)[18]). Wo aber die Gabbros
stark eingreifende Metamorphosen, wie die
„Uralitisations"- oder die „Skapolithisations"-
Metamorphose erlitten haben, sind sie ungefähr ebenso stark erodirt worden wie die
umgebenden krystallinen Schiefer und zeichnen sich nicht weiter durch Hügel- oder
Kuppeform aus; Beispiel der Uralitnorit zu
Erteli, d. Z. 1893, Tafel V, Fig. 8 und der
Skapolithhornblendefels zu Ødegaarden;
Profil Fig. 93c. — In Husaas besteht
der eigentliche Flügel (Fig. 97 ä) aus
nicht oder nur wenig umgewandeltem Olivinhyperit; rechts finden wir ein „System" von

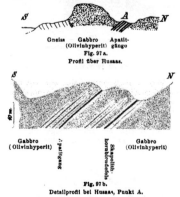

Gneiss    Gabbro    Apatit-
(Olivinhyperit)    gänge
Fig. 97 a.
Profil über Husaas.

Fig. 97 b.
Detailprofil bei Husaas, Punkt A.

Apatitgängen, mit Saalbandszonen von Skapolithhornblendefels; dieser verhältnissmässig
leicht zu erodirenden Zone entlang ist ein
kleines Thal ausgegraben worden. — In entsprechender Weise findet man gewöhnlich
die Apatitgänge nicht am Gipfel der Gabbro-
kuppen, sondern vorzugsweise am Fuss derselben.

Viele dieser Olivinhyperitmassive sind
von feinkörnigen Hyperit- oder Diabas-Gän-
gen durchsetzt und umgeben, die sich mineralogisch wie auch structurell unmittelbar
dem Gestein der Eruptivfelder selber anschliessen, und die als „Nachschübe" aus
derselben Eruptionsepoche zu betrachten
sind. Auch zu Ødegaarden finden wir derartige Gänge, die übrigens hier so stark
zersetzt sind, dass eine eingehende petrographische Untersuchung unmöglich ist.

Zu Ødegaarden sind diese Diabasgänge
entschieden jünger als die Apatitgänge; unter
der Voraussetzung, dass die Gesteinsgänge
auch hier aus demselben Magma herrühren

18) Hei, Aas, Knute = Hügel, Kuppe, Felsen.

wie das Hauptgestein, ergiebt sich also, dass
auch die Apatitgänge ziemlich kurz nach der
Eruption des Gabbros entstanden sind. Hiermit stimmt, wie wir unten näher erörtern
werden, auch die Thatsache, dass die Mineralien der Aapatitgänge durchgängig in sehr
grossen Individuen entwickelt sind.

Auch sind die Gabbromassive sehr oft
von Granitpegmatitgängen durchschwärmt;
hie und da glaubt man erfahren zu haben,
dass die Apatitgänge gerade in der Nähe
dieser Granitpegmatitgänge am reichsten sind.
Dies ist bisher aber weder technisch noch
theoretisch genügend erforscht worden; auch
ist es bisher nicht gelungen, die Altersfolge
zwischen Apatitgang und Granitgang sicher
festzustellen.

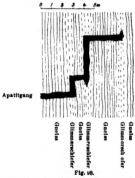

Fig. 98.
Kartenskizze eines kleinen Apatitganges zu Bakkebøl, bei
Molland, Ostseite des Kanals zwischen Landvik-See und
dem Meere (Fig. 77).

Die in den krystallinen Schiefern in
der Nähe der Gabbromassive auftretenden
Apatitgänge folgen in den meisten Fällen,
jedenfalls in den grossen Zügen, der Schich-
tungsfläche der Gneissgesteine; Durchkreuzungen sind jedoch auch oftmals wahrzunehmen. Beispielsweise sehen wir in der
Fig. 98 einen zickzackförmigen Apatitgang,
der bald den milden, feinschuppigen Glimmerschiefern folgt, bald die härteren Gneiss-
schichten durchsetzt.

Diese Apatitgänge in krystallinen Schiefern sind meist noch unregelmässiger als
diejenigen innerhalb der Gabbromassive, und
sie keilen sich in der Regel ziemlich schnell
im Streichen wie im Fallen aus. Ein Bild
dieser Unregelmässigkeit giebt die Fig. 99,
Profil eines Apatitganges in einer steifen
Felswand zu Ormlid, in der Nähe von Risör.
Auch mag dieses Bild darthun, dass das
in Gruben und Schürfen so oft beobachtete
Auskeilen der klumpenförmigen Apatitgänge

bisweilen nur scheinbar ist, indem der „Gang-zug" selber in der That weiter streicht bezw. fällt.

Wie schon von früheren Forschern (namentlich von Brögger und Reusch) hervorgehoben wurde, zeichnen sich die Apatitgänge — gleichgültig ob sie in Gabbros oder in krystallinen Schiefern auftreten — durch die für die gewöhnlichen Erz- und Mineralgänge charakteristische „angewachsene" Structur aus; auch ist häufig, obwohl nicht bei jedem Gange, eine zonale

Fig. 99.

Profil eines „Gangzuges" von unregelmässigen, in den grossen Zügen den Schichten folgenden Apatitgängen in Gneiss zu Gulaasen bei Ormlid, Söndeled. Das fein punktirte ist die umgewandelte Saalbandzone.

Structur wahrzunehmen, und zwar derart, dass die Silicatmineralien, wie Glimmer, Hornblende und Enstatit, vorzugsweise am Saalbande, hauptsächlich fast senkrecht; angewachsen sitzen, während die Gangmitte oft aus ganz reinem Apatit besteht (s. Fig. 94, 95 und 100). Die Successionsreihe ist also hier 1. Magnesiasilicat; 2. Apatit.

Drusenräume sind freilich nicht sehr stark verbreitet, finden sich aber doch bei vielen Gängen — mit Leichtigkeit könnte ich hier ein oder ein paar Dutzend Beispiele aufzählen — und sind jedenfalls bei den Apatitgängen ebenso häufig wie bei vielen Erzgängen, z. B. bei den quarzigen Bleiglanz-Fahlerz-Gängen zu Svenningdal im nördlichen Norwegen, bei den (ebenfalls quarzigen) Gängen der „kiesigen Bleierzformation" zu Freiberg im Erzgebirge u. s. w.

Bezüglich der mineralogisch- che-

mischen Zusammensetzung der Apatitgänge lässt sich im grossen Ganzen ein nicht unwesentlicher Unterschied feststellen einerseits zwischen denjenigen Gängen, die in Gabbros, und andrerseits zwischen denjenigen, die in den krystallinen Schiefern auftreten; und zwar derart, dass Quarz und andere kieselsäurereiche Mineralien, wie namentlich Orthoklas nebst Mikroklin, Oligoklas und Albit, auf den Gängen in Gneiss oft eine sehr bemerkenswerthe Stellung einnehmen, während Quarz auf den Apatitgängen innerhalb der Gabbromassive zu den grossen Seltenheiten gehört. Das ganze Silicatgemisch der Apatitgänge in Gneiss enthält einen nicht unwesentlich höheren Gehalt an Kieselsäure als die Apatitgänge innerhalb

Fig 100.

Apatitgang zu Regaardshei; Hornblende, Glimmer, u. s. w. an den Seiten der Gänge fast senkrecht angewachsen; Apatit in der Gangmitte.

der Gabbromassive. — Dieser Unterschied fiel mir bei meinen zahlreichen Befahrungen der Apatitgänge schon vor vielen Jahren in's Auge, und er ist sogar soweit hervortretend, dass ich in der That anfangs glaubte, dass Quarz auf den Apatitgängen innerhalb Gabbro überhaupt gänzlich fehle. Dies war freilich eine Uebertreibung, indem ich später an drei oder vier Apatitgängen innerhalb Gabbro etwas Quarz, überall in untergeordneter Menge, nachgewiesen habe; in den Apatitgängen innerhalb des Gneiss fehlt dagegen der Quarz beinahe nie, und oft ist er sogar das Hauptmaterial. — Dieser Unterschied beruht, wie wir unten näher erörtern werden, wahrscheinlich darauf, dass die auf den Gangspalten circulirenden „Apatitlösungen" corrodirend auf das Nebengestein eingewirkt haben; aus den krystallinen Schiefern mit etwa 50 oder 60 bis 70 oder 90 Proc. Si $O_2$ haben sie dadurch im Durchschnitt mehr Kieselsäure ausgelaugt als aus dem Gabbro mit nur 50 bis 55 Proc. Si $O_2$.

Ueber die Zusammensetzung der norwegischen „Apatit-Gabbros" und über die „Skapolithisations-Metamorphose" am Saalbande der Apatitgänge.

Der Apatitgang führende Gabbro ist fast durchweg ein Olivinhyperit (d. i. ein Olivingabbro mit ophitischer Structur); nur ganz ausnahmsweise begegnen wir auch einem eigentlichen, eugranitisch-körnigen Olivingabbro; und der Olivin fehlt nur sehr selten, so dass das Gestein nur in einigen Fällen als Hyperit, bezw. Gabbro (ohne Olivin) zu bezeichnen ist.

Der normale Olivinhyperit — z. B. zu Ødegaarden, Langö, Gomö, Kragerö, Valberg, Hulsvand, Landsverk, Barlandskil, Risör, Tjerndalen, Husaas, Regaardshei, Hiaas, Tranbergaas, Nårestad, mehrorts bei Tvedestrand, Arendal und Grimstad, weiter auch zu Snarum — besteht aus den folgenden Mineralien: Apatit, ein wenig Kies, Spur von Zirkon; Titaneisen, vielleicht auch Titanomagnetit; Olivin, Biotit, Hornblende, Diallag, mit zugehörigen Umbildungsproducten; primärer Hypersthen sehr selten; Plagioklas (Labrador).

Wegen des besonderen Interesses, das sich an die Apatit- oder Phosphorsäure-Menge des Gabbros knüpft, hat mein Amanuensis J. T. Dahl auf meine Veranlassung eine Reihe Phosphorsäure-Bestimmungen ausgeführt, mit folgenden Resultaten:

Olivinhyperit.

|  |  | Proc. $P_2O_5$ |
|---|---|---|
| Ødegaarden | Durchschnittsprobe [19] | 0,16 |
| | Zufälliges Handstück | 0,26 |
| Regaardshei (Durchschnittsprobe) | | 0,88 |
| Tranbergaas (Handstück) | | 0,44 |
| Hiaas (Handstück) | | 0,34 |
| Langö (Handstück) | | 0,069 |
| Risör, Wasserwerk (Handstück) | | 0,087 |

Skapolithhornblendefels.

| | |
|---|---|
| Ødegaarden (Durchschnitt) | 0,15 |
| Regaardshei (Durchschnitt) | 0,46 |

Unten werden wir näher diese Phosphorsäure-Gehalte discutiren.

Durchweg sind unsere Gabbros verhältnissmässig reich an Titaneisen, was sich unter Anderem dadurch kund giebt, dass wir gelegentlich in den Olivinhyperit-Feldern des Apatitdistrictes Langesund-Lillesand magmatischen Ausscheidungsproducten von titanhaltigem Eisenerz begegnen (auf Gomö und Langö bei Kragerö und Tjerndalen bei Risör; d. Z. 1893 S. 8).

Zirkon ist in diesen Gabbros äusserst selten.

Magnetkies und Schwefelkies findet sich sehr häufig, obwohl nicht so reichlich wie in den „Nickel-Gabbros", also in den Noriten, derselben Districte.

Der Olivinhyperit enthält, wie ja schon der Name kund giebt, durchgängig Olivin, in der Regel in recht reichlicher Menge; meist hat jedoch der Olivin eine eigenthümliche Metamorphose erlitten, nämlich eine „Couronnirung" (Brögger's Nomenclatur), im Innern zu einem Kranz von Hypersthen und aussen zu einem Kranz von grüner Hornblende, wozu sich auch etwas grüner Spinell gesellt (siehe Lacroix, Bull. de la Soc. fr. de minér. 1889, Fig. 87; d. Z. 1893 S. 132).

Der Biotit fehlt in den Olivinhyperiten nur äusserst selten, ist aber meist nicht sehr reichlich vertreten.

Diallag dagegen spielt beinahe überall eine sehr hervortretende Rolle, ist aber in sehr stark olivinreichen — also gleichzeitig basischen und sehr magnesiareichen — Gesteinen durch Hypersthen ersetzt. — Eine braune Hornblende ist sehr gewöhnlich.

Der Diallag ist oft zum Theil zu grüner Hornblende umgebildet worden; auch begegnen wir mehrorts Neubildungen von Granat (Rosenbusch, Petrographie, 1887, II, S. 161).

Der Plagioklas ist mässig basisch (bei der Labrador-Stufe).

Eine alte, schon im Anfange der 1860er Jahre von Prof. Th. Kjerulf (Universitäts-Programm, 1862) ausgeführte Analyse von dem Olivinhyperit zu Lofthus in Snarum ergiebt:

| | |
|---|---|
| $SiO_2$ | 53,76 |
| $(TiO_2)$ [*] | 3,70 |
| $Al_2O_3$ | 13,35 |
| $Fe_2O_3 + FeO$ | 11,59 |
| $CaO$ | 6,92 |
| $MgO$ | 7,22 |
| $Na_2O$ | 1,70 |
| $K_2O$ | 0,30 |
| Glühverlust | 0,71 |
| Summe | 99,2. |

Sowohl aus dieser quantitativen Analyse wie auch aus der petrographischen Untersuchung folgt, dass unser „Apatit-Gabbro" sich durch mässige Basicität, namentlich durch einen recht hohen Magnesiagehalt auszeichnet; Natron überwiegt vor Kali ziemlich; der Gehalt an Titansäure ist sehr, an Phosphorsäure ziemlich reichlich.

Ehe wir zu einer kurzen und vorläufigen Besprechung [20] der hoch interessanten — zu-

---

[19] Die vier Durchschnittsproben habe ich selber, nach dem gewöhnlichen Verfahren, an Ort und Stelle genommen.

[*] Unreine Titansäure.

[20] Mit meinem Collegen Prof. Brögger habe ich verabredet, später, falls die Zeit es erlauben wird, eine mehr eingehende Monographie über die

erst von Brögger und Reusch (l. c., 1875)
nachgewiesenen und später von A. Michel-
Lévy, Hj. Sjögren, A. Lacroix, J. W.
Judd[21]) mit Anderen näher beschriebenen —
Umwandlung des Saalbandes der in Gabbros
aufsetzenden Apatitgänge zu Skapolithhornblendefels und anderen skapolithisirten Gabbros übergehen, werden wir zuerst die Zusammensetzung des Skapoliths selber näher
erwähnen.

Wie von G. Tschermak (in Min. und
petrogr. Mitth. Bd. 7, 1886 und anderen Abhandlungen) nachgewiesen worden ist, besteht
die Skapolithreihe aus Mischungen von einem
Meionitsilicat (Me), $Ca_4$ $Al_6$ $Si_6$ $O_{25}$ und von
einem Marialithsilicat (Ma), $Na_4$ $Al_3$ $Si_9$ $O_{24}$ Cl
(mit 4,19 Proc. Cl), mit folgender procenti-
scher Zusammensetzung der extremen und
einiger Zwischenglieder:

| Me Proc.... | 100 | 50 | 40 | 30 | 20 | 10 | 0 |
| Ma  - ... | 0 | 50 | 60 | 70 | 80 | 90 | 100 |
|---|---|---|---|---|---|---|---|
| $SiO_2$ ..... | 40,45 | 52,20 | 54,55 | 56,90 | 59,25 | 61,60 | 63,95 |
| $Al_2O_3$ .... | 34,38 | 26,25 | 24,62 | 23,00 | 21,37 | 19,74 | 18,12 |
| $CaO$ .... | 25,17 | 12,59 | 10,07 | 7,55 | 5,08 | 2,52 | |
| $Na_2O$ .... | | 7,34 | 8,81 | 10,28 | 11,75 | 13,22 | 14,69 |
| $Cl$ ...... | | 2,10 | 2,52 | 2,93 | 3,85 | 3,77 | 4,19 |
| Summe .... | 100,00 | 100,48 | 100,57 | 100,66 | 100,75 | 100,85 | 100,95 |

Von dem Skapolith aus dem Skapolith-
hornblendefels zu Ødegaarden liegen folgende
Analysen aus den Jahren 1875—80 (ohne
Cl-Bestimmung) vor:

| | 1 | 2 | 3 |
|---|---|---|---|
| $SiO_2$ .. | 54,00 | 55,50 | 59,66 |
| $Al_2O_3$ . | 24,13 | 23,55 | 22,65 |
| $CaO$ .. | 7,89 | 7,50 | 7,32 |
| $MgO$ .. | 0,95 | 0,25 | 2,60 |
| $Na_2O$ . | | 10,22 | 8,13 |
| $K_2O$ . | | 0,15 | Spur |
| Glühverl. | 1,22 | 1,91 | (2—2,2) |
| Summe | | 99,08 | 100,36 *) |

No. 1 von S. Wleugell und No. 2 von mir
(als Studirender) ausgeführt und früher in Brögger
und Reusch's Arbeit veröffentlicht; das Material

„Skapolithisations - Metamorphose" vorzunehmen;
hier beschränken wir uns auf eine vorläufige Uebersicht, namentlich inbetreff der Rolle des Chlors, um
wenigstens eine Vorstellung über die Genesis der
Apatitgänge zu erhalten.

[21]) Michel-Lévy: Sur une roche à sphène,
amphibole et wernérite granulitique aux mines d'apatite de Bamle. Bull. de la Soc. min. de France,
1879. — Hier wurde zuerst nachgewiesen, dass das
neugebildete weisse Mineral Skapolith ist.
Hj. Sjögren (l. c.; Geol. Fören. Förh. Bd. 6,
1883).
A. Lacroix: Contributions à l'étude du gneiss
à pyroxène et des roches à wernérite. Bull. de la
Soc. min. de France. 1889.
J. W. Judd: On the processes by which a
plagioclase feldspar is converted into a scapolite.
Min. Mag. Bd. 8. 1891.
*) Glühverlust in der Summe nicht mitgerechnet.

äusserst sorgfältig unter der Lupe ausgesucht.
— No. 3 von Michel-Lévy, 1879; das Material
durch die Thoulet'sche Lösung isolirt, bei spec.
Gew. 2,63; bei diesem etwas zu hohen spec. Gew.
der Lösung ist jedoch wahrscheinlich auch etwas
der Hornblende niedergefallen; daher der auffallend
hohe MgO-Gehalt und wohl auch etwas zu hoher
$SiO_2$-Gehalt.

In allen drei Analysen ist ein sehr hoher
Glühverlust constatirt worden, ohne dass
jedoch sicher festgestellt wurde, woraus
dieser bestand. Nur hat Michel-Lévy in
der beim Glühen des Skapoliths in dem
Platintiegel an der unteren Seite des Platin-
deckels abgesetzten feinen Haut Natron mit
einer Spur Kali nachgewiesen, weiter auch
etwas Fluor; er glaubt daraus folgern zu
können, dass der ganze Glühverlust ein
Alkalifluorid sei, — ein Schluss, der jedoch
ziemlich sicher nicht berechtigt ist, indem es

offenbar versäumt wurde, auf Chlor zu prüfen.
Bei den zahlreichen quantitativen Untersuchungen von Tschermak, Rammelsberg,
Adams u. A. ist das Chlor der marialith-
silicathaltigen Skapolithe nie durch Fluor
ersetzt, und es ist folglich kein Grund anzunehmen, dass dies gerade bei dem von
Michel-Lévy untersuchten Skapolith von
Ødegaarden der Fall gewesen wäre.

Um jedem Zweifel vorzubeugen, hat mein
Amanuensis J. Th. Dahl auf meine Veranlassung einige Chlorbestimmungen in ganz rein
ausgesuchtem Skapolith aus dem Skapolithhornblendefels zu Ødegaarden und zu Tranbergaas (Simonstad) in Regaardhei ausgeführt,
und zwar mit folgendem Resultat:

Chlorbestimmungen in Skapolith aus Skapolithhornblendefels

Ødegaarden 1,76 Proc. Cl  2,608 spec. Gew.
Tranbergaas 3,11           2,613

Es sei daran erinnert, dass der Skapolith durch Verwitterung sehr leicht etwas
Chlor abgiebt; daher wahrscheinlich der verhältnissmässig niedrige Cl - Gehalt in der
ersten Analyse.

Beim Vergleich der drei quantitativen
Analysen mit der tabellarischen Uebersicht
über die Zusammensetzung der Skapolith-
reihe ergiebt sich, dass der Skapolith des
norwegischen Skapolithhornblendefelses bezw.
2,45, 2,7 und ungefähr 3,0 Proc. Cl enthalten
sollte; die zwei directen Cl-Analysen zeigen

bezw. 1,76 Proc. Cl (wohl zu niedrig, wegen Verwitterung) und 3,11 Proc. Cl; das heisst: der Chlorgehalt des Skapoliths mag durchschnittlich auf rund 2,5 Proc. veranschlagt werden; jedenfalls ist der Cl-Gehalt sehr beträchtlich.

Auch mag hinzugefügt werden, dass F. D. Adams in Skapolith von Kokken in in der Nähe von Kragerö 2,013 Proc. Cl nachgewiesen hat; weiter in Skapolith von canadischen Apatitgängen bis 2,48 Proc. Cl (Amer. Journ. of Sc., 1879).

Wie schon längst, zuerst von Brögger und Reusch (1875), beschrieben, sind die im Gabbro aufsetzenden Apatitgänge durchgängig von einer umgewandelten Saalband-

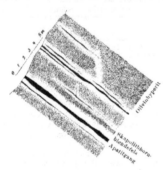

Fig. 101.
Apatitgänge im Olivinhyperit, von Saalbandzonen aus Skapolithhornblendefels umgeben; Regaardshei (cfr. Fig. 92, 100).

zone, von lichterer Farbe als der Gabbro selber, umgeben. Diese Umwandlung ist in den grossen Zügen, obwohl bei Weitem nicht mit mathematischer Genauigkeit, von der Grösse der Apatitgänge selber abhängig: bei ganz winzig feinen Gangadern oder Gangklüften ist der umgewandelte Saum nur etwa einen oder ein paar Centimeter breit; bei den normalen, mässig kleinen oder mässig grossen Gängen, z. B. zu Regaardshei (Fig. 92, 100 und 101) Hiaas, Tranbergaas, Nårestad u.s.w., weiter mehrorts bei Grimstad und in Nissedal und Snarum, ist die Umwandlung rund zwischen 0,1 und 1 m breit; und wo endlich der Gabbro kreuz und quer von einer Unzahl von mächtigen Apatitgängen durchsetzt ist (wie zu Ødegaarden, Fig. 93 und 96), ist der grössere Theil des ursprünglichen Gesteins skapolithisirt worden. So treffen wir in dem wichtigen Apatitfeld zu Ødegaarden rund ⁹/₁₀ Skapolithhornblendefels und nur ¹/₁₀ Primär-Gabbro an.

Wie schon von früheren Forschern (Brögger und Reusch, Sjögren und Anderen) angegeben, ist die Umwandlung mehrorts, z. B. zu Regaardshei, Hiaas, Tranbergaas, Nårestad u. s. w., wie es aus den Fig. 100 u. 101 ersichtlich ist, so kurz und scharf verlaufen, dass man mit Leichtigkeit Handstücke schlagen kann, die an dem einen Ende aus normalem und an dem anderen Ende aus umgewandeltem Gabbro bestehen; ja, von einzelnen Localitäten kann man selbst nur etwa 2 cm lange Dünnschliffe herstellen, die gleichzeitig normalen Gabbro, Zwischenglied und Skapolith-Gabbro umfassen. Bei diesen Uebergangsstadien lässt sich, wie zuerst von Hj. Sjögren veröffentlicht wurde, nachweisen, dass die Umwandlung in den meisten, obwohl nicht in allen Fällen, angenähert und in den grossen Zügen derart gekennzeichnet werden kann, dass der Diallag zu Hornblende und der

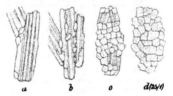

Fig. 102.
Uebergangsstufen zwischen Labrador (punktirt, mit Zwillingslamellen) und Skapolith (weiss, mit feinen Spaltbarkeitssprüngen).

Plagioklas zu Skapolith umgesetzt worden ist. Dies giebt jedoch kein erschöpfendes Bild über die eigenthümliche „Skapolithisations-Metamorphose", einerseits weil das Eisenerz und der Olivin — oder die Neubildungsproducte, Hornblende, Enstatit und Spinell des Olivins — hierin nicht berücksichtigt werden, und andererseits weil der umgewandelte Gabbro hie und da nicht aus Skapolith mit Hornblende, sondern aus Skapolith mit Enstatit, bezw. mit Glimmer oder Rutil besteht[27]); in bei weitem den meisten Fällen ist aber das Magnesiasilicat des metamorphen Gesteins eine meist braune Hornblende.

Die Umwandlung des Plagioklases zu Skapolith fängt, wie schon früher von Sjögren, Judd, Lacroix und Anderen beschrieben worden, damit an, dass sich Skapolith an der Peripherie der Plagioklas-Individuen und an den Sprüngen, namentlich den Zwillingslamellen entlang, entwickelt (Fig 102 a); auf den nächsten Stadien wächst der Skapolith

---

[27]) Siehe W. C. Brögger: Die Eruptivgesteine des Kristianiagebiets. I, 1894, S. 94.

nach und nach (Fig. 102 b und c), und zum Schluss begegnen wir statt eines einzelnen Plagioklas-Individuums nur einem Aggregat von zahlreichen Skapolith-Individuen (Fig. 102 d).

In entsprechender Weise wird auch der Diallag zu Hornblende umgesetzt; die verschiedenen Stadien bei der Metamorphose des (couronnirten) Olivins und die verschiedenen Neubildungen von Enstatit und Biotit sind aber bisher nicht näher erforscht worden.

Die in Skapolith umgewandelten Gabbros enthalten durchgängig viel weniger Eisenerz als die ursprünglichen Gesteine; das Eisenerz ist somit bei der Metamorphose aufgelöst[22]) und wahrscheinlich fortgeführt, nicht aber in dem neugebildeten Magnesiasilicat aufgenommen worden.

Eine mehrmals wahrzunehmende recht reichliche Beimischung von Rutil in den skapolithisirten Gabbros rührt wahrscheinlich von Imprägnationen von der Gangspalte her; zum Vergleich können wir daran erinnern, dass die Greisengesteine (Zwittergesteine) oftmals etwas Zinnstein führen.

Um einen Einblick in die chemischen Processe bei dieser ganzen Skapolithisations-Metamorphose zu erhalten, werden wir zuerst — unter Hinweis auf die Arbeit von Judd (l. c., 1891) — die Aufmerksamkeit darauf lenken, dass ein Vergleich zwischen der Zusammensetzung der Plagioklas- und der Skapolith-Reihe ergiebt, dass der Skapolith angenähert, obwohl nicht ganz exact, als ein Additionsproduct von Plagioklas und etwas Chlorid (Natriumchlorid) aufgefasst werden kann.

Dies wird am einfachsten durch die folgenden Analysen beleuchtet.

| | Plagioklase | | Plagiokl. + NaCl | | Skapolithe | |
|---|---|---|---|---|---|---|
| | 1a | 2a | 1b | 2b | I | II |
| Si O$_3$ | 59,7 | 58,0 | 56,7 | 55,4 | 56,9 | 55,7 |
| Al$_2$ O$_3$ | 25,6 | 26,8 | 24,3 | 25,6 | 23,0 | 23,8 |
| Ca O | 6,9 | 8,3 | 6,6 | 8,0 | 7,6 | 8,8 |
| Na$_2$ O | 7,7 | 6,9 | 10,7 | 9,8 | 10,3 | 9,0 |
| Cl | | | 3,04 | 2,72 | 2,93 | 2,73 |

No. 1a und 2a Plagioklas aus bezw. 2 Albit + 1 Anorthit und 3 Ab + 2 An bestehend; No. 1 b = No. 1 a + 2,07 Proc. Na + 3,20 Proc. Cl (1,44 Proc. O); No. 2 b = No. 1 b + 1,84 Proc. Na + 2,84 Proc. Cl (1,28 Proc. O); No. I = Skapolith aus 30 Proc. Me + 70 Proc. Ma und No. II aus 35 Proc. Me + 65 Proc. Ma bestehend.

Es ergiebt sich, dass die Umbildung von Plagioklas (Labrador) zu Skapolith im Wesentlichen auf eine Zufuhr

---

[22]) Vielleicht ist das Eisenerz als das erste Opfer der Einwirkung des „aciden Extractes" gefallen (siehe unten).

von Chlorid (Natriumchlorid) zurückzuführen ist[24]); daneben ist auch eine Kleinigkeit Silicatsubstanz zugeführt oder weggeführt worden, — das letztere jedoch nur in ganz untergeordnetem Maassstabe.

Die Umwandlung von Diallag zu Hornblende ist jedenfalls in den grossen Zügen, obwohl wahrscheinlich nicht ganz exact, als eine Paramorphose[25]) aufzufassen, — und zwar ist diese Umbildung, wie auch von früheren Forschern angedeutet worden, wahrscheinlich mit der üblichen Druckmetamorphose des Augits zu Hornblende zusammenzustellen. Bei der Decomposition der Eisenerze und des Olivins oder der Olivin-Producte und bei der Neubildung von Enstatit bezw. Glimmer muss dagegen ein stofflicher Transport stattgefunden haben.

Um diese verschiedenen chemischen Processe bei der ganzen Skapolithisations-Methamorphose im Einzelnen verfolgen zu können, bedürfen wir einer Reihe von quantitativen Analysen (Bauschanalysen des primären und des umgebildeten Gesteins, wie auch Specialanalysen der einzelnen Bestandtheile). Auf die Resultate einer solchen de-

---

[24]) Etwas Aehnliches ist auch früher von Judd (l. c., 1891) hervorgehoben worden, — doch mit dem Unterschiede, dass Judd das Hauptgewicht auf eine ganz kleine Menge von mikroskopischen Kochsalzkryställchen gelegt hat, die in den winzig kleinen Flüssigkeits-Einschlüssen der Feldspäthe eingeschlossen sein sollten. Diese werden aber bei weitem nicht hinreichen, um die bedeutende Menge von Chlorid — nämlich jedenfalls etwa 4—5 Proc. Na Cl — erklären zu können, die bei der Umwandlung von Plagioklas zu Skapolith thätig gewesen ist. (Einige nur untersuchte Proben von Olivinhyperit von Ødegaarden und Regaardshei ergaben bei chemischer Prüfung keine Spur Chlorid; der von Judd untersuchte, chloridführende Primär-Gabbro von Ødegaarden repräsentirt folglich nur einen Ausnahmefall, nicht das generelle.) Auch habe ich in denjenigen mikroskopischen Präparaten von ungeändertem Olivinhyperit und von Uebergangsgliedern zwischen diesem und dem skapolithisirten Gestein, die ich selber untersucht habe, keine Kochsalzeinschlüsse entdecken können; daraus folgt jedenfalls, dass die Umwandlung nicht auf diesen Einschlüssen hat beruhen können.

Vielmehr stelle ich mir den Vorgang so vor, dass eine hoch erhitzte und stark gepresste „Lösung" von Chlorid (nebst Wasser oder Wasserdämpfen, wahrscheinlich auch mit etwas freier Salzsäure), die von den Gangklüften aus ins Nebengestein hinein eingepresst wurde, unmittelbar und ohne Zwischenglied die Umwandlung von Plagioklas zu Skapolith — im Wesentlichen durch Addition von Chlorid — hervorgerufen hat. Hiermit stimmt auch, dass die Umbildung von der Peripherie zum Centrum der Plagioklas-Individuen vorgeschritten ist. — Gleichzeitig konnte diese „Lösung" etwas corrodirend auf die übrigen Bestandtheile des Gesteins einwirken.

[25]) Dies ist schon längst von Sjögren, der übrigens auch die Umbildung von Plagioklas zu Skapolith als eine Paramorphose betrachtete, hervorgehoben.

taillirten Studie, die hoffentlich später von
Brögger und mir vorgenommen werden
wird, können wir aber in dieser Uebersichtsarbeit nicht warten, — namentlich auch
deshalb nicht, weil das vorliegende Material
schon genügend erschöpfend ist, um jedenfalls eine angenäherte Idee über das Wesen
des ganzen Processes zu geben; nämlich
dass die Skapolithisations-Metamorphose des Gabbros im Wesentlichen
auf einer Durchtränkung von Chlorid
(Natriumchlorid), unter hohem Druck,
zurückzuführen ist. Die übrigen stofflichen
Transporte — Zufuhr oder Abfuhr von Silicatsubstanz — haben nur eine ganz untergeordnete Rolle gespielt[26]).

Diese Durchtränkung hat von den Gangspalten aus stattgefunden; das heisst, es sind
die in den Gangspalten circulirenden „Lösungen", die ins Nebengestein hinein eingedrungen sind.

Ausnahmsweise begegnen wir jedoch in
Norwegen hie und da — und zwar mehrorts
auf Langö und Gomö, wo die betreffende,
nicht sehr weit vorgeschrittene Umwandlung
als eine Grenzfacieserscheinung aufzufassen ist — einer ganz entsprechenden
Skapolithisations-Metamorphose des Gabbro
(Olivinhyperits), die von den Apatitgängen
gänzlich unabhängig ist; dasselbe ist auch
schon vor mehreren Jahren (1888) von
F. D. Adams und A. C. Lawson bei canadischen Gabbros beschrieben worden (wird
unten citirt).

Auch wo die norwegischen Apatitgänge
in den archäischen Schiefern in der Nähe
der Gabbromassive aufsetzen, ist das Nebengestein oft etwas umgewandelt, was sich dadurch kund giebt, dass die Saalbandzone
von etwas lichterer Farbe ist. Doch ist
die Umwandlung in Schiefer — in ähnlicher
Weise wie die Greisen-Umwandlung an den
in Schiefer aufsetzenden Zinnsteingängen
(d. Z., 1894 S. 147) — in der Regel nicht
so weit vorgeschritten wie dort, wo die
Gänge das Eruptiv-Muttergestein selber
durchsetzen; auch liefert uns diese Umwandlung der Schiefer weniger Auskunft über
das Wesen der ganzen Metamorphose, weil
das Primär-Gestein hier von mehr wechselnder chemischer Zusammensetzung gewesen
ist. Wir heben deswegen hier nur hervor,
dass diese letzteren Saalbandzonen, die
gern eine Breite von einem halben bis ein
paar Decimeter erreichen, mehrmals einer-

seits eine Verminderung der Erz- und Mag-
nesiasilicat-Mineralien und andererseits eine
Anreicherung der Feldspäthe und des Quarzes
wie auch hie und da eine Zufuhr von Skapolith zu erkennen geben.

Wie wir unten näher erörtern werden,
ist die Genesis der Apatitgänge wahrscheinlich kurz dadurch zu erklären, dass
die in dem ursprünglichen, noch feurig
flüssigen Gabbromagma aufgelöste Salzsäure
(mit etwas Flusssäure) mehr oder weniger
Phosphorsäure nebst etwas Titansäure,
u. s. w. aus dem Magma extrahirt hat; später
ist diese Salzsäure-Phosphorsäure- oder
Chlorid-Phosphat-„Lösung" — der „acide
Extract" — zur Eruption (Emanation) gekommen; die Phosphorsäure hat sich als
Apatit abgesetzt, und die Salzsäure (oder
das Chlorid) ist ins Nebengestein hineingepresst worden und hat hier die Umbildung
von Plagioklas zu Skapolith veranlasst.

Zur Beurtheilung dieser Theorie mag es
von Interesse sein, die quantitativen Beziehungen einerseits zwischen den auf den
Gängen, mit zugehörigen Saalbandzonen,
vorhandenen Mengen von Apatit (Phosphorsäure) und Chlorid (Chlor) und andererseits
zwischen der absoluten Apatitmenge der
Gänge und der Apatitmenge des Gabbro-
massivs selber näher zu betrachten. Eine
derartige Berechnung habe ich für das
unstreitig wichtigste norwegische Apatitfeld, Ødegaarden, ausführen können.

Zu Ødegaarden (Fig. 93), — wo der
„Apatit-Gabbro" nach der geologischen Kartirung der Betriebsingenieure über Tage ein
Areal von 158,000 qm einnimmt (= ca.
1400 m Länge und 115 m durchschnittliche
Mächtigkeit; Maximalmächtigkeit = 160 m),
— hat man bisher, zufolge einer Berechnung,
die auf meine Bitte von Bergingenieur
J. C. Andresen freundlichst ausgeführt worden ist, rund 5,8 Millionen cbm Gabbromassiv aufgeschlossen[27]). Hiervon sind rund
110 000 t Verkaufsapatit, mit etwa 90—95
Proc. wirklichem Apatitgehalt, geliefert worden; daneben sind auch ganz bedeutende
Mengen von ärmerem, nicht verkäuflichem
Apatit (in Staub- oder Sandform oder stark
mit Glimmer, Enstatit u. s. w. verwachsen)
producirt worden, und ferner steht in dem
aufgeschlossenen Felsen noch etwas Apatit
an — in nicht bauwürdigen oder in nicht

---

[26]) Dies ergiebt sich auch aus der bekannten
Gesteinssynthese von Fouqué und Michel-Lévy
(1879), nämlich dass Skapolithhornblendefels von
Ødegaarden beim Umschmelzen ein Plagioklas-
Augit-Gestein liefert.

[27]) Diese Zahl giebt diejenigen Partien des
ganzen Gesteinsfeldes an, die mit Abbauen, Querschlägen und Schächten aufgefahren worden sind
(= ein Parallelepiped von 100 m × 1000 m × 58 m).
— Die zum Theil nach Ermessen geschätzte Angabe, 5,8 Millionen cbm, ist bis auf rund ± 0,5
Millionen cbm genau.

entdeckten reicheren Gängen, untergeordnet auch in Bergfesten. Einer Schätzung zufolge sind diese letzteren Apatitmengen auf etwa 90,000 t zu veranschlagen. Das heisst, 5,8 Mill. cbm Gabbromassiv führt auf den dort einbegriffenen Apatitgängen in Summe rund 200,000 t Apatit[28]), — oder, indem 1 cbm Gabbro oder Skapolithhornblendefels durchschnittlich etwa 2,9 t wiegt, — pro 100 Gewichtsmenge Gabbromassiv enthalten die Apatitgänge 1,19 Proc. Apatit = 0,49 oder rund 0,50 Proc. Phosphorsäure. — Diese Berechnung, die sich auf die Betriebsresultate von nicht weniger als beinahe 6 Mill. cbm Gabbromassiv (= ein Parallelepiped von 600 m Länge und 100 m Tiefe und Breite) bezieht, ist jedenfalls wohl so weit genau, dass man sagen darf, dass die Phosphorsäuremenge der Gänge, auf Muttergesteingewicht reducirt, zwischen die Grenzen 0,4 und 0,6 Proc. ($P_2 O_5$) fällt.

Bezüglich der vorhandenen Chlormenge ist erstens darauf hinzuweisen, dass der Skapolith des Skapolithhornblendefelses, wie wir oben nachgewiesen haben, rund 2,5 Proc. Cl enthält; nach Ermessen besteht der Skapolithhornblendefels aus etwa 3 Theilen Skapolith gegen 2 Theile Hornblende; das heisst, der Skapolithhornblendefels führt durchschnittlich (in unverwittertem Zustande) etwa 1,5 Proc. Cl. Nach J. C. Andresen besteht das ganze Eruptivfeld zu Ødegaarden aus 1 Theil nicht umgewandeltem Gabbro (Olivinhyperit) zu etwa 9 Theilen aus skapolithisirtem Gabbro; pro Olivinhyperit und Skapolithhornblendefels in Summe mag somit der Chlorgehalt auf 1,35 Proc. veranschlagt werden.

Hierzu kommt noch der Chlorgehalt des Apatits: pro 100 Theile Eruptivgestein etwa 1,2 Theile Apatit à rund 4—6 Proc. Cl giebt etwa 0,05 Proc. Cl — also in Summe etwa 1,4 Proc. Cl (in Skapolith und Apatit zusammen).

Der Olivinhyperit und der Skapolithhornblendefels zu Ødegaarden enthält jetzt noch rund 0,15 Proc. $P_2 O_5$; unserer obigen Berechnung zufolge ist 0,50 Proc. $P_2 O_5$ „ausgelaugt" worden; der ursprüngliche Totalgehalt des Magmas betrug somit etwa 0,65 Proc. $P_2O_5$.

Davon wurde etwas über drei Viertel durch die vorhandene Salzsäure — rund 1,4—1,5 Proc. HCl, im Verhältniss zu dem ursprünglichen Gabbromagma — extrahirt und auf die besonderen Apatitgänge über-

führt; nur das restirende Viertel, 0,15 Proc. $P_2 O_5$, blieb in dem Magma selber zurück.

Eine entsprechende Berechnung von Hiaas (jetzt mit 0,34 Proc. $P_2 O_5$), Tranbergaas (0,44 Proc. $P_2 O_5$) und Regaardshei (0,38 und 0,46 Proc. $P_2 O_5$) wird ergeben, dass das Gabbromagma hier ursprünglich etwa 0,35—0,50 Proc., vielleicht bis 0,55 Proc. $P_2 O_5$ enthielt, also ungefähr ebensoviel wie zu Ødegaarden.

Die Ursache des Apatitreichthums der Gänge zu Ødegaarden ist somit nicht in einer exceptionell hohen Apatit- oder Phosphorsäuremenge in dem ursprünglichen Gabbromagma selber zu suchen, sondern vielmehr darin, dass diese Phosphorsäure durch die gerade hier in so überaus reichlicher Menge aufgelöste Salzsäure extrahirt wurde.

An keiner anderen bisher gekannten Localität in Norwegen ist der Olivinhyperit in so überwiegender Menge zu Skapolithhornblendefels umgewandelt worden wie zu Ødegaarden; das heisst, unserer Theorie zufolge, dass nirgends sonst die in dem Magma ursprünglich aufgelöste Salzsäure- (oder Haloidsäure-) Menge so reichlich vorhanden gewesen ist als gerade hier.

Das schon längst von den Geologen und Bergleuten wahrgenommene Erfahrungsgesetz, nämlich dass der Apatitreichthum des Ødegaarden-Feldes und die an derselben Stelle in so erweitertem Maassstabe stattgefundene Skapolithisations-Metamorphose mit einander in intimer Verbindung stehen müssen, findet in der obigen Deutung ihre natürliche Erklärung.

Bei den an Phosphorsäure ziemlich armen Olivinhyperitfeldern auf Langö-Gomö und bei der Stadt Risör (mit bezw. 0,07 und 0,09 Proc. $P_2 O_5$) finden wir keine eigentlichen Apatitgänge; vielmehr sind auf Langö-Gomö die Apatitgänge durch Eisenglanz (titanhaltig)-Albit-Gänge ersetzt, die sich stets durch die Skapolithisations-Metamorphose des Nebengesteins auszeichnen.

*[Fortsetzung folgt.]*

---

## Briefliche Mittheilungen.

**Flussspath.** Mit gleicher Post erlaube ich mir, Ihnen eine Nummer der La Plata Rundschau (vom 18. Juni 1895) zu übersenden, die auf Seite 493 eine vorläufige Notiz von mir über ein Flussspath-Vorkommen bei San Roque in der Provinz Córdoba enthält[1]).

---

[28]) Wenn man die sämmtliche Apatitmenge der Gänge auf einen senkrecht stehenden Gang, der Länge des ganzen Feldes entlang, hinprojiciren würde, so würde dieser Gang eine Mächtigkeit des absolut reinen Apatits von 1,35 m erreichen.

[1]) Darin folgende allgemeine Bemerkung: „Der Hauptproducent für Flussspath waren bisher die Vereinigten Staaten von Nord-Amerika,

Mittlerweile habe ich das Vorkommen studirt
und füge, indem ich ausführliche Mittheilung mir
für später vorbehalte, hinzu, dass es sich um
eine Anzahl im Gneiss und Pegmatit aufsetzender
Gänge mit dem Generalstreichen O—W handelt.

Der längste Gang ist an der Oberfläche 846 m
weit zu verfolgen. Das Gangmaterial ist wesentlich
Flussspath und Quarz.

Buenos-Aires, Museo Nacional, 27. Aug. 1895.

*Dr. J. Valentin.*

# Referate.

## Wealdenkohle in Norddeutschland.

Auf
dem VI. allgemeinen Deutschen Bergmannstag zu Hannover verbreitete sich Berginspector Richert in einem sehr lichtvollen
Vortrage über den Steinkohlenbergbau im
norddeutschen Wealden.

Das Verbreitungsgebiet des norddeutschen
Wealden erstreckt sich von der Braunschwei-
ger Gegend bis zur holländischen Grenze
bei Ochtrup und Bentheim. Die grösste
Breitenausdehnung erreicht der Wealden in
dieser ca. 36 Meilen langen, sonst ziemlich
schmalen Zone an der Nordwestecke der
mitteldeutschen Gebirgserhebungen, wo er
am Aufbau des westlichen Theiles des Teutoburger Waldes theilnimmt und die nördlichen Vorberge der Weserkette, Harrl und
Bückeberg,. sowie weiter im O und S den
Deister, den Osterwald mit Nesselberg und
Saupark und den Ostabhang des Süntels
aufbaut, sowie an der Zusammensetzung des
Ith und des Hils betheiligt ist. Nördlich
von diesen Gebirgserhebungen tritt der
Wealden noch in vereinzelten kleinen Sätteln aus dem Diluvium zu Tage, so am

in welchen die Ausbeutung der Nichtmetalle, also
von Glimmer, Talk, Asbest, Phosphaten etc. überhaupt die grösste Entwicklung erlangt hat. Sie
producirten im Jahre 1893 11 246 Tonnen Flussspath und zwar fast ausschliesslich auf einem Werk
Rosiclare, Hardin County, Illinois. Gross-Britannien
producirte 1891 nur 143 Tonnen.

Der Marktpreis in New-York für gepulverten
Flussspath betrug 1894 20—30 $ per Tonne.

Der Verbrauch nimmt in den letzten Jahren
zu. Obgleich die Verwendung in der Metallurgie
in Folge von Verbesserung der Hüttenprocesse und
der Apparate in manchen Fällen zurückgegangen
ist, so hat sie in anderen wieder gewonnen. Heute
spielt Flussspath in den verschiedensten Zweigen
des Eisenhüttenwesens eine Rolle; er leistet gute
Dienste beim Verschmelzen gewisser oxydischer
Kupfererze, zinkischer Bleisilbererze, nickelhaltiger
Kupfersteine, von Zinnaschen etc.; in der Industrie
des Glases, mancher Farben und Emaillen und in
der Manufaktur der Flusssäure ist man auf ihn angewiesen. Ginge der Preis wesentlich herunter, so
ist zu erwarten, dass er in manchen anderen Fällen
zur Benutzung käme, in denen ihn heute der billi-
gere Kalk vertritt."

Stemmer Berg, am Rübenberge bei Neustadt
sowie in den Rehburger Bergen.

Die auf dem Vorkommen von Steinkohle
im Wealden betriebenen Kohlenwerke befinden
sich fast ausschliesslich in dem vorumschrie-
benen Haupt-Verbreitungsgebiet der Formation zwischen Weser und Leine; getrennt
von denselben findet nur in der zwischen
Weserkette und Teutoburger Wald sich aus-
breitenden Wealdenmulde von Borgloh zur
Zeit noch Abbau von Steinkohle statt. Nördlich und östlich von der Weserkette unterscheidet man die Schaumburger Mulde mit
dem Südflügel an den Bückebergen und dem
Harrl, sich weiter westlich längs des Wiehen-
gebirges (der Fortsetzung der Weserkette
am linken Weserufer) fortsetzend bis nach
Osterkappeln, während der Nordflügel nur
in den Rehburger Bergen und bei Peters-
hagen zu Tage tritt; die Deistermulde mit
dem Südflügel am Deister und dem Nordflügel am Stemmer Berge, ferner die Mulde
am Osterwald und Nesselberg, am Süntel
bei Münder und die Hilsmulde am Ith und
Hils. Das Einfallen der Schichten in diesen
Mulden ist im Allgemeinen ein geringes.

Die Wealdenschichten bauen sich zumeist
aus Sandsteinen, Thon- und Mergelschiefern
auf, und zwar ist von unten nach oben die
nachstehende Schichtenfolge mit geringen
Modificationen allgemein verbreitet:

Einbeckhäuser Plattenkalk = oberer
Portland.

Münder Mergel )  Purbeck, brackische
Serpulit     } = Bildungen, als Aequi-
             )  valent des obersten
             )  Jura aufzufassen.

Unterer Wealdenschiefer, bis 116 m
mächtige Folge von Kalk- und Thonschiefern.

Wealdensandstein, auch Deistersandstein
(wegen seiner mächtigen Entwicklung am Deister),
dem englischen Hastings-Sandstein entsprechend,
liefert ein vielfach in Steinbrüchen gewonnenes,
sehr geschätztes Baumaterial.

Oberer Wealdenschiefer, schwarze, stark
bituminöse, bröckelige Schieferthone, ein Aequivalent des englischen Weald-clay.

Die 3 letzten Glieder charakterisiren
sich als Süsswasserbildungen und sind als
Süsswasser-Facies der untersten Kreide aufzufassen. Sie werden vom Hilsthon überlagert.

Die Kohlenflötze treten vornehmlich im Wealden-Sandstein auf, nur das unterste Flötz findet sich in der obersten Partie des unteren Wealdenschiefers. Der Wealdensandstein setzt infolge seiner im Verhältniss zu den über- und unterlagernden Schichten grossen Härte die Rücken der vorgenannten Bergzüge zusammen; der Wealdenschiefer findet sich dagegen erst am Fusse der Berge dem Sandstein aufgelagert. Die Mächtigkeit dieser beiden für den Bergbau wichtigsten Schichtenglieder wechselt sehr und verhält sich gewissermassen reciprok. Während der Sandstein am Osterwald nahezu 200 m mächtig ist, ist er am Deister 150 m, am Bückeberg nur 12 bis 15 m mächtig und noch weiter westlich, bei Minden, verschwindet er sogar vollständig. Umgekehrt haben die am Osterwald nur wenige Meter mächtigen oberen Wealdenthone am Deister schon eine Mächtigkeit von 30 bis 80 m und in der Schaumburger Mulde nördlich von Bückeberg bis über 300 m Mächtigkeit erreicht. Diese Verschiedenheit des Verhältnisses der beiden Schichtenglieder hat einen bedeutenden Einfluss auf den in denselben umgehenden Bergbau; denn es ändert sich mit der Schichten-Ausbildung nicht nur die Zahl der Flötze, sondern auch die Beschaffenheit der Kohle und die Grösse des Wasserzudranges in den Gruben.

Die Zahl der Kohlenflötze ist gemäss der Mächtigkeit des Sandsteins am Osterwald am grössten und beträgt 18, am östlichen Deister 10 bis 15, am westlichen Deister nur noch 5, an den Bückebergen 3 bis 4 und bei Minden nur 1 bis 2. In der Borgloher Mulde kommen bei einer Mächtigkeit des Sandsteins von 50 m 3 bis 4 Flötze vor. Von diesen Flötzen ist im Allgemeinen nur ein Flötz, das sog. Hauptflötz, welches durchweg auf der Grenze zwischen dem unteren Wealdenschiefer und dem Sandstein auftritt, bauwürdig und erreicht eine Mächtigkeit von $\frac{1}{2}$ bis 1 m, bleibt aber vielfach auch weit unter dieser Mächtigkeit; die übrigen Flötze gehen nicht über 20 cm Mächtigkeit hinaus. Nur am Osterwald und bei Borgloh sind 2 bis 3 Flötze gebaut worden.

Die Ablagerung der Schichten ist im Allgemeinen sehr regelmässig bei einem Einfallen von 3 bis 10°. Von Störungen sind streichende Verwerfungen am Deister häufiger; stark verworfen sind die Wealden-Ablagerungen am Osterwalde. Ausserdem hat der Bergbau vielorts unter Verdrückungen des Flötzes, Vertaubung der Kohle und Einlagerung von Bergmitteln zu leiden. Es finden sich die verschiedensten Arten

von Kohle. So zeigt das Hauptflötz der Schaumburger Mulde in der Einfallrichtung alle Uebergänge von der magersten Sandkohle bis zur fettesten Backkohle. Die Kohlenart des Flötzes ist bedingt durch das Fehlen resp. Vorhandensein einer mehr oder minder mächtigen Decke von Wealdenthon. Am Nordabhange des Bückeberges, wo das Flötz nur von dem 12 bis 15 m mächtigen, zerklüfteten Sandstein bedeckt ist, findet sich magere Sandkohle; dagegen wird das Flötz unter der nördlich vorliegenden Ebene ausser von Sandstein noch von einer nach N stetig mächtiger werdenden Decke von völlig undurchlässigem Wealdenthon überlagert und geht daher im Einfallen allmählich über in Sinterkohle und in eine äusserst fette Backkohle, welche ein hohes Koksausbringen hat und sich ausserdem vorzüglich als Schmiedekohle eignet. Hand in Hand mit der Veränderung des Charakters der Kohle geht das Auftreten von Schlagwettern, welche sich in den Tiefbauen der Schaumburger Mulde in erheblicher Menge einstellen. Dieselben sind noch besonders bemerkenswerth durch das Auftreten von schwereren Kohlenwasserstoffen (namentlich von Aethan $C_2H_6$, bis 38 Proc. des Gehaltes an Kohlenwasserstoffen); infolge dessen machen sich schon unbedeutende Mengen von Schlagwettern in der Grube durch einen intensiven, leuchtgasähnlichen Geruch bemerkbar. Am Deister und Osterwald ebenso wie in der Borgloher Mulde wird die Kohle, entsprechend der abweichenden Ausbildung der Wealdenschichten nach der Tiefe zu, nur wenig fetter, dagegen sind die Kohlen in diesen Mulden erheblich gasreicher, eignen sich daher zur Generatorfeuerung und geben der Hoffnung Raum, dass sie in grösserer Tiefe auch zur Leuchtgas-Darstellung brauchbar sein werden.

Die verschiedene Ausbildung der Wealdenschichten in den verschiedenen Mulden hat ausserdem noch insofern eine Einwirkung auf den Bergbau, als mit dem Anwachsen der Mächtigkeit des Sandsteins und dem Abnehmen der oberen Thonschichten auch der Wasserandrang in den Gruben wächst. Während man am Deister mit sehr starkem Wasserandrang zu kämpfen hat, ist die Wassermenge in den Tiefbauen der Schaumburger Mulde nur gering und bei Minden, wo der Sandstein vollständig fehlt, ist die jedenfalls abnorme Thatsache zu verzeichnen, dass in einer 200 m tiefen Grube, deren ausgedehnte Baue in unmittelbarer Nähe des Weserbettes sich bewegen, jegliche besondere maschinelle Vorrichtung zur Wasserhaltung fehlt. Die Wasserzuflüsse betragen nur 7 l per Minute; sie werden von Zeit zu Zeit mit dem Förderwagen zu Tage gehoben.

*Dr. F. A. Hoffmann.*

**Phosphoritknollen.** (H. Credner: Die Phosphoritknollen des Leipziger Mitteloligocäns und die Norddeutschen Phosphoritzonen[1]).)

Bei dem im J. 1890 und 1891 unweit Zwenkau, 12 km südlich von Leipzig, erfolgten Abteufen zweier Braunkohlenschächte wurden in dem unteren Meeressande des Mitteloligocäns zahlreiche, theils kugelige bis sphäroidische, theils doppelkeulenförmige oder endlich cylindrisch gestaltete Knollen aufgefunden, die sich bei näherer Untersuchung als durch dunkle Phosphoritmasse, sowie etwas Kalkcarbonat verkittete Sandconcretionen erwiesen. Eine Revision anderweitiger älterer Aufschlüsse, beziehungsweise der bei früheren Schachtabteufungen gesammelten Gesteinsproben ergab, dass jenes Vorkommen keineswegs vereinzelt dasteht, sondern dass der oben genannte Horizont des Mitteloligocäns von Leipzig wahrscheinlich fast allgemein durch Führung von dergleichen Knollen ausgezeichnet ist. Durch die chemische Analyse zweier typischer Exemplare wurde folgende Zusammensetzung ermittelt:

| | I. | II. |
|---|---|---|
| Organ. Subst. und $H_2O$ . . | 0,60 | 1,08 |
| $CaCO_3$ . . . . . . . | 9,20 | 8,83 |
| $Al_2(PO_4)_2$ . . . . . . | 2,52 | |
| $Fe_2(PO_4)_2$ . . . . . . | 5,66 | 2,67 |
| $Ca_3(PO_4)_2$ . . . . . . | 18,62 | 18,32 |
| $CaHPO_4$ . . . . . . | 8,02 | 12,78 |
| $SiO_2$ als Quarz . . . . | 55,98 | 56,88 |
| | 100,60 | 100,56 |

Sonach besteht das Cement der vorliegenden Phosphoritknollen aus einem Gemenge von vorwiegenden Calciumphosphaten nebst etwas Eisenphosphat und zum Theil auch Aluminiumphosphat mit etwa 20 Proc. Calciumcarbonat; Fluor konnte nur in Spuren nachgewiesen werden.

Jeder Phosphoritknollen enthält als Nucleus entweder Abdrücke und Steinkerne von Conchylien oder aber Zähne, Schuppen und Knochenreste von Fischen; die Gestalt der Phosphoritknollen ist abhängig von der Zahl, der gegenseitigen Lage und Entfernung der von ihnen umschlossenen organischen Reste: kugelige Ballen bergen solche in ihrem Centrum —, brillenförmige oder länglich gestreckte, beiderseits keulig verdickte Knollen in ihren aufgeblähten Enden —, wurmförmige

[1]) Aus „Abhandlgn. d. k. sächs. Gesellsch. d. Wissensch." 47 S. m. 1 Taf. Leipzig, S. Hirzel. Pr. 2 M.

oder cylindrische Concretionen in ihrer Achse; von den vom Phosphorit umschlossenen Conchylien sind nie die Schalen, sondern nur der Abdruck und Steinkern, von den Fischen nur Zähne und Schuppen, seltener Skeletreste erhalten.

Die Entstehung dieser Phosphoritknollen ist auf eine Wechselwirkung von Kalk- und von Phosphatlösungen zurückzuführen. Erstere konnten sich durch Einwirkung von kohlensäurehaltigem Wasser auf die zahlreichen Conchylienschalen des unteren Meeressandes bilden, während Phosphatlösungen sehr wahrscheinlich dadurch entstanden, dass das bei der Verwesung der zahlreichen Fischleichname sich bildende kohlensaure Ammoniak sich mit dem phosphorsauren Kalk der Knochenreste zu kohlensauren Kalk und löslichem Ammoniumphosphat umsetzte, oder aber dadurch, dass eine directe Lösung des phosphorsauren Kalkes in kohlensäurehaltigem Wasser stattfand. Dass letztere beiden Vorgänge in der That möglich sind, wird durch eine Reihe von Versuchen, die Verfasser theils mit Fischknochen, theils mit künstlichem Calciumphosphat angestellt hat, direct bewiesen.

Der zweite Abschnitt der Arbeit enthält eine vollständige Zusammenstellung aller bisher in Norddeutschland gemachten Phosphoritfunde. Es möge daraus hier nur hervorgehoben werden, dass 1. die Funde sich in der Hauptsache auf das nördliche Vorland des Harzes (subhercynische Zone) und auf die Ostseeküste (baltische Zone) beschränken, eine Erscheinung, die wohl lediglich darin ihren Grund hat, dass in den genannten beiden Landstrichen ältere Formationen häufiger als sonst innerhalb der norddeutschen Ebene zu Tage treten, und 2. dass in beiden Zonen Phosphorite sich innerhalb sehr verschiedener Schichtenhorizonte gefunden haben, nämlich innerhalb der baltischen Zone im unteren Dogger, im Gault, Cenoman, Turon, Senon, Unteroligocän, Diluvium und Alluvium, innerhalb der subhercynischen Zone im Lias, Hils, Gault, Cenoman, Senon, Unteroligocän, Mitteloligocän und Diluvium.

*K. D.*

---

## Litteratur.

97. **Banniza:** Das Berg- und Hüttenwesen des Oberharzes. Unter Mitwirkung einer Anzahl Fachgenossen aus Anlass des VI. allgemeinen deutschen Bergmannstages zu Hannover heraus-

gegeben von Ob.-Bergr. H. Banniza, Prof. Dr. F. Klockmann, Bergräten A. Lengemann und A. Sympher. 385 S. m. 22 Tabellen, 8 Abbildungen u. 4 Karten. Stuttgart, F. Enke. 1895. Pr. 10 M.

I. F. Klockmann: Orographie, Geologie, Erzlagerstätten des Oberharzes, S. 3—64; O. Brathuhn: Klimatologie etc., S. 65—68. — II. A. Lengemann: Geschichtliche Bemerkungen über den Oberharzer Bergbau, S. 69—110. — III. Das Berg- und Aufbereitungswesen, S. 111—248. — IV. Hüttenwesen, S. 249—286. — V. Jacobson: Die Arbeiterverhältnisse, S. 287—314. — VI. G. Köhler: Die Bergmännischen Lehranstalten, S. 315 bis 327.

**98.** Binder, J. J.: Laurion. Die attischen Bergwerke im Alterthum. Laibach 1895, Programm. 54 S. m. 1 Karte u. 4 Tafeln. Pr. 1,50 M.

**99.** Blanckenhorn, M., Dr.: Das Diluvium der Umgegend von Erlangen. Sitzungsber. d. phys.-med. Societät zu Erlangen. 48 S. Erlangen, Th. Blaesing. Pr. 1,20 M.

**100.** Goldmann, S.: Carte du district aurifère du Witwatersrand, mise à jour jusqu'au 31. Mai 1895 par H. Dupont. Paris, E. Bernard & Co., 1895. Pr. 5,50 M.; auf Leinwand gezogen 8,80 M.

**101.** Gredler, V.: Die Porphyre der Umgegend von Bozen und ihre mineralogischen Einschlüsse. Skizzen zu einer petrographisch-oryktognostischen Localstudie. Bozen 1895. 40 S. Pr. 0,50 M.

**102.** Hatch, F. H., and Chalmers, J. A.: The Gold mines of the Rand, being a description of the mining industry of Witwatersrand, South African Republic. With illustrations, plans and maps. London, Macmillan, 1895. 323 S. Pr. 17 M.

**103.** Hubbard, L. B., State Geologist: Geological Survey of Michigan. Vol. V. Part. I: Upper peninsula; Iron and Copper regions; Part. II: Lower peninsula; deep borings. Lansing, Mich., 1895. 179, 24 und 100 S. mit 73 Tafeln, 1 Karte u. 2 geol. Profilen.

**104.** Rolland, G.: Géologie et Hydrologie du Sahara algérien. Vol. II: Hydrologie. Paris 1895. Pr. 12,50 M.

Bergingenieur Georges Rolland hat im Anschluss an seine „Geologie der Saharischen Zone vom Atlantischen Ozean bis zum Rothen Meer" nun diese „Hydrologie der algerischen Sahara" erscheinen lassen; ein zu beiden Werken gehöriger Atlas ist schon mit dem ersten Bande erschienen. Auf Grund fünfzehnjähriger Erfahrung bespricht er die über- und unterirdischen Flussläufe, die verschiedenen Typen saharischer Oasen und ihre Bewässerung, am ausführlichsten das artesische Becken der tiefen Sahara, südlich der Provinzen Konstantine und Tunis, eins der wichtigsten auf

der ganzen Erde mit seinen Hunderten von Quellen und artesischen Brunnen. Vergl. d. Z. 1893 S. 37—39. (Preis des ganzen, 1891 begonnenen Werkes von 2 Textbänden und einem Atlas mit 36 Tafeln 33,50 M.)

**105.** Schmelck, L.: Norwegische thorium- und yttriumhaltige Mineralien. Zeitschr. f. angew. Chemie 1895, Heft 18, S. 542—543.

Kurze analytische Mittheilungen über die zur Darstellung der Incandescenzoxyde (s. d. Z. 1895, S. 219) Verwendung findenden Mineralien Thorit und Orangit, Aeschynit und Euxenit, Fergusonit, Gadolinit, Orthit, Monazit, Ytterspath und Yttrotitanit. In wissenschaftlicher Beziehung findet man Ausführlicheres in Brögger's Abhandlung „Die Mineralien der Syenit-Pegmatitgänge der südnorwegischen Augit- und Nephelinsyenite". Groth's Zeitschr. f. Krystallogr. u. Min. Bd. 16. — Vergl. auch d. Z. S. 445 (Apatit).

**106.** Schmidt, A.: Beobachtungen über das Vorkommen von Gesteinen und Mineralien in der Centralgruppe des Fichtelgebirges, nebst einem Verzeichnisse der dort auftretenden Mineralien und deren Fundstätten. Erlangen 1895. 92 S. m. 1 Tabelle. Pr. 1,80 M.

**107.** Wraný, Adalbert, Dr.: Die Pflege der Mineralogie in Böhmen. Ein Beitrag zur vaterländischen Geschichte der Wissenschaften. 1. Hälfte. Prag, H. Dominicus, 1896. 166 S. Pr. 3,60 M.

---

## Notizen.

**Gänge von Graupen.** (Ph. Schiller, Aus alten Zeiten. Nordwestböhmische Erzgebirgszeitung, 1895 No. 4 S. 77.)

Der Aufsatz enthält Mittheilungen aus einem im vergangenen Jahre aufgefundenen alten Urkundenbuche des ehemaligen gräflich Sternbergischen Bergamtes zu Graupen. Dieselben sind meist von culturhistorischem Interesse, doch findet sich auch eine für die Kenntniss der Graupener Gänge wichtige Notiz darunter. Es wird nämlich berichtet, dass im Felde des ehemaligen Glatzner Göpelschachtes, welcher oberhalb der jetzt im Betrieb befindlichen Stolln, hoch oben auf dem Kamm des Gebirges, nahe dem berühmten Aussichtspunkt Mühenthürmchen lag, zeitweise, so namentlich in der zweiten Hälfte des 17. Jahrhunderts, statt der Zinnerze vorwiegend Kupfererze und zwar Kupferkies gewonnen worden sind. Es ergiebt sich hieraus, dass es auch inmitten des eigentlichen Graupener Zinnerzganggebietes an Uebergängen in eine Kiesgangformation nicht fehlt. (Vergl. d. Z. 1894 S. 320.)  *K. D.*

**Neue Eisenerz- und Goldlagerstätten in Russland.** Nach den Berichten russischer Blätter sind im Kaukasus, Gouvernement Kutais, unweit der Stadt gleichen Namens, etwa 104 km von der Hafenstadt Poti, nahe der Eisenbahn, reiche

Eisenerzlager entdeckt, welche schwarzen und rothen Hämatit in bedeutenden Mengen enthalten sollen. — Im transkaukasischen Theil des Kaukasus ist goldführender Sand im Flusse Tschoroek und in den Nebenflüssen Adanutscha und Berta-Ssu gefunden. Die Lager sollen sich von der türkischen Grenze an bis unweit der Stadt Batum erstrecken. Probewäschen ergaben auf 1000 kg Sand 8 g Gold.

**Ostafrika.** Der „Köln. Ztg." wird aus Berlin geschrieben: Nach dem Bericht des in Deutsch-Ostafrika verstorbenen, zur Prüfung der Goldfunde ausgesandten Geologen Stapff sind dort Goldquarze gefunden worden; insbesondere wurde eine mehrere Kilometer lange Ader verfolgt, die goldhaltiges Gestein enthielt. Verschiedene an dem Unternehmen betheiligte Personen sind bereits zusammengetreten zur Ausbeutung dieses Fundes. In Ostafrika sind bergrechtliche Bestimmungen noch nicht erlassen; daher ist die Regierung jederzeit in der Lage, die einschlägigen Verhältnisse so zu regeln, dass ihre Interessen vollständige Wahrung finden. Gouverneur v. Wissmann hat bereits eine Schürfordnung erlassen, durch die jedoch den Rechten der Regierung oder der Finder nicht vorgegriffen wird. (Vergl. S. 351 und 432.)

**Billiton-Zinn.** Ueber die Aussichten der Zinngewinnung spricht sich der Jahresbericht der Billiton Maatschappy dahin aus, dass der Ertrag beschränkt bleibt und noch abnehmen wird, wenn bei Fortdauer der jetzigen gedrückten Preise der Betrieb auf den sog. mageren Geländen kaum oder überhaupt nicht mehr lohnt. Die bei früheren Entdeckungszügen als wenig versprechend zurückgestellten Länderreien sind inzwischen weiter untersucht, jedoch nur vereinzelt mit günstigem Erfolge, während die bislang zur tiefer gelegene Adern gesetzten Hoffnungen sich nach eingehenden Untersuchungen hervorragender Geologen als unbegründet erwiesen haben.

**Südamerikanisches Manganerz.** Wie das Engineering und Mining Journal vom 21. September mittheilt, wird gegenwärtig südamerikanisches Manganerz auf den nordamerikanischen Erzmarkt gebracht: die erste Ladung von 2500 t ist bereits vor Nombre de Dios eingetroffen, weitere Sendungen sollen demnächst folgen. Bisher hatten die Vereinigten Staaten Manganerze aus dem Kaukasus, aus Spanien und von der Insel Cuba (s. d. Z. 1893 S. 43) bezogen.

Mittels sog. **Diamantbohrungen**, die in felsigen, wasserarmen Gegenden Schwedens nach dem System des Professors Nordenskiöld vorgenommen werden (vergl. d. Z. S. 260), wird die Zahl der in Felsen gewonnenen Brunnen ständig vermehrt. Jüngst wurde auf diese Weise bei Winterwiken ein Brunnen hergestellt, zu dessen Besichtigung der spanische und der französische Gesandte, der portugiesische Geschäftsträger u. a. eingeladen waren. In Tunis wie in Spanien würde es von besonderer Wichtigkeit sein, in Gegenden, in denen es an Quellen und Flüssen fehlt, gutes Trinkwasser zu schaffen. Nach Ansicht Nordenskiöld's bieten die dortigen geologischen Verhältnisse die Möglichkeit, mittels Diamantbohrung mit gleichem Erfolge wie in Schweden Brunnen herzustellen. Der Brunnen in Winterwiken, bei dem in 45 m Tiefe Wasser angetroffen worden war, erregte die Verwunderung der Diplomaten, die es nicht für möglich gehalten hatten, dass direkt aus dem Felsen Wasser gewonnen werden kann.

---

# Vereins- u. Personennachrichten.

**Ernannt:** Die Privatdocenten der Geologie Dr. Otto Jaekel in Berlin, Custos an der geol.-paläontol. Sammlung des Museums für Naturkunde, und Dr. August Rothpletz in München zu ausserordentlichen Professoren.

Dr. Karl A. Redlich in Brünn (nicht Bonn, wie es S. 391 irrthümlich hiess) zum Custos des mährischen Landesmuseums daselbst.

Prof. Branco (vergl. S. 96) zum Professor der Geologie und Mineralogie an der landwirthschaftlichen Akademie in Hohenheim.

Prof. Dr. A. von Koenen in Göttingen zum Geheimen Bergrath.

Prof. E. J. Chapman hat seine Professur für Mineralogie und Geologie an der Universität Toronto niedergelegt; als sein Nachfolger ist J. H. Tyrrel dahin berufen.

**Gestorben:** Prof. Dr. Friedrich Nies, Docent der Mineralogie und Geologie an der landwirthschaftlichen Akademie in Hohenheim, daselbst am 22. September im Alter von 56 Jahren. N. war ständiger Secretär des oberrheinischen geologischen Vereins.

Ingenieur Dr. F. M. Stapff, Privatdocent an der technischen Hochschule zu Charlottenburg, am 17. Oktober in Tanger (vergl. S. 432).

A. Senoner, Geologe, am 30. August in Wien.

Conte Angelo Manzoni, Geologe, am 14. Juli in seiner Villa bei Ravenna.

James Carter, Mediciner und Geologe, in Cambridge.

Ueber die von Prof. Dr. Fridolin von Sandberger in Würzburg aus Gesundheitsrücksichten veräusserte Büchersammlung, sowie über die vom †Bergrath Prof. Dr. A. Stelzner in Freiberg hinterlassene Bibliothek giebt der 131 Seiten mit 4161 Nummern umfassende antiquarische Katalog No. 46 der Buchhandlung von Max Weg in Leipzig, Leplaystrasse 1, Auskunft. Die Rubrik Erzlagerstätten umfasst No. 187—351.

*Schluss des Heftes: 29. Oktober 1895.*

---

Verlag von Julius Springer in Berlin N. — Druck von Gustav Schade (Otto Francke) in Berlin N.

**Beiträge zur genetischen Classification der durch magmatische Differentiationsprocesse und der durch Pneumatolyse entstandenen Erzvorkommen.**

Von

**J. H. L. Vogt (Kristiania).**

*[Schluss von S. 459.]*

Die vor einigen Jahren entdeckten **nordschwedischen Apatitgänge**[29]), zu Gellivara-Dundret und mehrorts sonst in Norrbotten (nicht mit den grossartigen Vorkommen von apatitreichem Eisenerz zu Gellivara, Kirunavara u. s. w. zu verwechseln) sind mit den **südnorwegischen Gängen** sowohl in **mineralogischer wie auch in geologischer Beziehung zu identificiren.** So treten auch die nordschwedischen Apatitgänge theils innerhalb der **Gabbromassive** (vorzugsweise oder ausschliesslich **Olivinhyperit,** wie in Norwegen) und theils in den benachbarten krystallinen Schiefern auf; weiter sind die Gänge auch hier von **skapolithisirten Saalbandzonen**[30]) umgeben, und endlich begegnen wir auch hier derselben **Mineralcombination** wie in den norwegischen Gängen (nämlich Apatit mit Titaneisen, Titanit, Rutil; verschiedene Kiese; Hornblende, Glimmer, Augit, Skapolith, Feldspäthe, Quarz, Turmalin, Chlorit u. s. w.).

Im nördlichen Schweden (Norrbotten) sind in den letzten Jahren eine ganze Anzahl Apatitgänge erschürft worden; bisher hat man jedoch keinen so apatitreichen Gang angetroffen, dass Grubenbetrieb auf demselben stattfinden könnte.

Die **canadischen Apatitvorkommen,** die ich nur aus der Litteratur[31]) kenne, sind bekanntlich, wie schon längst von verschie-

denen Forschern nachgewiesen, im **Wesentlichen mit den norwegischen zu vergleichen;** in den Einzelheiten giebt es jedoch mehrere ganz bemerkenswerthe Abweichungen.

In ähnlicher Weise, wie die norwegischen Apatitgänge durchgängig an einen Olivinhyperit, bezw. Olivingabbro, sind die canadischen Apatitgänge an einen „**Pyroxenite**" („**Pyroxenetic rock**", „**Anorthositic rock**") gebunden, und zwar derart, dass die Gänge theils innerhalb dieses Gesteins, oftmals in den peripherischen Theilen, und theils in den benachbarten krystallinen Schiefern und Kalksteinen auftreten. Eine genetische Abhängigkeit der Apatitgänge von diesem „Pyroxenite" ist unstreitbar (zufolge **Sterry Hunt, Harrington, Coste, Selwyn, Ells, Adams** und anderen). Der „Pyroxenite", der bisher petrographisch nicht eingehend beschrieben wurde, ist nach einer privaten Mittheilung von **Adams** ein umgewandeltes Gabbrogestein. Früher wurde dieses Gestein von mehreren der canadischen Geologen (**Logan, Sterry Hunt**) als gleichaltrig (sedimentär) mit den umgebenden krystallinen Schiefern betrachtet; den neueren Untersuchungen zufolge ist es jedoch ein intrusives Eruptivgestein (**Coste, Selwyn, Ells**).

In Bezug auf **Mineralcombination** stimmen die canadischen Apatitvorkommen ziemlich genau mit den norwegischen überein; so finden sich auf den canadischen Gängen:

1875; Transact. Amer. Inst. Min. Eng. 1884, S. 460; Eng. and Min. Journ., Febr. 1884. B. J. Harrington, G. C. Hoffmann (Apatit-Analysen); E. Coste, director Selwyn, R. W. Ells und E. D. Ingall in Geol. Survey of Canada, Reports seit 1877. J. W. Dawson, Quart. Journ. Geol. Soc., 1876, B. 32. R. A. F. Penrose, Bull. of the Geol. Survey of the United States, 1888, No. 46. R. W. Ells u. J. Burley Smith, Abhandlungen in Journ. of the General Min. Assoc. of the Province of Quebec, 1891, 92, 93; von Ells auch in Canadian Record of Science, 1895. Mehrere von diesen Arbeiten sind mir nicht zugänglich gewesen.

F. D. Adams und A. C. Lawson, On some Canadian Rocks containing Scapolite, with a Few Notes on some Rocks associated with the Apatite Deposits. Canad. Rec. of Sc. 1888.

Ich bin Professor Adams sehr dankbar wegen verschiedener brieflicher Erläuterungen, die canadischen Apatitgänge betreffend.

---

[29]) Siehe zahlreiche Abhandlungen von G. Löfstrand, Hj. Lundbohm, F. W. Svenonius, weiter W. C. Brögger, H. v. Post und anderen in Geol. Fören. Förh. und öffentlichen schwedischen Berichten von den letzten Jahren (seit 1890).

[30]) Ein Nachweis durch Prof. Brögger von Skapolith in zugesandten Proben von skapolithisirtem Gabbro aus Gellivara-Dundret gab die Veranlassung zur Entdeckung dieser Apatitgänge.

[31]) Siehe unter anderem die folgenden Arbeiten: Sterry Hunt, Geol. Survey of Canada, 1863—66; Geol. of Canada, 1863; Chem. and Geol. Essays,

Apatit, Titanit, Titaneisen, Eisenglanz, Zirkon; Schwefelkies, Magnetkies, wenig Kupferkies, Bleiglanz, Molybdänglanz; Augit, Hornblende, Magnesiaglimmer, Skapolith, verschiedene Feldspäthe, Quarz; Opal, Chalcedon; Epidot,
Talk, Chlorit; Turmalin; Zeolithe (Prehnit,
Chabasit); Kalkspath; Flussspath. Endlich wird auch Granat und Vesuvian angegeben; diese gehören jedoch wahrscheinlich (?)
nicht den Gängen selbst an, sondern den
metamorphen Kalksteinen, in welchen die
Gänge oftmals aufsetzen.

In den canadischen Gängen, in welchen
Enstatit und Wagnerit (Magnesia-Silikat, bezw.
Phosphat) fehlt, scheint der Magnesia-
Reichthum nicht so hervortretend zu sein
wie in vielen norwegischen Gängen; auch
begegnen wir in den canadischen Gängen,
in welchen auch Rutil zu fehlen scheint,
verhältnissmässig weniger Titansäure als
in den norwegischen Gängen, dagegen andrerseits mehr Zirkonsäure. Weiter spielt
Fluor in den canadischen Gängen, theils
in dem Apatit (chlorhaltiger oder chlorarmer
Fluorapatit) und theils in dem (wahrscheinlich sehr spärlichen) begleitenden Flussspath[32]), eine bedeutend mehr hervortretende
Rolle als in den norwegischen Gängen. —
Diese Unterschiede mögen vielleicht darauf
zurückzuführen sein, dass das eruptive „Muttergestein“, aus welchem die Gänge herzuleiten sind, in Canada in chemischer Beziehung nicht völlig mit ihrem norwegischen
Aequivalent zu identificiren sind; und zwar
können wir annehmen, dass der canadische
„Pyroxenite“ (Gabbro) nicht so reich an
Magnesia und Titansäure, dagegen reicher
an Zirkonsäure ist als der norwegische Olivinhyperit; mit andern Worten, dass der
canadische „Apatit-Gabbro“ ein wenig saurer
ist als der norwegische[33]). — Auch ist in
Uebereinstimmung mit unserer Theorie hervorzuheben, dass bei der Bildung des „aciden
Extractes“ innerhalb der Gabbromagmata
der Salzsäuregehalt, welcher die norwegischen
Apatitgänge auszeichnet, in Canada zu einem
nicht unwesentlichen Theil durch Flusssäure
ersetzt gewesen ist.

Der canadische Apatit, wie auch mehrere
der begleitenden Mineralien, ist oftmals an
den Kanten abgerundet, wie „angeschmol-

zen“ (geätzt), was von Sterry Hunt durch
corrodirende Einwirkung von heissen
Lösungen nach dem Absatz der Mineralien
herzuleiten ist. Auch an den norwegischen
Gängen begegnen wir oft einer ganz entsprechenden Erscheinung.

Als weitere gemeinschaftliche Eigenthümlichkeiten der norwegischen und der canadischen Apatitgänge können wir anführen:
das Auftreten der Mineralien in grossen,
oft ganz riesenhaften Individuen; die
häufig wahrzunehmende zonare Structur
der Gänge, auch das Vorhandensein von
Drusenräumen; weiter das Auftreten des
Apatits in unregelmässigen, aber oft sehr
grossen Nestern oder Klumpen („pockets“
oder „bonanza's“ en miniature, die in Canada
bis über 1000 tons Apatit liefern können).

Andererseits ist der wichtigste Unterschied
darin zu suchen, dass die in Norwegen bei
den in Olivinhyperiten auftretenden Apatitgängen ganz constante Umwandlung des
Nebengesteins zu Skapolithhornblendefels und
in andere skapolithisirte Gabbros in Canada
nur ganz ausnahmsweise beobachtet worden
ist. Derartige skapolithisirte Gabbros —
„Skapolith-Diorit“, „Plagioklas-Skapolith-
Amphibolit“, „Plagioklas-Skapolith-Diorit“
— sind freilich auch in Canada, von Adams
und Lawson (l. c. 1888), nachgewiesen
worden, jedoch nicht in der Nachbarschaft
der Apatitgänge, sondern in Districten, in
welchen bisher keine Apatitgänge angetroffen
worden sind. Die älteren Untersuchungen
des Nebengesteins der Apatitgänge ergaben
keine Neubildung von Skapolith; jedoch
theilt mir jetzt Adams brieflich mit, dass
Ingall, der jetzt mit einer ausführlichen
Studie über die canadischen Apatitgänge beschäftigt ist, im Nebengestein mehrerer
Apatitgänge oftmals Skapolith nachgewiesen hat. Im Princip begegnen wir
also auch hier derselben Erscheinung wie in
Norwegen; in Canada ist jedoch die Skapolithisations-Metamorphose bei weitem nicht
so hervortretend wie in den norwegischen
Gängen. Die Ursache hierzu mag vielleicht (?)
darin zu suchen sein, dass das Chlorid und
die Salzsäure der auf den norwegischen Gängen
circulirenden „Lösungen“ in Canada zu einem
grossen Theil durch Fluorid (nebst Flusssäure) ersetzt gewesen ist; wir erinnern uns,
dass Skapolith im Princip als ein Additionsproduct von Plagioklas (Labrador) und Chlorid
(Na Cl mit Ca Cl$_2$) zu betrachten ist, dass
aber hier Chlorid im Allgemeinen nicht
durch Fluorid ersetzt werden kann.

Die canadischen Apatitvorkommen scheinen im grossen Ganzen gerechnet etwas
grösser zu sein als die norwegischen. So

---

[32]) In denjenigen Arbeiten über die canadischen
Gänge, die ich durchgesehen habe, finde ich Flussspath nur ein einziges Mal erwähnt; daraus darf
man schliessen, dass das Mineral hier sehr selten ist.

[33]) Nachdem das Obige schon fertig zum Druck
geschrieben war, finde ich, dass der canadische
„Pyroxenite“ (zufolge Harrington, siehe Adams
und Lawson, l. c.) bisweilen Orthoklas und Quarz
enthält.

hat in Norwegen bisher nur ein einziges
Feld, nämlich zu Ødegarden, Veranlassung
zu eigentlichem Grubenbetrieb gegeben mit
Abteufung bis jetzt zu einer Tiefe von 160 m;
in Canada dagegen ist jedenfalls eine Grube
(North Star) bis zu rund 200 m (600 Fuss)
abgebaut worden, und daneben giebt es
mehrere Gruben, die eine Tiefe von 100 bis
150 m erreicht haben.

Auch ist die canadische Apatitproduction
etwas höher als die norwegische gewesen.

Die Apatitproduction in Canada betrug
in den Jahren 1863—75 durchschnittlich
nur etwas über 1000 tons jährlich; dagegen
später:

| | |
|---|---|
| 1878 | 3 701 engl. tons |
| 1880 | 7 974 - - |
| 1882 | 17 181 - - |
| 1884 | 22 143 - - |
| 1886 | 20 495 - - |
| 1888 | 22 485 - - |
| 1890 | 31 753 - - |
| 1892 | 11 932 - - |
| 1893 | 8 330 - - |

Zur Vervollständigung unserer Kenntnisse
über die canadischen Apatitvorkommen mag
noch ein kurzer Ueberblick über die genetischen Auffassungen der canadischen Geologen dienen.

Dawson (Quart. Journ., 1876) legt das
Hauptgewicht darauf, dass der Apatit mehrorts in den krystallinen, Graphit führenden,
archäischen Kalksteinen, die auch das bekannte „Eozoon canadense" beherbergen,
scheinbar wie „eingebettet" auftritt; das
Eozoon wurde als Organismus betrachtet,
und der Apatit sollte „Koprolithen oder
Reste von phosphatischen Schalen oder
Krusten" repräsentiren; jedenfalls sollte der
Apatit von organischen Wesen herrühren. —
Dass jedoch diese ganze Hypothese entschieden unrichtig ist, wurde schon längst von
anderen canadischen Geologen constatirt;
dieselben betonen fast sämmtlich, dass der
Apatit oftmals gangförmig auftritt. Theils
hieraus, theils aus der zonalen Structur
mit Drusenräumen, u. s. w. ist zu folgern,
dass der Apatit jünger als das Nebengestein ist.

Sterry Hunt, der den „Pyroxenite" —
den treuen Begleiter der Apatitgänge — als
ein Sedimentationsproduct betrachtete, nahm
an, dass der Apatit aus heissen, auf Gangklüften circulirenden Lösungen abgesetzt sei.

In den letzten Jahren, nachdem von
Coste, Selwyn, Ells und anderen festgestellt worden ist, dass der „Pyroxenite"
ein intrusives Eruptivgestein ist, wird
auch die Bildung der Apatitgänge unter Annahme von pneumatolytischen (oder pneumatohydatogenen) Vorgängen (als „fumarole

deposits") in unmittelbaren Zusammenhang
mit dem Ausbruch der Gabbromassive gebracht („ascension of vapors charged with
some form of phosphoric and fluoric acids;"
Citat nach Ells).

Zur Analogie machen wir auch aufmerksam auf das Vorkommen von Apatitgängen
in Granit[34] in Spanien und angrenzenden
Theilen von Portugal, welche sich mineralogisch und geologisch nahe an die normalen
Apatitgänge in Gabbros anschliessen. Die
wichtigsten dieser Apatitgänge in Granit
finden sich zu Zarza-la-Mayor (Seguridad)
in Estremadura, weiter zu Marvão und
Castello-de-Vide in Alemtejo und zu Pe-
namacor in Beïra, die letztgenannten in Portugal in der Nähe der spanischen Grenze.
Der Apatit, welcher Fluor neben etwas
Chlor enthält, und welcher somit wahrscheinlich als ein chlorhaltiger Fluorapatit
aufzufassen ist, aber bisweilen auch einen
kryptokrystallinen, phosphoritähnlichen Charakter zeigt, ist in diesen Gängen in Granit
— gerade wie es zumeist mit den Zinnsteingängen der Fall ist — namentlich mit
Quarz vermengt; weiter begegnen wir etwas
Kalkspath, Eisen- und Mangan-Hydroxyden,
Schwefelkies, Arsenkies (!), Kupferkies (!),
Kupfercarbonat, Bleiglanz und selbst grünem
Uranphosphat (!). Daneben ist der Granit
am Saalbande der Gänge in der Regel stark
umgewandelt (kaolinisirt), auch findet sich
oft etwas Thon innerhalb der Gänge.

Diese innerhalb des Granits auftretenden
Apatitvorkommen sind meistens stark unregelmässig und klumpenförmig, jedoch immer
mit Andeutung der Gangnatur; auch finden
sich wirkliche, typische Gänge, z. B. zu
Zarza-la-Mayor Gänge von sehr bedeutender
Längenausdehnung und bis 2—3 m Mächtigkeit. Nach der Tiefe zu sind diese Apatitvorkommen sehr wenig nachhaltig und haben
aus diesem Grunde und wegen ihres im Allgemeinen geringen Reichthums an Apatit
keine Veranlassung zu ausgedehntem Grubenbetrieb gegeben[35]).

[34]) Litteratur: Uebersicht in E. Fuchs und
L. de Launay's Gites minéraux et- métalliferes,
I, 1893, S. 344; weiter kleine Broschüren von
Delesse, Gisements de chaux phosphatée de
l'Estrémadure, in Zeitschr. d. franz. Agricultur-
Gesellsch., 1877, und von X. Stainier, Les phos-
phorites du Portugal, Ann. de la Soc. géol. de
Belge 1890.
Die Hauptarbeit über die spanischen Apatit-
vorkommen, von Egozcue und Mallada (Min.-
geol. Beschreibung der Provinz Cáceres, 1876) ist
mir nicht zugänglich gewesen.

[35]) Der spanische Phosphorit stammt von anderen Vorkommen, ausserhalb Granit: der von Lo-
grosan jedoch von Gängen in der unmittelbaren

Egozcue und Mallada (1876) haben diese Apatitgänge in Granit mit den gewöhnlichen metallischen Erzgängen verglichen und fassen sie als Geysir-Bildungen — Absatz von Thermalwasser, von der Tiefe her mit Kalkphosphat beladen — auf. Dieser genetischen Auffassung wird auch von Delesse und Fuchs und de Launay beigepflichtet.

Stainier dagegen sieht in den klumpenförmigen Apatit-„Concretionen" ein Product von Lateralsecretion („exsudation latérale").

Hier machen wir besonders darauf aufmerksam, dass diese Apatitgänge in Granit in Bezug auf Muttergestein, Mineralcombination, Gangnatur, zum Theil auch in Bezug auf Umwandlung (Kaolinisirung) der Saalbandzone mit den gewöhnlichen Zinnsteingängen in Granit verglichen werden können. — Die Zinnsteingänge, welche constant durch die Beimischung von Apatit gekennzeichnet werden, sind freilich in der Regel ziemlich arm an Apatit oder überhaupt an Phosphaten; ausnahmsweise begegnen wir jedoch auch Zinnsteingängen mit einem ganz bedeutenden Reichthum an Phosphaten. So findet sich, einer Darstellung in „Mineral Resources of the United States", 1888, S. 151 zufolge, auf den — in Granit auftretenden und durch die übliche Greisen-Metamorphose gekennzeichneten — Zinnsteingängen in Dakota neben Zinnstein, Columbit, Turmalin u. s. w., eine reichliche Menge („abundance") von verschiedenen Phosphaten, nämlich Apatit, Triphylin (Lithionphosphat) und Heterosit (alle drei „found in large quantities"); weiter Autonit und noch andere Phosphate.

Diese Dakota- und Estremadura-Gänge in Granit vermitteln den Uebergang zwischen den normalen Zinnstein- und den normalen Apatitgängen:

1. Zinnsteingänge mit wenig Apatit in Granit.

2. Zinnsteingänge mit viel Apatit in Granit; Dakota.

3. Apatitgänge in Granit; Estremadura, Alemtejo, Beïra.

4. Apatitgänge in Gabbro; Canada; Norwegen.

Die canadischen Apatitgänge, welche weniger Titansäure, andererseits mehr Zirkonsäure und weniger ausgeprägten Magnesiareichthum als die norwegischen besitzen und daher wahrscheinlich in einem etwas sauereren Eruptiv auftreten, scheinen den Zinnstein- und Apatitgängen in Granit (Dakota, Estre-

Nähe von Granit, welche deshalb wahrscheinlich mit dem Vorkommen zu Zarza-la-Mayor genetisch zu identificiren sind.

madura) etwas näher zu stehen, als es mit den norwegischen Gängen der Fall ist.

An dieser Stelle ist auch daran zu erinnern, dass A. Daubrée schon längst (siehe Géologie expérimentale, 1879) auch die folgenden Vorkommen genetisch mit den Zinnsteingängen verglichen hat:

Die alpinen Mineralgänge („filons stannifères"), am St. Gotthardt, l'Oisans u. s. w. mit der Mineralcombination: Quarz, Adular, Albit (Periklin), Glimmer, Chlorit; Turmalin, Axinit; Eisenglanz; Rutil, Anatas, Brookit, Titanit; Apatit; Flussspath; Zeolithe; Carbonate u. s. w.

Brasilianische Gänge, zu Capao-de-Lane und Boavista, mit Eisenglanz, Rutil; Topas, Quarz, Euklas u. s. w.

Bekleidung von Drusenräumen in Trachyt, zu Jumilla in Murcia, durch Apatit und Eisenglanz.

Auch alle diese Mineral-Fundstätten bilden für uns eine Brücke zwischen den Zinnstein- und den Apatitgängen.

**Uebersicht über die in genetischer Beziehung wichtigsten Ergebnisse der „Apatit-Ganggruppe", namentlich mit Rücksicht auf die norwegischen Apatitgänge.**

1. Die an sehr zahlreichen Localitäten im südlichen Norwegen und in Canada, weiter auch mehrorts im nördlichen Schweden zerstreuten Apatitgänge treten, wie jetzt durch zahlreiche Untersuchungen festgestellt ist, überall in intimer geologischer Verknüpfung (s. z. B. Fig. 77) mit einem Gabbrogestein auf; die meisten, in Norwegen auch die wichtigsten Gänge finden sich innerhalb der Gabbromassive, die übrigen in den benachbarten krystallinen Schiefern, wozu sich in Canada auch krystalline Kalksteine gesellen.

Der Gabbro ist ein intrusives Eruptivgestein (in Norwegen wahrscheinlich von spät-archäischem Alter).

2. Die Gänge innerhalb der norwegischen Gabbromassive folgen vorzugsweise den normalen Absonderungsklüften des Gesteins (Fig. 92, 93, 96 u. 97) und bilden dadurch oft Stockwerke (Fig. 93 u. 96); die Gänge in Schiefer und Kalkstein sind meistens Lagergänge (parallel den Schichtungsflächen eingeschaltet); Durchkreuzungen der Schiefer sind jedoch auch oftmals wahrzunehmen (Fig. 98 u. 99).

3. Die norwegischen Apatitgänge sind gelegentlich von Diabasgängen durchkreuzt, die wahrscheinlich als Nachschübe aus dem Gabbromagma zu erklären sind; unter dieser

Voraussetzung müssen die Apatitgänge ziemlich schnell nach der Erstarrung des Gabbros entstanden sein. Hiermit lässt sich auch die ganz auffallend bedeutende Grösse in Einklang bringen, welche die verschiedenen Mineralien der Apatitgänge in Norwegen wie auch in Canada erreichen, und die auf einen sehr langsamen Bildungs- (Abkühlungs-) Process hindeutet.

*4.* In mineralogischer Beziehung kennzeichnen sich die Gänge durch:

Phosphate;

Titansäure- und Eisenoxyd-Verbindungen;

Sulfide (Kiese):

Silicate, hauptsächlich Magnesia- und Magnesia-Kalk-Silicaten sammt Natron- und Kalk-Thonerde-Silicaten, während dagegen Kali-Silicate nur eine ganz untergeordnete Rolle spielen; borhaltige Silicate sind freilich vertreten, finden sich aber sehr spärlich.

Kalkspath ist oftmals vorhanden; Flussspath fehlt gänzlich in den norwegischen Gängen, findet sich aber, obwohl äusserst spärlich, in den canadischen Gängen. Schwerspath scheint nie vorhanden zu sein.

Die verschiedenen Mineralien finden sich auf den verschiedenen Gängen in sehr wechselnden Gemengen; so ist an den norwegischen Gängen, wenn wir die Silicate nicht berücksichtigen, bald Apatit, bald Kies, bald Eisenglanz, bald Rutil etc. vorherrschend.

*5.* Die Apatitgänge sind sehr oft durch dieselbe angewachsene Structur wie die gewöhnlichen Erz- und Mineralgänge ausgezeichnet (Fig. 94, 95 u. 100); eine zonare Structur ist auch häufig wahrzunehmen; Drusenräume finden sich ebenfalls hier und da.

*6.* Der Apatit der norwegischen Gänge ist durchwegs ein Chlorapatit (mit bis 5,8 Proc. Cl); der canadische Apatit dagegen ein chlorhaltiger (oder chlorarmer) Fluorapatit.

Unter den übrigen Mineralien zeichnet sich der Skapolith, sowohl auf den Gängen wie in der skapolithisirten Saalbandzone, durch einen constanten, ganz beträchtlichen Chlorgehalt aus (bis über 3 Proc. Cl; durchschnittlich etwa 2,5 Proc. Cl).

*7.* Wie schon längst von verschiedenen Forschern (Brögger und Reusch, Michel Lévy, Hj. Sjögren, Judd, Lacroix etc.) nachgewiesen, ist es für die in Gabbro (Olivinhyperit) aufsetzenden Gänge in Norwegen und Nord-Schweden besonders charakteristisch, dass die Gänge im Nebengestein eine Skapolithisations-Metamorphose

hervorgerufen haben (Fig. 97b, 100 u. 101), und zwar ist hierdurch der Gabbro meistens zu Skapolithhornblendefels umgewandelt worden; ausnahmsweise begegnen wir jedoch auch anderen skapolithhaltigen Gesteins-Neubildungen (wie Skapolith-Enstatit-, bezw. Biotit-Fels).

Die normale Umwandlung zu Skapolithhornblendefels besteht im Wesentlichen darin, dass sich der Diallag des Gabbro zu Hornblende und der Plagioklas (Labrador) des Gabbro zu Skapolith umgewandelt hat; daneben sind auch der Olivin (oder die Olivin-Umbildungsproducte) und die Eisenerze zerstört und umgewandelt worden.

Die Umbildung von Diallag zu Hornblende ist jedenfalls angenähert eine Paramorphose (Umsetzung ohne stofflichen Transport), die wohl hier wie bei vielen anderen Uralitisationsprocessen als eine Druckmetamorphose aufzufassen ist. Bei der Umbildung des Olivins und der Eisenerze oder bei der Neubildung von Enstatit, bezw. Biotit in dem skapolithisirten Gestein müssen aber etwas mehr complicirte chemische Processe vor sich gegangen sein.

Die Umbildung von Labrador zu Skapolith ist im Allgemeinen, obwohl nicht absolut exact, als eine Addition von Chlorid (NaCl, öfters mit einem geringen Gehalt an $CaCl_2$) aufzufassen. Beispiel: Labrador, 60 Proc. Ab + 40 Proc. An, mit 58,0 Proc. $SiO_2$, zuaddirt 3,7 Proc. Na Cl, giebt ein Product, welches sich quantitativ nur ganz unwesentlich von einem Skapolith, 35 Proc. Me + 65 Proc. Ma, mit 55,7 Proc. $SiO_2$, unterscheidet.

Die ganze Skapolithisations-Metamorphose ist somit im Wesentlichen kurz auf die Druckmetamorphose unter Durchtränkung mit Chlorid zurückzuführen.

In Canada wie auch in Norwegen sind derartige Skapolithisations-Metamorphosen gelegentlich auch ohne Zusammenhang mit Apatitgängen nachgewiesen worden (in Norwegen als Grenzfacieserscheinungen der Gabbromassive).

*8.* Die bei der Metamorphose am Saalbande der Apatitgänge neugebildeten Mineralien, nämlich Skapolith und Hornblende, ausnahmsweise auch Enstatit und Biotit, sind genau dieselben Mineralien, welche für die Apatitgänge selbst am charakteristischsten sind. Es folgt hieraus, dass die Mineralbildung in beiden Fällen — auf den Gängen wie auch an den Saalbändern — unter ungefähr denselben chemisch-physikalischen Bedingungen stattgefunden hat.

*9.* In chemischer Beziehung schliessen sich die Apatitgänge in Bezug auf die hohen Phosphorsäure- und Titansäure-Mengen wie auch auf den überwiegenden Gehalt von Magnesia nebst Kalk und Natron in den Silicatgemischen, neben welchem der Gehalt an Kali gering ist, sehr nahe an die Zusammensetzung der Gabbros selbst an. Daher ist der schon von früheren Forschern gezogene Schluss berechtigt, dass das Material der Gänge auf irgend eine Weise aus dem Gabbro (oder Gabbromagma) extrahirt worden sein muss.

Auf ähnliche Vorstellungen gestützt hat O. Lang (Zeitschr. d. deutsch. geol. Gesellschaft 1879) schon längst den Gedanken ausgesprochen, dass das Material der Gänge durch Lateralsecretion (oder Verwitterungsprocess) aus dem Nebengestein und zwar aus der umgewandelten Saalbandzone entstanden sein sollte. Die absolute Unzulänglichkeit der Anwendung dieser Lateralsecretionstheorie, im Sandberger'schen Sinne, auf die Apatitgänge ergiebt sich schon daraus, dass der Phosphorsäure-Gehalt ungefähr gleich hoch ist in dem primären und in dem umgewandelten Gabbro; auch würde die gesammte Phosphorsäuremenge der oft ganz schmalen Saalbandzonen (s. z. B. Fig. 97 b, 100 u. 101) nicht genügen, um die oft ganz reichliche Apatitmenge an den Gängen zu erklären. Weiter giebt es auch eine ganze Reihe anderer Momente, die sich nicht in Einklang mit dieser Hypothese bringen lassen (z. B. reichliche Zufuhr von Chlorid zu dem Nebengestein, Auftreten der Apatitgänge in sehr verschiedenartig zusammengesetzten Gesteinen, in einem Abstand bis etwa 1 km von den Gabbromassiven; etc.).

Von Hj. Sjögren (Geol. Fören. Förh. B. 6, 1883) ist unter Hinweis auf die Arbeiten von Sterry Hunt über die canadischen Vorkommen eine andere Hypothese aufgestellt worden, nämlich dass der Gabbro nicht ein intrusives, sondern ein effusives, submarines Eruptivgestein sei. Das Material der Apatitgänge sollte durch Einwirkung des erhitzten Meereswassers aus dem Gabbro ausgezogen sein, und später sollten die derart entstandenen Lösungen nach unten auf den Spalten der Gabbros und der unterliegenden Schiefer eingedrungen sein. Als Consequenz dieser Speculationen sollte auch folgen, dass die Gänge nach der Tiefe zu sich auskeilen müssten.

Diese ganze Betrachtung wird doch schon dadurch hinfällig, dass es jetzt feststeht, dass der Gabbro nicht ein submarines, effusives, sondern ein intrusives Tiefengestein ist.

Im Gegensatz zu diesen zwei letztgenannten Forschern — der eine ein Deutscher und der andere ein Schwede — haben die norwegischen Forscher und zwar namentlich Brögger und Reusch, schon von Anfang an im Princip den richtigen Weg eingeschlagen, indem sie gleich eingesehen haben, dass die Apatitgänge „eruptive Bildungen" seien. In ihrer ersten Abhandlung (Zeitschr. d. deutsch. geol. Gesellsch. 1875) sprachen sie von der Möglichkeit, dass die Apatitgänge mit den gewöhnlichen Magmagängen zu vergleichen seien; in ihrer zweiten Abhandlung (Nyt mag. f. naturv., 1880) dagegen haben sie sich mehr für den Absatz von Lösungen oder von Wechseleinwirkung von Gasen ausgesprochen; besonders haben sie auf Daubrée's bekannte pneumatolytische Synthesen von Apatit und Rutil hingewiesen.

Dieser Auffassung bin ich selbst auch beigetreten und habe dieselbe näher zu präcisiren versucht (Geol. Fören. Förh. B. 6, 1883). Auch habe ich schon seit dem Anfang der 1880er Jahre, als ich mich mit dem Studium der Thelemarkischen, an Granit geknüpften Erzlagerstättengruppe (d. Z. 1894, S. 462; 1895, S. 149—152) beschäftigte, meine Aufmerksamkeit darauf gelenkt gehabt, dass die an Gabbro geknüpfte Apatit-Ganggruppe viele geologische Analogien mit der an Granit gebundenen Zinnstein-Ganggruppe zeigt, und zwar, dass der Apatit in derselben genetischen Relation zu Gabbro steht, wie der Zinnstein zu Granit (s. z. B. meine Darstellung über die Umbildung von Granit zu Greisen, Archiv f. mathem. og naturv. 1887; „Salten og Ranen", 1890—91, S. 179).

Dieselbe Anschauung ist auch von Brögger ausgesprochen worden (Zeitschr. f. Kryst. und Min., Bd. 16, 1890, S. 211; wie auch in Vorlesungen an der Mitte der 1880er Jahre an der Stockholmer Hochschule).

Um einen näheren Einblick in die Bildungsweise der Apatit- und der Zinnstein-Gänge erhalten zu können, werden wir zuerst den Analogien zwischen diesen zwei pneumatolytischen Ganggruppen näher nachforschen.

**Vergleich zwischen der an Granit gebundenen Zinnstein-Ganggruppe und der an Gabbro gebundenen Apatit-Ganggruppe und über die Genesis dieser Lagerstättengruppen.**

*1.* Diese beiden mineralogisch wie auch geologisch ganz gut definirbaren und ziemlich eng begrenzten Lagerstättengruppen sind constant und gesetzmässig an Eruptivgesteine geknüpft, — die Zinnstein-Ganggruppe an saure Eruptive, Granit mit zugehörigen Gang- und Deckeneruptiven; die Apatit-Ganggruppe an basische Eruptive, nämlich Gabbros (in Norwegen und Nord-Schweden Olivinhyperit, bezw. Olivingabbro; in Canada ein wahrscheinlich etwas saurerer Gabbro).

2. Die Zinnstein- wie auch die Apatit-Gänge sind zumeist entschieden jünger als ihre zugehörigen eruptiven Muttergesteine; es lässt sich jedoch mehrorts ziemlich sicher nachweisen, dass der Altersunterschied zwischen der Erstarrung des Eruptivgesteins und der Bildung der Gänge nur ziemlich gering gewesen ist (s. d. Z. 1894, S. 460—461; 1895, S. 154, 468).

3. Ein noch charakteristischeres Kriterium für alle beide Lagerstättengruppen ist die bemerkenswerthe Metamorphose, — „Greisen-Metamorphose" bezw. „Skapolithisations-Metamorphose", — welche von den Gängen im Nebengestein hervorgerufen worden ist; diese Metamorphose ist bei beiden Lagerstättengruppen am meisten hervortretend, wo die Gänge ihre betreffenden eruptiven Muttergesteine selbst durchsetzen (s. S. 146—147; 458). Dies mag vielleicht darauf zurückzuführen sein, dass die Eruptivgesteine in demjenigen Stadium, in welchem die Gänge gebildet wurden, freilich erstarrt, aber doch noch fortwährend hoch erhitzt waren (S. 147).

4. Die innerhalb ihrer betreffenden Eruptivgesteinsfelder aufsetzenden Gänge folgen sowohl bei der Zinnstein- wie auch bei der Apatit-Ganggruppe vorzugsweise den normalen Absonderungsflächen des Eruptivgesteins; oft sind die Lagerstätten morphologisch als Stockwerke zu bezeichnen (s. S. 468).

5. In mineralogischer Beziehung begegnen wir einer Reihe sehr bemerkenswerther Analogien, weiter auch mehrerer ebenso charakteristischer Unterschiede.

Die Zinnsteingänge, die sich im grossen Ganzen genommen mineralogisch wie auch geologisch ganz distinct von den gewöhnlichen Blei-Silber-Erzgängen abtrennen, bezeichnen sich mineralogisch oder chemisch namentlich durch:

Zinnsäure ($SnO_2$), nebst Wolframsäure, Tantalsäure, Niobsäure, gelegentlich etwas Titan- und Zirkonsäure;
Sulfide;
Silicate, reichlich;
Borate;
Phosphate (Apatit u. s. w.);
Flusspath u. s. w.
Und die Apatitgänge namentlich durch:
Titansäure ($TiO_2$) nebst Eisenoxyd, wenig Zirkonsäure, u. s. w.;
Sulfide;
Silicate, reichlich; und
Phosphate (Apatit), reichlich.

5a) Beiden Lagerstättengruppen gemeinsam ist der Apatit (mit anderen Phosphaten), jedoch mit dem grossen Unterschied, dass dieser in den Apatitgängen in der Regel das Hauptmineral ausmacht, während er auf den Zinnsteingängen im grossen Ganzen gerechnet eine untergeordnete Rolle spielt. Jedoch auch für die Zinnsteingänge ist der Apatit ein sehr charakteristischer Bestandtheil, was am einfachsten daraus hervorgeht, dass Apatit oder andere Phosphate sich constant auf den über die ganze Welt zerstreuten Zinnsteingängen wiederholen, während sie dagegen gänzlich oder beinahe gänzlich auf den Blei-Silber-Erzgängen, wie Freiberg, Clausthal, Kongsberg u. s. w., fehlen. Freilich sind die Phosphate auf den Zinnsteingängen in der Regel nur spärlich vertreten; jedoch giebt es auch hiervon mehrere Ausnahmen. So führen die Zinnsteingänge in Dakota, wie wir oben erwähnt haben, eine reichliche Menge von Apatit und anderen Phosphaten (S. 468); und selbst in Granit begegnen wir gelegentlich, nämlich in Estremadura in Spanien mit angrenzenden Theilen von Portugal, Apatitgängen, die offenbar genetisch zu der Zinnstein-Ganggruppe (in erweitertem Sinne des Wortes) hinzugerechnet werden müssen (S. 467). — Wir können auf diese Weise einen schrittweisen Uebergang von den Apatitgängen in Gabbro zu den Zinnsteingängen in Granit verfolgen.

5b) Die Zinnsäure ($SnO_2$) der Zinnsteingänge ist auf den Apatitgängen durch die hier oft sehr reichlich vorhandene Titansäure ($TiO_2$) ersetzt; statt Zinnstein begegnen wir hier Rutil (nebst Titaneisen, Titanit u. s. w.) — Auch ist Rutil auf einigen Zinnsteingängen nachgewiesen worden (z. B. Schlackenwald und Schönefeld in Böhmen).

5c) Auf beiden Arten von Gängen sind Sulfide ganz reichlich vertreten; dies ist jedoch kein besonders charakteristisches Kriterium.

5d) Die eigentlichen Gangmineralien sind auf beiden Arten von Gängen vorzugsweise Silicate, was insofern von genetischer Bedeutung ist, als sich die Zinnsteingänge dadurch von den Blei-Silber-Erzgängen (Freiberg, Clausthal, u. s. w.) unterscheiden. Bezüglich der Einzelheiten giebt es jedoch hier nicht viele Analogien; nur sei bemerkt, dass wir auf beiden Lagerstättengruppen Glimmer in reichlicher Menge begegnen, auf den Zinnsteingängen Alkaliglimmer (oft Lithionglimmer), auf den Apatitgängen dagegen Magnesiaglimmer. Auch Quarz und Turmalin finden wir auf beiden Arten von Gängen, auf den Zinnsteingängen jedoch viel reichlicher als auf den Apatitgängen. — Auf diesem Gebiete liegt der Unterschied darin, dass die Mineralgesellschaft der Zinnsteingänge Quarz, Alkaliglimmer, Turmalin, Topas, Beryll, Flussspath u. s. w. auf den Apatitgängen durch Magnesiaglimmer, Enstatit, Hornblende, Skapolith u. s. w. ersetzt ist.

6. Sowohl auf den Apatitgängen wie auf den Zinnsteingängen begegnen wir einem Haloid-Element in sehr reichlicher Menge; auf den Zinnsteingängen Fluor, gelegentlich mit einer Kleinigkeit Chlor; auf den Apatitgängen dagegen Chlor bald fast allein (Norwegen), bald mit mehr oder weniger Fluor vermischt (Canada).

Auf den Zinnsteingängen ist die in den verschiedenen Fluor-Mineralien steckende Fluormenge — Flussspath (mit 48,7 Proc. Fl), Alkaliglimmer (4—9 Proc. Fl), Topas (14—18 Proc. Fl), Turmalin, Apatit (überwiegend Fluorapatit, selten mit einem kleinen Chlorgehalt) — in der Regel sehr beträchtlich, sowohl relativ, im Verhältniss zu der Chlormenge, wie auch absolut; so findet sich auf den Gängen, mit zugehörigen umgewandelten Saalbandzonen, wahrscheinlich zumeist nach Total-Gewicht bedeutend mehr Fluor als z. B. Zinn.

Auf den Apatitgängen steckt die in quantitativer Beziehung wichtigste Menge des Haloid-Elementes in dem auf den Gängen selbst wie auch in den Saalbandzonen auftretenden Skapolith, der 2—3, durchschnittlich rund 2,5 Proc. Chlor enthält; daneben findet sich auch etwas Chlor bezw. Fluor in dem Apatit, weiter in dem sehr seltenen Mineral Wagnerit (hier Fluor), wahrscheinlich auch in dem Magnesiaglimmer (mit 0,0—2 Proc. Fl); in Canada kommt dazu noch etwas Fluor durch den in den dortigen Gängen in höchst spärlicher Menge vorhandenen Flussspath.

Um eine Vorstellung zu geben, in welchem reichlichen Maasse das Chlor auf den norwegischen Apatitgängen vertreten ist, mag zur Erläuterung gesagt sein, dass sich auf der grossen Lagerstätte zu Ødegaarden, namentlich in dem Skapolith des skapolithisirten Gabbros steckend, rund 2,5—3 mal so viel Chlor als Phosphorsäure im Apatit der Gänge findet.

In den Zinnsteingängen enthält das ganze Mineralgemisch durchschnittlich etwa 100—1000 mal so viel Fluor wie Chlor; in den meisten norwegischen Apatitgängen dagegen umgekehrt rund 10—100 mal so viel Chlor wie Fluor; in den canadischen Apatitgängen endlich finden sich angenähert gleich grosse Mengen von Fluor und Chlor.

7. In den metamorphen Saalbandzonen der Zinnsteingänge hat im Allgemeinen ein viel beträchtlicherer stofflicher Transport (Ab-, bezw. Zufuhr von Substanz) stattgefunden als bei den entsprechenden Saalbandzonen der Apatitgänge; diese Erscheinung erklären wir dadurch, dass das Fluor (in Flusssäure oder Fluorid) bei den Zinnsteingängen ein viel kräftigeres Agenz ist als das Chlor (in Salzsäure oder Chlorid) bei den Apatitgängen.

Die ganze Skapolithisations-Metamorphose ist auf eine unter Druck stattgefundene Durchtränkung mit Chlorid (besonders Natriumchlorid) zurückzuführen.

8. Bei den Zinnstein- wie auch bei den Apatitgängen wiederholen sich die für die Gänge selbst bezeichnenden Mineralien auch in den zugehörigen metamorphen Saalbandzonen; so finden wir auf den Zinnsteingängen, sowohl auf den Gängen selbst wie auch in der Greisenzone, namentlich Quarz, Alkaliglimmer, Turmalin, Flussspath, Topas u.s.w.; und auf den Apatitgängen, sowohl innerhalb der Gänge wie im Nebengestein, namentlich Skapolith, Hornblende, Enstatit und Magnesiaglimmer.

9. Die Zinnstein- und Apatit-Ganggruppen unterscheiden sich von den durch magmatische Differentiationsprocesse entstandenen Ausscheidungs-Lagerstätten dadurch, dass die letzteren einen weit mehr constanten Charakter in chemisch-mineralogischer Beziehung haben als die ersteren. So finden sich zwischen den gesammten Chromit-Lagerstätten in Peridotiten auf der ganzen Erde nur ziemlich unwesentliche Unterschiede; dasselbe gilt bezüglich der vielen Titan-Eisenerz-Vorkommen in Gabbrogesteinen (Ekersund, Taberg, Routivara, Cumberland, Mesabi range, Jacupiranga u. s. w.); bezüglich der Nickel-Magnetkies-Vorkommen ebenfalls in Gabbrogesteinen (Erteli, Klefva, Varallo, Sudbury) u. s. w. — Im Gegensatz zu diesen durch ausgeprägte Monotonie der Mineralführung charakterisirten Lagerstättengruppen stehen z. B. die unter einander in mineralogischer Beziehung oft ziemlich stark abweichenden Zinnsteingänge (mit stark wechselnden Verhältnissen zwischen Zinnstein, Wolframit, Arsenkies, Kupfererz u. s. w.; weiter zwischen Quarz, Glimmer, Topas, Turmalin, Flussspath, Kryolith u. s. w.). Ebenso wenig constant ist die Apatit-Ganggruppe, in welcher bald Apatit, bald Kies, bald Rutil, bald Eisenglanz u. s. w. überwiegt (S. 448).

Diese Variabilität der Zinnstein- und Apatit-Ganggruppen deutet an, dass die Entstehung dieser Lagerstätten durch das Ineinandergreifen von noch complicirteren und noch empfindlicheren Processen zurückzuführen ist, als es bei den Chromit-, Titan-Eisenerz- und den Nickel-Magnetkies-Lagerstätten der Fall gewesen ist.

*10.* In chemischer und mineralogischer Beziehung begegnen wir vielen sehr bemerkenswerthen Analogien zwischen den Zinnstein- und Apatit-Ganggruppen einerseits und ihren zugehörigen Muttergesteinen andrerseits.

So sind in den Graniten mehrorts Zinnstein und Turmalin wie auch noch mehrere der charakteristischen Zinnstein-Gangmineralien als primäre Bestandtheile des Eruptivgesteins nachgewiesen worden; und im Allgemeinen sind alle die für die Zinnsteingänge besonders bezeichnenden Elemente, wie Sn, Si, Fl, B, P, Li, Be, U, Nb, Ta, Mo, W u. s. w., auch in dem primären Granit selbst vorhanden (s. z. B. d. Z. S. 30, Carthaus S. 148); mehrere dieser Elemente sind auch gerade für die Granite mit zugehörigen Granitpegmatitgängen (s.: Nachschübe desselben Magmas) besonders bezeichnend (z. B. Mineralien wie Turmalin, Topas, Beryll; Elemente wie U, Nb, Ta, Mo u. s. w.)

Vielleicht noch bemerkenswerther ist diese Analogie zwischen Gang und Muttergestein bei den Apatitgängen; namentlich brauchen wir uns nur daran zu erinnern, dass die Apatitgänge wie auch die Gabbros sich beide durch Reichthum an Phosphorsäure, Titansäure und Magnesiasilicaten auszeichnen, weiter sich durch Kalk-Natron-Silicate, während dagegen Kali-Silicate in beiden Fällen eine untergeordnete Rolle spielen. Auch ist auf den oft sehr hohen Eisengehalt (in Titaneisen und Eisenglanz) der Apatitgänge wie auch auf den kleinen Nickelgehalt der Kiese hinzuweisen.

Diese Analogien zwischen den Zinnstein- und Apatitgängen und ihren zugehörigen Muttergesteinen sind so ausgeprägt, dass der (schon von früheren Forschern gezogene) Schluss berechtigt ist, dass das stoffliche Material der Gänge aus den Eruptiven oder den Eruptivmagmata in irgend einer Weise abgeleitet worden ist.

Hierdurch erklärt sich auch ganz einfach der Unterschied in chemischer Beziehung zwischen der Zinnstein-Ganggruppe und der Apatit-Ganggruppe unter einander — ein Unterschied, der sich kurz dadurch kund giebt, dass Sn, B, K, Li, Be, F, P nebst
G. 95.

U, Nb, Ta u. s. w. auf den Zinnsteingängen durch P, Ti, Fe, Mg, Ca, Na, Cl u. s. w. auf den Apatitgängen ersetzt ist. Das Titan tritt in dem Gabbro und den begleitenden Apatitgängen an die Stelle des Zinns im Granit und in den Zinnsteingängen; Eisen, Magnesium, Calcium und Natrium wird grossentheils ersetzt durch Kalium, Lithium und Beryllium und das Chlor zum grossen Theil durch das Fluor; dem hohen Phosphorsäuregehalt des Gabbros und der Apatitgänge steht ein im Allgemeinen sehr geringer Phosphorsäuregehalt im Granit und den Zinnsteingängen gegenüber, während in den letzteren wiederum weit mehr Borsäure auftritt als in den ersteren.

Wie wir schon oben, sowohl betreffs der Zinnsteingänge (d. Z. 1894, S. 460; 1895, S. 148) wie auch betreffs der Apatitgänge (1895, S. 470), ausführlich erörtert haben, lässt diese Extraction des stofflichen Materials der Gänge aus ihren zugehörigen Muttergesteinen sich nicht dadurch erklären, dass die Secretion in dem schon fest erstarrten Gestein stattgefunden hat. Durch einen antithetischen Schluss bleibt uns folglich nur die Annahme übrig, dass diese Extractionsprocesse sich schon in dem magmatischen Zustande des Eruptivgesteins abgespielt haben.

Als unmittelbare Stützpunkte für diese Annahme, welche betreffs der Zinnsteingänge schon in den 1840er Jahren von Elie de Beaumont und A. Daubrée aufgestellt wurde, lässt sich eine ganze Reihe von Argumenten oder Analogie-Beweisen vorführen.

Beispielsweise sei erwähnt, dass auf den Granitpegmatitgängen, die durch hydatopyrogene, langsam erstarrende Nachschübe aus dem Granitmagma zu erklären sind, oftmals Mineralien angetroffen sind, welche zu der pneumatolytischen Zinnsteingang-Mineralcombination gehören, wie z. B. Zinnstein, Columbit, Topas, Beryll u. s. w. Es ist unleugbar, dass diese Mineralien auf diesen pegmatitischen Gängen von magmatischen Processen herrühren. Dieselbe Entstehungsweise muss folglich auch für diese charakteristische Mineralcombination gelten, wenn sie auf den Zinnsteingängen auftritt, welche ausserdem oft durch Uebergänge mit den Zinnstein führenden Granitgängen verknüpft sind.

Die Zinnsteingänge sind gelegentlich von Granitgängen, also von magmatischen Nachschüben, durchkreuzt, das heisst, die Erzgänge waren schon zu einer Zeit fertig gebildet, in welcher die tieferen Partien des eruptiven Materials sich noch in feurig flüssigem Zustande befanden. — Das entsprechende Argument lässt sich auch für die Apatitgänge anführen (S. 468).

Bei einigen Zinnsteinvorkommen wird man auch durch andere Beobachtungen zu dem Schluss geführt, dass die Bildung des Erzes schon vor der Erstarrung der tieferen Partien des Eruptivgesteins vor sich ging (Dalmer's Arbeit über Altenberg-Zinnwald; d. Z. 1894, S. 460). Auch bei den genetisch entsprechenden pneumatolytischen Eisenerzen in der contactmetamorphen Silurzone längs den Graniten des Kristianiafeldes lässt sich beweisen, dass die Erze hier schon vor der Erstarrung des Granitmagmas gebildet wurden (d. Z. 1895, S. 154). — Auch ist die Entstehung der Zinnsteingänge mit dem „Turmalinisirungs"- und dem „Topasirungsprocess", die nur besondere contactmetamorphe Specialerscheinungen vorstellen, sehr nahe verwandt.

Als weiterer Beweis, dass die Bildung der Zinnstein- und Apatitgänge der Eruptionsepoche der Granite und der Gabbros und zwar dem Schluss derselben angehören, ist auch anzuführen, dass die Gänge vorzugsweise in der Peripherie der Eruptivfelder auftreten.

Auch müssen wir, wie schon längst von Elie de Beaumont und Daubrée betreffs der Zinnsteingänge hervorgehoben wurde, besonderes Gewicht darauf legen, dass die Zinnstein- und Apatitgänge durch einen besonderen Reichthum an den flüchtigen, „pneumatolytischen" Elementen Fluor und Chlor sich auszeichnen. Ausserdem verweisen wir auf den Reichthum der Zinnsteingänge an Borsäuremineralien.

Die genannten hochverdienten französischen Forscher haben namentlich die Aufmerksamkeit darauf gelenkt, dass die Halogene eine sehr wichtige Rolle als „agents minéralisateurs" bei der schliesslichen pneumatolytischen Bildung unserer Gangmineralien und bei der pneumatolytischen Metamorphose der Saalbandzone gespielt haben. Hierzu ist noch hinzuzufügen, dass die Halogene (H Fl und HCl) auch bei der magmatischen Extraction wahrscheinlich die eigentlichen Urheber der ganzen Processe gewesen sind.

Zur näheren Begründung dieser Annahme wollen wir im Folgenden diejenigen chemischen Umsetzungen behandeln, welche aus einer Einwirkung von Flusssäure bezw. Salzsäure auf die Granit- bezw. Gabbro-Magmata resultiren müssen.

a) Einer der am leichtesten auflöslichen Bestandtheile dieser Magmata bildet die Phosphorsäure, die folglich in sehr grosser Menge von der Salz- resp. Flusssäure extrahirt werden muss. Hierin suchen wir den Grund dafür, dass die Zinnsteingänge durchgängig durch eine kleine Beimischung von Apatit sich auszeichnen, während dieses Mineral bei den Blei-Silber-Erzgängen beinahe ebenso constant fehlt. Die Gabbros haben durchschnittlich einen viel höheren Gehalt an Phosphorsäure als die Granite; so enthält der norwegische „Apatit-Gabbro" etwa 0,35—0,65 Proc. $P_2 O_5$, während die Granite im Allgemeinen nur eine ganz geringe Spur führen. Jedenfalls ist dieser Umstand einer der wichtigsten Gründe, weshalb die pneumatolytischen Producte der Gabbros viel apatitreicher sind als die entsprechenden Producte bei den Graniten. Auch mag vielleicht die Salzsäure kräftiger zur Extraction der Phosphorsäure gewirkt haben als die Flusssäure. — Betreffs des Ødegaarden Gabbrofelds haben wir gesehen, dass 1,5 Proc. Salzsäure, in dem Magma aufgelöst, genügen, um nicht weniger als rund drei Viertel des ganzen Phosphorsäure-Gehalts des Magmas zu extrahiren (ursprünglich rund 0,60 Proc. $P_2 O_5$; im Gestein zurückgeblieben nur 0,15 Proc. $P_2 O_5$).

b) Die Granite sind mässig arm an Titansäure, enthalten aber sehr oft oder vielleicht durchgängig etwas, wenn auch nur eine Spur von Zinnsäure, die der metallurgischen Erfahrung zufolge weder von der Kieselsäure noch von den Basen festgehalten wird, und welche folglich (unter Bildung von Sn Fl$_4$ bezw. Sn Cl$_4$) zu den am leichtesten angreifbaren Bestandtheilen der Granitmagmata gehören wird. In diesem Momente suchen wir die Ursache zu der auffallend starken Concentration der Zinnsäure auf den „eruptiven Nachbildungsproducten" der sauren Eruptivgesteine.

Bei den Gabbros wird die Zinnsäure der Granite so zu sagen durch Titansäure, die hier häufig 0,5—2 Proc. der ganzen Masse ausmacht, ersetzt. Auch die Titansäure wird sehr leicht aufgelöst, daher sich der höchst charakteristische Gehalt an Titansäure auf den Apatitgängen findet.

In den granitischen Magmata handelt es sich vorzugsweise um Auflösung von Flusssäure, in den Gabbromagmata dagegen vorzugsweise um Auflösung von Salzsäure. Das Zinn wird daher in dem granitischen „aciden Extractionsproduct" hauptsächlich als Sn Fl$_4$, das Titan in dem entsprechenden Product der Gabbros dagegen als Ti Cl$_4$ existiren.

c) Das Bor der Eruptivmagmata gehört ebenfalls mit zu den durch verschiedene chemische Processe leicht auflöslichen Bestandtheilen; als Beweis hierfür wird wohl der

Hinweis auf die toscanischen „Suffioni" (borsäurehaltige Wasserdämpfe, in der Nähe von Trachyten) genügen.

Die Granite enthalten durchgängig einen nicht ganz unwesentlichen Borsäuregehalt, wodurch sich der Reichthum an Borsäure-Mineralien (Turmalin, Axinit) auf den Zinnsteingängen erklärt. Andererseits zeichnen sich die Gabbros und folglich auch die Apatitgänge im grossen Ganzen durch Armuth an Borsäureverbindungen aus.

Unter welcher Form — als $B Fl_3$, $B Cl_3$ oder $B_2 O_3$, $H_3 BO_3$ in salzsaurer Lösung — das Bor in die magmatischen „aciden Extracte" hineingeht, mag bis auf weiteres dahingestellt bleiben.

*d)* Auch auf die Kieselsäure und auf die gewöhnlichen Basen wird die aufgelöste Flusssäure und Salzsäure selbstverständlich einwirken müssen; es wird jedoch sehr schwierig sein, die chemischen Processe hier im Einzelnen festzustellen; auf einige Momente soll aber doch im Folgenden hingewiesen werden.

Die Flusssäure greift bekanntlich die Kieselsäure an, sich mit ihr zu $Si Fl_4$ umsetzend. Hierdurch erklärt sich wahrscheinlich, wie schon längst von den französischen Forschern hervorgehoben worden ist, der Quarzreichthum der Zinnsteingänge.

Dafür, dass auch die Alkalien von den Säuren (der Salzsäure) angegriffen werden, liefern den besten Beweis die mikroskopisch kleinen Kochsalzkryställchen, die oftmals in den Hohlräumen z. B. der Quarze in den Graniten beobachtet worden sind.

In den Zinnsteingängen ist es unter den Basen besonders das Lithion, das auf den Gängen verhältnissmässig am stärksten concentrirt worden ist, im Zinnwaldit und Lepidolith, ferner in Spodumen, Heterosit u. s. w. Die Ursache zu dieser auffallenden Thatsache mag wahrscheinlich darin zu suchen sein, dass Lithion unter den Metallen gerade dasjenige ist, das die höchste chemische Affinität besitzt[36]. Unter den verschiedenen Basen wird es daher am meisten von den Haloidsäuren angegriffen und am stärksten in dem „aciden Extract" concentrirt. Nach dem Lithion kommt in Bezug auf Affinität das Kali, das ebenfalls auf den Zinnsteingängen in ganz reichlicher Menge in den verschiedenen Glimmerarten vertreten ist.

Der Eisengehalt ist in den Gabbros viel höher als in den Graniten, daher auch

Eisenerze (Eisenglanz, Titaneisen, Magneteisen) viel reichlicher in den Apatitgängen auftreten.

*e)* Aus dem im Magma vorhandenen Sulfid wird Schwefelwasserstoff (oder andere Schwefelverbindungen) durch die Säuren ausgetrieben; hierdurch erklärt sich die charakteristische Beimischung von Sulfiden auf den Zinnstein- und Apatitgängen, namentlich aber auf den letzteren, deren Muttergestein auch am sulfidreichsten ist.

Diese Erörterungen, die selbstverständlich zum Theil als blosse Muthmassungen aufzufassen sind, mögen genügen, um erkennen zu lassen, dass der bei der Einwirkung von Flusssäure oder Salzsäure auf die Magmata resultirende „acide Extract" bei den Graniten namentlich Verbindungen von Zinnsäure ($Sn Fl_4$), Borsäure, Kieselsäure, Phosphorsäure, nebst Tantalsäure, Niobsäure, Wolframsäure u. s. w., weiter Lithion, Kali u. s. w. sammt Schwefelwasserstoff und wohl endlich auch freie Flusssäure, Salzsäure, Kohlensäure nebst Wasserdämpfen enthalten wird; wogegen sich der „acide Extract" der Gabbromagmata entsprechend namentlich aus Verbindungen der Phosphorsäure, Titansäure ($Ti Cl_4$), des Eisens, Natrons ($Na Cl$), aus Schwefelwasserstoff u. s. w. zusammensetzen wird. Ausserlich wird sich wohl zu diesen Extractionsproducten auch etwas vom eigentlichen Silicatgemisch gesellen. Ueber die Art und Weise des Sichansammlens dieser Extractionsproducte zu gesammelten Massen mögen wir uns bisher keine klare Vorstellung machen. Vielleicht (?) haben sich die Silicatmagmata und die sauren Extractionsgemische zu einander verhalten etwa wie Wasser und Oel.

Die endgültige Bildung der Gänge wird darauf beruhen, dass diese Extractionsgemische, wahrscheinlich in Begleitung von Wasserdämpfen und von freien Säuren, am Schluss der ganzen Eruptionsepoche zur Emanation gelangten in der Weise, wie es in grossen Zügen schon längst namentlich von französischen Forschern (Elie de Beaumont, Daubrée, Durocher, Sénarmont, Sainte-Claire Deville, Caron, Hautefeuille, Fouqué u. s. w.) auseinandergesetzt worden ist. — Diese Processe, deren allen Einzelheiten wir bei dem jetzigen Stand der Wissenschaft nicht nachzuforschen vermögen, werden jedenfalls unter ganz abnorm hohem Druck[37] und ebenfalls unter sehr hoher Tem-

---

[36] Die Wärmetönung des Lithiums ist noch höher als diejenige des Kaliums; z. B. beträgt die elektromotorische Kraft zur Zerlegung der Alkalioxydhydrate bei Lithion 3,609, bei Kali 3,567 und bei Natron 3,365 Volt.

[37] Es muss hier einerseits z. B. auf die flüssigen Kohlensäure-Einschlüsse im Quarz so vieler Eruptiv-

60*

peratur vor sich gegangen sein, — und zwar bei Temperaturen, die oberhalb der kritischen Temperatur[38]) vieler der in Frage kommenden Verbindungen gelegen haben. Bei einer Temperatur über z. B. 500° C. werden — gleichgültig, ob der Druck 1000, 10 000 oder noch mehr Atmosphären betragen hat — Verbindungen wie $H_2O$, HCl, HFl, $CO_2$ $H_2S$, $SO_3$, $PCl_3$, As $Cl_3$, Si $Cl_4$, Sn $Cl_4$, Ti $Cl_4$ (wohl auch Si $Fl_4$, Sn $Fl_4$) sich nur im gasförmigen Zustande mit unbegrenzter Expansionsfähigkeit befinden können. Der gasförmige Zustand wird also eine sehr hervorragende Rolle gespielt haben, und aus diesem Grunde erscheint es zutreffender, den Entstehungsprocess der Zinnstein- und Apatitgänge als „Pneumatolyse" und nicht als „Thermalwasser-Process" zu bezeichnen.

Zur Erklärung der endgültigen Individualisation der Mineralien auf den Gängen verweisen wir namentlich auf die bekannten, von Daubrée und anderen französischen Forschern vorgenommenen pneumatolytischen Synthesen von Zinnstein, Rutil, Eisenglanz, Bleiglanz u. s. w., nach den folgenden Schemata:

$$SnFl_4 + 2H_2O = SnO_2 + 4HFl$$
$$TiCl_4 + 2H_2O = TiO_2 + 4HCl$$
$$Fe_2Cl_6 + 3H_2O = Fe_2O_3 + 3H_2O$$
$$PbCl_2 + H_2S = PbS + 2HCl$$

Bezüglich des Apatits hat Daubrée bekanntlich angenommen, dass die Bildung dieses Minerals auf den Zinnsteingängen und den damit zu vergleichenden Apatitgängen auf die Einwirkung von flüchtigem Phosphorpentachlorid ($PCl_5$) auf erhitzten Aetzkalk zurückzuführen sei. Der Apatit der Zinnstein- und Apatitgänge ist aber doch wohl, wie schon Sjögren in einer po-

---

gesteine und andererseits z. B. an die vermeintliche Dynamo-Metamorphose des Augits zu Hornblende in dem Skapolithhornblendefels hingewiesen werden.

[38]) Zur Erleichterung des Verständnisses mögen folgende Tabelle über die kritische Temperatur einiger Elemente und Verbindungen dienen:

| | Kritische Temp. (° C.) |
|---|---|
| $H_2O$ | ca. 375° C. |
| $H_2S$ | 100 - |
| $SO_2$ | 157 - |
| CO | ca. 140 - |
| $CO_2$ | 31 - |
| $CS_2$ | 275 - |
| $NH_3$ | 130 - |
| $Cl_2$ | 145 - |
| $Br_2$ | 302 - |
| H Cl | 52 - |
| $PBr_4$ | 441 - |
| $PCl_3$ | 285 - |
| As $Cl_3$ | 356 - |
| Si $Br_4$ | 383 - |
| Si $Cl_4$ | 230 - |
| Sn $Cl_4$ | 319 - |
| Ti $Cl_4$ | 358 - |

lemisch gegen die pneumatolytische Bildung der Apatitgänge gerichteten Arbeit (1883) bemerkt, nicht durch diesen Process entstanden, schon deshalb, weil $PCl_5$ bei Gegenwart von $H_2O$ zu HCl und $H_3PO_4$ zerfällt. Vielmehr lässt sich annehmen, dass der Apatit im Grossen und Ganzen mehr im Einklange mit Manross's und Forchhammer's Mineral-Synthesen sich gebildet hat. Diesen Forscher erhielten Apatit durch Schmelzen von saurem Natriumphosphat, $Na_2HPO_4$, mit Calciumchlorid oder Fluorid oder durch Schmelzen von Calciumphosphat mit Natriumchlorid. Danach wäre der Phosphor nicht in der Form von Chlorid oder Fluorid, sondern als Phosphorsäure in den „aciden Extract" hineingegangen.

Die in den Emanationsproducten frei vorhandenen Säuren (H Fl, H Cl, vielleicht auch etwas $CO_2$) und Salze (Na Cl, Ca $Cl_2$, Ca $Fl_2$,[39]) u. s. w.), wie auch die bei der Bildung des Zinnsteines, Rutils u. s. w. frei werdende Flusssäure oder Salzsäure rufen endlich, wie es schon längst von Daubrée betreffs der Zinnsteingänge hervorgehoben wurde, und wie es auch bei der obigen Darstellung der Greisen- und der Skapolithisations-Metamorphose etwas näher erörtert worden ist, im Nebengestein die charakteristische „pneumatolytische Metamorphose" (Brögger's Nomenclatur) hervor. Wie wir schon oben erwähnt haben, war dieser Process bei den Apatitgängen, wie auch in noch höherem Maassstabe bei den Zinnsteingängen mit stofflichem Transport verbunden. Die auf den Gangklüften circulirenden „Lösungen" haben eine corrodirende Einwirkung auf das Nebengestein ausgeübt; hierdurch ist etwas Material zu dem präexistirenden Gestein zugeführt worden, z. B. Na Cl bei der Skapolithbildung, daneben ist auch etwas Material, und zwar namentlich Silicatsubstanz, fortgeführt worden. Was in dieser Weise aus dem Nebengestein extrahirt worden ist, wird sich wahrscheinlich jetzt auf den Gängen selbst finden. Mit anderen Worten, es ist jedenfalls ein Theil des Silicatgemisches der Gänge auf diese besondere Art von „Lateralsecretion" zurückzuführen.

Dass dies in der That der Fall ist, ergiebt sich aus der oft wahrzunehmenden mineralogisch-chemischen Abhängigkeit des Silicatgemisches auf den Gängen von der chemischen Natur des Nebengesteines, —

---

[29]) Ueber die pneumatolytische Wirkung der Alkalifluoride siehe unter anderem den Abschnitt „Ueber die Ursachen zu dem Gesammtauftreten von Fluor und Alkali im Mineral", in einer Arbeit von P. J. Holmquist, über Pyrochlor, in Geol. Fören. Förh. 15, 1893.

eine Abhängigkeit, die sich namentlich bei den Apatitgängen feststellen lässt (S. 453).

Hierdurch wird die Nachforschung nach dem Ursprung der Silicate auf den Gängen stark erschwert. Ein Theil des Materials, z. B. das Lithion auf den Zinnsteingängen, ist in Verbindung mit der Phosphorsäure, Borsäure, dem Zinnfluorid, Titanchlorid u. s. w. aus der Tiefe emporgestiegen; ein anderer Theil des Materials, z. B. die Masse der Kieselsäure im Quarz und den sauren Feldspäthen, auf den in quarzreichen Schiefern aufsetzenden Apatitgängen stammt wahrscheinlich unmittelbar aus dem Nebengestein.

Zum Verständniss der physikalisch-chemischen Bedingungen bei der Bildung der Silicate auf den Gängen sei die Aufmerksamkeit namentlich darauf gelenkt, dass wir im Grossen und Ganzen auf den Zinnsteingängen wie auch auf den Apatitgängen, gerade denselben Silicatmineralien begegnen innerhalb der Gänge, wie in den benachbarten, pneumatolytisch metamorphen Saalbandzonen (S. 472). Hoher Druck (S. 475), hohe Temperatur (S. 470) und Gegenwart von verschiedenen „agents minéralisateurs" (wie HFl; HCl, Na Cl; $H_2$ O u. s. w.) sind hier wichtige Factoren gewesen.

Zur Illustration dieser Vorgänge soll beispielsweise auf die folgenden Mineral-Neubildungen hingewiesen werden:

Daubrée's bekannte Synthese einer Substanz mit der chemischen Zusammensetzung und dem spec. Gew. des Topas, durch Ueberleiten von Si Fl$_4$ über glühende Thonerde.

Darstellung von Magnesiaglimmer durch Schmelzen seiner Bestandtheile mit Fluoriden (Synthesen von Hautefeuille und Chrustschoff; Nachweis in fluorhaltigen Schlacken von mir).

Die bekannte aus den 1880er Jahren stammende Bildung von Feldspath (Orthoklas) als innere Bekleidung der Schmelzöfen der Sangerhäuser Kupferhütte beim Verschmelzen mit Flussspath als Zusatz.

Auftreten von Eisenglanz, Titanit, den verschiedenen Skapolith-Mineralien, verschiedener Glimmer-, Hornblende- und Augit-Mineralien u. s. w. in den Monte Somma- und Laacher See-Auswürflingen und als Bekleidung der vulkanischen Kanäle.

Mit Leichtigkeit könnte man noch eine Reihe von Analogien anführen zur Erläuterung der Bildung von Silicaten durch Processe, bei welchen die Pneumatolyse mehr oder minder stark mitgewirkt hat, theils mit Hülfe von Laboratorienexperimenten und hüttenmännischen Processen, theils aus den grossen vulkanischen Werkstätten der Natur.

Die vorstehende Auffassung, welche nur als eine weitere Ausführung der von Elie de Beaumont und Daubrée schon in den 1840er Jahren entworfenen Ideen zu betrachten ist, vermag im Allgemeinen für die sämmtlichen charakteristischen Eigenschaften der Zinnstein- und der Apatitgänge eine ausreichende Erklärung zu geben. So vermag sie namentlich zu erklären:

Die gesetzmässige Verknüpfung der Gänge mit ihren begleitenden Muttergesteinen, die chemische Analogie zwischen Muttergestein und Gangausfüllung, die ganze Erz- und Mineralcombination der Gänge und namentlich die Concentration der besonders charakteristischen Bestandtheile (so$SnO_2$, Bo$_2$ $O_3$, P$_2$ O$_5$, Li$_2$ O, K$_2$ O, Fl u. s. w., beziehungsweise P$_2$ O$_5$, Ti O$_2$ Fe$_2$ O$_3$, Cl u. s. w.) auf den Gängen, sowie auch den Reichthum an pneumatolytischen Mineralien.

Weiter die vielen Analogien und die ebenso bemerkenswerthen Unterschiede zwischen den Zinnsteingängen und den Apatitgängen zwischen einander.

Schliesslich auch die Metamorphose des Nebengesteins.

Betreff dieser beiden Erzlagerstättengruppen betrachte ich in Uebereinstimmung mit den früheren Arbeiten zahlreicher hochverdienter Fachgenossen die Beweise für die pneumatolytische Genesis für so mannigfach und so concis, dass wir uns überzeugt halten können, dass die Theorie jedenfalls in den grundlegenden Principien auch in Zukunft Stand halten wird.

Jedoch giebt es bezüglich dieser beiden Lagerstätten-Gruppen immer noch eine ganze Reihe theoretischer Fragen, die noch auf Beantwortung warten.

––––––––

Die bisher in dieser ganzen Abhandlung „Beiträge zur genetischen Classification der durch magmatische Differentiationsprocesse und der durch Pneumatolyse entstandenen Erzvorkommen" (1894, S. 381—409; 1895, S. 145—156, 467—370, 444—459) besprochenen Erzlagerstätten gruppiren sich in zwei grosse Hauptsysteme, nämlich:

A. Chromeisenerze in Peridotiten; Titan-Eisenerze in Gabbros u. s. w.; Nickel-Magnetkies-Erze in Gabbros; Nickel-Eisen- und Eisen-Platin-Legirungen in Peridotiten, Gabbros, Basalten u. s. w., und B. die Zinnstein-

und Apatit-Ganggruppen nebst anderen nahestehenden Lagerstätten.

Diese zwei Hauptkategorien unterscheiden sich chemisch und mineralogisch ganz scharf von einander, namentlich dadurch:

Dass auf den erstgenannten Lagerstätten (A), die durch eine intime und unmittelbare sozusagen „Blutsverwandtschaft" mit ihren zugehörigen Muttergesteinen verknüpft sind, pneumatolytische Mineralien (wie z. B. Topas, Axinit, Flussspath u. s. w.) und im Allgemeinen auch die speciellen „agents minéralisateurs" (wie Fluor, Chlor, Bor u. s. w.) vollständig oder fast vollständig fehlen, während dieselben auf den letztgenannten Lagerstätten (B) eine sehr hervorragende Rolle spielen.

Weiter sind die erstgenannten Lagerstätten, die oft durch schrittweise petrographische Uebergänge mit ihren Muttergesteinen verbunden sind, im Allgemeinen ungefähr gleichaltrig mit den Eruptivgesteinen, während die letztgenannten in den meisten Fällen etwas jünger sind. Hiermit stehen auch die bedeutenden Unterschiede bezüglich der morphologischen Form der Lagerstätten in naher Verbindung.

Auch ist hier die bemerkenswerthe Metamorphose des Nebengesteins bei den letztgenannten Vorkommen besonders hervorzuheben.

Diese durchgreifenden Unterschiede zwischen den zwei Complexen von Lagerstätten weisen unbedingt darauf hin, dass die Gruppirung in zwei grosse Hauptsysteme, einerseits magmatische Differentiationsproducte und andererseits pneumatolytische Producte, völlig berechtigt ist.

Wie schon oben hervorgehoben, zeichnen die zu jeder einzelnen Gruppe der erstgenannten Lagerstätten-Kategorie der magmatischen Differentiationsproducte gehörigen Vorkommen sich durch einen in chemischer und mineralogischer Beziehung viel monotoneren Charakter aus als die Vorkommen der zweiten Kategorie. Dies beruht wahrscheinlich darauf, dass die Bildung der erstgenannten Vorkommen im Wesentlichen nur auf einen einzelnen Process, nämlich den magmatischen Differentiationsprocess, zurückzuführen ist; die Bildung der letztgenannten dagegen beruht auf zwei verschiedenen, aufeinander folgenden, aber zum Theil von einander unabhängigen Processen, nämlich erstens der Bildung des „aciden Extractes" und zweitens der Emanation dieses Productes.

Es lässt sich leicht verstehen, dass die chemische Trennung zwischen den für jede einzelne Lagerstättengruppe bezeichnenden Elementen bei diesen zwei complicirten Processen, welche sowohl von den quantitativen Relationen, z. B. zwischen Fluor, Chlor und dem Magma, wie von den physikalischen Factoren, z. B. Druck und Temperatur, abhängig sind, im Allgemeinen viel weiter schreiten muss[40]), als es bei den nur durch einen einzelnen Process, die magmatische Differentiation, entstandenen Vorkommen im Allgemeinen der Fall ist.

A priori ist anzunehmen, dass nach verschiedenen Richtungen hin eine chemische Analogie stattfinden muss zwischen den zu einem und demselben Eruptivgestein gehörigen magmatischen Differentiationsproducten und den pneumatolytischen Producten, indem beide aus ein und demselben Magma herrühren. Die Processe, durch welche die zwei Arten von Lagerstätten entstanden, sind freilich ziemlich abweichender Natur, es mögen aber doch vielleicht gewisse Bestandtheile in beiden Fällen concentrirt werden.

In der That lassen auch mehrere derartige Analogien sich nachweisen. Zum Beispiel ist bezüglich der Gabbros, die sich durchgängig durch einen ganz erheblichen Gehalt an Titansäure auszeichnen, darauf aufmerksam zu machen, dass sowohl die magmatischen Differentiationsproducte (Typus Ekersund, Taberg), wie auch die pneumatolytischen Producte (die Apatit-Rutil-Titaneisengänge, titanhaltigen Eisenerzgänge auf Langö, S. 449) ganz reichliche Mengen von Titansäure enthalten, die erstgenannten, weil die Titansäure in die zu dem ersten Individualisationsstadium gehörigen „Flüssigkeitsmoleküle" hineingeht, und die letztgenannten, weil die Titansäure auch in dem „aciden Extract" concentrirt wird. Auch ist auf den Kobalt- und Nickelgehalt der magmatischen Nickel-Magnetkies-Ausscheidungen in Gabbros und in den in Norwegen unzweifelhaft an Gabbrogesteine geknüpften Kiesvorkommen, von Röros, Vigsnös und Sulitelma hinzuweisen; auch auf den Apatitgängen begegnen wir oftmals etwas nickelhaltigem Magnetkies (S. 446), wie auch etwas Kupferkies.

Mehrfach ist es wohl auch eingetreten, dass die magmatischen Differentiationsprocesse und die Bildungsprocesse unserer „aciden Extracte" ineinander gegriffen haben, wodurch Producte entstehen müssten, die

---

[40]) Beispiel: Zu Ødegaarden findet sich vielleicht 1000 mal so viel Apatit wie Rutil und Titaneisen zusammengenommen: zu Fogne, in demselben Küstendistrict, dagegen beinahe ebenso viel Rutil wie Apatit.

Zwischenstufen zwischen den zwei grossen Kategorien von Lagerstätten einnehmen. Derartige Vorkommnisse sind freilich sehr wenig erforscht, und unsere Kenntnisse auf diesem Gebiete sind sehr mangelhaft und ungewiss. Doch ist beispielsweise an das sporadische Auftreten des pneumatolytischen Minerals Turmalin auf einigen Nickel-Magnetkies-Ausscheidungen zu erinnern (d. Z. 1893, S. 259). Auch giebt es bei den norwegischen Olivinhyperiten einige Magnetkies-Rutil-Vorkommen, die wir oben (S. 449) zu der Apatit-Ganggruppe gerechnet haben, die aber vielleicht richtiger als genetische Zwischenstufe zwischen Nickel-Magnetkies-Ausscheidung und Rutil-Apatit-Gang anzusehen wären.

Ein genauerer Einblick in diese hoch interessanten, aber sehr complicirten genetischen Probleme mag der zukünftigen Forschung vorbehalten bleiben.

In dieser und in meiner früheren Arbeit in dieser Zeitschrift, über „Bildung von Erzlagerstätten durch Differentationsprocesse in basischen Eruptivmagmata" (1893, S. 4), habe ich mir unter anderem als Aufgabe gestellt, den verschiedenen Concentrationsprocessen nachzuforschen, durch welche die in den Magmata in mehr oder minder winziger Menge zerstreuten Bestandtheile local angereichert wurden, so dass zum Schluss wirkliche Lagerstätten resultirten. Als derartige Concentrationen sind zu nennen: die Ansammlung von $TiO_2$, $Fe_2O_3$ und $FeO$, $MgO$, nebst etwas $Cr_2O_3$ u. s. w. in den Gabbro-Magmata zu Titan-Eisenerz-Ausscheidungen. Ansammlungen von $Cr_2O_3$ zuerst in den Peridotit-Magmata und später innerhalb dieser zu Chromit-Ausscheidungen. Ansammlungen der ausserordentlich kleinen Ni-, Co- und Cu-Gehalte, nebst S, $TiO_2$ u. s. w. in den Gabbro-Magmata zu Nickel-Magnetkies-Ausscheidungen.

Die Ansammlungen der ebenfalls sehr kleinen Ni- und Co-Gehalte und der noch viel geringeren Pt-, Pd-, Os und Ir-Gehalte in den verschiedenen Nickel-Eisen- und Platin-Legirungen.

Ansammlungen von $SnO_2$, $BO_2O_3$, $P_2O_5$, $WO_2O_5$, $Nb_2O_5$ u. s. w. sammt $BeO$, $Li_2O$, $K_2O$, $Fl$ u. s. w. zuerst zu „acidem Extract" in den Granit-Magmata und später in den Zinnsteingängen.

Schliesslich die Ansammlung von $P_2O_5$, $TiO_2$, $Fe_2O_3$, $Na_2O$, $Cl$ u. s. w. der Gabbro-Magmata zu Apatitgängen.

Der Versuch, eine chemisch-physikalische Erklärung dieser vielen und zum Theil ziemlich verschiedenartigen Concentrationsprocesse zu geben, mag in den Einzelheiten hie

und da vielleicht nicht ganz zutreffend gewesen sein; im Grossen und Ganzen dürften die Ausführungen aber doch die thatsächlich stattgefundenen Processe wiedergeben.

———

Es war ursprünglich mein Wunsch, in dieser Abhandlung auch eine Reihe von anderen Erz- und Mineral-Lagerstätten zu besprechen, die durch irgend welche „eruptive Nachwirkung" (Pneumatolyse nebst Pneumatohydatogenese; Suffioni-, Mofette-, Solfatar-, Fumarol- und Geysir-Thätigkeit) entstanden sind; aus Mangel an Zeit muss ich jedoch jetzt diesen Plan aufgeben oder auf einen späteren Zeitpunkt verschieben. An dieser Stelle soll nur eine ganz kurze und schematische, bei weitem nicht erschöpfende Uebersicht angefügt werden (cfr. die Uebersicht über die magmatischen Erz-Differentiationsproducte, d. Z. 1894, S. 382).

*Uebersicht.*

*1 a)* Zinnstein-Ganggruppe in erweitertem Sinne des Wortes. Hierunter sind zusammenzufassen die eigentlichen Zinnsteingänge vom Typus Altenberg, Bangka, Dakota; die mexikanischen Zinnsteingänge, Typus Durango (bei Rhyolith); die Kryolith-Vorkommen, Typus Ivigtut; die Zinnstein-Kupfererzgänge, Typus Cornwall; die „Zinnsteingänge mit Kupfererz statt Zinnerze", Typus Thelemarken; weiter die genetisch entsprechenden Apatitgänge in Granit, Typus, Zarza-la-Mayor in Estremadura; kurz sämmtliche in Begleitung von Granit oder anderen sauren Eruptiven wie Quarzporphyr, Rhyolith u. s. w. vorkommenden Gänge, welche durch die bekannte Zinnsteingang-Mineralcombination und die ebenso bekannte „Greisen-Metamorphose" des Nebengesteins sich auszeichnen. (S. d. Z. 1894, S. 458—465; 1895, S. 145—153, 470—477.)

*1 b)* Die bolivianischen Zinn-Silber-Erzgänge, als Begleiter von Daciten, Trachyten und Andesiten (S. 153—154).

*1 c)* Eisenerze u. s. w. als Contactvorkommen bei Graniten; Typus: die Contacterze des Kristiania-Gebietes (S. 154 bis 155).

*2.* Apatit-Ganggruppe in erweitertem Sinne des Wortes. Dieselbe umfasst die eigentlichen Apatit- oder Apatit-, Rutil-, Titaneisen-, Kiesgänge; weiter auch, als besondere Untergruppe, die Titan-Eisenerzgänge, Typus Langö-Gomö (S. 449). — Die hierzu gehörigen Gänge, die sich in Norwegen, Nord-Schweden und Canada weit verbreitet finden, sind an Gabbros genetisch geknüpft und durch die besondere Mineral-combination und die viel beschriebene „Skapolithisations-Metamorphose" ausgezeichnet (S. 367—370; 444—459; 465—477).

*3.* Die in dem Eläolith- und Augitsyenit im südlichen Norwegen und an anderen Localitäten, wie Kangerdluarsuak in Grönland, Kola-Halbinsel, Brasilien etc. auftretenden pegmatitischen Gänge mit zahlreichen seltenen pneumatolytischen Mineralien, welche namentlich reich sind an **Zirkon, Bor und Fluor,** daneben auch an **Thorerde.**

Aus W. C. Brögger's bekannter Arbeit über diese Gänge nebst ihren Mineralien (Zeitschr. f. Kryst. und Min. B. 16, 1890) entnehmen wir die folgende Uebersicht über einige dieser Mineralien:

| | Proc. F-l | Proc. Cl | Proc. Bo₂O₃ | Proc. Zr O₂ | Proc. Sn O₂ |
|---|---|---|---|---|---|
| Rosenbuschit . . | 5,8 | — | — | 20,1 | — |
| Lävenit . . . . | 3,8 | — | — | 30,0 | — |
| Wöhlerit . . . | 3,0 | — | — | 16,1 | — |
| Hiortdahlit . . | 5,8 | — | — | 21,5 | — |
| Mosandrit . . . | 2,1 | — | — | 2,8 | — |
| Pyrochlor . . . | ca. 4,0 | — | — | — | — |
| Melinophan . . | 5,4 | — | — | — | — |
| Leucophan . . | 5,9 | — | — | — | — |
| Eucolit . . . . | — | 1—2 | — | 15,3 | — |
| Sodalith . . . | — | 7,3 | — | — | — |
| Melanocerit . . | 5,8 | — | 3,2 | 0,5 | — |
| Karyocerit . . | 5,6 | — | 4,7 | 0,5 | — |
| Tritomit . . . | 3—4 | — | 7—8 | 1,1 | — |
| Turmalin . . . | ca. 0,8 | — | ca. 9,0 | — | — |
| Cappelinit . . . | — | — | 17,1 | — | — |
| Homilit . . . . | — | — | 16,5 | — | — |
| Datolith . . . | — | — | 21,9 | — | — |
| Hambergit . . | — | — | 37,2 | — | — |
| Nordenskiöldin . | — | — | 25,3 | 0,9 | 53,7 |
| Polymignyt . . | — | — | — | 29,7 | — |
| Katapleit . . . | — | — | — | 29—40 | — |
| Zirkon . . . . | — | — | — | 67,0 | — |

Obwohl diese Mineralien nicht „Erze" in der gewöhnlichen Bedeutung des Wortes sind, führen wir sie doch hier mit an zur Erleichterung der pneumatolytischen Processe im Allgemeinen. Diese Mineralien stehen nämlich, wie es mit völliger Sicherheit von Brögger ausführlich nachgewiesen worden ist, in derselben genetischen Relation zu dem Eläolith- und Augit-Syenit wie z. B. der Zinnstein, Topas und Beryll der Granitpegmatitgänge zu dem Granit. Der auf diesen Gängen innerhalb des Eläolithsyenit auftretende Orangit (ThSi O₄) oder Thorit[41]) (welcher letztere dieselbe

Zusammensetzung wie der der Orangit hat, nur etwas mehr Wasser), ein mit Zinnstein (Sn Sn O₄), Rutil (Ti Ti O₄) und Zirkon (Zr Si O₄) isomorphes Mineral, ist als ein **Grenzfaciesproduct** aufzufassen, da er nur an diejenigen pegmatitischen Gänge gebunden ist, welche innerhalb einer langen und schmalen Zone (Länge 20—25 und Breite 1—5 km) im Contact mit älterem Silur auftreten. In der Umgebung von Langesund und Brevig sind mindestens 500 verschiedene Orangit oder Thorit führende eläolithsyenitische Pegmatitgänge nachgewiesen worden, von denen die meisten freilich nur eine ganz geringe Menge Thorit führen. Ausserhalb dieser Zone dagegen sind bisher keine entsprechenden Thorit führenden Gänge gefunden worden.

*4.* **Silbererz-Gänge** (oft mit **Goldge**halt), vom Typus **Comstock** in den Vereinigten Staaten, **Potosi** in Bolivia und **Schemnitz, Nagyag** in Ungarn. Sie sind an verschiedene jüngere, saure und intermediäre Eruptivgesteine, Rhyolith, Dacit, Trachyt, Quarzandesit, Andesit etc., gelegentlich jedoch auch an noch basischere Eruptivgesteine geknüpft und durch die „Propylitisations-Metamorphose" des Nebengesteins ausgezeichnet. An die obigen Gänge mit überwiegend Silber neben etwas Gold schliessen sich auch einige mit überwiegend Gold an.

Zu dieser Gruppe „Silbererzgänge", vom Typus Comstock, Potosi, Schemnitz, rechne ich nicht die Silber- oder Silber-Blei-Erzgänge im Erzgebirge (Freiberg, Annaberg, Schneeberg), am Harz (Clausthal und St. Andreasberg), weiter auch nicht Kongsberg, Svenningdal etc., bei welchen sich *keine unmittelbare* Verknüpfung mit einem Eruptivgestein nachweisen lässt, und bei welchen auch die Propylitisations-Metamorphose gänzlich fehlt. Ich schliesse mich insofern mehr an die von v. Richthofen und Suess als an die von Moericke (d. Z. 1895, S. 4) vertretenen Ansichten an. Uebrigens behalte ich mir vor, auf die genetischen Beziehungen zwischen den gewöhnlichen Silbererzgängen (Freiberg, Schneeberg, Clausthal, St. Andreasberg; Přibram; Kongsberg, Svenningdal) einerseits und den Zinnsteingängen (cf. S. 149) und der Comstock-Potosi-Schemnitz-Ganggruppe andrerseits später zurückzukommen.

---

41) Dieses Mineral hat bekanntlich in der letzten Zeit eine gewisse technische Bedeutung als Rohmaterial für das Auer'sche Gasglühlicht erlangt. Der Thorit wird in Norwegen theils auf den oben erwähnten eläolithsyenitischen Pegmatitgängen, zu Langesund und Brevig, theils auf den gewöhnlichen

Granitpegmatitgängen, namentlich zu Arendal und Toedestrand, gebrochen. (Die Gesammtproduction von Thorit und Orangit in Norwegen im Jahre 1894 betrug rund 200 bis 250 kg; Frühling und Sommer 1895 eine bedeutend höhere Production: Herbst 1895 die Arbeit dagegen beinahe eingestellt, wegen Preisfall.)

Auch betreffs der Gruppe „Silbererzgänge" (4) hat die Lateralsecretions-Theo-
rie[42]) gegen die, wenn ich mich so ausdrücken darf, „französische" Emanations-
und Thermalwasser-Schule gekämpft. Mir
scheint es, dass die letztgenannte Schule
die überzeugendsten Beweise geliefert hat.
Jedoch ist die Silbererz-„Weltgruppe" Comstock, Potosi, Schemnitz in genetischer Beziehung nicht so eingehend erforscht, wie
z. B. die Zinnstein-Ganggruppe.

Wir wollen hier nicht auf Einzelheiten
eingehen, sondern uns darauf beschränken,
einige bekannte Forscher selbst kurz über
das Thema reden zu lassen.

Ed. Suess (Zukunft des Goldes, 1877):

„Die zweite Abtheilung (der edlen Metall-
Lagerstätten) bilden alle gangartigen Ausfüllungen
von Klüften, in welche die Metalle aus der Tiefe
sei es in der Form von metallischen Dämpfen,
welche vulcanische Eruptionen begleiteten, sei es
in der Form von heissen Lösungen heraufgetragen
worden sind, in vielen Fällen nur das Ergebniss
eines grossen, natürlichen Destillations-Processes ...
Die erste Gruppe bilden jene Gänge, welche innerhalb jüngerer vulcanischer Gesteine oder in
Gebirgen auftreten, welche von zahlreichen Gängen solcher jüngerer vulcanischer Felsarten durchzogen sind."

In Betreff der chilenischen Erzvorkommen berichtet W. Möricke (Vergleichende
Studien über Eruptivgesteine und Erzführung
in Chile und Ungarn, in Ber. d. naturforsch.
Gesellsch. zu Freiburg, B. VI, 1892; s. Referat d. Z. 1893 S. 117), dass

„die grosse Zahl von Erzlagerstätten, welche über
das ganze Land (Chile) hin vertheilt sind, im
engsten Verhältniss stehen zu den tektonischen
Störungen und ganz besonders zu den damit in
Zusammenhang stehenden eruptiven Vorgängen,
deren Produkte wir in den ausgedehnten Massen
von Eruptivgesteinen vor uns haben, welche heu-
tigentags den weitaus grössten Theil des Gebietes
der chilenischen Republik zusammensetzen .....
Die Silbererzgänge sind mit Vorliebe an die basischen (!) Eruptivgesteine gebunden ....... Die
reichsten Lagerstätten von Silber finden wir zwar
in mesozoischen Kalksteinen, jedoch nur da, wo
dieselben von Eruptivgesteinen durchsetzt werden
(z. B. Chanarcillo und Tres Puntas). Ganz zweifellos waren die eruptiven Gesteine die Erzbringer,
während die Kalke nur günstige Verhältnisse zur
Aufnahme der Erze darboten. In Kalksteinen,
welche nicht in Berührung mit eruptiven Felsarten sind, giebt es meines Wissens in Chile kein
Silber, wohl aber kommen reiche Silbererze in der

Augitporphyriten selbst vor (z. B. Buena esperanca
und Los Bordos) ...... Als directe Folge der
vulcanischen Vorgänge haben wir die Erzlagerstätten zu betrachten."

Bei der Besprechung der Schemnitz-Com-
stock-Vorkommen kritisirt F. Pošepny (Genesis of ore deposits, Trans. of the Americ. Inst.
of Min. Eng. 1893; deutsch s. d. Z. 1894
Litt. No. 211) die von G. F. Becker auf
Comstock applicirte Sandberger'sche La-
teralsecretions-Theorie und concludirt:

There is, therefore nothing left but to con-
sider the eruptions as the agents of a communi-
cation with the deep region, from which at these
points the mineral springs ascended."

H. Rosenbusch (Petrographie, 1887)
resümirt unter der Besprechung der Propylitisations-Metamorphose.....

Dennoch spricht auch hier die oft beobachtete
Durchtrümmung der Gesteine mit kleinen und
kleinsten Erzadern dafür, dass dieselben von Spalten durchsetzt wurden, auf denen die Gewässer
der Tiefe circulirten und Erze absetzten, während
sie gleichzeitig in intensiver Weise den ursprünglichen Bestand und die normale Structur der Gesteine von den Spalten aus vordringend veränderten ..... Von Wichtigkeit ist es, auf die ausserordentliche Häufigkeit von Pyrit (wohl auch von
anderen Schwefelverbindungen) in den umgewandelten Einsprenglingen (der Propylite) hinzuweisen;
dieser Umstand weist entschieden auf $H_2S$ als
wirkende Ursache und damit auf Solfataren und
Thermen."

Auch Szabó (1879) spricht sich in
ähnlicher Weise für den Absatz aus Solfataren aus. Weiter können wir auch auf die
grundlegenden Arbeiten von v. Richthofen
(Zeitschr. d. deutsch. geol. Ges. Bd. 20, 1869;
Führer für Forschungsreisende, 1886) hinweisen.

Die verschiedenen chemischen Processe,
durch welche besonders das Silber bei
diesen Vorkommen so stark concentrirt
wurde, sind uns aber bisher völlig unbekannt[43]).

---

[42]) Vertreten unter anderen durch Fr. v. Sandberger, G. Becker, W. Möricke. Namentlich
hat man sich vorgestellt, dass die Edelmetalle „in
Folge von Einwirkung aufsteigender heisser Lösungen von Schwefelwasserstoff und Schwefelalkalien
aus dem Eruptivgestein extrahirt werden sollten"
(Moericke, 1895, S. 5).

[43]) Es sei mir hier erlaubt — ohne dass ich
damit die Anwendung in casu behaupten möchte
— die Aufmerksamkeit auf eine kürzlich von
Chr. A. Münster (Kongsberg Erzdistrict, Schriften
d. Wissensch.-Gesellsch. zu Kristiania, 1894) auf's
neue hervorgehobene Thatsache zu lenken, dass nämlich das kohlensaure Silberoxyd sehr leicht
in kohlensaurem Wasser (als $AgHCO_3$) löslich ist, ja, dass das Silbercarbonat in
kohlensäurehaltigem Wasser noch löslicher
ist als Kalkcarbonat (!). — Hierdurch erklärt
Münster die bekannte, sich so oft, obwohl nicht
constant, wiederholende Vergesellschaftung von
Silbererzen und Kalkspath an den Erzgängen
(Regel, aber nicht Gesetz: Gold auf Quarzgängen,
Silber auf Kalkspathgängen).

Auch dürfte Kohlensäure-Wasser im Stande
sein, den kleinen Silbergehalt in Gesteinen (und
Magmata) zu extrahiren. — Vielleicht (???) hat

*5.* **Kupfererz-Gänge** in Begleitung verschiedener **basischer** und **intermediärer Eruptivgesteine.**

Die nöthige Orientirung über die Natur dieser ziemlich heterogenen Vorkommen mag die folgende Aufzählung einiger Lagerstätten gewähren[44]).

In **Chile** und **Bolivia** zahlreiche, theilweise auch sehr bedeutende Kupfererzgänge in und in der Nähe von verschiedenen basischen und intermediären Eruptivgesteinen, wie Augitporphyrit, Hypersthenit, Labradorit, Diorit und Syenit durch Uebergänge mit den oben (S. 152) erwähnten Remolinos- und Tamayavorkommen verbunden.

Zu **Alten** in **Finmarken,** Norwegen, Kupfererzgänge in Gabbro (oder Diorit).

Zu **Kedabeg** im **Kaukasus** analoge Gänge in „Grünstein".

**Nischne-Tagilsk** und **Gumeschewsk** im **Ural** Kupferkies etc. in „Dioritgängen".

**Dobschau** in **Ungarn,** Kupfer- und Nickelerzgänge in Gabbro.

**Parad** in **Ungarn,** Kupfererzvorkommen in tertiärem „Grünsteintrachyt" (s.: Propylit), wahrscheinlich ein Uebergangsglied zu der Comstock-Potosi-Schemnitz-Gruppe bildend.

**Swartdal** in **Thelemarken** (1895, S. 152), Turmalin führende Kupfererzgänge mit gediegenem **Gold** und Wismutherzen in Quarzglimmerdiorit, ein Uebergangsglied zu der Thelemarken-Cornwallgruppe bildend.

Daneben eine zahlreiche Menge von **Contactvorkommen** in der unmittelbaren Nähe von Eruptivgesteinen:

In **Serbien** und im **Banat,** Contactvorkommen von Kupfererzen etc. als Begleiter von Dioriten und anderen Eruptivgesteinen („Banatiten").

In **New Jersey** Kupfererze im Triassandstein in der Nähe von Diorit und Melaphyr.

In **Californien** Kupfererze gerade auf der Contactfläche zwischen Diabas und cretacäischen Schiefern.

In **Arizona** Kupfererze im Kalkstein in der Nähe von Trachyt.

Auch begegnen wir mehrorts in **Italien** (s. B. Lotti's Darstellung) wie auch zu **Rognstock** in **Böhmen** Kupfererzvorkommen theils innerhalb, theils in der unmittelbaren Nähe von tertiärem Basalt.

Es lässt sich übrigens doch wohl nicht mit Bestimmtheit annehmen, dass diese sämmtlichen Vorkommen, unter denen viele in theoretischer Beziehung nur wenig erforscht sind, durch die unmittelbar fortgesetzte eruptive Thätigkeit (wie Solfatar- oder Thermalwasser-Thätigkeit) entstanden sind[45]). Einige mögen vielleicht auch von anderen Bildungsprocessen herrühren[46]).

Eine besondere Untergruppe bilden hier die Kiesvorkommen vom Typus **Röros, Vigsnäs, Sulitelma** in Norwegen, **Rio Tinto** in Spanien etc. Unter diesen sind jedenfalls die norwegischen unzweifelhaft an ein basisches Eruptivgestein, nämlich an Saussuritgabbro geknüpft, und zwar sind diese Lagerstätten, wie ich in einer früheren besonderen Abhandlung in dieser Zeitschrift (1894, S. 41 bis 50, 117—134, 173—181) näher erörtert habe, wahrscheinlich in der Weise zu erklären, dass metallhaltige Lösungen als unmittelbare Consequenz der Magmaeruptionen emporgedrungen sind, und dass der Absatz derselben unter dynamometamorphen Druckerscheinungen stattfand.

*6.* **Quecksilbererz-Vorkommen.** Als solche sind die bekannten **Sulphur Bank** und **Steamboat Spring** in Californien als recente, noch in fortwährender Bildung begriffene Repräsentanten anzuführen. Betreffs dieser Gruppe verweisen wir auf G. F. **Becker's** „Geology of the Quecksilver Deposits of the Pacific Slope" (United States Geol. Surv., Monogr. 13, 1888) mit der Fortsetzung in „Useful Minerals of the United States", 1892; weiter auf A. **Schrauf's** „Aphorismen über Zinnober" (d. Z. 1894, S. 10). Hier wird namentlich die **pneumatohydatogene** Bildung der Erze hervorgehoben.

Zum näheren Verständniss der **pneumatolytischen, bezw. der pneumatohydatogenen Processe** der früheren geologischen Perioden wollen wir auch die Aufmerksamkeit auf einige entsprechende, mehr recente Vorgänge lenken:

Die **Alaunsteinbildung** durch Einwirkung verschiedener Schwefelverbindungen (wie $SO_2$, $SO_3$, $H_2S$ etc.) auf verschiedene Eruptivgesteine wie Liparit, Andesit etc.

Die toscanischen **Suffioni,** mit Borsäure beladene Wasserdämpfe.

---

Kohlensäure bei der Silbererz-Gruppe Comstock, Potosi, Schemnitz eine ähnliche Rolle spielt, wie Chlorwasserstoff und Fluorwasserstoff bei den Zinnstein- und Apatit-Ganggruppen.

[44]) Die folgende Uebersicht ist theilweise auf die Angaben E. Fuchs und de Launay's „Gîtes minéraux et métallifères" gestützt.

[45]) Ueber die Natur derjenigen Processe, durch welche der ursprunglich fein vertheilte Kupfergehalt concentrirt wurde, sind wir völlig im Unklaren.

[46]) Dies wird jedenfalls mit dem grossartigen Vorkommen von gediegenem Kupfer innerhalb und zwischen den Eruptivdecken (von Melaphyren u.s.w.) des Lake-Superior-Gebietes der Fall sein.

Die bekannten unmittelbaren Sublimationsbildungen und andere mehr complicirte pneumatolytische Producte, die namentlich am Vesuv eingehend studirt worden sind (Bildung von Natrium-, Ammonium-, Eisen- und Bleichlorid; von verschiedenen Doppelchloriden und Oxychloriden, von Schwefel, Sulphaten und einer ganzen Reihe von Oxyden und Sulfiden, wie z. B. Eisenglanz, Tenorit (CuO), Cuprit (Cu₂O), Brookit (Ti O₂); Bleiglanz, Covellin (Cu S), Realgar, Auripigment etc.).

Weder in chemisch-mineralogischer, noch in geologischer Beziehung ist es möglich, eine feste Grenze zwischen allen diesen Lagerstättengruppen oder Untergruppen zu ziehen, weil die verschiedenen Vorkommen mit einander durch schrittweise Uebergänge verknüpft sind.

Als Beispiel derartiger Uebergangsserien sind zu nennen:

α) Die eigentlichen Zinnsteingänge als Begleiter von Granit: Altenberg, Bangka.

β) Die Zinnstein-Kupfererz-Gänge als Begleiter von Granit: Cornwall.

γ) Kupfererzgänge als Begleiter von Granit mit Greisen-Metamorphose und stets mit der Mineralgesellschaft der Zinnsteingänge: Typus Thelemarken, Tamaya und Remolinos in Chile.

δ) Entsprechende Kupfererze in sauren Eruptivgesteinen, namentlich Granit, jedoch ohne die charakteristische Greisen-Umbildung und ohne die ausgeprägte Mineralcombination der obigen Gänge: das Anaconda- oder Buttefeld in Montana, im Granit; Moonta in SüdAustralien, im Quarz- oder Feldspath-Porphyr.

ε) Entsprechende Kupfererzgänge in Begleitung etwas mehr basischer Eruptivgesteine, theils mit Greisenumbildung und Zinnsteingang-Mineralcombination, z. B. Swartdal in Thelemarken in Quarzdiorit (S. 152), theils ohne solche, z. B. mehrorts in Chile in Syeniten und Dioriten.

η) Entsprechende Kupfererzgänge in Begleitung basischer Eruptivgesteine hier wohl durchgängig ohne Greisenumbildung und ohne die Zinnsteingang-Mineralcombination: Alten in Finmarken; Dobschau; Kedabeg im Kaukasus etc., in Gabbro, Diorit, Diabas, ja selbst in Basalten.

Nach meiner Auffassung folgt hier noch als Endglied:

ϰ) die Kupfererz- oder Kies-Vorkommen: Röros, Vigsnäs, Sulitelma, genetisch an dynamometamorphe Gabbros geknüpft.

Zwischen den Zinnsteingängen und der Silbererzgruppe Comstock, Potosi, Schemnitz lässt sich die folgende Brücke bauen:

α) Die eigentlichen Zinnsteingänge als Begleiter von Granit: Altenberg, Bangka.

β) Entsprechende Zinnsteingänge (mit der üblichen Mineralcombination, wie Flussspath, Topas etc.), nur mit dem Unterschiede, dass sie im Rhyolith aufsetzen: Durango in Mexico [47]).

γ) Die bolivianischen Zinn-Silber-Erzgänge, stets in sauren, jüngeren Eruptivgesteinen, aber ohne die Zinnsteingang-Mineralcombination.

δ) Die Comstock - Potosi - Schemnitz-Gruppe.

Von diesen Gruppen schliessen sich die mexikanischen Zinnerzvorkommen, Typus Durango, am meisten an die gewöhnlichen Zinnsteingänge im Granit an, die bolivianschen Zinn-Silber-Erzgänge dagegen andrerseits scheinbar ziemlich nahe an die Comstock-Potosi-Schemnitzgruppe.

Entsprechende Zwischenstufen zwischen der Zinnstein- und der Apatitgang-Gruppe haben wir schon früher angeführt.

Die Zinnstein-Ganggruppe ist also durch Uebergänge verknüpft einerseits mit der Apatit-Ganggruppe, andrerseits mit der Silbererz-Gruppe Typus Comstock-Schemnitz, und weiter auch mit der Kupfererz-Gruppe Typus Alten, Röros etc.

Diese stetigen Uebergänge zwischen den verschiedenen Erzlagerstättengruppen und der Mangel an sicheren Grenzen erschweren in hohem Grade die Aufstellung eines natürlichen Classificationssystems. Trotzdem lässt sich nicht leugnen, dass sich oftmals und zwar häufig in ganz getrennten Welttheilen Lagerstätten wiederholen mit ziemlich constantem chemisch-mineralogischen und geologischen Charakter (z. B. Altenberg, Bangka, Mount Bischoff; die Apatitgänge in Norwegen und in Canada; Comstock, Potosi, Schemnitz).

Auf Grundlage eingehender Studien dieser verschiedenen, verhältnissmässig constanten „Welttypen" und durch Vergleich dieser Typen untereinander nebst ihren verschiedenen Zwischenstufen werden wir unzweifelhaft zu einer sicheren Kenntniss der Genesis der Erzvorkommen gelangen können.

Noch sind wir aber hier auf vielen Gebieten im Unklaren und die Erzlagerstättenkunde befindet sich, trotz der eifrigen Arbeit mehrerer Jahrhunderte und trotz des umfangreichen zusammengehäuften Materials

---

[47]) D. Z. 1894, S. 461. — Auch verweisen wir auf eine ganz kürzlich erschienene Abhandlung von R. W. Ingalls, über „Tin-deposits of Durango", in Transact. of Amer. Inst. Min. Eng., 1895. Hier wird der Rhyolith durch mikroskopische Untersuchung von J. F. Kemp als solcher bestimmt.

noch in wissenschaftlicher Beziehung auf einem nicht höheren Standpunkt wie z. B. die Petrographie im Anfange der 1860er Jahre. Die Erledigung der vielen Aufgaben auf diesem Gebiete ist doch jedenfalls von hoher Bedeutung für die Wissenschaft wie auch für das praktische Leben, einerseits zur Vervollkommnung unserer Kenntnisse über die Geschichte der Erde und andrerseits zur Beförderung der staatswirthschaftlichen und technischen Thätigkeit des Bergmannes.

---

## Krokiren
### für technische und geographische Zwecke.
#### Von
#### P. Kahle in Aachen.
[*Fortsetzung von S. 340.*]

*Vierter Abschnitt.*
### Bestimmung von Entfernung und Lage.

*65.* Die Entfernungsbestimmung tritt an Stelle der unmittelbaren Längenmessung (mit Geräthen oder durch Abschreiten), wenn letztere wegen unzugänglichem oder nicht zu betretendem Gelände nicht ausführbar oder wegen Steilheit und Entfernung zu viel Zeit beanspruchen würde. Durch Bestimmung der Entfernungen eines Punktes von mehreren gegebenen Punkten bezw. durch Entfernung und Richtung wird die Lage des betreffenden Punktes bestimmt. Je nach den Bestimmungsstücken und Hilfsmitteln lassen sich unter den verschiedenartigen Methoden zur Bestimmung von Entfernungen beim Krokiren fünf Gruppen unterscheiden:

A. Durch Construction aus gegebenen Strecken.

B. Aus gegebener Strecke in Verbindung mit 90 oder 45°.

C. Trigonometrisch mit Vorwärts- und Rückwärtseinschneiden.

D. Aus gegebener Strecke und Höhenwinkeln.

E. Brachimetrisch.

### A. Bestimmung von Entfernungen aus abgemessenen (abgeschrittenen) Geraden.

*66.* Hier würden zunächst alle diejenigen Verfahren anzuführen sein, welche auf den Aehnlichkeitssätzen oder Sätzen der darstellenden Geometrie beruhen und mehr oder weniger zahlreich auch in manchen Werken über Terrainlehre aufgeführt werden. Diese bilden sehr instructive Veran-

schaulichungsmittel für den mathematischen Unterricht, von einer Anwendung in der Praxis, insbesondere beim Krokiren, ist jedoch bei der Mehrzahl derselben Abstand zu nehmen, da sie erhebliche Zeit für Auswahl, Aussteckung und Ausmessung der Bestimmungstücke, bisweilen ziemlichen Aufwand an Stäben etc., endlich ebenes und zugängliches Gelände beanspruchen. Ein Vorwärtseinschnitt lässt sich oft in $^1/_4$ bis $^1/_1^0$ der Zeit bewerkstelligen, welche die Bestimmung eines Punktes durch Anwendung jener geometrischen Sätze erfordert, meist unter Erreichung der gleichen Genauigkeit. Wir führen daher nur einige einfache Fälle an mit dem Bemerken, dass hierbei (wie auch in 67 a) und b) die zu ermittelnde Entfernung gewöhnlich durch Abgreifen aus der mit Zirkel und Lineal in einem bestimmten Maassstab aufgezeichneten Messfigur erhalten wird, der berechnete Werth dagegen zur Controle der Construction dienen kann.

a) Mittels ähnlicher Dreiecke Fig. 103. Das Gelände zwischen *ABEF* wird mittels Abschreiten aufgenommen, es

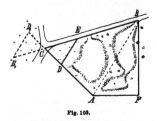

Fig. 103.

handelt sich um einen Controllwerth für eine Abschreitung in der Richtung *AB*. Seitwärts *AB* finden sich in der Richtung nach *C* (Wegweiser) für Abschreitung geeignete Strecken. Nach Abschreiten der Strecken *AC* und *BC* die Mitten oder Drittel *CD* und *CE* sowie *DE* abgeschritten, worauf sich *AB* als 2 oder 3 mal *DE* findet. Die Zwischenlinie *DE* kann auch nach $D_1 E_1$ verlegt werden. Da die Unsicherheit von *DE*, welche einerseits durch Unterlassung einer wirklichen Aussteckung von *D* und *E*, andrerseits durch die Abschreitung beträchtlich werden kann, sich auf *AB* proportional dem Verhältniss beider fortpflanzt, so müsste unter Umständen noch eine Controle für *AB* geschaffen werden, etwa in der Richtung nach *F*. Alle Abschreitungen sind zu wiederholen; die abgeschrittenen Längen dienen nicht allein zur Bestimmung von *AB*, sondern zugleich als Axen für die Aufnahme des angrenzenden Geländes.

b) Nach Fig. 104. $ASB$ sind drei in einer Geraden befindliche bez. ausgesteckte Gegenstände. Man geht auf $PA$ zurück bis zum Schnittpunkt $D$ mit $QS$, desgleichen auf $QB$ bis $C$ und schreitet die in der Figur $ASBCD$ ausgezogenen Strecken, desgl. $CD$ zur Controlle ab, worauf sich die Figur zur Bestimmung von $P$ und $Q$ mit Zirkel und Lineal construiren lässt. Die Seite $AB$

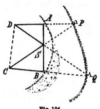

Fig. 104.

wird man zugleich als Axe für die Aufzeichnung des diesseitigen Ufers verwenden. Durch geeigneten Anschluss einer zweiten Messfigur werden sich starke Flusskrümmungen auf diese Weise hinreichend scharf aufnehmen lassen.

c) Mittels eines vollständigen Vierseits. Hierbei bildet ein gewöhnliches, unregelmässiges Viereck $ABCD$ nebst einer oder beiden gemessenen Diagonalen die Grundfigur, aus welcher sich die gesuchten unzugänglichen Punkte $E$ und $F$ als Schnittpunkte zweier nicht benachbarter Seiten construiren lassen. Die Auswahl geeigneter Punkte für das Viereck $ABCD$ erfordert einige Zeit und Ueberlegung.

In b) und c) kann umgekehrt auch $PQ$, jedoch unzugänglich, gegeben sein, so dass es sich um Bestimmung der Lage von $A$ und $B$ in Bezug auf jene handeln würde. In diesem Falle wird aus den abgeschrittenen Stücken im Viereck $ABCD$ unter Zugrundelegung eines Näherungswerthes für $AB$ die Gesammtfigur construirt, welche an Stelle von $PQ$ die Länge $PQ'$ giebt; aus dem Verhältniss von $P'Q'$ zu $PQ$ findet man den Factor, mit welchem alle aus der Figur abgegriffenen Strecken zu multipliciren sind, um ihre giltigen Werthe zu erhalten. (Vgl. auch 72.) — Die Formeln zur Berechnung der gesuchten Seiten in b) und c) sind wegen ihrer Länge zur Verwendung nicht geeignet.

**B. Bestimmung von Entfernungen aus gegebenen Strecken und 90, 45 und 60°.**

*67.* Hinsichtlich der Apparate für präcise und rohe Absteckungen obiger Winkel s. S. 337.

a) Mit 90°. Fig. 103. Seitwärts Strecke $AB$ bis zu einem Punkt $F$ vorgegangen, von welchem aus $A$ und $B$ unter einem Rechten erscheinen und abgeschritten werden können. $AB = \sqrt{AF^2 + BF^2}$. Wählt man $\angle BAF = 60°$, so ist $AB = 2 AF$.

Die Entfernungsbestimmung mit einem Rechten und dessen Schenkellängen ist ein besonderer Fall des selten angewandten Verfahrens: Die Entfernung zweier Punkte als Seite $a$ eines Dreiecks aus den beiden anderen $b$ und $c$ und dem eingeschlossenen Winkel $a$ zu bestimmen. $(a = \sqrt{b^2 + c^2 - 2 bc \cos a}.)$

b) Mittels 90° und der mittleren Proportionalen. Fig. 105. Richtung und

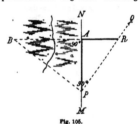

Fig. 105.

Länge $MN$ ist im Kroki gegeben, z. B. als gerade Wegstrecke. Es ist die Lage von $B$ in Bezug auf diese zu bestimmen. Man sucht auf $MN$ den Lothpunkt $A$ von $B$, vermarkt ihn und geht auf $AM$ bis zu einem bequemen Punkt $P$, in welchem die Richtungen nach $B$ und nach einem auffälligen und voraussichtlich abschreitbaren Gegenstand $Q$ einen Rechten bilden; $P$ vermarkt. Auf $PQ$ vorgegangen bis zum Schnittpunkt $R$ mit Richtung $BA$; $RA$ und $AP$ abgeschritten. $AB = AP^2 : AR$. Hierauf sind noch die Strecken $PM$ oder $AN$ abzuschreiten.

c) Mit gerader Strecke und 90° und 45°. Fig. 106 $MN$ gerade Bankett-

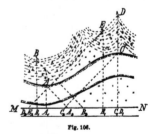

Fig. 106.

kante bezw. Baumreihe einer Strassenstrecke als Axe zur Aufnahme des diesseitigen und jenseitigen Ufergeländes. Bestimmung von

$A$: Auf $MN$ den Lothpunkt $A_1$ zu $A$ gesucht und (mit Stein oder Stock) vermarkt; $A_1A$ abgeschätzt und in Richtung $N$ abgeschritten, in der Gegend des Endpunktes einen Punkt $A_2$ gesucht, in welchem $\angle AA_2A_1 = 45^0$; $A_2A_1 = A_1A$ abgeschritten. In gleicher Weise verfährt man mit den Punkten $B$ bis $E$. Hierbei darf die Richtung $BB_1$, $DD_1$ auch stark geneigt sein.

### C. Lagebestimmungen mittels Vorwärtseinschneiden und Rückwärtseinschneiden.

*68.* Vorwärtseinschneiden (VE)[1]). Die Lage des Punktes $A$ in Bezug auf die gegebene Gerade $BC$ in Fig. 107 wird be-

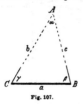

Fig. 107.

stimmt durch Messen der Winkel $\beta$ und $\gamma$. Construction von $P$ durch Antragen der Winkel mit Transporteur und Ausziehen der Schenkel in der Gegend des Schnittpunktes und zwar entweder im Kroki, oder im Krokirheftchen bezw. auf einem kleinen Stück Pauspapier. Zu den unvermeidlichen Beobachtungsfehlern tritt hier noch der Constructionsfehler beim Antragen der Winkel und Ausziehen der Richtungen; der mittlere Betrag desselben ist schwerer zu bestimmen als die Unsicherheit der Winkelmessung, und es dürfte sich in manchen Fällen, namentlich wenn die Seitenlängen den Halbmesser des Transporteurs beträchtlich überschreiten, empfehlen, diese zu berechnen und $A$ durch Bogenschnitt zu construiren. Man bildet zunächst $m = a : \sin(\beta + \gamma)$ und hat dann $b = m \sin \beta$, $c = m \sin \gamma$. — Ueber das Vorwärtseinschneiden mit Krokirtisch s. *39* S. 271.

Die Grundlinie kann bereits im Kroki gegeben sein, z. B. als Seite des Dreiecksnetzes oder es ist nur ein Standort und die Richtung (z. B. Wegstrecke) im Kroki bekannt, die Länge dagegen erst zu messen. Dies wird meist durch Abschreiten geschehen. Hierbei sind geneigte Grundlinien möglichst zu vermeiden, da die Ablothung geneigter Abschreitungen (vgl. S. 53—56)

---

[1]) Abkürzung der Militärtopographie für das Tagebuch; ebenso unten *R E.*

die Unsicherheit der Länge vermehrt; am einfachsten gestaltet sich die Ablothung auf geneigten Strassenstrecken mit Kilometersteinen, da man dann durch gleichzeitiges Abschreiten der Strecken zwischen einigen aufeinanderfolgenden Steinen die Ablothung eines Schrittes leicht ermitteln kann. Für Messung einer Grundlinie mit Band oder Latte kann die Grundlinie ziemliche Neigung besitzen, wenn man den Neigungswinkel $\beta$ (durch Gegenmessungen nach S. 55) oder den Höhenunterschied $h$ ihrer Endpunkte freihändig bestimmen kann. Bezeichnet $s$ die schiefgemessene Länge, $g$ ihre Ablothung, so erhält man letztere aus $g = s \cos \beta$ oder $g = s - (h^2 : 2 s)$.

Handelt es sich nur um Entfernung eines Punktes, z. B. bei Flussbreitenbestimmung, so hat man hinsichtlich Richtung und Länge der Grundlinie $BC$ freiere Wahl und wird dieselbe unter Auswahl natürlicher Zielpunkte für $B$ und $C$ zweckmässig so legen, dass die Winkel $\beta$ und $\gamma$ zwischen $45$ und $90^0$ fallen.

Die Grundlinie könnte auch gebrochen sein, z. B. wenn die beiden für die Bestimmung von $P$ günstigen Standorte $S_1$ und $S_2$ durch sumpfigen Boden getrennt sind, seitwärts dagegen sich ein Punkt $M$ findet, der von den Standorten aus bequem einzuschreiten ist. Bei sehr stumpfem Brechungswinkel $M$ Aufnahme desselben nach *69*, Fig. 108.

### 69. Anlage eines Dreiecksnetzes.

Bei dieser wichtigsten Anwendung des Vorwärtseinschneidens benutzt man als Grundlinie möglichst eine ebene oder wagrechte Strecke (Weg, Wiese, Waldboden), Länge einhalb bis gleich der ganzen Erstreckung des Aufnahmegebietes[2]). Bei freihändiger Winkelaufnahme ist es rathsam, eine genügend lange Grundlinie in zwei Theile zu zerlegen und die Richtungen nach geeigneten Punkten beiderseits der Grundlinie und der drei Basispunkte aufzunehmen, wodurch die Lage der Zielpunkte schärfer bestimmt wird. Als Signale für die Basispunkte bieten sich auf Strassen Bäume oder Telegraphenstangen, durch Umwickelung mit Papier gekennzeichnet, und Kilometersteine; auf Wiesen meist auch Bäume; im lichten Walde Bäume von besonderer Beschaffenheit[3]). Fig. 108 zeigt

---

[2]) Da wir bei den hier behandelten Aufnahmen immer nur kleine Gebiete voraussetzen, so wird sich eine Grundlinie von obiger Erstreckung fast immer aussuchen lassen. Bei Triangulationen für die Zwecke der practischen Geometrie bildet die Grundlinie einen sehr kleinen Theil der Gesammterstreckungen des Netzes.

[3]) Bei Aufnahme des Windungsgebietes vom Kupferbach im Aachenerwalde mit einer Stromentwickelung von 1 : 0.43 liess sich durch das ganze Windungsgebiet mittels Kennzeichnung bestimmter

eine durch Aenderung der Wegerichtung gebrochene Grundlinie, wobei $C$ in der Verlängerung von $AB$ (und in der Gegend von
$C$) vermarkt und Strecke $CC$ abgeschritten

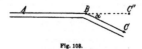

Fig. 108.

bez. $\angle \alpha$ gemessen worden. Nach Fest-
legung der Grundlinie sucht man Netzpunkte
von ähnlicher Lage wie $PQRS$ in Fig. 109

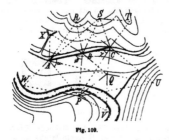

Fig. 109.

aus, welche einerseits von den drei Basis-
punkten, andrerseits auch von ihrem Nach-
bargelände aus sichtbar sind, und bestimmt
ihre Lage durch Messung der Winkel zwischen Punktrichtung und Grundlinienab-
schnitt. So lässt sich $P$ construiren mittels
Strecke $AB$ $\alpha$ und $\beta$, $BC$ $\beta$ und $\gamma$ oder
$AB\alpha$ und $CB\gamma$; infolge der Messungs- und
der Constructionsfehler wird man meist an
Stelle eines Schnittpunktes der 3 Geraden
ein kleines Fehlerdreieck erhalten. In diesem
sucht man nach Augenmaass einen Punkt,
dessen Abstände von den 3 Richtstrahlen
sich wie die Längen derselben verhalten
und betrachtet ihn als den zu bestimmenden Punkt $P$; das Fehlerdreieck wird jedoch meist so klein ausfallen, dass man
ohne lange Ueberlegung den Punkt $P$ eintragen kann. Auf gleiche Weise construirt
man die Punkte $QRS$. Für die Detailaufnahme werden nun voraussichtlich weitere
Netzpunkte, wie $TUVWX$ erforderlich werden, deren Lage durch einfaches Vorwärtseinschneiden auf einem Basis- und einem
Netzpunkte $P$ bis $S$ bezw. von mehreren dieser
letzteren aus bestimmt werden kann.

Bei Benutzung eines Krokirtisches mit
Diopterlineal würde einfaches Vorwärtsein-

Bäume eine gerade Grundlinie, zugleich als Axe
für Abschreitungen, legen bezw. fortsetzen, wobei
die Nordseiten der Bäume als Basispunkte festgehalten wurden.

schneiden auch bei Bestimmung der Punkte
$P$ bis $S$ genügen, da hier Messungs- wie
Constructionsfehler sehr klein werden.

Die Bestimmung der Lage eines Punktes,
welcher später als Standort dienen soll, hier durch
Vorwärtseinschneiden, weiterhin durch die in
(70—73) angegebenen Verfahren bezeichnet man
als Stationiren. Die zu befürchtende Unsicherheit in der Lage eines durch Vorwärtseinschneiden
mit Freihandinstrumenten bestimmten Punktes $A$
(Fig. 107) lässt sich leicht durch Construction veranschaulichen. Die Ableitung des mittleren
Fehlers $\mu$ einer Winkelmessung und der Unsicherheit $M$ im Mittelwerth aus einer Reihe von
Beobachtungen ist S. 50 behandelt worden. Trägt
man an die Grundlinie die Winkel $\beta \pm M$ und
$\gamma \pm M$ an, so entsteht am Schnitt ihrer freien
Schenkel eine kleine viereckige Figur, welche die
Unsicherheit der Lage von $A$ roh veranschaulicht.

**70. Rückwärtseinschneiden (RE.
Pothenotische Bestimmung).** Durch Rückwärtseinschneiden kann die Lage eines jeden
Standortes, von welchem aus drei oder mehr
gegebene Netzpunkte sichtbar sind, lediglich
auf Grund der Winkel zwischen den drei
Strahlen bestimmt werden, dasselbe bildet
daher ein bequemes Mittel zur Verdichtung
eines Dreiecksnetzes. Der Standort kann
liegen im gegebenen Dreieck $ABC$ Fig. 110

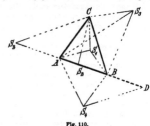

Fig. 110.

$S_1$; auf einer Dreiecksseite oder deren Verlängerung $S_2$; ausserhalb des Dreiecks $S_3$;
weiterhin können auch die drei gegebenen
Punkte $ABD$ in einer Geraden liegen, seitwärts der Standort $S_4$. Sehr ungenau wird
die Stationirung, wenn der Standort nahe
der Peripherie des Kreises durch die drei
Punkte liegt; unmöglich, wenn er auf derselben liegt; da im Sehnenviereck die Summe
zweier gegenüberliegender Winkel $= 180^0$,
so hätte man, wenn man sich nahe dem
„gefährlichen" Kreis vermuthet, die beiden
gemessenen Winkel vorerst einmal an den
gegenüberliegenden des gegebenen Dreiecks
anzutragen. Liegt der Standort innerhalb
des Dreieckes, so wird die Stationirung mit
Freihandinstrumenten insofern ungenauer als
ausserhalb, weil die Winkel $90^0$ übersteigen

und dann in zwei Theilen zu messen sind.
Als Zwischenrichtungen benutzt man Objecte,
welche für die weitere Aufnahme von Wichtigkeit werden, oder die Richtung nach anderen gegebenen Punkten. Für die Winkelmessung hat man dann eine Controlle in
ihrer Summe = 360°; der Widerspruch wird
gleichmässig in Zehntelgraden auf die 3
Winkel vertheilt; giebt die Summe der Verbesserungen, infolge ihrer Abrundung auf
Zehntelgrade, nicht genau den Widerspruch,
so wird das Zuwenig oder Zuviel den grösseren Winkeln zugetheilt.

Zur Ableitung der Lage des Standortes
könnte man die Entfernung desselben von
den drei gegebenen Punkten aus den gemessenen Winkeln in Verbindung mit den gegebenen Winkeln und Seiten des Dreiecks
berechnen. Für die Zwecke des Krokis
reicht jedoch eine mechanische Lösung der
Aufgabe aus, und zwar erfolgt diese zunächst
nicht im Kroki, sondern auf einem Hilfsblatt. Entweder man zeichnet die von S
ausgehenden Strahlen auf einem Blatt Pauspapier mit Transporteur und Lineal auf und
verschiebt dieselben solange auf dem Kroki,
bis sie durch die ihnen entsprechenden
Punkte ABC laufen, worauf der Scheitel S
mit Stiftspitze durchgedrückt wird; oder die
Strahlen werden auf weissem Papier aufgetragen, das gegebene Dreieck im gleichen
oder halben Maassstab des Krokis auf Pauspapier übertragen und letzteres auf den drei
Strahlen solange verschoben, bis Punkte
und Strahlen coincidiren; hierauf der Scheitel
S heraufgepaust und bei gleichem Maassstab
von Kroki und Pause, nach Ueberdeckung
des Krokis mit der Pause durchgedrückt,
andernfalls die Entfernungen des Punktes S
von den drei gegebenen Punkten abgegriffen
und nach Umsetzung in den Maassstab des
Krokis in diese übertragen (mittels Bogenschnitt). Das letztere Verfahren würde anzuwenden sein, wenn die Blattgrösse des
Pauspapiers für den Maassstab des Krokis
nicht ausreicht. Zweckmässig wiederholt
man die Eintragung und legt den gesuchten
Standort in die Mitte der hierbei erhaltenen
verschiedenen Punkte. Die Strahlen müssen
an der gleichen Kante des Lineals und mit
scharfer Stiftschneide gezogen werden. Da
die Lage der gesuchten Punkte im Kroki
sich bereits abschätzen lässt, so gelangt man
mit obigen Verfahren gewöhnlich ohne langes
Verschieben zum Ziele. Bei Aufnahmen mit
Diopterlineal auf Krokirtisch werden die
Richtungen sogleich auf angezwecktem Pauspapier aufgezeichnet[1].

---

[1] Bei mil.-topogr. Aufnahmen sind die trigonometrischen Netzpunkte auf dem Messtischblatt ein-

Nebenbei sei bemerkt, dass man bei geringen
Entfernungen und erheblichen Höhenunterschieden
zwischen S und ABC (z. B., S im Thalkessel)
einen Rückwärtseinschnitt bezw. mehrfachen Vorwärtseinschnitt auch mit Höhenwinkeln an Stelle
der wagrechten ausführen kann, doch steht einer
praktischen Anwendung dieses Verfahrens beim
Krokiren die Langwierigkeit von Formel oder
Construction zur Ableitung der Entfernungen im
Wege, während die Genauigkeit wohl ausreichen
würde. Vgl. Dienger, Trigonometrie; Laska,
Vermessungskunde.

**71.** Hat man den Standort auf der Verlängerung einer Seite des gegebenen Dreieckes („im Alignement" zweier Dreiecks-
punkte) gewählt, so ist nur ein Winkel zu
messen und die Construction dementsprechend
einfach. Hierher gehört auch folgendes Bei-

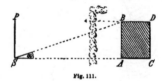

Fig. 111.

spiel, Fig. 111: Von dem Gebäude ABDC
werden bei A und B rechte Winkel voraus-

gezeichnet; diese wollen wir mit a b c u. s. w. bezeichnen, während A B C die ihnen entsprechenden
natürlichen Punkte bedeuten sollen. Die Tischplatte wird mittels Bussole orientirt und es würden
bei vollständiger Orientirung alle Seiten der Mess-
tischfigur den ihnen entsprechenden natürlichen
parallel laufen. Wird dann die Linealkante an a
angelegt, das Fernrohr auf A eingestellt und die
Richtung A c gezogen, auf gleiche Weise die
Richtungen B b und C c, so sollten dieselben sich
in einem Punkte s schneiden, welcher das lothrecht
unter ihm liegenden Terrainpunkt S entspricht.
Infolge unzureichender Orientirung ist dies oft nicht
der Fall und es entsteht an Stelle des Punktes ein
sehr kleines Fehlerdreieck. Der gesuchte Punkt s
liegt dann innerhalb oder ausserhalb desselben, je
nach der Lage des Standortes S innerhalb oder
ausserhalb des Dreieckes ABC und es verhalten
sich seine Abstände von den 3 Strahlen wie die
geschätzten Entfernungen des Standortes von den
zugehörigen Punkten, wonach sich die Lage von s
leicht bestimmen lässt (nach Augenmass). Nach
Einzeichnung von s wird die Linealkante an s a
angelegt und das Fernrohr unter seiner Drehung
der Tischplatte auf A (als den weitesten der
3 Punkte) eingestellt, sodann die Kante an b angelegt, Fernrohr auf B eingestellt, Richtung B b
gezogen, ebenso C c, wenn die 3 Richtungen sich
in s schneiden sollen; andernfalls ist eine erneute
Auflösung des Fehlerdreiecks erforderlich. — Von
dieser Methode des Stationirens kann nur Gebrauch
gemacht werden, wenn die gegebenen Punkte ihren
gegenseitigen Entfernungen genau entsprechend aufgetragen sind. Dies ist beim Krokiren wegen der
grösseren Messungsunsicherheit und der Constructionsfehler nicht hinreichend der Fall, dazu tritt
der zehn- bis hundertfach grössere Maassstab des
Krokis, sodass nur Berechnung oder mechanische
Lösung übrigbleibt.

gesetzt, was sich auf kleine Entfernungen wohl beurtheilen lässt. $S$ in der Verlängerung der einen Hausflucht. Man geht von $S$ aus rechtwinklig zu $SA$ bis zum Punkt $P$ in der Verlängerung der anderen Flucht des Gebäudes und hat dann $SA = SP : \mathrm{tg}\,\alpha$. Bisweilen finden sich im Kroki auch andere topographische Objecte als rechtwinklig eingezeichnet, z. B. Grundstücke, welche bei unzugänglichem Terrain für obiges Verfahren verwendet werden können.

72. Rückwärts-Vorwärtseinschneiden. (Aufgabe der unzugänglichen Distanz, Hansen'sche Aufgabe.) Gegeben die Gerade $AB$, Fig. 112; es ist die Lage der Punkte $P$ und $Q$, bezw. $Q$ und $R$ in Bezug auf jene und

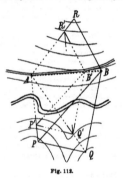

Fig. 112.

unter sich lediglich durch Winkelmessung auf $P$ und $Q$ oder $Q$ und $R$ zu bestimmen. — Auf $P$ sind die Winkel $APB$ und $BPQ$, auf $Q$ die Winkel $PQA$, $AQB$ aufzunehmen. Die Strecke $PQ$ wird abgeschätzt und im Maassstab des Krokis als $P'Q'$ auf ein Hilfsblatt gezeichnet, an ihren Enden die gemessenen Winkel angetragen und die Schenkel bis zum Schnittpunkt für $A$ und $B$ verlängert. Infolge der Fehler in der Schätzung von $PQ$ und Messung der Winkel ergiebt die Verbindungslinie obiger Schnittpunkte nicht die gegebene Länge $AB$, sondern einen grösseren oder kleineren Werth $A'B'$. Es sind dann alle aus der Construction abgegriffenen Längen mit dem Verhältniss $AB : A'B'$ zu multipliciren und im Kroki die Punkte $P$ und $Q$ durch Bogenschnitt von $AB$ aus zu construiren; oder man trägt im Hilfsblatt auf $A'B'$ die gegebene Länge $AB$ ab, zieht von $B$ aus eine Parallele zu $B'Q'$ bis zum Schnittpunkt $Q$ mit Richtung $AQ'$, desgleichen von $B$ aus eine Parallele zu $B'P'$ bis zum Schnittpunkt $P$ mit Richtung $AP'$, worauf die Figur $ABQP$ ins Kroki

G. 95.

zu übertragen ist. — Auf gleiche Weise lässt sich die Lage von $QR$ annähernd ermitteln. — Hat man Pauspapier zur Hand, so wird die Uebertragung ins Kroki (Durchstechen) sehr vereinfacht.

Bei Aufnahmen mit Krokirtisch und Diopterlineal erfolgt die Aufzeichnung der Richtungen sogleich auf Pauspapier. Nach Aufstellung im zweiten Standort $Q$ Strecke $PQ$ geschätzt und auf dem Strahl von $P$ nach $Q$ abgetragen. Linealkante an $Q'P$ angelegt, Tischplatte nach Richtung $Q'P$ orientirt und Richtungen nach $A$ und $B$ aufgezeichnet. Das Weitere wie oben.

73. Kann man Standort $P$ auf der Verlängerung von $AB$ wählen, Fig. 113, so vereinfacht sich Messung und Construction.

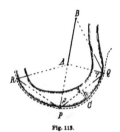

Fig. 113.

Wenn wie in Fig. 113 der Bogen $PQ$ auf normaler Strecke, hier einem Fusspfad, abgeschritten werden kann und der Krokirende einigermaassen im Schätzen geübt ist, so würde die Messung von $< AQB$ fortfallen, es brauchten also in $Q$ nur $P$ und $A$ sichtbar zu sein. Nach Abschreitung des Bogens $PCQ = b$ und Schätzung seiner Pfeilhöhe $h$ lässt sich (bei flachen Bögen) setzen: Sehne $s = b - \dfrac{8\,h^2}{3\,b}$[5]. Beispiel: $b$ im Mittel aus hin und zurück 105 Schritt, $h$ geschätzt im Mittel zu 13 Schritt; man erhält $s = 105 - 4 = 101$ Schritt. (Weiteres hierüber in 80 am Ende.) Mit diesem Werth als Grundlinie und den gemessenen Winkeln $\beta$ und $\gamma$ lässt sich $PA$ und $QA$ finden und hiernach die Lage von $Q$ in Bezug auf $AB$ construiren. Auf gleiche Weise würde sich die Lage von $R$ bestimmen und damit, da die Bogenhöhen bekannt, der ganze Verlauf des diesseitigen Ufers um $A$ aufnehmen lassen. Flussbreiten nach 77.

---

[5] Diese Formel findet auch bei genaueren Längenmessungen mit Latten und Libelle oder Messband Anwendung, wenn die Durchbiegung derselben zu berücksichtigen ist.

Der Vollständigkeit halber fügen wir den in *68—73* behandelten trigonometrischen Bestimmungen die am Schluss von *67* a erwähnte Anwendung des Cosinussatzes bei.

### D. Bestimmung von Entfernungen aus gegebener Strecke und Höhenwinkeln.

Grundlinie und Zielpunkt in derselben Lothebene. Meist wird zugleich die Höhe bestimmt.

**74. Mit wagrechter oder geneigter Grundlinie und den an ihren Endpunkten gemessenen Höhenwinkeln. (Vorwärtseinschneiden in der Lothebene.)**

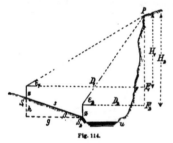

Fig. 114.

Fig. 114. *s* die schief gemessene bezw. abgeschrittene Grundlinie; $\beta$ ihr Neigungswinkel, durch Gegenmessungen auf $S_1$ und $S_2$ bestimmt (S. 55); man hat dann als Ablothung der Grundlinie $g = s \cos \beta$ und als Höhenunterschied ihrer Endpunkte $h = s \sin \beta$. Ist dagegen an Stelle des Neigungswinkels die Höhe $h$ (durch Freihandnivellement) bestimmt worden, so ergiebt sich die Ablothung der Grundlinie aus $g = s - h^2 : 2 s$. In $S_1$ und $S_2$ sind freihändig die Höhenwinkel $\varepsilon_1$ und $\varepsilon_2$ nach dem Punkt $P$ gemessen worden. Man hat dann

$$D_1 = \frac{g \, \text{tg} \, \varepsilon_2 + h}{\text{tg} \, \varepsilon_2 - \text{tg} \, \varepsilon_1}; \; D_2 = \frac{g \, \text{tg} \, \varepsilon_1 + h}{\text{tg} \, \varepsilon_2 - \text{tg} \, \varepsilon_1} = D_1 - g \, ^*);$$

$H_1 = D_1 \, \text{tg} \, \varepsilon_1; \; H_2 = D_2 \, \text{tg} \, \varepsilon_2 = H_1 + h;$ hierzu kommt die Höhe $z$ des Auges über dem Boden, durchschnittlich 1,6 m; eventuell ist noch die (geschätzte) Höhe des Zielpunktes über dem Terrain daselbst in Abzug zu bringen (z. B. wenn als Zielpunkt ein Busch oder dergl. diente). Liegt $S_2$ höher als $S_1$

*) Diese Formeln, für welche es elegantere Formen giebt, dürften für den Feldgebrauch am bequemsten sein, da man beim Krokiren zu Logarithmentafeln keine Anwendung macht. Die numerischen Werthe entnimmt man einer kleinen dreistelligen Handtabelle oder einfacher dem Rechenschieber, welchen man ohnehin zur Beschleunigung der Rechenarbeiten braucht.

(was thunlichst zu vermeiden ist), so ist überall — $h$ zu setzen.

Der Vorgang bei der Messung ist gewöhnlich folgender, wobei eine nur wenig geneigte Grundlinie vorausgesetzt wird. Nach Auswahl (s. u.) und Vermarken (mit Stock, hellem Stein, Stein auf Papier etc.) von $S_2$ schreitet man bis zum muthmasslichen Ort von $S_1$ ab, skizzirt mittels Abschreitung, geschätzter Höhe des Abhanges, eventuell auch geschätzter Entfernung des Zielpunktes, die Messfigur, um beurtheilen zu können, ob dieselbe den unten angegebenen Bedingungen entspricht. Zugleich überzeugt man sich, ob $S_1$ in derselben Lothebene mit $S_2$ und $P$. Messung der Höhenwinkel nach $S_2$ und nach $P$: Vermarkung von $S_1$. Hierauf $S_1 S_2 = s$ nochmals abgeschritten. In $S_2$ Messung der Höhenwinkel nach $S_1$ und nach $P$. Der Neigungswinkel der Grundlinie ergiebt sich hinreichend genau aus dem Mittel der beiden nach $S_1$ und $S_2$ gemessenen Winkel.

Da der Ort von $P$ in Bezug auf $s$ durch den Schnitt der beiden geneigten Schenkel der Höhenwinkel bestimmt wird, so muss die Differenz beider möglichst gross sein. Zu diesem Zweck ist $S_2$ so nahe als möglich an den zu bestimmenden Höhenunterschied heranzurücken, die Grundlinie dagegen so gross zu wählen, als es Bodengestaltung und Zielsicherheit gestatten. Eine nach $P$ hin ansteigende Grundlinie wirkt im Allgemeinen ungünstiger.

Man wird von diesem Verfahren zur Bestimmung von Entfernung und Höhe namentlich bei Aufnahme geologischer Aufschlüsse an steilen Thalwänden Gebrauch machen können.

**75. Mit senkrechter Grundlinie und den an ihren Endpunkten gemessenen Höhenwinkeln. Fig. 115.** $h$ kann gegeben

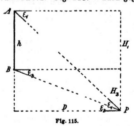

Fig. 115.

sein im Höhenunterschied z. B. zweier übereinander befindlicher Fensterbretter im untersten und obersten Stockwerk eines Hauses. Es ist $D = h$ : Tangentendifferenz der Höhenwinkel; $H_1 = D$ tg $\varepsilon_1$, $H_2 = D$ tg $\varepsilon_2 = H_1 - h$. Die Winkel können in $A$ und $B$, oder in $P$ gemessen werden.

Dieses Verfahren kommt auch in der praktischen Geometrie zur Anwendung, wobei $h$ durch einen bestimmten Abschnitt einer Nivellirlatte dargestellt wird, Messung mit dem Höhenkreis des Theodoliten.

*76.* Als Grundlinie ist auch der gegebene Höhenunterschied zwischen $S$ und $P$ anzusehen, wobei die Winkelmessung an dem in gleicher Höhe mit $P$ gedachten zweiten Endpunkt ($\varepsilon_1 = 0$) fortfällt. Der Höhenunterschied $H$ kann gegeben sein aus früheren Messungen oder wird erst bestimmt durch ein Freihandnivellement. Bezeichnet $z$ die Augenhöhe, so ist $D = \dfrac{H \pm a}{\text{tg }\varepsilon}$, — bei Zielung von unten nach oben, $+$ in umgekehrter Richtung. Beispiel Fig. 116. Standort $S$ auf

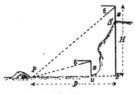

Fig. 116.

der Stirnlinie eines Steilufers ist im Kroki gegeben, das Steilufer ist einzutragen. Der unter $S$ liegende Punkt $U$ der Strandlinie ist von $S$ aus nicht sichtbar, dagegen die Barre $P$, nach welcher der Höhenwinkel $\varepsilon$ zu $-40{,}9^{0}$ gemessen wird. Der Höhenunterschied $US = H$ lässt sich auf einem Umweg durch Freihandnivellement zu 26,4 m bestimmen; $z$ wird zu 1,6 m angenommen. Man findet $D = \dfrac{28{,}0}{0{,}866} = 32{,}4$ m. Hiervon ist, um die Ablothung $UF$ von $SU$ zu erhalten, $PU$ abzuziehen, welches zu 77 bestimmt wird.

Die Genauigkeit der Entfernungsmessung wächst mit dem Höhenwinkel; einer Unsicherheit desselben von $0{,}1^{0}$ entspricht eine Unsicherheit in der Entfernung bei $45^{0}$ von $0{,}4\%$, bei $30^{0}$ dagegen schon von $0{,}8\%$ der gegebenen Höhe. Hierzu tritt noch der Einfluss des Fehlers bei der Messung von $H$.

*77.* Einen besondern Fall des vorigen Verfahrens bildet die Verwendung der Augenhöhe $z$ als Grundlinie, bei Bestimmung kurzer Entfernungen etwa bis zu 30 m, wie Flussbreiten, Kronenbreite von Hohlwegen, wobei zunächst vorausgesetzt wird, dass der Zielpunkt gleiche Höhe mit dem Standort besitzt. Aufstellung am Wasser- oder Auenrand bezw. an der Stirnlinie. Fig. 116. Man hat in Metern $UP = z : \text{tg }\varepsilon$. Da man beim Krokiren gewöhnlich nach Schritten einträgt, so würde die erhaltene Entfernung $D$ durch die Länge des Normalschrittes $s_o$ zu dividiren sein. Statt dessen kann man die

Formel sogleich für Schrittwerthe umsetzen. Zunächst hat man, da die $\varepsilon$ kleine Winkel, $D = 57 . z : \varepsilon$; die Anzahl der Schritte n ergiebt sich weiterhin aus $n = 57 z : s_o . \varepsilon$. Z. B. mit $z = 1{,}60$ m und $s_o = 0{,}80$ m findet man $n = 114 : \varepsilon$. Die Zuverlässigkeit dieser Art von Entfernungsbestimmung je nach dem Neigungswinkel kann man aus folgender Tabelle entnehmen, welche mit $n = 114 : \varepsilon$ gebildet ist.

| $\varepsilon$ | n | |
|---|---|---|
| $1^{0}$ | 114 | Einer Unsicherheit des Neigungswinkel von $0{,}1^{0}$ entspricht |
| $2^{0}$ | 57 | also zwischen 2 und $3^{0}$ eine Un- |
| $3^{0}$ | 38 | sicherheit der Entfernung von |
| $4^{0}$ | 28 | etwa 2 Schritt, zwischen 3 und |
| $5^{0}$ | 23 | $4^{0}$ von 1 Schritt. Vor Einsetzen |
| $6^{0}$ | 19 | von $\varepsilon$ ist die Indexcorrection S. 339 |
| $7^{0}$ | 16 | 61 anzubringen. |

Diese Methode kann namentlich bei Flusskrokirungen Anwendung finden, da man hierbei gewöhnlich nur das eine Ufer aufnimmt und die Breiten anderweitig bestimmt. — Ohne Rechnung erhält man die Entfernung, indem man nach Messung von $\varepsilon$ einen Punkt mit gleichem $\varepsilon$ auf dem diesseitigen Ufer aufsucht und bis dahin abschreitet. — Zur Ableitung der Flussbreite aus $D$ hat man noch die Abstände des Standortes und Zielpunktes vom diesseitigen und jenseitigen Wasserrand (geschätzt) abzuziehen.

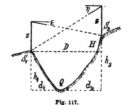

Fig. 117.

*78.* Durch Gegenmessungen Fig. 117 lässt sich ausser Abstand $D$ auch der Höhenunterschied $H$ zweier nicht zu entfernter Punkte $S_1$ und $S_2$ bestimmen. Man hat $D = -2 z : (\text{tg }\varepsilon + \text{tg }\eta)$, $H = D . \frac{1}{2} (\text{tg }\varepsilon - \text{tg }\eta) = -z \sin (\varepsilon - \eta) : \sin (\varepsilon + \eta)$, in welche Formeln Höhenwinkel mit $+$, Tiefenwinkel mit $-$ einzusetzen sind. Das Verhältniss $H : D$ darf jedoch, wenn man zuverlässige Werthe erhalten will, gewisse Beträge, etwa 0,1 bis 0,2 nicht überschreiten. — Durch gleichzeitige Messung der Höhenwinkel nach dem Zwischenpunkt $Q$ lässt sich auch die Lage dieses bestimmen. Auf $S_1$ (dem tieferen Standort) ist $\varepsilon_1$, auf $S_2$ (dem höheren Standort) $\eta_1$ gemessen worden; nachdem für $S_1 S_2 D$ und $H$ berechnet, findet man die Ablothung der geböschten Strecken aus:

$$d_1 = (D \operatorname{tg} \eta_1 - H) : (\operatorname{tg} \varepsilon_1 + \operatorname{tg} \eta_1);$$
$$d_2 = (D \operatorname{tg} \varepsilon_1 + H) : (\operatorname{tg} \varepsilon_1 + \operatorname{tg} \eta_1) = D - d_1$$

die Höhen aus:

$$h_1 = d_1 \operatorname{tg} \varepsilon_1 - z; \quad h_2 - h_1 = H.$$
$$h_2 = d_2 \operatorname{tg} \eta_1 - z;$$

Die Methoden in *76—78* ermöglichen beispielsweise die Aufnahme des Rillensystems in Fig. 118, welches einen Steilhang herabzieht, mittels eingelegter Querprofile. Hierbei ist in gut abschreitbarem Gelände an der Ausmündung der Rillen

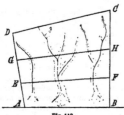

**Fig. 118.**

eine Hauptaxe *AB* ausgewählt, von dieser aus sind die Hauptpunkte *C* und *D* durch Winkelmessung bestimmt. Eine Controlle der Längen von *AD* und *BC* findet sich bei hinreichender Steilheit des Gehänges nach *76* aus dem durch Freihandnivellement bestimmten Höhenunterschied und dem Neigungswinkel. Die Lage der Zwischenprofilspunkte *EG* und *FH* (Büsche, Felsvorsprünge) findet man durch Abschreiten der Strecken *AD* und *BC*, wobei sich die Ablothung eines Schrittes aus Division der gemessenen Längen dieser Strecken durch die Anzahl der Schritte ergiebt. Hierauf folgt die Aufnahme der Querprofile, wobei die Strecken zwischen den Rillen abzuschreiten, die Breiten und Tiefen der Rillen erforderlichenfalls nach *78* aufzunehmen, zum Theil einzuschätzen sind. —

Weiterhin lässt sich Breite und Mächtigkeit des Anstehenden von Schichtencomplexen an Abhängen, bei schwacher Neigung nach *78*, bei starker nach *76* rasch ermitteln.

*79.* Bei ruhigem Wasserspiegel und beträchtlicher Höhe *h* des Standortes über dem Wasser lässt sich Abstand und Höhenlage jenseitiger Uferpunkte (Baumspitzen, Felszacken, Gebäude) bestimmen aus den Höhenwinkeln *ε* nach dem Zielpunkt und *η* nach dessen Spiegelbild. Fig. 119. Man hat $D = -2(h+z):(\operatorname{tg}\varepsilon + \operatorname{tg}\eta); \; H = D\operatorname{tg}\varepsilon;$

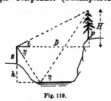

**Fig. 119.**

z. B. $h = 24{,}9$ m, $z = 1{,}6$ m, $\varepsilon = +19{,}1^{0}$, $\eta = -40{,}0^{0}$; $D = -53{,}0 : (+0{,}346 - 0{,}839) = 107$ m; $H = +37$ m. Bildet den Zielpunkt ein Baumgipfel oder Felswand, so würde zur Ableitung der Bodenhöhe noch der Höhenwinkel $\varepsilon_2$ nach dem Fuss zu messen sein; aus $D\operatorname{tg}\varepsilon_2$ findet man den Höhenunterschied zwischen Auge und Fuss. — Die Genauigkeit wächst mit der Differenz der Winkel *ε* und *η* und der gegebenen Höhe *h*. Die Breite der diesseitigen Uferböschung wird man nach *76*, die des Wasserspiegels nach *77* bestimmen können.

### E. Bestimmung von Entfernungen mittels Brachimetrie.

*80.* Ueber brachimetrische Aufnahmen s. S. 333, *50*. Wir unterscheiden brachimetrische Entfernungsbestimmungen mit Latte und ohne Latte.

Brachimetrische Entfernungsmessungen mit Latte oder sonst einer gegebenen senkrechten oder wagrechten Grösse *L*. Fig. 120. Latte eine Nivellir-

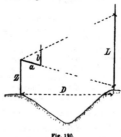

**Fig. 120.**

latte mit aufgezweckten Marken (z. B. Visitenkarten) bei zwei um etwa 3,5 m von einander entfernten Theilstrichen[7]), oder einfache Stange mit zwei Quermarken von obigem Abstand; endlich lässt sich auch die Mannshöhe (durchschnittlich 1,75 m) als *L* verwenden.

Man hat angenähert $D = aL : l$; das Product $aL$ wird bei Verwendung obiger Latte etwa 2, bei Verwendung der Mannshöhe annähernd $= 1$ sein. Streng genommen ist die Entfernung $a =$ Auge-Maassstab nicht constant, sondern wird bei kleineren Entfernungen geringer[8]); auch wird vorausgesetzt,

---

[7]) Z. B. die im V. Abschnitt beschriebene zerlegbare Nivellirlatte.

[8]) Verfasser fand an sich die Relation $a$ mm $= 520 + \dfrac{l}{3}$ und den Mittelwerth $a$ bei $l = 95$ mm, was mit $a = 0{,}55$ und $L = 3{,}5$ m einer Entfernung von 20 m entspricht.

dass die Linie Auge-Mitte $L$ nicht zu sehr von der wagrechten abweicht.

Beispiel: Die untere Lattenmarke ist mit Rücksicht auf Gras und Haide auf 0,4 m aufgesteckt, für $a$ hat sich aus Versuchen mit bekannten Entfernungen nach der Gleichung $a = lD : L$ im Mittel 0,55 m ergeben; um nun für das Product $aL$ möglichst einen runden Werth, z. B. 2 zu erhalten, leitet man $L$ aus $2 : a$ ab und erhält als Abstand der beiden Marken 3,64, d. h. die obere Marke ist bei 4,0 m aufzustecken. Man wiederholt jede Beobachtung einige Male und verwendet das Mittel. Mit obigem Werth für $aL$ und den Ablesungen 30 mm und 210 mm erhält man für den ersten Punkt $D = 2000 : 30 = 67$ m, für den zweiten $D = 2000 : 210 = 9,5$ m. Die Berechnungen macht man mit Rechenschieber oder bildet sich für $aL : l$ eine kleine Tabelle.

Als gegebene Länge $L$ lässt sich analog 71 Fig. 111 die Frontlänge eines muthmaasslich rechtwinklig gebauten Hauses verwenden.

*81.* Ueber die Genauigkeit dieser Art freihändiger Distanzmessung entnehmen wir einer Untersuchung von Prof. J o r d a n in der Zeitschrift für Vermessungswesen 1893 folgendes: Benutzt man einen Markenabstand $L$ von 3,5 m, so wird

| bei einer Entfernung von | die Unsicherheit muthmaasslich |
|---|---|
| 10 m | $\pm$ 0,07 m    Für $L$ = Mannshöhe |
| 20 - | 0,3 -    verdoppeln sich diese |
| 30 - | 0,6 -    Werthe. |
| 40 - | 1,2 - |
| 50 - | 1,9 - |
| 60 - | 2,7 - |
| 70 - | 3,7 - |
| 80 - | 4,8 - |
| 90 - | 6,1 - |
| 100 - | $\pm$ 7,5 - |

und zwar sind diese Werthe „aus einer ursprünglich gar nicht auf Ausnützung des Princips angelegten, sondern ganz gelegentlich erhaltenen Beobachtungsreihe hervorgegangen und würden sich bei aufmerksamer Handhabung noch erheblich verringern lassen"[9]. Zum Schluss wird a. a. O. bemerkt, dass bei flüchtigen Aufnahmen das rohe Verfahren in Verbindung mit dem Taschencompass oder einer messtischartigen Richtungszeichnung im Feldbuch wohl manche Anwendung zulassen werde.

Als Beispiel hierzu wollen wir die Aufnahme eines gewundenen Wasserlaufes im Hochwald betrachten (Fig. 121). Die Bäume $C$ und $D$ sind Punkte einer nach (69), Anm. 3 ausgewählten Axe; der Standort $Sn$ ist in die Gerade $CD$ eingeschaltet, die Entfernungen desselben von $CD$ sind brachimetrisch bestimmt worden, wobei die Latte auf $C$ und $D$ seitwärts an Stammmitte aufgestellt. Hierauf Krokirtisch über $Sn$ aufgestellt und die Platte mittels der auf ihr vorgezeichneten Axe in Bezug auf $C$ und $D$ Lattenstandort orientirt. Mittels der Entfernung $CSn$ lässt sich der Standort im Kroki an $C$, bis wohin die Aufnahme fertiggestellt ist, antragen. Hierauf Lattenträger nach 1, Entfernung bei günstigem Terrain abgeschritten, andernfalls brachimetrisch bestimmt,

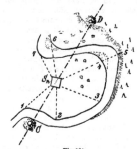

**Fig. 121.**

Diopterlineal an den Standort im Kroki angelegt, auf 1 eingestellt und längs der Ziehkante Entfernung 1 abgetragen. Gleichzeitig bestimmt man mit Taschenniveau oder Neigungsmesser (wie im V. Abschnitt erläutert wird), bezw. bei wagrecht gestellter Tischplatte durch Zielen über diese hin den Lattenstrich von gleicher Höhe mit der Tischplatte und erhält aus der Differenz von Lattenstrich und Tischhöhe den Höhenunterschied von Lattenstandort und $Sn$. Aehnlich verfährt man auf den Punkten 2—7, erforderlichenfalls unter Aufstellung der Latte auch am Wasserspiegel oder auf der Stirn des Steilufers seitwärts 5. Die zwischenliegende Situation wird sogleich mit allen Einzelheiten nach Schätzung vervollständigt. Das auf diese Weise entstehende Geländebild wird, in Anbetracht der stets etwas unsicheren Abgrenzung von Ufern, Steilböschungen etc. und der keinen Entfernungen, hinsichtlich Treue nur wenig dem aus einer regelrechten Tachymeteraufnahme hervorgegangenen nachstehen.

*82.* Eine andere Anwendung der Brachimetrie, wobei $D$ gegeben ist, zeigt Fig. 113. Es handelt sich um Aufnahme einer Krümmung $PCQ$ mittels der abschreitbaren Bogenlänge $b$ und der Pfeilhöhe $h$. Wie in 73 angegeben, erhält man die Länge der Sehne bei flachen Kreisbögen näherungsweise aus $s = b - \dfrac{8h^2}{3b}$. Nach Annahme eines bestimmten Punktes $C$ als Scheitel der Krümmung (gegen Mitte derselben) wird $Q$ und $C$ brachimetrisch $= l$ eingestellt und $PC$ abgeschritten. Bezeichnet $n$ die Anzahl der Schritte, so hat man näherungsweise $h$ in Metern $= l n . 0,8 : a$ oder für $a$ den Mittelwerth 0,575 m angenommen, $h = 1,4 \, l n$; in Schritten ergiebt sich $h$ aus $1,7 \, l n$. — Aehn-

---

[9] Dies dürfte insbesondere zu erwarten sein bei Berücksichtigung der oben erwähnten Verkürzung von $a$ mit abnehmender Entfernung.

lich das folgende Beispiel. Bei Aufzeichnung eines Steilgehänges vom gegenüberliegenden Gehänge aus lässt sich die Entfernung des diesseitigen Standortes $s$ von einem gerade gegenüberliegenden Gehängepunkt $P$ aus dem soweit fertiggestellten Kroki entnehmen. Es handelt sich nun um Eintragung besonderer Punkte $Q$ und $R$ links und rechts von $P$ in annähernd gleicher Höhe mit $P$. Man würde dann wie oben die Strecken $P\,Q$ und $P\,R$ brachimetrisch einstellen und aus den Ablesungen $l$ und der gegebenen Entfernung $S\,P$ die Streckenlänge berechnen. Bisweilen lassen sich auch die Abstände von Punkten ober- und unterhalb $P$ in ähnlicher Weise ableiten, so z. B. wenn sie unter oder über diesem Punkte des bereits fertiggestellten Krokis befinden, unter brachimetrischer Einpassung der zu bestimmenden Punkte zwischen die gegebenen.

83. **Brachimetrische Entfernungsmessungen ohne Latte bezw. ohne eine gegebene Wagrechte oder Senkrechte $L$. Unter gleichzeitiger Bestimmung der Höhe.**

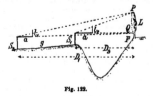

**Fig. 122.**

Fig. 122. Vorausgesetzt wird, dass die Ziellinie nach dem untern Punkt $Q$ der eingestellten Lotrechten annähernd wagrecht ist, bezw. eine wagrechte Gerade $L$ die einen Endpunkt normal trifft. Man benutzt einen in der Gegend des einzumessenden Punktes befindlichen Baum, Telegraphenstange, Steilwand, Hausfront oder sonstige scharf einzustellende Grössen. Die Bestimmung der Entfernung geschieht analog 74, nur misst man an Stelle der Höhenwinkel die Stücke $l_1$ und $l_2$ unter Einstellung auf zwei bestimmte Punkte der Lotrechten oder Wagrechten. Die kleinere Entfernung $D_2$ darf nicht unter 2 bis $2^1/_2$ $L$ herabgehen, da andernfalls die Ablesung $l$ die verfügbare Länge des Maassstabes (20—25 cm) übersteigen würde; zu diesem Zweck schätzt man vorher $L$ und $D$ ab. Es wird daran erinnert, dass die brachimetrischen Ablesungen in Centimetern annähernd den Gesichts- bezw. Höhenwinkeln in Graden entsprechen.

a) $S_1\,S_2 = g$ zugänglich, $S_2\,F$ unzugänglich Fig. 122.

Man hat $D_1 = \dfrac{l_2}{l_2 - l_1} \cdot g$

$D_2 = \dfrac{l_1}{l_2 - l_1} \cdot g = D_1 - g$ ; oder wenn

$\dfrac{l_2}{l_2 - l_1} = l$ gesetzt wird:

$D_1 = lg,\; D_2 = (l - {}_1)g.$

Die Länge von $L$ ergiebt sich aus $l_1\, D_1 : a$ und $l_2\, D_2 : a$.

Beispiel: $L$ Vogelstange; $g$ abgeschritten zu 54,5 Schritt (Mittel) oder $54,5 \times 0,78 = 42,5$ m: $l_1 = 72,4$ mm (Mittelwerth), $l_2 = 111$ mm. $D_1 = 2,87 \times 42,5 = 122,8$ m; $D_2 = 1,88 \times 42,5 = 79,8$ m; $D_1 - D_2 = 42,5$ m $= g$. Mit $a = 0,55$ m ergiebt sich $L$ zu 16,1 m. Die Abschreitung ergab für $D_1$ $154 \times 78 = 120$ m, für $D_2$ $99,5 \times 0,78 = 77,5$ m.

Zur Ableitung der Entfernungen braucht also bei diesem wie bei dem Verfahren in b die Grösse $a$ (Entfernung Auge-Maassstab) nicht bekannt zu sein [10]).

Zur Uebersicht der Factoren $l_2 : (l_2 - l_1)$ und $l_1 : (l_2 - l_1)$, mit welchen die Grundlinie $g$ zu multipliciren ist, um die Entfernung der Standorte vom Object abzuleiten, sowie zur Beurtheilung der günstigen Grössenverhältnisse von Grundlinie und Abstand folgen zwei gedrängte Tabellen.

$$\frac{l_2}{l_2 - l_1}$$

| | $l_2 = 0{,}240$ | 0,200 | 0,160 | 0,120 | 0,080 |
|---|---|---|---|---|---|
| $l_1 = 0{,}200$ | 6,00 | | | | |
| 0,160 | 3,00 | 5,00 | | | |
| 0,120 | 2,00 | 2,50 | 3,00 | | |
| 0,080 | 1,50 | 1,67 | 1,00 | 3,00 | |
| 0,040 | 1,20 | 1,25 | 0,33 | 1,50 | 2,00 |

$$\frac{l_1}{l_2 - l_1}$$

| | $l_2 = 0{,}240$ | 0,200 | 0,160 | 0,120 | 0,080 |
|---|---|---|---|---|---|
| $l_1 = 0{,}200$ | 5,00 | | | | |
| 0,160 | 3,00 | 4,00 | | | |
| 0,120 | 1,00 | 1,50 | 3,00 | | |
| 0,080 | 0,50 | 0,67 | 1,00 | 2,00 | |
| 0,040 | 0,20 | 0,25 | 0,33 | 0,50 | 1,00 |

b) $S_1\,S_2$ unzugänglich oder nicht abschreitbar (Hohlweg, sumpfiger Boden), $S_2\,F$ zugänglich Fig. 123. Hier wird die Entfernung der beiden Standorte gesucht, während die Strecke zwischen näherem Standort und $L$ (in der Figur Torfhaus Frontlänge) $g = D_2$ abgeschritten werden kann. Man findet $S_1\,S_2 = g\,(l_2 - l_1) : l_1$; $D_1 = g\,l_2 : l_1 = S_1\,S_2 + g.$

c) Wenn es sich nur um angenäherte Werthe für Breite (Horizontalprojection) und Höhe von Steilhängen handelt, wobei jedoch

---

[10]) Es wird angenommen, dass dieselbe bei nahen wie bei fernen Objecten gleich bleibt, welche Voraussetzung nur zutrifft, wenn die Zielrichtung nach $Q$ (Fig. 122) annähernd wagerecht ist.

einfache Schätzung nicht ausreicht bezw. Schätzungen durch die Bodenbeschaffenheit erschwert werden, so kann auch die geneigte

Fig. 123.

Hangfläche selbst als $L$ verwendet werden. In Fig. 124 ist der Höhenunterschied $H$ von $P$ und $Q$ und die Ablothung (Horizontalprojection) $b$ von $L$ zu bestimmen. Vorausgesetzt wird, dass die Strecke von den Standorten bis zum Fuss $F$ des Abhanges annähernd wagrecht, bezw. der Punkt $Q$ annähernd in der Wagrechten durch das Auge

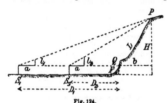

Fig. 124.

in $S_1 S_2$. Nachdem $S_1 S_2$, $S_2 F$ abgeschritten und die Ablothung von $F Q$, so gut es geht, abgeschätzt, bildet man $S_1 Q = D_1$, $S_2 Q = D_2$, und hat dann annähernd

$$b = \frac{l_1 D_1 - l_2 D_2}{l_2 - l_1}$$

$H = l_1 (b + D_1) : a = l_2 (b + D_2) : a.$

Zur Ableitung der Gesammthöhe des Hanges ist noch der Höhenunterschied $Q F$ abzuschätzen.

Beispiel am Seffenter Berg bei Aachen. Alle eingeführten Werthe sind Mittel aus 4 bis 6 Beobachtungen. Für die Höhenberechnungen wurde auf Grund vorangegangener Beobachtungen $a = 0,55$ m zu Grunde gelegt. Ablothung $QF$ geschätzt zu 0,9 m: $FS_1$ abgeschritten = 49,3 Schritt; $S_1 S_2 = 74,7$ Schritt; mit 0,8 m als Schrittwerth ergiebt sich $D_1 = 100,1$ m; $D_2 = 40,3$ m. Beobachtet $l_1 = 0,092$ m, $l_2 = 0,141$ m. Man findet $b = (9,209 - 5,682) : 0,049 = 72$ m; $H = 0,092 \times 172 : 0,55 = 0,141 \times 112 : 0,55 = 29$ m. Der Fehler beträgt in $b$ 5%, in $H$ 10%; diese Beträge bleiben noch erheblich hinter den Fehlern bei Einschätzung von Bergabhängen zurück, welche, je nach der landschaftlichen Stellung des Hanges und Schätzungsrichtung, namentlich hinsichtlich der Höhe bis 50% und mehr erreichen könnten.

Hinsichtlich Auswahl der Standorte und Messungsvorgang bei 83 a) und b) vgl. 74. Die Bedingung, dass $Q$ annähernd in der Wagrechten

durch das Auge in $S_1$ und $S_2$, controllirt man mittels Taschenniveau, wozu für diesen Zweck auch das Niveau in einem flachrunden Feldflüschchen verwendet werden könnte. Zeigt sich hierbei von $S_1$ und $S_2$ aus ein geringer Höhenunterschied hinsichtlich der Zielpunkte für $Q$, so ist der vom näheren Standort $S_2$ aus eingestellte auch für $S_1$ zu verwenden. Während der brachimetrischen Messungen von $S_1$ und $S_2$ aus ist bei $Q$ ein ganz bestimmter Punkt in's Auge zu fassen.

Die bei brachimetrischen Messungen erforderlichen kleinen Rechnungen werden mit dem Rechenschieber, meist mit einer Einstellung, in wenigen Augenblicken erledigt. Derselbe kann zugleich als Maass benutzt werden und zwar die nicht abgeschrägte Millimetertheilung desselben, mit dem Nullpunkt nach oben.

*84.* Auf die Genauigkeit der in *83* a—c beschriebenen Messverfahren wirken ein: die Lage von $S_1$ und $S_2$ in Bezug auf $L$ (vgl. *74* am Schluss); die Unsicherheit im Werth von $g$ (gewöhnlich abgeschritten), die Veränderlichkeit von $a$ bezw. eine zu grosse Abweichung der Ziellinie nach dem untern Punkt von der Wagrechten, endlich die unvermeidlichen Beobachtungsfehler in $l_1$ und $l_2$, z. B. infolge schiefer Haltung des Maassstabes, Einstellung verschiedener Punkte an Stelle des Punktes $Q$ u. s. Es lässt sich demnach von vornherein annehmen, dass die Unsicherheit brachimetrischer Entfernungsmessungen etwas grösser ist als diejenige unmittelbarer Abschreitungen.

Anhaltspunkte kann sich Jedermann leicht bei einem Spaziergang auf wagrechter Strassenstrecke verschaffen. Man benutzt als $L$ eine Telegraphenstange, deren Länge meist 7 m beträgt, oder eine Pappel, 20—25 m Höhe; von diesen Höhen kommen gegen 1,6 m in Fortfall wegen wagrechter Lage der unteren Ziellinie. Man zählt von da ab die Schritte bis zu etwa $2\frac{1}{2}$ $L$, um hier aus nach je 10 bis 12 bezw. 20 bis 40 Schritten Kehrt zu machen und $L$ brachimetrisch einzustellen. Die erhaltenen Werthe werden in der Weise tabulirt, dass an Kopf und Seite (ähnlich der Tabellen in *83*), die beobachteten $l$ nebst den zugehörigen Entfernungen von $L$, im Kreuzungsfeld von Zeile und Spalte die mit den zugehörigen $l$ und der Differenz der Entfernungen als Grundlinie berechneten $D_2$ zu stehen kommen: darunter setzt man die abgeschrittenen Werthe der $D_2$, woraut die Differenzen beider einen Maassstab für die individuelle Genauigkeit liefern. Aehnlich verfährt man für $L$. — Man darf jedoch nicht vergessen, dass die so gewonnenen Anhaltspunkte nur für das jeweilige Verhältniss von $L$ und Entfernung gelten, da die Genauigkeit jedenfalls mit dem Verhältniss von $L : D$ zunimmt. Im Allgemeinen wird man eine Entfernung von 100 m bei $L : D_1 = \frac{1}{5}$ bis $\frac{1}{10}$ auf 2 m genau bestimmen können; dies entspricht etwa dem Zehnfachen der Genauigkeit beim Abschätzen von Entfernungen bestimmter Punkte vom Standort.

## Briefliche Mittheilungen.

### Zur Systematik der Braunkohlen zwischen Weissenfels und Zeitz und zur Entstehung des Pyropissits.

In meiner Arbeit über „die Braunkohlen-Ablagerungen zwischen Weissenfels und Zeitz", d. Z. S. 353 u. 396, habe ich mich bei der Besprechung der mineralogischen Beschaffenheit der dortigen Kohlen jener Eintheilung angeschlossen, welche Zincken von ihnen in seiner „Physiographie der Braunkohle" giebt. Bei weiterer Beschäftigung mit den genannten Gebilden hat sich jedoch gezeigt, dass eine derartige Eintheilung nicht zutreffend sein kann.

In den Betrieben der sächsisch-thüringischen Braunkohlen-Industrie sondert man die die Mineralöle und das Paraffin liefernden fossilen Reste in Schwel- und Feuerkohlen, zwei durch die Technik recht glücklich hervorgebrachte Begriffe. Allerdings wird die Trennung beider Arten durchaus nicht immer streng innegehalten, und bei einem zufälligen Mangel an Schwelkohle wandert wohl auch einmal Feuerkohle mit auf den Schwelboden, um für kurze Zeit mit als Schwelkohle zu fungiren; indessen wird dadurch der landläufigen Sonderung beider Arten von einander kein Schaden zugefügt.

Was wir in chemischer Hinsicht über die Schwelkohle wie über die Feuerkohle wissen, ist höchst gering und jedenfalls keineswegs geeignet, in der Systematik beider Kohlenarten eine Rolle zu spielen. Wir sind daher darauf angewiesen, physikalische Merkmale zur Trennung der Feuerkohle von der Schwelkohle heranzuziehen. Die Technik hat uns darin, wie schon bemerkt, vorgearbeitet und benennt mit dem Namen Feuerkohle eine tief dunkelbraune bis schwarze Kohle, während sie eine hellbraune als Schwelkohle bezeichnet. Die Farbenunterschiede beider Arten sind so charakteristisch, dass es stets leicht ist, Schwelkohle und Feuerkohle von einander zu trennen: es wäre daher unzweckmässig, auch noch den Theergehalt der beiden Arten zur Systematik mitheranzuziehen, zumal die Anfertigung einer wirklich genauen Schwelanalyse schwieriger ist, als sie auf den ersten Anblick scheinen möchte. In Bezug auf die Sonderung von Schwel- und Feuerkohle von einander können wir uns also der Technik durchaus anschliessen.

Der Pyropissit ist, wie wir in d. Z. S. 360 bereits gesehen haben, von Zincken als eine Varietät der Schwelkohle aufgefasst worden, und das ganze Heer späterer Autoren ist ihm darin gefolgt. Indessen zeigen uns schon die Lagerungsverhältnisse dieses Fossils, dass ein derartiges Verfahren durchaus ungerechtfertigt ist. Leider wissen wir über die chemische Beschaffenheit des Pyropissits ebensowenig, wie über die der Schwel- und Feuerkohle, da Körper, wie sie Schwarz und Brückner aus ihm isolirt haben, alles Andere als einheitliche Gebilde darstellen und uns weiter nichts als einige neue todte Namen für die organische Chemie geliefert haben, während die Elementaranalyse für einen so complicirt zusammen-

gesetzten Körper, wie es der Pyropissit zu sein scheint, zu irgendwelchen weiteren Schlussfolgerungen gewiss nicht geeignet ist.

Der Harz- resp. Theerreichthum des Pyropissits zeigt uns nun zwar schon bei oberflächlicher Untersuchung, dass das Fossil wesentlich von der Schwelkohle abweicht, jedoch wird es gut sein, auch bei seiner Sonderung von der Schwel- und Feuerkohle von dem Theergehalte abzusehen und vielmehr nur die physikalische Beschaffenheit des Fossils zu berücksichtigen. Wir haben schon S. 361 gesehen, dass die Farbe des Pyropissits vom Hellbraungelben in das Weissliche übergeht; neuerdings ist mir auch ein schneeweisses Stück zu Gesicht gekommen[1]). Andererseits besitzt der Pyropissit eine auffallend geringe Schwere (spec. Gew. 0,493 bis ca. 1,004) und brennt von selbst weiter, nachdem er einmal am Lichte Feuer gefangen hat. Diese drei genannten Eigenthümlichkeiten unterscheiden ihn mit Leichtigkeit von den beiden anderen ihn begleitenden Kohlenarten.

Wir können somit für die Gegend zwischen Weissenfels und Zeitz folgende[2]) drei Kohlenarten unterscheiden:

1. Feuerkohle: tief dunkelbraun bis schwarz.
2. Schwelkohle: hellbraun; brennt, am Lichte entzündet, von selbst nicht weiter.
3. Pyropissit: hellbraungelb bis schneeweiss; auffallend leicht; an der Flamme entzündet, brennt er auch nach dem Entfernen derselben fort.

Durch Beobachtung der genannten Merkmale ist es stets leicht, einzelne Kohlenstücke zu bestimmen. Es dürfte sich um so mehr empfehlen, die vorgeschlagene Eintheilung anzunehmen und Feuerkohle, Schwelkohle und Pyropissit als drei einander gleichwerthige Begriffe aufzufassen, als wir allen Grund zu der Annahme haben, dass die drei Arten Stadien verschiedener chemischer Veränderungen einer und derselben Kohle darstellen: höchst wahrscheinlich sind in den einzelnen Kohlenarten die Terpene, welche Laubhölzer wie Coniferen, die Spender des fossilen Brennstoffes, ohne Zweifel in grosser Menge enthalten haben, in grösserer oder geringerer Menge oxydirt, wodurch ein verschiedener Harzreichthum der betreffenden Schichten bedingt ist[3]).

Erst bei genauer Innehaltung der vorgeschlagenen Definitionen wird es möglich sein, über die Entstehung des Pyropissits — jene viel besprochene Frage — weiter zu speculiren. In den vielen Jahrzehnten, welche seit der ersten Auffindung des Pyropissits verflossen sind, finden wir in der Litte-

---

[1]) Dasselbe ist im Besitze des Herrn Fabrikdirectors Dr. Th. Rosenthal in Teuchern.

[2]) Die übrigen früher aufgeführten Kohlenarten sind locale Erzeugnisse und für uns hier nicht von Belang.

[3]) Seltsamer Weise sind die Terpene bis jetzt aus dem Braunkohlentheer noch nicht isolirt worden, was aber seinen Grund wohl nicht in dem — gänzlich unmöglichen — Fehlen derselben hat, sondern vielmehr auf Schwierigkeiten bei der Trennung derselben von anderen Körpern beruhen wird. Hoffentlich wird uns nächstens Heusler, dem wir so interessante Arbeiten über die Chemie des Braunkohlentheeres verdanken, auch in Kürze mit einer Isolirung der Terpene überraschen.

ratur über den Begriff des Fossils ein wirres Durcheinander: Was der eine Pyropissit nennt, bezeichnet der andere als Schweelkohle und umgekehrt; vielfach versteht derselbe Autor auch ein und dasselbe Gebilde unter beiden Namen. Eine Lösung jener Frage war daher absolut ausgeschlossen, zumal selbst Stöhr in seiner Arbeit über den Pyropissit und v. Fritsch in seinem schon öfter citirten Vortrage[4]) sich von jener Verwechselung nicht freimachen konnten.

Am ehesten werden wir wohl die Frage nach der Entstehung des Pyropissits lösen, wenn wir unter Innehaltung der Definition des Begriffes mit Stöhr berücksichtigen, dass das Fossil nur in oberer Teufe auftritt und die Mächtigkeit und Art des Deckgebirges von grosser Bedeutung für die Beschaffenheit desselben ist. H. Potonié hat kürzlich in einer für mich bestimmten Briefkastennotiz[5]) von Neuem[6]) darauf aufmerksam gemacht, dass nach dem Fällen oder Abbrechen von Baumstämmen die in der Erde zurückbleibenden Stämme harzführender Bäume leicht verkienen, da der Harzfluss in physiologischer Hinsicht ein Wundverschluss ist. Er erklärt mit Hilfe dieser Erscheinung das Vorkommen von Schweelkohle in dem Senftenberger Braunkohlenflötz. Ich bezweifle, dass diese Erklärung auch für die Gegend zwischen Weissenfels und Zeitz anwendbar sein wird, da nicht recht einzusehen ist, warum dort der Pyropissit nur in den oberen Partien und im Ausgehenden der Flötze, sowie unter einem Kies - Deckgebirge vorkommt, während er in anderen Schichten sowie unter Sand und Thon fehlt, resp. sich von (?) sehr schlechter Beschaffenheit zeigt.

Neuerdings scheint man geneigt, in Rücksicht auf die Artikel Engler's über den Ursprung des Petroleums[7]) die Leichen der tertiären Thierwelt zur Erklärung der Entstehungsweise des Pyropissits heranzuziehen. Bei aller Hochachtung vor Engler's Arbeit scheint mir dieser Schritt recht gewagt, da wir bei dieser Annahme fortgesetzt mit den uns theilweise noch recht unbekannten Verhältnissen der Tertiärzeit rechnen müssten.

*Fiebelkorn.*

**Magneteisen in Minetten.** In einer kleinen Mittheilung, welche im 21. Bande der Annales de la société géologique de Belgique unter der Ueberschrift: Magnétite (aimant) dans la limonite de Mont St. Martin erschienen ist (S. LXI bis LXIII), bespricht P. Tabary die Auffindung von Magneteisen in den luxemburgischen, dem unteren Dogger angehörigen oolithischen Eisenerzen, den sog. Minetten. Der Magnetit findet sich ausschliesslich in dem grauen Lager des Lannebergs bei Rümelingen in einer höchstens 0,15 m dicken schwarzen Schicht. Der Nachweis des Magnetits

stützt sich auf das physikalische Verhalten des Erzes; die chemische Analyse, durch welche neben 59,54 Proc. Eisen 14,94 Proc. aus Kieselsäure, Thonerde, Kalk u. s. w. bestehende Verunreinigungen erkannt wurden, gab keine sicheren Anhaltspunkte zur Beurtheilung der Natur der Eisenverbindung, was aber wohl hauptsächlich auf die Art der Berechnung — das chemisch gebundene Wasser ist nicht berücksichtigt — zurückzuführen ist. Tabary verspricht weitere Untersuchungen und hofft, durch diese die Entstehung des Magnetit aufklären zu können.

Aus den lothringischen Minetten habe ich Magnetit bereits im Jahre 1887 in den Erläuterungen zu den Uebersichtskarten der südlichen Hälfte des Grossherzogthums Luxemburg und des westlichen Deutsch - Lothringen (S. 7 — 8 bezw. 89 — 90) bekannt gemacht und zwar ebenfalls aus dem grauen Lager.

Herr Bergrath Dr. Stelzner schenkte diesem Vorkommen besondere Aufmerksamkeit und hat das Vorhandensein von Magnetit durch eigene Untersuchungen bestätigt gefunden. Er war geneigt, dasselbe mit tektonischen Vorgängen in Verbindung zu bringen, wogegen jedoch die Umstände sprechen, dass der Magnetit nur an die Nähe der die Eisenerzlager durchsetzenden Verwerfungen gebunden ist und andere Vorgänge, welche eine Dynamometamorphose hätten erzeugen können, ausgeschlossen sind. Ich habe in den genannten Erläuterungen den Magnetit auf Grund mikroskopischer Untersuchungen als Pseudomorphose nach den aus Eisenoxydhydrat bestehenden Oolithkörnern und dem diese verkittenden Thuringit gedeutet und ich bin geneigt, anzunehmen, dass gerade das Vorkommen des letzteren die Umwandlung bedingt. Vielleicht führen die weiteren Arbeiten des Herrn Tabary zu einer sicheren Entscheidung der Frage, doch können dieselben nur dann von Erfolg gekrönt sein, wenn mit der chemischen die mikroskopische Untersuchung der Erze Hand in Hand geht.

*Dr. L. van Werveke.*

**Thermalquelle zu Vignoni bei S. Quirico D'Orcia Prov. Siena.**

In dem Aufsatz S. 372 — 378 des Jahrganges 1893 dieser Zeitschrift, in dem ich die Resultate der geologischen Beobachtungen über die Thermalquellen im toscanischen Erzgebirge mittheilte, kam ich zu der Schlussfolgerung, dass sich diese endogenen Erscheinungen in der Nähe und oft auch am Contact des eocänen Gebietes mit den sporadischen Vorkommnissen von Gesteinen der Secundärzeit zeigen, welche hier und da isolirt inmitten des Eocäns als Reste des alten Gebirges erscheinen. Ich hob ferner (S. 376) hervor, dass eine Ausnahme von der allgemeinen Regel der geologischen Verhältnisse der starken Thermalquelle zu Vignoni im Thale Orcia machen; diese schien mitten aus eocänen Schichten zu entspringen, ohne dass irgend welcher Zusammenhang mit den älteren Formationen nachzuweisen wäre.

Damals waren allerdings von der geologischen Landesanstalt Italiens noch keinerlei Schritte zur Aufnahme dieses Terrains gethan worden, und man besass über dasselbe nur die von älteren Forschern

---

[4]) s. S. 354 unter „Verzeichniss der benutzten Werke etc."

[5]) Naturw. Wochenschrift 1895, No. 39, S. 475.

[6]) Pfeiffer in Jena benutzte diese Erscheinung zur Erklärung der Bildung des Petroleums (W. Thede, die Entstehung des Petroleums. Jahresber. d. Techn. Vereins d. sächs.-thür. Mineralöl-Industrie f. 1888, S. 25).

[7]) Chem. Industr. 1895 No. 1 u. 2: d. Zeitschr. 1895 S. 346.

gelieferten und die vom Schreiber dieser Zeilen bei Gelegenheit flüchtiger Recognoscirungsausflüge gesammelten Notizen. Thatsächlich herrschen um diese Quelle herum die sedimentären, eocänen Schichten vor, daneben eine kleine Masse von Serpentin und Ophicalcit sowie der von der Quelle selbst abgelagerte Travertin.

Während ich nun im vergangenen Jahre die Aufnahme des Blattes Montalcino in grossem Maassstabe auf dem Terrain jener Quelle beendete, war ich ungemein überrascht und gleichzeitig erfreut, als ich in einer Entfernung von etwa 300 m westlich von der Quelle auf der Seite einer Einbuchtung des Berges, bei den Coroglien, eine vollständige Reihe von mesozoischen Schichten entdeckte. Die von diesen Gesteinen bedeckte Fläche ist nur 15 ha gross, und eben deshalb, sowie ihrer topographischen Lage wegen, ist sie bisher dem Blick der Geologen entgangen.

Die secundäre Schichtenfolge von Vignoni ist von oben nach unten aus folgenden Bestandtheilen zusammengesetzt:

1. Nummulitenkalk,
2. thonhaltige, bunte Schiefer und röthliche Kalksteine des Senon,
3. graue, grüne und gelbliche Jaspisse des oberen Lias,
4. graue Kalksteine mit rothem, thonhaltigen Ueberzuge des mittleren Lias,
5. dunkelgraue, theils schichtförmig gelagerte,

theils massive Kalksteine des unteren Lias und vielleicht auch des Rhät.

Das Eocän und das Senon sind auf den älteren Schichten discordant aufgelagert und diese letzteren bilden ein kleines uniklinales Schichtensystem mit nach SO gerichtetem Fallen.

Auch muss die Thatsache betont werden, dass sich genau am westlichen Fusse dieser kleinen secundären Schichtengruppe, bei den Coroglien, eine breite Travertindecke ausbreitet, die sich bis zu der des Bades zu Vignoni erstreckt; und dass man hier noch jetzt die Ueberbleibsel einer alten Hydrothermale in dem Aufsteigen warmer Dämpfe beobachtet, die sich mit Unterbrechungen auf dem umliegenden Terrain entwickeln.

Ich füge noch hinzu, dass sich in nicht zu weiter Entfernung, nördlich von Pienza, bei St. Anna, eine Mineralwasserquelle von 30° C. befindet, die aus einer Oeffnung entspringt, welche in dem dem pliocänen Thone aufgelagerten Travertin ausgehöhlt worden ist. Auch tritt hier in einer Entfernung von 0,5 km bei der Kirche von St. Anna ein isolirter Hügel von Lias und Rhät auf.

Der Satz, dass die Thermalquellen des toscanischen Erzgebirges in Zusammenhang mit den secundären Schichten stehen, die sich isolirt inmitten des Eocäns und des oberen Tertiärs vorfinden, besteht mithin ohne jedwede Ausnahme zu Recht.

*Dr. B. Lotti.*

----

## Referate.

### Geologischer Bau des Thüringer Waldes.
Am 2. Sitzungstage der diesjährigen Geologenversammlung in Coburg führte Herr Prof. Baltzer aus Bern den Vorsitz. Es sprach zunächst Prof. Kayser (Marburg) über neue Funde aus dem mitteloligocänen Septarien- (Rupel-) Thon Hessens. Sodann legte Landesgeologe Prof. Beyschlag (Berlin) die von ihm auf Grund der Arbeiten der geologischen Landesanstalt bearbeitete geologische Uebersichtskarte des Thüringer Waldes (i. M. 1 : 100000) vor und erläuterte an der Hand dieser Karte in lebhaftem, mit lebhaftem Beifall aufgenommenem Vortrag den Bau des Thüringer Waldes.

Scharf und klar hebt sich aus dem abgesunkenen triadischen Vorlande des Gebirges der vorzugsweise aus paläozoischen Schichten gebildete, von Zechstein umsäumte Gebirgskern heraus. Die Begrenzung des Kerngebirges gegen das Vorland erfolgt durch bajonettförmig geknickte Randverwerfungen, denen parallel im Vorlande weitere gewaltige Bruchlinien und Grabenversenkun-

gen verlaufen. An solchen meilenweit verfolgbaren Gebirgsbrüchen treten auf der Südseite des Gebirges aus der Triaslandschaft nochmals an 2 Stellen kleinere paläozoische Korngebirgsmassen schollenförmig zu Tage, deren eine vom Volksmund sinnig als „Kleiner Thüringer Wald" bezeichnet wird. Sie stehen in ähnlichem Verhältniss zu ihrem Hauptgebirge wie der Kyffhäuser zum Harz.

Die Erosion hat offenbar bereits gewaltige Massen von dem Thüringer Walde abgetragen. Sie legte an mehreren Stellen die archäische oder cambrische Unterlage des Rothliegenden frei, die durchschwärmt erscheint von Eruptivgesteinsgängen, den Zuführungscanälen zu den theilweise erodirten, gewaltigen Decken porphyrischer Gesteine der Rothliegendzeit. Aber nicht nur Rothliegendes wurde zerstört, sondern auch die Zechsteinformation.

Es ist im höchsten Grade wahrscheinlich, dass auch der Zechstein dereinst über den ganzen Wald sich ausbreitete, wofür nicht nur vereinzelte, auf Spalten eingestürzte Schollen, sondern auch mit ihren Productuseinschlüssen verkieselte Blöcke von Zechstein auf der Höhe des Gebirges sprechen. Ja selbst der Untere Buntsandstein scheint noch über einen grossen Theil des Waldes sich erstreckt zu haben. Der älteste Theil des herausragenden Körpers ist der wohl sicher archäische Granit von Brotterode nebst den mit ihm zusammengefalteten Gneissen und Glimmerschiefern, der bei der Faltung eine passive Rolle gespielt hat. Wohl jünger sind die übrigen Granite, da dieselben in den paläozoischen Sedimenten bis herab zum Culm (Hennberg) Contactmetamorphosen veranlasst haben. Das alte Schiefergebirge, welches besonders den südöstlichen Theil des Waldes einnimmt, reicht vom Unteren Cambrium bis zum jüngsten Culm, streicht senkrecht zum Rande des Waldes und bildet einen Sattel, dessen nordwestlicher Gegenflügel grösstentheils vom Rothliegenden verhüllt ist. Schichten der productiven Steinkohlenformation fehlen in Thüringen völlig und alle jüngeren Schichten gehören dem Rothliegenden an. Dasselbe bildet im Grossen gleichfalls eine Mulde mit senkrecht zum Rande des Waldes gestellter Axe.

Die Gliederung des thüringischen Rothliegenden bot ganz ausserordentliche Schwierigkeiten: nirgends war ein vollständiges Profil zu beobachten, es fehlte an durchgehenden Leitschichten, äusserst zahlreiche Eruptivgesteine setzen auf und eine Menge von Verwerfungen haben die Lagerung sehr gestört. Alle diese Schwierigkeiten wurden durch die Herren Beyschlag, Scheibe und Zimmermann glücklich überwunden und führten zu einer Gliederung des Rothliegenden in fünf Gruppen, die nach typischen Vorkommnissen bezeichnet werden.

| | |
|---|---|
| 1. Gehrener Schichten | Unteres Rothliegendes, entspr. den Cuseler Schichten, |
| 2. Manebacher Schichten | |
| 3. Goldlauterer Schichten | Mittleres Rothliegendes, entspr. den Lebacher Schichten, |
| 4. Oberhöfer Schichten | |
| 5. Tambacher Schichten | Oberes Rothliegendes. |

1. Die Gehrener Schichten besitzen grosse Gesteinsmannigfaltigkeit und Verbreitung. Dem Südflügel sind äusserst zahlreiche Eruptivgesteine eingelagert, während der Nordflügel mehr aus Sedimenten besteht, denen schwache Kohlenflötze eingelagert sind. Das mächtigste derselben wurde bei Ruhla abgebaut. Die wichtigsten Eruptivgesteine sind Porphyrite und eigenartige Melaphyre und Quarzporphyre; das älteste ist ein Syenitporphyr; weiter nach oben folgen zahlreiche andere Eruptivgesteine, darunter ein als Schneidemüllerskopfgestein

bezeichneter Enstatitporphyrit, sowie drei Glimmerporphyritergüsse und mehrere Felsitporphyre.

2. Die Manebacher Schichten enthalten gar keine Eruptivgesteine, sondern bestehen aus Sandsteinen, Conglomeraten und Schieferthonen, denen das bekannte Manebacher Steinkohlenflötz eingelagert ist. Diese Abtheilung besitzt geringe Verbreitung im Nordwestflügel der Mulde ganz, so dass sie in der Mulde sich auskeilt.

3. Die Goldlauterer Schichten werden wesentlich aus Conglomeraten gebildet und enthalten nur örtlich Sandsteine und Schieferthone. In der Mitte der Zone findet sich ein schwarzes Schieferlager mit Kohlenflötzchen und zahlreiche Farne (Callipteris conferta) und Fischreste (namentlich Acanthodes und Paläoniscus) führenden Erznierenschiefern, ersteres bei Crock, letzteres bei Goldlauter. Erst im nordwestlichen Muldenflügel stellen sich in dieser Abtheilung basische Eruptivgesteine ein.

4. Die Oberhöfer Schichten enthalten die grossartigsten Quarzporphyrdecken, zu denen ausgedehnte Tuffmassen gehören, die mit echten Sedimenten in verzahnter Wechsellagerung sich finden. Es treten drei petrographisch wohl unterschiedene Porphyrtypen auf, der älteste, gröbste wird als Greifenberger, der mittlere, mittelkörnige als Bundschildskopfporphyr und der jüngste, feinste als Tambacher jüngerer Porphyr bezeichnet. Von Petrefacten finden sich in einem schwarzen Schiefer bei Oberhof Protriton Petrolei und Pflanzenreste. Ausserdem findet sich in dieser Zone eine mächtige Intrusivmasse eines als Mesodiabas bezeichneten Eruptivgesteins.

5. Das Obere Rothliegende tritt in drei räumlich getrennten Gebieten auf, bei Eisenach, Tambach und Ilmenau. An den beiden erstgenannten Orten finden sich nur Sedimente, bei Ilmenau ausser ihnen noch die letzten spärlichen Eruptivgesteine.

Um den ganzen Wald zieht sich als ein je nach dem Fallen bald breiteres, bald schmäleres Band von Zechstein herum, theils in Rifffacies, theils in gewöhnlicher Entwickelung auftretend, mit Erzführung im Kupferschieferflötze und in dem durch Zertrümmerung der nordöstlichen Randspalte entstandenen Ganggebiete von Kamsdorf bei Saalfeld. K. K.

**Tiefbohrungen in Zechstein und Trias im südlichen Nordthüringen.** (E. Zimmermann. Vortrag in der Sitzung der Deutschen geologischen Gesellschaft am 1. Mai 1895 zu Berlin.)

Der Vortragende sprach über zwei auf Kali unternommene Tiefbohrungen nahe dem Nordostfusse des Thüringerwaldes, über welche er mit der höchst dankenswerthen Erlaubniss der betreffenden Unternehmer nicht nur eingehende Untersuchungen machen, sondern seine Ergebnisse auch veröffentlichen durfte.

Das eine Bohrloch wurde im Fürstenthum Schwarzburg-Rudolstadt auf dem Gebiete des vom Vortragenden geologisch kartirten Blattes Stadtilm, am Fusse des landschaftlich hervorragenden Singerberges im Ilmthal zwischen den Dörfern Gräfinau und Dörnfeld ausgeführt. Unternehmer waren der dortige Fabrikant Commercienrath Bartholomäus und die Bohrfirma Schäfermeyer.

Die Arbeit geschah Anfangs mittels Freifall-, dann mittels Diamantbohrung. Die Hängebank mag die Meereshöhe von 394 m gehabt haben. Die geologischen Verhältnisse der nächsten Umgebung sind sehr einfach: zwischen dem Rande des Thüringerwaldes (Langewiesen-Amt Gehren) und einer damit parallelen Verwerfungszone, welche das Nordende des genannten Singerberges eben noch berührt, liegen alle Schichten fast ungestört, annähernd horizontal oder sehr flach nordostwärts fallend. Der eigentliche Singerberg wird aus Wellenkalk gebildet und gehört noch in dieses ungestörte Gebiet. Sein Sockel besteht aus Oberem Buntsandstein und lässt auch noch wenige Meter vom Mittleren zu Tage treten.

Dort also, und zwar in letzterer Schicht, wurde das Bohrloch angesetzt. Nach kurzem Bohren erreichte man zunächst eine starke Ader herrlichen Wassers, welches sich für die Versorgung des benachbarten, ungünstige Trinkwasserverhältnisse aufweisenden Stadtilm recht gut eignen dürfte. Erst in 424 m Tiefe unter Tage traf man die Oberkante der Zechsteinformation, sodass dort die Gesammtmächtigkeit von Mittlerem und Unterem Buntsandstein etwa 440 m betragen dürfte, eine Zahl, die wohl an anderen Orten gewissen nicht unbeträchtlichen Schwankungen nach ab- und aufwärts unterliegen mag, die man aber doch bei allen etwaigen Bohrungen in der weiteren Umgebung vor Augen behalten muss. Bemerkenswerth ist ein, wenn auch nur sehr geringer Baryumgehalt, den einige Analysen dort erbohrten Unteren Buntsandsteins ergeben haben.

Bei 424 m Tiefe begannen die „oberen Letten des Oberen Zechsteins (Stufe zo3 der geologischen Specialkarten): bunte Letten mit eingeschalteten Knollen und einem 2 m mächtigen Lager von Gips und Anhydrit. Von 446 m bis 462 m Tiefe reichte

die Stufe des Plattendolomites (zo2), der merkwürdig wenig bituminös und, obwohl klüftig und zwischen starken Lettenzonen gelegen, doch wasserfrei war. Von 464 m an hörten dolomitische Gesteine plötzlich und völlig auf und es stellte sich ein Durcheinander von lettigen, mergeligen, gips- und anhydritreichen Gesteinen ein. Dies reichte bis 508 m. Von da hielt bis 590 m weisses Steinsalz aus, oben ganz rein, nach unten mit Anhydritschnüren. Von 593 bis 673 m fand sich nur noch Anhydrit, oben heller, unten dunkler gefärbt durch starkriechendes Bitumen und flaserige Häutchen von „Asche“. Trotz grosser Uebereinstimmung mit dem sog. Aelteren (d. h. dem Mittleren Zechstein angehörigen) Gipsanhydrit, wie er am Südrande des Harzes vorkommt, aus Thüringen aber noch nicht bekannt ist, wurde, der Sicherheit halber, die Bohrung fortgesetzt. Sie erreichte bei 674 m den charakteristischen Mergel des Unteren Zechsteins und zerstörte somit jegliche weiteren Hoffnungen. Trotz alledem hat, um der Wissenschaft noch einen ihr sehr willkommenen Dienst zu thun, der hochherzige Unternehmer, Commercienrath Bartholomäus, die Bohrung fortgeführt bis zur Unterlage des Zechsteins, wobei sich erzfreier oder -armer Kupferschiefer bis 678 m, dann Zechsteinconglomerat von grauer Farbe bis 682 m, endlich bei 683 m phyllitischer Thonschiefer fand.

Mit dieser Bohrung sind folgende wichtige Nachweisungen erfolgt: Die Mächtigkeit von 440 m des vereinten Mittleren und Unteren Buntsandsteins, — die Anhydritführung des Oberen Lettens, — das Vorkommen eines Steinsalzlagers von fast 90 m Mächtigkeit im Unteren Letten, — das von Ilmenau her oberirdisch bekannte gänzliche Fehlen von Kalk- oder Dolomitgesteinen des Mittleren Zechsteins, — die geringe Mächtigkeit des Unteren Zechsteins, — die Nichtabbauwürdigkeit des Kupferschiefers —, endlich das Fehlen des Rothliegenden, der Steinkohlenformation, der jüngeren paläozoischen Schiefer (Culm, Devon, Silur) in jener Gegend.

Das zweite Bohrloch befindet sich neben der Saline Arnshall, im Gebiete der Oberherrschaft des Fürstenthums Schwarzburg-Sondershausen, auf dem Messtischblatte Arnstadt, von dem der Vortragende grosse Theile durch geologische Revisionsarbeiten genau kennen gelernt hat. Unternehmer waren die Besitzer von Arnshall, Gebr. Fläschendräger, mit einem Consortium von Kölner Herren. Ausführende war die Firma Horra, Landgraf & Co.

Die ersten Bohrungen bei Arnshall waren

1845 durch den Ingenieur Rost ausgeführt worden; nach dessen Bestimmungen, denen sich auch der erste aufnehmende Geolog von Blatt Arnstadt, der verstorbene E. E. Schmid-Jena, angeschlossen hatte, sollte das von 871 bis 909 Fuss durchbohrte Steinsalz dem Mittleren Muschelkalk angehören. Neuerdings wurden zur Verstärkung der Soole mehrere Bohrungen mit Freifall niedergebracht, schliesslich ward 1893 und 1894 eine Diamantbohrung von der obengenannten Gesellschaft unternommen mit der ausgesprochenen Absicht, Kalisalz zu suchen. Es geschah dies, obwohl von verschiedenen Seiten abgerathen worden war und zwar wegen der übermässigen Tiefe, in der man die — bisher in Deutschland allein als kaliführend bekannte — Zechsteinformation zu gewärtigen hatte. Denn das Bohrloch, angesetzt in den untersten Schichten des Mittleren Keupers, hätte den ganzen Unteren Keuper, den gesammten Oberen, den gips-anhydritführenden Mittleren und den Unteren Muschelkalk, den gesammten (ebenfalls gipsführenden) Oberen und die ganze Folge des Mittleren und Unteren Buntsandsteins, also eine Schichtenmächtigkeit zu durchbohren gehabt, die man auf allermindestens 700, wahrscheinlich 800 und noch mehr Meter schätzen durfte. Verwerfungen und mit diesen in Verbindung stehende Auslaugungen etwaiger Salze durch Wasser brauchte man allerdings dort kaum zu befürchten, da solche Spalten erst mehrere Kilometer entfernt (im Gebiete der Stadt Arnstadt) nachgewiesen sind (die Fortsetzungen der oben genannten Spalten vom Nordfuss des Singerbergs). Nun kurz, man übernahm das Wagniss einer Diamant-Tiefbohrung und fand bei 433 bis 445 m Tiefe ein Salzlager; doch bohrte man vorerst weiter bis 730 m und nahm dann erst eine Untersuchung des Salzes vor, welche einen nicht unbeträchtlichen Kaligehalt zahlreicher Proben ergab. Vortragender stellte durch Untersuchung der Bohrkerne fest, dass man bei etwa 42 m Tiefe unter Flussschotter, etwas Mittlerem (km der geologischen Karten) und vorherrschend Unterem Keuper (ku) den Oberen Muschelkalk (mo2 und mo1), — bei etwa 135 m den Mittleren (mm), — zwischen 204 und 215 m den Unteren Muschelkalk (mu) erreicht hatte, ohne dass im Mittleren, der doch nach früheren Untersuchungen der Salzhorizont sein sollte, Salz sich bemerkbar gemacht hätte. Aus 215 m Tiefe liegt echter, feinporöser, trochitenführender Schaumkalk (mu2χ) vor; dann folgen mächtige Wellenkalkbänke, bis von 308 m an die ebenflächigen, auch durch Versteinerungen charakterisirten Bänke des alleruntersten

Muschelkalks sich einstellen. Bei 326 m Tiefe hören sie auf und beginnen die lebhaft rothen Schichten des Oberen (sandsteinarmen) Buntsandsteins oder sog. Röths (so) mit zahlreichen Gipszwischenlagen. Diese Schichten nun, nach unten hin grau werdend, waren es, die zwischen 433 und 445 m Tiefe das Salz einschlossen; und fast unmittelbar darunter, bei 455 m, begann jene bis 730 m durchbohrte und wahrscheinlich noch weiter aushaltende Zone von Sandsteinen des Mittleren und theilweise auch schon des Unteren Buntsandsteins, in der man vorläufig Halt gemacht hat.

Die Resultate dieser Bohrung für die Praxis sind 1. sichere Mächtigkeitsnachweise für verschiedene Glieder der Triasformation —, 2. zum ersten Mal in Deutschland mit unanfechtbarer Sicherheit (— durch Diamantbohrung —) der Nachweis, dass auch das Röth ein Steinsalzhorizont (nicht bloss ein Gips-Anhydrithorizont) ist, — 3. dass speciell das untere Röth der Träger des (— hier etwa 12 m mächtigen —) Salzlagers ist, — 4. dass in diesem Steinsalz sich kali- (wahrscheinlich sylvin-) haltige Lagen oder Nester finden. Um sich über die Ausdauer, Mächtigkeit und Zusammensetzung des Kalilagers noch genauer zu unterrichten, unternahm dieselbe Bohrgesellschaft 800 m nordwärts entfernt 1894/95 eine zweite Bohrung, welche bis fast auf einen Meter genau dieselben Ergebnisse wie die erste lieferte und bei 450 m Tiefe, nach Durchbohrung von kalihaltigem Steinsalz (zwischen 430 und 440 m Tiefe), im Mittleren Buntsandstein abgeschlossen wurde.

Im ersten Diamantbohrloche traf man bei 680—700 m Tiefe, da wo gröbere Sandsteine des Buntsandsteins durch feinere ersetzt zu werden beginnen, einen starken artesischen Quell an, der noch jetzt, bei Oeffnung des Hahns des sonst verschlossenen Loches, bis 15 m über die Hängebank emporspringt. Er ist gegenwärtig sehr stark salzhaltig, dürfte aber das Salz erst beim Aufsteigen im Bohrloche aufgenommen haben; ferner aber enthält er reichliche Mengen von Gas, welches zumeist Stickstoff sein soll. Vermuthlich ist das Buntsandsteingebiet östlich von Arnstadt, zwischen dem Riechheimer Berg und Kranichfeld gelegen, das Auffanggebiet für das hier emporsprudelnde Wasser.

## Litteratur.

**108.** Bischof, Carl, Dr.: Die feuerfesten Thone, deren Vorkommen, Zusammensetzung, Untersuchung, Behandlung und Anwendung. Mit Berücksichtigung der feuerfesten Materialien überhaupt. 2. Aufl. Leipzig, Quandt & Händel. 470 S. m. 90 Fig. u. 2 Taf. Pr. 12 M.

**109.** Van Capellen, H.: Der Lochemer Berg, ein Durchragungszug im Niederländischen Diluvium (Mededeelingen omtrent de Geologie van Nederland, verzameld door de Commissie vor het geologisch onderzoek, No. 12). Amsterdam 1893. Mit 2 Tafeln. 20 S.

Der Verf. lehrt uns im Lochemer Berg einen Durchragungszug kennen, bei dem präglaciale Schichten durch den unteren Geschiebemergel hindurchgepresst sind. Er bringt diesen Zug in Verbindung mit dem Lehmrücken von Markels und erhält dadurch eine Endmoräne, welche sich über Holten, Hellendoorn, Lemell, Ommen, Kerkenbosch und Ruinen bis Havelte ausgedehnt hat; im Verlaufe derselben treten, wie bei den norddeutschen Endmoränen, weit vorgestreckte Ausläufer und tiefe Einbuchtungen auf. Die Zeit der Bildung dieser Endmoräne ist die erste Vereisung, da in Holland eine zweite bekanntlich nicht vorhanden gewesen ist. Im Anschlusse an seine Untersuchungen über die Endmoräne weist der Verf. das intrerglaciale Alter der Rollsteinsande nach. Den praktischen Geologen wird in der Arbeit besonders die grosse Menge der aus dem Untergrunde stammenden Sphärosideritknollen unter den Geschieben des Lochemer Berges interessiren.
*M. F.*

**110.** Hofmann, A.: Mineralführung der Erzgänge von Strebsko bei Přibram. Jahrb. d. geol. Reichsanst. in Wien 1895.

**111.** Klüpfel, Gustav, Dr. Bergrath: Die Gold- und Silberproduction und ihr Einfluss auf den Geldwerth. Stuttgart, Bonz & Comp. 1895, 36 S. m. 1 Taf. Pr. 0,50 M.

Diese Schrift bildet das vierte Heft der Währungs-Bibliothek, die vom „Verein zum Schutz der deutschen Goldwährung" herausgegeben wird. Der Verfasser, auf diesem Gebiete bereits vortheilhaft bekannt, giebt zunächst einen Ueberblick über die Entwicklung der Edelmetallproduction in den Hauptländern, geht sodann auf die Frage der künftigen Gestaltung der Weltproduction ein, um endlich zu untersuchen, ob die Goldwährung eine Geldvertheuerung besorgen lasse. Die Frage wird an der Hand der statistischen Daten verneint. Die kleine Schrift hat viel Ueberzeugendes und dürfte wesentlich zur Klärung der Währungsfrage beitragen.

Abschnitt II, „Die Weltproduction und ihre Bilanz", ist von der hier auf Taf. V wiedergegebnen graphischen Darstellung begleitet und wird mit folgenden Worten eingeleitet: „Besser als Zahlentabellen veranschaulicht die beifolgende graphische Darstellung den Fortgang der Weltproduction von Gold und Silber innerhalb der vierhundert Jahre, für welche uns genauere Nachrichten zur Verfügung stehen."

„Bei der Betrachtung dieser Kurven zeigt sich zunächst der kleine Anfang der Production beider Metalle am Beginn der Periode und die grosso Verschiedenheit in dem Fortschritt der Gold- und der Silberkurve. Deutlich kennzeichnen sich insbesondere die rasche Steigerung der Silberproduction durch die Funde in Mexiko und Bolivia in der Mitte des 16. und die rasche Steigerung der Goldproduction in der Mitte des 19. Jahrhunderts, die kleine Stockung des Fortschritts der Werthkurve in den 70 er und 80 er Jahren und die erneute grossartige Steigerung der Silberproduction im letzten Jahrzehnt. Klar ergiebt sich aber auch, dass die Bewegung der Werthkurve beider Metalle als Ganzes genommen durchaus keine grössere Stetigkeit zeigt als die Goldkurve allein. Die Behauptung der Bimetallisten, dass die Verbindung beider Metalle schon an sich eine grössere Werthbeständigkeit des Werthmessers garantire, als durch die Wahl des Goldes als solchen ermöglicht sei, steht daher auf sehr schwachen Füssen."

„Ebenso zeigt sich bei der Betrachtung der Relationskurve des Silbers, dass die Entwicklung des Werthverhältnisses beider Metalle zu einander mit deren Productionsmengen nur in sehr losem Zusammenhange steht."

**112.** Laspeyres, H.: Das Vorkommen und die Verbreitung des Nickels im rheinischen Schiefergebirge, ein Beitrag zur statistischen und geographischen Mineralogie. Verh. d. naturhist. Vereins f. Rheinland-Westfalen, Bd. 50. 1893.

Eine überaus sorgsame und mühevolle kritische Zusammenstellung aller die mineralogischen und geologischen Verhältnisse der Nickelmineralien des rheinischen Schiefergebirges betreffenden Nachrichten. Nicht weniger als 257 Fundpunkte sind berücksichtigt und nach Bergrevieren, dann aber nach den geologischen Verhältnissen des Vorkommens tabellarisch gruppirt. Die Nickelerze treten auf in Eisenstein- und Erzgängen des Unterdevon. in Erzgängen der mitteldevonischen Lenneschiefer und des Stringocephalenkalkes, ebenso in Erzgängen des Oberdevon, endlich auf Verwerfungsklüften im Carbon und als Ausscheidungen in Diabasen. Die letzte Art des Vorkommes ist die ursprüngliche oder primäre, aus der sich alle anderen durch spätere Umwandlungsvorgänge ableiten lassen. — Räumlich beschränken sich die Nickelvorkommen mit Ausnahme der im productiven Carbon Saarbrückens vorkommenden Millerite, sowie der geringen Vorkommnisse von Berncastel und Grube Friedrichsegen b. Ems auf die rechte Rhein- und Lahnseite. Die Hauptfundorte liegen in den Bergrevieren Müsen, Siegen I und II, Hamm, Daaden-Kirchen, Burbach und Dillenburg. Es wird das zurückgeführt auf den Umstand, dass hier der am meisten zerklüftete Kern des grossen Diabas und Schalstein führenden Schiefergebirgssattels hervortritt. Dementsprechend finden sich die Nickelerze am häufigsten in dem unterdevonischen Sattelkern

(60 Proc.), während auf das Mitteldevon nur 8 Proc., auf das Oberdevon 7 Proc., auf die Diabasgesteine des Mittel- und Oberdevon 10 Proc. und das Steinkohlengebirge 15 Proc. der Fundpunkte entfallen. — Als ursprüngliche Träger des Nickelgehaltes werden, wie erwähnt, die Diabase angesehen, aus denen bei ihrer späteren mechanischen Zerstörung und chemischen Zersetzung alle in den Sedimenten lager- oder gangförmig auf wässrigem Wege angereicherten Nickelerze ihren Metallgehalt hergenommen haben. — In den folgenden eingehenden Schilderungen aller einzelnen Vorkommen ist mit bewunderungswerther Sorgfalt aus Litteratur, Acten und eigenen Beobachtungen eine solche Fülle von Material zusammengetragen, welches sich übrigens nicht lediglich auf die Nickelerzführung, sondern auf die Erz- und Eisensteinsgänge des Gebietes überhaupt bezieht, dass man dem Verfasser für diese werthvolle und mühsame Arbeit besonderen Dank schuldet. — Statistische Notizen über den Werth der Nickelproduction im Gebiete des rheinischen Schiefergebirges sowie über die Verhüttung der Nickelerze beschliessen die Abhandlung. Haben auch die rheinisch-westfälischen und nassauischen Nickelvorkommen niemals die Wichtigkeit erreicht, wie die gegenwärtigen Hauptproductionsgebiete Neu-Caledonien, Canada (Oregon) und Skandinavien, so bieten die Verhältnisse einzelner Gruben bei günstiger Preisconjunctur immer noch die Möglichkeit gelegentlicher Wiederaufnahme, abgesehen von der immer lohnend bleibenden gelegentlichen Gewinnung derjenigen Nickelerze, die mit anderen Erzen zusammen gefördert werden. *F. Beyschlag.*

**113.** Reiser, K. A.: Geschichte des Blei- und Galmeibergwerks am Rauschenberg und Staufen in Ober-Bayern. München 1895. 71 S.

**114.** Stillich, Osc.: Die Bedeutung des Kalkes für die Landwirthschaft. Erörterung der Grundlagen einer rationellen Kalkanwendung im Lichte der Wissenschaft. Leipzig, C. F. Tiefenbach. 38 S. Pr. 0,60 M.

**115.** Stümcke, M.: Zur Bodenkunde der Umgebung Lüneburgs. Lüneburg 1895. Mit 1 Tafel. 26 S.

In dieser kleinen Arbeit bespricht Verf. zunächst die beiden Gipsstöcke „Schildberg" und „Kalkstein" mit ihren Boraziten. An dieselben lagern sich mantelartig bunte Mergel mit versteinerungsreichen Kalkbänken der Lettenkohlengruppe des Keupers an (Schafweide etc.). Es fehlen dann Bildungen bis zum Cenoman, welches als Tourtia (mit Einschluss grosser Cölestinknollen) beginnt und vollständig ausgebildet ist. Auch Turon und Obersenon sind vorhanden, während das Untersenon bis jetzt noch nicht beobachtet ist. Den Schluss bildet das Miocän mit Phosphoritknollen und das Diluvium, aus dessen Geschieben die bisher gefundenen Arten aufgezählt sind. Schade, dass der Verf. nicht ein genaues Verzeichniss der von ihm benutzten Litteratur hinzugefügt hat. *M. F.*

**116.** Toula, Franz: Ueber Erdbeben und Erdbeben-Katastrophen der neuesten Zeit. Vortrag gehalten den 13. März 1895. (Vorträge des Vereins zur Verbreitung naturwissenschaftl. Kenntnisse in Wien XXXV. Jahrg., Heft 12.) Mit 6 Tafeln und 8 Abbildungen im Texte. Wien 1895, Selbstverlag des Vereins zur Verbreitung naturwissenschaftlicher Kenntnisse. Preis 2 M.

Der Verfasser führt uns in gemeinverständlicher Darstellung, durch Lichtdruckbilder und Kartenskizzen illustrirt, der Reihe nach die Erdbeben von Kutschan in Nord-Afghanistan, Neo in Japan, von Ketta an der Grenze von Afghanistan und Belutschistan, in Griechenland, von Kladno in Böhmen, von Eisleben und von Laibach vor. Er erörtert die zum Theil ganz verschiedene Art der Entstehung, des Verlaufs und der Ausdehnung dieser Katastrophen. *F. A. H.*

**117.** Wiesner, A.: Thomasschlacke und natürliche Phosphate. Gewinnung, Eigenschaften, Verarbeitung für Düngungszwecke, Anwendung in der Landwirthschaft etc. Wien 1895. 251 S. m. 28 Abbildungen. Pr. 4 M.

**118.** Zirkel, Ferdinand, Dr.: Lehrbuch der Petrographie. Leipzig, Wilh. Engelmann. 1895. Pr. 53 M.

Mit der 2. gänzlich neu verfassten Auflage des Lehrbuchs der Petrographie von Dr. Ferdinand Zirkel, welches im Lauf der letzten Jahre in 3 Bänden von insgesammt 2619 Seiten erschienen ist, wird uns das umfassendste Handbuch dieser Wissenschaft geboten. Nur derjenige, welcher sich intensiver mit der Petrographie beschäftigt hat, wer die Fülle der Litteratur dieser Wissenschaft kennt, ist in der Lage, die immense Arbeit zu beurtheilen, welche in einem derartigen Werke angesammelt ist. Von dem Umfange der einschlägigen Litteratur kann man sich einen Begriff machen, wenn man die seitenlangen, den einzelnen Abschnitten des Werkes angefügten Litteratur-Verzeichnisse einsieht; die Litteratur hat nachgerade einen derartigen Umfang angenommen, dass es fast unmöglich erscheint, alle Zweige und Hülfswissenschaften dieser Materie zu beherrschen, gleichzeitig genauer Kenner der alten und der jungen Eruptivgesteine, der krystallinischen Schiefer, der Sedimente zu sein, den Inhalt aller der nach Hunderten zählenden Publikationen zu beherrschen, welche häufig sehr weitläufig und compendiös verfasst, nur einzelne verstreute bemerkenswerthe Resultate enthalten, die werth sind, in einem Handbuch der Petrographie Erwähnung zu finden. Aber alle die verschiedenen Zweige der Wissenschaft finden wir in Zirkel's Handbuch mit gleicher Liebe und Wärme behandelt, alle irgend bemerkenswerthen Resultate irgend welcher Special-Publikationen sind in mühevoller Arbeit gesammelt worden und finden sich mit Quellenangabe an geeigneter Stelle in dem Werke erwähnt, so dass man mit diesem Handbuch ausgerüstet in der Lage ist, ohne irgend welche weitere Belehrung das Studium der Petrographie zu betreiben und sich über die einschlägige Litteratur auf's genaueste zu unterrichten.

Der Haupt-Schwerpunkt des Werkes liegt in den Kapiteln, welche die Eruptivgesteine und die dieselben zusammensetzenden Mineralien behandeln. Für die Zwecke dieser Zeitschrift interessiren dagegen mehr die im 3. Bande des Werkes enthaltenen Kapitel, in welchen auch verschiedene technisch verwendbare Fossilien zu eingehenderer Behandlung kommen. So ist unter der Rubrik „Krystallinische Schiefer" der Smirgel und der Graphit besonders interessant: unter der Rubrik „Krystallinische oder nicht-klastische Sedimentgesteine" besonders die Erzgesteine (Eisenglimmerschiefer, Rotheisenstein und Eisenglanz, Brauneisenstein, Eisenoolith, Bohnerz, Eisenspath, Magneteisenstein) und die Kohlengesteine (Anthracit, Steinkohle, Braunkohle und Torf). An die Kohlengesteine anschliessend finden wir einen Abschnitt über die Structur und Bildung der Kohlen und die anhangsweise Behandlung von Asphalt, flüssigen Erdölen, Brandschiefer, Guano.

Bei der Behandlung der Kohlengesteine verdient besonders die Uebersicht über die Vorkommen der Stein- und Braunkohle hervorgehoben zu werden, welche sich wohl in keinem anderen einschlägigen Werke mit ähnlicher Uebersichtlichkeit, Genauigkeit und gedrängter Kürze wiederfinden dürfte. Ausserordentlich lehrreich ist auch die Zusammenstellung der Forschungsergebnisse über die Structur und die Bildungsweise der Kohlen; auf diese beiden Abschnitte werden wir noch ausführlich zurückkommen.             *F. A. H.*

## Vereins- u. Personennachrichten.

### Deutsche geologische Gesellschaft. Berlin.

*Sitzung vom 6. November 1895.*

Dr. Passarge: Die geologischen Verhältnisse von Adamaua.

Dr. Zimmermann: Ueber Zechstein am Thüringerwalde südöstlich von Eisenach (Section Wutha).

*Sitzung vom 4. Dezember 1895.*

Dr. Ebert: Ueber die stratigraphischen Ergebnisse der neueren Tiefbohrungen in Oberschlesien.

Dr. Thiessen: Ueber Nautilus.

Dr. Keilhack: Ueber Geikie's 6 Eiszeiten.

Dr. Wilhelm Müller habilitirte sich für Mineralogie und Geologie an der technischen Hochschule zu Charlottenburg-Berlin und übernahm für das laufende Wintersemester die Vertretung des für ein halbes Jahr beurlaubten Professor Dr. Hirschwald.

Dr. A. Schenck, Privatdocent an der Universität in Halle, ist in Anerkennung seiner Verdienste um die geologische Erforschung Südafrikas zum Ehrenmitglied der Geological Society of South Africa zu Johannesburg (s. S. 184 u. 391) ernannt worden.

Bergassessor Schmitz-Dumont geht mit 2jährigem Urlaub als staatlicher Bergwerksinspector nach Transvaal.

W. S. Strong, Professor der Geologie an der Universität Colorado, wurde an das Bates College berufen.

Gestorben: Dr. Albert E. Foote, Mineralog und Mineralienhändler, am 10. Oktober in Philadelphia im Alter von 48 Jahren.

Berghauptmann Wenzel Radimsky, Geolog und Archäolog, Leiter der mineralogisch-geologischen Sammlungen des bosnisch-herzegovinischen Landesmuseums, am 27. Oktober in Serajewo im Alter von 64 Jahren.

Professor der Geologie George W. Dawson am 10. November in Halifax, Neu-Schottland.

Antiquariatskatalog No. 529 von K. F. Köhler's Antiquarium in Leipzig, Kurprinzstrasse 6, zeigt auf 103 Seiten und in 2619 Nummern Schriften aus dem Gebiete der Mineralogie, Krystallographie, Geologie, Paläontologie, des Bergbaus und der Hüttenkunde an und enthält u. a. die Bibliothek des am 21. Februar d. J. verstorbenen Geh. Oberbergrath Otto von Roenne.

---

### Berichtigungen.

S. 64 r. Z. 3 v. u. lies „Giura" statt „guira".
- 64 l. - 11 v. o. - „Turati" statt „Turato".
- 65 l. - 23 v. o. - „Ponzate" statt „Ponsate".
- 65 l. - 25 v. o. - „Caslino" statt „Carlino".
- 65 r. - 20 v. o. - „Bellagio" st. „Bellaggio".
- 99 r. - 11 v. u. - „bis zu" statt „und".
- 115 r. - 17 v. u. - „Klein" statt „kleinen".
- 116 r. - 28 v. u. - „sie" statt „es".
- 117 l. - 4 v. o. - „Unseburg" statt „Merseburg".
- 117 l. - 33 v. o. - „hat" statt „haben".
- 118 l. - 29 v. o. - „in Folge einer" statt „durch eine".
- 119 l. - 22 v. u. - „NNO nach SSW" statt „NO nach SW".
- 120 l. - 6 v. u. - „in" statt „an".
- 121 l. - 3 v. u. - „628" statt „640".
- 123 r. - 19 v. o. - „Osten" statt „Westen".
- 162 r. - 11 v. u. - „John" statt „Sohn".
- 218 r. - 26 v. u. - „Ytre" statt „Itre".
- 267 r. - 7 v. u. - „abgeschrittenen" statt „abgeschnittenen".
- 272 Fig. 59 setze an die Diopter $D_2$ unten rechts die Buchstaben $A_1$ und $A_2$.
- 274 l. Z. 8 v. u. lies „mittleren" st. „mittelbaren".
- 274 Fig. 60 setze an die beiden Seiten der Figur a (unten) und b (rechts).
- 336 l. Z. 3 v. o. lies „wird" statt „werden".
- 337 l. - 6 v. u. - „180°-Spiegel oder das Spiegelkreuz" statt „180°- oder Einschaltungsspiegel".
- 378 l. Z. 9 v. u. lies „oder" statt „und".
- 464 r. Z. 16 v. u. lies „Tanga" statt „Tanger".

---

*Schluss des Heftes: 5. Dezember 1895.*

# Orts-Register.

# Sach-Register.

# Autoren-Register.

Die Buchstaben A, B, R, L, N, P hinter den Seitenzahlen zeigen die Rubrik an und bedeuten:
Abhandlung, Briefliche Mittheilung, Referat, Litteratur, Notiz, Personennachricht.

---

d'Achiardi 88 L.
Agamennone 224 P.
Arrhenius 352 P.
Arzruni 144 P.
Auerhahn 224 P.
Ball 304 P.
Baltzer 390 P.
Bannizza 462 L.
Bartonec 180 L.
Bauer, H. E. 290 N.
Bauer, M. 349 L.
Baumann 304 P.
Beck 224, 352 P.
Becker, H. 64, 241 B.
Becker, G. 264 P, 302 N.
Beermann 392 P.
Behaghel 391 P.
Behme 385 L.
Bergeat 224 P.
Bergt 304 P.
v. Berlepsch 181 N.
Beushausen 144, 264, 304 P.
Beyrich 431 P.
Beyschlag, 1 A, 264, 304, 390 P, 498 R.
Binder 364 L.
Bischof 502 L.
Bitto 88 L.
Blake, J. F. 224 P.
Blake, W. P. 298 N.
Blanckenhorn 463 L, 391 P.
Blankenhorn 390 P.
Blayac 141 L.
Blees 392 P.
Bodenbender 137, 295 R.
Böhm 351 P.
Bonaparte 351 P.
Borlase 139 R.
Bornhardt 391 P.
Branco 96, 464 P.
Brand 352 P.
Brandes 301 N.
Brathuhn 88, 463 L.
Brauns 224 P.
Brehmer 352 L.
Brockhaus 349 L.
Brögger 42 L, 301 N.
Broja 216 L.
Brongniart 301 N.
Brown, H. Y. 96 P.
Brown, A. P. 108 R.
Browne, R. E. 292 N.
v. Buch 432 P.
Buchanan 48 P.
Buchrucker 393 A.

Bücking 386.
Büttgenbach 133A, 204B.
Cabolet 351 N.
Canaval 257 L.
van Capellen 502 L.
Carnot 264 P.
Carter 464 P.
Carthaus 80, 240 B.
Castendyk 96 P.
Chalmers 463 L.
Chaper 85 R.
Chapmann 464 P.
Chewings 42 L.
Chrustchoff 48 P, 183 N.
Cloizeaux 352 P.
Cornet 91 P.
de Costa Sena 45 N.
Cox 304 P.
Credner 392 P, 462 R.
Cremer 165 R.
Dall 264 P, 302 N.
Dalmer 228 A.
Dames 351 P.
Dana 224, 262 P.
Dathe 47, 390 P.
David 87 R.
Dawson 304, 504 P.
Day 42 L.
Deetken 482 P.
Delafond 48 L.
De Munck 260 N.
Denckmann 144 P.
Deperet 43 L.
Dickson 391 P.
Döltz 430 P.
Dove 349 L.
Draghicenu 257 L.
Draper 43, 88 L, 184 P, 217 N, 391 P.
Du Pasquier 224, 351 P.
Dupont 88 L.
Dusén 391 P.
Eaton 96 P.
Eberdt 10 A.
Ebert 304, 504 P.
Eck 390 P.
Ehstam 304 P.
Elliot 427 L.
Engel 430 P.
Engler 346 R.
Exton 264 P.
Ewald 431 P.
Feisseyne 391 P.
Fiebelkorn 354, 379, 396 A, 469 B.
Finsterwalder 351 P.
Fischer 143 N.

Fitch 304 P.
Foehr 64 P.
Förster 429 N.
Foote 504 P.
Forel 351 P.
Foster 428 L.
Fraas 390 P.
Franzenau 44 N.
Frech 304 P.
Freund 430 P.
Frič 386 L.
Futterer 78, 80 R, 88 L, 264 P.
Gaebler 43 L.
Gaetzschmann 144, 184P.
Gary 96 P.
Geikie 224 P.
Geinitz 48 P.
Gentsch 220 N.
Géza Teleky 392 P.
Gibson 391 P.
Gilbert 92 N.
Gill 391 P.
Glinzer 219 N.
Goering 391 P.
Goerz 259 N.
Goldmann 463 L.
Gottsche 352 P.
Graebtin 96 P.
Gredler 468 L.
Greim 180 L.
v. Gümbel 90 L, 392 P.
Gürich 390 P.
Guilmin 429 N.
Gulischambarow 219 N.
Gutzwiller 257 L.
Haas 43 L, 352 L.
Hall 351 P.
Harada 144 P.
Hatch 463 L.
v. Haushofer 48 P.
Hantefeuille 144 P.
Hayes 294 R.
Hazard 143 N.
Heim 257 L.
Henschel 224 P.
Herrmann 161, 433 A.
Heydecke 43 L.
Hill 87 R.
Hirschwald 504 P.
Hisserich 43 L.
Hoffmann, F. A., 229 A, 370 A, 431 P, 462 R.
Höfer 45 N.
Hofmann 502 L.
Holzapfel 388 N.
Howell 431 P.

Hubbard 463 L.
Hübner 90 L.
Hueck 430 P.
Hulk 144 P.
Hundt 156 A.
Hussak 47 P.
Huxley 352 P.
Ingalls 216 L.
Inostranzev 96 P.
Jaccard 48 P, 216 L.
Jacobsohn 463 L.
Jacquot 90 L.
Jaekel 47, 188, 224, 390, 464 P.
Johnstrup 48, 304 P.
Jordan 297 L.
Kahle 49, 265, 382, 484 A.
v. Kalecsinszky 216 L.
Katzer 294 R.
Kayser, E., 390 P.
Kayser, H., 430 N.
Keilhack 47 P, 125 A, 387 N, 504 P.
Kemp 293 P.
Kersten 391 P.
Klebs 180, 428 L.
Klemm 398 P.
Klipstein 224 P.
Klittke 185, 235, 278, 340, 415 A.
Klockmann 35 R, 463 L.
Kloos 115 A, 216 L.
Klüpfel 502 L.
Koch 219 N.
Köhler 463 L.
v. Koenen 390, 464 P.
Körting 430 P.
Kötter 304 P.
Koken 224 P.
Kosmann 142 N, 144, 302, 431 P.
Krabler 430 P.
Krahmann 392 P.
Kralic 141 L.
Kraus 303 P.
Krenner 91 N.
Kreutz 297 L.
Krüss 96 P.
Küntzel 297 L.
Langerhans 182 N.
Langsdorff 365 A, 383 R.
Laspeyres 502 L.
Laube 386 L.
Laur 43 L.
Legrand 257 L.
Lehzen 218 N.

Verlag von Julius Springer in Berlin N. — Druck von Gustav Schade (Otto Francke) in Berlin N.

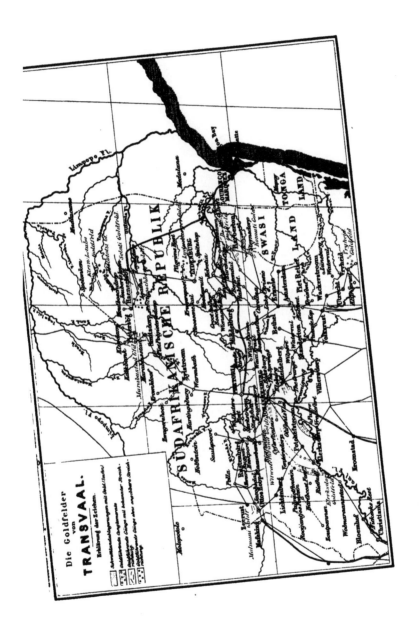

Die Goldfelder
von
TRANSVAAL.

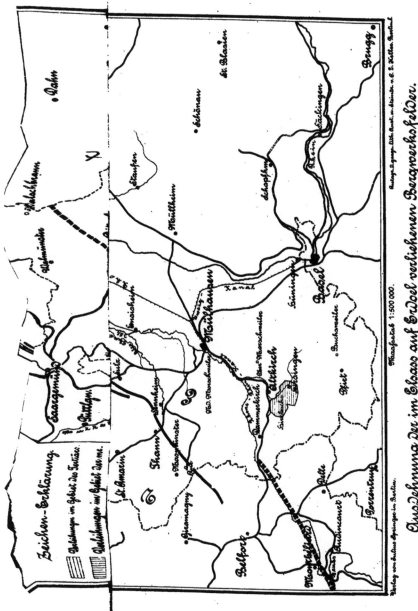

Ausdehnung der im Elsass auf Erdöl verliehenen Bergwerksfelder.

# Aus der geologischen Uebersichtskarte des Polzengebietes

von

## G. C. Laube.

Massstab 1 : 225 000.

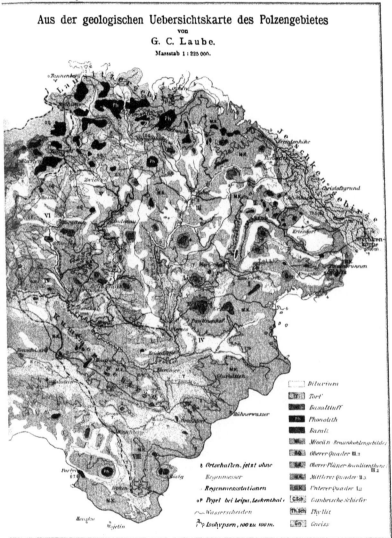

| | | |
|---|---|---|
| | | *Diluvium* |
| | Torf | *Torf* |
| | | *Basalttuff* |
| | Ph | *Phonolith* |
| | | *Basalt* |
| | M.K. | *Miocän Braunkohlengebilde* |
| | O.Q. | *Oberer Quader III.3* |
| | O.P. | *Oberer Pläner-Baculitenthone III.2* |
| | M.K. | *Mittlerer Quader II.3* |
| | U.K. | *Unterer Quader I.2* |
| ⸬ *Ortschaften, jetzt ohne* | C.Sch | *Cambrische Schiefer* |
| ⸬ *Regenmesser* | | |
| ⸬ *Regenmessstationen* | Th.Sch | *Phyllit* |
| o⁰ *Pegel bei Leipa, Leskenthal* | Gn | *Gneiss* |
| ⌇ *Wasserscheiden* | | |
| ⸬ *Isohypsen , 100 zu 100 m.* | | |

Verlag von Julius Springer in Berlin

# Zeitschrift für praktische Geologie

## mit besonderer Berücksichtigung der Lagerstättenkunde.

Unter ständiger Mitwirkung von

Dr. **Fr. Beyschlag**, Landesgeolog in Berlin, Prof. Dr. **E. Hussak**, Staatsgeolog in São Paulo, Brasilien,
Prof. Dr. **F. Klockmann** in Clausthal, Oberbergrath Prof. **Köhler** in Clausthal, Dr. **B. Lotti**, Ingenieur und
Geolog in Rom, Prof. Dr. **A. Schmidt** in Heidelberg, Prof. Dr. **A. Schrauf** in Wien, Ingenieur Dr. **F. M. Stapff**
in Weissensee b. Berlin, Bergrath Prof. Dr. **A. W. Stelzner** in Freiberg i. S., Prof. **J. H. L. Vogt** in Kristiania,
Markscheider **H. Werneke** in Dortmund u. a.

| Bestellungen nehmen alle Buchhandlungen und Postanstalten an. Preis des Jahrgangs von 12 Heften M. 18,—. | herausgegeben von **Max Krahmann.** *Verlag von Julius Springer in Berlin N.* | Anzeigen finden zum Preise von 50 Pf. für die Petitzeile Aufnahme. Bei Wiederholungen Rabatt. |

**Heft 1.**     **Januar 1895.**     **Jahrgang 1895.**

Die
## Zeitschrift für praktische Geologie

berichtet in Original-Beiträgen, Referaten, Litteratur-Nachweisungen, Notizen etc. über die Fortschritte und Resultate der geologischen Landesaufnahmen aller Länder, erörtert die praktischen Aufgaben, Anwendungen und Methoden der geologischen Forschung, bringt Beschreibungen von Lagerstätten nutzbarer Mineralien jeder Art, und zwar unter besonderer Berücksichtigung der Bauwürdigkeit und der Productionsverhältnisse, und macht über alle wichtigeren neuen Aufschlüsse derselben, namentlich soweit sie wissenschaftlich oder wirthschaftlich von Interesse sind, zuverlässige Mittheilungen.

Beiträge werden gut honorirt und wie alle für die Redaktion bestimmten Mittheilungen, Sonderabzüge, Recensionsexemplare u. s. w. erbeten unter der Adresse des Herausgebers

*Max Krahmann,* Bergingenieur
Wetzlar, Rheinprovinz.

erscheint in monatlichen Heften von etwa 40 Seiten mit Uebersichtskarten, Profiltafeln u. s. w. und kann durch den Buchhandel, die Post (Post-Zeitungs-Preisliste No. 7721) oder auch von der Verlagshandlung zum Preise von M. 18,— für den Jahrgang bezogen werden.

Anzeigen betreffend Litteratur, Sammlungen, Tiefbohrungen, Bergwerks-Maschinen und sonstige Montan-Bedarfsartikel werden von der Verlagshandlung sowie von allen soliden Annoncenbureaux zum Preise von 50 Pf. für die einmal gespaltene Petitzeile aufgenommen und finden die Aufmerksamkeit eines gewählten Leserkreises.

Bei 3 6 12 maliger Wiederholung
kostet die Zeile 45 40 30 Pf.

Beilagen werden nach Vereinbarung beigefügt.

*Verlagsbuchhandlung von Julius Springer*
in Berlin N., Monbijouplatz 3.

### Inhalt.

*(Schluss des Heftes: 10. Januar 1895.)*

### Orts-Register.

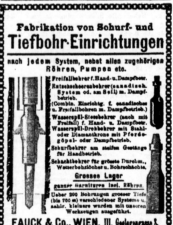

# Zeitschrift für praktische Geologie

## mit besonderer Berücksichtigung der Lagerstättenkunde.

Unter ständiger Mitwirkung von

Dr. **Fr. Beyschlag**, Landesgeolog in Berlin, Prof. Dr. **E. Hussak**, Staatsgeolog in São Paulo, Brasilien, Dr. **K. Keilhack**, Landesgeolog in Berlin, Prof. Dr. **F. Klockmann** in Clausthal, Oberbergrath Prof. **Köhler** in Clausthal, Prof. **L. De Launay** in Paris, Dr. **B. Lotti**, Ingenieur und Geolog in Rom, Prof. Dr. **A. Schmidt** in Heidelberg, Prof. Dr. **A. Schrauf** in Wien, Ingenieur Dr. **F. M. Stapff** in Weissensee b. Berlin, Bergrath Prof. Dr. **A. W. Stelzner** in Freiberg i. S., Prof. **J. H. L. Vogt** in Kristiania, Markscheider **H. Werneke** in Dortmund u. a.

herausgegeben

von

## Max Krahmann.

Bestellungen nehmen alle Buchhandlungen und Postanstalten an. Preis des Jahrgangs von 12 Heften M. 18,—.

*Verlag von Julius Springer in Berlin N.*

Anzeigen finden zum Preise von 50 Pf. für die Petitzeile Aufnahme. Bei Wiederholungen Rabatt.

| Heft 2. | Februar 1895. | Jahrgang 1895. |
|---|---|---|

### Die Zeitschrift für praktische Geologie

berichtet in Original-Beiträgen, Referaten, Litteratur-Nachweisungen, Notizen etc. über die Fortschritte und Resultate der geologischen Landesaufnahmen aller Länder, erörtert die praktischen Aufgaben, Anwendungen und Methoden der geologischen Forschung, bringt Beschreibungen von Lagerstätten nutzbarer Mineralien jeder Art, und zwar unter besonderer Berücksichtigung der Bauwürdigkeit und der Productionsverhältnisse, und macht über alle wichtigeren neuen Aufschlüsse derselben, namentlich soweit sie wissenschaftlich oder wirthschaftlich von Interesse sind, zuverlässige Mittheilungen.

Beiträge werden gut honorirt und wie alle für die Redaktion bestimmten Mittheilungen, Sonderabzüge, Recensionsexemplare u. s. w. erbeten unter der Adresse des Herausgebers

*Max Krahmann*, Bergingenieur Wetzlar, Rheinprovinz.

erscheint in monatlichen Heften von etwa 40 Seiten mit Uebersichtskarten, Profiltafeln u. s. w. und kann durch den Buchhandel, die Post (Post-Zeitungs-Preisliste No. 7721) oder auch von der Verlagshandlung zum Preise von M. 18,— für den Jahrgang bezogen werden.

Anzeigen betreffend Litteratur, Sammlungen, Tiefbohrungen, Bergwerks-Maschinen und sonstige Montan-Bedarfsartikel werden von der Verlagshandlung sowie von allen soliden Annoncenbureaux zum Preise von 50 Pf. für die einmal gespaltene Petitzeile aufgenommen und finden die Aufmerksamkeit eines gewählten Leserkreises.

Bei 3 6 12 maliger Wiederholung kostet die Zeile 45 40 30 Pf.

Beilagen werden nach Vereinbarung beigefügt.

*Verlagsbuchhandlung von Julius Springer* in Berlin N., Monbijouplatz 3.

### Inhalt.

*(Schluss des Heftes: 4. Februar 1895.)*

### Orts-Register.

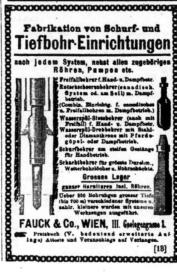

# Zeitschrift für praktische Geologie

## mit besonderer Berücksichtigung der Lagerstättenkunde.

Unter ständiger Mitwirkung von

Dr. **Fr. Beyschlag**, Landesgeolog in Berlin, Prof. Dr. **E. Hussak**, Staatsgeolog in São Paulo, Brasilien, Dr. **K. Keilhack**, Landesgeolog in Berlin, Prof. Dr. **F. Klockmann** in Clausthal, Oberbergrath Prof. **Köhler** in Clausthal, Prof. **L. De Launay** in Paris, Dr. **B. Lotti**, Ingenieur und Geolog in Rom, Prof. Dr. **A. Schmidt** in Heidelberg, Prof. Dr. **A. Schrauf** in Wien, Ingenieur Dr. **F. M. Stapff** in Weissensee b. Berlin, Bergrath Prof. Dr. **A. W. Stelzner** in Freiberg i. S., Prof. **J. H. L. Vogt** in Kristiania, Markscheider H. **Werneke** in Dortmund u. a.

herausgegeben
von
**Max Krahmann.**

Bestellungen nehmen alle Buchhandlungen und Postanstalten an. Preis des Jahrgangs von 12 Heften M. 15,—.

Anzeigen finden zum Preise von 50 Pf. für die Petitzeile Aufnahme. Bei Wiederholungen Rabatt.

*Verlag von Julius Springer in Berlin N.*

| Heft 3. | März 1895. | Jahrgang 1895. |

Die
## Zeitschrift für praktische Geologie

berichtet in Original-Beiträgen, Referaten, Litteratur-Nachweisungen, Notizen etc. über die Fortschritte und Resultate der geologischen Landesaufnahmen aller Länder, erörtert die praktischen Aufgaben, Anwendungen und Methoden der geologischen Forschung, bringt Beschreibungen von Lagerstätten nutzbarer Mineralien jeder Art, und zwar unter besonderer Berücksichtigung der Bauwürdigkeit und der Productionsverhältnisse, und macht über alle wichtigeren neuen Aufschlüsse derselben, namentlich soweit sie wissenschaftlich oder wirthschaftlich von Interesse sind, zuverlässige Mittheilungen.

Beiträge werden gut honorirt und wie alle für die Redaktion bestimmten Mittheilungen, Sonderabzüge, Recensionsexemplare u. s. w. erbeten unter der Adresse des Herausgebers

*Max Krahmann,* Bergingenieur
Wetzlar, Rheinprovinz.

erscheint in monatlichen Heften von etwa 40 Seiten mit Uebersichtskarten, Profiltafeln u. s. w. und kann durch den Buchhandel, die Post (Post-Zeitungs-Preisliste No. 7721) oder auch von der Verlagshandlung zum Preise von M. 15,— für den Jahrgang bezogen werden.

Anzeigen betreffend Litteratur, Sammlungen, Tiefbohrungen, Bergwerks-Maschinen und sonstige Montan-Bedarfsartikel werden von der Verlagshandlung sowie von allen soliden Annoncenbureaux zum Preise von 50 Pf. für die einmal gespaltene Petitzeile aufgenommen und finden die Aufmerksamkeit eines gewählten Leserkreises.

Bei 3 6 12 maliger Wiederholung
kostet die Zeile   45   40   30 Pf.
Beilagen werden nach Vereinbarung beigefügt.

*Verlagsbuchhandlung von Julius Springer*
in Berlin N., Monbijouplatz 3.

---

### Inhalt.

*(Schluss des Heftes: 26. Februar 1895.)*

---

### Orts-Register.

# Verzeichniss der Vorlesungen und Uebungen,

welche auf der

## Königlichen Bergakademie zu Berlin

im Sommersemester 1895 (vom 22. April bis 27. Juli) gehalten werden.

**Professor Franke:** Bergbaukunde II. Theil, unter besonderer Berücksichtigung der Wetterlehre, Darstellung der Presskohlen, Salinenkunde. **Geheimer Bergrath Professor Kerl:** Metallhüttenkunde, Löthrohrprobirkunst. **Dr. Pufahl:** Allgemeine Probirkunst, Technische Gasanalyse unter besonderer Berücksichtigung des Bergbaus, Elektrometallurgie. **Geheimer Bergrath Professor Dr. Wedding:** Eisenhüttenkunde, Eisenprobirkunst. **Professor Schneider:** Aufbereitung, Markscheide- und Messkunst II. Theil, Praktische Uebungen in der Markscheide- und Messkunst. **Professor Hörmann:** Mechanik, Maschinenlehre, Bergwerks- und Hüttenmaschinen, Metallurgische Technologie. **Geheimer Bergrath Gebauer:** Bauconstructionslehre. **Regierungsrath Brelow:** Unterricht im Zeichnen und Construiren, Darstellende Geometrie. **Geheimer Oberbergrath Eskens:** Bergrecht. **Bergassessor Haber:** Wirthschaftliche Verhältnisse des Bergwerks- und Hüttenbetriebes in Preussen und Deutschland. **Bezirksgeologe Dr. Scheibe:** Mineralogie, Mineralogische Uebungen. **Hülfsgeologe Dr. Potonié:** Die Flora der älteren Formationen. **Dr. Kötter:** Integralrechnung, Analytische Geometrie des Raumes, Mathematisches Repetitorium. **Professor Dr. Finkener:** Qualitative und quantitative Uebungen im Laboratorium für Mineral-Analyse, Repetitorium über Mineral-Analyse.       [57]

# Zeitschrift für praktische Geologie

## mit besonderer Berücksichtigung der Lagerstättenkunde.

Unter ständiger Mitwirkung von

Dr. **Fr. Beyschlag**, Landesgeolog in Berlin, Prof. Dr. **E. Hussak**, Staatsgeolog in São Paulo, Brasilien, Dr. **K. Keilhack**, Landesgeolog in Berlin, Prof. Dr. **F. Klockmann** in Clausthal, Oberbergrath Prof. **Köhler** in Clausthal, Prof. **L. De Launay** in Paris, Dr. **B. Lotti**, Ingenieur und Geolog in Rom, Prof. Dr. **A. Schmidt** in Heidelberg, Prof. Dr. **A. Schrauf** in Wien, Ingenieur Dr. **F. M. Stapff** in Weissensee b. Berlin, Prof. **J. H. L. Vogt** in Kristiania, Markscheider **H. Werneke** in Dortmund u. a.

herausgegeben
von
### Max Krahmann.

*Verlag von Julius Springer in Berlin N.*

Bestellungen nehmen alle Buchhandlungen und Postanstalten an. Preis des Jahrgangs von 12 Heften M. 18,—.

Anzeigen finden zum Preise von 50 Pf. für die Petitzeile Aufnahme. Bei Wiederholungen Rabatt.

**Heft 4.**      **April 1895.**      Jahrgang 1895.

Die **Zeitschrift für praktische Geologie**

berichtet in Original-Beiträgen, Referaten, Litteratur-Nachweisungen, Notizen etc. über die Fortschritte und Resultate der geologischen Landesaufnahmen aller Länder, erörtert die praktischen Aufgaben, Anwendungen und Methoden der geologischen Forschung, bringt Beschreibungen von Lagerstätten nutzbarer Mineralien jeder Art, und zwar unter besonderer Berücksichtigung der Bauwürdigkeit und der Productionsverhältnisse, und macht über alle wichtigeren neuen Aufschlüsse derselben, namentlich soweit sie wissenschaftlich oder wirthschaftlich von Interesse sind, zuverlässige Mittheilungen.

Beiträge werden gut honorirt und wie alle für die Redaktion bestimmten Mittheilungen, Sonderabzüge, Recensionsexemplare u. s. w. erbeten unter der Adresse des Herausgebers

*Max Krahmann*, Bergingenieur
Wetzlar, Rheinprovinz.

erscheint in monatlichen Heften von etwa 40 Seiten mit Uebersichtskarten, Profiltafeln u. s. w. und kann durch den Buchhandel, die Post (Post-Zeitungs-Preisliste No. 7791) oder auch von der Verlagshandlung zum Preise von M. 18,— für den Jahrgang bezogen werden.

Anzeigen betreffend Litteratur, Sammlungen, Tiefbohrungen, Bergwerks-Maschinen und sonstige Montan-Bedarfsartikel werden von der Verlagshandlung sowie von allen soliden Annoncenbureaux zum Preise von 50 Pf. für die einmal gespaltene Petitzeile aufgenommen und finden die Aufmerksamkeit eines gewählten Leserkreises.

Bei   3   6   12 maliger Wiederholung kostet die Zeile   45   40   30 Pf.

Beilagen werden nach Vereinbarung beigefügt.

*Verlagsbuchhandlung von Julius Springer* in Berlin N., Monbijouplatz 3.

## Inhalt.

## Orts-Register.

# Zeitschrift für praktische Geologie

## mit besonderer Berücksichtigung der Lagerstättenkunde.

Unter ständiger Mitwirkung von

Dr. Fr. Beyschlag, Landesgeolog in Berlin, Prof. Dr. E. Hussak, Staatsgeolog in São Paulo, Brasilien, Dr. K. Kellhack, Landesgeolog in Berlin, Prof. Dr. F. Klockmann in Clausthal, Oberbergrath Prof. Köhler in Clausthal, Prof. L. De Launay in Paris, Dr. B. Lotti, Ingenieur und Geolog in Rom, Prof. Dr. A. Schmidt in Heidelberg, Prof. Dr. A. Schrauf in Wien, Ingenieur Dr. F. M. Stapff in Weissensee b. Berlin, Prof. J. H. L. Vogt in Kristiania, Markscheider H. Werneke in Dortmund u. a.

herausgegeben von

### Max Krahmann.

Bestellungen nehmen alle Buchhandlungen und Postanstalten an. Preis des Jahrgangs von 12 Heften M. 18,—.

*Verlag von Julius Springer in Berlin N.*

Anzeigen finden zum Preise von 50 Pf. für die Petitzeile Aufnahme. Bei Wiederholungen Rabatt.

| Heft 5. | Mai 1895. | Jahrgang 1895. |
| --- | --- | --- |

Die **Zeitschrift für praktische Geologie**

berichtet in Original-Beiträgen, Referaten, Litteratur-Nachweisungen, Notizen etc. über die Fortschritte und Resultate der geologischen Landesaufnahme aller Länder, erörtert die praktischen Aufgaben, Anwendungen und Methoden der geologischen Forschung, bringt Beschreibungen von Lagerstätten nutzbarer Mineralien jeder Art, und zwar unter besonderer Berücksichtigung der Bauwürdigkeit und der Productionsverhältnisse, und macht über alle wichtigeren neuen Aufschlüsse derselben, namentlich soweit sie wissenschaftlich oder wirthschaftlich von Interesse sind, zuverlässige Mittheilungen.

Beiträge werden gut honorirt und wie alle für die Redaktion bestimmten Mittheilungen, Sonderabzüge, Recensionsexemplare u. s. w. erbeten unter der Adresse des Herausgebers

*Max Krahmann*, Bergingenieur
Wetzlar, Rheinprovinz.

erscheint in monatlichen Heften von etwa 40 Seiten mit Uebersichtskarten, Profiltafeln u. s. w. und kann durch den Buchhandel, die Post (Post-Zeitungs-Preisliste No. 7721) oder auch von der Verlagshandlung zum Preise von M. 18,— für den Jahrgang bezogen werden.

Anzeigen betreffend Litteratur, Sammlungen, Tiefbohrungen, Bergwerks-Maschinen und sonstige Montan-Bedarfsartikel werden von der Verlagshandlung sowie von allen soliden Annoncenbureaux zum Preise von 50 Pf. für die einmal gespaltene Petitzeile aufgenommen und finden die Aufmerksamkeit eines gewählten Leserkreises.

Bei 3 6 12 maliger Wiederholung

kostet die Zeile 45 40 30 Pf.

Beilagen werden nach Vereinbarung beigefügt.

*Verlagsbuchhandlung von Julius Springer*
in Berlin N., Monbijouplatz 3.

## Inhalt.

*(Schluss des Heftes: 24. April 1895.)*

## Orts-Register.

# Zeitschrift für praktische Geologie

## mit besonderer Berücksichtigung der Lagerstättenkunde.

Unter ständiger Mitwirkung von

Dr. Fr. Beyschlag, Landesgeolog in Berlin, Prof. Dr. E. Hussak, Staatsgeolog
in São Paulo, Brasilien, Dr. K. Kellhack, Landesgeolog in Berlin, Prof. Dr. F. Klockmann in Clausthal,
Oberbergrath Prof. Köhler in Clausthal, Prof. L. De Launay in Paris, Dr. B. Lotti, Ingenieur und Geolog
in Rom, Prof. Dr. A. Schmidt in Heidelberg, Prof. Dr. A. Schrauf in Wien, Ingenieur Dr. F. M. Stapff
in Weissensee b. Berlin, Prof. J. H. L. Vogt in Kristiania, Markscheider H. Werneke in Dortmund u. a.

herausgegeben
von
**Max Krahmann.**

*Verlag von Julius Springer in Berlin N.*

Bestellungen
nehmen alle Buchhandlungen
und Postanstalten an.
Preis des Jahrgangs von
12 Heften M. 18,—.

Anzeigen
finden zum Preise von 50 Pf.
für die Petitzeile Aufnahme.
Bei Wiederholungen
Rabatt.

**Heft 6.** | **Juni 1895.** | **Jahrgang 1895.**

Die
## Zeitschrift für praktische Geologie

berichtet in Original-Beiträgen, Referaten, Litteratur-Nachweisungen, Notizen etc. über die Fortschritte und Resultate der geologischen Landesaufnahmen aller Länder, erörtert die praktischen Aufgaben, Anwendungen und Methoden der geologischen Forschung, bringt Beschreibungen von Lagerstätten nutzbarer Mineralien jeder Art, und zwar unter besonderer Berücksichtigung der Bauwürdigkeit und der Produktionsverhältnisse, und macht über alle wichtigeren neuen Aufschlüsse derselben, namentlich soweit sie wissenschaftlich oder wirthschaftlich von Interesse sind, zuverlässige Mittheilungen.

Beiträge werden gut honorirt und wie alle für die Redaktion bestimmten Mittheilungen, Sonderabzüge, Recensionsexemplare u. s. w. erbeten unter der Adresse des Herausgebers

*Max Krahmann,* Bergingenieur
Wetzlar, Rheinprovins.

erscheint in monatlichen Heften von etwa 40 Seiten mit Uebersichtskarten, Profiltafeln u. s. w. und kann durch den Buchhandel, die Post (Post-Zeitungs-Preisliste No. 7721) oder auch von der Verlagshandlung zum Preise von M. 18,— für den Jahrgang bezogen werden.

Anzeigen betreffend Litteratur, Sammlungen, Tiefbohrungen, Bergwerks-Maschinen und sonstige Montana-Bedarfsartikel werden von der Verlagshandlung sowie von allen soliden Annoncenbureaux zum Preise von 50 Pf. für die einmal gespaltene Petitzeile aufgenommen und finden die Aufmerksamkeit eines gewählten Leserkreises.

Bei 3 6 12 maliger Wiederholung
kostet die Zeile 45 40 30 Pf.
Beilagen werden nach Vereinbarung beigefügt.
*Verlagsbuchhandlung von Julius Springer*
in Berlin N., Monbijouplatz 3.

## Inhalt.

*(Schluss des Heftes: 22. Mai 1895.)*

## Orts-Register.

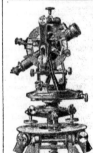

# Zeitschrift für praktische Geologie

## mit besonderer Berücksichtigung der Lagerstättenkunde.

Unter ständiger Mitwirkung von

Dr. **Fr. Beyschlag**, Landesgeolog in Berlin, Prof. Dr. **E. Hussak**, Staatsgeolog in São Paulo, Brasilien, Dr. **K. Keilhack**, Landesgeolog in Berlin, Prof. Dr. **F. Klockmann** in Clausthal, Oberbergrath Prof. **Köhler** in Clausthal, Prof. **L. De Launay** in Paris, Dr. **B. Lotti**, Ingenieur und Geolog in Rom, Prof. Dr. **A. Schmidt** in Heidelberg, Prof. Dr. **A. Schrauf** in Wien, Ingenieur Dr. **F. M. Stapff** in Weissensee b. Berlin, Prof. **J. H. L. Vogt** in Kristiania, Markscheider **H. Werneke** in Dortmund u. a.

herausgegeben von

**Max Krahmann.**

Bestellungen nehmen alle Buchhandlungen und Postanstalten an. Preis des Jahrgangs von 12 Heften M. 18,—.

Anzeigen finden zum Preise von 50 Pf. für die Petitzeile Aufnahme. Bei Wiederholungen Rabatt.

*Verlag von Julius Springer in Berlin N.*

---

Heft **7.**     Juli 1895.     Jahrgang 1895.

---

### Die Zeitschrift für praktische Geologie

berichtet in Original-Beiträgen, Referaten, Litteratur-Nachweisungen, Notizen etc. über die Fortschritte und Resultate der geologischen Landesaufnahmen aller Länder, erörtert die praktischen Aufgaben, Anwendungen und Methoden der geologischen Forschung, bringt Beschreibungen von Lagerstätten nutzbarer Mineralien jeder Art, und zwar unter besonderer Berücksichtigung der Bauwürdigkeit und der Productionsverhältnisse, und macht über alle wichtigeren neuen Aufschlüsse derselben, namentlich soweit sie wissenschaftlich oder wirthschaftlich von Interesse sind, zuverlässige Mittheilungen.

Beiträge werden gut honorirt und wie alle für die Redaktion bestimmten Mittheilungen, Sonderabzüge, Recensionsexemplare u. s. w. erbeten unter der Adresse des Herausgebers

*Max Krahmann*, Bergingenieur
Wetzlar, Rheinprovinz.

erscheint in monatlichen Heften von etwa 40 Seiten mit Uebersichtskarten, Profiltafeln u. s. w. und kann durch den Buchhandel, die Post (Post-Zeitungs-Preisliste No. 7721) oder auch von der Verlagshandlung zum Preise von M. 18,— für den Jahrgang bezogen werden.

Anzeigen betreffend Litteratur, Sammlungen, Tiefbohrungen, Bergwerks-Maschinen und sonstige Montan-Bedarfsartikel werden von der Verlagshandlung sowie von allen soliden Annoncenbureaux zum Preise von 50 Pf. für die einmal gespaltene Petitzeile aufgenommen und finden die Aufmerksamkeit eines gewählten Leserkreises.

Bei 3   6   12 maliger Wiederholung kostet die Zeile 45   40   30 Pf.

Beilagen werden nach Vereinbarung beigefügt.

*Verlagsbuchhandlung von Julius Springer* in Berlin N., Monbijouplatz 3.

---

## Inhalt.

*(Schluss des Heftes: 26. Juni 1895.)*

---

### Orts-Register.

# Verzeichniss der Vorlesungen und Uebungen,

welche auf der

## Königlichen Bergakademie zu Berlin

im Wintersemester 1895/96 (vom 28. Oktober 1895 bis 28. März 1896) gehalten werden.

**Professor Franke:** Bergbaukunde I. Th.; Bergbauliche Uebungen. **Geh. Bergrath Professor Kerl:** Allgemeine Hüttenkunde; Löthrohrprobirkunst; chemische Technologie. **Dr. Pufahl:** Allgemeine Probirkunst; Technische Gasanalyse. **Geh. Bergrath Professor Dr. Wedding:** Eisenhüttenkunde. **Geh. Bergrath Professor Dr. Wedding und Regierungsrath Brelow:** Entwerfen von Eisenhüttenanlagen. **Professor Schneider:** Aufbereitung I. Th.; Markscheide- und Messkunst I. Th.; Practische Uebungen in der Markscheide- und Messkunst. **Professor Hörmann:** Mechanik; Maschinenlehre; Metallurgische Technologie. **Regierungsrath Brelow:** Zeichnen; Darstellende Geometrie. **Geh. Oberbergrath Eskens:** Bergrecht I. Th. **Geh. Regierungsrath Professor Dr. Post:** Wohlfahrtspflege (Freiwilliger Arbeiterschutz). **Bergassessor Haber:** Verwaltungsrecht mit besonderer Berücksichtigung des Bergwesens. **Geh. Bergrath Gebauer:** Bauconstructionslehre. **Professor Dr. Kötter:** Analytische Geometrie der Ebene; Differentialrechnung; Mathematisches Repetitorium. **Professor Dr. Scheibe:** Mineralogie; Mineralogische Uebungen. **Bezirksgeologe Dr. Koch:** Petrographie; Petrographische Uebungen in Verbindung mit mikroskopischen Demonstrationen; Methoden der Gesteinsuntersuchung mit Demonstrationen und Uebungen. **Landesgeologe Professor Dr. Beyschlag:** Geognosie; Lagerstättenlehre. **Landesgeologe Professor Dr. Ebert:** Paläontologische Uebungen. **Landesgeologe Professor Dr. Wahnschaffe:** Allgemeine Geologie; Geologie des Quartärs; Practische Uebungen in der Bodenuntersuchung. **Professor Dr. Finkener:** Qualitative und quantitative Uebungen im Laboratorium für Mineral-Analyse.    [66]

# Zeitschrift für praktische Geologie

## mit besonderer Berücksichtigung der Lagerstättenkunde.

Unter ständiger Mitwirkung von

Dr. **Fr. Beyschlag**, Landesgeolog in Berlin, Prof. Dr. **E. Hussak**, Staatsgeolog in São Paulo, Brasilien, Dr. **K. Keilhack**, Landesgeolog in Berlin, Prof. Dr. **F. Klockmann** in Clausthal, Oberbergrath Prof. **Köhler** in Clausthal, Prof. **L. De Launay** in Paris, Dr. **B. Lotti**, Ingenieur und Geolog in Rom, Prof. Dr. **A. Schmidt** in Heidelberg, Prof. Dr. **A. Schrauf** in Wien, Ingenieur Dr. **F. M. Stapff** in Weissensee b. Berlin, Prof. **J. H. L. Vogt** in Kristiania, Markscheider **H. Werneke** in Dortmund u. a.

herausgegeben
von
**Max Krahmann.**

*Verlag von Julius Springer in Berlin N.*

Bestellungen
nehmen alle Buchhandlungen
und Postanstalten an.
Preis des Jahrgangs von
12 Heften M. 18,—.

Anzeigen
finden zum Preise von 50 Pf.
für die Petitzeile Aufnahme.
Bei Wiederholungen
Rabatt.

Heft **8.**         August 1895.         Jahrgang 1895.

Die
## Zeitschrift für praktische Geologie

berichtet in Original-Beiträgen, Referaten, Litteratur-Nachweisungen, Notizen etc. über die Fortschritte und Resultate der geologischen Landesaufnahmen aller Länder, erörtert die praktischen Aufgaben, Anwendungen und Methoden der geologischen Forschung, bringt Beschreibungen von Lagerstätten notabarer Mineralien jeder Art, und zwar unter besonderer Berücksichtigung der Bauwürdigkeit und der Productionsverhältnisse, und macht über alle wichtigeren neuen Aufschlüsse derselben, namentlich soweit sie wissenschaftlich oder wirthschaftlich von Interesse sind, zuverlässige Mittheilungen.

Beiträge werden gut honorirt und wie alle für die Redaktion bestimmten Mittheilungen, Sonderabzüge, Recensionsexemplare u. s. w. erbeten unter der Adresse des Herausgebers

*Max Krahmann*, Bergingenieur
Wetzlar, Rheinprovinz.

erscheint in monatlichen Heften von etwa 40 Seiten mit Uebersichtskarten, Profiltafeln u. s. w. und kann durch den Buchhandel, die Post (Post-Zeitungs-Preisliste No. 7721) oder auch von der Verlagshandlung zum Preise von M. 18,— für den Jahrgang bezogen werden.

Anzeigen betreffend Litteratur, Sammlungen, Tiefbohrungen, Bergwerks-Maschinen und sonstige Montan-Bedarfsartikel werden von der Verlagshandlung sowie von allen soliden Annoncenbureaux zum Preise von 50 Pf. für die einmal gespaltene Petitzeile aufgenommen und finden die Aufmerksamkeit eines gewählten Leserkreises.

Bei 3 6 12 maliger Wiederholung
kostet die Zeile 45 40 30 Pf.
Beilagen werden nach Vereinbarung beigefügt.

*Verlagsbuchhandlung von Julius Springer*
in Berlin N., Moabijouplatz 3.

## Inhalt.

## Orts-Register.

# Zeitschrift für praktische Geologie

## mit besonderer Berücksichtigung der Lagerstättenkunde.

Unter ständiger Mitwirkung von

Prof. Dr. **R. Beck** in Freiberg i. S., Prof. Dr. **Fr. Beyschlag**, Landesgeolog in Berlin, Prof. Dr. **E. Hussak**, Staatsgeolog in São Paulo, Brasilien, Dr. **K. Keilhack**, Landesgeolog in Berlin, Prof. Dr. **F. Klockmann** in Clausthal, Oberbergrath Prof. **Köhler** in Clausthal, Prof. **L. De Launay** in Paris, Dr. **B. Lotti**, Ingenieur und Geolog in Rom, Prof. Dr. **A. Schmidt** in Heidelberg, Prof. Dr. **A. Schrauf** in Wien, Ingenieur Dr. **F. M. Stapff** in Weissensee b. Berlin, Prof. **J. H. L. Vogt** in Kristiania, Markscheider **H. Werneke** in Dortmund u. a.

herausgegeben
von
## Max Krahmann.

Verlag von Julius Springer in Berlin N.

Bestellungen nehmen alle Buchhandlungen und Postanstalten an. Preis des Jahrgangs von 12 Heften M. 18,—.

Anzeigen finden zum Preise von 50 Pf. für die Petitzeile Aufnahme. Bei Wiederholungen Rabatt.

Heft **10.**     Oktober 1895.     Jahrgang 1895.

Die
### Zeitschrift für praktische Geologie

berichtet in Original-Beiträgen, Referaten, Litteratur-Nachweisungen, Notizen etc. über die Fortschritte und Resultate der geologischen Landesaufnahmen aller Länder, erörtert die praktischen Aufgaben, Anwendungen und Methoden der geologischen Forschung, bringt Beschreibungen von Lagerstätten nutzbarer Mineralien jeder Art, und zwar unter besonderer Berücksichtigung der Bauwürdigkeit und der Productionsverhältnisse, und macht über alle wichtigeren neuen Aufschlüsse derselben, namentlich soweit die wissenschaftlich oder wirthschaftlich von Interesse sind, zuverlässige Mittheilungen.

Beiträge werden gut honorirt und wie alle für die Redaktion bestimmten Mittheilungen, Sonderabzüge, Recensionsexemplare u. s. w. erbeten unter der Adresse des Herausgebers

Max Krahmann, Bergingenieur
Berlin, Charlottenburg, Schillerstr. 22.

erscheint in monatlichen Heften von etwa 40 Seiten mit Uebersichtskarten, Profiltafeln u. s. w. und kann durch den Buchhandel, die Post (Post-Zeitungs-Preisliste No. 7721) oder auch von der Verlagshandlung zum Preise von M. 18,— für den Jahrgang bezogen werden.

Anzeigen betreffend Litteratur, Sammlungen, Tiefbohrungen, Bergwerks-Maschinen und sonstige Montan-Bedarfsartikel werden von der Verlagshandlung sowie von allen soliden Annoncenbureaux zum Preise von 50 Pf. für die einmal gespaltene Petitzeile aufgenommen und finden die Aufmerksamkeit eines gewählten Leserkreises.

Bei   3   6   12 maliger Wiederholung
kostet die Zeile   45   40   30 Pf.
Beilagen werden nach Vereinbarung beigefügt.

Verlagsbuchhandlung von Julius Springer
in Berlin N., Monbijouplatz 3.

### Inhalt.

### Orts-Register.

Adresse des Herausgebers vom 1. Oktober d. J. ab:

### Berlin, Charlottenburg, Schillerstr. 22.

Vergl. S. 392, Bureau für praktische Geologie.

# Zeitschrift für praktische Geologie

## mit besonderer Berücksichtigung der Lagerstättenkunde.

Unter ständiger Mitwirkung von

Prof. Dr. **R. Beck** in Freiberg i. S., Prof. Dr. **Fr. Beyschlag**, Landesgeolog in Berlin, Prof. Dr. **E. Hussak**, Staatsgeolog in São Paulo, Brasilien, Dr. **K. Keilhack**, Landesgeolog in Berlin, Prof. Dr. **F. Klockmann** in Clausthal, Oberbergrath Prof. **Köhler** in Clausthal, Prof. **L. De Launay** in Paris, Dr. **B. Lotti**, Ingenieur und Geolog in Rom, Prof. Dr. **A. Schmidt** in Heidelberg, Prof. Dr. **A. Schrauf** in Wien, Ingenieur Dr. **F. M. Stapff** in Weissensee b. Berlin, Prof. **J. H. L. Vogt** in Kristiania, Markscheider **H. Werneke** in Dortmund u. a.

herausgegeben
von
**Max Krahmann.**

Verlag von Julius Springer in Berlin N.

| Bestellungen nehmen alle Buchhandlungen und Postanstalten an. Preis des Jahrgangs von 12 Heften M. 18,—. | Anzeigen finden zum Preise von 50 Pf. für die Petitzeile Aufnahme. Bei Wiederholungen Rabatt. |

---

**Heft 11.**      **November 1895.**      **Jahrgang 1895.**

---

### Die Zeitschrift für praktische Geologie

berichtet in Original-Beiträgen, Referaten, Litteratur-Nachweisungen, Notizen etc. über die Fortschritte und Resultate der geologischen Landesaufnahmen aller Länder, erörtert die praktischen Aufgaben, Anwendungen und Methoden der geologischen Forschung, bringt Beschreibungen von Lagerstätten nutzbarer Mineralien jeder Art, und zwar unter besonderer Berücksichtigung der Bauwürdigkeit und der Productionsverhältnisse, und macht über alle wichtigeren neuen Aufschlüsse derselben, namentlich soweit sie wissenschaftlich oder wirthschaftlich von Interesse sind, zuverlässige Mittheilungen.

Beiträge werden gut honorirt und wie alle für die Redaktion bestimmten Mittheilungen, Sonderabzüge, Recensionsexemplare u. s. w. erbeten unter der Adresse des Herausgebers

*Max Krahmann,* Bergingenieur
Berlin, Charlottenburg, Schillerstr. 22.

erscheint in monatlichen Heften von etwa 40 Seiten mit Uebersichtskarten, Profiltafeln u. s. w. und kann durch den Buchhandel, die Post (Post-Zeitungs-Preisliste No. 7721) oder auch von der Verlagshandlung zum Preise von M. 18,— für den Jahrgang bezogen werden.

Anzeigen betreffend Litteratur, Sammlungen, Tiefbohrungen, Bergwerks-Maschinen und sonstige Montana-Bedarfsartikel werden von der Verlagshandlung sowie von allen soliden Annoncenbureaux zum Preise von 50 Pf. für die einmal gespaltene Petitzeile aufgenommen und finden die Aufmerksamkeit eines gewählten Leserkreises.

Bei 3 6 12 maliger Wiederholung
kostet die Zeile 45 40 30 Pf.
Beilagen werden nach Vereinbarung beigefügt.

*Verlagsbuchhandlung von Julius Springer*
in Berlin N., Monbijouplatz 3.

---

### Inhalt.

---

### Orts-Register.

---

Adresse des Herausgebers seit 1. Oktober d. J.:

**Berlin, Charlottenburg, Schillerstr. 22 II.**

*Vergl. S. 392, Bureau für praktische Geologie.*

# Zeitschrift für praktische Geologie

## mit besonderer Berücksichtigung der Lagerstättenkunde.

Unter ständiger Mitwirkung von

Prof. Dr. R. Beck in Freiberg i. S., Prof. Dr. Fr. Beyschlag, Landesgeolog in Berlin, Dr. E. Hussak, Staatsgeolog in São Paulo, Brasilien, Dr. K. Keilhack, Landesgeolog in Berlin, Prof. Dr. F. Klockmann in Clausthal, Oberbergrath Prof. Köhler in Clausthal, Prof. L. De Launay in Paris, Dr. B. Lotti, Ingenieur und Geolog in Rom, Prof. Dr. A. Schmidt in Heidelberg, Prof. Dr. A. Schrauf in Wien, Prof. J. H. L. Vogt in Kristiania, Markscheider H. Werneke in Dortmund u. a.

herausgegeben von

**Max Krahmann.**

Verlag von *Julius Springer* in Berlin N.

Bestellungen nehmen alle Buchhandlungen und Postanstalten an. Preis des Jahrgangs von 12 Heften M. 18,—.

Anzeigen finden zum Preise von 50 Pf. für die Petitzeile Aufnahme. Bei Wiederholungen Rabatt.

Heft **12.**          December 1895.          Jahrgang 1895.

Die

### Zeitschrift für praktische Geologie

berichtet in Original-Beiträgen, Referaten, Litteratur-Nachweisungen, Notizen etc. über die Fortschritte und Resultate der geologischen Landesaufnahmen aller Länder, erörtert die praktischen Aufgaben, Anwendungen und Methoden der geologischen Forschung, bringt Beschreibungen von Lagerstätten nutzbarer Mineralien jeder Art, und zwar unter besonderer Berücksichtigung der Bauwürdigkeit und der Productionsverhältnisse, und macht über alle wichtigeren neuen Aufschlüsse derselben, namentlich soweit sie wissenschaftlich oder wirthschaftlich von Interesse sind, zuverlässige Mittheilungen.

Beiträge werden gut honorirt und wie alle für die Redaktion bestimmten Mittheilungen, Sonderabzüge, Recensionsexemplare u. s. w. erbeten unter der Adresse des Herausgebers

Max Krahmann, Bergingenieur
Berlin, Charlottenburg, Schillerstr. 22.

erscheint in monatlichen Heften von etwa 40 Seiten mit Uebersichtskarten, Profiltafeln u. s. w. und kann durch den Buchhandel, die Post (Post-Zeitungs-Preisliste No. 7731) oder auch von der Verlagshandlung zum Preise von M. 18,— für den Jahrgang bezogen werden.

Anzeigen betreffend Litteratur, Sammlungen, Tiefbohrungen, Bergwerks-Maschinen und sonstige Montan-Bedarfsartikel werden von der Verlagshandlung sowie von allen soliden Annoncenbureaux zum Preise von 50 Pf. für die einmal gespaltene Petitzeile aufgenommen und finden die Aufmerksamkeit eines gewählten Leserkreises.

Bei 3 6 12 maliger Wiederholung kostet die Zeile 45 40 30 Pf.

Beilagen werden nach Vereinbarung beigefügt.

Verlagsbuchhandlung von *Julius Springer* in Berlin N., Monbijouplatz 3.

## Inhalt.

## Orts-Register.

*Adresse des Herausgebers seit 1. Oktober d. J.:*

### Berlin, Charlottenburg, Schillerstr. 22^{II}.

*Vergl. S. 392, Bureau für praktische Geologie.*